Bildungsgeographie

Peter Meusburger

Bildungsgeographie

Wissen und Ausbildung in der räumlichen Dimension

Spektrum Akademischer Verlag Heidelberg · Berlin

Anschrift des Autors:
Peter Meusburger
Geographisches Institut
der Universität Heidelberg
Im Neuenheimer Feld 348
69120 Heidelberg

e-mail: c836ix.urz.uni-heidelberg.de
http://asterix.geog.uni-heidelberg.de

Die Deutsche Bibliothek – CIP-Einheitsaufnahme

Meusburger, Peter.:
Bildungsgeographie : Wissen und Ausbildung in der räumlichen Dimension / Peter Meusburger. – Heidelberg ; Berlin : Spektrum, Akad. Verl., 1998
ISBN 3-8274-0051-1

Lektorat: Merlet Behncke-Braunbeck, Marlis Peters-Hofmann, Martina Mechler (Ass.)
Produktion: Brigitte Trageser
Umschlaggestaltung: Kurt Bitsch, Birkenau
Gesamtherstellung: Strauss Offsetdruck, Mörlenbach

Für Annemarie, Cathérine, Madeleine und Anne-Sophie

Vorwort

»Mehr als je zuvor [...] ist Wissen in allen Bereichen unserer Gesellschaft Grundlage und Richtschnur menschlichen Handelns« geworden. Mit dieser Kurzformel, die gleichzeitig die zentrale Hypothese seines Buches darstellt, beschreibt Nico Stehr (1994, 520) die Basis der Wissensgesellschaft. Wissen hatte in allen Zeitepochen, auf allen wirtschaftlichen und kulturellen Entwicklungsstufen und in allen Berufen eine fundamentale Bedeutung. Nach Ansicht verschiedener Autoren kann man jedoch erst in der zweiten Hälfte des 20. Jahrhunderts von einer Wissensgesellschaft sprechen. Wenn das Wissen eine so zentrale Rolle einnimmt, daß es heute als wichtigster Produktionsfaktor und als neues soziales Strukturprinzip angesehen wird, erhalten auch Fragen nach der Produktion, Vermittlung und Kontrolle sowie den Auswirkungen von Wissen eine wichtige Bedeutung. Anders als es in einigen ökonomischen Theorien angenommen wird, ist Wissen nicht gleichmäßig über den Raum verteilt, es ist auch nicht ubiquitär vorhanden und schon gar nicht ein öffentliches Gut, das in Sekunden weltweit verbreitet werden kann und jedem zur Verfügung steht. Solche Ideen können höchstens aufkommen, wenn man Wissen mit Informationen gleichsetzt.

Angesichts der großen räumlichen Disparitäten des Wissens, die sich im Laufe der Geschichte nie aufgelöst haben, sieht die Geographie einen Auftrag darin, solche regionalen Disparitäten des Wissens, des Ausbildungsniveaus, der Kreativität und des Bildungsverhaltens zu analysieren und Fragen ihrer Ursachen und Auswirkungen nachzugehen. Dieses Buch befaßt sich mit den theoretischen Grundlagen, der Entwicklung, dem Forschungsstand und den offenen Forschungsfragen der Geographie des Bildungs- und Qualifikationswesens. Es richtet sich nicht nur an Geographen, sondern auch an andere Disziplinen, für die *räumliche* Strukturen und Prozesse des Bildungswesens im weitesten Sinne relevant sind.

Da die Geographie des Bildungs- und Qualifikationswesens ein noch relativ junges Forschungsgebiet ist und nicht alle ihrer Forschungsfelder auf eine ausreichende empirische Grundlage zurückgreifen können, haben einige Kapitel eher den Charakter eines Forschungsprogramms als eines abgesicherten wissenschaftlichen Gebäudes. Obwohl in einem Buch, das sich mit regionalen Disparitäten des Wissens befaßt, viele Basiskonzepte der Soziologie, Psychologie, Erziehungswissenschaften, Philosophie und Wirtschaftswissenschaften angesprochen werden müssen, besteht das Hauptinteresse nicht in einer umfassenden Diskussion aller innerhalb dieser Disziplinen relevanten Konzepte, sondern in einer Überprüfung der bisher vorliegenden Ergebnisse und Thesen auf ihre Anwendbarkeit für raumwissenschaftliche Fragestellungen. Deshalb muß auch die Auswahl und Gewichtung der Teilbereiche der Nachbarwissenschaften selektiv ausfallen. Dies macht sich etwa darin bemerkbar, daß jene Konzepte der Erziehungswissenschaften, die sich mit der zweckfreien Bildung als einer Hilfe zur Lebensorientierung befassen, in diesem Buch einen geringeren Raum einnehmen als Konzepte der Geographie, Soziologie oder Wirtschaftswissenschaften, welche Wissen und Ausbildung stärker unter dem Aspekt der Nützlichkeit oder Wettbewerbsfähigkeit im Erwerbsleben sehen.

Dieses Buch ist das Ergebnis einer mehr als zehnjährigen Arbeit und behandelt vieles, was mich seit Beginn der 70er Jahre beschäftigt. Deshalb ist der Kreis von Personen, denen ich direkt oder indirekt Anregungen verdanke und welche diese Arbeit mit wohlwollender Kritik begleitet haben, so groß, daß an dieser Stelle nicht alle genannt werden können, die es verdienen würden. Ein vom österreichischen Unterrichtsministerium (Karl Grohmann) zu Beginn der 70er Jahre gefördertes und von der Vorarlberger Landesregierung (Franz Ender) organisatorisch unterstütztes Projekt hat mein frühes Interesse an bildungsgeographischen Fragestellungen bestärkt. Entscheidende Weichenstellungen haben in den 70er Jahren Gespräche mit Robert Geipel (München) und ein vierwöchiger Aufenthalt bei Jean Gottmann (Oxford) bewirkt. Wichtige Impulse erfuhr ich unter anderem durch die Lektüre der organisationstheoretischen Arbeiten von Henry Mintzberg und Hans Geser.

Besonders zu danken habe ich den Mitgliedern des ehemaligen Arbeitskreises „Regionale Bildungsforschung“ der Akademie für Raumforschung und Landesplanung in Hannover und des Arbeitskreises „Bildungsgeographie“ der Deutschen Gesellschaft für Geographie, die viele Jahre lang ein Forum für interessante Diskussionen geboten haben. Stellvertretend seien hier nur Alois Mayr, Manfred Nutz, Jürgen Schmude und Hans-Joachim Wenzel als Sprecher des Arbeitskreises der DGfG genannt. Der VW-Stiftung verdanke ich einen 10-monatigen Aufenthalt an der Clark University (Massachussetts), der mir die notwendigen Freiräume des Lesens und Nachdenkens und die Gelegenheit zu anregenden Gesprächen ermöglicht hat. Die Deutsche Forschungsgemeinschaft hat mehrere Sachmittelprojekte gefördert, deren Ergebnisse in diese Arbeit eingeflossen sind.

Besonders wertvoll waren mir die Diskussionen mit meinen Diplomanden, Dissertanten und Mitarbeitern anläßlich mehrerer Seminare und Kolloquien in Heidelberg, Oberflockenbach und Obergurgl, wie auch im Rahmen der Hettner-Lecture, die jährlich gemeinsam mit der Klaus Tschira Stiftung in Heidelberg durchgeführt wird. Unsere Gespräche haben mich veranlaßt, gewisse Aussagen und theoretische Ansätze zu präzisieren oder verständlicher zu formulieren, auf weniger Wichtiges zu verzichten und die Argumente zu schärfen. Für Ideen und Kritik danke ich (in alphabetischer Reihenfolge) Tim Freytag, Werner Gamerith, Michael Hoyler, Holger Jahnke, Heike Jöns, Susanne Köstlin, Caroline Kramer, Hikaru Kusahara, Christoph Mager, Lutz Nücker, Martin Oesterer, Grischa Pfister, Andrea Schmidt, Jürgen Schmude, Thomas Schwan, Ulrike Tagscherer, Claudio Tonarelli, Clemens Weick und Alexander Zipf. Die studentischen Hilfskräfte Nicole Baur, Rebekka Hinterlang, Bettina Ruhnke und Jutta Seidel und unsere Institutsbibliothekarin Frau Birgit Knebel waren mir bei schwierigen und zeitaufwendigen Literaturrecherchen behilflich. Uwe Berger, Robert Famulok, Torsten Hauck, Thomas Homrighausen, Ingolf Keck, Susanne Matejka, Eike Messow, Lutz Nücker, Martin Oesterer, Grischa Pfister, Alexander Tonnier, Jochen Weick und unser Kartograph Stefan Scherer haben im Laufe der Jahre viele Karten und Diagramme erstellt, Datenbanken eingerichtet und statistische Auswertungen durchgeführt, die in dieses Buch eingegangen sind. Die Mühe und Verantwortung, die letzte Fassung vor der Drucklegung nochmals auf Fehler, Inkonsequenzen und Redundanzen durchzusehen und mir diese schonend nahezubringen, haben meine Mitarbeiter Tim Freytag, Werner Gamerith, Michael

Hoyler und Heike Jöns auf sich genommen. Bei den letzten redaktionellen Arbeiten (Literaturverzeichnis, Montage und Umbruch) haben Nicole Baur, Rebekka Hinterlang, Martin Oesterer, Robert Famulok, Véronique Ragot und Alexander Tonnier mitgewirkt. Jene Fehler, die noch im Buch verblieben sind, gehen ausschließlich auf meine Verantwortung. Meinen herzlichen Dank möchte ich auch meinen Sekretärinnen, Frau Doris Moser (bis 1997) und Frau Véronique Ragot (seit 1997), aussprechen, welche mir in den kritischen Phasen die notwendigen Freiräume verschafft und die mühevolle, oft unbedankte Alltagsarbeit erledigt haben. Frau Merlet Behnke-Braunbeck und Frau Martina Mechler vom Verlag Spektrum Akademischer Verlag haben sich der Durchsicht des Manuskripts und der sorgfältigen Gestaltung und Produktion des Buches angenommen.

Last not least bin ich den Kollegen Zoltán Cséfalvay (Budapest), Carsten Dutt (Heidelberg), Klaus Frantz (Innsbruck), Derek Gregory (Vancouver), Kurt A. Heller (München), Masahiro Kagami (Tokio), Jürgen Schmude (München), Richard Peet (Worcester), Peter Weichhart (Salzburg) und Benno Werlen (Jena) für anregende Diskussionen, Kritik und wertvolle Hinweise auf mir noch unbekannte Literatur in Dankbarkeit verbunden.

Heidelberg im April 1998

Inhaltverzeichnis

Abbildungsverzeichnis

Tabellenverzeichnis

1 Wissen und Ausbildung in historischer Perspektive

1.1 Wissen und Raum

Unterschiedliche Formen des Wissens haben im Laufe der Geschichte in zunehmendem Maße die kulturelle, technologische und wirtschaftliche Entwicklung, die Wettbewerbsfähigkeit und den Erfolg von sozialen Systemen und Institutionen beeinflußt, aber auch zur Entstehung von sozialer und *regionaler* Ungleichheit beigetragen. Entwicklung und Fortschritt standen stets in einem Zusammenhang mit neuem Wissen, mit Entdeckungen, Erfindungen, Qualifikationen, neuen Möglichkeiten der Übertragung und Speicherung von Informationen, neuen Organisationsformen und einem neuen Verstehen von Zusammenhängen. Neue wissenschaftliche Erkenntnisse und technologische Erfindungen waren nicht zuletzt deshalb Motor der Entwicklung, weil sie die Nutzung neuer Ressourcen und die Herstellung neuer Produkte ermöglichen, die Qualität von Erzeugnissen und die Produktivität von Betrieben erhöhen, die Organisationsstruktur von Unternehmen verbessern, den Transport und die Kommunikation erleichtern, die Unsicherheit verringern, die Reichweite von Macht erweitern und in kritischen Situationen helfen, die für das langfristige Überleben des sozialen Systems „richtigen" Entscheidungen zu treffen.

In der zweiten Hälfte des 20. Jahrhunderts erhielten Wissen, Erfindungen, berufliche Qualifikationen und eine effiziente Verarbeitung von Informationen eine so hohe Bedeutung, daß die Humanressourcen zu den wichtigsten Produktionsfaktoren wurden und die Gesellschaft erstmals als *knowledge society* bezeichnet wurde (Drucker P. F. 1992b, 95). F. Machlup (1962a) hat den Begriff *knowledge industry* verwendet. Gegen das Schlagwort von der Explosion des Wissens kann man zu Recht einwenden, daß eher der Umfang der *publizierten* und *gespeicherten* Informationen und Wissensbestände zugenommen habe. Beim handelnden Subjekt ist die Wissensexplosion nicht im selben Maße festzustellen, weil es nicht nur neues Wissen aufnimm, sondern auch ständig früheres Wissen vergißt. Durch den explosionsartigen Anstieg der Informationsverarbeitung wurde ein neuer Abschnitt der Wirtschaftsgeschichte eingeleitet (Porat M. 1977, 204).

Auch der Heidelberger Hermeneutiker H. G. Gadamer bestätigt, »daß die Wissenschaft heute der erste Produktivfaktor der menschlichen Wirtschaft geworden ist« und daß »die wissenschaftlich-technische Beherrschung der Natur erst jetzt Ausmaße angenommen hat, die unser Jahrhundert qualitativ von früheren Jahrhunderten unterscheiden« (Gadamer H. G. 1987b, 247). Wissen und Information sind neben den Faktoren Rohstoffe, Arbeit und Kapital zum vierten und Ende des 20. Jahrhunderts vermutlich wichtigsten Wirtschaftsfaktor geworden. Neues Wissen in Form von Technologien, Organisationen oder Produkten hat aber auch zur Entstehung von „neuen" *sozialen* und *regionalen Ungleichheiten* beigetragen.

Der wissenschaftliche Auftrag, die *räumlichen* Disparitäten und Diffusionsprozesse der verschiedenen Formen des Wissens sowie deren Ursachen und Auswirkungen zu erforschen, ergibt sich aus folgenden Tatsachen:

- *Neues Wissen* (auch in Form von Technologien, Erfindungen, Organisationsstrukturen, beruflichen Qualifikationen etc.) verursacht stets neue räumliche Disparitäten. *Neues Wissen* tritt nicht überall gleichzeitig auf, sondern diffundiert von bestimmten Innovationszentren aus und verschafft diesen einen Startvorteil.
- Die räumliche Diffusion von *Wissen* beansprucht je nach der Art des Wissens sehr lange Zeiträume. Viele Arten von Wissen haben nur einen kleinen Teil der Akteure und Lokalitäten erreicht und sind noch nie an die Peripherie vorgestoßen.
- Die sozio-kulturellen Determinanten von Kreativität und die gesellschaftlichen Einflußfaktoren, welche die Sozialisation und Entwicklungsfähigkeit der Menschen bestimmen, sind räumlich ungleich verteilt.
- Die von der Gesellschaft geschaffenen Rahmenbedingungen, welche die wirtschaftliche Umsetzung von Wissen und Qualifikationen fördern oder behindern können, sind in den einzelnen Regionen, Kulturräumen oder politischen Einflußsphären sehr unterschiedlich.
- Bestimmte Arten des Wissens sind an Personen, Institutionen und Lokalitäten gebunden und werden, solange sie einen ökonomischen Vorteil bringen, nicht (kostenlos) weitergegeben.
- Im Gegensatz zu Informationen, die heute in Sekunden weltweit verbreitet werden können, sind Wissen, Kreativität, Erfahrungen und Qualifikationen an Personen gebunden und deshalb räumlich „verwurzelt".
- Räumliche Strukturen des Wissens sind eng mit räumlichen Strukturen der Macht und Kontrolle verknüpft, so daß bestimmte Arten des Wissens zu räumlicher Konzentration in den Zentren neigen.
- Die Institutionen der Wissensvermittlung sind räumlich ungleich verteilt und werden nicht von allen Gesellschaftsschichten in gleicher Weise in Anspruch genommen.
- Die räumlich ungleiche Verteilung der Humanressourcen hat immer wieder den räumlichen Diffusionsprozeß von Innovationen und hochwertigen Informationen beeinflußt.
- Die räumlichen Disparitäten des Ausbildungsniveaus werden durch Migration in der Regel nicht abgebaut, sondern in den meisten Fällen noch verstärkt.
- Die Nachfrage der Wirtschaft nach Absolventen verschiedener Qualifikations- und Ausbildungsebenen ist räumlich ungleich verteilt.

„Neues Wissen“ ging meist von einer oder einigen wenigen Regionen aus und wurde erst im Rahmen eines mehr oder weniger langen Diffusionsprozesses von anderen Regionen übernommen. Ein (zeitlicher) Vorsprung an Wissen, Erfahrung, Qualifikation und technologischem Niveau hat den Innovationszentren und den frühen Adoptoren für einen bestimmten Zeitraum zu Wettbewerbsvorteilen und wirtschaftlicher Macht verholfen und damit zu räumlichen Entwicklungsunterschieden geführt. In allen historischen Epochen waren die regionalen Zentren der politischen, religiösen und wirtschaftlichen Macht immer wieder identisch mit den regionalen Zentren des Wissens.

Diese Fakten gebieten es, daß sich die Anthropogeographie, aber auch andere Sozial- und Wirtschaftswissenschaften intensiver mit den *räumlichen* Disparitäten von Ausbildung, Qualifikation und Kompetenz befassen, als es bisher der Fall war. Wenn die Humanressourcen tatsächlich zu einem der wichtigsten Produktions- und Wettbewerbsfaktoren geworden sind, dürfte eigentlich kein Lehrbuch der Wirtschafts- und Sozialgeographie mehr erscheinen, das den regionalen Disparitäten des Wissens, des Ausbildungsniveaus oder des beruflichen Qualifikationsniveaus nicht breiten Raum widmet.

1.2 Wissen und Gesellschaft

1.2.1 Zivilisatorische Entwicklung

Große Entwicklungssprünge einer Kultur waren immer mit „neuem Wissen“, etwa in Form von Entdeckungen, Erfindungen, „Heilswissen“ (religiösem Wissen), technologischen Neuerungen oder mit neuen Möglichkeiten der Speicherung und Übertragung von Informationen verbunden. Sowohl in den Theorien von A. J. Toynbee (1934a, 1934b, 1934c, 1939), A. L. Kroeber (1944) und P. A. Sorokin (1952, 1953) über das Werden und Vergehen von Kulturen und die Entwicklung der Zivilisation als auch in der Theorie von W. F. Ogburn (1950, 1964) über den sozialen Wandel nehmen (technologische) Inventionen, das schöpferische Potential und ein kreatives Reagieren der Gesellschaft auf ungewöhnlich schwierige Herausforderungen der Umwelt eine zentrale Position ein. In allen historischen Epochen waren große Zäsuren und Entwicklungssprünge der Zivilisation mit einer Verbesserung in der Speicherung und Übermittlung von Informationen (Errichtung von Bibliotheken, Buchdruck, Telegraph, Telephon, moderne Techniken der Telekommunikation, Speicherung von Informationen auf Disketten oder Chips etc.), mit einer exponentiellen Zunahme des (gespeicherten) Wissens und mit einem technologischen Fortschritt verbunden.

Wenn in diesem Buch von einer Bedeutungszunahme des Wissens im Laufe der Geschichte gesprochen wird, soll damit nicht impliziert werden, daß die Menschen früherer Jahrhunderte „unwissender" waren oder daß es im Laufe der Geschichte eine *lineare* Zunahme des Wissens gegeben hat. Der Begriff „Bedeutungszunahme des Wissens" wird eher so verstanden, daß das Wissen als Wettbewerbsfaktor in den Vordergrund gerückt ist, daß das öffentliche Interesse am Wissen sowie der wirtschaftliche Nutzen des Wissens im Laufe der letzten Jahrhunderte ständig zugenommen haben. Es hat sich vor allem die Dynamik des Wissenserwerbs sowie die Komplexität und die Vernetzung der Wissensbestände erhöht. Die Zunahme des Wissens erfolgte nie kontinuierlich, sondern eher sprunghaft. Umbruchsphasen der zivilisatorischen, ökonomischen und politischen Entwicklung waren häufig dadurch gekennzeichnet, daß konkurrierende Formen des Wissens in Konflikt geraten sind und sich jeweils eine Art gegen eine andere durchgesetzt hat.

Das „heidnische" Wissen wurde vom Christentum zurückgedrängt, das magische Wissen wurde vom technischen und medizinischen Wissen abgelöst (ohne deshalb ganz zu verschwinden), die Vielfalt des narrativen, lokalen Wissens wurde weitgehend von einem universellen, Objektivität beanspruchenden, wissenschaftlichen Wissen verdrängt. Parallel zum Erwerb von „neuem" Wissen gab es auch einen Verlust von „altem" Wissen. Der heutige Mensch verfügt also nicht mehr über all jenes Wissen, das seine Vorfahren hatten.

Die neolithische „Revolution", also der Übergang zur seßhaften Landwirtschaft, führte erstmals zu einer räumlichen Arbeitsteilung und zur Entstehung von Handelsplätzen, Märkten und „Zentren". Diese Schnittpunkte von Handelsbeziehungen entwickelten sich zu Zentren der Kommunikation. Sie wurden zu Knotenpunkten sozialer Beziehungen und zu Orten »der intensiven Vergesellschaftung« (Altvater E. und B. Mahnkopf 1996, 124). Von diesen „Zentren" aus wurden Territorien kontrolliert und Heilsbotschaften verkündet, in ihnen entstanden die für den betreffenden Kulturraum gültigen Wertesysteme, sie prägten die Entwicklung der regionalen Gesellschaften, sie wurden zu Standorten der Koordination und Herrschaft. Solange jedoch Wissen und Erfahrungen nur mündlich weitergegeben und nicht gespeichert werden konnten, waren der durch Wissen induzierte Fortschritt und die Reichweite der Koordination und Kontrolle relativ gering. Eine Kultur, die nur das gesprochene Wort und die mündliche Überlieferung kennt, kann in der Regel nur eine bestimmte Entwicklungsstufe erreichen und verharrt dann mehr oder weniger auf diesem Niveau. Dies hängt damit zusammen, daß die Aktivitäten eines Volkes ohne Schrift nur durch eine *direkte* Kommunikation koordiniert werden können. Eine Koordination durch face-to-face Kontakte stößt schon bei Gruppen von 300 bis 500 Personen an ihre Grenzen. Nach A. Giddens (1987b) wird in schriftlosen Gesellschaften das zentrale Bindeglied zwischen Vergangenheit und Gegenwart nur durch Tradition und Brauchtum aufrecht erhalten. In traditionellen Gesellschaften (ohne Schrift) existiert das Gedächtnis als einzige Lagerungsmöglichkeit für „soziales Wissen" (vgl. Werlen B. 1995, 91-94). Ein Volk ohne Schrift kann deshalb keine höheren Organisations- und Kommunikationsstrukturen entwickeln und ist nach C. Jeffries (1967, 16) vor allem auf einen von außen kommenden Umbruch schlecht vorbereitet.

Erst die Möglichkeit, Wissen auf leicht zu transportierenden Medien zu speichern und Informationen ohne persönliche Begegnung zwischen „Sender" und „Empfänger" zu übermitteln, hat zu einer sprunghaften Weiterentwicklung der Zivilisation geführt. So hat etwa die Erfindung der Schrift (in Mesopotamien ca. 3.100 v. Chr.) die Koordination von Aktivitäten in Raum und Zeit ermöglicht (Anderson C. A. 1968, 518), ohne daß der *Koordinator* oder der *Inhaber der Macht* persönlich vor Ort anwesend sein mußte. Die Erfindung der Schrift hat ein ungeahntes neues Potential an Wissensübermittlung, Arbeitsteilung sowie Organisations-, Herrschafts- und Kontrollmöglichkeiten freigesetzt und damit die Differenzierung der Wirtschaft, die Entstehung eines Städtewesens, die Verwaltung großer Reiche, die großräumige Verbreitung von Religionen und den Fernhandel über große Distanzen ermöglicht oder deutlich erleichtert. Die Erfindung der Schrift war eine grundlegende Voraussetzung für viele zivilisatorische Entwicklungen und hat einen entscheidenden Wendepunkt in der Entwicklung der menschlichen Zivilisation markiert.

Die auf zusätzlichem Wissen basierende Arbeitsteilung und Spezialisierung hat jedoch auch zu neuen Machtstrukturen, zu neuen Formen der sozialen Schichtung, zu neuer regionaler Ungleichheit und zu einer zunehmenden Differenzierung des Siedlungssystems geführt. Die Schrift kam zuerst vor allem den „dominanten" gesellschaftlichen Kategorien (Priestern, politischen Herrschern, Händlern und Kriegern) zugute, weil sie diesen die Möglichkeit gab, eine arbeitsteilige Gesellschaft zu koordinieren. »Diejenigen, die Aufsichts- und Koordinationsfunktionen wahrnehmen, genießen eine immense organisatorische Überlegenheit über die anderen« (Mann M. 1990, 22-23). Die Schrift unterstützte die Ziele der Mächtigen und stabilisierte deren Wertesystem (Mann M. 1990, 151). Sie verlieh den Rechtsansprüchen auf Eigentum und auf politische Autorität eine dauerhafte Form (vgl. Mann M. 1990, 153).

Nach der Erfindung der Schrift konnten Glaubenssätze, Verfassungen, Gesetze und Doktrinen kodifiziert und systematisiert werden. In den Religionen und im Rechtswesen diente die Schrift der »Kodifizierung des Gültigen, der Bewahrung des Gültigen vor dem Mißbrauch, der Anpassung, der Verzerrung oder gar der Ableugnung« (Gadamer H. G. 1991, 267). Nach der Verbreitung der Schrift mußten die Menschen nicht mehr nur durch „Rituale" sozialisiert werden, sondern es wurde eine Erziehung durch „Konzepte" im Sinne von Descartes möglich (vgl. Gellner E. 1988, 71-73, 125). Die Ausübung von Macht war nicht mehr an die persönliche Anwesenheit der Mächtigen gebunden, sondern sie konnte jetzt auch durch schriftlich niedergelegte Gesetze, Regeln und Verbote ausgeübt und über viel größere Distanzen durchgesetzt werden. Die Schrift war also eine wichtige Voraussetzung für die räumliche Ausdehnung von Macht und Kontrolle.

Noch zu Beginn des Mittelalters waren in Deutschland die Herrscher und ihr Hof mobil. Dort wo sich ein Kaiser, König oder Herzog mit seinem Gefolge gerade aufhielt, befand sich für einen bestimmten Zeitraum das Zentrum der Macht. Auch wenn es teilweise schon feste Residenzen gab, stellte das Reisen zu verschiedenen Verwaltungszentren noch bis ins 15. Jahrhundert ein Mittel zur Durchsetzung des Herrschaftsanspruches und zur Koordination der damals bestehenden räumlichen Arbeitsteilung dar (vgl. Ewert C. 1996). Eine solche „ambulante Herrschaftsausübung" ist ein Merkmal vormoderner Gesellschaften und läßt sich in Afrika, in Indonesien und in der Südsee z.T. bis ins 20. Jahrhundert nachweisen (Ewert C. 1996, 91; Peyer H. C. 1964, 1, 16-20). Solange nicht genügend lese- und schreibkundige Personen vorhanden waren und die Verbreitung von schriftlichen Informationen sehr teuer und mit einem hohen Aufwand verbunden war, konnte kein großer Verwaltungsstab aufgebaut werden. Solange dem Herrscher kein räumlich verankerter Verwaltungsstab als Kontrollinstrument zur Verfügung stand, mußte er seine Macht durch persönliche Anwesenheit und direkte Kontakte durchsetzen.

Nur eine das gesamte Siedlungssystem erfassende, hierarchisch abgestufte und territorial organisierte Verwaltung erlaubte es den auf verschiedenen Hierarchieebenen tätigen Herrschern, ihren Herrschaftsanspruch auch von einer Residenz aus durchsetzen zu können. Lese- und Schreibkundigkeit sowie die Speicherung und indirekte Übertragung von Informationen ermöglichten die Ausdehnung der Einflußsphäre, die Produktion und Beherrschung des Raumes. Die katholische Kirche konnte nur deshalb schon Jahrhunderte vor den weltlichen Herrschern zum Residenzsystem übergehen und mit diesem ein riesiges Gebiet verwalten und regieren, weil ihre Bischöfe, Priester und Mönche lese- und schreibkundig waren und auch die Richtlinien der Organisation (Bibel, Gebote, päpstliche Dogmen und Edikte) weltweit in schriftlicher Form und in einer einheitlichen Sprache (Latein) vorlagen.

Mit dem Übergang zum territorialen Flächenstaat kam es zur Ausdifferenzierung der politischen Strukturen und zur Entstehung eines stark hierarchisch strukturierten Macht-, Verwaltungs- und Disziplinierungsapparats (König, Herzöge, Kurfürsten, Landesfürsten, Markgrafen, Pfalzgrafen, Landgrafen, Vögte, Ministeriale usw.). Die Macht wurde gleichsam „verortet", wodurch der Umfang der indirekten Kontakte (z.B. Briefe, Dokumente) sprunghaft zunahm. Deshalb war die Entstehung der Territorialstaaten in der zweiten Hälfte des 12. Jahrhunderts auch mit einem Aufschwung des Kanzleiwesens an den Fürstenhöfen verbunden (vgl. Faulstich W. 1996, 37).

Einige Wissenschaftler messen der Erfindung der Schrift, der Lese- und Schreibkundigkeit der Bevölkerung und neuen Möglichkeiten der Informationsübertragung eine so fundamentale Bedeutung bei, daß sie diese Kriterien für die Periodisierung der kulturellen Entwicklung und Geschichte der Menschheit verwenden (vgl. Faulstich W. 1996; Gellner E. 1988; Levine K. 1986). Für die Entwicklung einer Kultur war natürlich nicht nur die Erfindung einer Schrift, sondern auch das für die Speicherung und Übertragung der Informationen verwendete Medium von Bedeutung. In Stein gehauene oder in Tontafeln geritzte Schriften haben selbstverständlich eine geringere Verbreitung gefunden und ein geringeres Potential für indirekte Kommunikation freigesetzt als auf Pergament oder Papier geschriebene Schriften, gedruckte Bücher oder das Internet. Auch A. Giddens (1991a) und B. Werlen (1995) weisen der Schrift, der Drucktechnik und der elektronischen Kommunikation als „Entankerungs-Mechanismen" eine entscheidende Rolle für die Periodisierung der traditionellen, prämodernen, modernen und spät-modernen Gesellschaft zu.

Nach P. F. Drucker (1993, 280) erlangte Europa zwischen 1500 und 1650 überwiegend deshalb eine Führungsposition in der Welt, weil es die Technik des gedruckten Buches in den Mittelpunkt stellte und die Schulen umstrukturierte. China und der Islam hielten das Buch aus ihren Schulen fern. Die islamischen Geistlichen hielten an der Rezitation fest. Sie empfanden das gedruckte Buch als Bedrohung ihrer Autorität. Die konfuzianischen Gelehrten lehnten das gedruckte Buch ebenfalls ab, weil bei ihnen die Kalligraphie einen hohen sozialen Stellenwert hatte.

1.2.2 Wissen und Macht

Die im Laufe der Jahrhunderte immer größer werdende Bedeutung von Wissen und fachlicher Qualifikation hängt nicht zuletzt auch damit zusammen, daß sowohl die Gewinnung und Bewahrung von wirtschaftlicher und politischer Macht, als auch die großen historischen Prozesse der gesellschaftlichen Umstrukturierung, die Säkularisierung der Gesellschaft, der Wandel von der askriptiven zur meritokratischen Gesellschaft und der mit diesen Prozessen zusammenhängende Wandel der Autoritätsstrukturen eng mit Wissen, Informationsvorsprung und fachlicher Qualifikation verknüpft waren.

Historische Beispiele

Den Zusammenhang zwischen Wissen und Macht haben große Philosophen, Staatsmänner und Reformer (z.B. Konfuzius, Plato oder Shotoku Taishi, der im 7. Jahrhundert in Japan die Taika-Reform einleitete) sowie die Führungspersönlichkeiten großer Religionen schon vor mehr als tausend Jahren erkannt. Konfuzius hat wohl als erster darauf hingewiesen, daß eine Regierung dann am erfolgreichsten ist, wenn die wichtigen Positionen in Regierung und Verwaltung mit den Besten und Tüchtigsten besetzt werden. Fast gleichzeitig mit Konfuzius hat auch Plato das Prinzip aufgestellt, daß die Tüchtigsten herrschen sollen.

In China wurde während der Han-Dynastie (ca. 200 v. Chr. bis 200 n. Chr.), die China zum ersten Mal einigte, ein ausgefeiltes Prüfungssystem für Staatsbeamte entwickelt, wobei die Ranghöhe der Beamten von der Zahl der bestandenen Prüfungen abhing (vgl. Chang Ch. L. 1955, 173; zitiert bei Collins R. 1977, 14). Schon damals gab es eine Beziehung zwischen der Schwierigkeit (dem Rang) einer Prüfung und dem Rang des Prüfungsortes in der Hierarchie des Siedlungssystems. Prüfungen, die für die unteren Ränge der Beamtenschaft vorgesehen waren, wurden in kleinen Provinzstädten abgenommen. Prüfungen für die höheren Beamten fanden in Provinzhauptstädten statt, und die Prüfungen für die höchsten Beamten wurden am Kaiserhof abgehalten.

Später sind auch andere große Organisationen nach einem ähnlichen Prinzip verfahren. Daß die katholische Kirche schon vor vielen Jahrhunderten eine Organisation aufbauen und bewahren konnte, die fast die ganze damals bekannte Welt umspannte, hängt vor allem damit zusammen, daß deren Führungskräfte schon sehr früh eine hochqualifizierte, formale Ausbildung bekommen haben, die weit über jener der Masse der Bevölkerung lag, und daß die kirchlichen Institutionen durch Jahrhunderte hindurch Zentren des Wissens waren.

Schon in der Mönchsregel des Pachomius d. Ä. (gestorben 346) hieß es: »wer als Mönch gelten will, darf kein Analphabet sein« (Faulstich W. 1996, 105). Benedikt von Nursia verfügte, »daß jedes Kloster seine eigene Bibliothek besitzen müsse« (Faulstich W. 1996, 109). In Europa gab es zwar noch bis ins Mittelalter zahlreiche geistliche und weltliche Herrscher, die nicht lesen und schreiben konnten, aber diesen standen dann *mercenarii literati* zur Verfügung, die das Lesen und Schreiben für sie erledigten (vgl. Cipolla C. M. 1969, 40).

Die Verknüpfung von Wissen und Macht hat viele Philosophen beschäftigt. F. Nietzsche hat behauptet, daß der Wille zur Wahrheit und zum Wissen untrennbar vom Willen zur Macht sei (vgl. Best St. und D. Kellner 1991, 35, 38, 50). M. Foucault (1972, 21-23) und J. F. Lyotard (1994, 35) haben diesen Gedanken von Nietzsche weiter entwickelt und darauf hingewiesen, daß es eine dauerhafte Verbindung der Macht zum Wissen und des Wissens zur Macht gibt und daß Wissen und Macht zwei Seiten derselben Medaille sind. Foucault war vor allem an der Frage interessiert, wie Wissen, Rationalität und Technologie als Herrschaftsinstrument oder als Instrument der Disziplinierung und Unterdrückung verwendet werden. J. F. Lyotard (1994, 26) hat die Ansicht vertreten, daß in der postmodernen Gesellschaft das Wissen »ein bedeutender, ja vielleicht der wichtigste Einsatz im weltweiten Konkurrenzkampf um die Macht« sei.

»Es ist denkbar, daß die Nationalstaaten in Zukunft ebenso um die Beherrschung von Informationen kämpfen werden, wie sie um die Beherrschung von Territorien und dann um die Verfügung und Ausbeutung der Rohstoffe und billigen Arbeitskräfte einander bekämpft haben. So findet sich ein neues Feld für industrielle und kommerzielle sowie militärische und politische Strategien eröffnet« (Lyotard J. F. 1994, 26).

J.-J. Salomon (1973) vertritt die Ansicht, daß der Übergang zur postindustriellen Gesellschaft Ergebnis einer Symbiose von Wissenschaft, staatlichen Autoritäten und der Wirtschaft sei. Diese Konvergenz der Interessenslagen »has set off a massive production of new knowledge and technologies of which the advanced societies make deliberate use« (Salomon J.-J. 1973, 49). Wissen wird zum Objekt der Macht, weil es die Macht fördert, stützt und legitimiert (vgl. Stehr N. 1994a, 235). Diese Aussage darf nicht in der Weise mißverstanden werden, daß die Intellektuellen, Wissenschaftler oder Experten nun eine neue Machtelite darstellen. Sie werden vielmehr in die Institutionen der Macht eingebunden, sie können ihre Macht vorwiegend über Institutionen ausüben; und weil sie in konkurrierenden Institutionen mit unterschiedlichen Zielen und Interessen tätig sind, ist es völlig falsch, von einer neuen „intellektuellen Klasse" zu sprechen. »Ob [...] ein bestimmtes Wissen Macht produziert, hängt von den in spezifischen Kontexten konkurrierenden Wissensformen sowie von den generell zur Disposition stehenden Handlungsmöglichkeiten ab. Die Macht des Wissens ist somit auch ein Effekt der Schwächen des konkurrierenden Wissens und insofern nicht das Ergebnis einer inhärenten Autorität [...]. Wissen und Handlungskontext sind unteilbar« (Stehr N. 1994a, 367).

Die enge Wechselbeziehung zwischen Wissen und Macht ist schon sehr lange nachweisbar, nur die Art des für die Herrschaftsausübung relevanten Wissens und die relative Bedeutung des Wissens im Vergleich zu anderen Machtquellen haben sich im Laufe der Geschichte immer wieder geändert. Die historische Aufeinanderfolge der verschiedenen für die Machtausübung relevanten Kategorien des Wissens wurde von G. Konrád und I. Szelényi (1978, 28-32) sehr anschaulich beschrieben und sei hier nur kurz zusammengefaßt.

Bei den *Naturvölkern* war der Magier der „Wissende". Er besaß sowohl ein agrotechnisches als auch ein magisches Wissen. Da sein agrotechnisches Wissen gering war und auch von anderen leicht hätte erlernt werden können, mußte er seinen Schwerpunkt auf das magische Wissen verlegen. Nur dieses hat ihm seinen hohen sozialen Rang und seine Privilegien im Stamm verschafft.

»Durch die Magie des Behexens und Regenmachens sowie der damit verbundenen Riten sichert er [der Magier] die Voraussetzungen für Solidarität, Integration und Stabilität. Wichtiges Merkmal der Natur dieser Wissensform ist es, daß sich die teleologischen und technischen Funktionen in ihr nur partiell trennen. Im primitiven Bewußtsein ist das Zweck-Mittel-Verhältnis ungeklärt. Es ist also nicht klar [...], daß die Pflanzenkulturen reichen Ertrag bringen, wenn bestimmte Arbeitsvorgänge im Pflanzenanbau in bestimmter Reihenfolge und zu einem bestimmten Zeitpunkt durchgeführt werden. So entsteht der Anschein, als sei die Ernte das Resultat einer ganzen Kette von Zaubereien und als würden die Arbeitsvorgänge beim Akkerbau nur parallel dazu betrieben, sozusagen unter magischem Zwang, [...] um einer Bestrafung durch den Zauberer zu entgehen. Das einfache agrotechnische Wissen transformiert sich also zu einem komplizierten magischen Wissen, obwohl anzunehmen ist, daß die Klügsten unter den Magiern auf die kausalen Zusammenhänge von Ackerbau und Ernteertrag kommen müssen. Es ist allerdings zweckmäßig, dieses Wissen geheim zu halten« (Konrád G. und I. Szelényi 1978, 28-29).

Wäre das Wissen des Magiers Kollektivwissen, würde er seine Macht verlieren, und die Gesellschaft würde ihn nicht für sein durch monopolistische Initiationsriten geschütztes Wissen unterhalten. Wäre sein Wissen nur technischer Natur und hätte es nicht den Charakter einer höheren Autorität, würden die Menschen keine Angst mehr vor dem Zauberer haben und ihm nicht gehorchen. Ohne die Autorität des Zauberers wäre jedoch die Existenz des Stammes unter Umständen gefährdet, ohne seine Autorität wären die Menschen orientierungslos, und sie würden vielleicht gar nicht so viel produzieren, wie sie für das Überleben brauchen (Konrád G. und I. Szelényi 1978, 30-31).

Während der frühen *Ständegesellschaft* verlagerte sich der Akzent noch stärker auf die teleologische Funktion, die auf mystischem Wissen basierte. An die Stelle des Magiers ist nun der Priester getreten. Wie früher der Magier bildete auch der Priester einen Mittelpunkt der Gemeinschaft. Die Kirche repräsentierte das Zentrum des Dorfes.

Die Veränderung gegenüber früher besteht darin, daß der Priesterstand seine technische Funktion langsam an die Handwerker und die inzwischen bewaffnete öffentliche Gewalt abgeben kann. In dieser Phase trennen sich Teleologie und Technik. Die Rolle der Zielsetzung nimmt der Priesterstand für sich in Anspruch, während er die *techne,* die Durchführung der Arbeiten, anderen überläßt. Der Priesterstand bestimmte nun seine gesellschaftliche Rolle nur noch als Hüter der reinen Teleologie, weil er auf diese Weise die größten Chancen hatte, seine gesellschaftlichen Privilegien und seine Macht zu maximieren. So kann beispielsweise der biblische Joseph in Ägypten als bloßer Traumdeuter der zweite Mann nach dem Pharao werden (Konrád G. und I. Szelényi 1978, 31).
»Die Intelligenz macht einen Wandel von der Priesterpersönlichkeit zum profanen Spezialisten durch [...] die Spezialisten in den freien Berufen verwerten ihr Wissen als Kapital. Die Politik trennt sich von der Theologie, während die Intellektuellen unter Verzicht auf eine sakrale Auf-

wertung ihres monopolistischen Wissens dieses unter den Bedingungen des preisregulativen Marktes feilbieten« (Konrád G. und I. Szelényi 1978, 25-26).

Nach G. Konrád und I. Szelényi (1978, 34-35) sägen dann die teleologischen Denker der Reformation und der Aufklärung - die Prediger und Philosophen - den Ast ab, auf dem sie selbst sitzen: Sie verhelfen der früher zum Dienststand gehörenden *Fachintelligenz* zu wirklichem intellektuellen Rang. Juristen, Ingenieure, Ökonomen oder Ärzte stürzen das bisherige Wertesystem des intellektuellen Wissens um, die Teleologie wird sogar aus dem Kreis wertvoller und höherer Erkenntnis ausgeschlossen. Diese von G. Konrád und I. Szelényi (1978) beschriebene historische Abfolge von Wissenskategorien ist sicherlich nur eine holzschnittartige Vereinfachung, sie trifft jedoch das Wesentliche.

Der Wandel der Autorität

Der moderne okzidentale Rationalismus wurde im Zeitalter der Entdeckungen und des Imperialismus nicht nur zu einem Instrument der Weltbeherrschung (Weber M. 1922, 1973), sondern Wissen und Qualifikationen haben ab dem Ende des 18. Jahrhunderts in zunehmendem Maße auch die gesellschaftliche Rolle und die sozialen Aufstiegsmöglichkeiten des *Individuums* bestimmt. Nach der Aufklärung wurde ein gesellschaftlicher Prozeß eingeleitet, der die Quellen der Autorität grundlegend verändert hat. Autorität wurde nun in zunehmendem Maße nicht mehr um ihrer selbst willen, gleichsam als göttliche Ordnung oder aufgrund äußerer Rangabzeichen, akzeptiert, sondern sie wurde nur dann anerkannt, wenn sie auf fachlichen und menschlichen Qualifikationen, auf Leistungsüberlegenheit, Wissen und Können beruhte. Die zunehmende Rationalisierung der gesellschaftlichen Beziehungen und die »Entzauberung der Welt« durch den wissenschaftlichen Fortschritt (Weber M. 1973, 593f) haben also auch die Wurzeln von Autorität verändert. Der Aufschwung der Naturwissenschaften, die Aufklärung und die Einführung der kritischen Methode haben zur Autonomie und Souveränität des Wissens geführt (vgl. Gellner E. 1988, 116-117).

Manchem Leser mag es gewagt erscheinen, so gegensätzliche Philosophen wie H. G. Gadamer *und* K. Popper gleichzeitig als Zeugen für die Bedeutung eines Ereignisses anzuführen. Die Tatsache, daß beide, trotz ihres unterschiedlichen Wissenschaftsverständnisses, dem Rationalisierungsprozeß eine epochale Bedeutung zumessen, soll lediglich die Größe dieser historischen Zäsur betonen.

»Es war ein wahrhaft revolutionäres Ereignis in der Geschichte der menschlichen Erkenntnis und eine neue Bestimmung von Rationalität, als Galilei die rationalen Möglichkeiten der Mathematik für die Erfahrungserkenntnis einsetzte« (Gadamer H. G. 1987a, 27).

»Es ist die kritische Methode allein, die das außerordentlich schnelle Wachstum der wissenschaftlichen Form des Wissens, den außerordentlichen wissenschaftlichen Fortschritt, erklärt. Alle vorwissenschaftliche Erkenntnis [...] ist dogmatisch; und mit der Erfindung der nichtdogmatischen Methode, das heißt der kritischen Methode, beginnt die Wissenschaft« (Popper K. 1994, 22).

Die Evolution und der Wandel der Autorität im Laufe der Kulturgeschichte wurde um die Jahrhundertwende von L. von Stein (1902) thematisiert, dessen Interesse dem Zusammenhang zwischen dem Zivilisationsgrad und der Art der Autoritäten galt.

»In demselben Maße, wie der Zivilisationsgrad der Völker wächst, verfeinert sich auch die Form ihrer Autoritäten« (Stein L. 1902, 4). Die großen Tyrannen der Vorzeit begründeten nach L. Stein (1902, 4-7) ihre Autorität durch Zwang, Gewalt und Schrecken. Sobald die Völker seßhaft wurden und sich zu festen Verbänden zusammentaten, reichte die *Furcht* als Autoritätsquelle nicht mehr aus. An die Stelle der *Furcht* vor dem Häuptling trat im nächsten Zivilisationsstadium der *Glaube* an die Allgewalt des Häuptlings, Königs oder Priesters. In diesem mittleren Stadium der Autorität, das im wesentlichen die patriarchalischen Zustände in Kirche und Staat und das Feudalsystem charakterisiert, befanden sich die christlichen Völker bis zum Ausbruch der Französischen Revolution. Die höchste und modernste Stufe ist nach L. Stein die Autorität aus *Einsicht*. Diese Stufe appelliert an die Vernunft und an den Intellekt.

Auch wenn L. Stein (1902) die totalitären Systeme und Weltkriege des 20. Jahrhunderts noch nicht voraussehen konnte und uns seine evolutionistische und optimistische Sichtweise heute etwas befremden mag, so hat er doch als einer der ersten auf den Zusammenhang zwischen Wissen und Autorität hingewiesen. »Das Herrschaftsprinzip, das ursprünglich auf brutaler Gewalt beruhte, nahm im Laufe der Zeit einen geistigeren Charakter an« (Horkheimer M. 1974, 105). »In spät-modernen Gesellschaften müssen Sanktionen ebenso wie andere soziale Handlungen mehr und mehr durch diskursives Wissen legitimiert werden« (Werlen B. 1995, 130).

Die Entpersönlichung der Autoritätsbeziehungen, d.h. die weitgehende Ersetzung der persönlichen Autorität durch Regeln, Vorschriften, Koordination und Fließband begleitete den Industrialisierungsprozeß (vgl. Marglin S. A. 1990b, 224-225). Der über Jahrhunderte ablaufende Wandel von Macht und Autorität und die damit in Verbindung stehende Bedeutungszunahme des Wissens haben im Siedlungssystem auch die Symbole der Machtausübung immer wieder verändert. Die sichtbaren Zeichen der Macht mußten immer wieder neuen weichen. Auf die Burg, das Kloster und die Bischofskathedrale folgten das Schloß, das Adelspalais, der Präsidentenpalast und im 20. Jahrhundert der Bürowolkenkratzer der multinationalen Konzerne und der großen Banken.

1.2.3 Meritokratisierung

Der wissenschaftliche Fortschritt, die zunehmende Bedeutung des Fachwissens und der beruflichen Kompetenzen und der Wandel der Autorität haben den Übergang von einer Privilegienhierarchie zu einer Kompetenzhierarchie bzw. einen gesellschaftlichen Wandel von der askriptiven (sozialer Status wird vererbt oder von den Herrschenden zugewiesen) zur meritokratischen Gesellschaft (sozialer Status wird durch Leistung erworben) eingeleitet (vgl. Young M. 1958).

Das Begriffspaar *askriptive* und *meritokratische* Gesellschaft ist, gemessen an der sozialen Wirklichkeit, natürlich eine zu einfache Kategorisierung, da keine der beiden Gesellschaftsformen in Reinkultur vorkommt; mit diesem Begriffspaar soll nur die

Richtung eines sozialen Wandels beschrieben werden. Das *meritokratische Prinzip* verlangt, daß bei der Besetzung von (verantwortungsvollen) Stellen die „Besten und Tüchtigsten“ berücksichtigt werden sollten, wobei dies nicht unbedingt impliziert, daß diese auch mehr Belohnung bekommen müssen als die weniger Qualifizierten. Während beim Leistungsprinzip die *Belohnung* des Einzelnen im Blickpunkt liegt (vgl. Bolte K. M. 1979, 43), steht beim meritokratischen Prinzip eher das gute *Funktionieren* und Überleben des ganzen Systems im Vordergrund.

Auch das meritokratische Prinzip ist nicht unumstritten, auch dieses Prinzip kann, wie alle anderen Zuteilungsformen von Status, in ein »Prinzip der Stabilisierung der Herrschaft von Menschen über Menschen« (Dreitzel H. P. 1974, 39; Offe C. 1970, 115; Bolte K. M. 1979, 40) umgewandelt werden. Auch das meritokratische Prinzip läßt sich zur Rechtfertigung der Ungleichheit mißbrauchen.

Gegen eine Einführung des meritokratischen Prinzips sind im Laufe der Geschichte meistens jene Teile der Gesellschaft eingetreten, welche über die politische und ökonomische Macht verfügten und durch das meritokratische Prinzip ihre Privilegien an besser Qualifizierte verloren hätten. Noch zu Beginn des 19. Jahrhunderts haben sich Vertreter des Adels und der Ministerialbürokratie gegen den Andrang junger Leute aus niedrigen Ständen an die Universitäten gewandt, weil sie durch diese soziale Mobilität die Berufschancen ihres eigenen Nachwuchses gefährdet sahen. Auch totalitäre Systeme haben sich mit dem meritokratischen System immer schwer getan. Stalin und Mao haben bekanntlich in der Fachintelligenz die ärgsten Feinde des kommunistischen Systems gesehen. Da man jedoch in bestimmten Bereichen auf die „Intelligenz“ angewiesen war, mußten totalitäre Systeme Meritokratie zumindest in den „machtfernen“ Technostrukturen zulassen, während sie die mit weitreichenden Entscheidungsbefugnissen verbundenen Linienstrukturen mit „loyalen“, „ideologisch gefestigten“ und der „Partei treu ergebenen“ Personen besetzt haben. Es wurde schon relativ früh erkannt, daß ein objektives Prüfungssystem vor allem die „machtfernen“ Bevölkerungsschichten bevorzugt.

Der württembergische Staatswissenschaftler R. Mohl wies schon im Jahre 1841 darauf hin, daß es durch die gesetzlich angeordneten Prüfungen nun unmöglich geworden sei, »den Staatsdienst völligen Ignoranten aus vornehmen Familien zu überlassen«. Er rühmte die demokratische Natur und die positiven Auswirkungen strenger Prüfungen und nannte auch die Befürworter und Gegner eines strengen Prüfungssystems. »Daher sind denn auch die Anordnungen strenger Prüfungen eben so populär beim Mittelstande, als sie verhaßt sind bei einem Theile der Aristokratie« (zit. bei Titze H. 1990, 335). Im 20. Jahrhundert waren die Gegner des meritokratischen Prinzips besonders unter solchen Funktionsträgern zu finden, „die der Partei alles verdanken“.

Das meritokratische Prinzip hat in einer modernen, demokratischen und egalitären Gesellschaft deshalb so viele Anhänger, weil Ungleichheiten, die auf dem meritokratischen Prinzip beruhen, eher toleriert oder als legitim angesehen werden, als Ungleichheiten, die sich auf „unverdiente“ Begünstigungen wie z.B. auf familiäre Herkunft, Religion, Rasse, Parteizugehörigkeit und Protektion stützen. Aus der Sicht einer demokratischen Gesellschaft ist kein anderes „Verteilungsprinzip“ gerechter als das meritokratische Prinzip und das Leistungsprinzip.

Der Trend zur meritokratischen Gesellschaft ist zwar erst im Rahmen der Industriellen Revolution und der Zurückdrängung des Feudalismus voll zum Durchbruch gekommen, das Prinzip wurde jedoch schon lange vorher durch Sozialutopien und verschiedene religiöse, philosophische, ökonomische und politische Strömungen (z.B. Konfuzianismus, Zen-Buddhismus, protestantische Ethik, Aufklärung) vorbereitet. Auch das mit den Territorialstaaten entstehende Beamtentum, die Verbreitung der Geldwirtschaft, das Aufblühen der Naturwissenschaften und das Aufkommen des Liberalismus im 18. Jahrhundert haben dem meritokratischen Prinzip jeweils einen beträchtlichen „Schub" verschafft.

In Europa wurde der Trend zur Meritokratisierung auch dadurch vorbereitet, daß sich seit dem Ende des 15. Jahrhunderts in Verbindung mit dem Protestantismus ein neues Verständnis von Arbeit auszubreiten begann. Arbeit wurde nun nicht mehr nur als notwendiges Übel angesehen, sondern durch Arbeit konnte der Mensch an der Gestaltung des Reiches Gottes mitwirken. Die Arbeit des einzelnen Menschen wurde gleichsam zur Verpflichtung des Menschen vor und für Gott (Bolte K. M. 1979, 16). Fast gleichzeitig hat auch der Zen-Buddhismus in Japan unter dem Einfluß des Mönchs Shosan Susuki Arbeit zum göttlichen Gebot erhoben. Wer fleißig seine Pflichten erfüllte, konnte nach dieser Vorstellung den Zustand der göttlichen Erlösung (*jobutsu*) erlangen.

Auch wenn die großen Erwartungen der Aufklärung, daß die Entwicklung der Wissenschaften und eine Zunahme der Rationalität objektives Wissen, eine Befreiung von den Irrationalitäten der Mythen und des Aberglaubens, einen moralischen Fortschritt, mehr Humanität und Freiheit bringen würden, bitter enttäuscht worden sind, so hat die Aufklärung dem meritokratischen Prinzip doch eine enorme und unaufhaltbare Dynamik verschafft. Das Projekt der Moderne (Habermas 1990) war ein »secular movement that sought the demystification and desacralization of knowledge and social organization in order to liberate human beings from their chains« (Harvey D. 1990, 13).

Wichtig für diesen gesellschaftlichen Wandel und später für das Entstehen des Kapitalismus war auch die Möglichkeit, sich Produktionswissen *individuell* anzueignen. In der mittelalterlichen Zunft wurde das Produktionswissen nur kollektiv an die Mitglieder der Zunft weitergegeben, einem Außenstehenden durften keine Produktionsmethoden verraten werden (Marglin S. A. 1984, 152).

Die Meritokratisierung der Gesellschaft hat dem Schulwesen zu einem großen Bedeutungsanstieg verholfen. Denn bis ins 18. und 19. Jahrhundert wurden in Europa die für den Beruf erforderlichen Kenntnisse und Qualifikationen weitgehend im Familienverband oder im unmittelbaren Arbeitsprozeß erworben. Nur eine winzige Minderheit von Gelehrten, Beamten und Priestern erwarb die für den betreffenden Beruf erforderlichen Kenntnisse und Fähigkeiten an einer Schule oder Universität. In der Agrargesellschaft und der frühen Industriegesellschaft hatte deshalb die Schulbildung bei weitem noch nicht jene wichtige Funktion für den sozialen und wirtschaftlichen Aufstieg, die ihr im 20. Jahrhundert zugekommen ist.

»Die Schule in der Klassengesellschaft war als Spiegelbild der Klassenschichtung von der Funktion, den sozialen Status zu bestimmen oder zu verändern, relativ frei, weil sie ihn voraussetzen konnte und im Durchschnitt nur bestätigte [...]. Infolge des statischen Grundcharakters der Klassengesellschaft blieb der heranwachsende Mensch grundsätzlich in der vom Elternhaus vorgegebenen sozialen Schicht [...]. Die Schulwahl der Elternhäuser für ihre Kinder erfolgte schichtkongruent, war primär von ihrem sozialen Status her bestimmt. Der Besuch einer bestimmten Schulform war also eine Bestätigung eines bestimmten sozialen Status oder Ranges, nicht aber sein Erwerb [...]. Das bereits in der Klassengesellschaft einsetzende individuelle Aufstiegsstreben vieler Familien wurde zunächst sehr viel weniger über schulische Ausbildung erfüllt als heute, da die Aufstiegschancen in der freigewerblichen Wirtschaft und der Industrie damals unabhängiger von Schulvorbildungen waren als heute« (Schelsky H. 1957, 12-13).

»Wo Status vorwiegend zugeschrieben wird, kommt der Erziehung lediglich affirmative Bedeutung für ein ihr vorgegebenes Statusrekrutierungsmuster zu. Selektion erfolgt in diesem Falle nur innerhalb eines bereits vorbestimmten Rahmens [...]. In dem Maße, in dem Leistungskriterien in der Kultur einer Gesellschaft für die Zuteilung von Positionen entscheidend werden, verstärkt sich die Bedeutung des Erziehungswesens als Träger eines der Allokation antezedenten und für sie konstitutiven Selektionsprozesses« (Hanf Th. 1975, 114).

Der Prozeß der Meritokratisierung hat nicht nur die Art und Weise, wie sozialer Status erworben wird, verändert, sondern auch eine neue wirtschaftliche Dynamik geschaffen. J. K. Galbraith (1967, 1970) hat darauf hingewiesen, daß vor der Industriellen Revolution Landbesitz die wichtigste Quelle für Macht und Reichtum war. Im Laufe der ersten Hälfte des 19. Jahrhunderts wurden dann, wie Marx richtig erkannt hat, Kapital und Rohstoffe zur wichtigsten Quelle der Macht.

Ende des 19. und Anfang des 20. Jahrhunderts waren Chile und Argentinien noch reich, weil sie über Rohstoffe verfügten, während rohstoffarme Länder wie Japan damals noch keine Chance hatten, die Armut abzustreifen (vgl. Drucker P. F. 1996, 101).

Mit der zunehmenden Nachfrage nach Technologie, nach wissenschaftlichen Erkenntnissen und qualifiziertem Management wurden Wissen und Qualifikationen zu einem knappen Gut. Der bloße Besitz von Kapital und Rohstoffen war in der zweiten Hälfte des 20. Jahrhunderts kein Garant mehr für ökonomische Macht. Kapital und Arbeit spielen zwar noch eine Rolle, aber sie sind eher zweitrangig geworden, weil man sich diese Dinge mit dem notwendigen Wissen relativ leicht verfügbar machen kann. Die Rolle des Kapitals besteht zunehmend darin, Wissen effektiv in Leistung und Produktivität umzusetzen (Drucker P. F. 1993, 69, 118). Zur neuen Quelle der Macht wird die »organized intelligence« (Galbraith J. K. 1970, 390), also ein soziales System von Akteuren mit großem technologischem und organisatorischem Wissen und speziellen Qualifikationen, Erfahrungen und Fähigkeiten. Auch wenn ein bestimmtes Wissen oder ein bestimmtes Ausbildungsniveau für eine bestimmte Position funktional gar nicht notwendig war, hat die Intelligenz ihren Machtanspruch mit ihrem Wissen legitimiert (vgl. Konrád G. und I. Szelényi 1978, 49).

Die meisten Szenarien und Prognosen zur nachindustriellen, postkapitalistischen oder postmodernen Gesellschaft gehen, unabhängig von ihrer wissenschaftstheoretischen Ausrichtung, davon aus, daß Ausbildung, technische und wissenschaftliche Kenntnisse und Fertigkeiten auch in Zukunft zu den wichtigsten statusbestimmenden

Faktoren gehören und in ihrer Bedeutung sogar noch zunehmen werden. D. Bell (1975) hat skizziert, wie in der *postindustriellen Gesellschaft* das Wissen die zentrale Achse darstellen wird, um die sich die neuen Technologien, das Wirtschaftswachstum und die soziale Schichtung der Gesellschaft organisieren werden. Nach P. F. Drucker (1993, 73) macht die Tatsache, daß Wissen die entscheidende Ressource geworden ist, unsere Gesellschaft zur »postkapitalistischen«. J. F. Lyotard (1994, 52-53) wies darauf hin, daß die Verfügung über die Informationen immer mehr in die Zuständigkeit der Experten aller Art fallen wird. »Die herrschende Klasse ist und wird die der Entscheidenden sein [...] die alten Attraktionspole, die Nationalstaaten, Parteien, Berufsverbände, Institutionen und historischen Traditionen (werden) an Anziehungskraft verlieren« (Lyotard J. F. 1994, 53).

Die Postmoderne unterscheidet sich von der Moderne weniger hinsichtlich der Bedeutung des Wissens, als vielmehr hinsichtlich der Art des Wissens und der Weise, wie Wissen gesehen wird. An die Stelle eines universell gültigen, positivistischen, technozentrischen und rationalistischen Wissens tritt bei den postmodernen Theoretikern ein fragmentiertes, partikulares und lokales Wissen.

Ohne den Übergang in Richtung einer meritokratischen Gesellschaft, die ein gewaltiges Potential an individueller Kreativität und Motivation freigesetzt und ein hohes Maß an sozialer und regionaler Mobilität ausgelöst hat, wäre der rasche Modernisierungs- und Industrialisierungsprozeß nicht möglich gewesen. Durch die Meritokratisierung sind allerdings auch die zentral-peripheren Unterschiede des Wissens, des Ausbildungsniveaus und der Qualifikationen deutlicher geworden.

1.2.4 Bildungsinstitutionen im Nationalstaat

Im 18. Jahrhundert erfolgte in Europa ein großer geistiger, wissenschaftlicher und wirtschaftlicher Aufbruch, welcher der beruflichen Qualifikation erstmals einen so hohen Stellenwert verschafft hat, daß auch die politische Führungsschicht der meisten entwickelten Länder den Zusammenhang zwischen der beruflichen Qualifikation der Bevölkerung und dem wirtschaftlichen und politischen „Wohlergehen" des Staates erkannt hat und somit das Schulwesen erstmals zum Mittelpunkt staatlicher Interessen wurde. Der vorher beschriebene gesellschaftliche Wandel hat die Quelle und Legitimität von Macht sowie die Machtbalance in sozialen Systemen grundlegend verändert. Je weniger die Macht eines Einzelnen oder einer Institution von physischer Gewalt oder von einem „göttlichen Auftrag" abgeleitet wurde und je mehr die Macht und Konkurrenzfähigkeit eines Landes auf Kompetenz, Wissensvorsprung, gut funktionierenden Organisationen, Beeinflussung der Bevölkerung durch Medien und technologischem Vorsprung beruhten, umso größer wurde die politische Bedeutung des Schulwesens, so daß weltliche und geistliche Herrscher, Regierungen, Institutionen, Religionen und politische Parteien immer wieder den Versuch unternommen haben, »das Schulwesen in den Dienst ihrer Machtentfaltung zu stellen« (vgl. Friedeburg L. v. 1989, 11).

Schule und Nation

Nach P. Flora (1972b, 299) und P. Lundgreen (1973, 29f) besteht sogar ein funktionaler Zusammenhang zwischen der Entwicklung des Bildungssystems und der Staatenbildung. Nach der Entstehung der Territorialstaaten haben Schulen und Universitäten ab dem 18. Jahrhundert die Funktion von „staatstragenden", die politische Herrschaft sichernden und die Wirtschaft fördernden Einrichtungen übernommen, die zur Durchsetzung zentraler Herrschaftsansprüche und Normen beitragen sollten.

Ab den 70er Jahren des 18. Jahrhunderts wurden in Europa Bibel und Katechismus als einziges Lehrmittel langsam durch Lesebücher, Kinderfibeln und „Erbauungslektüre" zurückgedrängt. P. Lundgreen (1970, 87, 98) hat die an Volksschulen verwendeten Lesebücher als »verordnete Zwangslektüre« und »Indoktrinationsmedium« angesehen, welche der heranwachsenden Bevölkerung jene Tugenden und Normen sowie jenen Arbeitsethos vermitteln sollten, die für die Industrialisierung und das Wohlergehen eines Nationalstaats als wichtig erachtet wurden. Der Inhalt von Lesebuchgeschichten wurde von D. C. McClelland (1961) und P. Lundgreen (1970) als wichtiger Indikator für Veränderungen der gesellschaftlichen Wertvorstellungen betrachtet.

D. C. McClelland (1961) und P. Lundgreen (1970) gingen davon aus, daß ein Ansteigen des „Niveaus an Leistungsbedürfnis" einem wirtschaftlichen Wachstum vorausgeht. Sie konnten anhand der Auswertung von Schulbuchinhalten überzeugend belegen, daß sich die Inhalte der in Volksschulen verwendeten Lesebücher in der ersten Phase der Industriellen Revolution sehr deutlich in Richtung Leistungsmotivation verlagert hatten. P. Lundgreen (1970, 97) hat anhand von 24 in Preußen verwendeten Lesebuchgeschichten nachgewiesen, daß sich das „Niveau an Leistungsbedürfnis" zwischen 1780 und 1840 verdoppelt hat.

Der Philosoph und Sozialanthropologe E. Gellner (1983, 1990) sieht in der Durchsetzung der Schriftkultur in einer Gesellschaft (in der Alphabetisierung eines großen Anteils der Bevölkerung) ebenfalls den entscheidenden Schritt zur Nationenbildung, da der moderne territoriale Verwaltungsstaat auf die Lese- und Schreibkundigkeit seiner Einwohner angewiesen sei. Von der Schule wurde ab der Wende vom 18. zum 19. Jahrhundert erwartet, daß sie

- die Bildung und Konsolidierung (kulturelle Homogenisierung) des Nationalstaates fördert,
- den politischen, gesellschaftlichen und wirtschaftlichen Modernisierungsprozeß vorantreibt,
- herrschaftskonforme Verhaltensweisen und Einstellungen bzw. eine bessere „Regierbarkeit der Untertanen" gewährleistet,
- die Voraussetzungen für eine effektive Verwaltung schafft,
- ein Nationalbewußtsein schafft und dieses stärkt,
- durch die Vermittlung der elementaren Kulturtechniken (Lesen, Schreiben, Rechnen) die Integration der Bevölkerung in den entstehenden modernen Staat fördert (vgl. u.a. Baumgart F. 1990).

Die politischen Funktionen der Volksschule wurden schon im 18. Jahrhundert in aller Offenheit hervorgehoben. Die Schulreformer benutzten das Argument, daß die Schule gute Untertanen und eine einheitliche Nation hervorbringen werde, sogar sehr häufig, um die Obrigkeit von der Notwendigkeit einer Schulpflicht, einer besseren Lehrerqualifikation oder einer höheren Lehrerbesoldung zu überzeugen. Der berühmte preußische Schulreformer F. E. von Rochow verwendete in einer 1779 gedruckten Schrift mit dem Titel „Vom Nationalcharakter durch Volksschulen" folgende Formulierungen:

»So reich unser Zeitalter an Erziehungsschriften ist, so hat doch meines Wissens noch niemand so wenig die Volksschulen aus einem Nationalgesichtspunkte betrachtet, als ihre Beziehung auf den Nationalcharakter dargestellt« (zit. bei Gansen J. 1894, 60). »Durch was für Mittel wird einer Nation ein guter Nationalcharakter gegeben? Die kurze Antwort ist: Durch Stiftung guter Schulen« (zit. bei Gansen J. 1894, 66). Volksschulen sollten nach der Ansicht von F. E. v. Rochow dazu eingerichtet werden, »daß darin durch den besseren Unterricht ein künftiges Geschlecht besserer Menschen gebildet werde« (zit. bei Gansen J. 1894, 72f).

K. Imhof beschreibt diese politische Aufgabe der Schule mit folgenden Worten: »Die Schule [...] vermittelt *moralische Verpflichtungen* und *Muster sozialer Zugehörigkeit und Distinktion* (soziale Integration). Dadurch wird das Subjekt in die Nation, die Region, allenfalls in die Ethnie, eingebunden. Schließlich vermittelt die Schule dem Subjekt *generalisierte Handlungspotentiale*, die die Interaktionsfähigkeit wie die Identitätsbildung des Heranwachsenden fördern und *Anreize für normenkonforme Handlungen* (Sozialisation) bereitstellen« (Imhof K. 1994, 314).

Politische Aufwertung von Sachkompetenz nach einer Krise

Die zunehmende Bedeutung der Sachkompetenz bei politischen und militärischen Entscheidungen hat dazu geführt, daß das Bildungswesen besonders nach militärischen Niederlagen, nach politischen Erschütterungen, im Rahmen von gesellschaftlichen und wirtschaftlichen Krisen oder vor großangelegten Reformen in den Vordergrund des politischen Interesses gerückt ist. Beispiele dafür wären etwa in Japan die Taika Reform (vor allem die 17 Artikel von Shotoku Taishi im Jahre 604), welche die Vergabe von hohen Beamtenposten mit dem Bestehen von Prüfungen verknüpft hat, die Englische Revolution zwischen 1640 und 1660, die zu einer rapiden Alphabetisierung der Bevölkerung und zu einer Vervielfachung von Publikationen beigetragen hat (vgl. Levine K. 1986, 80), die Einführung der allgemeinen Schulpflicht in Österreich im Jahre 1774 nach dem verlorenen Siebenjährigen Krieg gegen Preußen, die schulischen Reformen in Preußen nach der Agrarkrise der 70er Jahre des 18. Jahrhunderts und nach den verlorenen Napoleonischen Kriegen oder die Reformen in den USA nach dem „Sputnikschock".

Die preußische Reformpartei war zu Beginn des 19. Jahrhunderts davon überzeugt, daß die von ihr intendierte Reform von Staat und Gesellschaft durch eine umfassende Bildungsreform sowie »durch die Erziehung eines neuen 'Menschengeschlechts', unterstützt und abgesichert werden müsse« (Baumgart F. 1990, 35). Zur Durchsetzung dieses Ziels wurde der Einfluß der Kirche auf das Schulwesen immer mehr zurückgedrängt, die allgemeine Schulpflicht eingeführt und eine staatliche Schulverwaltung aufgebaut. Eine Schulverwaltung im eigentlichen Sinne entstand auch in den ökonomisch fortgeschrittenen Staaten erst im Laufe des 19. Jahrhunderts. »Noch im letzten Drittel des 18. Jahrhunderts gab es in Preußen strenggenommen keine staatliche Schulverwaltung. [...]. Der Justizminister führte als 'Einmannbetrieb' die Amtsgeschäfte« (Baumgart F. 1990, 19).

Viele Franzosen führten die Niederlage von 1870 gegen das Deutsche Reich darauf zurück, daß es unter den französischen Soldaten 20% Analphabeten gegeben habe, in der preußischen Armee jedoch nur drei Prozent (Cipolla C. M. 1969, 23). Die russische „narodnaja entsiklopedija" hat die Niederlage der Russen gegen die Japaner im Jahre 1904 darauf zurückgeführt, daß es in Japan, bezogen auf die Bevölkerungszahl, fünfmal so viele Lehrer gegeben habe wie im Zarenreich und die Japaner deshalb besser ausgebildet gewesen seien (zit. bei Eklof B. 1986, 105).

Nach dem Ende des Ersten Weltkriegs fand das meritokratische Prinzip sogar Eingang in Wahlaufrufe von Parteien. Ein Wahlaufruf der Deutschen Demokratischen Partei vom 15. Dezember 1918 lautete folgendermaßen: »Den Tüchtigen dürfen weder Standesvorrechte noch Bureaukratismus, weder Geldmacht noch Klassenvorurteile am Aufstieg hindern. Der Staat hat allen Befähigten die gleiche Ausbildung jeder Art auf Schule und Hochschule zu verbürgen. Denn nur der Tüchtige hat in einer freien Demokratie gerechten Anspruch auf Vorwärtskommen« (zit. bei Titze H. 1990, 277).
In der Weimarer Reichsverfassung war »das Recht der Fähigen auf den Aufstieg« eigens verankert. Im amtlichen Bericht des Reichsministeriums des Innern über die Reichsschulkonferenz von 1920 standen folgende Formulierungen: »Und der Sinn des Sozialismus besteht darin, daß das Recht des einzelnen auf Einfluß dem sozialen Wert seiner Leistung entspricht [...]. In der Verwaltung dieses Ausleseprozesses trägt die Schule eine schwere Verantwortung. Sie hat immer die Möglichkeit gehabt, die Unfähigen vom weiteren vergeblichen oder schädlichen Wettbewerb auszuschalten. Sie wird aber in dieser Ausmerzung künftig strenger sein müssen. Denn da die höheren Stufen des Berufslebens nur begrenzte Aufnahmefähigkeit haben, muß einem gesteigerten Aufstieg der Tüchtigen ein Abstieg der Untüchtigen das Gleichgewicht halten« (zit. bei Titze H. 1990, 278).

Sozialutopien und soziale Reformen

Auch moralische Motive und Sozialutopien haben immer wieder dazu geführt, daß das Bildungswesen in der politischen Diskussion einen hohen Stellenwert bekommen hat. Schon die Sozialutopien des 17. Jahrhunderts, wie etwa J. V. Andreas *„Christianopolis"* (1619), T. Campanellas *„Civitas Solis"* (1623) oder F. Bacons *„Nova Atlantis"* (1627), gingen davon aus, daß die ideale Gesellschaft erst entstehen könne, wenn »die ständische Hierarchie durch eine von einer Geisteselite geführten und wissenschaftlich begründeten sozialen Ordnung ersetzt ist« (Imhof K. 1996b, 110). In „Nova Atlantis" von Francis Bacon war z.B. vorgesehen, daß ein Haus der Weisen die oberste moralische und richterliche Instanz und der wahre Wächter über das Wissen sein soll. Im 18. Jahrhundert sahen viele Reformer (Campe J. H. 1786; Garve C. 1796; Krünitz J. G. 1770) in der Bildung der Bevölkerung (meistens war nur die Lese- und Schreibkundigkeit gemeint) das Allheilmittel gegen Armut, Hungerkrisen, gesellschaftliche Apathie, Kriminalität, Trunksucht und andere wirtschaftliche und gesellschaftliche Mißstände. Diese positiven Erwartungen an die Schule verstärkten sich im 19. Jahrhundert noch und führten in vielen Ländern zum Aufkommen der sogenannten „Moralstatistiken" (vgl. Kap. 3.2).

In den 60er Jahren des 20. Jahrhunderts hat die Wiederentdeckung der sozialen Ungleichheit in den Sozialwissenschaften nicht nur publikumswirksame Schlagworte wie „Demokratisierung des Bildungswesens", „Bildung ist Bürgerrecht", „Verwirklichung gleicher Bildungschancen" oder „Ausschöpfung der Begabungsreserven" hervorgebracht, sondern auch eine bildungspolitische Dynamik entfacht, die zusammen mit den ansteigenden Schülerzahlen zum Hauptmotor der Bildungsexplosion in den 60er und 70er Jahren wurde.

Die von den USA ausgehenden Vorstellungen, daß man durch die Verwirklichung der Chancengleichheit in der Schule zum Abbau sozialer und wirtschaftlicher Ungleichheiten in der Gesellschaft beitragen könne, fanden auch unter den europäischen Bildungspolitikern und Bildungswissenschaftlern große Resonanz. Nun hat diese „Bildungsexplosion" zweifellos die Gesellschaft in vielen Aspekten verändert und über eine größere soziale Mobilität vielleicht auch zu mehr sozialer Gerechtigkeit im meritokratischen Sinn beigetragen, aber die Spannweite der sozialen Ungleichheit an sich hat sie keineswegs abgebaut. »Wissen als ein Bündel breitgefächerter allgemeiner Kompetenzen hat in Ungleichheitsregimes seine besonderen Auswirkungen auf den *Prozeß der Formation* von sozialen Differenzen. Ergebnis dieser Prozesse sind wiederum soziale Abstufungen von teilweise traditionellen Bedeutungsinhalten wie zum Beispiel Einkommens- und Vermögenshierarchien, aber auch neue Formen sozialer Ungleichheit wie etwa die Differenzierung von Lebensstilen« (Stehr N. 1994a, 197). Die französischen Sozialwissenschaftler P. Bourdieu und J. C. Passeron (1971) argumentieren, daß das derzeitige Ausbildungssystem die soziale Ungleichheit sogar eher aufrechterhält als abbaut. Auch nach W. A. Weisskopf (1975, 221) hat der Trend zu einer meritokratischen Gesellschaft die Spannweite der Ungleichheiten eher noch vergrößert, weil nun den marginalisierten Schichten an der Basis der Qualifikationspyramide noch weniger Aufstiegsmöglichkeiten offenstehen. Zu dieser wachsenden Spannweite an Ungleichheit haben zweifellos auch die Schulreformen mit ihrer stärkeren Differenzierung des Grundschulwesens beigetragen.

Die intensive und vor einer breiten Öffentlichkeit ausgetragene Diskussion über die soziale und wirtschaftliche Ungleichheit hat sich in den 60er Jahren allerdings sehr positiv auf den politischen Stellenwert des Bildungswesens ausgewirkt. Die Forderung nach Ausschöpfen der Begabungsreserven hat das Interesse der Forschung und Politik auf die regionalen Disparitäten des Bildungsverhaltens und die regional unterschiedliche Standortdichte von Bildungseinrichtungen gelenkt und somit eine beträchtliche Zahl von regionalwissenschaftlichen Forschungen über das Bildungswesen ausgelöst.

1.3 Wissen und wirtschaftliche Entwicklung

1.3.1 Kurzer Überblick über die historische Entwicklung

Wirtschaftliche Blüte und wirtschaftlicher Niedergang waren im Laufe der Geschichte immer sehr eng mit dem Wissen und den Qualifikationen der Bevölkerung verbunden. Ein Vorsprung an Wissen, ein Vorsprung in der Forschung, Entwicklung und Technologie, ein Vorsprung an *inventive capacity*, hohe berufliche Qualifikationen, Kreativität, ein hoher Rang von Wissenschaft und Forschung im gesellschaftlichen Wertesystem, kritische Distanz zum Bestehenden, Rationalität, das Infragestellen von Dogmen und „Heilswissen", intellektuelle Freiheit und die Suche nach Neuem haben *längerfristig* meistens zu einer wirtschaftlichen Dynamik und Aufwärtsentwicklung geführt. Ein hoher Anteil an Analphabeten und Unqualifizierten, eine schlechte Qualität des Bildungswesens, die Unterbindung von Kritik, die Abschottung der Bevölkerung von Informationen, die Dominanz des „Heilswissens" (geoffenbartes Wissen, Dogmen und politische Ideologien) über das Sachwissen oder die Tatsache, daß Eliten nicht nach Qualifikation und Kompetenz, sondern nach politischer Zuverlässigkeit oder nach Familien-, Stammes- oder Parteizugehörigkeit ausgesucht werden, haben *langfristig* in der Regel zu Ineffizienz, zu Stagnation, zum Verlust der Wettbewerbsfähigkeit oder sogar zum Zusammenbruch der Systeme geführt.

Zunehmender ökonomischer Nutzen durch Wissen

Die Frage, ob neues Wissen zu ökonomischem Nutzen, wirtschaftlicher Wettbewerbsfähigkeit und Entwicklung führt, hängt erstens von den *Motiven* ab, die hinter dem Erwerb von Wissen oder der Beschäftigung mit Wissenschaft stehen. In Europa standen bis ins 13. Jahrhundert der Erwerb von Wissen und die Beschäftigung mit Wissenschaft nicht unter dem Aspekt, einen Nutzen zu erzielen, sondern Wissenschaft diente (anders als in den arabisch geprägten Kulturräumen) vorwiegend moralisch-ethischen und theologischen Zielen. »Die mittelalterliche Wissenschaft war der Theologie untergeordnet [...]. Die höchste Wahrheit war die geoffenbarte religiöse Wahrheit« (Sorokin P. A. 1953, 228). Naturwissenschaftliches Wissen wurde eher als zweitrangig angesehen. Auch in späteren Jahrhunderten wurde der Erwerb von Wissen (z.B. Lesekundigkeit der Bevölkerung) vielfach aus Motiven angestrebt, die keine ökonomische Umsetzung zum Ziel hatten (vgl. Kap. 4.2.4 und 4.3.2).

K. Imhof (1996a) hat erläutert, warum beispielsweise im alten China und in der okzidentalen Antike das hohe Niveau der empirischen Wissenschaften nicht in wirtschaftlichen Fortschritt umgewandelt werden konnte. Er führt das Nichtverwenden des vorhandenen Wissens in China darauf zurück, daß Handel und Gewerbe seit der Song Dynastie bis ins 20. Jahrhundert von bürokratischen Regeln behindert wurden. »Weder Konfuzianismus noch Taoismus boten [...] Anschlußstellen für die Ausdifferenzierung einer Wirtschaftsethik, die eine *aktive Weltbearbeitung* unter Effizienzkriterien motivierte. [...] Auch in der okzidentalen Antike stoßen wir auf diese bemerkenswerte Differenz zwischen theoretischem und praktischem Wissen sowie auf die Vernachlässigung der Nutzung des vorhandenen praktischen Erkenntnisstandes« (Imhof K. 1996a, 39).

Lese- und Schreibkenntnisse hatten im Abendland für den wirtschaftlichen Erfolg bis ins 13. Jahrhundert keine große Bedeutung. Dann traten jedoch in Europa neben der Herausbildung des Universitätswesens auch weitere, bahnbrechende Entwicklungen ein, die zumindest in den Handelszentren zu einem raschen Bedeutungsanstieg der Lese-, Schreib- und Rechenkenntnisse als Schlüssel zum wirtschaftlichen Erfolg führten. Während des 13. und 14. Jahrhunderts wurde in Europa das arabische Zahlensystem durch Kalender und Almanache weit verbreitet. Die Verbreitung der mathematischen und naturwissenschaftlichen Erkenntnisse der Araber (z.B. Astrologie, Alchemie) war auch deshalb wichtig, weil die arabischen Wissenschaftler, anders als die christlichen Philosophen, nicht in erster Linie daran interessiert waren, welche Aspekte der Natur am besten die moralischen Absichten von Gott illustrieren oder wie die in der Bibel erwähnten Geschehnisse am besten erklärt werden können, sondern sie wollten wissen, welches Wissen Macht über die Natur vermittelt. Die Alchemisten wollten das „Lebenselixier" und den Stein der Weisen finden, die magischen Kräfte von Pflanzen und Steinen erforschen, Metalle umwandeln oder das menschliche Leben verlängern, so daß der angewandte Aspekt der Wissenschaften viel stärker im Vordergrund stand als in der Tradition der christlichen Philosophie (Crombie A. C. 1967, vol. 1, 50-53).

Im 13. Jahrhundert begannen in Europa in den Naturwissenschaften auch experimentelle und mathematische Methoden Eingang zu finden. R. Bacon (1220(?) bis 1292) öffnete den Blick für empirische Experimente und angewandte Forschung. Er unterstrich die Nützlichkeit der experimentellen Forschung für den christlichen Glauben, die Kirche, Wirtschaft, Medizin und Politik (vgl. Crombie, A. C. 1967, vol. 1, 52-67) und schlug Papst Clement IV. die Erstellung einer großen Enzyklopädie vor. Dies waren die Anfänge der »Merkantilisierung des Wissens« (Lyotard 1994), die in der zweiten Hälfte des 20. Jahrhunderts ihren bisherigen Höhepunkt erreichte.

Zunehmende Bedeutung von Dokumenten

Im 11. Jahrhundert wurden Pacht-, Miet- und Besitzverhältnisse meistens noch ohne einen dokumentarischen Beleg geregelt. Dies änderte sich im 12. Jahrhundert, als Dokumente, Briefe und Archive zuerst an Königshöfen eine große Bedeutung erhielten. Dann wurde die Nutzung des Mediums Dokument auch von den Bischöfen übernommen, bis 1200 war das Dokument bei den Grafen und um 1250 bei den Rittern verbreitet und ab 1300 verwendeten es auch Kaufleute, Gewerbetreibende und Bauern (Faulstich W. 1996, 76-80; Clanchy M. T. 1979, 31).

Bei Verträgen begann also der Entwicklungsprozeß von der Erinnerung zur Niederschrift bzw. von der Gedächtniskultur zur Schriftkultur im 12. Jahrhundert in den

Zentren der Macht und diffundierte von dort innerhalb eines Jahrhunderts bis in die ländliche Peripherie. In England unter Edward I. »war die Verwendung von Dokumenten bereits verbreitet bis hinunter zur Ebene der Dorfverwaltung« (Clanchy M. T. 1979, 31). Die Ausstellung von Besitzurkunden im ländlichen Bereich bedeutet selbstverständlich nicht, daß damals bereits ein nennenswerter Anteil der Bauern schon lesen und schreiben konnte.

Sowohl die Verwendung von Dokumenten als auch die Zahl der benutzten Medien folgten einem hierarchischen Diffusionsmuster, das von den politischen und ökonomischen Zentren ausging und nur langsam an die Peripherie vorgedrungen ist. Während es im Mittelalter in den *Zentren* der weltlichen und geistlichen Macht mehr als ein Dutzend Medien (Bücher, Dokumente, Briefe, Sänger, Gaukler, Hofnarren, Spiele, Feste) gab, waren 90% der Bevölkerung »auf ein oder zwei Medien festgelegt und damit von bestimmtem Wissen und in der Folge von bestimmten Handlungskompetenzen ausgegrenzt« (Faulstich W. 1996, 86-87, 269).

Veränderung der Geschäftsabläufe - doppelte Buchführung

Nach H. Kellenbenz (1973, 131) haben sich im 13. Jahrhundert auch die Handelsbeziehungen der Kaufleute und die Geschäftsabläufe grundlegend gewandelt. Vor dem Zeitalter der Kreuzzüge begleitete der Kaufmann seine Warentransporte auch beim Fernhandel persönlich. Die Geschäfte wurden im direkten Gespräch abgewickelt, und die Waren meist direkt gegen andere Waren getauscht, so daß kein Schriftverkehr und auch keine Lieferscheine oder Rechnungen notwendig waren. Die Periode der Kreuzzüge brachte dann einen grundlegenden Wandel in der europäischen Wirtschaftsgeschichte. Im 13. und 14. Jahrhundert kamen u.a. das System der Handelsniederlassungen, der Wechsel und die doppelte Buchführung auf, und auch die Größe der Handelsorganisationen nahm stark zu. Durch diese Neuerungen stieg die Zahl von Rechnungs-, Steuer- und Handelsbüchern (vgl. Sieveking H. 1901, 1902) sowie von Briefen, Berichten, Rechnungen und schriftlichen Transaktionen beträchtlich an, so daß zumindest der Fernhandel nicht mehr ohne lese- und schreibkundige Kaufleute ausgekommen ist.

Eine weitere wirtschaftshistorische Zäsur wurde durch die Einführung der doppelten Buchführung eingeleitet, der von vielen Wirtschaftshistorikern und Ökonomen eine herausragende Bedeutung zugemessen wird.

Die „doppelte Buchführung“ wird zwar im allgemeinen auf Luca Pacioli (1445-1512) zurückgeführt, dessen Hauptwerk „Summa de arithmetica geometria proportioni et proportionalita“ 1494 erschienen ist. Aber schon das Hauptbuch der italienischen Firma Averado de Medici e compagni aus dem Jahr 1395 läßt alle wesentlichen Merkmale der doppelten Buchführung erkennen (Hoffmann W. 1993, 10).
Sombart schrieb: »Die doppelte Buchführung ist aus demselben Geiste geboren wie die Systeme Galileis und Newtons, wie die Lehren der modernen Physik und der Chemie [...]. Man kann schlechthin Kapitalismus ohne doppelte Buchhaltung nicht denken« (zitiert bei Hoffmann W. 1993, 8). W. Eucken führte den Untergang der Hansestädte im 16. Jahrhundert darauf zurück, daß es die hanseatischen Kaufleute versäumt hatten, die doppelte Buchführung einzuführen

und dadurch gegenüber der Konkurrenz ins Hintertreffen geraten waren. Auch bei den Fuggern kehrte mit der Einführung der doppelten Buchführung der Wohlstand ein (zit. bei Hoffmann W. 1993, 8).

Die doppelte Buchführung war deshalb so wichtig, weil sie die Handelsgeschäfte und die wirtschaftliche Situation eines Unternehmens *durchschaubar* und *berechenbar* machte, dadurch das Ausmaß der Ungewißheit und die Gefahr von Fehlentscheidungen verringerte und die Wettbewerbsfähigkeit steigerte. In den großen nord- und mittelitalienischen Handelszentren, in denen die doppelte Buchführung zuerst eingeführt wurde, mußten nicht nur Kaufleute, Juristen und Verwaltungsbeamte Lese- und Schreibkenntnisse haben, sondern in Florenz wurde am Anfang des 14. Jahrhunderts auch von Handwerkern erwartet, daß sie lesen, schreiben und rechnen konnten (Cipolla C. M. 1969, 46). Auch in anderen großen Handelszentren, wie z.B. in London, konnte um die Mitte des 14. Jahrhunderts ein Großteil der Kaufleute und Handwerker lesen und schreiben (Bowman M. J. und C. A. Anderson 1973, 249). Die Aussage von W. Faulstich (1996, 134), daß sich an der Wende zum 13. Jahrhundert die »Kultur- und Lehrzentren vom Land in die Stadt« verlagerten, kann allerdings zu Mißverständnissen führen. Denn die Verlagerung erfolgte nicht vom ländlichen Raum in die Stadt, sondern von kleinen Zentren (Klöstern, Burgen) in größere Zentren (Städte) bzw. von den Klöstern an die städtischen Universitäten.

Zunehmende Bedeutung des technologischen Fortschritts

Ein technologischer Fortschritt in der Landwirtschaft, im Gewerbe und im Transportwesen war für die wirtschaftliche Wettbewerbsfähigkeit schon in früheren Jahrhunderten vor allem deshalb wichtig, weil er die *Produktivität* steigerte.

Ab dem 15. Jahrhundert wurde eine zunehmende Zahl von technischen Abhandlungen über die Konstruktion von Gewehren, Schiffen, Dämmen, Spinnrädern oder über Rezepte für Farben geschrieben (vgl. Crombie A. C. 1967, vol. 1, 177-180). Die Entwicklung neuer Navigationsmethoden und die räumliche Ausdehnung der Hochseeschiffahrt verlangten ab dem Ende des 15. Jahrhunderts in zunehmendem Maße lese-, schreib- und rechenkundige Seeleute. Im 16. Jahrhundert haben der Buchdruck, die Landkartenproduktion und die Herstellung von Präzisionsinstrumenten zu einer gewaltigen Beschleunigung der Wissensakkumulation geführt.
Im 16. Jahrhundert veränderten sich die Forschungsfragen und die Forschungsmethoden mit großer Schnelligkeit, nun standen viel genauere Instrumente zur Verfügung, Experimente und mathematische Abstraktionen brachten erstaunliche Erkenntnisse hervor, und die Wissenschaftler waren verstärkt an der Lösung praktischer Probleme und an technischen Prozessen interessiert. Im 16. Jahrhundert haben Territorialherren zunehmend Mathematiker angestellt, um Probleme der Navigation, der Vermessung und der Befestigungstechnik zu lösen.
In der zweiten Hälfte des 16. Jahrhunderts entstanden Kommunikationsnetze von Gelehrten, die »außerhalb der universitären Hochburgen der Scholastik einen an der Physik orientierten, auf Beobachtung, Messung und Experiment ausgerichteten Diskurs über Natur und Gesellschaft« (Imhof K. 1996b, 109) pflegten.

Wissenschaftlicher *take-off* um die Mitte des 17. Jahrhunderts

Das Vordringen der analytischen und mechanistischen Denkmethode im 16. und 17. Jahrhundert und die dadurch erzielten revolutionären Erkenntnisse und Entwicklungen der Naturwissenschaften (Galilei, Kopernikus, Newton, Kepler) führten um die Mitte des 17. Jahrhunderts zu einem *take-off* der Naturwissenschaften, wodurch das Interesse an der Anwendung von wissenschaftlichen Erkenntnissen rasch zugenommen hat. Zu dieser Zeit wurden in mehreren politischen Zentren wissenschaftliche Akademien gegründet (1657 die „Akademie der Experimente" in Florenz, 1662/63 die *Royal Society* in London, 1666 die *Académie des Sciences* in Paris).

Der zunehmende Praxisbezug der Forschung ist daran ersichtlich, daß sich in der zweiten Hälfte des 17. Jahrhunderts das Interesse der gelehrten Abhandlungen der Royal Society zunehmend der Mechanik, Forstwirtschaft, Färberei und dem *Insight into Trades* zugewandt hat (Crombie A. C. 1967, vol. 2, 123-124). Ab der Mitte des 18. Jahrhunderts ist die Zahl der wissenschaftlichen Publikationen sprunghaft angestiegen.

Im Jahre 1665 wurde die erste, bis heute noch existierende wissenschaftliche Zeitschrift, die *„Philosophical Transactions of the Royal Society of London"*, gegründet. Ihr folgten bald einige ähnliche Zeitschriften von wissenschaftlichen Akademien in Europa. Im Jahre 1750 gab es zehn Zeitschriften, zu Beginn des 19. Jahrhunderts zählte man schon rd. 100 Zeitschriften und im Jahre 1830 etwa 300. Ab diesem Zeitpunkt konnte kein Wissenschaftler mehr alle für ihn interessanten Publikationen lesen, so daß zu dieser Zeit erstmals ein *Abstract Journal* erschien (bis 1950 stieg die Zahl der *Abstract Journals* auf etwa 300 an). Mitte des 19. Jahrhunderts existierten bereits 1.000 Zeitschriften, im Jahre 1900 bereits 10.000 Zeitschriften (Price D. J. 1975, 164-175). Mitte der 70er Jahre schätzte D. J. Price (1975) die Zahl der Zeitschriften schon auf rd. 100.000. Die Zahl der Zeitschriften hat sich also nach 1750 alle 50 Jahre um den Faktor 10 vervielfacht.

Auf dem Weg zur Wissensgesellschaft

Der Begriff Wissensgesellschaft, der nicht unumstritten ist, tauchte nach N. Stehr (1994a, 26) erstmals Mitte der 60er Jahre auf. R. E. Lane (1966, 650) sprach von der *knowledgeable society* und P. Drucker (1969) verwendete die Bezeichnung *knowledge society*. In der Zeit nach dem Zweiten Weltkrieg hat der enorme Bedeutungsanstieg des wissenschaftlichen Wissens eine grundlegende Strukturveränderung der Gesellschaft und Wirtschaft ausgelöst, die erstmals von D. Richta (1972, 1977) und D. Bell (1973) skizziert und von N. Stehr (1994a) sehr treffend und facettenreich beschrieben wird.

Abb. 1.1 Entwicklung der Wirtschaftssektoren und der Zahl der Kopfarbeiter

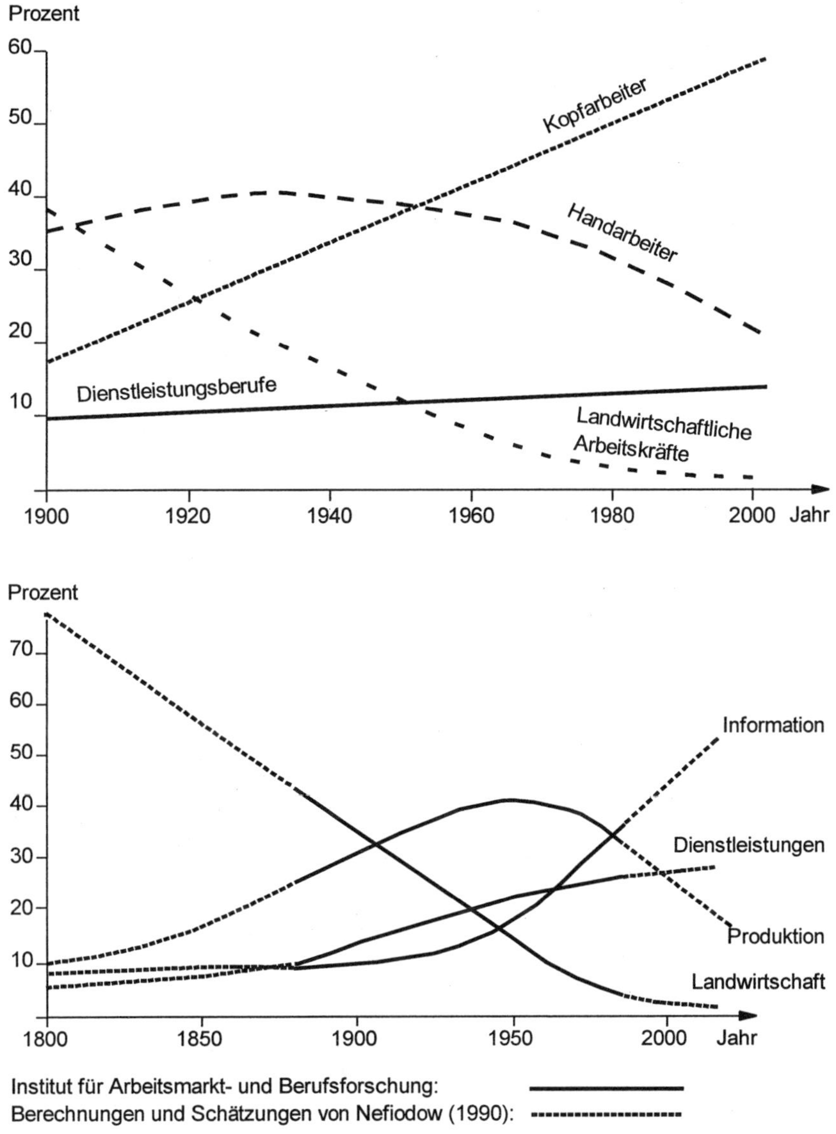

Quelle: modifiziert nach Nefiodow L. A. 1990, 129.

Das Vordringen wissenschaftlicher Erkenntnis in die wesentlichen Lebensbereiche der modernen Gesellschaft läßt sich nach N. Stehr (1994a, 36f) folgendermaßen beschreiben:

- Wissenschaftliche Durchdringung aller Lebens- und Handlungsbereiche,

- Verdrängung anderer Wissensformen durch die Wissenschaft (z.B. durch die Professionalisierung von Berufen),
- Entwicklung der Wissenschaft zur unmittelbaren Produktivkraft,
- Entstehung eines besonderen Sektors der Politik (Wissenschafts- und Bildungspolitik),
- Herausbildung eines neuen Produktionssektors (Wissensproduktion),
- Veränderung der Herrschaftsstrukturen,
- Transformation der Legitimationsgrundlage von Herrschaft hin zu Spezialwissen (Expertenmacht),
- Entwicklung des Wissens zur Grundlage sozialer Ungleichheit und gesellschaftlicher Solidarität
- Transformation der vorherrschenden Quellen sozialer Konflikte.

Abb. 1.2 Die Kondratieff-Zyklen

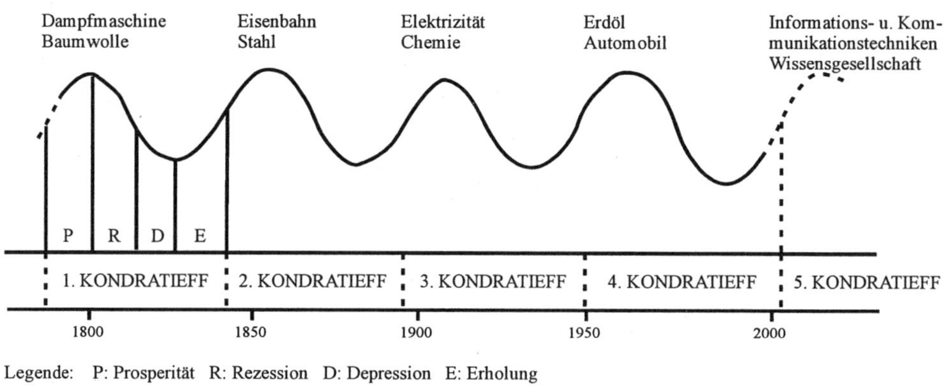

Quelle: Modifiziert nach Nefiodow L. A. 1990, 27.

Der Bedeutungsanstieg der Wissensgesellschaft kann für die jüngere Zeit auch anhand der Zahl der „Wissensarbeiter", der „Kopfarbeiter", der *knowledge workers* oder der *white collar workers* belegt werden (Abb. 1.1). In der zweiten Hälfte des 20. Jahrhunderts hat in den reichen Industrieländern die Zahl der „Kopfarbeiter" die der anderen Bereiche überholt. Das Wachstum der informationstechnischen Industrien ist deutlich höher als das der anderen Branchen, die Zahl der Anwender informationsverarbeitender Systeme nimmt sprunghaft zu. Ein immer größerer Anteil des wirtschaftlichen Wachstums wird durch Informationstechnik, Informationsdienstleistungen, Telekommunikationsdienste und kommerzielle Datenbanken erzielt. Die arbeitsplatzbezogenen Investitionen liegen im Informationssektor seit den 70er Jahren höher als im Produktionsbereich.

In den vier Jahrzehnten nach 1960 sind so viele neue und folgenreiche Techniken der Informationsverarbeitung und Telekommunikation entwickelt worden, daß viele

Autoren von einer historischen Zäsur und einige sogar vom Beginn eines neuen Kondratieff-Zyklus (z.B. Nefiodow L. A. 1990) sprechen. In der Literatur wurden bisher vier Kondratieff-Zyklen unterschieden, welche jeweils durch die Basisinnovationen Dampfmaschine und Baumwolle, Eisenbahn und Stahl, Elektrizität und Chemie sowie Erdöl und Automobil ausgelöst wurden. L. A. Nefiodow (1990, 25-30) hat einen fünften Zyklus angefügt, der seiner Ansicht nach durch „Information und Wissen" ausgelöst wurde (vgl. Abb. 1.2). Diese Bezeichnung ist jedoch etwas unglücklich gewählt, denn jede Basisinnovation beruht auf neuem Wissen. Was den fünften Zyklus von den früheren unterscheidet, sind nicht Informationen, sondern eher neue Techniken der Speicherung, Verarbeitung und Übertragung von Informationen, die zu verarbeitende Informationsmenge, die Geschwindigkeit der Informationsverarbeitung und der enorme Bedeutungsanstieg von Wissen und Ausbildung für den wirtschaftlichen Erfolg.

1.3.2 Humanressourcen als Produktionsfaktor

Die wirtschaftliche Bedeutung der Humanressourcen in ihrer historischen Entwicklung

Die Bedeutung der Humanressourcen für die wirtschaftliche Entwicklung wurde von einzelnen Persönlichkeiten schon vor Jahrhunderten erkannt. R. Bacon (1220(?)-1292) war wohl der erste, der darauf hinwies, daß Wissenschaft den Reichtum eines Landes mehrt (vgl. Crombie A. C. 1967, vol. 1, 52-67). In Deutschland ist vermutlich die Rede Philipp Melanchthons „De restituendi scholis" der erste Hinweis auf die Bedeutung der Humanressourcen. Melanchthn hat diese Rede im Jahre 1540 für den Schotten Alexander Alesius (1500-1565) geschrieben, der 1533 nach Wittenberg kam und später Professor an der unter Mithilfe Melanchthons reformierten Universität Frankfurt an der Oder wurde. In dieser lateinischen Rede (das Zitat verdanke ich einer freundlichen Mitteilung von G. Seebaß, Universität Heidelberg) ist u.a. folgende Aussage enthalten (frei übersetzt): »Wer Schulen gründet und die Wissenschaften pflegt, der macht sich um sein Volk und die ganze Nachwelt besser verdient, als wenn er neue Silber- und Goldadern fände« (Nürnberger R. 1961, Spalte 492).

Große Handels- und Bankhäuser wie die Fugger oder die Rothschilds waren schon vor Jahrhunderten bemüht, durch ein gut funktionierendes Informations- und Postnetz gegenüber den Konkurrenten einen Informations- und Wissensvorsprung zu bekommen. Im Merkantilismus hat auch der Staat die Bedeutung hochqualifizierter Berufe erkannt, so daß viele Territorialherren immer wieder versucht haben, Produktionsmethoden von ertragreichen Gütern geheimzuhalten, spezialisierten Berufen die Auswanderung zu verbieten oder hochqualifizierte Flüchtlinge (z.B. Hugenotten, Juden, Deutsche) zur Ankurbelung der Wirtschaft anzuwerben.

Seit dem Beginn des Merkantilismus ist die Bedeutung des Produktionsfaktors Humanressourcen bzw. einer gut ausgebildeten Bevölkerung von immer mehr Leuten erkannt worden, so daß sich um die Mitte des 18. Jahrhunderts das Wissen vom

„privaten Gut“ zum „öffentlichen Gut“ gewandelt hat. Für diese Zäsur gibt es mehrere Belege.

Nachdem in England und Holland schon im 16. Jahrhundert erste Vorformen der Industrieschule entstandenwaren, setzte sich die Industrieschulbewegung ab der Mitte des 18. Jahrhunderts auch in Deutschland (vor allem in Süddeutschland) durch. In den Gemeinden der Herrnhuter Brüder wurden Mitte des 18. Jahrhunderts Arbeitererziehungsanstalten eingerichtet, in denen Unterricht und Kinderarbeit kombiniert wurden (Koneffke G. 1968, VIII-IX). 1747 wurde in Frankreich die erste Technikschule eröffnet, 1764 hat Österreich die allgemeine Schulpflicht eingeführt, um 1770 wurde in Deutschland die erste Landwirtschaftsschule und 1776 die erste Bergbauschule errichtet, und 1794 gründeten die Franzosen die erste technische Universität.

Nach J. F. Lyotard (1994, 131-132) zeichnet sich ab dem Ende des 18. Jahrhunderts »eine Gleichung zwischen Reichtum, Effizienz und Wahrheit« ab. Es kommt zur Entdeckung, daß keine Technik ohne Reichtum (Investitionen), aber auch kein Reichtum ohne Technik möglich ist. Diesen Prozeß nannte er die »Merkantilisierung des Wissens« (Lyotard J. F. 1994, 150). In der zweiten Hälfte des 18. Jahrhunderts häuft sich in Schriften von Schul- und Wirtschaftsreformern die Ansicht, daß Armut und Not nicht durch Unglücksfälle oder das Schicksal verursacht würden, sondern durch eigenes Verschulden (z.B. Sextro H. P. 1785, 18).

Schon zu Beginn des 19. Jahrhunderts wurden staatliche Bildungsreformen vor allem unter dem Aspekt der ökonomischen Modernisierung propagiert. Mit der Errichtung von Musterschulen versuchte der preußische Staat, nicht nur der Nachfrage nach ökonomischen Kenntnissen und Fertigkeiten Rechnung zu tragen, sondern vielmehr ein Innovationspotential für die weitere ökonomisch-technische Entwicklung bereitzustellen (vgl. Lundgreen P. 1973, 20; Baumgart F. 1990, 45). Diese wirtschaftliche Aufwertung des Wissens hing vor allem damit zusammen, daß der Industrialisierungsprozeß von neuen Techniken und Erfindungen abhängig war. Nur „neues Wissen“ in Form von neuen Techniken, Erfindungen, neuen Transport- und Kommunikationsmitteln und neuen Organisationsformen (Fabriken, Aktiengesellschaften) haben jene Produktivitätssteigerung, Massenproduktion und Kapitalakkumulation ermöglicht, die für den weiteren Industrialisierungsprozeß eine Voraussetzung war. Durch die Anwendung des Wissens auf die Arbeit steigerte sich die Produktivität explosionsartig (Drucker P. F. 1993, 62).

Die Auswirkungen einer Bildungsexpansion auf die wirtschaftliche Entwicklung werden schon seit mehreren Jahrhunderten kontrovers diskutiert. Während eine Gruppe von Ökonomen, Staatswissenschaftlern und Reformern in einer möglichst großen Zahl von Gebildeten ein Allheilmittel gegen alle möglichen wirtschaftlichen und gesellschaftlichen Mißstände und eine Grundvoraussetzung für das Wohlergehen des Staats sieht, erachtet eine andere Gruppe das in Überfüllungskrisen entstehende Bildungsproletariat als eine sozialpolitische Gefahr. Die beiden Standpunkte sind nicht so unvereinbar, wie es auf den ersten Blick erscheinen mag; sie unterscheiden sich nur hinsichtlich des Zeithorizonts. Es ist unbestritten, daß die zyklisch auftretenden Überfüllungskrisen von Universitäten und akademischen Berufen die ökonomische Verwertung von höheren Bildungsabschlüssen für einen bestimmten Zeitraum behindern, die Karrierechancen bestimmter Geburtsjahrgänge einschränken und kurzfristig auch keine wirtschaftliche Entwicklung auslösen. Bisher wurde aber fast jede dieser Überfüllungskrisen wieder von Mangelkrisen abgelöst (vgl. Titze H. 1990), und aus *langfristiger* Sicht ist es wohl nicht zu leugnen, daß ein durch die Zyklen gelegter Trend in Richtung eines höheren, durchschnittlichen Ausbildungsniveaus verlaufen muß, wenn die wirtschaftliche Wettbewerbsfähigkeit und Innovationskraft erhalten bleiben soll.

Ein hoher Anteil an Lese- und Schreibkundigen war zweifellos eine von mehreren wichtigen Voraussetzungen für das Gelingen des Industrialisierungs- und Modernisierungsprozesses im 19. Jahrhundert. M. J. Bowman und C. A. Anderson (1973, 251) haben in diesem Zusammenhang darauf hingewiesen, daß in der ersten Phase der Industriellen Revolution vor allem die organisatorischen Veränderungen in der Verwaltung (z.B. die indirekte Übertragung von Informationen durch Briefe, Berichte, Vorschriften, die Standardisierung und Normierung von Arbeitsabläufen sowie die Notwendigkeit, kurzfristig zahlreiche Personen zu informieren) lese- und schreibkundige Beschäftigte verlangt haben, während der technologische Fortschritt in der Produktion in der Anfangsphase der Industrialisierung solche Lese- und Schreibkenntnisse nicht erfordert und z.T. sogar zu einer Dequalifizierung der Beschäftigten geführt hat. Wenige Jahrzehnte nach Beginn der Industriellen Revolution waren jedoch auch in der Produktion Lese- und Schreibkenntnisse von Vorteil. Denn solange die Masse der Arbeiter nicht lesen und schreiben konnte und somit auch mit Produktions-, Betriebs- und Verwaltungsvorschriften, mit Gebrauchsanweisungen, Reparaturanleitungen und schriftlichen Informationen nicht umgehen konnte, fehlten die Voraussetzungen für die Standardisierung, Normierung und Bürokratisierung von Arbeitsabläufen und damit auch für die Steuerung von großen arbeitsteiligen Unternehmen. In einem Land mit hohem Analphabetismus sind die Produktionsprozesse grundsätzlich anders als in nahezu vollständig alphabetisierten Gesellschaften. In einer Gesellschaft mit hohen Analphabetenquoten fehlen vor allem die Grundvoraussetzungen für eine differenzierte Arbeitsteilung, eine Bürokratisierung, eine effiziente Verwaltung und den Übergang von der Subsistenzwirtschaft zur Marktwirtschaft bzw. zum »Austausch-Sektor« (Hoselitz B. F. 1969, 232).

Etwa ab der Mitte des 19. Jahrhunderts haben dann in Europa der große Aufschwung der Naturwissenschaften, die damit verbundene Einführung neuer industrieller Technologien (Stahlindustrie, Maschinenbau, chemische Industrie, Elektroindustrie) und der exponentiell wachsende Umfang der zu verarbeitenden Informationen auch im unmittelbaren Produktionsprozeß zu einem neuen Bedeutungsanstieg des Ausbildungs- und Qualifikationsniveaus der Beschäftigten geführt. Nun rückten die Humanressourcen zunehmend als ein wirtschaftlicher *Wettbewerbsfaktor* in den Mittelpunkt des Interesses. Dieser Wandel stellt eine weitere entscheidende wirtschaftshistorische Zäsur dar. In früheren Jahrhunderten basierten Wettbewerbsvorteile von Kaufleuten, Märkten und Städten vor allem auf Monopolen und Privilegien (z.B. Stapelrecht, Marktrecht, Münzrecht, Produktions- oder Handelsmonopol), die ihnen von Königen oder Territorialherren verliehen oder von ihnen erkauft wurden.

Solche Monopole haben den Organisationen und Standorten jeweils für einen längeren Zeitraum einen Wettbewerbs- und Standortvorteil garantiert, für Stabilität gesorgt und ganz wesentlich die zentralörtliche Hierachie des Siedlungssystems mitbestimmt. Sobald der wirtschaftliche Wettbewerbsvorteil nicht mehr auf Monopolen oder Schutzzöllen beruhte, sondern durch innovative Produkte erzielt werden mußte, hat die zeitliche Dauer des durch eine Innovation erzielten komparativen Vorteils dramatisch abgenommen.

Nach der Industriellen Revolution mußten solche Wettbewerbsvorteile, zumindest wenn die natürlichen Ressourcen knapp waren, vor allem durch Basisinnovationen, Erfindungen, neue Technologien oder eine überlegene Qualifikation des Führungspersonals und der Erwerbstätigen erworben werden. Diese neuen, auf Wissen und Qualifikationen basierenden Wettbewerbsvorteile haben allerdings keinen so langfristig wirksamen Schutz vor der Konkurrenz geboten wie die Verleihung von Monopolen und Privilegien. Deshalb war der Schutz dieser geistigen Leistungen durch Patente eine wichtige Voraussetzung für die hohen Investitionen der Wirtschaft in Forschung und Entwicklung. Selbstverständlich kommt es auch dann zu technischen Innovationen, wenn die Eigentumsrechte des Innovators nicht geschützt sind. Die Durchsetzung der Eigentumsrechte und der Schutz des geistigen Eigentums haben jedoch die Entstehung und Diffusion von Innovationen sehr begünstigt und die Kosten-Nutzen-Relation zum Vorteil der Innovatoren verändert.

Kein Unternehmen wird hohe Forschungs- und Entwicklungskosten auf sich nehmen, wenn das Forschungsresultat sofort auch allen Konkurrenzunternehmen gratis zur Verfügung steht oder die Patente nicht geschützt werden. Andererseits wird die Aussicht, eine wirtschaftlich ertragreiche Erfindung für längere Zeit geheim halten zu können oder durch sie gar ein Monopol zu erhalten, dazu führen, daß sehr große finanzielle Mittel in Forschung und Entwicklung investiert werden (North D. C. 1973, 227). Der Vorsprung, den Großbritannien bei der Industriellen Revolution hatte, ist zwar auf verschiedene Faktoren zurückzuführen, er hing jedoch u.a. auch damit zusammen, daß Großbritannien bei der Einführung von Eigentumsrechten und später von Patentgesetzen (im Jahre 1623) gegenüber dem europäischen Kontinent einen großen Vorsprung hatte (North D. C. 1973, 228).

Innovationen als Schlüssel zum wirtschaftlichen Erfolg - die Verwissenschaftlichung der Wirtschaft

In den letzten Jahrzehnten des 19. Jahrhunderts hat zumindest in Europa die Bedeutung der Forschung und der Humanressourcen deshalb erneut zugenommen, weil in den damals aufstrebenden Schlüsselindustrien (z.B. Chemie, Elektrotechnik, Maschinenindustrie) der technologische Fortschritt - und damit auch der Vorsprung vor der Konkurrenz - immer weniger durch zufällig entstandene Erfindungen oder durch spontane Verbesserungen der Technologie, sondern durch *zielgerichtete*, mit hohen Summen finanzierte wissenschaftliche Forschungen zustande gekommen ist. In den 80er Jahren des 19. Jahrhunderts entstand also erstmals eine eigenständige, großindustrielle Forschungsorganisation.

Die Verwissenschaftlichung der Industrie war eine so entscheidende Zäsur, daß L. Kowarski (1978) mit der organisierten angewandten Forschung den Beginn der zweiten Phase der Industriellen Revolution ansetzt und die dritte Phase der Industriellen Revolution zu dem Zeitpunkt beginnen läßt, als sich die Wissenschaft als Initiator und Leiter der industriellen Praxis (Kowarski L. 1978, 151) herausbildet. Etwa zur selben Zeit begann im Deutschen Reich mit

der Gründung der Physikalisch-Technischen Reichsanstalt (1887) die eigenständige Staatsforschung (vgl. Hack L. 1988, 65; Weingart P. 1975). Im Jahre 1911 wurde im Deutschen Reich im Zusammenwirken von Staat, Wissenschaft und Wirtschaft zur Förderung der Wissenschaften die Kaiser-Wilhelm-Gesellschaft gegründet, die nach 1945 als Max-Planck-Gesellschaft weitergeführt wurde (vgl. Brocke B. v. und H. Laitko 1996).
Diese frühe Verwissenschaftlichung der Wirtschaft und das hohe Niveau des Schulsystems in Deutschland wird von einigen Autoren als der Hauptgrund angesehen, warum die industrielle Führung gegen Ende des 19. Jahrhunderts von England nach Deutschland überging (vgl. Landes D. S. 1969, 553f; Lundgreen P. 1970, 86).

Die Invention und Adoption von technischen Innovationen wurde damit zum Schlüssel des wirtschaftlichen Erfolgs. G. Mensch (1975) hat zwischen Produkt- und Prozeßinnovationen sowie zwischen Basis-, Verbesserungs- und Scheininnovationen unterschieden. Ob die nur in größeren Abständen auftretenden Basisinnovationen oder die ständigen, kleinen Verbesserungsinnovationen wichtiger sind und ob der »science-push« oder der »market-pull« (Malecki E. 1997, 80f) entscheidend ist, ist noch umstritten; die Antwort hängt wohl davon ab, welches Produkt und welche Phase des Produktzyklus man im Auge hat.

Ch. Freeman et al. (1982) gingen davon aus, daß weniger die (schwer zu definierenden) Basisinnovationen an sich einen wirtschaftlichen Aufschwung ausgelöst haben, sondern die Breite der Anwendbarkeit sowie die Verknüpfung und gegenseitige Befruchtung von mehreren Basisinnovationen (nach J. A. Schumpeter „die Schwarmbildung von Innovationen“). Aufbauend auf J. A. Schumpeter hat auch J. Mokyr (1990) in seiner Theorie der technologischen Evolution darauf hingewiesen, daß für einen technologischen Durchbruch zahlreiche kleine Innovationen erforderlich sind. Dieser Prozeß der „Schwarmbildung“ kommt in vielen Fällen nicht sofort nach einer Erfindung zustande, sondern die Innovation muß erst ökonomisch umgesetzt werden, ihre Profitabilität muß erkennbar werden und die erforderlichen Rahmenbedingungen müssen vorhanden sein.

Der von J. A. Schumpeter (1912) in die Wirtschaftstheorie eingeführte Begriff der Innovation ist in fast allen seiner Facetten (Herstellung eines neuartigen Gutes, Verbesserung der Qualität eines bekannten Gutes, Einführung neuer Herstellungsverfahren, neuartige Organisation der Produktion, Erschließung neuer Absatzmärkte, Schaffung neuer Finanzierungsinstrumente) mit den Begriffen „Wissensvorsprung“, Ausbildung, Qualifikation und Kreativität verbunden. Die Erkenntnis, daß die Anwendung des Wissens nicht nur in der Produktion, sondern auch im Management wichtig ist, hat sich allerdings erst in den 50er Jahren auf breiter Basis durchgesetzt.

Innovations-, Wachstums-, Produkt- und Profitzyklen

Weil die Produkt- und Profitzyklen im Laufe der Zeit immer kürzer wurden, waren und sind viele Unternehmen gezwungen, ständig neue Erfindungen, Technologien und Forschungsergebnisse zu produzieren oder von anderen zu übernehmen.

J. A. Schumpeter (1912), N. D. Kondratieff (1926), S. Kuznets (1930), G. Mensch (1975) und viele andere haben darauf hingewiesen, daß Innovationen in Schüben auftreten und daß Perioden des Innovationsreichtums mit Phasen der Innovationsarmut wechseln. Deshalb entwickelt sich auch die Wirtschaft nicht kontinuierlich, sondern das Wachstum von Wirtschaftssektoren bzw. Produkten folgt annähernd einer S-Kurve, die in eine Experimentierphase, eine Phase der dynamischen Entwicklung, eine Phase zurückgehender Wachstumsraten und eine Stagnations- bzw. Schrumpfungsphase unterteilt werden kann. N. D. Kondratieff hat betont, daß am Anfang einer langen Welle jeweils ein neues technologisch-ökonomisches Paradigma mit einem Bündel von Basisinnovationen steht, die zu Trägern des neuen wirtschaftlichen Aufschwungs werden und meistens auch organisatorische Veränderungen der Wirtschaft auslösen. Das Bedürfnis nach solchen Basisinnovationen besteht immer dann, wenn die Gewinne in den Unternehmen auf breiter Front und damit dauerhaft zurückgehen (vgl. Maier H. 1993, 90). Deshalb haben Hochtechnologie-Branchen im Vergleich zu anderen Branchen oft ein antizyklisches Wachstum (vgl. Malecki E. 1997, 23). Das Lebenszykluskonzept wurde später noch inhaltlich erweitert und auch auf Wachstums- und Profitzyklen einzelner Produkte übertragen (ein ausführlicher Überblick über die Forschungsgeschichte dieser Thematik findet sich bei R. Spree 1991). Seit den Arbeiten von R. Vernon (1966) wurde das Produktzykluskonzept auch in der räumlichen Dimension angewandt.

Die größten Gewinne machen jene Unternehmen, welche schon in der Experimentierphase oder in der Innovations- und Pionierphase eines Produkts eine führende Rolle spielen. Ein solcher Wettbewerbsvorsprung kann u.a. durch Forschung und Entwicklung (neue Technologien, Erfindungen, Patente), durch hochqualifiziertes Führungspersonal, das rechtzeitig die „Zeichen der Zeit" erkennt und die „richtigen Weichen" stellt, oder durch neue Organisationsformen erzielt werden. Um den Eintritt eines Produkts in seine Verlustphase zu vermeiden bzw. zu verschieben, gibt es mehrere Möglichkeiten, von denen die meisten von den Erfolgen in Forschung und Entwicklung sowie von der Qualifikation des Führungs- und Fachpersonals abhängen.

Nicht nur der Umfang der Investitionen, die Zahl der Beschäftigten oder die Wachstumsraten der Produktion haben einen zyklischen Verlauf, sondern auch die Anforderungen an die Qualifikation der Beschäftigten. Darauf hat bereits E. M. Hoover (1948) hingewiesen, für den die qualitative Differenzierung der regionalen Arbeitsmärkte eine wichtige Ursache für die Standortverlagerung der Produktionsstätten war. In der Experimentierphase werden vor allem risikobereite Unternehmer und Kapitalgeber, hochqualifizierte Manager, Forscher und Facharbeiter benötigt. Sobald die billige Fertigung in Massenserien erreicht ist, werden geringere Ansprüche an das Qualifikationsniveau der Erwerbstätigen gestellt, so daß die Fertigung in Billiglohnländer verlagert werden kann.

Da die Innovationszyklen von Produkten immer kürzer werden (bei der Firma Siemens waren 1990 über 50% der Produkte jünger als fünf Jahre), werden auch immer größere Anforderungen an die fachliche Kompetenz der Manager, an das Niveau der Forschungs- und Entwicklungsabteilungen, an die Qualifikationen der Erwerbstätigen und an die Effizienz und Geschwindigkeit der Informationsverarbeitung gestellt. Die Verkürzung der Innovationszyklen neuer Produkte und Technologien erfordert vor allem aus drei Gründen hochqualifiziertes und hochinformiertes Personal. Erstens halten der durch eine neue Technologie oder Erfindung erzielte Wettbewerbsvorteil und der (hohe Gewinne bringende) Vorsprung vor den Konkurrenten nur noch für einen relativ kurzen Zeitraum an, so daß der Zwang besteht, mit großem Forschungs- und Entwicklungsaufwand ständig neue Innovationen zu schaffen.

Zweitens erfordern die immer kürzer werdenden Zyklen von neuen Technologien nicht nur vom Management, sondern auch von den Beschäftigten breit gefächerte Qualifikationen sowie die Fähigkeit und Bereitschaft, sich rasch in neue Bereiche einzuarbeiten. Drittens hat sich der kritische minimale Schwellenwert des Niveaus der Forschung und des Ausbildungsniveaus der Erwerbstätigen, das für die wirtschaftliche Wettbewerbsfähigkeit eines Landes oder Unternehmens erforderlich ist, im Laufe der Jahre auf immer höhere Ebenen verlagert (vgl. auch Zymelman M. 1990, 2).

Humanressourcen als strategischer Wettbewerbsvorteil

Spätestens seit den 80er Jahren sind das Wissen und die Qualifikationen der Mitarbeiter, die Forschungskapazitäten sowie eine effiziente und schnelle Informationsverarbeitung zu den wichtigsten Bestimmungsfaktoren der wirtschaftlichen Wettbewerbsfähigkeit eines Unternehmens geworden. D. Bell (1968, 158-160; 1973) hat darauf hingewiesen, daß in der „postindustriellen" Gesellschaft das wirtschaftliche Wachstum weniger vom Geld als von den Humanressourcen abhängt. Naturwissenschaften und „intelligente Technologien" (z.B. lineares Programmieren, Systemanalyse, Informationstheorie, Entscheidungs- und Spieltheorie, mathematische Simulationsverfahren) werden seiner Ansicht nach in zunehmendem Maße ein strategischer Weg zum wirtschaftlichen Erfolg werden. »Geistige Leistung ist die einzige Quelle, aus der noch strategische Wettbewerbsvorteile erwachsen können« (Drucker P. F. 1996, 31). Mit der Verschärfung des internationalen Wettbewerbs im Rahmen der Globalisierung werden die Verwissenschaftlichung der Industrie, die Rolle der Wissenschaft als Initiator und Leiter der industriellen Praxis (Kowarski L. 1978, 151) und die in den westlichen Industriegesellschaften ohnedies schon starke Verknüpfung zwischen Beruf, Einkommen, Ausbildungsniveau und Qualifikationen noch weiter zunehmen (vgl. auch Altvater E. und B. Mahnkopf 1996, 273-277).

In der wissenschaftlichen Fachliteratur wurde die Bedeutung der Humanressourcen bislang vor allem anhand des sekundären Wirtschaftssektors diskutiert. Wirtschaftlicher Erfolg im nationalen und internationalen Wettbewerb wurde meist durch technische Erfindungen und wissenschaftliche Erkenntnisse im naturwissenschaftlichen Bereich erwartet. Die Bedeutung eines hochqualifizierten Managements und einer gut funktionierenden Verwaltung wurde lange unterschätzt. Dies hängt wohl damit zusammen, daß die Managementlehre noch eine junge Disziplin ist. Managementlehre entstand erst nach dem Zweiten Weltkrieg als eine selbständige Disziplin. Im Jahre 1950 gehörte der Begriff Management noch nicht zum Vokabular der Weltbank, und der Begriff *Organization* war um 1950 im *Concise Oxford Dictionary* noch nicht in seiner heutigen Bedeutung enthalten (vgl. Drucker P. F. 1993, 70-71, 78). Zu dieser Verzögerung dürfte beigetragen haben, daß die Wechselbeziehungen zwischen „wirtschaftlichem Erfolg" und Humanressourcen im Dienstleistungssektor noch schwieriger nachzuweisen sind als die Auswirkungen von Forschungsinvestitionen oder technologischen Erfindungen in Industrie und Gewerbe.

Dabei ist es durchaus möglich, daß ein gutes Management, hochqualifiziertes Führungs- und Fachpersonal im Bank- und Versicherungswesen, im Bildungswesen, in der öffentlichen Verwaltung und im Rechtswesen für die wirtschaftliche Wettbewerbsfähigkeit eines Landes eine gleich wichtige oder sogar noch wichtigere Rolle spielen als angewandte Forschung oder Patente, die unmittelbar in einen industriellen Produktionsprozeß einfließen. Die Anwendung von neu entwickelten Technologien kann, wie viele Beispiele gezeigt haben, durch Fehlentscheidungen eines nicht ausreichend qualifizierten oder zu wenig weitsichtigen Managements blockiert werden. Wie sehr Defizite in der öffentlichen Verwaltung, im Bankenwesen, Rechtswesen und im Dienstleistungsbereich notwendige Strukturveränderungen des primären und sekundären Sektors behindern können, wurde in den ehemaligen sozialistischen Ländern nach der politischen Wende besonders deutlich.

Methodische Probleme einer quantitativen Erfassung der Auswirkungen von Wissen auf die wirtschaftliche Entwicklung und Leistungskraft

Trotz des allgemeinen Konsenses über die wirtschaftliche Bedeutung der Humanressourcen weiß man noch sehr wenig über die Fragen, *wie* die Bereiche Qualifikation, Forschung, Innovationspotential, Kapitalkraft und wirtschaftliche Wettbewerbsfähigkeit aufeinander einwirken, ob und unter welchen gesellschaftlichen, politischen und wirtschaftlichen *Rahmenbedingungen* ein hohes Ausbildungsniveau der Erwerbstätigen und große Forschungsleistungen zu wirtschaftlichem Erfolg führen, inwieweit ein hohes Ausbildungsniveau der Bevölkerung *Ursache* oder *Folge* der wirtschaftlichen Entwicklung ist oder welche wirtschaftlichen Auswirkungen der *brain drain* für die Ziel- und Herkunftsländer hat.

Ein exakter quantitativer Nachweis des Beitrags von hochqualifizierten Erwerbstätigen zur Wettbewerbsfähigkeit und Leistungskraft einer Organisation ist zumindest mit aggregierten Daten schwer zu erbringen. Die methodischen Probleme beginnen schon damit, daß die in die Modelle oder Berechnungen eingehenden Variablen „wissenschaftliches Niveau", „Humanressourcen" oder „Forschungskapazitäten eines Landes" nur durch relativ *weiche Indikatoren* des Forschungsinputs (z.B. Zahl der Wissenschaftler und Techniker auf 1.000 Einwohner, Ausbildungsniveau der Bevölkerung, finanzielle Investitionen in Unterricht und Forschung pro Kopf der Bevölkerung) und des Forschungsoutputs (z.B. Zahl der Publikationen, Zitationsindizes, Zahl der Patente) darzustellen sind (vgl. Zymelman M. 1990, 4-5). Hinter dem Begriff Lese- und Schreibkundigkeit oder der Bezeichnung Universitätsabsolvent können sich jeweils sehr große Spannweiten von Wissen und Qualifikationen verbergen. Außerdem ist der Wissensstand einer Gesellschaft oder einer Berufsgruppe keine feststehende, stabile Größe. Bei einzelnen Berufsgruppen oder in einzelnen Regionen können die mit großem finanziellen Aufwand erworbenen Qualifikationen und Wissensbestände schnell veralten, so daß sie keinen oder nur noch einen geringen ökonomischen „Wert" besitzen. Solche Veralterungs- und Abnutzungsprozesse betreffen kontinuierlich fast alle beruflichen Qualifikationen, sie können aber durch politische Umbrüche auch sehr plötzlich eintreten. Kenntnisse in der zentralen Planwirtschaft oder im Marxismus-Leninismus waren in den ehemaligen sozialistischen Ländern nach 1989 plötzlich nicht mehr gefragt (vgl. auch Weiß H. 1994, 174-175).

Nicht zuletzt können auch die bisher zur Erfassung der wirtschaftlichen Leistung verwendeten ökonomischen Indikatoren, wie z.B. Pro-Kopf-Einkommen oder Bruttosozialprodukt, nur einen Teil der Wirtschaftskraft, des ökonomischen Entwicklungsniveaus oder der wirtschaftlichen Leistung messen (vgl. Daly H. E. und J. B. Cobb 1989, 62-69).

Sowohl die Input-Variablen des Ausbildungs- oder Forschungsaufwandes als auch die Variablen, mit denen die wirtschaftlichen Ergebnisse bisher gemessen wurden, sind also mit diversen „Unschärfen" behaftet. Selbst bei leicht zu quantifizierenden Daten, wie z.B. den Forschungsausgaben oder dem Forschungspersonal, wurde oft nicht berücksichtigt, in welchen Bereichen diese finanziellen und personellen Ressourcen eingesetzt werden. S. Melman (1965, 1974) wies darauf hin, daß in den USA in den 60er Jahren rd. 75% der Forschung militärbezogen waren, während in Japan der Anteil der militärbezogenen Forschung zu dieser Zeit noch zu vernachlässigen war (zit. bei Daly H. E. und J. B. Cobb 1989, 334).

Die bisherigen Modellrechnungen brachten auch deshalb keine befriedigenden Ergebnisse, weil sie jeweils nur einen kleinen Teil der wirksamen Einflußfaktoren erfassen konnten. In den Modellen werden meistens nur die direkt wirksamen Beziehungen untersucht. Die Humanressourcen können jedoch auch über viele „Umwege" einen indirekten Einfluß auf die wirtschaftliche Wettbewerbsfähigkeit ausüben. Eine gut ausgebildete Bevölkerung beeinflußt auch die politischen, gesellschaftlichen und demographischen Rahmenbedingungen, welche ebenfalls den wirtschaftlichen Erfolg eines Landes beeinflussen, aber in der Regel nicht in die ökonomische Rechnung eingehen. So besteht beispielsweise ein enger statistischer Zusammenhang zwischen dem Ausbildungsniveau der Frauen und ihrer Erwerbstätigenquote oder dem Ausbildungsniveau der Frauen und dem Bildungsverhalten ihrer Kinder. Wie kann der Einfluß einer nicht berufstätigen Mutter mit einem hohen Ausbildungsniveau auf die Entwicklung ihrer Kinder, die einige Jahre später die Humanressourcen darstellen, gemessen werden? Das Ergebnis bildungsökonomischer Untersuchungen hängt auch von der Frage ab, was alles unter dem Begriff „Qualifikation" oder Humanressourcen subsumiert wird.

Ob und wie sehr sich ein Wissensvorsprung, Kreativität oder Investitionen in das Bildungswesen, in Forschung und Entwicklung wirtschaftlich auswirken, hängt stets auch von den politischen, gesellschaftlichen und institutionellen Rahmenbedingungen ab. Auch wenn der direkte Einfluß der Rahmenbedingungen nur schwer zu quantifizieren und kaum in mathematische Modelle einzubringen ist, bleibt ihre Bedeutung unumstritten. Ihr Einfluß kann zumindest *rückblickend* durch wirtschaftshistorische Analysen belegt werden. Das Vorhandensein von kreativen Erfindern und Unternehmern oder ein hohes Ausbildungsniveau und hohe Qualifikationen von Individuen garantieren nicht automatisch einen wirtschaftlichen Erfolg, sondern Manager, Wissenschaftler, Erfinder und andere hochqualifizierte Fachleute müssen erst »in erfolgreiche Organisationen zusammengeschweißt werden« (Drucker P. F. 1996, 115).

»Several factors determine the reception of the inventor's initiative by his social milieu. An invention which solves an original problem of the inventor and not a problem that has arisen in the course of standardized occupational activity is seldom achieved at once in a practically workable form: many auxiliary and supplementary inventions may be needed before its usefulness will be acknowledged by technicians [...]. Only when in a society inventors multiply and learn about one another's activities by observing those results which become public, by establishing personal contacts, or through the medium of published writings, the results of past inventiveness are utilized as data for new technological creation« (Znaniecki F. 1940, 59-60). »And even if an invention is finally perfected and ready for practical uses, social forces may still resist its utilization« (Znaniecki F. 1940, 61).

J. A. Schumpeter hat dem Wissen noch eine relativ geringe Bedeutung zugewiesen. Er war der Ansicht, daß »Erfindungen [...] die wirtschaftliche Entwicklung nicht hervorrufen, sondern eher ihre Folge sind. Die Erfindungen stellen sich ein, wenn der Unternehmer sie braucht [...]. Nicht die Erfindungen haben den Kapitalismus, sondern der Kapitalismus hat sich die notwendigen Erfindungen geschaffen« (Schumpeter J. A. 1912, 479). Eine solche Aussage mag heute angesichts der enormen Forschungs- und Entwicklungsbudgets der großen Unternehmen, der „organisierten Forschung“ und vor dem Hintergrund des großen Wettbewerbs zwischen industriellen Forschungslabors, als erstes ein Forschungsergebnis patentieren zu lassen, paradox erscheinen. Schumpeter wollte mit dieser Aussage vermutlich ausdrücken, daß gewisse Voraussetzungen (z.B. Unternehmerpersönlichkeiten) vorhanden sein müssen, damit neue Erfindungen in wirtschaftliche Erfolge umgesetzt werden können.

Erfindungen bieten seiner Ansicht nach »nur den Anstoß zur Entwicklung, die Gelegenheit zu neuen Unternehmungen, der Entwicklungsvorgang selbst und seine treibende Kraft wäre [...] in der Persönlichkeit des Unternehmers zu suchen« (Schumpeter J. A. 1912, 480). Die Auffassung, »daß in diesem technischen und organisatorischen Fortschritt ein selbständiges Moment liegt, das sein Entwicklungsgesetz in sich selbst trägt und wesentlich auf dem Fortschritte unsres Wissens beruht«, wird von Schumpeter (1912, 480) abgelehnt. »Der bloße neue Gedanke allein genügt nicht und setzt sich nie „von selbst“ durch [...]. Der Vorgang ist vielmehr in der Regel der, daß der neue Gedanke von einer kraftvollen Persönlichkeit aufgegriffen und durch ihren Einfluß durchgesetzt wird« (Schumpeter J. A. 1912, 543).
Wenn J. A. Schumpeter (1912, 487) allerdings der Ansicht ist, daß das »energische Wollen und Handeln« der Unternehmer die »stärkste und glänzendste Realität des Wirtschaftslebens ist«, so muß doch festgestellt werden, daß er die Bedeutung des Wissens und der Qualifikationen unterschätzt bzw. damals noch nicht vorausgesehen hat. Denn die Geschichte der Firmenpleiten und Konkurse belegt eindeutig, daß es vielen gescheiterten Unternehmern nicht am „Wollen“, sondern am „Können“ (an Wissen, an Informationen, an Erfahrungen und an fachlicher Kompetenz) gefehlt hat. Auch „unternehmerisches Können“ basiert auf Wissen und Erfahrung.

Die ökonomischen Auswirkungen von Investitionen in das Bildungswesen hängen in entscheidendem Maße ab von der sozio-ökonomischen und kulturellen Entwicklungsstufe sowie vom Ausmaß der politischen Freiheit, der Offenheit einer Gesellschaft und der Art, wie die Eliten in Politik und Verwaltung rekrutiert werden. Ein bestimmter finanzieller Aufwand für Bildung, Forschung und technologische Entwicklung wird in einem Land mit 80% Analphabeten andere und geringere ökonomische Auswirkungen haben als in einem hochentwickelten Land, das bereits über alle benötigten Ausbildungs- und Forschungseinrichtungen verfügt und dessen Arbeitsmarkt dringend nach hochqualifizierten Erwerbstätigen sucht. In einem frühen Stadium der wirtschaftlichen Entwicklung können Investitionen in das Bildungswesen viel von ihrer erwarteten Wirkung verlieren, wenn das außerlandwirtschaftliche Arbeitsplatzangebot noch so gering und wenig differenziert ist, daß die hochqualifizierten Absolventen nicht vom Arbeitsmarkt aufgenommen werden können. B. F. Hoselitz (1969) stellt sogar die (für manche provozierende) Frage, ob ein wenig entwickeltes Land nicht zuerst in Bereiche der materiellen Infrastruktur investieren sollte, bevor es große Summen für die Bildung ausgibt.

Die ökonomische Wirksamkeit von Bildungsinvestitionen hängt außerdem davon ab, für welche Bereiche des Bildungssystems diese ausgegeben werden. Bestimmte Aufwendungen in das Bildungswesen, die in fortgeschrittenen Industrieländern zu bemerkenswerten Erfolgen führen, können unter Umständen in wenig entwickelten Ländern keine positiven Auswirkungen haben. Wenn ein armes Entwicklungsland mit hohen Analphabetenquoten einen großen Teil des Bildungsbudgets für das Universitätswesen ausgibt und den Ausbau des Grundschulwesens vernachlässigt, ist das Geld sicherlich schlecht angelegt, weil es nur kleinen Eliten zugute kommt, von denen noch ein beträchtlicher Teil wegen der fehlenden Arbeitsplätze dem *brain drain* ins Ausland folgen wird. In Entwicklungsländern wird schon der Erwerb von geringer Bildung mit hohen beruflichen Erwartungen verbunden, die jedoch in einer überwiegend agrarischen Subsistenzwirtschaft kaum erfüllt werden können und deshalb zu Massenabwanderungen in die Großstädte führen (vgl. auch Hoselitz B. F. 1969, 233, 249).

Auch das politische und gesellschaftliche System beeinflußt die Auswirkungen von Bildungsinvestitionen. *Unfreiheit* (Sklaverei, Leibeigenschaft) und *politische Unterdrückung* haben die Entstehung von Innovationen behindert, und die jeweiligen „Unterdrücker" waren eher an Stabilität als an unternehmerischem Wandel interessiert (vgl. Gellner E. 1988, 184). Die negativen Auswirkungen von strenger Kontrolle können besonders gut am Beispiel Chinas erläutert werden. Angesichts der Tatsache, daß im Laufe der Jahrhunderte so viele technischen Erfindungen von China ausgegangen sind, ist immer wieder die Frage aufgetaucht, warum China aus seinen wissenschaftlichen und technischen Leistungen nicht mehr ökonomischen Nutzen ziehen konnte. Auf diese Frage haben E. Balazs (1964, 1968, 22-23) und D. S. Landes (1998, 55-59) eine sehr überzeugende Antwort gegeben.

»[...] if one understands by totalitarianism the complete hold of the State and its executive organs and functionaries over all the activities of social life, without exception, Chinese society was highly totalitarian [...]. No private initiative, no expression of public life that can escape official control. There is to begin with a whole array of state monopolies, which comprise the great consumption staples: salt, iron, tea, alcohol, foreign trade. There is a monopoly of education, jealously guarded. There is practically a monopoly of letters [...]: anything written unofficially, that escapes the censorship, has little hope of reaching the public. But the reach of the Moloch-State , the omnipotence of the bureaucracy, goes much farther. Here are clothing regulations, a regulation of public and private construction (dimensions of houses); the colours one wears, trhe music one hears, the festivals - all are regulated [...] the providential State watches minutely over every step of ist subjects, from cradle to grave. It is a regime of paper work and harassment« (Balazs E. 1968, 22-23; hier in der Übersetzung von Landes D. S. 1998, 57).

Es waren also die Regulierungen der staatlichen Bürokratie, welche den technischen Fortschritt in China verhinderten und den Mut zu Neuerungen erstickten.

Individuelle Freiheiten, die Befolgung des meritokratischen Prinzips und eine vertikale soziale Mobilität sind grundlegende Voraussetzungen, damit unternehmerisches Handeln und Kreativität entstehen kann. Länder, in denen politische, wirtschaftliche oder bürokratische Eliten vorwiegend nach ideologischen oder askriptiven Gesichtspunkten rekrutiert werden, in denen Eliten vorwiegend partikularistische Ziele verfolgen, also Partei-, Familien- oder Stammeszugehörigkeit wichtiger sind als erwiesene berufliche Kompetenz und Qualifikationen, und fundamentalistische oder totalitäre politische Systeme stehen einer Entfaltung der Kreativität, der Entwicklung eines innovativen Unternehmertums und einer Umsetzung von Wissen in erfolgreiches, wirtschaftliches Handeln meistens im Wege. Die Geschichte der Emigration, des Flüchtlingswesens und des *brain drain* ist seit Jahrhunderten voll von Beispielen, wie religiöse und politische Intoleranz, die „Diktatur der Unfähigen" und totalitäre Ideologien gerade die Besten, Innovativsten und wirtschaftlich Aktivsten vertrieben oder verfolgt und dadurch ihren Ländern auf Jahrzehnte hinaus unermeßlichen wirtschaftlichen und kulturellen Schaden zugefügt haben. Ebenso zahlreich sind die Gegenbeispiele, wo Länder durch die Gewährung von politischen Freiheiten und Privilegien solche hochqualifizierten Flüchtlinge und Emigranten angezogen und damit die Wirtschaft angekurbelt haben.

Auch andere politische Rahmenbedingungen wie z.B. das Verhältnis zwischen Wirtschaft und Staat, das Verhältnis zwischen Wissenschaft und Wirtschaft, die Rolle der Gewerkschaften, unterschiedliche Finanz- und Steuergesetze, die Rekrutierung und Qualifikation der bürokratischen und politischen Eliten oder das Ausmaß der politischen Stabilität können die Umsetzung von Ausbildungs- und Forschungsinvestitionen in wirtschaftlichen Erfolg positiv oder negativ beeinflussen.

In Deutschland ließ die in den 60er und 70er Jahren gegen Computer, Mikroelektronik und Biotechnologie gerichtete Agitation die deutsche Informationstechnologie und Biotechnologie in einen Rückstand geraten, von dem sie sich lange nicht erholt hat. In Deutschland wurden angeblich das Faxgerät, der Wankelmotor, die CD, das Video und der Mikroprozessor erfunden, auf den Markt wurden diese Produkte jedoch von den Japanern gebracht, die durch ihren zeitlichen Vorsprung in der Produktion Milliarden verdienten und Millionen Arbeitsplätze schufen (vgl. Focus 51, 1995, 175).

Hochqualifizierte Forschung und technologische Erfindungen bringen wenig ökonomischen Gewinn, wenn die verantwortlichen Entscheidungsträger in den Führungsetagen von Unternehmen, Gewerkschaften und Ministerien die Bedeutung von bahnbrechenden Erfindungen nicht erkennen oder deren Umsetzung durch umständliche Genehmigungsverfahren verzögern. Eine Studie des Unternehmensberaters *Boston Consulting Group* ergab, daß die *verspätete* Einführung neuer Produkte den Profit um bis zu 30% schmälern kann (zit. in Focus 51, 1995, 175-177).

In der industriellen Forschung führt eine wissenschaftliche Entdeckung nicht *automatisch* zu einer Produktentwicklung, in der Regel läßt sich nur ein kleiner Teil der Forschungsprojekte in ein auf dem Markt erfolgreiches Produkt umsetzen. Dieser komplizierte Prozeß kann nicht auf ein einfaches lineares Modell zurückgeführt werden. Um eine Erfindung in ein erfolgreiches Produkt umsetzen zu können, müssen mehrere Arten von Wissen und Rahmenbedingungen zusammentreffen (vgl. Kline St. J. und N. Rosenberg 1986; Feldman M. 1994, 14-21).

Nur in sehr seltenen Fällen verfügt ein einzelnes Unternehmen über alle Arten von Wissen, Qualifikationen und Expertise, die für die Erfindung, Entwicklung und Markteinführung eines neuen Produkts notwendig sind. Die meisten innovativen Unternehmen sind deshalb auf ein räumliches Cluster von Universitäten, industrieller Forschung, spezialisierten Dienstleistungen, Banken, Institutionen der Marktforschung und auf direkte Kommunikation mit Kunden und Spezialisten angewiesen, das meistens nur an einer kleinen Zahl von Standorten anzutreffen ist.

Die Antwort auf die Fragen, ob und inwieweit sich ein hohes Ausbildungsniveau der Bevölkerung, hohe Bildungsinvestitionen oder eine große Zahl von Erfindungen und Patenten in Wirtschaftswachstum oder in wirtschaftliche Macht umsetzen lassen, hängt nicht zuletzt auch vom Untersuchungsmaßstab und vom Zeithorizont ab. Die zeitliche und die räumliche Dimension der Auswirkungen stellen in bildungsökonomischen Modellen ein besonders schwieriges methodisches Problem dar. Einerseits tragen die nationale und internationale funktionale Arbeitsteilung und die regionale Mobilität von Hochqualifizierten dazu bei, daß die Früchte der Ausbildungsinvestitionen häufig nicht jenen Ländern oder Regionen zugute kommen, in welchen diese Mittel investiert worden sind. Andererseits machen sich die wirtschaftlichen Auswirkungen von Ausbildungs- und Forschungsinvestitionen oft erst nach mehreren Jahren oder Jahrzehnten bemerkbar.

Es ist außerordentlich schwierig, die zeitlich versetzten Phasen der Bildungsinvestitionen, des Forschungsaufwandes, der technologischen Umsetzung der Forschungsergebnisse und des dadurch erzielten finanziellen Gewinns in mathematischen Modellen so zu berücksichtigen, daß noch ein bestimmter Bezug zur Realität gegeben ist. Wer den zeitlichen Verlauf von Bildungs- und Forschungsinvestitionen mit dem zeitlichen Verlauf der wirtschaftlichen Konjunktur oder des Pro-Kopf-Einkommens in Beziehung setzt, beweist eine bemerkenswerte Naivität. Es wäre beispielsweise ein großer methodischer Fehler, aus der Kongruenz der Kurven des Forschungsinputs und des Forschungsoutputs Rückschlüsse auf die Auswirkungen der Forschungsinvestitionen zu ziehen. Auch G. Mensch (1975) und A. Kleinknecht (1987) haben darauf hingewiesen, daß die Kurve des Aufkommens von Basisinnovationen einen zeitlichen Vorlauf von 12 bis 15 Jahren vor der Kurve der realen Wirtschaftsentwicklung hat. Der Verlauf des Forschungsaufwandes und der wirtschaftlichen Erträge kann für einen bestimmten Zeitraum (z.B. in der Abschwungphase der langen Wellen) sogar eine gegenläufige Entwicklung aufweisen. Die Höhepunkte des Aufkommens von Basisinnovationen fallen oft noch in die Depressionsphasen der langen Wellen (vgl. Spree R. 1991, 70-71).

Nach der *depression-trigger* Hypothese führt eine langanhaltende Depression (Abschwungphase des Kondratieff-Zyklus) verstärkt zu Innovationsaktivitäten. Als Begründung wird angeführt, daß erst der langfristige Verfall der Profite und das Hervortreten von Überkapazitäten in den etablierten Industriezweigen die Unternehmen dazu zwingen, neue Produkte und neue Verfahren zu entwickeln sowie neue Märkte zu erschließen, und daß in Zeiten geringeren Risikos (in einer Aufschwungphase, bei hohen Gewinnen) die Anreize für Neuerungen deutlich geringer seien (vgl. Spree R. 1991, 68-69).

Der wirtschaftliche Wert oder die wirtschaftlichen Auswirkungen von Humanressourcen sowie von Investitionen in Forschung und Ausbildung sind in der zeitlichen Dimension nicht kontinuierlich gleich groß. Auf Unkenntnis der Situation oder mangelnder Qualifikation beruhende Fehler können erfahrungsgemäß in allen Perioden wirtschaftliche Verluste bringen. Am meisten zeigt sich der Wert von Humanressourcen jedoch in politischen, wirtschaftlichen und technologischen *Umbruchsphasen,* in Phasen der Instabilität und Ungewißheit, in Phasen einer „kreativen Destruktion", in denen wichtige Weichen gestellt, neue Strukturen aufgebaut und für Jahrzehnte wirksame, folgenschwere Entscheidungen getroffen werden. Es gibt also immer nur bestimmte Phasen, in denen das Wissen und die Qualifikation der Entscheidungsträger über die weitere Entwicklung oder gar das Überleben des Systems entscheiden. In solchen Phasen der „Unsicherheit", der Strukturbrüche oder der Diskontinuität des wirtschaftlichen und sozialen Wandels werden in vielen Schlüsselbereichen tausende weitreichende Entscheidungen getroffen, die Verständnis von Zusammenhängen und Wechselwirkungen, Wissen über historische Erfahrungen in anderen Ländern sowie Informationen über gesellschaftliche, technologische und wirtschaftliche Entwicklungstendenzen voraussetzen. Schon J. A. Schumpeter (1912, 425) hat Krisen als »Wendepunkte der wirtschaftlichen Entwicklung« bezeichnet. Die Einstellung zu Krisen und Wandel variiert auch nach Kulturen. So hat etwa F. Capra (1991, 21) darauf hingewiesen, daß sich die Chinesen, die schon immer eine dynamische Weltsicht hatten, des Zusammenhangs zwischen Krise und Wandel sehr bewußt waren. Der Begriff, den sie für „Krise" verwenden, *wei-ji,* setzt sich aus den Schriftzeichen für „Gefahr" und „gute Gelegenheit (Chance)" zusammen.

»Krise bedeutet die Erosion vormals selbstverständlicher, konsensuell geteilter Gegenwartsinterpretationen wie Zukunftsperspektiven und damit die Aufgabe vieler Konventionen, Denkgewohnheiten und Entwicklungspfade - hineinführend in eine Phase von „creative destruction", in der gerade durch die Entwertung des Gewesenen das Innovationspotential eines neuen Aufschwungs entsteht« (Imhof K. 1996c, 211).

Historische Analysen von Firmengeschichten, von Forschungs-, Entwicklungs- und Entscheidungsprozessen sowie von Ausbildungs- und Karriereverläufen von Führungskräften, Wissenschaftlern und Technikern können den Zusammenhang zwischen Ausbildung, Qualifikationen, Kreativität und wirtschaftlichem Erfolg in den meisten Fällen besser erklären als bildungsökonomische Modelle. Anhand von einzelnen Fallbeispielen kann der Zusammenhang zwischen Wissen und wirtschaftlichem Erfolg *ex post* sehr gut dargestellt werden. Deshalb hat der Wirtschaftshistoriker oft bessere Erklärungen anzubieten als ein ökonomischer „Modellbauer", der mit aggregierten Daten arbeitet.

Die Tatsache, daß Baden in der zweiten Hälfte des 19. Jahrhunderts pro Kopf der Bevölkerung wesentlich mehr Finanzmittel für Universitäten ausgegeben hat als Preußen (Ende des 19. Jahrhunderts waren es nach E. Wolgast (1986, 108) sogar zweieinhalbmal so viel) und daß Baden deshalb in der Lage war, durch sehr gute Berufungsangebote führende Naturwissenschaftler (Chemiker, Physiker) des deutschsprachigen Raums nach Heidelberg zu berufen, hat sich erst nach einigen Jahrzehnten auf die Erfolge der nordbadischen Industrie ausgewirkt. Wie sehr der Aufstieg und wirtschaftliche Erfolg einiger großer nordbadischer Unternehmen auf Schüler dieser berühmten Naturwissenschaftler zurückzuführen war, ließ sich erst lange Zeit später nachweisen.

Informationssektor und „Wissensarbeiter"

Die Begriffe *knowledge worker* oder *information worker* wurden von F. Machlup (1962a) und M. Porat (1977) geprägt. In der Industrie wurden die Verwaltungs-, Planungs- und Forschungsaktivitäten lange Zeit als „nichtproduktiver" Bereich bezeichnet. Diese Bezeichnung war durchaus abwertend gemeint, etwa in dem Sinne, daß nur der produktive Bereich Geld bringt und der nichtproduktive Bereich nur Kosten verursacht. Später wurden in den USA die Begriffe *blue collar worker* und *white collar worker* eingeführt. Die *white collar workers* waren in Büros tätig, die *blue collar workers* in der Produktion und am Bau. Diese Unterscheidung war, bei allen Schwierigkeiten der Abgrenzung, aus mehreren Gründen brauchbarer als jene in die drei traditionellen nach drei Wirtschaftssektoren. Tabelle 1.1 zeigt, daß in den USA der Informationssektor schon in den 50er Jahren von allen vier Sektoren am meisten Erwerbstätige beschäftigte und daß 1990 schon mehr als die Hälfte aller Erwerbstätigen im Informationssektor tätig waren.

Tab. 1.1 Die Entwicklung der vier Wirtschaftssektoren in den USA

Jahr	Landwirtschafts-sektor	Industriesektor	Dienstleistungssektor	Informationssektor
1800	87,2	1,4	11,3	0,2
1810	81,0	6,5	12,2	0,3
1820	73,0	16,0	10,7	0,4
1830	69,7	17,6	12,2	0,4
1840	58,8	24,4	12,7	4,1
1850	49,5	33,8	12,5	4,2
1860	40,6	37,0	16,6	5,8
1870	47,0	32,0	16,2	4,8
1880	43,7	25,2	24,6	6,5
1890	37,2	28,1	22,3	12,4
1900	35,3	26,8	25,1	12,8
1910	31,1	36,3	17,7	14,9
1920	32,5	32,0	17,8	17,7
1930	20,4	35,3	19,8	24,5
1940	15,4	37,2	22,5	24,9
1950	11,9	38,3	19,0	30,8
1960	6,0	34,8	17,2	42,0
1970	3,1	28,6	21,9	46,4
1980	2,1	22,5	28,8	46,6

Quelle: für die Jahre 1800 bis 1980: Beniger J. (1986, 24), Hepworth M. (1989, 14); auf der Basis der Daten von Porat M. (1977) und D. Bell (1979).

Nachdem die Kategorie der *white collar workers* immer größer wurde und Berufe mit sehr heterogenen Qualifikationen vereinte, ergab sich die Notwendigkeit, diesen Sektor weiter zu differenzieren. I. B. Gregerman (1981) schlug den Begriff *knowledge worker* vor. Die Arbeitsplätze von *knowledge workers* unterscheiden sich nach I. B. Gregerman (1981, 10-12) von jenen der *white collar workers* in folgenden Aspekten (die Formulierungen wurden in gekürzter Form übernommen):

- Nonrepetitive job tasks and unanticipated changes in direction. The methods used to resolve problems encompass numerous approaches and techniques.
- The knowledge worker has almost total authority in matching individual work methods to the varying job tasks.
- The output of knowledge workers is at best difficult to quantify.
- The „production rate" of knowledge workers is dependent upon the complex interactions among intelligence, creativity, and environmental influences.
- Blue and regular white collar workers have a relatively short timespan between the job activity and performance or results' feedback. In comparison, there may be several months - or years - between the design of a computer system and its implementation
- The effectiveness of most white and blue collar repetitive jobs is determined through careful design of the process procedures. However, the knowledge worker can be as effective as he or she chooses. How well a job is done frequently depends on how skillfully the knowledge worker applies new technologies and innovations to it.
- Knowledge worker jobs frequently affect substantial numbers of people both inside and outside the organization.
- Since it is difficult to quantify the output of knowledge workers, it is difficult to measure their productivity with the classical methods.

1.3.3 Arbeitsteilung und Qualifikation

Die Arbeitsteilung wurde von Adam Smith (1776) als Kernpunkt der ökonomischen und sozialen Dynamik sowie einer prosperierenden Weltwirtschaft angesehen. Arbeitsteilung steigert das Pro-Kopf-Einkommen, sie verbessert die Ausnutzung von Arbeit und Kapital, sie ermöglicht Spezialisierungsgewinne und regt neue Produktionsverfahren an. Arbeitsteilung war für A. Smith gleichbedeutend mit ökonomischem Fortschritt (vgl. Kurz H. D. 1993, 12).

Im allgemeinen werden zwei Arten von Arbeitsteilung unterschieden. Wenn die Gesamtaufgabe in mehr oder weniger gleichwertige Aufgabenbereiche geteilt wird, die alle ähnliche Qualifikationen erfordern und auch ähnliche Kompetenzen haben, spricht man von *horizontaler Arbeitsteilung*. Ein Beispiel dafür wäre etwa die Aufteilung der Wissenschaft in verschiedene wissenschaftliche Disziplinen oder die Spezialisierung von Ärzten auf immer engere Fachgebiete. Wenn die Gesamtaufgabe (z.B. Planung, Herstellung und Vertrieb eines Produktes) in viele Teilaufgaben zerlegt wird, die unterschiedliche Qualifikationen erfordern und auch mit unterschiedlichen Befugnissen und Kompetenzen verbunden sind, spricht man von *vertikaler Arbeitsteilung*. Da die vertikale Arbeitsteilung in der räumlichen Dimension gravierendere Auswirkungen hatte als die horizontale, wird sie im folgenden im Vordergrund stehen.

Der traditionelle Handwerker war für sein Produkt von der Konzeption bis zur Fertigstellung selbst verantwortlich. Konzeption und Durchführung, Kopfarbeit und Handarbeit waren noch in einer Person vereinigt. Der Handwerker mußte deshalb vielfältig qualifiziert sein und hat sich diese Qualifikationen in einer mehrjährigen Lehrzeit erworben. Mit der Einführung des *Verlagssystems* wurden die Konzeption und der Vertrieb des Produktes von der Produktion getrennt. In der *Manufaktur* wurde dann der gesamte Herstellungsprozeß eines Produktes in Teilaufgaben zerlegt. Die Entscheidungen über die Konzeption, die Arbeitsteilung und die Koordination der Teilaufgaben traf nun der Eigentümer des Betriebs. Ein Arbeiter verlor die Möglichkeit, an allen Phasen des Produktionsprozesses teilzuhaben, aber er konnte sich auf die ihm zugewiesenen Teilaufgaben spezialisieren und darin seine Fähigkeiten vervollkommnen (vgl. Skolka J. 1985). Der nächste Schritt, der die vertikale Arbeitsteilung wesentlich verstärkt hat, bestand in der Einführung des *Fabrikssystems,* also in der Mechanisierung der Produktion und in der Anwendung neuer Organisationstechniken (Taylorismus, Fordismus, Fließband). Die bei der Massenproduktion bis ins Extreme gesteigerte Arbeitsteilung im Produktionsablauf konnte nur durch einen erhöhten Aufwand an Planung, Koordination, Kontrolle, Disziplin und Informationsverarbeitung bewältigt werden. Dieser zusätzliche Koordinationsaufwand erfolgte teilweise *institutionell*, durch die Änderung der Organisationsstrukturen (z.B. Hierarchien) und die Einführung bestimmter Normen und Vorschriften (Ausbildungs- und Zulassungsvorschriften, Professionalisierung, Bürokratisierung, Disziplin), teilweise *prozessual* über Kommunikationsprozesse.

Es ist seit langem bekannt, daß zwischen dem Grad der Arbeitsteilung, der Bedeutung (dem Umfang) der Informationsverarbeitung und den Qualifikationen (dem erforderlichen Wissen, der notwendigen Ausbildung) der Erwerbstätigen ein enger Zusammenhang besteht. Bereits Ch. Babbage (1832, Nachdruck von 1963, 175-176) hat darauf hingewiesen, daß Arbeiter, die nur einen Teil des Arbeitsprozesses zur Herstellung eines Produktes zu bewältigen haben, weniger Qualifikationen (*skills*) benötigen und deshalb auch billiger entlohnt werden können als Arbeiter, die das gesamte Produkt herstellen.

Während die horizontale Arbeitsteilung in einer weiteren fachlichen Spezialisierung der Akteure resultierte und auf einem engeren Gebiet ein höheres Maß an Wissen brachte, führte die vertikale Arbeitsteilung zu einer ungleichen Verteilung des Wissens, der Qualifikationen und Entscheidungsbefugnisse sowie zu einer „Entmischung" oder Polarisierung der Qualifikationen. Im Rahmen der vertikalen Arbeitsteilung verlagerten sich Entscheidungsbefugnisse und höhere Qualifikationsanforderungen innerhalb der Organisationshierarchie immer mehr von unten nach oben, während auf den unteren Ebenen fast nur noch Routinefunktionen übrig blieben. Diese Konzentration des Wissens bei den Managern, also an der Spitze der Hierarchie, erfolgte nicht zufällig, sondern war von F. W. Taylor, dem Begründer des *scientific management,* ausdrücklich so vorgesehen.

Die Erkenntnis von Ch. Babbage (1832) hat auch K. Marx (1867) aufgegriffen und daraus seine These von der *Dequalifizierung* der Arbeiterschaft im Kapitalismus formuliert. Marx hatte jedoch nur einen Aspekt der Arbeitsteilung, nämlich die Fragmentierung und Dequalifizierung des Produktionsprozesses im Auge, während ihm die andere Seite der Medaille, nämlich der enorme zusätzliche Bedarf an Qualifikationen bei den Elementen der Steuerung, Koordination und Kontrolle auf den mittleren und oberen Führungsebenen sowie die Polarisierung der Qualifikationen bei der vertikalen Arbeitsteilung offensichtlich entgangen ist (vgl. auch Kap. 2.4.3). Daß auch die verwendeten Maschinen als „objektivierte Intelligenz" erst erfunden, konstruiert und gebaut werden müssen, kam in der Dequalifizierungsthese ebenfalls zu kurz. Dies liegt vermutlich daran, daß der Begriff Arbeiter sehr eng gefaßt wurde. Marx hat auch den Fehler begangen, daß er die Dequalifizierung als linearen und unumkehrbaren Prozeß angesehen hat. In Wirklichkeit zeichnet sich jeder technologische Fortschritt und fast jede neue Arbeitsteilung dadurch aus, daß sich Dequalifizierung und Neuqualifizierung gegenseitig bedingen und auch ergänzen. Das Tempo der De- und Requalifizierung hat in den letzten Jahrzehnten noch enorm zugenommen. »The accelerated destruction and reconstruction of workers' skills have been [...] a central feature in the turn from Fordist to flexible modes of accumulation« (Harvey D. 1990, 230). Noch stärker als in der Produktion zeigt sich dieser Trend etwa im Bereich der Informationsverarbeitung. EDV- oder Softwarekenntnisse sind nach zwei bis fünf Jahren hoffnungslos veraltet.

Marxisten haben allerdings zu Recht darauf hingewiesen, daß die Arbeitsteilung auch als eine Art der Kontrolle der Arbeiter durch den Unternehmer eingesetzt worden ist. Die Produktionsabläufe wurden manchmal fragmentiert, damit sich talentierte Arbeiter nicht das Wissen aneignen konnten, um später die Produkte selbst herzustellen. Entsprechende historische Beispiele werden von S. A. Marglin (1984, 154-156) angeführt. Das Hauptmotiv, warum einige Marxisten an der These der Dequalifizierung und der Abnahme der Arbeitsteilung so lange festgehalten haben und immer wieder neue Versuche unternehmen, diese zu rechtfertigen, dürfte darin liegen, daß diese beiden Thesen eine wesentliche Voraussetzung für die Utopien einer sozialistischen Gesellschaft sind.

Schon vor mehr als 2.000 Jahren haben chinesische Philosophen erkannt, daß Arbeitsteilung zu einer Differenzierung der Gesellschaft bzw. zu sozialer (und damit auch regionaler) Ungleichheit führt, wobei schon damals ähnliche Argumente für und wider die Arbeitsteilung vorgebracht wurden wie Jahrhunderte später von verschiedenen europäischen Gesellschaftsutopisten. Der Philosoph Meng Zi (372 bis 289 v. Chr.) befürwortete die Arbeitsteilung und rechtfertigte mit der Arbeitsteilung auch die Existenz einer herrschenden Klasse, sein Gegenspieler Xu Xing war gegen die Arbeitsteilung und meinte, die Landwirtschaft sei die einzige Quelle des Wohlstandes. Auch viele „Revolutionäre" und Sozialreformer haben den Zusammenhang zwischen Arbeitsteilung und sozialer Differenzierung (sozialer Ungleichheit) erkannt.

Die Intensität der Arbeitsteilung in einer Gesellschaft hatte seit frühester Zeit auch Auswirkungen auf die Art, wie Wissen vermittelt und wie die nachfolgende Generation in die Arbeitswelt der Erwachsenen eingeführt wurde. Sobald ein bestimmtes Niveau der beruflichen Arbeitsteilung und gesellschaftlichen Spezialisierung erreicht war, mußte ein Teil der beruflichen Qualifikationen außerhalb der Familie in eigens dafür geschaffenen Institutionen vermittelt werden. Bei einem niedrigen Stand der Arbeitsteilung sind solche Ausbildungsinstitutionen nicht notwendig.

»Höhere Formen von Arbeitsteilung und funktioneller Ausdifferenzierung von Tätigkeiten und Berufen führten (schon) bei den Inkas zu einer größeren Differenzierung und Formalisierung [...] des Bildungssektors. Die soziale Stratifikation spiegelt sich im Bildungssystem wider bzw. wird von diesem verstärkt [...]. Die Tupinambá in Brasilien schufen weder Imperien, noch zeichnete sich ihre Wirtschafts- und Herrschaftsform durch hochgradige Arbeitsteilung aus« (Gerhardt H. P. 1988a, 317). Deshalb brauchten die Tupinambá im Gegensatz zu den Inkas auch kein formales Ausbildungssystem, die Kinder wuchsen allmählich in die Gesellschaft der Erwachsenen hinein.

Die hohe vertikale Arbeitsteilung und die damit verbundene Dequalifizierung eines Großteils der Arbeitsfunktionen durch den Industrialisierungsprozeß im 19. Jahrhundert und in der ersten Hälfte des 20. Jahrhunderts sollte nicht nur unter dem Aspekt der Erhöhung der Produktivität oder der Verringerung der Arbeitskosten gesehen werden. Bei der Routinisierung der Arbeitsabläufe spielte auch der Gesichtspunkt eine Rolle, daß damals die große Masse der Arbeitskräfte aus der Landwirtschaft abgezogen wurde und deshalb nur wenig qualifiziert war. Kein berufliches Ausbildungssystem wäre in der Lage gewesen, in so kurzer Zeit so viele Handwerker auszubilden, die notwendig gewesen wären, um dieselbe Menge von Produkten herzustellen. Die Organisationsstrukturen stehen also auch mit den Qualifikationen der verfügbaren Arbeitskräfte in Beziehung. Eine Einschränkung oder Rückentwicklung der Arbeitsteilung, wie dies neuerdings in einigen modernen Industrieunternehmen durch die Einführung der Teamarbeit oder flexibler Organisationsformen versucht wird, wo innerhalb eines Teams jeder Arbeiter jede Tätigkeit beherrschen muß, ist nur mit hochqualifizierten, vielseitig ausgebildeten und hochmotivierten Beschäftigten möglich. Deshalb erstaunt es auch nicht, daß diese neuen Organisationsformen von Japan ausgegangen sind, das weltweit über die am höchsten ausgebildeten Arbeitskräfte verfügt, und erst mit Verzögerung von einigen Unternehmen in anderen hoch entwickelten Industrienationen übernommen worden sind, die gleichzeitig aus Kostengründen die extrem dequalifizierten und monotonen Routine-Arbeitsplätze mehr und mehr in Entwicklungsländer verlagert haben. Der *Fordismus* kann also nicht generell ohne Berücksichtigung der Rahmenbedingungen durch einen *Postfordismus* abgelöst werden. Auf absehbare Zeit kann der Postfordismus nur für bestimmte Regionen ein Ziel oder eine Alternative darstellen.

Wichtig für den raumwissenschaftlichen Ansatz ist die Tatsache, daß die organisatorische Trennung der Planung, Entwicklung und Vermarktung eines Produktes von dessen Produktion und die damit einhergehende Trennung der Kopfarbeit von der manuellen Routinearbeit in der *räumlichen Dimension* nachhaltige Auswirkungen hatte, nämlich eine zunehmende *Konzentration* der Entscheidungsbefugnisse in den größeren Städten und eine Verstärkung der *zentral-peripheren Disparitäten* des Ausbildungs- und Qualifikationsniveaus des Arbeitsplatzangebots.

1.3.4 Professionalisierung

Um die Zuverlässigkeit, Wirksamkeit und Überlebensfähigkeit des politischen und wirtschaftlichen Systems zu erhöhen, um unqualifizierte Bewerber von wichtigen Positionen fernzuhalten, die Kunden vor unqualifizierten Anbietern von Diensten zu schützen und die Stellenvergabe zu objektivieren, wurden im Laufe der Zeit für immer mehr Berufe genaue Ausbildungs- und Zulassungsvorschriften erlassen. Dabei ging der Gesetzgeber davon aus, daß der Kunde nicht immer zwischen qualifizierten und weniger qualifizierten Anbietern von Dienstleistungen unterscheiden könne und deshalb die Öffentlichkeit vor Inkompetenz zu schützen sei (Rottenberg S. 1968, 283).

In traditionellen Gesellschaften, die eine geringe räumlich-zeitliche Distanzierung aufweisen, basiert das Vertrauen auf verwandtschaftlichen Beziehungen, religiösen Bindungen und Tradition (vgl. Craib I. 1992, 104). In modernen Gesellschaften, die eine große räumlich-zeitliche Distanzierung aufweisen, müssen Vertrauen und Sicherheit außerhalb des persönlichen Bereichs durch abstrakte Systeme wie Gesetze oder Professionalisierung gewährleistet werden.
Mit zunehmender Arbeitsteilung stieg die Notwendigkeit, sich auf den abwesenden und oft unbekannten Hersteller eines Produkts oder den Anbieter einer Dienstleistung verlassen zu können. *Vertrauen* in die Kompetenz und Zuverlässigkeit der anderen Akteure und in das Funktionieren von Produkten und Organisationen wurde zur »Krücke, die uns trotz mangelnder Kenntnisse das Handeln möglich macht« (Werlen B. 1995, 127).
Dieses Vertrauen stellt sich nur dann ein, wenn der „Andere" seine Kompetenzen und Qualifikationen vor einem *unabhängigen* Gremium bewiesen hat. Bevor ein Pilot die Erlaubnis erhält, eine Verkehrsmaschine zu fliegen, muß er vor einer Instanz nachweisen, daß er die nötigen Kenntnisse hat und eine bestimmte Anzahl von Flugstunden absolviert hat. Bevor ein Chirurg eine Operation durchführen darf, muß er nachweisen, daß er ein Medizinstudium und die notwendige Facharztausbildung abgeschlossen hat.

Erste Anfänge der Professionalisierung können viele Jahrhunderte zurückverfolgt werden. König Roger II. von Sizilien hat bereits im 12. Jahrhundert eine Vorschrift erlassen, wonach Medizinstudenten in der medizinischen Schule von Salerno eine fünfjährige Ausbildung absolvieren und nach erfolgreicher Prüfung ein einjähriges Praktikum bei einem praktizierenden Arzt ableisten müssen, bevor sie den Arztberuf ergreifen dürfen. In Bologna war ab dem 13. Jahrhundert ein einjähriges Anatomiepraktikum vorgeschrieben (Crombie A. C. 1967, vol. 1, 180-181).

Die Professionalisierung von Berufen resultierte in erster Linie aus den erhöhten Anforderungen, welche die Kunden an Produkte oder Dienstleistungen stellten. Solche Ausbildungsvorschriften sollten die für einen Beruf notwendige oder gewünschte fachliche Kompetenz garantieren und somit zur Effizienz und Überlebensfähigkeit des betreffenden Systems sowie zum Schutz der Kunden beitragen. Sie wurden allerdings auch aus standes- oder machtpolitischen Erwägungen oder als Ergebnis politischer Auseinandersetzungen (Bolte K. M. 1979, 50-51) dazu verwendet, den Zustrom zu privilegierten Berufen gering zu halten oder die Preise für die angebotenen Dienstleistungen zu erhöhen (Rottenberg S. 1968, 283-284). Während früher derartige Ausbildungs- und Laufbahnvorschriften nur für die Beamten der öffentlichen Verwaltung, für Handwerker und einige wenige andere Berufe, wie z.B. Ärzte und

Priester, galten, setzte sich diese Tendenz der zunehmenden Professionalisierung seit dem Ende des 19. Jahrhunderts immer stärker auch in der Industrie und in den Dienstleistungen durch.

Um die Jahrhundertwende war es beispielsweise in den USA möglich, den Beruf eines Rechtsanwalts in einer Anwaltskanzlei zu erlernen und die Anwaltsprüfung ohne akademische Vorbildung abzulegen. Schon wenige Jahrzehnte später war die Ausübung eines Juristenberufs ohne Universitätsabschluß undenkbar.

H. Braverman (1974) hat darauf hingewiesen, daß die Ausbildungsanforderungen bei der Rekrutierung von Beschäftigten oft viel höher sind als sie zur Durchführung der betreffenden Tätigkeiten tatsächlich notwendig seien (vgl. auch Friedman A. L. 1987, 815). Dies läßt sich einerseits auf Verdrängungsprozesse zurückführen; d.h. bei einem allgemeinen Anstieg des Ausbildungsniveaus der Bevölkerung oder einem Überangebot von Höherqualifizierten müssen sich Absolventen höherer Ausbildungsebenen auch mit niedrigeren Positionen abfinden als es früher der Fall war. Andererseits hat ein höherqualifizierter Beschäftigter aus der Sicht des Arbeitgebers den Vorteil, daß er besser auf unvorhersehbare Situationen vorbereitet ist als ein niedrigqualifizierter (vgl. Kap. 2.4.2 und 2.4.3). Eine Professionalisierung von Berufen bedeutet selbstverständlich nicht, daß die Ungewißheit ganz beseitigt werden kann, sie wird lediglich reduziert. Da Experten, Spezialisten oder Sachverständige ein gesellschaftliches Konstrukt sind, können sie, je nachdem wie sie sich ihre Legitimation (ihr Zertifikat) erworben haben, durchaus „Unwissende" sein, die zu Unrecht auf ihre Autorität gegenüber anderen gesellschaftlichen Interessengruppen oder gegenüber nichtprofessionellen Entscheidungsträgern pochen (vgl. Hitzler R. 1994, 17).

Beim Prozeß der Professionalisierung spielt es im Rahmen der hier behandelten Fragestellung keine Rolle, ob für die steigenden Qualifikationsanforderungen eine *funktionale* Notwendigkeit bestand oder ob die Zulassungsbedingungen nur aus *machtpolitischen* Erwägungen verschärft wurden. Entscheidend ist vielmehr, daß durch die Professionalisierung von immer mehr Berufen und durch die Einführung von immer mehr Laufbahnvorschriften und Zertifikaten die Verknüpfung zwischen Bildungs- und Beschäftigungssystem verstärkt wurde. Ausbildungsabschlüsse und Zertifikate haben zunehmend die Funktion einer „Vorsortierung" oder Ausschließung erhalten. Wer die geforderten Abschlüsse nicht hat, kann sich zwar als Selbständiger oder im informellen Sektor bewähren und ökonomischen Erfolg haben. Als abhängig Beschäftigter stehen ihm jedoch (vor allem in Überfüllungskrisen) die gewünschten Eintritts- oder Karrierepfade in das Berufsleben nicht offen, wenn die dafür notwendigen Zertifikate nicht vorliegen. Diese zunehmende Verknüpfung hat in weiterer Folge die *zentral-peripheren Disparitäten* des Ausbildungsniveaus der Arbeitsbevölkerung in vielen Bereichen verstärkt.

1.3.5 Bürokratisierung der Arbeitsbeziehungen

Je größer und je differenzierter die Organisationen der Wirtschaft und der öffentlichen Verwaltung wurden, je vielfältiger und komplizierter sich die gegenseitigen Beziehungen und Abhängigkeiten gestalteten und je wichtiger die Informationsverarbeitung innerhalb der Wirtschaft wurde, umso mehr mußten die Arbeitsbeziehungen *formalisiert, standardisiert* und *„entpersonalisiert"* werden und umso mehr kam es zur Entstehung von hierarchisch gegliederten Organisationen. Dieser Modernisierungsprozeß wurde von Max Weber (1922) als Bürokratisierung bezeichnet. M. Weber stellte folgendes Konzept der „idealen" Bürokratie auf (vgl. auch Mayntz R. 1971, 1974):

- Eine klar definierte Rangordnung der Positionen eines Unternehmens. Jede Position übt genau festgelegte Aufgaben aus und hat eine bestimmte Machtfülle, Verantwortung und auch bestimmte Privilegien. Die Rolle und die Erwartungen jeder Position sind genau definiert, um die betreffende Position austauschbar und nicht an Personen gebunden zu machen. Alle Verwaltungsvorgänge sind standardisiert und laufen in Routine ab.
- Die Positionen einer Organisation sind hierarchisch angeordnet und in eindeutige Befehls- oder Zuständigkeitsstrukturen gegliedert, die eine klare Trennung der Macht- und Verantwortungsbereiche ermöglichen.
- Alle Entscheidungen und Aktionen laufen nach festgelegten Regeln ab.
- Stellenbesetzung und Beförderung sollten ausschließlich nach erwiesener Kompetenz und erbrachten Leistungen vorgenommen werden, damit die Garantie gegeben ist, daß nur die Befähigten Positionen höherer Autorität erlangen. Nepotismus und politischer Protektionismus sind von einer Organisation fernzuhalten.

Der Sinn der Bürokratisierung besteht also darin, eine große arbeitsteilige Organisation überschaubar, berechenbar und steuerbar zu machen; sie sollte vor allem die Effizienz, Integrität und Uniformität von Verwaltung und Produktion garantieren. »[...] bureaucratic organization serves as the generalized means to control any large social system; it tends to appear wherever a collective activity needs to be coordinated by several people towards explicit and impersonal goals, that is, to be *controlled*« (Beniger J. R. 1986, 279). »Die Bürokratie vermag Stufen der Effizienz, Verläßlichkeit, Präzision oder Methoden der rationalen Kontrolle zu erreichen, wie dies keiner anderen Form der Autorität möglich ist« (Stehr N. 1994a, 373).

Im Idealfall sollte die Hierarchie der Bürokratie gleichzeitig eine Hierarchie des Wissens und der Fähigkeiten sein. Die Erwartung von M. Weber, daß soziale Systeme erfolgreicher sind, wenn Führungspositionen nur mit solchen Akteuren besetzt werden, die über entsprechende fachliche Kompetenzen und diverse Qualifikationen verfügen, wurde später in der Organisations- und Kleingruppenforschung vielfach bestätigt (vgl. Bass B. M. 1990, 97-109).

Der von M. Weber geschilderte Übergang von der traditionellen zur rationalen Herrschaft war gleichzeitig ein Übergang von der »Privilegien- oder Lebenshierarchie von Personen« zur »Kompentenzhierarchie von Behörden«. Die Rekrutierungsbasis der Herrschenden wechselte von den Merkmalen Geburt, Ehre und Besitz zum Kriterium Fachqualifikation (vgl. Schluchter W. 1979, 177-178). Die historische Entwicklung von der Willkür des Herrschers zu Rechtsgrundsätzen und allgemein anerkannten Normen war nach Weber einerseits eine Folge der »Entzauberung der Welt durch den okzidentalen Rationalismus«, andererseits war sie eine Voraussetzung für die Entwicklung der Bürokratie.
»Will man Berechenbarkeit des Rechts- und Verwaltungsganges, so muß man die bürokratische Herrschaft wollen, will man 'Gerechtigkeit', dann bleibt nur die Räteherrschaft, die aber unter den Bedingungen moderner Technik und Wirtschaft und angesichts der quantitativen und qualitativen Aufgaben moderner Massenverbände nicht leistungsfähig, ja vermutlich sogar nicht überlebensfähig ist« (Schluchter W. 1979, 175). Die jüngste Geschichte hat den Beweis erbracht, daß auch die Räteherrschaft die Existenz von sozialer Ungleichheit und Ungerechtigkeit nicht verhindern kann.

In der Organisationssoziologie wird heute die Auffassung vertreten, daß bürokratisch strukturierte Organisationen nur unter folgenden Bedingungen anderen Organisationsformen überlegen sind (vgl. Mayntz R. 1974, 1.062):

- Die Umwelt ist relativ stabil, so daß wenig Anpassungs-, Innovations- und Lernzwänge auftreten.
- Das Zielsystem der Organisation ist zeitstabil, einfach und transparent.
- Die von der Organisation zu erfüllenden Aufgaben sind verhältnismäßig gleichförmig und ändern sich weder ihrer Art noch ihrem Umfang nach kurzfristig und unvorhersehbar.
- Die Aufgaben sind repetitiver Natur, standardisierbar und routinemäßig erfüllbar.

Die Umwelt ist jedoch angesichts des globalen Wettbewerbsdrucks und der immer kürzer werdenden Produktionszyklen zunehmend instabil. Großräumige, globale Standardisierungspraktiken stoßen zunehmend an ihre Grenzen, weil sie häufig blind gegenüber Details sind, die auf einer lokalen Ebene sehr wichtig sind (vgl. Wagner I. 1995, 203). In großen Organisationen entstehen heute unter der komplexeren und sich schnell verändernden technischen, sozialen und wissenschaftlichen Umwelt zahlreiche nicht standardisierbare Aufgaben, deren Lösung Kreativität, Flexibilität, diverse Schlüsselqualifikationen, Verstehen von Zusammenhängen, direkte Koordination durch Kooperation sowie rationale Konfliktaustragung erfordert (vgl. Mayntz R. 1971, 27; 1974, 1.062). Die Frage, in welchen Situationen eine Zentralisierung der Entscheidungsbefugnisse und Qualifikationen und in welchen Situationen eine Dezentralisierung bessere Ergebnisse bringt, wird in Kap. 2.4.3 erörtert.

Während mächtige, zentralistisch geführte Staaten (Großreiche Mesopotamiens, Chinas oder Ägyptens) und manche große Religionen schon seit frühester Zeit bürokratische Strukturen aufweisen und ohne diese kaum lenkbar erscheinen, ist die Bürokratisierung der Wirtschaft eine relativ junge Erscheinung. Wenn man von einzelnen Ausnahmen absieht, haben die wirtschaftlichen Unternehmen erst im 19. Jahrhundert eine solche Größe und Komplexität erreicht, daß eine Bürokratisierung der Arbeitsbeziehungen angebracht war. K. Marx hat das Problem der Bürokratie auf die staatliche Verwaltung beschränkt, die große Bedeutung der Verwaltungsfunktionen *(white collar staff)* in großen Industrieunternehmen aber ebenso verkannt wie F. Engels. Ein weiterer Irrtum von Marx bestand darin, daß er sich nicht vorstellen konnte, daß sich bürokratische Strukturen auch nach Abschaffung des Privateigentums ausdehnen und im realen Sozialismus ihren bisherigen Höhepunkt erreichen würden (vgl. Hegedüs A. 1983, 58; 1976).

Entscheidend für die hier behandelte Fragestellung ist, daß der Bürokratisierungsprozeß entscheidend dazu beigetragen hat, die Verknüpfung zwischen Bildungs- und Beschäftigungssystem zu intensivieren. Die Bürokratisierung hatte einschneidende räumliche Konsequenzen und hat beispielsweise in vielen Bereichen der Wirtschaft die *zentral-peripheren Disparitäten* des Ausbildungsniveaus der Arbeitsbevölkerung vergrößert.

1.3.6 Telekommunikation und Globalisierung

Fast bei jeder neuen Erfindung auf dem Gebiet der Telekommunikation haben „Experten", Techniker und „Futuristen" die Prognosen abgegeben, daß nun die räumliche Konzentration von Wissen und Macht abnehmen werde, daß man nun bald auch hochqualifizierte Tätigkeiten von zuhause aus abwickeln könne und daß in naher Zukunft alle Menschen auf der ganzen Welt gleichzeitig Zugang zu allen Informationen und zum gesamten Wissen haben werden. Schon im 19. Jahrhundert hat die Bell Company bei der Einführung des Telephons mit dem Argument der Dezentralisierung Kunden geworben. Damals war man der Meinung, daß die Erfindung des Telephons die weitere Abwanderung der ländlichen Bevölkerung in die Städte verhindern würde, da man nun die Geschäfte von zuhause aus führen könne (Gottmann J. 1979, 6). Auch Ende des 20. Jahrhunderts wird selbst von wichtigen Entscheidungsträgern der Wirtschaft die Ansicht geäußert, daß das benötigte Wissen weltweit verfügbar sei.

Die meisten dieser Prognosen haben sich als falsch erwiesen. Im 19. Jahrhundert waren es paradoxerweise gerade die großen Telephongesellschaften, die den Werbeslogan der Bell Company widerlegt haben, indem sie ihr weit verzweigtes und über das ganze Land verstreutes Netz von Betrieben von einem zentralen Büro aus gesteuert und somit die Entscheidungsbefugnisse räumlich konzentriert haben (Pred A. 1978, 349). Auch später haben die meisten Erfindungen der Telekommunikation eher zu einer weiteren Konzentration von Macht und Wissen bzw. zu einer zusätzlichen räumlichen Polarisierung des Zugangs zu hochwertigen Informationen geführt. Die Globalisierung wird also keineswegs zu einer »globalen Verfügbarkeit ehemals nur lokal bekannter Wissensbestände« (Werlen B. 1997, 234) führen. Sie kann zu einer globalen Verfügbarkeit von (unwichtigen) Nachrichten beitragen, aber auch erst dann, wenn überall die dafür notwendige technische Infrastruktur vorhanden ist. Wie weit die Welt Ende des 20. Jahrhunderts noch von diesen Möglichkeiten entfernt ist, wird in Kap. 10.1.1 diskutiert. Selbst wenn die technischen Übertragungs- und Empfangsmöglichkeiten weltweit vorhanden wären, wird das einen Wettbewerbsvorteil bringende Wissen im 21. Jahrhundert genauso zurückgehalten werden wie in früheren Jahrhunderten. Die Frage, ob lokale Wissensbestände durch die Telekommunikation global verfügbar sein werden, ist keine technische Frage, sondern eine Frage der Macht und des „Vorwissens". Nur wenige Promille der Bevölkerung werden in der Lage sein, unabhängig an solche Informationen heranzukommen, die von den *gatekeepers* verheimlicht oder tabuisiert werden. Der elektronische Imperialismus wird nur jenen lokalen Wissensbeständen ein Forum geben, deren Verbreitung seinen Interessen nicht entgegensteht.

Viele Fehleinschätzungen und falsche Prognosen hinsichtlich der Auswirkungen der Telekommunikation sind deshalb entstanden,

- weil die *organisatorischen* und *psychologischen* Aspekte von Macht und Kontrolle zuwenig berücksichtigt wurden,
- weil der organisatorische Kontext für die Anwendbarkeit der Technologien zuwenig berücksichtigt oder falsch beurteilt wurde,
- weil nicht zwischen Wissen und Informationen unterschieden wurde,
- weil ein sehr einseitiges Raumkonzept verwendet wurde.

Selbstverständlich haben neue technische Errungenschaften auf dem Gebiet der Telekommunikation fast immer dazu geführt, daß ein Teil der *direkten* Kontakte (face-to-face Kontakte) durch *indirekte* Kontakte ersetzt werden konnte. Aber meistens wurden nur sogenannte Routinekontakte und *interne* Kontakte (innerhalb der Unternehmen) über Telekommunikation abgewickelt. J. Short, E. Williams und B. Christie (1976, 158, 168-169) gehörten zu den ersten, die vor falschen Erwartungen hinsichtlich der Auswirkungen der Telekommunikation gewarnt haben. Face-to-face Kontakte werden den indirekten Kontakten (mittels Telekommunikation) immer dann überlegen sein, wenn es um Verhandlungen geht, die für das Unternehmen wichtige oder mit großem Risiko behaftete Konsequenzen haben, und wenn Vertrauen, Beeinflussung und Motivation des Gesprächspartners, Koalitionsbildung oder Kennenlernen eines Fremden eine große Rolle spielen. Gegenseitiges Vertrauen ist eine Vorbedingung für den Austausch wertvoller Informationen. Die Schwelle, ab der man face-to-face Kontakte gegenüber indirekten Kontakten bevorzugt, kann sich durch soziales Lernen und mit zunehmender Abhörsicherheit der Telekommunikation zwar verschieben, aber indirekte Kontakte werden direkte in vielen Fällen nicht ersetzen können.

Vertrauen entsteht, wenn eine Person durch Preisgabe persönlicher oder sensibler Information gegenüber einer anderen Person die eigene Verwundbarkeit erhöht und sich damit bewußt in ein Abhängigkeitsverhältnis gibt. Wenn beide Akteure solche sensiblen Informationen preisgeben und ihre Verwundbarkeit erhöhen, kann sich eine spiralförmige Dynamik entwickeln, deren Produkt ein Vertrauensverhältnis ist (Bierhoff H. W. 1993, 306). Vertrauen fördert und Mißtrauen hemmt den Informationsfluß.

Die Bedeutung der „Entfernung" für die Einflußnahme auf Personen wurde zwar bisher in der Sozialpsychologie stark vernachlässigt, in jüngster Zeit haben jedoch B. Latané et al. (1994, 1995) anhand von empirischen Untersuchungen von verschiedenen sozialen Schichten in mehreren Kulturkreisen nachgewiesen, wie sehr sich die Distanz auf die soziale Einflußnahme auswirken kann. Bei face-to-face Kommunikation werden nicht nur verbal geäußerte Informationen aufgenommen, sondern auch die nicht verbalen Äußerungen in Form von Gestik, Mimik, Tonlage und Blickkontakten.

Trotz der weltweiten Vernetzung des Finanzwesens durch Telekommunikation werden beispielsweise die wichtigen Entscheidungen der Weltbank über große finanzielle Transaktionen aufgrund von direkten persönlichen Gesprächen zwischen hochqualifizierten Entscheidungsträgern und Analytikern gefällt. Erst wenn diese Entscheidungen gefällt sind, werden die Informationen weltweit über das Kommunikationsnetz verbreitet (vgl. Code W. R. 1991, 113).

Nach einer Studie der OECD (1983) finden schätzungsweise 80 bis 90% der sogenannten „*transborder data flows*" *innerhalb* der Unternehmen - also zwischen Unternehmenszentrale und Zweigbetrieben oder zwischen Zweigbetrieben desselben Unternehmens - statt (zit. bei Hepworth M. 1989, 95). Alle neuen technischen Errungenschaften auf dem Gebiet der Telekommunikation, welche die Raumüberwindung erleichterten, haben *innerhalb* von Organisationen und eingespielten Netzwerken von Organisationen auch die Machtausübung und Kontrolle über zunehmend größere Distanzen erleichtert. Sie haben es ermöglicht, daß immer mehr Funktionen, Zweigbetriebe, Filialen und Tochterunternehmen über immer größere Räume und Distanzen verteilt werden konnten, bis schließlich in vielen Bereichen (z.B. Finanzwesen) eine Globalisierung erreicht war.

Telekommunikation und Computernetzwerke dienen in erster Linie der *Kontrolle* und Informationsverarbeitung *innerhalb* der Organisationen bzw. innerhalb von Netzwerken (Unternehmer und Zulieferer). Sie erlauben es, die Struktur und Größe von Organisationen zu erweitern, die Komplexität und Flexibilität von Arbeitsabläufen sowie von Waren- und Informationsströmen zu erhöhen, den Zeitaufwand zu verringern, die Effektivität zu steigern und die Kontrollspanne (im organisatorischen und räumlichen Sinne) zu erweitern (vgl. auch Antonelli C. 1988; Hepworth M. 1989, 95-96).

Je globaler die Standorte der einzelnen Organisationselemente verteilt wurden, umso größer wurde andererseits der Aufwand an Informationsverarbeitung und Koordination, so daß, abhängig vom Typ einer Organisation (vgl. Kap. 2.4.3), die „Zentren" immer mehr Macht und Entscheidungsbefugnisse an sich gezogen haben. Wenn *innerhalb* von großen, weltweit operierenden und auf zahlreiche Standorte verteilten Organisationen der Informationsfluß globalisiert ist, heißt dies noch lange nicht, daß innerhalb dieser Unternehmen die Peripherien Zugang zu den Informationen und Wissensbeständen des Zentrums haben. Was die Art und Qualität der Informationen betrifft, ist der Informationsfluß zwischen Zentrum und Peripherie sehr asymmetrisch. Das Zentrum entscheidet, welche Informationen die Peripherie erhält, das Zentrum entwirft die Arbeitsteilung, es koordiniert und kontrolliert. Die Peripherie erhält vorwiegend Anweisungen, sie wird mit Vorschriften und Routineinformationen versorgt und hat auch bei modernster Telekommunikationsausstattung nicht denselben Informations- und Wissensbestand wie das Zentrum. Ein weiterer Teil der Kommunikationsströme findet zwischen Unternehmen und Organisationen statt, deren Beziehungen seit langem „eingespielt“ sind, also beispielsweise zwischen Unternehmen und ihren Zulieferern oder zwischen Institutionen des Börsenwesens. Dagegen werden die Einrichtungen der Telekommunikation nur selten dazu verwendet, um hochrangige *externe* Kontakte zu ersetzen.

Aus diesen Gründen hat die Telekommunikation bisher auch die Erwartungen hinsichtlich der Dezentralisierung von Arbeitsplätzen für hochqualifizierte Tätigkeiten und hochrangige Entscheidungsträger nicht erfüllt. Dezentralisiert wurden bisher meist technische Dienste, einzelne Stabsfunktionen, billige (routinemäßige) Informationsverarbeitung oder Tätigkeiten des geschützten Arbeitsmarkts (z.B. staatliche Verwaltung). Dagegen wurden Linienfunktionen und hochqualifizierte Tätigkeiten, die der Entscheidungsfindung, Kontrolle und Machtausübung dienen, nach der Einführung von neuen Techniken der Telekommunikation eher noch stärker zentralisiert als sie es zuvor waren (vgl. auch Meusburger P. 1980, 105-107).

Nach J. Beniger (1986) hat seit der Industriellen Revolution der Bedarf an Kontrolle ständig zugenommen. Die „Control Revolution“ bestand seiner Ansicht nach in einer dichten historischen Aufeinanderfolge von technologischen Innovationen auf dem Gebiet der Telekommunikation, welche die Arbeitsteilung beeinflußt sowie die Art und Reichweite der Kontrollausübung verändert und damit neue Organisationsformen ermöglicht haben. Bei Kontrollkrisen (Beniger J. 1986) mußte in der Wirtschaft jeweils die Intensität der Informationsverarbeitung verstärkt werden. Auf diesem Gebiet bringt die Telekommunikation die größten Fortschritte.

Entgegen der Ansichten vieler „Experten“ werden die Globalisierung der Wirtschaft und die weltweite Verbreitung moderner Telekommunikationstechnologie auch in Zukunft mit Sicherheit nicht zu einer Ubiquität des Wissens und auch nicht zu einem gleichberechtigten Zugang zu Informationen führen. Ganz im Gegenteil kommt im Rahmen der zunehmenden globalen Arbeitsteilung auf die Unternehmensleitungen großer, weltweit operierender Konzerne ein immer größerer Koordinations- und Kontrollaufwand zu, so daß in den Zentren der Bedarf an hochqualifizierten Arbeitskräften ansteigen wird und die zentral-peripheren Disparitäten des Ausbildungs- und Qualifikationsniveaus der Arbeitskräfte eher zunehmen werden. Wenn Wirtschaftstheoretiker wie L. C. Thurow (1996, 21), Manager von Großunternehmen oder Wissenschaftler der Ansicht sind, daß sich geistige Leistungen überall auf der Welt niederlassen können, daß Wissen weltweit vorhanden ist, daß »qualifizierte menschliche Arbeitskraft heute in vielen Ländern reichlich zur Verfügung steht« (Altvater E. und B. Mahnkopf 1996, 269) und durch die internationale Vernetzung auch jederzeit verfügbar ist, unterliegen sie vier Irrtümern.

Erstens sind nur solche Informationen und Arten des Wissens weltweit verfügbar, die zur *Routine* oder zum Alltagswissen gezählt werden können und keinen großen wirtschaftlichen, politischen oder wissenschaftlichen Wettbewerbsvorteil bringen. Wenn Datenbanken, Bibliotheken, Informations- oder Managementsysteme mit gewissen Einschränkungen (vgl. Kap. 10.1.1) weltweit abrufbar sind und Börsenkurse nun in Sekunden rund um die Uhr weltweit zur Verfügung stehen, ist dies zwar ein großer Fortschritt. Wer entscheidet aber über die Inhalte der Datenbanken und den Zeitpunkt, zu dem die Informationen der Öffentlichkeit zur Verfügung gestellt werden? Ein global verwirklichter freier Zugang zu Datenbanken führt noch lange nicht zu einem demokratischeren Zugang zu Wissen (vgl. auch Harvey D. 1990, 117).

Viel wichtiger als die Informationen über Börsenkurse ist ein Vorsprung im Wissen über die Bilanzen, Aufträge, Erfindungen und Produktentwicklungen von Unternehmen (Aktiengesellschaften), die sich erst mit zeitlicher Verzögerung in den Börsenkursen widerspiegeln. Diese Art von Wissen werden nie ubiquitär verteilt und nie weltweit zugänglich sein.

Man kann zwar gewaltige Summen von Finanzkapital in Sekunden elektronisch um die Welt senden, aber Wissen, Expertise und Qualifikationen lassen sich nicht so einfach transportieren (vgl. auch Hamnett C.. 1995, 120). Geld ist sehr mobil, es kann von jedem empfangen oder ausgegeben werden; dafür benötigt man nicht einmal Lese- und Schreibkenntnisse. Für die Weitergabe und den Empfang von Informationen und von Wissen benötigt man jedoch ein „Vorwissen", und solange in einer Wettbewerbsgesellschaft nicht Wissen an sich, sondern ein *Wissensvorsprung* Vorteile bringt, werden viele Wissensarten und Wissensinhalte für einen bestimmten Zeitraum zurückgehalten werden. Wenn Industriekapitäne tatsächlich der Ansicht sind, daß das benötigte Wissen weltweit zur Verfügung steht, müssen sie sich die Frage gefallen lassen, warum sie so viel Geld in die Abwehr von Industriespionage investieren, und warum etwa Automobilkonzerne Millionen ausgeben, um so banale Informationen wie z.B. vorzeitige Pressephotos von neuen Automodellen für einige Wochen zu verhindern.

Der zweite Irrtum resultiert wohl aus einer obsoleten Vorstellung mancher Autoren von Raumstrukturen und Standortfaktoren. Raumstrukturen, Distanzen und Standortqualitäten sind nicht etwas absolut Feststehendes, sondern sie unterliegen der Bewertung durch Organisationen und handelnde Subjekte. Die Modebegriffe »*time-space-compression*« (Harvey D. 1989), »*time-space convergence*« (Janelle D. G. 1968, 7) oder »*collapsing space and time*« (Brunn S. D. und T. R. Leinbach 1991) beziehen sich nur auf jene Distanzen, die in Metern oder Kilometern gemessen werden. Daneben gibt es auch Distanzen, die durch soziale Bewertungen von Akteuren definiert sind. Die räumliche Verortung von Kontakt- und Interaktionsmustern hängt im 20. Jahrhundert nicht so sehr von *metrischen* Distanzen oder der Lage in einem geographischen Koordinatensystem ab, sondern sie wird in erster Linie durch *soziale* Distanzen beeinflußt. Auch wenn für den einzelnen Akteur Raum und Zeit aufgrund der modernen Verkehrs- und Telekommunikationseinrichtungen tatsächlich schrumpfen und er seine früheren Kontakte mit einem immer geringer werdenden Zeit- und Kostenaufwand absolvieren kann, so heißt dies noch nicht, daß sich seine Bewertungsmaßstäbe, seine Ziele, seine Fähigkeiten oder seine sozialen Beziehungen grundlegend ändern, daß seine Kontakt- und Interaktionsfelder nun ubiquitär werden, daß er Zugang zu wichtigen, ihm vorher verschlossenen sozialen Netzwerken erhält oder daß „Zentrum" und „Peripherie" ihren unterschiedlichen Symbolgehalt verlieren.

Durch die weltweite Verbreitung der Telekommunikation ist zwar der Zeit- und Kostenaufwand von Bankern für die Überwindung der Distanzen zwischen den Finanzzentren New York, London, Frankfurt oder Tokio „geschrumpft", aber nicht die soziale Distanz zwischen Lower Manhattan und Harlem und auch nicht die Distanz zwischen den Obdachlosen von New York und Tokio. »[...] not all places „shrink" or

„collapse“. Some diverge, others remain static, and still others find themselves farther away from the centers of networking and innovations; that is, the „gaps“ between places connected and not connected tend to widen in time, cost and relative distance. [...] the world's map is comprised of „bridges“ of communication and transportation, some locations having dense networks, others sparse, and still others that appear as blanks or „gaps“« (Brunn S. D. und T. R. Leinbach 1991, XVIII). Man sollte deshalb nicht von einem „global village“ (McLuhan M. 1964) sprechen, sondern höchstens von global tätigen Eliten und Netzwerken.

Die internationale Vernetzung der Hochqualifizierten, die weitgehende Beschränkung der hochrangigen Kommunikation auf die Zentren und das „Überspringen“ der dazwischen liegenden Räume ist für die Globalisierung typisch, historisch gesehen allerdings nichts Neues. Derartige Strukturen gab es schon im Mittelalter. Große Zentren waren fremden Kultureinflüssen schon immer stärker ausgesetzt als kleine Dörfer. Schon die Gelehrten des Mittelalters oder der frühen Neuzeit pflegten ihren Gedankenaustausch vor allem zwischen den Universitätsstädten. Die kleine Zahl der damals in Paris, Prag, Heidelberg, Debrecen, Wien, Bologna oder Krakau tätigen Gelehrten hatten untereinander enge Beziehungen, durch die hohe Mobilität der Professoren und Studenten wurde das Wissen der damaligen Zeit auch ständig zwischen den Universitäten ausgetauscht und an andere Zentren weitergetragen, aber die flächenmäßig sehr großen Gebiete außerhalb dieser Zentren wurden von diesen Informationsströmen nicht betroffen. Die hohe Schule in Heidelberg stand also schon im Mittelalter den Universitäten in Wien, Oxford, Paris oder Prag näher als den Dörfern im nahegelegenen Odenwald. Auch die neue Mode ist schon im 19. Jahrhundert schneller von Paris nach New York, Wien oder Moskau gekommen als in ein französisches Dorf in der Nähe von Paris.

Das sogenannte *global village* wird nur für bestimmte Funktionen, Berufe, Schichten, Organisationen und Standorte Realität werden, der Großteil der Weltbevölkerung wird wegen der fehlenden Infrastruktur oder des fehlenden Wissens vom *global village* ausgeschlossen sein oder nicht über den neuesten technischen Standard der Telekommunikation verfügen. Das *global village* wird auch deshalb nicht ubiquitär verwirklicht werden können, weil sich manche Ethnien, Religionen oder Länder aus kulturellen (religiösen, politischen) Gründen gegen eine Überflutung mit (unerwünschten) Informationen oder gegen den Medienimperialismus des Westens (vgl. Janelle D. G. 1991, 73-76) wehren werden.

Die regionalen Disparitäten des „Wissens“, des Informations- und Qualifikationsniveaus werden sich im Zeitalter der Telekommunikation in vielen Bereichen sogar noch vergrößern. Dafür gibt es mehrere Argumente. Erstens wird die Globalisierung sowohl die internationale Arbeitsteilung als auch den internationalen Wettbewerb verstärken, was auch zu einer Erhöhung der Qualifikationsanforderungen in den Zentren führen wird.

Aus Gründen, die in Kap. 2.4.3 diskutiert werden, kommen für Unternehmenszentralen (bestimmter Branchen), spezialisierte Dienstleistungen, Börsen oder Forschungszentren jeweils nur relativ wenige (optimale) Standorte in Frage. Hochspezialisierte Funktionen werden sich noch stärker auf jene Standorte konzentrieren, an denen die Bedingungen (die komparativen Vorteile) am günstigsten sind. Um erfolgreich zu sein, benötigen „Wissensarbeiter“ ein kreatives Milieu, ein entsprechendes Kontaktpotential und die erforderlichen Rahmenbedingungen. Die Schaffung von kreativen Milieus erfordert einen immer höheren Kostenaufwand, so daß auch die Beschränktheit der finanziellen Mittel eine Konzentration auf wenige Standorte fördern wird. Dies gilt sowohl auf nationaler wie auf internationaler Ebene. Wegen des stärkeren internationalen Wettbewerbs und der geringer werdenden Einflußmöglichkeiten der Nationalstaaten wird sich die Wettbewerbsfähigkeit und die Bewertung der bisherigen Standorte ändern. Einige Standorte werden aufgewertet und andere werden an Bedeutung verlieren. In einigen Branchen wird die Zahl der weltweiten Steuerungszentren vermutlich abnehmen, in anderen werden sich die Entscheidungszentren in andere Länder verlagern.

Die Globalisierung und die internationale Vernetzung haben zwar die Dauer (Halbwertszeit) eines Wissensvorsprungs verringert, so daß heute an der Börse ein Informationsvorsprung von einigen Minuten wirtschaftlichen Erfolg bringen kann; sie haben auch die Arbeitsbeziehungen, die Organisationsstrukturen, die weltweite Arbeitsteilung und die räumliche Verteilung der Macht nachhaltig verändert, aber die *Spannweite* der räumlichen Unterschiede des Wissens und des Informationsniveaus wird durch die Telekommunikation und die Globalisierung weder im internationalen noch im nationalen oder regionalen Maßstab verringert.

Die dritte Fehleinschätzung beruht darauf, daß Wissen, Ausbildungsniveau und Qualifikationen als etwas Statisches aufgefaßt werden. Wenn etwa E. Altvater und B. Mahnkopf (1996, 270), A. Singh (1994, 174), die Weltbank (1994, 44) oder der *Human Development Report* der Vereinten Nationen darauf hinweisen, daß sich der Abstand zwischen den Industrie- und den Entwicklungsländern hinsichtlich des Prozentanteils der Personen mit abgeschlossener weiterführender Schulbildung verringert hat, ist dies noch nicht mit einer »Aufholjagd in Sachen Humankapital« (Altvater E. und B. Mahnkopf 1996, 270) gleichzusetzen. Denn die Wettbewerbsfähigkeit entscheidet sich am Ende des 20. Jahrhunderts nicht mehr auf den gleichen Qualifikationsebenen wie Anfang der 50er Jahre. Wenn periphere oder unterentwickelte Regionen hinsichtlich des Bildungsverhaltens aufholen, heißt dies noch lange nicht, daß in diesen Ländern die Voraussetzungen gegeben sind, daß dieses Wissen in wirtschaftlichen Erfolg umgesetzt werden kann oder daß die Hochqualifizierten diesen Ländern erhalten bleiben (vgl. Kap. 6.4.3). P. Kondylis (1995) hat zurecht darauf verwiesen, daß Wissen erst auf der Basis der abgesicherten materiellen Produktion einer hochtechnisierten Gesellschaft zum wesentlichen Faktor und Motor des Reproduktionsprozesses werden kann.

Die vierte Fehleinschätzung betrifft die Annahme, daß die notwendigen Einrichtungen der Telekommunikation global verfügbar seien. Wenn in einer Region auf 1.000 Einwohner weniger als ein Telephonanschluß entfällt, wie es in einigen Entwicklungsländern noch Ende des 20. Jahrhunderts der Fall war, nützen auch die „Segnungen“ des Internets wenig. Selbst wenn das Telephon und der PC in Zukunft einmal weltweit in allen Haushalten verbreitet sein sollten, werden bis dann wieder neue Technologien entstanden sein, die in der Anfangsphase ihrer räumlichen Diffusion wiederum auf wenige Zentren konzentriert sein werden.

Mit M. Hepworth (1989, 37) kann man zwar davon ausgehen, daß sich die Art der Beziehungen (Abhängigkeiten) zwischen Zentrum und Periphie verändern wird und daß es eine neue Art der räumlichen Arbeitsteilung zwischen Zentrum und Peripherie geben wird. Allein durch die technologischen Innovationen der Telekommunikation werden sich jedoch weder die großräumigen Disparitäten, etwa zwischen den reichsten Industrieländern und den ärmsten Entwicklungsländern, noch die innerstaatlichen Disparitäten, etwa zwischen der Hauptstadt und der ländlichen Peripherie, verringern.

Zu den Gewinnern der Globalisierung werden jene Großstädte zählen, die das Topmanagement von großen multinationalen Unternehmen sowie von international tätigen großen Banken und Versicherungen, hochspezialisierte Dienstleistungen sowie große Unternehmen wissensintensiver Branchen beherbergen, in denen die zentralen Koordinations- und Kontrollfunktionen der Weltwirtschaft konzentriert sind und von denen aus die weltweiten Finanzströme gesteuert werden (vgl. Sassen S. 1991; Altvater E. und B. Mahnkopf 1996, 275). Niedriglohnländer der Dritten Welt werden vor allem sogenannte „Back-offices" erhalten (Hepworth 1992b, 35-36). Das indische Bangalore ist neben dem Silicon Valley zum größten Software-Zentrum der Welt aufgestiegen (Der Spiegel Nr. 39, 1996, 87).

Nach R. Mitchelson und J. Wheeler (1994, 87) hat New York »the greatest concentration of non routine information ever assembled in one place«.

»The very cities that are the centers for face-to-face communication are also the ones which will benefit most from the spread of advanced telecommunications systems. For, as electronic means of communications are used to control and co-ordinate geographically dispersed activities, there will be less face-to-face decision making in outlying areas and the city's role as a hub for interpersonal exchange of information will be even more important« (Moss M. L. 1987, 536).

Selbst innerhalb der *global cities* gibt es wegen der schichtspezifischen Ungleichheiten gravierende innerstädtische Disparitäten im Zugang zur Telekommunikation. Die Telekommunikation garantiert weder weltweit noch innerhalb der *global cities* eine größere soziale Gleichheit im Zugang zu (wichtigen) Informationen.

»While (usually white and male) affluent corporate élites become saturated with new technologies and the expensive services that are based on them both at home and work, many groups (including women, the poor, ethnic minorities and the disabled) are either excluded from the benefits of the new technologies, or are simply exploited or monitored more efficiently by them« (Graham St. und S. Marvin 1996, 100).

»Social élites, who have the best access to networks, are able to use them to reinforce their social privileges and, in many cases, their domination over those denied access to telecommunication« (Graham St. und S. Marvin 1996, 190).

»While the global capitalist classes seem to be uprooting on to global networks to feed and service the globalisation of economic relations, so it seems that the „information poor" without even a basic telephone become more and more ghettoised beyond the physical and electronic margins of mainstream society« (Graham St. und S. Marvin 1996, 235).

Zu den Verlierern werden in den Industrieländern jene (peripheren) Regionen gehören, die vorwiegend Routinearbeitsplätze für Niedrigqualifizierte anbieten. Die Globalisierung mag zwar im Konsumbereich, in der Unterhaltungsindustrie, in der Mode und in diversen anderen Bereichen zu einer Uniformierung oder Vereinheitlichung führen, indem nun bestimmte Produkte (CocaCola, McDonald, Jeans, MTV und CNN) weltweit angeboten werden. Sie erleichtert auch die weltweite Durchsetzung von technischen Standards (z.B. Microsoft), aber sie führt nicht zu einer Vereinheitlichung des Wissens und Informationsniveaus.

Die Globalisierung wird wegen des zunehmenden Koordinationsbedarfs, des steigenden Umfangs der Informationsverarbeitung und der Vernetzung zwischen den Wissenszentren eher zu einer weiteren räumlichen Konzentration von Wissen und zu einer Zunahme von Arbeitsplätzen des quartären Sektors in den großen »transactional cities« (Gottmann J. 1983) führen. *Global cities* werden zu »networks of coordination, control and global expertise«, zu »command centres for transnational firms« (Hamnet C. 1995, 110). S. Sassen (1991, 3) nennt sie »highly concentrated command points in the organization of the world economy, [...] as key locations for finance and specialized service firms«. Die City von London oder die *Wall Street* werden »nodes of information and experience« genannt (Hamnett C. 1995, 117). Die Globalisierung wird allerdings auch zu einem Wettbewerb zwischen den *global cities* führen. Manche werden an Bedeutung verlieren, andere werden Funktionen dazu gewinnen. Nach St. Graham und S. Marvin (1994, 1996, 131) wird die Aufgabe des staatlichen Monopols der Telekommunikation die Konzentration der Anbieter von Telekommunikationsdiensten in den profitabelsten Metropolen weiter verstärken.

Für eine Dezentralisierung eignen sich am ehesten Routine-Funktionen der Informationsverarbeitung, die ihre Dienste per Telekommunikation anbieten, wie z.B. Dienste des Telemarketing, das Reservierungswesen von Fluggesellschaften, das Telephonbanking, die Abwicklung von Versicherungsfällen oder Büroarbeit, wobei für Dateneingabe, Textverarbeitung und Programmieren Regionen mit besonders niedrigem Lohnniveau bevorzugt werden (Graham St. und S. Marvin 1996, 146-152).

Die Asymmetrie der Macht, Kontroll- und Einflußmöglichkeiten zwischen den Mächtigen und den weniger Mächtigen wird durch die Telekommunikation eher verstärkt. »Telecommunications have intensified, not eliminated, the historic role of certain cities as centres of specialist knowledge, information and power« (Hamnett C. 1995, 120). Die meisten Metropolen, vor allem die *global command centres,* werden durch den Ausbau der Telekommunikation und die Globalisierung der Wirtschaft ihre Bedeutung als Zentren des Wissens und der Informationsverarbeitung eher noch steigern können. Die Globalisierung des Wissens, der spezialisierten Qualifikationen und der Informationen wird sich am ehesten noch zwischen den Metropolen abspielen. Zwischen den Hauptstädten der mächtigsten Industrienationen wird es einen intensiveren Informationsaustausch geben als zwischen den einzelnen Hauptstädten und ihren jeweiligen nationalen Peripherien. Die Dominanz der Metropolen innerhalb der betreffenden Länder wird weiter zunehmen.

2 Theoretische Grundlagen einer Geographie des Bildungs- und Qualifikationswesens

2.1 Unterschiedliche Formen von Wissen

Da die Begriffe Wissen, Qualifikation, Fachkompetenz, Kreativität, Ausbildung und Information nicht nur in ihrem alltagssprachlichen Gebrauch, sondern auch in verschiedenen Fachdisziplinen und wissenschaftstheoretischen Ansätzen unterschiedlich verwendet werden, sind einige begriffliche Klärungen notwendig. Von allen in diesem Buch verwendeten Fachtermini ist der Begriff Wissen wohl derjenige, der am schwierigsten zu definieren ist, der am ehesten zu Mißverständnissen führt und der auch am leichtesten zu kritisieren ist. In der Philosophie, Psychologie, Kybernetik und Wissenschaftstheorie hat sich eine unübersehbar große Zahl von Arbeiten mit den unterschiedlichen Arten des Wissens, der Rolle des Wissens oder dem Erwerb von Wissen befaßt, wobei die verschiedenen Disziplinen und theoretischen Ansätze zu höchst unterschiedlichen und widersprüchlichen Ansichten gekommen sind. Über den Begriff Wissen gibt es hunderte von verschiedenen Auffassungen und Definitionen.

Ein funktionalistischer Ansatz wird einen anderen Wissensbegriff verwenden und Wissen anders operationalisieren als ein behavioristischer, handlungstheoretischer oder ein konflikttheoretischer Ansatz. Ein Positivist, ein radikaler Konstruktivist, ein Kritizist oder ein Vertreter der Hermeneutik haben jeweils eine andere Vorstellung davon, was Wissen ist. Konsequent fallibilistische Kritizisten bestreiten die Möglichkeit endgültig gesicherten Wissens; Vertreter der hermeneutischen Philosophie fragen in der Regel nicht nach den Methoden der Gewinnung und Prüfung von Wissensbeständen, sondern nach den Voraussetzungen, unter denen wir etwas (z.B. Sätze) „verstehen“. Man kann allerdings einen Satz verstehen, ohne zu wissen, ob er wahr ist (Wittgenstein L. 1989, 46). Für die Vertreter der Postmoderne wiederum gibt es eine bunte Vielfalt von „Wahrheiten“. Der neoklassische Ökonom wird über Wissen anders argumentieren als der Systemtheoretiker. Wer Wissen mit der Suche nach Wahrheit verknüpft, wird eine andere Argumentationslinie verfolgen, wie jemand, der den Wissenserwerb unter dem Aspekt des Nutzens, der Innovation oder Wettbewerbsfähigkeit sieht. Am schwierigsten wird sich die Diskussion mit jenen gestalten, die, wie die Marxisten oder (religiösen) Fundamentalisten, der Ansicht sind, daß sie selbst über unumstößliche, historische Wahrheiten verfügen.

Wenn ganze Generationen von Philosophen, Wissenschaftstheoretikern, Informatikern und Sozialwissenschaftlern trotz ihrer Bibliotheken füllenden Publikationen bisher nicht in der Lage waren, einen allgemeinen Konsens über den Begriff „Wissen" zu erzielen, sollte auch nicht der Verfasser dieses Buchs so vermessen sein, in dieser Frage eine endgültige Klärung herbeiführen zu wollen. Angesichts der Vielfalt von Ansichten wäre schon viel erreicht, wenn ein Konsens darüber erzielt werden könnte, daß abhängig vom Thema, von der Entscheidungssituation, vom Untersuchungszeitraum, vom kulturellen und wirtschaftlichen Entwicklungsniveau einer Untersuchungsregion, je nach Generalisierungs- und Abstraktionsgrad der Argumentation (Mikroebene oder Makroebene) und je nach theoretischem Ansatz jeweils unterschiedliche *Arten des Wissens* in den Vordergrund treten, ohne daß die anderen deshalb abzuwerten sind.

Entscheidend ist ein Konsens darüber, daß der Inhalt des Begriffs Wissen *kontextbezogen* zu definieren ist. Der je nach Situation, Thema und Untersuchungsraum spezifische Kontext und die Problemstellung entscheiden darüber, welche Elemente und Arten des Wissens für einen Wahrnehmungs-, Entscheidungs- und Handlungsprozeß bzw. für das „Überleben" einer Organisation relevant sind (vgl. Znaniecki F. 1940, 28). In einer Religion oder Ideologie sind andere Arten von Wissen relevant wie in den Naturwissenschaften; in der Wissenschaft steht anderes Wissen im Vordergrund wie im Alltag, in einer schriftlosen Kultur dominieren andere Formen des Wissens wie in einer modernen Gesellschaft. Die Versuche verschiedener Autoren, Wissen zu kategorisieren und zu definieren, werden hier nicht deshalb vorgestellt, um eine endgültige Klärung oder Bewertung durchzuführen, sondern um die Vielfalt der Ansichten und der damit verbundenen Schwierigkeiten zu illustrieren.

2.1.1 Versuche, den Begriff Wissen zu kategorisieren

Eine schon klassische Kategorisierung des Wissens stammt von M. Scheler (1926), der nach folgenden Wissensarten unterschieden hat:

- Leistungs- oder Fachwissen, das der äußeren Daseinsgestaltung dient,
- Bildungswissen, das die Persönlichkeit formt und ihren geistigen Horizont erweitert,
- Heils- oder Erlösungswissen („geoffenbartes" Wissen, teleologisches Wissen), das die religiöse, ideologische oder politische Existenz begründet.

Der Soziologie ist es bis heute nicht gelungen, diese Wissensformen von M. Scheler enscheidend weiterzuentwickeln (vgl. Stehr N. 1994a, 201f). F. Machlup (1962a, 15-29) hat darauf hingewiesen, wie schwierig eine Kategorisierung der Wissensarten ist. F. Machlup ist der Ansicht, daß die unterschiedlichen Wissensarten nicht nach objektiven Kriterien, etwa nach der Frage *„was wird gewußt"*, klassifiziert werden sollten, sondern »according to the meaning which the knower attaches to the known, that is, *who* knows and *why* and *what for* [...] what is spiritual knowledge for the religious man may be intellectual knowledge for the man of learning, and instrumental knowledge for the cleric and therapist« (Machlup F. 1962a, 21). Unter Berücksichtigung der Frage, welche subjektive Bedeutung ein Wissen für den Wissenden hat, unterscheidet F. Machlup (1962a, 21-22) u.a. folgende Wissensarten:

- *Practical knowledge*: dieses ist nützlich für die tägliche Arbeit, für die Entscheidungen und Handlungen, die im Alltag anfallen.
- *Intellectual knowledge*: dieses befriedigt die intellektuelle Neugier, ist Bestandteil des Bildungswissens und des kulturellen Lernens.
- *Small-talk and pastime knowledge*: dieses befriedigt die »nonintellectual curiosity or [the] desire for light entertainment and emotional stimulation« (Machlup F. 1962a, 22).
- *Spiritual knowledge*: dieses bezieht sich auf das religiöse Wissen (Heilswissen).
- *Unwanted knowledge*: dieses liegt außerhalb des Interesses einer Person, wird zufällig erworben und dient nicht einem bestimmten Ziel.

Diese Klassifizierung weist bereits darauf hin, daß Machlup nicht zwischen Wissen und Information unterschied, was für die theoretische Diskussion gravierende Konsequenzen hat (vgl. Kap. 2.2.3).

F. A. v. Hayek (in Nishiyama, C. und K. R. Leube, 1984, 214) hat zwischen *scientific knowledge* und *knowledge of the particular circumstances of time and place* unterschieden.

- *„Scientific knowledge"*: dieses ist allgemein gültig und allgemein anwendbar (Beispiele wären etwa Erkenntnisse der Physik oder Mathematik) oder wird von der *scientific community* zumindest mehrheitlich anerkannt. Über das wissenschaftliche Wissen besteht also ein breiter Konsens, es hat den Anspruch, anderen Arten des Wissens *überlegen* zu sein.
- *„Knowledge of the particular circumstances of time and place"*: diese Art von lokalem und zeitgebundenem Wissen ist auf bestimmte Räume, Zeitepochen, Kulturen, Akteure, Gruppen oder Kategorien von Menschen beschränkt. In ähnlicher Weise kann auch zwischen *lokalem* und *universellem* Wissen oder zwischen *traditionellem* und *modernem* Wissen differenziert werden. Lokales oder traditionelles Wissen beruht entweder auf besonderen Erfahrungen, die „Außenstehenden" oder „Nicht-Zeitgenossen" (bisher) nicht zugänglich waren und die auch nicht oder nur schwer weitergegeben werden können, oder es steht im Widerspruch zum „modernen" Wissen. Lokales oder traditionelles Wissen kann in Form eines Partikularismus häufig der Erhaltung regionaler Kulturen oder der Abwehr eines „kolonisierenden" Universalismus dienen und wirkt häufig identitätsstiftend (vgl. Werlen B. 1997, 12). Der Einwand, daß das Gegensatzpaar „traditionell" und „modern" nur konstruiert ist und der Begriff

„modern“ zeitabhängig zu definieren ist, ändert nichts an den real bestehenden Gegensätzen.

J. F. Lyotard (1994, 32, 80, 85) unterscheidet zwischen „wissenschaftlichem Wissen“ und „narrativem Wissen“.

- „Wissenschaftliches Wissen“ ist nach Lyotard nicht das ganze Wissen und es steht immer im Wettstreit und Konflikt mit dem „narrativen Wissen“.
- „Narratives Wissen“ ist nicht einem Beweis unterworfen, es erlaubt eine Pluralität von Ansichten, es besteht aus Mythen, Legenden, religiösen Traditionen, eigenen Erfahrungen etc.

Narratives Wissen wird unhinterfragt und ohne eine wissenschaftlich zu nennende Prüfung übernommen und gebraucht. Es spielt vor allem in vorwissenschaftlichen Lebensbereichen sowie bei devianten oder subkulturellen Öffentlichkeiten eine Rolle, die sich hartnäckig dem herrschenden Konformitätsdruck entziehen und die Welt anders interpretieren als die dominierenden Schichten.

M. Foucault (1972, 1980) hat bekanntlich die sprichwörtlich gewordene Aussage von F. Bacon „Wissen ist Macht“ umgekehrt in die Behauptung „Macht bestimmt, was Wissen ist“. Nach Foucault ist der »Wille zum Wissen ein Wille zur Macht. Wissen und Wissenschaft werden nicht um ihrer selbst willen angestrebt, [...] sondern dienen der Herrschaft, der Orientierung in einer schwierigen Welt, der Durchsetzung eigener Interessen, der Täuschung, der Bosheit« (Fink-Eitel H. 1989, 67-68). Man muß kein Anhänger der Ideen von Foucault sein, um der Aussage zustimmen zu können, daß (öffentlich wahrgenommene) Realität in vielen Fällen sozial konstruiert ist. Wenn »Geschichtsschreibung im Kern Konstruktion von Ereignissen mit Wahrheitsanspruch« (Faulstich W. 1996, 32) ist, dann wird es verständlich, daß die Inhaber der Macht diese *Konstruktion* immer wieder in ihrem Sinne kontrollieren wollten. In diesem Zusammenhang kann man auch zwischen dominierendem und unterdrücktem Wissen oder zwischen dem Wissen des Zentrums und der Peripherie unterscheiden.

In der Politik, der Regionalplanung, den Wirtschafts- und Sozialwissenschaften wird sehr häufig Wissen, das ursprünglich nur lokal oder regional gültig war oder in einem bestimmten Kontext erworben wurde, als universell anwendbares oder „allgemeingültiges Wissen“ ausgegeben. Planerische Leitbilder, die sich in Großstädten bewährt haben, oder Gesetzmäßigkeiten und Erfahrungen, die in Großstädten oder Industrieländern gewonnen wurden, werden häufig auch peripheren Regionen oder Entwicklungsländern aufgedrängt, die völlig andere Rahmenbedingungen und Bedürfnisse aufweisen. Das „Wissen des Zentrums“ steht also häufig im Gegensatz zum „Wissen der Peripherie“. Lehrbuchbeispiele für solche Gegensätze bieten die Kolonialpolitik, die regionale Bildungsplanung der 60er Jahre, viele Entwicklungsprojekte der Weltbank oder die Agrarpolitik der frühen EG.

Dort, wo »die Wissenschaft etwas weiß, [verliert zwar] das Laienwissen seine praktische Legitimität « (Gadamer H. G. 1987b, 260), aber es kommt sehr häufig vor, daß das lokale (oft als primitiv, traditionell oder unwissenschaftlich bezeichnete) Wissen dem Wissen des „Zentrums“, das als aktueller Stand der Wissenschaft ausgegeben wird, in Wirklichkeit überlegen ist. »[...] practices which appear to the outsider as backward, irrational, and even incoherent turn out to have a logic and efficacy of their own« (Marglin S. A. 1990a, 15). Diese Problematik ist von hoher raumwissenschaftlicher Bedeutung.

Es gibt zahlreiche Beispiele dafür, daß sich sogenannte „primitive" oder „rückständige" Anbauweisen (z.B. Hackkultur), Formen der Weidewirtschaft (Nomadismus) oder schulische Organisationsformen (einklassige Grundschulen in peripheren, dünn besiedelten Gebieten) im Nachhinein als die unter den gegebenen Bedingungen beste Anpassungsform erwiesen haben und vom „modernen Wissen" zu Unrecht abqualifiziert worden sind. A. Appadurai (1990, 204-206) erwähnt mehrere Beispiele, wie in Entwicklungsländern der Übergang von traditionellem zu modernem Wissen bzw. von traditionellen Formen der Agrartechnik zu neuen Agrartechniken zu einem Verlust an lokalem Wissen und zu größerer Abhängigkeit geführt und somit die ökonomische Verwundbarkeit der einheimischen Bauern erhöht hat.

S. Lash und J. Urry (1994) weisen darauf hin, daß die Globalisierung paradoxerweise eher wieder den Blick auf das Lokale verstärkt. Globale Standardisierungen oder zentrale Entscheidungen, die keine Rücksicht auf die lokalen Verhältnisse nehmen oder keine Ahnung von diesen haben, bewirken Gegenreaktionen, unterhöhlen oft die Autorität der zentralen Entscheidungsträger und führen zu einer Aufwertung des *lokalen* Wissens.

L. Wittgenstein war der Ansicht, daß es kein objektives Wissen gibt, daß Wissen auf Handeln beruht und daß Wissen ein offenes und bewegliches System ist (vgl. Bezzel Ch. 1988, 121). Wittgenstein entmythologisiert Erkenntnis und Wissen, »indem er es kulturanthropologisch wie geschichtlich auf das alltägliche Wissen als das die Menschen aktiv Verbindende, ja Gesellschaftende zurückführt« (Bezzel Ch. 1988, 121). »Das Wissen gründet sich am Schluß auf der Anerkennung« (Wittgenstein L. 1990, 378; zit. bei Bezzel Ch. 1988, 124).

H. J. Helle (1972, 206) differenziert zwischen:

- *Bekenntniswissen.* Dieses ist ein Wissen um Werte und »entzieht sich aufgrund seiner Abstraktheit der empirischen Falsifikation« (Helle H. J. 1972, 207).
- *Faktenwissen.* Dieses enthält (im günstigsten Fall) alle Informationen, die notwendig sind, um für zukünftiges Handeln einen realistischen Ausgangspunkt zu bestimmen.
- *Normenwissen.* Dies ist das Wissen um die „richtige" Methode, um das „Wie" des Handelns. »Normen geben dem Subjekt die Möglichkeit zu entscheiden, welche Handlungsformen relativ zu seinem gesetzten Ziel und relativ zu seiner gegebenen Situation als richtig gelten« (Helle H. J. 1972, 206).

In den *kognitiven Informationsverarbeitungstheorien* ist eine Gegenüberstellung von deklarativem und prozeduralem Wissen üblich (vgl. Mandl H. 1997; Oberauer K. 1993):

- *Deklaratives* Wissen: Faktenwissen bzw. »Datenstrukturen, die nach Regeln manipuliert werden« (Mandl H. 1997, 7).

- *Prozedurales* Wissen: Handlungswissen bzw. »Regeln, nach denen Datenstrukturen manipuliert werden« (Mandl H. 1997, 7).

G. Rusch (1985) hat eine Differenzierung zwischen ontologischem Wissen und empirischem Wissen vorgeschlagen (vgl. auch Schmidt S. J. 1987, 36-37)

- *Ontologisches* Wissen ist jenes Realitäts- oder Weltwissen, das wir in unseren Konzepten von Objekten, Zuständen, Ereignissen, Folgen von Ereignissen etc. nach zeitlichen, räumlichen, konditionalen oder kausalen Aspekten organisiert haben.
- *Empirisches* Wissen ist operationales, an Tätigkeiten oder Handlungen gebundenes Wissen und Erfahrungswissen, es kann für entsprechend sozialisierte Personen überall und jederzeit demonstriert werden, es ist Wissen, das wir mit anderen teilen.

Eine zentrale Bedeutung für die vorliegende Publikation hat die von H. G. Gadamer (1987b, 243, 247, 266) vorgenommene Kategorisierung des Wissens:

- *Wissenschaft*, oder die Ergebnisse naturwissenschaftlicher Forschung. »Die Wissenschaft ermöglicht ein auf Machenkönnen gerichtetes Wissen, eine wissende Beherrschung der Natur, d.h. Technik« (Gadamer H. G. 1987b, 247). »Das Wissen der Wissenschaft ist nicht abgeschlossen, es besteht in nichts anderem als in dem jeweiligen Stand der Forschung« (Gadamer H. G. 1987b, 245).
- *Erfahrungswissen*, wie es jeder ständig sammelt. Es entsteht nicht nur in den Berufssphären des Arztes, des Erziehers, des Kaufmanns oder Politikers etc., »sondern ebenso wächst in eines jeden privater und persönlicher Existenz beständig die Erfahrung, die der Mensch mit sich selbst und seinesgleichen macht« (Gadamer H. G. 1987b, 243).
- Wissen aus der *Überlieferung* der menschlichen Kultur, aus der Dichtung, den Künsten, der Philosophie, der Geschichtsschreibung. Dieses Wissen ist subjektiv und weitgehend unkontrollierbar (Gadamer H. G. 1987b, 243). Das kraft Überlieferung für wahr oder richtig Gehaltene kann einerseits nur lokal (für einen bestimmten Kontext) gültiges Wissen sein, andererseits kann es sich aber auch nur um Glauben oder Vermutungen handeln.
- *Heilswissen* als intuitive Vorwegnahme von Erkenntnis, »das Wissen des Dichters, das dem des Psychologen, Soziologen, Historikers, Philosophen vorauszueilen vermag« (Gadamer H. G. 1987b, 266). Heilswissen begegnet neuen Einsichten mit Skepsis, sein Leitprinzip lautet: »Whatever in the domain of knowledge is verily true cannot be new; whatever is new must be false« (Znaniecki F. 1940, 105). Nur bevollmächtigte Exegeten haben das Recht, Teile eines heiligen Textes (einer Ideologie) neu zu interpretieren. Der „Laie" ist ohne Hilfe des Priesters (des Ideologen) nicht fähig, den heiligen Text (oder Marx) zu verstehen. »[...] there usually develops a distinction between strictly sacred truths that cannot be doubted and lay truths that may be subjected to

criticism because their validity is guaranteed not by divine revelation but by human reason only« (Znaniecki F. 1940, 114).

- *Verstehen.* Beim Verstehen *Verstehen* handelt es sich nicht um ein methodisierbares Verfahren. Das *Verstehen* hat seine Wurzeln in der Geschichtswissenschaft bzw. in der Hermeneutik (Dilthey, Heidegger, Husserl, Gadamer). *Wissen* hat einen Allgemeinheitsanspruch, es richtet sich an alle, seine Tugend ist die Objektivität, ein „Wissensbestand" kann bilanziert werden. Nach Gadamer ist Hermeneutik die Bereitschaft, den anderen verstehen zu wollen. *Verstehen* richtet sich nicht an alle, es bezieht sich auf das Individuum, es befaßt sich mit dem Einmaligen und Individuellen, es beruht auf einem Vorverständnis (Heidegger ging es um die Vorstruktur des Verstehens), und es ist nicht vorstellbar, daß das Verstehen bilanziert werden kann (Notizen eines Gesprächs des Autors mit Gadamer am 25.11.1995). Nach Gadamer (1990, 276) will »die Hermeneutik [...] die Überlieferung richtig, d.h. vorurteilslos und vernünftig verstehen«. »Das Verstehen ist selber nicht so sehr als eine Handlung der Subjektivität zu denken, sondern als Einrücken in ein Überlieferungsgeschehen, in dem sich Vergangenheit und Gegenwart beständig vermitteln« (Gadamer H. G. 1990, 295). »Der Hermeneutiker setzt sich in die Perspektive, unter der der andere seine Meinung gewonnen hat« (Gadamer H. G. 1990, 297).

N. Stehr (1994a, 215f) unterscheidet zwischen folgenden Wissensarten:

- Deutungswissen (Orientierungswissen),
- Produktivwissen, dieses läßt sich in Methoden der unmittelbaren Naturaneignung umsetzen,
- Handlungswissen.

Im Grunde zielen diese Definitionsversuche darauf ab, zwischen „sicherem" und „unsicherem" Wissen (Vermutungen) zu unterscheiden. Schon die Griechen waren der Ansicht, daß nur die Götter über „sicheres Wissen" (*epistéme*) verfügen, während die Menschen nur *doxa* (d.h. Meinungen oder „Vermutungswissen") oder *techne* (berufliche Qualifikationen, Kompetenzen) haben können, aber niemals sicheres Wissen (vgl. auch Popper K. 1994, 141-143).

A. Marglin (1990b, 233-243) hat die Unterschiede zwischen *epistéme* und *techne* ausführlich beschrieben. *Epistéme* ist analytisch, theoretisch und deduktiv, sie betont die Logik, hat den Anspruch der Allgemeingültigkeit und ist von Personen losgelöstes Wissen (ein Beispiel wäre z.B. die Mathematik). *Techne* ist an „Meisterschaft" oder „Könnerschaft" (Künstler, Handwerker, Techniker) gebunden. Sie kann oft nur schwer artikuliert werden, ist intuitiv und hat keinen Anspruch auf Universalität. *Techne* existiert für einen bestimmten Zweck, ist an Kontexte gebunden, wird vom Meister an den Lehrling weiter vermittelt, wird durch *learning by doing* angeeignet und kann mit praktischem Wissen oder Lebensweisheit gleichgesetzt werden.

N. Stehr (1994a, 208) definiert Wissen »als Fähigkeit zum sozialen Handeln (Handlungsvermögen) [...] als die Möglichkeit, etwas in Gang zu setzen«. Diese Definition von Wissen signalisiert, daß N. Stehr (1994a, 211) »die Anwendung von Wissen immer unter bestimmten sozialen und kognitiven Rahmenbedingungen« sieht.

Was die räumlichen Auswirkungen oder die raumwirksame Bedeutung betrifft, gibt es keine Rangordnung der Brauchbarkeit oder des Erklärungswertes der verschiedenen Wissensarten. Es hängt von der Fragestellung, vom räumlichen und zeitlichen Kontext, vom Generalisierungsgrad der Aussage, vom Maßstab der Untersuchung und vielen anderen Fragen ab, welche Art des Wissens mehr zu erklären vermag. Heilswissen oder Bekenntniswissen kann also in bestimmten historischen Situationen genauso viel „bewegen" wie wissenschaftliche Erkenntnisse.

Diese verschiedenen Formen des Wissens können nicht wie mit einem Seziermesser voneinander getrennt werden. Sie fließen ineinander über und sind in ein und derselben Person vereint. Oft ist es schwer zu erkennen, welche Arten des Wissens in einer bestimmten Entscheidungssituation das Handeln beeinflußt haben. Dasselbe Heilswissen kann in einer bestimmten Situation dominierendes und in einer anderen tabuisiertes (verbotenes) Wissen sein. Das berühmte „Gespür des Unternehmers" für eine Innovation oder eine Marktlücke oder der „Instinkt des Naturwissenschaftlers" beim experimentellen Versuch bestehen jeweils aus einer Vielzahl von Wissenselementen. Die verschiedenen Arten des Wissens schließen sich auch nicht unbedingt gegenseitig aus, sondern können in manchen Fällen sogar ein Korrektiv darstellen, das den Diskurs voran bringt. Wo der Positivist an seine Grenzen stößt, mag der Hermeneutiker oder postmoderne Wissenschaftler eine plausible Erklärung finden. Die Erklärung des Postmodernen kann durch den Positivisten unter Umständen als Spekulation entlarvt werden. Wo das „moderne Wissen" keine Erklärung hat, kann das „lokale Wissen" eine plausible Antwort anbieten.

Während die Philosophie (zumindest früher) den Anspruch hatte, jegliches Wissen der Menschheit zusammenzufassen, hat die Erfahrungswissenschaft darauf hingewiesen, daß Wissenschaft »wesenhaft unabgeschlossen« ist, daß Wissenschaft deshalb keine Doktrin mehr ist und in nichts anderem besteht als in dem jeweiligen Stand der Forschung (Gadamer H. G. 1987b, 245).

> »Die Praxis verlangt Wissen, d.h. aber, sie ist genötigt, das jeweils verfügbare Wissen wie ein Abgeschlossenes und Gewisses zu behandeln. Von der Art ist aber das Wissen der Wissenschaft nicht [...]. Der Fortschritt der Wissenschaft lebt von ihrer beständigen Selbstkorrektur. [...] Was den Anschein des Irrationalen besitzt, ist in Wahrheit ein Rand- und Grenzphänomen der Wissenschaft« (Gadamer H. G. 1987b, 245).

Im Rahmen des hier zu diskutierenden Themas würde es zu weit führen, in die philosophische Diskussion über die Fragen „Was ist wahr?", „Wie stellt man fest, was wahr ist" oder „Woher kommt unser Wissen?" einzusteigen. Als Einführung in die schon fast unübersehbare große Menge an Literatur zu diesen Fragen sei das Buch von J. Hospers (1990) empfohlen.

Wegen der *Unabgeschlossenheit* des Wissens wird im theoretischen Teil dieser Arbeit meist nur von „Wissensvorsprung" gesprochen. Unter dem Aspekt der Nützlichkeit oder Anwendbarkeit gesehen, können Wissensbestände auch sehr schnell veralten. Die Subjektivität, Unabgeschlossenheit und Unsicherheit der meisten Formen des Wissens hat zur Folge, daß vielfach erst im nachhinein (d.h. nach dem Eintreten eines

Ereignisses) empirisch festgelegt werden kann, wer über das notwendige „Wissen" verfügt hat und wer Selbsttäuschungen und Irrtümern erlegen ist.

Wenn man die Auswirkungen des Wissens auf den kognitiven Prozeß, auf die Wahrnehmung, die Informationsverarbeitung, den Entscheidungsprozeß, das Handeln von Subjekten oder auf den wirtschaftlichen Erfolg eines sozialen Systems analysiert, müssen allerdings verschiedene Aspekte berücksichtigt werden, die in Kap. 2.3.2 näher diskutiert werden. Von entscheidender Bedeutung für die hier bearbeitete Fragestellung ist, daß alle diese Kategorien von Wissen, aber auch die Wissensinhalte und der Zugang zu den Institutionen der Wissensvermittlung, räumlich ungleich verteilt sind und unter bestimmten Rahmenbedingungen zu räumlichen Disparitäten der wirtschaftlichen und gesellschaftlichen Strukturen führen können.

Während in der theoretischen Diskussion durchaus mit dem Begriff Wissen und den verschiedenen Formen des Wissens argumentiert werden kann, können nicht alle hier angeführten Formen des Wissens empirisch erfaßt werden. Eine *empirisch-quantitativ* ausgerichtete Geographie des Bildungs- und Qualifikationswesens wird nur Teilaspekten oder Komponenten des Wissens in ihrer räumlichen Dimension analysieren können. Solche Komponenten oder Elemente des Wissens sind u.a. das Informationsniveau, das Ausbildungsniveau, die Kreativität, Begabung und Fachkompetenz, diverse Qualifikationen oder das Bildungsverhalten.

2.1.2 Informationsniveau

Viele Mißverständnisse und Verständigungsschwierigkeiten um den Begriff Information gehen darauf zurück, daß Informatiker, Philosophen, Biologen, Sprachwissenschaftler, Mediziner, Ökonomen und die Alltagssprache unter Information jeweils etwas Anderes verstehen. Der Begriff *information* bedeutet in den USA nicht genau dasselbe wie der deutsche Begriff Information, und der Informationsbegriff kann »weder qualitativ noch quantitativ transparent gemacht werden« (Ganzhorn K. 1986, 105). K. Ganzhorn (1986, 106) unterscheidet sechs Auffassungen von Information:

- Die Informationsmenge als nachrichtenstatistisches Maß (Signalmenge). Die von C. E. Shannon und W. Weaver (1949) begründete Informationstheorie ist bekanntlich nur eine Signalübertragungstheorie und beschäftigt sich nicht mit dem Bedeutungsinhalt der übertragenen Signale.
- Information als Äquivalent der Steuerung (gespeichertes Programm).
- Information als Gradient des relevanten Wissens (Wissenszuwachs, semantisches Informationsmaß).
- Information als strukturbestimmendes Element. In der Biologie wird der Begriff der „genetischen Information" verwendet, welche die Individualentwicklung von der befruchteten Eizelle bis zum erwachsenen Organismus steuert (Hassenstein B. 1986, 161).
- Information als Komplexitätsmaß (induktive Analyse, Teststrategien).
- Information als Abbild von realen Dingen (informatorische Modelle, Simulation).

Beeinflußt durch die Arbeit von C. E. Shannon und W. Weaver (1949) beschäftigen sich die Informationstheorie und Informatik vorwiegend mit der Information als nachrichtenstatistisches Maß, sie sind an der Syntax und der Übertragung von Zeichen interessiert, nicht an der Bedeutung der Nachricht. Bei wirtschafts- und sozialwissenschaftlichen Fragen geht es jedoch in erster Linie um den Bedeutungsinhalt und um den Informationsgehalt einer Nachricht. Trotz dieser grundlegenden Unterschiede ist es sinnvoll, einige Begriffe aus der Informationstheorie zu übernehmen.

Die Informationstheorie unterscheidet grundsätzlich zwischen Zeichen, Signal, Code, Nachricht und Information. Kommunikation beruht auf der Übermittlung von Nachrichten in Form von Signalen, deren Bestandteile Zeichen sind. Informationen werden durch Nachrichten übermittelt. Ob eine Nachricht auch eine Information bedeutet, hängt nicht vom Sender, sondern von der Interpretation des Empfängers ab. Die folgende Zusammenfassung stützt sich zu einem großen Teil auf Formulierungen von H. J. Flechtner (1972).

- *Zeichen.* Zeichen stehen für etwas, verweisen auf etwas. Jedes Zeichen ist Träger einer Bedeutung, in manchen Fällen ist das Zeichen Teil eines Signals (z.B. ein Buchstabe als Teil eines Wortes), in anderen Fällen trägt das einzelne Zeichen die ganze Nachricht.
- *Signal.* Mehrere Zeichen können zusammen ein Signal bilden. Das Signal ist der Träger der Nachricht. In Form eines Signals geht die Nachricht vom Sender zum Empfänger über, sofern der Empfänger den Code kennt.
- *Code.* Um Zeichen zu einem Signal zusammensetzen zu können, benötigt man einen Zeichenvorrat (z.B. Alphabet) und Regeln, wie diese Zeichen zusammengesetzt werden dürfen. Diese Regeln sind im Code festgelegt. Wenn ein Empfänger Signale aufnimmt, deren Code er nicht kennt, bleibt ihm die Nachricht verschlossen. Deshalb werden Nachrichten, die aus der Sicht des Senders schützenswert oder geheimzuhalten sind, „verschlüsselt", und wird der Code nur den „Befugten" mitgeteilt. Um die Signale bzw. die Nachricht verstehen zu können, muß man den Code kennen bzw. die Sprache verstehen. Fast jede wissenschaftliche Disziplin hat ihren eigenen Code, der nur von Personen zu verstehen ist, welche die notwendigen Kenntnisse in einem (oft mehrjährigen) Lernprozeß erworben haben.
- *Nachricht.* Signal und Nachricht sind nicht dasselbe. Gleiche Nachrichten können in sehr unterschiedliche Signale kodiert bzw. mit verschiedenen Signalen übertragen werden (z.B. sprachlich auf Englisch oder Deutsch etc., technisch über Funk, Fax oder Fernseher). Gleiche Signale, z.B. Gesten, können aber auch verschiedene Nachrichten übertragen.
- *Information.* In der Informationstheorie und Kybernetik werden die Begriffe Nachricht und Information meistens unterschieden. Als Informationen werden nur solche Nachrichten bezeichnet, die dem Empfänger etwas Neues (für ihn noch Unbekanntes) mitteilen. Der Begriff Information sollte also nur über den Empfänger einer Nachricht definiert werden. Wenn eine Nachricht einem Empfänger nichts Neues mitteilt oder von ihm nicht verstanden wird, enthält sie für ihn keine Information. Der Informationsgehalt einer Nachricht hängt also u.a. auch vom Vorwissen des Empfängers ab. In der Alltagssprache wird die Unterscheidung zwischen Nachricht und Information in der Regel leider nicht getroffen.

Sind Wissen und Informationen identisch?

Die Begriffe Informationen und Wissen sollte man nicht synonym verwenden. In der Literatur wird leider nicht immer zwischen Nachrichten, Informationen und Wissen unterschieden. Einige Autoren wie z.B. F. Machlup (1962a) oder H. F. Spinner (1988, 1994) setzen Information mit Wissen gleich, andere gehen davon aus, daß Information an Kommunikation gebunden ist und daß der Mensch Informationen aus seiner (materiellen und symbolischen) Umwelt aufnimmt, während Wissen auch ohne Kommunikation entstehen kann (Nefiodow L. A. 1990, 441). Die Vertreter des radikalen Konstruktivismus sind der Ansicht, daß der Mensch gar keine Informationen empfangen kann, sondern diese erst durch sein autopoietisches Nervensystem produziert. Nach ihrer Vorstellung gibt es auch keine Trennung von Wahrnehmung und Interpretation, da beim Akt des Wahrnehmens bereits die Interpretation mitspiele und es keine Ebene organisationsfreier Wahrnehmung gebe (Schmidt S. J. 1987, 18).

F. Machlup (1962a, 15) hat zwar die Problematik einer Gleichsetzung zwischen *information* und *knowledge* erkannt und eine Reihe von Argumenten vorgebracht, die dafür sprechen, Wissen und Information definitorisch zu unterscheiden. Er hat daraus jedoch keine Konsequenzen gezogen und schließlich wohl aus pragmatischen Gründen *knowledge* und *information* synonym verwendet. Seinen beiden Aussagen »to inform is an activity by which knowledge is conveyed; to know may be the result of having been informed« und »all information in the ordinary sense of the word is knowledge« (Machlup F. 1962a, 15) kann man nur mit Einschränkungen zustimmen. Sie gelten nämlich, wenn überhaupt, nur für den Sender, aber nicht für den Empfänger einer Information. H. F. Spinner (1994, 27) bezeichnet die Differenzierung zwischen Wissen und Information als »fruchtloses Unterscheidungspathos«. Diese Sichtweise führt allerdings zu gravierenden Fehlschlüssen und paradoxen Aussagen wie z.B. von der »Wanderfreudigkeit des Wissens von Träger zu Träger« oder »der leichten, heutzutage praktisch schrankenlosen Reproduzierbarkeit von Wissen« (Spinner H. F. 1994, 31). Wissen ist nur an solche Orte und Institutionen leicht transportierbar, an denen die kognitiven Fähigkeiten für die Aufnahme und Interpretation der Informationen (Wissensbestände) vorhanden sind. Je spezialisierter und je wichtiger ein Wissensbestand (in einer Wettbewerbssituation) ist, umso seltener sind die Voraussetzungen gegeben, daß die benötigten kognitiven Fähigkeiten vorhanden sind (vgl. Kap. 2.2.3 und 2.4.5).

Die Gleichsetzung der Begriffe *Information* und *Wissen* mag bei empirischen Studien auf der Makroebene, wo auf amtliche Großzählungen zurückgegriffen werden muß und beispielsweise der „Informationssektor" der Wirtschaft anhand von Wirtschaftsklassen oder Berufen abgegrenzt wird, aus *pragmatischen* Gründen zu rechtfertigen sein. Bei theoretischen Diskussionen und Erklärungsmodellen, bei Studien auf der empirischen Mikroebene, bei denen man nicht auf Indikatoren der amtlichen Statistik angewiesen ist, sowie bei räumlich differenzierenden Ansätzen sollte zwischen Nachricht, Information und Wissen unterschieden werden. Wenn nicht prinzipiell zwischen Wissen und Information unterschieden wird, kann dies in theoretischen Ansätzen und in Erklärungsmodellen zu gravierenden Fehlern führen.

Wissen basiert zwar auf Informationen, die verarbeitet und reflektiert worden sind. Informationen sind also gleichsam eine Vorstufe oder ein Rohstoff des Wissens. Sie müssen jedoch zunächst aufgenommen und dann auch bewertet werden können, wenn sie in Wissen überführt werden sollen. Für die Wahrnehmung von Signalen, die Interpretation von Nachrichten sowie die epistemische Bewertung von Informationen wird jedoch, je nach Fragestellung und je nach Art der Information, ein mehr oder weniger umfangreiches oder spezialisiertes (Vor)Wissen benötigt, dessen Erwerb kostenintensiv und zeitaufwendig sein kann. Die »assoziative Verbindung zwischen dem Wort und dem Ding« (Wittgenstein L. 1977, 18) kann bei verschiedenen Menschen je nach ihrem Vorwissen und ihren persönlichen Erfahrungen (Prägungen, Sozialisation) sehr unterschiedlich sein. Viele Arten von Nachrichten und Informationen werden von einem Empfänger, der nicht über das notwendige Vorwissen verfügt, in ihrer Bedeutung nicht erkannt. In sehr komplexen und mit großer Unsicherheit behafteten Situationen können bei der epistemischen Bewertung der verfügbaren Informationen Fehler und Irrtümer passieren.

Die Notwendigkeit, Wissen und Informationen begrifflich zu unterscheiden, wird offenkundig, wenn man die Funktionsglieder eines Kommunikationsprozesses (Informationszusammenhangs) analysiert. Ein Informationszusammenhang besteht nach G. Megla (1961, 38ff), H. J. Flechtner (1972, 63) und B. Hassenstein (1986, 164) aus folgenden Funktionsgliedern:

- Das Entstehen eines *Nachrichtenbedürfnisses*. „Ich weiß etwas, was ich mitteilen möchte". Die Existenz eines Nachrichtenbedürfnisses darf nicht vorausgesetzt werden. Es gibt auch Wissen, das man so lange als möglich geheim hält.
- Die *Formulierung der Nachricht*. An dieser Stelle entsteht bereits die Frage, wie gut es dem Wissenden gelingt, sein Wissen, das z.T. auf subjektive, schwer zu vermittelnde Erfahrungen zurückgeht, „in Worte zu fassen". In vielen Fällen entsteht bereits in dieser frühen Phase ein Informationsverlust bzw. eine Diskrepanz zwischen dem Wissen, das jemand mitteilen möchte, und dem, was der Betreffende zu formulieren imstande ist.
- Die *Übersetzung* (Transformation) der Nachricht in Symbole und Signale (d.h. in eine Schrift oder in Sprachlaute). Von diesem Übersetzungsprozeß hängt in entscheidendem Maße die Reichweite der indirekten Kommunikation ab. Wenn die Übersetzung nur in Sprachlaute erfolgt, weil z.B. der Orientierende nicht schreiben oder der Empfänger nicht lesen kann, wird die Reichweite des Kommunikationsprozesses geringer sein als bei einer Übersetzung in eine Schrift.
- Die *Übertragung der Signale* durch einen *Kanal* (Übertragungsmedium) vom Sender zum Empfänger. Auch die Wahl des Übertragungsmediums (Tontafeln, Papier, Telephon, Funk, Internet etc.) beeinflußt die Intensität und räumliche Reichweite des Informationsprozesses.
- *Empfang der Signale* und *Dekodierung* (Rückübersetzung) der empfangenen Signale. Ohne Kenntnis des Codes sind die empfangenen Signale für den Empfänger wertlos. Eine gelungene Dekodierung von Signalen kann in einigen

Fällen (bei Alltagsnachrichten, die kein besonderes Vorwissen benötigen) schon zu einem Verstehen der Nachricht führen. In anderen Fällen bedeutet eine Rekonstruktion der Nachricht des Senders allerdings noch nicht, daß die Nachricht vom Empfänger auch verstanden wird. Ein russischer Dekodierer kann bei Verwendung des richtigen Codes Funksignale in ein fehlerfreies Französisch übersetzen und somit die Nachricht erfolgreich dekodieren. Wenn ihm jedoch Kenntnisse der französischen Sprache fehlen, kann er die Nachricht des Senders zwar lesen, aber nicht verstehen. Das gleiche gilt für wissenschaftliche Fachsprachen. Es ist durchaus denkbar, daß ein Übersetzer einen wissenschaftlichen Aufsatz der Molekularbiologie fehlerfrei in eine andere Sprache übersetzt, ohne den Text zur Gänze zu verstehen. Die kategoriale Differenz zwischen Dekodieren und Verstehen ist zweifellos geringer als zwischen Verstehen und Bewerten. Es gibt durchaus Fälle, wo Dekodieren und Verstehen auf eine Stufe gestellt werden können, allerdings sind auch Fälle und Situationen denkbar, bei denen zwischen Dekodieren und Verstehen unterschieden werden muß.

- Das *Verstehen* der Nachricht. Wenn der Empfänger versteht, was der Sender gesagt hat, bedeutet dies noch nicht, daß er den Wahrheitsgehalt oder die Bedeutung der Information für sich oder andere beurteilen kann.
- Die epistemische und praktische *Bewertung* der Nachricht durch den Empfänger. An dieser Schnittstelle gibt es mehrere Möglichkeiten.
  a) Der Empfänger kann eine Nachricht zwar aufnehmen, aber er versteht sie auch nach längerem Nachdenken nicht, weil ihm die notwendigen Vorkenntnisse fehlen.
  b) Der Empfänger kann eine Nachricht verstehen, aber sie interessiert ihn nicht, weil sie im Widerspruch zu seinen Vorurteilen, seiner Ideologie oder seinen bisherigen Erfahrungen steht oder weil er ihre Bedeutung nicht erkennt.
  c) Die Nachricht enthält für den Empfänger eine wichtige Information, die ihn zu sofortigem Handeln veranlaßt oder auf die er bei zukünftigen Entscheidungen zurückgreifen wird.
- Das „sinnvolle Reagieren“ und Handeln des Empfängers aufgrund der Information.

Daraus folgt, daß die Weitergabe einer Information von Verarbeitungsvorgängen abhängig ist, »die außerhalb von ihr liegen, und an denen am Beginn und am Ende der menschliche Geist beteiligt ist« (Zemanek H. 1986, 42). Nach Ansicht der radikalen Konstruktivisten sind Vorstellungen und Wissensbestände über die Beschaffenheit und die Funktionsweise der Wirklichkeit nur im Hinblick auf den Prozeß unserer Kognition signifikant, sie repräsentieren nicht so etwas wie die wirkliche Beschaffenheit der unabhängig von uns gedachten Wirklichkeit (Köck K. 1987, 383). Wenn unsere Auffassung von der Wirklichkeit also ein Konstrukt unseres Gehirns ist, muß den einzelnen Schnittstellen der Informationsgewinnung und -übertragung eine besondere Aufmerksamkeit gewidmet werden.

Abb. 2.1 Schematische Darstellung des Kommunikationsprozesses

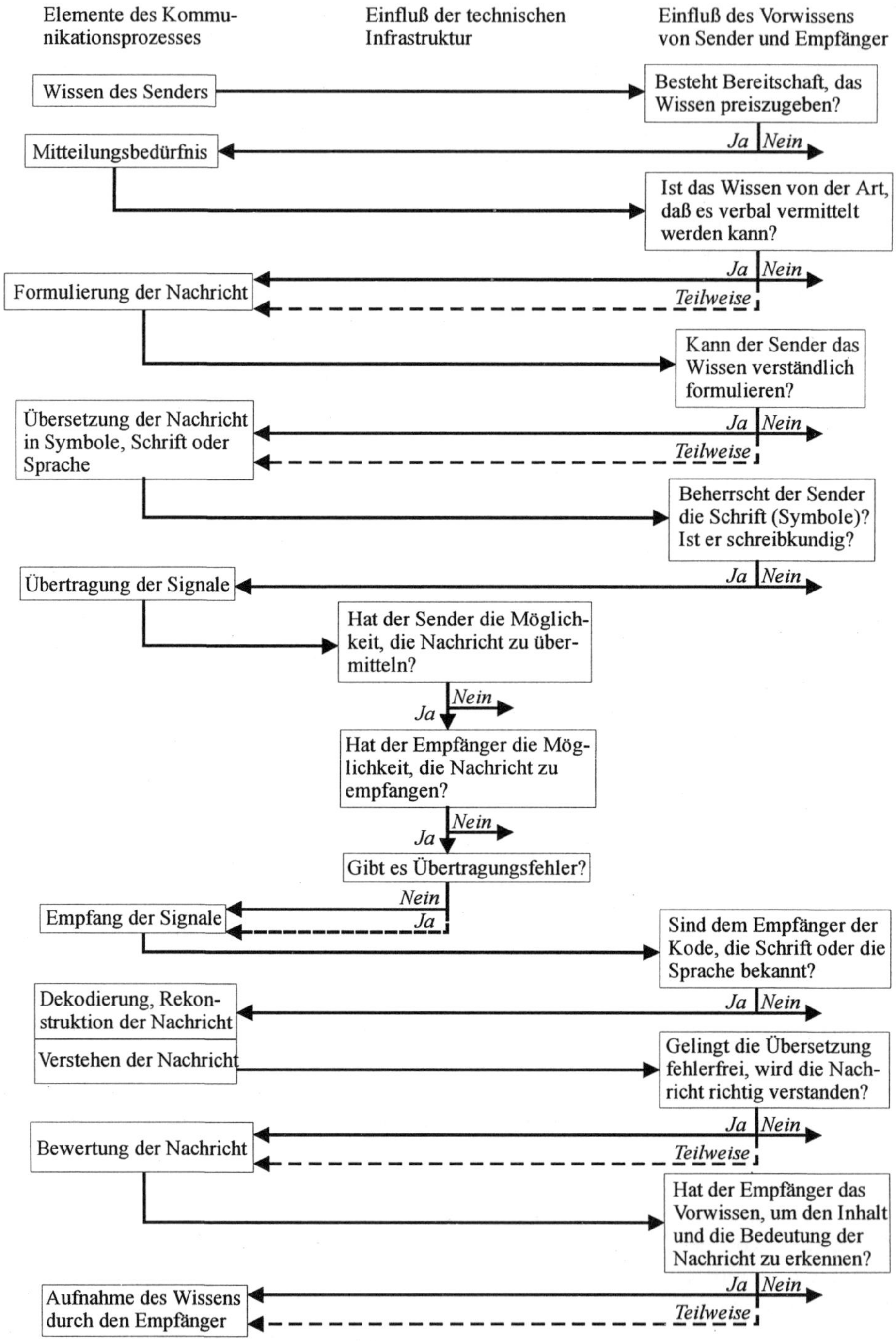

Quelle: eigener Entwurf

An verschiedenen Schnittstellen des Kommunikationssystems können beim Versuch, eine Information weiterzugeben oder zu empfangen, jeweils Informationsverluste (im Sinne der Informationstheorie), Übertragungsfehler und Übersetzungsfehler auftreten. Das Problem beginnt schon damit, daß ein Sender in der Regel nicht alle Formen seines Wissens in eine Mitteilung oder Nachricht umsetzen kann, manche Wissensinhalte (Erfahrungen, Empfindungen, *tacit knowledge*) sind schwer in Worte zu fassen, zu beschreiben oder schriftlich zu formulieren. Neben reflexivem Wissen gibt es auch unbewußtes oder nicht artikulierbares Wissen, einen nicht formulierbaren Erfahrungsschatz und nur in Handlungen darstellbare Kompetenzen. Es gibt also Wissenselemente, die »Akteure in praktischen Handlungen zwar kompetent zur Anwendung bringen, ohne aber sich über sie sprachlich äußern zu können« (Werlen B. 1995, 67). Die traditionellen handlungstheoretischen Konzepte von „Bewußtsein" und „Intentionalität" gehen davon aus, daß die Subjekte bewußt handeln und auch darüber reden können, wenn sie über ihre Handlungen befragt werden (vgl. die Diskussion bei Werlen B. 1995, 79-80).

A. Giddens hat darauf hingewiesen, daß es neben der Intentionalität und dem Bewußtsein offensichtlich »noch eine Bewußtheit gibt, aufgrund derer man Dinge kompetent tun kann, ohne daß man darüber unbedingt auch sprechen kann« (Werlen B. 1995, 80). Die Fähigkeit, eine Sachlage zu beschreiben oder das eigene Wissen in Worte zu fassen oder in Gesten auszudrücken, ist nicht bei allen Menschen gleich gut ausgeprägt. Auch für das Kodieren der Information bzw. die Umwandlung der Information in ein Signal braucht man gewisse Kenntnisse, über die nicht alle Menschen verfügen. Wer nicht schreibkundig ist, kann seine Mitteilung nicht niederschreiben, aber z.B. in der Form einer Zeichnung ausdrücken. Redner, Lehrer, Philosophen, Schriftsteller oder Politiker erfahren es täglich, wie schwer es ist, „die richtigen Worte zu finden" oder „ihre Botschaft (ihr Anliegen) hinüber zu bringen". Deshalb klafft schon beim Sender eine Lücke zwischen dem Wissen, das er vermitteln möchte, und der von ihm weitergegebenen Nachricht.

Unter der Annahme, daß die Übertragung ohne „Störgeräusche" (Übertragungsverluste) funktioniert, erhält der Empfänger Signale. Wenn er den Code versteht, kann er die Signale in eine Nachricht (Mitteilung) übertragen. Viele Empfänger verstehen jedoch den Code nicht, so daß sie die empfangenen Signale nicht in eine Nachricht rückübersetzen (dekodieren) können. Nur jene Empfänger, welche die Signale lesen können, erhalten eine Nachricht.

Ob diese Nachricht für den Empfänger eine Information bedeutet und welchen Nutzen er aus dieser Information ziehen kann, hängt wiederum davon ab, welche Vorkenntnisse er hat, und ob er die neue Information mit früheren Informationen bzw. mit seinem Wissensbestand verknüpfen kann. »Die Anwendung bleibt ein Kriterium des Verständnisses« (Wittgenstein L. 1977, 95).

Die nächste Frage lautet, ob die aufgenommene Information zu einer Veränderung des Verhaltens führt. Dieselbe Information kann bei Empfängern mit unterschiedlichem Vorwissen sehr unterschiedlich „ankommen" und sehr unterschiedliche Reaktionen auslösen. Das Individuum ist nur dann zur Wahrnehmung sowie zur Informationsaufnahme und Informationsverarbeitung fähig, »wenn es Sinneseindrücke zu früheren Erfahrungen in Beziehung setzt und wenn es Kategorien verfügbar hat, um seine physische Umwelt zu begreifen. Dazu muß es zuvor mit einer Fülle von Fähigkeiten ausgestattet sein« (Helle H. J. 1972, 209). Dieselbe Information kann bei verschiedenen Akteuren, je nach deren Vorwissen und Erfahrung, völlig unterschiedliche Assoziationen und Reaktionen auslösen, sie kann bei einigen Empfängern sofortiges Handeln initiieren und an anderen Empfängern spur- und wirkungslos vorbeigehen.

Nicht alles Wissen ist kodifizierbar, in Worte zu fassen oder durch Sprache und Gesten vermittelbar. In vielen Fällen wird Wissen bewußt nicht kodifiziert, um einen Vorsprung geheim zu halten oder über einen längeren Zeitraum aufrechtzuerhalten. Damit wird es zum sogenannten *tacit knowledge* (vgl. Nelson R. R. und S. G. Winter 1982, 76-85; Polanyi M. 1967). Nach L. Wittgenstein (1977, 96) ist »die Grammatik des Wortes „wissen“ [...] offenbar eng verwandt der Grammatik der Worte „können“, „imstande sein“ [und] „verstehen“ (eine Technik beherrschen)«.

Viele Arten des Wissens und Könnens sind mit Worten weder artikulierbar noch übertragbar. Die Qualifikation des Radfahrens, Schwimmens oder Segelfliegens kann man nicht durch Vorträge, schriftliche Instruktionen oder Filme vermitteln. »[...] the learner has to work out the details of the coordination problem for himself. His knowledge of those details remains tacit, is recollected without conscious awareness, and is probably no more susceptible to articulation than his instructor's corresponding knowledge was« (Nelson R. R. und S. G. Winter 1982, 80). »While information may be easily transmitted across great distances, translating information into useable knowledge is a more complex, cognitive process. When a technology is relatively stable it can be transmitted in a standardized form such as written articles or correspondence [...]. In the earliest stages, there is typically not even a language to communicate key concepts and there is a need to develop common codes of communication in order to coordinate search procedures. Individuals, especially those with different expertise from diverse backgrounds have different cognitive schemata. Interpreting and synthesizing this information, the process of translating information into knowledge, involves questioning and interpretation« (Feldman M. 1994, 21).

Nach H. R. Maturana (1982, 57-58) gibt es im strengen Sinn keine Übertragung von Gedanken vom Sprecher zum Gesprächspartner und keine Informationsübertragung durch Sprache. Es sei dem Empfänger überlassen, worauf er seine Aufmerksamkeit richtet und wie er das Gehörte interpretiert. »Konsequenterweise tritt dabei der Orientierende hinter dem Orientierten zurück« (Schmidt S. J. 1987, 31). Nur wenn Sender und Empfänger einer Information ähnliche Erfahrungen, ähnliche kognitive Strukturen und ein ähnliches Vorwissen haben, besteht eine hohe Wahrscheinlichkeit, daß „die Botschaft ankommt“ oder Wissen übertragen werden kann.

Das Vorwissen, das Ausbildungs- und Qualifikationsniveau, die Intuition oder die Erfahrung können in diesem Kommunikationsprozeß gleichsam als *Filter* angesehen werden, der bestimmt, ob eine Nachricht vom betreffenden Empfänger verstanden und in ihrer Bedeutung richtig eingeschätzt werden kann. Dieses für das Verstehen von Informationen notwendige Vorverständnis oder Wissen ist nicht einfach ad hoc von einem Akteur zum anderen transferierbar, sondern es basiert auf einem jahrelangen Lernprozeß, auf persönlichen Erfahrungen und Fähigkeiten (vgl. Pelikan P. 1989, 281-285).

Im Bewußtsein des *Senders* einer Nachricht sind die Grenzen zwischen Information und Wissen verschwommen oder zumindest schwer feststellbar. Die Unterscheidung zwischen Wissen, Information und Nachricht spielt zwar auch beim Sender eine Rolle, da der Mensch mehr weiß, als er mitteilen kann bzw. manches Wissen (z.B. *tacit knowledge*) nicht in Worten ausdrücken kann (vgl. Polanyi M. 1967, 4). Noch wichtiger ist diese Unterscheidung jedoch beim *Empfänger* einer Information. Deshalb sollte generell zwischen Information und Wissen unterschieden werden. Wenn jemand eine Information erhalten hat, heißt dies noch nicht, daß er die Information reflektiert hat und alle damit verbundenen Implikationen kennt.

Ein entscheidender Unterschied zwischen Wissen und Information besteht auch darin, daß man zwar Nachrichten und Informationen in Sekunden weltweit verbreiten kann, aber nicht Wissen, Qualifikationen und Kompetenzen. Die meisten Arten des Wissens sind lokal verwurzelt (*locally rooted*), nur Informationen (Nachrichten) sind mobil und globalisierbar. Deshalb ist auch die weit verbreitete Ansicht, daß in der Wissensgesellschaft Standorte beliebig auswählbar sind oder »einen viel vorläufigeren Charakter [hätten] und nicht wie in der Vergangenheit an einen bestimmten Ort gebunden« seien (Stehr N. 1994a, 343) in dieser generellen Formulierung falsch. Man muß angeben, welche Art des Wissens man meint. Standorte für Routinewissen sind fast beliebig auswählbar, als Standorte für Spezial- und Herrschaftswissen und für kreative Milieus kommen nur wenige Gebietskategorien in Frage (vgl. Kap. 2.4).

Sowohl das notwendige Wissen, um Nachrichten „lesen" und Informationen richtig bewerten zu können, als auch der Zugang zu wertvollen (nicht ubiquitären und somit die Wettbewerbsposition beeinflussenden) Informationen sind räumlich ungleich verteilt. Daraus ergibt sich der wissenschaftliche Auftrag, räumliche Disparitäten des Informationsniveaus zu analysieren. Derartige Erhebungen über das Informationsniveau der Bevölkerung werden von der Meinungsforschung laufend durchgeführt, allerdings noch viel zu selten in einer kleinräumigen Differenzierung.

2.1.3 Kreativität

Trotz der Masse an psychologischer Literatur über Kreativität besteht wenig konzeptuelle Einigkeit darüber, was Kreativität ist und wie sie gemessen werden sollte. Kreativität kann definiert werden als Fähigkeit, auf Herausforderungen zu reagieren, als Fähigkeit, etwas Neues zu denken und zu schaffen, oder als Innovationskompetenz. Sie basiert auf divergentem (unkonventionellem) Denken, Einfallsreichtum, Problemsensitivität, Originalität, dem Aufspüren von Ideen, der Fähigkeit, das Wesentliche herauszufinden, dem exakten Ausarbeiten von Ideen, auf Organisationsfähigkeit, intellektueller Neugier, Wissensdurst, dem Wunsch, neue Fragen zu stellen, auf Begeisterung, Motivation, Zielorientiertheit, Ausdauer sowie auf der Duldung von Zweideutigkeit, Ungewißheit und Komplexität (vgl. Nütten I. und P. Sauermann 1989, 528-530; Heller K. A. 1995, 15).

Es gibt mindestens vier Aspekte der Kreativität, die räumlich relevant sind, nämlich die kreative *Person*, das kreative *Produkt*, den kreativen *Prozeß* und die kreative *Situation* bzw. das kreative *Milieu* (Mooney R. 1963; MacKinnon D. W. 1968, 435). Auf der raumwissenschaftlichen Meso- und Makroebene werden sich die meisten empirischen Arbeiten auf das kreative Produkt konzentrieren müssen, da kreative

Personen, Prozesse und Milieus auf diesem Aggregationsniveau viel schwieriger zu identifizieren sind. Auf der räumlichen Mikroebene können jedoch einige von der Psychologie entwickelte Konzepte und Methoden zur Messung der Kreativität von Personen und zur Erfassung von kreativen Milieus übernommen werden. Als einführende Literatur zu den Problemen der Definition und Messung von Kreativität, *exceptional performance*, Begabung, Talent und kognitiven Fähigkeiten kann das von K. A. Heller, F. J. Mönks und A. H. Passow (1993) herausgegebene Handbuch empfohlen werden.

Kompetenz

In der Handlungstheorie wird Kompetenz in Anlehnung an A. Giddens (1984b) als das bezeichnet, »was ein Subjekt zu tun vermag«, bzw. als »die transformative Kapazität menschlichen Handelns« (Werlen B. 1995, 81). Kompetenz ist also von reflexivem Wissen, Begabung oder Intelligenz, die nicht unbedingt zu Handlungen führen müssen, zu unterscheiden. Kompetenz hat etwas mit Handeln und Durchsetzen zu tun und überschneidet sich höchstens mit dem *tacit knowledge*. In der Sprach-Psychologie ist es seit N. Chomsky (1965) üblich, zwischen „Kompetenz" im Sinne von Kenntnis der Sprachregeln oder allgemein von Fähigkeiten und „Performanz" im Sinne von Sprachproduktion oder allgemein von Leistungsvollzug bzw. Leistung zu unterscheiden. So wird heute vielfach der Intelligenzbegriff durch den Kompetenzbegriff ersetzt, indem man etwa von sprachlicher Kompetenz, mathematischer Kompetenz oder technischer Kompetenz etc. spricht.

2.1.4 Begabung, Fähigkeit, Intelligenz

Begabungen beschreiben im Gegensatz zu unmittelbar anwendbaren Qualifikationen eher das *Potential* für einen zukünftigen beruflichen Erfolg. Begabungen erleichtern das Erlernen einer Reihe von Qualifikationen (vgl. Fleishman E. A. 1968, 369-370). Sie können zu einem gewissen Grad durch psychologische Begabungstests oder Eignungsdiagnostik erfaßt werden. In Begabungstests werden u.a. die Fähigkeit zu formalem und logischem (konvergentem) Denken, die Fähigkeit zu abstraktem, systematischem und theoretischem Denken, der Reichtum an Ideen, die Fähigkeit, Probleme zu restrukturieren sowie die Originalität von Lösungsmethoden und Produkten erfaßt. Begabungen (z.B. eine Begabung für naturwissenschaftliche Forschung) hängen eher mit konvergentem Denken zusammen, Kreativität basiert eher auf divergentem Denken (Heller K. A. 1995, 14-15). Wie die *industrial psychology* schon nach dem Ersten Weltkrieg herausgefunden hat, sagen Eignungstests von Jugendlichen allerdings relativ wenig über die spätere berufliche Leistung aus, da sie die Motivation außer acht lassen.

Während K. A. Heller und E. A. Hany (1996) zwischen Kreativität und Begabung unterscheiden, nehmen andere Autoren (z.B. Stapf A. 1997, 229) Kreativität nicht als einen eigenen Begabungsbereich an. Nach dem derzeitigen Forschungsstand werden fünf Begabungsbereiche unterschieden, die verschiedene Begabungsdimensionen enthalten können, die auf inhaltlich differenzierbare Leistungsbereiche bezogen sind (vgl. Stapf A. 1997, 229): es sind dies die intellektuelle, soziale, musische, bildnerisch-gestaltende und psychomotorische Begabung. Angesichts des Testaufwandes und der geringen Zahl psychologischer Untersuchungen zur Begabung ist es allerdings fraglich, ob derartige Begabungsdimensionen in absehbarer Zeit in ihrer räumlichen Differenzierung erfaßt werden können.

Methodisch etwas abgesicherter und von der Psychologie umfassender erforscht ist dagegen die Messung der *Intelligenz*. W. Stern (1920, 2ff), der Erfinder des Intelligenzquotienten, hat Intelligenz folgendermaßen definiert: »Intelligenz ist die allgemeine Fähigkeit eines Individuums, sein Denken bewußt auf neue Forderungen einzustellen; sie ist allgemeine geistige Anpassungsfähigkeit an neue Aufgaben und Bedingungen des Lebens«. Ein Team von Intelligenzforschern (Neisser U. et al. 1996, 77) verstand unter Intelligenz »the ability to understand complex ideas, to adapt effectively to the environment, to learn from experience, to engage in various forms of reasoning, to overcome obstacles by taking thought«. Die unter Psychologen immer noch aktuelle Streitfrage, ob es einen einzigen, allgemeinen Intelligenzfaktor gibt oder verschiedene, voneinander unabhängige Intelligenzfaktoren, ist in dem hier behandelten Zusammenhang nicht so wichtig. Entscheidend ist, daß es verschiedene, mehr oder weniger akzeptierte Intelligenztests gibt, mit denen man räumliche Disparitäten der Intelligenz(en) nachweisen könnte.

2.1.5 Qualifikationen

Auch der Begriff „Qualifikation" wird in der Literatur nicht einheitlich definiert. In dieser Arbeit wird unter Qualifikation die Summe der Fähigkeiten, Kenntnisse und Fertigkeiten verstanden, die für eine bestimmte Aufgabe oder berufliche Position als notwendig oder wünschenswert angesehen werden. Qualifikation kann auch definiert werden als das »individuelle Handlungspotential eines Berufstätigen«, das es ihm erlaubt, »einem entsprechenden Anforderungsprofil einer Position gerecht zu werden« (Bisani F. 1989, 240). Bei F. Bisani (1989, 240-241) werden Grund-, Basis-, Zusatz-, Ergänzungs-, Teil-, Querschnitts- oder Schlüsselqualifikationen unterschieden.

Im Unterschied zum Begriff „Ausbildungsniveau" kann der Begriff „Qualifikation" nicht losgelöst von einer bestimmten Aufgabe oder einem konkreten Anforderungsprofil gesehen werden. Qualifikationen sind also stets *zielgerichtet*, man ist *für etwas* qualifiziert. Qualifikationen sind in vielen Fällen nicht exakt beschreibbar. »[...] the knowledge that underlies a skillful performance is in large measure tacit knowledge, in the sense that the performer is not fully aware of the details of the performance and finds it difficult or impossible to articulate a full account of those details« (Nelson R. R. und S. G. Winter 1982, 73). »Skilled human performance is automatic in the sense that most of the details are executed without conscious volition« (Nelson R. R. und S. G. Winter 1982, 75).

Während ein bestimmtes Ausbildungsniveau in vielen Fällen die notwendige Voraussetzung für die Zulassung zu einem Beruf oder die Erstplazierung im Berufsleben ist, werden bei Rekrutierungen oder Beförderungen zusätzlich zum Ausbildungsniveau noch bestimmte fach- und persönlichkeitsbezogene Qualifikationen verlangt. Qualifikationen beziehen sich nicht nur auf Kenntnisse, sondern auf Verhaltensweisen und Einstellungen wie z.B. Flexibilität, Verantwortungsbewußtsein, Disziplin, Loyalität, Identifikation mit dem Unternehmen etc. (Malecki E. 1997, 122; Morgan K. und A. Sayer 1985, 390).

Qualifikationen können sowohl innerhalb als auch außerhalb des Schulsystems erworben werden. Manche Qualifikationen sind jedoch nicht erlernbar, sondern mit der Persönlichkeit von Individuen verknüpft. Auch die Qualifikationen kann man in verschiedene Kategorien unterteilen:

- *Allgemeine Qualifikationen*: diese werden für sehr viele berufliche Positionen benötigt, dazu gehören z.B. Sprachkenntnisse oder Führungsqualitäten.
- *Spezielle Qualifikationen*: diese werden jeweils nur für bestimmte Berufe oder Funktionen (Anforderungsprofile) benötigt (z.B. Qualifikationen eines Chirurgen); sie werden in der Regel nur durch bestimmte Institutionen, Erfahrung und *training on the job* erworben.
- *Fachbezogene Qualifikationen*: dazu gehören u.a. Leistungsnachweise, die im Bildungssystem erworben wurden, berufliche Spezialkenntnisse, Verwaltungs- und Produktionskenntnisse, Kenntnisse der Unternehmensspezifika.
- *Persönlichkeitsbezogene Qualifikationen*.

Eine feinere Kategorisierung kann meist nur vor dem Hintergrund eines konkreten Berufs vorgenommen werden. Bei Managern werden beispielsweise fünf Kategorien von Qualifikationen unterschieden. Die folgende Beschreibung wurde von O. Best, K. Blättner und A. Knoth (1993, 11-26, 49-58) übernommen.

- *Fachliche Qualifikationen*: Innerhalb der fachlichen Qualifikationen kommt dem positionsabhängigen Fachwissen die größte Bedeutung zu. Fachliche Qualifikationen können sowohl allgemeine Qualifikationen wie Fremdsprachen oder Auslandserfahrung als auch spezielle Qualifikationen umfassen. Ein akademisches Ausbildungsniveau gilt meist als *Grundvoraussetzung*, was dazu führt, daß es bei Prioritätenlisten für Anforderungsprofile meist nicht an vorderer Stelle genannt wird.
- *Persönlichkeitsmerkmale*: Neben erworbenen Qualifikationen spielen auch die individuellen Merkmale eine wichtige Rolle, dazu zählen bei Managern z.B. Belastbarkeit, Flexibilität, Aufgeschlossenheit, Kreativität, Artikulationsvermögen, Einsatzbereitschaft oder Loyalität.
- *Methodische Qualifikationen*: Darunter versteht man das Beherrschen von Entscheidungs- und Problemlösungstechniken oder die Kenntnis und Anwendung von Informations- und Kommunikationstechnologien.
- *Sozial-kommunikative Qualifikationen*: dazu zählen u.a. Motivationsvermögen, Autonomie, Teamfähigkeit, Sensibilität oder Internationalität.
- *Konzeptionelle Qualifikationen*: Dazu zählen Innovationsfähigkeit, analytisches und visionäres Denkvermögen, die Fähigkeit zum Umgang mit Unge-

wißheit, die Fähigkeit, übergeordnete Zusammenhänge zu erfassen oder unternehmerisches Denken.

Es sind auch noch verschiedene andere Kategorisierungen von Qualifikationen möglich (vgl. Malecki E. 1997, 317-320). Ein Teil der Qualifikationen kann durch Zertifikate (z.B. Meisterprüfung, Pilotenschein) bestätigt werden. Die Mehrzahl der Qualifikationen wird durch Persönlichkeits- und Leistungstests, Assessment-Center-Methoden, Management Audits, Gutachten oder Auswahlverfahren (*screening)* zu erfassen versucht. Trotzdem sind nicht alle Qualifikationen empirisch erfaßbar.

Bei der Einstufung von Qualifikationen gibt es insofern ein methodisches Problem, als diese nicht immer in ein ordinales Schema eingefügt werden können. Qualifikationen können zwar infolge der technologischen Entwicklung obsolet werden. Wer würde jedoch zu behaupten wagen, daß der Lenker einer vierspännigen Postkutsche eine geringere Qualifikation benötigt als der Lenker eines Autos? Die Begriffe „hochqualifiziert" oder „niedrigqualifiziert" sollten also idealerweise nur vor dem Hintergrund einer konkreten Aufgabenstellung, einer bestimmten beruflichen Position und unter Berücksichtigung der kulturellen und historischen Situation verwendet werden. In der Alltagspraxis läßt sich dieser Anspruch leider nicht immer verwirklichen. Gerade bei theoretischen Erörterungen, die nicht den konkreten Einzelfall behandeln, kann man nicht umhin, in allgemeiner Form von Hochqualifizierten zu sprechen. Darunter versteht man Personen, die ein hohes Ausbildungsniveau und viele der für eine berufliche Position wünschenswerten Qualifikationen aufweisen.

Für die Mehrzahl der Qualifikationen gibt es keine amtlichen Statistiken, so daß sie eigens erfaßt werden müssen. In den Großzählungen der meisten Staaten kann man jedoch aus Berufsbezeichnungen gewisse Qualifikationen ableiten. Bei der Unterscheidung nach Hilfsarbeitern, angelernten Arbeitern und Facharbeitern (*skilled and unskilled workers*) oder niederen, mittleren und höheren Beamten kann man davon ausgehen, daß diese die in einem Anforderungsprofil erwünschten Qualifikationen aufweisen.

2.1.6 Schulisches Ausbildungsniveau

Unter Ausbildung wird im wissenschaftlichen Sprachgebrauch das Einüben begrenzter Leistungsaufgaben verstanden. Ausbildung zielt auf die Entwicklung von Begabungen und Anlagen zu speziellen *Fertigkeiten* ab. Dabei ist zu unterscheiden zwischen jenen Fertigkeiten und Ausbildungsniveaus, die durch Zertifikate (Zeugnisse, Meisterbriefe etc.) dokumentiert und bestätigt werden, und solchen Fertigkeiten, die durch Selbststudium, *learning on the job*, Unterweisung in der Familie etc. erworben werden. Bei raumwissenschaftlichen Fragestellungen auf der Meso- und Makroebene sind vor allem jene Ausbildungsniveaus von Interesse, die durch Zeugnisse (Prüfungen) bestätigt sind. Bei Studien auf der Mikroebene können auch jene Fertigkeiten erfaßt und berücksichtigt werden, die nicht durch Zeugnisse nachgewiesen sind.

Der wichtigste und bisher am meisten verwendete Indikator ist das schulische Ausbildungsniveau. Dieses gibt an, welche Schultypen oder Stufen des Bildungssystems von einer Person erfolgreich abgeschlossen wurden. Obwohl auch zwischen einzelnen Schulen derselben Schulform (Schulstufe) deutliche Qualitätsunterschiede vorhanden sein können, sind die Lehrpläne oder Mindestanforderungen für eine bestimmte Schulform (Schulstufe) in der Regel doch soweit standardisiert, daß man von bestimmten (einheitlichen) Mindestkenntnissen ausgehen kann. Diese Standardisierung verleiht dem Indikator *Ausbildungsniveau* in den meisten Ländern eine besondere Aussagekraft und prädestiniert ihn auch für großräumige Untersuchungen. In Ländern, in denen es zwischen Schulen desselben Typs (derselben Schulform) eine starke Rangordnung oder große Qualitätsunterschiede gibt (z.B. Japan, USA), ist die Aussagekraft des Indikators *Ausbildungsniveau* allerdings geringer, so daß man in diesen Fällen zusätzliche Merkmale über die Qualität und Organisationsform der Schulen berücksichtigen muß (z.B. Prestige der Einrichtung, Qualifikation des Lehrkörpers, Höhe des Schulgeldes oder spätere Karriere der Absolventen).

Wenn man von der Karriereforschung absieht, ist in der Regel nur das höchste abgeschlossene Ausbildungsniveau von Interesse. Da das Ausbildungsniveau in den meisten Ländern seit der zweiten Hälfte des 19. Jahrhunderts im Rahmen der amtlichen Großzählungen (Volkszählungen, Mikrozensen) erfaßt ist, wird es im Rahmen der bildungsgeographischen Forschungen besonders oft herangezogen.

Im angelsächsischen Raum wird meistens die durchschnittliche Zahl der abgeschlossenen Schuljahre (*median school years completed*) als Indikator des Ausbildungsniveaus herangezogen. Dieser Indikator ist jedoch von geringerer Aussagekraft. Gerade in den USA sagt die Tatsache, daß jemand 12 Schuljahre abgeschlossen hat, wenig aus, wenn man nicht weiß, an welchem Schultyp (öffentliche oder private Schule, teure oder billige Schule) die Jahre verbracht wurden.

2.1.7 Bildungsverhalten

Im Gegensatz zum höchsten abgeschlossenen Ausbildungsniveau, das einen *Endzustand* oder eine abgeschlossene Phase beschreibt, kennzeichnet der Begriff Bildungsverhalten die Inanspruchnahme (den Besuch) von Bildungseinrichtungen zu einem bestimmten Zeitpunkt, also einen für den Akteur noch nicht abgeschlossenen Prozeß. Wenn jemand nach der gesetzlichen Schulpflicht noch eine weiterführende Schule oder Universität besucht, ist allerdings eine zweifache Zuordnung möglich. Ein Hochschüler, der sein Studium noch nicht abgeschlossen hat, würde also beim Indikator *Ausbildungsniveau* als Abiturient geführt, während er hinsichtlich des Indikators *Bildungsverhalten* als Hochschulstudent erfaßt wird.

Das Bildungsverhalten wird nicht nach den vermittelten (erworbenen) Bildungsinhalten, sondern nach den besuchten Institutionen differenziert. Deshalb kann man unterscheiden zwischen dem Bildungsverhalten

- innerhalb des Schulsystems (von der Vorschule bis zur Universität und Hochschule),

- innerhalb der beruflichen Weiterbildung,
- innerhalb der privaten Weiterbildung (Besuch von Museen, Theatern, Leseverhalten etc.).

Während der Besuch von schulischen Einrichtungen durch amtliche Daten oder Unterlagen der Schulbehörden in der Regel sehr gut dokumentiert ist, muß der Besuch von außerschulischen Bildungseinrichtungen (Museen, Theater, Einrichtungen der Erwachsenenbildung usw.) teilweise durch eigene (zeit- und kostenaufwendige) Erhebungen erfaßt werden, was eine großräumige Analyse erschwert.

2.2 Wissen in wirtschaftstheoretischer Perspektive

2.2.1 Wirtschaftstheoretische Klassiker

Schon die frühen Wirtschaftstheoretiker haben die Bedeutung des Ausbildungsniveaus zumindest angedeutet. Wissen, Ausbildung und Qualifikation standen zwar bis zum Aufkommen der Humankapital-Theorien nach dem Zweiten Weltkrieg in keiner der ökonomischen Theorien im Mittelpunkt, fast jeder der großen Theoretiker hat jedoch auf die wirtschaftliche Bedeutung des Bildungswesens hingewiesen.

So hat etwa Adam Smith (1776) in seinem Buch „Der Wohlstand der Nationen" hervorgehoben, daß der nationale Wohlstand das Produkt des Fleißes und der *Geschicklichkeit* der Arbeiter sei. Er hat die Forderung erhoben, daß alle Bürger aus ökonomischen Gründen lesen, schreiben und rechnen können sollten und deshalb der Staat die allgemeine Schulpflicht einführen sollte (vgl. Kurz H. 1993, 12). Von Süvern wies 1806/07 in seiner Vorlesung darauf hin, daß Wohlstand und Macht der Staaten nicht so sehr auf den »Schätzen der Natur« beruhen, sondern auf den »Kräften der Menschen, durch welche die Kräfte der Natur lebendig und fruchtbar werden«. Des »Staates ganze Würde und Kraft, sein ganzer Reichtum und Wohlstand« fließe »aus einsichtsvollen, gebildeten, ihrer Kräfte bewußten und mächtigen Bürgern« (zitiert nach Michalsky H. 1978, 145).

John Stuart Mill (1848) sah in umfassender Bildung für alle eine zentrale staatliche Aufgabe; nur gebildete Menschen könnten ihr Schicksal frei und eigenverantwortlich gestalten (Zank W. 1993, 23). Auch L. von Stein hat in der zweiten Hälfte des 19. Jahrhunderts in seinem Handbuch der Verwaltungslehre die Ausbildung als »die mächtigste kapitalbildende Kraft für die Einzelnen wie für das Ganze« bezeichnet (Stein v. L. 1876, 214). L. Walras (1954), einer der Mitbegründer der Neoklassik, sah die vornehmste Aufgabe des Staates darin, Schulen und Universitäten zu unterhalten.

Jeder Bürger müsse seine Fähigkeiten und Interessen bestmöglich entwickeln (vgl. Oltmanns T. 1993, 25). Wenn J. A. Schumpeter (1912) Innovationen als die überragende Tatsache in der Wirtschaftsgeschichte des Kapitalismus bezeichnet, dann heißt dies auch, daß nicht nur Erfindungen, Wissen und Qualifikation, sondern auch Institutionen des Bildungswesens einen sehr hohen ökonomischen Stellenwert bekommen haben.

Auch A. Marshall hat auf die große Bedeutung des Wissens für die Kapitalbildung hingewiesen. Die Begriffe technischer Fortschritt, Wissen und Entscheidungsfindung spielen in seinen Erörterungen über das Unternehmen eine große Rolle. Dabei unterscheidet er zwischen internem Wissen, d.h. Wissen über die Firma, und externem Wissen, also Wissen über den Markt.

»Capital consists in a great part of knowledge and organization [...]. Knowledge is our most powerful engine of production; it enables us to subdue Nature and force her to satisfy our wants. Organization aids knowledge« (Marshall A. 1920, 115).

S. Kuznets (1930) hat in seiner Pionierarbeit über die Produktivität der amerikanischen Wirtschaft darauf hingewiesen, daß Wissen viel mehr als Kapital oder Arbeit zur Produktivität führt. L. v. Mises und F. v. Hayek haben das Scheitern der sozialistischen Kommandowirtschaft schon in der Zwischenkriegszeit vorausgesagt und u.a. damit begründet, daß die zentralen Institutionen der Planwirtschaft niemals über dasselbe *Wissen* verfügen können wie die Summe aller Akteure in einer Marktwirtschaft und daß das in einer Gesellschaft über Millionen von Individuen verstreute Wissen der Zentrale nicht in konzentrierter Form zur Verfügung stehe (vgl. Böhm St. 1993, 47). Auch F. Machlup (1962a) hat auf die Bedeutung der Wissensproduktion in der Wirtschaft verwiesen und hinsichtlich der Erwerbsstrukturen einen *knowledge-producing-sector* von einem *non-knowledge-producing-sector* unterschieden. Nicht zuletzt haben auch P. F. Drucker (1964, 1966, 1990, 1991), I. B. Gregerman (1981), H. Cleveland (1985) sowie M. G. Beruvides et al. (1988) die Bedeutung des *knowledge workers* in den Vordergrund gerückt.

Obwohl diese Beispiele noch lange fortgesetzt werden könnten, ergibt sich trotzdem die paradoxe Situation, daß die führenden volkswirtschaftlichen Theorien die Bedeutung von regionalen und sozialen *Wissensunterschieden* in geradezu sträflicher Weise vernachlässigen. Die Theorie von Angebot und Nachfrage, die Theorien des Wettbewerbs und der Monopole sowie der relativen Preise etc. basieren nämlich alle auf der Annahme, daß die Verkäufer die höchsten Preise kennen, die sie gerade noch fordern können, und daß die Käufer die niedrigsten Preise kennen, zu denen sie ein Produkt einkaufen können (vgl. auch Machlup F. 1962a, 3-4). Die meisten neoklassischen Ökonomen gingen von der Annahme aus, daß das benötigte Wissen überall vorhanden ist, daß die Produzenten über die neueste Technologie und die billigste Produktionsmethode ihrer Zeit Bescheid wüßten (vgl. Kap. 2.2.3).

2.2.2 Bildungsökonomie und Humankapital-Ansatz

Die Bildungsökonomie verfolgt das Ziel, den Zusammenhang zwischen Humanressourcen und Wirtschaftswachstum zu untersuchen. Im großen und ganzen werden zwei theoretische Ansätze unterschieden, der Korrelationsansatz und der Restgrößenansatz (vgl. Bowen W. G. 1970). Beim *Korrelationsansatz* werden statistische Beziehungen zwischen Indikatoren des Bildungswesens (z.B. Anteil der Universitätsabsolventen, Investitionen in das Schulwesen, Ausgaben für Forschung und Entwicklung) und Indikatoren für Ergebnisse im ökonomischen Bereich (z.B. Sozialprodukt, Pro-Kopf-Einkommen) berechnet. Solche Korrelationsrechnungen wurden sowohl für Zeitreihen als auch anhand von Ländervergleichen durchgeführt.

Der *Restgrößenansatz* stützt sich auf die Tatsache, daß die quantitative Zunahme der Faktoren Arbeit und Kapital nur zu einem relativ geringen Teil den Zuwachs des Sozialprodukts erklären kann (vgl. Solow R. M. 1957) und daß es deshalb noch einen „dritten Faktor" geben muß, dem nach Solow rund zwei Drittel des Produktionswachstums zugeschrieben werden. Diese Restgröße besteht u.a. aus dem Ausbildungs- und Qualifikationsniveau der Beschäftigten, aus dem technischen Fortschritt und aus Erfindungen (vgl. Schultz T. W. 1963a, 1971; Denison E. F. 1962, 1964). Schultz hat das Kapital in der Produktionsfunktion in Realkapital und Humankapital aufgegliedert. Denison hat das Humankapital nicht mehr als eigenständigen Produktionsfaktor gesehen, sondern Bildungsinvestitionen führen seiner Ansicht nach lediglich zu einer Qualitätssteigerung des Faktors Arbeit, anders ausgedrückt, der Produktionsfaktor Arbeit ist der Träger der Humankapitalinvestitionen.

Der Humankapital-Ansatz wendet sich der Frage zu, ob sich für den einzelnen Akteur eine Investition in die Bildung lohnt und wieviel ein bestimmter Schulabschluß zum später erzielten Einkommen beiträgt.

Tab. 2.1 Der Zusammenhang zwischen dem Ausbildungsniveau von Vollzeitbeschäftigten über 17 Jahre in den USA im Jahre 1990 (ohne Militärangehörige) und ihrem Durchschnittseinkommen in US-$

Ausbildungsniveau	Männer			Frauen		
	White	Hispanic	Black	White	Hispanic	Black
Less than 9th grade	24.084	17.349	19.426	14.734	12.470	14.191
9th to 12th grade, no diploma	25.462	19.551	19.948	15.735	14.494	15.038
High school graduate	28.521	22.996	22.109	18.080	17.206	17.164
Some college	34.143	27.626	25.920	21.228	20.008	20.123
Associate degree	34.128	29.471	27.798	22.873	21.577	21.946
Bachelor's degree	47.947	37.304	33.656	28.745	26.683	26.645
Master's degree	56.690	45.933	40.743	35.006	33.029	33.517
Doctorate degree	63.162	56.158	52.276	44.015	42.648	43.950
Professional school degree	95.950	72.476	63.998	46.150	37.563	41.274

Quelle: Education in the United States. 1990 Census of Population. 1990 CP-3-4, Table 4; es wurden nur Personen berücksichtigt, die das ganze Jahr 1989 vollzeitbeschäftigt waren.

Das wichtigere Thema, nämlich was hochqualifizierte Erwerbstätige zum wirtschaftlichen Erfolg und zur Leistungskraft (Wettbewerbsfähigkeit) einer Organisation, eines sozialen Systems oder einer Volkswirtschaft beitragen, wurde weitgehend vernachlässigt oder nur in sehr allgemeiner Form diskutiert. Einige Untersuchungen auf der Individualebene haben keinen hohen Beitrag des erreichten Ausbildungsniveaus zum Einkommen festgestellt. J. Mincer (1974, 44) hat aufgezeigt, daß in den USA unter den männlichen weißen und nicht in der Agrarwirtschaft beschäftigten Erwerbstätigen nur sieben Prozent der Variation des Einkommens durch das Ausbildungsniveau erklärt wurden.Diese Untersuchungen waren allerdings auch mit gravierenden methodischen Schwächen behaftet. In der Regel wurde nur das schulische Ausbildungsniveau berücksichtigt, wobei besonders in englischsprachigen Studien wenig geeignete Indikatoren verwendet wurden. Der am häufigsten verwendete Indikator *„median school years completed"* sagt z.B. fast gar nichts aus, wenn bei Universitätsabsolventen weder das Abschlußfach bekannt ist, noch berücksichtigt wird, ob der Abschluß an einer Elite-Universität oder an einer wenig angesehenen Universität erreicht wurde, deren Absolventen kaum das Niveau eines europäischen Abiturs erreichen. In den USA wurden von Sozial- und Wirtschaftswissenschaftlern sehr eindrucksvolle Bestätigungen über den Zusammenhang zwischen dem Ausbildungsniveau und dem Einkommen vorgelegt. Beim Zusammenhang zwischen dem Ausbildungsniveau und dem Einkommen müssen geschlechtsspezifische und ethnische Disparitäten berücksichtigt werden.

2.2.3 Neoklassische Ansätze

Vernachlässigung von Wissen

Die traditionellen neoklassischen Ansätze gehen von den Prämissen aus, daß die von einem Akteur benötigten Informationen überall verfügbar sind, daß überall freier Zugang zu Informationen besteht und daß alle Akteure dasselbe (unvollkommene) Wissen und dieselben Kapazitäten zur Informationsverarbeitung haben. Diese dogmengeschichtlich viel zu lange aufrechterhaltenen Prämissen beruhen einerseits auf einer (kritiklosen) Übertragung der Preistheorie auf solche Bereiche der Wirtschaft und Gesellschaft, in denen der Preis wenig erklären kann. Andererseits ist das Außerachtlassen von Wissens- und Informationsunterschieden auch darauf zurückzuführen, daß in den verwendeten mathematischen Modellen nur relativ simple Wechselbeziehungen dargestellt werden können. Der Wunsch vieler Ökonomen, wirtschaftliche Gesetzmäßigkeiten in ähnlicher Weise wie physikalische Gesetzmäßigkeiten mit mathematischen Formeln darstellen zu können und damit ihre Wissenschaft auf die Ebene der reinen Naturwissenschaften emporzuheben, hat nicht nur die zeitliche Dimension und den evolutionären Charakter der wirtschaftlichen Entwicklung, sondern auch die Existenz räumlicher Disparitäten aus den Modellen verdrängt.

Es ist klar, daß wissenschaftliche Modelle und vor allem ökonomische Modelle nicht ohne starke Abstraktion und nicht ohne Prämissen auskommen, welche die Realität stark vereinfachend darstellen. Die wissenschaftliche Leistung besteht jedoch darin, die *wesentlichen* Einflußfaktoren und Gesetzmäßigkeiten zu erkennen und diese von den *weniger wichtigen* zu unterscheiden. Maßstab ist dabei nicht das Wunschdenken von Wissenschaftlern, die bestrebt sind, wirtschaftliche Gesetzmäßigkeiten in Formeln zu zwängen, sondern die empirische Analyse der Realität (vgl. Thurow L. 1983, 237). Wenn die Prämissen von Modellen zu realitätsfremd sind und sehr wichtige Faktoren als *noise* abgetan werden oder im Modell unberücksichtigt bleiben, kann die fehlende Wissenschaftlichkeit eines Ansatzes auch nicht durch „hohe Mathematik" kompensiert werden.

Der evolutionäre oder historische Charakter der Wirtschaft wurde zwar in den Wirtschaftswissenschaften nie völlig ignoriert. Auch A. Marshall, der Begründer der neoklassischen Wirtschaftstheorie, war sich des historischen Charakters des tatsächlichen Wirtschaftsgeschehens voll bewußt (Marshall A. 1952, 14). Im Streben nach größerer „Wissenschaftlichkeit" ihrer Aussagen sind jedoch viele Ökonomen lieber der Physik als der evolutionären Biologie gefolgt.

Solange das Kapital der wichtigste Motor der Wirtschaft war und solange Rohstoffe und Transportkosten die entscheidenden Standortkriterien (Kostenfaktoren) waren, haben sich diese Defizite der neoklassischen Modelle noch nicht so negativ ausgewirkt. Hier haben die neoklassischen Ansätze der Ökonomie zweifellos Hervorragendes geleistet. Je mehr jedoch wissenschaftliche Forschung, technologisches Niveau, Informationsverarbeitung, optimale Organisationsstrukturen und die Qualifikationen der Arbeitskräfte den wirtschaftlichen Erfolg eines Unternehmens oder einer Volkswirtschaft bestimmt haben, umso negativer hat sich das Ignorieren dieser Einflußfaktoren auf die Analyse- und Prognosefähigkeit der Ökonomie ausgewirkt.

Diese Defizite der „naiven" Neoklassik wurden zwar von einzelnen Wirtschaftswissenschaftlern erkannt, so daß diese bereits verschiedene Rückzugslinien bezogen haben, wie z.B. das Konzept der *bounded rationality* (Simon H. 1957, 1979, 1983), das Konzept des *temporary equilibrium* oder das Arrow-Debreu Modell, das zwar davon ausgeht, daß jeder Akteur unvollständige Informationen über den Zustand der Umwelt hat, daß aber alle Akteure dieselben Informationen hätten (vgl. Radner R. 1987, 737). Andere Autoren (vgl. Arrow K. J. 1974, 20) haben behauptet, daß „perfektes Wissen" des Akteurs gar nicht notwendig sei, weil das Preissystem alle erforderlichen Informationen beinhalte und vom Akteur nur wenig Wissen (z.B. über seine eigenen Bedürfnisse) erfordere. Dieses Argument ist ein klassisches Beispiel für eine *statische* Sichtweise der Wirtschaft. Das Preissystem sagt überhaupt nichts aus über absehbare technologische Entwicklungen, über die Anwendbarkeit von neuen Ergebnissen der Grundlagenforschung, über notwendige Änderungen der Organisationsstrukturen oder über zukünftige Ziele und Absichten der Konkurrenz. Eine gut funktionierende und wettbewerbsfähige Organisation benötigt also zweifellos mehr Informationen als im Preissystem enthalten sind (Mirman L. J. 1987, 836). Es hat sehr lange gedauert, bis in den Wirtschaftswissenschaften der voll informierte *homo oeconomicus* abgelöst wurde von einem »uncertain decision-maker acting under severely restricted conditions of information embedded within a communication system upon which he is becoming increasingly dependent« (Shubik M. 1971, 358). Eine Ökonomie der Informationsverarbeitung entstand erst in den 70er Jahren des 20. Jahrhunderts. »Knowledge in general, and information in particular, is an important yet dramatically underexploited resource in the process of economic and social development« (Jéquier N. 1983, 122).

Trotz dieser schrittweisen Distanzierung von der Prämisse der ubiquitären Verfügbarkeit der benötigten Informationen ist nach wie vor festzustellen, daß die neoklassischen Wirtschaftstheoretiker regionale Unterschiede des Wissens nicht als primäres Strukturmerkmal der Wirtschaft, sondern eher als „Unvollkommenheit" des Marktes oder als „Asymmetrie" der Information ansehen. Der Nobelpreisträger F. A. von Hayek hat diese Geringschätzung des Wissens in der ökonomischen Theorie darauf zurückgeführt, daß die neoklassischen Wirtschaftstheoretiker, so wie ihre klassischen Vorbilder, stärker am Gleichgewicht als am Wandel interessiert sind (Hayek F. A. v. in Nishiyama C. und K. R. Leube 1984, 215), eine Tatsache die T. Veblen (1898) mit der Frage *„Why is Economics Not An Evolutionary Science?"* schon um die Jahrhundertwende bedauert hat (vgl. Frenkel R. 1993, 84). T. Veblen, der sich als einer der ersten Wirtschaftstheoretiker mit der Bedeutung von Wissen in der modernen Zivilisation befaßte (vgl. Veblen T. 1906), hat diese Vernachlässigung des Wandels und der prozeßhaften Entwicklung der Wirtschaft darauf zurückgeführt, daß die (neo)klassischen Wirtschaftstheoretiker von einem einseitig *hedonistisch* geprägten Menschenbild ausgehen, das keine evolutionäre Sicht der Dinge provoziert (vgl. Veblen T. 1898, 1961, 73-78).

F. A. v. Hayek gehört zu den ersten neoklassischen Wirtschaftstheoretikern, die darauf hingewiesen haben, daß Wissen und Informationen nicht ubiquitär verteilt sind.

»The information relevant for and possessed by each entrepreneur will be very different from that possessed by others« (Hayek F. A. v. in Nishiyama C. und K. R. Leube 1984, 56). »[...] the knowledge of the circumstances of which we must make use never exists in concentrated or integrated form but solely as the dispersed bits of incomplete and frequently contradictory knowledge which all the separate individuals possess« (Hayek F. A. in Nishiyama C. und K. R. Leube 1984, 212). »It is with respect to [the knowledge of the particular circumstances of time and place] that practically every individual has some advantage over all others because he possesses unique information of which beneficial use might be made« (Hayek F. A. v. in Nishiyama C. und K. R. Leube 1984, 214).

Wissen und Rationalität

In den neoklassischen Ansätzen wurde dem Begriff der *Rationalität* mehr Aufmerksamkeit geschenkt als den Begriffen Wissen, Information oder Lernen. Noch Anfang der 60er Jahre konnte G. Stigler (1961, 171) behaupten, daß Wissen und Information ein »slum dwelling in the town of economics« bewohnen. In den Lehrbüchern der Neoklassischen Theorien schien der *homo oeconomicus* noch vor wenigen Jahren in der Lage zu sein, die Flut von Informationen ohne Kostenaufwand aufzunehmen und zu bewerten. Er fällte die für ihn optimale Entscheidung meist in einer klar definierten Umwelt, wenn es ein Risiko gab, konnte er dessen Wahrscheinlichkeit berechnen. Die Alternativen und die mit ihnen verbundenen Konsequenzen lagen klar vor ihm, der Akteur mußte nur noch den Nutzen und seine Präferenzen abwägen und eine Alternative auswählen. Er hatte natürlich eine klare Vorstellung über den Nutzen oder die Rangordnung seiner Präferenzen. Die Theorien sagten allerdings nichts darüber aus, wie der Akteur zu seinen Alternativen kommt und wie er wissen kann, welche Konsequenzen sein Handeln hat (vgl. March J. G. und H. A. Simon 1993b, 158-159).

So wie die Entscheidungstheoretiker und die neoklassischen Ökonomen Rationalität definieren, kann sie nicht beurteilen, ob das vom Akteur verfolgte Ziel richtig ist (das Überleben des Systems sichert), sondern nur, ob die eingesetzten Mittel zur Erreichung des gesetzten Zieles führen. Die Ökonomie empfiehlt dem Akteur nur, »angesichts beschränkter Mittel rational zu handeln« (Meier A. 1994, 76). Ob ein Verhalten als rational zu bezeichnen ist, kann jedoch nur unter Berücksichtigung der Ziele, der dem Akteur zur Verfügung stehenden Informationen und der von ihm eingesetzten Mittel beurteilt werden (Edwards W. 1968, 35; Arrow K. J. 1974, 17). Das Prinzip der *„rational choice“* reicht also nicht aus, um in einem hochentwickelten, modernen Wirtschaftssystem den Erfolg oder Mißerfolg von Individuen und sozialen Systemen im gesellschaftlichen oder wirtschaftlichen Wettbewerb oder gar räumliche Disparitäten der wirtschaftlichen Entwicklung zu erklären.

Zumindest die orthodoxe Neoklassik sieht rationales Verhalten als *bewußte Wahl* zwischen mehreren Alternativen an. Der Akteur (Unternehmer) hat mehrere Alternativen vor sich und trifft eine „rationale“ Wahl. Er vergleicht Preise und wählt dann die für ihn kostengünstigste Lösung. Das Konzept der *„rational choice“* eines *homo oeconomicus* mag vielleicht bei sehr einfachen Entscheidungsproblemen anwendbar sein, bei denen der Preis die einzige Entscheidungsvariable ist. In einer sehr komplexen, wettbewerbsintensiven, modernen Wirtschaft, wo nicht nur der Preis, sondern noch sehr viele andere Faktoren zu berücksichtigen sind, reichen rationales Entscheidungsverhalten oder *a skillful choice* allein für den Erhalt der Wettbewerbsfähigkeit aus mehreren Gründen nicht aus.

- Erstens kann Rationalität in den seltensten Fällen universell und global definiert werden. Zur Erreichung eines bestimmten Ziels kann es je nach räumlichem oder sozialem Kontext mehrere (nur lokal oder regional gültige) rationale Entscheidungen geben. Eine Entscheidung, die dem Akteur subjektiv rational erscheint, muß nicht objektiv oder aus der Sicht eines Außenstehenden rational erscheinen.
- Zweitens spielt der Zeithorizont eine Rolle. Die rationale Entscheidung für einen kurzfristigen Nutzen kann sich später kontraproduktiv auswirken und damit langfristig irrational sein.
- Drittens hängt die Frage, ob man die Entscheidung eines Akteurs als rational bezeichnen kann, nicht zuletzt davon ab, welche Informationen dem Akteur zur Verfügung stehen, welche Qualifikationen und Erfahrungen er hat, über welchen Wissensvorsprung er verfügt und wieviele Einflußfaktoren er in seinen Entscheidungsprozeß einfließen läßt. Wenn eine Entscheidung auf falschen Annahmen, einer fehlerhaften Perzeption oder auf mangelhaftem Wissen über

Zusammenhänge und Auswirkungen aufbaut, kann auch eine rationale Entscheidung zu sehr negativen Konsequenzen führen. Die Frage, welche Entscheidung oder welches Verhalten als „rational" zu bezeichnen ist und welches nicht, wird also je nach der Zahl der zu berücksichtigenden Einflußfaktoren und je nach dem Wissensstand des Akteurs sehr unterschiedlich beurteilt werden.

- Viertens basiert das Handeln in vielen Fällen nicht auf bewußten rationalen Entscheidungen. Handeln kann sich genauso auf unbewußte Erfahrungen und Wissensbestände stützen. Deshalb haben R. R. Nelson und S. G. Winter (1982) zu Recht die Frage aufgeworfen, ob es legitim ist, das Entscheidungsverhalten eines Unternehmers als »maximizing choice« zu betrachten, oder ob nicht der Begriff »skillful behavior« fruchtbarer wäre. »In skillful behavior, behavioral options are selected, but they are not deliberately chosen. [...] Skills are attributed to individuals largely on the basis of comparisons with other individuals who are less skilled or unskilled. Formal orthodox theory, on the other hand, does not rate solutions as maximizing because they are better than some other observed solutions, but because they are the best feasible solutions. It thus premises a standard of performance that is independent of the characteristics of performers« (Nelson R. R. und S. G. Winter 1982, 94).

Je größer die Zahl der Einflußfaktoren und je größer die Ungewißheit der Umwelt oder der zukünftigen Entwicklung, umso geringer ist die Wahrscheinlichkeit, daß sich eine einzige Entscheidungsvariante als rational herausstellt, und umso größer wird die Zahl von „rational erscheinenden" Varianten sein. Die Lösung des Problems, unter zahlreichen als „rational erscheinenden" Varianten jene zu finden, die langfristig dem System den größten Nutzen bringt oder sein Überleben sichert, kann ein soziales System nur durch den Erwerb von zusätzlichem Wissen, zusätzlichen Kompetenzen und Informationen (Lernprozeß), durch eine Erhöhung der informationsverarbeitenden Kapazitäten, durch eine Spezialisierung der Qualifikationen oder durch eine je nach Aufgabenstellung flexible Verteilung von Kompetenzen und Qualifikationen bewerkstelligen. Diese Behauptung steht *nicht* im Widerspruch zur Erfahrung, daß sich der Wissende in seinen Bewertungen und Entscheidungen meistens schwerer tut als der Unwissende oder daß jeder neue Erwerb von Wissen neue Fragen und neue Unsicherheiten auslöst.

Der Erfolg oder das langfristige Überleben von sozialen Systemen hängt also nicht nur von rationalem Verhalten, sondern in entscheidendem Maße auch davon ab, ob rechtzeitig die Zielsetzung (z.B. Herstellung von bestimmten Produkten, die Verwendung einer bestimmten Technologie, die Schwerpunkte in Forschung und Entwicklung) geändert oder modifiziert wird und somit ein absehbarer technologischer, gesellschaftlicher oder wirtschaftlicher Wandel nicht „verschlafen" wird. Wer mit diesen Anpassungen so lange wartet, bis sich diese (absehbaren) Entwicklungen im Preis niederschlagen, wird, wie das Schicksal vieler altindustrialisierter Räume zeigt, im ökonomischen Wettbewerb nicht bestehen. Bereits der Prozeß der „Zielfindung" und nicht erst das rationale Verhalten kann über den späteren Erfolg entscheiden. Wenn das Ziel eines Systems aufgrund der zur Verfügung stehenden Ressourcen unerreichbar ist, gravierende unerwünschte Konsequenzen hat, langfristig die Ertragslage schwächt oder von der technologischen Entwicklung überholt wird, kann es dem sozialen System Schaden zufügen und seine Existenz bedrohen.

Ist Wissen ubiquitär oder räumlich gleich verteilt?

Schon seit frühester Menschheitsgeschichte (nachweisbar seit der Erfindung der ersten Schrift) und in verstärktem Maße seit Beginn der Informationsgesellschaft hat es große soziale und regionale Ungleichheiten des Wissens, des Informations- und Qualifikationsniveaus gegeben. Wissen und »philosophisches Schöpfertum« (Sorokin P. A. 1953, 187) neigen aus Gründen, die in Kap. 2.4.3 und 2.4.6 besprochen werden, zu starker räumlicher Konzentration. In den von A. L. Kroeber (1944) untersuchten fünf Hauptkulturen beschränkte sich das »philosophische Schöpfertum« auf einen geringen Bruchteil des von der jeweiligen Kultur eingenommenen Gesamtareals: »Die frühe chinesische Philosophie blühte nur im nordöstlichen China, die indische im Gangestal und später in Südindien, die griechische hauptsächlich in Ionien. Selbst in diesen Teilräumen blühte die Philosophie nur an bestimmten Orten, während sie an anderen wieder fehlte« (Sorokin P. A. 1953, 187). Auch wissenschaftliche Produktivität und ökonomische Entscheidungsfindung (die Sammlung, Verarbeitung und Bewertung von Informationen) benötigen bestimmte Rahmenbedingungen, die nicht überall vorhanden sind.

In den jeweiligen Zentren an der Spitze des hierarchischen Siedlungssystems war nicht nur die politische Macht konzentriert, hier wurden nicht nur die wichtigsten Handelsverflechtungen zusammengeführt, sondern hier haben »sich die fortschrittlichsten und abwechslungsreichsten Elemente zusammengeschlossen« (Braudel F. 1990, 38). Einzelne Städte wie Venedig, Amsterdam und London bildeten zur Zeit ihrer wirtschaftlichen Blüte das Lagerhaus der Welt, sie kontrollierten die Handelsströme der Welt und beherbergten die Niederlassungen der wichtigsten Handelshäuser aus ganz Europa. Den Gegenpol bildete die dünn besiedelte Peripherie, welche altmodisch, rückständig, unfrei und fremder Ausbeutung ausgesetzt war. An der Peripherie herrschte noch die Subsistenzwirtschaft, Geldwirtschaft und Arbeitsteilung spielten hier noch eine geringe Rolle. Zwischen Zentrum und Peripherie bestand nicht nur ein Gefälle der Preise, der Löhne, des Lebensstandards, des Sozialprodukts und des Pro-Kopf-Einkommens, sondern vor allem auch ein Gefälle des Wissens und des Kontaktpotentials.

Obwohl Braudel der Ablöse der Machtzentren und den zentral-peripheren Disparitäten der Wirtschaft und Gesellschaft große Aufmerksamkeit widmet, erklärt er nicht, wie diese Auf- und Abstiege von Städten zustande kommen. Auch die Vorstellung, daß der Erfolg der Kaufleute u.a. von deren Wissen, deren Kontakten und deren Informationsvorsprung abhing, wird man bei Braudel nicht finden. Braudel führt die Dominanz der Wirtschaftszentren auf deren „Fortschrittlichkeit" bzw. die »Rückständigkeit und Unterlegenheit ihrer Umgebung« (Braudel F. 1990, 95) zurück, er äußert sich aber nicht darüber, wie diese Überlegenheit der Zentren zustande kommt oder worin sie besteht. Selbstverständlich basierte diese Überlegenheit oder

Fortschrittlichkeit der Zentren auf dem Wissens-, Erfahrungs- und Qualifikationsvorsprung der Bevölkerung. Schon im Zeitalter der großen Entdeckungen war das Wissensmonopol über Seerouten und Landwege Gold wert.

»The cost of cartographic ignorance - militarily as well as in trade and commerce - was so enormous that the incentive to procure good maps overwhelmed any other reservations« (Harvey D. 1990, 228). »In the international contest for access to the riches of the Indies maps were money, and secret agents of aspiring powers paid gold for good copies of the carefully guarded Portuguese *padrons*« (Landes D. 1983, 110).

Räumliche Disparitäten des Wissens sind also aus der Sicht des Autors keine „Übergangserscheinung" auf dem Weg zu einem ökonomischen Gleichgewicht oder zu gesellschaftlicher Gleichheit, sie werden auch nicht als „Unzulänglichkeiten" des Marktes angesehen, sondern sie werden hier als ein primäres Strukturmerkmal von Wirtschaft und Gesellschaft betrachtet. Entgegen einer unter Ökonomen weit verbreiteten Ansicht ist Wissen kein allgemein und überall zugängliches öffentliches Gut. Nur Routinewissen würde annähernd dieser Vorstellung entsprechen. Regionale Unterschiede des Wissens sind eine Konsequenz von räumlicher Arbeitsteilung und Machtausübung, ein Ergebnis der raum-zeitlichen Diffusion verschiedener Innovationen sowie ein Resultat des ökonomischen Wettbewerbs. *Die regionalen Unterschiede des Wissens haben sich in der bisherigen Geschichte noch nie aufgelöst, sondern nur immer wieder neu strukturiert.* Die rapide Bedeutungszunahme und die regionalen Disparitäten des Wissens haben die traditionellen Wirtschaftstheorien in Argumentationsnöte gebracht. »[...] the very concept of a knowledge industry contains enough dynamite to blast traditional economics into orbit« (Boulding K. E. 1963, 83).

Die Annahme, daß jeder Akteur Zugang zu dem für seine Entscheidungen notwendigen Wissen hat bzw. daß die benötigten Informationen ubiquitär vorhanden sind (z.B. in Form der Preise), ist seit langem nicht mehr haltbar. Dies wurde auch von einigen Vertretern der Neoklassik eingesehen, so daß der Begriff der „Asymmetrie von Informationen" geprägt wurde. Die Neoklassiker sind allerdings nicht die einzigen, welche von einer Ubiquität des Wissens ausgehen. Auch Vertreter der Handlungstheorie bzw. des methodologischen Individualismus sind der Ansicht, »daß Wissen und Information unter entankerten Bedingungen [der spät-modernen Gesellschaft] in räumlicher Hinsicht im Prinzip ubiquitär, das heißt an beliebigen Orten in potentiell beliebigem Umfang verfügbar sind« (Werlen B. 1997, 384).

Neues Wissen ist in der bisherigen Geschichte noch niemals überall gleichzeitig aufgetreten, sondern es hat sich immer von gewissen Innovationszentren (Akteuren, sozialen Systemen, Standorten) aus verbreitet. Die Geschwindigkeit, mit der sich neues Wissen in der räumlichen Dimension verbreitet, hängt u.a. ab von der Art des Wissens, vom Interesse des „Inventors", sein Wissen preiszugeben, und vom „Vorwissen" der Adoptoren. Man muß also mindestens *drei Niveaus* von Wissen (und auch drei Kategorien von Informationen) unterscheiden. Wenn man diese Unterscheidung nicht trifft, wird man auch die Auswirkungen der Globalisierung der Wirtschaft und der modernen Möglichkeiten der Telekommunikation völlig falsch einschätzen und ähnlichen Irrtümern unterliegen wie bei der Einführung des Telephons im 19. Jahrhundert.

Am schnellsten verbreitet sich jene Art von Wissen oder Informationen, die von den Adoptoren kein „Verständnis“ von Zusammenhängen und kein spezialisiertes Vorwissen erfordert und deren Verbreitung im Interesse des Senders liegt; dies wären z.B. Informationen über den Preis eines Konsumgutes, diverses Alltagswissen oder Informationen, die als *public domain* zur Verfügung gestellt werden. Diese Art von Wissen kann über die Medien in kürzester Zeit global verbreitet werden, solches Wissen ist *theoretisch,* also unter der Voraussetzung, daß die Infrastruktur vorhanden ist, allen Interessenten zugänglich und wird (fast) überall verstanden. In der Realität fehlen allerdings in vielen Ländern und Regionen die technischen Voraussetzungen, um selbst diese einfachen Formen von Informationen empfangen zu können (vgl. Kap. 10.1.1).

Bei einer zweiten Art von Wissen genügt es nicht, Zugang zum Wissen zu haben, da die betreffenden Informationen für einen Empfänger ohne Vorwissen unverständlich sind. In vielen Bereichen erfordert die Beurteilung, was eine Information aussagt und wie wertvoll sie für die Ziele eines Akteurs oder sozialen Systems ist, ein Vorwissen. Dieses Vorwissen kann entweder in der Kenntnis eines Codes bestehen, der nicht allen Akteuren bekannt ist, oder auf schwer zu vermittelnden persönlichen Erfahrungen und Qualifikationen beruhen. Ohne Kenntnis des relevanten Codes können viele (theoretisch allgemein verfügbare) Informationen nicht gelesen bzw. nicht zum Vorteil des Systems verwendet werden. Ein anschauliches Beispiel, wie wichtig der Code für das Verstehen einer Information ist, bieten z.B. verschlüsselte Nachrichten oder Fremdsprachen (vgl. Arrow K. J. 1974, 39). Um den Informationsgehalt eines chinesischen Textes verstehen zu können, genügt es nicht, den Text zu erhalten, sondern man muß die chinesische Schrift (d.h. den Code) lesen können.

Viele wissenschaftliche Fachbereiche verwenden einen eigenen Code (Formeln, Fachsprache), der nur von jenen Personen zu verstehen ist, die sich die notwendigen Kenntnisse mit einem beträchtlichen Zeit- und Kostenaufwand angeeignet haben. Forschungsergebnisse der Chemie, Physik oder Molekularbiologie sind zwar nach ihrer Veröffentlichung (zumindest theoretisch) weltweit zugänglich, unter der gesamten Weltbevölkerung gibt es jedoch kaum einige Promille von Akteuren (Wissenschaftlern, Konkurrenzunternehmen), welche das nötige Spezialwissen haben, um mit diesen verfügbaren Informationen etwas anfangen zu können. Innerhalb des mehr oder weniger kleinen Kreises von Akteuren, die über das nötige Vorwissen verfügen, verbreitet sich derartiges neues Wissen zwar sehr schnell (deshalb werden auch die Produktzyklen immer kürzer), außerhalb dieser Gruppe von Fachleuten kann diese Art von Wissen jedoch nicht oder erst mit einer großen zeitlichen Verzögerung (d.h. nach dem Erlernen des Codes) aufgenommen werden. Selbst wenn der notwendige Code bekannt ist und die Informationen gelesen werden können, hängt es vielfach von der Erfahrung, den fachlichen Kompetenzen, der Kreativität und dem Wissensvorsprung ab, ob der Wert einer Information erkannt wird oder nicht.

Die Bedeutung des „Vorwissens“ für die Perzeption und Beurteilung von Informationen ist in zahlreichen empirischen Studien belegt worden. In ihrer Forschungsübersicht sind D. M. Sanbonmatsu, F. R. Kardes und P. M. Herr (1992, 88) zu folgenden Schlußfolgerungen gekommen: »People do not always make optimal use of the available information in making a judgement or decision [...] in some instances, people fail to consider the absence of relevant information in judgement. Individuals with low or moderate levels of prior knowledge about a target object or issue form judgements that are remarkably insensitive to important omissions or to set size. By contrast, highly knowledgeable individuals are less likely to overlook missing information, and, consequently form less extreme and less confidently held judgements of partially described objects«.

Das Sammeln von Informationen ist wesentlich einfacher als ihre Bewertung. Es bringt einem Unternehmen oder Land wenig, große Mengen von Informationen über technische Entwicklungen zu sammeln, wenn die »intelligence capability« (Jéquier N. 1983, 135) fehlt, um die Qualität und Relevanz der Informationen zu erkennen oder zwischen wichtigen und unwichtigen Informationen zu unterscheiden. Das Wissen, das für eine solche Bewertung von technischen Informationen notwendig ist, ist meist nur in Forschungsinstitutionen vorhanden, aber nicht an der Peripherie. »What retrospectively appear as intelligence failures are generally not failures in acquiring information, but errors in interpreting and evaluating this information« (Jéquier N. 1983, 135).

In der Wirtschaft, Wissenschaft, Politik und bei Nachrichtendiensten kommt es ständig vor, daß Informationen, die für einen Entscheidungsprozeß des betreffenden Systems außerordentlich wichtig wären, zwar ankommen oder sogar für alle zugänglich sind, aber von den Entscheidungsträgern wegen fehlender Vorkenntnisse, wegen fehlenden Wissens um Zusammenhänge oder einer falschen Beurteilung der Lage in ihrer Bedeutung nicht erkannt werden. Erstaunlicherweise haben es gerade erfolgreiche Ideen besonders schwer gehabt, sich durchzusetzen. Viele später erfolgreiche Unternehmer sind nur deshalb selbständig geworden, weil sie sich als abhängig Beschäftigte mit ihren neuen Ideen bei ihren Vorgesetzten nicht durchsetzen konnten.

»Chester Carlsson started Xerox after his proposal to produce a (new) copy machine was rejected by Kodak. Kodak based its decision on the premise that the new copy machine would not earn very much money [...]. Xerox, decades later turned down a proposal from Steven Jobs to produce and market a personal computer, because they did not think that a personal computer would sell [...]. After seventeen other companies turned down Jobs for virtually identical reasons, including IBM and Hewlett Packard, Jobs resorted to starting his own company, Apple Computer« (Audretsch D. B. 1995, 54; Rose F. 1989). Steven Jobs, ein College-Dropout, hatte also ein Wissen, das den Führungskräften mehrerer großer Konzerne fehlte.
Auch Bill Gates wurde bekanntlich von IBM lange Zeit nicht ernstgenommen. Bei einer Annahme des Angebots von Bill Gates im Jahre 1986 hätte IBM bis 1993 einen zusätzlichen Gewinn von drei Milliarden Dollar gemacht (System Error, The Economist 18. Sepember 1993, 99). In den späten 60er Jahren haben IBM und DEC den Mikroprozessor abgelehnt. Die beiden Unternehmen waren der Ansicht, daß es für kleine und billige Mikrocomputer (PC's) keinen Markt gebe. »They could not imagine why anyone would need or want a small computer; if people wanted to use a computer, they could hook into any of the growing number of timesharing systems« (Palfreman J. und D. Swade 1991, 108).

Manche dieser für ein Verstehen der Signale notwendigen kognitiven Fähigkeiten, Kompetenzen und Qualifikationen sind nicht einfach von einem Akteur oder System zum anderen übertragbar, da sie auf nicht leicht vermittelbaren persönlichen Erfahrungen, Fähigkeiten und Visionen basieren, also untrennbar mit einem bestimmten

Akteur oder sozialen System verbunden sind (vgl. Pelikan P. 1989, 281-285). Viele der Akteure sind außerdem auf eine enge Kooperation und Arbeitsteilung mit anderen Spezialisten angewiesen. Deshalb sind die Arbeitsplätze jener Akteure, die über diese Kategorie von Wissen verfügen, in der Regel auf einen kleinen Teil der räumlichen Einheiten (hochrangige zentrale Orte, Wachstumspole, Zentren der wirtschaftlichen und politischen Macht) konzentriert, wobei die räumliche Verteilung dieser Art von Wissen eine bemerkenswerte zeitliche Persistenz aufweist. Nicht zuletzt werden Wissen und Informationen oft nur über ethnische oder berufliche Netzwerke weitergegeben, so daß sie nicht allgemein zugänglich sind.

Die geringste räumliche Verbreitung und die stärkste räumliche Konzentration auf einige wenige Standorte sowie die langsamste räumliche Diffusion haben jene Arten von Wissen, die dem Inventor (dem Akteur mit einem Wissensvorsprung) einen hohen Gewinn oder Wettbewerbsvorteil gegenüber seinen Konkurrenten versprechen. Diese Arten des Wissens werden so lange wie möglich geheimgehalten oder durch Patente und Lizenzen geschützt, da eine Preisgabe dieses *intellectual property* dem betreffenden Akteur oder sozialen System Nachteile bringen würde.

Um strategisch wichtiges Wissen geheimzuhalten, werden Nachrichten verschlüsselt oder nicht schriftlich niedergelegt, Quellcodes von Programmen nicht zur Verfügung gestellt, Patentanwendungen so formuliert, daß die Konkurrenz nicht hinter alle Geheimnisse kommt oder Betriebsanleitungen von Maschinen nur soweit dokumentiert, als es der Kunde unbedingt braucht (vgl. auch Boisot M. H. 1995; Malecki E. 1997, 57f).

Die Prämisse der neoklassischen Wirtschaftstheorien, daß die für eine Entscheidung benötigten Informationen allgemein zugänglich seien, gilt also nur für die erste Kategorie von Wissen und Informationen, also ausgerechnet für jene, die im Rahmen des wirtschaftlichen Wettbewerbs die geringste Bedeutung hat. Gerade die für den marktwirtschaftlichen Wettbewerb oder Machterhalt besonders wichtigen Informationen und Arten des Wissens, die aus diesem Grund von den Unternehmen am meisten geheimgehalten werden und auch das besondere Interesse der Industriespionage finden, sind am wenigsten gleichmäßig im Raum verteilt. Die neoklassische Theorie hat zweifellos in mehreren Bereichen, besonders in jenen, in denen der Preis die wichtigste Information darstellt, einen hohen Erklärungswert, aber für die Erklärung der regionalen Disparitäten des Qualifikationsniveaus des Arbeitsplatzangebots, der regionalen funktionalen Arbeitsteilung, der Diffusion von Inventionen sowie der ökonomischen Entwicklungsunterschiede hat ein Ansatz, der von einer allgemeinen Zugänglichkeit der benötigten Informationen ausgeht, einen geringen Erklärungswert. Auch wenn sich der Begriff *Humankapital* allgemein durchgesetzt hat, so ist Wissen etwas, was nicht durch einen Preis definiert werden kann.

2.2.4 Marxistische Ansätze

K. Marx (1867) hat die Erkenntnis von Ch. Babbage (1832), daß eine Zerlegung des Produktionsprozesses von den Arbeitern niedrigere Qualifikationen erfordere, aufgegriffen und behauptet, daß im Kapitalismus eine langfristige Tendenz bestehe, die Arbeit zu dequalifizieren. Diese Dequalifizierung resultiere daraus, daß die Unternehmer unter dem Druck des Wettbewerbs gezwungen seien, die Kosten immer mehr zu senken. Die Arbeitskosten können seiner Ansicht nach dadurch am besten gesenkt werden, daß die Arbeit im Rahmen der Arbeitsteilung und mit Hilfe des Einsatzes von Maschinen in einfachere Aufgaben zerlegt wird und deshalb die benötigten Qualifikationen der Arbeiter laufend gesenkt werden können. Diese Dequalifizierung der Arbeit erhöhe auch die Austauschbarkeit von Arbeitskräften (vgl. auch Friedman A. L. 1987).

Im „kommunistischen Manifest“ haben K. Marx und F. Engels (1848, 1920) ursprünglich die Ansicht vertreten, daß die „intellektuelle Produktion“ ihren Charakter mit dem Wechsel der materiellen Produktionsweise ändere, daß also wissenschaftliche Ergebnisse von den gesellschaftlichen und wirtschaftlichen Rahmenbedingungen abhängen. Später haben sie diese Behauptung unter dem Eindruck polemischer Kritiken zurückgenommen und festgestellt, daß die Erkenntnisse der Mathematik und der Naturwissenschaften vom direkten Einfluß sozialer und ökonomischer Bedingungen unabhängig seien (vgl. Coser L. A. 1968, 429).

Diese Dequalifizierungsthese ist mehrfach kritisiert worden. Bereits E. Durkheim (1893) hat den wichtigsten Fehlschluß von Marx erkannt und darauf hingewiesen, daß Arbeitsteilung nicht zu einer allgemeinen Dequalifizierung, sondern zu einer Spezialisierung und Differenzierung von Qualifikationen führe und daß die Dequalifizierung eines Teils der Arbeitsplätze von einer Höherqualifizierung anderer Arbeitsplätze begleitet wird. Dieser Kritikpunkt wurde später noch von zahlreichen anderen Autoren aufgegriffen. Ein zweites Argument gegen die These von Marx wurde u.a. von J. Woodward (1958) und R. Blauner (1964) vorgebracht, die zwar einräumen, daß die These der Dequalifizierung für die Frühphase der Industrialisierung (beim Übergang zur Massenproduktion) gegolten habe, aber andererseits betonen, daß die benötigten Qualifikationen der Arbeiter auch von den in der Produktion verwendeten Technologien abhängen und neue Technologien auch neue Qualifikationen der Arbeiter erfordern.

Marx und Engels haben an die transformativen und emanzipatorischen Fähigkeiten der Wissenschaften geglaubt und die materiellen Resultate der technologischen Revolution bewundert (vgl. Peet R. 1991, 55). Sie sahen im technischen Wissen den Motor des sozialen Wandels, gingen jedoch davon aus, daß das erforderliche Wissen im Sozialismus mehr oder weniger ubiquitär vorhanden sein würde. Marx hat zwar die Existenz einer „intellektuellen Klasse“ erkannt, aber er hat sie langfristig nicht als wichtig angesehen, weil sie schnell verschwinden oder im Proletariat aufgehen werde. Die einzige wichtige Aufgabe der Intellektuellen sah er darin, daß sie in der Anfangsphase auf dem Weg zum Sozialismus das Klassenbewußtsein und die Organisation der Arbeiterschaft stärken und den revolutionären Wandel initiieren. Die These der Dequalifizierung war ein Grundpfeiler der marxistischen Theorie, denn nur wenn keine Spezialisten benötigt werden und jedermann überall einsetzbar ist, kann das Rätesystem funktionieren.

Eine weitere Fehlprognose von Marx bestand in seiner These, daß die Arbeitsteilung mit zunehmender Industrialisierung abnehmen werde, weil durch die Automatisierung und Mechanisierung die Tätigkeiten der Arbeiter zunehmend einfacher würden, so daß jeder Mensch in jeder Funktion einsetzbar sein würde. Weiterhin ging Marx davon aus, daß in der kommunistischen Gesellschaft die Arbeitsteilung vollends beseitigt sein würde (vgl. Mohun S. 1983, 133-134), so daß es in dieser Gesellschaft auch keine Hierarchien der Macht und des Prestiges mehr geben würde (Fetcher I. 1983, 252). P. Kropotkin und viele andere standen in dieser Frage im Widerspruch zu Marx und vertraten die Ansicht, daß intellektuelle Fähigkeiten »the most powerful weapon of all in the struggle for survival« seien (Galois B. 1977, 82).

Einige marxistische Wissenschaftler (z.B. Braverman H. 1974) haben bis in die zweite Hälfte des 20. Jahrhunderts an der Dequalifizierungsthese festgehalten. H. Braverman (1974, 126) führt die Trennung von Konzeption und Durchführung sowie die Trennung von Kopfarbeit und Handarbeit auf die kapitalistische Produktionsweise zurück. Wie viele andere Marxisten, die sich mit Arbeitsteilung, Dequalifizierung oder „Entfremdung" der Arbeit befaßt haben, geht er nicht auf die Frage ein, wie er sich eine moderne sozialistische oder kommunistische Industriegesellschaft vorstellt oder wie diese ohne eine vertikale Arbeitsteilung ein hohes wirtschaftliches Niveau erreichen kann. H. Braverman (1974) konnte wohl nur deshalb zu solchen Schlußfolgerungen kommen, weil er seine Aufmerksamkeit vorwiegend dem Fließbandarbeiter gewidmet hat und weder die Ausdehnung des Planungs-, Koordinations- und Verwaltungsapparates innerhalb der Industrieunternehmen noch die große Expansion des Dienstleistungssektors, auf den die Unternehmen zurückgreifen, gebührend berücksichtigt hat. H. Bravermann (1974) und die anderen Marxisten, welche die Dequalifizierungsthese vertreten, haben auch die Rolle des Wissens für die Anpassungs- und Wettbewerbsfähigkeit eines sozialen Systems und die Bewältigung von Unsicherheit in Krisensituationen gewaltig unterschätzt.

Ein anderer Fehler von Marx bestand darin, daß er die Kontrolle über die Produktivkräfte und über die Ressourcen vorwiegend unter dem Aspekt des *Eigentums* sah. Marx hat Macht fast ausschließlich unter dem Gesichtspunkt der physischen Gewalt betrachtet, während er die Aspekte der Autorität und der auf einem Wissensvorsprung basierenden Dominanz vernachlässigt hat. Deshalb war er auch der Meinung, daß in der kommunistischen Gesellschaft jede Person Kontrolle und Macht ausüben könne (Olsen M. E. 1970, 72-74). Daß Macht, Herrschaft und Kontrolle eng mit Wissen, Kompetenz und überlegener Technologie verknüpft sind, daß Macht durch Wissen stabilisiert, aber auch unterminiert werden kann, daß Wissen die Adaptionsfähigkeit und Wettbewerbsfähigkeit eines Systems beeinflussen kann und daß soziale Konflikte durch kreatives Handeln (vorbeugendes Reagieren) der herrschenden Klasse vermieden oder durch ein höheres Maß an Wissen zu ihren Gunsten entschieden werden können, war im Konzept von Marx nicht vorgesehen.

Auch die enormen Anforderungen, die eine funktionierende zentralistische sozialistische Kommandowirtschaft an die intellektuellen und informationsverarbeitenden Kapazitäten der zentralen Steuerungselemente stellen würde, wurden von den Marxisten weit unterschätzt. L. v. Mises (1922) und F. A. v. Hayek (1937, 1945) haben im Rahmen der „Sozialismus-Debatte" bereits in der Zwischenkriegszeit auf diese Unterschätzung von Wissen und Informationen durch den Marxismus hingewiesen. Hayeks wesentlicher Einwand gegen eine Kommandowirtschaft besagte, daß das in einer

Marktwirtschaft auf Millionen von Individuen verstreute Wissen für die zentrale Planungsbehörde nie in konzentrierter Form verfügbar sein kann. Beide Autoren haben darauf hingewiesen, daß die marxistischen Theoretiker das entscheidende Allokationsproblem einer sozialistischen Planwirtschaft - „woher wissen wir, was wir für wen mit welchen Methoden zu produzieren haben?" - gar nicht erkannt hätten (vgl. Starbatty J. 1993, 82).

2.3 Wissen in handlungstheoretischer Perspektive

2.3.1 Struktur und Handlung befinden sich in einem Systemzusammenhang

In Anlehnung an A. Giddens (1979a) können Struktur und Akteur als die zwei Seiten derselben Medaille gesehen werden, die sich in einem Systemzusammenhang befinden. Ein Ansatz, der die Verarbeitung von Informationen, die Kommunikation, den Erwerb und die Umsetzung von Wissen und Qualifikationen ins Zentrum stellt, hat keine Probleme mit der Dualität von Struktur und Handlung oder mit der Dualität von Gesellschaft und Individuum. Die meisten Komponenten der hier vertretenen theoretischen Argumentation (z.B. Bedeutung von Kreativität, Intelligenz sowie eines Informations- und Wissensvorsprungs für den Wahrnehmungs- und Entscheidungsprozeß, die Lernfähigkeit und den Anpassungsprozeß) lassen sich sowohl auf die Strukturations- und Organisationstheorie als auch auf die subjektorientierte Handlungstheorie anwenden. Die theoretischen Bausteine eines wissens- und qualifikationsorientierten Ansatzes, nämlich das Wissen, die Qualifikationen und die Lernprozesse, können gleichsam als *Bindeglied zwischen Struktur und Handlung* angesehen werden.

Organisationsstrukturen eines sozialen Systems sind das Ergebnis von früheren Lernprozessen sowie der ständigen Akkumulation von Wissen und Erfahrungen früherer und gegenwärtiger Akteure. Falls die Ziele und Umweltbedingungen eines sozialen Systems nicht dauerhaft stabil sind (was selten vorkommt), werden die Entscheidungsträger dieser Systeme immer wieder mit neuen Situationen konfrontiert. Sie müssen sich an neue Bedingungen anpassen, sie müssen neue Ziele finden und versuchen, diese neuen Ziele effizient zu verwirklichen. Sie erkennen immer wieder, daß diese neuen Ziele und Anpassungsleistungen nur mit veränderten Organisationsstrukturen zu verwirklichen sind. Eine Veränderung der Größe und Ziele einer Organisation sowie eine Veränderung der Systemumwelt (z.B. Wettbewerbsbedingungen, politisches System) erzwingen jeweils Strukturveränderungen, die von den Systemelementen wiederum neue Qualifikationen und Erfahrungen erfordern.

Man kann der von B. Werlen (1995, 1997) konzipierten Handlungstheorie insofern weitgehend zustimmen, als Strukturen von handelnden Subjekten geschaffen wurden. »[Die] Handlungsfolgen sind gleichsam die Bedingungen und Mittel aktuellen Handelns in Form von Wissen, institutionellen und organisatorischen Gegebenheiten sowie materiellen Artefakten. Insbesondere die über institutionelle Positionen an Positionsinhaber gerichteten Erwartungen sind von großem (begrenzendem und ermöglichendem) Einfluß für alle in diesem Kontext von einzelnen Subjekten hervorgebrachten Handlungen« (Werlen B. 1995, 45). »Die Strukturen werden im Handeln wirklich und das Handeln wird über die Strukturen konstituiert« (Werlen B. 1995, 79).

Welche Arten von Strukturen sollten unterschieden werden?

Die Antwort auf die Frage, ob Strukturen nur »Begrenzungs- und Ermöglichungscharakter für Handlungen« (Werlen B. 1995, 26) oder eine eigene Wirkkraft haben, hängt u.a. davon ab, was man unter Strukturen versteht, wie differenziert man das handelnde Subjekt sieht und welche Zeitspanne der Handlungsfolgen man im Auge hat. Einerseits kann man Strukturen im Sinne von A. Giddens (1984b) als Regeln und Ressourcen (ähnlich der Grammatik einer Sprache) verstehen, auf die sich Subjekte in Situationen des Handelns beziehen. Dann ist eine Struktur »an underlying framework of elements and rules from which practices are produced by conscious actors« (Craib I. 1992, 27). Nach A. Giddens (1976) sind Strukturen allerdings keine Muster oder Systeme von Interaktionen, sie haben gleichsam eine virtuelle Existenz (Craib I. 1992, 42). In diesem Sinne haben Strukturen keine Existenz außerhalb des Akteurs, sondern sie werden »über das Bewußtsein des handelnden Subjektes vermittelt sozial wirklich und auch nur auf diese Weise wirksam« (Werlen B. 1995, 79). »Giddens' Strukturationsthese geht davon aus, daß die strukturtheoretische Konzeption (nur) unter der Voraussetzung haltbar wäre, daß man die Fähigkeiten des Handelnden und seine Gründe des Handelns - also die subjektive Seite - quasi einklammert (aber immer angeben kann) und sich dann auf diese Art der (objektiven) Struktur zuwendet« (Werlen B. 1995, 69).

Bei vielen Fragestellungen ist es jedoch angebracht, zwischen *inneren* und *äußeren* Strukturen zu unterscheiden. Bei einem sozialen System können die inneren Strukturen mit den internen Organisationsstrukturen (Planung, Setzung von Normen, Entscheidung, Machtausübung, Kontrolle, Regeln, Verwaltungs- und Poduktionsabläufen) gleichgesetzt werden. Die äußeren Strukturen entsprechen der „Außenwelt eines Systems", mit der es in Informations- und Güteraustausch steht. Zu den äußeren Strukturen können andere Organisationen, Institutionen und Rahmenbedingungen (Regeln), aber auch materielle Gegebenheiten (z.B. Kommunikations- und Verkehrsinfrastruktur) gehören. Beim Subjekt wären die inneren Strukturen mit seinen kognitiven Fähigkeiten, Erfahrungen und Qualifikationen gleichzusetzen, während die äußeren Strukturen durch Primärgruppen (Familie), Organisationen, Institutionen, politische Rahmenbedingungen oder Infrastruktureinrichtungen gegeben sind.

Können Strukturen eine eigene Wirksamkeit haben?

Der (revidierte) methodologische Individualismus bestreitet, daß Strukturen eine eigene Wirksamkeit für das Handeln haben; sie seien nur dann wirksam, wenn sie dem handelnden Subjekt über sein *Bewußtsein* vermittelt werden. Nach diesen Vorstellungen wird eine Struktur wirksam durch »social practices which constitute (or socialise) us as actors, and which also embody or realise structures« (Craib I. 1992, 34). Diese Sichtweise ist jedoch aus mehreren Gründen zu einseitig. Materielle Strukturen, Institutionen und Regeln können in bestimmten Fällen auch dann wirksam werden, wenn sie dem Subjekt zum Zeitpunkt seiner Entscheidung (Handlung) nicht bewußt sind oder es auch nie etwas über diese Strukturen erfahren wird. Auch eine unbekannte Gefahr ist eine Gefahr, die das Handeln oder die Existenz des Subjekts beeinträchtigen oder sogar beenden kann. In vielen Fällen kann eine Struktur das Handeln des Subjekts gerade deshalb einschränken oder abrupt beenden, weil sich das Subjekt der Struktur (z.B. einer Gefahr oder der Regeln) *nicht* bewußt war.

Nicht zuletzt unterschätzt der methodologische Individualismus die Konsequenzen der Arbeitsteilung, der Spezialisierung, des Koordinierungsbedarfs, der Professionalisierung und Meritokratisierung der Gesellschaft, welche die Abhängigkeit der Individuen von externen Strukturen stark erhöht und die Entscheidungsgewalt vielfach anonymen Instanzen (Gutachtern, Gremien, Personalberatern etc.) übertragen haben. Besonders im Erwerbsleben ist das Individuum viel weniger autonom und handlungsfähig als es der methodologische Individualismus nahelegt. Dies beginnt schon bei der Einstellung oder Beförderung eines Berufstätigen.

Strukturen können also auch existieren und das Handeln der Subjekte in äußerst wirksamer Weise beeinflussen, wenn sie den betroffenen Subjekten gar nicht bekannt sind. Ohne den Zusammenbruch des DDR-Regimes und ohne Einsicht in die Gauck-Akten hätten die meisten ehemaligen DDR-Bürger nie erfahren, was in so wirksamer Weise ihre Existenzen zerstört oder ihre berufliche Laufbahn behindert hatte. Individuen, die aufgrund ihres Erfahrungs- oder Wissensdefizits nichts von der Existenz gewisser Strukturen wissen, können in ihrem Handeln von diesen Strukturen sogar noch stärker eingeschränkt werden als Individuen, die sich der Existenz und Wirksamkeit der Strukturen bewußt sind und sich deshalb auf sie einstellen oder ihnen ausweichen können.

2.3.2 Umsetzung von Wissen in erfolgreiches Handeln

»Mehr als je zuvor ist Wissen in allen Bereichen unserer Gesellschaft Grundlage und Richtschnur menschlichen Handelns« (Stehr N. 1994a, 11). In Zusammenhang mit Handeln kann Wissen als »flexible und vielfältige *Handlungsressource* [..], als eine *generalisierte Kompetenz* [..], die relativ unmittelbar soziale Vorteile bzw. Nachteile in der Form von Einfluß, Ansehen, Macht und Herrschaft mit sich bringt [oder] als ein *Bündel* von sozialen Kompetenzen [angesehen werden], das seine Träger in entsprechenden Situationen zu ihrem Vorteil mobilisieren können« (Stehr N. 1994a, 194). »Wissen steuert und reguliert die materiellen Komponenten sozialer Ungleichheit [...] es ist eine Art „Meta“-Kompetenz [...], mit deren Hilfe materielle Besitzstände erworben, verteidigt und vermehrt werden können. Wissen repräsentiert Handlungsfähigkeiten oder Handlungskompetenzen, die das Individuum vor den unmittelbaren Unsicherheiten des Marktes und vor Abhängigkeiten anderer Art schützen« (Stehr N. 1994, 196). N. Stehr (1994a, 197f) erwähnt folgende wissensfundierten Handlungskompetenzen:

- *Die Fähigkeit, Ermessensspielräume auszunutzen.* Regeln, Gesetze und Standards erlauben Interpretations- und Exekutionsmöglichkeiten, die „sachverständige“ Akteure als Kapazität nutzen können, um sich in bestimmten Situationen einen komparativen Vorteil zu verschafffen (Beispiel das Wissen des Steuerberaters oder Strafverteidigers).
- *Die Möglichkeit, Schutz zu organisieren.* »Die symbolischen oder materiellen Kosten, die aus der Unfähigkeit entstehen, adäquaten Schutz zu organisieren, können erheblich sein. Schutzmaßnahmen treffen und Schutzvorrichtungen anbringen zu können, ist wiederum eine Frage der besonderen Kompetenz, die Akteuren Zugang zu Spezialwissen verschafft, um zum Beispiel den Schutz des eigenen Eigentums [...] zu sichern« (Stehr N. 1994a, 198).
- *Die Befähigung und Fertigkeit zu sprechen.* Die Fähigkeit, Menschen zu mobilisieren und eine Botschaft „an den Mann zu bringen“ ist in einer Wissensgesellschaft von großer Bedeutung.
- Das Geschick, Widerstand zu mobilisieren.
- Die Fähigkeit, etwas zu vermeiden oder auszuschließen.

Wissen ist eine notwendige, aber keine ausreichende Fähigkeit zum Handeln. »Um etwas in Gang setzen zu können, müssen die Umstände, unter denen dies geschehen soll, der Kontrolle des Handelnden unterliegen« (Stehr N. 1994a, 242). Wissen führt auch nicht automatisch zu einer Ausdehnung der Handlungsmöglichkeiten, sondern es kann Handlungsmöglichkeiten auch reduzieren oder sogar eliminieren (Stehr N. 1994a, 222). Ob bestimmte Kategorien und Inhalte von Wissen „nützlich“ (anwendbar) sind oder in „erfolgreiches Handeln“ umgesetzt werden können, hängt ganz entscheidend von den jeweiligen politischen, institutionellen, gesellschaftlichen und ökonomischen Rahmenbedingungen und manchmal auch von der Wahrnehmung und Interpretation dieser Rahmenbedingungen durch den Akteur ab. »Wissen transportiert [...] nicht unbedingt *konstante* Handlungschancen, sondern ist immer noch von einer aktiven Ausarbeitung oder Interpretation dieses Potentials abhängig« (Stehr N. 1994a, 211).

Innovative Spezialisten können wenig bewirken, wenn die Entscheidungsträger des betreffenden Systems inkompetent sind oder die Bedeutung von Innovationen nicht erkennen. Auch Organisationen, in denen Akteure wirken, sind in ein soziales, politisches und ökonomisches Milieu eingebunden, welches maßgeblich darüber bestimmt, ob und wie das „Wissen“ der Organisation in erfolgreiches „Handeln“ umgesetzt werden kann. Kreative Wissenschaftler oder innovative Unternehmer können von einem inflexiblen oder überreglementierenden Umfeld sehr wirksam blockiert werden. Obwohl es über die Frage, unter welchen Rahmenbedingungen Wissen, Qualifikation und Ausbildung in Erfolg umgesetzt werden können und unter welchen nicht, noch einen großen Forschungsbedarf gibt, seien einige Elemente der Gedankenführung vorgestellt. Dies trägt vielleicht auch dazu bei, das Verständnis für eine mögliche Integration von Handlungs- und Organisationstheorie zu heben.

Wenn man sich zuerst dem handelnden Subjekt zuwendet und den Einfluß von Organisationen und des lokalen Kontext vorerst noch ausklammert, so ist festzustellen, daß sich ein unterschiedliches Maß an Wissen, Qualifikationen und Informationen beeinflußt fast alle Glieder in der Kette des Such- und Entscheidungsverhaltens, nämlich die Aspirationen (Ziele, Erwartungshorizonte, Präferenzen), die Wahrnehmung, das Erkennen von Problemen, die Informationsverarbeitung, die Bewertung von wahrgenommenen Problemen und Situationen, das Suchverhalten nach vorhandenen Lösungen, die Entwicklung von neuen Lösungsvorschlägen, das Entscheidungsverhalten, die Genehmigung und Umsetzung von Entscheidungen und die Ergebniskontrolle. P. Sorokin (1952, 1953) unterscheidet in seinem großen Werk über die abendländische Geschichte drei Wertsysteme, die allen Äußerungen der Kultur zugrunde liegen, das wahrnehmungsbestimmende, das ideenfundierte und das idealistische. Alle drei haben gemeinsam, daß sie engste Wechselbeziehungen mit dem Wissen und der Informationsverarbeitung aufweisen. Auch wer den von P. Sorokin entworfenen Kulturzyklen (Aufstreben und Niedergang von Kulturen, Glaubens- und Gesellschaftssystemen) kritisch gegenübersteht, wird zugestehen, daß diese Zyklen mit Flexibilität, Innovationsbereitschaft, Lernfähigkeit, Kreativität und Wissenserwerb etc. in Beziehung zu setzen sind.

- Ein unterschiedliches Wissen kann die Ziele, den Erwartungshorizont, das Wertesystem und die Motivation beeinflussen (d.h. schlecht informierte Akteure haben andere Erwartungshorizonte als gut informierte).
- Ein unterschiedliches Wissen kann die Wahrnehmung bzw. das rechtzeitige Erkennen von Problemen beeinflussen (nicht jeder Akteur nimmt die gleiche Anzahl von Signalen auf); ein großer Teil von politischen und wirtschaftlichen Fehlentscheidungen beruht auf einer falschen Perzeption der Lage.
- Ein unterschiedliches Wissen kann die Suche nach Informationen beeinflussen (nicht alle Akteure wissen gleich gut Bescheid, wo sie die ergiebigsten Informationsquellen vorfinden.
- Ein unterschiedliches Wissen beeinflußt die Kapazität zur Verarbeitung und Bewertung von Informationen (nicht jeder Akteur ist in der Lage, Signale in Informationen umzusetzen sowie zwischen wertvollen und unbrauchbaren Informationen zu unterscheiden).
- Ein unterschiedliches Wissen beeinflußt die Suche und die Bewertung von vorhandenen und die Entwicklung von neuen Lösungen. Ein Akteur mit hohem Wissens- und Informationsstand kann den zu erwartenden Nutzen, die längerfristigen Konsequenzen und Begleiterscheinungen bestimmter Alternativen besser beurteilen und wird deshalb mit hoher Wahrscheinlichkeit andere Entscheidungen fällen als ein schlecht informierter Akteur.
- Ein unterschiedliches Wissen kann Auswirkungen auf die Genehmigung und Durchführung einer Entscheidung haben. Viele gute Lösungen scheitern am

„Nein" eines schlecht qualifizierten oder inkompetenten Entscheidungsträgers oder werden schlecht umgesetzt.

Alle diese Zusammenhänge scheinen auf den ersten Blick recht plausibel zu sein, es gibt jedoch noch viele ungelöste und umstrittene Fragen. Pläne, Ziele, Erwartungen, sitationsgebundene Informationen und Bewertungen etc. lassen sich als »wissensbasierte Grundlage des Handelns« verstehen (Mandl H. 1997, 7). Obwohl Wissen zumindest nach Ansicht einiger Autoren noch keine »Könnenskompetenz« (Spinner H. F. 1994, 46) beinhaltet, ist die Beziehung zwischen Wissen und Handeln offensichtlich. Nach A. Giddens (1988a, 60) bezieht sich Handeln »nicht auf die Intentionen, die Menschen beim Tun von Dingen haben, sondern auf das Vermögen, solche Dinge überhaupt zu tun«. Handeln ist also die Fähigkeit des Handelnden, »bestimmte Tätigkeiten überhaupt hervorzubringen und sich zu orientieren« (Werlen B. 1997, 150). Weil Handelnde zu ihrer Orientierung und bei ihren Entscheidungen auf ihre Wissensbestände und ihre Erfahrungen zurückgreifen, »ist auch das Handeln als reflexives Ereignis zu betrachten« (Werlen B. 1997, 159). Nach dieser Interpretation beinhaltet also Handeln schon Wissen. Wissen kann als Grundlage für Handeln fungieren, und durch Handeln kann man auch neues Wissen erwerben (Mandl H. 1997, 7).

Es gibt jedoch auch ein Handeln wider besseres Wissen, und über den Zusammenhang zwischen *Wissen und Handeln* gibt es gerade auf der Ebene des Subjekts noch so viele ungelöste Fragen, daß „Wissen und Handeln" sogar zum Leitthema des 40. Kongresses der Deutschen Gesellschaft für Psychologie in München (1996) gewählt wurde. Umstritten sind u.a. das Problem der Willens- und Handlungsfreiheit, die Frage, inwieweit Routine- und Gewohnheitshandlungen intentional sind bzw. vom Wissen beeinflußt werden, inwieweit Handeln von Überzeugungen, Wünschen und Wollen abhängig ist oder von neurobiologischen Zuständen verursacht wird (vgl. Mandl H. 1997). Ist Wissen »eine notwendige handlungsleitende Kognition« (Mandl H. 1997, 7) oder hat das Handeln Vorrang vor dem Wissen?

H. Mandl (1997) hat die Vielfalt der Perspektiven, unter denen man den Zusammenhang zwischen Wissen und Handeln untersuchen kann, in zwei Kategorien eingeteilt. Unter der Perspektive der *psychologischen Handlungstheorien* »wird das, was der Mensch tut, als zielgerichtetes, absichtsvolles Handeln modelliert. Im Mittelpunkt steht die Frage, wie Handlungen in Gang gesetzt und reguliert werden. Dabei sind Handlungsplanung, kognitive Handlungssteuerung, Wille, emotionale Bewertung von Handlungszielen und -ergebnissen wie auch der Einfluß sozialer Normen und Interaktionspartner Gegenstand von Untersuchungen. *Kognitive Informationsverarbeitungstheorien* dagegen nehmen eine Perspektive ein, die menschliches Tun als Output eines Informationsverarbeitungssystems modelliert. Hier geht es vorrangig um die Frage, wie kognitive Systeme funktionieren. Dabei werden Annahmen über Repräsentationen und Mechanismen gemacht, mit denen sich z.B. Wahrnehmungs-, Aufmerksamkeits- und Gedächtnisphänomene oder die Entwicklung von Fertigkeiten erklären lassen« (Mandl H. 1997, 4).

Die meisten werden darin übereinstimmen, daß sowohl das Verhalten als auch das Handeln von früher gemachten Erfahrungen, von Wissen und fachlichen Kompetenzen geleitet werden können. Damit soll nicht behauptet werden, daß im Alltagshandeln wissenschaftlich gesichertes Wissen eingesetzt wird, dies ist wohl nur in sehr begrenzten Situationen der Fall.

»Bei seinen Alltagshandlungen läßt sich der Handelnde nicht durch die Absicht leiten, die reale Natur der Dinge oder das eigentliche Wesen von Kausalketten und Naturgesetzen herauszufinden [...]. Der Alltagsmensch hat prinzipiell nur ein partielles Wissen über die Welt seines täglichen Lebens, die er auch nur teilweise versteht« (Schütz A. zit. in Schütz A. und T. Parsons 1977, 43). Der Handelnde ist in der Regel nicht an der Suche nach unbezweifelbarer Sicherheit interessiert, er will auch nicht die wissenschaftliche Wahrheit finden, sondern lediglich seine privaten Erfolgschancen abwägen, ob und wie er seine alltäglichen Erwartungen realisieren kann (Schütz A. in Schütz A. und T. Parsons 1977, 45, 91). T. Parsons hat in seiner Auseinandersetzung mit A. Schütz die Ansicht vertreten, daß es nur sinnvoll ist, »von rationalen Elementen des Handelns zu sprechen, niemals aber von einem Handeln, das von Vernunft allein regiert wird« (T. Parsons zitiert in Schütz A. und T. Parsons 1977, 90).
Schon das Verstehen von alltäglichen Dingen ist vom Wissen abhängig, mag dies auch nur partielles und kein wissenschaftliches Wissen sein. »Ich verstehe kein Werkzeug, ohne zu wissen, wozu es dient, kein Zeichen oder Symbol, ohne zu wissen, für was es steht, keine Institution, solange ich mit ihren Zielen nicht vertraut bin, kein Kunstwerk, wenn ich die Absichten des Künstlers außer acht lasse« (Schütz A. zit. in Schütz A. und T. Parsons 1977, 68).

Viele Entscheidungen (Handlungsentwürfe) werden aufgrund falscher Annahmen, unzureichender Informationen oder fehlenden Wissens gefällt und erweisen sich nach einer gewissen Zeit als negativ für die Ziele des Handelnden. Eine Revision der Handlungsentwürfe muß daher auf neuem Wissen, neuen Informationen oder zusätzlichen Qualifikationen aufbauen oder den Rat von Experten suchen (vgl. auch T. Parsons, zit. in Schütz A. und T. Parsons 1977, 131).

Bis zu diesem Argumentationsschritt bestehen zwischen Handlungstheorie und Organisationstheorie keine nennenswerten oder unüberbrückbaren Gegensätze. Die beiden Ansätze divergieren aber sehr wohl in der Frage, ob und in welchen Lebensbereichen die Individuen ihre Handlungsentwürfe weitgehend selbst bestimmen können und ob es Bereiche gibt, wo die Handlungsentwürfe weitgehend von Organisationen vorbestimmt werden. Es gibt zweifellos eine Reihe von Themenstellungen und Situationen, in denen eine subjektorienterte Handlungstheorie einen sehr hohen Erklärungswert hat. In einigen Bereichen (z.B. Erwerbsleben) sind jedoch die meisten Menschen in Organisationen eingebunden, in denen sie bestimmte Ziele zu verfolgen, Funktionen wahrzunehmen und Aufgaben zu erfüllen haben, die von anderen Instanzen festgelegt werden.

2.3.3 Möglichkeiten und Grenzen des methodologischen Individualismus

Werlen (1995, 1997) spricht sich für den revidierten methodologischen Individualismus, für eine subjektzentrierte Handlungstheorie und gegen Ansätze aus, die sich mit sozialen Ganzheiten (Systemen, Kollektiven) befassen. Die Existenz von gesellschaftlichen Strukturen oder sozialen Systemen und deren Bedeutung für das Handeln des Subjekts werden von ihm zwar nicht bestritten, aber das „Gesellschaftliche" wird als »Ergebnis der Handlungen betrachtet, die von Akteuren zu einem früheren Zeitpunkt mit bestimmten Intentionen und unter den damaligen spezifischen sozialen Bedingungen vollbracht wurden. Und diese Handlungsfolgen sind gleichsam die Bedingungen und Mittel aktuellen Handelns in Form von Wissen, institutionellen und organisatorischen Gegebenheiten sowie materiellen Artefakten.

Individuum und Gruppe (soziales System)

Der methodologische Individualismus und seine Ablehnung von gesellschaftlichen Ganzheiten werden nicht nur von Vertretern der Organisations- und Systemtheorie kritisiert, sondern Kritik wird auch auf der Mikroebene der Sozialpsychologie, der Psychoanalyse und Psychotherapie geäußert. Die Sozialpsychologie sieht beispielsweise die Gruppe und nicht das Individuum als Grundeinheit, wobei zwischen Kleingruppen (acht bis 12 Personen), Großgruppen (20 oder mehr Personen) und Organisationen unterschieden wird. »[...] it is not the individual who is the cell but the structure constituted by the environment and the individual« (Rouchy J. C. 1982, 392). Gruppe und Individuum funktionieren als komplementäres Konzept, viele Einsichten über das Handeln von Individuen kann man nur über die Analyse der Gruppe gewinnen.

»The object of observation is the group as a locus of interchange between individuals« (Leal M. R. M. 1983, 184). »Group intercourse and its variance becomes the context for insight into individual personality. [...] mental disturbance or suffering as communicated by the isolated individual in the consulting room may be „located" as a symptom of a group disturbance in the group-analytic matrix« (Leal M. R. M. 1983, 185). »Whilst the thinking agency in the individual is mind, the equivalent of this in the larger group is culture. Culture is the dialectic and dialogic outcome of the contradiction between individual and social structure« (De Mare P. und R. Piper 1982, 369).

In der Sozialpsychologie gibt es „Schulen", die es strikt leugnen, daß das Handeln eines Individuums ohne Einbeziehung der Gruppe erklärbar ist. Im Handeln jedes Menschen würde sich auch die Gruppe widerspiegeln, und z.B. die Therapie von Psychosen sei überhaupt nicht denkbar, wenn die Gruppe nicht ernst genommen werde. Die Person wird gleichsam als Ausdruck der Gruppenbeziehungen definiert. Das Dasein sei nicht ohne Mit-Dasein möglich, und in den Beziehungen zwischen Subjekt und Gruppe könne man vielleicht sogar die Wurzeln aller Probleme der menschlichen Existenz finden (Fiumara R. 1982, 169). »The group is the natural „matrix" in which grows the symbolism and the meaningful information that our experiences offer us; for it is within the group that we begin our lives. The group is, therefore, the most fundamental association of men in which to carry on meaningful activities« (Hutten E. H. 1983, 163). Das Selbst braucht „die anderen", um seine Identität zu finden. Vom Babyalter an ist das Individuum ständig auf der Suche nach *response*, »testing the response of the other to one's own initiative in a continuous reality-testing process« (Leal M. R. M. 1983, 186).

Der Organisationsanalytiker J. C. Rouchy (1982) hat darauf hingewiesen, daß die Strukturen und Werte einer Organisation von vielen Individuen internalisiert werden, daß Individuen aber auch ihre eigene interne Realität auf die Organisation projizieren. Gleichzeitig finden also Prozesse der Inkorporation und der Projektion statt. »[...] the structure of the organization becomes a part of the individuals themselves and any change brings us to consider a rearrangement of both the individual and the collective structures« (Rouchy J. C. 1982, 390).

Nach J. Needham (1962) werden in der chinesischen Philosophie zwei Arten von Handeln unterschieden, das *Yin*-Handeln und das *Yang*-Handeln. Das *Yin*-Handeln kann als aufnehmende, erhaltende und kooperative Aktivität interpretiert werden, es erfolgt im Einklang mit der Umwelt, ist intuitiv und nach Synthese strebend. Das *Yang*-Handeln ist auf das Ich bezogen, es ist rational, analytisch, fordernd, wettbewerbsorientiert (Capra F. 1991, 35-36). In Anlehnung an F. Capra (1991, 35) könnte man die erste Art als Öko-Handeln oder System-Handeln und die zweite Art als Ego-Handeln umschreiben. Rationales Denken tendiert zu einer Betonung des Individuums, einer mechanistischen Sichtweise, zu Zersplitterung, Fragmentierung, Spezialisierung, und ist dem *entweder-oder* bzw. einer Boole'schen Logik und der Linearität von Relationen verpflichtet. Intuitives Denken beruht eher auf nicht-intellektueller Erfahrung, es ist ganzheitlich, strebt nach Synthese und hat kein Problem, ein *sowohl-als-auch* zu akzeptieren; zu ihm paßt eher eine Fuzzy-Logik und Nicht-Linearität von Beziehungen.

Während die abendländische Kultur eher dem Rationalen verbunden ist und die Emanzipation des Individuums idealisiert, billigen asiatische Kulturen (Konfuzianismus, Shintoismus) der Gruppenharmonie, der emotionalen Geborgenheit des Individuums in der Gruppe, dem *ie*-Prinzip (das japanische Wort *ie* für Familie meint mehr als eine biologische Familie) und dem *sowohl-als-auch* einen hohen Stellenwert zu. Auch in der Sozialpsychologie werden zwei unterschiedliche Dimensionen des Denkens unterschieden, das „ich-bezogene" und das „gruppen-bezogene".

»In the larger situation the process of thinking has [...] two dimensions, the one-to-one, which is „vertical" and the other which is lateral and takes into account the presence, the minds, the experience of other people. In narcistic disorders this lateral dimension is underdeveloped and the one-to-one vertical takes precedence« (De Mare P. P.und R. Piper 1982, 369). »The small group has to learn how to express feeling, the [large group] how to express thought« (De Mare P. und R. Piper 1982, 374).

Die Beziehung zwischen Subjekt und Gruppe oder Organisation ist also nicht nur *kulturabhängig*, sondern auch innerhalb derselben Kultur ist diese Beziehung nicht etwas Statisches und für alle gleichermaßen Gültiges. Es gibt *Zeiten* und *Situationen*, wo sich das Subjekt von der Gruppe zurückzieht und Privatheit sucht. Darauf folgen wieder Perioden, in denen das Individuum Solidarität, Empatie, Zusammenarbeit und emotionale Geborgenheit sucht oder von einer Organisation Hilfe und Ressourcen erwartet. Schließlich gibt es Phasen und Situationen, in denen sich das Individuum der Gruppe überhaupt nicht entziehen kann und dieser mehr oder weniger ausgeliefert ist. Das Subjekt lebt also ständig im Spannungsfeld zwischen einer Integration in das Ganze, von dem es abhängig ist, und einer Suche nach Individualität. Die Gegenpole dieses Spannungsfeldes kann man auch anhand der dabei auftretenden Neurosen beschreiben. Wenn die Ich-Bezogenheit des Subjekts zu sehr dominiert, entsteht ein Narzißmus, wenn die Außenbezogenheit zu stark wird, können Depressionen entstehen.

Für die Sozial- und Wirtschaftsgeographie ist es wenig sinnvoll, sich in eine Auseinandersetzung zwischen methodologischen Individualisten und Strukturalisten (Systemtheoretikern) hineinziehen zu lassen. Die wissenschaftlich interessante Frage besteht vielmehr darin, bei welchen Kulturen, Zeitperioden, Fragestellungen und Situationen der eine oder andere Ansatz fruchtbarer ist.

Selbst, wenn man der These zustimmt, daß »Struktur nur über Handlungen wirklich und nur über diese reproduziert« wird (Werlen B. 1995, 78), können Handlungsabläufe schon deshalb bei vielen Fragen der Sozialgeographie nicht im Zentrum der Analyse stehen, weil sie in ihrer überwältigenden Mehrzahl gar *nicht direkt beobachtbar* sind. Sozial- und Wirtschaftswissenschaftler sind in den allermeisten Fällen *nicht* in der Situation des „Augenzeugen", der unmittelbar erfassen kann, was geschieht und welche Handlungen ablaufen. Sie befinden sich vielmehr in der Position des „Kriminalisten", der erst im nachhinein und nur aufgrund von wenigen hinterlassenen Spuren und Indikatoren den Tatablauf *rekonstruieren* kann. Diese Rekonstruktion beansprucht nicht nur den größten Teil des Forschungsprozesses, sondern sie stellt in den meisten Fällen die eigentliche wissenschaftliche Leistung dar. Selten sind jene Fälle, in denen Handlungsabläufe direkt beobachtbar oder durch Befragung nachträglich rekonstruierbar sind. In Umkehrung des oben angeführten Satzes von B. Werlen könnte man also auch behaupten, daß die überwiegende Mehrzahl der für eine Thema relevanten Handlungen durch einen Wissenschaftler nicht beobachtbar ist und erst im nachhinein über die Analyse der Strukturen sowie der Spuren und Artefakte rekonstruiert werden kann.

Ein weiteres Problem der subjektzentrierten Handlungstheorie besteht darin, daß ihre Vertreter das Individuum als kleinsten Teil des Gesellschaftlichen ansehen. Ist der Begriff *handelndes Subjekt* nicht selbst schon ein holistisches Konzept, das weiterhin zerlegt werden müßte? Lebende Systeme sind so organisiert, daß sie auf mehreren Ebenen Untersysteme bilden, die in Bezug auf ihre Teile Ganzheiten sind, in Bezug auf die größeren Ganzheiten jedoch Teile darstellen (vgl. Capra F. 1991, 40-41). Wenn zum Handeln auch das Wahrnehmen, Denken, Fühlen und Entscheiden dazugehören (was wohl niemand bestreitet), dann bleibt die Erklärung, warum jemand so handelt, einem Außenstehenden immer verborgen. Nicht einmal das Subjekt weiß immer genau, warum es in einer bestimmten Situation so und nicht anders gehandelt hat oder welche chemischen Prozesse in den Nervenbahnen seine Emotionen beeinflußt haben. Das Subjekt kann bestenfalls vermuten, warum es etwas (nicht) wahrgenommen hat, warum es so und nicht anders gefühlt hat, warum es wie entschieden hat oder warum es seine Entscheidungen nicht umsetzen konnte.

Kann man die soziale Kategorie „Individuum" oder „subjektbezogenes Handeln" tatsächlich vom physikalisch-biologischen Aspekt bzw. vom Organismus des Subjekts trennen, wenn es um Erklärungen des Handelns geht?

Bedeutung der Reduktion in der Informationsverarbeitung

Die auf Lernprozessen beruhende *Reduktion der Informationsfülle* ist für den Menschen eine existenzielle Notwendigkeit. Weil der Mensch ständig zu Reduktionen gezwungen ist und nur durch ständige Reduktionen lernen, Wissen akkumulieren und seine Existenz sichern kann, ist Reduktionismus wissenschaftlich nichts Ehrenrühriges. Jede Konzentration auf das Wesentliche ist eine Reduktion. Eine solche Reduktion entspricht dabei nicht, wie es der methodologische Subjektivismus manchmal unterstellt, einem Erkenntnisverlust, ganz im Gegenteil, jede (richtige) Generalisierung ermöglicht neue Erkenntnisse, die auf der darunter liegenden Abstraktionsebene (z.B. auf der Mikroebene des handelnden Subjekts) nicht zu gewinnen waren. Dies hängt allerdings u.a. auch davon ab, ob es bei der Generalisierung gelingt, das Wesentliche vom weniger wichtigen zu trennen.

Mit zunehmender Zivilisation, Arbeitsteilung und Komplexität der Gesellschaft war der Mensch immer mehr auf die Interpretation von Strukturen, Symbolen, Zeichen, Codes und Spuren angewiesen, während die direkte Personenbezogenheit zwischen handelnden Menschen mehr und mehr auf die Familie, auf Kleingruppen, Freizeitaktivitäten und soziale Bewegungen beschränkt wurde. »This progressive process of abstraction [was] made possible by the use of symbolism« (Hutten E. H. 1983, 163).

Der Mensch kann nur einen winzigen Bruchteil der für ihn wichtigen Handlungen anderer Menschen direkt wahrnehmen und intellektuell verarbeiten, er ist aber in der Lage, über Strukturen, Kodierungen und Symbole ein Vielfaches an Informationen über das Handeln anderer zu erfassen. Im Gegensatz zu Handlungen, die sich nur auf die Lebenszeit von Subjekten beziehen können, sind die geschaffenen Strukturen, Objekte und Zeichen dauerhafter, sie sind oft das einzige, was bleibt und auch von anderen Subjekten erfahren und nachvollzogen werden kann.

Die von Werlen erwähnten und als »diskursive Kommunikations-"Kürzel"« tolerierten „Ganzheiten" wie z.B. die „Weltbank", „Bonn" oder „die UNO", sind nicht nur eine saloppe sprachliche Vereinfachung für »ein typisches Set von Zielen [und] Handlungen« (Werlen B. 1995, 46), sondern sie stellen eine notwendige Reduktion dar, weil auf der ganzen Welt kein einziges handelndes Subjekt in der Lage ist, wahrzunehmen oder zu erklären, welche Handlungen in der Weltbank, bei den im Parlament vertretenenen Parteien oder in der UNO ablaufen. Nur wenige Insider können einen kleinen Teil der Entscheidungen der Weltbank einzelnen Individuen zuweisen, für die überwiegende Masse der Menschen ist die Weltbank ein soziales System und sehr wohl eine »soziale Entität [...] mit Handlungsfolgen« (Werlen B. 1995, 46). Daß eine Organisation kein eigenes Bewußtsein hat, sondern das Bewußtsein vieler Akteure repräsentiert, ist wohl klar, die wichtigere Frage lautet, ob eine arbeitsteilig „organisierte Intelligenz" mehr leisten kann als die gleiche Zahl von nicht koordinierten und nicht organisierten Individuen.

Maßstabsebene und Perspektivenwandel

Sozialwissenschaftler vertreten gelegentlich die Ansicht, daß auf der Individualebene „mehr zu erklären" ist, „genauer gearbeitet" werden kann oder „bessere Erkenntnisse zu gewinnen" sind als auf einer Meso- oder Makroebene. Sie gehen auch davon aus, daß eine Reduktion der Informationsfülle, eine Konzentration auf das Wesentliche oder eine Generalisierung stets mit einem Verlust an Erkenntnissen verbunden seien. In Wirklichkeit können auf den unterschiedlichen Maßstabs- und Generalisierungsebenen unterschiedliche Fragen beantwortet werden.

Es wird immer Fragestellungen und Situationen geben, für die eine strukturationstheoretische Position oder ein organisationstheoretischer Ansatz die besseren Erklärungen liefert, und es wird immer Fragestellungen geben, für die ein handlungstheoretischer Ansatz mehr erklären kann. Die Kunst besteht darin, zu erkennen, wo der jeweilige Ansatz seine Stärken und seine Grenzen hat und wo eventuell eine Verknüpfung zwischen Struktur und Handlung oder zwischen Organisation und Handlung möglich und sinnvoll ist. Diese Offenheit und Sensibilität für unterschiedliche Situationen darf nicht mit dem Vorwurf eines Eklektizismus „totgeschlagen" werden.

Die Organisationsforschung und die Systemtheorie belegen sehr überzeugend, wie äußere Strukturen oder die Außenwelt eines Systems einen Einfluß auf die internen Strukturen von Organisationen und das Handeln von Subjekten ausüben können, und warum sich bei gegebenen Zielen und bei gewissen Graden der Ungewißheit bestimmte Organisationsformen als optimal erweisen (vgl. 2.4.3). Selbstverständlich werden die Regeln und Organisationsstrukturen von Subjekten geschaffen, aber wenn diese Subjekte *innerhalb* von zielgerichteten sozialen Systemen (d.h. Organisationen) handeln, sind sie in ihren Entscheidungen bei weitem nicht so frei, wie es der (revidierte) methodologische Individualismus annimmt. B. Werlen (1997, 126) geht davon aus, daß die Entankerungsmechanismen der Spätmoderne den Spielraum persönlicher Entscheidungen erweitern. Dies trifft vielleicht auf Konsum und Freizeit zu, aber sicherlich nicht auf das Erwerbsleben in einer zunehmend arbeitsteiligen und komplexen Wirtschaft. Die Subjekte haben zwar die Freiheit, die Organisation wieder zu verlassen, Leistung zu verweigern oder auf eine höhere Position zu verzichten. Aber wenn sie die Aufgaben und Erwartungen, die an eine Position gestellt werden, erfüllen wollen, werden sie bei ihren Entscheidungen täglich die direkte *Wirksamkeit* von Organisationsstrukturen erfahren.

Im allgemeinen hat die überwiegende Mehrheit der Akteure keine Möglichkeit, die Struktur einer Organisation willkürlich zu beeinflussen. Vielmehr entscheiden die Ziele der Organisation und die Ungewißheit der Umwelt, welche Ausdifferenzierung die Organisation erfährt, ob eine hierarchische, bürokratische, dynamische oder organische Struktur (Anordnung der Entscheidungsbefugnisse) besser ist, wie die Kommunikationsströme zu organisieren sind und welche Qualifikationen und Entscheidungsbefugnisse mit welchen Positionen verbunden sein sollten.

Im Erwerbsleben sind die meisten Individuen in Organisationsstrukturen eingebunden

In der Erwerbswelt ist die Entscheidungs-, Wahl- und Handlungsfreiheit der innerhalb einer Organisation handelnden Subjekte viel geringer als es der methodologische Subjektivismus annimmt. Die Subjekte bekommen zunehmend Aufgaben und Ziele zugewiesen, die von anderen geplant, koordiniert und kontrolliert werden. Die Entscheidungen über Strukturen werden nur in Ausnahmefällen (z.B. bei sehr kleinen sozialen Systemen) durch Diskurs zwischen (allen) Subjekten gefällt. In den meisten Situationen werden die Regeln und die zur Erreichung des Ziels notwendigen Ressourcen einer Organisation von außen aufgedrängt. Die Subjekte haben also nur die Wahl, diese auf Lernprozessen basierenden und in der Erfahrung bewährten Strukturen zu übernehmen (und laufend anzupassen und zu verbessern) oder langfristig zu scheitern. Die Verteilung der allokativen und autoritären Ressourcen innerhalb einer Organisation, die Fähigkeit, Kontrolle über Akteure zu erlangen und aufrechtzuerhalten, können in einer Wettbewerbsgesellschaft nur in seltenen Fällen (z.B. bei einer monopolähnlichen Situation) von den Individuen frei festgelegt werden.

In großen Systemen der Arbeitswelt kommen Organisationsstrukturen nur selten durch „Diskurs aller Akteure" zustande. Die Strukturen basieren vielmehr auf Lern- und Entscheidungsprozessen einiger weniger (oft anonymer) Subjekte (der wichtigen Entscheidungsträger) und die Verantwortung wird Gremien (z.B. dem Aufsichtsrat, dem Betriebsrat, dem Rektorat) zugeschrieben. »[...] an organised system [...] can move under its own power« (Hutten E. H. 1983, 153). Für die Masse der Subjekte sind also Strukturen etwas, worauf sie kaum Einfluß haben.

Die Behauptung von J. Agassi (1960), daß nur Individuen Ziele haben können und daß »individuelles Handeln [...] zwar durch soziale Zwänge begrenzt [wird], aber nur in dem Sinne, daß es sich dabei um Ergebnisse von Entscheidungen anderer Individuen handelt« (deutsche Formulierung von B. Werlen 1995, 31), ist für die Forschungspraxis wenig hilfreich. In großen, arbeitsteiligen Organisationen und unter den Bedingungen der internationalen Arbeitsteilung haben die meisten handelnden Subjekte gar keine Möglichkeit, das *alter ego* zu erkennen oder mit diesem in Beziehung zu treten. Da die handelnden Subjekte gar nicht wissen oder erfahren können, welche Personen hinter den Entscheidungen, Vorschriften, Anleitungen, Zielen, Normen und Verboten stehen oder wer die Organisationsstrukturen vor vielen Jahren geplant und durchgesetzt hat, kann es auch nur eine sehr eingeschränkte »Bezogenheit zwischen Personen« und nur selten einen Diskurs zwischen handelnden Personen geben.

Solange sich vieles, was das Handeln beeinflußt, hinter Regeln, Codes, Symbolen und Vorschriften verbirgt und die Subjekte, welche diese Regeln und Vorschriften in jahrzehntelangen Lernprozessen aufgestellt haben, nicht zu erkennen sind, werden die mit Positionen verbundenen Möglichkeiten, Begrenzungen und Ressourcen von den Akteuren als Strukturen empfunden.

Können Organisationen Ziele haben?

Der revidierte methodologische Individualismus leugnet die Möglichkeit, daß man Nicht-Individuen wie „Wirtschaft", „Proletariat", „Kirche", „Außenministerium", „Industrie" usw. Ziele und mithin Handlungen zuschreiben kann (Jarvie 1974, 15; Werlen B. 1995, 37). Der Schwachpunkt dieser Aussage liegt darin, daß sehr diffuse „Ganzheiten" wie Wirtschaft, Kirche und Proletariat als Beispiele herangezogen werden und nicht Organisationen. Natürlich ist die Wirtschaft keine Ganzheit mit einem einheitlichen Ziel, sondern sie besteht aus zahlreichen Organisationen, die sehr unterschiedliche Ziele haben und sich im marktwirtschaftlichen Wettbewerb sogar heftig konkurrieren. Die katholische Kirche kann entweder als strikt geführte Organisation und Struktur oder als Gesamtheit der Gläubigen interpretiert werden. Als Organisation hat sie Ziele, als Gesamtheit der Gläubigen nicht. Die Vertreter des methodologischen Individualismus müssen sich die Frage gefallen lassen, warum sie in ihrer theoretischen Argumentation die Begriffe „soziale Bewegungen" oder Kollektive so sehr in den Vordergrund rücken, den präzisen Begriff Organisation jedoch weitgehend vermeiden.

Organisationen haben sehr wohl Ziele, sie definieren sich sogar über ihre Ziele. Die übergeordneten Ziele einer Organisation sind der wichtigste Grund, in diese Organisation einzutreten, sowie die wichtigste Legitimation für die Planung, Entscheidungsfindung, Machtausübung und Anpassungsprozesse innerhalb der Organisation.

Ein Fußballklub verfolgt auch dann das Ziel, möglichst viele Tore zu schießen und möglichst wenige zu erhalten, wenn sämtliche Spieler ausgetauscht und auch das Präsidium abgewählt wird. Die Individuen entscheiden höchstens darüber, auf welchen Wegen (z.B. mit welcher Aufstellung und mit welcher Taktik) der Fußballverein sein Ziel zu erreichen versucht. Deshalb wäre es auch falsch, Organisationen mit Institutionen zu verwechseln.

Nur bürokratische Organisationen kann man über »regelmäßige Handlungsmuster« (Werlen B. 1995, 70-71) definieren, dynamische Organisationen ändern einen großen Teil ihrer Handlungsmuster von Tag zu Tag. Organisationen definieren sich in erster Linie über ihre Ziele und die interne Verteilung von Rollen, Aufgaben, Kompetenzen, Entscheidungsbefugnissen, Qualifikationen und Verfügungsgewalt über Ressourcen sowie über die Beziehungen zwischen Positionen und die System-Umwelt-Beziehungen.

Nicht zuletzt ist der methodologische Individualismus viel zu eurozentrisch, um in der Sozialgeographie eine zentrale Position einnehmen zu können. In vielen afrikanischen und asiatischen Kulturen würde der methodologische Individualismus völlig scheitern, weil sich dort alles um die sozialen Beziehungen dreht, in die das Individuum eingespannt ist. Dort sind also die Strukturen (Regeln) entscheidend, während dem Individuum wenig Interesse entgegengebracht wird.

Die Frage, ob Struktur oder Handlung primäres Forschungsobjekt sein soll, hängt nicht nur von der Fragestellung oder dem Kulturraum, sondern auch von der Größe und der sozio-ökonomischen Heterogenität eines Untersuchungsraums ab. Bei einer kleinräumig angelegten Untersuchung in einer sozio-ökonomisch relativ homogenen Region kann ein handlungstheoretischer Ansatz anderen Ansätzen überlegen sein; bei einer großräumig angelegten Analyse in einer kulturell heterogenen und durch große ökonomische Disparitäten gekennzeichneten Region werden unter Umständen die Strukturen die wissenschaftlich spannendere Frage darstellen. Deshalb kann auch die Frage, ob die Strukturen oder die Handlungen primäres Forschungsobjekt der Sozialgeographie sein sollen, nicht a priori beantwortet werden, sondern sie wird vom Forschungsthema, der Aggregationsebene der Untersuchung und dem Forschungsinteresse des Wissenschaftlers entschieden. Bei Forschungsfragen, in denen das Subjekt eine mehr oder weniger große Handlungsfreiheit hat, wird die Handlungstheorie im Vordergrund stehen und bessere Argumente bieten. In der organisierten Arbeits- und Erwerbswelt werden bei bestimmten Forschungsfragen ein organisationstheoretischer Ansatz und die Fokussierung auf Strukturen mehr erklären können.

Auch wer damit übereinstimmt, daß nur Subjekte handeln können, kann trotzdem das Forschungsinteresse auf Strukturen, Normen, materielle Artefakte oder Organisationen fokussieren, entweder weil diese Fragestellungen viel interessanter sind und als primäre Forschungsobjekte betrachtet werden, oder weil das Handeln der Akteure nicht (mehr) erfaßbar ist. In einem solchen Falle können sich folgende Forschungsfragen ergeben:

- Wie werden die Handlungen der Subjekte von sozialen Beziehungen, von sozio-kulturellen Kontexten, von unterschiedlichen Organisationsstrukturen, den Erwartungen an unterschiedliche Positionen und den materiellen Gegebenheiten (z.B. Infrastruktur) „beeinflußt“?
- Welche Regeln, Ressourcen und Muster von sozialen Beziehungen oder Organisationsstrukturen haben sich für das Erreichen eines Ziels in einer gegebenen (Wettbewerbs-)Situation (in einem bestimmten *Environment*) als optimal erwiesen?
- Welche räumlichen Auswirkungen haben die unterschiedlichen Organisationsformen, Strukturen und sozialen Beziehungen?
- Wie wirken sich Anpassungszwänge auf die Größe, innere Differenzierung und Komplexität von Organisationen aus?

Wenn ein Organisationstheoretiker sein Hauptinteresse auf die Strukturen legt, ist ihm völlig klar, daß die Motivation, die Zufriedenheit, die Gefühle, der Wunsch nach Anerkennung und Sicherheit, aber auch Neid und Mißgunst eine entscheidende Rolle für das Handeln der Subjekte spielen; er findet lediglich die Strukturen und Beziehungen interessanter, über die Macht ausgeübt wird. Vielleicht besteht der Unterschied zwischen den beiden theoretischen Konzepten auch nur darin, daß die Strukturalisten oder Funktionalisten schon erkannt haben, daß die hohen Ziele einer subjektorientierten Handlungstheorie in den meisten Bereichen Gographie empirisch nicht umsetzbar sind (nicht einmal beim „gläsernen Menschen“ von Zukunftsutopien), während die Handlungstheoretiker diese Erkenntnis noch vor sich haben oder eine empirische Umsetzung gar nicht für wichtig erachten. Letzendlich haben jedoch beide Ansätze ein Interesse daran, wie die Subjekte innerhalb der Organisationstrukturen handeln und diese über längere Zeiträume verändern. So gesehen befassen sich Handlungs- und Organisationstheorie mit komplementären Feldern, zwischen denen lediglich eine Brücke geschlagen werden müßte. Aus diesen methodischen Problemen resultieren folgende Konsequenzen:

- Die subjektzentrierte Handlungstheorie kann nur für einen bestimmten Bereich sozialgeographischer Fragestellungen einen methodisch-theoretischen Fortschritt bringen. Sobald sie das Feld der Theorie verläßt und sich angewandten oder empirisch nachprüfbaren Fragestellungen zuwendet, wird ihre Aussagekraft mehr oder weniger eingeschränkt.
- Sie muß sich auf eine relativ geringe Zahl von Untersuchungsobjekten (Individuen) beschränken. Deshalb können ihre Ergebnisse nur sehr selten verallgemeinert werden. Wenn die subjektzentrierte Handlungstheorie Verallgemeinerungen ihrer Ergebnisse wagt, setzt sie sich immer wieder der Gefahr des individuellen und kontextuellen Fehlschlusses aus. Solange Handlungsabläufe nur anhand von einigen wenigen Subjekten erfaßt und analysiert werden können, ergibt sich das Problem der Validität einer Aussage.

2.4 Theoretische Ansätze der Bildungsgeographie

2.4.1 Verschiedene Forschungsfelder benötigen unterschiedliche Ansätze

Verschiedene Fragestellungen und Maßstabsebenen verlangen selbstverständlich die Anwendung von unterschiedlichen theoretischen Konzepten und Methoden. Es geht also nicht darum, nach einer einzigen, allumfassenden Theorie zu suchen, welche die gesamte thematische Bandbreite der Bildungsgeographie abdecken kann; dies wäre angesichts der großen Vielfalt von Fragestellungen ein sehr naives Unterfangen. Man kann allerdings die Frage stellen, welche Ansätze in der Abfolge einer Argumentationskette vorne stehen müssen oder welche Ansätze die größte „Schnittmenge“ von Problemstellungen abdecken können. Ein Ansatz, der die Funktion des Wissens im wirtschaftlichen und gesellschaftlichen Wettbewerb, im Rahmen der sozialen Evolution, der Selbstorganisation von Systemen, der Austragung von gesellschaftlichen Konflikten sowie der räumlichen Organisation von Wirtschaft und Gesellschaft zu erklären vermag, also eine große „Schnittmenge“ von Problembereichen abdeckt, nimmt aus der Sicht des Verfassers im Rahmen der Bildungsgeographie eine zentralere Stellung ein, als ein Ansatz, der nur für einen schmalen Themenbereich (Standortfrage von Grundschulen) anwendbar ist.

Ohne die Ökonomie über Gebühr in den Vordergrund zu rücken, kann doch argumentiert werden, daß für viele Menschen zuerst das Überleben (die ökonomische Existenz) gesichert sein muß, bevor sie sich anderen Bereichen zuwenden können. Solange die Rolle von Wissen, Ausbildung und Qualifikationen im Arbeitsprozeß bzw. für die *ökonomische* Existenzsicherung nicht geklärt ist, wird es in vielen Fällen schwierig sein, das Handeln in anderen Lebensbereichen (z.B. Konsum- und Freizeitverhalten) sinnvoll zu erklären.

Zuerst muß also die Qualifikationsstruktur des regionalen und lokalen Arbeitsplatzangebots und die räumliche Verteilung der sozialen Schichten erklärt werden, bevor die Frage der regionalen Mobilität von Hochqualifizierten überzeugend erklärt werden kann.

Die regionale Verteilung der Arbeitsplätze für verschieden qualifizierte Erwerbstätige, die Ausdifferenzierung und dynamische Entwicklung von Organisationen, die soziale Evolution der Gesellschaft und die Bedeutung des Wissens für Wahrnehmungs- und Entscheidungsprozesse werden vom Verfasser als zentrale Ausgangspunkte für viele andere bildungsgeographische Fragen angesehen. Deshalb konzentriert sich auch die theoretischen Diskussionen schwerpunktmäßig auf diese Fragestellungen.

Ein Ansatz, in dem das Wissen die zentrale Achse der Argumentation darstellt, kann gleichermaßen in funktionalen und organisationstheoretischen wie in handlungstheoretischen, konflikttheoretischen oder hermeneutischen Konzepten eine zentrale Rolle einnehmen und damit eine *Brücke* (Kommunikationsbasis) zwischen verschiedenen Theorien und methodischen Sichtweisen darstellen.

Damit wird nicht behauptet, daß sich unterschiedliche Theorien über die Argumentationsachse des „Wissens" wirklich miteinander vereinbaren lassen, das Wissen wird je nach Situation und Kontext von den einzelnen Ansätzen aus unterschiedlicher Perspektive betrachtet werden.

Zur theorieübergreifenden Rolle des Wissens

Wissen kann sowohl *funktional*, also für die Erhaltung und den inneren Zusammenhalt des Ganzen (des eigenen sozialen Systems), als auch *dysfunktional* für die Infragestellung und Zerstörung eines Systems oder für die Austragung von Konflikten innerhalb des Systems eingesetzt werden. Die eine Art des Wissens ist »positivistisch, leicht auf Techniken anzuwenden [...] und geeignet, eine unentbehrliche Produktivkraft für das System zu werden«, die andere Art des Wissens ist »kritisch, reflexiv oder hermeneutisch« und stellt direkt oder indirekt die Werte oder die Ziele des betreffenden Systems in Frage (Lyotard J. F. 1994, 51).

Wenn man sich die gesellschaftlichen, wirtschaftlichen und politischen Prozesse, die zu einem ständigen Bedeutungsanstieg des Bildungswesens geführt haben (vgl. Kap. 1.2 und 1.3), etwas genauer ansieht und die Frage stellt, welchen „kleinsten gemeinsamen Nenner" diese Entwicklungen haben und welche Rolle die Akkumulation von Wissen spielt, dann stößt man immer wieder auf ähnliche Komponenten, die sich auf verschiedenen Maßstabsebenen und in sehr unterschiedlichen theoretischen Ansätzen wiederfinden.

Auf der Ebene von sozialen Systemen bzw. in der Sprache eines *funktionalen* oder *organisationstheoretischen* Ansatzes bestehen die wichtigsten Komponenten in der Bewältigung von Ungewißheit, der Schaffung von Transparenz und Berechenbarkeit, Reduzierung von Komplexität und Informationsflut, Schaffung von Effizienz, Selbstorganisation des Systems, Erhaltung der Flexibilität, Adaptions- und Wettbewerbsfähigkeit (Überlebensfähigkeit) eines Systems sowie Stabilisierung und Legitimierung von Macht. In der Sprache eines *evolutionstheoretischen* Ansatzes ist Wissen verbunden mit Lern- und Adaptionsfähigkeit von sozialen Systemen, sozialem Wandel und Wettbewerbsfähigkeit.

In *konfliktorientierten* Ansätzen ist Wissen verknüpft mit Streben nach Dominanz oder Herrschaft, Wettbewerb und Konflikten um den Zugang zu allokativen und autoritativen Ressourcen sowie Stabilisierung und Legitimierung von Macht.

In *handlungstheoretischen* Ansätzen stellen sich die Fragen, wie Wissen, Informationen oder Kompetenzen die Wahrnehmung, den Entscheidungsprozeß und das Handeln der Subjekte beeinflussen und wie Subjekte durch Lernprozesse und Wissensakkumulation die Regeln und Ressourcen innerhalb von Strukturen ändern.

Ein funktionaler, struktureller oder organisationstheoretischer Ansatz kann also erklären, warum soziale Systeme, die von fachlich kompetenten und hochqualifizierten Entscheidungsträgern geleitet werden, besser funktionieren oder effizienter und erfolgreicher sind als Systeme mit inkompetentem und unqualifiziertem Führungspersonal. Er kann erklären, wie und warum Wissenschaft und Technologie die Produktivität, Effizienz und Wettbewerbsfähigkeit steigern. Aus funktionaler Sicht sind Wissenschaft und Technologie, wie F. Bacon in seinen zwei Bänden des *Advancement of Learning* schon 1605 formuliert hat, *the secret path to paradise* (vgl. Ullrich O. 1992, 277-278). Solche Erklärungsversuche haben nichts mit blinder Technologiegläubigkeit zu tun.

Ein evolutionstheoretischer Ansatz sieht in der Aufnahme und Verarbeitung von Informationen und in der Akkumulation von Wissen eine Grundlage für das Überleben sowie die Lern- und Adaptionsfähigkeit sozialer Systeme bei veränderten Umweltbedingungen.

Ein konflikttheoretischer Ansatz, bei dem die Wechselbeziehungen zwischen Wissen und Macht im Vordergrund stehen, kann erklären, wie überlegenes Wissen, höhere Qualifikationen oder fortgeschrittenere Technologie dazu beitragen können, Macht zu gewinnen oder zu erhalten, andere zu beeinflussen, zu dominieren, auszubeuten oder aus einem Konflikt als Sieger hervorzugehen. Ein handlungstheoretischer Ansatz würde erklären, welche Rolle Wissen und Informationen in kognitiven Prozessen spielen und zu welchen Handlungsfolgen unterschiedliches Wissen führen kann. Es gibt nur ganz wenige theoretische Ansätze oder philosophische Strömungen, in denen Wissen, Qualifikationen, Kreativität, Ausbildung und Informationsverarbeitung nicht eine zentrale Rolle spielen können.

Unabhängig davon, ob das Verhalten von Individuen (Akteuren), die Struktur und Dynamik von Systemen oder die Semantik von Symbolen im Vordergrund des Interesses stehen, unabhängig davon, ob das Interesse dem Funktionieren eines Systems oder den Konflikten innerhalb eines Systems oder zwischen Systemen gilt, und unabhängig davon, von welchem Maßstab und Abstraktionsgrad man sich einer Fragestellung nähert, kommt den unterschiedlichen Formen des Wissens stets eine besondere Bedeutung zu.

2.4.2 Grundlegende Aussagen

Zur Situationsrelevanz des Wissens

Wenn in diesem Buch in allgemeiner Form von Wissen gesprochen wird, ist immer das *situationsrelevante* Wissen, also das für eine bestimmte Aufgabe oder Problemlösung erforderliche Wissen, gemeint und nicht etwa ein allgemeines Konglomerat von enzyklopädischem Wissen, das in der betreffenden Situation oder für die Lösung eines bestimmten Problems irrelevant ist. Die *Anwendbarkeit* von Wissen, Kreativität und Qualifikationen ist immer an einen Kontext gebunden. »Unser Wissen bildet ein großes System. Und nur in diesem System hat das Einzelne den Wert, den wir ihm beilegen« (Wittgenstein L. 1990, 105).

Wissensvorsprung und Wettbewerbsfähigkeit

Das vorhandene Wissen reicht nie aus, es ist nie abgeschlossen. Jedes zusätzliche Wissen führt zu neuen Fragen, Forschungsproblemen und (zumindest kurzfristig) auch zu neuer Unsicherheit. Zunehmendes Wissen erzeugt »zunehmend komplexere Daseinsverhältnisse, die zu neuen Handlungsproblemen führen« (Meier A. 1994, 77). Daraus resultiert, daß die Anpassungs- oder Wettbewerbsfähigkeit eines Akteurs oder der Erfolg eines Systems nie von einem *absoluten Niveau* an Wissen abhängen, sondern von einem zeitlichen oder qualitativen *Vorsprung* an Wissen, Qualifikationen, schulischer Ausbildung oder Technologie im Vergleich zu anderen Akteuren.

Nur wer früher als seine Konkurrenten die Information bekommt, daß eine bestimmte Firma vor dem Konkurs steht oder daß eine Währung auf- oder abgewertet werden wird, hat einen Wettbewerbsvorteil. Lese- und Schreibkenntnisse haben nur so lange den Zugang zu privilegierten Beamtenstellen geebnet oder einem Kaufmann zu ökonomischen Vorteilen verholfen, wie 80 bis 90 Prozent der Bevölkerung noch nicht lesen und schreiben konnten. Sobald die Alphabetisierung in einem Land annähernd abgeschlossen war, haben sich die sozialen Selektions- und die wirtschaftlichen Erfolgskriterien auf höhere Ausbildungsebenen und Qualifikationen verlagert. Während der Abschluß einer Grundschule um die Mitte des 19. Jahrhunderts in Mitteleuropa noch zahlreiche gehobene Laufbahnen eröffnete, sehen sich Ende des 20. Jahrhunderts Grundschulabsolventen in vielen hochentwickelten Ländern schon in eine marginale Position abgedrängt. Ein Staat, dessen Analphabetenquote Ende des 20. Jahrhunderts auf zehn Prozent gesunken ist, befindet sich in einer völlig anderen ökonomischen Wettbewerbsposition als ein Staat, der dasselbe Niveau Mitte des 19. Jahrhunderts erreicht hatte.

Ein Ausbildungsniveau, eine berufliche Qualifikation oder Informationen, die fast alle Akteure haben, bringen dem einzelnen Individuum oder dem sozialen System keinen oder nur einen geringen Vorteil im politischen, wirtschaftlichen, wissenschaftlichen und technologischen Wettbewerb. Eine Qualifikation, ein Ausbildungsniveau oder ein Zeugnis, das von der Mehrheit der Bevölkerung erreicht wird, also einem inflationären Trend unterworfen ist, verliert an *ökonomischem* Wert. Dies betrifft sowohl den sozialen Aufstieg des Einzelnen als auch die Wettbewerbsfähigkeit eines sozialen Systems. Der ökonomische Wert und die Verwertungschancen einer beruflichen Qualifikation oder eines höheren Ausbildungsniveaus unterliegen einem zeitlichen Wandel. Sie hängen stark von den zyklischen Wellen der Überfüllungs- und Mangelkrisen akademischer Berufe ab (vgl. Titze H. 1990). Wenn ein bestimmtes Ausbildungsniveau nicht mehr „herausragende Leistungen und Qualifikationen" signalisiert, sondern fast zum Allgemeingut wurde, ist es als Auswahlkriterium für die Besetzung einer höheren Position ungeeignet. Deshalb werden bei Überfüllungskrisen neue Methoden zur Qualitätssicherung und „Besitzstandswahrung" eingeführt. Auf dem Höhepunkt der ersten Überfüllungswelle wurde 1788 in Preußen das Abitur eingeführt. Als eine Generation später die zweite Überfüllungswelle akademischer Berufe einsetzte, haben in den 20er und 30er Jahren des 19. Jahrhunderts zahlreiche andere deutsche Staaten das Maturitätsexamen eingeführt (Titze H. 1990, 302).

Die Tatsache, daß in Zeiten von Überfüllungskrisen fast regelmäßig die Prüfungsanforderungen gestiegen bzw. ein höherer Anteil der Kandidaten durchgefallen sind, deutet darauf hin, daß von den Höheren Schulen und Universitäten nicht in erster Linie verlangt wird, daß sie Absolventen ein bestimmtes (und schon gar nicht ein gleichbleibendes) Maß an Wissen und Qualifikationen vermitteln, sondern daß sie die besten Kandidaten ausfindig machen. Nicht nur die Arbeitgeber, sondern auch diejenigen, welche Dienstleistungen in Anspruch nehmen, wollen wissen, welche Absolventen zu den besten fünf, zehn oder dreißig Prozent gehören.

H. Titze (1990, 180f) hat sehr überzeugend dargelegt, wie über mehrere Generationen hinweg in allen Fachgebieten mit dem Anstieg der Zahl der Prüfungskandidaten fast spiegelbildlich auch die Mißerfolgsquoten gestiegen sind. Je mehr Kandidaten zu einer Prüfung angetreten sind, umso höher war der Anteil der Durchgefallenen und vice versa. »Gerade kraft seiner überlegenen Selektionsleistungen kristallisierte sich das moderne Bildungssystem heraus und gewann im 19. Jahrhundert seine Identität und relative Autonomie« (Titze H. 1990, 179). Die bildungspolitischen und bildungsökonomischen Schlagworte der 60er und 70er Jahre wie z.B. „Wenn jemand studiert, stehen ihm alle Türen offen" erscheinen aus heutiger Sicht naiv oder demagogisch.

Bei Verhandlungen oder Auseinandersetzungen um Ressourcen erhöht eine asymmetrische Verteilung des Wissens die Wahrscheinlichkeit einer ungerechten Verteilung von Ressourcen. Wer ein Wissensdefizit hat, ist leichter verletzbar, leichter zu täuschen, leichter auszubeuten und leichter zu unterdrücken. Die Geschichte liefert eine unübersehbar große Zahl von Beispielen, daß soziale Systeme (Organisationen) und regionale Einheiten, die über einen längeren Zeitraum hinweg einen Wissens- und Informationsvorsprung, hochqualifizierte Entscheidungsträger, eine hoch entwickelte Wissenschaft, ein hohes Inventionspotential, ein kreatives Milieu, eine überlegene

Technologie oder effizientere Organisationsstrukturen besaßen, erfolgreicher (anpassungsfähiger, produktiver) waren als Systeme, welche die für den Systemerhalt notwendigen Informationen auf Grund fehlenden Wissens, mangelhafter Qualifikationen, veralteter Technologie und ineffizienter Organisationsstrukturen entweder nicht aufgenommen haben oder nicht entsprechend verarbeiten, bewerten und in Entscheidungen umsetzen konnten.

Die Evaluierung von Wissen ist nur im nachhinein möglich

Während Unterschiede des Ausbildungsniveaus schon vor einem Ereignis bekannt sind, können Unterschiede des Wissens oder des Informationsniveaus in vielen Fällen erst im nachhinein erfaßt oder nachgewiesen werden. Ähnlich wie bei der Beurteilung einer sportlichen Leistung, wo erst nach dem Wettbewerb bewiesen ist, welcher Sportler der schnellere oder bessere war, können auch Unterschiede des Wissens, des Informationsniveaus oder der Kreativität in vielen Fällen erst nach einem Ereignis belegt werden. Dies liegt erstens darin begründet, daß es in vielen Fällen im Interesse eines Akteurs oder sozialen Systems liegt, einen Wissens- und Informationsvorsprung so lange geheimzuhalten, wie (bis) er wirtschaftlichen Nutzen bringt.

Der zweite Grund, warum das Ausmaß des Wissens in vielen Fällen erst *ex post* ermittelt werden kann, liegt darin, daß vor einem Ereignis oft mehrere konkurrierende Ansichten (Lösungsvorschläge, Entscheidungen) als richtig, wahr oder erfolgversprechend erscheinen können. Eine große Vielfalt von „Wahrheiten" oder das Prinzip „*anything goes*" mag für Anhänger der Postmoderne attraktiv erscheinen, vor allem so lange es nur um akademische Diskussionen oder um die Destruktion von Wissensbeständen anderer „Schulen" geht. Wenn es jedoch um die Existenzsicherung eines sozialen Systems im Wettbewerb mit anderen geht, führen nicht alle, sondern nur wenige Wege (Lösungsvorschläge) zum Erfolg. Mit verschiedenen „Wahrheiten" kann man nicht umgehen wie mit Modeerscheinungen oder Geschmacksrichtungen. Der Wettbewerb entscheidet relativ rasch, welcher Lösungsvorschlag, welche „Wahrheit", welches Wissen oder welche Erkenntnis „richtig" war und wer die Situation vorausblickend erfaßt hat.

In vielen Fällen weiß man im vorhinein auch gar nicht, welche Kategorien und Inhalte von Wissen oder welche Informationen (Qualifikationen) in zukünftigen Situationen der Ungewißheit erforderlich sein werden. Selbst wenn es für eine Funktion genaue Ausbildungsvorschriften und Qualifikationsanforderungen gibt, können in Phasen der Unsicherheit oder in Situationen, die von der Routine abweichen, ganz neue Wissenskategorien, Qualifikationen und Informationen, die bisher nicht nachgefragt wurden, die entscheidende Rolle spielen. Wenn man vom „Heilswissen" absieht, ist Wissen also eher rückwärts gewandt, es beruht auf Erfahrungen, die in der Vergangenheit gemacht wurden. Der Mensch tut sich schwer, „vorwärts" in die Zukunft zu denken.

Wissen, Lernfähigkeit und soziale Evolution

Die Evolution der Wirtschaft und Gesellschaft ist ein dynamischer Prozeß, der auf neuen Herausforderungen, Wettbewerb und Konflikten beruht und die Mehrzahl der sozialen Systeme ständig zu Anpassungen an sich verändernde Umweltbedingungen zwingt. Soziale Systeme, welche diese Anpassungen und Lernprozesse nicht zu leisten vermögen und nicht in der Lage sind, sich immer wieder neu zu organisieren und neue Qualifikationen zu erwerben, laufen Gefahr, aus dem Markt verdrängt zu werden. Wie wichtig diese Lernprozesse sind und wie stark der Wettbewerb in einer Marktwirtschaft wirkt, wird besonders von neuen Unternehmen empfunden, von denen ein beträchtlicher Teil die ersten fünf Jahre nach der Gründung nicht überlebt.

Wenn in diesem theoretischen Ansatz häufig der Begriff Wettbewerb fällt, geht es nicht in erster Linie um wirtschaftlichen Erfolg, auch wenn Beispiele aus der Wirtschaft vorwiegend aus didaktischen Gründen zur Veranschaulichung von Aussagen verwendet werden. Die zentrale Frage lautet vielmehr: „Wie erreicht ein soziales System oder ein Individuum in einer Situation der Ungewißheit sein Ziel?“ Möglichst allgemein formuliert, besteht das erste Ziel wohl im Wunsch zu „überleben“. Der Begriff „überleben“ kann ein physisches Überleben (Jäger und Sammler in der Wildnis), ein wirtschaftliches Überleben (Vermeidung eines Konkurses), ein organisatorisches Überleben (politische Partei) oder ein Überleben von Werten und Normen beinhalten. Das Erreichen eines Ziels darf also nicht ausschließlich mit *wirtschaftlichem* Erfolg gleichgesetzt werden. Das angestrebte Ziel einer Organisation kann z.B. auch in der Durchsetzung von karitativen Ideen bestehen.

Bei der Frage, warum einige soziale Systeme überleben (erfolgreich sind) und andere nicht, stößt man stets auf den Zusammenhang zwischen Wissen, Informationsverarbeitung und Evolution. Deshalb haben auch die meisten Theorien, welche die *Dynamik* und Entwicklung der Wirtschaft in den Mittelpunkt gestellt haben, auf die Bedeutung des Wissens sowie der Lern- und Adaptionsfähigkeit von sozialen Systemen hingewiesen. Das Kernelement der sozialen Evolution und die innere Ursache der Dynamik sind also das Wissen und die Lernfähigkeit. Trotzdem gibt es immer noch Lehrbücher der Organisationsforschung (z.B. March J. G. und H. A. Simon 1993b), in deren Index die Begriffe Wissen, Qualifikation oder Ausbildung nicht vorkommen.

Ein wissenschaftlicher Ansatz, der dynamische Prozesse und Entwicklungsunterschiede auf Wettbewerb und Konflikte zwischen sozialen Systemen zurückführt und gar noch den Begriff „Evolution“ verwendet, läuft leicht Gefahr, von flüchtigen Lesern als „biologistisch“, deterministisch oder „sozial-darwinistisch“ etikettiert zu werden. Deshalb sind an dieser Stelle einige Erläuterungen notwendig. In diesem Ansatz wird selbstverständlich nicht der auf Ch. Darwin zurückgehende biologische Evolutionsbegriff („survival of the fittest“) verwendet, sondern der von K. E. Boulding (1978, 1981) in die Literatur eingeführte Begriff der „noogenetischen“ Evolution. Darunter wird jene Evolution des sozialen Verhaltens verstanden, die durch den Erwerb, die Produktion und Speicherung von Wissen erfolgt. In diesem Sinne ist Evolution »ein objektiver Informationsverdichtungsprozeß« (Oeser E. 1986, 237). Selbstverständlich weisen beide Konzepte gewisse Parallelen auf, so etwa das Prinzip des Überlebens und die flexible Anpassung an die Umwelt. Die soziale Evolution geht jedoch nicht, wie es eine Modernisierungstheorie oder ein organisches Wachstumsmodell postulieren würde, in eine bestimmte, vorgegebene Richtung und folgt auch keinem mehr oder weniger vorbestimmten Wachstumspfad (vgl. auch Craib I. 1992, 130) oder Evolutionsprinzip, sondern kann jederzeit „die Richtung ändern". Deshalb ist auch der Vorwurf des Determinismus unberechtigt.

Im Gegensatz zu biologischen Arten oder Gattungen, deren morphologische Strukturen sich nur in sehr langen Zeiträumen ändern können, können Organisationen ihre Kommunikations- und Entscheidungsstrukturen, ihre Größe und Komplexität sowie die Qualifikationsanforderungen an ihre Mitarbeiter je nach Aufgabenstellung und Wettbewerbsbedingungen von einem Tag auf den anderen ändern. Außerdem konstituieren sich soziale Systeme immer wieder neu aus Individuen unterschiedlicher sozialer Herkunft und unterschiedlicher fachlicher Kompetenzen. Der Beitritt zu einer Organisation erfolgt in der Regel freiwillig und kann (unter Beachtung bestimmter Fristen) jederzeit rückgängig gemacht werden. Ein Individuum kann sogar gleichzeitig an der Konstitution mehrerer sozialer Systeme beteiligt sein (Schmidt S. J. 1987, 51). Den Wettbewerb „überleben" nach diesem Ansatz nicht die „Stärksten", also nicht diejenigen Arten, Gattungen, Kulturen oder Ethnien, die von der Natur am besten mit gewissen Attributen ausgestattet wurden, sondern jene Systeme, die flexibel und lernfähig sind, die sich dauernd Wissen aneignen und sich infolge ihrer Lernfähigkeit rechtzeitig auf neue Situationen und Herausforderungen umstellen, ihr Verhalten ändern oder ihr Umfeld selbst umgestalten können.

Soziale Evolution durch Lernen ist eine morphogenetische Verhaltensweise,die es sozialen Systemen erlaubt, ihre Wissensbestände zu erweitern und sich immer wiede neu zu organisieren (vgl. Powers W. T. 1973). »[...] it is evolution through learning that clearly dominates and accounts for the major variations in human social behavior« (McClintock Ch. G. 1988, 60).

Das Konzept der sozialen Evolution unterscheidet sich in mehreren Punkten auch deutlich von den klassischen *Modernisierungstheorien.* Die meisten klassischen Modernisierungstheorien gehen davon aus, daß die Entwicklung der auf einer niedrigeren Entwicklungsstufe stehenden Länder immer in eine bestimmte (vorgegebene) Richtung voranschreitet, daß die weniger entwickelten Länder oder Regionen dem Vorbild der höher entwickelten nachfolgen und von einer Entwicklungsstufe in die nächste aufsteigen. Beim Ansatz der sozialen Evolution ist die Richtung der Entwicklung nicht vorgegeben, das lernfähigere oder besser informierte System kann die „Richtung" seiner Entwicklung, seine Ziele und Programme abrupt ändern und völlig neue Wege einschlagen, wenn es neue Erkenntnisse hat oder die (langfristig) negativen Konsequenzen seines Handelns erkennt. Anders als bei den Modernisierungstheorien, wo das Ziel mehr oder weniger vorgegeben ist und dieses durch immer mehr *Fortschritt* irgendwann einmal erreicht wird, ist bei der sozialen Evolution theoretisch auch eine Umkehr zu früheren, schon einmal aufgegebenen Positionen (z.B. Rückbesinnung auf alte kulturelle Traditionen oder auf das lokale Wissen, Rückkehr zu einem niedrigeren Automatisierungsgrad oder zu einer weniger technisierten Form der Landwirtschaft), eine Neuformulierung von Zielen und eine Abkehr von Ideologien möglich.

Während bei Modernisierungstheorien das Prinzip „immer weiter und immer mehr" und das Prinzip der Nachahmung (der weniger Entwickelte folgt dem höher Entwikkelten) im Mittelpunkt stehen, steht bei der Theorie der sozialen Evolution das lernfähige System im Vordergrund, das, um überlebensfähig zu sein, flexibel ist, seine Ziele selbst definiert und auch laufend korrigiert und somit auch zu einer Umkehr fähig ist. Als Motto der sozialen Evolution könnte man den Ausspruch von K. Popper (1994, 257) verwenden: »Alles Leben ist Problemlösen«. Die zentralen Fragen lauten also:

- Werden die gravierenden (oder bevorstehenden) Probleme erkannt?
- Werden Lösungsmöglichkeiten gefunden?
- Werden rechtzeitig die Strategien geändert?
- Wird das Problem der Anpassung an veränderte Bedingungen bewältigt?

Wenn ein soziales System alle vier Probleme bewältigt, wird es in der Regel erfolgreich sein. Der erste entscheidende Schritt besteht im Erkennen der Probleme. Wer ein Problem nicht nicht rechtzeitig erkennt, weiß gar nicht, was er beobachten soll. Ein erfolgreicher Unternehmer oder Wissenschaftler zeichnet sich ja gerade dadurch aus, daß er ein Problem, ein Thema, eine Chance oder eine Marktlücke früher erkennt als andere Akteure, die mit ihm in Konkurrenz stehen.

Jede Veränderung der gewohnten Umwelt und jede Innovation ist für die Betroffenen mit Ungewißheit verbunden. Ungewißheit, Irrtümer und Fehlentscheidungen können reduziert werden, indem zusätzliches Wissen und neue Informationen über die Umwelt erworben werden. Der Erwerb von neuem Wissen kann sich instrumentell auswirken, indem neue Techniken (z.B. Geräte, Waffen) erfunden werden, die einen Wettbewerbsvorsprung sichern. Neue Erkenntnisse können sich aber auch auf die Orientierung (die Motivation und das Problembewußtsein) der Akteure auswirken. Je besser die Außenwelt (die Lage) bekannt ist, umso zielführender können Ressourcen eingesetzt werden, umso besser kann man sich vor Gefahren und negativen (nicht beabsichtigten) Folgen des Handelns schützen. Selbstverständlich können zusätzliches Wissen, neue Informationen und ein tieferes Eindringen in die Materie neue Fragen aufwerfen und neue Ungewißheiten schaffen, die vorher nicht bestanden. Aber schon die Erkenntnis, daß es neue Fragen oder bisher nicht beachtete Probleme gibt, kann der Beginn eines neuen Lern- und Anpassungsprozesses sein.

Die Betonung des Wissenserwerbs als Überlebensstrategie darf nicht in der Weise mißverstanden werden, daß Wissenschaft und Technik alle Probleme lösen. Wissenschaft und Technik können bekanntlich auch neue Probleme, Gefahren und Konflikte schaffen, indem sie lokales (partielles, narratives) Wissen, Weltbilder, Kulturen oder das Gleichgewicht von Systemen zerstören. Das Wissen hilft dem einzelnen System, seine Ziele zu erreichen oder sein Überleben zu sichern. Wenn sich die Ziele eines erfolgreichen Systems gegen die Ziele anderer Systeme richten, führt dies zu Konflikten oder Krisen (vgl. Dunn W. et al. 1989, 346).

Die ständige Aufnahme und Bewertung der von der Umwelt ausgehenden Signale ist eine Grundvoraussetzung für das Überleben in einer ungewissen Umwelt. »Ohne einen ausgedehnten Nachrichtenapparat, der bis zu den letzten funktionellen Einheiten reicht, kann ein biologisches System [...] ebensowenig existieren wie ein Staat oder ein ökonomisches System« (Flechtner H. J. 1972, 171). Der Erwerb von neuem Wissen ist also nicht nur in wettbewerbsintensiven, global tätigen Marktwirtschaften, sondern auch bei Jägern und Sammlern die wichtigste Strategie, um in einer schwierigen Umwelt zu überleben.

»Knowledge, power, and individual intelligence are keys to understand the adaptive competence of northern hunting people [...]. Subarctic hunting people depend fundamentally on knowledge and technique for their successful adaptation to the environment [...]. Success depends upon the individuals' understanding of human and animal behavior in relation to environmental features« (Ridington R. 1988, 107).

Information und Wissen gelten in diesem Zusammenhang als »Rohstoff von Macht und als Treibstoff für Veränderung« (Spinner H. 1988a, 64). Wettbewerb wird in diesem Ansatz im Sinne von F. A. v. Hayek als das bedeutendste Such- und Lernverfahren einer Gesellschaft, als das genialste Entdeckungs- und Experimentierinstrument der Geschichte (Schwarz G. 1996, 53), als eine »discovery procedure«, ein »process of exploration in which prospectors search for unused opportunities« definiert (Hayek F. A. in Nishiyama C. und K. R. Leube, 1984, 263). Mit Hilfe eines Wettbewerbs kann man erkennen, welche Person qualifizierter, welche Technologie produktiver und welche Organisationsform effizienter ist. Wettbewerb führt nach F. A. v. Hayek (in Nishiyama C. und K. R. Leube, 1984, 263) bei Individuen zu Verhaltensänderungen und Anpassungsleistungen, die diese sonst nie vornehmen würden.

Das Prinzip Wettbewerb ist nicht mit dem Begriff „Ellbogengesellschaft" gleichzusetzen. In der überwiegenden Mehrzahl der Fälle stehen nicht Einzelpersonen in einem Wettbewerb zueinander, sondern soziale Systeme (Organisationen). Es bedeutet nicht, daß auf der Individualebene jeder mit jedem konkurriert oder innerhalb einer Gruppe (Organisation) keine Solidarität vorhanden ist. Innerhalb eines sozialen Systems kann, wie das Beispiel der japanischen vertikalen Gruppenstruktur belegt, unter Ausschaltung eines Konkurrenzdenkens durchaus völlige Harmonie herrschen. Harmonie innerhalb der Gruppe kann sogar die Leistungsfähigkeit eines Systems beträchtlich erhöhen, und es gehört zu den Qualifikationen einer guten Führungskraft, unter den Angehörigen der Gruppe (Organisation) für hohe Motivation, Solidarität und Loyalität zu sorgen. Auch zwischen Organisationen kann bei der Verfolgung eines gemeinsamen Ziels völlige Harmonie und Solidarität herrschen.

Die Frage, ob sich ein soziales System in diesem Wettbewerb oder Verdrängungsprozeß längerfristig behaupten kann oder welche Position es im Vergleich zu seinen Konkurrenten einnimmt, hängt von einer Reihe von externen und internen Voraussetzungen ab. Eine entscheidende Rolle spielt die Frage, ob das soziale System die für das Erreichen seiner Ziele oder die für die Bewältigung des Anpassungsprozesses „richtigen" Entscheidungen trifft sowie die Fähigkeiten und Ressourcen hat, die als richtig erkannten Entscheidungen umzusetzen.

Der organisationstheoretische Ansatz geht davon aus, daß sich in schwierigen Entscheidungssituationen, die vom Routinefall abweichen, die Häufigkeit von Fehlentscheidungen eines Akteurs umgekehrt proportional zu seinem Wissen (Ausbildungsniveau, Qualifikationsniveau, Erfahrung) verhält. Außerdem wird angenommen, daß jedes soziale System nur ein gewisses Maß an Fehlentscheidungen (Unfähigkeit der Entscheidungsträger) verkraften kann. Selbst eine Organisation, die aus ideologischen Gründen oder aufgrund ihrer Statuten gegen das meritokratische Prinzip auftritt, muß, um ihr Ziel zu erreichen, Leistung und Kompetenz erbringen. Auch Organisationen, die sich offiziell gegen das Wettbewerbsprinzip wenden und beispielsweise Solidarität zwischen allen Menchen als oberstes Ziel propagieren, stehen mit anderen Organisationen und Zielen in einem Wettbewerb; auch sie benötigen Wissen und kompetente Entscheidungsträger, um ihren Zielen zum Durchbruch zu verhelfen. Die Frage, wieviele Fehlentscheidungen sich ein soziales System leisten kann, hängt vor allem davon ab, ob und wie sehr es sich im Wettbewerb mit anderen sozialen Systemen befindet. Je härter der Wettbewerb, umso nachteiliger wirken sich Fehlentscheidungen für das System aus. Wenn ein System einem mehr oder weniger wettbewerbsfreien Bereich (z.B. einem geschützten Arbeitsmarkt) angehört, kann es sich sehr viele Fehlentscheidungen leisten, bevor seine Existenz gefährdet ist. Ein Finanzamt, eine Gemeindeverwaltung, ein Pfarramt oder eine öffentliche Grundschule gehen nicht in Konkurs und werden auch nicht versteigert, wenn sie aufgrund der Inkompetenz ihrer Entscheidungsträger schlechte Ergebnisse liefern oder die Erwartungen ihrer Kunden nicht erfüllen. Sie sind erst dann gefährdet, wenn sich die Öffentlichkeit gegen die Inkompetenz, Ineffizienz oder die schlechten Ergebnisse dieser Institution wehrt und beispielsweise eine Privatisierung von Teilbereichen des öffentlichen Dienstes fordert oder private Schulen den öffentlichen vorzieht.

Die Frage, wieviele Fehlentscheidungen sich ein System unter Wettbewerbsbedingungen leisten kann, hängt zweitens auch von den Ressourcen ab, auf die ein System zurückgreifen kann. Je größer die finanziellen Rücklagen und je höher die Kreditwürdigkeit bei Banken, umso mehr Fehlentscheidungen kann ein System verkraften, bevor es seine Wettbewerbsfähigkeit einbüßt oder in seiner Existenz gefährdet ist. Ein großer Konzern kann einige Jahre lang durchaus Verluste von einigen Milliarden DM verkraften. Notfalls wird er sogar von der Regierung mit Subventionen gestützt. Für einen jungen Existenzgründer kann hingegen schon eine einzige Fehlentscheidung, die einen Verlust von 50.000 DM verursacht, das Ende seines Unternehmens bedeuten.

Die Wechselwirkung zwischen Wissen und Ressourcen äußert sich aber auch darin, daß mit finanziellen Ressourcen kreative Menschen rekrutiert werden können. Der nationale und internationale *brain drain* wird maßgeblich von den regionalen Disparitäten der für Wissenschaft und Technik zur Verfügung stehenden Ressourcen gesteuert. Wissenschaftler und Künstler sind auch schon in früheren Jahrhunderten dem Ruf des Geldes gefolgt.

Leonardo da Vinci »timed his moves to the tides of his patrons' fortunes. As soon as Sforza started spending lavishly, he left Florence for the ducal court in Milan; when the pope became more solvent than the duke, he moved to Rome; he went back and forth between the two Italian courts, but when the finances of King Francis I began to outshine those of both, he packed up for France« (Csikszentmihaly M. 1988, 331).

Bei sozialen Systemen läßt sich der Zusammenhang zwischen Wissensvorsprung und Wettbewerbsfähigkeit ohne Zweifel besser nachweisen als bei Individuen. Es ist zumindest im historischen Rückblick leicht festzustellen, daß ein soziales System, das einen Vorsprung an Wissen, Technologie, Ausbildung und Qualifikationen über einen längeren Zeitraum aufrecht erhalten kann und deshalb besser informiert ist und weniger Fehlentscheidungen trifft als seine Konkurrenten, in der Regel einen Zuwachs an (finanziellen) Ressourcen, Autonomie und Macht erfährt. Neues Wissen kann auf verschiedene Art und Weise zu wirtschaftlichen Wettbewerbsvorteilen führen. Zum ersten kann es in Inventionen, neue Technologien und neue Organisationsformen umgesetzt werden. Zweitens eröffnet neues Wissen den Zugang zu neuen Ressourcen. Beispielsweise hätte ohne die Erfindung des Dynamos die Wasserkraft nicht für die Stromerzeugung genutzt werden können. Drittens kann neues Wissen auch den Ausnutzungsgrad von Ressourcen verbessern. Neues Wissen trägt jedoch auch dazu bei, eine Situation besser beurteilen zu können, bei einem Entscheidungsprozeß Alternativen zu finden und unerwünschte bzw. unbeabsichtigte Folgen einer Entscheidung frühzeitig zu erkennen.

Ein Defizit an Wissen, Informationen und Qualifikationen kann andererseits dazu führen, daß ein System die Bedeutung von neuen Entwicklungen oder veränderten Umweltbedingungen nicht erkennt und notwendige Anpassungen an neue Situationen versäumt. Wenn ein System einem Wettbewerb ausgesetzt ist, führen derartige Fehlleistungen längerfristig zu Verschleuderung von Ressourcen, zu wirtschaftlichen Verlusten und Abhängigkeit. Die Betonung liegt dabei auf dem Wort „längerfristig", denn je nach den Rahmenbedingungen kann es mehrere Jahrzehnte dauern, bis die Unfähigkeit von Eliten zum wirtschaftlichen Ruin (z.B. kommunistische Systeme Osteuropas und der UdSSR) oder überlegenes Wissen zu wirtschaftlicher Macht (z.B. Japan) führen.

Um die für die Bewältigung der Ungewißheit, das Erreichen des Zieles oder für das Überleben des Systems „richtigen" Entscheidungen treffen zu können, müssen laufend zahlreiche Informationen über die Umwelt (den Markt, die Konkurrenz, die sich verändernden Rahmenbedingungen etc.) und über das eigene System aufgenommen, verarbeitet und bewertet werden. Aus diesen Bewertungen müssen die richtigen Schlußfolgerungen gezogen und aus diesen dann die richtigen Entscheidungen für das weitere Handeln abgeleitet werden. Die Steuerung und der Anpassungsprozeß von sozialen Systemen erfolgen also vor allem über interne und externe Informations- und Kommunikationsprozesse, wobei Wissen die Wahrscheinlichkeit erhöht, daß die für das Erreichen eines Ziels richtigen Entscheidungen getroffen werden.

Heilswissen versus Fachwissen

Ein soziales System braucht für sein Überleben (seine Wettbewerbsfähigkeit) sowohl Fachwissen als auch Heilswissen. Das Fachwissen wird benötigt, um die für das Überleben in einer ungewissen, instabilen Umwelt richtigen Entscheidungen treffen zu können bzw. um wettbewerbsfähig zu bleiben. Das Heilswissen trägt, indem es Normen setzt, Ziele, Werte und Weltbilder vermittelt und eine kollektive Identität schafft, zum inneren Zusammenhalt des sozialen Systems bei. »Mein Weltbild habe ich nicht, weil ich mich von seiner Richtigkeit überzeugt habe; auch nicht, weil ich von seiner Richtigkeit überzeugt bin. Sondern es ist der überkommene Hintergrund, auf welchem ich zwischen wahr und falsch unterscheide« (Wittgenstein L. 1990, 33). Selbst sehr rational geführte, moderne Unternehmen haben den Wert einer *corporate identity,* von Symbolen und von Ritualen erkannt.

Zwischen Heilswissen und Fachwissen besteht allerdings eine schwer überbrückbare Spannung. Das Heilswissen, das in modernen Gesellschaften meist in der Form von Fundamentalismus, Propaganda, Ideologien, Heterostereotypen, Lügen und Vorurteilen auftritt, kann gewaltige Kräfte freisetzen. In politischen und militärischen Konflikten ist die Überzeugung, auf der Seite der Moral, des Rechts oder einer heiligen Schrift zu stehen, außerordentlich wichtig. Viele große Verbrechen der Menschheitsgeschichte sind von Menschen begangen worden, die Gott, Recht oder Moral auf ihrer Seite sahen. Diese unerschütterliche Gewißheit, das historisch Richtige oder Gottgefällige zu tun, wurde vielen Verbrechern von „Schriftgelehrten" (z.B. Priestern, Rabbinern, Mullahs oder Politkommissaren), wissenschaftlichen Akademien, Ideologen und anderen Überbringern von Heils- und Fachwissen eingeimpft. Die Überzeugung, auf der Seite der „richtigen" Partei, der Moral, der geschichtlichen Notwendigkeit oder der ewigen Wahrheit zu stehen, macht es Akteuren und sozialen Systemen einfacher, gegen den Feind oder die Ungläubigen vorzugehen. Heilswissen kann Menschen dazu bringen, gewaltige Anstrengungen und Opfer zu bringen, in schwierigen Situationen durchzuhalten oder gar als Märtyrer für die „gute Sache" zu sterben. Heilswissen und Ideologien sind eine Form von Wissen, das für die Machtausübung, die soziale Kohäsion von Gruppen und Gesellschaften und die Unterdrükkung von Menschen eine große Rolle spielt. Es schwächt jedoch die rationale Entscheidungsfindung und ist deshalb auf lange Sicht mit negativen Folgen für das System verbunden.

Fundamentalismus und Ideologien trüben die Wahrnehmung, sie verzerren die Informationsaufnahme, indem sie die »Aufnahmefähigkeit für Gegeninformation und die Distanz zur eigenen Desinformation« (Spinner H. F. 1994, 135) beeinträchtigen, und sie verringern die Fähigkeit, die Lage (Umwelt) rational zu beurteilen, mögliche Folgen des eigenen Handelns einzuschätzen und Entscheidungen zu treffen, die dem sozialen System langfristig zum Vorteil gereichen. Wenn Heilswissen mit Macht kombiniert ist, hat es die Möglichkeit, der „einzigen" Wahrheit zum Durchbruch zu verhelfen, was in der Regel zu Intoleranz führt.

Schon in der griechischen Demokratie der Antike wurden Personen mit unpopulären Ansichten verbannt (Ostrazismus). In modernen Demokratien sind es nicht mehr der Scheiterhaufen, die Zensur oder der GULAG, die Häretiker oder Abweichler zum Schweigen bringen sollen, sondern die publizierte „öffentliche Meinung", „intellektueller Terror" und die Keule der „political correctness". Der soziale Druck, der dadurch erzeugt wird, führt nach T. Kuran (1995) bei den einzelnen Individuen zur »preference falsification«. Diese definiert er als »the act of misrepresenting one's genuine wants under perceived social pressure« (Kuran T. 1995, 3). Wenn Menschen mit nicht-konformen Ansichten einem gesellschaftlichen Druck ausgesetzt sind, sagen sie in der Öffentlichkeit nicht mehr, was sie denken oder im privaten Kreis äußern. T. Kuran (1995) ist der Ansicht, daß diese *preference falsification*, wenn sie länger andauert, für eine Gesellschaft große Nachteile bringt. »[...] preference falsification generates inefficiencies, breeds ignorance and confusion, and conceals social possibilities« (Kuran T. 1995, 6). Lehrbuchbeispiele für die Folgen dieser Verhaltensweisen fand T. Kuran (1995) vor allem im Stalinismus.

»Individuals routinely applauded speakers they disliked, joined organizations whose mission they opposed, ostracized dissidents they admired, and followed orders they considered nonsensical, unjust, or inhuman« (Kuran T. 1995, 119). »[...] preference falsification impoverished public discourse in communist-ruled countries. [...] this impoverishment deformed, biased, and confused the thoughts of individual [...] citizens, rendering most [...] incapable of recognizing communism's fundamental flaws. [...] the distortion of public discourse paralyzed the critical faculties of individual citizens, making them accept lies as unquestionable truths and hollow slogans as profound wisdom« (Kuran T. 1995, 205-206).

Eine über einen längeren Zeitraum andauernde Mißachtung des wissenschaftlichen Wissens, der Erfahrung, des empirisch gewonnenen Fachwissens, der Forschung, der Rationalität und des meritokratischen Prinzips durch die Inhaber der politischen und wirtschaftlichen Macht hat sich für das betreffende Land oder soziale System stets negativ ausgewirkt. An der chinesischen Weisheit „Man kann ein Land durch das Schwert erobern, aber nicht durch das Schwert regieren" hat sich seit Jahrhunderten nichts geändert. Warum die *penpusher* den *swordsmen* längerfristig gesehen stets überlegen sind, hat u.a. E. Gellner (1988, 94-95) überzeugend dargelegt. Hoher politischer Druck und Fundamentalismus mindern die Kreativität und die Produktivität. Nach G. Sartori (1962, 252-257) fallen hochpolitisierte Gesellschaften ökonomisch zurück. »Political hypertrophy« verursacht »economic atrophy«.

Schon L. Stein (1902, 22-26) hat darauf hingewiesen, »daß Völker, welche unter der absoluten Herrschaft der Autorität leben, geistig degenerieren und kulturell den Krebsgang antreten« und daß in zahlreichen Hochkulturen »die absolute Autorität mit dem geistigen Tod und kulturellen Stillstand der Völker« endet. Dies kann mit historischen und aktuellen Beispielen belegt werden.

Im Laufe der Geschichte hat es immer wieder Perioden bzw. philosophische, religiöse und politische Strömungen gegeben, welche die Bedeutung der Rationalität, der empirischen Methode und des meritokratischen Prinzips geringgeschätzt haben oder sogar mit Gewalt gegen Wissenschaftler, Gelehrte und Intellektuelle vorgegangen sind. Im 14. Jahrhundert hat beispielsweise William von Ockham die Existenz von Rationalität in der Welt geleugnet und alles auf den Willen Gottes zurückgeführt (Crombie A. C. 1967, vol. 1, 61). In vielen fundamentalistischen Bewegungen und totalitären Staaten (Kommunismus, Nationalsozialismus) wurden ideologische Zuverlässigkeit, Treue zur Partei oder eine Mobilisierung der Massen höher bewertet als das Ausbildungsniveau und berufliche Qualifikationen. Die Folgen waren meist eine fehlerhafte Perzeption der Umwelt, Ineffizienz, gravierende Fehlentscheidungen, Stagnation oder große wirtschaftliche Verluste. Ein historisches Beispiel über die Entwicklung des Islam und ein aktuelles Beispiel über den Zusammenbruch der kommunistischen Systeme sollen diese Zusammenhänge noch ausführlicher illustrieren.

C. A. Qadir (1990) hat sehr anschaulich beschrieben, wie der Niedergang der politischen und wirtschaftlichen Macht des Islam von der Verdrängung des empirischen

Wissens durch das geoffenbarte Heilswissen und vom Abstieg der islamischen Wissenschaft ausgelöst wurde. In der Periode zwischen dem 8. und 12. Jahrhundert hat der Islam, sowohl hinsichtlich der politischen und wirtschaftlichen Macht als auch hinsichtlich des Niveaus der Wissenschaften, seine höchste Blüte erreicht. Im Islam hatten der Erwerb von Wissen, die naturwissenschaftliche Beobachtung, die empirische Forschung und das induktive Denken ursprünglich einen sehr hohen Stellenwert, so daß auch bewundernswerte wissenschaftliche Erfolge erzielt wurden, die weit über jenen des damaligen Europa lagen. Das Streben nach Wissen war eine jedem Muslim auferlegte Pflicht. Wissen wurde gleichsam als göttliche Eigenschaft gesehen (vgl. Qadir C. A. 1990, 6). Man hat ausgerechnet, daß sich etwa ein Achtel des Korans mit dem Thema Wissen oder mit der Suche nach dem Wissen ('ilm) befaßt (Ahmed M. D. 1988, 332). Der Islam hat sowohl das „göttliche" (geoffenbarte) Wissen als auch das „weltliche" (wissenschaftliche) Wissen gefördert. Der Gläubige sollte beide Arten des Wissens erstreben, wo immer er diese erwerben konnte. In den Augen des Propheten rangierte Wissen noch höher als das Gebet. »Ein einstündiger Blick auf das Wissen ist für den Menschen besser als ein sechzig Jahre langes Gebet« (Qadir C. A. 1990, 16).

Die Araber rezipierten die Erkenntnisse der Griechen vor allem aus zwei Quellen: z.T. direkt von den Griechen des Byzantinischen Reichs, z.T. indirekt über Jundishapur, wo nestorianische Christen aus Ost-Persien im 6. und 7. Jahrhundert viele griechische naturwissenschaftliche Abhandlungen, vor allem über Logik und Medizin, ins Syrische (Syriakische, eine Form des Aramäischen) übersetzt hatten, das ab dem 3. Jahrhundert das Griechische als Literatursprache des westlichen Asien ersetzt hatte. Nach der Eroberung durch die Araber blieb Jundishapur für einige Zeit das wichtigste wissenschaftliche und medizinische Zentrum des Islam, in dem zahlreiche Werke vom Syriakischen ins Arabische übersetzt wurden. Später wurden Damaskus und Bagdad solche Zentren des Wissens, in denen sowohl übersetzt als auch geforscht wurde (Crombie A. C. 1967, vol. 1, 33).

Islamische Städte wie Bagdad, Antiochia, Ephesus, Alexandria, Toledo oder Cordoba gehörten in dieser Zeit weltweit zu den Zentren des Wissens. Der Verfall der islamischen Hochkultur, der im 13. Jahrhundert begann und im 18. Jahrhundert seinen Höhepunkt erreichte, wurde nach C. A. Qadir (1990) von sehr verschiedenen Faktoren ausgelöst, von denen jedoch mehrere mit der Vernachlässigung von Wissen, Forschung und Rationalität zu tun haben. Der erste Anlaß für den Niedergang wird von Qadir in der völligen Zerstörung der islamischen Zentren des Wissens durch Tschingis Khan (1155-1227) und Hulaju Khan (1217-1265) und in der Tötung der dort tätigen Gelehrten gesehen. Damit war die wissenschaftliche Originalforschung, die mit der arabischen Wissenschaft so eng verbunden war, fast völlig ausgelöscht (Sharif M. M. 1966, 794-795). Die Zerstörung von Bagdad hat das glorreiche Kapitel der islamischen Wissenschaft abgeschlossen und den Islam in eine Periode der intellektuellen Lethargie, der geistigen Benommenheit und des strikten Konservativismus gestoßen. Um eine weitere Auflösung des Islam zu verhindern, haben die *ulemas* nach der Zerstörung Bagdads alles tabuisiert, was originell und innovativ war (Qadir C. A. 1990, 123-124). Auch das Eindringen der griechischen Philosophie, die im Gegensatz zum Islam das Universelle und Abstrakte sowie die deduktive Methode betonte, hat, nach

Meinung islamischer Philosophen, dem Islam den innovativen und wissenschaftlichen Charakter genommen (Qadir C. A. 1990, 124-125).

Ein negativer Einfluß auf das wissenschaftliche Niveau des Islam wird auch jenen Philosophen nachgesagt, die von den Lehren des Imam Ghazali vorwiegend jene Teile übernommen haben, die sich gegen den Rationalismus im Denken ausgesprochen und damit indirekt das Tor zu innovativem und originellem Denken geschlossen haben, während sie seine Methode des Zweifelns und Hinterfragens vernachlässigt haben (Qadir C. A. 1990, 126). Die induktive Methode wurde auch durch den Einfluß der *Fiqh*-Schulen (Juristen-Schulen) zurückgedrängt, die in einer Weise geführt wurden, daß sie keinen weiteren Fortschritt erlaubten. Die vier Quellen der Jurisprudenz (Koran, Sunna, *ijtihad* und *ijima*) standen fest. Regeln und Axiome dieser Schulen durften nicht in Frage gestellt werden, alles was gebraucht wurde, war eine korrekte Anwendung. Im Falle eines Zweifels wurde der Rat eines religiösen Experten gesucht. Wenn die Experten in ihrer Ansicht differierten, wurde die Entscheidung in der korrekten Bedeutung der Worte gesucht. Wenn jemand etwas in Frage stellte, wurde er mit Mißtrauen betrachtet. Die Auswirkungen der *Fiqh*-Schulen führten zu einem blinden und unkritischen Konformismus und Konservativismus (Qadir C. A. 1990, 128-129). Nicht zuletzt haben sich auch der asketische Mystizismus und seine rigide Disziplin, die den Anhängern auferlegt war, auf innovatives Denken sehr nachteilig ausgewirkt und im Islam zu einer Stagnation oder Auslöschung der wissenschaftlichen Forschung beigetragen.

Jeder *sufi* hatte seine eigenen Regeln und verlangte von seinen Anhängern eine strikte Befolgung der Glaubenssätze und Praktiken, die er festgelegt hatte. Bei allen Schwierigkeiten, seien sie geistiger oder physischer Art, hatte sich der Gläubige seinem *pir* anzuvertrauen, der diese Schwierigkeiten durch Gebete, Amulette, Gesänge, rituelle Zeremonien und bestimmte Vorschriften (Aufsagen von Versen, Verzicht auf gewisse Speisen) zu vertreiben suchte. Wenn die Schwierigkeiten verschwanden, strich der *pir* die Ehre ein, wenn nicht, wurde dem Gläubigen die Schuld gegeben, weil er die Anordnungen nicht richtig befolgt habe (Qadir C. A. 1990, 131-133). Der Gläubige mußte sich dem Willen seines *pir* unterwerfen.

Diese Art des Mystizismus wurde im Laufe der Zeit ebenfalls zu einem Instrument des strikten Konformismus und der Unterdrückung selbständigen Denkens. In einigen Strömungen des Islam kam es also zu einer Schwerpunktverlagerung von empirischem Wissen und Rationalität zu geoffenbartem (heiligem) Wissen, zu einer nicht hinterfragten Akzeptanz der Vergangenheit, zu einem Zurückdrängen von kritischen Untersuchungsmethoden und einem blinden Nachfolgen der von Juristen-Schulen und mystischen Sekten aufgestellten Regeln. Andere (aufgeklärte) Richtungen des Islam sind diesen Weg nicht gegangen.

Die meisten totalitären Systeme des 20. Jahrhunderts sind hauptsächlich daran gescheitert, daß „der absoluten Autorität der Herrschenden“, dem „geoffenbarten“ Wissen, den „unumstößlichen historischen Gesetzmäßigkeiten“ oder den ideologischen Parolen einer Partei oder eines Führers eine höhere Priorität zugemessen wurde als einer kritischen, intellektuellen Auseinandersetzung mit der Realität oder einem Wettbewerb der Ideen. Die meisten totalitären oder fundamentalistischen Systeme haben dadurch an Wettbewerbsfähigkeit (in der Wirtschaft, Wissenschaft, Kunst) verloren, daß sie bei der Rekrutierung des Führungspersonals über einen längeren Zeitraum hinweg politische Zuverlässigkeit, die Reinheit der Ideologie oder die soziale Herkunft der Kader höher bewertet haben als fachliche Kompetenzen, daß die Herrschenden der Ansicht waren, fachliche Kompetenz könne durch den „Willen" oder die „Mobilisierung der Massen" ersetzt werden und daß nicht-linientreue Intellektuelle und Wissenschaftler unterdrückt, vertrieben oder umgebracht wurden.

Die wesentlichen Ursachen für den Zusammenbruch der kommunistischen Systeme und das Scheitern des Marxismus-Leninismus können holzschnittartig mit dem Schlagwort „Unterschätzung der Bedeutung des Wissens" erklärt werden (vgl. Meusburger P. 1996c). Dies heißt nicht, daß der Marxismus die Bedeutung des *technologisch-wissenschaftlichen Fortschritts* unterschätzt hat. Die Vernachlässigung des meritokratischen Prinzips und die Unterschätzung der Bedeutung von fachlichen Kompetenzen, die zu zahlreichen Fehlentwicklungen und einer großen Verschwendung von Ressourcen geführt haben, waren jedoch kein „Betriebsunfall" des real existierenden Sozialismus, sondern für die marxistisch-leninistische Ideologie und die kommunistischen Regimes geradezu systemimmanent. Deshalb genügt es auch nicht, sich von der marxistisch-leninistischen Praxis zu distanzieren und den Marxismus nur als wissenschaftliche Analyseform zu betrachten, der mit den kommunistischen Systemen nichts zu tun habe. Schon wer rein theoretisch das Funktionieren einer zentral gesteuerten sozialistischen Planwirtschaft als möglich ansieht, unterschätzt die Bedeutung der Informationsverarbeitung, der Entscheidungsfindung, des Wissens und der fachlichen Kompetenzen in den Abläufen der Wirtschaft sowie die Funktion von Wissen für die Bewältigung von Unsicherheit und die Anpassungs- und Überlebensfähigkeit von sozialen Systemen. Keine noch so gut ausgestattete zentrale Planungsabteilung kann jenes Wissen zentral akkumulieren, das in der Marktwirtschaft über Millionen von einzelnen Entscheidungsträgern verteilt ist.

Die These der Dequalifizierung der Gesellschaft war ein Grundpfeiler der marxistischen Theorie, aber auch einer ihrer folgenschwersten Irrtümer. Die Ökonomen L. v. Mises (1922) und F. A. v. Hayek (1937, 1944, 1988) haben schon in den 20er und 30er Jahren die entscheidenden Gründe genannt, warum eine sozialistische Planwirtschaft scheitern muß und dabei vor allem die *Unterschätzung des Wissens* hervorgehoben.

Die Unterschätzung des Wissens hängt damit zusammen, daß sich für den Marxismus (wie für jede Utopie) die ökonomischen Beziehungen und damit auch die zentrale Planung der Wirtschaft als sehr einfach dargestellt haben. Denn K. Marx ging davon aus, daß es in der kommunistischen Gesellschaft immer genug Arbeit und einen Überfluß an Gütern geben wird, daß die kommunistische Gesellschaft keinen Wettbewerb kennt, und daß die historischen Gesetzmäßigkeiten zwangsläufig ihren Weg nehmen. K. Marx und F. Engels nahmen an, daß es im Kommunismus den allseitig gebildeten Menschen geben werde und daher das für eine erfolgreiche Wirtschaft *erforderliche Sachwissen* im Kommunismus mehr oder weniger ubiquitär vorhanden sein würde.

Im orthodoxen Marxismus (und in den ersten Jahrzehnten des Staatssozialismus) stand also nicht das Sachwissen, sondern *eine* Form des Heilswissens im Vordergrund (andere Formen des Heilswissens wie Religionen oder andere politische Richtungen wurden natürlich ebenfalls abgelehnt). Schon bei K. Marx war die Vermittlung gewisser Wissensinhalte, die zum selbständigen Denken anregten, nicht erwünscht. »Fächer, die unterschiedliche Schlußfolgerungen zuließen, sollten nicht im Schulunterricht gelehrt werden« (MEW 16, 564). Deshalb ist Kritik zu üben an den undifferenzierten Aussagen von P. Bourdieu (1991), G. Konrád und I. Szelényi (1978) und I. Szelényi und M. Martin (1988), daß kommunistische Systeme ihre Eliten nach meritokratischen Gesichtspunkten ausgewählt hätten bzw. daß »in den sogenannten 'sozialistischen' Ländern [...] der Reproduktionsmodus mit schulischer Komponente sogar das Hauptinstrument der Reproduktion in Verbindung mit der unmittelbaren Übertragung politischen Kapitals« (Bourdieu P. 1991, 79) sei. Nicht die schulischen Ausbildungsabschlüsse, nicht die Universitätsabschlüsse und nicht das Fachwissen haben den Weg zu hohen Machtpositionen geöffnet, sondern die Parteischulen und Parteihochschulen, in denen das „Heilswissen" sowie die grundlegenden Aussagen und die historischen Gesetzmäßigkeiten des Marxismus-Leninismus vermittelt wurden. Die Intellektuellen, die von der Fachintelligenz unterschieden wurden und »die transzendente Wertordnung des Sozialismus als Lebensprogramm repräsentieren« (Konrád G. und I. Szelényi 1978, 115), nahmen zwar in den Reihen der Partei eine herausragende Stellung ein, sie hatten sich aber nach Lenin den Beschlüssen der Parteiführung diszipliniert unterzuordnen.

Mit sozialem Aufstieg belohnt wurde also die Kenntnis und Reproduktion von feststehendem Heilswissen und Dogmen, die von der Ideologie und Partei vorgegeben waren. Die Autorität der Kader beruhte in erster Linie auf dem Heilswissen des Marxismus-Leninismus sowie dem Wissen, wie die zwangsläufigen Gesetzmäßigkeiten der Geschichte ablaufen werden, und erst in zweiter Linie auf dem Fachwissen. Sowohl für Stalin als auch für Mao war die Erziehung der Massen in erster Linie ein Mittel der Indoktrinierung. Stalin hat den »am besten ausgebildeten Teil der alten technischen Intelligenz« als Hauptfeind des Sozialismus angesehen, und Mao hat die Intellektuellen bekanntlich als »neunte stinkende Klasse«, also als die am meisten zu verabscheuende Kategorie von Menschen, bezeichnet (Lengyel G. 1995, 255). Die Erklärung für diese radikale Position wird sehr treffend durch P. Bourdieu gegeben. »Fest steht, [...] daß die Besitzer schulischen Kapitals zweifellos am stärksten zur Ungeduld und zur Revolte gegen die Besitzer politischen Kapitals neigen« (Bourdieu P. 1991, 38).

Der Erkenntnisprozeß war den Klasseninteressen unterzuordnen. Die einzige wichtige Aufgabe der Intellektuellen sah K. Marx darin, in der Anfangsphase das Klassenbewußtsein und die Organisation der Arbeiterschaft zu stärken und den revolutionären Wandel zu initiieren. Eine Kritik an der Partei oder eine Aufklärung der Bevölkerung war nicht vorgesehen. Auch wenn das folgende Zitat der Marxismus-Kenner G. Konrád und I. Szelényi (1978, 258) manchen Lesern als sarkastisch erscheinen mag, beschreibt es doch die Wirklichkeit:

»Der herrschende Stand [gemeint ist die kommunistische Partei] verschont die Staatsbürger vor der Aufregung, die mit dem Öffentlichmachen gesellschaftlicher Konflikte, wirtschaftlicher Schwierigkeiten oder Mißerfolge, politischer Krisen oder Skandale einhergehen, und ermöglicht ihnen, im apolitischen Frohsinn ihres Alltags die Parteibeschlüsse auszuführen«.

Diese Unterschätzung von Qualifikationen und Sachwissen und die Überschätzung des „Heilswissens" mag auch die Ursache dafür gewesen sein, daß während der ersten vier bis fünf Jahrzehnte nach der Oktoberrevolution die Kader nicht nach fachlicher Qualifikation, sondern nach politischer Zuverlässigkeit rekrutiert wurden (vgl. Glaeßner H. J. 1985). Selbstverständlich gab es auch in den Systemen des real existierenden Sozialismus zahlreiche hochqualifizierte Experten und hervorragende Wissenschaftler. Diese waren jedoch sehr selten in den *Linienstrukturen* der Nomenklatura eingesetzt, wo die wichtigen Entscheidungen gefällt wurden, sondern vor allem in den Planungs-, Verwaltungs- und Forschungsabteilungen, wo sie ohne Zustimmung der Nomenklatura nichts frei entscheiden durften. Das »Fachverständnis mußte sich der Ideologie unterordnen« (Konrád G. und I. Szelényi 1978, 287). »Die Technokratie hat gelernt, nicht nach Autonomie zu streben, den Sinn von Politik nicht überprüfen zu wollen und die Autorität der politisch Vorgesetzten nicht zu diskutieren« (Konrád G. und I. Szelényi 1978, 323). Im Marxismus herrschte das Primat des *Telos* über die *Techne* (Konrád G. und I. Szelényi 1978, 279). Diese Polarität zwischen Fachwissen und Parteiintelligenz wird von G. Konrád und I. Szelényi (1978, 290-294) sehr eindrucksvoll beschrieben.

Die Unterschätzung des Wissens als Motor der Entwicklung und der wirtschaftlichen Dynamik hängt natürlich auch damit zusammen, daß sich der Marxismus als »Summe von Wahrheiten letzter Instanz« (Steinberg H. J. et al. 1971, 335) versteht und nicht nur von der Sowjet-Nomenklatura die Ansicht vertreten wurde, daß der Marxismus-Leninismus eine Wissenschaft mit unerschütterlichem Lehrgut sei und das Höchstmaß möglicher menschlicher Einsicht darstelle. Solche Wahrheiten lauteten etwa: „der Sozialismus ist moralisch gerechter und wirtschaftlich effektiver als der Kapitalismus", „die Arbeiterklasse ist die führende Klasse der sozialistischen Gesellschaft" oder „jede These der Parteiideologie, jede These des Marxismus-Leninismus ist und bleibt wahr". Die auf empirischen Erkenntnissen basierende Kritik am Marxismus, seine historische Relativierung oder die Annahme einer inneren Inkonsistenz zwischen den Thesen wurde als Revisionismus angesehen, gegen den mit allen Mitteln gekämpft werden mußte (vgl. Konrád G. und I. Szelényi 1978, 327-328). Der Anspruch, daß der Marxismus eine Geschichtstheorie sei, die mit absoluter wissenschaftlicher Gewißheit die Zukunft der Menschheit vorherzusagen vermöge (vgl. Popper K. 1994, 305), hat dem „Heilswissen" eine unüberwindliche Vormachtstellung verschafft, gegen die das Sachwissen keine Chance hatte. Das Verhältnis zwischen Nomenklatura und (qualifizierten) Wirtschaftsführern war seit Lenins Tod bis zum Zusammenbruch der sozialistischen Systeme von Mißtrauen geprägt. In den meisten sozialistischen Ländern gab es »nur sehr kurze Phasen, in denen die Partei sich bemühte, zu den Ökonomen, den Wirtschaftsführern und Technikern möglichst gute Beziehungen zu unterhalten« (Pirker Th. et al. 1995, 9).

»*Der Marxismus ist am Marxismus gestorben* [...] Es handelte sich um eine höchst irrige und anmaßende Theorie. Und ihre vielen Fehler, ihre zahlreichen theoretischen Irrtümer übertünchte man mit zahllosen kleinen und auch großen Lügen. Von brutaler Machtausübung und Gewalt unterstütztes Lügen war schon bald zur gängigen geistigen Währung der mit diktatorischer Macht herrschenden kommunistischen Klasse in Rußland und der ehrgeizigen Klasse emporstrebender Diktatoren außerhalb Rußlands geworden« (Popper K. 1994, 302).

Die marxistische Einstellung zu Fachwissen, wissenschaftlichen Erkenntnissen, zuverlässigen Informationen und effizienten Organisationsformen äußerte sich auch im sogenannten „realsozialistischen Subjektivismus“. Die »Existenz erhöhter, von der politischen und Wirtschaftsführung intern als ‘irreal’ erkannter Planvorgaben« (Pirker Th. et al. 1995, 305) wurde nicht als Problem gesehen. Im Sozialismus schien alles möglich zu sein, es erforderte nur die Energie der Partei, die alles kann (vgl. auch die Aussage von Schürer, dem Vorsitzenden der staatlichen Plankommission der DDR, in Pirker Th. et al. 1995, 81).

Zur Geringschätzung des Wissens gehören u.a. auch die Unterdrückung von Informationen, die Ausschaltung der öffentlichen Meinung aus dem Kontrollmechanismus, die Fälschung von Statistiken, die Zensur unliebsamer Nachrichten, der fehlende Diskurs in Regierung, Zentralkomitee und Politbüro, die mangelhafte fachliche Qualifikation der Parteikader und die Spannungen zwischen der parteibürokratischen Machtelite und der (in der Regel höher qualifizierten) Wirtschaftselite. Die Unterschätzung des Wissens war einer der Hauptgründe, warum die kommunistischen Gesellschaftssysteme »strukturell reform- und modernisierungsunfähig und damit früher oder später dem Untergang geweiht« waren (Pirker Th. et al. 1995, 365). Fachwissen, Informiertheit und „Lernfähigkeit“ stehen für Wandel und Dynamik, Heilswissen ist das Symbol für Beharrung und Stagnation. Die strikte Kontrolle der Medien und die Konzentrierung der Öffentlichkeit haben dem Parteiapparat zwar eine beeindruckende Stabilität verliehen, gleichzeitig aber auch Instabilität verursacht, weil sie das Erkennen und die Behandlung der sich aus dem Strukturwandel ergebenden gesellschaftlich-ökonomischen Widersprüche erschwert haben (Konrád G. und I. Szelényi 1978, 260).

Die Unterschätzung des Wissens und die Ausschaltung des meritokratischen Prinzips haben den sozialistischen Systemen vermutlich einen größeren Schaden zugefügt als alle anderen Fehlleistungen zusammengenommen. Deshalb ist es sicher kein historischer Zufall, daß die kommunistischen Systeme gerade in jener Phase zusammengebrochen sind, als die Humanressourcen zu den entscheidenden Produktions- und Wettbewerbsfaktoren geworden sind. Wissensarbeiter kann man nicht beaufsichtigen, Kreativität kann nicht von der Partei befohlen werden.

Selbstverständlich lassen sich ähnliche Beispiele auch für westliche Demokratien finden, in denen das meritokratische Prinzip bei bestimmten Personalentscheidungen nicht befolgt wurde. In der verstaatlichten Industrie Österreichs oder der Werftenindustrie Norddeutschlands haben Fehlentscheidungen von Entscheidungsträgern, die unter Ausschaltung des meritokratischen Prinzips nach parteipolitischen Gesichtspunkten ausgewählt wurden, Verluste in der Höhe von vielen Milliarden DM verursacht. In einigen spektakulären Fällen von Mißwirtschaft waren gelernte Apothekergehilfen oder kleine Parteisekretäre mit Hilfe der Partei in höchste Entscheidungspositionen großer Unternehmen gehoben worden.

2.4.3 Organisations- und kommunikationstheoretische Ansätze

Die Bedeutung von Organisationen

Die organisations- und systemtheoretischen Ansätze sind deshalb für viele Fragestellungen attraktiv und aussagekräftig, weil sich im wirtschaftlichen und gesellschaftlichen Wettbewerb in den allermeisten Fällen nicht Einzelpersonen, sondern Organisationen gegenüberstehen. Komplexe Probleme können in der Regel nur arbeitsteilig gelöst werden. Ein weiterer Vorteil dieser Ansätze liegt darin, daß sie die Abläufe der Arbeitsteilung, Informationsverarbeitung, Koordination und Entscheidungsfindung in den Vordergrund stellen und deshalb die *dynamische* Entwicklung von sozialen Systemen besser erklären können als andere Ansätze.

Organisationen sind zielorientierte und sich selbst regulierende soziale Systeme. Die Transformation von Systemen (der innere Umbau, die Änderung der Ziele und der Organisationsstrukturen), die Anpassung an sich verändernde Außenwelten und die Umgestaltung der Umwelt durch das System basieren auf Informationsverarbeitung, Lernprozessen und auf einem Zuwachs an Wissen. Bei additiven Aufgaben kann eine Organisation mehr leisten als das beste einzelne Mitglied. In der Arbeitswelt hängt die Lösung von komplexen Problemen in den meisten Fällen nicht vom Wissen eines einzelnen Menschen ab, sondern von der Verteilung des Wissens und der Verarbeitung von Informationen in einem sozialen System (Organisation) sowie von der Interaktion zwischen System und Umwelt.

»Organizations process and channel information. They shape the goals and loyalties of their participants. They create shared stories - an organization ethos that includes common beliefs and standard practices. They offer incentives for appropriate behavior« (March, J. G. und H. A. Simon 1993b, 2).
»When individual organisms come together to form a group we have a vastly enriched informational structure. [...] The group process of communication produces still higher levels of organisation than the individual can achieve and, therefore, offers also the possibility to obtain a higher degree of integration (and differentiation)« (Hutten E. H. 1983, 156).
»Organizations are collections of roles and identities, assemblages of rules by which appropriate behavior is paired with recognized situations [... these] are developed in an organization through collective experience and stored in the organizational memory as standard procedures [...]. Organizations turn their own experience as well as the experience and knowledge of others into rules that are maintained and implemented despite turnover in personnel and without necessary comprehension of their bases. As a result, the processes for generating, changing, evoking, and forgetting rules become essential in analyzing and understanding organizations« (March J. G. und H. A. Simon 1993a, 309).

Eine Organisation hat die Aufgabe, das plurale oder über viele Individuen und Lokalitäten verstreute Wissen zu einem singulären Wissenskörper zusammenzuschweißen. Innerhalb von Organisationen und an der Schnittstelle von Organisation und Außenwelt (z.B. beim Waren-, Geld- und Informationsaustausch zwischen Organisationen) handeln selbstverständlich Subjekte. Deshalb sieht sich die Organisationstheorie auch nicht in einem Gegensatz zur subjektorientierten Handlungstheorie, sie sieht nur die Prioritäten und interessanten Fragestellungen woanders. Da Organisationen ein Teil jenes Kontexts sind, der dem handelnden Subjekt etwas ermöglicht oder erschwert, müßte lediglich noch eine tragfähige Brücke zwischen Organisationstheorie und subjektorientierter Handlungstheorie gefunden werden.

Wo wird das in Lernprozessen erworbene Wissen in einer Organisation gespeichert? Sicherlich nicht in den Köpfen der Individuen, sondern in den die Organisation zusammenhaltenden Regeln, Symbolen, Identitäten und Routinen. R. R. Nelson und S. G. Winter (1982, 99) vertreten die Ansicht, daß *Regeln* und *Routine* das »organizational memory« sind. »[...] the routinization of activity in an organization constitutes the most important form of storage of the organization's specific operational knowledge« (Nelson R. R. und S. G. Winter 1982, 99). Nach dieser Auffassung besteht dann eine Innovation in einer Änderung der Routine (Nelson R. R. und S. G. Winter 1982, 128). Nach S. A. Marglin (1984, 147) ist Organisationskompetenz (*organizing ability*) der wesentliche Beitrag des Kapitalismus und eine der wichtigsten Aufgaben des Unternehmers. Die Kardinalfrage für jede Organisation besteht also darin, wie Wissen organisiert und produktiv eingesetzt werden kann. Wenn Wissen zur wichtigsten Ressource wird und Individuen in einer arbeitsteiligen Gesellschaft nur noch über ein stark fragmentiertes (spezialisiertes) Partikularwissen verfügen können, dann erhalten die *organizing ability* des Unternehmens (Topmanagements) und die Morphologie der Organisationsstrukturen eine entscheidende Bedeutung. Organisationskompetenz benötigt man jedoch nicht nur in einem kapitalistischen System, sondern in jedem System, das eine bestimmte Größe überschreitet. Die Organisationstheorie ist weder auf ein bestimmtes Wirtschaftssystem noch auf eine Kulturstufe oder eine Zeitepoche festgelegt. Dies ist auch der Hauptgrund, warum ein organisationstheoretischer Ansatz bei der Erklärung der regionalen Disparitäten des Wissens eine herausragende Stellung einnimmt.

Die Bewältigung von „Kontrollkrisen“

J. R. Beniger (1986) hat eindrucksvoll beschrieben, wie seit dem Mittelalter die Distanzen der Handelsbeziehungen und die Aktionsreichweiten von Organisationen stets von den technischen Möglichkeiten abhingen, Waren-, Geld- und Informationsströme zu *kontrollieren*. Das Wachstum, die Differenzierung und die räumliche Expansion von Systemen sind immer dann an eine Grenze gestoßen, wenn der Kontroll- und Koordinationsaufwand mit den bestehenden Organisationsformen und den technischen Möglichkeiten der Informationsverarbeitung und Kontrolle nicht mehr zu bewältigen war. Solche *Kontrollkrisen* haben eine weitere Expansion und Differenzierung des Systems so lange behindert, bis erneut technische Innovationen des Kommunikations- und Transportwesens erfunden wurden.

Die mit verschiedenen Innovationen (Postkutsche, Eisenbahn, Telegraph, Telephon, Flugzeug, Computer etc.) verbundenen »control revolutions« (Beniger J. R. 1986) haben jeweils größere, komplexere und räumlich ausgedehntere Organisationen ermöglicht, die Geschwindigkeit der Waren- und Informationsströme erhöht und zu einer „Neuverteilung“ der Kontrolle (stärkere Zentralisierung oder Dezentralisierung) geführt.

»Control Revolution developed in response to problems arising out of advanced industrialization [...]. Resolution of the crisis demanded new means of information processing and communication to control an economy shifting from local segmented markets to increasingly higher levels of organization« (Beniger J. R. 1986, 278).

Die Vergrößerung der Distanzen, die Erhöhung der Geschwindigkeit des Warenverkehrs und die steigende Informationsflut haben jedoch erneut die Komplexität, Unübersichtlichkeit und Unsicherheit vergrößert, so daß bald eine neue Kontrollkrise entstand, die erst durch neue technische Erfindungen der Informationsübertragung und Informationsverarbeitung oder durch neue Organisationsstrukturen überwunden werden konnte. Das Hauptproblem bestand jeweils darin, wie man räumlich verteilte Akteure und Elemente eines Systems kontrollieren und deren Aktivitäten koordinieren kann. Solange Reisen beschwerlich und zeitaufwendig waren, gestaltete sich eine Kontrolle schwierig; man mußte den über große Distanzen verteilten Agenten *vertrauen* können. Deshalb wurden solche dezentralisierten Entscheidungsfunktionen oftmals Familienangehörigen oder langjährigen Geschäftspartnern übertragen.

»[...] although the law and mercantile ethics usually imposed some degree of trustworthiness even on strange agents, far greater reliance could be placed on confidence resting on friendship and kinship. The mechanics of business therefore explain the closeness of many transatlantic family relationships, why new partners were chosen with considerable care, and why „family“ and commercial honor were such important precepts« (Killick J. R. 1974, 505).

Verschiedene Innovationen des Transport- und Kommunikationswesens und eine parallel dazu installierte Kontrolle der Geschäftsabläufe haben später den Kaufmann in die Lage versetzt, Kontrolle über größere Distanzen auszuüben und damit weniger abhängig von „dezentral verteilten“ Kontrollinstanzen zu werden (Beniger J. R. 1986, 167). Ab dem 19. Jahrhundert haben dann mehrere technische Erfindungen zu einer »*Control Revolution*« geführt.

»What made the Control Revolution in fact revolutionary was the development of technologies far beyond the capability of any individual, whether in the form of the massive bureaucracies of the late nineteenth century or of the microprocessors of the late twentieth century« (Beniger J. R. 1986, 185).

Ein besonders anschauliches Beispiel für die zeitliche Abfolge von Kontrollkrisen und Kontrollrevolutionen stellt das Eisenbahnwesen dar, das um die Mitte des 19. Jahrhunderts zu den größten bürokratischen Systemen gehörte und auch als erstes das Prinzip der Linien- und Stabsfunktionen einführte (vgl. Beniger J. R. 1986).

Um das Risiko von Unfällen zu vermindern und die Koordination des Zugverkehrs zu erleichtern, wurden in den 1830er Jahren in den USA erstmals feste Fahrpläne eingeführt. Trotzdem hatten die Eisenbahngesellschaften in den 1840er Jahren wegen des stark steigenden Transportaufkommens ein großes Kontroll- und Sicherheitsproblem. Die *Erie Railroad*, die das größte Streckennetz der USA betrieb, hatte 1851 das 450fache an Frachtwaggons in doppelt so hoher Geschwindigkeit über ein zehnmal so großes Streckennetz zu steuern wie 1841. Da man mit den damaligen Techniken den Kontroll- und Koordinationsaufwand nicht mehr bewältigen konnte, waren auch die Manager der Eisenbahngesellschaften hoffnungslos überfordert. Viele Eisenbahnwaggons standen monatelang vergessen auf einem Nebengleis, kein Eisenbahnmanager wußte, wo sich wieviele Waggons befanden, es kam immer häufiger zu Zugzusammenstößen und katastrophalen Unfällen. Erst nach der Einführung des Telegraphen im Jahre 1851 konnte das Koordinations-, Kontroll- und Sicherheitsproblem gelöst werden. Nun bereitete es keine Schwierigkeiten mehr, Eisenbahnzüge über große Strecken und in beide Richtungen eines Gleises zu führen, nun stand einer Vergrößerung der Streckenlänge, einer Erhöhung der Zugfrequenz und einer Steigerung der Geschwindigkeit nichts mehr im Wege (vgl. Beniger J. R. 1986, 226-228).

Ähnliche Kontrollkrisen und Kontrollrevolutionen gab es in Handelsgesellschaften und Industrieunternehmen. Die Einführung der doppelten Buchführung (vgl. 1.3.1), eines regelmäßigen Berichtswesens, eines *Voucher*-Systems und die Auswertung aller eingehenden Informationen schufen jeweils ein wirksames neues Kontrollinstrument, das die quantitative und qualitative Arbeitsleistung, die anfallenden Kosten und die Produktivität der Arbeiter genau gemessen hat. Innerhalb der Betriebe wurde die direkte Aufsicht durch Vorgesetzte zunehmend durch eine „Kontrolle durch Bücher und Statistiken" abgelöst. Gegen Ende des 19. Jahrhunderts wurden bürokratische Strukturen und die Informationsverarbeitung (auch über große Distanzen) zu einem wichtigen Instrument der Kontrolle und Koordination von großen Organisationen. Die bis dahin größte *Control Revolution* wurde in den 80er und 90er Jahren des 19. Jahrhunderts auch theoretisch untermauert.

Im Jahre 1885 hat H. Metcalfe ein Buch über Kostenkontrolle geschrieben, den Materialfluß in seinem Unternehmen dokumentiert und das Management als ein Problem der Informationsverarbeitung definiert. Etwa zur selben Zeit hat auch F. W. Taylor, der Begründer des *scientific management*, ein *shop order control system* eingeführt, und 1895 hat er vor der „*American Society of Mechanical Engineers*" den ersten Vortrag über *scientific management* gehalten (vgl. Beniger J. R. 1986, 243, 294).

J. R. Beniger (1986, 426-427) sieht die *Control Revolution* als »a complex of rapid changes in the technological and economic arrangements by which information is collected, stored, processed, and communicated and through which formal or programmed decisions can effect societal control«. Er nennt drei Faktoren, die in den letzten zwei Jahrzehnten des 19. Jahrhunderts die Entwicklung der Informationsgesellschaft eingeleitet haben, und sieht den auslösenden Faktor in der zunehmenden Geschwindigkeit der Warenströme.

»First, control technologies have coevolved with energy utilization and processing speeds in a positive spiral, advances in any one factor causing or at least enabling improvements in the others [...]. Second, increased control brought increased reliability and hence *predictability* of processes and flows, which in turn meant increasing economic returns on the application of information-processing technology [...]. Increasing reliability and predictability of flows, in turn,

sustained a continuing succession of planning technologies [...]. Third, information processing and flows, increasing in response to the crisis in material control, needed themselves to be controlled, so that new control crises have appeared and been resolved throughout the twentieth century [...]« (Beniger J. R. 1986, 291-292).
»Until the last century these functions, even in the largest and most developed national economies, still were carried on at a human pace, with processing speeds enhanced only slightly by draft animals and wind and water power [...]. So long as the energy used to process and move material throughputs did not much exceed that of human labor, individual workers in the system could provide the information processing required for its control.
Once energy consumption, processing and transportation speeds, and the information requirements for control are seen to be interrelated, the Industrial Revolution takes on new meaning. By far its greatest impact from this perspective was to speed up society's entire material processing system, thereby precipitating a crisis of control, a period in which innovations in information-processing and communication technologies lagged behind those of energy and its application to manufacturing and transportation« (Beniger J. R. 1986, 427).

All diese technischen und organisatorischen Neuerungen haben dazu beigetragen, daß Hierarchien und Bürokratien im 19. Jahrhundert zu einer »major new control technique« (Beniger J. R. 1986, 279) geworden sind.

»Innovations in bureaucratic structure included its first careful definition (1842), a hierarchical information-processing system to centralize control or rail movements (1853), the line-and-staff concept (1857), and by the late 1860s the emergence of bureaucracy in its modern form« (Beniger J. R. 1986, 280).

Die Bewältigung jeder neuen Kontrollkrise hat sich in der räumlichen Dimension in einer Neustrukturierung der Standorte der Entscheidungsträger und Kontrollinstanzen ausgewirkt. In einigen bürokratischen Organisationen kam es zu einer weiteren räumlichen Konzentration der Macht, andere Organisationen konnten die Reichweite ihrer Koordination und Kontrolle vergrößern. Die Lösung von Kontrollkrisen erweist sich dann als besonders schwierig, wenn das Zentrum weniger weiß als die Experten vor Ort. Wenn Fakultäten in zunehmendem Maße über Fehlentscheidungen von Wissenschafts- und Finanzministerien schockiert sind, hängt dies damit zusammen, daß Beamte und Politiker in Ministerien mit vielen Entscheidungen und Kontrollfunktionen überfordert sind.

Die Funktion von Hierarchien in sozialen Systemen

Beim Menschen erfolgen Informationsverarbeitung und Entscheidung zentral im Gehirn. Diese Zentralisierung der Entscheidungsfindung und Kontrolle ist jedoch nicht nahtlos auf große, komplexe Organisationen zu übertragen (vgl. auch Nelson R. R. und S. G. Winter 1982, 125). Sobald eine Organisation eine bestimmte Größe und Komplexität erreicht hat, verfügt ein einzelner Entscheidungsträger nicht mehr über genügend zeitliche und intellektuelle (informationsverarbeitende) Kapazitäten, um alle für das System relevanten Informationen aufnehmen, verarbeiten, bewerten und weitergeben zu können, die für die Entscheidungsfindung, die Systemsteuerung und das langfristige Überleben des Systems notwendig sind. Aus diesem Grund müssen in großen und komplexen Systemen die Koordinations-, Regelungs-, Planungs- und Entscheidungsfunktionen auf mehrere Personen oder Systemelemente (Abteilungen) aufgeteilt werden, wobei die *formellen* Kommunikationsbeziehungen, Zuständigkeiten, Kontroll- und Entscheidungsbefugnisse die *Architektur* des Systems ausmachen. Nach J. R. Beniger (1986, 257) sind hierarchische Strukturen des Managements eine Antwort auf die Kontrollkrisen der 60er und 70er Jahre des 19. Jahrhunderts und auf die Notwendigkeit, eine große Zahl von Arbeitern auf ein Ziel hin zu integrieren.

»Die logische Möglichkeit, jedes Element mit jedem anderen zu verknüpfen, kann kein System realisieren. [...] Entweder muß ein System sehr klein bleiben, wenn es sich alle kombinatorischen Möglichkeiten offenhalten oder gar alle zugleich realisieren will; oder es muß Selektionsverhältnisse ordnen und verstärken« (Luhmann N. 1984, 73). Es wäre auch völlig unökonomisch, in einem Unternehmen jeden Entscheidungsträger mit allen Nachrichten zu konfrontieren. Denn jeder Entscheidungsträger benötigt für seine Entscheidungen nur einen kleinen Teil der gesamten Informationsflut (vgl. Radner R. 1992, 1384). Es gibt verschiedene Möglichkeiten, Komplexität und Kontrollkrisen in einem großen System zu reduzieren:

- Die Standardisierung und Normierung von Einzelteilen, die zu einem ganzen zusammengefügt werden müssen. Wenn Schrauben, Container, Getränkekisten oder Kopierpapier bestimmte genormte Größen haben, reduziert sich der Koordinationsaufwand.
- Die Festlegung von Zeitplänen (Fahrplänen). Wenn sich alle Züge an den Fahrplan halten, gibt es nur einen geringen Kontrollaufwand.
- Ein genaues Berichtssystem über die Waren- und Geldströme, über Produktivität und Qualität der Arbeit. Ein Vergleich der Informationen aus verschiedenen Quellen ermöglicht es, rechtzeitig Schwachstellen, Täuschungen, Fehler oder nicht willkommene Entwicklungen zu entdecken.
- Die hierarchische Anordnung der Informations- und Kommunikationsströme, der Zuständigkeiten und Entscheidungsbefugnisse.

Der Begriff „Hierarchie“ bedeutet in diesem Zusammenhang nicht soziale Schichtung, ungleiche Verteilung von Privilegien oder Weisungskette von oben nach unten, sondern eine Ausdifferenzierung von verschiedenen Teilsystemen (Luhmann N. 1984, 39). Es ist also lediglich festgelegt, wer was zu koordinieren und entscheiden hat.

Mit dem Übergang von einem einzigen Entscheidungsträger zu einem System von Entscheidungsträgern sind u.a. jene Vorteile verbunden, die der Informatiker beim Übergang vom seriellen Rechnen (Verarbeitung von Informationen nacheinander in einem Prozessor) zum parallelen Rechnen (Verarbeitung von Informationen gleichzeitig in mehreren Prozessoren) erfährt (vgl. auch Radner R. 1992, 1397-1400). Im Rahmen einer kollektiven Aktion einer arbeitsteiligen (hierarchischen) Organisation wird die Schnelligkeit der Informationsverarbeitung und der Akkumulation des Wissens bedeutend erhöht, weil sich der Akteur im Rahmen einer Arbeitsteilung kleineren Aufgaben zuwenden, dadurch ein spezialisiertes Wissen erwerben und effizienter arbeiten kann. Im wirtschaftlichen und gesellschaftlichen Wettbewerb ist der *Zeitfaktor*, d.h. die Schnelligkeit der Aufnahme, Übermittlung und Bewertung von Informationen und der Entscheidungen außerordentlich wichtig. »Die Geschwindigkeit ist [...] eine Komponente der Macht des Ganzen« (Lyotard J. F. 1994, 179). Eine Information kann für ein System noch so wertvoll sein, wenn sie den Entscheidungsträger zu spät erreicht, ist sie wertlos.

Auch eine Erfindung oder neue Technologie bringt nur so lange Wettbewerbsvorteile, wie sie nicht allgemein verbreitet ist. Ein soziales System, das sich im Wettbewerb mit anderen befindet, muß sich also bemühen, einen zeitlichen Informations-, Wissens- und Technologievorsprung gegenüber der Masse der Mitbewerber zu bekommen. Hierarchien erhöhen in großen, komplexen Systemen die Schnelligkeit und Effizienz der Informationsverarbeitung und erleichtern die interne Kontrolle sowie die Diagnose von unbefriedigenden Leistungen und Schwachpunkten des Gesamtsystems (vgl. Kuhn A. und R. D. Beam 1982, 250). Auch die meisten technischen Systeme (z.B. ein System von Prozessoren) sind schneller, wenn sie hierarchisch strukturiert sind.

Die Mitglieder eines arbeitsteilig organisierten Systems können im Rahmen einer *collective action* gleichzeitig an verschiedenen Orten (d.h. von verschiedenen Umwelten) Informationen sammeln. Dadurch verringert sich nicht nur deutlich der Zeitaufwand für die Entscheidungsfindung, sondern durch die *collective action* vervielfacht sich auch die Zahl der zur Verfügung stehenden Informationskanäle (vgl. Arrow K. J. 1974, 16; Barnes T. J. und E. Sheppard 1992, 68). Eine Dezentralisierung der Informationsverarbeitung und Entscheidungsbefugnisse vergrößert die „kognitive Kontaktfläche" (Geser H. 1983b) eines Systems zur Umwelt.

Hierarchische Strukturen beschleunigen nicht nur die Informationsverarbeitung, sondern sie haben auch die Aufgabe, auf jeder Ebene die Informationsflut auf jene Inhalte zu reduzieren, die für die Entscheidungsfindung der über- oder untergeordneten Stellen und letztendlich für die strategische Planung benötigt werden. Die Reduktion von Komplexität ist für jedes System lebensnotwendig. Beim Menschen wird diese Reduktion von Komplexität vom Gehirn geleistet, in sozialen Systemen sind es die hierarchisch angeordneten Steuerungselemente. Die Suche nach Zusammenhängen, Ursachen und Einflußfaktoren sowie die Erstellung von Theorien und Modellen entspricht einer Reduktion der Informationsflut auf das Wesentliche. Wer die Informationsflut auf jene Inhalte filtern oder reduzieren soll, die für das System wichtig sind, benötigt allerdings ein bestimmtes Vorwissen, ohne das nicht zwischen wichtigen und unwichtigen Informationen unterschieden werden kann (vgl. Arrow K. J. 1974, 54, 70).

»Bevor wir auch nur den Versuch einer Reduktion machen können, brauchen wir ein möglichst großes und genaues Wissen von dem, was wir zu reduzieren versuchen wollen« (Popper K. 1994, 88). »Wahrnehmungswissen [ist] ohne apriorisches Wissen unmöglich« (Popper K. 1994, 128).

Da sich mit zunehmender Hierarchieebene die Einflußmöglichkeiten auf die Organisation erhöhen und etwaige falsche Wahrnehmungen und Fehlentscheidungen für die Gesamtorganisation zunehmend negative Folgen haben, werden mit jeder Ebene auch die Anforderungen an das Wissen größer. »[...] the person who summarizes and assesses his own direct perceptions and transmits them to the rest of the organization becomes an important source of informational premises for organizational action [...]. Hence, by the very nature and limits of the communication system, a great deal of discretion and influence is exercised by those persons who are in direct contact with some part of the „reality" that is of concern to the organization« (March J. G. und H. A. Simon 1993a, 187). Da die höheren Ebenen Kontrolle über die niedrigeren ausüben und über Entscheidungen deren Ziele und Handlungsspielräume festlegen, sollte das zur Informationsbewertung und Reduktion erforderliche Vorwissen umso größer sein, je höher jemand in der Hierarchie positioniert ist. Es ist nur dann sinnvoll und ökonomisch vertretbar, eine Problemlösung oder Entscheidung auf die nächsthöhere Ebene zu verlagern, wenn das übergeordnete Systemelement über ein höheres Maß an Wissen, Qualifikationen, Ausbildung, Kreativität oder Erfahrung verfügt.

Aus rein funktionaler oder systemtheoretischer Sicht sind mit dem Begriff „Hierarchie" noch keine Privilegien oder Statusunterschiede verbunden. Erst die sozialpsychologische und die machtpolitische Komponente bringen in der realen Welt eine Verknüpfung von Hierarchie mit Privilegien und Statusunterschieden mit sich. Deshalb dient eine hierarchische Struktur der Kompetenzverteilung in der realen Welt nicht nur zur Erzielung von Effizienz, sondern sie hat auch eine sozialpsychologische Komponente, indem sie Autorität und Status verleiht, Leistungsanreize setzt, Machtpositionen legitimiert und Konflikte minimiert. Wer mit seinen Entscheidungen die Aktivitäten anderer Menschen kontrolliert und koordiniert und damit Macht ausübt, benötigt Autorität. Diese wird jedoch in einer modernen Gesellschaft nur dann als legitim angesehen, wenn sie mit Kompetenz, Wissen und Qualifikationen verknüpft ist. Je größer die fachliche Kompetenz eines Vorgesetzten, umso eher sind die Untergebenen bereit, seinen Anordnungen zu folgen und gute Leistungen zu erbringen (Downton J. V. 1973, 95; Bass B. M. 1990, 97f, 100). Ein große Zahl von empirischen Studien belegt, daß Organisationen besser funktionieren bzw. erfolgreicher sind, wenn die Hierarchie der Entscheidungsbefugnisse einer Hierarchie der fachlichen Kompetenz entspricht (vgl. Literaturübersicht von Bass B. M. 1990, 97-109).

Umweltbedingungen und optimale Organisationsstrukturen

Die Bewältigung von Ungewißheit ist eine der fundamentalen Aufgaben von Organisationen. Das unterschiedliche Maß an Ungewißheit, mit dem Organisationen konfrontiert sind, stellt wohl das entscheidende Kriterium für die Herausbildung unterschiedlicher Organisationsstrukturen dar.

Seit der Arbeit von F. H. Knight (1921) wird zwischen Ungewißheit (*uncertainty*) und Risiko (*risk*) unterschieden. Das Risiko kann in Form einer numerischen Wahrscheinlichkeit angegeben werden (z.B. Risiko eines Hochwassers oder einer Schneedecke für einen gegebenen Ort am 23. Januar aufgrund einer Beobachtungsreihe von 50 Jahren), die Ungewißheit kann dagegen nicht in Form einer Wahrscheinlichkeit ausgedrückt werden.

Ungewißheit entsteht nach F. H. Knight (1921, 199) durch unvollkommenes (nicht ausreichendes) Wissen (*partial knowledge*). Nicht jedes System ist in seiner Umwelt mit gleich großer Ungewißheit konfrontiert. Ob die Umwelt für ein System ein hohes oder niedriges Maß an Ungewißheit birgt, hängt vor allem von den Zielen und Aufgaben des Systems ab. In diesem Zusammenhang sollte deshalb Ungewißheit nicht als etwas *Absolutes* verstanden werden. Es gibt kein feststehendes Ausmaß an Ungewißheit, das man durch Wissenserwerb laufend verringern kann, bis die Ungewißheit gänzlich beseitigt ist. Da der Wissenserwerb nie abgeschlossen ist (vgl. Kap. 2.1.1), kann auch Ungewißheit nie zur Gänze beseitigt werden. Je mehr Wissen wir erwerben, umso mehr neue Fragen können sich ergeben. In der hier diskutierten Fragestellung geht es vielmehr um die *relative* Ungewißheit von Akteuren oder Systemen im Vergleich zu anderen. Wenn deshalb im folgenden von der Ungewißheit der Umwelt gesprochen wird, sind damit stets auch die *Ziele und Aufgaben des Systems* gemeint. Ungewißheit liegt dann vor, wenn Entscheidungsträger die sich ständig verändernde Umwelt (die Konkurrenz, den Markt, die möglichen Einflußfaktoren) nicht in ausreichendem Maße kennen, wenn sie die zukünftige Entwicklung nicht voraussagen können und nicht wissen, welche (unerwarteten) Konsequenzen ihre Entscheidungen auslösen können. Ungewißheit ist immer dann gegeben, wenn eine Entscheidung zu mehr als einer Konsequenz führen kann (Hammond P. J. 1987, 728).

Ungewißheit kann durch eine große Zahl von *externen* Faktoren (z.B. politische Einflüsse, Verhalten der Konkurrenz, Änderung der Präferenzen von Konsumenten, technologischer Wandel, Naturkatastrophen) und von *systeminternen* Faktoren (Informationslücken, mangelhafte Effizienz, ungenügend Fachkompetenz, sonstige interne Unzulänglichkeiten) verursacht werden. Ungewißheit kann nie ganz beseitigt werden, ihr Ausmaß kann allerdings durch verschiedene Verfahren verringert werden.

Weil Ungewißheit auf unvollkommenen Informationen und mangelndem Wissen beruht, haben auch fast alle Methoden zur Reduzierung von Ungewißheit mit dem Erwerb von Wissen, Ausbildung und Qualifikationen, mit *training on the job*, Kommunikation und der Verarbeitung von Informationen zu tun. Diesen Zusammenhang hat schon F. H. Knight (1921) gesehen. Seiner Ansicht nach reagieren ökonomische Akteure und Organisationen in Situationen der Ungewißheit deshalb unterschiedlich, weil sie unterschiedliche Fähigkeiten (*capacities*) haben, Ereignisse wahrzunehmen, zukünftige Entwicklungen zu erkennen sowie die notwendigen Maßnahmen zu planen und durchzuführen, um sich der zukünftigen Situation anzupassen (Knight F. H. 1921, 241).

Komplexität und Ungewißheit können einerseits dadurch reduziert werden, daß ein Teil der Arbeitsabläufe durch Arbeitsteilung, Aufstellung von Regeln, Routinisierung und Formalisierung einfacher gemacht wird und damit weniger Qualifikationen der Akteure voraussetzt. Diese Routinisierung erhöht jedoch den Koordinations-, Planungs- und Kontrollaufwand der Organisation, so daß an anderen kritischen oder entscheidenden Punkten der Organisation eine größere Ungewißheit entsteht, die nur durch zusätzliches Wissen, mehr Erfahrung und noch höhere Qualifikationen verringert werden kann. Außerdem gibt es Aufgaben, die nicht teilbar sind und hohe Qualifikationen erfordern. An diesen Steuerungselementen des Systems erhält das Wissen gleichsam die Funktion der Redundanz in technischen Systemen, ein Tatbestand, der etwa von H. Braverman (1974, 424-447) in seiner Kritik an überhöhten Qualifikationsanforderungen total übersehen wurde.

Das Überleben biologischer Systeme wurde bereits von C. Darwin in erster Linie auf eine bemerkenswerte Redundanz dieser Systeme zurückgeführt (vgl. Kuhn A. und R. D. Beam 1982, 248). In biologischen Systemen liegt Redundanz z.B. dann vor, wenn bei der Befruchtung einer Eizelle nicht eine oder zehn, sondern Millionen Samenzellen ausgestoßen werden. In technischen Systemen spricht man von Redundanz, wenn etwa bei einem Stromausfall automatisch ein Notstromaggregat einspringt (und vielleicht noch ein weiteres zur Verfügung steht) oder wenn ein Flugzeug auch dann noch sicher landen kann, wenn zwei von vier Triebwerken ausfallen.

Auch soziale Systeme arbeiten mit mehreren Formen der Redundanz. Schon die menschliche Sprache besteht nach H. Zemanek (1986, 37) nur zu 25 Prozent aus Information und zu 75 Prozent aus Redundanz. Um richtig verstanden zu werden, wiederholt ein Sprecher bestimmte Aussagen, oder er versucht, einen Sachverhalt durch mehrere Metaphern zu erklären. In sozialen Systemen besteht eine Form der Redundanz darin, daß eine Person oder eine Abteilung, die sehr stark mit Ungewißheit konfrontiert ist bzw. unvorhersehbare, selten auftretende oder sehr komplexe Probleme lösen sowie weitreichende, risikoreiche und das ganze System betreffende Entscheidungen fällen muß, über so viel Wissen und so viele intellektuelle und kreative Kapazitäten verfügt, daß sie auf möglichst viele Entscheidungssituationen vorbereitet ist, in Krisenzeiten die jeweilige Situation richtig beurteilen kann und die für das Überleben des Systems richtigen Entscheidungen trifft. Eine zweite Form der Redundanz besteht darin, eine Wahrnehmung, Beurteilung, Bewertung oder Übertragung (z.B. die Übersetzung eines fremdsprachigen Texts) durch mehrere Personen durchführen zu lassen und die Ergebnisse auf ihre Konsistenz zu überprüfen (vgl. Roth G. 1987, 242-243).

Für die Durchführung der „Alltagsgeschäfte" ist keine Redundanz erforderlich. Die Funktion der Redundanz liegt sowohl bei technischen als auch bei sozialen Systemen vielmehr in der Bewältigung von „Störfällen", Ungewißheit, *Krisensituationen* und tiefgreifenden Umbrüchen. Daraus folgt, daß Redundanz in einer Organisation nur an bestimmten Stellen (Organisationseinheiten, Standorten) vorhanden sein muß und sich zeitlich gesehen nur in bestimmten Phasen „bewähren" muß.

Ob ein Individuum oder ein Systemelement die zur Bewältigung von Ungewißheit erforderlichen Kapazitäten hat, kann nie mit hundertprozentiger Wahrscheinlichkeit vorausgesagt werden. Ein System kann sich gegen Unfähigkeit und Inkompetenz jedoch durch Ausbildungsanforderungen, durch Professionalisierung von Berufen, durch Befähigungsnachweise und Zeugnisse oder durch umfangreiche Screening- oder Selektionsverfahren (z.B. Berufungsverfahren) bis zu einem gewissen Grade absichern. Bestimmte Ausbildungsabschlüsse werden von Arbeitgebern nicht deshalb verlangt, weil die betreffenden Ausbildungsinhalte im Arbeitsprozeß unmittelbar und ständig Verwendung finden. Die Arbeitgeber fordern für bestimmte Positionen vielmehr deshalb einen bestimmten Ausbildungsabschluß, weil dieser nach ihrer Erfahrung die Wahrscheinlichkeit erhöht, daß der Arbeitnehmer seinen zukünftigen Aufgaben gewachsen sein und die für den Beruf erforderliche Motivation und Zuverlässigkeit mitbringen wird.

Alle diese Verfahren können keine hundertprozentige Garantie geben, daß die betreffende Person oder Abteilung ihrer Aufgabe gewachsen sein wird, aber sie erhöhen die Wahrscheinlichkeit. Wissen, Ausbildung, Training, Professionalisierung und Lizensierung sind also ein Mittel zur Verringerung von Ungewißheit. Da in vielen Fällen nicht das absolute Ausmaß an Wissen und Qualifikationen, sondern ein Wissens- oder Qualifikationsvorsprung im Vergleich zu anderen Mitbewerbern (Konkurrenten) Ungewißheit reduziert, und da Organisationen ständig um ihre wichtigste Ressource, nämlich hochqualifizierte Mitarbeiter, konkurrieren, sind diese Qualifikationen immer *selten* und *teuer*. Deshalb muß entschieden werden, bei welchen Elementen der Organisation die Entscheidungsbefugnisse sowie die hohen und seltenen Qualifikationen und Spezialkenntnisse angesiedelt werden sollen.

Die Effizienz und der Erfolg einer Organisation und die Qualität ihrer Entscheidungsfindung (die Häufigkeit ihrer Fehlentscheidungen) hängen weitgehend von der Architektur des Systems ab, also von der Frage, wie die Entscheidungsbefugnisse und Qualifikationen unter den Akteuren (Einheiten) des Systems verteilt sind und wie die Koordination der einzelnen Systemteile erfolgt. Die Architektur des Systems wird wiederum von dessen Zielen und Umweltbedingungen beeinflußt (Sah R. K. und J. E. Stiglitz 1986, 716). Die „System-Umwelt-Beziehungen" stellen das zentrale Paradigma der neueren, systemtheoretisch ausgerichteten Organisationsforschung dar, worauf T. Parsons und N. Luhmann ausdrücklich hingewiesen haben.

»The dependence of the organism on its physical environment for nutrition and respiration is prototypical. This is the essential basis of the famous concept of function as it applies to social systems, as to all other living systems [...] functional problems are those concerning the conditions of the maintenance and/or development of the interchanges with environing systems, both inputs from them and outputs to them« (Parsons T. 1968b, 460). »Thus, spatial location is involved in all the functions of social systems. Its articulation with social processes is what we ordinarily call the ecological aspects of the system - the distribution of its various activities in physical space and their orientation to spatial considerations« (Parsons T. 1968b, 467).

»Der Letztbezug aller funktionalen Analysen liegt in der Differenz von System und Umwelt [...]. Der Begriff Umwelt darf nicht als eine Art Restkategorie mißverstanden werden. Vielmehr ist das Umweltverhältnis konstitutiv für Systembildung. [...] Auch ist die Umwelt nicht nur für die Erhaltung des Systems, für Nachschub von Energie und Information bedeutsam. Für die Theorie selbstreferentieller Systeme ist die Umwelt vielmehr Voraussetzung der Identität des Systems« (Luhmann N. 1984, 242-243).

Das unterschiedliche Maß an Ungewißheit kann je nach den Umweltbedingungen entweder durch eine Zentralisierung oder durch eine Dezentralisierung der Entscheidungsbefugnisse und Qualifikationen bewältigt werden. Die entscheidenden Fragen dieses theoretischen Ansatzes lauten deshalb:

- Wie sollten in einer Organisation die Entscheidungsbefugnisse und die (teuren, nicht ubiquitär vorhandenen) Qualifikationen verteilt sein (eher zentral oder dezentral), damit die Ungewißheit der Umwelt bewältigt und die Ziele der Organisation erreicht werden können?
- Wieviele Hierarchiestufen und welche Kontrollspanne sollte es geben, damit die betreffenden Aufgaben effizient bewältigt werden können?

- Welche internen und externen Einflüsse veranlassen eine Organisation, ihre Entscheidungs- und Qualifikationsstrukturen zu verändern?
- Welche Wechselbeziehungen bestehen zwischen Organisationsstruktur und Umwelt, und wie wirken sich diese auf die Standortverteilung der Systemelemente aus?
- Welche Systemteile stellen hohe Anforderungen an das Kommunikationspotential eines Standortes und tendieren deshalb eher zu einem Standort in (wenigen) Großstädten, und welche Systemteile haben nur geringe Anforderungen an direkte, externe Kontakte und können deshalb auch ohne Effizienzverlust an einer beliebig großen Zahl von Standorten angesiedelt werden?

Einige dieser Fragen standen auch im Mittelpunkt der von R. R. Nelson und S. G. Winter (1982) entwickelten Evolutionstheorie von Firmen. »It is easy enough to suggest that a plausible answer to the question, 'Where does the knowledge reside?' is 'In the organization's memory'. But where and what is the memory of an organization? We propose that the routinization of activity in an organization constitutes the most important form of storage of the organization's specific operational knowledge« (Nelson R. R.and S. G. Winter 1982, 99).

In der Organisationstheorie wird zwischen vertikaler und horizontaler Dezentralisierung unterschieden. Außerdem wird unterschieden zwischen Experten, die entscheiden, also den „Linienstrukturen" angehören, und Experten, die beraten oder verwalten und deshalb der Technostruktur oder dem Unterstützungsstab angehören. Bei der horizontalen Dezentralisierung geht ein Teil der Macht von den Managern der Linienfunktionen zu den Experten der Stabsfunktionen über. Bei der vertikalen Dezentralisierung geht ein Teil der Entscheidungsbefugnisse (und Qualifikationen) von den obersten Ebenen auf mittlere Hierarchieebenen über, also dorthin, wo eine schwierige (instabile) Situation am besten beurteilt werden kann (vgl. Mintzberg H. 1979, 188-202).

Eine Organisation kann „bürokratisch" oder „organisch" sein. Als *bürokratisch* wird eine Struktur dann bezeichnet, wenn ihr Verhalten durch Regeln, genaue Zuständigkeiten, hierarchische Autoritätsstrukturen sowie Arbeits- und Verwaltungsabläufe determiniert ist (vgl. Mintzberg H. 1979, 86-87). In Abteilungen oder Organisationen, die gleichbleibende Routinearbeiten durchführen und mit wenig Ungewißheit konfrontiert sind (Unterstützungseinheiten), ist auch der Lern- und Anpassungsbedarf gering, so daß die Arbeitsabläufe formalisiert und bürokratisiert werden können. In diesen bürokratischen Regeln und Vorschriften ist zwar das aus früheren Erfahrungen gewonnene Wissen eingeflossen, aber es besteht nur selten (nur in größeren zeitlichen Abständen) ein Bedarf, diese Regeln zu ändern.

Das Gegenstück ist eine *organische* Struktur, die durch lockere, informelle Arbeitsbeziehungen gekennzeichnet ist und bei der es ein geringeres Maß an Standardisierung und keine starren Autoritätsstrukturen gibt. In Forschungslabors, wo der Bedarf an Kreativität hoch ist, oder in Public-Relations-Abteilungen, wo man nie weiß, welche Aufgaben am nächsten Tag zu bewältigen sind, können nur wenige Abläufe formalisiert und routinisiert werden, so daß die Struktur organisch bleibt. In der Terminologie von S. G. Winter (1984, 297) wäre ein bürokratisches System »a routinized technological regime« und ein organisches System ein »entrepreneurial technological regime«. Das erste vermag die Bedeutung von neuem Wissen nicht oder erst sehr spät zu erkennen, das zweite ist »favourable to innovative entry«.

»In some industries new economic knowledge generating innovative activity tends to be relatively routine and can be processed within the context of incumbent hierarchical bureaucracies. In other industries, however, innovations tend to come from knowledge that is not of a routine nature and therefore tends to be rejected by the hierarchical bureaucracies of incumbent corporations« (Audretsch D. B. 1995, 52-53).

Eine horizontale Dezentralisierung, also der Übergang von Entscheidungsbefugnissen zu den beratenden Fachexperten, schwächt in Wirklichkeit die Entscheidungsbefugnisse der unteren Hierarchieebenen und führt zu einer weiteren Konzentration der Macht in der Unternehmensleitung. Besonders wenn eine Organisation auf ein hochspezialisiertes Wissen der Technostruktur angewiesen ist, haben die Experten (Analytiker) der Technostruktur ein hohes Maß an informeller Macht. Dadurch daß sie beispielsweise die Arbeitsabläufe der Produktion analysieren und Richtlinien aufstellen, üben sie einen großen Einfluß auf die Art der Standardisierung der Arbeitsprozesse aus. Nur bei der vertikalen Dezentralisierung kommt es zu einer Verlagerung der Macht (Entscheidungsbefugnisse) und der Qualifikationen von der Spitze des Unternehmens auf tiefere Hierarchieebenen und damit in der räumlichen Dimension vom „Zentrum" zur „Peripherie".

Die Frage, ob eine bürokratische oder eine organische, eine zentralisierte oder dezentralisierte Struktur effizient und am besten in der Lage ist, Ungewißheit zu bewältigen, hängt in erster Linie von den Umweltbedingungen sowie vom Alter und der Größe der Organisation ab. Eine dynamische Umwelt führt zu organischen Strukturen, eine stabile Umwelt hat bürokratische Strukturen zur Folge. Eine komplexe Umwelt zieht eine Dezentralisierung der Entscheidungsbefugnisse nach sich, eine einfache Umwelt führt zu einer Zentralisierung der Entscheidungsbefugnisse (Mintzberg H. 1979, 271-273; Lawrence P. R. und J. W. Lorsch 1967). Wenn die vier Merkmale einfach, komplex, stabil und dynamisch kombiniert werden, können folgende Strukturtypen unterschieden werden:

Tab. 2.2 Optimale Organisationsformen bei unterschiedlichen Bedingungen

Umweltbedingungen	stabil	dynamisch
komplex	dezentralisiert bürokratisch Koordination durch Standardisierung der Qualifikationen Beispiel: Universität	dezentralisiert organisch Koordination dur gegenseitige Absprache Beispiel: Redaktion einer Tageszeitung
einfach	zentralisiert bürokratisch Koordination durch Standardisierung der Arbeitsprozesse Beispiel: öffentliche Verwaltung, Fordismus, Massenproduktion	zentralisiert organisch Koordination durch direkte Überwachung Beispiel: Modeatelier

Quelle: modifiziert und ergänzt nach Mintzberg, H. 1979, 286

Eine einfache und stabile Umwelt läßt zentralisierte Bürokratien entstehen, bei denen die Koordination durch eine Standardisierung der Arbeitsabläufe erfolgt. Eine komplexe, aber stabile Umwelt läßt Strukturen entstehen, die als dezentralisierte Bürokratien bezeichnet werden können. Die Aufgaben sind sehr schwierig und komplex. Die Koordination erfolgt durch eine hohe Qualifikation der ausführenden Teile, so daß wenig Aufsicht erforderlich ist (z.B. Professoren einer Universität).

Wenn die Umwelt einfach, aber dynamisch ist, bekommt die Organisation eine organische Struktur, bei der die Entscheidungsbefugnisse zentralisiert sind. Angesichts der sich dauernd ändernden Ziele muß die Struktur flexibel bleiben, da die Arbeitsabläufe jedoch einfach sind, kann die Kontrolle durch direkte persönliche Aufsicht des Leiters erfolgen. Ein Beispiel wäre etwa ein Modeatelier, in dem die Produktionsabläufe (d.h. die Anfertigung der Kleidungsstücke) relativ einfach sind, die Modetrends jedoch kurzfristig und nicht vorhersehbar wechseln.

Wenn die Umwelt komplex und dynamisch ist, nimmt die Organisation eine organische Struktur an, bei der die Entscheidungsbefugnisse dezentralisiert sind. Die unvorhersehbaren Veränderungen müssen von den Spezialisten in flexibler Weise gelöst werden, wobei die Koordination durch gegenseitige Absprachen erfolgt. Ein typisches Beispiel wäre ein Forschungslabor oder die Redaktion einer Tageszeitung (vgl. Mintzberg H. 1979).

Nicht zuletzt bestimmt auch der Zeithorizont der Auswirkungen einer Entscheidung, ob und wie weit Entscheidungskompetenzen auf untere Hierarchieebenen verlagert werden können. Vertreter der Organisationsforschung haben z.B. nachgewiesen, daß sich Entscheidungen mit kurzer zeitlicher Reichweite im allgemeinen weiter hinab delegieren lassen als solche mit lange andauernden Konsequenzen nachgewiesen (vgl. Hill W., Fehlbaum R. und P. Ulrich 1981, 228-229). Eine Entscheidung ist umso weniger nach unten delegierbar, je vielfältiger ihre Auswirkungen auf andere Bereiche des Systems sind. Entscheidungen lassen sich auch umso weniger nach unten delegieren, je größer das Risiko in finanzieller und sonstiger Hinsicht und je unsicherer die Entscheidungssituation ist.

In der realen Welt vereinigen die meisten großen Organisationen mehrere Arten der Systemsteuerung. Einige Einheiten einer Organisation, die sich in einer stabilen und einfachen Umwelt befinden, zeitstabile, einfache und transparente Ziele und repetitive, standardisierbare und routinemäßig erfüllbare Aufgaben haben, also mit wenig Ungewißheit und wenigen Anpassungs-, Innovations- und Lernzwängen konfrontiert sind, tendieren zu einer Zentralisierung der Entscheidungsbefugnisse (vgl. Mayntz R. 1974, 1062; Mintzberg H. 1979). Andere Teile derselben Organisation, die eine unsichere, schnell wechselnde, nie völlig überschau- und voraussehbare, komplexe und dynamische Umwelt sowie eine nur vage formulierte Zielvorgabe und Aufgabenstellung haben, erweisen sich bei dezentralisierten Steuerungsformen (einer dezentralen Verteilung des Wissens und der fachlichen Kompetenzen) als erfolgreicher, sofern die betreffenden Mitglieder der Systemperipherie über die benötigten Kenntnisse und Fähigkeiten verfügen (vgl. Mintzberg H. 1979, 182-185; Geser H. 1983b). Bei der Diskussion um flache Hierarchien, Dezentralisierung, Zunahme der Dispositionsspielräume, Abkehr vom Taylorismus und Fordismus wird häufig übersehen, daß diese Trends nur mit motivierten und eigenverantwortlich tätigen Hochqualifizierten zu verwirklichen sind, die nicht (oder nur selten) von anderen koordiniert und kontrolliert werden können. Eine Verlagerung von Entscheidungsbefugnissen an die Peripherie bedingt, daß dort auch die erforderlichen Kompetenzen vorhanden sind.

Industriebetriebe halten z.B. bei der Produktfertigung in der Regel einen maximalen Grad an Zentralisierung und Formalisierung aufrecht, während in der Forschung dezentralisierte Kooperationsformen vorherrschen (vgl. Lawrence P. R. und Lorsch J. W. 1967; Geser H. 1983b, 165). In vielen Unternehmen ist beispielsweise die Öffentlichkeitsarbeit zentralisiert und der Verkauf dezentralisiert. Ein typisches Beispiel wurde von W. Gouldner (1954, 105) anhand der Gipsproduktion vorgestellt, wo bei der (gefährlicheren) Rohstoffgewinnung unter Tage aufgrund von Faktoren der Ungewißheit und Angst informell-horizontale Kooperationsverhältnisse vorherrschen, während sich die mit der berechenbaren Verarbeitung und Administration befaßten Abteilungen über Tage zentralisiert-hierarchisch organisiert haben.

Neben der Ungewißheit und Dynamik der Umwelt beeinflussen auch das Alter und die Größe einer Organisation deren Struktur. H. Mintzberg (1979) hat aufbauend auf einer zusammenfassenden Literaturübersicht folgende Hypothesen aufgestellt: Je älter eine Organisation ist, desto häufiger wiederholen sich Abläufe, umso eher sind gewisse Dinge voraussagbar und umso mehr kann das Verhalten formalisiert werden. Je größer eine Organisation ist, umso stärker sind die Strukturen ausdifferenziert, umso spezialisierter sind die Aufgaben, umso größer ist der Bedarf an Koordination und umso weiter entwickelt ist die administrative Komponente. Je größer eine Organisation ist, umso mehr hat sie auch ihr Verhalten formalisiert, umso geringer ist die Kontrolle durch direkte Beaufsichtigung und umso eher sind Arbeitsabläufe standardisiert. Mit dem Wachstum einer Organisation ändern sich sowohl die Strukturen als auch die Art der Koordination und die Verteilung der Entscheidungsbefugnisse und Qualifikationen in der Hierarchie (Mintzberg H. 1979, 242-248).

Auch das Ausmaß der Autonomie einer Organisation bzw. der externen Kontrolle durch andere Institutionen (Außenabhängigkeit) beeinflußt deren Strukturen (vgl. Mintzberg H. 1979, 287-291). Abhängigkeit von Außenstehenden macht Entscheidungsträger vorsichtig und veranlaßt diese, zur eigenen Absicherung zahlreiche Regeln und Vorschriften einzuführen. Je größer die Kontrolle durch externe Instanzen, umso stärker sind also die Entscheidungsstrukturen zentralisiert und durch Regeln formalisiert.

Nicht zuletzt kann auch ein Mangel an Hochqualifizierten die Wahl der möglichen Organisationsstruktur einschränken. Die hierarchisch aufgebauten und zentralisierten Befehls- und Kontrollstrukturen der Armeen des 19. Jahrhunderts, die damals auch für die Massenproduktion großer Industrieunternehmen zum Vorbild wurden, waren eng mit der Tatsache verknüpft, daß die Masse der Soldaten ein geringes Ausbildungsniveau hatte und z.T. nicht einmal lesen und schreiben konnte (vgl. Drucker P. F. 1992, 102). Den Mächtigen war die Gefahr einer starken Zentralisierung der Entscheidungsstrukturen schon früh bewußt. Es war ihnen klar, daß sie vom Zentrum aus die Lage nicht immer klar beurteilen konnten und daß die Entscheidungsträger vor Ort vielfach bessere Informationen hatten.

Deshalb wurde in der Habsburgermonarchie seit Kaiserin Maria Theresia die höchste militärische Auszeichnung jenen Offizieren verliehen, die sich in einer schwierigen Situation *gegen* die Befehle der Armeeführung gestellt und damit zum Erfolg beigetragen hatten.

Postfordistische Organisationsstrukturen und Führungsmethoden (Dezentralisierung der Verantwortung und Entscheidungsbefugnisse etc.) konnten erst ab dem Zeitpunkt mit Erfolg eingeführt werden, als eine große Zahl von hochqualifizierten Mitarbeitern zur Verfügung stand. Deshalb ist es auch kein Zufall, daß diese neuen Entscheidungs- und Führungsstrukturen (Abkehr vom Fließband, Bildung von eigenverantwortlichen Teams mit geringerem Maß an Arbeitsteilung) zuerst in Japan, dem Land mit der am höchsten ausgebildeten Bevölkerung, eingeführt wurden. Die zeitliche Entwicklung des sozialen Systems in der Produktion, also von Organisationsstrukturen, Führungsstils, Kontroll- und Koordinationsformen, die in Abb. 2.2 schematisch dargestellt wurde, hängt eng mit den Qualifikationen, der Fachkompetenz, der Motivation, dem Verantwortungsgefühl und der Kreativität der Beschäftigten zusammen.

Abb. 2.2 Entwicklung des sozialen Systems in der Produktion

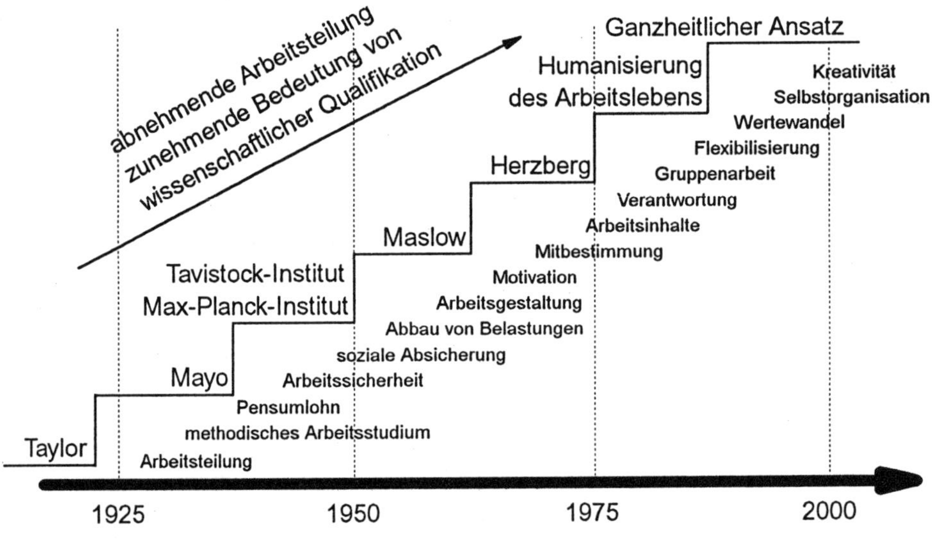

Quelle: H.-J. Warnecke, ORACLE-Welt Heft 2/95.

Wer also der Dezentralisierung von Entscheidungsbefugnissen, einem *lean management*, einer „neuen Unternehmenskultur" in Form von flacheren Hierarchien, einer „flexiblen Spezialisierung" und einer Selbstoptimierung der betrieblichen Subsysteme das Wort redet, sollte sich zuerst darüber vergewissern, ob in den betrieblichen und regionalen Subsystemen die erforderlichen Qualifikationen und das notwendige Wissen vorhanden sind.

Daneben gibt es noch eine Reihe anderer Faktoren, wie etwa die Verfügbarkeit der Telekommunikation oder die „Feindlichkeit" der Umwelt, welche die Architektur einer Organisation beeinflussen. Eine extrem feindliche Umwelt kann z.B. eine Organisation dazu bringen, die Struktur zumindest vorübergehend zu zentralisieren (Mintzberg H. 1979).

Organisationsstrukturen und Anforderungen an das Kontaktpotential des Standortes

Jede der vorher erwähnten Strukturformen ist in unterschiedlichem Ausmaß für eine räumliche Trennung bzw. eine Aufteilung ihrer Organisationsteile auf mehrere Standorte geeignet. Eine zentralisierte bürokratische Struktur, bei der die Verantwortungsbereiche klar abgegrenzt und die einzelnen Abläufe weitgehend durch Regeln festgelegt sind, eignet sich am besten für eine Aufgliederung ihrer Teile auf mehrere Standorte. Als Beispiel kann etwa die Öffentliche Verwaltung angeführt werden, deren Systemelemente sich bei ihren Entscheidungen an klaren Richtlinien (Gesetze, Erlässe, Verwaltungsvorschriften) orientieren können. Eine dezentralisierte organische Organisation, die auf eine ständige Interaktion von Hochqualifizierten angewiesen ist, kann am wenigsten auseinandergerissen werden.

Die Analogie zwischen Entscheidungs- und Kontrollhierarchien in Organisationen und Kontrollhierarchien im Raum wurde erstmals von S. Hymer (1975), P. Meusburger (1978, 1980) sowie von K. Morgan and A. Sayer (1983, 6) hergestellt. Die Quintessenz ihrer Aussagen lautete, daß sich die Hierarchien großer Organisationen (z.B. multinationaler Konzerne) an die Hierarchie des Siedlungssystems anlehnen, daß also das Topmanagement in Weltstädten, die mittleren Verwaltungsfunktionen in regionalen Zentren und die Routineaktivitäten in Produktion und Verwaltung überall angesiedelt werden können, soferne die Kostenminimierung die Routinefunktionen nicht überproportional an die Peripherie drängt.

Die Ungewißheit, mit der hochrangige Entscheidungsträger großer Organisationen oder spezialisierter Dienstleistungen laufend konfrontiert sind, kann am besten dadurch bewältigt werden, daß die Entscheidungsträger ständig neues Wissen akkumulieren und Zugang zu neuesten Informationen haben. Da hochwertiges Wissen vor allem durch direkte (persönliche) Kontakte, durch Diskurs, durch Gedankenaustausch mit anderen „Wissenden", durch Nachahmung und durch einen Vergleich der unterschiedlichen Sichtweisen, also durch eine vergleichende Beobachtung der Konkurrenz, erworben wird, haben viele Spezialisten und hochrangige Entscheidungsträger hohe Ansprüche an das Kontaktpotential des Standortes. Nach M. Pfiffner und P. Stadelmann (1994, 150) lebt der »Wissensarbeiter [...] in einer „verorganisierten" Arbeitswelt. Damit wird um ihn herum eine neue Interdependenz etabliert«.

Eine geographische Konzentration von rivalisierenden Firmen (derselben Branche) bildet eine bedeutende Quelle für den Erwerb jenes Wissens, das bei der Einführung einer Innovation Ungewißheit reduzieren kann. Durch die Nachahmung der Erfolgreichen erspart sich der Imitator Irrwege, Zeit und Kosten. Eine solche Konzentration erleichtert die Entstehung von Netzwerken und das Lösen von Problemen und trägt zu einer Zunahme des Wissens bei (vgl. Feldman M. 1994, 24; Hippel v. E. 1988; Porter M. E. (1990). A. L. Saxenian (1990) hat dies für Silicon Valley nachgewiesen. Durch die Beobachtung der erfolgreichen Konkurrenten erspart man sich einen Teil der *trial and error*-Lernprozesse. Dies gilt für eine Gesellschaft von Jägern und Sammlern genau so wie für Topmanager und Techniker von Automobilkonzernen, Börsenmakler oder Modedesigner.

Noch wichtiger für die Entstehung einer Innovation oder die Erhaltung der Wettbewerbsfähigkeit kann das Zusammenführen von Wissen und von Informationen aus unterschiedlichen Bereichen sein. Die Kommunikation von Personen mit unterschiedlichen kognitiven Strukturen, unterschiedlichen Erfahrungen, verschiedenartigen Qualifikationen und Wissensinhalten bringt eher einen Zuwachs an Wissen als die Kommunikation von Personen mit ähnlichem Wissensniveau und identischem fachlichen Hintergrund (vgl. Feldman M. 1994, 22-23).

Bei den Kontakten wird zwischen *direkten* (*face-to-face contacts*) und *indirekten* (ohne persönliche Begegnung, also über Briefe, Telephon und alle anderen Arten der Telekommunikation) unterschieden. Weiterhin wird zwischen Orientierungs-, Planungs- und Routinekontakten sowie internen (innerhalb eines Unternehmens) und externen Kontakten (zu anderen Unternehmen) differenziert. Die Aussagen von T. Banuri (1990b, 79), daß unpersönliche Kontakte den persönlichen Kontakten überlegen seien, daß die „Entpersönlichung" der Arbeitsbeziehungen typisch für den westlichen Modernisierungsprozeß sei und daß Hierarchien vor allem der Kontrolle und Unterdrückung dienten, ist zu allgemein gehalten.

Seit den Studien von J. Wolpert (1964), G. Törnqvist (1970), B. Thorngren (1970), J. B. Goddard (1973), S. Hymer (1975), J. B. Goddard and R. Pye (1977), A. Pred (1977), J. Borchert (1978), P. Meusburger (1978, 1980), J. Gottmann (1979, 1983), R. Semple, M. Green und D. Martz (1985) und anderen ist bekannt, daß für Top-Manager das Potential der Standortregion für direkte Orientierungskontakte mit hochrangigen Entscheidungsträgern anderer Organisationen der entscheidende Standortfaktor ist und daß der Anteil der direkten, externen Kontakte (d.h. zu Mitgliedern anderer Organisationen) und der Anteil der Orientierungskontakte am gesamten Zeitbudget von Entscheidungsträgern umso größer ist, je höher die Position eines Managers in der Entscheidungshierarchie ist.

Entscheidungsträger, die ein hohes Maß an Ungewißheit, also eine instabile, sich ständig ändernde Umwelt, zu bewältigen haben oder deren Entscheidungen für die Organisation langfristig wirksame Konsequenzen haben, benötigen nicht nur selbst hohe Qualifikationen und ein hohes Wissen, sondern ihr Erfolg hängt auch weitgehend davon ab, ob sie kurzfristig, spontan und auf kurze Distanz direkte Kontakte mit hochqualifizierten Entscheidungsträgern der Wirtschaft, der öffentlichen Verwaltung, des Finanzwesens, der Politik und der Nachrichtenmedien aufnehmen und somit ihren Wissens- und Informationsstand laufend erweitern und aktualisieren können.

Entscheidend ist dabei, daß diese Kontakte *spontan* und *kurzfristig* entstehen können, d.h. nicht lange im voraus geplant sein müssen. Da viele wichtige, „weiche" Informationen meist bei zufälligen, persönlichen Begegnungen ausgetauscht werden, ist für hochrangige Führungskräfte die räumliche Nähe zur Macht, auch im Zeitalter modernster Telekommunikation, außerordentlich wichtig. J. B. Goddard (1971, 270) konnte am Beispiel der Führungskräfte in London nachweisen, daß der Zeitaufwand für den Weg zur Besprechung für 38% der direkten externen Kontakte weniger als 10 Minuten betragen hat, für 78% aller direkten externen Kontakte betrug er weniger als 30 Minuten und für 88% weniger als eine Stunde. Ähnliche Ergebnisse würde man auch heute für viele Metropolen erhalten.

Diese kurzen Distanzen dürfen nicht als Persistenz historischer Standortstrukturen abgetan werden, sondern die räumliche Konzentration von Banken und Headquarters großer internationaler Unternehmen entsteht auch aktuell unter den Bedingungen der modernen Telekommunikation. Dies hat sich etwa beim Umzug der deutschen und ausländischen Banken und multinationalen Konzerne nach Berlin in den 90er Jahren gezeigt. Die in- und ausländischen Bankenzentralen haben auch am Ende des 20. Jahrhunderts und in einer Situation, in der sie sich frei für ihre Standorte entscheiden konnten, die Nähe zur politischen Macht gesucht. Vom Berliner Bankenviertel aus können alle wichtigen Entscheidungszentren, wie z.B. das Kanzleramt, das Finanz- und Wirtschaftsministerium oder der Reichstag, in wenigen Minuten zu Fuß erreicht werden.

Schon J. Wolpert (1964, 547) hat darauf hingewiesen, daß Ungewißheit eine räumliche Dimension hat, »[...] not only because the inherent stability of phenomena may vary from place to place, but also because communication channels diffuse information unevenly in space, and because perception varies«. Besonders ausgeprägt ist diese Unsicherheit und der Bedarf in hochwertigen Kontakten im Finanzwesen. »The prime centralizing factor in the financial community is the continuous interplay of intelligence among the specialists and their research staffs« (Code W. R 1991, 113). In diesen persönlichen Kontakten werden besonders sogenanntes „weiches" Wissen und nicht quantifizierbare Informationen, also bestimmte Erfahrungen, unternehmerisches Gespür, geheimzuhaltendes Insider-Wissen, erste Anzeichen für bestimmte zukünftige Entwicklungen oder Gerüchte ausgetauscht und informelle Netzwerke geknüpft. Vertrauen spielt vor allem in jenen Bereichen eine große Rolle, die mit viel Unsicherheit verknüpft sind.

Obwohl Wissenschaftler generell mit weniger Ungewißheit konfrontiert sind als Unternehmer, spielen auch bei ihnen direkte Kontakte und das Eingebundensein in ein kreatives Milieu eine entscheidende Rolle. S. Grefsheim et al. (1991) haben bei ihren Untersuchungen über die biotechnologische Forschung herausgefunden, daß auch unter Wissenschaftlern face-to-face Kontakte einen größeren Zuwachs an Wissen bringen als das Lesen von wissenschaftlichen Publikationen.

»Formal papers do not contain the experimenter's strategies and perspectives, nor can they convey what the experimenter thinks the work means and how it dovetails with or contradicts other work« (Grefsheim S. et al. 1991, 41).

Während bei Routine-Entscheidungen, bei denen die Alternativen weitgehend vorprogrammiert sind (wenn dies eintritt, ist jenes zu tun), und bei Entscheidungen, die wenig Auswirkungen auf das Gesamtsystem haben, sogenannte *harte* (quantifizierbare) Informationen im Vordergrund stehen (Mintzberg H. 1979, 59-60), gewinnen bei strategischen Entscheidungen, die für die gesamte Organisation große Auswirkungen haben, auch sogenannte *weiche* Informationen, die in keinem Management-Informationssystem abrufbar sind, eine große Bedeutung. Damit in Zusammenhang stehen auch sogenannte unbewußte, intuitive Entscheidungen (Simon H. A. 1987), die aus einer großen Zahl von Erfahrungen resultieren, die in früheren, ähnlichen Situationen gewonnen wurden und dem erfolgreichen Entscheidungsträger helfen, „Entwicklungen vorauszuahnen“.

Mit dem exponentiellen Anstieg von Wissen und von Hochqualifizierten haben hochwertige Kommunikations-Netzwerke der Entscheidungsträger bzw. deren »Einbettung in soziale Beziehungen« (Granovetter M. 1985) eine zunehmende Bedeutung für den Erfolg oder Mißerfolg von Unternehmen erhalten (vgl. auch Cleveland H. 1985). Dies ist auch ein Grund für die zunehmenden Personalverflechtungen in den Aufsichtsräten der großen Banken, Versicherungen und Industriekonzerne (vgl. Windolf P. 1995). In einer hoch entwickelten, weltweit verflochtenen Wirtschaft können nur wenige wichtige Entscheidungsträger ohne die Einbindung in *hochwertige* formelle und informelle Netzwerke ihre Funktion erfüllen (McCall M. W., Morrison A. M. und R. L. Hanmann 1978). Informelle Netzwerke haben gleichsam Mittler-Funktion zwischen Führungskräften, Wissenschaftlern und Spezialisten verschiedener Entscheidungssysteme. Sie ermöglichen gemeinsame Lernprozesse und kreative Impulse. Über Netzwerke mit berühmten und erfolgreichen Entscheidungsträgern können nicht nur Wissen und Prestige erworben werden (vgl. auch Kotter J. P. 1979), sondern kann auch Einfluß ausgeübt werden.

Organisationen oder Teile von Organisationen, die eine stabile Umwelt (wenig Ungewißheit) und gleichbleibende Ziele haben, die vorwiegend zeitstabile Routineaktivitäten ausüben, für die es Regeln, Vorschriften und Pläne gibt, haben einen geringen Bedarf an direkten Kontakten zu anderen Organisationen und können deshalb theoretisch an sehr vielen Standorten angesiedelt werden. Bei solchen Organisationen oder Systemelementen entscheiden die sogenannten traditionellen Standortfaktoren (z.B. Transportkosten, Lohnkosten, Mietpreise oder Subventionen), welche Standorte als geeignet angesehen werden.

Je höher die Position eines Entscheidungsträgers in einem mit Ungewißheit konfrontierten System ist, umso weniger können sich seine Entscheidungen an Leitlinien, Plänen und Vorschriften orientieren. Je größer die Ungewißheit über die Konsequenzen einer Entscheidung, über die zukünftige Entwicklung und über die Richtigkeit der Methoden und Ziele ist, umso größer ist der Lernbedarf und umso mehr direkte Kontakte zu qualifizierten und gut informierten Entscheidungsträgern der Regierung, großer Industriekonzerne, der Forschung, des Finanz- und Versicherungswesens, der internationalen Nachrichtenagenturen sind notwendig.

Wenn man Lernprozesse als Verknüpfung von (wichtigen) Informationen versteht, dann kann man in Metropolen, Zentren oder „transactional cities“ wesentlich mehr lernen als an der Peripherie. Erstens ist in diesen Zentren die *Vielfalt* der Informationen größer, so daß man hier eher zu völlig neuen und wertvollen Verknüpfungen kommt. Zweitens trifft man hier in der Regel *früher* auf die betreffenden Informationen als an der Peripherie. Drittens ist die Beobachtung der erfolgreichen Konkurrenz (der Entscheidungsträger anderer Systeme) ebenfalls eine Möglichkeit zu lernen. Lernen durch Nachahmen spielt in der Wirtschaft eine entscheidende Rolle. Wer einen Erfolgreichen nachahmt, geht davon aus, daß jener die „trial and error"-Phase schon überwunden hat, bessere Ideen, Informationen oder Methoden hat und „mehr weiß". Diese Art des Lernens durch Nachahmen ist nur in den „Zentren des Geschehens" möglich. Der Kontaktbedarf der obersten Führungsebenen einer großen Organisation oder von spezialisierten Dienstleistungen kann im allgemeinen nur in wenigen Zentren erfüllt werden.

Die unterschiedlichen Anforderungen an das Kontaktpotential des Standorts hängen selbstverständlich nicht nur von der Branche der Organisation und der Position oder Funktion des Entscheidungsträgers ab, sondern u.a. auch von der Macht (Autonomie) einer Organisation. Ein Industrieunternehmen, das beispielsweise über einen langen Zeitraum an der Spitze der technologischen Entwicklung steht und weltweit vielleicht nur zwei bis drei ernstzunehmende Konkurrenten hat, kann es sich eher leisten, seine Hauptgeschäftsleitung in einer peripher gelegenen Kleinstadt zu haben (in der es vielleicht vor mehreren Jahrzehnten als Kleinunternehmen gegründet wurde), als ein ähnlich großes Unternehmen, das diese marktbeherrschende Position nicht hat und deshalb gegenüber seiner Umwelt auch nicht so autonom ist. Mit wachsender Autonomie (im Extremfall Monopol) kann ein System selbst die Ausprägung der Inputs und Outputs bestimmen, d.h. es wird tendenziell „unabhängiger" von seiner Umwelt, kann sich ähnlich wie ein relativ geschlossenes System verhalten und braucht nicht mehr so stark auf seine Umwelt einzugehen (vgl. Hill W., Fehlbaum R. und P. Ulrich 1981, 339; Thompson J. D. 1967, 4f). In einem solchen Fall müssen jedoch fast alle benötigten Experten innerhalb der Organisation verfügbar sein. Eine solche Autonomie ist nicht gegeben, wenn ein großer Teil der Expertise und der Dienstleistungen von außen in Anspruch genommen werden. Nur einige wenige große Unternehmen können es sich leisten, alle diese spezialisierten Dienstleistungen zu internalisieren (vgl. Feldman M. 1994, 26), die überwiegende Mehrheit der Unternehmen ist jedoch auf die Inanspruchnahme externer spezialisierter Dienstleistungen angewiesen. Im Normalfall führen gegenseitige oder einseitige Abhängigkeiten oder ein wechselseitiger Nutzen zu räumlichen Konzentrationen von hochqualifizierten Entscheidungsträgern und spezialisierten Dienstleistungen.

Wer eine solche Autonomie (Macht) hat, stellt (in seinem Bereich) selbst „das Zentrum" dar, nach dem sich andere Systeme zu richten haben und das, soferne diese Machtposition über einen längeren Zeitraum aufrechterhalten werden kann, Entscheidungsträger anderer Systeme anzieht. Deshalb hatten auch neue Dynastien kaum ein Problem, die Hauptstadt ihrer Vorgänger zu verlassen und eine neue Hauptstadt zu errichten. Der erste japanische Shogun hat z.B., um die Macht des Kaiserhofes in Kyoto zu beschränken, seinen Regierungssitz in die weit entfernte Kleinstadt Kamakura verlegt, dort eine eigene Akademie der Wissenschaften errichtet und in kurzer Zeit zahlreiche „zentrale" Funktionen aus Kyoto abgezogen.

Wenn ein Zentrum als jener Ort definiert wird, wo die Autorität und Macht lokalisiert ist (vgl. Gottmann J. 1980a, 15), dann kann jede Branche ein anderes Zentrum haben, so daß es nebeneinander auch mehrere räumliche Hierarchien des Wissens geben kann. Ob alle Branchen ihr Zentrum des Wissens in derselben Stadt (z.B. Bundeshauptstadt) oder in unterschiedlichen Städten haben, hängt von vielen historischen und geographischen Faktoren ab. Es gibt Staaten, in denen sich aus historischen Gründen die höchsten Entscheidungsträger fast aller Bereiche (Politik, Finanzwesen, Wissenschaft, Kultur, Industrie etc.) in einer einzigen Stadt befinden (z.B. Frankreich, Ungarn), während in anderen Ländern (z.B. Schweiz, Bundesrepublik Deutschland, USA) eine Aufteilung der Spitzen-Funktionen auf mehrere Städte festzustellen ist. Wenn also von einer räumlichen Konzentration der Arbeitsplätze von hochrangigen Entscheidungsträgern und Hochqualifizierten gesprochen wird, heißt dies nicht, daß es in einem Staat nur eine monozentrische räumliche Konzentration geben kann oder daß alle Branchen ihr Zentrum an denselben Standorten haben.

2.4.4 Symbolorientierte Ansätze

Der organisationstheoretische Ansatz kann und will nur den funktionalen Aspekt der räumlichen Konzentration des Wissens erklären. Lokalitäten und Standorte können jedoch auch eine enorme symbolische Bedeutung haben, die bei Standortentscheidungen gewichtiger sein kann als Argumente eines organisationstheoretischen Ansatzes. Die Kluft zwischen einem funktionalen und einem symbolorientierten Ansatz ist jedoch gar nicht so groß, wie es den Anschein haben mag. Denn Führungstätigkeit beinhaltet auch symbolisches Gestalten im Sinne von Sinnvermittlung, Handlungslegitimation und Motivation.

Mit einem Symbol kann schlagartig eine sehr komplizierte Aussage mitgeteilt werden. Wer in seinem Textverarbeitungsprogramm auf das Symbol für „Speichern" klickt, weiß zwar, daß nun seine Datei gespeichert wird, hat aber in der Regel keine Vorstellung von der enormen Komplexität dieses Vorganges. Ein Symbol ist nach H. J. Helle (1972, 201) »gespeicherte Bedeutung« und nach M. Eliade (1958, 7) »eine eigengesetzliche Form der Erkenntnis«. »Das Symbol enthüllt ganz bestimmte Ansichten der Wirklichkeit; es sind jene, die die größte Tiefe ausloten - und zugleich jene, die sich allen anderen Hilfsmitteln der Erkenntnis widersetzen« (Eliade M. 1958, 12). Ein Stadtviertel, ein Platz oder eine Straße können ein Symbol für Prestige, Zuverlässigkeit, Kreditwürdigkeit und Macht darstellen, eine andere Adresse kann aber auch Gefahr, Armut oder Kriminalität suggerieren. »Menschliches Handeln geht in Zeichen ein, objektiviert sich in ihnen und nimmt von ihnen seinen Ausgang« (Helle H. J. 1972, 201-202).

Während es aus der Sicht einer traditionellen Standorttheorie und eines funktionalen Ansatzes (zumindest bei gleichen Boden- und Mietpreisen) keine Rolle spielt, ob der Standort einer Firmenleitung oder eines Rechtsanwaltsbüros 200 Meter näher oder weiter entfernt ist, weil die Aufnahme von persönlichen Kontakten und die Beteiligung an sozialen Netzwerken durch eine so kleine Distanz nicht beeinträchtigt werden, können diese 200 Meter einen enormen Unterschied im Symbolgehalt des Standortes ausmachen.

Soziale Beziehungen und Interaktionen, die Ausübung von Herrschaft, Abhängigkeiten und soziale Konflikte finden im Raum statt. Deshalb sind die Begriffe Zentrum, Peripherie und Distanz nicht nur Grundelemente der Raumwissenschaften, sondern sie beschreiben auch die Struktur von Netzwerken und von Machtbeziehungen und sind in hohem Maße symbolisch besetzt. Soziale Beziehungen geben den räumlichen Strukturen erst deren Bedeutung (vgl. Harvey D. 1990, 257). Dies heißt aber auch, daß das Wissen um Zentrum und Peripherie in vielen Fällen sozial konstruiert ist.

Nach M. Eliade (1958, 46-47), der sich mit der Symbolik des „Zentrums" befaßte, war das Zentrum in vielen Religionen eine »geheiligte Örtlichkeit«, in der sich die Götter geoffenbart haben. Vom Zentrum aus wurde die Verbindung mit dem Himmel, mit den Göttern aufgenommen. Die Religionsgeschichte kennt eine größere Zahl »rituell durchgeführter Konstruktionen eines Zentrums« (Eliade M. 1958, 63).

Auch die Alltagssprache hat dem Zentrum eine symbolische Bedeutung zugewiesen. Wer sich im „Zentrum" (der Aufmerksamkeit, des Interesses, des Informationsaustausches, der Diskussion, der sozialen Interaktion, eines sozialen Netzwerkes, einer Entwicklung) befindet, genießt Prestige, hat Einfluß und Macht und verfügt in der Regel über einen Informations- und Wissensvorsprung. Wer sich „am Rande" befindet, ist „Außenseiter", ist marginalisiert, hat weniger Einflußmöglichkeiten, verfügt über weniger Ressourcen und genießt ein geringeres Prestige. Weil die reale Welt für den Menschen zu komplex ist und der einzelne Akteur nicht alle notwendigen Informationen und auch nicht die erforderlichen intellektuellen Kapazitäten hat, um in allen Situationen die Netzwerke, Interaktionen, Handlungsabläufe und Kommunikationsströme bewerten zu können sowie die Entscheidung zu treffen, welche Personen kompetent und welche unfähig sind, wer die tatsächliche Macht innehat, wer ein kreatives Potential und zukunftsweisende Ideen hat und wer nicht, muß der Akteur die Wirklichkeit *reduzieren*. Im Rahmen dieser *Reduktion* wird nicht mehr den Akteuren Prestige zugeschrieben, sondern den Institutionen und Standorten, an denen diese tätig sind. Damit werden Standorte zu Symbolen.

Man nimmt also (in der Regel zu Recht) an, daß die Absolventen des *Massachusetts Institute of Technology*, der *Harvard University* oder der *Tokio University* zur internationalen Elite gehören. Man geht davon aus, daß ein Unternehmen, dessen Geschäftsleitung ihren Standort im prestigeträchtigsten und teuersten Viertel der City hat, finanziell abgesichert ist. Der Diamantenhändler in der 47. Straße in New York bringt einem Kollegen, der sein Geschäft nebenan in der selben Straße hat, mehr Vertrauen entgegen als jemandem, dessen Geschäft in Harlem liegt. Selbst wenn sich dann später einzelne Harvard-Absolventen als Versager, einige Firmen in der teuren City-Lage als konkursreif und einzelne Diamantenhändler in der 47. Straße als Betrüger erweisen, werden diese Einzelfälle (Ausreißer) der symbolischen Bedeutung dieser Standorte und Institutionen keinen Schaden zufügen. Nur wenn Schein und Sein in sehr vielen Fällen auseinanderklaffen oder wenn die von den Medien konstruierte Wirklichkeit mit der von den Akteuren perzipierten Realität über einen längeren Zeitraum hinweg nicht übereinstimmt, kann sich die Bedeutung von Symbolen verändern.

Der Begriff „made in Germany" wurde ursprünglich in Großbritannien als abwertendes Symbol konstruiert und sollte die britische Bevölkerung davon abhalten, in Deutschland produzierte Waren zu kaufen. Weil die Käufer die Realität jedoch anders wahrgenommen haben als sie ihnen von den Meinungsbildnern (Symbolstiftern) beschrieben wurde, hat sich der Inhalt des Symbols genau in das Gegenteil verwandelt, so daß der Begriff „made in Germany" weltweit zu einem Symbol höchster Qualität wurde (zumindest für einen gewissen Zeitraum). Ein ähnlicher inhaltlicher Wandel kann auch bei politischen Symbolen eintreten.

Auch der Symbolgehalt von Standorten, Wohngebieten, Regionstypen und Institutionen kann sich ändern. Ein Standort kann sein Prestige verlieren, die Peripherie kann aufholen, es können neue Zentren der fachlichen Kompetenz oder der wissenschaftlichen Autorität entstehen. So interessant diese Veränderungen innerhalb einer Rangordnung sein mögen, in dem hier diskutierten Zusammenhang ist die Tatsache entscheidend, daß es stets einen Rang- und Prestigeunterschied und einen Gegensatz zwischen Zentrum und Peripherie gibt.

Lange bevor die „Zentrum-Peripherie"-Metapher in die Sozial- und Wirtschaftswissenschaften eingeführt wurde (vgl. Galtung J. 1971) und lange bevor die Soziometrie und die soziologische Kleingruppenforschung den Einfluß der Distanz auf die Häufigkeit von Interaktionen (Ward C. D. 1968), den Zusammenhang zwischen Führungsverhalten und physischer Nähe (Podsakoff P. M., Todor W. D., Grover R. A. und V. L. Huber 1984), den Zusammenhang von Positionierung in einem Raum und Führungsverhalten (Rose A. M. 1968), die erstaunlich große Bedeutung der Sitzordnung auf die Kommunikation und Einflußnahme sowie die große Bedeutung von Netzwerken für hochrangige Entscheidungsträger (vgl. Literaturübersicht von Bass B. M. 1990, 658-686) erkannt und empirisch untersucht haben, war in konfuzianisch geprägten Kulturräumen (China, Korea, Japan) der Begriff „Zentrum" mit den soziologischen Attributen Macht, Autorität, Dominanz, Prestige, Kontrolle und Einfluß besetzt. Daran hat sich bis heute nichts geändert.

Diese symbolische Besetzung der Begriffe Zentrum und Peripherie ist zwar in allen Kulturkreisen festzustellen, aber in Ostasien hatte die Geosemantik stets eine besondere Bedeutung. Je höher in Japan der Rang eines Daimyo war, desto näher lag seine Residenz im alten Edo beim Palast des Shogun. Aus der Anordnung im Stadtplan (etwa im alten Xian oder in Kyoto) konnte man auf die unterschiedliche Bedeutung von Institutionen schließen.

Warum ist das Zentrum so attraktiv? Im Zentrum werden die Entscheidungen gefällt, vom Zentrum aus wird regiert und kontrolliert, das Zentrum verteilt Ressourcen, das Zentrum ist der Knotenpunkt der Transaktionen und der Kommunikation, das Zentrum ist »control point« (Borchert J. 1978) und »network marketplace« (Dordick H., Nanus B. und H. Bradley 1981), das Zentrum (die Nähe zur Macht) bietet Sicherheit. »The centre provides security, rest, and the environment favourable to reproduction of the species [...] The centre can acquire a sort of biological sacredness. [...] Circle and centre are the sacred loci of identity and security of every human being« (Strassoldo R. 1980, 29). J. Gottmann (1980a, 15) hat dies bewundernswert einfach ausgedrückt: »The centre is normally the place where the seat of authority is located«. Im organisationstheoretischen (kybernetischen) Ansatz werden Zentren als »loci of control processes within systems« (Strassoldo R. 1980, 37) definiert und »power is defined as control over communication flows, and such control is exercised at the nodes of the channel systems; in particular, at those nodes, [...] where *decisions* can be made. [...] Commands flow down from the centre to the periphery« (Strassoldo R.

1980, 39). Selbstverständlich gibt es auch zwischen den Zentren eine hierarchische Abstufung.

Die Peripherie wird dagegen nicht nur durch eine Distanz zum Zentrum definiert, sondern sie symbolisiert auch Abhängigkeit, Marginalität, Fremdbestimmung und Unterordnung. »The periphery [...] is marginal, weak, alienated, provincial, and backward. Innovations come late and investments tend to have a purely exploitative and colonial character, with no spin-off effects« (Strassoldo R. 1980, 52).

Zentrum und Peripherie spielen bei sozialen Interaktionen eine derart große Rolle, daß sich selbst bei Sozialsystemen im Tierreich Status- und Machtunterschiede zwischen Zentrum und Peripherie nachweisen lassen.

»Members of baboon troops tend to stay *around* the dominant male in order to have a better and unobstructed view of his behaviour, from which their own depends; he tends to sit in the middle, often on an elevated position, in order better to survey his domain. Baboons that for some reason are marginal tend, not unexpectedly, to stick to peripheral locations« (Strassoldo R. 1980, 32).

2.4.5 Konflikttheoretische Ansätze

Bestimmte Dimensionen der räumlichen Unterschiede des Wissens können besser durch konflikttheoretische Ansätze erklärt werden. Verschiedene Formen des Wissens (Heilswissen, Ideologien, dominierendes Wissen versus narratives Wissen etc.) und die Institutionen der Wissensvermittlung (Schulen, Universitäten, Medien etc.) wurden und werden in sozialen Auseinandersetzungen oder politischen Konflikten sehr häufig als Mittel der Konfliktaustragung bzw. als »Waffe« (Znaniecki F. 1940, 70) verwendet. Die Wissensvermittlung ist im Laufe der Geschichte immer wieder mit Kontrolle, Beeinflussung der Wertesysteme, Ausschließung, Zensur, Lüge, Fälschungen, Propaganda und Disziplinierung verbunden gewesen. Schon in den 20er Jahren hat F. Wieser (1926, 145) darauf hingewiesen, daß die Wissenschaft zu einem »Machtfaktor höchsten Ranges« geworden sei und daß »die Wissensbildung [...] die wichtigste Waffe im Lebenskampfe, wichtiger als der Besitz« sei. Die räumliche Dimension dieser Auseinandersetzungen um die Kontrolle und Einflußnahme auf die Wissensvermittlung ist für die Geographie von hohem Interesse.

Kontrolle von Wissen

Die Träger der Macht haben im Laufe der Geschichte immer den Versuch unternommen, eine enge Kontrolle über die Institutionen der Wissensvermittlung und Ausbildung auszuüben oder sich gar ein Monopol über die Vermittlung des „Herrschafts- oder Heilswissens“ zu verschaffen. Schon die Geheimbünde, Schamanen und Magier früherer Jahrhunderte haben in ihren Initiationsriten Wissen an Nachfolger weitergegeben, das Außenstehenden nicht bekannt werden durfte. Dieses „Wissen“ setzte sich aus Heilswissen, geoffenbartem Wissen und Faktenwissen zusammen, es konnte aber auch nur aus Formeln oder Gesten bestehen. Der größten Kontrolle durch die Inhaber der Macht unterliegt meistens das „heilige" oder geoffenbarte Wissen.

»[...] all holy knowledge is power [...] its very possession means participation in the sacred forces that rule the world. Consequently, holy knowledge requires no practical tests like technological knowledge. The very attempt to test it would be blasphemous, if it implied any doubt as to its validity. This does not mean that it is not practically applicable, for it is intended to direct human lives. But, being absolutely certain, it cannot fail. [...] Nor does the holy knowledge of a sacred school depend on popular acceptance, as does knowledge of sages. Its certainty is indeed socially conditioned, but its social basis is the authority of the school itself as a sacred group [...] the most important knowledge of the school was kept strictly secret and gained by individuals in a gradual process of initiation [...] Holy writs remain often hidden from the uninitiated; reading and writing are not only difficult but sometimes also sacred arts, which scholars are not allowed to profane by popularization« (Znaniecki F. 1940, 96-97).

In einigen Religionen haben Tempelpriester z.B. den Anspruch erhoben, daß nur sie das Recht hätten, Lesekenntnisse und damit auch den Zugang zu den Geheimnissen der Religion zu vermitteln. Die Beschränkung der Lese- und Schreibkenntnisse auf eine kleine Schicht von Priestern (Schriftgelehrten) hat der Schrift gleichsam einen sakralen Charakter vermittelt (Graff H. J. 1987, 19).

In verschiedenen, hoch differenzierten Kulturen, wie z.B. in Indien oder bei den Inkas in Peru, haben die Herrschenden das zur Beherrschung notwendige Wissen nur in solchen Bildungsanstalten weitergegeben, die für die eigenen Gruppenmitglieder reserviert waren (Gerhardt H. P. 1988b, 339). In mehreren Kulturen gab es „heilige Bücher", die als Mysterien oder „heilige Schätze" nur von ausgewählten Priestern gelesen werden durften (Goody J. und I. Watt 1968, 37). In Indien durfte die Veda nur von den Mitgliedern der höchsten Klassen, in den letzten 2.000 Jahren sogar nur von den Brahmanen gelesen werden (Ingalls D. 1959, 3; zit. bei Goody J. 1968a, 12). Auch in Tibet wurde der Besitz von Büchern lange Zeit Privilegierten vorbehalten. Heilige Bücher waren sehr oft nicht in der Volkssprache, sondern in alten oder fremden Sprachen abgefaßt, so daß die Lese- und Sprachkundigkeit der Priester zu einem Herrschaftsmittel wurde.

Die Inhaber der kirchlichen und weltlichen Macht haben seit Jahrtausenden versucht, die Aneignung und Verbreitung von Wissen zu kontrollieren. Die Verbreitung von „neuem" oder der Obrigkeit nicht genehmem Wissen war für die betreffenden Verkünder stets mit großen Gefahren verbunden. Sie wurden verfolgt, weil sie eine Botschaft, Wissen oder Nachrichten verbreiteten, die den Inhabern der Macht nicht genehm waren oder deren Konstruktion und Repräsentation der Geschichte widersprachen. Wer die Möglichkeit hat, die Geschichte anderer Gruppen (Länder) zu konstruieren und deren eigene Darstellungen zu verhindern oder zurückzudrängen, verfügt über sehr wirksame Machtmittel; darauf haben Anthropologen und Historiker (vgl. Bond G. C. und A. Gilliam 1994) gleichermaßen wie Geographen (Gregory D. 1994, 1998) hingewiesen. Die eurozentrischen *narratives* der Kolonisatoren und deren Darstellungen der Kolonien stellen geradezu ein Schulbeispiel für den Zusammenhang von Macht, Konstruktion und Repräsentation von Wissen dar (Gregory D. 1994, 1998).

»[...] social constructions of the past are crucial elements in the process of domination, subjugation, resistance and collusion. Representing the past and the way of life of populations is an expression and a source of power. These representations may frame relationships of social inequality, and can be intimately related to structures of power and wealth. They contain ideological and hegemonic properties that represent historical and sectional interests. [...] The domains of knowledge, expressed in social constructions of the past, are brought into the arenas of political struggle. The politics of society becomes the politics of knowledge expressed in various fundamental forms of appropriation, interpretation and exclusion. [...] the politics of knowledge is a pivotal apsect of power relations« (vgl. Bond G. C. und A. Gilliam 1994, 1).

Die Alphabetisierung der Kolonialvölker diente zumindest anfangs nicht in gleichem Maße den Interessen beider Parteien, sondern sie war vor allem ein Vehikel, um die Werte, Normen, Religionen, Standardisierungen, Gesetze und Geschichtsbilder der Kolonialmächte unter den Einheimischen zu verbreiten (vgl. Rappaport J. und T. B. F. Cummins 1994). Weil die Geschichte, die kulturellen Traditionen, das lokale Wissen und die Besitzansprüche bei den schriftlosen Völkern nicht schriftlich festgelegt waren, war es für die Kolonialmächte ein leichtes, diese zu verdrängen oder als nicht existent anzusehen.

Wegen der engen Verknüpfung von Macht und Wissen waren Institutionen der Wissensvermittlung schon vor Jahrhunderten einer Kontrolle ausgesetzt. Im Mittelalter mußte beispielsweise die Gründung einer Universität (Heidelberg im Jahre 1386) vom Papst genehmigt werden. Auch innerhalb der mittelalterlichen Universitäten haben Buchhändler, Kopisten, Buchbinder, Pergamenthersteller und Illuminatoren eine Gilde gebildet, die durch ihr Monopol Beaufsichtigung, Zensur, Restriktionen und Preisregulierungen ausübte (Faulstich W. 1996, 124).

Seit der frühen Neuzeit haben dann auch die „weltlichen Herrscher“ erkannt, welche Möglichkeiten der politischen, wirtschaftlichen und gesellschaftlichen Einflußnahme die Schule bot. Der Aufbau einer effizienten, zentralisierten Verwaltung, die Organisation eines stehenden Heeres und eines Steuersystems, der Aufbau einer rationalen Staatsordnung, die Schaffung eines einheitlichen, straff von oben gelenkten Nationalstaats und die Schaffung eines Nationalbewußtseins erforderten die Ausbildung von *qualifizierten* und dem Herrscher (später Staat) *loyal* ergebenen Beamten.

Das Dilemma der Machthaber lag darin, daß Schulen einerseits »eine notwendige Bedingung für das rationale Funktionieren von zentraler Verwaltung [waren], die gesamtgesellschaftlich definierte Ziele durchzusetzen versucht« (Leschinsky A. und P. M. Roeder 1976, 69), andererseits wurden Schulen auch als Gefahr gesehen, welche die bestehende Ordnung unterminieren oder aufklärerische Ideen verbreiten konnte. Die von der Schule erwarteten Innovationen und Qualifikationen standen also ständig in Konflikt mit der *dogmatischen Reinheit des Unterrichts*, welche in den meisten Ländern Mitteleuropas noch bis um die Mitte des 19. Jahrhunderts einen höheren politischen Stellenwert hatte als die Vermittlung von beruflichen Qualifikationen.

Im 18. und 19. Jahrhundert sollten die Schulen die Kinder in erster Linie zum Gehorsam gegenüber Eltern und Obrigkeit erziehen und nur solche Kenntnisse vermitteln, die für den betreffenden Stand notwendig erschienen. Die Schule sollte die Untertanen regierbarer machen, aber nicht beim einfachen Volk zu hohe Erwartungen hinsichtlich eines sozialen Aufstiegs wecken. Religiöse Kenntnisse und Lesekenntnisse wurden in vielen Ländern für wichtiger angesehen als Schreibkenntnisse. Mit Lesekenntnissen war zumindest die Kommunikation von oben nach unten gewährleistet, während Schreibkenntnisse auch zu Agitation verwendet werden konnten. Nach Ansicht des preußischen Reglements von 1738 betreffend die deutschen Privatschulen sollten sich die Lehrer vor »unnuetzen und der Gottseligkeit hinderlichen Neben-Meinungen und Irrtuemern« hueten (Froese L. und W. Krawietz 1968, 99). Unter dem Eindruck der Französischen Revolution haben viele Autoren vor den Folgen »von zu weit gehender Verstandesschulung für das einfache Volk« (Leschinsky A. und P. M. Roeder 1976, 395) gewarnt. Zu viel Schulbildung würde die einfachen Menschen »ihrem vorbestimmten sozialen Schicksal entfremden und darum störrisch und unbrauchbar machen« (Leschinsky A. und P. M. Roeder 1976, 402). Zur selben Zeit gab es aber auch Reformer wie Rochow, welche die Meinung vertraten, die Aufklärung gefährde nicht das politische System, sondern sei der einzig wirksame Garant für sein Fortbestehen. Er vertrat die Ansicht, daß die »Thronen nie fester stehen als auf den Schultern aufgeklärter, wohlgesinnter und in ihren Regenten, Gottes Ordnung verehrender Untertanen« (Rochow von F. E. 1909, Bd. 3, 437).

Nach Leschinsky A. und P. M. Roeder (1976, 44) ist die Entwicklung des öffentlichen Schulwesens »Teil des Prozesses, in dem sich der moderne zentralistische Staat herausgebildet« hat, und die landesherrliche Schulpolitik war »ein Medium der Auseinandersetzung einer auf Ausweitung ihres Einflusses bedachten Zentralgewalt mit den überkommenen partikularen Machtinstanzen«. Besonders in Gebieten mit ethnischen, sprachlichen oder religiösen Minderheiten und in den in einem Krieg neu eroberten Gebieten wurde die Schule immer wieder dazu verwendet, das zentrale, universalistische Wissen der Machthaber gegen das partikulare, lokale Wissen der Minderheiten oder Eroberten durchzusetzen. Da die Schule als ein wichtiges Instrument der Sozialisation der heranwachsenden Generation angesehen wurde, bestand ihre Aufgabe nun auch darin, den Nationalstaat zu konsolidieren, sprachliche Minderheiten zu assimilieren, die ideologische Propaganda zu unterstützen, bestimmte Geschichtsbilder zu vermitteln und die Identifikation der Bevölkerung mit „ihrem" Staat zu fördern.

»Bezog sich in der Vergangenheit die Loyalität der Massen auf vertraute Organisationsformen wie Stämme, Dorfgemeinschaften, Kasten, Familienverbände oder andere Kleingruppen, müssen die Massen nun zur politischen Mitarbeit im größeren Rahmen und zur politischen Bindung an größere Einheiten erzogen werden. Darin liegt die Aufgabe der neu entstehenden zentralen Eliten« (Hoselitz B. F. 1969, 243).

Im 18. und 19. Jahrhundert waren die Schulen Institutionen der Disziplinierung und Erziehung zu Fleiß, Arbeitsamkeit und Gehorsam gegenüber der Obrigkeit. Die Genehmigung zur Errichtung von Schulen, die Kontrolle über die Lehrkräfte und über die Lehrpläne, die Festlegung der Unterrichtssprache und die zahlreichen Schulverordnungen waren ein wirksames Instrument der Herrschaftsausübung. Eine strenge Kontrolle schien den damaligen Inhabern der Macht auch deshalb wichtig, weil die aus den Schulen hervorgehenden „Gebildeten" das bestehende Feudalsystem, die Ständegesellschaft und die Agrarverfassung nicht in Frage stellen sollten. Die Schule hatte damals nicht die Aufgabe, einen beruflichen Aufstieg zu ermöglichen, ganz im Gegenteil, in vielen Ländern wurde dies der Schule ausdrücklich verboten. In Schlesien wurde 1765 eine „drakonische Verfügung" erlassen, welche die Kinder von Bauern oder Gärtnern vom Besuch der höheren Schule ausschloß »Begründet wurde dies damit, daß dem Staate mehr damit gedient sei, wenn geschickte Leute sich von ihrer Hände Arbeit ernährten, als wenn Viertel-Gelehrte das Land überschwemmten« (Vollmer F. 1918, 98).

»Zahllose Belege lassen sich dafür beibringen, daß jeder Schritt der Ausbreitung und Verbesserung der Elementarbildung und Lehrerbildung von Warnungen begleitet war, daß damit die Frömmigkeit, die Autorität der Obrigkeit, das genügsame oder stumpfe Sich-Abfinden mit kaum erträglichen Lebens- und Arbeitsbedingungen untergraben würden. Und wer sich tatkräftig für die Elementarbildung einsetzte, mußte regelmäßig den Beweis antreten, daß genau das Gegenteil der Fall sei, daß also Fleiß, Frömmigkeit, Ordnungs- wie Vaterlandsliebe und Königstreue [...] durch Schulbildung verbreitet und gefestigt würden« (Leschinsky A. und P. M. Roeder 1976, 463).

Wegen der aus damaliger Sicht strategischen Bedeutung des Schulwesens hat der Staat den Einfluß der Kirche auf das Schulwesen nach und nach zurückgedrängt. Spätestens in der zweiten Hälfte des 19. Jahrhunderts wurden in den meisten europäischen Ländern die langen und harten Auseinandersetzungen zwischen Staat und Kirche um den Einfluß und die Kontrolle über das Schulwesen zugunsten des Staats entschieden.

Nach dem Zurückdrängen des kirchlichen Einflusses verlagerten sich diese Auseinandersetzungen und Versuche der politischen Einflußnahme auf die Ebene der politischen Parteien und Ideologien. Hinter fast jeder Änderung oder Einführung neuer Schulformen, der Aufstellung von Lehrplänen oder der Formulierung von Lernzielen standen deutlich erkennbare politische Auseinandersetzungen (vgl. Bolte K. M. 1979, 49). Je mehr der soziale Status und die Übertragung von ökonomischen Entscheidungsbefugnissen von der Erlangung eines bestimmten Ausbildungsniveaus abhing, je mehr die Schule »zu einer Art Schiedsrichter« im sozialen Reproduktionsprozeß oder zu einem Selektionsinstrument der sozialen Schichtung wurde, umso mehr wurde sie zu einem »zentralen Kampfgegenstand« (Bourdieu P. 1991, 79) der Parteien. Nicht nur totalitäre Regimes haben das Schulwesen und die Wissenschaft „gleichgeschaltet" und als Machtinstrument benutzt, sondern auch in demokratischen Systemen haben politische Parteien durch mehr oder weniger subtile Maßnahmen, wie z.B. Richtlinien für die Schulstandortplanung, die Auflassung von niedrig organisierten ländlichen Kleinschulen (Kramer C. 1993, 1996) oder die Einführung neuer Schultypen (vgl. Auseinandersetzung um Gesamtschule) immer wieder versucht, Macht und Einfluß auszuüben. Besonders bei der zwangsweisen Assimilierung von ethnischen Minderheiten hat das Schulwesen immer eine zentrale Rolle gespielt (Meusburger P. 1996a).

Die enge Verknüpfung von Wissen und Macht hat sich im Laufe der Jahrhunderte auch immer wieder darin gezeigt, daß die Machthaber einen Einfluß auf die Verbreitung von Wissensinhalten hatten. »Power decides what is knowledge and what is not knowledge« (Alvares C. 1992, 230). Dies bezieht sich sowohl auf die Anerkennung der Unterdrückung von Wissen als auch auf dessen Interpretation und Weitergabe (oder Geheimhaltung).

Wer aufgrund seines Wissensvorsprungs oder aufgrund seiner Position als „Schriftgelehrter“ (Parteiideologe) die Autorität hatte, einen Text (Koran, Bibel, Talmud, Schriften von Karl Marx oder Mao) interpretieren zu dürfen, also »Definitionsmacht über die Realität« (Imhof K. 1996c, 217) besaß, verschaffte sich oder dem Auftraggeber einen Machtzuwachs, weil der Interpret (Exeget) durch eine selektive Gewichtung der Texte Einfluß ausüben oder indirekt sogar an der Entscheidung beteiligt war, was erlaubt oder rechtmäßig ist, ob gewisse soziale und ökonomische Entwicklungen mit der „Schrift“ oder der reinen Ideologie übereinstimmen und wie Gesetze zu formulieren sind. Dies war vor allem dann ein wichtiges Machtinstrument, wenn der Anspruch erhoben wurde, daß es nur *eine* richtige Auslegung oder nur *eine* Wahrheit gebe.

Die Inhaber der Macht haben im Laufe der Geschichte immer wieder entschieden, welches Wissen und welche Informationen verbreitet werden durften und welche nicht, in welcher Art und Weise historische Ereignisse dargestellt werden durften, welche Erinnerungsversionen überliefert wurden und welche Bücher verboten waren oder gar verbrannt wurden. Schon im Mittelalter zielte das Verbrennen von Büchern und Schriften auf das Ausrotten jeder künftiger Erinnerung und auf kollektives Vergessen; es galt als probates Mittel, um Häretiker und Ketzer zum Schweigen zu bringen (vgl. Werner T. 1995). Dieser »Memorizid« oder »Gedächtnismord« (Werner T. 1995, 149-150) zielte auf den Verlust des kulturellen Gedächtnisses und den Verlust von Erinnerungspotentialen ab. Im Mittelalter stellte die Bücherverbrennung »einen symbolischen Moment der Abschwörung« (Werner T. 1995, 156) dar.

T. Werner (1995) belegt mit zahlreichen Originalquellen, daß Bücherverbrennungen eine lange historische Tradition haben, die vom neutestamentlichen Bericht in der Apostelgeschichte über die Verbrennung von Büchern in Ephesos bis zur Vernichtung der National- und Universitätsbibliothek von Bosnien-Herzegowina in Sarajevo durch gezielten Beschuß der serbischen Artillerie im August 1992 reicht. Besonders bekannte Beispiele sind die Verbrennung von Büchern der Waldenser im Jahre 1200 in Metz, die Verbrennung des Talmud in Paris im Jahre 1242, die Vernichtung aller nicht offiziell genehmigten Viten von Franz von Assisi im Jahre 1266, die Verbrennung talmudischer Schriften in Toulouse im Jahre 1319, die Bücherverbrennung auf dem Konzil von Basel im Jahre 1435, die massenhafte Verbrennung muslimischer Bücher nach der Kapitulation von Granada (1492) und die Bücherverbrennung durch die Nationalsozialisten im Mai 1933.
Eine mildere Form der Zensur war das Aufbewahren von Büchern in sogenannten „Giftkammern“ oder das Aufstellen von »Irrtumslisten«, die als »das wichtigste Instrument der Zensurierungspraxis im späten Mittelalter« (Werner T. 1995, 171) gelten. Auch der Irrtum und seine rechtskräftige Verurteilung sollten nach Möglichkeit ein Element kultureller Erinnerung werden (Werner T. 1995, 173). Im päpstlichen Palast gab es eine eigene Bibliothek, »wo gewöhnlich die verurteilten Bücher hinterlegt« wurden (Werner T. 1995, 170).

Auch Ende des 20. Jahrhunderts wird sogar in Ländern, die sich selbst als fortschrittliche Demokratien preisen, Archivmaterial, das den Interessen der Machthaber oder des Staates nicht dienlich ist, länger gesperrt als dies sonst üblich ist. Selbst innerhalb der Wissenschaften haben die Inhaber der institutionellen Macht (Herausgeber von Zeitschriften, Gutachter, Organisatoren von Kongressen, Berufungskommissionen) immer wieder entschieden, welche wissenschaftlichen Themen, Denkmuster und Ergebnisse akzeptabel und welche auszugrenzen sind, wer Drittmittelprojekte bekommt oder in Großforschungseinrichtungen arbeiten darf und wer nicht. Auch wissenschaftliche Experten steuern die Wissensentwicklung und beanspruchen ein »Deutungsmonopol« (Hitzler R. 1994, 16). »Mit Sprachformeln kann die Erfahrung von *Realität verdrängt, aber auch aufgedrängt werden.* [...] Worte, Benennungen von Erfahrungsbeständen, *vermitteln Werturteile oder lösen Werthaltungen auf*« (Schelsky H. 1975, 242).

Eine derartige »organisierte Gedächtnisbildung« (Werner T. 1995, 181) oder Konstruktion der Geschichte hat im 20. Jahrhundert wohl ihren Höhepunkt erfahren. In den marxistischen Systemen verschwanden nach ideologischen Richtungsänderungen oder Säuberungen plötzlich die Namen und Photos vorher berühmte Politiker aus Lexika und Geschichtslehrbüchern. Auch in hochentwickelten Demokratien wird oft jahrzehntelang an Mythen der jüngeren oder älteren Geschichte festgehalten, die mit der Realität wenig zu tun haben. Wissenschaftler, die den Mut haben, an solche Mythen mit solider wissenschaftlicher Forschung heranzugehen, sind in einigen Ländern existenzbedrohenden Anfeindungen ausgesetzt.

»Die Frage des Wissens ist im Zeitalter der Informatik mehr denn je die Frage der Regierung« (Lyotard J. F. 1994, 35). »So gehen heute die Erweiterungen der Macht und ihre Selbstlegitimierung über die Produktion, Speicherung, Zugänglichkeit und Operationalität der Informationen« (Lyotard J. F. 1994, 138).

Ein tatsächlicher oder vermeintlicher Wissens- oder Entwicklungsvorsprung wurde im Laufe der Geschichte auch immer wieder zur moralischen Rechtfertigung herangezogen, um ein angeblich rückständiges Volk oder Gebiet zu modernisieren bzw. dessen soziale und ökonomische Entwicklung in eine bestimmte, für den Inhaber der Macht günstige Richtung zu lenken. Die Begriffe Kolonialisierung, Missionierung, Modernisierung und Entwickungshilfe sind untrennbar mit der Vorstellung verknüpft, daß der Kolonisator, Missionar, Modernisierer oder Entwicklungshelfer ein überlegenes Wissen habe. Wissenschaft, Technologie und Rationalität haben den Kolonialherren zwar in der Regel eine technologische, militärische und wirtschaftliche Überlegenheit verschafft, aus der dann der Auftrag oder die Legitimation zur Missionierung, „Zivilisierung" und „Entwicklung" abgeleitet wurde. Die Technologie, die wirtschaftliche Effizienz und die militärische Überlegenheit der Kolonialherren sowie das Prinzip, die Gesellschaft und Wirtschaft nach wissenschaftlichen, rationalen, empirisch verifizierbaren und effizienten Kriterien zu organisieren, haben allerdings das in Jahrhunderten angesammelte *traditionelle* oder *lokale Wissen* der Kolonisierten, das von den Kolonialherren als unwissenschaftlich oder unwichtig bezeichnet wurde, abgewertet, unterminiert oder sogar zerstört (vgl. auch Alvares C. 1992, 221-228).

Während sich in der mittelalterlichen Gesellschaft König, Adel und Priester die Macht geteilt haben, »findet man heute den Bürokraten, den Unternehmer, den Journalisten, den Professor, den Bischof, den Werbeberater, den Rechtsanwalt, den Künstler usw., also ein Vielfaches an Akteuren« (Bourdieu P. 1991, 92-93), die über Wissen Macht ausüben. Nicht alle Typen von „Wissenden" üben Macht aus. Auf diesen Tatbestand hat schon F. Znaniecki (1940) verwiesen und dabei verschiedene Typen von „Wissenden" unterschieden:

- *»the occupational adviser«* (z.B. Priester), er wird zu Rate gezogen, wenn man mit neuen Situationen konfrontiert wird, die mit dem vorhandenen Wissen nicht erfaßt oder bewältigt werden können (vgl. Znaniecki F. 1940, 33).
- *»the technological leader«,* dieser analysiert Situationen, trifft Entscheidungen, macht Pläne und leitet gleichzeitig seine Organisation; »the technological leader must obviously be a „scientist", a man of knowledge whose function is to cultivate and use this knowledge for the benefit of those who lack it and need it in their occupational roles. But he is also a social leader, the head of a group whose activities he directs« (Znaniecki F. 1940, 40). Technisches Wissen ist pragmatisch, es basiert nicht auf einer großen Theorie oder „ewig gültigen Wahrheit", sondern auf praktischer Erfahrung und Imitation.
- *»the technological expert«,* dieser wertet die vorhandenen Informationen aus oder sucht nach neuen. Er experimentiert und konzentriert sich auf Diagnose und Empfehlungen. Seine Aufgaben sind von anderen vorgegeben und meist genau definiert, er kann jedoch keine Entscheidungen über seine Aufgaben treffen und hat keinen Anteil an der praktischen Durchführung. Wenn er mit Planung und Entscheidungen beauftragt wäre, würde er zum *leader.* »Kings, war lords, high priests, administrators, judges, legislators, and economic entrepreneurs have been using experts for many centuries not to advise them what they ought to do but to gather and make available to them reliable knowledge about some specific and as yet insufficiently known data pertaining to the total practical situation or about the effects of some new processes anticipated but untried [...] almost all the information needed for any collective task must be gathered by experts. But it is the leader, the man in power (or the group in power), who imposes upon experts the theoretic problems to be solved« (Znaniecki F. 1940, 48). »[...] an industrial leader using experts to invent the most effective way of producing a certain kind of commodity for which he is sure to find a market does not welcome an invention which cannot be utilized except by scrapping all the machinery in his factory and ordering new machinery« (Znaniecki F. 1940, 55).
- *»the independent inventor«,* er interessiert sich für ungelöste Probleme oder für neue technische Lösungen. Er hat größere Freiheiten als der Experte, verfügt jedoch nicht über Macht und nicht über so gute Marktkenntnisse wie der *technological leader.* Er befaßt sich oft mit Erfindungen, für die es noch gar keine gesellschaftliche Nachfrage gibt, deshalb wird er oft verkannt, belächelt, nicht ernst genommen oder sogar angefeindet. »In the late Middle Ages and far into the seventeenth century, every invention which threatened to interfere with the important business of life [...] was apt to bring upon the inventor the accusation of sorcery; whereas inventions which seemed mere ingenious amusements for the idle escaped this accusation and were willingly toyed with [...]. The lonely inventor is a rather helpless, tragicomic figure: a few of his devices which can be fitted into existing technical patterns may be accepted, most of his minor inventions are viewed as mere curiosities and usually forgotten after his death« (Znaniecki F. 1940, 57-58).
- *»the religious scholar«,* seine soziale Rolle und Autorität basieren vor allem auf der Zugehörigkeit zu einer religiösen Schule, seine Aufgaben bestehen in der Weitergabe der heiligen Lehre. »[...] nobody but the school can judge about his scientific qualifications or decide what position he is entitled to occupy, or prescribe the duties he is to perform as a scientist [...] the knowledge of the [religious] scholar is not his own: it is the spiritual property of the sacred school as a whole, raised above every individual and independent of him« (Znaniecki F. 1940, 99-100).
- *»the discoverer of truth«,* dieser entdeckt einen Komplex von Wahrheiten, die bisher nicht bekannt waren (z.B. Aristoteles). »A discoverer of truth is supposed to be a person

endowed with an exceptional intellectual insight, a rare capacity to elicit, by the sheer power of reason unaided by supernatural forces, truths hitherto unknown which hereafter will be immediately evident to any mind able to understand them« (Znaniecki F. 1940, 121). Meistens folgt ihm eine neue Schule.

- *»the disseminator of knowledge«,* dies ist der Lehrer, der Wissensinhalte von einer Generation zur anderen weiterträgt.
- *»the explorer«,* dieser tut das Unerwartete, sucht nach neuen Wegen, die ihn zum Unbekannten führen, »[...] his function is usually recognized *ex post*, by a belated validation of those results of his exploration which have become practically applicable or have remained unchallenged long enough« (Znaniecki F. 1940, 166).

F. Znaniecki (1940) hat auch darauf verwiesen, daß technisches Wissen in der Gesellschaft nicht unbedingt Prestige einbringt, wenn es nicht mit Macht verknüpft ist, daß jedoch in einigen Kulturen »sacred schools« oder »religious scholars« ein hohes Prestige besitzen.

»[...] unless a technologist or a sage was also a leader or a ruler of men and drew authority or prestige from his active role, his status never was particularly high among his contemporaries, however exalted his name may have become in later generations. The knowledge that is needed as a condition for success in practical activity is always less highly esteemed socially than the success to which it is subservient« (Znaniecki F. 1940, 91).

Die Träger (Institutionen) der Macht sind nie gleichmäßig oder ubiquitär im Raum verteilt sind. Macht wird stets von „Zentren" oder Kontrollpunkten ausgeübt. Aufgrund der starken Verknüpfung von Wissen und Macht tendieren auch die Arbeitsplätze von hochrangigen Entscheidungsträgern zur räumlichen Konzentration.

Nicht nur in früheren historischen Perioden und nicht nur in totalitären Systemen, sondern auch in Demokratien, die sich wegen ihrer Toleranz, Presse- und Meinungsfreiheit gerne selbst preisen, gab und gibt es Wissen und Informationen, die nicht öffentlich verbreitet werden dürfen, die tabuisiert oder als *„politically incorrect"* gebrandmarkt werden. Wer „unorthodoxe Ansichten" zu äußern wagt, wird zwar nicht mehr wie die Häretiker früherer Zeiten auf dem Scheiterhaufen verbrannt, muß aber doch mit harten Angriffen der Medien oder der Kritik von Fachkollegen rechnen, die seine berufliche Karriere beeinträchtigen oder beenden können.

Die Medien bilden eine »zentrale Institution der Wirklichkeitskonstitution und der Reproduktion sozial-kultureller Sinnwelten« (Werlen B. 1997, 379). Sie können Seinsgewißheiten schaffen und zerstören. Sie haben die Macht zu normativer und informativer Einflußnahme. Sie können Normen verfestigen oder diese in Frage stellen. Sie können den Ausgang von Bewertungs- und Beurteilungskonflikten entscheiden, aber auch zur Konfliktverdrängung beitragen und sie schaffen vor allem Traditionen. Solche Traditionen werden nach E. Hobsbawn (1992, 9) vor allem benötigt, um in einer Gesellschaft soziale Kohäsion zu erreichen und zu bewahren, um Institutionen und Autoritäten zu legitimieren und die nachfolgende Generation oder Einwanderer zu sozialisieren.

In der Regel bestimmen die Sieger eines Konflikts bzw. die Inhaber der Macht, welche Informationen an die Medien weitergegeben werden (z.B. Golfkrieg, Bosnien), wie in ihrem Einflußgebiet ein historisches Ereignis darzustellen ist (der Ungarn-Aufstand von 1956 durfte bis 1989 im kommunistischen Block nicht als Revolution bezeichnet werden), welche Kriegspartei für Massaker verantwortlich gemacht wird (die Ermordung von mehr als 10.000 polnischen Offizieren bei Katyn wurde im kommunistischen Block bis Ende der 80er Jahre den Deutschen angelastet) oder welches Archivmaterial länger als üblich gesperrt oder sogar vernichtet wird. Allein die Tatsache, daß der Verlierer eines Kriegs seine Archive sofort öffnen muß, während der Sieger seine Archive auf 50 oder 100 Jahre sperren kann, erleichtert dem Sieger, zumindest für einen gewissen Zeitraum, die soziale Konstruktion, Darstellung und Interpretation der Geschichte in seinem Sinne. Nach den militärischen Eroberungen, den Kreuzzügen der Missionierung und dem wirtschaftlichen Kolonialismus findet Ende des 20. Jahrhunderts »die Kolonialisierung der informativen Weltordnung« und der »elektronische Kolonialismus« (Werlen B. 1997, 404, 405; McPhail T. L. 1987, 1992, 289f) statt, der auf das Bewußtsein der Individuen zielt.

Sogar die Verbreitung von „Alltagsnachrichten" wird von einigen wenigen großen Nachrichtenagenturen aus Industrieländern gesteuert. In den USA kontrollieren zwei Prozent der Verlage 75 Prozent der dort publizierten Bücher (Harvey D. 1990, 160) und die Konzentration der Medienmacht nimmt noch zu. Einige wenige »*gatekeepers*« (Janelle D. G. 1991, 77), also Zeitungsherausgeber, Chefredakteure, Film- und Fernsehregisseure sowie die Presseabteilungen von Ministerien, entscheiden darüber, welche Nachrichten in welcher Form, mit welchen Bildern und mit welchen Hintergrundinformationen über die Medien verbreitet werden. Die Forderung nach einer »informationellen Entkolonisierung« (Spinner H. F. 1994, 183) wirkt nicht nur aus der Sicht der Entwicklungsländer oder der benachteiligten ethnischen Minderheiten durchaus verständlich. Auch in den Demokratien fortgeschrittener Industrieländer gibt es Informationsoligopole.

Wie die Religionsgeschichte und die jüngere politische Geschichte zeigen, ist es den Inhabern der Macht allerdings nur selten gelungen, das „nicht erlaubte Wissen" (*subjugated knowledge*) oder unerwünschte Informationen völlig und langfristig zu unterdrücken. Dieses Wissen konnte zwar in seiner schriftlichen oder bildlichen Form weitgehend ausgelöscht werden, aber die mündliche Weitergabe dieses Wissens zwischen den Generationen konnte nie kontrolliert werden. Verfolgte Bevölkerungsgruppen haben immer wieder Mechanismen entwickelt, wie sie ihr Wissen verheimlichen und bewahren konnten.

Schon im späten 7. Jahrhundert n. Chr. haben die Schiiten, um sich vor den Verfolgungen der Sunniten zu schützen bzw. um zu überleben, die *taqiya*-Doktrin übernommen. Diese hat ihnen erlaubt, ihrem verfolgten Glauben offiziell abzuschwören, ihn aber heimlich auszuüben. Die klassischen Arbeiten der schiitischen Rechtsprechung haben allerdings betont, daß die *taqiya* nur bei Lebensgefahr erlaubt sei.
In Spanien haben sich nach der Reconquista viele Juden taufen lassen und sich in der Öffentlichkeit als Christen ausgegeben, im geheimen aber ihren früheren Glauben gepflegt (Marranismus). Ungefähr zur selben Zeit sind in England Katholiken aus politischen Gründen zum Protestantismus übergetreten, im geheimen aber ihrer Religion treu geblieben (vgl. Kuran

T. 1995, 7; Roth C. 1974; Zagorin P. 1990). Der von den Sklaven nach Ibero-Amerika mitgebrachte Voodoo-Kult hat trotz strenger Verbote bis heute überlebt. In totalitären Regimes hat sich die Fähigkeit der Bevölkerung, mit zwei Zungen zu sprechen, zu einer Meisterschaft entwickelt. Auch die zeitliche Persistenz mancher ethnischer Konflikte ist vielfach darauf zurückzuführen, daß negative Erfahrungen in Form von „lokalem Wissen" im kollektiven Gedächtnis haften geblieben sind.
Ende des 20. Jahrhunderts haben Wissenschaftler aus den ehemaligen Kolonien oder von ethnischen Minderheiten begonnen, die Geschichte und Anthropologie zu entkolonialisieren und ihre eigenen *narratives* zu konstruieren (vgl. diverse Aufsätze in Bond G. C. und A. Gilliam 1994).

Warum ist besonders in Krisensituationen (politischer Umsturz, Militärputsch, Revolution) die Kontrolle über die Institutionen der Wissensvermittlung, die Nachrichtenübermittlung und die Medien so wichtig? Warum hatte die frühe Inbesitznahme der zentralen Rundfunk- und Fernsehsender bei den meisten politischen Umstürzen offensichtlich eine höhere Priorität als die Eroberung der Regierungsgebäude, die Besetzung der Zentralbank oder die Verhaftung der politischen Gegner? Warum sind in Kriegszeiten die Kommunikationszentren des Gegners das erste Angriffsziel? Warum ist für Besatzungsmächte die totale Kontrolle über die Medien von so fundamentaler Bedeutung, daß sie Lizenzen (!) für die Herausgabe von Zeitungen oder den Betrieb von Rundfunkstationen nur an ausgesuchte Persönlichkeiten vergeben? Warum war in Kriegszeiten das Abhören ausländischer Sender unter strengen Strafen verboten? Warum gibt es auch in stabilen Demokratien und in Friedenszeiten einen ständigen Kampf verschiedener Interessengruppen und Parteien um die Einflußnahme auf die Medien (z.B. Rundfunkräte) und auf das Schulwesen? Warum werden Fernsehfilme, „historische" Photos und Dokumente gefälscht? Warum ist es für politische Parteien, ethnische Gruppen oder Religionsgemeinschaften so wichtig, daß sie eigene Medien anstreben oder, noch besser, in den staatlichen und kommerziellen Medien wichtige Entscheidungspositionen (z.B. in den Nachrichtenredaktionen, den politischen Magazinen und Talkshows) mit „eigenen Leuten" zu besetzen versuchen?

Die Antwort auf diese Fragen ist sehr einfach. Es geht darum, den inneren Zusammenhalt der eigenen Organisation(en) oder Ethnien zu festigen und jenen der „Gegner" zu schwächen. Die Elemente einer Organisation werden durch gemeinsame Ziele, durch die Überzeugung, einer guten Sache zu dienen, durch Solidarität, Emotionen und primäre soziale Beziehungen „zusammengehalten", wobei die Verarbeitung und Weitergabe von Informationen den wichtigsten Steuerungsmechanismus darstellt. Verschiedene Formen des Wissens (Heilswissen, narratives Wissen, Leistungswissen etc.), Tatsacheninformationen und Lügen können von Konfliktparteien dazu verwendet werden, die eigenen Anhänger zu solidarisieren, die Ziele oder Mitglieder der Gegenpartei zu desavouieren, bisher neutral gebliebene Akteure von der Richtigkeit der eigenen Argumente und Ziele zu überzeugen oder diese zu bekehren. In Kriegszeiten oder in totalitären Staaten wird dies mit relativ „groben" Mitteln durchgeführt, in Friedenszeiten und in Demokratien werden subtilere Methoden verwendet. So können *pressure groups* oder Lobbyisten aufgrund ihrer Macht, ihrer gut funktionierenden Netzwerke oder ihres besseren Zugangs zu den Medien die öffentliche Meinung manipulieren, einen Einfluß darauf ausüben, was „politically correct" ist, was glorifiziert, stigmatisiert oder tabuisiert wird.

Eine neue politische Bewegung, eine Opposition, eine neue Stilrichtung in der Kunst oder die Vertreter eines neuen wissenschaftlichen Paradigmas versuchen jeweils, ähnlich wie Streitparteien vor Gericht, durch Fakten, Argumente, Beweise oder das kritische Hinterfragen der Argumente und Beweise des Gegners vor allem das Wissens- und Wertesystem sowie die Glaubwürdigkeit der Gegenpartei in Frage zu stellen. Beide Parteien bedienen sich dabei ihrer Ideologen und Intellektuellen, welche jeweils Argumente für den Beweis der (moralischen, wirtschaftlichen, gesellschaftlichen, künstlerischen oder wissenschaftlichen) Überlegenheit der eigenen Richtung konstruieren und die Gegenrichtung kritisch hinterfragen müssen. »In any case, it is always easier for a sage to criticize his opponents effectively than to „prove" the rightness of his own standards and the truth of his generalizations« (Znaniecki F. 1940, 78).

Die Konstruktion von „*belief systems*", Weltbildern und Feindbildern, die Schaffung von territorialer und sozialer Identität oder von Nationalbewußtsein, die mediale Konstruktion von Wirklichkeit und die inhaltliche Besetzung von Symbolen werden von staatlichen und privaten Institutionen, von Interessengruppen und politischen Parteien etc. vor allem über die Medien und die Institutionen des Bildungswesens vorgenommen.

Wie erfolgreich solche Manipulationen in Demokratien sind, hängt zu einem großen Teil von der Homogenität der Eliten und dem Wissen der Bürger ab. Wenn mehrere Eliten in Konkurrenz zueinander stehen, wenn die führenden politischen Magazine eine kritische Haltung zur Regierung einnehmen und es in den Medien keine politischen oder historischen Tabus gibt, lassen sich bestimmte Manipulationen nicht so leicht durchführen. Wenn jedoch die Eliten und die wichtigsten Medien über Parteigrenzen hinweg eine „geschlossene" Haltung einnehmen, sind auch in Demokratien erstaunliche Manipulationen der Öffentlichkeit möglich.

F. D. Roosevelt, der bekanntlich von 1932 bis zu seinem Tod im Jahre 1945 Präsident der Vereinigten Staaten war, erkrankte schon im Jahre 1921 an Kinderlähmung. Obwohl er auf stählerne Beinschienen, Krücken und den Rollstuhl angewiesen war, sah ihn das amerikanische Volk so gut wie nie im Rollstuhl oder mit Krücken. Die Medien kooperierten fast lückenlos mit den Wünschen der *White House Press*. Wenn ein Bildjournalist absichtlich oder versehentlich gegen die ungeschriebenen Regeln verstieß, hatten die Beamten des Secret Service keine Hemmungen, den Film aus der Kamera zu reißen. Unter rd. 125.000 photographischen Aufnahmen von Roosevelt gibt es nur zwei (!), die ihn im Rollstuhl zeigen. Noch mehr als 50 Jahre nach seinem Tod wurde in den USA heftig darüber gestritten, ob Roosevelt auf einem im Mai 1997 in Washington enthüllten Denkmal mit oder ohne Rollstuhl dargestellt werden sollte. Der Kompromiß wurde darin gefunden, daß die Statue einen sitzenden Roosevelt zeigt, dessen weites Cape bis zum Boden reicht. Der Mantel verhüllt, was sich die Betrachter, je nach ihrem Informationsstand, hinzudenken können: einen Stuhl oder einen Rollstuhl (vgl. Frankfurter Allgemeine Zeitung vom 24.04.1997, 9).

Besonders anschauliche Beispiele für die Bedeutung der verschiedenen Formen des Wissens bei der Austragung von Konflikten kann man in ethnisch oder kulturell sehr heterogenen Staaten finden, in denen sich eine Vielzahl von Sprachen, kulturellen oder ethnischen Identitäten und historischen Erfahrungen gegenüberstehen (Meusburger P. 1979, 1996a). Alle diese Fragen und Konflikte haben eine räumliche Dimension. Die Verbreitung, Kontrolle und Unterdrückung von Informationen sowie die Konstruktion von Wissen und Weltbildern wird von den „Zentren“ aus gesteuert, und die Peripherie ist informationsmäßig meist „fremdbestimmt“. Die Gültigkeit von Schulbüchern oder Lehrplänen ist meist auf bestimmte Territorien beschränkt, Zeitungen haben ein bestimmtes Verbreitungsgebiet, Rundfunksender der „anderen Seite“ werden in bestimmten Territorien gestört.

Hinsichtlich der Verbreitung und Kontrolle von Informationen sowie der „Konstruktion von Wissen“ und Weltbildern können u.a. folgende Fragen untersucht werden:

- Wer reguliert wo den Wissenserwerb? Wer hat Einfluß darauf, welches Wissen und welche Fakten in den Medien (und Schulbüchern) verbreitet und welche verfälscht oder unterdrückt werden?
- Welche *pressure groups,* politischen Parteien, Ethnien, Sprachgruppen, Netzwerke und „Clubs“ haben die entscheidenden Positionen der Nachrichten- und Kulturredaktionen inne oder sind dort überproportional vertreten?
- Welche Ethnien sind in den Medien unterrepräsentiert oder gänzlich ausgeschlossen?
- In welcher Sprache werden die Kinder von autochthonen ethnischen Minoritäten unterrichtet? Wie groß ist das Verbreitungsgebiet der „eigenen Unterrichtssprache“?
- Haben die Ethnien eine eigene Schulverwaltung oder Schulautonomie? Für welche Territorien gilt sie?
- Welche Konsequenzen haben die schulischen Rahmenbedingungen (Richtlinien der Schulverwaltung) für das Standortnetz von Minderheitenschulen?
- Unter welchen Rahmenbedingungen dürfen Ethnien eigene Schulen errichten?
- Welcher Ethnie oder Sprachgruppe gehören die Lehrpersonen oder die Schlüsselpersonen der Schulbehörden an?
- Wer hat Einfluß auf den Inhalt der Schulbücher? Wie groß ist das Verbreitungsgebiet dieser Schulbücher?
- etc.

Die Machtausübung über Begriffe und Symbole

Die räumliche Verortung und die inhaltliche Besetzung von Symbolen spielen in Konflikten und politischen Auseinandersetzungen deshalb eine nicht zu unterschätzende Rolle, weil sie das Heilswissen, das lokale (traditionelle) Wissen, die Kultur und Identität einer Ethnie, einer Partei, einer sozialen Kategorie, einer Lokalität oder Region repräsentieren. Mit Symbolen können Identitäten geschaffen werden. Mit Symbolen kann man Ansprüche auf Territorien erheben. Das Hissen einer Flagge symbolisiert die Inbesitznahme eines Territoriums, die Zerstörung von Grabsteinen, Denkmälern und Inschriften soll die Erinnerung an eine vernichtete oder vertriebene Bevölkerungsgruppe auslöschen.

Wenn Grabsteine, Denkmäler, Inschriften oder Kirchen im Rahmen des *ethnic cleansing* zerstört oder nach einer Vertreibung beseitigt werden, wenn in den Medien die Angehörigen einer ethnischen Gruppe durchwegs als Schurken dargestellt werden oder wenn Museen nur die „eigene" Sicht der Geschichte darstellen und die eigenen Kriegsverbrechen verschweigen, so geht es durchaus darum, Geschichte zu manipulieren, Wissen zu zerstören bzw. eine „neue Realität" zu konstruieren.

Wer die Möglichkeit hat, ein bestimmtes Ereignis oder eine bestimmte Bevölkerungskategorie mit Begriffen zu versehen und andere Begriffe zu verhindern, verfügt über ein gewaltiges Machtpotential. Wer die Spielregeln beeinflussen kann, welche Begriffe der „political correctness" entsprechen und welche Begriffe stigmatisiert und marginalisiert werden, übt eine große Macht aus. Die Manipulation von Begriffen kann eine hochpolitische Angelegenheit sein.

Daß dieselben historischen Personen gleichzeitig als Terroristen und Freiheitskämpfer, als Helden und Verräter bezeichnet werden können, ist bekannt. Der Begriff „Siedler" hat einen anderen Stellenwert als der Begriff „Landräuber". Der Begriff Solidarbeitrag hat eine andere Wirkung als der Begriff Steuer, weil Solidarität einen hohen gesellschaftlichen Stellenwert hat. Die Frage, mit welchen Begriffen bestimmte Ereignisse versehen werden, - ob die „Ereignisse von 1956" in Ungarn als Volksaufstand, Revolution oder Konterrevolution bezeichnet werden - kann für die Betroffenen von größter politischer und existenzieller Bedeutung sein.
Wenn sich die Regierung und die Medien der Tschechischen Republik bei der Frage der Sudetendeutschen so vehement gegen die Begriffe „Vertreibung" oder „Deportation" wehren und die Begriffe „Umsiedlung", „Aussiedlung" oder „Überführung" bevorzugen oder wenn für die tragischen Ereignisse auf dem Balkan selbst in westlichen Medien der Begriff *ethnic cleansing* bevorzugt wird, mag dies auch damit zusammenhängen, daß die Begriffe „Deportation" oder „Vertreibung" ganz andere völkerrechtliche Konsequenzen haben als die Begriffe „Umsiedlung" oder „ordnungsgemäße und humane Überführung" (Potsdamer Abkommen). Die Vertreibung von rd. 100.000 Franzosen aus dem Elsaß wurde in den Nürnberger Prozessen angeklagt und verurteilt. Die Haager Landkriegsordnung von 1907, das seit 1946 verbindliche Völkerrecht und das Übereinkommen vom 26.11.1968 über die Unverjährbarkeit schwerster Völkerrechtsverstöße haben die Deportation und Vertreibung der Zivilbevölkerung zum unverjährbaren Verbrechen gegen die Menschlichkeit erklärt. Deshalb zahlt es sich für die Betroffenen schon aus, um Begriffe zu streiten.

Ob und wie lange solche Manipulationen Erfolg haben, hängt vom Wissen der zu Manipulierenden ab. Die von den Machthabern mit der Verbreitung von falschen Informationen beabsichtigte Wirkung wird meist nur bei den schlecht informierten Bevölkerungsteilen erreicht. Bei Augenzeugen oder gut informierten Personen haben derartige Manipulationen oft den genau gegenteiligen Effekt.

Nicht nur die Bildungsgeographie, sondern auch die Politische Geographie sollte sich intensiver mit der „Regionalisierung von historischem Wissen", der „Regionalisierung von Begriffen" und der „Regionalisierung von historischer Unwissenheit" befassen. Ein so verstandener konflikttheoretischer Ansatz der Bildungsgeographie könnte sich u.a. folgenden Fragen zuwenden:

- Wer hat die Macht, Begriffe und Symbole zu konstruieren, zu verbieten oder mit neuen Inhalten zu füllen? Wo erstreckt sich das Verbreitungsgebiet der mit entsprechenden Inhalten besetzten Symbole?
- Wie ist diese Macht institutionalisiert und räumlich organisiert? Welches Einflußgebiet hat sie?
- Wie haben sich Machtkonflikte auf den Inhalt und das Verbreitungsgebiet solcher Symbole und Begriffe ausgewirkt?
- Welche Abwehrmechanismen haben die Unterlegenen oder Unterdrückten zur Bewahrung des „verbotenen" Wissens entwickelt?
- Wie werden die Auseinandersetzungen um den Inhalt von Symbolen und Begriffen geführt? Welche sozialen und räumlichen Kategorien stehen sich in diesen Konflikten gegenüber?

Wissen als Machtfaktor in Konflikten

Ein weiterer Problemkreis für konflikttheoretische Ansätze bezieht sich darauf, daß ein Informationsvorsprung oder „Wissen" in Form von Forschung, Patenten, Technikern, Wissenschaftlern, hochqualifizierten Entscheidungsträgern und Meinungsbildnern einen Wettbewerbsfaktor darstellt. Bei Verhandlungen ist jene Seite im Vorteil, die einen Informations- oder Wissensvorsprung hat. Dies wird etwa bei Verhandlungen über Schürfrechte von Rohstoffen oder bei internationalen Verhandlungen über Seerechte und Handelsfragen deutlich (vgl. O'Brien R. C. und G. K. Helleiner 1983, 10). S. Griffith-Jones (1983, 75) hat darauf hingewiesen, daß wichtige Entscheidungen im Weltwährungssystem von einigen wenigen reichen Industrieländern, die in solchen Finanzfragen fast ein Wissensmonopol haben, vorbereitet werden und nicht einmal in der Weltbank zur Diskussion stehen. Die Verhandlungsmacht ist also sehr ungleich verteilt.

Auch bei ethnischen und politischen Konflikten wird immer wieder der Versuch unternommen, die auf Heilswissen begründete Identität oder die auf Fachwissen beruhende Wettbewerbsposition des Gegners zu schwächen. Wenn man Ethnien verbietet, sich Lese- und Schreibkenntnisse zu erwerben, wenn man ihnen verbietet, ihre Kinder in der Muttersprache zu unterrichten, wenn man ethnischen Minderheiten höhere Schulen vorenthält oder ihre Universitäten nach Demonstrationen für eine längere Zeit schließt, dann schwächt man ihre Position. Sprache und Denken gehören zusammen, »our language is our world« (Craib I. 1992, 20).

Umgekehrt können Ethnien ihre ökonomischen und politischen Interessen im Wettbewerb mit anderen eher durchsetzen, ihre kulturelle Identität eher bewahren und aus Konflikten eher als Gewinner hervorgehen, wenn ihre Akteure (insbesondere die Schlüsselpersonen) über ein hohes Ausbildungs- und Informationsniveau verfügen und in kreative oder international agierende Netzwerke eingebunden sind. Die Schlüsselpersonen dieser Minderheiten (Ethnien) müssen wissen, wie sie die Interessen ihrer Gruppe (Minderheit) durchsetzen können, wie sie innerhalb der Minderheit Identität stiften oder bewahren können, wie sie für ihre politischen oder kulturellen

Anliegen internationale Unterstützung organisieren können. Sie müssen die Fähigkeit haben, die Lage richtig einschätzen zu können, Konsequenzen von Entscheidungen voraussehen zu können, Nischen auf dem Markt zu entdecken und Verbündete zu gewinnen.

Sobald die Verfügung über Forschungspotentiale auch für Unternehmen zur »Machtquelle ersten Ranges« (Hack L. 1988, 10) wurde, wurden Forschungsergebnisse und Technologien auch zum Gegenstand von ökonomischen Konflikten und Auseinandersetzungen zwischen Unternehmen. Nun wurden Riesensummen für Industriespionage und zur Geheimhaltung wichtiger Forschungsergebnisse eingesetzt. Unternehmen kauften im Rahmen sogenannter „feindlicher Übernahmen" ihre Konkurrenten oft nur deshalb auf, um deren Forschungspotentiale nutzen oder ausschalten zu können.

Ökonomisch von großer Bedeutung ist auch die Frage, wer die Macht hat, sein „technisches Wissen" als Standard und technische Norm großräumig oder weltweit durchzusetzen. Ein Unternehmen, dem es gelingt, seinen Standard durchzusetzen, hat einen enormen Wettbewerbsvorteil. Technische Standards und Normen sind natürlich notwendig; aber sie entsprechen einem „Vordringen" des zentralen Wissens und einem Rückzug des partikularen oder lokalen Wissens. Weltweit oder national gültige technische Standards oder Industrienormen sind »a particularly powerful means of exercising long-distance control« (Hanseth O. et al. 1994, 126) und können als »Zähmung der Pluralität von Regionen, Orten und der spezifischen Perspektiven, die sich mit ihnen verbinden, verstanden werden« (Wagner I. 1995, 204). Welche wirtschaftliche Bedeutung die Durchsetzung eines technischen Standards haben kann, ist am Beispiel der Entwicklung von Microsoft nachzuvollziehen.

Nach dem Ersten Weltkrieg wurden Forschungsergebnisse, Patente und Technologien und nach dem Zweiten Weltkrieg auch hochrangige Wissenschaftler erstmals zur Kriegsbeute und zum Gegenstand von intellektuellen Reparationsleistungen. Der Begriff „intellektuelle Reparationen" wurde von J. C. Green, dem Leiter des *Office of Technical Services* (OTS), geprägt, der sich in einem Hearing vor dem US-amerikanischen Kongreß im Jahre 1946 folgendermaßen geäußert hatte: »[...] these are intellectual reparations and they are the only solid and permanent reparations we are going to get out of this war« (zit. bei Gimbel J. 1990, 28). Ein besserer Beleg für die überragende politische, ökonomische und militärische Bedeutung von Forschung und Humanressourcen oder für den Beginn der Wissensgesellschaft läßt sich wohl kaum finden. Wenn Reparationen nicht mehr (nur) in Form von Geld, Goldreserven, Rohstoffen, Territorien, Schiffen oder Kunstgegenständen, sondern erstmals in Form von Wissenschaftlern, Patenten, Technologien, Verfahrensabläufen, Dokumenten und Forschungsergebnissen zu leisten sind, wenn intellektuelle Reparationen wichtiger werden als finanzielle, wenn der Sieger das wissenschaftliche und technische Know-how des Verlierers nicht nur für militärische, sondern vor allem für wirtschaftliche Zwecke ausbeutet und wenn die Besatzungsmächte dem Verlierer vorschreiben, daß in Zukunft jede Forschung genehmigt werden muß und daß ihnen jedes Forschungsergebnis vorzulegen ist, stellt dies wahrlich eine historische Zäsur ersten Ranges dar.

W. Harmssen (1951), C. G. Lasby (1971), L. Hack (1988), J. Gimbel (1990) und viele andere Autoren (vgl. Literatur- und Quellenverzeichnis bei J. Gimbel 1990) haben diese Ereignisse ausführlich beschrieben, so daß hier das Wesentlichste zusammengefaßt werden kann. Die archivalischen Standorte der im folgenden zitierten Quellen sind bei J. Gimbel (1990) detailliert angeführt.

Um jede mögliche Information über militärisch nutzbare deutsche Forschungsergebnisse zu sammeln, wurden nach der Landung in der Normandie eigene T-Forces aufgestellt, welche die Aufgabe hatten, »to identify, secure, guard, and exploit valuable and special information, including documents, equipment and persons of value to the Allied armies« (Gimbel J. 1990, 4). Kurz danach zeichnete sich jedoch ab, daß nicht nur die militärisch verwendbaren Forschungsergebnisse gesammelt werden sollten, sondern auch alles, was ökonomisch interessant war und dazu beitragen konnte, die wirtschaftliche Wettbewerbsposition der Alliierten nach Kriegsende zu stärken.

Schon am 28. August 1944 hat V. Bush, der Direktor des *Office of Scientific Research and Development*, in einem Schreiben an die *Secretaries of War and Navy* vorgeschlagen, daß die USA aus den besetzten Gebieten und Deutschland auch »German technical information of an industrial nature« sammeln sollten. »Such information would help American industry to maintain its place in world trade and provide employment opportunities for discharged veterans«. Bush wies darauf hin, daß »Great Britain is doubtless preparing to obtain this type of information for her own industry« (zit. bei Gimbel J. 1990, 5). Tatsächlich schlugen die Briten den Amerikanern bald vor, Listen über »economic and industrial intelligence targets of vital postwar interest, but not of immediate military value« vorzubereiten.

Das *War Department* unterstützte diese Idee und »was eager to obtain „the most advanced technological information known to the enemy" by questioning German technicians, searching their laboratory records and files, dismantling and examining German military and industrial products, and examining manufacturing processes used by the Germans« (Gimbel J. 1990, 5). Bald darauf reichten auch Hunderte von amerikanischen Firmen Listen über deutsche Unternehmen, Techniker und Wissenschaftler ein, deren Technologien, Patente und Forschungsergebnisse sie gerne (kostenlos) verwenden wollten, und die verhört und befragt werden sollten. Ende Juli 1945 waren bereits 3.000 Ziele festgelegt und 2.000 ausgebeutet worden (Gimbel J. 1990, 10).

Das im Herbst 1945 gestartete *document program* hatte die Aufgabe, in etwa 20.000 deutschen Industrieunternehmen alle wichtigen Dokumente, Pläne und Forschungsergebnisse zu photographieren. Das Interesse richtete sich auf »secret patent applications, documents in original manuscript form, documents covering processes, formulas, and techniques not generally known in the United States« (Gimbel J. 1990, 62).

Nach zwei Monaten stellte sich heraus, daß drei Milliarden Seiten durchgesehen und 33 Millionen Seiten kopiert werden müßten, so daß das Programm auf realistischere Ziele eingeschränkt wurde. Immerhin wurden bei Leitz in Wetzlar 198.000 Seiten auf Mikrofilm aufgenommen, bei der Firma Merck in Darmstadt 4.000 Seiten, bei Degussa in Konstanz 14.000 Seiten, bei I. G. Farben in Höchst 311.000 Seiten, bei Krupp in Essen 60.000 Seiten und im Berliner Patentamt 1,018.000 Seiten. Allein im Berliner Patentamt haben über 70 Leute 34.000 Patentanwendungen und 140.000 deutsche, österreichische und japanische „hängende" Patentanmeldungen auf »more than 17 miles microfilm« aufgenommen (Gimbel J. 1990, 63). Nach J. Gimbel (1990) hat das *Office of Technical Services* (OTS) in Deutschland rd. 500.000 Dokumente über wissenschaftliche Erkenntnisse, Technologien, Prozeßverfahren und Patente im Umfang von ca. 5 Mio Seiten auf Mikrofilm aufgenommen. Da dieses Material vom Staat nicht mehr ausgewertet werden konnte, stellte man es ab Juli 1947 interessierten amerikanischen Unternehmen zur Verfügung, welche den Inhalt bewerten sollten.

Der Entwurf einer Presseaussendung vom 11. März 1946 belegt, daß die *Operation Paperclip* Teil eines größeren Programms war, mit welchem die USA den Plan verfolgten, »to use vacuum cleaner methods to acquire all the technical and scientific information the Germans have« (Gimbel J. 1990, 43). Zu diesem Zweck sollten mehrere hundert hochqualifizierte amerikanische Spezialisten und Techniker die führenden deutschen Wissenschaftler ausfindig machen, verhören und die wichtigsten überreden, in die USA zu ziehen. Bald boten sich der *Field Information Agency Technical* (FIAT) amerikanische Unternehmer als Spezialisten an, um in Deutschland jene Techniker, Wissenschaftler und hochwertigen Maschinen ausfindig zu machen, die in die USA gebracht werden sollten. Diese Unternehmer und Experten waren besonders an den Erfindungen und Spezialisten ihrer deutschen Konkurrenzunternehmen interessiert.

Diese Spezialisten wurden z.T. auch deshalb gebraucht, weil viele Unternehmen mit den aus Deutschland mitgebrachten Plänen und Patenten wenig anfangen konnten. Ein Beamter des *Commerce Department's Office of Technical Services* schrieb im Dezember 1947: »[...] it has been to our experience that the worthwhile developments cannot be exploited successfully or without considerable expense unless the German technicians familiar with all of the details of such developments are brought to this country« (zit. bei Gimbel J. 1990, 57).
Die OTS warb unter amerikanischen Unternehmern für Deutschlandreisen mit folgenden Formulierungen: »[...] your government is offering you a chance to share in the war's reparations - reparations in the form of technological information [...] in all fields of industry and research« einschließlich »testing methods, chemical research, new products, new materials, production methods and plant development«. Im *Science News Letter* vom 4. Mai 1946 stand zu lesen: »If any industry or scientific group wishes to investigate German industrial methods, Uncle Sam will make the necessary arrangements for a mission to go to Germany« (beide Zitate bei Gimbel J. 1990, 76). Im Jahre 1946 und in der ersten Jahreshälfte 1947 wurden vom *Department of Commerce* Hunderte solcher „Ausflüge" nach Deutschland gesponsert. Zwischen dem 1. Juli 1946 und dem 30. Juni 1947 hat die FIAT 4.994 alliierte »investigators« für 2.922 Reisen abgefertigt, die *New York Times* sprach von 6.000. Unter diesen Alliierten befanden sich auch Tschechen, Russen, Inder, Chinesen, Niederländer, Norweger und andere Nationen (Gimbel J. 1990, 79). Die *Investigators* durften auch Druck auf die deutschen Wissenschaftler ausüben: »We had authority to demand their imprisonment for two years if they lied to us« (zit. bei Gimbel J. 1990, 81). Als sich ein Ende der Operationen abzeichnete, bat J. C. Green, der Direktor des *Commerce Department's Office of Technical Services*, um Verlängerung der Frist »It would be a national tragedy if we allow the doors to shut before we have added all of the best of Germany's technical knowledge at our own«.

Schon am 5. Juni 1945 hat General G. C. Marshall seinen britischen Kollegen informiert, »the U.S. Chiefs of Staff have informally agreed that it would be highly desirable to bring German civilian scientists and technicians to the United States for the purpose of exploiting their knowledge [...]« (Gimbel J. 1990, 19). Auch J. C. Green wollte neben der Technologie auch herausragende deutsche Wissenschaftler auf Dauer in die USA bringen »as an acquisition to our scientific talent« (zit. bei Gimbel J. 1990, 28).

D. Sarnoff, *Chairman der Radio Corporation of America*, schrieb im Juni 1945 an das Weiße Haus. »It is not only important that we get their scientific information, but that we lay hands on their scientists as well. If we do not find and remove them to a place perhaps on this side of the water where they can continue their scientific experiments under our guidance and control, our Russian friends may do so first and in that event they may secure knowledge and advantages I should like to see our own country possess« (zit. bei Gimbel J. 1990, 30). Aber nicht nur die Russen, sondern auch die Briten und Franzosen wurden von den Amerikanern als Konkurrenten angesehen und beschuldigt, sie würden deutsche Wissenschaftler abwerben, die bereits auf den Listen der Amerikaner stünden. Im Juli 1945 wurde vom Gemeinsamen Generalstab der USA die „Operation Overcast" gebilligt, die 350 Raketentechniker (darunter auch Werner von Braun) in die USA brachte.
J. C. Green schrieb Ende 1945 ein »proposal for the importation of German scientists for the benefit of U S. industry and commerce« und beantragte beispielsweise die Evakuierung von J. W. Reppe, einem berühmten I. G. Farben Acetylen-Chemiker; »[...] if they [Deutschlands führende Wissenschaftler] are all evacuated by our Allies the relative position of our scientific research as compared with that of other countries will be impaired« (Gimbel J. 1990, 30f). Am 3. September 1946 genehmigte Präsident Truman den Plan, bis zu 1.000 deutsche und österreichische Wissenschaftler in die USA zu bringen.

Zwischen 1945 und 1955 wurden von den USA 765 führende deutsche Wissenschaftler und Ingenieure aus allen Teilen Deutschlands in die USA gebracht. Außerdem wurden sogenannte „Verweigerungslisten" geführt, auf denen jene deutschen Wissenschaftler angeführt wurden, die auf keinen Fall in die Hände der Sowjets fallen durften (Hack L. 1988, 104). Die „Jagd" auf deutsche Wissenschaftler hatte von Anfang an auch eine wirtschaftliche Komponente, in der ein neues strategisches Konzept der »intellektuellen Reparationen« (Lasby C. G. 1971, 5, 8) und eine neue Form der »exploitation« (Lasby C. G. 1971, 4, 13) zum Ausdruck kamen. Die *operation paperclip* der Amerikaner hatte ihr Gegenstück in der britischen *operation backfire*, die sich um die V-2 Raketenspezialisten bemühte. Auch die Russen und Franzosen führten ähnliche Aktionen durch.

Bereits wenige Tage nach Kriegsende wurde die Direktive JCS 1067 der „Joint Chiefs of Staff" verkündet, die im zweiten Teil unter Punkt 31 spezielle Richtlinien zur Behandlung der Forschungseinrichtungen und der in ihnen beschäftigten Wissenschaftler enthielt.

»The directive provided an elaborate system of constraints for the control of German research. It instructed the United States Group Control Council to abolish all laboratories and related institutions whose work had been connected with the building of the German war machine; to permit the resumption of scientific research only in specific cases where there was no potential threat; to regulate such research by frequent inspection and severe penalties; to provide for free disclosure of the results; and to exclude from further activity any persons who had previously held key positions in war research. These safeguards, the planners assumed, would clearly dictate the end of military technology in occupied Germany« (Lasby C. G. 1971, 54-55).

Da es kaum ein Fachgebiet gab, das bei einer weiten Auslegung nicht in den Aufbau der *war machine* einbezogen worden war, ermöglichten diese Bestimmungen eine umfassende Kontrolle der gesamten Forschung in Deutschland.

Die im April 1945 von der US-amerikanischen Militärregierung erlassene und im Mai im Kontrollratsgesetz Nr. 25 ergänzte Direktive JCS 1067 hat bei der Grundlagenforschung zwischen „verbotener" und „meldepflichtiger" Forschung unterschieden. Vollständig verboten waren Forschungen in den Bereichen Atomphysik, Aerodynamik, Luftfahrt, Raketen, Gasturbinen, Hydrodynamik, Schiffbau und in Teilbereichen der elektromagnetischen Strahlung (Hack L. 1988, 105). Deutsche Firmen und Institutionen, die forschen durften, mußten vierteljährlich einen Bericht an den *Research Control Officer* mit möglichst detaillierten Angaben über die durchgeführten Forschungen abliefern. Diese gaben natürlich so wenig wie möglich preis, so daß der *Chief Research Control Officer* Carl H. Nordstrom die Deutschen erinnern mußte, daß für »insufficient reporting« die Todesstrafe angewandt werden könne (Gimbel J. 1990, 179f).

Daß es nicht nur um militärisch nutzbare Forschung, sondern um jede Form der Industriespionage ging, geht daraus hervor, daß sogar die Firma M. Steiff, welche die bekannten Stofftiere herstellte, Besuch von zwei englischen Konkurrenten bekam, die alles Wissenswerte aufzeichneten, Muster verlangten und eine bis dahin geheimgehaltene Maschine photographierten (Gimbel J. 1990, 165). Auch bei sehr weiter Auslegung dürfte es schwierig sein, in der Produktion von Teddybären eine Gefahr für den Weltfrieden zu sehen.

Die britische Militärregierung wollte noch im Jahre 1949, als jeder Gedanke an ein Wiederaufleben des Nationalsozialismus absurd war, das Kautschuk-Laboratorium der Firma Bayer in Leverkusen, das damals eines der größten der Welt war und der gesamten deutschen chemischen Industrie zur Verfügung stand, schließen, um dafür das britische Parallelinstitut in Croydon auszubauen; schließlich wurden 170 Maschinen demontiert, was das Laboratorium stark entwerte (Hack L. 1988, 132). Für die Firma Siemens waren noch 1950 Verbote zur wissenschaftlichen Forschung in Kraft (Weiher S. und H. Goetzeler 1972, 129), und die Forschung der Farbwerke Hoechst wurde erst 1953 aus der alliierten Kontrolle entlassen.

Diese Beispiele werden deshalb so ausführlich zitiert, weil sie, besser als alle anderen, belegen, daß es im 20. Jahrhundert zu einer historischen Zäsur ersten Ranges gekommen ist. Nie zuvor in der Geschichte haben Wissen, Erfindungen und Technologien für die Machtbeziehungen und die Wettbewerbsfähigkeit eine so große Rolle gespielt. Nie zuvor waren Wissenschaftler als Kriegsbeute wichtiger als Goldreserven oder Rohstoffe.

2.4.6 Zur Standortverknüpfung von Wissen und Herrschaft

Wissen als Zwillingsschwester der Macht

Jahrhunderte bevor Philosophen (z.B. F. Nietzsche, M. Foucault, J. F. Lyotard) das Wissen als Zwillingsschwester der Macht betrachtet und philosophische (wissenschaftliche) Begründungen für die enge Verkoppelung von Wissen und Macht (Herrschaft) geliefert haben, hatten viele Herrscher dieses Prinzip schon in der Praxis verwirklicht, indem sie sich mit „Sehern", Priestern, „Weisen", Beratern, Künstlern, Experten und Wissenschaftlern umgeben haben. Diese Verbindung gingen die Herrscher erstens deshalb ein, weil sie auf die analytischen Fähigkeiten, das Wissen, die Kreativität und den Rat dieser Experten angewiesen waren, zum zweiten brachten sie auch jemanden, der ihre Herrschaft und ihre Entscheidungen legitimierte (Shils E. A. 1968, 309).

Schon M. Weber (1922, in Kap. „Staat und Hierokratie") hat die Koalition und die Auseinandersetzungen zwischen politischer und religiöser Herrschaft, zwischen Thron und Altar, ausführlich beschrieben. Weil eine politische Herrschaft dauerhafter und stabiler ist, wenn sie von den Untertanen als legitim betrachtet wird, benötigen die Herrscher die Priester, Weisen und Ideologen, die ihnen diese Legitimität vermitteln. Als Hierokratie bezeichnet er die Herrschaft des jeweils „Heiligen", die eine Machtausübung in Form eines psychischen Zwangs ist (vgl. auch Schelsky H. 1975, 39). Schelsky (1975, 45) betont, daß religiöse oder politisch-ideologische Herrscher ihre Macht über die Menschen oft »nicht im eigenen Namen [...] sondern als *bevorrechtigte Vermittler* einer der Erfahrung der Menschen und der praktischen Bewährung entzogenen, obersten, meist abstrakten Herrschaftsinstanz, die nur in der Vorstellung der Menschen existiert« ausüben, zu der nur sie Zugang haben. Sie üben ihre Herrschaft also im Auftrag von Gott, im nationalen Interesse, im Namen des Volkes, im Auftrage der Arbeiterklasse oder als historische Notwendigkeit aus. Auch P. Bourdieu wies darauf hin, daß der Besitz von *ökonomischer oder politischer Macht* allein nicht ausreicht. Der Macht muß es gelingen, »die Anerkennung ihrer Legitimität zu erwirken [...] die Herrschaft durchzusetzen heißt, deren Legitimität die Anerkennung zu verschaffen« (Bourdieu P. 1991, 76-77).

Organisationen, die vorrangig auf psychischem Zwang, auf religiöser oder sonstiger ideeller Heilsverkündung beruhen, sind im allgemeinen sehr instabil, da jede neue Heilslehre ihre Position unterhöhlen kann. Sie benötigen deshalb für die Verfestigung ihrer Herrschaft die Unterstützung der weltlichen Macht bzw. deren exekutive Möglichkeiten des physischen Zwangs. Trotz der Gegnerschaft zwischen weltlicher und geistlicher Macht sind beide Herrschaftssysteme auf die gegenseitige Unterstützung angewiesen (Schelsky H. 1975, 54).

M. Weber (1922) und H. Schelsky (1975, 55) führen für diese These eine Fülle von historischen Belegen an. Das Christentum half Konstantin, das Römische Reich unter seiner Führung wieder zu stabilisieren. Die Karolinger konnten erst mit Hilfe der christlichen Missionare das altgermanische Stammeskönigtum der Merowinger beseitigen. Die deutschen Kaiser erlangten ihre Legitimation im Rahmen der Krönung durch den Papst.

Schelsky (1975, 63-64) argumentiert, daß die »geistliche Herrschaft« bzw. die Rolle des „Sinn- und Heilsvermittlers" in der modernen Zeit auf die »Reflexionselite« (Sinnvermittler), die Medien, Wissenschaftler, Künstler, Lehrer, Priester und Ideologen übergegangen sei. In der Wissenschaft wird um die allein seligmachende Methode wissenschaftlicher Erkenntnis genauso gekämpft wie um die wahre Religion, wofür etwa der Positivismusstreit in der deutschen Soziologie (Adorno und Habermas gegen Popper und Albert) ein gutes Beispiel darstellt.

Das Wissen hatte für die Herrschaft also immer eine Doppelfunktion. Diese Doppelfunktion wurde beispielsweise in der mittelalterlichen Gesellschaft durch die *oratores* und *bellatores* (Duby G. 1981) repräsentiert. Die *bellatores* haben die weltliche Macht ausgeübt und das militärische Kapital dargestellt, die *oratores,* die Träger der kirchlichen Macht und die Inhaber des religiösen Kapitals, haben die weltliche Macht legitimiert oder kritisiert (Bourdieu P. 1991, 74-75). Die Eliten in den Zentren haben meist auch die Normen und das Wertesystem einer Gesellschaft bestimmt (Shils E. 1975, 4).

Da ein Vorsprung an Wissen und Technologie im Laufe der Geschichte immer wieder zu wirtschaftlicher und militärischer Überlegenheit geführt hat, waren viele Herrscher bemüht, an ihren regionalen Machtzentren „Zentren des Wissens" (z.B. Akademien und Universitäten) zu errichten. Der Kalif Harun al-Raschid (786-809) und sein Sohn al-Ma'mun gründeten an ihrem Regierungssitz in Bagdad das „Haus des Wissens", wo griechische, indische und persische wissenschaftliche Schriften ins Arabische übersetzt wurden (Ahmed M. D. 1988, 333). Als in Japan die politische Macht vom Shogun übernommen wurde und dieser seinen Regierungssitz von Kyoto nach Kamakura verlegte, wurde dort auch eine „Akademie" gegründet, die zum Zentrum der Kunst und der Wissenschaften werden sollte. Auch Karl der Große hat seinen Hof durch die Akademie, die Palastschule und die Pfalzbibliothek »zum Brennpunkt geistigen Lebens« (Bosl K. 1972, 11) gemacht. Mehrere europäische Universitäten verdanken ihre Gründung dem Umstand, daß Territorialherren oder Konfessionen ihre eigene „Kaderschmiede" haben oder ein „geistiges Bollwerk" gegen unerwünschte Einflüsse von außen errichten wollten.

Nicht nur die Inhaber der politischen und ökonomischen Macht benötigen die Expertise der Fachleute, sondern auch die sogenannten *Intellektuellen* haben aus verschiedenen Gründen immer wieder die Nähe der politischen Machthaber gesucht.

»Authority has always fascinated intellectuals. Authority is a manifestation of what is central in society and it is in the nature of the educated intelligence to be concerned with the central, the essential, in existence. As scientists who seek out the laws of nature, as theologians and philosophers who seek to ascertain the nature of divinity and of the ultimately good, as artists who seek to do justice to what is essential in their traditions, as scholars concerned with the truth about important life-determining events and about the great expressions of humanity, the peaks of authority in society naturally call to them« (Shils E. 1968, 310). »Often scientists who have achieved prominence as technologists in the field of nature or as theoretic scholars and investigators in mathematics, physics, or biology feel the urge to tell the human world what is good for it« (Znaniecki F. 1940, 82).

Nach H. Schelsky (1975) hat sich die *intelligentsia* zu einer Art moralisierender Priesterschaft entwickelt. Solche Priester können nur im Zentrum wirken. Schelsky hat damals zwar die linke *intelligentsia* gemeint, aber seine Analyse kann genauso auf die fundamentalistische Neue Rechte der USA oder alle Bewegungen angewandt werden, die einen „moralistischen Terror" (Szelényi I. und B. Martin 1988, 661) ausüben.

Intellektuelle suchen auch deshalb die Nähe der Macht (und der Medien), weil sie ihre Rolle als »Sinn- und Heilsvermittler« (Schelsky H. 1975, 14) bzw. als „selbsternannte Wortführer" (Bourdieu P. 1991, 63) nur im Zentrum spielen können. Wenn jemand in der Lage ist, von der Peripherie aus über eine längere Zeit hinweg einen solchen Einfluß auszuüben, muß er eine herausragende Kapazität sein. R. Strassoldo (1980, 44) weist darauf hin, daß es verschiedene philosophische, logische und soziokulturelle Gründe gibt, warum Menschen am Zentrum, am Wesentlichen, am Kern aller Dinge interessiert sind und den „Rand", das Nebensächliche vernachlässigen. H. Schelsky (1975, 15-16) bezeichnet den Herrschaftsanspruch der „Sinn- und Heilsvermittler" als einen rückläufigen Prozeß der »Reprimitivisierung«, in dem ein neuer »intellektueller Klerus« versuche, »das wirtschaftliche und politische Handeln zu seinen Gunsten und nach seinen Zielvorstellungen in den Herrschaftsgriff zu bekommen«.

Selbstverständlich stand ein Teil der Intellektuellen immer wieder im Widerspruch zu den Inhabern der Macht. Während die Inhaber der Macht und die regimetreuen Intellektuellen von der Anwendung des Wissens Stabilität und Machterhalt erwarten, sah ein anderer Teil der Intellektuellen die Anwendung des Wissens unter dem Aspekt der Innovation und des Strukturwandels. Die Produzenten und Anwender von Wissen können also durchaus unterschiedliche Ziele verfolgen (vgl. Drucker P. F. 1992, 103). Besonders beim Übergang von einer traditionellen zu einer modernen Gesellschaft, bei der Säkularisierung eines theokratischen Staats oder beim Austausch von Eliten nach einem politischen Umbruch gab es immer wieder große Gräben zwischen der politischen Elite und einem Teil der Intellektuellen. Dies hat jedoch nichts an der räumlichen Konzentration und Verflechtung von Wissen und Macht geändert. Denn auch wirksame Opposition kann auf Dauer nicht von der Peripherie aus agieren. Auch sie benötigt eine räumliche Nähe zur Macht und eine Verbindung zu Massenmedien. Deshalb wurden unliebsame oppositionelle Intellektuelle im Laufe der Geschichte auch immer wieder außer Landes oder an die „Peripherie" verbannt (z.B. nach Sibirien) und von der Öffentlichkeit abgeschirmt.

»Der Monopolisierung der Gewalt als Grundlage der politischen Herrschaft entspricht also die Monopolisierung der Vermittlung des Heils, der Methode der Heilsbestimmung und Heilsdeutung als Grundlage geistlicher Herrschaftssysteme« (Schelsky H. 1975, 45). »Ökonomisch gesehen leben die Heilsherrscher immer von der Arbeit der anderen, deren Alltagsmühen und -anstrengungen sie gleichzeitig als minderwertige Lebensform verleumden und zugleich ausbeuten« (Schelsky H. 1975, 48). Die Monopolisierung des Machtmittels „Heilsverheißung" hat zu ähnlichen bürokratischen Strukturen geführt wie die Monopolisierung der politischen Herrschaft in der Form des modernen Staats. Dogmatisierung der Lehre, bürokratische Festlegung der Lehrgewalt und der Glaubensentscheidungen führen unweigerlich zu einer räumlichen Zentralisierung des Wissens und der Entscheidungsbefugnisse. Auch ein

Deutungsmonopol, eine Definitionsmacht, eine Beeinflussung der öffentlichen Meinung und eine »Heilsherrschaft über die Wirklichkeit« (Schelsky H. 1975, 94) kann man am besten von einem Zentrum ausüben. Die Bücher der Häretiker wurden als Einschüchterungsritual auf dem Marktplatz vor großer Öffentlichkeit verbrannt (Werner Th. 1995, 167) und nicht etwa im Verborgenen oder in der ländlichen Peripherie. Der Tag der Bücherverbrennung wurde als Festtag gestaltet, dem Bischöfe aus anderen Diözesen beiwohnten, die Bücherverbrennung wurde als Ereignis öffentlich in Szene gesetzt. Aufmerksamkeit wurde also regelrecht provoziert (Werner T. 1995, 171-175). »Der Akt der Vernichtung war symbolhaft gestaltet und so angelegt, daß er an sich ein denkwürdiges Ereignis abgab« (Werner T. 1995, 177), das den Anwesenden im kollektiven Gedächtnis haften blieb.

Die regimetreuen Intellektuellen haben die Aneignung und Verinnerlichung des Herrschafts- oder „Heilswissens" von Religionen, Ideologien oder des „großen Vorsitzenden" sehr oft als soziale Aufstiegshilfe benutzt. Nicht nur in Ländern, die von einem religiösen Fundamentalismus dominiert werden, bietet „religiöses Wissen" Zugang zu Machtpositionen, sondern die Kenntnis des „sozialistischen Gedankenguts" oder ein häufiges Zitieren der „unumstößlichen Lehren" von Marx, Lenin oder Mao war in einigen sozialistischen Staaten bis Ende der 1980er Jahre noch ein fester Bestandteil der Herrschaftskultur. Gegen dieses Zitieren von Dogmen kam kein Fachwissen an. Wer das Monopol über das „teleologische" Heilswissen hat, besitzt, wie die Geschichte der kommunistischen Länder gezeigt hat, unumschränkte Macht. Im real existierenden Sozialismus kam zwar nur ein kleiner Teil der Intellektuellen an die Macht, wenn jemand jedoch sowohl „Treue zur Partei" als auch „Verinnerlichung des Heilswissens" nachweisen konnte, standen ihm die höchsten Karrierepfade offen (Szelényi I. und B. Martin 1988, 657). Wer dieses ideologische oder religiöse „Heilswissen" nicht übernommen hat, blieb zumindest von den wichtigen Schaltstellen des jeweiligen Machtapparates ausgeschlossen.

Da sich das ideologische oder intellektuelle Wissen auf das Teleologische bezieht, ist es leicht transformierbar und beinahe so neutral wie Kapitalbesitz. Selbst wenn der Intellektuelle seine Kompetenz als Schriftsteller oder protestantischer Theologe erworben hat, hindert ihn dies nicht, sich auch in technologischen, militärischen oder volkswirtschaftlichen Fragen als kompetent zu erachten. Das Wissen des Ideologen (des Intellektuellen) hat eine Art „austauschbaren bürokratischen Einheitswert". Deshalb war in sozialistischen Staaten das an Parteihochschulen erworbene *ideologische Wissen* überall einsetzbar und wichtiger als das Fachwissen (Konrád G. und I. Szelényi 1978, 230-231).

P. Bourdieu (1991) und G. Konrád und I. Szelényi (1978) haben die Rolle der Intellektuellen in West und Ost kritisch hinterfragt. P. Bourdieu (1991, 9, 19) sieht die Intellektuellen keinesfalls so selbstlos, wie sie sich selbst darstellen, sondern er bezeichnet sie als »Gruppe mit eigenen Interessen«, die immer wieder dazu tendiert, »die Politik zu benutzen, um Querelen mit anderen Intellektuellen auszutragen«. »Die Intelligenz beschreibt sich zu jeder Zeit ideologisch, das heißt in Übereinstimmung mit ihren Sonderinteressen« (Konrád G. und I. Szelényi 1978, 28). Die Intelligenz »bestätigt den Leistungskult, doch lehnt sie eine Bewertung ihrer eigenen Tätigkeit nach dem Leistungsprinzip gereizt ab« (Konrád G. und I. Szelényi 1978, 40).

A. Gouldner's Buch *The Future of Intellectuals and the Rise of the New Class* (1979) hat eine Diskussion in Gang gesetzt, ob die Intellektuellen und die hoch qualifizierten Technokraten etc. jene „neue Klasse" bilden werden, die M. A. Bakunin Ende des 19. Jahrhunderts für marxistische Systeme mit einer zentralen Planwirtschaft vorhergesagt hat.

»All that will demand an immense knowledge [...]. It will be the reign of scientific intelligence, the most aristocratic, despotic, arrogant and contemptuous of all regimes. There will be a new class, a new hierarchy or real and pretended scientists and scholars, and the world will be divided into a minority ruling in the name of knowledge and the immense ignorant majority« (Bakunin M. A. 1966, 80-98).

Diese Diskussion um die Entstehung einer neuen Klasse wurde von I. Szelényi und B. Martin (1988) sehr anschaulich zusammengefaßt, so daß sie hier nicht wiederholt zu werden braucht. Unbestritten ist, daß bei Intellektuellen, Experten und Wissenschaftlern das Festhalten am marxistischen Klassenbegriff ein theoretischer Irrweg und wissenschaftlich unfruchtbar war (vgl. auch N. Stehr 1994a). Auch wenn Wissenschaftler und Experten ihre eigenen Sonderinteressen vertreten, so sind Wissensproduzenten nach K. Mannheim (1962) *„socially unattached"*, sie gehören konkurrierenden Systemen an (Gewerkschaften und Unternehmerverbänden, linken und rechten Parteien), sie verfolgen für ihre Organisationen unterschiedliche Ziele und werden deshalb nie ein gemeinsames Klassenbewußtsein aufbringen.

3 Der Weg zu einer Geographie des Bildungs- und Qualifikationswesens

3.1 Räumlichkeit als Strukturprinzip des Sozialen

Nicht wenige Theorien und Modelle der Sozial- und Wirtschaftswissenschaften glauben, ohne Berücksichtigung der räumlichen Dimension auszukommen. Viele suchen bei der Analyse kausaler Beziehungen zwischen einzelnen Variablen immer noch nach kontextunabhängigen Gesetzen. Regionale Disparitäten werden in solchen Modellen nur als „Störfaktoren" oder als im Modell zu vernachlässigende Anpassungsschwierigkeit auf dem Weg zum wirtschaftlichen „Gleichgewicht" oder zur „sozialen Gleichheit" aufgefaßt. Um überschaubare Modelle entwickeln zu können, gehen viele Ökonomen von der Homogenität des Raums aus. Nach den Vorstellungen der orthodoxen Neoklassik sind potentielle Innovatoren, kreative Milieus und die für Entscheidungsprozesse benötigten Informationen und Qualifikationen ubiquitär vorhanden. Einige Ökonomen haben in letzter Zeit erkannt, daß es diese Ubiquität des Wissens und die Homogenität des Raumes in der Geschichte noch nie gegeben hat und auch nie geben wird, und nehmen deshalb in ihren Modellen eine asymmetrische Verteilung des Wissens an. Andere Autoren (Krugman P. 1991) gehen nicht mehr von einem, sondern von zwei oder mehr homogenen „Räumen" aus.

Der englische Soziologe Giddens hat darauf hingewiesen, daß der Raum für soziale Konstitutionsprozesse von zentraler Bedeutung ist und daß die Nichtberücksichtigung des räumlichen und zeitlichen Kontexts als einer der zentralen Mängel der bisherigen Gesellschaftstheorien anzusehen ist (vgl. Giddens A. 1979a).

Solange Wissenschaftler ihre „akademische Spielwiese" nicht verlassen, richtet die Ausblendung der räumlichen Dimension wenig Schaden an. Wenn „raumblinde" Konzepte jedoch Grundlage von Politikberatung oder ökonomischen Entscheidungen werden, können die Folgen sehr negativ sein. Im folgenden sollen nur einige wenige

Beispiele zeigen, warum die räumliche Dimension für die Konstituierung gesellschaftlicher und ökonomischer Prozesse von großer Bedeutung ist.

Aus einer *funktionalen oder organisationstheoretischen* Perspektive kann man argumentieren, daß aus der vertikalen Arbeitsteilung sowie der Ausdifferenzierung und Spezialisierung sozialer Systeme zwangsläufig räumliche Disparitäten resultieren, die sich in einer räumlichen Konzentration von Wissen, Macht, Steuerungs- und Kontrollfunktionen, in einer Dezentralisierung von niedrigqualifizierten Routinefunktionen, einer räumlichen Segregation der sozialen Schichten und in einer hierarchischen Abstufung des Siedlungssystems äußern (vgl. Kap. 6.3).

Die Steuerung, Koordination und Kontrolle von großen sozialen Systemen sowie die Ausübung von Macht und Einfluß sind ohne die Berücksichtigung der räumlichen Dimension, d.h. von Zuständigkeits- und Einflußbereichen, Kontaktpotentialen, räumlichen Positionierungen von Subjekten, nicht vorstellbar. »Space needs to be commanded and controlled« (Graham S. und S. Marvin 1996, 97). Macht und Wissen bzw. höhere Entscheidungs-, Kontroll- und Verwaltungsfunktionen waren in allen Kulturkreisen und auf allen Entwicklungsstufen der Zivilisation stets auf einige wenige Zentren konzentriert. J. Gottmann (1980a, 12) hat die enge Verquickung zwischen der räumlichen Dimension und der Machtausübung sehr treffend mit dem Hinweis auf die gleiche lateinische Wurzel der Begriffe „Region“, „Regent“, „regieren“ und „regulieren“ angedeutet.

»Obviously political authority organized the use of geographical space; and the organization of space evolved through a political process. The political institutions exercising authority had to be located somewhere. That authority operated within certain spatial limits« (Gottmann J. 1980a, 18).

Wer das Konzept der funktionalen Arbeitsteilung in Organisationen und der Ausdifferenzierung sozialer Systeme ablehnt und eine subjektzentrierte Handlungstheorie fordert, muß sowohl die Komplexität der Wirtschaft und Gesellschaft als auch die Zeitkomponente ausblenden. Dies wird auch von B. Werlen so gesehen. »Die Vorstellung der „Entankerung der Gesellschaft“ ist eng an die Ablehnung der funktionalistisch und evolutionistisch motivierten Vorstellung der Ausdifferenzierung von Gesellschaften gebunden. Die biologistisch inspirierte Idee zunehmender Komplexität auf der Basis fortschreitender funktionaler Spezialisierung soll durch die Charakterisierung des Maßes des Ausgreifens in Raum und Zeit ersetzt werden« (Werlen B. 1995, 119). »Eine konsequente handlungszentrierte Sicht verlangt [...] eine Ausblendung der Zeitgeographie aus der strukturationstheoretischen Forschungskonzeption« (Werlen B. 1997, 139). Wer dem zustimmt, muß sich allerdings auch von sehr interessanten Forschungsfragen verabschieden.

Vom Standpunkt der *Innovations- und Diffusionsforschung* aus wird argumentiert, daß die räumliche Dimension deshalb eine fundamentale Bedeutung hat, weil „neues Wissen“, Erfindungen oder organisatorische, soziale und technische Innovationen jeweils nur an bestimmten Innovationszentren entstehen und in der Regel sehr lange benötigen, bis sie überall verbreitet sind. Neues Wissen (in Form von Erfindungen, wissenschaftlichen Erkenntnissen, Technologien, agrarischen Anbaumethoden, neuen Organisationsformen etc.) ging meist von einer oder einigen wenigen Regionen aus und wurde erst im Rahmen eines mehr oder weniger langen Diffusionsprozesses von anderen Regionen übernommen, ohne je ubiquitär verbreitet zu sein. Räumliche Unterschiede des Wissens- und Informationsniveaus haben seit Jahrhunderten die räumliche Diffusion und Übernahme von Innovationen beeinflußt. Ein (zeitlicher) Vorsprung an Wissen, Erfahrung, Qualifikation und technologischem Niveau hat den Innovationszentren und den frühen Adoptoren für einen bestimmten Zeitraum zu Wettbewerbsvorteilen und wirtschaftlicher Macht verholfen und damit zu räumlichen Entwicklungsunterschieden geführt. Diese zeitlich-räumlichen Diffusionsprozesse haben stets neue räumliche „Ungleichheiten" geschaffen, so daß die Konzepte der Innovation und Diffusion mit der Vorstellung eines homogenen Raumes unvereinbar sind.

Viele Innovationen, die den Adaptoren zu einem neuen Vorsprung an Wissen, an Wettbewerbsvorteilen, an Technologie und beruflichen Fähigkeiten verhalfen, gingen immer wieder von jenen Zentren aus, die schon bisher über das größte Humankapital und Forschungspotential verfügten. Oft haben Innovationen deshalb die regionalen Disparitäten der Wirtschaft nicht verringert, sondern verstärkt oder neu strukturiert. Nicht nur die Frage, wo Erfindungen entstehen, sondern auch die Frage, ob, wo und wie früh solche Innovationen angenommen oder erfolgreich eingesetzt werden, hängt in vielen Fällen vom Wissen, sowie vom Informations- und Ausbildungsniveau der potentiellen Adaptoren ab.

»Innovation, perhaps more than any other economic activity, depends on knowledge [...] Commercially-viable product innovations combine scientific and technical knowledge with knowledge of the market. A new product introduction reflects the successful organization and synthesis of these diverse types of knowledge« (Feldman M. 1994, 1). »Innovation is perhaps best characterized as an intrinsically uncertain problem-solving process which blends private knowledge with public knowledge« (Feldman M. 1994, 2).

Die Einführung von technischen Innovationen ist, wie M. Feldman (1994, 14-27) in Anlehnung an Kline St. J. und N. Rosenberg (1986) sehr anschaulich belegt hat, kein linearer Prozeß, der aus wissenschaftlicher Erfindung, Produktentwicklung und Markteinführung besteht, sondern bei einer erfolgreichen Produkteinführung besteht meist ein umfangreiches Geflecht an externen Abhängigkeiten, etwa von universitärer Forschung, von den Verbesserungsvorschlägen der Kunden, dem Verhalten der Konkurrenz oder von informellen Netzwerken. Historisch gesehen gab es nur sehr wenige Beispiele, daß ein Unternehmen all diese Wissensquellen internalisieren konnte, meist ist eine Produkteinführung in hohem Maße von „externem" Wissen abhängig.

»In the linear model, scientific discovery is the only source of ideas for new products. This, however, contradicts evidence that there are other types of knowledge and expertise that provide ideas for new product innovation. [...] There are certain aspects of a technology which are tacit and are best understood by working with, and using, that technology. The knowledge gained through a variety of activities outside of the R&D lab creates an understanding of the potential of a technology which may provide the ideas for new products. Product users, or customers, [...] may suggest new products based on the ways in which existing products fail to meet their needs. [...] Other specialized producer services provide managerial, accounting, legal, and financial expertise which can reduce the risks and opportunity costs associated with product commercialization« (Feldman M. 1994, 14-15; vgl. auch Nelson R. R. und S. G. Winter 1982, 76-80).

G. Dosi (1988b) nennt fünf Gründe, warum die Entstehung und Kommerzialisierung von Innovationen an bestimmten Standorten oder in gewissen Regionen erfolgreicher ist als an anderen und warum Innovationen auf räumlich verortete Netzwerke angewiesen sind: die Unsicherheit des Innovationsprozesses, die Abhängigkeit von universitärer Forschung, die Komplexität des Innovationsprozesses, die Bedeutung von *learning by doing* und der kumulative Charakter von innovativen Aktivitäten. Nur wenn die »key knowledge inputs to the commercialization process« (Feldman M. 1994, 20) in räumlichen Clustern auftreten, gestalten sie zusammen den räumlichen Kontext. Dieses innovative Milieu ist nicht ohne weiteres in andere Räume transferierbar.

»An area with innovative activity will develop a set of specialized resources which provide comparative advantage for the next round of innovation. This process is defined by Arthur (1990) as self-reinforcing expertise and gives rise to the geographic clustering on innovative activity« (Feldman M. 1994, 23).

Der These von P. Weichhart (1996, 39), daß »der „Raum" und damit auch die Region ein *systemimmanentes Strukturprinzip des Sozialen darstellt*« ist uneingeschränkt zuzustimmen. »Die Räumlichkeit des Sozialen ist Teil seiner Systemkonstitution« (Weichhart P. 1996, 41). Eine ähnliche Ansicht vertritt auch D. Massey: »the social and the spatial are inseparable« (Massey D. 1992, 71). Regeln und Vorschriften (z.B. Steuergesetze, Schulverordnungen, Amtssprachen) gelten meist nur für klar abgegrenzte Verwaltungsgebiete. Herrschaftsstrukturen sind räumlich verortet. Die öffentliche Verwaltung hat exakt abgegrenzte Zuständigkeitsgebiete, Macht wird von bestimmten Zentren aus durchgesetzt, Ressourcen werden von Zentren aus abgeschöpft und von dort wieder verteilt.

Machtausübung, Kontrolle, Koordination und Disziplinierung erfolgen über die Regulierung von Raum und Zeit (vgl. Foucault 1972, 1980; Giddens A. 1988a; Sofsky W. 1997). »Macht über Raum zu haben bedeutet, Macht über die Subjekte zu haben« (Werlen B. 1997, 333). »Die räumlichen Bedingungen des Handelns werden dementsprechend als Ausdruck von Machtverhältnissen begreifbar« (Werlen B. 1997, 65).

Machtbeziehungen und soziale Positionierungen finden ihren Ausdruck in räumlichen Positionierungen. Die räumliche Positionierung kann einerseits eine *disziplinierende* Macht ausüben, indem sie darüber bestimmt, was wo gemacht werden darf oder verboten ist. Andererseits ist die räumliche Positionierung aber auch eine wirksame Methode, um sozialen Status, Rollen und Machtbefugnisse nach außen hin zu verdeutlichen.

Um Stabilität und Effizienz zu schaffen sowie Konflikte zu minimieren, werden Rangordnungen, Rollen und soziale Positionen nach außen hin „sichtbar" gemacht. Diese Repräsentation der Macht erfolgt durch Zeichen, Symbole und Anordnung im Raum. Wer diese Symbole und die Positionierung im Raum zu lesen versteht, wird seine Ziele eher erreichen, als jemand, der diese Kenntnisse nicht hat.

Besonders im konfuzianischen Kulturraum hat sich die soziale Rangordnung nicht nur in sichtbaren Symbolen, sondern vor allem in der Anordnung im Raum und in der Distanz zum Inhaber der Macht dargestellt. Auch in einer modernen Gesellschaft werden Adressen von Wohnorten oder Geschäftsstandorten dazu verwendet, Rückschlüsse auf die soziale Schichtzugehörigkeit zu ziehen. Die Adresse oder räumliche Positionierung wird gleichsam zum »symbolischen und sozialen Kapital« (Werlen B. 1997, 321). In manchen Situationen ist die räumliche Anordnung der einzige Schlüssel zum Verständnis der Herrschaftsstrukturen. Manchmal kann ein Beobachter, der über die Machtbeziehungen, die Positionen, Rollen und Statusunterschiede innerhalb einer Organisation nicht Bescheid weiß, nur aus der räumlichen Anordnung der Individuen und aus der Kommunikation zwischen Subjekten Rückschlüsse auf deren Rollen und Machtverhältnisse ziehen. So haben sich beispielsweise Machtverschiebungen in kommunistischen Regierungen häufig zuerst in kleinen Änderungen der räumlichen Positionierung bei öffentlichen Auftritten gezeigt. Wenn Strukturen nach A. Giddens und B. Werlen »sowohl ermöglichendes Mittel als auch begrenzender Zwang des Handelns« sind (Werlen B. 1997, 182), bedeutet dies, daß auch Positionen im Raum ermöglichendes Mittel und begrenzender Zwang sein können.

Die (relationale) Lage im Raum bestimmt den Kontext, unter dem verschiedene Einflußfaktoren zusammenwirken. In diesem Sinne kann sozial interpretierte Räumlichkeit nach P. Weichhart (1996, 40) auch als *action setting* aufgefaßt werden. »Unter einem „action setting" können wir eine Konfiguration von austauschbaren menschlichen Akteuren, spezifischen Handlungsvollzügen und einem materiellen wie sozialen Kontext verstehen, die als integraler Systemzusammenhang den Ablauf bestimmter Handlungsprogramme ermöglicht« (Weichhart P. 1996, 40). P. Weichhart (1997, 39) spricht in diesem Sinne von der »Lagerungsqualität der Körper und Dinge [...]. Dadurch, daß materielle Dinge eine bestimmte Konfiguriertheit aufweisen, zueinander in bestimmten Lagerelationen stehen, benachbart, getrennt oder miteinander verbunden sind, kann so etwas wie ein funktionaler oder dynamischer Systemzusammenhang entstehen, der ohne diese spezifische Lagerungsqualität nicht eintreten würde«.

Standorte, aber auch ein physisch-geographische Gegebenheiten können (zumindest für den informierten oder erfahrenen Akteur) eine Art »Aufforderungscharakter« (Weichhart P. 1997, 41) haben, die betreffende Situation zur Verwirklichung seiner Ziele zu nutzen. »Natürlich liegt die Aufforderung selbst nicht im materiellen Objekt, auch sie ist eine Konstitutionsleistung des handelnden Subjekts« (Weichhart P. 1997, 41). Eine Stromschnelle oder ein günstiger Tiefseehafen müssen vom handelnden Subjekt erst als solche erkannt werden. Die Chancen und Gefahren, die ein *setting* bietet, bleiben jedoch auch dann bestehen, wenn sie vom Subjekt nicht erkannt werden.

Es gibt jedoch keine räumliche Logik im streng deterministischen Sinne. Nur für den Wissenden ergibt sich eine Logik des Handelns, indem er einige Alternativen als günstiger beurteilt als andere. Die Menschen können aber immer auch anders handeln als es dem Erfahrenen, Wissenden und Erfolgreichen sinnvoll erscheint. Jeder Mensch hat das Recht zum Irrtum, zur Dummheit, zur Vernichtung seiner Chancen und zum eigenen Mißerfolg. Nur wenn es darum geht, zu überleben, nicht zu verhungern, keinen Schaden zu nehmen, keine Ressourcen zu vergeuden, die Ziele zu erreichen und wirtschaftlich oder politisch erfolgreich zu sein, können die räumlichen Strukturen oder das *setting* (nicht der Raum an sich) eine Logik des Handelns aufdrängen, was nicht heißt, daß es nur eine einzige Alternative gibt. Die räumliche Logik des Handelns besteht vielmehr in der Erkenntnis, daß einige Alternativen wesentlich effizienter, kostensparender, sicherer und erfolgversprechender sind als andere. Aus der Tatsache, daß einzelne Akteure diese Logik wegen ihres Wissens- und Erfahrungsdefizits nicht erkennen und sich deshalb auch nicht von diesen Strukturen in ihrem Handeln leiten lassen, darf nicht geschlossen werden, daß Strukturen generell keine Wirkkraft haben. Strukturen haben deshalb eine Wirkkraft, weil jene Akteure, welche die gebotenen Chancen erkennen, bei der Realisierung ihrer Ziele erfolgreicher sind als jene, welche die Chancen und Restriktionen nicht erkennen und interpretieren konnten. Dies gilt gleichermaßen für materielle (physisch-geograpische) Strukturen als auch für Organisationsstrukturen.

Manche dieser Strukturen bleiben in ihrem „Aufforderungscharakter“ und in ihren Restriktionen relativ stabil oder ändern sich nur in langen Zeiträumen. Es gibt in den Alpen Engstellen, die von den Römerzügen, über den 30jährigen Krieg bis 1945 als Verteidigungsstellen genutzt wurden. Die Rote Armee hat 1945 genau dieselben Einfallspforten nach Österreich benutzt wie Jahrhunderte vorher die Türken, Kuruzzen, Magyaren und Awaren.
Andere Strukturen erhalten oder verlieren ihren „Aufforderungscharakter“ aufgrund von technologischen Veränderungen. Für den Saumverkehr war die kürzeste Strecke über ein Gebirge attraktiv, im Eisenbahnzeitalter hatten die niedrigsten Pässe oder die Trassen mit den geringsten Steigungen „Aufforderungscharakter“.

Die räumlichen Strukturen haben eine Auslöserfunktion. Sie setzen zumindest bei jenen Akteuren Konstitutionsleistungen in Gang, welche die Signale und Strukturen zu lesen verstehen. Wer die Logik der Strukturen (auch der materiellen Gegebenheiten) erkennt, sieht, daß einige Alternativen größere Überlebens- oder Erfolgschancen anbieten als andere. Für den Erfahrenen, den gut Informierten und Wissenden ergeben die räumlichen Strukturen sehr wohl eine Logik des Handelns, da er in diesen Chancen und Nachteile erkennt, während die Unwissenden aus den Strukturen keine Folgen für ihr Handeln ableiten. Die von der Handlungstheorie vorausgesetzte Handlungsfreiheit hat eigentlich nur der Unwissende, der schlecht Informierte oder der über unbeschränkte Ressourcen Verfügende. Je mehr ein Akteur über sein Umfeld weiß, umso weniger Alternativen erscheinen ihm für eine ressourcenschonende Erreichung seines Ziels erfolgversprechend. Die Gefahren und Chancen einer Räumlichkeit bleiben jedoch auch dann bestehen, wenn einige der handelnden Subjekte zu dieser Konstitutionsleistung nicht imstande sind.

Was damit gemeint ist, kann an folgendem Beispiel erklärt werden. Der erfahrene und qualifizierte Bergführer läßt sich von den äußeren Bedingungen, z.B. dem Schwierigkeitsgrad der Bergtour, der Steilheit und morphologischen Beschaffenheit des Reliefs, der Vegetation, dem Wetter, der Jahreszeit oder der Höhenlage, in seinem Handeln sehr wohl beeinflussen. Der Einfluß der Strukturen beginnt bei der Auswahl seiner Ausrüstung und endet bei der kurzfristigen Änderung des Ziels, wenn sich die äußeren Bedingungen ändern. Frühe Anzeichen eines Wetterumschlags signalisieren ihm z.B. die Aufforderung, umzukehren oder eine Schutzhütte aufzusuchen. Für den unerfahrenen Halbschuhtouristen haben diese Signale keine Wirkkraft, weil er daraus keine Gefahr konstituieren kann. Der unerfahrene Halbschuhtourist läßt sich von den materiellen Gegebenheiten in seinem Handeln weniger beeinflussen; solange die Katastrophe nicht eintritt, ist er in seinen Handlungen auch freier als der erfahrene Bergführer.

Lage, Raum oder *action setting* sind allerdings nicht etwas Absolutes, nicht etwas Feststehendes oder Gleichbleibendes, sondern sie unterliegen der Bewertung durch den Menschen und sind abhängig von kulturellen Normen und Übereinkünften, von technischen Möglichkeiten. Diese Bewertungen können sich auch ändern.

Auch A. Pred (1986) weist Orten, räumlichen Kontexten und Regionen eine konstitutive Rolle bei der Gestaltung von Lebensläufen zu. Ein solcher Einfluß wird allerdings nicht vom *Raum* an sich ausgeübt, sondern es sind die mit Ressourcen, Funktionen und symbolischer Bedeutung versehenen *Standorte* sowie lokal oder regional definierbare *Milieus* und die räumlich abgrenzbaren Geltungsbereiche bestimmter Regeln, die Handlungen anregen, fördern, erleichtern, sanktionieren, erschweren oder behindern können und damit konstitutiv für menschliches Handeln sind. Einerseits kann das Soziale verräumlicht werden, andererseits beeinflussen »räumlich gebundene Symbolisierungen und Markierungen« (Werlen B. 1997, 124) das Handeln der Menschen. Für das menschliche Handeln ist es unwichtig, ob diese den Standorten oder Milieus zugeordneten Eigenschaften und Bedeutungen wesensinhärente Eigenschaften sind oder durch Bewußtseinsleistungen der handelnden Subjekte entstehen.

Auf der Mikroebene der Handlungstheorien, insbesondere in der *Psychologie,* ist in letzter Zeit zunehmend die Forderung erhoben worden, die kontextgebundene Forschung, die ihren Blick auf konkrete Phänomene in ihrem sozialen und situativen (lokalen) Umfeld richtet, voranzutreiben und den Anspruch auf die Universalität der Modelle etwas zurückzuschrauben. Das Räumliche verknüpft gleichsam das Situative, Soziale und Kulturelle, im Räumlichen sind diese verschiedenen Einflüsse auf einer Ebene abgebildet. Das Soziale, Kulturelle und Situative (der räumliche Kontext) sollte also nicht als zusätzliche Variable, sondern »als grundlegende Komponente vieler psychologischer Phänomene« begriffen werden (Mandl H. 1997, 10).

In den sozialkonstruktivistischen Ansätzen der *Psychologie* wird neuerdings verstärkt darauf hingewiesen, daß das Handeln stark von der *Situation* und dem sozialen (sowie lokalen) *Kontext* abhängt. »Die sozialen Erwartungen, die spezifischen Anreize, die konkreten An- und Herausforderungen, aber auch die Grenzen und Hindernisse einer räumlich und zeitlich aktuellen Situation beeinflussen Zielsetzung und Planung einer Handlung ebenso wie ihre Ausführung und Bewertung« (Mandl H. 1997, 8). Die *Situated Cognition Bewegung* betont, daß auch »das Wissen nicht einfach eine Substanz in Köpfen von Individuen ist, sondern in der Verbindung von Person und Situation entsteht. Die bisher dominante Vorstellung von Wissen als einer Menge kognitiver Repräsentationen, die abstrakt und losgelöst von jedem Kontext abgespeichert sind, gerät ins Wanken [...]. Wissen wird zum einen durch das wahrnehmende Subjekt konstruiert, zum anderen aber auch in der Gemeinschaft sozial ausgehandelt. Dabei ist Wissen kontextgebunden, weshalb Person, Wissen, Handeln und Situation stets gemeinsam zu analysieren sind« (Mandl H. 1997, 8f).

Strukturen determinieren zwar nicht das Handeln, aber sie beeinflussen, ermöglichen, sanktionieren oder erschweren es. Gleichzeitig verändern Subjekte und Organisationen ständig die Strukturen. Man kann den Strukturbegriff nicht nur auf Regeln und Ressourcen zurückführen, wie A. Giddens, sondern auch materiell auffassen, etwa im Sinne von Infrastruktur, Verkehrs- oder Kommunikationsstrukturen. Strukturen können also entweder beobachtbar sein oder »nur als *Fähigkeiten der Akteure existieren*, und zwar als Wissen, wie Dinge getan, gesagt oder geschrieben werden sollen, und auf dem also die soziale Praxis beruht, die dann als Umsetzung dieses Wissens zu begreifen ist. Dieses Wissen kann prinzipiell sowohl im diskursiven oder praktischen Bewußtsein als auch im Unterbewußtsein angesiedelt sein« (Werlen B. 1997, 184).

B. Werlen (1997, 127) weist zurecht darauf hin, daß ein Kontext nur in bezug auf eine Handlung, eine Zielsetzung oder allgemeine Ausrichtung des Handelns spezifiziert werden kann. »Je nach Art des Handelns werden je unterschiedliche Aspekte des Kontextes relevant. Deshalb setzt eine echte kontextuelle Geographie eine handlungs- bzw. subjektzentrierte Sichtweise voraus. Was den Kontext begrenzt, was ihn strukturiert, was die Situation definiert, das sind die handelnden Subjekte, und sie tun es jeweils in bezug auf bestimmte Arten und Inhalte des Handelns « (Werlen B. 1997, 127). Diese Aussage ist jedoch insofern zu relativieren, als sich ein Kontext nicht unbedingt auf das *aktuelle* Handeln der Subjekte beziehen muß, sondern auch Möglichkeiten für zukünftiges Handeln anbieten kann.

Ein System ist mehr als die Summe seiner Elemente. Untersuchungen, die sich nur mit Individuen befassen, können lediglich einen bestimmten Ausschnitt der „Wirklichkeit“ erfassen. Nachbarschaften, Gemeinden oder Regionen sollten nicht nur als unterschiedliche Aggregationsniveaus von Individualdaten angesehen werden. Räumliche Einheiten haben einerseits einen symbolischen Wert (vgl. Kap. 2.4.4), der dann auf dort tätige Akteure projiziert wird. Andererseits sind Standorte die Basis für soziale Beziehungen, für soziale Kontrolle, Interaktionen und intellektuellen Diskurs. In ihnen werden unterschiedliche Erfahrungen gemacht und unterschiedliches „Wissen“ akkumuliert, in ihnen können unterschiedliche Normen, Mentalitäten und kulturelle Traditionen entstehen. Im Rahmen der räumlichen Arbeitsteilung nehmen sie unterschiedliche Funktionen wahr, bieten unterschiedliche Arbeitsplätze und Aufstiegschancen an. Nachbarschaften, Gemeinden oder Regionen können Symbole für lokale oder regionale Identitäten sein oder jenen Zustand des sozialen „Eingebundenseins“ (*social embeddedness*) vermitteln, dem M. Granovetter (1985), L. C. Freeman (1992), A. Portes und J. Sensenbrenner (1993) und andere Soziologen und Psychologen in jüngster Zeit eine so große Bedeutung zumessen.

Das vielfache Eingebundensein in Strukturen wirft auch die Frage nach der Willensfreiheit und Autonomie des handelnden Akteurs auf. Zumindest im Berufsleben ist der Akteur in Rahmenbedingungen und Organisationen eingebunden, seine Verfügungsgewalt über Ressourcen, seine Entscheidungsbefugnisse, seine Möglichkeiten der Selbstverwirklichung, seine Handlungsspielräume und seine Aufstiegschancen hängen weitgehend von Funktionen und beruflichen Positionen ab, die ihm andere zugewiesen haben und, je nach Beruf, auch wieder wegnehmen können. Die Institution oder Abteilung, der er angehört, kann ihm Prestige, Publicity und Handlungspielräume verleihen, die er sofort verliert, wenn er die Institution verläßt.

Unter den Sozialwissenschaftlern gehörten H. Meulemann und H. Weishaupt (1976, 61) zu den ersten, die darauf hingewiesen haben, daß bei der Analyse der regionalen Unterschiede des Bildungsverhaltens »nicht nur Merkmale der sozialen Schichtung, sondern auch Merkmale der sozialen Ökologie und des sozialkulturellen Milieus berücksichtigt werden« sollten. Damit haben sie auch eine wichtige Brücke zur Bildungsgeographie geschlagen.

Der Einfluß der im weitesten Sinne geographischen Faktoren auf das Bildungsverhalten ist in den meisten Fällen nicht als eine direkte Kausalwirkung und schon gar nicht in einem deterministischen Sinn zu verstehen. Meistens beeinflussen sie das Bildungsverhalten über eine längere Kausalkette, indem sie im Rahmen des räumlichen Kontexts das Informationsniveau, die Einstellungen, die Handlungsentwürfe, die sozialen Normen und Erwartungen der Eltern und Schüler in einer Art beeinflussen, daß dies Konsequenzen für das Bildungsverhalten hat. Wesentlich seltener kommt es vor, daß räumliche Strukturen gewisse Sachzwänge aufstellen, die es beispielsweise nicht ermöglichen, die Bildungsaspirationen zu verwirklichen. Derartige Sachzwänge können u.a. unzumutbare Schulwegdistanzen, eine mangelhafte Verkehrserschlossenheit, regelmäßig wiederkehrende Verkehrsbehinderungen (Lawinengefahr etc.) oder bestimmte wirtschaftliche Organisationsformen sein.

Wenn Sozialwissenschaftler wie M. Gontard (1959) oder C. M. Cipolla (1969) bei der Erklärung der niedrigen Analphabetenquoten in den schweizerischen oder den französischen Alpen im 19. Jahrhundert allen Ernstes darauf hingewiesen haben, daß Schnee und kaltes Wetter die Kinder von anderen Aktivitäten abgehalten habe und sie sich deshalb in einem jungen Alter dem Lesen und Schreiben zugewandt hätten, entspricht dies einer deterministischen Betrachtungsweise, die von der Geographie schon vor rd. 100 Jahren aufgegeben wurde. Genauso hätte man argumentieren können, daß Schnee und unzumutbare Schulwegbedingungen die Kinder von einem regelmäßigen Schulbesuch abgehalten hätten. Solche physisch-geographischen Faktoren haben nur in sehr wenigen Extremfällen einen *direkten* negativen Einfluß auf das Bildungsverhalten, z.B. wenn eine Straße wochenlang wegen Lawinengefahr gesperrt ist und dadurch ein Schulbesuch verhindert wird.

Während physisch-materielle Gegebenheiten direkt in ihrer Körperlichkeit und räumlichen Verortung erfaßbar sind, existieren mentale Gegebenheiten wie Wissen, Informationsniveau, Kreativität oder Qualifikationen nicht *per se*. Deshalb hat B. Werlen die Ansicht vertreten, daß mentale (immaterielle) Gegebenheiten nicht räumlich darstellbar seien. »Erdräumlich lokalisierbar sind nur materielle Gegebenheiten. Und das besondere Merkmal von physisch-materiellen Gegebenheiten besteht ja darin, daß ihnen (soziale) Bedeutungen nicht inhärent, sondern auferlegt sind. Demzufolge kann eine Raumanalyse sozialer, kultureller oder ökonomischer Bedingungen wenig sinnvoll sein. Materialisierte Handlungsfolgen können soziale Verhältnisse zwar (symbolisch) ausdrücken, ohne aber das Soziale an sich zu sein« (Werlen B. 1997, 51).

Dieser Aussage von B. Werlen wäre allerdings entgegenzuhalten, daß mentale, immaterielle Gegebenheiten oder Ergebnisse von Bewußtseinsleistungen nicht im luftleeren Raum schweben, sondern an Träger gebunden sind und ohne Träger gar nicht analysiert werden können. Deshalb kann man auch ihre räumliche Verbreitung und Diffusion nur anhand ihrer Träger untersuchen. Wegen der fehlenden Körperlichkeit können mentale Gegebenheiten immer nur *näherungsweise* durch mehr oder weniger gute und immer wieder neu zu konzipierende Indikatoren erfaßt werden. Wenn man der Aufforderung von B. Werlen (1995, 65), daß »nicht die Akteure, sondern deren Handlungen [...] den Forschungsgegenstand der Sozialwissenschaften abgeben [sollen]«, folgte würde, müßten weite Bereiche der Sozialwissenschaften und damit auch der Anthropogeographie eingestellt werden. Außerdem ergibt sich die Frage, ob Sinngehalte, Zielsetzungen und Abläufe von Handlungen wirklich vom Akteur abstrahiert werden können.

Deshalb kann auch die Verräumlichung immaterieller Gegebenheiten immer nur über die Träger erfolgen. Darauf hat H. Bobek (1927) schon in den 20er Jahren hingewiesen. Diese Träger können handelnde Individuen, Systeme oder Institutionen sein. Die Träger von immateriellen Gegebenheiten sind selbstverständlich lokalisierbar. Sie haben einen Wohnort, einen Arbeitsort, sie gehen irgendwo zur Schule, bevorzugen gewisse Freizeit- oder Einkaufseinrichtungen und sind bestimmten Institutionen und administrativen Einheiten zugeordnet. Deshalb kann das Ausbildungsniveau der Akteure beispielsweise je nach Fragestellung nach ihrem Wohnort, Arbeitsort oder Geburtsort dargestellt und analysiert werden. Man kann auch untersuchen, wie ein unterschiedliches Ausbildungsniveau oder Vorwissen deren raumwirksames Handeln beeinflußt. Über die Träger kann man also sehr wohl Regionalisierungen mentaler Gegebenheiten vornehmen. Ob die soziale Bedeutung einem Träger zugeordnet oder wesensinhärent ist und ob die Verkoppelung zwischen Träger und Eigenschaft über kurze oder lange Zeiträume festzustellen ist, erscheint in diesem Zusammenhang nebensächlich. Die symbolische Bedeutung materieller Gegebenheiten muß nicht, wie es B. Werlen (1997, 123) postuliert, für *alle Beobachter* und für *alle Zeiten* dieselbe Bedeutung aufweisen, damit Symbole lokalisierbar sind. Gerade die räumliche und zeitliche Variation der symbolischen Bedeutung kann ein interessantes geographisches und historisches Thema darstellen. Die Beantwortung dieser Fragen hängt allerdings auch davon ab, von welchen Raumkonzepten man ausgeht.

Sowohl im weltweiten Untersuchungsmaßstab als auch bei kleinräumigeren Analysen läßt sich eine bemerkenswerte Kontinuität der regionalen Disparitäten des Wissens feststellen. Jene Länder, Regionen oder Städte, die aufgrund ihrer wirtschaftlich und/oder politisch führenden Rolle in früheren Jahrhunderten einen Wissensvorsprung erzielten, haben diesen über sehr lange Zeiträume behalten. Die Hauptgründe für diese Persistenz werden darin gesehen, daß Wissen räumlich weniger mobil ist als Kapital, daß Wissen räumlich eng mit Macht verknüpft ist (vgl. Kap. 2.4.6), daß Kreativität und die Entstehung von Innovationen einen bestimmten Kontext voraussetzen und daß die räumliche Konzentration von Wissen einen selbstverstärkenden und kumulativen Effekt ausübt. Auch wenn die Mobilität von Hochqualifizierten insgesamt sehr hoch ist, sind die technisch-wissenschaftliche Infrastruktur, das benötigte kreative Milieu und die entsprechenden Arbeitsplätze immer nur auf wenige Standorte konzentriert.

Die Persistenz eines Erfahrungs-, Informations- und Wissensvorsprungs hängt vor allem damit zusammen, daß der raum-zeitliche Kontext »gleichzeitig das Medium wie auch das Ergebnis des Handelns und insbesondere der sozialen Kontrolle darstellt« (Werlen B. 1997, 193). Selbst einschneidende politische Ereignisse, die zur Unterdrückung, Abwanderung oder Entlassung von kreativen Akteuren geführt haben, konnten das räumliche Verbreitungsmuster von kreativen Milieus nicht kurzfristig entscheidend verändern. Die Verlagerung der „Zentren des Wissens" vollzieht sich, wie an den folgenden Beispielen gezeigt wird, nur innerhalb langer Zeiträume und auf den obersten Hierarchieebenen der Siedlungssysteme.

Ende des 13. Jahrhunderts stiegen Nord- und Zentralitalien aufgrund der von dort ausgehenden „kommerziellen Revolution" zum führenden Handelszentrum Europas auf. Als „kommerzielle Revolution" wird von den Wirtschaftshistorikern der Übergang vom reisenden zum seßhaften Kaufmann mit Handelsniederlassungen und Agenturen, die Einführung neuer Kontroll- und Managementtechniken (Übergang zur doppelten Buchführung, Einführung des Schecks) etc. bezeichnet.

Diese kommerzielle Revolution und die Ansprüche der Kommunen an eine rechtskundige Verwaltung erforderte eine große Zahl von lese- und schreibkundigen Geschäftsleuten und Beamten, so daß Nord- und Mittelitalien vom 13. bis zum 16. Jahrhundert in Europa ein „Zentrum des Wissens" wurden. In Florenz haben um 1338 schätzungsweise rd. 40% der 5- bis 14jährigen eine Schule besucht (Cipolla C. M. 1969, 46), dies ist ein Wert, der in vielen anderen europäischen Regionen noch 500 Jahre später nicht erreicht wurde. Im 15. Jahrhundert hatte der größte Teil der Florentiner Handwerker Lese-, Schreib- und Rechenkenntnisse (Goldthwaite R. 1980, 312-313). Anfang des 16. Jahrhunderts lag die von der Hanse kontrollierte Großregion hinsichtlich der Geschäftsmethoden (Buchhaltung, Versicherungswesen, Handelsgesetze, Zahl der in eine Transaktion verwickelten Geschäftspartner) um rd. zwei Jahrhunderte hinter Süd- und Westeuropa zurück (Roover de R. 1942, 36).

Im Laufe des 16. Jahrhunderts haben sich dann die wirtschaftlichen „Wachstumspole" und Innovationszentren und damit auch die „Zentren des Wissens" nach West-, Mittel- und Nordeuropa verlagert. Im 16. Jahrhundert kam es in West- und Nordeuropa aus verschiedenen Gründen zu einem starken Anstieg der Alphabetisierung der Bevölkerung. Nicht nur die zunehmende Verbreitung einiger technischer Innovationen wie z.B. des Gebrauchs von Feuerwaffen, der Hochseenavigation, der Verbreitung des Buchdrucks, der Kartographie oder der Herstellung von Uhren und Präzisionsinstrumenten erforderte von einem immer größeren Teil der Bevölkerung die Fähigkeit des Lesens und Schreibens, sondern auch der Einfluß der Reformation hat zu einer starken Alphabetisierung der Bevölkerung bzw. zu einer Popularisierung der Lesekenntnisse geführt (Cipolla C. M. 1969, 49). Luthers komplette Bibelübersetzung aus dem Jahre 1543 erreichte noch zu seinen Lebzeiten 253 Auflagen (Johansson E. 1977, 9). Im 18. und 19. Jahrhundert wanderte das wirtschaftliche Zentrum Europas nach England. Ende des 20. Jahrhunderts liegt es nach Ansicht mehrerer Autoren in der sogenannten „blauen Banane", die sich von Holland über Zentraleuropa nach Norditalien erstreckt.

Die regionalen Unterschiede des Wissens haben sich im Laufe der Geschichte also nie aufgelöst, sondern nur immer wieder neu strukturiert. Ehemalige Zentren des Wissens haben aufgrund interner Unzulänglichkeiten oder aufgrund externer Einflüsse ihre Position verloren, dafür haben sich an anderer Stelle wieder neue regionale Schwerpunkte des Wissens gebildet. Auf Venedig folgte Antwerpen, dann nahm Amsterdam die Rolle als Wirtschaftszentrum ein, dieses wurde von London abgelöst, das etwa ab 1929 von New York London überholt wurde (Braudel F. 1990, 29).

Die Verschiebung der Produktivitätszentren und des »wissenschaftlichen Schöpfertums« (Sorokin P. A. 1953, 273) findet sowohl innerhalb eines Landes als auch zwischen Ländern und Kulturräumen statt. Nach P. A. Sorokin (1953, 273) entstanden zwischen den Jahren 800 und 1600 25 bis 41 Prozent aller in Europa gemachten wissenschaftlichen Entdeckungen und Erfindungen in Italien. In der Zeit von 1726 bis zum Zweiten Weltkrieg ging der Anteil Italiens auf zwei bis vier Prozent zurück. Die USA trugen zu den weltweiten Entdeckungen und Erfindungen bis 1726 gar nichts bei, zwischen 1726 und 1750 wurden in den USA nur rd. ein Prozent, in der Zwischenkriegszeit jedoch schon rd. 30 Prozent der weltweiten Entdeckungen und Erfindungen getätigt.

3.2 Frühe Vorläufer bildungsgeographischer Fragestellungen

Beim Versuch, eine Disziplingeschichte zu skizzieren, muß unterschieden werden zwischen Autoren, die räumliche Disparitäten des Bildungswesens im Rahmen traditioneller Forschungsthemen (z.B. Stadtgeographie, Zentralitätsforschung oder Wanderungsforschung) untersucht haben, und Autoren, welche Fragen des Schulwesens, des Bildungsverhaltens oder der Qualifikation von Erwerbstätigen in den Mittelpunkt ihrer Fragestellungen und theoretischen Überlegungen gestellt haben. Der erste Entwicklungsstrang kann bis zum Beginn des 19. Jahrhunderts zurückverfolgt werden, die zweite Gruppe hat sich erst seit den 60er Jahren des 20. Jahrhunderts langsam etabliert.

Als eine der ersten Strömungen, die sich bildungsgeographischen Fragestellungen zugewandt haben, kann die in den 1830er Jahren aufkommende „Moralstatistik" angesehen werden, die in Großbritannien unter der Bezeichnung „*social survey movement*" besonders eindrucksvolle Leistungen erbracht hat. Die sozialen Mißstände, wie z.B. Armut, Kriminalität, Kinderarbeit, Alkoholismus oder schlechte Wohnverhältnisse, die im Gefolge der ersten Phase der Industriellen Revolution in vielen Großstädten und Industriegebieten anzutreffen waren, sind zuerst in Frankreich und Großbritannien und später auch in anderen Ländern sowohl auf wissenschaftliches Interesse als auch auf sozialpolitisches Engagement von humanitären Organisationen (*friendly societies*) gestoßen. Dieses soziale Engagement zur Bekämpfung von Armut, Kriminalität und Analphabetismus traf zeitlich mit dem Aufkommen der sogenannten „Sozialarithmetik" und einer ersten Hochblüte statistischer Gesellschaften zusammen, die mit großem finanziellem Aufwand und hohem Engagement die soziale Situation der Bevölkerung zu erfassen versuchten.

In all diesen „Moral- und Kriminalstatistiken" hatten das Bildungsniveau (Lese-, Schreib- und Rechenkenntnisse, Lektüre von Büchern, Bibelkenntnisse) und die schulische Infrastruktur vor allem deshalb einen sehr hohen Stellenwert, weil damals von vielen Sozialreformern die Ansicht vertreten wurde, daß Kriminalität, Trunksucht und Armut vor allem auf Unwissen, fehlender Bildung und einer mangelhaften moralischen Erziehung beruhten und der Mensch durch die in der Schule vermittelte „Bildung" „besser" oder moralischer werde.

Da die statistische Erfassung der Lese- und Schreibkundigkeit der Bevölkerung in Frankreich besonders früh begonnen wurde und bis ins 17. Jahrhundert zurückreicht, bestanden hier auch die besten Voraussetzungen für eine frühe Analyse von regionalen Disparitäten der Alphabetisierung. Erstens hat das französische Kriegsministerium seit 1818 die Lese- und Schreibkundigkeit der Rekruten untersuchen lassen und ab 1819 auch jährlich publiziert. Zweitens haben im Auftrag des *Ministère de l'Instruction publique* und unter der Leitung von L. Maggiolo in ganz Frankreich 15.928 Lehrer die Kirchenbücher aus dem 17., 18. und 19. Jahrhundert hinsichtlich der Schreibkundigkeit der Brautleute ausgewertet. Ein Großteil dieser Ergebnisse wurde auf der Ebene der Departements publiziert. Deshalb haben in Frankreich die regionalen Unterschiede der Lese- und Schreibkenntnisse und des Schulbesuchs auch sehr früh das Interesse der Öffentlichkeit erweckt.

Schon im Jahre 1827 wurde von C. Dupin die „*Carte figurative de l'instruction populaire de la France*" veröffentlicht, die auf der Ebene der *Départements* die regionalen Disparitäten des Schulbesuchs in Frankreich darstellte und durch eine Reihe von Tabellen ergänzt wurde, die auf die Entwicklungsunterschiede zwischen Nord- und Südfrankreich hinwiesen. C. Dupin hatte schon 1826 vor dem „*Conservatoire des Arts et Métiers*" einen Vortrag über das Ausbildungsniveau der Bevölkerung und seine Relation zum ökonomischen Wohlstand gehalten. Anläßlich dieser Veranstaltung stellte er seine Karte vor, die 1827 publiziert wurde und in Frankreich großes Aufsehen erregte. Die Bildungsbeteiligung wurde anhand des Indikators „Zahl der Einwohner pro männliches Schulkind" gemessen. Im Department *Moselle* traf es beispielsweise auf 10 Einwohner ein männliches Schulkind, im Department *Haute Loire* nur auf 268 Einwohner. Bereits in dieser Karte kam die Zweiteilung Frankreichs entlang der Linie St. Malo bis Genf zum Ausdruck. Die nördlich dieser Linie liegenden Departments hatten eine wesentlich höhere Bildungsbeteiligung als die südlich der Linie liegenden und hatten auch bei den ökonomischen Indikatoren einen Vorsprung. In den auf dem Kartenblatt abgebildeten Tabellen sind jeweils für Nord-, Süd- und Gesamtfrankreich der Anteil der Kommunen, die keine Schulen besitzen sowie die Zahl der Schüler in Grundschulen und Polytechnischen Schulen verzeichnet. Die beiden Autoren »bitten alle Freunde der franzöischen Zivilisation, alles in ihrer Macht Stehende zu unternehmen, damit 4.441 Kommunen in Nordfrankreich und 9.688 in Südfrankreich Schulen bekommen. Dies ist der beste Gefallen, den man dem Vaterland leisten kann« (freie Übersetzung). Anschließend wird auf den Zusammenhang zwischen der höheren Bildungsbeteiligung und der Überlegenheit Nordfrankreichs hinsichtlich der Patente für Erfindungen (1789-1825) und der Zahl der Mitglieder der Académie des Sciences sowie der Gold-, Silber- und Bronzemedaillen bei der Industrieausstellung im Jahre 1819 hingewiesen. Dann werden die Vorteile eines Schulbesuchs für die Bevölkerung anhand der Nettoeinnahmen pro Einwohner und ha Landbesitz, anhand des durchschnittlichen Einkommens einer fünfköpfigen Familie, des

Jahreslohns eines Arbeiters und seiner Frau sowie die Vorteile der Bildungbeteiligung, für die Wissenschaften und für die Regierung am Beispiel verschiedener Steuer- und sonstigen öffentlichen Einnahmen erörtert.

Abb. 2.3 Die im Jahre 1827 von C. Dupin veröffentlichte *Carte figurative de l'instruction populaire de la France*

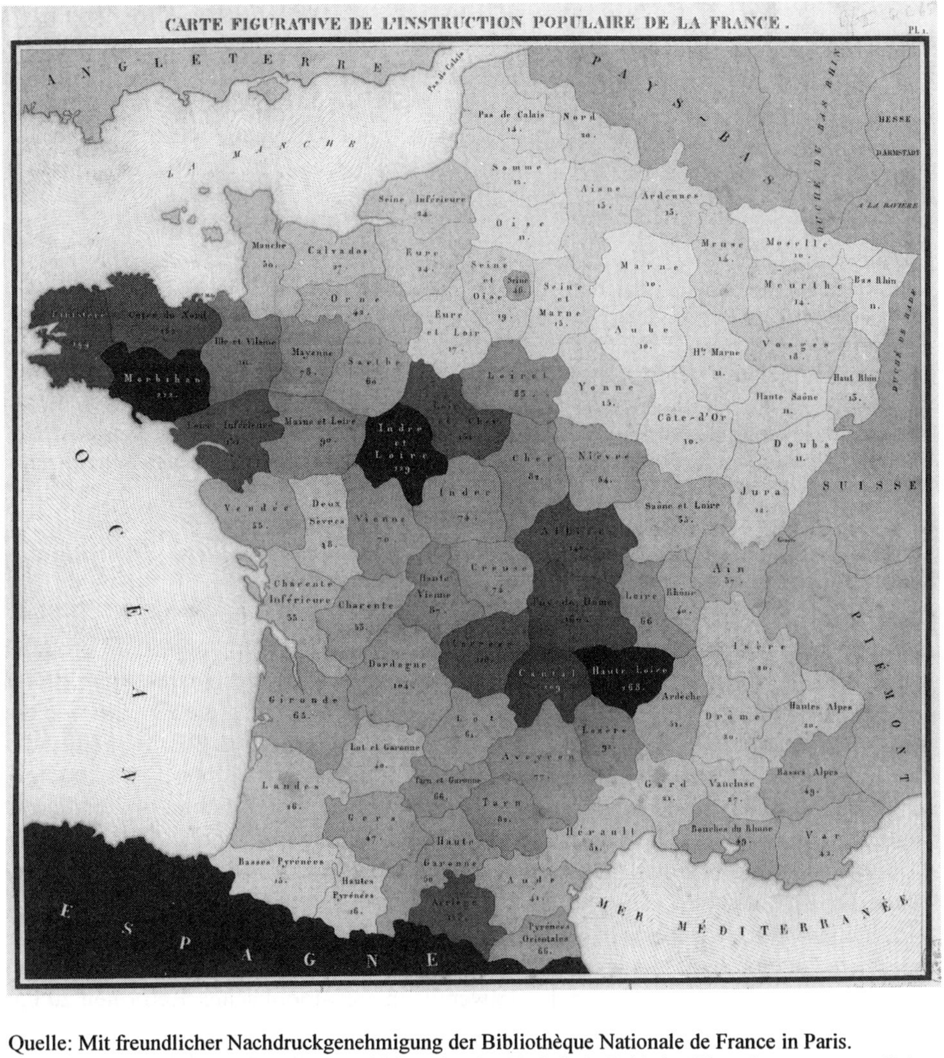

Quelle: Mit freundlicher Nachdruckgenehmigung der Bibliothèque Nationale de France in Paris.
Anmerkung: Je heller die Raster umso kleiner ist das Verhältnis Zahl der Einwohner pro männlichen Schüler bzw. desto höher sind die Schulbesuchsquoten. Im Rahmen der Verkleinerung der Karte wurde die Schrift der unterhalb der Karte angeführten Tabellen nicht mehr lesbar, so daß sie weggelassen wurden.

Dies ist die erste mir bekannte Publikation, welche versucht hat, den Zusammenhang zwischen Bildungsbeteiligung, Einkommenssituation, kultureller und wirtschaftlicher

Entwicklung bzw. die wirtschaftlichen Vorteile des Schulbesuch für die Bevölkerung und Regierung *quantitativ* nachzuweisen. Es ist auch die erste Publikation, welche die regionalen Unterschiede der Patentintensität und des Forschungspotentials (räumliche Verbreitung der Mitglieder der Akademie der Wissenschaften) dargestellt hat.

Im Jahre 1829 haben A. Balbi und A. M. Guerry auf der Ebene der französischen Gerichtsbezirke bzw. Académies eine Karte über die Lese- und Schreibkenntnisse (*l'état de l'instruction*) und zwei Karten über die Verbrechenshäufigkeit (schwere Verbrechen gegen Personen und gegen Eigentum) publiziert und einen Zusammenhang zwischen Bildungsniveau und Verbrechenshäufigkeit impliziert. Die Karte über das Bildungsverhalten stellt die Zahl der Einwohner pro männlichen Schüler dar. Diese in der Nationalbibliothek von Paris liegende Originalkarte hatte leider nicht die für einen Nachdruck in diesem Buch erforderliche graphische Qualität. Sie ist jedoch im Buch von A. H. Robinson (1982) abgebildet.

Vermutlich im Jahre 1829 (das genaue Datum ist nicht bekannt) ist die von Somerhausen verfaßte Karte über die Alphabetisierung in den Niederlanden („*Carte figurative de l'instruction populaire des Pays-Bas*") erschienen, und im Jahre 1829 hat auch Quetelet seine erste statistische Studie über Handel, Bildung und Kriminalität veröffentlicht. Eine Publikation von A. M. Guerry (1833) enthielt neben Karten und Statistiken über Kriminalität, Selbstmorde und uneheliche Kinder auch solche über das Bildungsniveau (Robinson A. H. 1982, 62, 157-164). Einen Überblick über die große Zahl der in Frankreich erschienenen Arbeiten zum (historischen) Bildungsverhalten und zur Alphabetisierung vermittelt das umfangreiche Literaturverzeichnis der Arbeit von F. Furet und J. Ozouf (1977).

Obwohl in England und Wales schon im Jahre 1818 eine *amtliche* Erhebung zur Schulstatistik durchgeführt wurde, bei der die Geistlichen über die Situation der Grundschulversorgung in ihrer Gemeinde befragt wurden (Hoyler M. 1995, 116), basierten in England die meisten interessanten Studien des 19. Jahrhunderts auf privaten Initiativen. Ab den 30er Jahren des 19. Jahrhunderts wurden hier mehrere *Statistical Societies* (Manchester 1833, Bristol 1836, Liverpool 1837 etc.), die *Central Society for Education* und diverse *Friendly Societies* gegründet (vgl. Edgell E. W. 1839), die sich um die Lebensverhältnisse und die soziale Situation der armen Bevölkerungsschichten kümmerten und sich sozialpolitischen Reformen verpflichtet fühlten. Diese Gesellschaften richteten ihr Hauptinteresse auf die Bildungssituation, die Armut und Kriminalität. Dabei konnten sie sich einerseits auf die in Großbritannien seit 1835 erfaßten Daten über die Lese- und Schreibkenntnisse (Schulbildung) der verurteilten Kriminellen stützen, andererseits sahen sie ihre Hauptaufgabe darin, möglichst umfangreiche eigene Erhebungen über die soziale Situation der armen Bevölkerung durchzuführen, um eine Basis für die notwendigen sozialpolitischen Reformen zu haben.

Großes Interesse und zahlreiche Folgestudien hat die im Jahre 1836 von der *Central Society of Education* durchgeführte Studie über das Schulwesen und den Bildungsstand der Bevölkerung in der Pfarre St. Marylebone ausgelöst (Rawson R. W. 1843, 44), die in ähnlicher Form in mehreren anderen Städten, Gemeinden und Londoner Stadtteilen wiederholt wurde. Die Ergebnisse dieser Untersuchungen wurden größtenteils im „*Journal of the Statistical Society of London*" publiziert. Ein weiterer

Anstoß zur Untersuchung der Lese- und Schreibkenntnisse der armen Bevölkerung wurde durch die Berichte der Fabriksinspektoren gegeben, die ab dem Jahre 1838 kontrollieren mußten, ob und mit welchem Erfolg die in den Fabriken beschäftigten Kinder den gesetzlich vorgeschriebenen Schulbesuch absolvierten bzw. wie es um deren Kenntnisse stand (Fry A. A. 1839/40, 173).

Im Rahmen dieser Studien sind R. W. Rawson, J. Fletcher, C. R. Weld, E. W. Edgell, A. A. Fry, Ch. Booth und auch einige nicht namentlich genannte Kommissionen der *Statistical Societies* von London, Manchester und Bristol folgenden Fragestellungen und Indikatoren nachgegangen:

- Familienverhältnisse,
- Wohnverhältnisse (Größe der Wohnungen, Zahl der Personen pro Raum, Grad der Sauberkeit, Zustand der Toiletten etc.),
- Dauer des Aufenthalts in der derzeitigen Wohnung,
- Miethöhe,
- Umweltbedingungen (z.B. die Qualität der Wasserversorgung),
- Berufsstruktur, Religion und regionale Herkunft der Haushaltsvorstände,
- „kulturelles Milieu“ (z.B. vorhandene Bücher und Tageszeitungen, die Art der in den Wohnungen aufgehängten Bilder),
- Lese-, Schreib- und Rechenkenntnisse der erwachsenen Bevölkerung nach Geschlecht und Herkunft sowie bei Verurteilten (Kriminellen) nach der Art der begangenen Vergehen,
- Schulbesuchsquoten der Knaben und Mädchen,
- „religiöse Kenntnisse“ der Bevölkerung (z.B. Anteil der Bevölkerung, der das „Vaterunser“ oder die 10 Gebote auswendig aufsagen kann, sonstige Kenntnisse über die Bibel),
- räumliche Ausstattung, Lehrangebot, Schulgebühren, soziale Rekrutierung und schulisches Niveau (der Lese-, Schreib- und Rechenkenntnisse der Schüler) der verschiedenen Schulen und Schultypen,
- demographische Struktur (z.B. Alter, Geschlechtsproportion), Qualifikation (Ausbildung und Dauer der beruflichen Tätigkeit) und Entlohnung des Lehrpersonals,
- Art und Häufigkeit von begangenen Verbrechen,
- Anteil von „*improvident marriages*“ („unüberlegte“, d.h. wirtschaftlich nicht ausreichend fundierte Heiraten).

Die Mehrzahl dieser Untersuchungen kam zwar noch nicht über das Niveau der Beschreibung hinaus, aber die aufgeworfenen Fragestellungen sind auch aus heutiger Sicht erstaunlich modern.

Die übertriebenen Erwartungen, die ursprünglich an das Schulwesen hinsichtlich der Zurückdrängung von Armut und Kriminalität gestellt wurden, sind schon relativ bald durch empirische Untersuchungen widerlegt worden. J. Clay (1857) bemerkte resignierend: »[...] our present system of popular education is of little or no efficiency in saving the industrial classes from the moral dangers created by those drinking houses« (Clay J. 1857, 32). Das Interesse an den Lebensverhältnissen und an der Alphabetisierung der armen Bevölkerungsschichten nahm jedoch auch noch in den folgenden Jahrzehnten zu und gipfelte im sogenannten „*social survey movement*“, das in Ch. Booth einen seiner wichtigsten Vertreter fand. Die Moralstatistik und das *social survey movement* haben also auch in England eine große Zahl von Untersuchungen über groß- und kleinräumige *regionale* Unterschiede der Alphabetisierung, des Bildungsverhaltens und der schulischen Infrastruktur etc. hervorgebracht. Ähnlich wie in Frankreich haben auch einige englische Autoren einen Teil ihrer Ergebnisse in mehreren Choroplethenkarten dargestellt. Besonders zu erwähnen wäre etwa die von J. Fletcher (1849) publizierte Karte über die *Ignorance in England and Wales,* die in kartographisch überarbeiteter Form auch von M. Hoyler (1996, 188) veröffentlicht wurde.

Spätestens zu dem Zeitpunkt, als die Aufsicht und Kontrolle des Pflichtschulwesens zu einer Angelegenheit des Staats wurde, nahmen die Quantität und Qualität der Schulstatistiken sprunghaft zu. Bereits um die Mitte des 19. Jahrhunderts ergab sich die Notwendigkeit, die internationale Vergleichbarkeit der erhobenen Daten zu gewährleisten, so daß auf dem dritten Internationalen Statistischen Kongreß in Wien (1857) erstmals einheitliche Richtlinien für die Unterrichtsstatistik diskutiert wurden (Fircks A. v. 1898, 99). Gemäß der hohen Bedeutung, die dem Schulwesen für die Modernisierung und „Nationenbildung“ zugemessen wurde, erreichten die Bildungsstatistiken in der zweiten Hälfte des 19. Jahrhunderts in mehreren Staaten ein erstaunlich hohes Niveau. Die Ausführlichkeit der „Detail-Conscription“ des Volksschulwesens, die in Österreich erstmals im Jahre 1865 durchgeführt wurde und eine Grundlage für die großen Reformen des Reichsvolksschulgesetzes bildete, wurde im 20. Jahrhundert nicht mehr erreicht.

In der zweiten Hälfte des 19. Jahrhunderts hat die Zahl der von Statistikern und Bevölkerungswissenschaftlern veröffentlichten Arbeiten über *regionale* und soziale Unterschiede der Analphabetenquoten und des Schulbesuchs stark zugenommen. Diese Arbeiten bildeten häufig einen Bestandteil von amtlichen Statistiken über die Lese- und Schreibkenntnisse, die schulische Infrastruktur oder die Schulbesuchsquoten.

H. Bach (1888) analysierte die Lese- und Schreibkundigkeit der Bevölkerung des Königreichs Serbien. und E. Mischler (1886) in Österreich. Als eine für die damalige Zeit besonders ausführliche und informative Arbeit wäre die „Bevölkerungslehre und Bevölkerungspolitik“ von A. Freiherr von Fircks (1898) zu nennen, in der auf elf Seiten regionale und soziale Unterschiede der Analphabetenquoten diskutiert werden.

Um die Jahrhundertwende wurden auch die ersten detaillierten Karten über die Standorte und Organisationsformen von verschiedenen Schultypen publiziert. Als ein besonders inhaltsreiches Beispiel kann die von F. Perko entworfene und im Maßstab 1:500.000 gedruckte „Schulkarte von Böhmen nach dem Stande vom Jahre 1905“ gelten, in der für jede einzelne Schule die Organisationsform, die verwendete Unterrichtssprache (deutsch, tschechisch oder gemischtsprachig) und der Schulträger (privat oder öffentlich) kartographisch dargestellt wird. Auf der Rückseite der Karte wird der Karteninhalt von F. Perko interpretiert, wobei er z.T. auch auf die Entwicklung des Kindergarten- und Schulstandortnetzes, der Schul- und Klassengrößen sowie die Zu- und Abnahme der Schulen mit tschechischer und deutscher Unterrichtssprache in den letzten drei bis fünf Jahrzehnten des 19. Jahrhunderts eingeht.

Die an Universitäten betriebene Anthropogeographie hatte im 19. Jahrhundert, als diese hervorragenden, räumlich stark aufgegliederten Statistiken über das Bildungswesen entstanden und erstmals regionale Strukturen des Ausbildungswesens untersucht wurden, noch andere thematische Forschungsschwerpunkte. Zur Zeit, als sich die wissenschaftliche Geographie an den Universitäten in Form von Professuren zu etablieren begann, waren regionale Unterschiede des Ausbildungsniveaus oder regionale Unterschiede im Entwicklungsstand des Schulwesens zwar schon ein Thema der Schulbücher, aber nicht Gegenstand der wissenschaftlichen Forschung.

Die 1897 erschienene „Vaterländische Erdkunde“ von H. Harms enthielt z.B. ein eigenes Kapitel über die „geistige Kultur“ in Deutschland. In diesem Abschnitt wurden u.a. die Entwicklung des Schulwesens (gemessen an der Zahl der Schulen) und die regionalen Unterschiede der Analphabetenquote diskutiert. Dabei wurden regionale Disparitäten der Analphabetenquoten sowohl innerhalb Deutschlands und der österreichsch-ungarischen Monarchie als auch zwischen den europäischen Staaten beschrieben. Nach dem „Bildungsstand der Bewohner“ wurden die europäischen Staaten von Harms in vier Gruppen eingeteilt. In die erste Kategorie (höchster Bildungsstand) wurden die Länder Deutschland, Dänemark, Frankreich, Schweiz, Schweden-Norwegen und Finnland eingeteilt. In die zweite Kategorie fielen die Länder Niederlande und Großbritannien, auf dem 3. Rang lagen Österreich-Ungarn, Belgien und Italien, und in die letzte Kategorie (mit dem niedrigsten Bildungsstand) wurden Rußland, die Balkanstaaten, Spanien und Portugal eingereiht.
Als vorbildlich wird von Harms das Schulwesen in Dänemark beschrieben, wobei er bereits einen Zusammenhang zwischen dem hohen Niveau des Bildungswesens und der wirtschaftlichen Entwicklung herstellt. »Die Folge dieser Einrichtung [von Bauernschulen] ist gewesen, daß der dänische Bauernstand sich zum gebildetsten der ganzen Welt emporgeschwungen hat. [...] Hand in Hand mit diesem geistigen hat sich ein rascher materieller Aufschwung vollzogen. Dänemarks Viehzucht z.B. ist zweifellos die rationellste und bedeutendste Europas« (Harms H. 1897, 47).

Auch in der ersten Hälfte des 20. Jahrhunderts gab es auf der Ebene der universitären Geographie nur sehr vereinzelt kleine Anstöße in Richtung bildungsgeographischer Themen, die jedoch meist ohne größere Wirkung blieben. Schon kurz nach der Jahrhundertwende hat der US-amerikanische Geograph G. W. Hoke (1907) unter den Aufgaben der Sozialgeographie auch die Untersuchung des sozialen Status, der geistigen Fähigkeiten (*mental characteristics*) und des technischen Entwicklungsstands (*technical status*) der Bevölkerung angeführt.

In den 20er Jahren hat sich A. Rühl mit Fragen des „Wirtschaftsgeistes“ und der „Wirtschaftspsychologie“ der Völker befaßt. P. H. Schmidt forderte, daß sich der geographische Vergleich unter anderem auch mit der örtlich verschiedenen sozialen Schichtung und der „geistigen Umwelt“ befassen müsse (Schmidt P. H. 1925, 202-203). Auch L. Waibel trat dafür ein, daß sich die Wirtschaftsgeographie mit der sozialen, kulturellen und geistigen Differenzierung auseinandersetzen müsse. Ebenso schlug der baltische Geograph E. Kant vor, daß sich die Anthropogeographie u.a. auch mit der sozialen Schichtung, der horizontalen und vertikalen Mobilität der

Gruppen und den Vorgängen der „sozialen Siebung" befassen solle (vgl. auch Thomale E. 1972).

Auch wenn die Begriffsinhalte „Wirtschaftsgeist", „regionale Mentalität", „geistige Fähigkeiten", „kulturelles und technisches Niveau" oder „soziale Siebung" die Forschungsthemen der modernen Bildungsgeographie nur annähernd umschreiben, so lassen sich diese Begriffe doch insofern auf einen gemeinsamen Nenner bringen, als sie das Bemühen der jeweiligen Geographen erkennen lassen, die Differenzierung der Kulturlandschaft mit den regionalen Unterschieden des Wissens, der Leistungsmotivation, des Informationsniveaus, des technologischen Standards und der sozialen Wertesysteme in Beziehung zu setzen.

3.3 Institutionelle Etablierung einer Geographie des Bildungs- und Qualifikationswesens

3.3.1 Die Wurzeln und Entwicklungslinien der Bildungsgeographie

Die eigentlichen Wurzeln der Geographie des Bildungs- und Qualifikationswesens gehen jedoch weniger auf diese frühen Vorläufer zurück, sondern liegen in den klassischen Zweigdisziplinen der Anthropogeographie, in denen in zunehmendem Maße die Bedeutung des Bildungswesens, der schulischen Infrastruktur und des Ausbildungsniveaus erkannt wurde. Die wichtigsten Impulse und Forschungsfragen kamen aus folgenden Bereichen:

- Zentralitätsforschung: hier gelten Institutionen des Bildungswesens als wichtige zentralörtliche Einrichtungen; es wurde früh erkannt, daß Bildungseinrichtungen und deren Einzugsgebiete bei der Neugliederung von Verwaltungseinheiten sowie bei der Festlegung von Zentralen Orten eine bedeutende Rolle spielen können.
- Wanderungsforschung: die soziale Selektion der Wanderungen und die Begabtenauslese im Rahmen der Land-Stadt-Wanderung zählt schon seit dem 19. Jahrhundert zu einem wichtigen Forschungsthema. Verstärkt wurde das Interesse an diesem Zusammenhang in Deutschland durch die Flüchtlingsforschung der 50er Jahre, die auf die große Bedeutung der Vertriebenen und Flüchtlinge als Humanressource hingewiesen hat.
- Religionsgeographie und Religionssoziologie: diese beiden Disziplinen haben schon sehr früh konfessionelle und damit auch regionale Unterschiede im Ausbildungsniveau und Bildungsverhalten aufgezeigt.
- Psychologische und soziologische Begabungsforschung: diese hat große *regionale* Unterschiede des Begabtenpotentials erkannt.

- Geographische Innovations- und Diffusionsforschung: regionale Unterschiede in der Entstehung und Aufnahme von Innovationen wurden als Konsequenz von regionalen Unterschieden des Wissens und Informationsniveaus gedeutet.
- „Manpower-Ansatz" und „Humankapitalansatz" der Ökonomen: dieser Ansatz hat das geistige Potential eines Landes als wichtigen Produktionsfaktor angesehen.
- Standortplanung von Bildungseinrichtungen im Gefolge der Bildungsexpansion der 60er Jahre.
- Stadtgeographische Arbeiten, die sich mit der Wohnsituation der Studierenden oder mit Universitätsstädten befaßt haben.
- Forschungen über den Zusammenhang zwischen technologischem Niveau und wirtschaftlicher Entwicklung.

Der wichtigste Impuls kam wohl von der angewandten, regionalen Bildungsplanung. In den 60er und 70er Jahren kam es in vielen europäischen Ländern zu einer epochalen Veränderung des Bildungsverhaltens, zu einem starken Ausbau des Hochschulwesens, einer räumlichen Verdichtung der Standorte Höherer Schulen, zu einer Ausdünnung des Standortnetzes von Grundschulen und einer grundlegenden Veränderung des Standortmusters, der Größe und Organisationsformen von Schulen.

Die Standortfrage von Höheren Schulen und Universitäten war relativ leicht zu lösen, weil sich für diese Ausbildungseinrichtungen nur Zentrale Orte ab einer gewissen Rangstufe anbieten. Dies ist auch der Grund dafür, warum ihnen hier weniger Raum gewidment ist als Grundschulen. Demgegenüber hat die Schließung von Tausenden Kleinschulen im ländlichen Raum einen wesentlich größeren Analyse- und Planungsaufwand erfordert, da Fehlentscheidungen in diesem Bereich zu energischen Protesten der betroffenen Bevölkerung geführt haben. Die Fragen, welche Schulen stillgelegt werden sollen, wo neue Schulen errichtet werden müssen, wie groß deren Kapazität und Einzugsgebiet werden soll und wie vor dem Hintergrund eines zumutbaren Zeitaufwands für den Schulweg der Schülertransport organisiert werden soll, konnten durch die zu abstrakten und modellhaften Ansätze der Bildungsökonomen und die „raumneutralen" Forschungen vieler Bildungssoziologen nicht mehr gelöst werden.

In der Phase der konkreten Umsetzung der bildungspolitischen Reformen wurden nicht nur Kenntnisse über die sozio-ökonomische Struktur der Planungsregionen, sondern auch über raumwissenschaftliche Methoden und Grundkonzepte der Raumordnung benötigt. In einigen Ländern führte die Notwendigkeit, regionale Schulentwicklungspläne aufzustellen, zu einer Zusammenarbeit zwischen Geographen, Schulbehörden und Planungsabteilungen von Unterrichtsministerien. Deshalb ist es kein Zufall, daß ab Beginn der 60er Jahre bis etwa Mitte der 70er Jahre Fragen über das Standortmuster, die Attraktivität und die Einzugsgebiete von Bildungseinrichtungen sowie über die regionalen Disparitäten des Bildungsverhaltens im Vordergrund standen. In anderen Ländern (z.B. Frankreich) wurde den Kommunen eine „Gebrauchsanweisung" für die Festlegung der Schulstandorte und Organisationsformen sowie die Abgrenzung der Einzugsgebiete in der Form einer *carte scolaire* (vgl. Hallak J. 1977) zur Verfügung gestellt, so daß weniger Bedarf an der Beteiligung von Geographen bestand.

Es ist nicht das Ziel dieser Arbeit, einen möglichst vollständigen Bericht über die Entwicklung der Bildungsgeographie zu geben oder die bereits publizierten Übersichten von R. Geipel (1976a), P. Meusburger (1976), H. Wagner (1993) sowie H.-J. Wenzel und A. Mayr (1994) zur Forschungsgeschichte der Bildungsgeographie zu wiederholen. Für entsprechende Literaturrecherchen sei auf die Heidelberger Literaturdatenbank „Regionale Bildungsforschung" verwiesen (Hoyler M. et al. 1997) Es sollen hier lediglich die ersten Anfänge und Entwicklungslinien der Bildungsgeographie in einigen ausgewählten Ländern *skizziert* werden. Der aktuelle Stand der Bildungsgeographie wird in den betreffenden empirischen Kapiteln dieses Buches diskutiert.

3.3.2 Die Anfänge der Bildungsgeographie in ausgewählten Ländern

Die Bildungsgeographie in deutschsprachigen Ländern

Ab der Mitte der 60er Jahre haben sich unter dem Eindruck der damaligen „Bildungsexpansion" und der von F. Edding (1958) durchgeführten Ländervergleiche über das Bildungswesen mehrere Wissenschaftler aus verschiedenen Fachgebieten (Aurin, Geipel, Geissler, Peisert, Schorb und Wortmann), zuerst noch ohne gegenseitige Kenntnis, mit regionalen Disparitäten des Bildungsverhaltens und des Begabungspotentials sowie mit Standortfragen und Einzugsgebieten von Bildungseinrichtungen befaßt. Diese Arbeiten hatten noch einen stark planerischen, angewandten Aspekt. Aus einem persönlichen Zusammentreffen dieser aus vier verschiedenen Fachgebieten stammenden Wissenschaftler bei einer Tagung der evangelischen Akademie in Loccum ergab sich eine interdisziplinäre Zusammenarbeit, die im Dezember 1967 zur Gründung eines Arbeitskreises für „Regionale Bildungsforschung" bei der Akademie für Raumforschung und Landesplanung in Hannover führte. Die Tatsache, daß sich die interdisziplinäre regionale Bildungsforschung zuerst unter dem Dach der Raumforschung und Landesplanung gefunden hat, ist für diese Phase bezeichnend. R. Geipel nannte die von ihm eingeschlagene Forschungsrichtung noch nicht „Bildungsgeographie", sondern „Angewandte Geographie auf dem Felde der Bildungsplanung" (vgl. Wagner H. 1993, 11). Dieser interdisziplinäre Arbeitskeis der Akademie für Raumforschung und Landesplanung, zu dem in den 70er Jahren weitere Geographen eingeladen wurden, war bis in die 80er Jahre eine wichtige Plattform für die an dieser Thematik interessierten Wissenschaftler und Praktiker und verschaffte dieser Forschungsrichtung wertvolle fächerübergreifende Impulse.

Beim Bochumer Geographentag im Jahre 1965 stellte R. Geipel (1966) seine konzeptionellen Ideen erstmals einer breiten geographischen Öffentlichkeit vor. Im selben Jahr (Geipel R. 1965) erschien sein umfangreiches Buch „Sozialräumliche Strukturen des Bildungswesens", in dem er über die angewandte regionale Bildungsplanung hinausging und Begriffe wie „räumliche Infrastruktur des Bildungswesens" und „sozialräumliche Strukturen des Bildungswesens" diskutierte. In seinem Beitrag „Geographie des Bildungswesens innerhalb der Sozialgeographie", den er für die

Hartke-Festschrift verfaßte, hat er sich erstmals Gedanken über die Stellung einer Geographie des Bildungswesens im System der Humangeographie gemacht. Er war auch der erste, der solche Forschungen über einen längeren Zeitraum hin schwerpunktmäßig betrieb und eine größere Zahl von Schülern und Kollegen im In- und Ausland für bildungsgeographische Themen motivierte. In seiner Funktion als Leiter des Bayerischen Staatsinstituts für Hochschulforschung und Hochschulplanung (1982-1994) hat er über viele Jahre hinweg der Bildungsgeographie wichtige Impulse verliehen. Er kann deshalb aus meiner Sicht als der Begründer der Geographie des Bildungs- und Qualifikationswesens angesehen werden, obwohl einzelne Arbeiten mit bildungsgeographischen Inhalten schon früher von anderen Autoren verfaßt wurden.

Beim Deutschen Geographentag im Jahre 1983 wurde innerhalb des Verbands der Geographen an Deutschen Hochschulen ein eigener Arbeitskreis „Bildungsgeographie" gegründet (Wenzel H.-J. und A. Mayr 1994); seither ist eine große Zahl von bildungsgeographischen Arbeiten entstanden. In der Schweiz haben E. Conrad-Bühler (1980, 1984), E. Bühler (1985) und E. Bühler und G. Dorigo (1995) sowie P. Furter (1983) die ersten bildungsgeographischen Arbeiten verfaßt. In Österreich hat auch K. Höfle wichtige Beiträge zu bildungsgeographischen Problemen in alpinen Regionen verfaßt (Höfle 1984; Höfle K. und P. Meusburger 1983, 1984).

USA und Kanada

In den USA hat eine Arbeit der Chicagoer Schule der Sozialökologie bereits in den 20er Jahren Indikatoren des Bildungsverhaltens für die innerstädtische Differenzierung verwendet (vgl. Shaw C. R. 1929). Das Hauptinteresse dieser Arbeit lag jedoch auf der Kriminalität und bezog sich vor allem auf die Frage, inwieweit Gebiete mit hohen Quoten von Schulschwänzern mit Gebieten hoher Jugendkriminalität übereinstimmen. An diese Tradition hat das Geographische Institut der University of Chicago kurz nach dem Ende des Zweiten Weltkriegs angeknüpft, als E. Parker und Ch. Colby vier Dissertationen zum Problem *educational land use* vergeben und betreut haben.

Die Dissertationen von H. H. Gross und E. Eisen wurden 1948 als Band 1 und 2 der neuen Reihe „University of Chicago. Department of Geography Research Papers" veröffentlicht. Die dritte Dissertation, von A. K. Philbrick, erschien als Band 9 derselben Reihe im Jahre 1949, während die vierte Dissertation, von M. L. van Tilburg (1949), nicht veröffentlicht wurde. Diese im Geographischen Institut der Universität Chicago begründete Tradition der Geographie des Bildungswesens wurde durch die Arbeiten von E. W. Gilbert (1961), D. W. Maxfield (1972), F. Hall (1973), M. Lowry (1973) und J. Meyer (1975) sporadisch fortgesetzt.

Die seit der zweiten Hälfte der 1960er Jahre in den USA angestrebte Rassenintegration in den Schulen sowie die sehr intensiv geführte wissenschaftliche und politische Diskussion um die Gleichheit der Bildungschancen haben zwar zu einer fast unübersehbar großen Zahl von Publikationen mit *teilweise* bildungsgeographischen Inhalten geführt, doch wurden diese Untersuchungen meist von Nachbardisziplinen der Geographie durchgeführt. Einen vielversprechenden Ansatz bot das Buch von H. G. Kariel und P. E. Kariel (1972), in dem zwei umfangreiche Kapitel den Themen *Education and Literacy* und *Technology* gewidmet waren. Die beiden Autoren haben auch schon eine Reihe von möglichen Forschungsthemen über das Bildungswesen vorgeschlagen. Im Kapitel *Education* werden u.a. die weltweiten Disparitäten der Analphabetenquoten und die regionalen Disparitäten des Bildungsverhaltens innerhalb der USA diskutiert, wobei die *median school years completed* mit dem Pro-Kopf-Einkommen, dem Anteil der schwarzen Bevölkerung und dem mittleren Familieneinkommen in Beziehung gesetzt wurden. Im Kapitel Technology werden zwar einige interessante Fragen aufgeworfen, aber die Indikatoren zur Beschreibung der technologischen Unterschiede sind nicht sehr glücklich gewählt.

In den folgenden Jahren blieb das Engagement der nordamerikanischen Geographen für Fragen des Bildungswesens relativ gering bzw. auf wenige Personen und Institute beschränkt. Es gibt eine Vielzahl von amerikanischen Sozial- und Stadtgeographen, die bei ihren sozialökologischen Studien Indikatoren aus dem Bereich des Bildungswesens verwenden.

Ein frühes Beispiel wäre etwa die Arbeit von G. W. Carey, L. Macomber und M. Greenberg (1968) über Washington, in der auf der Ebene von *census tracts* eine Faktorenanalyse durchgeführt und Choroplethenkarten anhand der Indikatoren *median school years completed, new schools, uncrowded school, low academic preparation, established teachers, problem school* erstellt wurden. Neben zahlreichen anderen Variablen aus verschiedensten Bereichen wurden für die Faktorenanalyse u.a. 24 Variablen über den Status und die Qualifikation des Lehrkörpers, acht Variablen über den Zustand der Schulen und vier Variablen zu den Schülern und deren sozialer Herkunft verwendet. Dabei wurden enge positive Zusammenhänge zwischen dem Anteil von „Problemschulen“ und dem Anstieg der schwarzen Bevölkerung, zwischen Problemschulen und dem *residential blight*, sowie negative Korrelationen zwischen den Variablen *established teachers* und *culture of poverty*, *new schools* und *transient occupancy* sowie *new schools* und *negro servants* festgestellt.
Eine Forschungsrichtung „Bildungsgeographie“ hat sich in den USA bis Ende des 20. Jahrhunderts noch nicht etabliert. Dies geht schon daraus hervor, daß beim *Annual Meeting of the Association of American Geographers* in Boston (1998) von den fünf Referenten mit bildungsgeographischen Themen drei aus Deutschland, einer aus Großbritannien und eine aus den USA kamen. Unter den zahlreichen z.T. sehr spezialisierten *working groups* der AAG befand sich bis 1998 keine einzige, die sich schwerpunktmäßig mit bildungsgeographischen Fragestellungen befaßte.

Allerdings spielen in den USA Forschungen über den Zusammenhang zwischen technologischem Niveau und wirtschaftlicher Entwicklung, über die räumliche Verbreitung von Erfindungen und Patenten, über die Standorte und Auswirkungen von High-Tech-Industrien und die regionalen Unterschiede der Innovationstätigkeit (Malecki E. J. 1980a, 1980b, 1991; Sweeney G. P. 1987; Glasmeier A. K. 1988, Hall P. und M. Markusen 1985; Feldman M. 1994) eine wichtige Rolle. Diese Forschungen wurden jedoch nicht in einen größeren bildungsgeographischen Bezugsrahmen gestellt. Relativ selten haben nordamerikanische Geographen bisher über regionale Disparitäten des Bildungsverhaltens publiziert. Zu den Ausnahmen gehören u.a. H. G. Kariel (1968) und D. E. Sopher (1980) mit seiner Arbeit über geschlechtsspezifische Disparitäten der Alphabetisierung in Indien. Natürlich haben sehr viele sozialökologische und stadtgeographische Arbeiten unter den zahlreichen Variablen auch Indikatoren des Ausbildungsniveaus oder Bildungsverhaltens verwendet, aber regionale Unterschiede des Ausbildungsniveaus oder Bildungsverhaltens wurden äußerst selten in den Mittelpunkt einer Untersuchung gestellt.

Eine der Ursachen, warum in den USA viele bildungsgeographische Fragestellungen nicht oder nur sehr kurze Zeit aufgegriffen worden sind, könnte darin liegen, daß die Angst, die *political correctness* zu verletzen, viele Wissenschaftler davon abgehalten hat, sich mit politisch sensiblen Fragen der sozialen und ethnischen Ungleichheiten zu befassen. Als Mitte der 70er Jahre J. Coleman und seine Kollegen zum Ergebnis kamen, daß das *busing system*, das in städtischen Schulen zu einer ausgeglichenen ethnischen Zusammensetzung der Schüler führen sollte, langfristig den Interessen der farbigen Bevölkerung aus armen Sozialschichten entgegenlief, hat der damalige Präsident der *American Sociological Association* ihn zu zensurieren versucht. Auf der Jahrestagung im Jahre 1976 wurde extra eine Plenarsitzung zum Thema organisiert, aus welchen Motiven J. Coleman diese Studie verfaßt haben könnte (Kuran T. 1995, 149). In neuerer Zeit haben sich vor allem W. Gamerith (1996, 1998a, 1998b) und einige Heidelberger Dissertanten und Diplomanden den regionalen und ethnischen Disparitäten des Bildungsverhaltens in den USA zugewandt.

Großbritannien

In Großbritannien waren G. Hones und R. Ryba (1972), G. Hones (1973), W. T. S. Gould (1973a, 1973b, 1974, 1978, 1993), W. E. Marsden (1977a, 1977b, 1977c, 1982, 1983, 1985, 1986, 1989, 1991) die „Vorreiter" einer Bildungsgeographie. Später haben sich auch L. Bondi (1986, 1987a, 1987b, 1988a, 1988b, 1989), M. Adler und L. Bondi (1988), L. Bondi und M. H. Matthews (1988), M. Heffernan (1989, 1992), M. G. Bradford (1989, 1990, 1991), M. G. Bradford und F. Burdett (1989a, 1989b), M. G. Bradford und E. Hall (1992), L. Bondi und M. G. Bradford (1990) und J. V. Beaverstock (1990, 1994, 1996a, 1996b, 1996c), J. V. Beaverstock und J. Smith (1996), H. W. Armstrong (1993a, 1993b), H. W. Armstrong, J. Darrall und R. Grove-White (1997) und andere dieser Thematik zugewandt.

In einem interessanten theoretischen Konzept einer *new regional geography* bzw. einer subjektbezogenen Regionalgeographie hat N. Thrift (1991) u.a. die höchst aktuelle Forderung nach einer „*Geography of memory and forgetting*" und einer „*Geography of knowledge and ignorance*" erhoben. Die *Geography of Memory and Forgetting* könnte ein sehr zukunftsträchtiges Forschungsgebiet werden.

Andere Staaten

In Schweden wurden die ersten bildungsgeographischen Arbeiten von G. Hoppe (1978) sowie T. Gerger und G. Hoppe (1990) publiziert. In Frankreich war S. Vassal (1969) einer der ersten, der sich bildungsgeographischen Themen zugewandt hat. In Indien haben sich K. Schuth und S. Raju (1988, 1992) (1980) mit regionalen Unterschieden der Alphabetisierung befaßt. In Japan wurden die ersten bildungsgeographischen Arbeiten von T. Kawada verfaßt (1993).

3.4 Zum Forschungsgegenstand der Geographie des Bildungs- und Qualifikationswesens

Der Forschungsgegenstand einer Geographie des Bildungs- und Qualifikationswesens ergibt sich aus der Anwendung raum-zeit-wissenschaftlicher Methoden auf Problemzusammenhänge des Wissens, der Ausbildung, der außerschulischen Weiterbildung, der Forschung und Entwicklung, der beruflichen Qualifikationen und der Informationsverarbeitung. Da das Ausbildungs- und Qualifikationsniveau der Bevölkerung zu den wichtigsten objektiven Merkmalen der sozialen Schichtung gehört und da das Wissen sowie das Informations- und Ausbildungsniveau auch die Bedürfnisse, Normen, Rollenerwartungen, Handlungsziele und Entscheidungsabläufe der Menschen nachhaltig beeinflussen kann, ist es theoretisch denkbar, sämtliche Themenbereiche der Anthropogeographie mit bildungsgeographischen Ansätzen zu untersuchen und der Frage nachzugehen, inwieweit das Verhalten und die Entscheidungen der Menschen durch ein unterschiedliches Informations- und Ausbildungsniveau beeinflußt werden.

Der Versuch, einen Katalog von Forschungsthemen aufzustellen, wird deshalb immer subjektiv bleiben; er wird außerdem von der Untersuchungsperiode und dem zu analysierenden Kulturraum abhängen. Ein solcher Katalog kann jedoch dazu beitragen, die Forschungsaufgaben zu veranschaulichen.

Räumliche Disparitäten des Arbeitsplatzangebots nach dem Ausbildungs- und Qualifikationsniveau der Akteure

Die Arbeitswelt nimmt hier deshalb eine zentrale Stellung ein, weil die Funktion „Arbeiten" die ökonomische Existenz der Menschen sichert und somit auch für diverse andere Bereiche des Daseins entscheidende Weichen stellt. Im Rahmen der Arbeitswelt stehen folgende Fragen im Vordergrund:

- Wie sind Arbeitsplätze, die mit Wissen (hohen Qualifikationen) und Macht (hohen Entscheidungsbefugnissen) verbunden sind, in der Hierarchie des Siedlungssystems verteilt? Wo sind die Arbeitsplätze für niedrig qualifizierte Routinetätigkeiten lokalisiert?
- Wie sind in den einzelnen Branchen die Entscheidungs-, Technologie- und Innovationszentren räumlich verteilt?
- Welche Standorte haben für bestimmte Branchen ein besonders kreatives Milieu?

- Von welchen historischen, politischen und wirtschaftlichen Rahmenbedingungen hängt die regionale Konzentration der Arbeitsplätze für Hochqualifizierte ab?
- Welche ökonomischen, politischen, gesellschaftlichen und technologischen Entwicklungen beeinflussen in welcher Weise die räumlichen Strukturen und Prozesse des Wissens?
- Welche wirtschaftlichen Wettbewerbsvorteile entstehen durch einen Wissens-, Informations-, Qualifikations- und Technologievorsprung?
- Welche regionalen Unterschiede des technologischen Niveaus und der innovativen Aktivitäten und Produkte lassen sich feststellen?
- Inwieweit haben sich in der historischen Dimension die Zentren des Wissens und räumliche Disparitäten verschoben?

Diese Fragen werden u.a. deshalb als zentral angesehen, weil sie unmittelbar oder über längere Kausalketten auch das Standortmuster von Bildungseinrichtungen, die räumlichen Disparitäten des Bildungsverhaltens, die Wanderungsströme von Hoch- und Niedrigqualifizierten und viele andere Bereiche beinflussen. Die Arbeitswelt bildet deshalb gleichsam eine *zentrale Achse*, um die sich die anderen Fragestellungen gruppieren.

Wissensstrukturen in der Arbeitswelt können anhand der *Akteure*, der *sozialen Systeme und Institutionen*, der *Investitionen* in Ausbildung, Forschung und Entwicklung, der technischen und wissenschaftlichen *Infrastruktur* sowie anhand der *Produkte* (Forschungsergebnisse, Erfindungen, Patente, Technologien) erfaßt werden.

Keine einfache, aber eine wissenschaftlich besonders reizvolle Aufgabe besteht in der Erfassung von kreativen oder innovativen räumlichen *Milieus*. Es gibt zweifellos Situationen und Konstellationen, die Kreativität fördern, und solche, die Kreativität behindern (vgl. MacKinnon D. W. 1968, 440-441). Bereits M. Weber war der Ansicht, daß nur die Stadt Wissenschaft produziert hat (Edwards J. M. B. 1968a, 447). M. Foucault (1972) hat darauf hingewiesen, daß Wissen das Produkt eines Systems ist, das durch Diskurs artikuliert wird, und nicht von einem individuellen Bewußtsein abhängt. Die Aussage, daß nicht das Individuum Quelle des Wissens ist, sondern der Diskurs, weist auf die Bedeutung der lokalen Situation und des räumlichen Kontexts hin. M. Foucault (1972, 69) verwendet in diesem Zusammenhang auch explizit geographische Begriffe wie Feld, Region oder Territorium.

Der Einfluß von Wissen, Informationen, Qualifikationen und Ausbildung auf das Handeln von Akteuren

In vielen handlungstheoretischen und aktionsräumlichen Ansätzen und in den meisten Arbeiten zur *behavioral geography* wird man vergeblich nach Begriffen wie „unterschiedliches Wissen“, Informationsvorsprung oder Ausbildungs- und Qualifikationsniveau suchen. In der Handlungstheorie findet man meistens nur sehr allgemein formulierte und schwer faßbare Begriffe wie „diskursives Bewußtsein“, *„reflexive monitoring“*, *„transformative power“* oder „reflexive Steuerung des Handelns“ (Giddens A. 1981). Die Anwendung dieser theoretischen Konzepte in der empirischen Forschung ist kaum möglich. Dort wird man deshalb immer wieder mit Indikatoren und Begriffen arbeiten müssen, die nur Teilaspekte dessen erfassen, was theoretisch gemeint ist.

Schwerwiegender ist die Tatsache, daß auch in vielen rein theoretisch ausgerichteten Abhandlungen kaum thematisiert wird, daß das diskursive Bewußtsein oder das Reflexionsvermögen bei den einzelnen Akteuren sehr unterschiedlich sein kann, daß es vor allem von den Erfahrungen, dem Wissen und der Kreativität abhängt. A. Giddens (1976) sieht das Handeln als einen kontinuierlichen Prozeß, »a process which can't be broken down into reasons, motives, intentions, etc. to be treated as separate entities« (Craib I. 1992, 35). Auch wenn man die Elemente des Handlungsprozesses nicht klar isolieren kann, so muß doch berücksichtigt werden, daß sich ein unterschiedliches Wissens- und Informationsniveau bei jedem Glied des Wahrnehmungs-, Bewertungs- und Entscheidungsprozesses auf das Handeln auswirken kann. Schon die *Wahrnehmung* eines Akteurs wird nicht nur von Zielen, Absichten, Erwartungen und Interessen, sondern in erster Linie vom Vorwissen beeinflußt (vgl. auch Popper K. 1994, 137-139). Es gibt keine Trennung von Wahrnehmung und Interpretation. Schon bei der Wahrnehmung wird aufgepaßt, ausgewählt, isoliert, kombiniert und interpretiert. Auch die *Informationsverarbeitung*, die *Interpretation* des Wahrgenommenen, der *Entscheidungsprozeß* und das *Handeln* des Menschen basieren auf Wissensbeständen. »Was uns Dinge bedeuten, hängt vom Wissen ab, über das wir verfügen« (Werlen B. 1997, 263). Das im Laufe von Generationen angehäufte (empirische) Wissen hat die menschlichen Gesellschaften, die individuellen Denk- und Lebensweisen sowie die Werteinstellungen immer wieder verändert (vgl. Schmidt S. J. 1987, 43).

Vielen dieser Aussagen liegt die Vorstellung zugrunde, daß man über das Handeln des Menschen umso mehr sagen kann, je mehr man sich der Mikroebene nähert. Das Problem der „*black box*“ ist jedoch keine Maßstabsfrage. Sobald die Psychologie auf die „Innenschau“, also auf die reine Selbstbeobachtung verzichtet und experimentell vorgeht bzw. mit „objektiven Methoden“ das Verhalten und die Reaktionen von Versuchspersonen auf bestimmte vom Versuchsleiter gesetzte Reize (Inputs) untersucht, hat sie es mit einer „*black box*“ zu tun. Der Begriff „*black box*“ sollte deshalb nicht abwertend verwendet werden. Die *black-box*-Methode ist die Grundlage des Behaviorismus, und auch viele Naturwissenschaften von der Atomphysik bis zur Physiologie sind bei zahlreichen Untersuchungsthemen mit „*black boxes*“ konfrontiert, können also nur den Input und Output in einem System untersuchen (vgl. Flechtner H. J. 1972, 207).

In der Sozialgeographie findet man noch häufig die Vorstellung, daß ein Erkenntnisgewinn auf der Mikroebene generell größer sei als auf der Makroebene. Dies wird in den Sozialwissenschaften nicht immer so gesehen. »Es ist eine kuriose Tatsache, daß soziale Realität um so komplexer, um so variabler und in gewisser Hinsicht umso ungeordneter erscheint, je näher wir ihrer Mikroebene kommen, und nicht, wie man annehmen möchte, je mehr wir die großen Fragen gesellschaftlicher Makrostrukturen berühren« (Knorr-Cetina K. 1984, 84).

Jede Generalisierungsebene bietet neue Erkenntnismöglichkeiten, die auf anderen Ebenen nicht oder nur eingeschränkt zur Verfügung stehen. Auch wenn die genauen Abläufe und Wechselbeziehungen sowie die intervenierenden Variablen zwischen Wissen und Handeln aus der Sicht der Psychologie noch zu wenig erforscht sind und diese vielleicht auch in Zukunft eine „*black box*" bleiben werden, wird von der Mehrzahl der Autoren nicht bestritten, daß sich Menschen mit einem Wissens- und Informationsvorsprung in vielen Lebensbereichen und Situationen anders entscheiden und anders handeln als Menschen mit einem geringen Informationsstand oder gar ohne Lese- und Schreibkenntnisse.

Um Mißverständnisse zu vermeiden, muß erneut darauf hingewiesen werden, daß immer das situationsrelevante oder kontextbezogene Wissen und Wahrnehmungsvermögen gemeint ist. Auch sehr berühmte Wissenschaftler, Schriftsteller und Philosophen können sich natürlich furchtbar irren und großen Schaden anrichten, wenn sie sich zu Fragen äußern, auf denen ihre Wahrnehmungsfähigkeit aufgrund ideologischer Vorurteile (ihres Heilswissens) gestört ist und/oder auf denen sie fachlich nicht kompetent sind. Leute mit Grundschulbildung haben aufgrund ihrer speziellen Erfahrungen die katastrophalen Folgen des Nationalsozialismus und des Kommunismus in vielen Fällen früher vorausgesehen als einige berühmte Philosophen, Schriftsteller und Nobelpreisträger.

Als Forschungsthemen stehen folgende Fragen im Vordergrund (vgl. auch Kap. 2.3.2):

- Wie beeinflussen Wissens- und Informationsunterschiede die Perzeption, die Entscheidungsfindung und das Handeln der Akteure,
- Welche Arten des Wissens beeinflussen die Perzeption und das Handeln der Akteure,
- Inwieweit wirken sich Wissens- und Informationsunterschiede der Akteure direkt (als Informationseffekt) oder indirekt (als Statuseffekt) auf das Handeln der Akteure aus.

Es braucht nicht näher erläutert werden, daß diese Forschungsfragen nur auf der Mikroebene und meistens nur retrospektiv erfaßt werden können.

Standortmuster, Einzugsgebiete und Auswirkungen von Bildungseinrichtungen

Ein Teil des Wissens, der Ausbildung und der Qualifikationen wird durch Institutionen (Schulen, Universitäten, Einrichtungen der beruflichen Weiterbildung oder Forschungslabors) vermittelt. Die meisten dieser Institutionen sind nicht ubiquitär verfügbar, sondern weisen je nach ihrem Abschlußniveau und Spezialisierungsgrad und je nach den sozio-ökonomischen und historischen Rahmenbedingungen bestimmte Standortmuster und Einzugsgebiete auf. Deshalb befaßt sich ein dritter Schwerpunkt der Geographie des Bildungs- und Qualifikationswesens mit folgenden Fragen:

- Welche Faktoren haben im Laufe der Geschichte die räumlichen Diffusionsprozesse von verschiedenen Bildungseinrichtungen beeinflußt und in den einzelnen Regionen zu unterschiedlichen schulischen Organisationsformen bzw. zu räumlichen Disparitäten der schulischen Infrastruktur geführt?
- Welche Wechselbeziehungen gibt es zwischen den räumlichen Strukturen und der räumlichen Verteilung verschiedener Organisationsformen?
- Welche räumlichen Auswirkungen haben verschiedene bildungspolitische Leitbilder?
- Wie können die Einzugsgebiete von unterschiedlichen Bildungseinrichtungen abgegrenzt oder erklärt werden? Warum werden die Institutionen des Bildungswesens von verschiedenen Regionen und sozialen Schichten in unterschiedlichem Maße in Anspruch genommen?
- Wie sind die Einrichtungen mit Geräten und Lehrmitteln ausgestattet?
- Welche Prestige- und Niveauunterschiede gibt es zwischen den einzelnen Einrichtungen der schulischen Infrastruktur?
- Welche Konsequenzen hat das Vorhandensein oder Fehlen von bestimmten Bildungseinrichtungen auf die Wirtschafts- und Sozialstruktur der betreffenden Region?

Soziodemographische Struktur und Laufbahnmuster des Forschungs- und Lehrpersonals

An den Bildungs- und Forschungseinrichtungen ist Personal beschäftigt, dessen sozio-demographische Struktur, Erwerbsverhalten, Qualifikationen, Laufbahnstrukturen, soziale und regionale Rekrutierungsmuster, regionale und soziale Herkunft und Mobilität in der räumlichen Dimension stark variieren. Diese Strukturen des Lehrpersonals erlauben Rückschlüsse auf das Prestige der Einrichtung oder auf die Attraktivität des Standorts und stehen in vielen Fällen mit der hierarchischen Struktur des Siedlungssystems, der unterschiedlichen Attraktivität von Standorten oder mit einem zwischen Regionen bestehenden Entwicklungsgefälle in Verbindung. Als Forschungsfragen bieten sich u.a. folgende an:

- Regionale Disparitäten des Altersaufbaus und der Geschlechtsproportion (Feminisierungsprozeß),
- Regionale und soziale Disparitäten des Anteils der Vollzeit- oder Teilzeitbeschäftigten,
- Regionale Disparitäten des Ausbildungs- und Qualifikationsniveaus sowie der Besoldung,
- Regionale und soziale Rekrutierung,
- Karrieremuster und regionale Mobilität.

Ausbildungsniveau der erwachsenen Wohnbevölkerung und Bildungsverhalten der Schüler, Studenten und Auszubildenden

Eine zentrale Aufgabe der Geographie des Bildungs- und Qualifikationswesens besteht darin, die regionalen Unterschiede des Bildungsverhaltens zu erfassen, zu erklären und die zahlreichen Einflußfaktoren, die zu regionalen Unterschieden des Bildungsverhaltens führen, nach ihrer Bedeutung zu gewichten. Die in einer Region erzielten Ergebnisse des Bildungsverhaltens werden durch die unterschiedlich große Zu- und Abwanderung von Hoch- und Niedrigqualifizierten modifiziert, wobei besonders periphere Gebiete mit einem einseitigen Arbeitsplatzangebot einen Großteil der aus ihnen hervorgegangenen Hochqualifizierten verlieren. Aus den Diskrepanzen zwischen dem Bildungsverhalten der Schüler und dem Ausbildungsniveau der Eltern können Rückschlüsse auf regionale Unterschiede der vertikalen sozialen Inter-Generationenmobilität gezogen werden.

Aufgrund seines Statuseffekts wurde das Ausbildungsniveau in zahlreichen Studien zusammen mit anderen Merkmalen als ein Indikator der sozialen Schichtzugehörigkeit und auch des Lebensstandards verwendet. Eine offizielle Publikation der Vereinten Nationen (United Nations 1954) hat *education, including literacy and skills* als eine von zwölf Komponenten des Lebensstandards bezeichnet (vgl. Latouche S. 1992, 253). Da von diesen zwölf Komponenten in den meisten Ländern nur zwei, nämlich das Ausbildungsniveau und die Wohnungssituation, regelmäßig von der amtlichen Statistik erfaßt und auch für kleine regionale Einheiten publiziert werden, stellen die verschiedenen Indikatoren des Ausbildungsniveaus innerhalb der Sozialgeographie seit langem ein wichtiges Analyseinstrument dar. Auch diese Thematik gehörte schon relativ früh zum Forschungsinteresse der Bildungsgeographie (vgl. Geipel R. 1965, 1971; Meusburger P. 1973, 1974, 1980).

Der Übergang vom Ausbildungssystem in das Beschäftigungssystem

Der Übergang vom Ausbildungssystem in das Beschäftigungssystem und die Kongruenz zwischen Ausbildungsniveau und beruflicher Position variieren sowohl in der zeitlichen als auch in der räumlichen Dimension. Die Kongruenz hängt vor allem vom politischen System ab, sie wird jedoch auch von der der Größe, dem Alter und der Branchenzugehörigkeit von Unternehmen (Organisationen) beeinflußt. Sie ist vor allem in solchen Ländern schwach ausgeprägt, in denen die Eliten weniger nach Qualifikation, sondern nach Parteizugehörigkeit und ideologischer Zuverlässigkeit oder nach sozialer Herkunft (Abstammung, Stammeszugehörigkeit) rekrutiert werden. Nicht zuletzt hängt die Kongruenz auch von der Selektivität des Schulwesens ab.

Der Übergang in das Beschäftigungssystem variiert mit der zeitlichen Abfolge von Überfüllungs- und Mangelkrisen und wird u.a. vom lokalen Arbeitsplatzangebot sowie der Moblitätsbereitschaft und Flexibilität der Absolventen beeinflußt (vgl. Wenzel H.-J. et al. 1990; Rolfes M. 1996). Als Forschungsfragen bieten sich u.a an:

- Regionale Unterschiede in der Kongruenz zwischen Ausbildungsniveau und beruflicher Position,
- Regionale Unterschiede der Erwerbstätigkeit und Arbeitslosigkeit nach dem Ausbildungs- und Qualifikationsniveau,
- Regionale und soziale Disparitäten der Flexibilitäts- und Mobilitätsbereitschaft von Absolventen verschiedener Ausbildungseinrichtungen,
- Regionale Unterschiede in der Qualifikationsstruktur und Segmentierung der Arbeitsmärkte,
- Regionale Unterschiede der Laufbahnunterschiede gleich qualifizierter Erwerbstätiger

Ausgleichsmechanismen zwischen Bildungsangebot und Bildungsnachfrage auf dem Arbeitsmarkt - regionale Mobilität und Ausbildungsniveau

Innerhalb einer Arbeitsmarktregion stimmen bei den einzelnen Ausbildungsebenen das Angebot an Arbeitsplätzen und die Nachfrage nach Arbeitsplätzen in den seltensten Fällen überein. Dieses Spannungsverhältnis zwischen Bildungsnachfrage und Bildungsangebot kann in der räumlichen Dimension entweder durch Migration der Erwerbstätigen oder durch Verlagerung von Arbeitsplätzen gelöst werden. Bisher standen vor allem die Abwanderung von Hochqualifizierten bzw. der „*brain drain*" im Vordergrund des Interesses. Noch wenig erforscht wurde die Verlagerung von Arbeitsplätzen mit unterschiedlichen Anforderungen an das Ausbildungs- und Qualifikationsniveau der Beschäftigten. Mit dieser Frage verbunden sind auch die Zusammenhänge zwischen Karriere und regionaler Mobilität sowie die regionale und soziale Rekrutierung von Eliten. Es bieten sich u.a. folgende Forschungsfragen an :

- Regionale und soziale Rekrutierung von Erwerbstätigen unterschiedlichen Ausbildungsniveaus,
- Häufigkeit und Distanzen der regionalen Mobilität nach Wanderungsmotiven und Ausbildungsniveau,
- Ausmaß und Konsequenzen des *brain drain* für Herkunfts- und Zielländer,
- Regionale Unterschiede der Wanderungssalden nach dem Ausbildungsniveau der Migranten,
- Wechselbeziehungen zwischen Karriere und regionaler Mobilität.

4 Die Alphabetisierung der Bevölkerung

4.1 Die Begriffe Analphabet und Alphabetisierung

Fast alle Untersuchungen über das Analphabetentum weisen auf die großen Schwierigkeiten hin, eine Definition für den Begriff „Analphabet“ zu finden, die in verschiedenen Zeitepochen und Kulturen, auf unterschiedlichen wirtschaftlichen Entwicklungsstufen und Untersuchungsmaßstäben brauchbar ist. In gleichem Maße warnen sie auch davor, direkt und indirekt ermittelte Analphabetenquoten miteinander zu vermischen.

Die verschiedenen Varianten von möglichen Definitionen sind in einer Publikation der UNESCO (1953) am Beispiel der Volkszählungen von 27 Ländern sehr anschaulich dargestellt. K. Levine (1986) hat in seinem Buch „The social context of literacy“ allein 25 Seiten dafür verwendet, um die Probleme bei der Definition eines „Analphabeten“ zu schildern. Auch W. D. Cook (1977), H. J. Graff (1981), R. A. Houston (1985) und viele andere haben sich ausführlich mit diesen Definitionsproblemen beschäftigt.

Die Problematik der Definition beginnt schon mit der Frage, ob Lesekenntnisse genügen oder ob man auch Schreibkenntnisse haben muß, um nicht mehr als Analphabet zu gelten. Kann jemand, der ein Dokument mit seinem Namen unterschreiben kann, schon als „schreibkundig“ gelten, muß ein „Lesekundiger“ den gelesenen Text auch verstehen oder sollte jemand gar eine bestimmte Zahl von Schuljahren absolviert haben, um nicht mehr als Analphabet zu gelten? Kann die einfache Kategorisierung in Analphabeten, Lese- und/oder Schreibkundige die enorme Bandbreite von Kenntnissen überhaupt in gebührender Weise erfassen?

Im allgemeinen werden zumindest vier verschiedene Definitionen eines Analphabeten unterschieden. Nicht als Analphabet gilt:

- wer mit seinem Namen unterschreiben kann,
- wer einen leichten Text ohne Vorbereitung und ohne Mühe lesen kann,
- wer in der Lage ist, einfache Mitteilungen ohne Mühe und mit vollem Verständnis sowohl zu lesen als auch zu schreiben,

- wer über Fertigkeiten im Lesen und Schreiben verfügt, die ein Grundschüler gewöhnlich nach Abschluß der vierten Klasse besitzt.

Die Brauchbarkeit der verschiedenen Definitionen hängt in erster Linie von Zweck und Maßstab einer Untersuchung, von der Art der verwendeten Quellen sowie vom Umfang der Erhebungen ab. Bei einer Volkszählung muß eine einfachere Definition genügen als etwa bei einer Untersuchung über den funktionalen Analphabetismus von 50 Probanden. Analysen über das 17. oder 18. Jahrhundert werden eine andere Definition verwenden als solche über die letzten Jahrzehnte des 19. Jahrhunderts.

Selbst bei Volkszählungen wird der Begriff Analphabet in einzelnen Staaten sehr unterschiedlich definiert. Während Kanada, Chile, Italien, Portugal, Spanien oder Jugoslawien in der ersten Hälfte des 20. Jahrhunderts in ihren Volkszählungen Personen, die nur lesen, aber nicht schreiben konnten, nicht als Analphabeten eingestuft haben, wurden in Belgien, Brasilien, Bulgarien, Finnland, Frankreich oder den USA Personen, die nur lesen konnten, als Analphabeten klassifiziert (UNESCO 1953, 88) .

Die Tatsache, daß viele Alphabetisierungsprogramme mit dem Ziel der wirtschaftlichen Entwicklung verknüpft waren, hat die Konzepte des „funktionellen Analphabeten" (vgl. Kramer W. 1997) und der „*fundamental education*" entstehen lassen.

Der Begriff der *fundamental education* wurde im Jahre 1950 von John Bowers geprägt. »Fundamental education is that kind of minimum and general education which is to help children and adults who do not have the advantages of formal education, to understand the problem of their immediate environment and their rights and duties as citizens and individuals, and to participate more effectively in the economic and social progress of their community.
It is fundamental in the sense that it gives the minimum knowledge and skills which are an essential condition for attaining an adequate standard of living. It is a prerequisite to the full effectiveness of work in health, agriculture and similar skilled services. It is general in the sense that this knowledge and these skills are not imparted for their own sake only. It uses active methods, it focuses interests on practical problems in the evironment, and in this way it seeks to develop both individual and social life« (zit. bei Jones Ph. W. 1988, 54).

Der Begriff *fundamental education* war also sehr breit definiert, er umfaßte eine große Spannweite von Einstellungen und Qualifikationen und ging weit über den Begriff *elementary schooling* hinaus (vgl. Jones P. 1988, 55-57). Der Begriff *functionally literate* wurde von W. S. Gray (1956) geprägt und folgendermaßen definiert:

»[...] a person is functionally literate when he has acquired the knowledge and skills in reading and writing which enable him to engage effectively in all those activities in which literacy is normally assumed in his culture or group« (Gray W. S. 1956, 24).

Dieses Konzept ging also auf die kulturellen und regionalen Besonderheiten ein und räumte ein, daß zu einer gegebenen Zeit nicht alle Mitglieder einer Gemeinschaft lese- und schreibkundig sein müssen, um zum Fortschritt und Wohlstand einer Region beizutragen. Diese Definition hat zwar je nach kulturellem und ökonomischem Standard verschiedene Schwellenwerte für die Abgrenzung von Analphabeten ermöglicht (vgl. Levine K. 1982, 253), war jedoch für empirische Untersuchungen weitgehend unbrauchbar. Deshalb hat Gray schließlich solche Personen als funktionale Analphabeten bezeichnet, die weniger als drei Schuljahre (Schulstufen) erfolgreich abgeschlossen haben (Gray W. S. 1956, 25). Die Vereinten Nationen haben 1963 die Definition von Gray in leicht veränderter Form übernommen:

»A person is literate when he has acquired the essential knowledge and skills which enable him to engage in all those acitvities in which literacy is required for effective functioning in his group and community, and whose attainments in reading, writing and arithmetic make it possible for him to continue to use these skills towards his own and the community's development and for active participation in the life of his country« (United Nations 1963, 39)

Die Weltbank hat in den 70er Jahren Begriffe wie „*basic education*“ oder „*minimal learning needs*“ eingeführt.

»These essential learning needs include functional literacy and numeracy (skill in using numbers), knowledge and skills for productive activity, family planning and health, child care, nutrition, sanitation and knowledge required for civic participation. They can be operationally defined als „minimum learning packages“ to attained by all, comparable to the term „poverty line“ which refers to minimum family income. Minimum learning packages would vary according to the level and pattern of development and the relative poverty of each country« (World Bank 1974, 30).

In einer Erhebung des *U.S. Bureau of the Census* im Jahre 1947 wurde der Begriff „*functional illiterate*“ auf jene Personen angewandt, »who had completed fewer than five years of elementary school, on the assumption that this correlated with an inability to comprehend simple written instructions« (Levine K. 1982, 250).

Beim Begriff Alphabetisierung treten ähnliche Fragen auf wie beim Begriff Feminisierung (vgl. Schmude J. 1988a). Bisher wurde in der Literatur dann von der Alphabetisierung eines Landes gesprochen, wenn die relative Analphabetenquote in einem bestimmten Zeitraum abgenommen hat. Die Entwicklung der absoluten Zahl der Analphabeten blieb dabei meist unberücksichtigt. Eine derartige Abnahme der relativen Analphabetenquote kann jedoch unter sehr unterschiedlichen Bedingungen zustande kommen, die auch sehr verschiedene Auswirkungen auf den sozioökonomischen Entwicklungsprozeß haben können.

In Anlehnung an den Vorschlag von J. Schmude (1988a) sollten deshalb mindestens zwei Typen der Alphabetisierung unterschieden werden. Bei der „tatsächlichen Alphabetisierung“ nehmen sowohl die absolute Zahl der Analphabeten als auch die relativen Anteile der Analphabeten ab. Zu diesem Typ zählten die Länder der noch weniger entwickelten europäischen Peripherie (z.B. Italien, Spanien) in den Jahrzehnten um die Wende vom 19. zum 20. Jahrhundert. Bei der zweiten Variante des Alphabetisierungsprozesses, die hier als „scheinbare Alphabetisierung“ bezeichnet wird, sinken zwar die *relativen* Anteile der Analphabeten an der Bevölkerung, die *absoluten* Zahlen der Analphabeten steigen jedoch wegen der hohen Geburtenraten noch an. Zu diesem Typ zählen mehrere Entwicklungsländer wie z.B. Ägypten, Liberia, Nepal oder Iran). Diese Unterscheidung sollte auch deshalb vorgenommen werden, weil sich ein Land in einer ganz anderen Situation befindet, solange die absolute Zahl der Analphabeten ansteigt, als wenn die Zahl der Analphabeten kontinuierlich abnimmt.

Diese Unterscheidung von zwei Alphabetisierungstypen ist besonders dann wichtig, wenn der Zusammenhang zwischen Alphabetisierung und wirtschaftlicher Entwicklung untersucht wird. Es besteht wohl kein Zweifel daran, daß bei einer scheinbaren Alphabetisierung die positiven Auswirkungen auf den sozioökonomischen Modernisierungsprozeß nicht oder viel langsamer in Erscheinung treten als bei einer tatsächlichen Alphabetisierung. Die meisten Entwicklungsländer des 20. Jahrhunderts befinden sich hinsichtlich der Alphabetisierung schon aus demographischen Gründen in einer ganz anderen Situation als die europäischen Industrieländer des 19. Jahrhunderts. Während in der Mehrzahl der europäischen Länder im 19. Jahrhundert die Sterberaten und die Geburtenraten mehr oder weniger parallel zu den Analphabetenquoten gesunken bzw. die Wachstumsraten der Bevölkerung noch vor Beginn des Alphabetisierungsprozesses zurückgegangen sind, setzte in vielen Entwicklungsländern der Alphabetisierungsprozeß zu einem Zeitpunkt ein, als zwar die Sterberaten, aber noch nicht die Geburtenraten abgenommen hatten, so daß trotz aller Alphabetisierungsprogramme die absolute Zahl der Analphabeten weiterhin zunahm.

4.2 Statistische Quellen zur Erfassung des Analphabetismus

Um den zeitlichen Verlauf des Alphabetisierungsprozesses analysieren zu können, benötigt man Indikatoren, welche die Kriterien der Universalität, Standardisierung und Unmittelbarkeit erfüllen sollten. Diese Indikatoren sollten über einen längeren Zeitraum verfügbar sein, sich auf Personen unterschiedlichen Alters, unterschiedlicher Berufe und Sozialschichten beziehen, standardisierbar sein und nach Möglichkeit nicht auf der Selbsteinschätzung der Befragten basieren (Schofield R. S. 1968, 319). Von den zahlreichen Quellen, die von der Sozialgeschichte, der historischen Demographie und der historischen Geographie zur Erforschung der Lese- und Schreibkundigkeit der Bevölkerung verwendet werden, kommen für geographische Analysen, bei denen in der Regel die *regionale* Differenzierung der Ergebnisse im Vordergrund steht, hauptsächlich jene in Betracht, die einen relativ großen Teil der Bevölkerung umfassen und ein geringes demographisches oder schichtspezifisches Bias aufweisen.

Quellen über die Schreibkundigkeit reichen historisch weiter zurück als jene über die Lesekundigkeit. Wenn man von wenigen frühen Ausnahmen absieht, stehen Quellen über regionale Unterschiede der Schreibkundigkeit der Bevölkerung verstärkt ab dem 16. oder 17. Jahrhundert zur Verfügung. Sie beziehen sich auf Verfasser von Testamenten, Zeugen vor Gericht, Brautleute, Straffällige oder Rekruten und geben u.a. Auskunft über die Frage, ob die betreffenden Personen in der Lage waren, das entsprechende Dokument mit ihrem Namen zu unterschreiben oder nicht. Über die Lesekundigkeit gibt es, wenn man von Schweden absieht, vor allem deshalb viel weniger und erst viel später entsprechend aussagekräftige Quellen, weil die Lesekundigkeit nur durch eine Befragung (Überprüfung) erhoben werden kann (vgl. auch Houston R. A. 1983, 270).

Relativ zuverlässige Angaben über die Lese- und Schreibkundigkeit der gesamten Bevölkerung gibt es in den meisten Ländern Europas erst seit der zweiten Hälfte des 19. Jahrhunderts, als die Lese- und Schreibkundigkeit für einige Jahrzehnte in das Erhebungsprogramm der amtlichen Volkszählungen aufgenommen wurden. Die im folgenden angeführten Quellen sind nach der *zeitlichen* Reihenfolge ihrer Verfügbarkeit genannt.

4.2.1 Gerichtsakten

Zu den ältesten Quellen zur Ermittlung von regionalen Unterschieden der Lese- und Schreibkundigkeit zählen Gerichtsakten, die u.a. von D. Cressy (1974, 1977, 1978), R. S. Schofield (1968), M. C. Rodriguez und B. Bennassar (1978) sowie R. A. Houston (1985) zur Bestimmung der Alphabetisierung herangezogen wurden. In mehreren Ländern haben die Gerichte in der Regel den Namen, den Familienstand, den Beruf (Stand), den Geburtsort, den Wohnort und das Alter der Zeugen, welche die Protokolle (Aussagen) unterschrieben, festgehalten. Diesen Gerichtsakten kann also entnommen werden, ein wie großer Anteil der Zeugen, Kläger und Angeklagten in der Lage war, Dokumente mit dem Namen zu unterschreiben. In den Dokumenten der Inquisition von Toledo wurde zwischen dem 16. und 19. Jahrhundert das Ausbildungsniveau der Angeklagten, je nach Lese- und Schreibkenntnissen und nach dem Besitz von (häretischen) Büchern, sogar in elf Stufen unterteilt (Rodriguez M. C. und B. Bennassar 1978, 23-24). In diesen auf Gerichtsakten basierenden Untersuchungen wurden sowohl sehr große schichtspezifische als auch regionale Unterschiede der Schreibkundigkeit nachgewiesen. Eine regionale Differenzierung ist jedoch in der Regel nur nach Stadt-Land-Unterschieden oder zwischen größeren regionalen Einheiten möglich. Diese Quelle hat den Vorteil, daß sie für die Zusammensetzung der Bevölkerung etwas repräsentativer ist als etwa Testamente. Wenn die schichtspezifischen Unterschiede der Schreibkundigkeit über einen längeren Zeitraum hinweg untersucht werden, ist (wie bei den Testamenten) auch bei dieser Quelle mit dem Problem zu rechnen, daß sich der Bedeutungsinhalt einiger Berufs- oder Standesbezeichnungen im Laufe der Zeit deutlich verändern kann.

D. Cressy (1978, 20-23) erwähnt etwa für die Diözese Durham das Beispiel der „Freibauern“ (*yeoman*), bei denen der Anteil der Analphabeten zwischen den 60er Jahren des 16. Jahrhunderts und 20er Jahren des 17. Jahrhunderts entgegen dem allgemeinen Trend von 63% auf 79% zugenommen hat. Dies war darauf zurückzuführen, daß sich die Terminologie des *yeoman* verändert hat bzw. ein zunehmender Anteil von weniger gebildeten *husbandmen* (Landbauern) vor Gericht als *yeomen* geführt wurde, so daß der Anteil der Zeugen mit der Bezeichnung *yeoman* zwischen den 60er Jahren des 16. Jahrhunderts und dem ersten Jahrzehnt des 17. Jahrhunderts von 17% auf 69% zunahm. In der Diözese East Anglia nahm vergleichsweise der Anteil der Analphabeten unter den *yeomen* zwischen 1580 und 1630 von 55% auf 32% ab.

4.2.2 Testamente

Diese Quelle reicht in mehreren Ländern bis ins 17. Jahrhundert zurück und erfaßt nach H. J. Graff (1981, 20) etwa 20 bis 50% der männlichen und zwei bis fünf Prozent der weiblichen Gestorbenen. Im Vergleich zu den Gerichtsakten haben Testamente zwar den Vorteil, daß sie zahlreiche zusätzliche Informationen über den Besitz und die Familienverhältnisse der untersuchten Personen anbieten, andererseits hat diese Quelle ein mehrfaches Bias aufzuweisen (vgl. Lockridge K. A. 1974, 7-9). Vor Abschluß des Alphabetisierungsprozesses waren alte Leute im Durchschnitt weniger lese- und schreibkundig als jüngere. Bei alten Leuten, die ihr Testament erst kurz vor ihrem Tod verfassen, kann die Fähigkeit, den Namen zu schreiben, auch durch Krankheit, Gebrechlichkeit und Vergeßlichkeit abnehmen. Andererseits gab es unter den höheren Sozialschichten weniger Analphabeten als unter dem Rest der Bevölkerung. Deshalb ist es nicht einfach, diese zwei gegenläufigen Verzerrungen zu gewichten. Diese Quelle wurde z.B. von K. A. Lockridge (1974) am Beispiel Neuenglands verwendet. K. A. Lockridge (1974, 8-9) hat den jeweiligen positiven und negativen Einfluß der oben genannten Faktoren auf den Anteil der Schreibkundigen zu quantifizieren versucht und seine Zeitkurven entsprechend standardisiert. Auch diese Quellen belegen einen engen statistischen Zusammenhang zwischen Schreibkundigkeit und sozialem Status (Besitz) und sind durchaus geeignet, räumliche Disparitäten aufzuzeigen.

4.2.3 Heiratsregister

Für räumliche Analysen brauchbarer und deutlich aussagekräftiger als die beiden erstgenannten Quellen sind Heiratsregister, die ursprünglich von den Kirchen, später auch von staatlichen Behörden geführt wurden. Aus den in den Pfarrämtern oder Gemeinden aufliegenden Heiratsregistern, die beispielsweise in England seit 1538 (Finlay R. 1981, 8-11), in Amsterdam seit 1578 und in Frankreich seit 1650 vorliegen (Houston R. A. 1988, 124) und je nach Land und Zeitperiode rd. 70 bis 90% der männlichen und weiblichen Bevölkerung erfaßt haben, kann der Anteil jener Neuvermählten ermittelt werden, welche die Urkunde mit ihrem Namen oder nur mit einem Kreuz unterzeichnet haben. Heiratsregister bieten (je nach Land) zwischen der Mitte des 17. Jahrhunderts bis in die zweite Hälfte des 19. Jahrhunderts (bis die Lese- und Schreibkundigkeit in den Volkszählungen erfaßt wurde) wohl die ausführlichsten, zuverlässigsten und am leichtesten zugänglichen Massendaten zur Alphabetisierung (vgl. Hoyler M. 1996).

In Frankreich mußten z.B. nach einem königlichen Erlaß von 1667 nicht nur die Brautleute, sondern auch die beiden Elternpaare und vier männliche Zeugen den „*acte de marriage*“ unterschreiben (vgl. Heffernan M. J. 1989, 35). Hier bilden diese Quellen dank der Angaben über Alter, Beruf, Geburts- und Wohnort des Brautpaares nicht nur eine ausgezeichnete Quelle für die historische Demographie, sondern hier wurden diese Daten auch besonders gut aufgearbeitet.

Abb. 4.1 Soziale Disparitäten der Alphabetisierung in New England nach dem in Testamenten hinterlassenen Vermögen

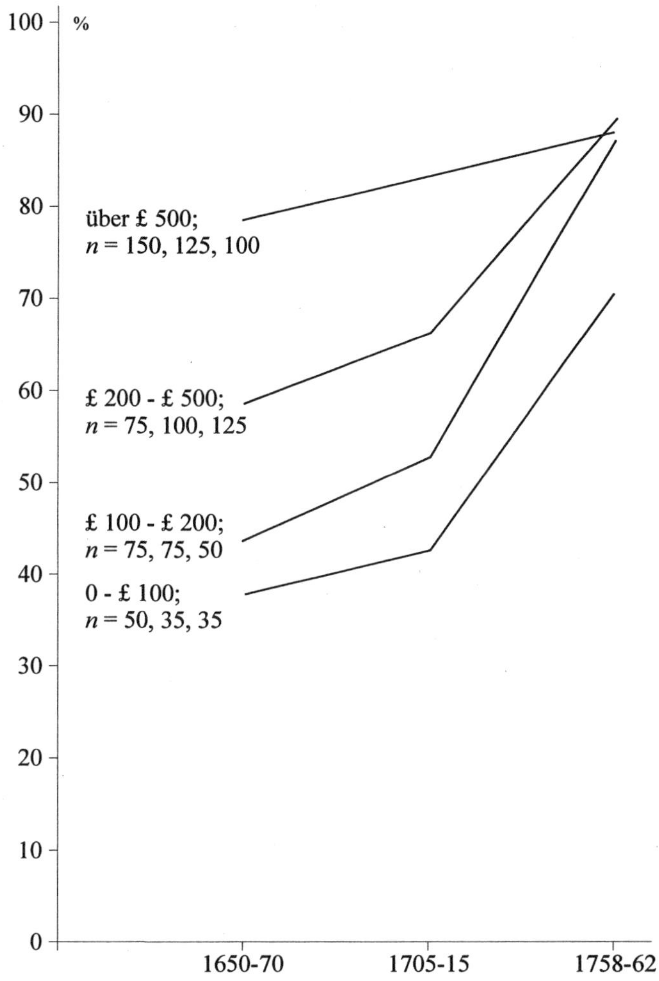

Quelle: Lockridge K. A. 1974; Für die drei Zeiträume wurde der Durchschnitt der Vermögen berechnet.

In der zweiten Hälfte des 19. Jahrhunderts haben in Frankreich rd. 16.000 Lehrer unter der Leitung von L. Maggiolo die Heiratsregister der Pfarreien ausgewertet. Mit Hilfe dieser auf Departementebene publizierten Daten kann der Verlauf der Alphabetisierung in Frankreich genauer analysiert und länger zurückverfolgt werden als in den meisten anderen Ländern (vgl. u.a. Cipolla C. M. 1969; Furet F. und J. Ozouf 1977; Heffernan M. J. 1989). In England mußten beide Brautleute ab 1754 ihre Heiratsurkunde unterschreiben, in Wales seit 1841, in Schottland seit 1855, in Irland seit 1865, in Italien seit 1866 und in Rumänien seit 1870 (Fircks v. A. 1898, 107). Ab 1837 waren in England auch Zivilheiraten möglich. Nach dieser Reform der Heiratsgesetzgebung wurde die staatliche Registrierung aller Heiraten verpflichtend. Ab diesem Zeitpunkt hat sich nicht nur die Zahl der in den *marriage registers* erhobenen Merkmale der Brautleute und deren Eltern erhöht, sondern ab 1839 wurden Ergebnisse über die Schreibkundigkeit der Eheleute auch in den *Annual Reports of the Registrar General* in einer relativ starken regionalen Differenzierung publiziert (vgl. Hoyler M. 1996).

In England wurden anhand der *marriage registers* schon im 19. Jahrhundert die regionalen Disparitäten der Analphabetenquoten (Schreibfähigkeit) untersucht. J. Fletcher (1849) hat auf der Basis dieser Quellen die „Ignorance in England and Wales" bereits kartographisch dargestellt, und auch W. L. Sargant (1867) hat die Schreibfähigkeit in ihrem historischen Verlauf und nach Stadt-Land-Unterschieden untersucht (vgl. auch Hoyler M. 1996, 189). Jüngere Studien, welche die Heiratsregister als Quelle für die Analyse des Alphabetisierungsprozesses verwendet haben, stammen u.a. von W. P. Baker (1961), M. J. Heffernan (1989, 1992), M. Hoyler (1995, 1998), D. F. Mitch (1992), M. Sanderson (1972), R. S. Schofield (1968), 1973), W. B. Stephens (1973, 1976, 1977, 1987) und L. Stone (1969). Die Inhalte, Stärken und Schwächen der Originaldaten und der publizierten Daten der *marriage registers* sowie die methodischen Probleme, die bei der Verwendung dieser Datenquelle auftreten, wurden von M. Hoyler (1996) ausführlich diskutiert.

»Die Unterschrift im Heiratsregister läßt sich [...] nur als kleinster gemeinsamer Nenner der Schreibkundigkeit deuten. Über den jeweiligen Grad dieser Fertigkeit lassen sich dagegen keinerlei Aussagen treffen. Konnte der Unterzeichnende etwa nur mühsam seinen Namen schreiben und ansonsten keinen zusammenhängenden Text verfassen, oder war der schriftliche Ausdruck für ihn kein Problem?« (Hoyler M. 1996, 183). Wenn mit einem Kreuz unterzeichnet wurde, kann jedoch in der Regel davon ausgegangen werden, daß keine Schreibkenntnisse vorlagen. Von den Schreibunkundigen war jedoch sicherlich ein Teil lesekundig. »Dieser Indikator für Analphabetismus [die Fähigkeit den Namen zu schreiben, *der Verf.*] überschätzt die Zahl der Schreibkundigen, unterschätzt die Zahl derer, die rudimentäre Lesekenntnisse besitzen, und gibt in etwa die Zahl derer wieder, die ohne Schwierigkeiten lesen können. Offen bleibt jedoch, inwieweit das Verhältnis von Unterschrift zu Lesefähigkeit einem zeitlichen Wandel unterworfen war« (Hoyler M. 1996, 185; vgl. auch Sutherland G. 1990, 125). Die Dichotomie „Unterschrift" versus „Kreuz" reduziert zwar das breite Spektrum von Lese- und Schreibkundigkeit. »Gleichwohl ist dieser Indikator das einzige universale, standardisierte und direkte Maß, das in England flächendekkend zur Verfügung steht, sich gut zur Operationalisierung eignet und komparative Analysen über einen langen Zeitraum hinweg ermöglicht« (Hoyler M. 1996, 185). Bei der Verwendung dieser Quelle ist auch zu bedenken, daß die Brautleute ein wesentlich jüngeres Durchschnittsalter hatten als die Gesamtbevölkerung und daß deshalb bei ihnen auch der Anteil der Schreibkundigen über dem der Gesamtbevölkerung lag.

Der zeitliche Verlauf der Schreibkundigkeit auf der Basis dieser Datenquelle wurde für einige europäische Länder in Tab. 4.1 zusammengestellt.

Tab. 4.1 Der Anteil der Brautleute, welche die Heiratsurkunde nicht unterschreiben konnten

	Von 1.000 Heiratspartnern haben ... die Urkunde (das Heiratsregister) mit einem Kreuz unterzeichnet									
Zeitraum	Italien		Frankreich		England und Wales		Schottland		Irland	
	m.	w.	m.	w.	m.	w.	m.	w.	m.	w.
1841-45	.	.	.	.	325,8	489,0	.	.	.	.
1846-50	.	.	323,0	486, 0	314,2	462,4	.	.	.	.
1851-55	.	.	322,0	484,0	302,4	435,4	.	.	.	.
1856-60	.	.	310,0	466,5	271,4	380,8	108,5	223,0	.	.
1861-65	.	.	285,5	429,5	235,8	329,2	108,5	219,5	420,0	543,0
1866-70	596,7	796,9	270,5	403,5	205,0	283,0	108,5	208,5	388,0	491,0
1871-75	564,0	761,5	233,5	353,0	185,4	251,8	94,5	182,0	337,5	416,0
1876-80	501,0	714,0	180,0	277,5	148,0	199,8	80,0	160,5	282,5	338,0
1881-85	459,9	677,2	141,2	221,0	123,4	154,8	64,0	121,0	250,8	283,0
1886-90	421,7	617,5	103,0	161,4	84,0	98,2	42,6	75,0	217,1	232,3
1891-95	394,3	566,5	73,8	111,8	51,2	59,6	29,5	47,7	180,0	174,1

Quelle: Fircks v. A. 1898, 107

4.2.4 Examensbücher protestantischer Kirchen

In Schweden wurde im Jahre 1686 ein Gesetz erlassen, daß die Bevölkerung lesen lernen sollte und daß die Kirche diese Lesekenntnisse jährlich einmal überprüfen müsse. Diese für jede einzelne Person schriftlich festgehaltenen Prüfungsergebnisse über die *Lesekenntnisse* stellen eine hervorragende Quelle für historische, sozialwissenschaftliche und geographische Untersuchungen dar. Nach E. Johansson (1977, 24-25) gehen die ältesten (noch vorhandenen) Examensregister bis in die 1620er Jahre zurück (Västeras). In den meisten Dekanaten liegen sie nach 1720 komplett vor, ab 1749 wurden sie auch vom staatlichen statistischen Büro als Quelle herangezogen.

Dank der kirchlichen Druckmittel und der strengen sozialen Kontrolle wurden die regionalen, sozialen und geschlechtsspezifischen Unterschiede des Anteils der Leseunkundigen innerhalb weniger Jahrzehnte fast völlig beseitigt. Nach E. Johansson (1977, 35) konnten Ende des 17. Jahrhunderts rd. 90% der Schweden lesen, so daß sich die regionalen und sozialen Disparitäten nur noch hinsichtlich der *Prüfungsnoten* zeigten. Nach 1750 wurde bei diesen Examen auch verstärkt überprüft, ob das Gelesene auch verstanden wurde. Erwartungsgemäß waren die Resultate im Lesen wesentlich besser als im Verständnis des Katechismus.

In Schweden galten nach dem Schulstatut von 1724 gute Lesekenntnisse sogar als Voraussetzung für die Aufnahme der Schüler in die sogenannten „Trivialschulen"; erst nach der Einführung der *junior school* (1858) wurde das Lesen lernen offiziell in den Lehrkatalog der Schulen aufgenommen (Johansson E. 1977, 43). Die Schreibkenntnisse wurden in diesen kirchlichen Examensregistern, mit Ausnahme der Diözese Lund, nicht erfaßt (vgl. Johansson E. 1977, 55).

4.2.5 Kriminalstatistiken

Ausgehend von der damaligen Hoffnung der „Moralstatistiker“, daß Lesekenntnisse die Menschen mit dem Inhalt religiöser Schriften vertraut machen und Bildung den Menschen moralisch besser mache, und unter dem Einfluß der neu aufgekommenen „Sozialarithmetik“ wurden in den ersten Jahrzehnten des 19. Jahrhunderts in mehreren Ländern nicht nur die Lese- und Schreibkundigkeit, sondern manchmal auch die religiösen Kenntnisse der gerichtlich Verurteilten und/oder der Gefängnisinsassen genau untersucht. In Frankreich und Belgien wurden die Lese- und Schreibkenntnisse der Rechtsbrecher seit 1828 jährlich in Tabellen publiziert, in Großbritannien ab dem Jahr 1835 (Rawson R. W. 1840/41, 331-352) und in Schweden ab 1860 (Johansson E. 1977, 51-52). Daneben haben noch zahlreiche statistische und karitative Gesellschaften die schulischen und religiösen Kenntnisse von Straftätern erhoben und z.T. auch publiziert.

Ein erster umfangreicher Bericht über die Lese- und Schreibkenntnisse von „Kriminellen“ wurde von R. W. Rawson (1840/41) publiziert. Im Vergleich zu den Heiratsregistern oder Gerichtsakten haben die meisten dieser von privaten „Statistischen Gesellschaften“ oder karitativen Vereinigungen durchgeführten Untersuchungen den Vorteil, daß Lese- und Schreibkenntnisse exakter und manchmal sogar nach Kategorien abgestuft erfaßt worden sind.

Tab. 4.2 Die Lese- und Schreibkenntnisse von Kriminellen in verschiedenen Ländern

	Lese- und Schreibkenntnisse			höhere Schulbildung	gesamt
	keine	mangelhaft	gut	gesamt	
Belgien 1828-1832	60,8	27,1	10,0	2,1	100
England 1839					
männlich	34,4	54,1	11,1	0,4	100
weiblich	39,8	55,0	5,1	0,1	100
Schottland 1839					
männlich	17,1	58,0	21,8	3,1	100
weiblich	29,3	63,1	7,3	0,3	100
Irland 1839					
männlich	41,6	20,4	38,8	*	100
weiblich	62,0	23,9	14,1	*	100
London 1839	41,3	49,3	8,4	1,0	100
Dublin 1839	62,5	32,6	4,5	0,4	100

Quelle: Rawson R. W. (1840/41, 342-343, 351), * nicht erhoben

Einige Verfasser solcher Kriminalstatistiken haben schon relativ früh untersucht, ob das Gelesene auch verstanden wurde und inwieweit die Lese- und Schreibkenntnisse mit religiösen Kenntnissen verknüpft waren.

Die sogenannten religiösen Kenntnisse, von denen man sich zumindest in der Anfangsphase der Moralstatistik noch einen Einfluß auf die Kriminalitätsrate erwartete, wurden bei den Gefängnisinsassen meist durch den Gefängnispriester entweder durch das Abfragen der 10 Gebo-

te, des Glaubensbekenntnisses und des Vaterunsers oder anhand von Fragen über religiöse Inhalte erhoben. Typische Fragen waren z.B.: „Wer ist unser Erlöser, der für die Sünder starb? Auf welche Weise starb Jesus Christus? Wer erschuf die Welt? Wer waren die ersten Menschen? Was tut der Heilige Geist für uns?".
Besonders detaillierte Untersuchungen zu dieser Thematik stammen u.a. von J. Clay, dem damaligen Kaplan des Preston House Gefängnisses, und von R. Burnet, dem Kaplan des Lewes Gefängnisses, die ihre Ergebnisse in den 30er und 40er Jahren des 19. Jahrhunderts mehrmals vor der *Statistical Society of London* vorgetragen haben (vgl. Journal of the Statistical Society of London 1840, 443-444).

Die meisten Autoren haben schon zu Beginn der 40er Jahre des 19. Jahrhunderts die ursprüngliche Annahme der Moralstatistiker zurückgewiesen, daß Lese- und Schreibkundigkeit die Kriminalität verringere. J. Fletcher (1843, 232-233) warnte davor, eine direkte Ursache-Wirkung-Beziehung zwischen Bildung und Kriminalität zu sehen. Das niedrigere Ausbildungsniveau der Kriminellen belegte seiner Ansicht nach lediglich die Tatsache, daß die Verurteilten überproportional stark aus den ärmeren Sozialschichten stammten. Allerdings hat J. Fletcher (1843, 234-235) als einer der ersten Autoren den Nachweis erbracht, daß die Häufigkeit des Vorkommens verschiedener Verbrechensarten mit der Schichtzugehörigkeit und damit auch mit der Lese- und Schreibkundigkeit variiert. Während Eigentumsdelikte mit und ohne Gewaltanwendung vorwiegend von Tätern mit schlechteren Lese- und Schreibkenntnissen begangen wurden, waren gut ausgebildete Kriminelle vor allem bei Vergehen gegen Personen, Geldfälschungen und finanziellen Delikten überdurchschnittlich stark vertreten.
Da es hinsichtlich der Art der begangenen Delikte zwischen Stadt und Land bzw. zwischen Groß- und Kleinstädten nachgewiesenermaßen deutliche Unterschiede gibt, sind Kriminalstatistiken für kleinräumige Untersuchungen der Lese- und Schreibkenntnisse der Bevölkerung nur bedingt geeignet. Beim Vergleich großräumiger Einheiten können solche Kriminalstatistiken jedoch durchaus brauchbare Ergebnisse liefern. Gegenüber den vorher erwähnten Gerichtsurteilen haben die Befragungen der Gefängnisinsassen den Vorteil, daß nicht nur die Fähigkeit, den eigenen Namen zu schreiben, sondern die tatsächlichen Lese- und Schreibkenntnisse überprüft wurden.

4.2.6 Erhebungen von privaten Organisationen

In einigen Ländern wie z.B. Großbritannien haben (private) statistische Gesellschaften, karitative Gesellschaften (*friendly societies*) und Privatpersonen ab etwa 1830 erstaunlich detaillierte Originalerhebungen über die soziale Situation der Bevölkerung in verschiedenen Gemeinden und Stadtteilen publiziert, wobei u.a. die Lese- und Schreibkenntnisse der Eltern, das Bildungsverhalten der Schüler, der Zusammenhang zwischen Wohnqualität und Bildungsniveau, das kulturelle Milieu in den Familien (Vorhandensein von Büchern und Zeitschriften etc.) und die Ausstattung und Qualität der Schulen im Vordergrund standen. Der Höhepunkte dieser auf Privatinitiative beruhenden Erhebungen wurde durch Ch. Booth (1891) erreicht.

Während diese Studien von der Originalität der Fragestellungen und der Detailliertheit der Erhebungen den meisten anderen Quellen überlegen sind, haben sie den

Nachteil, daß nur wenige hinsichtlich der methodischen Vorgangsweise und der erfaßten Variablen miteinander vergleichbar sind und daß nur wenige über einen längeren Zeitraum hinweg wiederholt worden sind.

4.2.7 Rekrutenuntersuchungen (Stellungslisten)

Nach der Einführung der allgemeinen Wehrpflicht wurden die angehenden Soldaten in den meisten Ländern nicht nur auf ihren Gesundheitszustand überprüft, sondern es wurden auch ihre Fähigkeit des Lesens und Schreibens und diverse andere berufliche Kenntnisse erfaßt. In einigen Ländern wurden die Ergebnisse dieser Untersuchungen publiziert, in anderen sind die Originalquellen noch in Archiven vorhanden.

In Frankreich begannen diese „Musterungen" im Jahre 1793, nach 1818 wurden sie im Rahmen der jährlichen „*tirage de sort*" reorganisiert, indem nun jede Gemeinde einen „*conseil de revision*" führen mußte, in dem die physischen und geistigen Fähigkeiten sowie andere Eigenschaften der angehenden Soldaten (z.B. Beruf, Geburtsort, Wohnsitz der Eltern etc.) registriert werden mußten. Nach 1827 wurden auch die Lese- und Schreibkenntnisse der französischen Soldaten erfaßt (Heffernan M. J. 1989, 34-35).

In der österreichisch-ungarischen Monarchie und in Preußen liegen die Ergebnisse dieser jährlichen Untersuchungen über die Analphabetenquote der Rekruten seit dem Jahre 1866/67 vor, in Belgien und Italien seit 1870, in Schweden und im Russischen Zarenreich seit 1874, in einzelnen Schweizer Kantonen seit 1854 und in der gesamten Eidgenossenschaft seit 1875 (Bovet P. o. J., 8). Publiziert wurden die Schweizer Daten zwischen 1875 und 1913 vom Eidgenössischen Bundesamt für Statistik. In Österreich wurden die Musterungsergebnisse in den „Militärstatistischen Jahrbüchern" publiziert.

Ein Vorteil dieser Datenquelle besteht darin, daß jedes Jahr fast ein gesamter Jahrgang der männlichen Bevölkerung auf die tatsächlichen Lese- und Schreibkenntnisse überprüft wurde. Deshalb ist nicht nur der Stichprobenfehler kleiner, sondern auch der zeitliche Ablauf des Alphabetisierungsprozesses läßt sich viel exakter erfassen als etwa mit Volkszählungsergebnissen, die in der Regel nur alle zehn Jahre vorliegen. Der Nachteil der Rekrutenstatistiken besteht darin, daß diese Quelle nichts über die Lese- und Schreibkenntnisse der weiblichen Bevölkerung und der älteren Jahrgänge der Bevölkerung aussagen kann.

Die ausführlichsten Rekrutenuntersuchungen liegen wohl für die Schweiz vor, wo in den letzten Jahrzehnten des 19. Jahrhunderts nicht nur die Lese- und Schreibkenntnisse der Rekruten, sondern auch ihre Kenntnisse in Rechnen, Geschichte und Geographie der Schweiz ausführlich erfaßt und mit einer fünfstufigen Skala benotet wurden. Von den mehr als 265.000 Rekruten, die zwischen 1891 und 1900 überprüft wurden, erhielten nur 48% die Note 1 im Lesen, 34% bekamen die Note 2, 15% die Note 3 und 3% die Note 4, definiert als fehlerhaftes Lesen ohne Verständnis für das Gelesene (vgl. Statistische Jahrbücher der Schweiz 1891 - 1900; Cipolla C. M. 1969, 12).

Tab. 4.3 Anteil der assentierten Rekruten (Stellungspflichtigen), die lese- und schreibkundig waren

Königreiche und Länder	von 1.000 assentierten Rekruten waren .... lese- und schreibkundig Stellungsjahr 1871	1881	1885	1891	1900
Österreich unter der Enns	985	965	969	1000	1000
Österreich ob der Enns	893	836	925	977	1000
Salzburg	756	730	909	1000	1000
Steiermark	755	764	753	927	978
Kärnten	581	690	871	945	974
Krain	106	609	597	812	920
Küstenland	307	297	526	782	783
Tirol (inkl. Vorarlberg)	366	916	972	1000	1000
Böhmen	810	948	968	993	999
Mähren	671	601	923	995	995
Schlesien	946	979	929	951	997
Galizien	115	182	318	413	523
Bukowina	89	115	215	238	686
Dalmatien	43	164	118	144	443
Ungarn	358	502	577	678	811
Siebenbürgen	149	.	.	.	.
Kroatien	143	401	387	523	745
Fiume	.	368	750	768	1000
gesamt	437	556	639	726	819

Quelle: Militärstatistische Jahrbücher, Wien, diverse Jahrgänge. Anmerkung: Nach 1873 wurden Ungarn und Siebenbürgen in den Statistiken nicht mehr getrennt angeführt. Die in den Militärstatistischen Jahrbüchern publizierten Daten weisen insoferne eine gewisse statistische Unschärfe auf, als die sich freiwillig zum Militär meldenden Einjährig Freiwilligen (meist Abiturienten) extra gemustert wurden und deshalb in diesen Zahlen nicht inbegriffen sind.

4.2.8 Volkszählungen

Nachdem beim 3. Internationalen Statistischen Kongreß im Jahre 1857 in Wien die Bedeutung der Lese- und Schreibkundigkeit der Bevölkerung für die amtliche Statistik hervorgehoben und einheitliche Richtlinien für deren Erfassung empfohlen wurden, haben in der zweiten Hälfte des 19. Jahrhunderts viele europäische Länder zuerst die Frage nach der Lese- und Schreibkundigkeit und später die Frage nach dem Ausbildungsniveau der Bevölkerung in das Erhebungsprogramm ihrer Volkszählungen aufgenommen. Nach A. v. Fircks (1898, 100) wurde die Frage der Lese- und Schreibkundigkeit in Irland ab dem Jahre 1841, in den USA ab 1850, in Australien ab 1858, in Italien ab 1861, in Belgien und Serbien ab 1866, in Ungarn (und Kroatien) ab 1869, in Preußen ab 1871, in Frankreich ab 1872, in Spanien ab 1877, in Portugal ab 1878 und in Österreich und Finnland ab 1880 im Rahmen der Volkszählungen erfaßt.

Tab. 4.4 Analphabetenquoten der männlichen und weiblichen Bevölkerung ausgewählter Staaten Ende des 19. Jahrhunderts

Staaten	Volkszählung	Altersgruppe > ... Jahre	gesamte Bevölkerung	Männer	Frauen
			Auf 1.000 Einwohner der betreffenden Altersgruppe traf es .... Analphabeten		
Preußen	1871	10	121,7	95,0	147,3
Österreich	1880	6	343,7	325,9	360,8
	1890	6	402,0	389,6	413,8
Ungarn	1880	6	487,5	444,5	528,8
	1890	6	423,9	378,9	468,9
Kroatien	1880	6	736,5	676,2	796,3
	1890	6	668,5	601,7	735,3
Serbien	1890	6	858,3	769,8	952,6
Belgien	1880	7	342,8	313,8	371,8
Italien	1881	6	619,4	545,6	693,2
Frankreich	1872	7	313,0	280,8	346,6
Spanien	1887	7	512,0	416,2	607,0
Irland	1881	5	237,0	222,0	252,0
Finnland	1880	10	190,0	213,0	168,0
USA - gesamt	1880	10	169,7	158,3	181,6
USA - weiße Bevölkerung	1880	10	93,9	85,9	102,2
USA - schwarze Bevölkerung	1880	10	700,0	673,2	727,0

Quelle: Fircks, v. A. 1898, 101.

In Europa haben die meisten Staaten die Lese- und Schreibkundigkeit der Bevölkerung ab der Jahrhundertwende oder nach dem Ersten Weltkrieg nicht mehr erhoben, sondern durch das Merkmal Ausbildungsniveau ersetzt. Weil in den Industriestaaten Analphabeten in Großzählungen nicht mehr erfaßt werden, wird die Zahl der Analphabeten für die 2. Hälfte des 20. Jahrhunderts in der Regel unterschätzt. In den USA waren Mitte der 90er Jahre nach Schätzungen noch 15 Millionen Arbeitnehmer und rd. 60% der Gefängnisinsassen Analphabeten (FAZ 27.01.1997, 10).
Obwohl die Volkszählungsergebnisse der einzelnen Staaten nicht vollständig vergleichbar sind, weil einige die Bevölkerung über sechs Jahre und andere die Bevölkerung über zehn Jahre als Bezugsgröße genommen haben, ergaben sich Ende des 19. Jahrhunderts doch bemerkenswerte Unterschiede (vgl. Tab. 4.4).

4.2.9 Statistiken von Einwanderungsbehörden

In typischen Einwanderungsländern wie den USA oder Australien wurde seit den letzten Jahrzehnten des 19. Jahrhunderts bei den Immigranten neben dem Herkunftsland auch das Ausbildungsniveau erhoben. In den USA wurden zusätzlich noch die Muttersprache und bei einzelnen Ländern die Großregionen (z.B. Nord- und Süditalien) erfaßt, was besonders bei größeren multikulturellen Staaten (z.B. österreichisch-ungarische Monarchie, Rußland) zusätzliche Einblicke in deren innerstaatliche sozio-ökonomische Entwicklungsunterschiede ermöglicht. Dies ist vor allem dann von Interesse, wenn die Statistiken in den entsprechenden Herkunftsländern fehlen.

Tab. 4.5 Der Anteil der Analphabeten unter den Einwanderern in die USA nach Herkunftsländern

Herkunftsländer der Einwanderer (in Auswahl)	1895	1897	1898
	Anteil der Analphabeten in Prozent		
Schweiz	1	1	0
Deutsches Reich	3	2	1
Norwegen	2	1	1
Schweden	2	1	1
England	4	4	2
Schottland	4	3	2
Niederlande	3	2	3
Frankreich	4	4	4
Irland	9	6	5
Belgien	14	15	13
Spanien	14	7	13
Griechenland	28	13	20
Rußland	34	28	24
Ungarn	40	32	24
Österreich	34	26	26
Polen	36	39	32
Italien	53	51	53
Portugal	62	57	61

Quelle: Annual Report of the Commissioner-General of Immigration, 1895, 15-16; 1897, 15; 1898, 15. Zusammengestellt von C. M. Cipolla (1969, 96). Nur Migranten über 10 Jahre.

Die Repräsentativität dieser Quelle hängt u.a. von der Selektivität der Auswanderung ab. C. M. Cipolla (1969, 98) konnte nachweisen, daß zwischen den Analphabetenquoten, die bei den Auswanderern in die USA und bei den Rekruten im Herkunftsland erhoben wurden, in Österreich, Belgien und dem Deutschen Reich eine relativ große Übereinstimmung bestand, während die Auswanderer aus Frankreich deutlich niedrigere und jene aus Italien deutlich höhere Analphabetenquoten hatten als die Rekruten der betreffenden Länder.

4.2.10 Buchproduktion und Buchbesitz

Mehrere Sozialhistoriker haben den Druck, den Besitz oder die Ausleihe von Flugblättern, Texten und Büchern als Indikator für die Lese- und Schreibkenntnisse der Bevölkerung herangezogen. Die Verwendung von Statistiken über die Buchproduktion ist jedoch auf erhebliche Kritik gestoßen, weil eine Zunahme von Büchern auch durch technologische Innovationen des Druckwesens, eine dadurch bedingte Preissenkung oder eine bessere Organisation der Distribution von Büchern erzielt werden kann; außerdem kann sich eine Zunahme von Büchern auf jenen Teil der Bevölkerung konzentrieren, der schon bisher über Bücher verfügte (vgl. Houston R. A. 1983, 270; 1985, 163-165). Man kann also aus dem Anstieg der Buchproduktion in einem Land nicht auf einen entsprechenden Anstieg der Lesekundigen schließen.

Etwas zuverlässiger wären sogenannte Ausleihregister von Bibliotheken, in denen meist Name, Beruf und Wohnort des Ausleihers sowie die Titel der ausgeliehenen Bücher verzeichnet sind. Eines der frühesten Ausleihregister liegt seit 1747 für die Bibliothek von Innerpefray nahe Crieff in Pertshire vor (Houston R. A. 1985, 173-176). H. Medick (1996) hat anhand von 1.478 Inventuren und Teilungen, die anläßlich einer Eheschließung oder eines Todes erstellt wurden, den Bücherbesitz von Haushalten von der Mitte des 18. Jahrhunderts bis zum Ende des 19. Jahrhunderts erfaßt. In seinem Untersuchungsgebiet Laichingen in Süddeutschland, dessen Bevölkerung größtenteils dem protestantischen Pietismus anhing, konnte er nachweisen, daß die Bevölkerung der ländlichen Gebiete schon in der zweiten Hälfte des 18. Jahrhunderts eine erstaunlich ausgeprägte Buchkultur hatte und daß hinsichtlich des Bücherbesitzes nur sehr geringe soziale Unterschiede festzustellen waren.

Von 536 untersuchten Haushalten (Eventual-Teilungen beim Tod des ersten Ehepartners) zwischen 1748 und 1820 hatten 98,7% mindestens ein Buch, 92,7% besaßen fünf oder mehr Bücher (Medick H. 1996, 465). Dabei zeigten sich kaum soziale Unterschiede; Taglöhner (durchschnittlich 9,2 Bücher) besaßen im Durchschnitt fast gleich viele Bücher wie Bauern (10,7), Weber (12,6) oder Wirte (15,4). Ein sehr armer Taglöhner namens Christoph Laichinger hatte 1787 sogar 54 Bände in seinem Besitz (Medick H. 1996, 514). Es gab auch kaum Unterschiede zwischen den Städten und dem ländlichen Raum. In der ländlichen Webergemeinde Laichingen wurde pro Haushalt ein größerer Bücherbestand festgestellt als in der Universitätsstadt Tübingen (!). Die ländlichen Regionen mit einer pietistischen Bevölkerung waren jedoch sicherlich eine Ausnahme. M. L. v. Wartburg-Ambühl (1981) kam für die Zürcher „Landschaft" Mitte des 18. Jahrhunderts auf wesentlich niedrigere Werte (Bücher pro Haushalt) als H. Medick (1996).
In Westfrankreich wurden diese Quellen von J. Quéniart (1978) bis Ende des 17. Jahrhunderts zurückverfolgt. In seinem Untersuchungsgebiet stieg der Anteil der Haushalte mit mindestens einem Buch im Zeitraum zwischen 1697/98 und 1787/88 von 27,5% auf 34,6% an.

Diese Quellen stehen meistens nur für einzelne Gemeinden oder kleine Regionen zur Verfügung und sind deshalb für großräumige Regionalanalysen wenig geeignet. Außerdem warnt H. Medick vor einer unkritischen Verwendung dieser Inventare. »Erst eine Berücksichtigung des Kontexts der einzelnen Inventur- und Teilungsdokumente, vor allem im Hinblick auf den ehelichen und lebenszyklischen Status der Personen, deren Besitz sie verzeichnen, ermöglicht es, den Quellenwert der Dokumente genauer einzuschätzen und diejenigen auszuwählen, für welche Aussagen über den Buchbesitz mit annähernder Wahrscheinlichkeit möglich sind« (Medick H. 1996, 608).

4.2.11 Bewertung der Datenquellen

Die Bewertung der Datenquellen hängt vom Untersuchungsziel und Untersuchungszeitraum ab. Für großräumig angelegte Analysen über die Alphabetisierung nach der Mitte des 19. Jahrhunderts bieten sich vor allem die Ergebnisse der amtlichen Volkszählungen an. Im Gegensatz zu den meisten anderen Quellen, die sich jeweils nur auf einen mehr oder weniger großen Teil der Bevölkerung beziehen, haben die Volkszählungen die gesamte Bevölkerung nach sehr verschiedenen Kategorien erfaßt, so daß sie auch die detaillierteste regionale, sozio-demographische und ethnische Differenzierung der Ergebnisse ermöglichen.

Für großräumig konzipierte Studien bieten sich, vor allem für die zweite Hälfte des 19. Jahrhunderts, auch die Rekrutenuntersuchungen an, die allerdings den Nachteil haben, daß sie sich nur auf die männliche Bevölkerung einer eng begrenzten Altersgruppe beziehen. Heiratsregister und einige andere Quellen, welche die Schreibkundigkeit daran messen, ob Dokumente mit Namen oder Kreuzen unterschrieben wurden, haben den Vorteil, daß sie zeitlich weiter zurückreichen als die erstgenannten Quellen und daß sie die Verwendung eines standardisierten Indikators ermöglichen. Trotz des methodischen Problems, daß man von der Fähigkeit, seinen Namen zu schreiben, nur wenig Rückschlüsse auf die Lese- und Schreibkundigkeit ziehen kann, wird diese Gruppe von Quellen (Gerichtsakten, Testamente, Heiratsregister) sehr häufig für wissenschaftliche Untersuchungen herangezogen.

Ein am Beispiel von Frankreich 1854 bis 1900 durchgeführter Vergleich der aus den Rekrutenuntersuchungen und aus den Heiratsurkunden errechneten Analphabetenquoten der männlichen Bevölkerung zeigt eine bemerkenswert genaue Übereinstimmung (vgl. Cipolla C. M. 1969, 119), was für die Qualität und Zuverlässigkeit der beiden Quellen spricht. In der Regel lag die Analphabetenquote der Rekrutenprüfung nur um ein bis drei Prozent über jener der Heiratsurkunden, was vor allem darauf zurückzuführen sein dürfte, daß bei den Rekruten die Lese- und Schreibkundigkeit tatsächlich überprüft wurde. Auch eine vom französischen Ministerium für das öffentliche Schulwesen bei 3.750 Rekruten des Stellungsjahrgangs 1862 in neun *départements* durchgeführte Überprüfung der Lese- und Schreibkenntnisse belegte die hohe Zuverlässigkeit der Musterungsergebnisse (Heffernan M. J. 1989, 35). Das Problem der Vergleichbarkeit und der Repräsentativität verschiedener Quellen des Analphabetentums ist stets vor dem Hintergrund des historischen und räumlichen Kontexts zu sehen.

4.3 Faktoren, welche die Alphabetisierung beeinflussen

4.3.1 Methodische Vorüberlegungen

Die Bedeutung der Maßstabsebene

Bei der Analyse der Faktoren, welche die Entwicklung der Alphabetisierung beeinflussen oder mit dieser in einer Wechselbeziehung stehen, ist es besonders wichtig, klar zwischen den verschiedenen Maßstabsebenen und Zeithorizonten zu unterscheiden. Viele (vermeidbare) Mißverständnisse und wissenschaftliche Auseinandersetzungen um die

Gültigkeit von Ergebnissen, um den Nachweis von Kausalbeziehungen oder die Brauchbarkeit von Methoden sind nur deshalb entstanden, weil die betreffenden Autoren ihre Untersuchungen auf unterschiedlichen Maßstabsebenen durchgeführt oder auf unterschiedlich lange Zeitabschnitte bezogen hatten und deshalb zu unterschiedlichen Ergebnissen gekommen waren. Dies gilt besonders für die unter Historikern umstrittenen Fragen,

- ob die Industrielle Revolution eine Steigerung oder einen Rückgang der Bildungsbeteiligung (der Alphabetisierung) gebracht hat,
- ob ein Zusammenhang zwischen wirtschaftlicher Entwicklung und Alphabetisierung besteht,
- ob ein Zusammenhang zwischen der Alphabetisierung und der Leistungsfähigkeit des Schulsystems nachzuweisen ist,
- ob der Alphabetisierungsprozeß stetig expandiert hat oder von Stagnations- und Reduktionsphasen unterbrochen war.

Auf der *Makroebene* (beim Vergleich von Nationen, Provinzen oder Großregionen) ist die Korrelation zwischen dem Alphabetisierungsprozeß und der Leistungsfähigkeit des Schulsystems größer als auf der Mikroebene, wo solche Zusammenhänge wegen der regionalen Mobilität der Bevölkerung in vielen Fällen gar nicht untersucht werden dürften. Auf der Makroebene repräsentiert die Alphabetisierung eher einen sozioökonomischen Modernisierungsprozeß als auf dem feineren Mosaik der Meso- oder Mikroebene, wo sich die Modernisierung aufgrund der räumlichen Arbeitsteilung vorwiegend auf einige Städte und/oder Industriezentren konzentrierte.

Großräumig angelegte Studien können die Spannweite der räumlichen, sozialen und wirtschaftlichen Ungleichheiten besser aufzeigen und den Blick auf neue Einflußfaktoren lenken, die bei Lokalstudien nicht aufscheinen; sie eignen sich jedoch weniger für die Analyse von Kausalbeziehungen. Lokalhistorische Studien können interessante Details und neue Einsichten über Kausalbeziehungen vermitteln, sie sind aber wegen der räumlichen Differenzierung der wirtschaftlichen und gesellschaftlichen Entwicklung und des „begrenzten Gesichtsfeldes“ selten generalisierbar.

Die Disparitäten der Alphabetisierung werden auf der Mikroebene von einer Vielzahl von nur regional (lokal) wirksamen Faktoren beeinflußt, wobei je nach Kulturraum, Zeitperiode und Maßstab der Untersuchung und je nach dem Fachgebiet des betreffenden Forschers unterschiedliche Indikatoren im Vordergrund der Analyse stehen werden. Gerade bei einem so komplexen Thema wie der Alphabetisierung wäre es ein falscher methodischer Weg, Ergebnisse, die auf der Makro- oder Mesoebene gewonnen wurden, auf der Mikroebene quantitativ belegen oder widerlegen zu wollen. Wer mit kleinen Samples arbeitet, wird in seinen Zeitreihen schon aus rein statistischen Gründen größere Schwankungen der Werte, größere Brüche und Diskontinuitäten und auch eine größere lokale Variation erhalten. Der Lokalhistoriker, der nur eine oder einige wenige Gemeinden untersucht und diese Ergebnisse dann verallgemeinert, kann zu anderen Ergebnissen kommen, als ein großräumig arbeitender Wirtschaftshistoriker, der um die lokale Heterogenität der Entwicklungen, die Komplexität der Einflußfaktoren und die Bedeutung des lokalen Kontexts weiß, aber diesen lokalen Details weniger Interesse entgegenbringt als den großen Leitlinien der Entwicklung.

Mit dem Übergang von der Makroebene zur Mikroebene werden die methodischen Probleme eher größer als kleiner. Je kleiner die Untersuchungsregion, umso schwieriger wird es aufgrund der regionalen Mobilität der Bevölkerung, den Zusammenhang zwischen der Alphabetisierung und der wirtschaftlichen Entwicklung empirisch zu erfassen. Wer die Makroebene bevorzugt, muß sich damit abfinden, daß er die Verbreitungsmuster in vielen Fällen nur beschreiben, aber nicht erklären kann. Wer nur auf der Mikroebene arbeitet, muß sich dessen bewußt sein, daß seine Ergebnisse in der Regel nur für einen bestimmten lokalen und zeitlichen Kontext gültig sind und nicht verallgemeinert werden können. Aus diesen Gründen wäre eine Mehrebenenanalyse die optimale Vorgangsweise.

Die Bedeutung des Zeithorizonts

Ähnliche Probleme ergeben sich, wenn Untersuchungen auf unterschiedliche Zeithorizonte bezogen werden. Wer die Auswirkungen der Alphabetisierung auf die wirtschaftliche Entwicklung nur anhand eines Zeitraums von zehn Jahren untersucht, wird in den meisten Fällen zu anderen Ergebnisse kommen als jemand, der diesen Zusammenhang über 50 oder 100 Jahre analysiert. Bei Forschungen über die Alphabetisierung ist die Situation des Forschers etwa vergleichbar mit jener des Analysten an der Börse oder des Klimatologen.

Bei jedem sozio-ökonomischen Wandel gibt es zeitliche Brüche und Phasenverschiebungen der Entwicklung, deren Bedeutung nur durch längerfristige Untersuchungszeiträume richtig eingestuft werden kann. Da einige Auswirkungen der Alphabetisierung nicht sofort in Erscheinung treten, sondern erst mit zeitlicher Verzögerung wirksam werden, und da der ökonomische Nutzen der Alphabetisierung nicht kontinuierlich (in Form eines linearen Zusammenhangs), sondern eher sprunghaft anläßlich eines technischen, gesellschaftlichen oder ökonomischen Wandels zutage tritt, kann eine kurze Untersuchungsperiode zu groben Fehlschlüssen führen.

Daß der Industrialisierungs- und Alphabetisierungsprozeß nicht immer parallel verläuft, kann am Beispiel Englands gezeigt werden. In England hatte die erste Phase der Industriellen Revolution bis etwa zur Mitte des 19. Jahrhunderts zu einer Stagnation des Schulwesens bzw. zu einem Rückgang der Alphabetisierung der Bevölkerung geführt. Dies war vor allem darauf zurückzuführen, daß in der frühen Industrialisierungsphase besonders in der Textilindustrie, aber auch in einigen anderen Branchen die Kinderarbeit noch eine große Bedeutung hatte und der Wettbewerbsvorsprung noch eher durch billige als durch qualifizierte Arbeitskräfte erreicht wurde. Aufgrund der durch die Industrialisierung verstärkten vertikalen Arbeitsteilung wurden für verschiedene Berufe sogar geringere Qualifikationen benötigt als vor der Industriellen Revolution. Im Gegensatz dazu war auf dem europäischen Kontinent der etwas später einsetzende industrielle *take-off* mit einer steilen Aufwärtsentwicklung des Bildungswesens verbunden (vgl. Cipolla C. M. 1969, 68, 71, 78; Houston R. A. 1985).

Noch deutlicher trat der Zusammenhang zwischen dem Ausbildungsniveau der Bevölkerung und der Industrialisierung in Japan zutage. Japan, das bis Mitte des 19. Jahrhunderts von der Außenwelt isoliert war und erst nach der Meiji-Revolution in den 70er Jahren des 19. Jahrhunderts mit der Industrialisierung begonnen hatte, konnte seinen großen Rückstand zu den Industrienationen vor allem deshalb innerhalb weniger Jahrzehnte aufholen und anschließend in die Spitzengruppe der Industrienationen vorstoßen, weil es von allen Ländern wohl mit der am höchsten ausgebildeten Bevölkerung in den Industrialisierungsprozeß eingetreten ist.

Das Problem der räumlichen Arbeitsteilung und der regionalen Mobilität

Studien auf der räumlichen Mikroebene schätzen die Auswirkungen der Alphabetisierung auf die wirtschaftliche Entwicklung manchmal deshalb falsch ein, weil sie die räumliche funktionale Arbeitsteilung und die regionale Mobilität ausklammern. Die Industrielle Revolution, der demographische Übergang, die Aufgabe der landwirtschaftlichen Selbstversorgung und diverse andere sozio-ökonomische Modernisierungsprozesse setzen in einzelnen Regionen und Hierarchiestufen des Siedlungssystems zu verschiedenen Zeitpunkten ein. Auch bei einem Modernisierungsprozeß, der insgesamt als Aufwärtsentwicklung (Verbesserung für das Gesamtsystem) angesehen wird, kommt es zu neuen zentral-peripheren oder regionalen Disparitäten. Es kommt also darauf an, ob man seine Untersuchung in einer Gewinner- oder Verliererregion ansetzt oder das ganze System im Auge behält.

Wegen der durch die Bauernbefreiung und Industrialisierung ausgelösten Massenmigration wird es auf der lokalen Ebene vielfach gar nicht mehr möglich sein, den Zusammenhang zwischen Alphabetisierung und wirtschaftlicher Entwicklung statistisch zu untersuchen.

Um dies plausibel zu machen, sei folgender Fall angenommen. In einer Stadt war ein bestimmtes Gewerbe aufgrund der qualifizierten Erwerbstätigen wirtschaftlich sehr erfolgreich. Durch den erzielten Reichtum war es einzelnen Gewerbetreibenden möglich, den Schritt zum Fabrikssystem zu wagen. Nach dem Durchlaufen der ersten Phasen des Produktzyklus, in denen noch qualifizierte Erwerbstätige benötigt wurden, kam es in weiterer Folge zu einer stark mechanisierten Massenfertigung, welche die Einstellung von Tausenden billigen Arbeitskräften erforderlich machte. Diese Nachfrage nach billigen, ungelernten Arbeitskräften konnte unter den (gut qualifizierten) Bewohnern der Stadt nicht gedeckt werden und führte deshalb zu einer Zuwanderung von zahlreichen Analphabeten. Durch diese Zuwanderung von billigen Arbeitskräften wurde die Analphabetenquote in diesem Industriestandort (zumindest für einen bestimmten Zeitraum) erhöht, während die Analphabetenquote in den wirtschaftlich stagnierenden Abwanderungsgebieten durch diese „passive Sanierung“ vielleicht sogar verringert wurde. Weil die armen Zuwanderer ihre Kinder aus ökonomischen Gründen lieber in die Fabriken statt in die Schule schickten, sind in dieser Stadt dann auch die Schulbesuchsquoten zurückgegangen.

Autoren, die auf der Meso- oder Makroebene arbeiten, den historischen und geographischen Kontext kennen sowie die zeitliche Phasenverschiebung zwischen Alphabetisierung und wirtschaftlicher Entwicklung berücksichtigen, werden aus dieser (kurzfristig) gegenläufigen Entwicklung nie den Schluß ziehen, daß es zwischen Alphabetisierung und wirtschaftlicher Entwicklung keinen Zusammenhang gebe. Autoren, die auf der Mikroebene arbeiten und nach linearen statistischen Beziehungen zwischen zwei Variablen suchen, können allerdings zum Ergebnis kommen, daß es in der untersuchten Stadt zwischen der Alphabetisierung und der wirtschaftlichen Entwicklung keinen Zusammenhang oder sogar eine negative Korrelation gebe.

Daß die Massenzuwanderung von billigen Arbeitskräften in manchen ökonomisch attraktiven Innovationszentren oder neu eröffneten Kohlengruben (kurz- oder mittelfristig) die Schulbesuchsquoten verringert und die Analphabetenquoten erhöht hat, ist mehrfach belegt worden (vgl. Hoyler M. 1995, 113; Duffy B. 1985). B. Duffy (1985, 5; zitiert bei Hoyler M. 1995, 113) erwähnt beispielsweise, daß nach der Öffnung neuer Kohlengruben in Esh (Dearness Valley, Nordostengland) die Analphabetenquote aufgrund der Zuwanderung in den 60er Jahren des 19. Jahrhunderts um mehr als 20% gestiegen ist. Solche kurzfristigen, durch Zuwanderung und lokale Engpässe der Schulversorgung bedingte „Rückschläge" sind jedoch kein Beleg dafür, daß es, mittel- und langfristig gesehen, keinen positiven Zusammenhang zwischen Alphabetisierung und ökonomischer Entwicklung gibt.

Die Analphabetenquote als Einflußfaktor oder als Indikator für komplexe Zusammenhänge?

Ein weiteres Problem besteht darin, daß im 19. Jahrhundert ein überdurchschnittlich hoher Analphabetenanteil gleichzeitig auch ein Indikator für Armut, ungünstige Lebensbedingungen, eine schlechte Gesundheits- und Ernährungssituation sowie für wirtschaftliche und gesellschaftliche Stagnation war, also auch für eine Fülle anderer Variablen, die den wirtschaftlichen Entwicklungsprozeß gebremst haben. Deshalb ist es in manchen Fällen sehr schwierig, zwischen den abhängigen und den unabhängigen Variablen zu differenzieren oder zu entscheiden, in welchen Fällen die Alphabetisierung der Bevölkerung die Ursache und in welchen die Folge von wirtschaftlicher und gesellschaftlicher Entwicklung war.

A. Curle (1964) hat darauf hingewiesen, daß es bei Alphabetisierungskampagnen von Erwachsenen wichtig ist, die Vermittlung von Lese- und Schreibkenntnissen mit der Vermittlung von beruflichen Kenntnissen und Qualifikationen oder Innovationen zu koppeln, weil sonst die Lese- und Schreibfähigkeit bald wieder verloren gehe. Lese- und Schreibkenntnisse können (vorhandene) Fähigkeiten und Talente *aktivieren*, aber kaum allein eine sozio-ökonomische Revolution entfachen.

Ausgangsniveau der Alphabetisierungskampagnen

Die Stärke des Zusammenhangs zwischen Alphabetisierung und wirtschaftlicher Entwicklung hängt auch vom Ausgangsniveau der Wirtschaft und der ökonomischen Situation des Akteurs ab. Bis zu einem gewissen Entwicklungsniveau kann der einzelne Mensch seine Lebensumstände verbessern, ohne daß er lesen und schreiben lernt. Deshalb ist die Bedeutung der Alphabetisierung als Entwicklungsfaktor für die ärmsten Regionen auch vielfach überschätzt worden. In manchen unterentwickelten Regionen sind Alphabetisierungskampagnen hauptsächlich daran gescheitert, daß die Bewohner in Lese- und Schreibkenntnissen für sich selbst noch keinen unmittelbaren Nutzen erkannt haben, so daß sich der *gesellschaftliche* Bedarf noch nicht mit dem *persönlichen* Bedarf des einzelnen gedeckt hat. In einer Umwelt, in der sich die ganze Sorge darum dreht, nicht zu verhungern, haben Lese- und Schreibkenntnisse keinen hohen Stellenwert. Erst ab dem Zeitpunkt, wo Lese- und Schreibkenntnisse den Zugang zu Berufen regeln, wirtschaftliche und gesellschaftliche Vorteile bringen oder einen anderen erkennbaren Nutzen haben, wird der Zusammenhang zwischen Alphabetisierung und wirtschaftlicher Entwicklung enger.

Nicht zuletzt hängt der ökonomische Nutzen der Alphabetisierung auch davon ab, zu welchem Zeitpunkt ein Land die Alphabetisierung vollzogen hat, ob es zu den Pionieren oder zu den Nachzüglern gehört. Je später ein Land in die Industrialisierungs- und Modernisierungsphase eingetreten ist, umso notwendiger war eine qualifizierte Bevölkerung für den Erfolg der Industrialisierung. Wenn ein Land erst Ende des 20. Jahrhunderts alphabetisiert wird, kann es von der Alphabetisierung nicht dieselben ökonomischen Impulse erwarten, die in einem Land festzustellen waren, dessen Alphabetisierung schon Mitte des 19. Jahrhunderts abgeschlossen wurde. Im Europa des 18. oder 19. Jahrhunderts hatte eine Analphabetenquote von 60% nicht nur einen anderen Bedeutungsinhalt, sondern auch andere wirtschaftliche Konsequenzen als in einem Entwicklungsland an der Schwelle zum 21. Jahrhundert.

Anlaß und Motive der Alphabetisierung

Von großer Bedeutung ist auch der eigentliche *Anlaß* für Alphabetisierungskampagnen. Wenn ausschließlich religiöse Motive (wie in Schweden) oder vorwiegend politische Motive (wie in einigen Ländern Mittel- und Südamerikas) hinter einer Alphabetisierungskampagne stehen, sind weniger Impulse für die wirtschaftliche Entwicklung zu erwarten, als wenn Lese- und Schreibkenntnisse aus ökonomischen Motiven und aus eigener Initiative der Bevölkerung erworben wurden. Die politisch motivierten Alphabetisierungskampagnen in Mittel- und Südamerika haben hauptsächlich Lesekenntnisse gefördert und den Schreibkenntnissen geringere Priorität zugeordnet. Lesekenntnisse genügten, um die Bevölkerung für die Propaganda und die staatliche Bürokratie zugänglicher zu machen, sie haben jedoch nicht aus der wirtschaftlichen Misere herausgeführt (vgl. Levine K. 1982, 261).

Gesellschaftliche Rahmenbedingungen

Bei manchen Studien wurde zu wenig berücksichtigt, daß der einzelne Mensch zumindest in der Arbeitswelt in Organisationen eingebunden ist, daß er seine Fähigkeiten und Kenntnisse, abhängig von den politischen und gesellschaftlichen Verhältnissen, in sehr unterschiedlicher Weise in wirtschaftlichen Erfolg oder in soziales Prestige umsetzen kann. Es gibt Rahmenbedingungen (z.B. Unfreiheit, korrupte Eliten), die zu gesellschaftlicher Lähmung und Apathie führen und die positiven, ökonomischen Auswirkungen einer Alphabetisierung verhindern. Auch im 20. Jahrhundert ist in askriptiven Gesellschaften, in Ländern ohne Presse- und Informationsfreiheit, in Ländern mit einer unfähigen Nomenklatura oder mit korrupten und parasitären Eliten von einer Alphabetisierungskampagne stets ein sehr geringer wirtschaftlicher und gesellschaftlicher Erfolg zu erwarten.

Indirekte Auswirkungen der Alphabetisierung

Eine exakte Quantifizierung der Zusammenhänge zwischen Alphabetisierung und wirtschaftlicher Entwicklung wird auch dadurch erschwert, daß manche Auswirkungen der Alphabetisierung erst über Umwege ökonomisch relevant werden. Nicht alles, was durch Lese- und Schreibkenntnisse ausgelöst, verändert oder verstärkt wird, kann später direkt (monokausal) dem Einflußfaktor „Alphabetisierung" zugeordnet werden. Manche Auswirkungen, die - kurzfristig gesehen - nicht dem ökonomischen Bereich zugeordnet werden (z.B. ein Sinken der Geburtenraten oder ein Anstieg des Heiratsalters der Frauen), können - längerfristig betrachtet - sehr wohl bedeutende ökonomische Auswirkungen haben.

4.3.2 Der Einfluß der Religionen

Nicht nur in Europa, sondern auch in vielen Staaten Afrikas, Asiens und Iberoamerikas wurden der Aufbau des Schulwesens und der Alphabetisierungsprozeß zumindest in der Anfangsphase hauptsächlich von „religiösen Einrichtungen" getragen. Das Christentum, der Islam, der Buddhismus und andere Weltreligionen gehörten in ihren Kulturkreisen zu den ersten und wichtigsten Innovatoren der Alphabetisierung, wobei ihr Einfluß auf drei verschiedene Arten wirksam wurde.

Vermittlung von Wertvorstellungen

Erstens können Religionen durch die Vermittlung von Wertvorstellungen einen Einfluß auf die sozioökonomische Entwicklung und damit auch auf die Alphabetisierung der Bevölkerung ausüben. Schon vor M. Weber hat A. Comte darauf hingewiesen, daß die Angehörigen verschiedener Religionen eine unterschiedliche gesellschaftliche und wirtschaftliche Dynamik zeigen. Der Einfluß von Religionen auf den „Wirtschaftsgeist" wurde von M. Weber (1920) in seinem berühmten Werk „Die protestantische Ethik und der Geist des Kapitalismus" und später auch von vielen anderen religionssoziologischen (Lenski G. 1963) und sozialgeographischen Arbeiten (vgl. Rühl A. 1925; Hahn H. 1950, 1958) ausführlich dargestellt. Auch der Psychologe D. C. McClelland (1961) hat in seinem Buch über die Leistungsgesellschaft darauf hingewiesen, daß das für die wirtschaftliche Entwicklung entscheidende Bedürfnis des Menschen nach Leistung (die Leistungsmotivation) nicht in allen Kulturen (Religionen) gleich groß sei.

Nicht nur im Calvinismus wurde wirtschaftlicher Erfolg als Zeichen der Gottgefälligkeit angesehen, sondern auch Vertreter des japanischen Za-Zen Buddhismus (z.B. Shosan Suzuki) haben die Ansicht vertreten, daß der Mensch durch Fleiß und Arbeit den

Zustand der göttlichen Erlösung („jobutsu") erreichen kann. Auch unter den Wertvorstellungen des Konfuzianismus nehmen Wissen und Ausbildung bekanntlich einen sehr hohen Stellenwert ein.

Auch A. Rühl (1925) hat schon in den 20er Jahren darauf hingewiesen, daß im Islam der Fatalismus und das Fehlen des Fortschrittglaubens das Wirtschaftsverhalten bestimmen (vgl. auch Henkel R. 1989, 155). Der kenianische Philosoph und Theologe J. S. Mbiti (1969, 17-23) betonte, daß die traditionellen afrikanischen Religionen ein völlig anderes Verständnis von „Zeit" hätten als die Europäer, daß bei ihnen weniger die Zukunft, als viel mehr die Vergangenheit (Bezug auf die Ahnenreihe) im Mittelpunkt stehe und daß sich dies auch auf das Wirtschaftsverhalten auswirke.

»[...] according to traditional concepts, time is a twodimensional phenomenon, with a long past, a present and virtually no future. The linear concept of time in western thought, with an indefinite past, present and infinite future, is practically foreign to African thinking [...] people set their minds not on future things, but chiefly on what has taken place [...]. People have little or no active interest in events that lie in the future« (Mbiti J. S. 1969, 17).
»In traditional African thought, there is no concept of history moving „forward" towards a future climax [...]. So African peoples have no „belief in progress" [...]. The people neither plan for the distant future nor „build castles in the air"« (Mbiti J. S. 1969, 23).

Bei der Analyse des Zusammenhangs zwischen Religion und ökonomischem Verhalten ist es nicht immer einfach, zwischen der unabhängigen und der abhängigen Variablen zu unterscheiden. Es kann zwar davon ausgegangen werden, daß die protestantische Ethik (vor allem der Calvinismus) das Bildungsverhalten beeinflußt hat. Auch in den christlichen Missionsgebieten Afrikas wurde nachgewiesen, daß die Übernahme christlicher (europäischer) Wertvorstellungen je nach dem Träger der Mission sehr unterschiedliche Auswirkungen auf die Wirtschaftsweise hatte (Henkel R. 1989, 158f). Es ist jedoch auch bekannt, daß sich zur Zeit der Reformation lesekundige und städtische Bevölkerungsschichten zu einem höheren Anteil vom Protestantismus angezogen fühlten (Houston R. A. 1985, 149).

Hegemoniales Machtstreben

Zweitens wurde die Lesekundigkeit der Bevölkerung von Religionen auch aus hegemonialem Streben und aus machtpolitischen Motiven gefördert. Religionen, die sich auf „heilige" Schriften (Bibel, Koran, Thora) stützen, haben schon vor Jahrhunderten große Anstrengungen unternommen, zumindest Teilen der Bevölkerung den Zugang zu diesen Schriften zu ermöglichen. In Europa hat besonders der Protestantismus, der davon ausging, daß der Mensch durch das Lesen der heiligen Schrift den Weg zu Gott bzw. zur geistigen Erneuerung finden kann, die Lesekundigkeit seiner Gläubigen stark gefördert. Einige Religionen und Konfessionen nutzten das Schulwesen, um die Kinder an sich zu binden, andere (z.B. Unitarier) verfolgten durchaus auch weniger eigennützige Ziele und sahen im Bildungswesen eine Möglichkeit, die Menschen zu freien und verantwortungsbewußten Personen zu erziehen und deren Talente zu entwickeln (vgl. Bradshaw J. 1983, 42).

Andererseits haben die großen Religionen früher als der Staat oder die Wirtschaft erkannt, wie wichtig die Qualifikation und das Ausbildungsniveau ihrer Entscheidungsträger (Priester, Mönche, Rabbis und Mullahs) für das Erreichen der gestellten Ziele und für das langfristige Überleben ihrer Institutionen sind und wie sehr über das Bildungssystem Einfluß auf die Bevölkerung ausgeübt werden kann. Aus diesen Gründen gehörten Dom-, Kloster-, Koran-, Synagogen- und Tempelschulen zu den frühesten Ausbildungsstätten und war das Schulwesen in vielen Kulturräumen jahrhundertelang eine Domäne der Religionen.

Nachdem der relativ hohe Stand des Bildungswesens, der sich im 4. Jahrhundert n. Chr. für die Städte des Römischen Reichs nachweisen läßt, mit dessen Untergang im 5. Jahrhundert verfallen war, hat die katholische Kirche zwischen dem 6. und 11. Jahrhundert fast ein Monopol über das Schulwesen erreicht. Die Dom- und Kathedralschulen wurden zu den wichtigsten »Deutungs- und Wissenszentren« (Imhof K. 1996a, 46), die ihr Monopol auch in den folgenden Jahrhunderten vehement verteidigt und nur stückweise aufgegeben haben. Das vierte Lateranische Konzil hat im Jahre 1215 jede Kirche autorisiert, Geldmittel für einen Lateinunterricht zur Verfügung zu stellen (Levine K. 1986, 65). Bis zum Ende des Mittelalters hatten z.B. Laien keinen Zutritt zu den Universitäten von Oxford und Cambridge. In Frankreich kontrollierte die Kirche bis Mitte des 18. Jahrhunderts beinahe das ganze Schulwesen. Mitte des 13. Jahrhunderts wurden die Bürger von Ypern exkommuniziert, weil sie das Monopol der Kirche im Schulwesen in Frage gestellt hatten (vgl. Cipolla C. M. 1969, 39-45). Schon kurz nach der Gründung der ersten europäischen Universitäten wurde der entstehende Gelehrtenstand in die Auseinandersetzungen zwischen Kaiser und Papst hineingezogen. »Unverkennbar ist schon bei den ersten Universitätsgründungen die Tendenz, Wissenschaft in den Dienst von Politik zu stellen und Bildungseinrichtungen als Mittel zu verwenden, um Herrschaftsansprüche zu befördern« (Friedeburg v. L. 1989, 17).

Auch die Auseinandersetzungen zwischen Katholizismus und Protestantismus wurden nicht nur während der Reformation und Gegenreformation, sondern bis zu Beginn des 20. Jahrhunderts zum Teil über das Bildungssystem ausgetragen. Es verwundert deshalb nicht, daß etwa im deutschsprachigen Raum die Entstehungszeit vieler Universitäten in die Zeit der geistigen und politischen Auseinandersetzungen zwischen Reformation und Gegenreformation zurückreicht, als Universitäten jeweils als „geistiges Bollwerk" gegen das „gefährliche Gedankengut" der anderen Konfession errichtet wurden. Noch gegen Ende des 19. Jahrhunderts spielte an manchen Fakultäten das Religionsbekenntnis bei der Berufung von Professoren eine mindestens gleich wichtige Rolle wie deren wissenschaftliche Qualifikation (vgl. Meusburger P. 1990, 227-232).

Von fast allen Missionen wurden die Schulen als das wichtigste Mittel zur Christianisierung angesehen. Im Jahre 1923 gab es in den britischen Besitzungen in Afrika etwa 6.000 anerkannte Missionsschulen, aber nur 100 staatliche Schulen (vgl. Henkel R. 1989, 125). Noch für das Jahr 1961 wurde geschätzt, daß 68% der Schulkinder in Afrika auf Missionsschulen gingen (Beetham T. A. 1967, 32).

Die Vermittlung von Lese- und Schreibkenntnissen diente nicht nur dazu, den Zugang zur Bibel zu ermöglichen, sondern das Schulwesen wurde von einzelnen Missionen auch dazu verwendet, den zwischen den verschiedenen Konfessionen entbrannten Kampf um Einflußgebiete zu gewinnen und die zukünftigen Eliten an sich zu binden. Der Einfluß der Konfessionen wird auch daran deutlich, daß katholische und protestantische Missionen die Bedeutung der Schule unterschiedlich eingeschätzt haben. Während es für die Protestanten unabdingbar war, daß die Bekehrten die Bibel lesen konnten, spielte die Vermittlung von Lesekenntnissen bei den katholischen Missionen häufig keine so große Rolle, da für sie die Bildung der gesamten Person wichtig war (Henkel R. 1989, 126-127).

Soziale Kontrolle der Bevölkerung

Religionen verfügen bekanntlich über besonders wirksame Instrumentarien der sozialen Kontrolle, die in vielen Ländern auch gezielt für die Alphabetisierung der Bevölkerung eingesetzt worden sind. Bischof Barnes von Durham bestimmte in den Erlässen (*injunctions*) von 1538, daß englische Kinder in der Lage sein sollten, zu lesen sowie den Inhalt von Gebeten und des Katechismus aufzusagen, bevor sie zur Kommunion zugelassen werden. Niemand durfte heiraten, als Taufpate fungieren oder ein Kind zur Taufe bringen, der nicht diesem Standard entsprochen hatte (Houston R. A. 1985, 151).

In Schweden hat ein unter Karl XI. im Jahre 1686 erlassenes Gesetz gefordert, daß alle Leute lesen lernen, um „mit eigenen Augen“ zu sehen, was Gott in der Bibel lehrt. Die Eltern hatten die Hauptverantwortung, daß ihre Kinder und Dienstboten lesen lernten. Die Pastoren hatten diese Lesekenntnisse in den Gottesdiensten zu fördern und bei Examen jährlich zu überprüfen. Wer diese Leseprüfungen nicht bestanden hat, dem konnte der Empfang der Kommunion und auch die Heiratserlaubnis (!) versagt werden (Johansson E. 1977, 11-14). In vielen Gegenden Schwedens trafen sich die Gemeindemitglieder auch außerhalb des Gottesdienstes, um zu lesen und zu beten. Diese strenge soziale Kontrolle, die später (1723) noch durch weitere Verordnungen verschärft wurde, führte sehr schnell zu einer lesekundigen Bevölkerung. Das Erstaunliche an dieser Alphabetisierungskampagne war, daß sie ohne die Institution Schule auskam.

Da sich die kirchliche Kontrolle jedoch nur auf die Lesekenntnisse bezog und von Seiten der Kirche kein Druck ausgeübt wurde, daß sich die Bevölkerung auch Schreibkenntnisse aneignete, gab es in Schweden (und anderen skandinavischen Ländern) eine rd. einhundertjährige Phasenverschiebung zwischen der Aneignung der Lesekenntnisse und der Fähigkeit des Schreibens (vgl. Abb. 4.2). Deshalb waren die Lutheraner, wie etwa das Beispiel von Finnland zeigt (vgl. Tab. 4.6), den Katholiken in der Regel auch nur in den Lesekenntnissen, jedoch nicht in den Schreibkenntnissen überlegen. Auch in der preußischen „Neumarck“ wurden nach einer Verordnung von 1736 nur solche Personen zu Konfirmation und Abendmahl zugelassen, die lesen konnten (Leschinsky A. und P. M. Roeder 1976, 70).

Abb. 4.2 Die Entwicklung der Lese- und Schreibkenntnisse in Schweden (1630-1930)

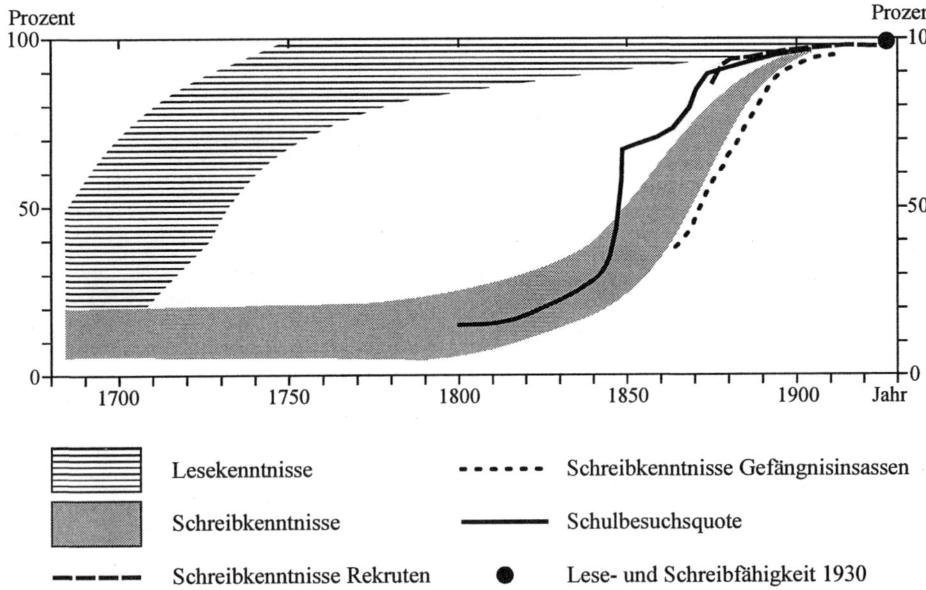

Quelle: modifiziert nach Johansson E. 1977, 64.

Tab. 4.6 Die Lese- und Schreibkundigkeit der finnischen Bevölkerung 1880-1930 nach dem Religionsbekenntnis

	weder lesen noch schreiben		nur lesen		lesen und schreiben	
Jahr	Lutheraner	Katholiken	Lutheraner	Katholiken	Lutheraner	Katholiken
1880	1,3	54,4	86,3	21,7	12,4	23,9
1890	0,1	44,8	78,0	21,7	21,9	33,5
1900	0,8	39,3	60,6	14,7	38,6	46,0
1910	0,6	33,7	44,1	13,1	55,3	53,1
1920	0,6	23,2	29,3	18,0	70,1	58,8
1930	0,7	15,7	15,2	8,0	84,1	76,3

Quelle: Finnische Volkszählungen, zit. bei Johansson E. 1977, 94. Anmerkung: 1880 bis 1910: Kinder unter 11 Jahren, die weder lesen noch schreiben konnten, wurden nicht berücksichtigt; 1900: Kinder unter 16 Jahren, die weder lesen noch schreiben konnten, wurden nicht berücksichtigt; 1910 bis 1930: alle Kinder unter 16 Jahren wurden nicht berücksichtigt.

Wenn die Alphabetisierung aus religiösen Motiven initiiert und von kirchlichen Institutionen kontrolliert wurde, sind selbstverständlich keine so deutlichen zentral-peripheren Disparitäten der Lesekenntnisse entstanden, als wenn ökonomische Gründe und die Eigeninitiative der Bevölkerung der Motor der Alphabetisierung waren. So gab es beispielsweise in den pietistischen Gebieten Württembergs schon im 18. Jahrhundert selbst in sehr armen ländlichen Gemeinden einen erstaunlich hohen Anteil an Lesekundigen. »Der Pietismus war nicht nur eine religiöse, sondern auch eine Bildungsbewegung; von ihm sind starke Impulse auf das Erziehungswesen ausgegangen« (Vierhaus F. 1978, 103). Schulen wurden als der »Vorhof des Heiligtums« und als »Werkstätten des heiligen Geistes« angesehen (zit. bei Medick H. 1996, 478). Katechismus und Bibel gehörten gleichsam zu den „befohlenen Büchern". In Altwürttemberg machte es ein herzogliches General-Reskript von 1701 für jeden Haushalt zur Pflicht, eine Bibel als Haus- und Erziehungsbuch zu haben (Medick H. 1996, 489). Unter den 13.962 von H. Medick (1996) erfaßten Büchern befanden sich nur 1,5% weltliche Titel.

Hinsichtlich der Lesekundigkeit der Bevölkerung oder der Zahl der Bücher pro Haushalt gab es zwischen den Städten und dem ländlichen Raum kaum Unterschiede. Nur der Anteil der *weltlichen* Bücher war in den Städten größer als auf dem Land. In der Gemeinde Laichingen betrug der Anteil der weltlichen Bücher (1748 bis 1820) 1,5%, in der Stadt Speyer (1780 bis 1786) 20% und in der Universitätsstadt Tübingen (1800 bis 1810) 22% (Medick H. 1996, 457).

Die Fähigkeit des *Schreibens* wurde von Calvinisten und Lutheranern vielfach nicht als notwendig oder erstrebenswert angesehen. Der Schulmeister von St. Ninians in Stirlingshire wurde 1750 sogar angehalten, mit der Unterrichtung armer Kinder aufzuhören, sobald diese die Bibel lesen könnten (Bain A. 1965, 126 zitiert bei Houston R. A. 1985, 188).

In Europa waren die Kirchen aber auch das Medium, über das der Landesherr und später der Nationalstaat bis weit in die zweite Hälfte des 19. Jahrhunderts seine schulpolitischen Ziele durchsetzen konnte. Keine andere Institution bot für eine praktische Einflußnahme auf die ländliche Bevölkerung einen so guten Rahmen wie die Kirche, keine andere Schlüsselperson hatte so viel Einfluß auf die Bauern und kannte die lokale Situation so gut wie der Priester.

»Die Religion war damals insgesamt das Medium, das die weitesten Bevölkerungskreise zu erreichen erlaubte« (Leschinsky A. und P. M. Roeder 1976, 335). »Die politischen Entscheidungen des Landesherrn [...] wurden [...] nicht nur religiös verbrämt, sie erreichten die Bevölkerung von vornherein und jedenfalls auf dem Lande weitgehend nur über das Medium der Religion und die kirchliche Organisation« (Leschinsky A. und P. M. Roeder 1976, 51).

4.3.3 Ausmaß der bürgerlichen Freiheiten

Politische und wirtschaftliche Freiheiten, die Offenheit der Gesellschaft für vertikale soziale Mobilität und ein hohes Maß an Außenkontakten scheinen den Alphabetisierungprozeß besonders gefördert zu haben. Nach K. Popper (1994, 164) ist politische Freiheit eine „Vorbedingung des freien Vernunftgebrauchs“, der kritischen Diskussion und des freien Gedankenaustausches. Schon in früheren Jahrhunderten gab es einen Zusammenhang zwischen wirtschaftlicher Macht, kultureller Blüte und dem Ausmaß an Toleranz und Freiheiten.

Nach F. Braudel (1990, 27-28) zeichnete sich Venedig am Höhepunkt seiner Macht durch eine überaus große Toleranz, durch Gewissensfreiheit und religiöse Freiheit aus. »[...] das Wunder der Toleranz wiederholt sich an allen wichtigen Knotenpunkten des Handelslebens. Amsterdam übt eine nach den heftigen Glaubenskämpfen [...] besonders löbliche Duldsamkeit, und in London weist das religiöse Mosaik alle Farben auf« (Braudel F. 1990, 28).

Diese Erkenntnis kann durchaus verallgemeinert werden und gilt auch für ländliche Regionen. Der Vorsprung der westlichen Kronländer Vorarlberg und Tirol in der Alphabetisierung gegenüber den östlichen Teilen der Habsburgermonarchie hat sicherlich viele Ursachen. Ein wichtiger Grund dürfte jedoch darin liegen, daß die Bürger und Bauern im Westen einige Jahrhunderte früher am politischen Leben teilgenommen haben als die Bevölkerung im Osten. In Vorarlberg saßen ab dem Ende des 15. Jahrhunderts nur Bürger und Bauern im Landtag, weder Kirche noch Adel hatten eine politische Funktion.

Ein Übermaß an politischem, gesellschaftlichem und wirtschaftlichem Zwang (Leibeigenschaft, Machtmonopol des Adels, Einschränkung der regionalen Mobilität, strenge Vorschriften über gewerbliche Produktion, rigide Pachtsysteme, starre Abhängigkeitsverhältnisse), die fehlende Aussicht auf vertikale soziale Mobilität und die „Beschränkung auf sich selbst“ (d.h. wenig Außenkontakte, Subsistenzwirtschaft) haben dagegen den Alphabetisierungsprozeß verzögert. Manche Reformer haben den Zusammenhang zwischen bürgerlichen Freiheiten, Motivation und Alphabetisierung schon in der zweiten Hälfte des 18. Jahrhunderts erkannt und mit dem Hinweis auf die wirtschaftlichen Erfolge der religiösen Einwanderer auch für die Bauern mehr Freiheiten und Toleranz gefordert, die zu »Wachstum an Industrie, Macht und öffentlichem Wohlstand« (Campe J. H. 1786, Bd. 1, 132f) führe.

4.3.4 Soziale und ökonomische Strukturen

Finanzielle Situation der Bevölkerung

Die Bedeutung der Armut für den Schulbesuch und die Alphabetisierung ist sehr umstritten und kann wohl nicht losgelöst von anderen Einflußfaktoren gesehen werden. Während es einerseits Belege dafür gibt, daß in Zeiten der Verarmung der Bevölkerung (z.B. Anstieg der Getreidepreise) der Schulbesuch zurückgegangen ist (Houston R. A. 1985, 120), gibt es auch Beispiele dafür, daß gerade die ärmsten Regionen, in denen auch acht bis vierzehnjährige Kinder einer Saisonarbeit nachgehen mußten, zu den Gebieten mit den niedrigsten Analphabetenquoten zählten. Armut für sich allein genommen führte vermutlich nur selten zu hohen Analphabetenquoten, deshalb müssen die Ursachen und Begleiterscheinungen der Armut sowie die Einstellung der Eltern zum Schulwesen bei der Analyse berücksichtigt werden (vgl. Bradshaw J. 1983, 10). Ökonomische Aspekte spielten allerdings in jenen Ländern eine wichtige Rolle für die Alphabetisierung, in denen die *Gemeinden* für den Bau und Unterhalt der Schulgebäude sowie die Besoldung des Lehrpersonals zuständig waren. Fehlende finanzielle Mittel der Schulerhalter werden von Zeitgenossen immer wieder als Grund für die schlechte schulische Situation angegeben.

Dabei muß sicherlich auch berücksichtigt werden, daß in Mitteleuropa die Bemühungen, die Schulpflicht durchzusetzen, zeitlich mit einer harten Agrarkrise (Mißernten der 70er Jahre des 18. Jahrhunderts, Hungerkrisen, hohe Preissteigerung) zusammenfielen, in der die Löhne nicht mehr mit den stark steigenden Getreidepreisen Schritt halten konnten (Leschinsky A. und P. M. Roeder 1976, 236-237, 265). In Mitteleuropa bezogen Ende des 18. Jahrhunderts etwa vier Fünftel der nichtadeligen Bevölkerung aus ihrer landwirtschaftlichen Tätigkeit ein derart niedriges Einkommen, daß damit auch der notwendigste Lebensbedarf nicht zu bestreiten war (Leschinsky A. und P. M. Roeder 1976, 251; Henning F. W. 1969, 172). Diese langfristige Einkommensverschlechterung hat sich vor allem deshalb negativ auf die Durchsetzung der Schulpflicht ausgewirkt, weil im 18. Jahrhundert die Bevölkerung zwar die Lasten der Schulpflicht zu tragen hatte, aber in der Schule noch keinen ökonomischen Vorteil sehen konnte.

Kinderarbeit

Eine Folge der schlechten Einkommenssituation war die Notwendigkeit der Kinderarbeit. Es ist unbestritten, daß in vielen Fällen die unverzichtbare Kinderarbeit die Durchsetzung der Schulpflicht verzögert und die Schulbesuchsquoten jahrzehntelang gedrückt hat. Die Kinderarbeit wirkte sich vor allem dort negativ auf den Schulbesuch aus, wo die Schulverwaltung keine Rücksicht auf die saisonalen Arbeitsspitzen der Landwirtschaft nahm oder wo die Fabriksbesitzer die Vorschriften zur Schulpflicht nicht beachteten. In jenen Gebieten, in denen der Unterricht auf die Wintermonate oder Sonntage verlegt wurde oder das Schuljahr vor Beginn der sommerlichen Arbeitsspitzen beendet wurde, hat sich die Kinderarbeit nicht so negativ auf den Schulbesuch ausgewirkt (vgl. Kap. 5.2.1). In vielen Regionen waren nicht nur die staatlichen Behörden, sondern auch fortschrittliche Schulreformer von der Notwendigkeit der Kinderarbeit überzeugt, so daß sie ein striktes staatliches Verbot der Kinderarbeit als nicht durchsetzbar ansahen (Leschinsky A. und P. M. Roeder 1976, 141; Meyer A. H. G. 1971, 71f).

Realteilung, Zwang zur Saisonarbeit

Daß Armut allein nicht unbedingt negative Folgen für den Schulbesuch, die Einstellung der Bevölkerung zur Schule und die Alphabetisierung hat, kann man anhand einiger Realteilungsgebiete nachweisen, in denen die Bevölkerung wegen der kleinen Besitzgrößen auf einen Nebenverdienst (meist in Form der Saisonarbeit) angewiesen war. Vorarlberg war im 18. Jahrhundert sicherlich eines der ärmsten Gebiete Europas. Nicht nur über ein Drittel der männlichen Bevölkerung, sondern auch zahlreiche Kinder im Alter von 8 bis 14 Jahren waren aufgrund der schwierigen wirtschaftlichen Verhältnisse gezwungen, als Saisonarbeiter außer Landes zu arbeiten (Uhlig O. 1978). Trotzdem lag dieses arme Land hinsichtlich der Alphabetisierung an der Spitze aller österreichischen Kronländer (vgl. Abb. 4.8).

Diese Saisonwanderer durchwanderten als Stukkateure, Maurer, Baumeister, Krauthobler und Sensenhändler ein Gebiet, das von Norddeutschland bis ans Schwarze Meer reichte. Im Gegensatz zu den leibeigenen Bauern hatten sie also ein sehr großes räumliches Kontaktfeld, sie haben „die Welt gesehen“ und wußten die ökonomischen Vorteile von Lese-, Schreib- und Rechenkenntnissen sowie von beruflichen Qualifikationen zu schätzen. Im Bregenzerwald und in den hochgelegenen Walsergebieten wurden deshalb von der ländlichen Bevölkerung schon lange vor Einführung der allgemeinen Schulpflicht eigene Schulen eingerichtet.

Agrarverfassung und Einstellung des Adels zur Schule

Die Auswirkungen der Feudalstruktur und der Agrarverfassung auf die Alphabetisierung waren vor allem auf zwei Wegen wirksam, zum einen über die Einstellung des Adels zur Schule und zum anderen über die Arbeitsbelastung (Frondienste) der Bauern.

In Preußen wurde im 18. und frühen 19. Jahrhundert die Umsetzung der schulpolitischen Ziele des Staats von der Mehrzahl der Gutsbesitzer längere Zeit verzögert, weil sie nicht bereit oder in der Lage waren, den Bau und den Unterhalt der Schulgebäude sowie die Besoldung der Lehrkräfte zu finanzieren. Diverse Berichte klagten darüber, daß die schulische Situation in den „adeligen Dörfern“ schlechter sei als in den königlichen Gebieten und dem Adel die Motive und Bereitschaft fehlten, die abhängige Einwohnerschaft zum Schulbesuch anzuhalten (vgl. (Leschinsky A. und P. M. Roeder 1976, 45, 93-94, 107; Notbohm H. 1959, 41). Dieser passive oder offene Widerstand von vielen Gutsbesitzern gegen den Ausbau des Schulwesens hatte nicht nur damit zu tun, daß die Schulverordnungen des Staats zu zusätzlichen finanziellen Belastungen führten, sondern der Adel wehrte sich auch gegen die Eingriffe in seinen unmittelbaren Herrschaftsbereich. Dazu kam noch, daß der Staat seine Gesetze lange Zeit mit wenig Nachdruck durchsetzte. »Bereits die „Principia regulativa“ von 1736, eine Art frühes Schulunterhaltungsgesetz, enthalten [...] das Eingeständnis, daß die damals finanzstärkste Gruppe, der Adel, zu Schullasten nicht verpflichtend heranzuziehen war« (Leschinsky A. und P. M. Roeder 1976, 127). Ähnliche Berichte gibt es auch aus anderen Staaten. In manchen Ländern Europas mußte der Adel geradezu gezwungen werden, das staatliche Schulsystem anzunehmen (vgl. Houston R. A. 1988, 112-113). Das ehrgeizige dänisch-norwegische Schulgesetz von 1739, dessen Durchführung und Finanzierung an die Grundherren delegiert worden war, wurde von diesen aus finanziellen Gründen weitgehend sabotiert (Dixon W. 1958, 26).

Im 18. Jahrhundert hatte in Preußen der Adel auf seinem Gutsbesitz nahezu unbeschränkte Herrschaftsrechte. Mit dem Gutsbesitz war die Hoheit über die dort lebenden bäuerlichen Untertanen in wirtschaftlicher, rechtlicher und politischer Hinsicht verbunden. Der Gutsbesitzer war mit Polizeigewalt und der Gerichtsbarkeit erster Instanz ausgestattet, er führte die Aufsicht über Kirche und Schule (vgl. Büsch O. 1962, 77f). In der Regel hat die Abschaffung der Leibeigenschaft und der damit verbundenen Restriktionen zu einem beträchtlichen Aufschwung der Alphabetisierung geführt. Dies wurde beispielsweise von B. Eklof (1986) für das russische Zarenreich belegt, aber auch die West-Ost-Disparitäten der Analphabetenquote in der österreichisch-ungarischen Monarchie hängen u.a. mit der zeitlichen Phasenverschiebung in der Erlangung grundlegender politischer Freiheiten zusammen.

Dienstebelastung und Mentalität der leibeigenen Bauern

Der zweite negative Einfluß rigider Feudalstrukturen wurde über die extrem hohe Dienstebelastung der bäuerlichen Stellen wirksam, die Apathie, Armut und mangelnde Innovationsbereitschaft der unfreien Bevölkerung auslöste. Im Durchschnitt der brandenburgisch-preußischen Gebiete beanspruchte die Dienstebelastung der bäuerlichen Bevölkerung noch gegen Ende des 18. Jahrhunderts 15 bis 40% ihrer Arbeits- und Zugkräfte (Leschinsky A. und P. M. Roeder 1976, 248). Die Dienstebelastung hatte eine paralysierende Wirkung auf die bäuerliche Arbeitsmoral und Effizienz (Leschinsky A. und P. M. Roeder 1976, 281). Die Ablehnung der Schule durch die bäuerliche Bevölkerung wurde schon von Zeitgenossen des 18. Jahrhunderts zum Teil der feudalen Agrarverfassung und dem Druck der äußeren Situation zugeschrieben.

Die zeitgenössischen Bildungsreformer J. G. Krünitz (1793), C. Garve (1796), F. E. von Rochow (Nachdruck, hrsg. von J. Gansen 1894), J. H. Campe (1786) und A. Wagemann (1791) haben bittere Klagen über die Mentalität, Einfalt, „Dummheit" und Innovationsfeindlichkeit der leibeigenen Bauern in Preußen geführt und ihnen u.a. Apathie, Mißtrauen, Widerstand gegen die Obrigkeit, Starrsinn, Unbeweglichkeit, Aberglauben, Trägheit, Gedankenlosigkeit, das Fehlen eines grundlegenden Denkvermögens und der Fähigkeit, die eigenen Vorteile zu erkennen, vorgeworfen.

Eine umfangreiche Dokumentation dieser zeitgenössischen (Vor)Urteile und des Widerstands der Bevölkerung gegen Neuerungen wie die Einführung der Schule findet sich bei A. Leschinsky und P. M. Roeder (1976).

Für diese fortschrittsbewußten Zeitgenossen hing »das wirtschaftliche Desaster der niederen Stände eng mit ihren geistigen und charakterlichen Eigenschaften zusammen« (Leschinsky A. und P. M. Roeder 1976, 273). »Der Bauer ist dem Alten ganz ergeben und jede Neuerung, sie habe Namen wie sie wolle, ist ihm verdächtig« (Krünitz J. G. 1793, Bd. 61, 64, 462). Das Kernproblem der wirtschaftlichen Schwierigkeiten sahen sie in der »unausgebildeten Vernunft des „gemeinen Mannes"« (Leschinsky A. und P. M. Roeder 1976, 346).
Ökonomische Not und soziales Elend wurden von den Reformern des 18. und frühen 19. Jahrhunderts, ähnlich wie vom *social survey movement* in England, der Unfähigkeit und Ignoranz der Bevölkerungsmehrheit zugeschrieben (vgl. Leschinsky A. und P. M. Roeder 1976, 407). Nach F. E. von Rochow (1909, Bd. 3, 62) war die Armut die »Gefährtin der Nationalstupidität«. »Der Dumme denkt [..] nicht gehörig [...] weiß sich nicht zu helfen, kann guten Rat nicht würdigen und wird eben darum ein Opfer der Ereignisse« (Rochow v. F. E. 1909, Bd. 3, 10). »Oekonomische Schriften lieset er nicht; Beyspiele sieht er nicht; fremde Länder bereiset er nicht; gute Unterweisungen hat er nicht« (Krünitz J. G. 1793, Bd. 61, 425).

Daß auch die Gesellschaftsstrukturen und die Agrarverfassung das ihre zu der beklagten Mentalität der leibeigenen ländlichen Bevölkerung beigetragen haben, wurde von zeitgenössischen Reformern nur „zwischen den Zeilen" angedeutet.

So hat etwa C. Garve (1796, 29 [827]) die Mentalität der bäuerlichen Bevölkerung auf die Abhängigkeit von der Herrschaft und das Übermaß an Abgaben und Fronen zurückgeführt. Ähnlich hat auch J. H. G. von Justi (1760, zit nach Abel W. 1963, 322) argumentiert: »Wie will der Landmann Zeit, Mittel und Mut haben, etwas Wichtiges zur Verbesserung seiner Grundstücke zu unternemen, wenn er auf die elendeste und kümmerlichste Art leben und bei aller sauren Arbeit und dürftigen Lebensart kaum die Abgaben entrichten kann, welche ihm die Regierung auferlegt«. »Für die leibeigenen Bauern und generell für die arme Landbevölkerung war mit der Schulbildung nicht die geringste Aussicht verbunden, ihre drückende ökonomische und rechtliche Lage zu verändern. Im Gegenteil bedeutete die Schulpflicht für sie den Entzug dringend benötigter Arbeitskräfte [...]. Für sie waren eigentlich nur religiöse Motive denkbar, die diese Belastung erträglich erscheinen ließen« (Leschinsky A. und P. M. Roeder 1976, 110).
Auch A. Wagemann (1791, 72) stellte fest: »Der Leibeigene [...] tut nichts als wozu ihn die Ahndung der Strafe treibt«. Er wies auch darauf hin, daß die viel beklagte Trägheit der Bauern auf den enormen Druck durch Abgaben, Frondienste und andere Belastungen zurückgeführt werden könne (vgl. Wagemann A. 1791, 74, 100f). Auch die nachteiligen Folgen von Pachtsystemen oder einer gemeinschaftlichen Nutzung der Flur für die Motivation zu Neuerungen wurden von ihm erwähnt (Wagemann A. 1791, 76-84).

Diese Mißstände sollten nach Ansicht der Reformer vor allem durch die schulische Ausbildung breiter Bevölkerungsschichten beseitigt werden. Deshalb gab es in Preußen auch Gutsherren, die geradezu als Pioniere für den Aufbau eines Grundschulwesens und die Alphabetisierung ihrer Untertanen gelten können. Eine viel zitierte, vorbildliche Leistung erbrachte der Gutsherr F. E. von Rochow, dem die Bildung breiter Volksmassen ein besonderes Anliegen war. Er betonte, »daß ohne Hebung des geistigen Niveaus der niederen Schichten die Besserung ihrer Situation und agrarischer Fortschritt nicht im erforderlichen Maße zu erreichen seien« (Leschinsky A. und P. M. Roeder 1976, 351). Das Ziel des Schulunterrichts sah er in der Anleitung zum „richtigen Denken". Dazu zählten für ihn »recht hören, recht sehen, aufmerken, beobachten, vergleichen, unterscheiden, dann urteilen [und] rück- und vorwärts schließen« (Rochow von, F. E. 1909, Bd. 3, 23). Rochow bemühte sich sehr um die Verbesserung der Situation und führte das Scheitern seiner Bemühungen auf die Unwissenheit der Bauern zurück.

Die Bauern »erhielten schriftliche Anweisungen und mündlichen Rat, wie durch allerlei Vorkehrungen und Mittel [...] dem Fortgang der Epidemie zu steuern sei. Aber böse Vorurteile, Verwöhnungen und Aberglauben nebst gänzlicher Unwissenheit an Lesen und Schreiben machten fast alle meine guten Absichten fruchtlos [...]. Die einfachsten Vorkehrungen und Reinigungsanstalten, die ich ihnen mündlich und schriftlich empfahl, waren ihnen teils zu mühsam, teils hatten sie sie vergessen, und das Schriftliche konnten sie nicht lesen. Dagegen brauchten sie heimlich die verkehrtesten Mittel, liefen zu Quacksalbern, Wunderdoktoren, sogenannten klugen Frauen, Schäfern und Abdeckern, bezahlten dort reichlich und starben häufig dahin. In tiefer Demut möchte ich an diesem kundbaren Beispiel denen Regenten und Landesvätern der Völker den hohen und unschätzbaren Wert der Aufklärung durch bessere Schulen hier (nochmals) an das Herz legen« (zit. bei Gansen J. 1894, 41f).

Diese Reformer wiesen schon sehr früh auf regionale Unterschiede in der Mentalität und in den Qualifikationen der Bevölkerung hin. Die Bewohner von Sachsen und der Gebirgsregionen von Schlesien wurden z.B. als »aufgeklärter« und als »brauchbarere Leute in allen Arten des Gewerbes« mit einer überlegenen »Bildung und Politur« (Rochow v. E. F. 1910, Bd. 438, 41) bezeichnet.

4.3.5 Familienstrukturen und soziale Situation der Frau

Nach E. Todd (1987, 1-9) wurden die Fragen der Unterentwicklung oder des sozioökonomischen Entwicklungsprozesses bisher zu einseitig unter dem Blickwinkel rein ökonomischer Faktoren wie Rohstoffvorkommen, Kapitalbildung, Investitionsraten oder Industrialisierung betrachtet, was seiner Ansicht nach in eine Sackgasse führt. Er plädiert daher dafür, die Fragen, warum einige große Zivilisationen durch Stagnation und andere durch Fortschritt geprägt waren, vor allem mit anthropologischen Ansätzen zu erforschen. Auch die Alphabetisierung Europas oder der heutigen Entwicklungsländer sei nicht in erster Linie eine Folge von höherem Lebensstandard oder von Investitionen in das Schulwesen, sondern von kulturellen und anthropologischen Gegebenheiten.

E. Todd (1987) ist der Ansicht, daß die kulturelle Entwicklung eines Raums vor allem von den vorherrschenden *Familientypen* und der *sozialen Stellung der Frau* in der Familie abhängig war. In diesen beiden Komponenten sieht er auch die wichtigsten Ursachen für die zwischen den großen Kulturregionen feststellbaren Unterschiede im Beginn und Tempo der Alphabetisierung. Die Vorstellung, daß Familienstrukturen die sozioökonomische Entwicklung eines Landes beeinflussen, ist nicht neu. Schon A. Comte und E. Durkheim haben auf den Zusammenhang zwischen Familienstrukturen und Fortschritt hingewiesen. Es ist jedoch das Verdienst von E. Todd (1985, 1987), jene anthropologischen Strukturen und Systeme (Familientypen) identifiziert und typisiert zu haben, welche die Alphabetisierung positiv oder negativ beeinflußt haben.

Neben der „vertikalen Familienstruktur" (mehrere Generationen in einer Familie) und der Autorität der Eltern mißt E. Todd (1987, 114) vor allem dem sozialen Status der Frau in der Familie eine entscheidende Bedeutung für die kulturelle Entwicklung und den Alphabetisierungsprozeß zu.

»The educational power of a family system may well be determined by the strength of maternal authority. The strength of maternal authority is itself a function of two different anthropological factors: the overall strength of parental authority, and the relative status of women in the family system being considered« (Todd E. 1987, 17).

»Examination of available data shows that authoritarian (= vertical) and relatively feminist systems do appear on literacy maps as poles of self-generated take-off [...]. On the other hand, strong anti-feminism leads to a considerable slow-down in the development process« (Todd E. 1987, 176-177).

Auch wer nicht bereit ist, diesem großen kulturhistorischen und anthropologischen Entwurf von E. Todd (1987) in allen Details zu folgen, wird aufgrund der eindeutigen Ergebnisse der historischen und soziologischen Modernisierungsforschung doch zustimmen müssen, daß die Faktoren „Familienstrukturen" und „soziale Situation der Frau" auf den Beginn und das Tempo des Alphabetisierungsprozesses einen großen Einfluß hatten, zumal sie auch mit zahlreichen anderen Einflußfaktoren wie Erbsitten und Offenheit für Innovationen in einer Wechselwirkung stehen.

Die soziale Stellung der Frau in der Familie wird in anthropologischen und demographischen Studien häufig durch den Indikator „durchschnittliches Heiratsalter der Frauen" charakterisiert. Ein niedriges Heiratsalter wird dabei mit einem geringen Maß an Selbstbestimmung und einer niedrigen Stellung der Frau in der Familie gleichgesetzt (vgl. Todd E. 1987, 15-17).

Nicht nur in der zweiten Hälfte des 19. Jahrhunderts, sondern auch in der Zwischenkriegszeit hatte die hinsichtlich der Alphabetisierung am weitesten fortgeschrittene Kernregion Europas, die von Skandinavien über Deutschland, die Niederlande, die Schweiz bis nach Oberitalien reichte, gleichzeitig auch das höchste durchschnittliche weibliche Heiratsalter (rd. 27 Jahre), während die süd- und osteuropäischen Länder nicht nur die höchsten Analphabetenquoten, sondern auch das niedrigste durchschnittliche Heiratsalter der Frauen (20 bis 23 Jahre) aufwiesen (vgl. Todd E. 1987, 195-196).

Noch deutlicher scheint dieser Zusammenhang zwischen dem Heiratsalter der Frauen und der Analphabetenquote in den heutigen Entwicklungsländern ausgeprägt zu sein. In den 52 asiatischen Entwicklungsländern, die E. Todd (1987) untersuchte, zeigte der Indikator „Heiratsalter der Frauen" die höchste Korrelation mit dem Indikator „female literacy" (= Anteil der lese- und schreibkundigen Frauen zwischen 15 und 20 Jahren), aber auch noch eine hohe Korrelation mit dem Indikator „male literacy". In den asiatischen Entwicklungsländern, die in den 70er Jahren noch eine Analphabetenquote von mehr als 50% hatten, lag auch das durchschnittliche Heiratsalter der Frauen unter 20 Jahren (Todd E. 1987, 76). Besonders eindrucksvoll ist der Zusammenhang zwischen sozialer Stellung der Frau und *literacy* in Indien nachzuweisen (vgl. Todd E. 1987, 84-92).

Diese Familienstrukturen stehen selbstverständlich auch in einer engen Wechselbeziehung mit anderen Einflußfaktoren der Alphabetisierung wie z.B. Einfluß der Religionen, Erbsitten, Saisonarbeit und Ausmaß der vertikalen sozialen Mobilität (Offenheit der Gesellschaft).

4.3.6 Einflüsse des Staats

In den meisten Ländern hat sich der Staat zwar erst lange Zeit nach der Kirche um die Alphabetisierung der Bevölkerung bemüht, es ist jedoch offenkundig, daß der staatliche Einfluß auf die Zurückdrängung des Analphabetentums in der Mehrzahl der Staaten (eine Ausnahme wäre Großbritannien) von großer Bedeutung war. Dieser Einfluß hat sich sowohl über staatlich gelenkte Alphabetisierungskampagnen als auch über die Gesetzgebung zur allgemeinen Schulpflicht, zum Standort von Schulen, zur Schulaufsicht (Kampf zwischen Kirche und Staat), zur Besoldung und Ausbildung der Lehrkräfte und zur Finanzierung des Schulwesens ausgewirkt (vgl. u.a. auch Houston R. A. 1985, 112-113; Kramer C. 1993). Von besonderer Bedeutung für den Aufschwung des Schulwesens war, daß der Nationalstaat die Durchsetzung der allgemeinen Schulpflicht viel besser kontrollieren und Schulversäumnisse mit härteren Strafen ahnden konnte als etwa die Kirche oder karitative Vereinigungen. In den meisten Ländern wurde die allgemeine

Schulpflicht zwar erst viele Jahrzehnte (in einigen Fällen erst mehr als 100 Jahre) nach ihrer gesetzlichen Einführung auch tatsächlich flächendeckend durchgesetzt, aber ohne den staatlichen Druck hätte es wohl noch länger gedauert.

Aus der Tätigkeit und unterschiedlichen Effizienz der staatlichen Verwaltung ergaben sich jedoch auch neue regionale Disparitäten. Die einzelnen Länder und Regionen haben unterschiedlich harte Sanktionen gegen Schulversäumnisse verhängt und die Durchsetzung der Schulpflicht mit unterschiedlicher Genauigkeit überprüft. In manchen Gebieten hat die Durchsetzung der Schulpflicht auch deshalb so lange gedauert, weil hier die Gemeindeverwaltungen (Schulkommissionen) bis in die zweite Hälfte des 19. Jahrhunderts noch gar nicht in der Lage waren, die Zahl der schulpflichtigen Kinder festzustellen.

In einigen Ländern wie z.B. dem russischen Zarenreich hat auch das Militär einen Beitrag zur Alphabetisierung geleistet. Einerseits führte das Militär eigene Schulen, andererseits wurde auch dadurch Einfluß ausgeübt, daß vor 1906 im Zarenreich die Militärzeit verkürzt wurde, wenn ein Rekrut das Zeugnis einer Grundschule vorweisen konnte oder entsprechende Tests bestanden hatte (Eklof B. 1986, 125). Diese Privilegien haben das Interesse der bäuerlichen Bevölkerung an der Schule stark erhöht.

B. Eklof (1986, 85) berichtet von einer detaillierten Untersuchung in 40 peripher gelegenen Gemeinden in Woronesch, wo um die Jahrhundertwende von den Lesekundigen 39,2% ihre Lesekenntnisse durch das Militär erhalten haben, 33,8% durch andere Dorfbewohner, 21,2% haben sich die Lesekenntnisse selbst beigebracht und nur 5,8% haben die Lesekenntnisse in einer Schule vermittelt bekommen.

Ähnlich wie die Kirche hat auch der Staat die Alphabetisierung nicht um ihrer selbst willen gefördert, sondern zur Beschleunigung eines politischen oder wirtschaftlichen Modernisierungsprozesses eingesetzt. Die Staatsmacht hat sich von einer Alphabetisierung ein „leichteres" Regieren, eine leichtere Beeinflussung und Mobilisierung der Massen sowie über die Schaffung eines Nationalbewußtseins eine Entschärfung von sozialen und wirtschaftlichen Konflikten erwartet (vgl. Arnove R. F. und H. J. Graff 1987, 7). Nicht nur die Industrie und Landwirtschaft sollten durch die Alphabetisierung auf ein höheres Niveau gebracht werden, sondern die Alphabetisierung der Bevölkerung wurde geradezu als Allheilmittel für alle möglichen Mißstände angesehen.

Im Jahre 1896 beklagten sich russische Spezialisten für Geschlechtskrankheiten, daß die Unwissenheit der ländlichen Bevölkerung und das niedrige kulturelle Niveau den Erfolg im Kampf gegen die Syphilis beeinträchtigen (vgl. Eklof B. 1986, 105).

Ein früher Einstieg des Staats in die Verantwortlichkeit für das Schulwesen hat sich in der Regel aus mehreren Gründen positiv ausgewirkt. Einerseits hat die Finanzierung des Schulwesens durch staatliche Institutionen meist zu einer höheren Qualität der schulischen Ausstattung und einer höheren Qualifikation der Lehrkräfte geführt. Andererseits wurden durch staatliche Gesetze und Erlässe das Standortmuster und die Standortdichte des Grundschulwesens maßgeblich beeinflußt.

Manche Städte oder Territorien haben auch nur deshalb einen Vorsprung in der Alphabetisierung errungen, weil sie früher als andere die Zulassung zu bestimmten Ämtern oder zu politischen Funktionen (z.B. Stadtrat) an die Lese- und Schreibkundigkeit (einen bestimmten Schulabschluß) gebunden haben oder weil die Territorialherren aus einer merkantilistischen Geisteshaltung heraus das Schulwesen stark gefördert haben.

4.3.7 Zusammenfassung

Wenn im folgenden einige wichtige Einflußfaktoren und Kontexte genannt werden, welche die Alphabetisierung positiv oder negativ beeinflußt haben, so wird dies nicht so verstanden, daß ein Faktor allein die Alphabetisierung beeinflussen konnte. In der Regel müssen jeweils mehrere dieser Bedingungen zusammentreffen, damit sich diese Einflußfaktoren und Kontexte positiv oder negativ auf den Alphabetisierungsprozeß auswirken. Besonders gefördert wurde die Alphabetisierung in jenen Regionen,

- in denen die Bevölkerung sehr früh die Vormundschaft von Adel und Kirche zurückdrängte und sich mehr oder weniger „demokratische" Strukturen entwickelten,
- in denen der Adel eine aufgeklärte, merkantilistische „Populationspolitik" ausübte und in einer lese- und schreibkundigen Bevölkerung einen wirtschaftlichen Reichtum erblickte,
- in denen es vorwiegend selbständige Bauern und nur einen niedrigen Anteil an Pächtern oder besitzlosem Landproletariat gab,
- in denen ein größerer Teil der Bevölkerung als Saisonarbeiter außerhalb des eigenen Landes arbeitete oder die aus anderen Gründen (z.B. Lage im Schnittpunkt von Handelsrouten) ein großräumiges Kontaktfeld hatten,
- in denen die Bauern nicht nur für sich selbst oder den Grundherrn, sondern für einen Markt produziert haben und deshalb ein ökonomisches Interesse hatten, lesen und schreiben zu können.

Behindert wurde die Alphabetisierung in solchen ländlichen Gebieten,

- deren Bevölkerung aufgrund ihrer peripheren Lage oder der dünnen Besiedlung abseits von wichtigen Verkehrslinien lag und auf Grund der Subsistenzwirtschaft wenig Außenkontakte hatte (ein Indikator dafür wären z.B. enge Heiratskreise),
- in denen die Kosten der Schule und/oder das Gehalt der Lehrpersonen von den Gemeinden zu tragen waren und die Gemeinden diese Finanzierung nicht übernehmen konnten oder wollten,
- in denen ein hoher Anteil von sprachlichen Minderheiten ohne eigene Schriftsprache lebte oder die eigene Sprache nicht als Unterrichtssprache benutzen durfte,
- in denen es bis zur Mitte des 19. Jahrhunderts oder noch länger Leibeigenschaft gab und die Bevölkerung für eine Vielzahl von Aktivitäten (Heirat, regionale Mobilität) die Zustimmung des Grundherrn benötigte,
- in denen eine gemeinsame Nutzung von Weide-, Acker- und Waldflächen das Interesse der Bauern an Verbesserungen bremste,

- in denen einem hohen Anteil an Pächtern und besitzlosen Landarbeitern eine parasitäre (= nicht innovative) und Neuerungen ablehnende Schicht von Grundbesitzern gegenüberstand,
- in denen die soziale Stellung der Frau sehr niedrig war und deshalb ein Schulbesuch der Mädchen nicht als notwendig angesehen wurde.

4.4 Alphabetisierung und sozioökonomische Modernisierung

4.4.1 Alphabetisierung und demographische Entwicklung

Wenn man von einigen Entwicklungsländern (vor allem in Afrika südlich der Sahara) absieht, besteht kein Zweifel, daß es eine enge Wechselbeziehung zwischen der Alphabetisierung und dem demographischem Wandel gibt. E. Todd (1987, 154) hat darauf hingewiesen, daß die Alphabetisierung der Bevölkerung vor allem starke Auswirkungen auf die demographische Entwicklung (Abnahme der Sterbeziffern, dann Abnahme der Fruchtbarkeitsziffern, Verlängerung der durchschnittlichen Lebenserwartung, Anstieg des Heiratsalters der Frauen) hatte und daß die Alphabetisierung sogar stärker mit dem demographischen Wandel korrelierte als mit der wirtschaftlichen Entwicklung.

Tab. 4.7 Zeitraum, in dem die Geburtenrate unter 30 Promille abgesunken ist

Zeitraum	Länder
1831-1835	Frankreich
1881-1885	Schweden, Schweiz
1886-1890	Belgien
1896-1900	England
1901-1905	Schottland, Norwegen, Dänemark
1906-1910	Niederlande, Österreich
1911-1915	Deutschland, Finnland, Tschechoslowakei
1921-1925	Italien, Ungarn
1926-1930	Spanien
1931-1935	Polen, Rußland, Griechenland, Rumänien, Bulgarien
1951-1955	Jugoslawien

Quelle: Chesnais J. C. 1977; Festy P. 1979; Todd E. 1987.

Obwohl der Rückgang der Fruchtbarkeitsrate nicht in allen Ländern in gleichem Maße mit der Alphabetisierung synchron verlaufen ist, läßt sich bei einer großräumigen Betrachtung des Rückgangs der Geburtenraten doch ein ähnlicher Diffusionsprozeß von der europäischen Kernregion nach Osten und Süden erkennen.

E. Todd (1987, 153) hat bei seiner Studie über asiatische Entwicklungsländer hohe Korrelationen zwischen Alphabetisierung sowie demographischen und ökonomischen Indikatoren gefunden:

Tab. 4.8 Korrelationen zwischen der Lese- und Schreibkundigkeit (*literacy*) und demographischen Indikatoren in Ländern der Dritten Welt

untersuchte Variablen	Zahl der untersuchten Länder	Korrelationskoeffizient
Lebenserwartung und *literacy*	66	+0,85
Geburtenrate und *literacy*	62	-0,73
Lebenserwartung und Pro-Kopf-Einkommen	65	+0,69
Pro-Kopf-Einkommen und *literacy*	64	+0,56

Quelle: Todd E. 1987, 153.

4.4.2 Alphabetisierung und ökonomische Entwicklung

Die Art der Wechselbeziehungen

Zahlreiche wirtschafts- und sozialhistorische Arbeiten haben betont, daß der Alphabetisierungsprozeß eine grundlegende Voraussetzung für die gesellschaftliche und wirtschaftliche Modernisierung eines Landes sei (Fishlow A. 1966a; North D. C. 1961; Rosenberg N. 1972). Andere Autoren haben sich sehr kritisch mit der Frage auseinandergesetzt, ob die Alphabetisierung als ein Indikator des Modernisierungs- und Säkularisierungsprozesses gesehen werden dürfe oder nicht. Gerade bei diesem Thema spielt die Maßstabsebene eine besondere Rolle.

Auf der *Makroebene* lautet die Antwort: Ohne Alphabetisierung gibt es keine Modernisierung, aber nicht jede Alphabetisierung führt sofort und in allen Landesteilen zu einer Modernisierung. So lange die Masse der Bevölkerung eines Landes nicht lesen und schreiben kann, fehlen für viele Prozesse des gesellschaftlichen, wirtschaftlichen und politischen Wandels die notwendigen Voraussetzungen. Ein hoher Anteil von Analphabeten ist gleichsam ein Nadelöhr, das die Entwicklung aufhält, während die Alphabetisierung der Bevölkerung soziale und regionale Mobilität fördert und zur Verbreitung von neuen Ideen und Verhaltensweisen beiträgt.

Nach Ansicht zahlreicher Autoren sind Lese- und Schreibkundige im Vergleich zu Analphabeten aktiver und optimistischer, sie sind bei der Gewinnung von Informationen nicht von persönlichen Kontakten abhängig und können deshalb auf ein größeres räumliches Informationsfeld zurückgreifen. Sie erfahren ihre Sozialisation nicht nur durch die unmittelbare Umgebung, sondern auch durch Flugblätter, Zeitschriften und Bücher. Sie sind stärker an der Welt außerhalb des eigenen Dorfs interessiert, haben eine größere regionale Mobilität, können sich eher mit abstrakten Zielen und großen Organisationen (wie z.B. Staat, Nation etc.) identifizieren und nicht zuletzt können sie schneller motiviert und aktiviert werden (Schuman H., Inkeles A. und D. Smith, 1967; Inkeles A. 1969, 1974; Lockridge K. A. 1974; Goody J. 1977; Heffernan M. J. 1989). Nach H. M. Phillips (1970, 39) sind lese- und schreibkundige Arbeiter im Vergleich zu Analphabeten produktiver, sie können Neues schneller aufnehmen, sind pünktlicher, arbeiten sicherer und haben mehr Teamgeist. Eine lese- und schreibkundige Bevölkerung tritt gesellschaftlichen und wirtschaftlichen Veränderungen flexibler, aufgeschlossener und rationaler gegenüber als eine Gesellschaft von Analphabeten. Nicht zuletzt war eine lesekundige Bevölkerung auch leichter zu einem konformen Verhalten (Einhalten eines bestimmten Arbeitsrhythmus, Beachtung von Regeln und Bedienungsvorschriften sowie von organisatorischen Abläufen des Arbeitsprozesses etc.) zu veranlassen als eine leseunkundige.

Der entscheidende Nachteil von Analphabeten in einer Industriegesellschaft besteht darin, daß sie nicht an der schriftlichen Kommunikation und Wissensvermittlung teilnehmen können, daß ihnen nur ein kleiner Teil der vorhandenen Informationen zugänglich ist und sie deshalb nur schwer in die modernen Formen der Arbeitsteilung, Bürokratisierung, Professionalisierung und Informationsverarbeitung integriert werden können, so daß ihnen wichtige Voraussetzungen für die Mitarbeit in komplexen und großen Organisationen fehlen.

Nach S. Scribner und M. Cole (1973, 552-558) fördert der Schulbesuch »the independent learning of techniques or instrumental skills, apart from the ends to which they will later be [...] related«. Die Schule trennt also das Lernen vom traditionellen Kontext. Schulen vermitteln Werte, sie selektieren, bestätigen Erfolg und Mißerfolg, sie zwingen zu Pünktlichkeit, Disziplin, Unterordnung und fungieren als Instrument der Sozialisation, der sozialen Kontrolle und der kulturellen Homogenisierung.

Auf der räumlichen *Mikroebene* muß die Antwort auf die Frage nach dem Zusammenhang zwischen Alphabetisierung und wirtschaftlicher Entwicklung anders ausfallen. Ergebnisse, die auf der Makroebene eindeutig und unbestritten sind, finden auf der Mikroebene manchmal keine Bestätigung, was aber nicht gegen ihre Gültigkeit spricht. Alphabetisierungs-, Modernisierungs- und Industrialisierungsprozesse laufen bekanntlich nicht ubiquitär ab, sondern sie vergrößern zumindest in den ersten Phasen des Diffusionsprozesses räumliche Disparitäten. In den „Innovationszentren" und in den Peripherien können also unterschiedliche Trends und Wechselbeziehungen auftreten. Deshalb hängt die Antwort auf die oben gestellte Frage auch davon ab, welcher Gebietstyp Gegenstand der Untersuchung ist.

Nach E. Todd (1987) besteht der Modernisierungsprozeß aus drei Komponenten („Revolutionen"), die in der Regel (z.B. in Europa und in der Mehrzahl der außereuropäischen entwickelten Länder) nacheinander aufgetreten sind. Zuerst muß die „kulturelle Revolution" (Alphabetisierung der Masse der Bevölkerung) erfolgen, erst dann kommt es zur „demographischen Revolution" (demographischer Übergang, Rückgang der Sterbe- und Fruchtbarkeitsziffern) und anschließend folgt (z.T. mit einer beträchtlichen zeitlichen Verzögerung) die „wirtschaftliche Revolution" (Industrialisierungsprozeß, Anstieg des Lebensstandards und des Pro-Kopf-Einkommens). Deshalb sollte auch keine unmittelbare „Gleichzeitigkeit“ zwischen Alphabetisierung und Modernisierung erwartet werden.

H. J. Graff (1983, 92-93) hat davor gewarnt, die Alphabetisierung als unabhängige und vorwiegend positive Variable für den Modernisierungsprozeß zu betrachten. Seine Hauptargumente waren, daß in den drei von ihm untersuchten Städten auch Analphabeten hohe berufliche Positionen eingenommen und Reichtum erworben hätten. Die sozioökonomischen Positionen seien mehr auf soziale Askription als auf den Erwerb der Lese- und Schreibkundigkeit zurückzuführen. Dies ist ein typisches Beispiel für eine Argumentation auf der Mikroebene. So sehr man die Warnung vor einer naiven, eindimensionalen Betrachtung der Folgen der Alphabetisierung oder einfachen Ursache-Wirkung-Beziehungen zwischen Alphabetisierung und Modernisierung unterstreichen kann, so sind seine Begründungen leider nicht sehr überzeugend. Erstens hat er nur drei Städte untersucht und dabei den kontextuellen Fehlschluß begangen, daß diese Städte repräsentativ für die Gesellschaft sind. Zweitens hat er nicht berücksichtigt, daß die Aussagekraft des Indikators „Analphabet“ einem zeitlichen Wandel unterworfen ist und sich dieser Indikator in seinen Untersuchungsgebieten, in denen es unter der erwachsenen Bevölkerung nur noch weniger als zehn Prozent Analphabeten gab, bereits am Ende des „Lebenszyklus“ befand. Drittens hat er die individuelle Ebene bzw. das Verhalten einzelner Individuen überbetont. Manche Gesetzmäßigkeiten oder statistischen Zusammenhänge zeigen sich erst bei einer großen Fallzahl. Autoren, welche die Alphabetisierung als Voraussetzung der Modernisierung betrachten, behaupten ja nicht, daß mit der Alphabetisierung *sofort* auch die Modernisierung einsetzt oder daß jeder, der Lesen und Schreiben lernt, sofort einen sozialen und wirtschaftlichen Aufstieg erlebt. Sondern sie behaupten nur, daß die Modernisierung dort auf besonders gute Voraussetzungen getroffen ist, wo die Bevölkerung schon lese- und schreibkundig war, und daß die Modernisierung dort verzögert oder behindert wurde, wo ein Großteil der Bevölkerung Analphabeten waren.

Wenn man von der vorwiegend religiös motivierten Alphabetisierung (Schweden) absieht, besteht im großen und ganzen kein Zweifel darüber, daß enge Wechselbeziehungen zwischen der Alphabetisierung der Bevölkerung und dem demographischen, wirtschaftlichen und gesellschaftlichen „Modernisierungsprozeß“ sowie den Beschäftigungs- und Einkommensverhältnissen bestehen. Auf der Makroebene (Großregionen, Staaten) ist der Zusammenhang zwischen Alphabetisierung und wirtschaftlicher Entwicklung sehr eng, auf der Mikroebene läßt er sich in vielen Fällen nicht nachweisen. In Europa läßt sich bei einem Vergleich von Großregionen (z.B. Bundesländern, Staaten) eine bemerkenswerte Parallelität zwischen dem zeitlichen Beginn des Alphabetisierungsprozesses und dem Beginn der Industrialisierung (bzw. dem Verlauf der wirtschaftlichen Entwicklung) nachweisen. Die Industrielle Revolution hat vor allem in jenen Großregionen zuerst eingesetzt und Erfolg gehabt, wo die Analphabetenquote niedrig war, sie ist dort verzögert oder jahrzehntelang verhindert worden, wo die Analphabetenquote sehr hoch war. Portugal, Südspanien, Süditalien, Griechenland, große Teile des Balkans und Rußlands, die hinsichtlich der Beseitigung des Analphabetismus um Jahrzehnte hinter den west- und mitteleuropäischen Staaten nachhinkten, sind noch viele Jahrzehnte lang eine industriell wenig entwickelte Peripherie geblieben.

Nach Ansicht einiger Wirtschaftshistoriker lag der Beitrag der Schulpflicht aber weniger in der erworbenen Qualifikation des Lesens und Schreibens, sondern im nicht-kognitiven Bereich, in den veränderten Einstellungen und Verhaltensweisen. Es wurde mehrfach darauf hingewiesen, daß durch die Alphabetisierung die Verbreitung von Informationen vervielfacht, die Diffusion von Informationen erleichtert, die Mobilität und Bereitschaft zum Wandel erhöht, die soziale Selektion der Talentierten verbessert, die Fähigkeiten zur Problemlösung gesteigert und durch den Einfluß der mehrjährigen Schulpflicht die Arbeitsdisziplin, Pünktlichkeit, Aufmerksamkeit und Ausdauer der Arbeiter erhöht wurden. Das Schulsystem hatte im 19. Jahrhundert vor allem auch die Aufgabe, „Arbeitstugenden“ wie Disziplin, Beachtung von Regeln, Pünktlichkeit oder Verläßlichkeit zu vermitteln, die vor der Industrialisierung (in der agrarischen Subsistenzwirtschaft) noch keinen so hohen Stellenwert hatten. Lese- und Schreibkenntnisse sind ganz allgemein die Voraussetzung, um an den verschiedenen Aufgaben der modernen Gesellschaft teilzunehmen (vgl. Lerner D. 1958, 55-61; Field A. J. 1974; Bowles S. und H. Gintis 1976; Thompson E. P. 1967; Pollard S. 1963; Kaestle C. F. und M. A. Vinovskis 1980, 41-44). Von großer ökonomischer Bedeutung war, daß in den Schulen des 18. und 19. Jahrhunderts Werthaltungen, Einstellungen und Verhaltensweisen vermittelt wurden. Anhand der Analyse von Kinder- und Schulbüchern kamen D. McClelland (1961) und P. Lundgreen (1970) zur Ansicht, daß einem wirtschaftlichen Wachstum ein Ansteigen der Leistungsmotivation und der „Leistungsbedürfnisse“ vorangehe. Sie wiesen darauf hin, daß in den Lesebüchern von 1840 die Leistungsthematik fast doppelt so häufig auftauchte wie einige Jahrzehnte zuvor. Ökonomische Entwicklungen würden in hohem Maße durch psychologische Prozesse der Ausbildung von Leistungsmotivation, durch Änderung der Einstellungen und Wertvorstellungen vorbereitet.

Ein Fallbeispiel auf der Mikroebene

Ein anschauliches Beispiel, wie auf der Mikroebene Einflußfaktoren auf die Alphabetisierung einwirken und Wechselbeziehungen zwischen wirtschaftlicher Entwicklung und Alphabetisierung wirksam werden können, wurde von M. Hoyler (1995, 122-125) am Beispiel der Strumpfwirker der englischen Stadt Hinckley in der Grafschaft Leicestershire vorgestellt, dessen Ergebnisse hier kurz zusammengefaßt werden.

In Hinckley wurde im Jahre 1640 der erste Strumpfwirkstuhl der Grafschaft Leicestershire in Betrieb genommen. Die Strumpfwirkerei wurde zuerst als landwirtschaftlicher Nebenerwerb (Heimgewerbe) betrieben, übertraf aber bald die wirtschaftliche Bedeutung der Landwirtschaft, und schon im Jahre 1780 war die Hälfte der Bevölkerung in der Textilbranche beschäftigt. Die einseitige Struktur der Wirtschaft führte die Bevölkerung von Hinckley in eine große Abhängigkeit von der Nachfrage des Markts nach Strumpfwaren. Phasen des Überangebots dieser Produkte führten immer wieder zu erheblicher Armut der im Verlagssystem organisierten Strumpfwirker. Bis 1850 war die Strumpfwirkerei von Leicestershire noch in der protoindustriellen Phase, dann wurde die Strumpfwirkerei mechanisiert und das Fabrikssystem eingeführt. Dies führte in den 1860er Jahren zu einer Umstrukturierung und stärkeren Wettbewerbsfähigkeit der Industrie.

Bevor das im Verlagssystem organisierte Heimgewerbe der Strumpfwirkerei in ein Fabrikssystem umstrukturiert wurde, war die Mitarbeit der Kinder schon ab dem fünften Lebensjahr besonders in Zeiten der wirtschaftlichen Depression unabdingbar. Nach dem *Census* von 1851 waren in Leicestershire 44% der Jungen im Alter von 10 bis 14 Jahren und 33% der Mädchen dieser Altersgruppe erwerbstätig, davon etwa ein Drittel der Jungen und mehr als die Hälfte der Mädchen in der Strumpfwirkerei. Jene Kinder, die im Heimgewerbe zuhause arbeiteten, fielen nicht in den Anwendungsbereich der *Factory Acts* von 1833 und 1844, welche für die in Fabriken arbeitenden Kinder ein Mindestmaß an Schulbesuch vorschrieben und auch die maximale Arbeitszeit der Kinder beschränkten. Wegen der für die Existenz der Familien notwendigen Kinderarbeit verzeichnete Hinckley sehr geringe Schulbesuchsquoten und höhere Analphabetenquoten als die wirtschaftlich anders strukturierten Nachbargemeinden.

»[...] the greatest part of those of Hinckley are unable to afford their children instruction, and the minister is very desirous of establishing a national school, but the poverty of the parish renders it impracticable to erect a suitable building for the number which would avail themselves of so beneficial an institution, as there are nearly 2.000 children« (Education of the Lower Classes 1819, 455; zitiert bei Hoyler M. 1995, 116).

»It is shocking to see the children put to work when they ought to be sent to school and have their minds cultivated, and be as children ought to be. Instead of that, they are kept at home in filth, and dirt, and rags, and wretchedness, and they hear language that they ought not to hear, and their minds are left untaught of everything except what they get by their Sunday's education. [...] we are in a low and dreadful state« (Aussage von Thomas Allsop, framework knitter, Report of the Commissioner... 1845, 219; zit. bei Hoyler M. 1995, 123).

Nicht nur die Schulbesuchsquoten waren sehr gering, sondern auch die Dauer des Schulbesuchs überschritt selten eineinhalb Jahre, obwohl die Strumpfwirker durchaus an Schulbildung interessiert waren. Aus der ökonomischen Abhängigkeit der Heimarbeit von den Verlegern, der Berufsvererbung, dem Arbeitskräfteüberschuß, den fehlenden Investitionsanreizen, der Verlängerung der protoindustriellen Phase, der Armut, dem Zwang zur Kinderarbeit und dem daraus resultierenden Fehlen an Lese- und Schreibkenntnissen entwickelte sich ein Teufelskreis, der nur schwer zu durchbrechen war. Erst staatliche Eingriffe der Schulgesetzgebung ab 1870, die der traditionellen Strumpfwirkerei das unentgeltliche Arbeitskräftereservoir der fünf- bis 14jährigen Kinder entzogen und die bis dahin dominierende „Berufsvererbung" unterbrochen hatten, konnten zusammen mit der Diversifikation der Wirtschaftsstruktur den Schulbesuch nennenswert steigern und den Teufelskreis durchbrechen.

Abb. 4.3 Der Teufelskreis der „*Industrial Involution*“ in der protoindustriellen Strumpfwirkerei Leicestershires

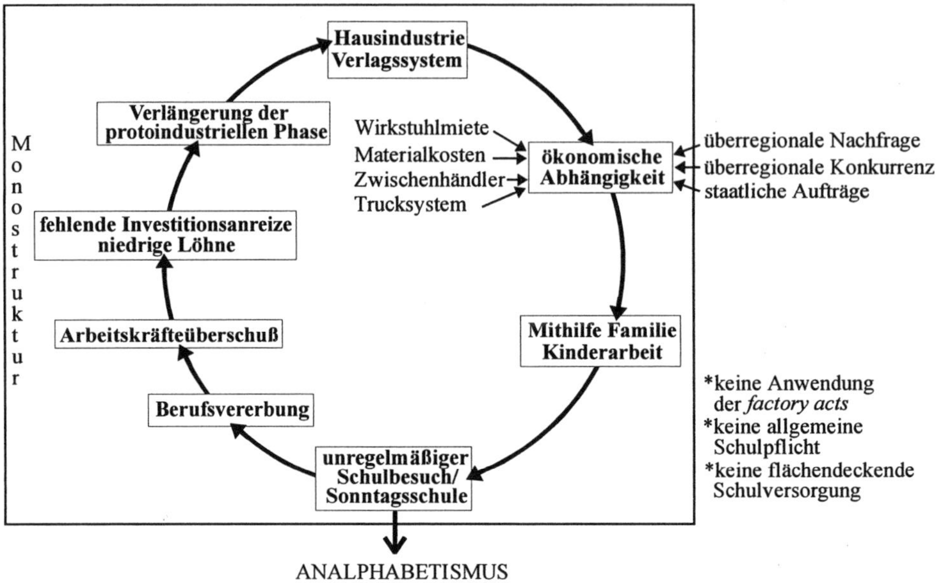

Quelle: Hoyler M. 1995, 124.

Können die Ergebnisse und Erfahrungen der Alphabetisierung im Europa des 19. Jahrhunderts auf die Entwicklungsländer des 20. und 21. Jahrhunderts übertragen werden?

Analogien zwischen dem Alphabetisierungsprozeß in Europa und den Alphabetisierungsprozessen in verschiedenen Entwicklungsländern sind aus mehreren Gründen nur mit großen Einschränkungen zulässig. Erstens unterscheiden sich die Rahmenbedingungen, unter denen Europa im 19. Jahrhundert alphabetisiert wurde, sehr stark von jenen, unter denen die Entwicklungsländer im 20. und 21. Jahrhundert alphabetisiert werden. Die Staaten Nord-, Mittel- und Westeuropas verzeichneten relativ früh eine mehr oder weniger stetige Aufwärtsentwicklung der Alphabetisierung, die der Urbanisierung vorausging. In den Entwicklungsländern ging die Urbanisierung der Alphabetisierung voran (vgl. Flora P. 1974, 132f). Da sich in den Entwicklungsländern auch der demographische Übergang verzögerte, traf die Alphabetisierung auf viel größere Schwierigkeiten als in Europa.

Diese unterschiedlichen Rahmenbedingungen wurden von den Ökonomen der UNESCO und der Weltbank lange Zeit zu wenig beachtet. Nach dem Zweiten Weltkrieg sah man in der Zurückdrängung des Analphabetentums beinahe ein Allheilmittel für den wirtschaftlichen Aufschwung, die Modernisierung der Gesellschaft, die Entwicklung der Demokratie, die Entfaltung der Kultur und die Verwirklichung eines kreativen Lebens. Das Analphabetentum wurde von der UNESCO gleichsam als eine kulturelle Seuche betrachtet, die durch entsprechende Maßnahmen komplett ausgerottet werden könne (Levine K. 1982, 252). Diese Tendenz wurde etwa um 1965 durch das ökonomische Paradigma des „Humankapitals", das vor allem durch die Arbeiten von T. W. Schultz (1960, 1963a, 1963b) in die Wirtschaftswissenschaften eingeführt wurde, noch verstärkt. In den 60er und 70er Jahren sind dann zahlreiche Arbeiten entstanden, die genaue Kosten-Nutzen-Analysen von Alphabetisierungsprogrammen durchgeführt und ausgerechnet haben, wieviel die Lese- und Schreibkundigkeit (*literacy*) der Bevölkerung zum Bruttonationalprodukt beiträgt. Diese rein ökonomische Betrachtungsweise der *functional literacy* wurde von K. Levine (1982) zurecht scharf kritisiert.

Derartige bildungsökonomische Studien können zwar bei einem hohen Generalisierungsgrad weltweit enge statistische Zusammenhänge zwischen der Analphabetenquote und dem Pro-Kopf-Einkommen (oder Pro-Kopf-Bruttonational-produkt) der Länder nachweisen, auf der Meso- oder Mikroebene haben sie jedoch mehr Schaden als Nutzen angerichtet und sich oft am Rande der Trivialität bewegt.

So unbestritten die positiven Auswirkungen der von den Kolonialmächten eingeführten Bildungsinstitutionen in einigen Entwicklungsländern sind, so zahlreich sind auch die Gegenbeispiele, wo durch das von den Europäern eingeführte Bildungswesen die kulturelle Identität der „einheimischen" Bevölkerung zerstört wurde. In vielen Ländern steht die „moderne" von außen kommende Erziehung im Gegensatz zur traditionellen Erziehung. Vielfach wurde die Erziehungskontinuität zwischen den Generationen zerstört, die Wissensvermittlung war nicht mehr in den Arbeits- und Lebenszusammenhang der Dorfgemeinschaft integriert, sondern es wurde in der künstlichen Umgebung Schule „totes Wissen" auswendig gelernt (Gerhardt H. P. 1988a, 323), das die Schüler von ihrer kulturellen Tradition entfernte und zur Abwanderung in die Stadt trieb, wo ihre Hoffnungen auf den ökonomischen Aufstieg meist nicht erfüllt werden. Das wichtige Prinzip afrikanischer Pädagogik „*learning by doing*" wird durch Buchwissen, Auswendiglernen und Abschreiben ersetzt. Diese Art von Alphabetisierungsbestrebungen hat in Brasilien beispielsweise zu einer Marginalisierung der Indianer beigetragen (Gerhardt H. P. 1988a, 318).

Schule und Alphabetisierung geraten oft mit Prinzipien und Inhalten traditioneller Bildung in Konflikt. »War die traditionelle afrikanische Bildung auf eine Integration und Sozialisation der Kinder in die Gemeinschaft gerichtet, so besteht heute die Gefahr, daß sowohl die Schulen als auch die Alphabetisierungsklassen die Kinder, Jugendlichen und Erwachsenen von ihren dörflichen Gemeinschaften und den Werten der afrikanischen Kulturen entfremden« (Hinzen H. 1988, 388).

Viele dieser Vorwürfe, die neuerdings gegen die schulische Ausbildung und gegen Alphabetisierungskampagnen in Entwicklungsländern vorgetragen werden, richten sich nicht gegen den Wert der Bildung an sich, sondern gegen die Vermittlung einer „fremden", eurozentrischen Bildung, welche die kulturellen Traditionen und die wirtschaftlichen Bedürfnisse der betreffenden Länder nicht berücksichtigt. Es sind ähnliche Vorwürfe, wie sie auch in Europa von sprachlichen oder ethnischen Minderheiten an das Schulsystem des jeweiligen Mehrheitsvolkes gerichtet werden.

Deshalb sollte die Differenzierung zwischen Analphabeten und Lese- und Schreibkundigen auch nicht als Diskriminierung traditioneller Gesellschaften aufgefaßt werden. Analphabeten sind nicht dümmer oder kulturell auf einem niedrigeren Niveau als

Lese- und Schreibkundige, auch Analphabeten haben hervorragende kulturelle und wirtschaftliche Leistungen vollbracht und können z.B. im Wissen über wirtschaftliche und ökologische Zusammenhänge oder über das Überleben unter extremen Bedingungen vielen Akademikern des 20. Jahrhunderts überlegen sein.

Negativbeschreibungen von schriftlosen Kulturen und Gleichsetzung von Analphabetentum mit Unwissenheit haben oft nur Legitimationsfunktionen für eurozentrische Überlegenheitsgefühle und externe Einflußnahmen; sie bewirken indirekt die Stigmatisierung von Individuen und die Diskriminierung sozialer Gruppen (Hinzen H. 1988, 390).

4.4.3 Alphabetisierung und politische Entwicklung

Die Alphabetisierung der Bevölkerung war eine von mehreren Voraussetzungen für das Funktionieren der staatlichen Bürokratie, für den Aufbau eines Rechtssystems, für die Errichtung einer zentralisierten Verwaltung und die Schaffung eines Nationalbewußtseins. Nach R. F. Arnove und H. J. Graff (1987, 2) waren zumindest die großen staatlichen Alphabetisierungskampagnen historisch gesehen weniger auf die Industrialisierung, Urbanisierung oder Demokratisierung eines Landes ausgerichtet, sondern auf das Erzielen eines politischen oder moralischen Konsenses, auf die Schaffung einer einheitlichen Nation, auf die Integration von Individuen in komplexe politische und religiöse Systeme und auf die Errichtung einer stabilen politischen Ordnung. Auch der Aufbau von politischen Massenorganisationen oder das Funktionieren einer Demokratie ist bei einem hohen Anteil von Analphabeten kaum vorstellbar. Lese- und Schreibkenntnisse und allgemeine Bildung sind eine Voraussetzung, um am öffentlichen Leben teilnehmen zu können.

Dies wurde etwa auch von Lenin erkannt, der nach der bolschewistischen Revolution von 1917 den Ausspruch getan hat: »Der Analphabet steht außerhalb der Politik. Zuerst ist es notwendig, das Alphabet zu lehren. Ohne dieses gibt es nur Gerüchte, Märchen und Vorurteile, aber keine Politik« (zit. bei Kenez P. 1982, 175).

Der englische Historiker L. Stone (1969) hat einen Zusammenhang zwischen Alphabetisierung und Herrschaftssystem hergestellt und darauf hingewiesen, daß politische Umbrüche und Revolutionen (als Beispiel nennt er u.a. die englische, französische und russische Revolution) jeweils annähernd zu dem Zeitpunkt aufgetreten sind, an dem etwa 50% der Bevölkerung lesen und schreiben konnten. E. Todd (1987, 135-151) hat diesen Gedanken aufgegriffen und den Versuch unternommen, verschiedene Revolutionen und Umstürze in Entwicklungsländern mit dem Rückgang der Analphabetenquote in Beziehung zu setzen. Für ihn war die 70-Prozent-Marke von lese- und schreibkundigen jungen Männern ein kritischer Schwellenwert des „politischen Umbruchs“ (vgl. Tab. 4.9).

Tab. 4.9 Die zeitliche und räumliche Koinzidenz von politischen Umstürzen und Massenalphabetisierung in Entwicklungsländern

Ereignis	Zeitpunkt des revolutionären Ereignisses	Zeitpunkt, zu dem 70% der jungen männlichen Erwachsenen lesen und schreiben konnten
Mexikanische Revolution	1910-20	1925
Philippinischer Bürgerkrieg	1946-54	1940
Kolumbianischer Bürgerkrieg	1948-57	1935
Indonesisches „Massaker“	1965-66	1960
Kambodschanisches „Massaker“	1975-79	vor 1960
Iranische Revolution	1978-79	1980
Nicaraguanische Revolution	1979	1980
Salvadorianischer Bürgerkrieg	1980er Jahre	1970

Quelle: Todd E. 1987, 141.

Auch wenn die Konstruktion derartiger Zusammenhänge wegen des monokausalen Erklärungsansatzes etwas kühn erscheinen mag, so läßt sich doch nicht bestreiten, daß sich Analphabeten politisch schwerer mobilisieren lassen als Lese- und Schreibkundige. Deshalb haben manche Länder (Sowjetunion, Kuba, Nicaragua) die Verbreitung revolutionärer Ideen und die politische Indoktrinierung der Bevölkerung auch eng mit der Alphabetisierung der Bevölkerung verquickt.

Eine andere Erklärung wird von P. Heintz (1969) und P. Flora (1974) angeboten. Eine durch die Alphabetisierung ausgelöste soziale Mobilisierung führt besonders dann, wenn sie einer wirtschaftlichen Entwicklung vorauseilt, »regelmäßig zu einer Veränderung der Bedürfnisse und Erwartungen und damit zu einer Steigerung der materiellen und symbolischen Ansprüche, die an die politische Zentralinstanz gestellt werden und die ständig in Frustration, Anomie und Gewalttätigkeit umzuschlagen drohen; [sie bringt] eine Manifestierung latenter und eine Intensivierung vorhandener Konflikte mit sich und vergrößert dadurch die Wahrscheinlichkeit kollektiver Gewaltanwendung« (Flora P. 1974, 122).

4.5 Soziale Disparitäten in der Alphabetisierung der Bevölkerung

Solange die Alphabetisierung nicht in erster Linie auf religiösen Motiven beruhte oder der Kontrolle durch die kirchlichen Institutionen unterlag, gab es in allen Ländern große schichtspezifische Unterschiede hinsichtlich der Lese- und Schreibkundigkeit. „Saubere“, angesehene und profitable Berufe hatten die niedrigsten Analphabetenquoten, anstrengende, schmutzige und im Freien ausgeübte Berufe, besonders Landarbeiter und Bauarbeiter, verzeichneten die höchsten Analphabetenquoten

(Cressy D. 1978, 6). Die schichtspezifischen Disparitäten der Alphabetisierung wurden für Großbritannien u.a. von J. Bradshaw (1983), D. Cressy (1977, 1978), R. A. Houston (1985, 20-70; 1988, 130-154), und M. Hoyler (1995, 118-125) untersucht. Für Spanien liegen entsprechende Arbeiten von B. Bennassar (1982) vor, in Italien wurden diese Zusammenhänge von M. R. Duglio (1971) und G. Vigo (1972) analysiert, in Frankreich von E. Le Roy Ladurie (1966), in Neuengland von K. A. Lockridge (1974) und in Polen von A. Wyczanski (1974).

Tab. 4.10 Anteil der Analphabeten in der Diözese Norwich nach sozialen Kategorien (1580-1700)

	Zahl der Fälle	Anteil der Analphabeten in Prozent	95% Konfidenzintervall
Priester und gelehrte Berufe	332	0	-
Adel (*gentry*)	450	2	1
Freibauern (*yeomen*)	944	35	3
Kaufleute und Handwerker	1.838	44	2
Bauern	1.198	79	3
Arbeiter	88	85	7
Frauen	1.024	89	2

Quelle: Cressy D. 1977, 4.

Nach E. Le Roy Ladurie (1966, 346-347) konnten in der französischen Region Narbonne Ende des 16. Jahrhunderts 90% der Bürger und Kaufleute, 65% der städtischen Handwerker, jedoch nur zwischen 10 und 30% der ländlichen Bevölkerung lesen und schreiben. Auch K. A. Lockridge (1974) hat am Beispiel von Neuengland einen engen Zusammenhang zwischen Analphabetenquote auf der einen sowie Einkommen und Beruf auf der anderen Seite nachgewiesen. Während die Kaufleute von Neuengland schon im 17. Jahrhundert zu mehr als 90% lesen und schreiben konnten, folgten die Handwerker, Farmer und Arbeiter jeweils mit deutlichem Abstand auf den nächsten Plätzen. Wenn man einzelne Berufsschichten nach deren Einkommen oder Vermögen (Besitz) differenziert, verstärkt sich der Zusammenhang zwischen dem sozialen Status und der Alphabetisierung noch.

Im Jahre 1660 konnten in Neuengland von den Farmern mit einem Besitz im Wert von mehr als 400 Pfund 60% lesen und schreiben, während von den Farmern mit einem kleineren Besitz nur 45% lesen und schreiben konnten (Lockridge K. A. 1974, 23). In der Pfalz von Krakau waren im Zeitraum zwischen 1564 und 1565 die Grundbesitzer der niedrigsten Steuerklasse zu 71% Analphabeten, in der nächsthöheren Steuerklasse befanden sich 47% Analphabeten und unter den reichsten Adeligen noch 20% Analphabeten. Im Vergleich dazu waren nur 9% der Beamten und Bürger Analphabeten, jedoch 22% der reicheren Adeligen und 78% der steuerzahlenden Bauern (Wyczanski A. 1974, 708).

Neben der schichtspezifischen Differenzierung gab es in den meisten Ländern auch *geschlechtsspezifische* Unterschiede und eine zeitlich sehr stabile Differenzierung der Analphabetenquoten nach ethnischen und religiösen Kategorien. In den meisten Ländern und in fast allen Berufen hatten Frauen eine höhere Analphabetenquote als Männer (vgl. Houston R. A. 1988, 134-137). Einen hohen Anteil von lese- und schreibkundigen Frauen gab es in den meisten Ländern nur in den adeligen Schichten. In Süd- und Osteuropa waren die geschlechtsspezifischen Unterschiede in der Regel größer als in Nord- und Westeuropa, und in den Städten (im sekundären und tertiären Sektor) waren sie größer als in den ländlichen Gebieten (der Landwirtschaft).

Der statistische Zusammenhang, der sich zwischen dem sozialen Status (Beruf) und der Alphabetisierung nachweisen läßt, setzt sich auch beim sogenannten *kollektiven* Status von ethnischen und religiösen Gruppen fort. Deshalb läßt sich die soziale und ökonomische Situation von Minderheiten und die Spannweite der Unterschiede sehr treffend anhand ihrer Analphabetenquote erklären. Die politische und ökonomische Dominanz der Engländer in Irland und der Rückstand der Iren werden durch die Tab. 4.12 ebenso belegt wie die großen sozio-ökonomischen Unterschiede zwischen den Ethnien des Vielvölkerstaates Ungarn im 19. Jahrhundert durch die Tab. 4.11.

Tab. 4.11 Anteil der Analphabeten in Ungarn im Jahre 1880 nach der Muttersprache

	Auf 1.000 Einwohner über 6 Jahre entfallen ... Analphabeten	
Muttersprache	Männliche Bevölk. > 6 Jahre	Weibliche Bevölk. > 6 Jahre
Deutsch	145,6	237,3
Magyarisch	285,9	377,8
Slowakisch	348,3	407,5
Kroatisch oder Serbisch	663,5	799,8
Ruthenisch	812,7	867,5
Rumänisch	812,7	927,8

Quelle: Volkszählung 1880, zit. bei Fircks v. A. 1898, 103.

Tab. 4.12 Anteil der Analphabeten in Irland nach dem Religionsbekenntnis

Religionsbekenntnis	auf 1.000 Einwohner über 5 Jahre entfallen ... Analphabeten			
	1861	1871	1881	1891
Römisch-Katholisch	458	399	301	220
Anglikaner	160	142	109	86
Presbyterianer	111	96	71	56
Methodisten	90	67	55	44
andere Bekenntnisse	96	81	53	50

Quelle: Volkszählungen, zit. bei Fircks v. A., 1898, 103.

Im ehemaligen Jugoslawien haben die sehr großen Disparitäten hinsichtlich der Alphabetisierung zusammen mit den religiösen Gegensätzen zweifellos zur politischen Fragmentierung und zum Aufbau eines Konfliktpotentials beigetragen. Während Slowenien hinsichtlich der Analphabetenquoten durchaus das Niveau mitteleuropäischer Staaten erreicht hatte, befanden sich Makedonien, Bosnien und Herzegowina in den 30er und 40er Jahren noch auf einem Niveau, das Mitteleuropa schon Ende des 18. oder Anfang des 19. Jahrhunderts überschritten hatten.

Tab. 4.13 Anteil der Analphabeten in den verschiedenen Volksrepubliken Jugoslawiens

	1931 11 Jahre und älter		1948 10 Jahre und älter	
Volksrepublik	Anzahl der Analphabeten	Prozentanteil der Analphabeten	Anzahl der Analphabeten	Prozentanteil der Analphabeten
Slowenien	47.464	5,5	27.477	2,4
Kroatien	777.896	31,5	477.563	15,6
Serbien	1941.221	46,9	1404.597	26,8
Montenegro	140.972	56,1	74.249	26,4
Makedonien	439.479	67,5	244.295	40,4
Bosnien-Herzegovina	1061.439	70,0	834.799	44,9
Jugoslawien gesamt	*4408.471*	*44,6*	*3162.980*	*25,4*

Quelle: UNESCO 1953, 163

Auch die in den USA feststellbaren großen Unterschiede der Analphabetenquoten nach der Hautfarbe oder nach dem Einwandererstatus signalisieren das Ausmaß der sozialen und ökonomischen Ungleichheiten.

Tab. 4.14 Entwicklung der Analphabetenquote in den USA zwischen 1870 und 1959

	Der Anteil der Analphabeten				
Jahr	alle US-Bürger	Weiße			Schwarze
		in USA Geborene	im Ausland Geborene	zusammen	
1870	20,0	.	.	11,5	81,4
1880	17,0	8,7	11,8	9,4	.
1890	13,7	6,2	13,1	7,7	57,1
1900	10,7	4,6	12,9	6,2	44,5
1910	7,7	3,0	12,7	5,0	30,4
1920	6,0	2,0	13,1	4,0	22,9
1930	4,3	1,5	9,9	.	17,5
1940	2,9	1,1	9,0	.	11,5
1952	2,5	.	.	1,8	10,2
1959	2,2	.	.	1,6	7,5

Quelle: *U.S. Census Bureau* zit. bei Graff H. J. 1987, 376.

4.6 Räumliche Disparitäten in der Alphabetisierung der Bevölkerung

4.6.1 Die Analphabetenquoten im weltweiten Maßstab

Ein Versuch, die regionalen Disparitäten des Analphabetentums weltweit zu untersuchen, ist mit verschiedenen Schwierigkeiten verbunden. Einerseits weisen die meisten hoch entwickelten Industrieländer in ihren amtlichen Statistiken seit etwa 1940 keine Analphabetenquoten mehr aus, obwohl es auch in diesen Ländern noch nennenswerte Anteile von (funktionalen) Analphabeten gibt. Andererseits gab es nach einer Schätzung der UNESCO im Jahre 1950 für etwa ein Drittel der Weltbevölkerung noch keine Volkszählungsergebnisse über das Analphabetentum (UNESCO 1953, 10). In manchen Entwicklungsländern, in denen das Analphabetentum in Volkszählungen erfaßt worden ist, liegen keine Angaben über die Methode der Erfassung oder über die Zuverlässigkeit der Daten vor.

Nachdem die UNESCO bereits im Jahre 1953 eine ausführliche Analyse über die Entwicklung des Analphabetentums in 27 Ländern publiziert hatte, war die von der *Statistical Division* der UNESCO durchgeführte Untersuchung „*World Illiteracy at Mid-Century*" (1957) ein Versuch, die *weltweite* Verbreitung des Analphabetentums etwas genauer zu untersuchen. Eine grobe Schätzung ergab, daß zu Beginn der 50er Jahre des 20. Jahrhunderts rd. 44% der damaligen Weltbevölkerung über 15 Jahre (rd. 700 Millionen Menschen) Analphabeten waren. Bei der Verwendung der Definition „funktionelle Analphabeten" wäre der Prozentsatz natürlich noch wesentlich höher ausgefallen. Diese Studie hatte eine große politische Wirkung. Eine weitere umfangreiche Analyse über das Analphabetentum hat die UNESCO im Jahre 1995 publiziert.

Da bereits mehrere Autoren, wie z.B. J. Goody (1968a, b), C. M. Cipolla (1969), P. Flora (1975), E. Johansson (1977) oder K. Levine (1986), ausführliche Analysen über großräumige Unterschiede der Entwicklung der Analphabetenquoten vorlegten, kann sich diese Arbeit auf eine Zusammenfassung wichtiger Ergebnisse beschränken. Bei einem Vergleich der europäischen Großregionen hatten um die Mitte des 19. Jahrhunderts die Niederlande, die skandinavischen Länder, Deutschland, Schottland und die Schweiz die niedrigsten Analphabetenquoten. An zweiter Stelle folgten England und Wales, auf dem dritten Rang Frankreich, Belgien und Irland, dann die österreichisch-ungarische Monarchie, die fünfte Gruppe wurde von Spanien, Italien und Polen gebildet, und am weitesten zurück lagen das russische Zarenreich, die Balkanstaaten und Portugal. Die Sowjetunion hat Italien, Spanien und Polen um 1950 überholt und zu den westeuropäischen Staaten aufgeschlossen. Abb. 4.4 belegt auch, daß der Indikator *Analphabetenquote* in den fortgeschrittenen Ländern West-, Nord- und Mitteleuropas schon in der zweiten Hälfte des 19. Jahrhunderts an Aussagekraft verloren hat, weil dort schon zwischen 95 und 100% der erwachsenen Bevölkerung lesen und schreiben konnten. In Spanien, Italien, der Sowjetunion und Polen wurde dieses Niveau etwa in den 50er Jahren erreicht, in Lateinamerika Ende der 70er Jahre. In

Afrika und vielen Ländern Asiens befand sich die Analphabetenquote auch noch in den 80er Jahren auf einem sehr hohen Niveau.

Abb. 4.4 Regionale Disparitäten der Alphabetisierung in Europa

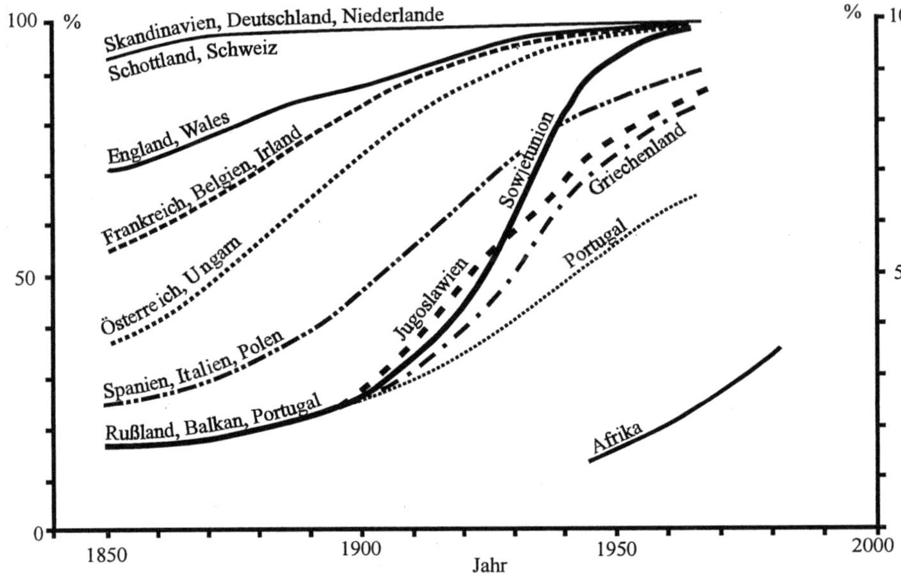

Quelle: ergänzt nach Johansson E. 1977

Daß das Problem des Analphabetismus auch noch Ende des 20. Jahrhunderts ein höchst aktuelles Thema darstellt, geht schon daraus hervor, daß die UNESCO Ende der 80er Jahre die Zahl der Analphabeten auf mehr als eine Milliarde Menschen schätzte. Angesichts der dramatischen Situation, daß Ende des 20. Jahrhunderts etwa ein Drittel der Weltbevölkerung über 15 Jahre noch nicht an einer schriftlichen Kommunikation teilnehmen konnte, hat die UN-Vollversammlung das Jahr 1990 zum „Jahr der Alphabetisierung" erklärt.

Auch in Industrieländern mit einer Schulpflicht von acht oder mehr Jahren gibt es eine nicht zu unterschätzende Zahl von Analphabeten. Diese Diskrepanz zwischen den amtlichen Statistiken (nach Angaben der UNESCO) liegen die Analphabetenraten in den europäischen Industrieländern unter fünf Prozent) und der Realität tritt immer wieder bei den Einstellungsuntersuchungen (Musterungen) der Rekruten oder diversen Sondererhebungen zutage.

Nach W. C. Bagley (1942, 633) waren beim Eintritt der USA in den Ersten Weltkrieg 25% der getesteten US-amerikanischen Rekruten „*near-illiterate*", d.h. nicht in der Lage, eine Zeitung „intelligent" zu lesen. Von den zehn Millionen gemusterten Rekruten waren rd. 700.000 völlige Analphabeten (Cook W. D. 1977, 11). Nach dem Eintritt der USA in den Zweiten Weltkrieg mußten innerhalb weniger Monate (bis September 1941) über 140.000 Rekruten wegen „funktionalem Analphabetismus" zurückgewiesen werden.

Tab. 4.15 Die Analphabetenquoten der Erwachsenen in ausgewählten Großregionen und Staaten im Jahre 1990

Länder(gruppen)	Analphabetenquoten	
	Frauen	Insgesamt
Die 42 ärmsten Länder (ohne China und Indien)	56	45
Burkina Faso	91	82
Sierra Leone	89	79
Benin	84	77
Somalia	86	76
Guinea	87	76
Nepal	87	74
Niger	83	72
Tschad	82	70
Pakistan	79	65
Bangladesh	78	65
Südasien	69	55
Pakistan	79	65
Indien	66	52
Afrika südlich der Sahara	62	50
Naher Osten und Nordafrika	57	45
Ägypten	66	52
Algerien	55	43
Saudi-Arabien	52	38
Tunesien	44	35
Türkei	29	19
Ostasien und Pazifik	34	24
Papua-Neuguinea	62	48
VR China	38	27
Indonesien	32	23
Thailand	10	7
Lateinamerika und Karibik	18	15
Guatemala	53	45
Honduras	29	27
Bolivien	29	23
Brasilien	20	19
Kolumbien	14	13
Argentinien	5	5
Portugal	19	15
Griechenland	11	7
Spanien	7	5
Gesamte Welt	*45*	*35*

Quelle: Weltbank (1994, 200-201). Anmerkungen: Bei einigen Ländern weichen die Stichjahre von dem in der Tabelle angegebenen Stichjahr ab; diese Abweichungen können der Aufstellung der Weltbank entnommen werden. In der Gruppe der ärmsten Entwicklungsländer wurden jene zusammengefaßt, deren Pro-Kopf-Einkommen bis zu 675 $ betrug. Als erwachsene Bevölkerung gelten die über 15jährigen.

Im Mai 1942 berichtete Präsident Roosevelt, daß 433.000 voll taugliche Rekruten (dies entsprach etwa 15 Armeedivisionen) vom Militärdienst ausgeschlossen werden mußten, weil sie den Anforderungen der Armee an die Lese- und Schreibkenntnisse der Soldaten nicht entsprochen hatten. Immerhin wurden noch rd. 135.000 Analphabeten in die Armee aufgenommen (Cook W. D. 1977, 49). Im Jahre 1950 gab es in den USA unter der über 14jährigen Bevölkerung rd. 3,6 Mio. Analphabeten (*U.S. Department of Commerce, Bureau of the Census. Census of Population*: 1950 (vol. 2) Characteristics of the Population (Part 1), 47; zitiert bei Cook W. D. 1977, 64). In den USA waren 1964 etwa zehn Prozent der Bevölkerung im Alter von 18 und mehr Jahren nicht in der Lage, Straßenschilder oder Flaschenetiketten zu lesen oder ein Bewerbungsformular auszufüllen (Jeffries C. 1967, 7). Ähnliche Ergebnisse wären wohl auch in Europa zu erwarten.

Abb. 4.5 Die Abnahme der Analphabetenquoten in ausgesuchten Ländern

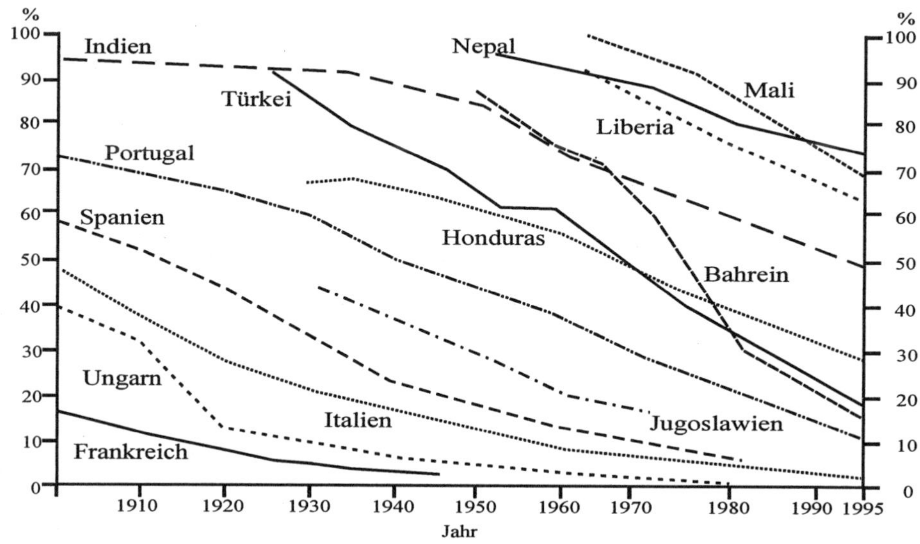

Quelle: UNESCO 1953, 1957, 1993, 1995. Anmerkung: Die Analphabetenquoten sind nicht in allen Ländern auf dieselben Altersgruppen bezogen. Die Quoten des Jahres 1995 beruhen auf einer Schätzung der UNESCO

Abb. 4.5 belegt anhand ausgewählter Beispiele die Phasenverschiebung der Alphabetisierung im weltweiten Maßstab. Zwischen den einzelnen Ländern lassen sich nicht nur sehr große Phasenverschiebungen, sondern auch unterschiedliche Geschwindigkeiten der Alphabetisierung feststellen. In vielen Entwicklungsländern hat die expansive Phase des demographischen Übergangs bzw. der große Anstieg der Bevölkerungszahl gerade zu einem Zeitpunkt eingesetzt, als der Ausbau des Pflichtschulwesens und die Bemühungen um eine Alphabetisierung der Bevölkerung noch am Anfang standen. In zahlreichen Ländern Afrikas und Asiens konnte die Alphabetisierung der Bevölkerung auch in der zweiten Hälfte des 20. Jahrhunderts nicht mit dem Bevölkerungsanstieg Schritt halten, so daß die absolute Zahl der Analphabeten immer noch zunahm. Der entscheidende Wendepunkt tritt wohl erst dann ein, wenn in einem Land auch die absolute Zahl der Analphabeten sinkt und somit die Geschwindigkeit der Alphabetisierung wesentlich erhöht wird.

Abb. 4.6 Die geschlechtsspezifischen Unterschiede der Analphabetenquoten im Jahre 1995

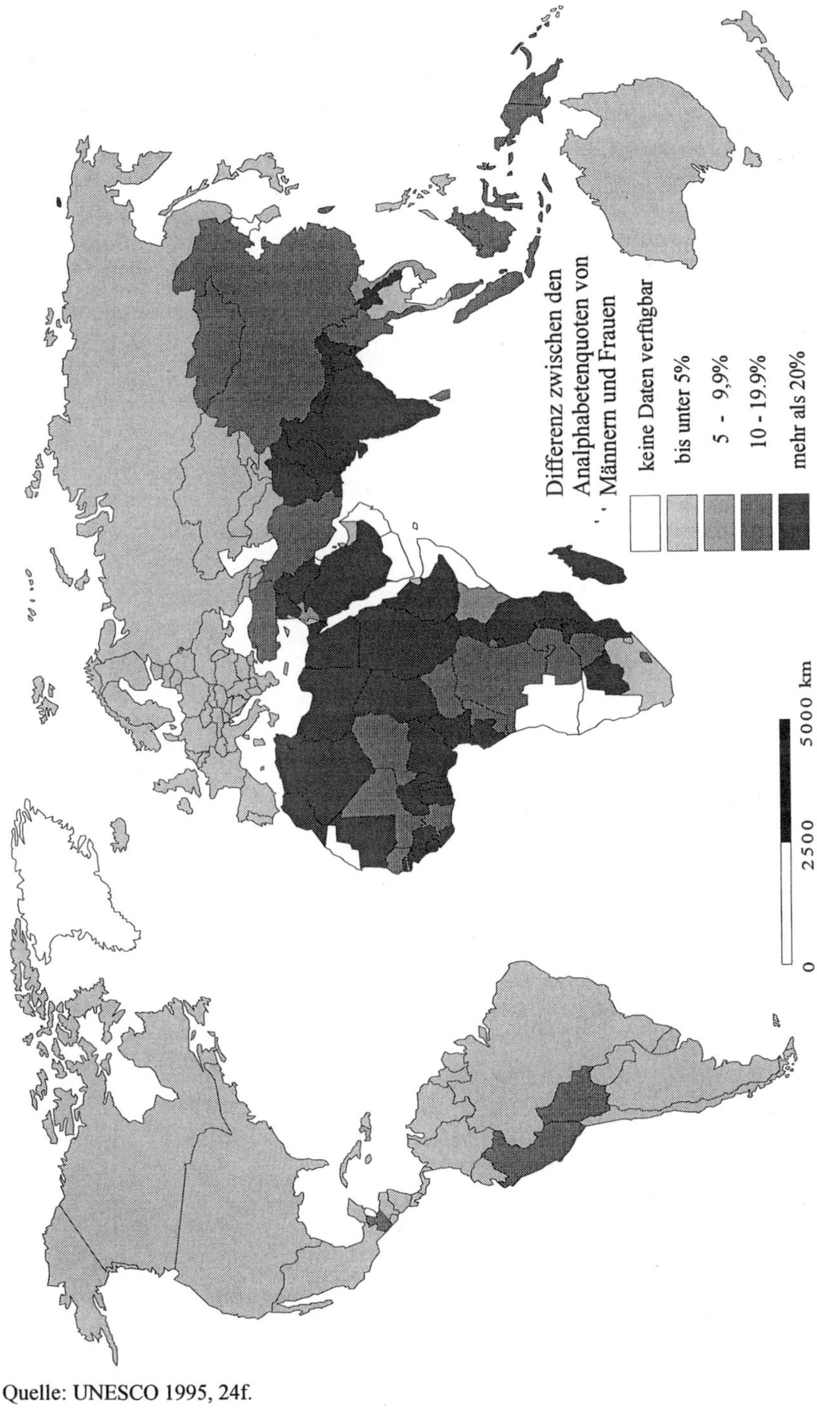

Quelle: UNESCO 1995, 24f.

Abb. 4.7 Die Entwicklung der Analphabetenquoten von Männern und Frauen in ausgewählten Ländern

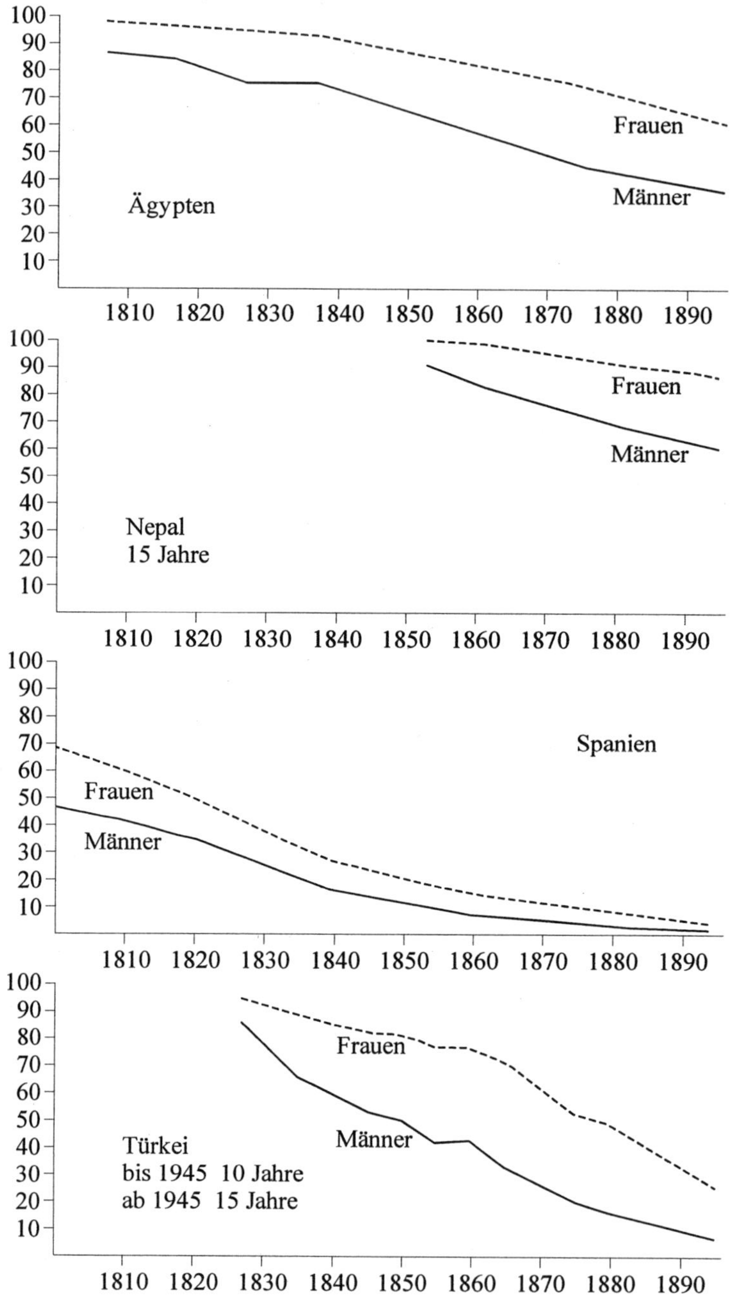

Quelle: UNESCO 1953, 1957, 1993, 1995

Beträchtliche regionale und kulturelle Disparitäten treten auch hinsichtlich der geschlechtsspezifischen Unterschiede der Alphabetisierung auf. Die Phasenverschiebung zwischen der Alphabetisierung der männlichen und der weiblichen Bevölkerung weist in fast allen Kulturräumen einen ähnlichen modellhaften Verlauf auf. Am Beginn und am Ende der Alphabetisierungsphase bestehen hinsichtlich der Analphabetenquote meist nur sehr geringe geschlechtsspezifische Unterschiede (vgl. Abb. 4.7). Beim ersten Modernisierungsschub bzw. beim *„take-off“* der Alphabetisierung nehmen zuerst die Analphabetenquoten der Männer viel schneller ab als jene der Frauen, dann folgt eine Phase, in der beide Geschlechter einen fast parallelen Trend aufweisen, und in der letzten Phase der Alphabetisierung holen die Frauen den Vorsprung der Männer wieder ein. In den mittleren Stadien des Alphabetisierungsmodells ist das Ausmaß der geschlechtsspezifischen Disparitäten allerdings je nach Kulturraum sehr unterschiedlich und hängt nicht zuletzt von der gesellschaftlichen Stellung der Frau ab (vgl. Abb. 4.7). In Ländern, in denen die Frauen am wenigsten gleichberechtigt sind, ist die Disparität im mittleren Stadium des Modells am größten, gleichzeitig benötigt auch die Aufholphase der Frauen wesentlich längere Zeiträume. In den mittel- und nordeuropäischen Ländern waren die geschlechtsspezifischen Unterschiede wesentlich geringer.

Es gibt allerdings auch Länder, in denen Frauen in der Alphabetisierung einen Vorsprung hatten. Dies war meistens dort der Fall, wo zwar Knaben, aber kaum Mädchen in den Arbeitsprozeß (z.B. Plantagenarbeit) einbezogen wurden (Kuba, Réunion).

Die von einigen Entwicklungsländern gemeldeten Erfolge von Alphabetisierungskampagnen sind allerdings sehr kritisch zu beurteilen. So hat etwa das „Movimento Brasileiro de Alfabetizaçao“ mitgeteilt, daß im Rahmen einer Alphabetisierungkampagne zwischen 1970 und 1979 13,6 Mio. Menschen alphabetisiert worden seien und die Analphabetenquote in Brasilien zwischen 1970 und 1980 von 33,6% auf ca. 10% gesenkt worden sei. Die Volkszählung von 1980 hat jedoch gezeigt, daß die Analphabetenquote noch bei 25,9% lag. Fast 12% der als alphabetisiert gemeldeten Brasilianer erwiesen sich als lese- und schreibunkundig (Zeitschrift f. Kulturaustausch 1983, 439). Auch bei der Volkszählung 1990 waren noch 19% der Erwachsenen Analphabeten. Ähnliche Erfahrungen wurden auch beim *„Experimental World Literacy Programme“* gemacht, wo sich bei einer nachträglichen Überprüfung herausstellte, daß nur ein Bruchteil der ursprünglich als alphabetisiert gemeldeten Bevölkerung den geforderten Minimalstand an Lese- und Schreibkenntnissen erreicht hatte.

4.6.2 Innerstaatliche Disparitäten

Die innerstaatlichen Disparitäten der Alphabetisierung sind für viele wirtschafts- und sozialgeographischen Fragestellungen u.a. deshalb von Bedeutung, weil sie räumliche Entwicklungsunterschiede signalisieren, die eine bemerkenswerte zeitliche Persistenz aufweisen. Die traditionelle Teilung Frankreichs in zwei verschiedene Kulturräume entlang einer gedachten Linie zwischen der Bucht von Mont Saint-Michel und dem Genfersee hat sich auch Jahrhunderte lang in der Lese- und Schreibkundigkeit der Bevölkerung gezeigt. Bis zum Ende des 17. Jahrhunderts hatte der länger unter römischem Einfluß stehende Süden eine höher ausgebildete Bevölkerung als der Norden, erst ab diesem Zeitpunkt hat sich die Situation gewandelt (vgl. Furet F. et J. Ozouf 1977). Auch die bis heute gültige Teilung Italiens in einen hoch entwickelten Norden und einen unterentwickelten Süden war schon im Mittelalter nachweisbar und hat sich jahrhundertelang in unterschiedlichen Analphabetenquoten niedergeschlagen. Um 1871 gab es beispielsweise in Norditalien 54% Analphabeten, in Mittelitalien 75%, in Süditalien 84% und auf den italienischen Inseln 86% (vgl. Tab. 4.16).

Tab. 4.16 Anteil der Analphabeten an der italienischen Bevölkerung (6 Jahre und älter)

	Anteil der Analphabeten an der Bevölkerung (6 Jahre und älter) in Prozent											
	1871			1881			1901			1911		
	m.	w.	zus.	m.	w.	zus.	m.	w.	zus.	m.	w.	zus.
Piemont	34	51	42	25	40	32	14	21	18	9	13	11
Lombardei	41	50	45	33	41	37	20	23	22	13	14	13
Ligurien	49	64	56	37	52	44	22	31	26	14	20	17
Venetien	54	76	65	43	65	54	28	43	35	20	29	25
Toskana	62	75	68	55	69	62	42	54	48	32	42	37
Latium	62	74	68	52	66	58	38	51	44	27	39	33
Emilia	67	77	72	58	69	64	42	51	46	30	36	33
Marken	73	85	79	66	81	74	54	70	62	42	59	51
Kampanien	73	87	80	67	83	75	57	73	65	46	61	54
Umbrien	74	86	80	66	82	74	52	69	60	41	57	49
Apulien	79	90	84	74	86	80	64	75	69	54	65	59
Abruzzen	76	93	85	70	90	81	58	80	70	46	67	58
Sizilien	79	91	85	75	88	81	65	77	71	53	63	58
Sardinien	81	92	86	73	87	80	61	76	68	52	64	58
Kalabrien	79	95	87	76	93	85	69	87	79	59	78	70
Basilicata	81	95	88	77	93	85	66	83	75	56	73	65

Quelle: Cipolla C. M. 1969, 19.

Tab. 4.17 Analphabetenquoten in den USA im Jahre 1840

Staaten	Anteil der Analphabeten in Prozent	Staaten	Anteil der Analphabeten in Prozent
Connecticut	0,3	Florida	10
New Hampshire	0,6	Mississippi	12
Maine	1	Illinois	14
Massachusetts	1	Missouri	15
Michigan	2	Indiana	15
Vermont	2	Kentucky	17
Rhode Island	3	Delaware	18
New York	4	Alabama	18
New Jersey	4	South Carolina	19
Pennsylvania	5	Virginia	19
Lousiana	6	Georgia	20
Iowa	6	Arkansas	22
Ohio	6	Tennessee	24
Maryland	8	North Carolina	28

Quelle: US Census 1840.; zit von H. J. Graff (1987, 343).

Tab. 4.18 Der Anteil der Analphabeten in den Provinzen des Deutschen Reichs (1890)

Provinz	auf 1.000 Einwohner über 10 Jahre trifft es ... Analphabeten männliche Bevölkerung	weibliche Bevölkerung
Stadtkreis Berlin	12,2	28,9
Hohenzollern	13,1	26,3
Hessen-Nassau	21,5	53,3
Sachsen	22,1	50,5
Schleswig-Holstein	30,2	50,5
Westfalen	37,4	65,3
Hannover	39,1	79,5
Brandenburg	44,3	96,2
Rheinland	48,1	97,9
Pommern	81,8	148,5
Schlesien	110,9	170,6
Ostpreußen	230,6	293,4
Posen	318,0	410,4
Westpreußen	331,7	396,6

Quelle: Volkszählung, zit. bei Fircks v. A. 1898, 102-103.

Ähnliche, schon durch die Alphabetisierung vorgezeichnete Disparitäten lassen sich für die USA, Preußen, die Habsburgermonarchie und viele andere Länder nachweisen.

In den einzelnen Kronländern der multikulturellen Habsburgermonarchie hat die Alphabetisierung nicht nur zu unterschiedlichen Zeitpunkten begonnen, sondern sie ist auch mit unterschiedlichem Tempo abgelaufen. Im 19. Jahrhundert hatte das Land Vorarlberg den höchsten Anteil der „Lese- und Schreibkundigen", auf den nächsten Rängen folgten Böhmen, Niederösterreich (mit Wien), Oberösterreich, Salzburg, Mähren und Schlesien, während Galizien, die Bukowina und Dalmatien noch sehr hohe Analphabetenquoten verzeichneten und in der Beseitigung des Analphabetentums mehrere Jahrzehnte zurücklagen (Abb. 4.8).

Die weltweit feststellbaren Stadt-Land-Disparitäten in der Alphabetisierung sind durch die funktionale räumliche Arbeitsteilung und die Zentrale Orte Theorie plausibel zu erklären. Extrem große Stadt-Land-Disparitäten der Analphabetenquoten sind vor allem in den Entwicklungsländern nachzuweisen. In jenen Ländern, in denen eine Aufgliederung der Analphabetenquote nach der Gemeindegröße des Wohnorts der Bevölkerung vorliegt, läßt sich ein enger statistischer Zusammenhang zwischen der Größe der Städte und der Analphabetenquote nachweisen. Die vielfach nachgewiesenen Stadt-Land-Disparitäten gelten nicht überall. In der Regel trifft es zwar zu, daß die Städte, also der Adel und das städtische Bürgertum (Kaufleute, Handwerker), gegenüber der bäuerlichen Bevölkerung einen deutlichen Vorsprung in der Alphabetisierung hatten und sogar ein enger statistischer Zusammenhang zwischen der Hierarchie des Siedlungssystems (Zentrale Orte, Gemeindegröße) und dem Anteil der Analphabeten bestand. Es gibt jedoch auch Gegenbeispiele (Vorarlberg, Nordtirol, Schweiz), wo ländliche Gebiete früher alphabetisiert waren als manche Städte.

Abb. 4.8 Der Anteil der Analphabeten in der Habsburgermonarchie in den Jahren 1880 und 1890

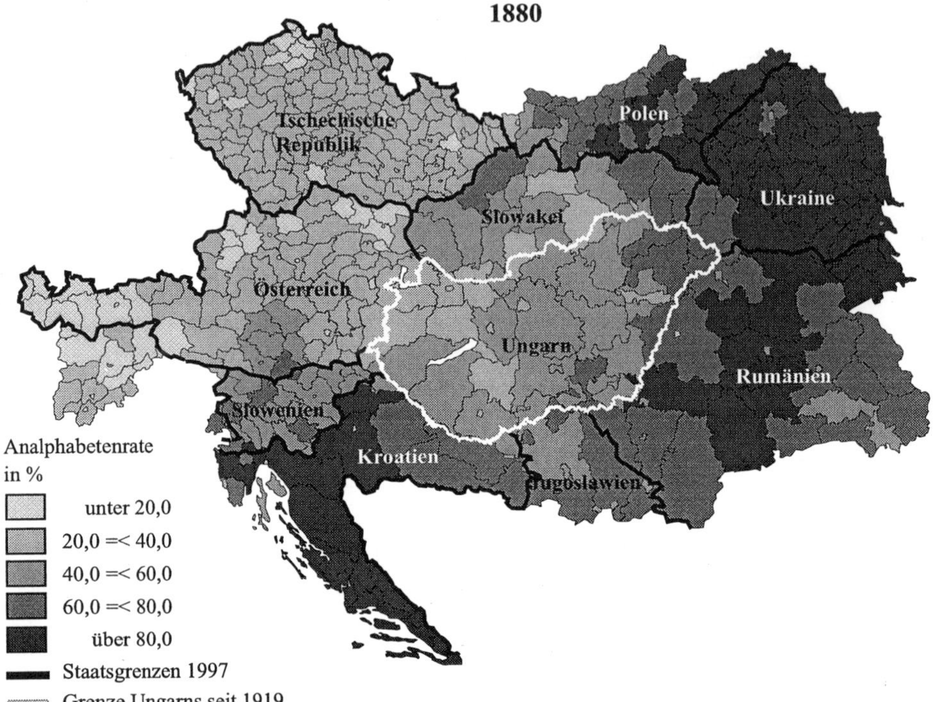

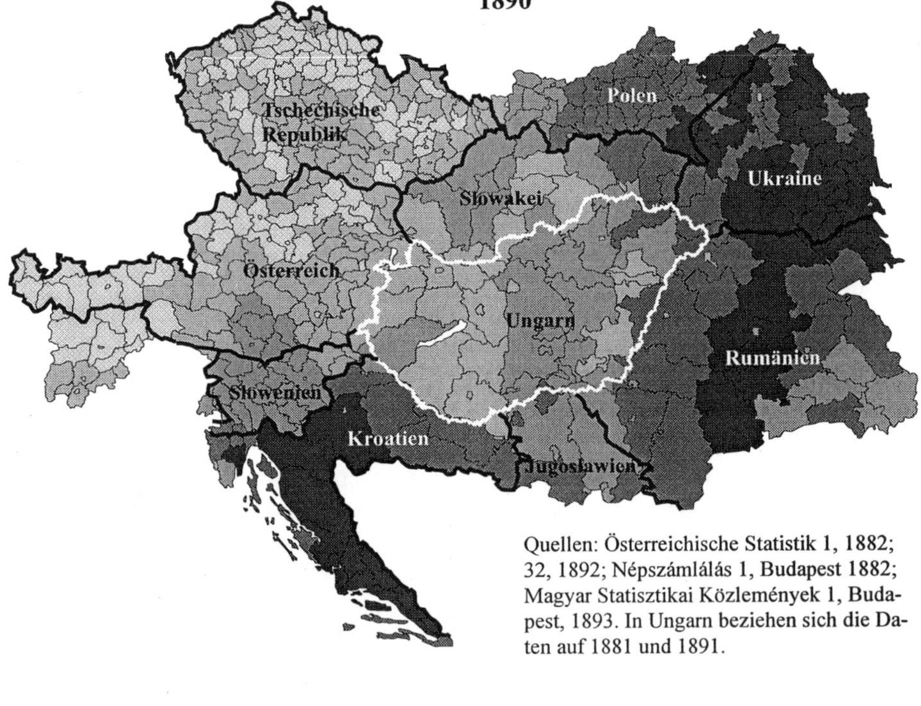

Quellen: Österreichische Statistik 1, 1882; 32, 1892; Népszámlálás 1, Budapest 1882; Magyar Statisztikai Közlemények 1, Budapest, 1893. In Ungarn beziehen sich die Daten auf 1881 und 1891.

Tab. 4.19 Stadt-Land-Gefälle der Analphabetenquoten in ausgewählten Staaten nach dem Geschlecht

Staaten (Auswahl)	Jahr der Erhebung	Geschlecht	Analphabeten an der Bevölkerung über 14 Jahre in Prozent *urban areas*	*rural areas*
Honduras	1974	Männer	17,6	52,1
		Frauen	24,0	56,8
		zusammen	21,1	54,4
Nicaragua	1971	Männer	16,0	63,0
		Frauen	22,0	66,0
		zusammen	19,4	64,6
Peru	1972	Männer	5,9	33,9
		Frauen	18,9	68,0
		zusammen	12,4	51,1
Ecuador	1974	Männer	6,9	32,4
		Frauen	12,2	44,6
		zusammen	9,7	38,2
Brasilien	1980	Männer	14,2	45,8
		Frauen	19,3	48,7
		zusammen	16,9	47,2
Ägypten	1976	Männer	28,5	55,5
		Frauen	51,8	86,9
		zusammen	39,7	70,6
Jemen, Dem. Rep.	1973	Männer	38,4	53,3
		Frauen	79,8	96,1
		zusammen	57,6	76,7
Iran	1976	Männer	32,4	71,1
		Frauen	55,8	92,8
		zusammen	43,5	82,1
Indien	1971	Männer	27,6	59,4
		Frauen	54,5	87,0
		zusammen	39,6	72,9
Afghanistan	1979	Männer	47,7	73,7
		Frauen	79,2	97,8
		zusammen	62,5	85,3
Nepal	1981	Männer	40,3	70,4
		Frauen	67,0	92,4
		zusammen	52,6	81,3
Indonesien	1971	Männer	12,4	34,5
		Frauen	33,9	59,9
		zusammen	23,3	47,8
Liberia	1974	Männer	47,5	82,0
		Frauen	73,7	95,5
		zusammen	59,5	89,0
Benin	1979	Männer	55,5	87,8
		Frauen	79,6	96,9
		zusammen	68,6	92,9

Quelle: *Demographic Yearbook* 1973, 706-707; 1974, 490-515; 1983, 953-954.

Auch H. Medick (1996, 460) weist darauf hin, daß in der zweiten Hälfte des 18. Jahrhunderts erstaunlicherweise nicht die Universitätsstadt und schwäbische

„Geistesmetropole“ Tübingen, sondern vielmehr der nahe gelegene, ökonomisch prosperierende ländliche Weberort Laichingen hinsichtlich des Buchbesitzes überlegen war.

Das innerstädtische Mosaik von kleinräumigen Disparitäten der Analphabetenquote basiert im wesentlich auf der schichtspezifischen und ethnischen Segregation. Deshalb lassen sich innerstädtische Disparitäten der Lese- und Schreibkundigkeit seit Jahrhunderten nachweisen. Die englischen Moralstatistiker haben Zusammenhänge zwischen ethnischer Segregation und innerstädtischen Disparitäten der Analphabetenquoten schon in den ersten Jahrzehnten des 19. Jahrhunderts aufgezeigt.

In London konnten in der vorwiegend von Iren bewohnten „Horace Street“ 45% der Männer und 76% der Frauen weder lesen und schreiben. In den vorwiegend von Engländern bewohnten Straßen konnten nur 23% der Männer und 26% der Frauen weder lesen noch schreiben. In den drei hauptsächlich von Iren bewohnten Stadtvierteln (Straßen) von Marylebone hatten 26,3% der Familien Bücher, in den vorwiegend von Engländern bewohnten Straßen besaßen 62,1% der Familien Bücher (Rawson R. W. 1843, 46f).

5 Das Bildungsverhalten

5.1 Faktoren, die das schulische Bildungsverhalten beeinflussen

Je nach Gesellschaftsstruktur, kultureller Tradition, wirtschaftlichem Entwicklungsstand, siedlungs- und verkehrsgeographischer Struktur und Untersuchungszeitraum wird das Bildungsverhalten von einer großen Zahl sehr unterschiedlicher Faktoren gesteuert. Viele dieser Faktoren stehen in einer gegenseitigen Wechselbeziehung, die sich jedoch je nach regionalem, historischem und kulturellem Kontext ändern kann. Der lokale und historische Kontext bestimmt jeweils, welche Faktoren einen großen Einfluß auf das Bildungsverhalten ausüben und welche keine nennenswerte Bedeutung haben.

Während einige Faktoren (z.B. soziokulturelles Milieu des Elternhauses) unter fast allen politischen, sozio-ökonomischen und infrastrukturellen Rahmenbedingungen einen Einfluß auf das Bildungsverhalten ausüben, sind andere nur bei der Überschreitung von bestimmten Schwellenwerten wirksam. Eine dritte Gruppe von Faktoren hat nicht bei allen Sozialschichten oder nicht in allen politischen Systemen dieselbe Auswirkung auf das Bildungsverhalten.

5.1.1 Soziale Schichtzugehörigkeit - soziales und kulturelles Milieu des Elternhauses

Der Faktor „Schichtzugehörigkeit der Eltern", der ein breites Spektrum von ökonomischen und soziokulturellen Determinanten umfaßt, gehört zu den wichtigsten Bestimmungsfaktoren des Bildungsverhaltens. Die Bedeutung dieses Einflußfaktors ist in allen politischen Systemen, auf allen ökonomischen Entwicklungsstufen einer Gesellschaft und in verschiedenen historischen Zeiträumen nachzuweisen und wird auch von allen maßgeblichen theoretischen Ansätzen anerkannt. Sowohl Vererbungs- als auch Milieutheoretiker weisen der Schichtzugehörigkeit der Eltern einen entscheidenden Einfluß zu. Genau betrachtet ist es allerdings in erster Linie das soziokulturelle Anregungsmilieu des Elternhauses, das neben der Intelligenz, der Motivation und dem Fleiß der Schüler das Bildungsverhalten beeinflußt. Dieses Anregungsmilieu ist allerdings nur schwer von der Schichtzugehörigkeit zu isolieren, so daß die Wahl der Indikatoren meistens nach pragmatischen Gesichtspunkten entschieden wird.

Auf der Meso- und Makroebene stehen Indikatoren der sozialen Schichtzugehörigkeit im Vordergrund. Bei Studien auf der Mikroebene wird in der Regel das soziokulturelle Anregungsmilieu des Elternhauses als Einflußfaktor bevorzugt. Dieses kann, abhängig von der Größe der zu untersuchenden Stichprobe und den verfügbaren finanziellen Mitteln, beispielsweise anhand der Lern-, Sprach- und Interaktionsfähigkeit der Kinder, der intellektuellen Förderung der Kinder durch die Familie, der Inanspruchnahme von kulturellen Einrichtungen (Besuch von Konzerten und Theatern), der Lesekultur innerhalb der Familie, der elterlichen Bildungsaspirationen (Vorstellungen über die erwünschte oder für ihre Kinder sozial angemessene Schulbildung), des elterlichen Erziehungsstils, des Informationsniveaus der Eltern über mögliche Schulformen und Berufslaufbahnen, des Engagement der Eltern für die Schule sowie der Bereitschaft, auf ein zusätzliches Einkommen der Kinder zu verzichten, erfaßt werden.

Als Beispiele für diese Vorgehensweise können etwa die Arbeiten von A. Minkowich et al. (1982), P. Bourdieu und J. C. Passeron (1971) oder R. Baur (1972) angeführt werden. Von R. Baur (1972) wurde das kulturelle Anregungsmilieu an der Lektüre von Büchern, Zeitungen und Zeitschriften und am „Interessenhorizont" geprüft. P. Bourdieu und J. C. Passeron (1971) haben u.a. Theaterbesuche, die Kenntnis von Literatur, Komponisten und Musikstücken herangezogen, um das kulturelle Milieu zu erfassen.

R. Baur wies dem Sozialprestige der elterlichen Berufe eine besondere Bedeutung zu. »Je höher das Sozialprestige ist, das mit einem Beruf bzw. mit einer beruflichen Stellung verbunden ist, desto größer sind die Chancen eines Kindes, auf eine weiterführende Schule und insbesondere auf ein Gymnasium überzugehen« (Baur R. 1972, 293). »Die Bildungschancen eines Kindes [...] hängen davon ab, ob der Übergang im Vergleich zum väterlichen Status auf Abstieg, Statuserhaltung oder Aufstieg angelegt ist. Kinder, bei denen die Wahrscheinlichkeit groß ist, daß sie im Vergleich zum Vater absteigen werden, wenn sie keine höhere Schule besuchen, haben die besten Bildungschancen [...]. Kinder, bei denen der Besuch einer höheren Schule bedeutet, daß sie im Vergleich zum Vater erheblich aufsteigen werden, haben die schlechtesten Bildungschancen« (Baur R. 1972, 294). Diese Ergebnisse wurden in den folgenden Jahrzehnten noch durch zahlreiche andere empirische Untersuchungen bestätigt.

Die Frage, wie der Einfluß des Elternhauses auf das Bildungsverhalten der Kinder zu messen ist, hängt u.a. auch vom Umfang der Stichprobe und dem vorgesehenen Maßstab ab. Bei großräumigen sozialgeographischen Studien oder bei sozialwissenschaftlichen Untersuchungen mit großen Stichproben wird meistens die *soziale Schichtzugehörigkeit* der Eltern herangezogen, die durch objektive Indikatoren wie Beruf, Ausbildungsniveau und Einkommen kategorisiert wird. Auf der Mikroebene werden meistens das soziokulturelle Milieu, Lebensstile oder bestimmte kulturelle Verhaltensweisen verwendet.

Der Einfluß des Indikators Schichtzugehörigkeit der Eltern ist nicht leicht von anderen Faktoren zu isolieren. Er kann von ethnischer Herkunft, rassischer Diskriminierung oder unterschiedlichen kulturellen Normen überdeckt werden. Er wirkt auch in andere Faktoren hinein, die auf den ersten Blick nicht mit der Schichtzugehörigkeit in Verbindung gebracht werden. Die Schichtzugehörigkeit der Eltern kann z.B. über das Viertel, in dem sie wohnen und in die ihre Kinder in die Schule gehen, einen Einfluß auf die Auswahl der *peer group* ausüben, in welche ihre Kinder hineingeraten. Schließlich liegen die Wohnorte hochqualifizierter und reicher Eltern in der Regel in verkehrsmäßig gut versorgten Gebieten, so daß deren Kinder günstige Schulwegbedingungen vorfinden. Nicht zuletzt sind in den Wohngebieten der (städtischen) Oberschichten auch die Ausstattung der Schulen und die Qualifikationen des Lehrkörpers überdurchschnittlich gut. Die Merkmale Ausbildungsniveau, Beruf und Einkommen der Eltern sind also im wahrsten Sinne des Wortes „Anzeiger" für einen sehr komplexen Sachverhalt. »Daher wäre es absurd, den Einfluß einzelner Faktoren isolieren zu wollen und ihnen auf den verschiedenen Stufen des Prozesses oder in den verschiedenen Strukturen eine identische Wirkung zuzuschreiben« (Bourdieu P. und J. C. Passerson 1971, 145).

Die Verknüpfung zwischen Bildungsverhalten und sozialer Schichtzugehörigkeit (Berufsgruppe, Einkommen oder „sozialer Stand" der Eltern) ist seit Jahrhunderten nachzuweisen. Dem gesellschaftlichen Wandel von der *askriptiven* zur *meritokratischen* Gesellschaft entsprechend hat sich nur die Art des Zusammenhangs zwischen Schichtzugehörigkeit und Bildungsverhalten geändert.

Schulformen in der Ständegesellschaft

In der Ständegesellschaft früherer Jahrhunderte ging man davon aus, daß die Stände unterschiedliche „Bedürfnisse" an Bildung hätten und deshalb auch unterschiedliche Schultypen und Lehrinhalte benötigten. Eine umfassende, höhere Bildung war nur für die oberen Stände vorgesehen, die (leibeigenen) Bauern sollten nach den Vorstellungen mancher Territorialherren nur das Notwendigste lernen. Viele zeitgenössische Schriften warnten vor einer „Überbildung des gemeinen Volks" und einer zu weiten Ausdehnung des Unterrichts.

In einem königlich preußischen „Circular-Rescript" vom 29.3.1822 wurden die Behörden darauf hingewiesen, daß die Lehrinhalte so zu gestalten seien, daß aus den Elementarschulen »nicht aus dem gemeinen Mann verbildete Halbwisser ganz ihrer künftigen Bestimmung entgegen, hervorgingen« (Rönne von L. 1855, Bd. 1, 642f; zit. bei Leschinsky A. und P. M. Roeder 1976, 74). Die preußische Regierung wachte während des gesamten 19. Jahrhunderts »mit geradezu allergischer Aufmerksamkeit darüber, daß die engen Grenzen, die [...] dem Bildungsauftrag der Volksschule gezogen waren, unbedingt eingehalten wurden« (Leschinsky A. und P. M. Roeder 1976, 73).

Dieses bildungspolitische Ziel hat sich schon in der Bezeichnung der verschiedenen Schulformen im 19. Jahrhundert ausgedrückt:

- In Baden lautete die Rangordnung der Schulen: Volksschulen, Bürgerschulen, Gelehrtenschulen.

- In Österreich: Trivialschulen, Hauptschulen und Bürgerschulen.
- In Großbritannien wurden die Kinder der Reichen in privaten *public schools* und die Kinder der ärmeren Sozialschichten in öffentlichen *elementary schools* unterrichtet. Beide Schultypen waren in sich nochmals durch die Höhe des Schulgelds gestaffelt.

Die schulpolitischen Entscheidungsträger des 18. und frühen 19. Jahrhunderts waren fast einhellig der Ansicht, daß die Schulbildung den Platz der einzelnen Stände in der Gesellschaft bestätigen sollte und daß das Schulsystem weniger die soziale Mobilität als vielmehr die soziale Stabilität fördern sollte.

Auch die Aufklärungspädagogik, die ein verbessertes Bildungsangebot für alle Kinder forderte, hat die soziale Schichtzugehörigkeit und die zukünftige berufliche Bestimmung als gegeben hingenommen und als Leitbild drei nach Lehrinhalt und Niveau unterschiedlich Formen öffentlicher Schulen vorgesehen, nämlich Bauern-, Bürger- und Gelehrtenschulen (Baumgart F. 1990, 16). »Das Recht auf Bildung, auf die Vermittlung nützlicher Kenntnisse und Wissenschaften, wird auf den gesellschaftlichen Status quo der sich erst zögernd auflösenden ständischen Gesellschaft des 18. Jahrhunderts bezogen. Schulausbau und verbesserte Erziehung des einzelnen sollen eher der Stabilisierung als der Auflösung dieser gesellschaftlichen Verhältnisse dienen« (Baumgart F. 1990, 26). Auch im Konzept von Schleiermacher soll »das Gymnasium für das Besitz- und Bildungsbürgertum zur Regelschule werden. Von den Söhnen weniger wohlhabender Eltern [...] wird dagegen erwartet, daß sie eine Stadt- bzw. Bürgerschule besuchen« (Baumgart F. 1990, 74). Für Bauernkinder wurden qualitativ schlechtere „Winkelschulen" als ausreichend angesehen, die städtischen Unterschichtkinder besuchten teils Fabriksschulen und teils sogenannte Armenschulen. »In Berlin fiel die Kontrolle und Organisation der Schulen für die besitzlosen Unterschichten bis 1837 unter die Zuständigkeit der Armenpflege. Mitte der 1820er Jahre fielen mindestens 20% aller Schulpflichtigen in Berlin unter diese „Armenfürsorge" [...] Es wurde stillschweigend vorausgesetzt, daß die Kinder der städtischen Unterschichten nicht oder nur unregelmäßig diese Schulen besuchten«. Diese Armenschulen waren durch »ein minimales Bildungsangebot, das hinter dem einer guten Landschule zurückblieb, unzureichende Klassenräume und eine unter dem Existenzminimum liegende Bezahlung der an diesen Schulen unterrichtenden Privatlehrer« gekennzeichnet (Baumgart F. 1990, 118-119).

Eine besonders stark ausgeprägte soziale Hierarchisierung des Grundschulwesens gab es in der viktorianischen Klassengesellschaft Großbritanniens, in der die verschiedenen sozialen Klassen eine sehr unterschiedliche Qualität der schulischen Versorgung genossen. Diese sozialen und räumlichen Disparitäten wurden schon im 19. Jahrhundert von Ch. Booth und seinen Mitarbeitern am Beispiel Londons in sehr umfangreichen empirischen Studien untersucht (Booth Ch. 1891, vol II, 477-588).

Ch. Booth (1891) hat z.B. die Elementarschulen nach der sozialen Herkunft ihrer Schüler in sechs Kategorien eingeteilt. Sein besonderes Interesse galt der Kategorie I „für die Armen und sehr Armen mit einem Anflug der niedrigsten, halbkriminellen Klasse". Darin waren auch die »schools of special difficulty« enthalten, an denen das Schulgeld nur einen Penny betrug. Von den in diesen Schulen anwesenden Kindern mußten die meisten zum Schulbesuch gezwungen werden. Die Schülerpopulation fluktuierte sehr stark, und den Eltern wurde ein Charakter unterstellt »as to impose special difficulties on the teachers« (Marsden W. E. 1987, 161-162).

Das intellektuelle Anregungsmilieu des Elternhauses

Auch bevor sich die Ständegesellschaft aufgelöst hat, wurde das Bildungsverhalten von den Interessen, den Einstellungen und finanziellen Möglichkeiten des Elternhauses beeinflußt. Den Untersuchungen der Moralstatistiker und des *social survey movement* ist zu entnehmen, daß sich das soziokulturelle Milieu und die ökonomische Situation des Elternhauses auch in der Ständegesellschaft entscheidend auf das Bildungsverhalten und die Schulleistungen der Kinder ausgewirkt haben (vgl. auch Marsden W. E. 1987, 157-172). In diesen frühen empirischen Studien wurden bereits viele wichtigen Ursachen für die schichtspezifischen Unterschiede des Bildungsverhaltens aufgezählt, die auch heute noch eine Rolle spielen.

Auch die schichtspezifischen Unterschiede der elterlichen *Aspirationen* wurden schon um die Mitte des 19. Jahrhunderts diskutiert. H. Tremenheere (1843) berichtete, daß die Eltern die Lehrer häufig gedrängt hätten, die Ausbildung der Jungen zu beschleunigen, damit diese mit neun oder zehn Jahren eine Arbeit annehmen konnten (vgl. Bradshaw J. 1983, 14). Diese negative Einstellung zur Schule war z.T. durchaus begründet, da an den Schulen für die armen Gesellschaftsschichten sehr oft völlig unqualifizierte Lehrpersonen unterrichteten, der Lernerfolg der Schüler gleich null war und die Eltern auf die Arbeit der Kinder angewiesen waren. In der Anfangsphase der allgemeinen Schulpflicht empfanden viele Eltern der unteren Sozialschichten gegenüber der Schule und Obrigkeit tiefes Mißtrauen.

Im russischen Zarenreich haben manche Bauern die Schulpflicht mit der Militärpflicht gleichgesetzt und angenommen, daß ihre Söhne, sobald sie lesen könnten, als Soldaten rekrutiert würden. Andere russische Bauern haben befürchtet, daß ihre Kinder, sobald sie in der Schule seien, in Fabriken nach Sibirien verschleppt oder daß die schulbesuchenden Mädchen an Soldaten verheiratet würden (Eklof B. 1986, 258-259).

Als Beispiel für einen Ansatz, der versucht hat, die Auswirkungen des familiären Anregungsmilieus empirisch zu erfassen, kann u.a. die Studie von A. Minkowich et al. (1982) über das Bildungsverhalten in Israel herangezogen werden, deren Ergebnisse auch für viele andere Länder gelten:

- Das Interesse der Eltern an der Schule korreliert mit dem Ausbildungsniveau der Eltern.
- Der Ansprechpartner innerhalb der Familie für Hausaufgaben variiert mit dem Ausbildungsniveau der Eltern.
- Die Ergebnisse der Leistungstests der Kinder in Lesen und Mathematik korrelieren mit dem Ausbildungsniveau der Eltern.
- Die „kulturelle Herkunft" der Eltern übt einen sehr großen Einfluß auf die Schulleistungen der Kinder (verschiedene Leistungstests) aus und steht mit vielen anderen Einflußgrößen des Bildungsverhaltens in einem Zusammenhang.

Selbst wenn man die Veranlagung und den Intelligenzgrad der Kinder aus verschiedenen sozialen Schichten konstant hält, werden Oberschichtkinder mehr und schon früher zu schulischen und beruflichen Aspirationen ermutigt als Kinder der sozialen Unterschicht. Da Oberschichteltern im allgemeinen über Schullaufbahnen und Berufschancen besser Bescheid wissen, erhalten Oberschichtkinder auch andere Rollenmodelle. »Adulthood achievement in any given domain of creativity or leadership depends on the availability of role models during the early, formative years of a person's life« (Simonton D. K. 1988b, 113)

Niedrige Sozialschichten lassen sich in ihren Aspirationen und bei der Wahl der einzuschlagenden Schullaufbahn eher von den in ihrer Umgebung vorhandenen Aufstiegsmöglichkeiten beeinflussen als mittlere oder obere Sozialschichten. Umstritten ist vor allem der Einfluß des kulturellen Hintergrunds. S. S. Stodolski and G. Lesser (1967) haben darauf hingewiesen, daß die dynamischen Faktoren wie „verbale Eltern-Kind-Interaktionen", „Lernhilfen" und „Motivation der Kinder durch die Eltern" für die Leistungen der Kinder eine größere Bedeutung hätten als die statischen Komponenten („sozioökonomischer Status oder kultureller Hintergrund"). Neben dem direkten Einfluß des Elternhauses spielt auch der Einfluß der sogenannten *peer-group* für das Bildungsverhalten eine wichtige Rolle.

Finanzielle Situation der Eltern

Der Zusammenhang zwischen Armut und Schulbesuch wurde schon im 18. Jahrhundert thematisiert und um die Mitte des 19. Jahrhunderts von den Moralstatistikern auch empirisch untersucht. H. Tremenheere (1843, 129) hat den Einfluß der Armut folgendermaßen beschrieben: »And it cannot but be doubtful whether any impression can be made upon the minds of children, through the medium of education, while by scanty food, insufficient clothing, and poverty in all its forms, the animal nature is in a state of grievous depression«. Das Bildungsverhalten variiert vor allem in jenen Ländern stark mit dem Einkommen der Eltern, in denen hohe Schul- und Studiengebühren eingehoben werden. Dies dürfte auch einer der Gründe dafür sein, daß die meisten überzeugenden Nachweise über einen engen Zusammenhang zwischen der finanziellen Situation der Eltern und dem Bildungsverhalten der Kinder aus dem angelsächsischen Raum stammen.

Obwohl zahlreiche empirische Belege für den engen positiven Zusammenhang zwischen dem Lebensstandard einer räumlichen Einheit, dem Einkommen der Eltern und dem Bildungsverhalten der Kinder sprechen, muß man auch bei dieser Frage den räumlichen und gesellschaftlichen Kontext beachten. Kulturelle Traditionen können selbst in armen Gebirgsregionen einen großen Einfluß auf die Entstehung von regionalen Disparitäten des Bildungsverhaltens ausüben. So hat z.B. W. Flüchter (1990, 90) die unterschiedliche Bedeutung von Tradition und Bildung für räumliche Disparitäten des Bildungsverhaltens in ländlichen Gebieten Japans verantwortlich gemacht.

Vor allem die Beziehung zwischen Einkommen und Bildungsverhalten ist sehr ambivalent. Armut kann je nach Kontext zu hoher oder niedriger Bildungsbeteiligung führen. Die schichtspezifischen Unterschiede des Bildungsverhaltens blieben auch in Ländern ohne Schulgeld, mit großzügigem Stipendienwesen, Gratisschulbüchern und kostenlosem Schülertransport bestehen.

Die Ambivalenz der Einkommenssituation zeigte sich schon in früheren Jahrhunderten. Die sehr arme, kaum das Existenzminimum erreichende Bevölkerung von Realteilungsgebieten oder Bergbauernregionen hatte schon im 18. und 19. Jahrhundert höhere Schulbesuchs- und geringere Analphabetenquoten als manche reichen Städte. Auch in der zweiten Hälfte des 20. Jahrhunderts gab es viele Beispiele dafür, daß sich besonders gute Verdienstmöglichkeiten negativ auf das Bildungsverhalten von Schülern auswirkten. Die ausgezeichneten Verdienstmöglichkeiten in der Vorarlberger Stickereiindustrie haben in den 50er und 60er Jahren in den betroffenen Gemeinden (mit dem höchsten Pro-Kopf-Steueraufkommen) zu sehr niedrigen Übertrittsraten in Gymnasien geführt. Auch in der Volksrepublik China und in einigen Transformationsländern Ostmitteleuropas haben der wirtschaftliche Boom und die Einkommenssteigerung der Haushalte zu einer Verringerung der Bildungsbeteiligung geführt.

In Ländern ohne (hohe) Schulgebühren wird das Bildungsverhalten weniger von den *direkten* Ausgaben für den Schulbesuch (Schul- und Studiengebühren), sondern mehr von den *indirekten* Kosten beeinflußt. Der Zwang oder Wunsch zum frühen Geldverdienen oder die unterschiedliche Verzichtsbereitschaft der Eltern auf ein zusätzliches Einkommen der Kinder wirken sich meist negativer auf das Bildungsverhalten aus als die Kosten für Lehrmittel und Schülertransport.

Das Ausbildungsniveau der Eltern

Die Zusammenhänge zwischen dem Ausbildungsniveau der Eltern und dem Bildungsverhalten der Kinder sind sehr eng und über alle Zeitepochen, Entwicklungsstufen und politischen Systeme hinweg erstaunlich stabil. Sie werden in der Regel mit zwei unterschiedlichen Vorgangsweisen gemessen. Die erste Methode besteht darin, die Bevölkerung bei einem Mikrozensus nach dem Ausbildungsniveau ihrer Eltern zu befragen. Dies ist jedoch mit dem Nachteil verbunden, daß Eltern sehr unterschiedlichen Alters zusammengefaßt werden und der zwischen zwei Generationen feststellbare soziale Wandel die Ergebnisse verzerrt. Bei der zweiten Vorgangsweise werden die Schüler bestimmter Schulformen (und Schulstufen) nach dem Ausbildungsniveau ihrer Eltern befragt (Abb. 5.1).

Die Mehrzahl der bisherigen Studien über die vertikale soziale Inter-Generationen-Mobilität hat nur den Beruf und das Ausbildungsniveau der *Väter* analysiert. Dies ist insofern nicht gerechtfertigt, als sich ein hohes Ausbildungsniveau der *Mutter* noch wesentlich deutlicher auf die Schullaufbahn der Söhne und Töchter auswirkt, als wenn (nur) der Vater eine höhere Ausbildung absolviert hat. Vor allem die Schullaufbahnen der Töchter entwickeln sich ganz anders, wenn die Mütter eine höhere Schule oder eine Universität abgeschlossen haben (Meusburger P. 1980, 159-165, 170-172).

In der Abb. 5.1 wurde für jeweils eine Schulform eine Matrix erstellt, in der die verschiedenen Kombinationen des Ausbildungsniveaus beider Elternteile von allen Schülern dargestellt wurden; die Prozentwerte in allen 36 Matrixfeldern zusammen ergeben jeweils 100%. Dabei handelt es sich um eine Vollerhebung, die Prozentwerte beziehen sich also auf die Gesamtzahl aller Schüler, die im angegebenen Schuljahr in ganz Vorarlberg die betreffende Schulform besucht haben.

Abb. 5.1 Die soziale Herkunft der Vorarlberger Schüler verschiedener Schulformen nach dem Ausbildungsniveau beider Elternteile

	Ausbildungsniveau der Mutter					
Ausbildungsniveau des Vaters	1	2	3	4	5	6
1	65,4	2,3	0,5	0,2	0,0	0,4
2	12,7	4,1	0,5	0,2	0,0	0,0
3	2,7	0,4	0,4	0,0	0,0	0,0
4	1,1	0,0	0,5	0,2	0,0	0,0
5	0,0	0,0	0,2	0,0	0,0	0,0
6	3,6	0,4	0,0	0,2	0,0	4,1

Sonderschulen

	Ausbildungsniveau der Mutter					
Ausbildungsniveau des Vaters	1	2	3	4	5	6
1	58,0	1,6	1,2	0,0	0,0	0,1
2	23,7	2,2	1,7	0,1	0,0	0,0
3	4,9	0,3	1,1	0,1	0,0	0,0
4	1,1	0,4	0,2	0,3	0,0	0,0
5	0,4	0,0	0,0	0,2	0,0	0,2
6	1,9	0,0	0,0	0,0	0,0	0,2

polytechnische Lehrgänge

	Ausbildungsniveau der Mutter					
Ausbildungsniveau des Vaters	1	2	3	4	5	6
1	50,2	2,2	1,9	0,1	0,0	0,5
2	17,7	5,6	1,7	0,0	0,0	0,3
3	8,7	1,7	2,1	0,3	0,0	0,0
4	2,6	0,6	0,8	0,3	0,0	0,0
5	0,3	0,1	0,2	0,1	0,0	0,0
6	1,1	0,2	0,0	0,1	0,0	0,6

Hauptschulen 2. Klassenzug

	Ausbildungsniveau der Mutter					
Ausbildungsniveau des Vaters	1	2	3	4	5	6
1	35,8	2,6	2,5	0,4	0,0	0,2
2	17,3	7,1	2,3	0,4	0,0	0,1
3	9,7	3,1	4,4	0,6	0,0	0,1
4	4,4	1,4	2,6	1,0	0,0	0,1
5	0,6	0,3	0,5	0,4	0,0	0,0
6	1,0	0,3	0,2	0,0	0,0	0,5

Hauptschulen 1. Klassenzug

	Ausbildungsniveau der Mutter					
Ausbildungsniveau des Vaters	1	2	3	4	5	6
1	36,6	1,7	2,7	0,3	0,0	0,1
2	15,8	4,5	2,0	0,5	0,0	0,1
3	11,8	2,9	4,4	0,9	0,0	0,1
4	5,1	1,5	3,1	1,0	0,0	0,1
5	0,6	0,2	0,5	0,5	0,2	0,0
6	1,3	0,0	0,5	0,1	0,0	0,8

berufsbildende mittlere Schulen

	Ausbildungsniveau der Mutter					
Ausbildungsniveau des Vaters	1	2	3	4	5	6
1	32,2	2,2	5,3	0,2	0,0	0,0
2	13,8	2,4	2,4	0,9	0,0	0,2
3	14,5	1,7	4,8	1,0	0,0	0,0
4	5,3	1,5	3,6	2,2	0,0	0,0
5	1,2	0,2	1,0	0,9	0,0	0,0
6	0,2	0,0	0,2	0,2	0,0	1,5

höhere technische Lehranstalten

	Ausbildungsniveau der Mutter					
Ausbildungsniveau des Vaters	1	2	3	4	5	6
1	27,7	1,9	3,4	0,6	0,0	0,2
2	10,2	4,0	3,0	0,0	0,0	0,0
3	13,6	2,8	6,6	0,6	0,4	0,0
4	7,0	1,0	7,0	3,4	0,0	0,0
5	1,3	0,4	2,3	1,2	0,0	0,2
6	0,2	0,2	0,8	0,4	0,0	0,2

Handelsakademien

	Ausbildungsniveau der Mutter					
Ausbildungsniveau des Vaters	1	2	3	4	5	6
1	7,1	0,7	2,9	0,0	0,0	0,0
2	4,3	2,1	0,7	2,1	0,0	0,0
3	10,0	3,6	12,9	1,4	0,0	0,7
4	10,1	2,8	13,6	2,1	0,0	0,7
5	2,1	0,0	7,9	4,9	1,4	0,7
6	0,7	0,0	1,4	2,1	0,0	0,7

berufsbildende höhere Frauenschulen

	Ausbildungsniveau der Mutter					
Ausbildungsniveau des Vaters	1	2	3	4	5	6
1	8,8	0,7	2,2	3,0	0,7	0,0
2	15,3	4,4	3,6	1,5	0,0	0,0
3	8,0	2,9	9,5	0,7	0,0	0,0
4	11,7	3,7	3,6	3,7	0,7	0,0
5	4,4	0,7	4,4	2,9	2,2	0,0
6	0,7	0,0	0,0	0,0	0,0	0,0

wirtschaftskundliche Realgymnasien

	Ausbildungsniveau der Mutter					
Ausbildungsniveau des Vaters	1	2	3	4	5	6
1	17,9	0,9	2,5	0,8	0,1	0,2
2	6,6	2,3	1,7	0,4	0,0	0,1
3	9,1	2,2	6,3	1,2	0,1	0,2
4	3,2	2,3	8,8	4,7	0,5	0,3
5	3,2	1,1	6,3	6,1	2,1	0,3
6	0,8	0,1	0,4	0,1	0,0	1,1

allgemein bildende höhere Schulen gesamt

	Ausbildungsniveau der Mutter					
Ausbildungsniveau des Vaters	1	2	3	4	5	6
1	34,3	1,5	4,1	0,6	0,2	0,2
2	9,8	2,4	2,2	0,2	0,0	0,0
3	8,5	3,0	5,2	0,7	0,0	0,0
4	8,6	1,3	4,6	2,8	0,2	0,2
5	1,3	0,7	2,2	3,0	0,6	0,0
6	0,7	0,2	0,2	0,2	0,0	0,0

musisch pädagogische Gymnasien

	Ausbildungsniveau der Mutter					
Ausbildungsniveau des Vaters	1	2	3	4	5	6
1	9,0	0,0	0,9	0,0	0,0	0,2
2	2,4	0,0	0,9	0,0	0,0	0,0
3	18,9	5,2	9,4	0,5	0,0	0,0
4	11,8	2,4	14,2	6,6	0,9	0,0
5	2,8	0,0	6,6	5,7	1,4	0,0
6	0,0	0,0	0,0	0,0	0,0	0,2

mathematische Realgymnasien

1 = Pflichtschule
2 = Lehrausbildung
3 = Mittlere (Fach-) Schule
4 = Höhere Schule
5 = Hochschule (Universität)
6 = unbekannt

Quelle: Vorarlberger Schülerverlaufssatistik; Grohmann K. und P. Meusburger 1973, 50.

Für den größeren Einfluß des Ausbildungsniveaus der Mütter bieten sich zwei Hypothesen an. Erstens werden die entscheidenden Weichen für die Entwicklung der Intelligenz und der Sprachentwicklung in der Kleinkindphase (vor dem vierten Lebensjahr) gestellt. In den meisten Gesellschaften stellen die Mütter bis zum vierten Lebensjahr der Kinder die wichtigste Bezugsperson dar. Zweitens sind hochqualifizierte Mütter in vielen Fällen mit mindestens gleich hoch qualifizierten Männern verheiratet, so daß die schichtspezifischen Effekte noch verstärkt werden.

Die zweite Methode, den Zusammenhang zwischen dem Ausbildungsniveau der Eltern und dem Bildungsverhalten der Kinder zu messen, besteht darin, in verschiedenen Schultypen die soziale Herkunft der Kinder nach dem Ausbildungsniveau der Eltern zu erfassen. Diese Vorgangsweise wurde Anfang der 70er Jahre im Rahmen der Vorarlberger Schülerverlaufsstatistik angewandt. Mit Hilfe dieser Erhebung konnte belegt werden, daß sich selbst sehr kleine Unterschiede der Schultypen hinsichtlich des Lehrplans (z.B. mit oder ohne Fremdsprache) oder der Anforderungen sehr deutlich in der sozialen Herkunft der Schüler auswirken.

Hinsichtlich des Ausbildungsniveaus der Elternteile der Schüler ließ sich also zwischen den einzelnen Schulformen eine deutliche Rangordnung feststellen. Das weitaus niedrigste Ausbildungsniveau wiesen die Eltern der Sonderschüler auf (Abb. 5.1). Von 65,4% der Sonderschüler hatten beide Elternteile nur eine Pflichtschule absolviert. Ein deutlich höheres Ausbildungsniveau besaßen die Eltern jener Kinder, die nach Abschluß der Grundschule einen Polytechnischen Lehrgang (PTL) besuchten, der sich unmittelbar an die Beendigung der Grundschule anschließt. Von den PTL-Schülern hatten nur noch 58,0% ausschließlich Pflichtschulabsolventen als Eltern. Erstaunlich groß waren die Unterschiede zwischen dem ersten und zweiten Klassenzug einer Hauptschule, die sich nur geringfügig hinsichtlich des Lehrplans (Fremdsprachen) und in den Anforderungen unterscheiden. Im ersten Klassenzug werden die besseren und im zweiten Klassenzug die schlechteren Schüler unterrichtet.

Im zweiten Klassenzug (niedrigere Anforderungen) hatten von 50,2% aller Hauptschüler beide Elternteile nur einen Pflichtschulabschluß. Im ersten Klassenzug traf dies nur auf 35,8% der Hauptschüler zu. Dafür war im ersten Klassenzug der Anteil der Schüler, deren Mütter eine mittlere (Fach-)Schule abgeschlossen hatten, fast doppelt so hoch (12,5%) und der Anteil der Schüler, deren Mütter Abitur hatten, mehr als dreimal so hoch (2,8%) als bei den Schülern des zweiten Klassenzugs. Einen Vater mit Matura oder Hochschulabschluß besaßen 11,3% der Schüler des ersten Klassenzugs, jedoch nur 0,5% der Schüler des zweiten Klassenzugs.

Überraschend große Unterschiede ergaben sich auch hinsichtlich der sozialen Herkunft der Schüler verschiedener Typen von allgemeinbildenden und berufsbildenden höheren Schulen. Das weitaus höchste Ausbildungsniveau besaßen in Vorarlberg jene Schülereltern, die ihre Kinder in ein mathematisches Realgymnasium gegeben hatten; im Sozialstatus knapp dahinter folgten die Eltern, deren Töchter eine berufsbildende höhere Frauenschule oder ein wirtschaftskundliches Realgymnasium besuchten. Mit großem Abstand folgten auf den nächsten Rängen die Eltern von Schülern einer Handelsakademie sowie einer Höheren Technischen Lehranstalt, während die Eltern, deren Kinder ein musisch-pädagogisches Realgymnasium (= Oberstufenrealgymnasium, das erst nach Abschluß der Hauptschule besucht wird) besuchten, mit Abstand das niedrigste Ausbildungsniveau hatten (vgl. Abb. 5.1).

Die Schüler von mathematischen Realgymnasien hatten zu 52,4% einen Vater mit Matura oder Hochschulabschluß und zu 15,1% eine Mutter mit Matura oder Hochschulabschluß, bei den Schülern eines musisch-pädagogischen Realgymnasiums traf dies nur auf 25,5% der Väter und auf 8,5% der Mütter zu. Die Prozentsätze jener Schüler, von denen beide Elternteile nur einen Pflichtschulabschluß hatten, verhielten sich zwischen den beiden Schultypen wie 9,0%:34,3%.

Diese Ergebnisse belegen, daß höhere Sozialschichten viel präzisere Vorstellungen darüber haben, welche Schullaufbahnen ihre Kinder nach der vierten Schulstufe einschlagen sollen. Je niedriger die soziale Schicht, desto unsicherer sind sich die Eltern darüber, welche Ausbildung sich dem Pflichtschulbesuch anschließen soll, und desto später entscheiden sie sich über die Schullaufbahn ihrer Kinder. Wenn in Österreich die Entscheidung bis zum 14. Lebensjahr der Kinder hinausgeschoben wird, bleibt als einzige Alternative für den Besuch einer Höheren Schule nur noch ein Oberstufengymnasium übrig.

Beruf der Eltern

Da mit dem Abschluß der schulischen Ausbildung die endgültige berufliche Position noch nicht fixiert ist und je nach Leistungsmotivation, Schlüsselqualifikationen und sozialen Netzwerken für die Absolventen einer bestimmten Ausbildungsebene noch sehr unterschiedliche berufliche Karrieren möglich sind, können mit einer zusätzlichen Berücksichtigung der beruflichen Position der Eltern die Ergebnisse noch verfeinert werden.

Schon im 19. Jahrhundert hat sich der Beruf des Vaters sehr deutlich auf das Bildungsverhalten der Kinder ausgewirkt. So haben beispielweise C. F. Kaestle und M. A. Vinovskis (1980, 89-91) für acht Städte des *Essex County* (Massachusetts) nachgewiesen, daß Kinder im Alter von 13 bis 19 Jahren, deren Väter *professionals* oder *semiprofessionals* waren, die höchste Schulbesuchsquote hatten, während Kinder von Vätern, die als *semiskilled* oder *unskilled* bezeichnet wurden, die niedrigsten Quoten aufwiesen. Diese Arbeit zeigt aber gleichzeitig, daß die Auswirkungen des Berufs nicht isoliert von anderen Einflußfaktoren (wie z.B. der Anwesenheitsdauer in den USA) betrachtet werden sollten.

Die Tabelle 5.2 zeigt, daß der Anteil der Immigrantenkinder in den USA Ende des 19. Jahrhunderts ein sehr aussagekräftiger Indikator für die Höhe der Schulbesuchsquoten war und daß es ein bis zwei Generationen dauerte, bis sich die Schulbesuchsquoten der Immigrantenkinder den Durchschnittswerten der Gesamtpopulation angenähert hatten. Selbst wenn der Einfluß der anderen Variablen kontrolliert wurde, gab es eine starke lineare Beziehung zwischen der Dauer des Aufenthaltes in den USA und den Schulbesuchsquoten der 13- bis 19jährigen. Bei gleicher beruflicher Qualifikation der Väter hatten Immigrantenkinder stets deutlich niedrigere Schulbesuchsquoten als die in den USA geborenen Kinder.

Tab. 5.1 Schulbesuchsquoten von Kindern im Alter von 13 bis 19 Jahren in acht Städten von Essex County (Massachusetts)

	Schulbesuchsquoten in Prozent				Zahl der Fälle	
	Durchschnittswerte		angepaßte Durchschnittswerte			
Beruf des Vaters	1860	1880	1860	1880	1860	1880
Professional and semiprofessional	56,8	65,4	55,3	51,8	213	156
Farmer	63,7	56,0	49,7	41,0	179	150
White collar and skilled	46,2	48,9	44,1	46,1	541	325
Semi-skilled and unskilled	30,0	32,9	39,3	36,8	273	607
Father absent, mother working	33,0	32,2	43,1	35,7	97	59
Father absent, mother not working	40,9	25,7	45,2	33,0	110	183
Ethnizität/Nationalität						
1. Generation Einwanderer	22,0	17,8	31,8	24,5	218	258
2. Generation Einwanderer - Iren	45,3	35,7	45,9	36,3	86	339
2. Generation Einwanderer andere Ethnizität/Nationalität	50,0	38,2	44,4	36,9	48	170
3. und frühere Generation von Einwanderern	50,2	51,2	48,4	48,8	1.061	713
Ethnizität/regionale Herkunft und Beruf						
White collar and skilled, im Ausland geboren	32,7	35,5	36,5	33,6	98	169
White collar and skilled, im Inland geboren	49,2	63,5	46,9	60,8	443	156
Semiskilled and unskilled, im Ausland geboren	25,0	27,0	29,2	29,1	164	407
Semiskilled and unskilled, im Inland geboren	37,6	45,0	44,8	43,8	109	200

Quelle: C. F. Kaestle und M. A. Vinovskis 1980, 88-89, 96-97. Die angepaßten Durchschnittswerte würden für die entsprechenden Kategorien entstehen, wenn diese Gruppe gleich über die Kategorien verteilt wäre wie die Gesamtpopulation.

Dies war auch eine der Ursachen, warum in den schnell wachsenden Großstädten die Schulbesuchsquoten meistens niedriger waren als im Gesamtdurchschnitt.

Der enge statistische Zusammenhang zwischen der beruflichen Position des Haushaltsvorstands und dem Bildungsverhalten der Kinder wurde in neuerer Zeit durch eine unübersehbar große Zahl von Untersuchungen bestätigt. Dabei zeigte es sich, daß selbst sehr kleine Unterschiede im beruflichen Status der Elternteile einen beträchtlichen Einfluß auf das Bildungsverhalten und die Schullaufbahnen der Kinder ausüben können (vgl. Meusburger P. 1980, 163-166). Die Kinder von Facharbeitern haben in Österreich viel häufiger berufsbildende mittlere Schulen und höhere Schulen besucht als die Kinder von angelernten Arbeitern. Fast denselben Vorsprung hatten die Kinder angelernter Arbeiter vor den Kindern von Hilfsarbeitern, und diese übertrafen hinsichtlich des erreichten Ausbildungsniveaus wiederum die Kinder der land- und forstwirtschaftlichen Arbeiter sehr deutlich.

»Kinder aus Arbeiterfamilien bleiben, trotz der im historischen Vergleich gestiegenen Bildungsbeteiligung, eindeutig unterrepräsentiert, während die übrigen Sozialgruppen ihre herausragende Position wahren oder sogar ausbauen konnten. Vor allem die Beamten und Angestelltenfamilien schöpften ihr Potential insofern aus, als sie bereits in den 60er Jahren auch ihre Töchter vermehrt in Gymnasien schickten; die Zuwachsraten der Bildungsbeteiligung lagen hier über denen der Söhne, und in diesen Familien ist heute praktisch kaum noch ein geschlechtsspezifischer Unterschied in der Bildungsbeteiligung festzustellen. Seit Mitte der 70er Jahre gleicht sich auch in den Arbeiterfamilien die Bildungsbeteiligung der Geschlechter an, wenn auch auf erheblich niedrigerem Niveau« (Rodax K. 1989d, 226). Die Erhöhung der Übertritte von Arbeiterkindern in die gymnasiale Oberstufe hat dazu geführt, daß die Arbeiterkinder 1982 etwa jene Prozentwerte erreicht haben, welche die 17- und 18jährige gesamte Wohnbevölkerung schon im Jahre 1972 verzeichnete. Die schichtspezifischen Disparitäten der Übertrittsraten in Gymnasien haben sich also lediglich auf höhere Ebenen verschoben. Die Öffnung der Gymnasien hat kaum zu nennenswerten strukturellen Veränderungen der Zugangschancen der Arbeiterkinder geführt (Rodax K. 1989d, 227-229).

Parteipolitische Zuverlässigkeit und Machtposition der Eltern

Der Zusammenhang zwischen dem Ausbildungsniveau der Eltern und dem Bildungsverhalten der Kinder ist nicht in allen politischen Systemen gleich groß. In den kommunistischen Ländern wurde der Zugang zu Höheren Schulen mehr oder weniger stark nach der politischen Zuverlässigkeit der Eltern und erst in zweiter Linie nach der Begabung der Kinder geregelt. Vor allem die Kinder von Parteifunktionären, Kaderangehörigen und regimetreuen Intellektuellen waren in Höheren Schulen und Universitäten stark überrepräsentiert, während die Kinder von Arbeitern und Bauern (die nicht gleichzeitig Parteifunktionäre waren) stark unterrepräsentiert waren; Kinder aus bürgerlichen und/oder regimekritischen Familien waren viele Jahre hindurch vom Besuch einer Höheren Schule ausgeschlossen.

Als Beleg für die Bevorzugung der Kader sei eine Erhebung in Ungarn angeführt, die von P. Bourdieu und J. C. Passeron (1971, 275-277) zitiert wurde.

Tab. 5.2 Anteil der Oberschüler und der Studenten in Ungarn im Jahre 1960 nach der Berufsgruppe des Vaters

Berufsgruppe des Haushaltsvorstands	Auf 1.000 Haushalte entfielen ... Schüler (Studenten) in Höheren Schulen	Technikerschulen	Oberschulen gesamt	Hochschulen
Führungskader und Intellektuelle	142	24	166	31
Mittlere und untere Kader	108	32	140	25
Kader gesamt	121	29	150	28
Gelernte Arbeiter	59	55	114	9
Facharbeiter	44	52	92	7
Hilfsarbeiter usw.	33	47	81	5
Gesamtdurchschnitt	69	46	115	13

Quelle: Statisztikai szemle, Oktober 1962; zitiert bei Bourdieu P. und J. C. Passeron 1971, 275.

Auch der *Erfolg* in der Schule hing mit der Berufsgruppe und dem Ausbildungsniveau des Haushaltsvorstands zusammen.

Tab. 5.3 Schulerfolg der ungarischen Schüler im Jahre 1960 nach der Berufsgruppe und dem Ausbildungsniveau des Haushaltsvorstandes (Vater oder Mutter)

	Volksschule				Höhere Schule	
	1. - 4. Schulstufe		5. - 8. Schulstufe			
Berufliche Kategorie des Haushaltsvorstands	beste Noten	schlechteste Noten	beste Noten	schlechteste Noten	beste Noten	schlechteste Noten
Führungskader, Intellektuelle	49	3	34	6	20	15
Mittlere Kader	34	4	24	12	17	15
Kader gesamt	40	4	28	10	18	14
Gelernte Arbeiter	21	10	13	17	9	19
Facharbeiter	17	16	11	23	7	19
Hilfsarbeiter usw.	8	24	6	29	14	20
Ausbildungsniveau des Haushaltsvorstands						
Universität	49	2	41	2	22	10
Abitur	40	1	29	7	16	8
acht Volksschulstufen	25	8	16	14	13	17
weniger als acht Volksschulstufen	13	19	8	26	9	20

Quelle: Statisztikai szemle, Oktober 1962; zit bei Bourdieu P. und J. C. Passeron 1971, 274f. Prozentwerte beziehen sich auf den Anteil der Schüler aus einer Berufsgruppe, die im Vergleich zur Gesamtheit der Schüler dieser Gruppe die besten und schlechtesten Noten erhalten haben.

Die soziale Herkunft beeinflußt nicht nur die Übertrittsquoten in Universitäten, sondern auch die *Studienfachwahl*. Die Rekrutierungsbasis der einzelnen Akademikerberufe und Fakultäten ist sehr unterschiedlich und die Rangordnung der Akademikerberufe (Fakultäten) hinsichtlich des Anteils der Akademikerkinder erweist sich zeitlich gesehen bemerkenswert stabil (vgl. Conrad J. 1884, 1891; Eulenburg F. 1908, 1909; Meusburger P. 1990; Titze H. 1990). Während die juristischen und medizinischen Fakultäten unter ihren Studierenden in der Regel den höchsten Anteil von Akademikerkindern aufwiesen, verzeichneten die katholische Theologie und die historisch-philosophischen Fächer (Lehramt) jeweils den höchsten Anteil an sozialen Aufsteigern aus „bildungsfernen" Sozialschichten (vgl. Rienhardt A. 1918; Titze H. 1990, 115).

5.1.2 Kulturelle und religiöse Normen, Ethnizität und rassische Diskriminierung

Daß kulturelle und religiöse Normen und Wertvorstellungen, kulturell bedingte Unterschiede in der „Wirtschaftsgesinnung" oder eine je nach Kultur unterschiedliche Bewertung von Bildung, Fleiß und Leistungsbereitschaft das Bildungsverhalten beeinflussen können, ist seit langem bekannt (vgl. auch Kap. 5.1.2). Trotzdem sollte mit dem Argument der „kulturellen Einflüsse" vorsichtig umgegangen werden. Viele

Verhaltensweisen, die auf den „kulturellen Einfluß" oder die „ethnische Herkunft" zurückgeführt werden, resultieren in Wirklichkeit aus der sozialen Lage, aus einer sozialen Marginalisierung, Diskriminierung oder Privilegierung.

Das Bildungsverhalten einer ethnischen oder religiösen Gruppe sollte jeweils vor dem Hintergrund des lokalen und sozialen Kontexts analysiert werden, in dem sie sich befindet. Kulturelle Normen können sich je nach Kontext völlig unterschiedlich auf das Bildungsverhalten auswirken. Eine zugewanderte Minderheit, die sich von der Mehrheit diskriminiert oder benachteiligt fühlt, im Schulwesen mit Werten und Normen konfrontiert wird, die ihr fremd sind, in der Schule Inhalte lernen muß, die ihr irrelevant erscheinen, oder der in der Schule „historische Wahrheiten" vorgesetzt werden, die sie ganz anders erlebt hat, wird eine andere Einstellung zur Schule und ein anderes Bildungsverhalten zeigen als in ihrem Herkunftsland, wo sie in ihre eigene Kultur eingebettet war.

Die kulturelle Entwurzelung einer Bevölkerungsgruppe kann sehr unterschiedliche Auswirkungen haben. Sie kann zu Apathie und Anomie führen, sie kann aber auch zu besonderer Leistung anspornen.

»Persons who have been uprooted from traditional cultures, or who have been thoroughly exposed to two or more cultures, seem to have the advantage in the range of hypotheses they are apt to consider, and through this means, in the frequency of creative innovation« (Campbell D. T. 1960, 391).

Unabhängig davon, ob es im konkreten Einzelfall berechtigt ist, von kulturellen (ethnischen, religiösen) Einflüssen zu sprechen, oder ob eher schichtspezifische Faktoren für bestimmte Verhaltensweisen verantwortlich sind, bleibt doch unbestritten, daß sich Einwanderergruppen aus verschiedenen Kulturräumen trotz intensiver langjähriger Sozialisation selbst nach Generationen noch hinsichtlich des Bildungsverhaltens unterscheiden. Besonders anschauliche Beispiele liefern die Forschungen über Einwanderungsländer wie Israel und die USA.

Tab. 5.4 Die Zahl der absolvierten Schuljahre der israelischen Bevölkerung über 14 Jahre nach ethnischer Herkunft im Jahre 1992 (standardisiert nach dem Alter)

	Durchschnittliche Zahl der Schuljahre (Median)	Anteil der Personen mit 13-15 Schuljahren	Anteil der Personen mit 16 und mehr Schuljahren
Juden gesamt	12,0	18	13
im Ausland geborene Juden			
europäisch-amerikanische Herkunft	12,6	25	20
asiatisch-afrikanische Herkunft	10,6	11	5
in Israel geborene Juden	12,1	17	14
mit europäisch-amerikanischen Eltern	12,9	25	23
mit asiatisch-afrikanischen Eltern	11,4	11	5
mit in Israel geborenen Eltern	12,4	20	18
Araber	9,4	7	3

Quelle: Statistical Abstract of Israel 1993, Tabellen 22.1 und 22.2; zit. bei Goldscheider C. 1996, 131.

Während im Jahre 1992 die in Israel geborenen Juden mit Eltern aus Europa oder Amerika zu 23% mehr als 15 Schuljahre (also Hochschulbildung) aufzuweisen hatten, betrug der betreffende Anteil bei den sephardischen Juden (die selbst aus Asien oder Afrika eingewandert sind oder deren Eltern aus Afrika oder Asien eingewandert sind) jeweils nur fünf Prozent (vgl. Tab. 5.4). Bei aus Asien oder Afrika nach Israel eingewanderten Juden waren auch die geschlechtsspezifischen Disparitäten des Bildungsverhaltens viel höher als bei in Israel geborenen oder aus Amerika oder Europa eingewanderten. »[...] among Jews of Middle Eastern origin, women were more dependent on men and subordinate to them, and women's roles were located in separate spheres of activities« (Goldscheider C. 1996, 149).
Mitte der 70er Jahre des 20. Jahrhunderts waren beispielsweise von den „*graduate students*" an israelischen Universitäten nur 10% Sepharden, obwohl deren Anteil in der betreffenden Altersgruppe rd. 55% betrug (Yuchtman-Yaar E. und M. Semyonov 1979, 577). Die Ursache dafür wird u.a. im unterschiedlichen soziokulturellen Milieu der Familien sowie in massiven Vorurteilen gegenüber den Orientalen gesehen. Eine der umfangreichsten Studien zu dieser Thematik stammt von A. Minkovich et al. (1982).

In dieser Studie wurden 1.500 Kinder, 100 Lehrpersonen und sechs Direktoren befragt. Drei Fragebogen haben sich mit dem sozio-kulturellen Hintergrund der Familien (Beruf, Ausbildungsniveau des Vaters, Wohnungsgröße, Lernsituation der Kinder, Vorhandensein von Büchern und Zeitungen in der Familie, Freizeitinteressen der Eltern, kulturelle Herkunft, die wievielte Generation der Familie bereits in Israel wohnt), der Sozialisation (Eltern-Kind-Interaktion, Eingehen der Eltern auf Fragen der Kinder, Interesse der Eltern an der Schule, Lernhilfe der Eltern etc.) und der Beurteilung der Kinder durch die Lehrer befaßt. Außerdem wurden die besonderen Merkmale der Schulen (staatlich oder religiös, Ausstattung der Schulen mit Lehrmitteln, Anteil der „benachteiligten Kinder") erhoben. Nicht zuletzt wurden auch verbale und nichtverbale Leistungstests über sprachliche Ausdrucksfähigkeit und Kenntnisse in Mathematik, Geographie, Naturwissenschaften und Religion durchgeführt. Der Wohnort der Eltern wurde in fünf Siedlungskategorien aufgeteilt. Die „kulturelle Herkunft" von Vater und Mutter wurde in einem ersten Schritt in acht Kategorien eingeteilt. Die dadurch entstehenden 64 Kombinationen wurden in einem zweiten Schritt nochmals in folgende acht Gruppen zusammengefaßt:
AA1 = Kinder, bei denen beiden Elternteile afrikanisch-asiatischer Herkunft sind und beide Elternteile noch nicht in Israel geboren wurden.
AA2 = Kinder, bei denen beiden Elternteile afrikanisch-asiatischer Herkunft sind und mindestens ein Elternteil bereits in Israel geboren wurde.
EA1 = Kinder, bei denen beiden Elternteile europäisch-amerikanischer Herkunft sind und beide Elternteile noch nicht in Israel geboren wurden.
EA2 = Kinder, bei denen beiden Elternteile europäisch-amerikanischer Herkunft sind und mindestens ein Elternteil bereits in Israel geboren wurde.
GEN3 = Einer der Großväter wurde bereits in Israel geboren.
FaAA = Das Kind wird auf der väterlichen Linie als afrikanisch-asiatisch und auf der mütterlichen Linie als europäisch-amerikanisch klassifiziert, die Generation wird außer acht gelassen.
FaEA = Das Kind wird auf der väterlichen Linie als europäisch-amerikanisch und auf der mütterlichen Linie als afrikanisch-asiatisch klassifiziert, die Generation wird außer acht gelassen.

NO INFO = Fehlende Information über die Herkunft bei mindestens einem Elternteil, oder die Generation ist bei mindestens einem Elternteil nicht bekannt.

Den Tabellen 5.4 und 5.5 ist zu entnehmen, daß die „kulturelle Herkunft" der israelischen Kinder einen sehr großen Einfluß auf die Ergebnisse bei *Leistungstests* in Mathematik und Lesen hat. Die Dauer der Anwesenheit in Israel (seit einer Generation oder seit mehreren Generationen) hat sich zwar *innerhalb* der Kategorien der „kulturellen Herkunft" positiv auf die schulische Leistung ausgewirkt, die Unterschiede *zwischen* den kulturellen Kategorien wurden dadurch jedoch kaum verkleinert.

Tab. 5.5 Mittelwerte und Standardabweichungen von Leistungstests in Mathematik nach der „kulturellen Herkunft" der Schüler

	Testergebnisse in Prozent der richtigen Antworten							
		kulturelle Herkunft der Schüler nach Generationen						
	Gesamt	AA1	AA2	EA1	EA2	GEN3	FaAA	FaEA
1. Schulstufe								
Mittelwert	53	47	51	61	71	61	61	61
Standardabw.	22	21	20	20	19	20	20	19
2. Schulstufe								
Mittelwert	59	53	61	69	74	69	66	68
Standardabw.	23	23	21	19	16	18	21	20
4. Schulstufe								
Mittelwert	62	56	66	71	79	72	64	64
Standardabw.	23	21	21	21	16	18	22	22
6. Schulstufe								
Mittelwert	54	45	60	64	72	60	55	58
Standardabw.	23	21	20	22	18	21	21	19

Quelle: Minkowich A. et al. 1982, 271

Ähnlich große Disparitäten zwischen den Kategorien der „kulturellen Herkunft" gab es hinsichtlich der Testergebnisse in Mathematik, Lesen, Bibelwissen, Geographie und Naturwissenschaften.

5.1.3 Geschlecht

Wenn hier das Geschlecht als Einflußfaktor des Bildungsverhaltens diskutiert wird, dann wird es nicht als biologischer Tatbestand, sondern im Sinne von *gender* als „gesellschaftliches Konstrukt" betrachtet, nach dem die Gesellschaft Frauen und Mädchen bestimmte Rollen und Erwartungen zuschreibt. Während in den meisten ökonomisch fortgeschrittenen Industrieländern die geschlechtsspezifischen Disparitäten des Bildungsverhaltens in den letzten drei bis vier Jahrzehnten stark abgenommen haben, sind sie in bestimmten Kulturräumen noch immer sehr groß. Allerdings lassen sich auch in Industrieländern wie Japan oder Israel noch große geschlechtsspezifische Disparitäten des Bildungsverhaltens feststellen. Im internationalen Vergleich sind die geschlechtsspezifischen Disparitäten des Bildungsverhaltens in Japan noch sehr hoch (vgl. Teichler U. 1976a; Flüchter W. 1990, 96f). Bis zum Oberschulabschluß lassen sich zwar keine Unterschiede feststellen (Mädchen haben sogar geringfügig höhere Abschlußquoten), aber beim Eintritt in die Universität erfolgt ein starker Bruch, der auf die japanischen Wertvorstellungen zurückzuführen ist. Die Übertrittsrate der Frauen in Universitäten ist deutlich niedriger, und ein Großteil der studierenden Frauen besucht sogenannte Kurzzeituniversitäten, an denen der Frauenanteil schon 1989 rd. 91% erreichte. Auch in Japan stammen, ähnlich wie in anderen Ländern, studierende Frauen aus einkommensstärkeren Familien als Männer (Flüchter W. 1990, 97).

Wenn Mädchen im Schulwesen niedrigere Erfolgsraten oder Schulbesuchsquoten aufweisen als Knaben, werden dafür meist folgende Gründe genannt:

- Wenn die geschlechtsspezifischen Unterschiede in der gesellschaftlichen Rollenverteilung stark ausgeprägt sind oder die soziale Stellung der Frau niedriger ist als die des Mannes, wird oft eine sekundäre oder tertiäre Ausbildung für Mädchen als nicht so wichtig angesehen.
- In armen Ländern müssen schulpflichtige Mädchen auf ihre jüngeren Geschwister aufpassen sowie in der Haus- und Feldarbeit mithelfen.
- In bestimmten Kulturräumen werden Mädchen nach Eintritt der Geschlechtsreife aus der Schule genommen (vgl. Stromquist N. P. 1989, 153-158).
- Ein junges Heiratsalter und frühe Schwangerschaften stehen einer weiterführenden Schulbildung im Wege. In manchen Ländern werden schwangere Schülerinnen vom Unterricht ausgeschlossen.

In einigen Ländern übertreffen die Mädchen die Jungen hinsichtlich der Übertrittsraten in weiterführende Schulen oder der Erfolgsquoten. Dies ist beispielsweise dort festzustellen, wo Jungen stärker in die Erwerbsarbeit eingebunden sind als Mädchen oder wo Mädchen aus anderen Gründen später in das Erwerbsleben integriert werden.

5.1.4 Wirtschaftsstruktur und regionales Arbeitsplatzangebot

Die Branchen- und Qualifikationsstruktur des regionalen Arbeitsplatzangebots, die regionalen Verdienstmöglichkeiten, die vorherrschenden wirtschaftlichen Organisationsformen und viele andere Elemente der Wirtschaftsstruktur können in mehrfacher Weise das Bildungsverhalten beeinflussen. Die Bedeutung der einzelnen Faktoren variiert allerdings je nach dem räumlichen, kulturellen und sozialen Kontext und auch in der zeitlichen Dimension. Die lokalen Gegebenheiten der Wirtschaftsstruktur können sich direkt oder indirekt auf das Bildungsverhalten auswirken.

Ein *direkter positiver* Einfluß ist z.B. gegeben, wenn große Unternehmen oder bestimmte Branchen in einer Region attraktive und gut bezahlte Arbeitsplätze offerieren, bestimmte Qualifikationen nachfragen oder eigene Ausbildungsgänge anbieten, so daß sie über die örtlichen sozialen Netzwerke die beruflichen Aspirationen der nachfolgenden Generation beeinflussen. In diesem Falle wird die Wahl des Schultyps unmittelbar von der in Aussicht gestellten oder selbst angestrebten beruflichen Laufbahn beeinflußt.

Ein *direkter negativer* Einfluß der lokalen Wirtschaft ist gegeben, wenn gewerbliche Heimbetriebe oder die landwirtschaftlichen Strukturen die Mitarbeit der Kinder erfordern oder einen regelmäßigen Schulbesuch während des gesamten Schuljahrs unmöglich machen. Der ökonomische Zwang zur Kinderarbeit hat besonders im 19. Jahrhundert die Schulbesuchsquoten maßgeblich beeinflußt, wobei sich Kinderarbeit in Fabriken in der Regel viel negativer auf den Schulbesuch ausgewirkt hat als Kinderarbeit in der Landwirtschaft. C. F. Kaestle und M. A. Vinovskis (1980, 78) haben darauf hingewiesen, daß in der Landwirtschaft wegen des saisonalen Verlaufs und der größeren täglichen Flexibilität Kinderarbeit und Schulbesuch eher vereinbar waren als in den Industriebetrieben, in denen pro Tag zehn und mehr Stunden gearbeitet werden mußte und der Arbeitsablauf keinen saisonalen Schwankungen unterworfen war. Zumindest in Ländern, in denen die Dauer des Schuljahrs von lokalen oder regionalen Schulbehörden und nicht von einer zentralen staatlichen Instanz geregelt wurde, konnten durch eine Konzentration des Unterrichts auf das Winterhalbjahr oder eine Befreiung der älteren Schulkinder vom Unterricht während der Sommermonate trotz großer Bedeutung der Kinderarbeit relativ hohe Schulbesuchsquoten erzielt werden. Deshalb waren nach C. F. Kaestle und M. A. Vinovskis (1980) die Schulbesuchsquoten in den ländlichen Gemeinden von Massachusetts viel höher als in den Städten, wo es wegen der geringeren sozialen Kontrolle vermutlich auch leichter war, die Schule zu schwänzen.

Ein direkter Einfluß der Wirtschaftsweise oder der Erwerbstätigkeit auf das Bildungsverhalten ist auch dann gegeben, wenn etwa Kinder von Wanderarbeitern nicht die Möglichkeit eines regelmäßigen Schulbesuchs haben oder wenn in jenen Teilen der Alpen, in denen die dreistufige Almwirtschaft üblich war, die Kinder schon zu einem Zeitpunkt mit ihren Familien auf die Maisäß zogen, an dem das Schuljahr noch nicht beendet war.

Da von den meisten dieser Maisäßen und Almen zumindest bis in die 60er Jahre aufgrund der großen Distanzen und der fehlenden Verkehrserschließung kein täglicher Schulbesuch möglich war, hatten die Volksschulen dieser Gebiete eine andere Ferienordnung als der Rest des Landes. Während sich die lokalen Volksschulen an diese Sonderformen der Staffelwirtschaft bzw. die saisonale Wanderung der Familien anpassen konnten, war es den weiterführenden Schulen der benachbarten Städte, die ein viel größeres Einzugsgebiet zu versorgen hatten, nicht möglich, auf solche Sonderformen Rücksicht zu nehmen. Deshalb hatten die Kinder dieser Gebiete nur die Wahl, sich mit einem Volksschulabschluß zufrieden zu geben, oder in einem Internat zu wohnen, was für die meisten Bergbauernfamilien aus finanziellen Gründen nicht in Frage kam.

Von einem *indirekten* Einfluß des Arbeitsplatzangebots auf das Bildungsverhalten kann dann gesprochen werden, wenn das lokale oder regionale Arbeitsplatzangebot den Zuzug von hochqualifizierten Erwerbstätigen bewirkt, deren Kinder aufgrund des bekannten Sozialisationsprozesses im Elternhaus zu einem überproportional hohen Anteil höhere Schulen besuchen. Wenn eine Mittelstadt eine Universität beherbergt, dann tragen die Kinder dieser Wissenschaftler zu einem hohen Anteil zu den Übertrittsraten in Höhere Schulen bei. Wenn in einer Arbeitsmarktregion Niedriglohnbranchen das Arbeitsplatzangebot dominieren und deshalb zahlreiche niedrigqualifizierte Gastarbeiter angezogen werden, oder wenn das außerlandwirtschaftliche Angebot an qualifizierten Arbeitsplätzen so gering ist, daß der Großteil der qualifizierten Erwerbstätigen abwandert, wirkt sich dies über die bekannten Mechanismen der Einflüsse des Elternhauses und der *peer-group* negativ auf die Übertrittsquoten in Höhere Schulen aus.

Das lokale *Arbeitsplatzangebot* hat allerdings nicht bei allen sozialen Schichten einen gleich intensiven Einfluß auf das Bildungsverhalten. Es wirkt sich vor allem auf das Informations- und Aspirationsniveau der Eltern und Schüler aus den unteren, bildungsfernen Sozialschichten aus, während sich die oberen Sozialschichten viel weniger von lokalen Wirtschaftsstrukturen beinflussen lassen. Da die Komplexität des Arbeitsplatzangebots und der Gesellschaft mit zunehmender Gemeindegröße steigt, erhalten Kinder aus bildungsfernen Sozialschichten mit zunehmender Gemeindegröße ihres Wohnorts auch eine größere Vielfalt an Vorbildern und Rollenmodellen und einen besseren Kenntnisstand über mögliche Berufslaufbahnen. Dies ist auch die Ursache dafür, daß Kinder aus niedrigen sozialen Schichten, die in Großstädten aufwachsen, eine größere vertikale Inter-Generationen-Mobilität aufweisen als Kinder aus derselben Sozialschicht, die in kleinen Gemeinden oder im ländlichen Raum aufwachsen.

Der Einfluß der lokalen Wirtschaftsstruktur ist besonders bei einem raschen Wandel der ökonomischen Struktur, etwa von der Landwirtschaft zum Fremdenverkehr, festzustellen, wobei sich die Wirtschaftsstruktur und das Bildungsverhalten natürlich nicht synchron ändern, das Bildungsverhalten ändert sich meist erst nach dem ökonomischen Strukturwandel (vgl. Meusburger P. 1978).

5.1.5 Regionales Angebot an Schulen

Das regionale Angebot an Bildungseinrichtungen, die Qualität, Aufnahmekapazität und Erreichbarkeit von Schulen können das Bildungsverhalten erheblich beeinflussen. Schultypen, die in einer bestimmten Region nicht mit einem zumutbaren Aufwand an Zeit und Kosten erreichbar sind oder ein schlechtes Image haben, werden auch weniger frequentiert werden.

Das regionale Angebot an Schulen hat vor allem in der Anfangsphase des Schulwesens die Bildungsbeteiligung beeinflußt. Ein zu geringes oder nicht den örtlichen Gegebenheiten angepaßtes Angebot an Schulen hat die Schulbesuchsquoten verringert, ein Eingehen auf die lokalen Bedingungen hat die Bildungsbeteiligung erhöht. Aufgrund der flexiblen Regelung der Organisation der Schule und der Dauer des Schuljahrs hatten z.B. in Massachusetts im 19. Jahrhundert die ländlichen Gebiete viel höhere Schulbesuchsquoten als die Städte. Das Problem der ländlichen Gebiete war weniger, daß die Kinder zum Schulbesuch aufgefordert werden mußten, sondern die Dauer des Schuljahrs und Regelmäßigkeit des Schulbesuchs (Kaestle C. F. und M. A. Vinovskis 1980, 130).

In der Anfangsphase des Schulwesens wurden auch Grundschulen nicht flächendeckend angeboten, so daß wegen zu geringer Kapazität der Schulen oder zu großen Schulwegdistanzen viele Kinder keine Grundschule besuchen konnten. B. Eklof (1986, 301-302) berichtet, daß im russischen Zarenreich im ländlichen Raum viele Kinder wegen mangelnder Kapazitäten der Schulen abgewiesen werden mußten. Noch im Jahre 1911 entfielen auf 100 zugelassene Schüler 30,4 abgewiesene Knaben und 32,6 abgewiesene Mädchen.

Das regionale Bildungsangebot bzw. das Standortmuster und die Erreichbarkeit von weiterführenden Schulen wurden in den 50er und 60er Jahren als besonders wichtige Einflußfaktoren des Bildungsverhaltens angesehen. Mit dem Motto „jedem Bezirk seine höhere Schule" hoffte man, die regionalen Disparitäten der Übertrittsraten in höhere Schulen weitgehend beseitigen zu können. Heute wird die Bedeutung des Standortmusters von Schulen für das Bildungsverhalten der Kinder jedoch etwas anders beurteilt. Ob eine weiterführende Schule besucht wird, hängt eben nicht nur von der regionalen, sondern auch von der sozialen Distanz ab. Man kann zwar davon ausgehen, daß sich das Fehlen oder die schwierige Erreichbarkeit von weiterführenden Schulen bei der Masse der Bevölkerung auf die Übertrittsraten negativ auswirkt. Es ist auch nachvollziehbar, daß bei gegebener Bildungsbereitschaft die Wahl zwischen den Schulformen Höherer Schulen von den Distanzen und Schulwegbedingungen beeinflußt wird. Andererseits kann die räumliche Nähe von weiterführenden Schulen bildungsabstinente soziale Schichten nur schwer zum Besuch dieser Schulen bewegen.

5.1.6 Verkehrsstruktur und Schulwegbedingungen

Die Schulwegbedingungen und der Zeitaufwand für den Schulweg hängen in erster Linie von der Siedlungsstruktur (geschlossene Siedlungen, Streusiedlungen, Einzelhöfe), der Dichte des Standortnetzes von Schulen, der Erreichbarkeit der Siedlungen, den öffentlichen Verkehrsverbindungen, dem Vorhandensein eines kostenlosen Schülertransports und von saisonalen Verkehrsbehinderungen (Schnee, Lawinengefahr, Monsunregen etc.) ab. In der Anfangsphase des allgemeinen Schulwesens bzw. vor einer flächendeckenden Schulversorgung haben die Schulwegbedingungen die Schulbesuchsquoten der Grundschulen stark beeinflußt, ab der Jahrhundertwende meistens nur noch die der Hauptschulen und nach der Ausbauphase des Hauptschulnetzes nur noch die die höheren Schulen. Was die Verdichtung des Standortnetzes von Hauptschulen für die Schulwegbedingungen des Hauptschulbesuchs in einem Gebirgsland wie Tirol bedeutete, wird durch die Tab. 5.6 veranschaulicht. In Tirol wurde die Distanz zwischen den Volksschulen und der nächstgelegenen Hauptschule zwischen 1920 und 1980 auf ein Sechstel des ursprünglichen Werts verringert.

Tab. 5.6 Die Veränderung der durchschnittlichen Entfernungen zwischen den Volksschulen und der nächst gelegenen Hauptschule in Tirol zwischen 1920 und 1980.

Höhenstufe des Wohnorts	Durchschnittliche Entfernung zur nächsten Hauptschule		
	1920	1960	1980
bis 600 m	23,0 km	3,9 km	1,7 km
601-800 m	18,1 km	5,5 km	3,4 km
801-1.000 m	35,5 km	8,6 km	6,0 km
1.001-1.200 m	43,3 km	12,1 km	7,2 km
über 1.200 m	43,2 km	17,9 km	10,2 km
Tirol gesamt	32,0 km	9,1 km	5,5 km

Quelle: Höfle K. 1984, 27. Anmerkung: für die Ermittlung der Höhenlage wurde der Ortsmittelpunkt (Kirche, Rathaus) verwendet.

Der Besuch einer (weiterführenden) Schule wird allerdings weniger von der Distanz zwischen Wohnort und Schule als vielmehr von dem für den Schulweg benötigten Zeitaufwand beeinflußt. Die Frage, wann ein Zeitaufwand nicht mehr zumutbar ist, wird je nach Region, Alter der Schulkinder und Schichtzugehörigkeit der Eltern unterschiedlich beantwortet. Je höher die soziale Schichtzugehörigkeit der Eltern, desto mehr Zeit wird den Kindern für den Schulweg in eine höhere Schule zugemutet. Die Schulentwicklungsplanung muß jedoch von bestimmten Richtwerten ausgehen. Einige Autoren (z.B. Grohmann K. und P. Meusburger 1973; Meusburger P. 1974) haben für Kinder unter zehn Jahren einen Schulweg von 30 Minuten (für einen Weg) für zumutbar gehalten, für Kinder über zehn Jahren wurde die Obergrenze bei 60 Minuten angesetzt. Planerische Richtwerte sagen jedoch nichts aus über die Akzeptanz von Schulwegbedingungen durch die Bevölkerung.

»Bildungsgewohnte Gruppen lassen sich auch in abgelegenen Randgemeinden nur selten durch einen langen Schulweg davon abhalten, ihre Kinder auf höhere Schulen zu schicken« (Finzen, C. 1970, 213). Extrem viel muten jene Eltern ihren Kindern zu, die mit der Wahl des Schultyps religiöse, ideologische oder anthroposophische Ziele verfolgen. Besonders lange Anfahrtswege weisen beispielsweise die Kinder von Waldorfschulen auf. Offensichtlich bewerten die Eltern die durch die Waldorfpädagogik erwarteten Vorteile für die schulische Ausbildung höher als die außerordentliche Belastung der Kinder durch einen extrem langen Schulweg.

Die Schüler der Heidelberger Waldorfschule hatten 1989 einen durchschnittlichen Schulweg von 13,8 km Nur 11,1% der Schüler wohnten zum Zeitpunkt der Untersuchung innerhalb einer 5 km-Entfernung vom Schulstandort. Dagegen hatten über die Hälfte aller Kinder der Waldorfschule Heidelberg einen einfachen Schulweg von mehr als 10 km und 21,4% einen einfachen Schulweg von über 20 km Schulweg zurückzulegen, die Maximaldistanz für den einfachen Schulweg betrug 44 km. Insgesamt würden sogar 64,6% der Eltern einen noch höheren Zeitaufwand für den Schulweg ihrer Kinder akzeptieren. Als oberste Grenze des zumutbaren Zeitaufwands für den Schulweg gaben die Eltern Zeitspannen bis zu 240 Minuten an, der Durchschnittswert lag bei 82,5 Minuten (Schmude J. 1990, 74-75).

Die Bedeutung der Schulwegbedingungen für den Besuch weiterführender Schulen ist umstritten (vgl. Grohmann K. und P. Meusburger 1973, 60f). Schulwegbedingungen wirken sich wohl erst dann negativ auf das Bildungsverhalten aus, wenn gewisse Extremwerte überschritten werden, oder wenn Straßen wegen winterlicher Verkehrsbehinderung oder Lawinengefahr tage- oder wochenlang lang gesperrt werden müssen (vgl. Grohmann K. und P. Meusburger 1973, 60-68; Meusburger P. 1974, 108-111). In dünn besiedelten, schlecht erreichbaren oder verkehrsgefährdeten Gebieten können die Schulwegbedingungen auch heute noch die Übertrittsraten in weiterführende Schulen beeinflussen. In vielen Gebirgsregionen ist ein täglicher Schulweg in eine weiterführende Schule nicht oder nur saisonal möglich.

Abb. 5.2 Durchschnittlicher Zeitaufwand für den Besuch einer allgemein bildenden höheren Schule in Vorarlberg im Jahre 1971/72

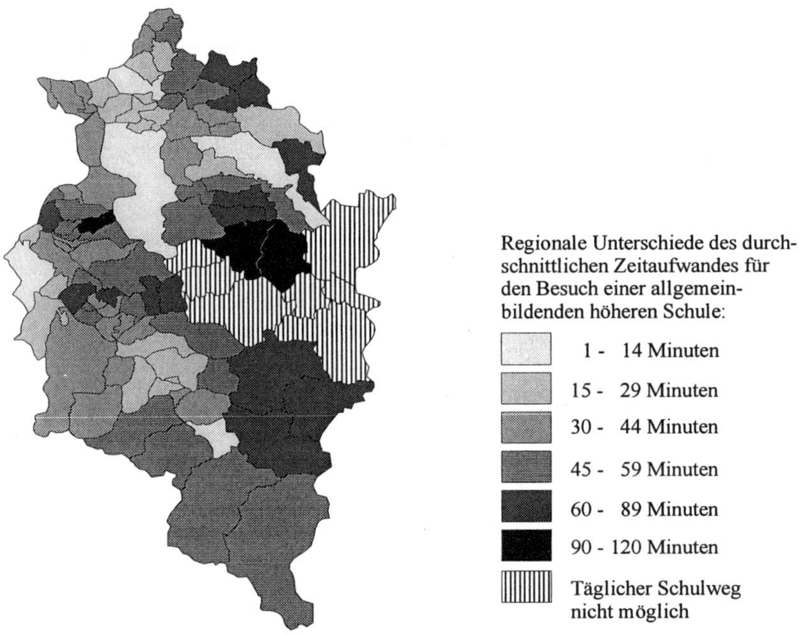

Quelle: Grohmann K. und P. Meusburger 1973, 66.

Die in Vorarlberg für den Schülertransport in Frage kommenden Straßen wurden beispielsweise Anfang der 70er Jahre im Winter noch von 170 Lawinenstrichen gefährdet. Von diesen wirkten sich 54 jedes oder jedes zweite Jahr aus und 40 wurden jedes dritte bis fünfte Jahr gefährlich. Volksschulsprengel, die im Winter durchschnittlich mehr als 10 Tage von der Außenwelt abgeschlossen werden, können weder aufgelassen, noch in Hauptschulsprengel eingegliedert werden, bevor die Lawinengefahr nicht durch Verbauungen beseitigt wird (vgl. Meusburger P. 1974, 110).

Abb. 5.3 Durchschnittlicher Zeitaufwand für den Besuch einer Hauptschule in Vorarlberg im Jahre 1971/72

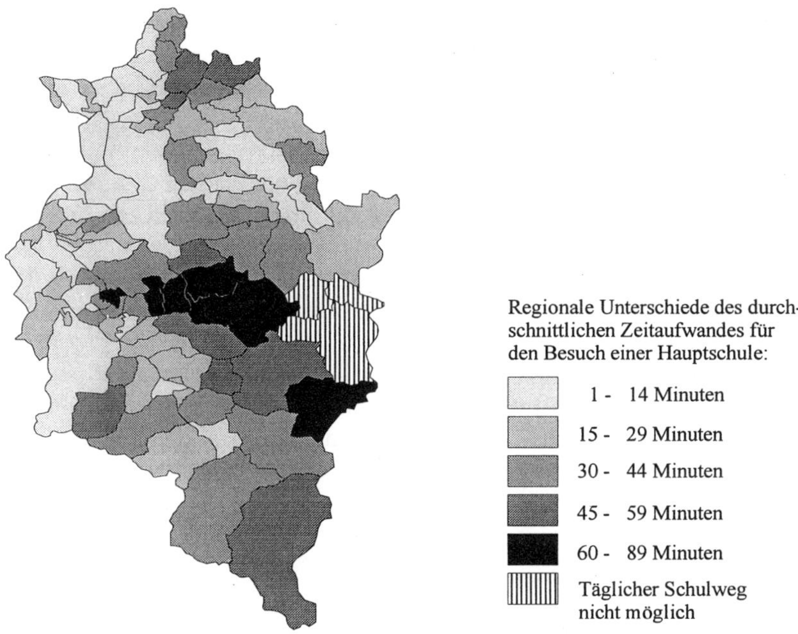

Quelle: Grohmann K. und P. Meusburger 1973, 66.

Die Zumutbarkeit eines Schulwegs sollte jedoch nicht nur von der betroffenen Bevölkerung beurteilt werden. Bildungsferne Sozialschichten im ländlichen Raum geben zwar häufig „unzumutbare Schulwegbedingungen" als Hauptgrund für ihre niedrige Bildungsbeteiligung an. Hinter diesem vorgeschobenen Grund verbergen sich jedoch oft Unsicherheit, mangelnde Informiertheit oder fehlendes Vertrauen der Eltern in die Leistungsfähigkeit ihrer Kinder. Auch beim Bestreben, die Kleinschule im eigenen Dorf zu behalten, werden oft die Schulwegbedingungen als Argument verwendet. Deshalb steht die regionale Bildungsplanung vor der Aufgabe, nach objektivierbaren Kriterien zu suchen, die einen täglichen Schulweg unmöglich (unzumutbar) machen (vgl. Abb. 5.2 und 5.3)

Vor allem die Einführung eines kostenlosen oder subventionierten Schülertransports hat in vielen Ländern die Bedeutung der Schulwegbedingungen als Einflußfaktor für das Bildungsverhalten stark verringert. Schulwegbedingungen rücken vor allem dann in den Mittelpunkt des Interesses, wenn es um die Auflassung von Grundschulen, die Abgrenzung von Einzugsgebieten oder die Organisation eines Schülertransportes geht (vgl. Meusburger P. 1974; Steingrube W. 1984, 1986).

5.1.7 Selektionswirkung des Schulsystems

Der Aufbau, die Differenzierung und die Durchlässigkeit eines Schulsystems können in mehrfacher Weise das Bildungsverhalten der Schüler beeinflussen. Je stärker ein Schulsystem gegliedert ist, desto größer ist die Wahrscheinlichkeit, daß in einzelnen Regionen die Voraussetzungen für die Errichtung bestimmter Schulformen nicht gegeben sind und die räumlichen Disparitäten des Bildungsverhaltens wachsen. Die Zusammenfassung verschiedener Schulformen, etwa zu einer integrierten Gesamtschule, kann dagegen existierende schichtspezifische und räumliche Unterschiede des Bildungsverhaltens verschleiern.

Neben dem Aufbau des Schulsystems spielt auch seine Durchlässigkeit eine Rolle. Ein Bildungssystem wird dann als durchlässig bezeichnet, wenn die Weichen für eine Schullaufbahn nicht nur einmal und dann für immer gestellt werden, sondern wenn es mehrmals die Möglichkeit eines Quereinstiegs bietet (z.B. Entscheidung für ein Abitur als 10jähriger, 14jähriger, 18jähriger oder im zweiten Bildungsweg). Nicht zuletzt werden Übertrittsraten von den kognitiv-intellektuellen Anforderungen an die Schüler beeinflußt.

5.1.8 Finanzierung des Schulwesens

Unterschiedliche Finanzierungsweisen des Schulwesens haben vor allem im 18. und 19. Jahrhundert viel zur Erklärung von sozialen und regionalen Disparitäten des Bildungsverhaltens beigetragen. Die Art, wie die finanziellen Lasten zwischen den verschiedenen Gebietskörperschaften, Schulträgern und Eltern aufgeteilt werden, kann aber auch heute noch einen Einfluß auf das Bildungsverhalten ausüben. Im 19. Jahrhundert wurde das Schulgeld in einigen Ländern bewußt als Mittel dazu verwendet, soziale Schichten schon im Grundschulwesen voneinander zu trennen. Besonders deutlich und empirisch sehr gut zu belegen ist diese Tendenz in Großbritannien.

Ausführliche Erhebungen liegen u.a. aus den Jahren 1816-1818 (von Henry Brougham initiierte *national surveys*), aus dem Jahre 1836 (*State of the Education in England*), aus den 40er und 50er Jahren des 19. Jahrhunderts (Erhebungen von *Statistical Societies*) sowie aus den 80er und 90er Jahren des 19. Jahrhunderts (Charles Booth) vor (vgl. Marsden W. E. 1987, 88-132). Besonders in den großen Städten korrelierte die Höhe des Schulgelds stark mit dem sozial-ökologischen Status des Wohnbezirks.
Das englische *Education Department* hat im 19. Jahrhundert stillschweigend geduldet, daß die *School Boards* in den Wohngebieten der höheren sozialen Schichten viel höhere Schulgelder verlangt haben als in den ärmeren Stadtbezirken. In Bermondsey hat z.B. die von Charles Booth vorgenommene sozialräumliche Gliederung (*very poor, poor/comfortable, comfortable, well-to-do*) in sehr hohem Maße mit der Höhe des wöchentlichen Schulgelds übereingestimmt, das zwischen 1d und 4d pro Woche variierte (Marsden W. E. 1987, 103-104).

Müssen die Gemeinden die Hauptlast der Finanzierung des Grundschulwesens tragen, ist der Zusammenhang zwischen der sozio-ökonomischen Struktur des Schuleinzugsgebiets und der Qualität der Schule wesentlich enger als wenn der Staat oder das

Bundesland diese Kosten tragen, und deshalb arme und reiche Gemeinden in ähnlicher Weise versorgt werden.

Viele Schulgesetze sind in früheren Jahrhunderten auch gescheitert, weil die finanziellen Lasten des Schulwesens den nicht zahlungsfähigen Kommunen aufgebürdet wurden. Die kommunale Finanzierung des Schulwesens hat in einigen Gebieten die Durchsetzung der allgemeinen Schulpflicht deutlich verzögert. Die Finanzierung des Schulwesens spiegelt aber auch gesellschaftliche Strukturen wider. Von besonderer Relevanz sind dabei die Kostenverteilung zwischen Staat und Familie und der finanzielle Pro-Kopf-Aufwand je Schüler, differenziert nach öffentlichen und privaten Schulen, Wohngebiet und Ethnizität. In Südafrika wurde beispielsweise im Schuljahr 1971/72 noch 18,4mal mehr Geld für ein weißes als für ein schwarzes Schulkind ausgegeben (Tab. 5.7).

Tab. 5.7 Pro-Kopf-Ausgaben für Schüler in Südafrika (1972 bis 1984) nach rassisch definierten Kategorien (ohne Kapitalausgaben)

Bevölkerungskategorie	Pro-Kopf-Ausgaben 1983/84 (Rand)	Relation zu den Ausgaben für die schwarze Bevölkerung		
		1971/72	1980/81	1983/84
Weiße	1.511	18,4 : 1	6,5 : 1	9,1 : 1
Inder	905	4,9 : 1	3,7 : 1	5,4 : 1
Farbige	501	3,7 : 1	1,8 : 1	3,0 : 1
Schwarze	167	-	-	-

Quelle: Bot M. und L. Schlemmer 1986; zit. bei Alexander N. und L. Helbig 1988, 19. Die Homelands sind in diesen Zahlen nicht enthalten.

Auf der regionalen Mikroebene (Gemeinden) können Pro-Kopf-Ausgaben für das Schulwesen ein sehr ambivalenter Indikator sein; hohe Pro-Kopf-Ausgaben für die Schule dürfen beispielsweise nicht ungeprüft als Hinweis auf eine gute schulische Versorgung interpretiert werden. Auch arme, kleine Gemeinden (unter 5.000 Einwohner) können hohe Pro-Kopf-Ausgaben für das Schulwesen aufweisen, weil der Bau oder Unterhalt ihrer Schule die einzige große kommunale Aufgabe darstellt (vgl. Meusburger P. 1974, 29f).

5.1.9 Mangel- und Überfüllungskrisen in akademischen Berufen

H. Titze (1990) hat für Preußen nachgewiesen, daß die selektive Funktion des Bildungssystems und der Zustrom zu akademischen Berufen einen zyklischen Verlauf aufweisen und daß es in vielen akademischen Berufen eine periodische Wiederkehr von Mangel- und Überfüllungskrisen gibt. Der zyklische Verlauf dieser Krisen beeinflußt den Zustrom in die akademischen Berufe und wirkt sich besonders auf das Bildungsverhalten und die Studienfachwahl der unteren oder „bildungsfernen“ Sozialschichten aus. Gibt es in einem akademischen Beruf einen Mangel an Nachwuchskräften und sind deshalb die Berufsaussichten besonders günstig, läßt die Selektivität des Bildungssystems nach. Dann sind die „Durchfallerquoten" geringer, und der Zustrom in diese Berufe verstärkt sich. Überfüllungskrisen und Bewerberstaus lassen die Leistungsanforderungen seigen, und der Zustrom in diese Berufe läßt wieder nach.

Diese Zyklen haben z.T. eine Eigendynamik, hängen aber auch von den Wachstumsbedingungen der akademischen Berufe ab. Nicht zuletzt belegen sie die immer wieder auftretenden Divergenzen zwischen der Entwicklung des Bildungs- und Beschäftigungssystems. Solche Phasen der allgemeinen Überfüllung waren in Deutschland die 30er und 90er Jahre des 19. Jahrhunderts sowie die 30er und 90er Jahre des 20. Jahrhunderts. Mangelkrisen traten im zweiten Jahrzehnt und in den 70er Jahren des 19. Jahrhunderts sowie in den 60er und 70er Jahren des 20. Jahrhunderts auf (Titze H. 1990, 108). Auch die soziale Rekrutierung der Studentenströme wird von solchen Mangel- und Überfüllungskrisen deutlich beeinflußt, vor allem der Zustrom in Fächer, die eine nach unten offene Rekrutierungsbasis, also viele Studierende aus unteren und mittleren Sozialschichten haben (z.B. Theologie, philosophische Fakultät) (Titze H. 1990, 113).

Titze (1990, 120f) konnte belegen, daß (potentielle) Studierende aus mittleren und unteren Sozialschichten ihre Aspirationen auf eine akademische Karriere bei *Überfüllungskrisen* bzw. ungünstigen objektiven Bedingungen eher aufgeben und sich in ihrem Statusstreben eher entmutigen lassen als solche aus oberen Sozialschichten. Komplementär zu diesem Ergebnis stellte er fest, daß bei Mangelkrisen Angehörige der unteren und mittleren Sozialschichten viel stärker jenen akademischen Karrieren zustreben, die besonders gute Berufschancen bieten. Für untere Sozialschichten haben Überfüllungskrisen also einen Abschreckungseffekt und Mangelkrisen einen Sogeffekt. Fachgebiete, die hinsichtlich ihrer Zugangschancen relativ offen sind, werden von diesen Zyklen stärker erfaßt als die relativ exklusiven Fächer mit einem hohen Anteil an Akademikerkindern (Titze H. 1990, 125).

»Bei *schrumpfenden* Studentenfrequenzen verschiebt sich das *Sozialprofil* des Nachwuchses für die entsprechende Karriere im gesamten Rekrutierungsspektrum nach „oben", denn durch die schichtspezifischen Abschreckungseffekte wächst der Anteil der Studierenden aus oberen Sozialschichten. Bei *expandierenden* Studentenfrequenzen verschiebt sich das Sozialprofil des Nachwuchses für die entsprechende Karriere im gesamten Rekrutierungsspektrum umgekehrt nach „unten" in bildungsfernere Schichten hinein, denn durch die schichtspezifischen Sogeffekte wächst der Anteil der Studierenden aus mittleren und unteren Sozialschichten« (Titze H. 1990, 120-121).

Die Verschiebung der Sozialprofile wirkt sich selbstverständlich auch in der räumlichen Dimension hinsichtlich der regionalen Rekrutierung von akademischen Berufen aus. Eine Verschiebung des Sozialprofils nach oben bedeutet eine stärkere Konzentration auf Großstädte und verstädterte Gebiete, eine Verschiebung nach unten hat eine stärkere Rekrutierung der betreffenden Akademikerberufe aus ländlichen Gebieten zur Folge.

5.1.10 Bedeutung des lokalen und regionalen Kontexts

H. Weishaupt (1980, 84) hat die Ansätze der regionalen Bildungsforschung in zwei Kategorien zusammengefaßt. Den ersten Ansatz nennt er die *Beschreibung regionaler Disparitäten über Regionaltypologien.* Diese Arbeiten verwenden Aggredatdaten der amtlichen Statistik oder auf räumliche Einheiten aggregierte Individualdaten. Sie beschränken sich größtenteils auf die Darstellung regionaler Unterschiede der Bildungsbeteiligung und verbinden die Deskription regionaler Disparitäten mit einzelnen Variablen, die als verursachend angenommen werden. Diese Studien zur regionalen Bildungsforschung sind im Vorfeld sozialökologischer Fragestellungen angesiedelt. Als sozialökologisch lassen sich Arbeiten dieser Gruppe erst kennzeichnen, wenn die verursachenden Faktoren systematisch und theoretisch begründet ausgewählt werden.

In der zweiten Kategorie sieht er jene Arbeiten, welche die *„Zusammenhänge zwischen Bildung und lokaler Umwelt"* analysieren. Innerhalb dieser Gruppe gibt es einerseits „objektivistische", mehrebenenanalytische Ansätze, die Aggregatdaten und Individualdaten kombinieren, um Effekte des lokalen Kontexts auf individuelles Verhalten zu erfassen. Andererseits gibt es Studien, die sich als „subjektivistische" Umweltanalysen charakterisieren lassen, die ebenfalls mehrere Ebenen unterscheiden, sich jedoch auf die Umwelterfassung der Jugendlichen unter lebensweltanalytischen Gesichtspunkten beziehen und als Fallstudien konzipiert sind.

Entscheidend ist die Erkenntnis, daß statistische Zusammenhänge, die für ein ganzes Land anhand von Individualdaten festgestellt wurden, nicht für alle Kategorien von Gemeinde- und Regionstypen gültig sind. Die in Abbildung 5.4 aufgezeigten Beziehungen zwischen den Einflußfaktoren des Bildungsverhaltens werden je nach lokalem Kontext verschieden intensiv sein. Unter bestimmten Bedingungen spielen einige dieser Faktoren (z.B. Schulwegbedingungen oder Qualifikation des Lehrkörpers) eine sehr große Rolle, bei einem anderen Kontext können sie vernachlässigt werden und treten andere Variablen in den Vordergrund.

Wenn der Geograph Kategorien wie Gemeindegröße, zentralörtliche Rangstufe oder Höhenlage (in Gebirgsregionen) eines Wohnorts verwendet, sieht er den Zusammenhang zwischen diesen Kategorien und dem Bildungsverhalten natürlich nicht deterministisch, sondern mit jedem dieser Begriffe verbindet er ein unterschiedliches Beziehungsgeflecht von Einflußfaktoren oder *action setting*, das Ermöglichungs- oder Verhinderungscharakter hat (vgl. Kap. 3.1). Wenn er das notwendige Vorwissen über den Untersuchungsraum oder die Bedeutung der räumlichen Kategorien noch nicht hat, wird er durch den statistischen Zusammenhang zumindest veranlaßt, diesem Beziehungsgeflecht, das den Kontext der betreffenden Kategorie ausmacht, auf der Mikroebene weiter nachzugehen.

In den alpinen Regionen läßt sich beispielsweise ein statistischer Zusammenhang zwischen der Höhenlage des Wohnortes und den Übertrittsraten in verschiedene Schulformen feststellen (vgl. Tab. 5.8). Je nach Kontext kann eine zunehmende Höhenlage mit abnehmendem Ausbildungsniveau der Eltern, zunehmender Agrarquote, abnehmenden landwirtschaftlichen Erträgen, zunehmenden Bewirtschaftungserschwernissen, schlechterer Erreichbarkeit, unattraktiverem Arbeitsplatzangebot, geringeren Verdienstmöglichkeit, schlechter qualifizierten Lehrpersonen und vielen anderen Merkmalen verbunden sein. Die Höhenlage bestimmt zusammen mit anderen Einflüssen in gewissem Maße den Kontext, unter dem die vorher genannten Faktoren zusammenwirken. Wer in alpinen Gebieten nur die Agrarquote, das Einkommen oder das Ausbildungsniveau der Eltern mit dem Bildungsverhalten der Kinder in Beziehung setzt, wird weniger erklären können als jemand, der sich mit dem Kontext Höhenlage auseinandersetzt. Ähnlich verhält es sich mit Kategorien wie Gemeindegröße oder zentralörtlicher Rang einer Gemeinde.

Tab. 5.8 Die Übertrittsraten nach Abschluß der 4. Volksschulstufe in Tirol nach der Höhenlage des Wohnorts der Schüler (Durchschnitt der Jahre 1976-1979)

Höhenstufe	Volksschuloberstufe	Hauptschule	höhere Schule	gesamt	abs. Zahl
bis 600 m	3,2	78,4	18,4	100,0	15.794
601-800 m	4,1	79,8	16,1	100,0	11.597
801-1.000 m	6,0	81,4	10,6	100.0	9.301
1.001-1.200 m	12,3	81,1	6,6	100,0	3.943
über 1.200 m	14,1	81,5	4,4	100,0	3.305

Quelle: Meusburger P. und K. Höfle 1984, 86. Erhebungen und Auswertungen K. Höfle.

In einem Gebirgsland wie Tirol gibt es eine sehr ausgeprägte und anhand von zahlreichen Indikatoren nachweisbare sozioökonomische Stockwerksgliederung (vgl. Meusburger P. und K. Höfle 1984), die sich auch deutlich auf das Bildungsverhalten der Schüler auswirkt. Da die Höhenlage stets für einen Kontext steht, ist der Zusammenhang zwischen Höhenlage und Bildungsverhalten natürlich nicht linear. Die Übertrittsraten in höhere Schulen können im obersten Siedlungsstockwerk unter dem Einfluß des Nobelschitourismus wieder höher sein als im zweitobersten, das durch die Bergbauernwirtschaft geprägt ist (vgl. Meusburger P. 1978).

Wesentlich besser erforscht ist der Zusammenhang zwischen der Gemeindegröße und der Sozialstruktur sowie dem Bildungsverhalten.

Tab. 5.9 Die Übertrittsraten der Schüler in Tirol am Ende der 4. Grundschulstufe nach der Gemeindegröße des Wohnorts (1965 und 1968 sowie 1976 bis 1979)

Einwohnerzahl des Wohnortes	Volksschuloberstufe		Hauptschule		allgemeinbildende höhere Schule	
	1965/1968	1976-79	1965/1968	1976-79	1965/1968	1976-79
bis 500	78,8	12,0	19,2	83,8	2,0	4,2
501-1.000	68,1	10,8	26,6	80,5	5,4	8,7
1.001-2.000	62,5	8,5	32,9	84,1	4,6	7,4
2.001-5.000	54,6	5,6	39,6	85,3	5,8	9,1
5.001-10.000	23,8	2,7	62,0	78,3	14,2	19,0
10.001-100.000	18,4	3,5	61,6	76,4	20,0	20,1
über 100.000	9,9	1,4	59,4	65,0	30,7	33,6
Tirol gesamt	47,2	6,1	42,3	79,9	10,5	14,0

Quelle: Höfle K. 1984, 84, 86; Auswertung von SITRO.

Abb. 5.4 Einfluß verschiedener Faktoren auf das Bildungsverhalten

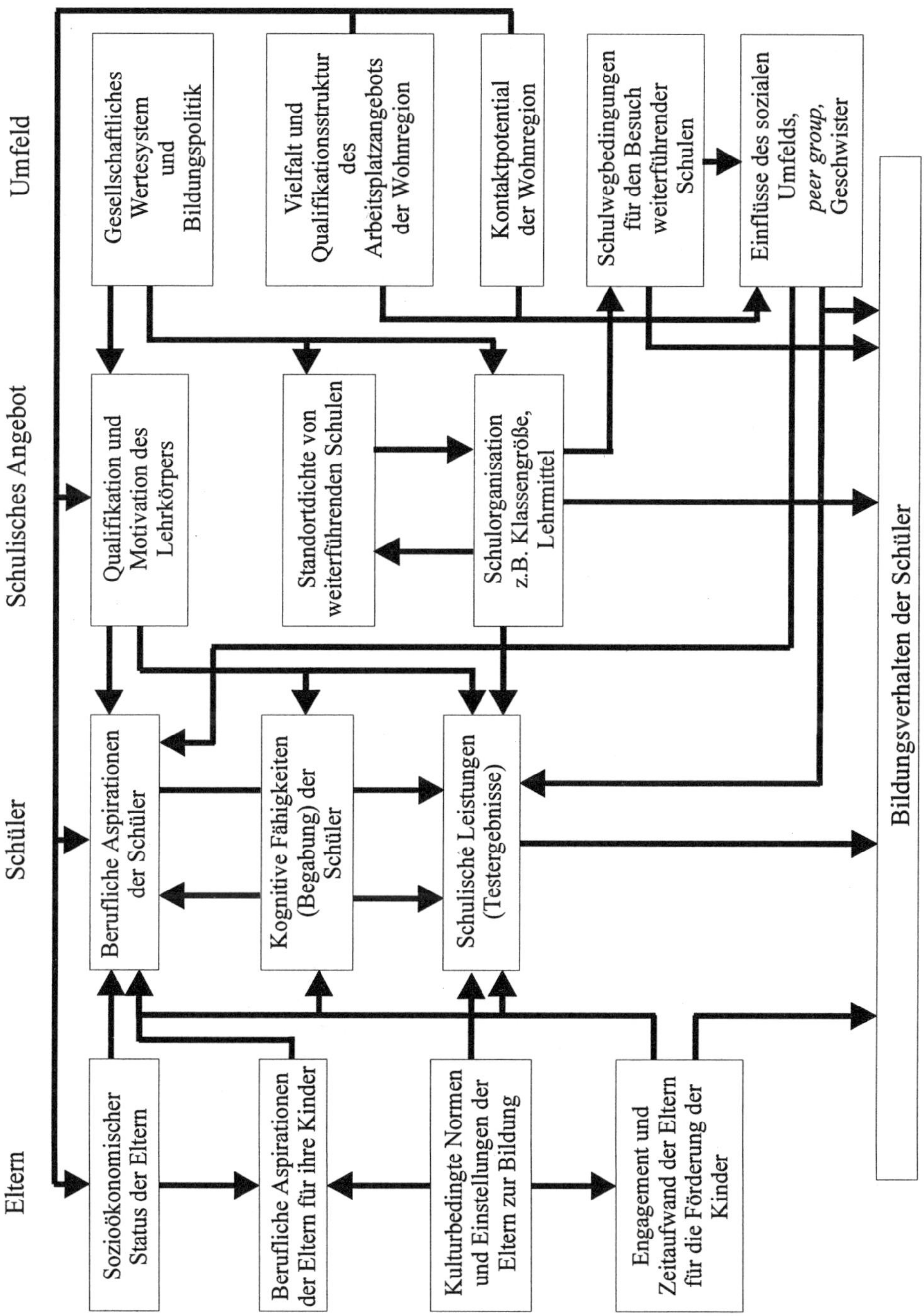

Quelle: eigener Entwurf

Bei der Interpretation der Tab. 5.9 ist zu berücksichtigen, daß sich zwischen 1968 und 1976 wegen der Auflassung der Volksschuloberstufe und der Einführung des kostenlosen Schülertransports (1971) ein geradezu dramatischer Strukturwandel vollzogen hat, so daß sich der Bedeutungsinhalt des Indikators „Übertrittsquoten in Hauptschulen" grundlegend verändert hat. Sie belegt jedoch eindeutig den großen Einfluß des Merkmals (Kontexts) „Höhenlage des Wohnorts".
Die Bedeutung der in Abb. 5.4 erwähnten Einflußfaktoren ändert sich aber auch mit der Maßstabsebene der Untersuchung. Auf der regionalen Makroebene, d.h. beim großräumigen Vergleich von Regionen werden Indikatoren viel erklären können, die ein sozioökonomisches Entwicklungsgefälle (z.B. Arbeitsplatzangebot) signalisieren. Auf der Mikroebene einer innerstädtischen Differenzierung werden Schichtzugehörigkeit der Eltern, Einflüsse der peer group und die Qualifikation des Lehrkörpers mehr zur Erklärung des Disparitäten beitragen können. Solche innerstädtischen Disparitäten des Bildungsverhaltens haben u.a. H. Weishaupt (1983, 1996), H. Weishaupt und H. Meulemann (1977, 1982) und S. Quick (1990), M. G. Bradford (1989) und viele stadtökologische Arbeiten vorgelegt.

Auf allen Maßstabsebenen muß der Wissenschaftler jedoch über ein entsprechendes Vorwissen verfügen, um die räumlichen Muster „lesen" zu können und auf die entsprechenden Ideen zu kommen, welche Faktoren und historischen Einflüssen möglicherweise die Ursache für diese Disparitäten sind, worin der lokale Kontext besteht oder welche Thesen noch zu überprüfen sind. Ein schlecht qualifizierter oder über den Untersuchungsraum schlecht informierter Wissenschaftler wird solchen Disparitäten oder räumlichen Mustern von Indikatoren allerdings relativ hilflos gegenüberstehen. Auch bei diesen Fragen spielen die Unterschiede von Wissen und Information sowie die Übertragungsprobleme zwischen Sender und Empfänger eine große Rolle (vgl. Kap. 2.1).

Selbst Faktoren wie das Ausbildungsniveau der Eltern, das in allen Kulturkreisen und Zeitepochen eine große Auswirkung auf das Bildungsverhalten der Kinder hat, haben nicht überall dieselben Auswirkungen. P. Meusburger (1980) konnte anhand einer Auswertung des Österreichischen Mikrozensus (Juni 1977) nachweisen, daß beispielsweise Kinder von Pflichtschulabsolventen, die in kleinen Gemeinden mit einer hohen Agrarquote aufwuchsen, ein niedrigeres Ausbildungsniveau erreichten, als Kinder aus dergleichen Bildungsschicht, die in Mittel- oder Großstädten aufwuchsen. Mit abnehmender Agrarquote und zunehmender Größe des Wohnorts (bei der Geburt) erreichten die Kinder von Pflichtschulabsolventen zu einem immer höher werdenden Prozentsatz den Abschluß einer mittleren oder höheren Schulbildung.

Von den Österreichern, deren Väter nur eine Pflichtschule abgeschlossen hatten, erreichten jene, die in einer Gemeinde mit einer Agrarquote von mehr als 30% geboren wurden, zu 72,9% ebenfalls nur einen Pflichtschulabschluß, nur 1,9% absolvierten eine Matura und nur 0,5% einen Universitätsabschluß. Unter jenen Kindern von Pflichtschulabsolventen, die in Gemeinden zwischen 20.000 und 250.000 Einwohnern geboren wurden, absolvierten mehr als dreimal so viele eine Universität (1,7%), dreieinhalbmal so viele schafften ein Abitur (7,1%) und jeweils mehr als doppelt so viele schlossen eine berufsbildende mittlere Schule oder eine Lehrausbildung ab. Die Kinder der in Wien wohnhaften Pflichtschulabsolventen erreichten im Durchschnitt das höchste Ausbildungsniveau (Meusburger P. 1980, 170-179).

5.2 Messung des schulischen Bildungsverhaltens

Während unter dem Ausbildungsniveau die höchste *abgeschlossene* Schulbildung (der erwachsenen Bevölkerung) verstanden wird, sollten die Begriffe Bildungsverhalten oder Bildungsbeteiligung (*participation rates*) nur für einen *noch nicht abgeschlossenen* Prozeß der Ausbildung verwendet werden. Indikatoren des Bildungsverhaltens drücken also nicht dasselbe aus wie Indikatoren des Ausbildungsniveaus. Selbstverständlich beeinflußt das Ausbildungsniveau der Elterngeneration in hohem Maße das Bildungsverhalten der Kinder, so daß zwischen diesen beiden Variablen durchaus hohe Korrelationen und übereinstimmende räumliche Muster gefunden werden können, aber eine hohe regionale Mobilität kann diesen Zusammenhang auch stören oder aufheben.

Bei einer hohen regionalen Mobilität der Bevölkerung können aus dem Ausbildungsniveau der (erwachsenen) Bevölkerung nur mit Einschränkungen Rückschlüsse auf die Bildungsmotivation der Wohnbevölkerung, die Leistungsfähigkeit der schulischen Infrastruktur und die Qualifikationen des Lehrpersonals gezogen werden. In einer peripheren, ländlichen Gemeinde können beispielsweise die Übertrittsraten in Höhere Schulen sehr hoch sein; wenn jedoch der Großteil der Absolventen aufgrund der Arbeitsplatzsituation gezwungen ist, abzuwandern, wird sich dieses Bildungsverhalten in der betreffenden Gemeinde nicht im Ausbildungsniveau der Bevölkerung niederschlagen.

Indikatoren des Bildungsverhaltens sind auch eher in der Lage, den Prozeßablauf eines gesellschaftlichen und ökonomischen Strukturwandels oder die Auswirkungen von Reformen kurzfristig zu erfassen als Indikatoren des Ausbildungsniveaus. Sie signalisieren gesellschaftliche und ökonomische Veränderungen, lange bevor sich diese im Ausbildungsniveau der Bevölkerung niederschlagen. Außerdem stehen Indikatoren des Bildungsverhaltens, die an verschiedenen Schnittstellen des Bildungssystems berechnet werden können, in viel engerem Zusammenhang mit der Leistungsfähigkeit des lokalen Schulsystems, der Schulpolitik, den Qualifikationen des Lehrkörpers oder dem sozio-kulturellen Milieu der Haushalte als das in Großzählungen erfaßte Ausbildungsniveau der erwachsenen Wohnbevölkerung. Deshalb werden Indikatoren des Bildungsverhaltens auch für die Konzeption, Evaluation und das *Monitoring* von bildungspolitischen und schulorganisatorischen Reformen herangezogen (vgl. Burstein L. et al. 1994, 413).

Ein Nachteil der Indikatoren des Bildungsverhaltens besteht darin, daß sie wegen ihrer Abhängigkeit vom jeweiligen Schulsystem international nicht leicht standardisierbar sind. Außerdem werden diese Indikatoren in den meisten Ländern von der amtlichen Statistik nicht so flächenhaft publiziert wie das anläßlich von Großzählungen erhobene Ausbildungsniveau.

Bei vielen Fragestellungen, etwa über die vertikale soziale Mobilität oder bei der Karriereforschung, werden beide Indikatoren benötigt. Ein solcher Vergleich des Ausbildungsniveaus der Eltern und des Bildungsverhaltens der Schüler ermöglicht trotz einiger methodischer Schwierigkeiten (der Bedeutungsinhalt einer Ausbildungsebene kann sich im Generationenvergleich ändern) interessante Einblicke in die vertikale soziale Inter-Generationen-Mobilität und in die Schnelligkeit eines sozioökonomischen Wandels. Auch bei der Karriereforschung bilden das Ausbildungsniveau der Eltern und die schulische Laufbahn der Kinder wichtige Untersuchungselemente.

Zur Messung des Bildungsverhaltens (bzw. der Bildungsbeteiligung) stehen je nach Schulsystem, Quellenlage, Untersuchungszeitraum und abhängig von der Frage, wie stark die Analyse des Bildungsverhaltens regional differenziert werden soll, verschiedene Indikatoren zur Verfügung. Amtliche Statistiken über das Bildungsverhalten beginnen in den europäischen Ländern und in den USA in den 60er oder 70er Jahren des 19. Jahrhunderts.

Die im folgenden angeführten Indikatoren stellen nur eine kleine (eurozentrische) Auswahl dar und müssen für Untersuchungen in anderen Kulturkreisen oder in der Dritten Welt noch ergänzt werden. Da die Aussagekraft eines Indikators des Bildungsverhaltens nur einen bestimmten Lebenszyklus hat und sich die Selektivität des Schulwesens im Laufe der Jahrzehnte auf höhere Ebenen verlagert, sollten für ein im Aufbau begriffenes Schulsystem oder für Länder mit hohen Analphabetenquoten andere Indikatoren verwendet werden als für hochentwickelte Industrieländer, in denen die Schulpflicht schon vor mehr als hundert Jahren verwirklicht wurde.

5.2.1 Anfangsphase des öffentlichen Schulwesens

Für die Anfangs- oder Aufbauphase des öffentlichen Schulwesens sind vor allem jene Indikatoren besonders aussagekräftig, die den Besuch von Grundschulen oder den Widerstand der Bevölkerung gegen die allgemeine Schulpflicht beschreiben können. Für Mitteleuropa oder Japan dauerte diese Aufbauphase etwa bis zum Ende des 19. Jahrhunderts, die ärmsten Entwicklungsländer befinden sich auch beim Eintritt in das 20. Jahrhundert noch in dieser Phase.

Anteil der schulbesuchenden Kinder an der Zahl der schulpflichtigen Kinder

Die gesetzliche Einführung der allgemeinen Schulpflicht bedeutete noch nicht, daß die Schulpflicht auch überall sofort umgesetzt werden konnte oder von der Bevölkerung befolgt wurde. In den meisten europäischen Ländern hat es etwa 100 bis 150 Jahre gedauert, bis das Gesetz der allgemeinen Schulpflicht auch in den ärmsten und peripheren Regionen durchgesetzt werden konnte. In manchen Regionen fehlten nicht nur die ökonomischen und infrastrukturellen Voraussetzungen für den Aufbau eines allgemeinen Schulwesens, sondern es war auch der Widerstand der Feudalherren oder der Eltern gegen den Schulbesuch ihrer Kinder so groß, daß die Schulpflicht von den

Behörden unter Anwendung von Zwangsmaßnahmen durchgesetzt werden konnte. In dieser „Einführungs- oder Durchsetzungsphase" der Schulpflicht gab es in den meisten Ländern große regionale und soziale Disparitäten des Anteils der schulbesuchenden Kinder.

Im Jahre 1816, also fast 100 Jahre nach der Einführung der Schulpflicht in Preußen (1717), betrug die Schulbesuchsquote in Sachsen über 80%, in Preußen rd. 60% (im Rheinland 50%, in Westpreußen 40%, in Posen rd. 20%). Auch nach zahlreichen weiteren Reformen und finanziellen Investitionen besuchten im Jahre 1846 in Sachsen rd. 95% der schulpflichtigen Kinder eine Schule, in Posen dagegen erst rd. 70% (Leschinsky A. und P. M. Roeder 1976, 137-139). Ähnlich lange Diffusionsphasen waren auch in der Habsburgermonarchie und vielen anderen Staaten festzustellen. Um 1855 besuchten in den westlichen Kronländern der Habsburgermonarchie (Vorarlberg, Tirol, Salzburg) sowie in Böhmen und Mähren schon fast 100% aller Schulpflichtigen eine Schule, in der Steiermark 82%, in Kärnten 73% und in Dalmatien 22%, während es in Galizien und in der Bukowina erst rd. 15% waren.

Für die Analyse des Bildungsverhaltens im 18. oder 19. Jahrhundert oder in Entwicklungsländern sind deshalb der Anteil der schulbesuchenden an den schulpflichtigen Kindern (d.h. ohne kranke oder behinderte Kinder, die keine Schule besuchen können) oder der Anteil der schulbesuchenden Kinder in bestimmten Altersgruppen sehr aussagekräftige Indikatoren, die in vielen Ländern über einen längeren Zeitraum von der amtlichen Statistik jährlich erfaßt worden sind. Dieser Indikator wird auch noch Ende des 20. Jahrhunderts unter der Bezeichnung „Netto-Einschulungsquote an Grundschulen" in Publikationen der UNESCO und der Weltbank verwendet.

Die *Aussagekraft* dieses Indikators hängt allerdings davon ab, wie genau die Zahl der schulpflichtigen Kinder von den Gemeindeverwaltungen erfaßt worden ist. Im 19. Jahrhundert variierte in Europa die Genauigkeit der von den Gemeinden geführten Schulmatrikeln oder „Conskriptionen" noch sehr stark.

In Österreich mußte die Ortsschulbehörde (Ortsschulrat) dem Leiter der Volksschule acht Tage vor Beginn des Schuljahrs ein Verzeichnis sämtlicher schulpflichtiger Kinder übergeben, anhand dessen der Schulbesuch kontrolliert werden konnte. Diese Conskription der schulpflichtigen Kinder wurde in den einzelnen Kronländern jedoch nach unterschiedlichen Richtlinien vollzogen und ist deshalb je nach Land auch von unterschiedlicher Genauigkeit und Zuverlässigkeit. Während in den meisten Kronländern eine persönliche Überprüfung von Haus zu Haus stattfand und auch ein Vergleich mit den Geburts- und Sterberegistern vorgeschrieben war, wurden in Dalmatien oder in der Bukowina lediglich die vorhandenen Geburts- und Sterberegister herangezogen. In einigen Großstädten (Wien und Brünn) waren die Hauseigentümer oder Hausverwalter verpflichtet, die Fragebögen der Schulverwaltung auszufüllen. In einigen Ländern war eine Abstimmung mit den „Fremdenlisten" über die Zugewanderten vorgeschrieben, in anderen nicht. In Triest verließ man sich auf die Anmeldungen der Eltern (vgl. Österreichische Statistik, 35. Bd., 1. Heft, 1892, XLIX-LVII).

Die Genauigkeit der Erfassung der schulpflichtigen Kinder konnte nur in Jahren, in denen gleichzeitig eine Volkszählung durchgeführt wurde, überprüft werden. Derartige Plausibilitätskontrollen zeigen, daß die Genauigkeit der Schulmatrikel sehr eng mit dem Niveau und der Effizienz der Gemeinde- und Bezirksverwaltungen zusammenhing.

Tab. 5.10 Anteil der schulbesuchenden Kinder - ermittelt nach dem Altersaufbau der Volkszählungsergebnisse

	Auf je 100 nach dem Altersaufbau der Volkszählung schulpflichtige Kinder entfielen .... schulbesuchende				
Länder	1871	1875	1880	1885	1890
Niederösterreich	65,13	75,24	76,06	85,60	91,42
Oberösterreich	72,24	82,87	84,75	89,56	89,00
Salzburg	74,45	79,99	80,46	81,82	90,76
Steiermark	51,62	63,23	66,40	74,83	87,60
Kärnten	52,60	65,49	65,73	78,85	89,13
Krain	54,34	57,24	60,30	68,62	82,11
Istrien, Küstenland	37,32	45,03,	45,50	60,07	76,56
Tirol und Vorarlberg	77,80	79,51	79,36	83,26	124,51
Böhmen	67,58	75,84	78,83	85,04	93,48
Mähren	66,69	72,01	79,32	83,57	95,16
Schlesien	67,23	69,62	72,12	73,80	87,77
Galizien	16,49	21,02	29,72	41,27	52,20
Bukowina	10,90	16,72	20,11	31,06	55,14
Dalmatien	14,15	19,07	21,62	21,24	30,71
Durchschnitt	49,87	57,72	61,72	69,42	80,87

Quelle: Österreichische Statistik, 35. Band, 1. Heft, 1892, S.LXII. Anmerkung: Werte über 100 können zustande kommen, wenn ein Land infolge eines größeren Angebots von Internaten einen beträchtlichen Einpendlerüberschuß von Schülern aufweist, oder wenn Kinder über das Pflichtschulalter hinaus eine Schule besuchen.

Tab. 5.11 Die Schulbesuchsquoten der acht- bis elfjährigen Kinder in Rußland im Jahre 1911

Provinzen	Schulbesuchsquoten der Acht- bis Elfjährigen in %
Moskau	84,2
Lifland	79,9
Saratow	61,3
Smolensk	58,4
Archangelsk	54,0
Vologda	49,3
Irkutsk	49,3
Tambov	48,2
Viatka	46,2
Kovno	45,8
Stawropol	41,1
Bessarabien	40,3
Orenburg	30,4
Semirech'e	9,4
Samarkand	2,4
Fergana	1,6
Zarenreich gesamt	44,2

Quelle: Eklof B. 1986, 284. Anmerkung: In diesen Zahlen sind nur die Schulen berücksichtigt, die in die Zuständigkeit des Bildungsministeriums und der Heiligen Synode fielen. Wenn alle Schulen einbezogen würden, beträgt die Schulbesuchsquote rd 46%.

In den rückständigeren Teilen der Habsburgermonarchie wurde ein beträchtlicher Teil der schulpflichtigen Kinder (vor allem Mädchen) von der lokalen Verwaltung nicht erfaßt, so daß die durch die Volkszählung ermittelte Zahl der schulpflichtigen Kinder jeweils ganz erheblich über der von den Gemeindeverwaltungen ausgewiesenen Zahl der schulpflichtigen Kinder lag. In Dalmatien wies die Volkszählung von 1890 mehr als dreimal so viele schulpflichtige Kinder (216,3%) aus als die Schulmatrikel, in Istrien lag die durch die Volkszählung ermittelte Zahl um 50,6% über jener der in den Schulmatrikeln erfaßten Zahl der schulpflichtigen Kinder, in Galizien waren laut Volkszählung 43,3% und in der Bukowina 13,4% der schulpflichtigen Kinder nicht in den Schulmatrikeln enthalten (vgl. Österreichische Statistik, 35. Bd., 1. Heft, 1892, LVIII). Die auf den Volkszählungen basierenden Schulbesuchsquoten sind zwar zuverlässiger und aussagekräftiger, sie stehen jedoch nur in größeren Zeitabständen zur Verfügung und wurden in vielen Fällen auch nur für größere regionale Einheiten (Bezirke) publiziert. In allen europäischen Ländern lassen sich für das 19. Jahrhundert und in einigen sogar bis kurz vor dem Ersten Weltkrieg sehr große regionale Disparitäten der Schulbesuchsqoten feststellen (vgl. Tab. 5.11).

Tab. 5.12 Der Prozentsatz der Kinder, welche eine Grundschule besuchen, bezogen auf die jeweilige schulpflichtige Altersgruppe

Staaten (gruppen)	Insgesamt		Weiblich	
	1970	1991	1970	1991
die 42 ärmsten Staaten (ohne China u. Indien)	55	79	44	71
Bhutan	6	..	1	..
Burkina Faso	13	30	10	24
Mauretanien	14	55	8	48
Niger	14	29	10	21
Äthiopien	16	25	10	21
Mali	22	25	15	19
Nepal	26	..	8	..
Burundi	30	70	20	63
Guinea	33	37	21	24
Tansania	34	69	27	68
Sierra Leone	34	48	27	39
Benin	36	66	22	39
Uganda	38	71	30	63
Pakistan	40	46	22	31
Mosambik	47	63	..	53
Bangladesh	54	77	35	71
Kenia	58	95	48	93
Indien	73	98	56	84

Quelle: Weltbank (1994, 254-255). Anmerkungen: .. = keine Daten verfügbar. Bei einigen Ländern weichen die Stichjahre von dem in der Tabelle angegebenen Stichjahr ab, diese Abweichungen können der Aufstellung der Weltbank entnommen werden.

Man darf nicht davon ausgehen, daß es Ende des 20. Jahrhunderts schon in allen Ländern zuverlässige Daten über die Schulbesuchsquoten an Grundschulen gibt. In einigen Entwicklungsländern waren die UNESCO und die Weltbank auch noch Ende des 20. Jahrhunderts bei ihren Publikationen über die Schulbesuchsquoten an Grundschulen auf Schätzungen oder Stichprobenerhebungen angewiesen. Daß die Erfassung der schulpflichtigen Kinder auch den Verwaltungen moderner Industriestaaten Schwierigkeiten bereiten kann, geht daraus hervor, daß in der Stadt New York zu Beginn des Schuljahrs 1996/97 um 91.000 Kinder mehr vor den Türen der städtischen Kindergärten, Grund- und weiterführenden Schulen erschienen sind als die Stadt erwartet hatte und verkraften konnte (FAZ 21.09.1996).

In Ländern, in denen die Schulpflicht relativ spät eingeführt wurde und deshalb dem Privatschulwesen eine große Bedeutung zugekommen ist (z.B. angelsächsische Länder), ist auch die Proportion der Kinder, die eine *private Schule* besucht haben, ein interessanter Indikator.

Während in vielen Industrieländern die Schulbesuchsquoten an Grundschulen seit der Jahrhundertwende annähernd 100% erreichten und deshalb ihre Aussagekraft als Indikator weitgehend verloren, liegen sie in armen Entwicklungsländern noch Ende des 20. Jahrhunderts auf einem sehr niedrigen Niveau (Tab. 5.12).

Im Jahre 1991 lagen die Schulbesuchsquoten an Grundschulen in Äthiopien, Mali, Niger, Burkina Faso, Guinea, Pakistan, Nepal, Bhutan und Sierra Leone noch unter 50 Prozent; dies ist ein Wert, der in Zentraleuropa schon Ende des 18. Jahrhunderts überschritten wurde. Ähnlich wie im Europa des 18. und 19. Jahrhunderts standen die Schulbesuchsquoten in einem Zusammenhang mit dem ökonomischen Entwicklungsniveau (Pro-Kopf-Einkommen) der Staaten.

Anteil der Schülerinnen je 100 Schüler

In der Aufbauphase des Pflichtschulwesens lag der Mädchenanteil an den schulbesuchenden Kindern in vielen Ländern deutlich unter jenem der Knaben. Dies traf gleichermaßen auf Teile Europas im 19. Jahrhundert wie auf einige Entwicklungsländer Ende des 20. Jahrhunderts zu. Im 19. Jahrhundert wurden in den unterentwickelten Regionen Europas, vor allem im russischen Zarenreich und in den östlichen und südöstlichen Kronländern der Habsburgermonarchie, deutlich weniger Mädchen als Knaben eingeschult. Auch die Diskrepanzen zwischen den von den lokalen Behörden erstellten Schulmatrikeln und der von den Volkszählungen ermittelten Zahl der schulpflichtigen Kinder gingen in erster Linie auf eine Untererfassung der schulpflichtigen Mädchen zurück. Obwohl die Volkszählung von 1890 unter den schulpflichtigen Kindern Dalmatiens einen Mädchenanteil von 48,5% auswies, betrug der Mädchenanteil unter den Schulpflichtigen der Schulmatrikel nur 31,7%. Im russischen Zarenreich betrug der Anteil der Mädchen an den schulbesuchenden Kindern im Jahre 1856 nur 8,2%, im Jahre 1878 waren es 17,7%, 1896 erreichte der Anteil 21,3% und 1911 erst 32,2% (Eklof B. 1986, 287).

Ähnliche Disparitäten sind auch Ende des 20. Jahrhunderts noch in vielen Entwicklungsländern festzustellen. In der Frühphase des öffentlichen Pflichtschulwesens ist der Mädchenanteil an den schulbesuchenden Kindern nicht nur ein aussagekräftiger Indikator des Bildungsverhaltens, sondern auch ein Indikator, der regionale Disparitäten und zeitliche Veränderungen in der gesellschaftlichen Einstellung zur sozialen Situation und familiären Rolle der Frau beschreiben kann.

Tab. 5.13 Zahl der Schülerinnen je 100 Schüler an Grundschulen

Staaten (gruppen)	1970	1991
Die 42 ärmsten Staaten ohne Indien u. China	61	77
Bhutan	5	59
Jemen, Rep.	10	31
Nepal	18	47
Somalia	33	..
Tschad	34	44
Pakistan	36	52
Mauretanien	39	73
Benin	45	51
Togo	45	65
Äthiopien	46	64
Guinea	46	46
Bangladesh	47	81
Burundi	49	84
Mali	55	58
Malawi	59	82
Sierra Leone	67	70
Naher Osten und Nordafrika	54	79
Oman	16	89
Saudi-Arabien	46	84
Ägypten	61	80
Vereinigte Arabische Emirate	61	93
Jordanien	78	94
Südasien	55	69
Afrika südlich der Sahara	63	77
Lateinamerika und Karibik	96	97

Quelle: Weltbank (1994, 254-255). Anmerkungen: .. = keine Daten verfügbar. Bei einigen Ländern weichen die Stichjahre von dem in der Tabelle angegebenen Stichjahr ab, diese Abweichungen können der Aufstellung der Weltbank entnommen werden.

Schulbesuchsquoten an Grundschulen sind jedoch ein relativ grober Indikator. Sie müssen deshalb besonders in Ländern, in denen das Pflichtschulwesen nicht gesamtstaatlich vereinheitlicht ist und/oder große qualitative Unterschiede aufweist, noch durch andere Indikatoren ergänzt und relativiert werden. Hinter hohen Schulbesuchsquoten können sich eine sehr unterschiedliche Dauer des Schulbesuchs, eine hohe Unregelmäßigkeit des Schulbesuchs, eine schlechte Qualität des Unterrichts und ein geringer schulischer Erfolg verbergen.

Zahl der Schultage pro Jahr

Die Validität des Indikators Schulbesuchsquoten an Grundschulen hängt in erster Linie von der *Dauer* und der *Regelmäßigkeit* des Schulbesuchs ab. In Ländern, in denen das Schulwesen nicht gesamtstaatlich geregelt, sondern von lokalen Schulbehörden beaufsichtigt und finanziert wurde, gab es in den Anfängen des öffentlichen Schulwesens beträchtliche regionale Unterschiede hinsichtlich der Länge des Schuljahrs (Zahl der Unterrichtstage). Diese wurde in starkem Maße von der ökonomischen Struktur der Gemeinden, der Verbreitung der Kinderarbeit und der Einstellung der Bevölkerung zur Schule beeinflußt. Eine entscheidende Frage war, wie die weit verbreitete Kinderarbeit mit dem Schulbesuch zu vereinen war. In manchen landwirtschaftlichen Gebieten wurden nur die älteren Kinder in den Sommermonaten vom Unterricht befreit, in anderen Gebieten war das Schuljahr für alle Kinder kürzer oder sogar nur auf das Winterhalbjahr beschränkt. Neben der Kinderarbeit haben auch finanzielle Überlegungen die Länge des Schuljahrs beeinflußt. In jenen Ländern, in denen nicht nur der Bau und die Erhaltung der Schulgebäude, sondern auch die Lehrergehälter von den Gemeinden finanziert werden mußten, haben arme Gemeinden versucht, durch eine Verkürzung des Schuljahrs Ausgaben einzusparen.

C. F. Kaestle und M. A. Vinovskis (1980, 133) haben für Massachusetts nachgewiesen, daß um 1860 die agrarischen Gebiete das kürzeste Schuljahr und die Handelszentren das längste Schuljahr hatten, während die Industriestädte eine Mittelstellung einnahmen. Eine Verkürzung des Schuljahrs hat sich zumindest in agrarischen Gebieten in der Regel positiv auf die Schulbesuchsquoten ausgewirkt. Die Saisonalität und tägliche Flexibilität der landwirtschaftlichen Arbeiten haben eher eine Vereinbarkeit von Kinderarbeit und Schulbesuch ermöglicht als die regelmäßige und genau festgelegte Arbeitszeit in Industriebetrieben (vgl. auch Kaestle C. F. und M. A. Vinovskis 1980, 134). Dies war einer der Gründe, warum ländliche Gebiete in vielen Fällen höhere Schulbesuchsquoten hatten als Großstädte oder warum in Massachusetts die Schulbesuchsquoten sogar negativ mit der Gemeindegröße korrelierten (Kaestle C. F. und M. A. Vinovskis 1980, 82).

Tab. 5.14 Schulbesuchsquoten der Kinder und Jugendlichen bis zu 19 Jahren in Massachusetts (1826)

Gemeindegröße (Einwohner)	Zahl der erfaßten Städte	Anteil der 0 bis 19jährigen in öffentlichen Schulen		Anteil der 0 bis 19jährigen in öffentlichen und privaten Schulen	
		Durchschnitt	Standard-abweichung	Durchschnitt	Standard-abweichung
bis 1.249	50	75,9	15,2	81,7	17,9
1.250-2.499	48	71,7	12,9	82,1	21,5
2.500-4.999	13	56,1	24,1	74,1	31,7
5.000-9.999	7	37,9	22,9	54,7	22,1
Salem (12.875 Ew)	1	20,9	-	49,5	-
Boston (54.154 Ew)	1	30,0	-	44,5	-

Quelle: Massachusetts, Secretary of the Commonwealth, School Returns for 1826, MS, Massachusetts State Library, Annex, Vault. Berechnet und zitiert von Kaestle C. F. und M. A. Vinovskis (1980, 21).

In Massachusetts besuchten in der kleinsten Gemeindegrößenklasse (unter 1.250 Einwohner) im Jahre 1826 75,9% der Kinder von bis 19 zum Alter von Jahren eine öffentliche Schule, in den Städten zwischen 5.000 und 9.999 Einwohnern waren es nur 37,9% und in Boston (mit damals 54.154 Einwohnern) besuchten sogar nur

30,0% eine öffentliche Schule. Selbst wenn man den Schulbesuch in öffentlichen und privaten Schulen zusammenzählt, waren die Schulbesuchsquoten im ländlichen Bereich wesentlich höher als in den größeren, städtischen Siedlungseinheiten (Kaestle C. F. und M. A. Vinovskis 1980, 21).

Der scheinbare Vorsprung der kleinen ländlichen Siedlungen vor den Städten wird jedoch schnell relativiert, wenn man die durchschnittliche Dauer des Schulbesuchs berücksichtigt. An den öffentlichen Schulen von Massachusetts variierte die durchschnittliche Dauer des Unterrichts im Jahre 1826 je nach Gemeindegröße zwischen 127 und 204 Tagen pro Jahr, d.h. die öffentlichen Schulen in Städten über 5.000 Einwohner hatten eine um 60,6% längere Schulzeit als die Orte mit weniger als 1.250 Einwohnern (Kaestle C. F. und M. A. Vinovskis 1980, 24-25)

Tab. 5.15 Dauer des Schuljahrs an den öffentlichen Schulen von Massachusetts im Jahre 1826 nach Gemeindegrößen

Gemeindegröße	Zahl der erfaßten Städte	Durchschnittliche Länge des Schuljahrs nach Schulsprengeln (in Tagen)	
		Durchschnitt	Standardabweichung
bis 1.249	50	127	36
1.250 - 2.499	48	143	80
2.500 - 4.999	13	172	104
5.000 - 9.999	7	204	34

Quelle: Massachusetts, Secretary of the Commonwealth, School Returns for 1826, MS, Massachusetts State Library. Berechnet und zitiert von Kaestle C. F. und M. A. Vinovskis (1980, 25). Aus Boston und Salem lagen keine Daten vor.

Die Kinderarbeit stellte auch in Europa bis Ende des 19. Jahrhunderts eine ökonomische Notwendigkeit dar, und zwar sowohl aus Sicht der Eltern als auch vom Standpunkt der Unternehmer. Dies geht schon aus den hohen Anteilen von Kindern unter 14 Jahren unter der Arbeiterschaft einiger Branchen hervor. In der Leinenindustrie Westfalens waren im Jahre 1846 30,7% aller Arbeiter Kinder unter 14 Jahren und in den Druckereien Schlesiens befanden sich unter den Arbeitern 36,1% Kinder unter 14 Jahren (Dieterici F. W. G. 1848, 163, 182). In der Landwirtschaft und im Heimgewerbe war Kinderarbeit noch stärker vertreten. Darauf mußte die Schulbehörde Rücksicht nehmen, da sie sonst die Schulpflicht nicht durchsetzen hätte können. Auch in Europa sahen die Schulverwaltungen eine Lösung des Problems vor allem in einer Flexibilität hinsichtlich der Dauer sowie der wöchentlichen und der jahreszeitlichen Verteilung des Unterrichts. Eine solche Flexibilität haben die Schulverwaltungen vor allem für den ländlichen Raum vorgesehen.

Nach § 8 der mit Ministererlaß vom 20. August 1870 kundgemachten österreichischen Schul- und Unterrichtsordnung, der die Dauer des Schuljahrs auf 46 Wochen festsetzte, mußte das Schuljahr an den Volksschulen zwar an allen Orten, wo sich Mittelschulen befanden (also in den Städten und größeren Märkten), gleichzeitig mit den Mittelschulen beginnen. Für alle anderen Orte aber war Anfang und Ende der Unterrichtszeit (des Schuljahrs) »mit Rücksicht auf die örtlichen Verhältnisse und die Beschäftigungsart der Bewohner von der Bezirksschulbehörde festzusetzen« (Österreichische Statistik, 35. Bd., 1. Heft, 1892, XXVII).

Solche Ausnahmeregelungen wurden vor allem in ländlichen Gebieten genehmigt. So hatten etwa im österreichischen Teil der Monarchie im Jahre 1890 in den Städten und Märkten nur 1,7% der öffentlichen Volksschulen eine Unterrichtszeit von weniger als 40 Wochen bzw. 0,3% eine Unterrichtszeit von weniger als 30 Wochen, während in den ländlichen Gebieten 8,9% weniger als 40 Wochen bzw. 4,3% weniger als 30 Wochen Unterricht hatten (Österreichische Statistik, 35. Bd., 1. Heft, 1892, XXVII). Dieses Stadt-Land-Gefälle der Unterrichtszeit war einerseits ein Ausdruck der damals noch weit verbreiteten Auffassung, daß Schulbildung vor allem für das städtische Bürgertum (die künftigen Staatsdiener) wichtig sei, andererseits entsprach dieses Gefälle auch einer ökonomischen Notwendigkeit. Der größte Teil dieser Ausnahmeregelungen entfiel auf Tirol, Vorarlberg und Galizien. In einigen alpinen Regionen Vorarlbergs und Tirols war insbesondere die dreistufig betriebene Almwirtschaft bzw. die Tatsache, daß im Mai die ganze Familie das Heimgut verließ und auf die Maisäß zog, die Hauptursache für diese Ausnahmeregelungen.

In anderen Regionen war die Dauer des Schuljahrs noch wesentlich kürzer. In der südnorwegischen Diözese Akershus waren in den 40er Jahren des 18. Jahrhunderts ländliche Schulen pro Jahr etwa zehn Wochen geöffnet und selbst im Jahre 1827 dauerte das Schuljahr nur drei Monate (Tveit K. 1981, 1985; zit. bei Houston R. A. 1988, 54).

Die Zahl der Schultage pro Jahr ist jedoch meist nur für die Aufbauphase des öffentlichen Schulwesens ein aussagekräftiger Indikator. Gegen Ende dieser Phase wurde die Dauer des Schuljahrs vereinheitlicht, so daß der Indikator „Zahl der Schultage" für viele Länder seine Relevanz weitgehend verloren hat.

Zwischen 1840 und 1875 ist in Massachusetts die Zahl der durchschnittlichen Schultage von 145,8 auf 176,5 angestiegen. In den ländlichen Gebieten bzw. den kleinen Gemeindegrößenklassen von Massachusetts wurde die Dauer des Schuljahrs in diesem Zeitraum um 18 bis 38 Tage verlängert. In den Städten über 10.000 Einwohner wurde die Dauer des Schuljahrs dagegen um 32 bis 62 Tage (Boston) verkürzt (Kaestle C. F. und M. A. Vinovskis, 1980, 135, 261).

Schulbefreiung, Schulversäumnisse und Schulschwänzen (*truancy*)

Bei der Interpretation von Schulbesuchsquoten muß erstens unterschieden werden, ob im betreffenden Land eine Schulpflicht besteht oder nicht. Zweitens muß eruiert werden, wie streng die Schulpflicht kontrolliert und von den Behörden durchgesetzt wurde. In England und Wales gab es beispielsweise bis zum *Mundella Act* im Jahre 1880 keine allgemeine Schulpflicht. Deshalb hat dort selbst von den in den *day schools* und *sunday schools* eingeschriebenen Schülern stets ein beträchtlicher Teil gefehlt. Dies konnte etwa anhand des *Education Census* vom 31. März 1851 belegt werden. M. Hoyler (1995, 109) hat für die *Registration Districts* der Grafschaft Leicestershire die entsprechenden Daten publiziert und festgestellt, daß insgesamt 15,2% der Schüler, in den einzelnen Districts variierte der Anteil zwischen 14 und 21%, am Zähltag nicht anwesend waren (Tab. 5.16).

Tab. 5.16 Schulbesuchs- und Anwesenheitsquoten der Schüler von 5 bis 14 Jahren in den *Registration Districts* der Grafschaft Leicestershire im Jahre 1851

Registr. District	*Day Schools*				*Sunday Schools*			
	Schüler		Schülerinnen		Schüler		Schülerinnen	
	Bes.Qu.	Anwes.	Bes.Qu.	Anwes.	Bes.Qu.	Anwes.	Bes.Qu.	Anwes.
Lutterworth	46	39	40	35	46	37	52	43
Market Harborough	55	46	48	40	58	45	55	46
Billesdon	54	44	48	41	62	50	60	50
Blaby	56	49	51	45	81	72	94	82
Hinckley	55	44	44	37	84	68	92	76
Market Bosworth	72	60	62	50	66	55	66	55
Ashby-de-la-Zouch	73	58	63	51	69	54	69	55
Loughborough	63	51	55	45	73	60	75	64
Barrow upon Soar	63	51	58	48	89	70	89	74
Leicester	50	43	38	32	55	41	63	46
Melton Mowbray	72	57	62	50	66	53	65	53

Quelle: Hoyler M. 1995, 109. Bes.Qu. = Schulbesuchsquoten in %, Anwes. = Anwesenheitsquoten in %. Auswertungen des *Census of England and Wales* 1851, *Report and Tables on Education* 1852/53 [1692] vol. XC, 32-35 und *Population Tables* II, 1852/53 [1691-II] Vol. II, 533.

In einigen Ländern wie z.B. Preußen wurde die Schulpflicht zwar relativ früh eingeführt, aber nicht für alle Orte als verpflichtend angesehen. Die Schulpflichtedikte Friedrich Wilhelms I. von 1717 und Mitte der 30er Jahre des 18. Jahrhunderts haben den Eltern die Schulpflicht nur dort auferlegt, »wo Schulen seyn« (Froese L. und W. Krawietz 1968, 91). Der Mangel an Schulgebäuden war in einigen Gebieten Preußens mehr als 160 Jahre nach Einführung der Schulpflicht noch so groß, daß trotz Schulpflicht auch solche Kinder abgewiesen werden mußten, welche die Schule besuchen wollten. Im Jahre 1882 wurden in Preußen trotz der riesigen Klassengrößen von 120 bis 150 Schülern noch knapp 10.000 Kinder bei der Aufnahme in öffentliche Volksschulen abgewiesen (Das gesamte Volksschulwesen ... 1891, 138; zit. bei Leschinsky A. und P. M. Roeder 1976, 125).

Auch bei einer gesetzlichen Schulpflicht sollten die Schulbesuchsquoten zumindest in den ersten Jahrzehnten nach Beginn der Schulpflicht auch durch die Häufigkeit der Absenzen relativiert werden. Denn die Einschulungsraten von Kindern sagen in manchen Ländern noch nichts über die Intensität oder Regelmäßigkeit des tatsächlichen Schulbesuchs aus. In der österreichisch-ungarischen Monarchie und in Preußen dauerte es nach der Einführung der allgemeinen Schulpflicht rd. 130 bis 140 Jahre, bis ein regelmäßiger Schulbesuch auch in den periphersten Gebieten durchgesetzt werden konnte. Die Nichtteilnahme von schulpflichtigen Kindern am Schulunterricht kann in drei Kategorien unterteilt werden:

- *Schulbefreiungen* (von der Schulbehörde genehmigt)

- *Schulversäumnisse* (von der Schulbehörde nicht genehmigt, aber von den Erziehungsberechtigten gedeckt)
- *Schulschwänzen* (weder von der Schulbehörde noch von den Erziehungsberechtigten toleriert)

Die vorhandenen Statistiken ermöglichen es leider nicht in allen Ländern, zwischen Schulversäumnissen und Schulschwänzen zu unterscheiden. Wenn es die Datenlage gestattet, sollte man jedoch bei empirischen Arbeiten diese beiden Begriffe nicht synonym verwenden. Die Schulversäumnisse, die auf die Billigung oder sogar die Aufforderung der Eltern zurückgehen, haben ganz andere Ursachen, korrelieren mit anderen sozio-demographischen Faktoren und haben ein anderes räumliches Verbreitungsmuster als das Schulschwänzen, das in der Regel ohne Zutun (Wissen) der Eltern passiert. Das Ausmaß der Schulversäumnisse und des Schulschwänzens kann durch die Zahl der versäumten Tage oder durch die Zahl der verhängten Strafen pro 100 Kinder dargestellt werden.

Eine *Befreiung* vom Schulunterricht war in manchen Ländern dann für einen bestimmten Zeitraum möglich, wenn die Eltern aus ökonomischen Gründen auf die Mitarbeit ihrer Kinder nicht verzichten konnten. In der Regel wurden die Kinder nur für bestimmte arbeitsintensive Perioden (z.B. Erntezeit) freigestellt. Quoten über das Ausmaß der Schulbefreiungen und der Schulversäumnisse sind in Europa zumindest bis zum Ersten Weltkrieg sehr aussagekräftige Indikatoren über die regionale Verbreitung der Kinderarbeit und/oder die Akzeptanz der Schulpflicht durch die Eltern.

Schulversäumnisse kamen vor allem in solchen Gebieten häufig vor, in denen die Kinderarbeit in Landwirtschaft und Industrie stark verbreitet war, in denen ein Großteil der Eltern noch Analphabeten waren, in denen die ökonomische Struktur so beschaffen war, daß die Eltern in einem Schulbesuch ihrer Kinder keinen Sinn fanden, sowie in Gebieten, die von ethnischen oder sprachlichen Minderheiten bewohnt waren, die im Schulwesen des Mehrheitsvolkes eine Gefährdung ihrer Kultur sahen. In Österreich war der Anteil der Eltern, die ihre „eingeschulten“ Kinder dem Unterricht zumindest zeitweise entzogen, im Jahre 1890 in der Bukowina, in Galizien, Istrien und Krain am höchsten. Während es im Gesamtdurchschnitt der österreichischen Kronländer auf 100 schulpflichtige Kinder 4,2 Strafen wegen Schulversäumnissen gab, entfielen in Dalmatien auf 100 Kinder 16,8 Strafen, in der Bukowina 12,6 und in Krain 7,4. Am wenigsten Strafen mußten in Tirol (auf 100 Kinder 0,3 Strafen), Triest (0,9), Schlesien (1,5) und Salzburg (2,5) ausgesprochen werden.

Diese Maßzahlen der Schulversäumnisse sollten jedoch nur zusammen mit anderen Indikatoren verwendet werden, da eine isolierte Verwendung leicht zu Fehlschlüssen führen kann. Aufschlußreicher als Statistiken sind die Berichte von Schul- und Fabriksinspektoren der damaligen Zeit oder die Bemühungen, das Problem durch gesetzliche Maßnahmen in den Griff zu bekommen. C. F. Kaestle und M. A. Vinovskis (1980, 75-77) beschreiben, wie es in Massachusetts viele Jahrzehnte gedauert hat, bis die zahlreichen Gesetze gegen Kinderarbeit so weit durchgesetzt werden konnten, daß zumindest Kindern unter 15 Jahren ein Schulbesuch möglich war (die Zahl in der Klammer bezieht sich auf das Jahr des Erlasses).

»No child under ten years of age was to be employed more than ten hours a day (1842); children under fifteen years of age working in manufacturing establishments were to have attended school for three months during the preceding year and to have a certificate, proving this attendance (1836, 1838); and school committees were instructed to enforce the law (1842). Towns were permitted to make further provisions to enforce the laws (1850); truants could be incarcerated (1850); and all children, whether employed or not, were to attend school for twelve weeks each year, unless they knew already the rudiments, were physically or mentally defective, or were impoverished (1852)« (Kaestle C. F. und M. A. Vinovskis 1980, 75).
Im Essex County wurden u.a. folgende Richtlinien gegen Kinderarbeit erlassen: »No child under ten was to be employed in a manufacturing, mechanical, or mercantile establishment (1876); children between the ages of ten and fourteen thus employed must have attended school for twenty weeks in the preceding year (1876) and were not to work more than 60 hours a week (1867); a deputy constable of the commonwealth was assigned to enforce child labour laws (1867); towns were required to provide truant officers (1873) [...] no child under fourteen was to be employed during public school session if unable to read and write (1878); and employers were required to keep proof of their employees' birth and school attendance on file for truant officers' inspection (1878)« (Kaestle C. F. und M. A. Vinovskis 1980, 76).

Diese Gesetze scheinen jedoch kaum befolgt worden zu sein. Henry Oliver, der als „deputy constable of the commonwealth“ in Massachusetts die Aufgabe hatte, verbotene Kinderarbeit und Schulversäumnisse zu erfassen, schrieb 1870 über diese Gesetze:

»Nobody looks after it - neither town authorities, nor school committees, nor local police and the large cities and many of the towns of the state are full of unschooled children [...] and nobody thinks of obeying the school laws. In fact, most persons are ignorant that there is such a law« (zitiert bei Kaestle C. F. und M. A. Vinovskis 1980, 76).

Im Gegensatz zu den ersten beiden Indikatoren, die vorwiegend mit dem sozioökonomischen Entwicklungsniveau in Zusammenhang zu bringen sind, steht das Schulschwänzen eher mit dem Auseinanderbrechen von Familien- und Sozialstrukturen in Zusammenhang. Besonders ausführliche Daten über das Ausmaß des Schulschwänzens liegen für die Großstädte der USA vor, die im 19. Jahrhundert eine große Zahl von Immigranten aus zahlreichen Ländern bzw. ein enormes Bevölkerungswachstum zu verkraften hatten. Aber selbst in den amerikanischen Kleinstädten war das Schulschwänzen ein ernstes Problem (vgl. Kaestle C. F. und M. A. Vinovskis 1980, 77). In den USA haben sich die *truancy rates* bis heute als ein sehr aussagekräftiger Indikator für sozialgeographische Fragestellungen erwiesen.

Eine der ersten wissenschaftlichen Untersuchungen über *innerstädtische Disparitäten* des Schulschwänzens stammt wohl von C. R. Shaw (1929) und seinen Mitarbeitern, die im Rahmen ihrer kriminalgeographischen Studien über *»delinquency areas«* in Chicago die *truancy rates* für mehrere Stichjahre in sehr kleinräumiger Differenzierung untersucht haben. In diesen Studien haben sie die räumliche Verteilung von 5.159 männlichen Schulschwänzern mit der räumlichen Verteilung von 50.839 verschiedenen Straftaten in Beziehung gesetzt. Die Stadt Chicago unterhielt noch in der Zwischenkriegszeit ein eigenes *Department of Compulsory Education*, dessen Aufgabe es war, Schulschwänzen und »incorrigibility in the schools« zu erfassen.

Auch diese Daten wurden von Shaw und seiner Arbeitsgruppe ausgewertet und noch durch die Befragung und die Auswertung der Biographien jener Delinquenten ergänzt, die vor Gericht kamen. Nicht zuletzt aufgrund dieser Befragungen und Biographien kamen Shaw und seine Mitarbeiter zum Ergebnis, daß Schulschwänzen in vielen Fällen der Beginn einer kriminellen Laufbahn sei und daß dies der Grund sei, warum das Schulschwänzen so eng mit anderen Formen delinquenten Verhaltens korreliere.

Abb. 5.5 Die Schulschwänzerquoten (Truancy Rates) in Chicago zu Beginn der 20er Jahre

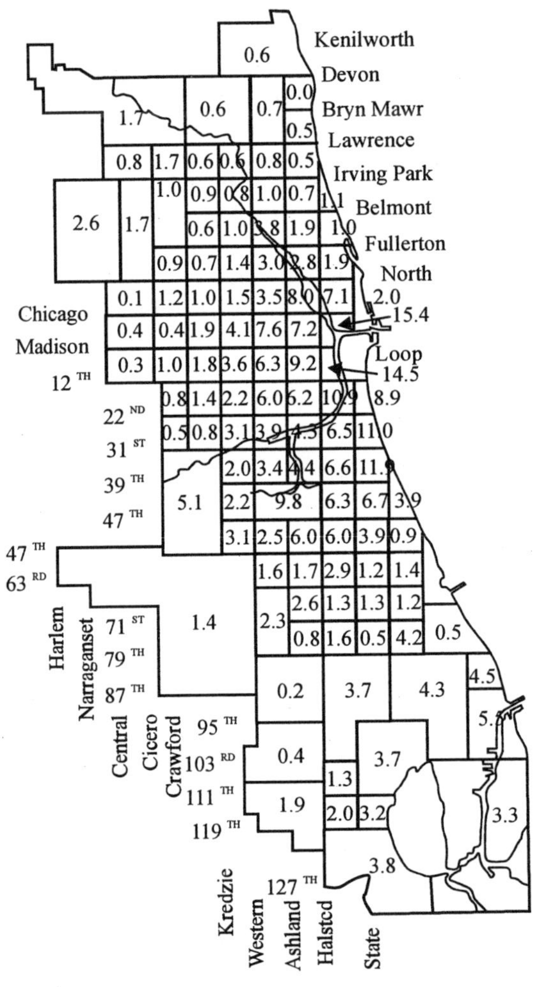

Quelle: Shaw C. R. 1929, 44.

»Truancy and other behavior difficulties arising in the school situation very often mark the beginning of careers of delinquency. An analysis of the records of 2.447 boys who were brought before the Juvenile Court on petitions alleging truancy from school during the period between 1917 and 1923 showed that [...] 56,4 per cent of the boys appeared in the Juvenile Court on petitions of delinquency, either prior or subsequent to the filing of the truant petition. Of this group [...] 52,7 per cent appeared in court two or more times on delinquent petitions after the initial appearance in court on the truant petition« (Shaw C. R. 1929, 33).

Ein methodisches Problem der *truancy rates*, auf das schon C. R. Shaw (1929, 35) hingewiesen hat, besteht darin, daß es wohl keine einheitliche Definition von Schulschwänzen gibt und daß die Schuldirektoren sehr unterschiedliche Maßstäbe angesetzt haben, bevor sie einen Fall der Schulbehörde meldeten. C. R. Shaw (1929) hat deshalb nur die „schweren Fälle“, die von der Schulbehörde vor Gericht gebracht wurden, als Basis für seine Untersuchungen verwendet.

Die Spannweite der *truancy rates* schwankte zwischen 0% in den guten Wohngebieten Chicagos und 15,4% in einem Gebiet am Nordrand des „Loops“, das C. R. Shaw (1929, 45) mit den Begriffen »very heterogeneous population«, »Little Italy« und »an area of rapid change and deterioration with the concomitant social disorganization« charakterisierte. Sehr hohe Werte wurden auch in der Nähe der „Stock Yards“ »which is notorious in the history of crime in Chicago«, der „South Chicago steel mills“ und anderen extrem dicht besiedelten und verslumten »first immigrant settlements« gemessen. In den stabilen und homogenen Wohnbezirken »established mainly by Swedish, Norwegian, and German groups« wurden nur noch Raten von 0,9 bis 1,5% verzeichnet.

In der Tradition der Chicagoer Schule hat Shaw die *truancy rates* auch nach konzentrischen Ringen und nach zentral-peripheren Gradienten untersucht. Der zentrale Kern der Stadt hatte eine *truancy rate* von 12,4%, nach außen hin sanken die Werte stark ab, und die äußersten vier Kreise hatten nur noch Werte von 1,2 bis 1,8% (Shaw C. R. 1929, 47-48). C. R. Shaw (1929) hat auf der Basis von 113 räumlichen Einheiten (Quadratmeilen) zwischen den *truancy rates* und sieben weiteren Variablen delinquenten Verhaltens eine Korrelationsmatrix berechnet und dabei bemerkenswert enge Zusammenhänge festgestellt.

Die räumlichen Muster der acht Variablen weisen eine bemerkenswert große Ähnlichkeit auf, was die Aussagekraft der *truancy rates* hinsichtlich der sozialen Desorganisation der Gesellschaft unterstreicht. Die Gebietstypen Chicagos, welche die höchsten Delinquentenquoten aufwiesen, wurden von C. R. Shaw (1929, 204) folgendermaßen charakterisiert:

»[...] these areas are in a process of transition from residence to business and industry and are characterized by physical deterioration, decreasing population, and the disintegration of the conventional neighborhood culture and organization [...] the community [...] ceases to function as a means of social control. Traditional norms and standards of the conventional community to delinquent and criminal behavior is low, and such behavior is tolerated and may even become accepted and approved. [...] This disorganization is intensified by the influx of foreign national and racial groups whose old cultural and social controls break down in the new cultural and racial situation of the city. In this state of social disorganization, community resistance is low. Delinquent and criminal patterns arise and are transmitted socially just as any other cultural or social pattern is transmitted. In time these delinquent patterns may become dominant and shape the attitudes and behavior of persons living in the area. Thus the section becomes an area of delinquency and crime« (Shaw C. R. 1929, 204-206).

Tab. 5.17 Korrelation zwischen den „*truancy rates*“ und anderen Variablen des delinquenten Verhaltens auf der Basis von 113 räumlichen Einheiten in Chicago

	1)	*2)*	*3)*	*4)*	*5)*	*6)*	*7)*
1) 1917-23 school truants	-						
2) 1926 police delinquents	0,88 ± 0,015	-					
3) 1927 police delinquents	0,88 ± 0,014	0,96 ± 0,006	-				
4) 1917-23 Juvenile Court male delinquents	0,89 ± 0,014	0,85 ±0,018	0,85 ± 0,017	-			
5) 1900-1906 Juvenile Court male delinquents	0,84 ± 0,019	0,80 ± 0,023	0,78 ± 0,026	0,85 ± 0,018	-		
6) 1924-26 Boys' Court offenders	0,95 ± 0,010	0,90 ± 0,012	0,92 ± 0,010	0,90 ± 0,013	0,85 ± 0,020	-	
7) 1920 adult jail offenders	0,86 ± 0,017	0,84 ± 0,018	0,84 ± 0,019	0,89 ± 0,014	0,84 ± 0,019	0,88 ± 0,015	-
8) 1917-23 Juvenile Court female delinquents	0,75 ± 0,028	0,80 ± 0,023	0,77 ± 0,026	0,79 ± 0,024	0,66 ± 0,037	0,77 ± 0,027	0,85 ± 0,018

Quelle: Shaw C. R. (1929, 210). Anmerkung: Die obere Zahl repräsentiert jeweils den Korrelationskoeffizienten, die untere Zahl die Zufallsschwankung (*probable error*).

C. R. Shaw räumt zwar ein, daß in besseren Wohngebieten reiche Eltern mit Geldspenden verhindern konnten, daß ihre Kinder bei delinquentem Verhalten vor Gericht kamen, er weist allerdings auch darauf hin, daß in einigen *delinquency areas* das organisierte Verbrechen denselben Einfluß ausüben konnte. Er verwirft auch die Hypothese, daß die *delinquency rates* durch eine unterschiedliche Polizeidichte beeinflußt worden sein könnten (Shaw C. R. 1929, 200).

5.2.2 Bildungsverhalten in Ländern mit einem gut ausgebauten Schulsystem

Sobald sich die Schulbesuchsquoten in einem Staat der 90%-Marke nähern und somit die gesetzliche Schulpflicht größtenteils durchgesetzt ist, sind Schulbesuchsquoten von Pflichtschulen als Indikator des Bildungsverhaltens nicht mehr aussagekräftig. Dieser Fall ist in den meisten west-, nord- und mitteleuropäischen Ländern noch vor dem Ersten Weltkrieg eingetreten. Nach der Durchsetzung der allgemeinen Schulpflicht haben sich deshalb diverse Übertritts-, Absolventen- und Studentenquoten sowie Dropout- und Wiederholerquoten als aussagekräftigere Indikatoren des Bildungsverhaltens angeboten. Die meisten Indikatoren eines „erfolgreichen“ Bildungsverhaltens, die heute in Ländern mit einem hoch entwickelten Schulsystem verwendet werden können, lassen sich in eine der vier folgenden Kategorien zusammenfassen:

- *Abschlußquoten* = Anteil einer Altersgruppe oder eines Schuleintrittsjahrgangs, der eine bestimmte Schulform erfolgreich abgeschlossen hat.
- *Schulbesuchsquoten von weiterführenden Schulen* = Anteil einer Altersgruppe oder der Schüler, die eine bestimmte Schulform besucht.
- *Übertrittsraten* = Anteil der Schüler, die an einer „Nahtstelle“ des Bildungssystems in eine andere Schulform übertreten.
- *Studienverzichtsquoten* = Anteil der Abiturienten eines Schuljahrgangs, die auf ein Studium an einer Hochschule verzichten.
- *Ergebnisse von Leistungstests und Prüfungen.*
- *Durchschnittliche Zahl der abgeschlossenen Schuljahre.*

Daneben gibt es noch Indikatoren, mit denen schulischer Mißerfolg gemessen wird. Auch diese Indikatoren sind in hohem Maße kulturabhängig. Die bekanntesten sind:

- *Dropoutquoten,*
- *Persistenz des Schulbesuchs* bezogen auf die Schuleintrittskohorte,
- *Wiederholerquoten,*
- *Schulschwänzerquoten,*
- *Anteil von disziplinarischen Maßnahmen,*
- *Anteil der Personen ohne Grundschulabschluß.*

Abschlußquoten

Abschlußquoten messen den Anteil der Absolventen einer Schulform (Gymnasium, Hauptschule, Realschule, Sonderschule etc.) an den für die Schulform typischen Altersgruppen. Sie lassen sich nach verschiedenen Verfahren berechnen. Abschlußquoten von Abiturienten können entweder für einzelne Geburtsjahrgänge, für Schuleintrittsjahrgänge oder für die 19- bis 20jährige Bevölkerung ermittelt werden. Dabei ist zu berücksichtigten, daß bei Abiturienten und Hochschulabsolventen die Altersstreuung relativ groß ist. Diese Jahrgangsstatistiken werden jedoch in der Regel (Ausnahmen bilden die Einwohnerstatistiken einiger größerer Städte) nur im Rahmen von Volkszählungen erstellt.

In jenen Fällen, wo die benötigten Altersjahrgänge von der Statistik nicht zur Verfügung gestellt werden oder wo die kleinräumige Differenzierung und die damit verbundenen geringen Fallzahlen große jährliche Zufallsschwankungen verursachen würden, kann die Zahl der Absolventen auch auf die Einwohnerzahl von regionalen Einheiten bezogen werden.

R. Geipel (1965) hat bei seiner ersten, richtungsweisenden Untersuchung über Hessen und Rheinland-Pfalz die sogenannte relative Abiturientendichte auf Gemeindeniveau verwendet.

Zur Berechnung dieser relativen Abiturientendichte hat er für einen Zeitraum von zehn Jahren die Summe aller Abiturienten zu den durchschnittlichen Einwohnerzahlen des Untersuchungszeitraums in Beziehung gesetzt.

Schulbesuchsquoten von weiterführenden Schulen und Hochschulen

C. Geissler (1965) hat auf der Basis von Stadt- und Landkreisen den „*relativen Hochschulbesuch*" bzw. die „*relative Hochschülerdichte*" berechnet, indem er die Zahl der Studierenden zur gesamten Einwohnerzahl (Volkszählung 1961) in Beziehung setzte. In ähnlicher Form können auch für andere Ausbildungsniveaus (Pflichtschüler, Realschüler, Handelsschüler) Absolventenquoten berechnet werden. Die auf die *gesamte Einwohnerzahl* bezogenen Quoten haben den Vorteil, daß die benötigten Zahlen in der Regel von der amtlichen Statistik zur Verfügung gestellt werden, so daß auch großräumige Analysen durchgeführt werden können. Ein weiterer Vorteil dieser Quoten liegt darin, daß die Grundgesamtheit deutlich größer ist als bei der Verwendung einzelner Jahrgänge, so daß auch jährliche Zufallsschwankungen geringer ausfallen. Ihr Nachteil besteht darin, daß der je nach Region unterschiedliche Altersaufbau die Quoten beeinflußt und damit die Vergleichbarkeit erschwert. Deshalb wurden derartige Abschlußquoten gelegentlich auch für bestimmte Altersgruppen berechnet. Der Anteil der Realschüler, Hauptschüler oder Gymnasiasten kann auf die 11- bis 15jährigen und der Anteil der Hochschulstudenten auf die 20- bis 24jährigen oder die 20- bis 30jährigen bezogen werden. Die auf Altersgruppen bezogenen Indikatoren haben den Nachteil, daß die benötigten Jahrgänge von der amtlichen Statistik meist nur für die Stichjahre der Volkszählungen zur Verfügung gestellt werden. Für jene Gemeinden, die ihre Einwohnerdaten auf EDV gespeichert haben und Auswertungen über den Altersaufbau zur Verfügung stellen, liefern diese Indikatoren jedoch sehr gute Ergebnisse. Zu dieser Kategorie von Indikatoren gehört auch der von H. Peisert (1967) verwendete *Verschulungsgrad*, worunter er den Anteil der 16- bis 19jährigen verstand, die sich noch in einer Schulausbildung befanden.

Schulformenproportion

Wenn keine Angaben über den Altersaufbau der Bevölkerung zur Verfügung stehen, kann man die sogenannte Schulformenproportion als Indikator des Bildungsverhaltens verwenden. Bei diesem Indikator wird beispielsweise für eine oder mehrere Schulstufen oberhalb der vierten Schulstufe untersucht, auf welche *Schulformen* (= Schultypen, Organisationsformen) sich die Schüler einer Schulstufe (z.B. fünfte Schulstufe) oder mehrerer Schulstufen (fünfte bis neunte Schulstufe) verteilen oder welcher Prozentsatz der Schüler einer Schulstufe etwa eine Sonderschule, Hauptschule, Realschule oder ein Gymnasium besucht. Diese Schulformenproportion ist ein sehr aussagekräftiger Indikator des Bildungsverhaltens, sie darf jedoch nur für solche Schulstufen berechnet werden, die noch der allgemeinen Schulpflicht unterliegen und in denen es bereits eine Differenzierung des Schulsystems auf mehrere Schulformen gibt.

Übertrittsquoten

Zu den aussagekräftigsten Indikatoren des Bildungsverhaltens gehören die Übertrittsquoten. Bei Übertrittsquoten wird berechnet, ein wie großer Anteil der Schüler an einer *Nahtstelle* des Bildungssystems in eine andere Schulform übertritt. Eine solche wichtige Nahtstelle des Schulsystems ist z.B. der Abschluß der Grundschule (Übertritt in weiterführende Schulen) oder das Abitur. Besonders die Übertrittsquoten in die obersten und untersten Stufen des Bildungssystems sind ein relativ feiner Gradmesser für sozio-ökonomische Strukturen und Prozesse. Übertrittsquoten gehören zu den aussagekräftigsten Indikatoren des Bildungsverhaltens.

Abb. 5.6 Übertrittsraten in die Volksschuloberstufe in Vorarlberg im Jahre 1971/72

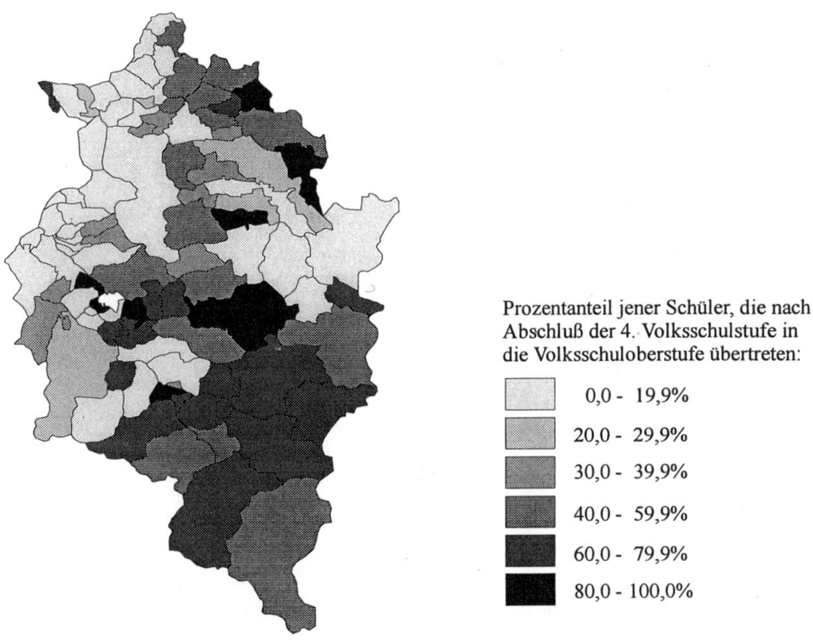

Quelle: Grohmann K. und P. Meusburger 1973.

Wenn zu kleine Gebietseinheiten verwendet werden, erschweren die großen jährlichen Zufallsschwankungen das Aufspüren und den Nachweis von Zusammenhängen. Aufgrund dieser Erfahrungen und auch aus pragmatischen Gründen (die meisten Indikatoren sind auf Gemeindeniveau verfügbar) werden außerhalb von dicht besiedelten Stadtregionen vielfach auf Gemeinden aggregierte Übertrittsquoten verwendet.

Abb. 5.6 zeigt für die Vorarlberger Gemeinden die Übertrittsraten in die Volksschuloberstufe. Das war damals in Österreich, abgesehen von den Sonderschulen, die niedrigste Schulform, die nach der vierten Schulstufe der Volksschule besucht werden konnte. Die Volksschuloberstufe war zu diesem Zeitpunkt in den meisten Stadtregionen schon abgeschafft worden und konnte sich in den 70er Jahren nur noch in wenigen peripheren, ländlichen Gebieten mit schwierigen Schulwegbedingungen (Bergbauernregionen) in nennenswertem Umfang halten, wo die äußeren Rahmenbedingungen (Zeitaufwand für den Schulweg, Zahl der Schüler, geringe Siedlungsdichte) nicht die Errichtung einer Hauptschule ermöglichten. Hohe Übertrittsraten in die Volksschuloberstufe waren also zu diesem Zeitpunkt ein Indikator für dünn besiedelte, verkehrsmäßig schlecht erschlossene und wirtschaftlich zurückgebliebene Regionen. Das schulische Niveau der Volksschuloberstufe konnte in diesen peripheren Regionen jedoch durchaus mit jenem einiger Hauptschulen mithalten.

Abb. 5.7 Übertrittraten der Vorarlberger Schüler in Hauptschulen im Jahre 1971/72

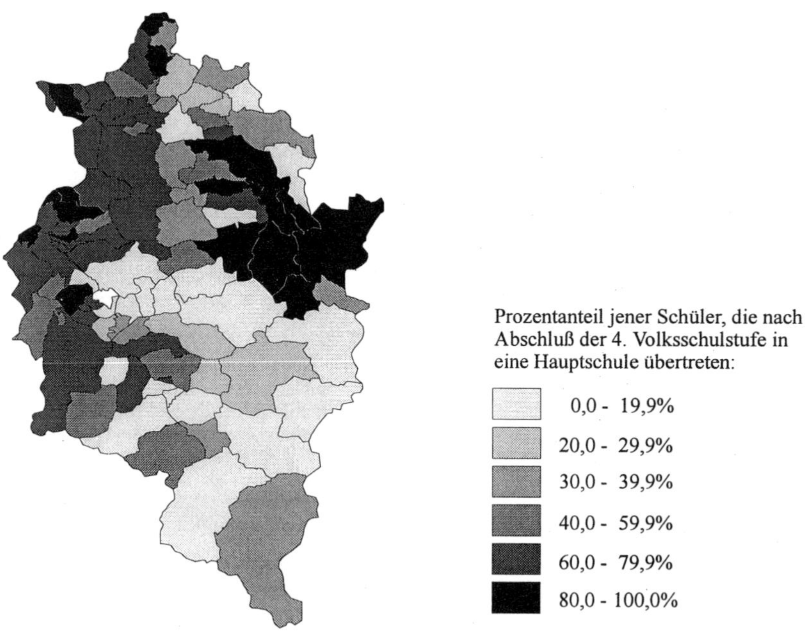

Quelle: Vorarlberger Schülerverlaufsstatistik. Grohmann K. und P. Meusburger 1973.

Wenn gleichzeitig mit den Übertrittsquoten auch sozioökonomische Merkmale des Elternhauses erfaßt werden, ist die Bedeutung des lokalen und regionalen Kontexts auf das Bildungsverhalten besonders gut zu erkennen. Für die Wahrnehmung von möglichen Kontexten und möglichen Beziehungen zwischen Variablen sowie die Interpretation der Verbreitungsmuster und die Aufstellung von Thesen ist allerdings ein Vorwissen notwendig, das durch die Einbeziehung von zusätzlichen Indikatoren und statistischen Auswertungen stückweise erweitert werdenmuß.

Abb. 5.8 Übertrittraten der Vorarlberger Schüler in höhere Schulen im Jahre 1971/72

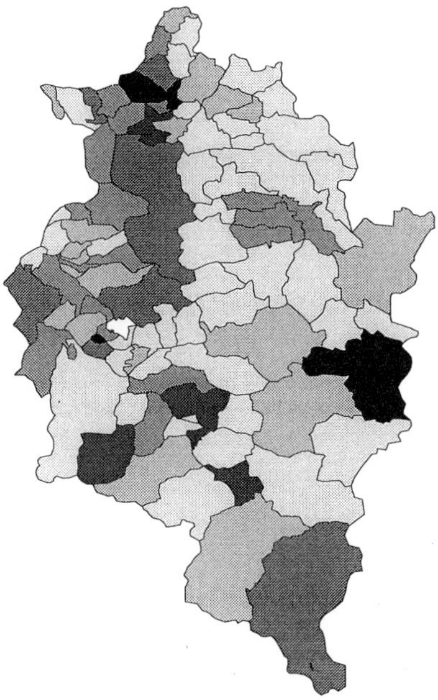

Prozentanteil jener Schüler, die nach Abschluß der 4. Volksschulstufe in eine ahS überteten:

- 0,0 - 4,9%
- 5,0 - 9,9%
- 10,0 - 14,9%
- 15,0 - 19,9%
- 20,0 - 29,9%
- 30,0 - 39,9%

Abb. 5.9 Anteil der Schüler, bei denen beide Elternteile nur eine Pflichtschule absolviert haben im Jahre 1971/72

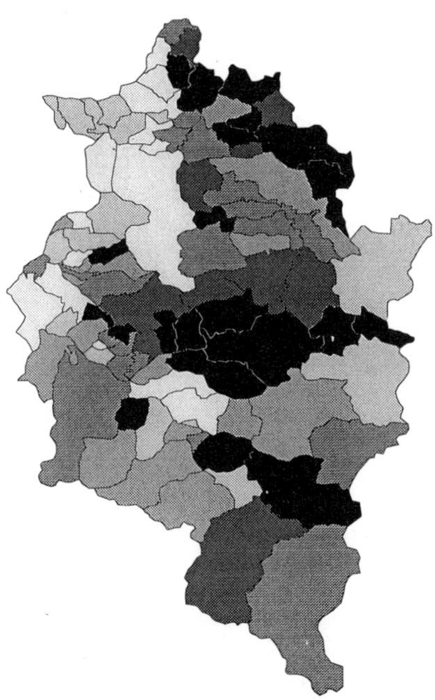

Anteil jener Schüler, deren Eltern beide nur einen Pflichtschulabschluß haben:

- 0,0 - 19,9%
- 20,0 - 29,9%
- 30,0 - 39,9%
- 40,0 - 59,9%
- 60,0 - 79,9%
- 80,0 - 100,0%

Quelle: Grohmann K. und P. Meusburger 1974

Abb. 5.10 Anteil der Schüler, deren Väter eine Matura (Abitur) oder einen Hochschulabschluß aufweisen im Jahre 1971/72

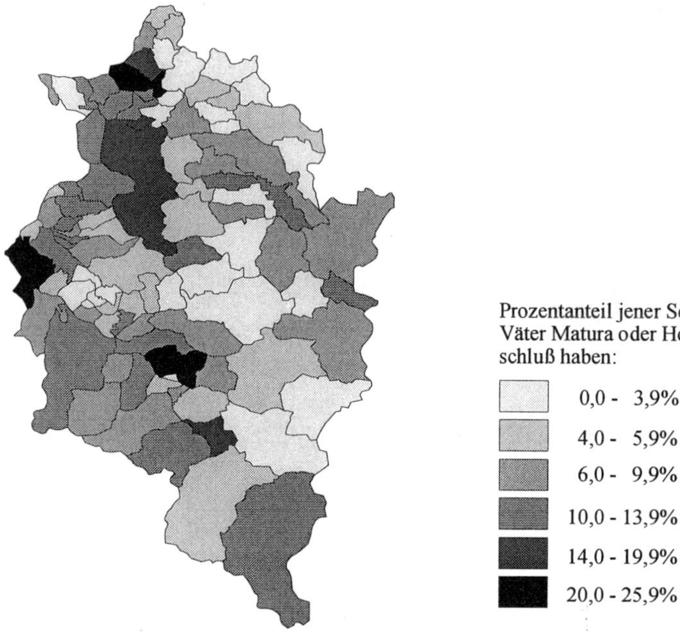

Quelle: Grohmann K. und P. Meusburger 1974

Ein Vergleich der Karten 5.6 bis 5.10 deutet an, daß der auf der Individualebene längst bewiesene statistische Zusammenhang zwischen dem Ausbildungsniveau der Eltern und dem Bildungsverhalten der Kinder nicht in allen Regionen und räumlichen Kategorien gleich groß ist.

Diese Übertrittsraten wurden bisher allerdings nur in wenigen Ländern über einen längeren Zeitraum hinweg regelmäßig publiziert, so daß meist umfangreiche Primärerhebungen notwendig sind (vgl. Grohmann K. und P. Meusburger 1973; Meusburger P. 1974). Wenn eine Untersuchung auf Gemeinde- oder Schulsprengelebene durchgeführt wird, müssen die Übertrittsraten meist für einige Jahre zusammengefaßt werden, da sonst die jährlichen Zufallsschwankungen in kleinen Gemeinden zu groß sind.

Studienverzichtsquoten (Quoten der Studierwilligkeit)

Während in einigen Ländern die Berechtigung zum Hochschulbesuch durch eine Eingangsprüfung festgestellt wird, wird in anderen Ländern die Berechtigung zum Hochschulbesuch durch das Abitur (die Matura) erworben. Die Studienverzichtsquoten stellen fest, welcher Anteil von Abiturienten die Berechtigung zum Hochschulbesuch nicht wahrgenommen haben (vgl. Derenbach R. 1977; Giese E. und D. Limberger 1987). In Deutschland wird die Studienverzichtsquote durch die jährlichen Abiturientenbefragungen erfaßt, in der die Kategorien „mit Studienabsicht", „unentschlossen" und „ohne Studienabsicht" unterschieden werden. Die Studienverzichtsquote von Abiturienten variiert in der zeitlichen und räumlichen Dimension. In der Bundesrepublik hat sich die Studierwilligkeit der Abiturienten zwischen 1971 und 1987 von 87,2 auf 61,46% verringert, der Anteil der „Unentschlossenen" ist von 7,2% auf 23,8% gestiegen und Anteil der Abiturienten „ohne Studienabsicht" hat von 5,6 auf 14,7% zugenommen(Giese E. und D. Limberger 1987, 52). Die Studienverzichtsquote hängt u.a. von folgenden Faktoren ab (Giese E. und D. Limberger 1987):

- Anteil der Abiturienten, die berufsbildende höhere Schulen besuchten. Abiturienten von berufsbildenden höheren Schule haben auf dem Arbeitsmarkt wesentlich bessere Chancen als solche allgemeinbildender höherer Schulen.
- Anteil eines Altersjahrgangs, der das Abitur absolviert. Je höher dieser Anteil, desto größer ist die Unentschlossenheit und der Studienverzicht.
- Frauenanteil an den Abiturienten. Je höher der Frauenanteil, desto größer ist der Anteil der Unentschlossenen und der Studienverzichter.
- Arbeitsmarktsituation. Je höher die Arbeitslosenquote, desto größer die Unentschlossenheit und der Studienverzicht.
- Soziale Schichtzugehörigkeit der Abiturienten. Je größer der Anteil der Abiturienten aus niederen sozialen Schichten, desto größer ist die Unentschlossenheit und der Studienverzicht.

Die regionalen Unterschiede der Studienverzichtsquote und des Anteils der Unentschlossenen sind sehr groß. Im Jahre 1984 betrug variierten die Verzichtsquoten zwischen den Kreisen zwischen 8 und 31%, die Quoten der Unentschlossenen zwischen 5 und 41% (Giese E. und D. Limberger 1987, 63). Der größte Teil der Stadtkreise hatte niedrige Verzichtsquoten, hohe Verzichtsquoten waren in ländlichen Gebieten außerhalb der großen Stadtregionen (z.B. Zonenrandgebiete) festzustellen.

Kenntnisse und Prüfungsergebnisse der Schüler

In einigen Ländern (z.B. USA, Südafrika) werden regelmäßig oder fallweise standardisierte Tests durchgeführt, durch die soziale und regionale Disparitäten von schulischen Leistungen sowie das unterschiedliche Niveau von Schultypen aufgezeigt werden können. Auch diese Leistungstests vermitteln wichtige Einblicke in die regionalen und sozialen Disparitäten eines Landes. Die meisten dieser Examensleistungen können nur für regionale Disparitäten *innerhalb* eines Landes verwendet werden. Einem internationalen Vergleich des schulischen Niveaus bzw. der Schülerleistungen war die sogenannte TIMMS-Studie (Baumert J. et al. 1997) gewidmet. Kenntnisse über das Leistungs- und Anforderungsniveau der Schulen sind sehr wichtig, um die Aussagekraft anderer Indikatoren des Bildungsverhaltens richtig einschätzen zu können.

Tab. 5.18 Ergebnisse der Abschlußprüfungen in den Provinzen Transvaal und Natal nach dem 12. Schuljahr (1985)

Bevölkerungs-kategorie	Zahl der Kandidaten	Anteil der Kandidaten, die nach dem 12. Schuljahr das Abschluß-examen bestanden	Anteil der Kandidaten, welche die Hochschulzulassung bestanden
Weiße	37.841	90,8	49,3
Inder	11.071	85,6	32,3
Farbige	11.052	64,4	12,5
Schwarze	67.073	49,3	12,5

Quelle: Bundy C. 1986, 9; zit. bei Alexander N. und L. Helbig (1988, 19). Anmerkung: Ein erfolgreiches Abschlußexamen nach dem 12. Schuljahr bedeutet in Südafrika noch nicht eine Hochschulzulassung.

Dropoutquoten

Als Ergänzung zu den Indikatoren des schulischen Erfolgs können auch Indikatoren des schulischen Mißerfolgs oder der schulischen Ineffizienz verwendet werden. Besonders aussagekräftig sind in einigen Ländern sogenannte *Dropoutquoten*, unter denen man den Anteil der Schüler eines Altersjahrgangs, einer Schule oder einer räumlichen Einheit versteht, welche die Schule vorzeitig (ohne Abschluß) verlassen. Da der Begriff *Dropout* das schulische Versagen auf das Verhalten, die schlechten schulischen Leistungen und die geringe Motivation der Schüler zurückführt, verwenden einige Autoren den Begriff *Pushout*; damit soll angedeutet werden, daß sie das Versagen der Schüler eher der Gesellschaft (z.B. dem kapitalistischen System), den schulischen Institutionen und dem Lehrkörper anlasten, welche die schlechten Schüler überfordern, stigmatisieren, entmutigen und ausschließen würden.

»The dropout school believes that, ideally, the sorting of students is based on merit [...]. In contrast, the pushout school argues that schools exclude students on the basis of class, race, ethnicity, and other markers of power and status, and that they rationalize this as being done on the basis of ability. Socalled merit-based standards, set by the most powerful in society, serve mainly to perpetuate inequality« (Kelly D. M. 1994, 5224).

Unabhängig davon, welcher dieser Begriffe bevorzugt wird, stellen Dropoutquoten für eine Reihe von Fragestellungen (Desintegration der Gesellschaft, Arbeitsmarktchancen von Angehörigen verschiedener ethnischer Minderheiten) einen sehr aussagekräftigen Indikator dar.

Leider werden nur in wenigen Ländern regelmäßig Statistiken über Dropouts geführt. In hochentwickelten Industrieländern sind Dropoutquoten zwar sehr niedrig, aber in Entwicklungsländern, in den Slumgebieten von US-amerikanischen Großstädten und bei nicht assimilierten ethnischen Minderheiten können sie sehr hohe Werte erreichen. In Mali oder Haiti wurden schon während des Grundschulbesuchs Dropoutquoten von 40% gemessen. In den ärmsten Entwicklungsländern haben sich

Abb. 5.11 Dropoutquoten in den USA im Jahre 1991

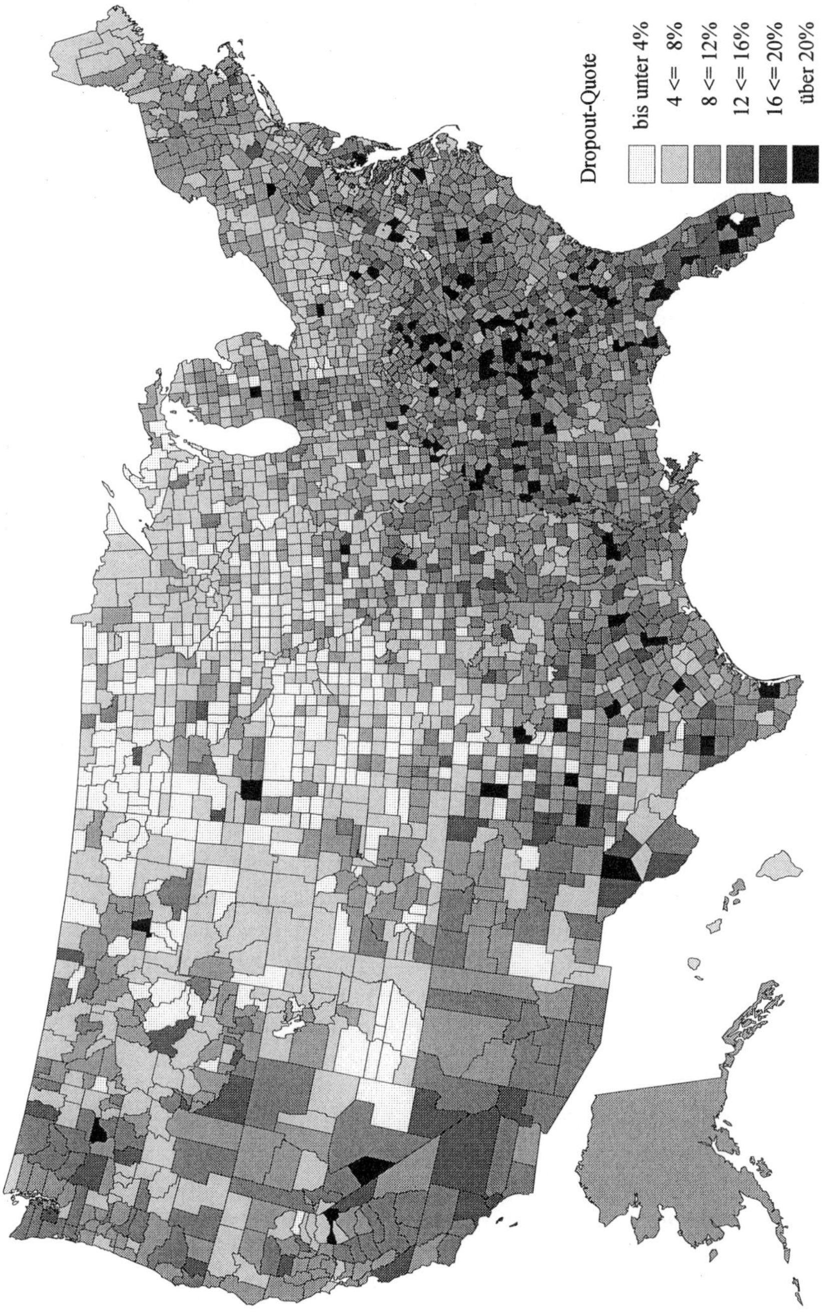

Quelle: Kaufman P. et al. 1991; Entwurf, Berechnung und Copyrith W. Gamerith.

die Dropoutquoten in den 80er Jahren sogar noch erhöht (Lockheed M. E. und A. M. Verspoor 1990).

Da Dropoutquoten von einzelnen Schulbehörden und Ländern sehr uneinheitlich definiert werden, ist bei vergleichenden Untersuchungen Vorsicht geboten. In einigen Statistiken werden Schüler, die an eine andere Schule wechseln oder die Schule unterbrechen und später wiederkommen, als Dropouts gezählt. In anderen Erhebungen werden Schüler(innen), die heiraten, Schülerinnen, die wegen einer Schwangerschaft die Schule verlassen müssen, Schüler, die wegen Überschreitung der Schulpflicht die Schule ohne Abschluß verlassen, oder Schüler, die sich vorzeitig zum Militär melden, *nicht* als Dropouts gezählt (vgl. Kelly D. M. 1994, 5225). Dropoutquoten eignen sich gleichermaßen für die Analyse innerstädtischer wie großräumiger sozioökonomischer Disparitäten.

Neben den Dropoutquoten werden auch sogenannte *„attrition rates"* (Ausfallquoten, Verschleißquoten) verwendet, die für Kohorten die Schuleintritts- und Schulabschlußzahlen in Beziehung setzen, ohne dabei nach den Gründen des Ausscheidens zu unterscheiden. Solche Quoten liegen deutlich über den „echten" Dropoutquoten (vgl. Kelly D. M. 1994, 5225).

Persistenz des Schulbesuchs in Prozent der Kohorte

Die UNESCO und die Weltbank verwenden in ihren Statistiken über das Entwicklungsniveau u.a. den Indikator „Persistenz des Schulbesuchs bis zur vierten Klasse in Prozent der Kohorte". Darunter versteht man den Prozentsatz jener Kinder, die in einem bestimmten Jahr in die erste Stufe der Grundschule eingetreten sind und bis zur vierten Schulstufe „ausgeharrt" haben.

In den 42 Entwicklungsländern mit dem niedrigsten Einkommen (ohne China und Indien) haben von den 1970 eingeschulten Schülern nur 66% der weiblichen und 69% der männlichen bis einschließlich der vierten Schulstufe „durchgehalten". Rund ein Drittel der eingeschulten Schüler hat also vor Beendigung der vierten Schulstufe die Grundschule wieder verlassen. In den 33 Ländern mit dem höchsten Einkommen haben dagegen zwischen 97 und 100% der eingeschulten Schüler die vierte Schulstufe abgeschlossen. Die Persistenz des Schulbesuchs kann in Entwicklungsländern als Korrektiv der Einschulungs- und Schulbesuchsquoten verwendet werden.

Quoten, welche für einzelne Jahrgänge die Wahrscheinlichkeit eines Schulbesuchs oder der Dauer des Schulbesuchs angeben

Um die Wahrscheinlichkeit eines Schulbesuchs und eines frühzeitigen Verlassens der Schule für bestimmte Jahrgänge abzuschätzen, hat die UNESCO (1993) zwei neue Indikatoren eingeführt, die *school life expectancy* und die *school survival expectancy.* Diese haben eine ähnliche Funktion, wie die Maßzahl „durchschnittliche Lebenserwartung" in der Demographie.

Tab. 5.19 Persistenz des Schulbesuchs bis zur vierten Schulstufe in Prozent der Kohorte

Staaten (gruppen)	weibliche Schüler		männliche Schüler	
	1970	1987	1970	1987
Afrika südlich der Sahara	66	..	69	..
Südasien	45	..	48	..
Lateinamerika und Karibik	66	..	60	..
Naher Osten und Nordafrika	83	90	87	92
Länder mit gravierenden Schuldenproblemen	75	..	73	..
Länder mit niedrigem Einkommen (ohne China und Indien)	65	66	74	69
Länder mit hohem Einkommen	95	98	93	97
Bangladesh	..	43	..	43
Indien	42	..	45	..
Pakistan	56	44	60	53
Äthiopien	57	56	56	56
Nicaragua	48	62	45	59
Malawi	55	67	60	72
Mali	52	68	89	75
Burundi	47	84	45	84
Tansania	82	90	88	89
Österreich	95	99	92	98
Deutschland (alte BRD)	97	99	96	97
Dänemark	98	100	96	100
Japan	100	100	100	100

Quelle: Weltbank 1994, 256-257; Anmerkungen: .. keine Daten verfügbar, die Angaben über die Persistenz basieren auf Einschulungsunterlagen. Das Einkommen basiert auf dem Bruttosozialprodukt je Kopf der Bevölkerung im Jahre 1992. Als Länder mit niedrigem Einkommen wurden solche bezeichnet, deren Pro-Kopf-Bruttosozialprodukt bis zu 670 US-$ betrug; Länder mit hohem Einkommen waren solche, deren Pro-Kopf-Bruttosozialprodukt über 10.000 US-$ betrug.

Die *school life expectancy* wurde definiert als »the number of years of formal education that a person of a given age can expect to receive in the future assuming that the probability of his or her being enrolled at any particular future age is equal to the current enrolment ratio for the population of that age«. Hier handelt es sich also um eine synthetische Maßzahl der zukünftig zu erwartenden Bildungsbeteiligung bezogen auf die gesamte Altersgruppe. Ein zweiter Indikator, die *school survival expectancy* bezieht sich nur auf die Schüler eines Altersjahrgangs, die auch tatsächlich in die erste Schulstufe eingetreten sind (UNESCO 1995, 38f). In Ländern, in denen die Schulpflicht durchgesetzt ist, also alle Kinder in die Schule gehen, sind *school life expectancy* und *school survival expectancy* annähernd gleich groß. In Ländern, in denen noch nicht alle Kinder eingeschult sind, erreicht die *school life expectancy* niedrigere Werte als die *school survival expectancy*. Wenn man von Lateinamerika und der Karibik absieht, ist in Entwicklungsländern die *school life expectancy* der Mädchen geringer als die der Knaben, während es bei der *school survival expectancy* keine geschlechtsspezifischen Unterschiede gibt. Mädchen werden in diesen Ländern also nicht vom Schulsystem, sondern von den sozioökonomischen Bedingungen diskriminiert (UNESCO 1995, 40f).

Abb. 5.12 Die Entwicklung der *school life expectancy* in ausgewählten Ländern 1965-1992

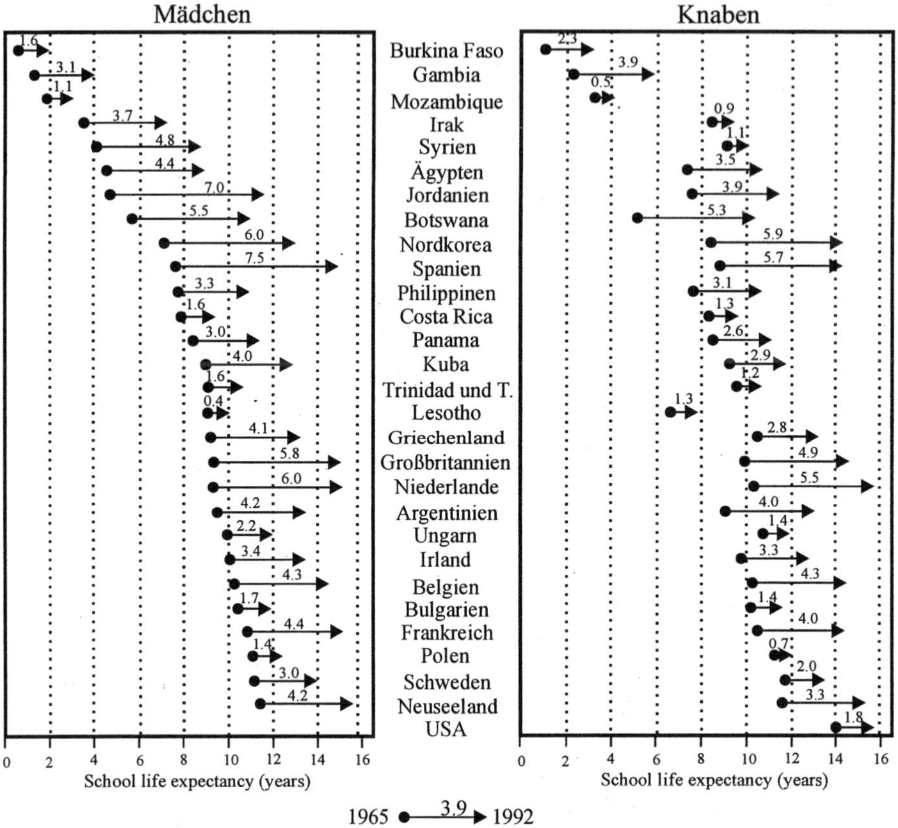

Die Pfeile geben die Veränderungen der *school life expectancy* zwischen 1965 und 1992 an.

Quelle: UNESCO 1995, 41

Wiederholerquoten

Da das Wiederholen einer Klassenstufe aus sehr verschiedenen Ursachen resultieren kann und damit noch kein endgültiger schulischer Mißerfolg verbunden ist, ist auch die Aussagekraft dieses Indikators etwas geringer als die der Dropoutquoten. Wiederholerquoten werden zwar von mehr Staaten in ihren Schulstatistiken erfaßt als Dropoutquoten, es muß allerdings berücksichtigt werden, daß ein zwischenstaatlicher Vergleich aufgrund der unterschiedlichen Selektionswirkung und Durchlässigkeit der Schulsysteme in vielen Fällen nicht sinnvoll ist. In einigen Ländern wie Zimbabwe, Sudan und Malaysia kann man in der Grundschule gar nicht durchfallen, sie praktizieren »automatic promotion« (Kelly D. M. 1994, 5225).

Aussagekräftiger sind Wiederholerquoten *innerhalb* von Staaten mit einem selektiven Schulsystem. Besonders beim Vergleich von verschiedenen ethnischen oder sprachlichen Minderheiten können sie interessante Einblicke in die schulische Situation einzelner Gruppen bieten.

Tab. 5.20 Anteil der Schulwiederholer unter den ungarischen Schülern im Jahre 1990

Häufigkeit der Wiederholungen	Gesamtbevölkerung	Zigeuner
keine Schulstufe wiederholt	85,6	46,8
1 Schulstufe wiederholt	10,2	26,8
2 Schulstufen wiederholt	2,6	15,0
3 Schulstufen wiederholt	0,8	6,3
4 und mehr Schulstufen wiederholt	1,0	5,0

Quelle: Sonderauswertung der ungarischen Volkszählung 1990, Heidelberger Ungarn-Datenbank; Anmerkung: In Ungarn war bei der Volkszählung 1990 noch der Begriff Zigeuner offiziell; der Begriff Roma wurde erst einige Jahre später verwendet (Oesterer M. und P. Meusburger 1998).

Hohe Dropoutquoten und Wiederholerquoten sind ein Problem bildungsferner Sozialschichten und armer Entwicklungsländer. Von allen ungarischen Schülern hatten 1990 4,4% zwei oder mehr Schulstufen wiederholt, von den schulpflichtigen Zigeunerkindern waren es dagegen 26,4%. Nach einer Untersuchung der UNESCO hatten die nach dem Pro-Kopf-Bruttonationalprodukt ärmsten Länder mehr als zehnmal so hohe Wiederholerquoten als die Marktwirtschaften mit hohem Pro-Kopf-Bruttonationalprodukt.

Tab. 5.21 Dropoutquoten und Wiederholerquoten in Grundschulen nach dem ökonomischen Entwicklungsniveau der Staaten im Jahre 1985

Staaten geordnet nach dem Pro-Kopf-Bruttonationalprodukt	Dropoutquoten (in Prozent)		Wiederholerquoten (in Prozent)		
	Gesamt	Zahl der Staaten	Gesamt	Schülerinnen	Zahl der Staaten
Niedrig	40,8	13	16,3	16,5	23
Unter dem Median	19,5	11	10,6	8,7	20
Über dem Median	14,1	7	7,5	5,5	14
Hoch (Ölexporteure)	.	.	5,7	5,2	3
Hoch (Marktwirtschaften)	.	.	1,5	1,1	10

Quelle: UNESCO, zit. in Lockheed M. E. und A. M. Verspoor (1990) und Kelly D. M. 1994, 5226.

Zwischen Wiederholerquoten und Dropoutquoten gibt es kausale Zusammenhänge, da hohe Wiederholerquoten meist auch zu hohen Dropoutquoten führen. J. B. Grissom und L. A. Shepard (1989) haben anhand von drei städtischen Schuldistrikten in den USA nachgewiesen, daß die Wiederholung einer Schulstufe bei einer Kontrolle des sozioökonomischen Status, des Geschlechts und der schulischen Leistung die Wahrscheinlichkeit eines eventuellen Dropout um 20 bis 30 Prozent erhöht.

»Repetition may also contribute to dropping out when it results in students being overage for their grade. As they approach the age of adulthood, which varies by culture, some students, especially girls and low-income youths face increased domestic and work responsibilities and the prospects of early marriage and pregnancy that may pull them out of school« (Kelly D. M. 1994, 5226).

Bevor es zur Wiederholung einer Schulstufe oder zu einem Abbruch des Schulbesuchs kommt, können noch andere Indikatoren schlechte Leistungen signalisieren. In den USA ist z.B. der Anteil der „einheimischen" Schüler (mit US-amerikanischer Staatsbürgerschaft), die aufgrund ihrer schlechten Kenntnisse der Unterrichtssprache an *limited-English-proficiency* Programmen teilnehmen, ein relativ aussagefähiger Indikator.

Erfolgs- und Verlustquoten

Anhand von Schuldurchgangsbeschreibungen kann auch berechnet werden, wie groß bei einem Einschulungsjahrgang die sogenannten *Erfolgs-* und *Verlustquoten* sind. Als Erfolgsquote bezeichnet man den Anteil der Schüler eines Eintrittsjahrgangs, die einen bestimmten Schultyp in der vorgeschriebenen Zeit erfolgreich abgeschlossen haben. Im Rahmen dieser Kohortenanalysen wurde als Bezugsgröße die Schülerzahl der ersten Klassenstufe der betreffenden Schulform gewählt.

Diese Verlust- oder Erfolgsquoten sind zwar für gewisse arbeitsmarkt- und bildungspolitische Fragen sowie für schichtspezifische Analysen des Bildungsverhaltens von Bedeutung, für die Analyse kleiner regionaler Einheiten kommen sie nicht zuletzt wegen der großen jährlichen Zufallsschwankungen kaum in Frage. Außerdem gibt es solche Daten nur in wenigen Ländern.

Verlaufsströme

Wenn Übertrittsquoten, Wiederholer- und Dropoutraten bilanziert werden, entstehen sogenannte Verlaufsströme oder Verlaufsstatistiken. Verlaufsstatistiken können entweder für eine Kohorte (z.B. Schuleintrittsjahrgang) oder für ein Stichjahr angelegt werden. Von besonderem Interesse sind die Verlaufsströme an den Nahtstellen eines Schulsystems, wo ein Übertritt in andere Schulformen möglich ist. Verlaufsströme variieren sehr stark nach Gemeinde- oder Regionstypen, aber auch nach sozialer Schichtzugehörigkeit, Rasse und Ethnizität. Die Interpretation solcher Verlaufsströme ist allerdings nur bei einer genügend großen Grundgesamtheit sinnvoll (vgl. Grohmann K. und P. Meusburger 1973).

Indikatoren des Sozialverhaltens der Schüler

Diese Art von Indikatoren, die das (sanktionierte) Sozialverhalten der Schüler beschreiben, sind besonders in nordamerikanischen Großstädten von Bedeutung. In den USA werden solche Daten beispielsweise vom *Office for Civil Rights* für etwa zwei Drittel aller US-amerikanischen Schulen erhoben (Mitteilung von W. Gamerith W). Meist wird nach folgenden Kriterien unterschieden:

- vorübergehende Suspendierung vom Unterricht (*suspension*),
- dauerhafter Schulverweis (*expulsion*),
- Anteil der schwangeren Schülerinnen (*teenage pregnancy*),
- Anwendung körperlicher Züchtigungen (*corporal punishment*).

Tab. 5.22 *Out-of-school-suspensions* an öffentlichen *Elementary* und *Secondary Schools* in den USA im Schuljahr 1991/92

Bundesstaaten (in Auswahl)	Zahl der *out-of-school- suspensions* pro 100 Schülern von öffentlichen *elementary* und *secondary schools*			
	Asiaten	Weiße	Hispanics	Schwarze
Alabama	1,1	3,5	2,5	10,9
Arizona	2,6	4,3	6,4	9,2
Arkansas	2,7	4,2	3,3	11,2
Colorado	2,7	3,7	7,4	15,0
Connecticut	1,6	3,6	7,6	11,9
Delaware	1,9	6,0	9,6	14,5
Florida	3,1	6,7	5,6	13,8
Indiana	1,9	5,4	9,8	16,2
Kalifornien	3,0	5,6	7,2	15,6
Louisiana	4,3	7,8	8,7	14,6
Massachusetts	1,6	4,0	9,7	10,0
Michigan	1,3	4,3	7,3	8,0
Minnesota	1,5	2,2	3,5	11,9
Mississippi	2,3	5,8	7,0	12,4
Missouri	2,2	3,7	5,6	13,3
Nevada	1,2	1,8	1,6	1,4
New Jersey	1,6	4,4	6,4	12,0
New York	1,0	3,0	3,6	6,6
North Carolina	1,3	4,5	2,8	10,4
North Dakota	1,3	0,7	0,7	2,4
Ohio	1,9	5,0	8,0	19,2
Pennsylvania	2,7	4,0	12,0	15,8
South Carolina	3,0	7,0	5,6	15,1
Vermont	1,0	2,8	3,9	5,4
West Virginia	1,2	5,8	4,8	14,7
Wisconsin	1,4	4,2	10,5	16,8
Wyoming	1,2	2,2	4,7	11,0

Quelle: Office of Civil Rights. Freundlicherweise zur Verfügung gestellt von W. Gamerith (Heidelberg).

Mit der nach Staaten gegliederten Tab. 5.22, die dem Verfasser von Herrn Gamerith freundlicherweise zur Verfügung gestellt wurde, können zwar noch keine zufriedenstellende Erklärungen angeboten werden, die Spannweite der regionalen und ethnischen Disparitäten läßt jedoch erahnen, daß es sich um eine interessante Fragestellung handelt. Die sehr niedrigen Werte der Asiaten lassen vermuten, daß Familienstrukturen als Einflußfaktor eine Rolle spielen, darüberhinaus sind auch andere gesellschaftliche und kontextuelle Einflüsse vorstellbar. Falls von den Schulen nicht sehr unterschiedliche Maßstäbe für eine *school suspension* angelegt werden (die niedrigen Werte in Nevada, North Dakota und Vermont lassen dies vermuten), können hohe Anteile von vorübergehenden Suspendierungen, Schulverweisen und schwangeren Schülerinnen je nach Kontext deviantes Verhalten signalisieren, sie sind meistens die Vorstufe von hohen Dropoutquoten und gehören zu jenen Indikatoren, mit denen man „schulische Problemgebiete" erfassen kann.

5.2.3 Methodische Probleme bei der Verwendung von Indikatoren des Bildungsverhaltens

Bei der Auswahl und Verwendung von Indikatoren des Bildungsverhaltens sind mindestens drei Probleme zu beachten:

- Der Lebenszyklus von Indikatoren.
- Räumliche Unterschiede der Selektionswirkung des Schulsystems.
- Räumliche Unterschiede des Niveaus oder der Leistungsanforderungen desselben Schultyps.

Solange mit den Indikatoren des Bildungsverhaltens nur die Funktionsweise (z.B. Verlaufsströme) eines Schulsystems und die zeitliche und räumliche Variabilität der Inanspruchnahme von Bildungseinrichtungen beschrieben oder bildungsplanerische Kapazitätsberechnungen durchgeführt werden, gibt es keine nennenswerten methodischen Probleme. Die Frage der Validität tritt erst dann in den Vordergrund, wenn Indikatoren des Bildungsverhaltens für die Analyse eines sozio-ökonomischen Entwicklungsgefälles, des gesellschaftlichen Wandels oder der Leistungsfähigkeit eines Schulsystems herangezogen werden.

Nicht alle Formen von Wissen, Qualifikationen und Kompetenzen sind empirisch so faßbar und standardisierbar, daß man sie für räumliche Strukturanalysen verwenden kann. Das schulische Ausbildungsniveau und das Bildungsverhalten sind empirisch am leichtesten zu erfassen, da diese beiden Indikatoren zu einem beträchtlichen Teil von der amtlichen Statistik oder den Schulbehörden zur Verfügung gestellt werden und deshalb *großräumig* angelegte Analysen ermöglichen, für die es einen beträchtlichen Nachholbedarf gibt. Ohne die Kenntnis großräumiger Strukturen und Disparitäten kann man weder die Aussagekraft von Studien auf der Mikroebene beurteilen, noch methodisch einwandfrei repräsentative Stichproben oder Untersuchungsregionen auf der Mikroebene auswählen.

Es kann jedoch nicht genug betont werden, daß das schulische Ausbildungsniveau und diverse andere Indikatoren des Bildungsverhaltens, die bisher im Vordergrund der bildungsgeographischen Forschung standen, nur einen kleinen Teil der wichtigsten Indikatoren abdecken.

Für Forschungen auf der analytischen Mikroebene, wo der Einfluß des Wissens, der Qualifikationen oder des Informationsniveaus auf das Verhalten von Individuen untersucht wird, bei historischen Untersuchungen, die Epochen vor der Einführung der Schulpflicht behandeln, und bei der Analyse von außereuropäischen Kulturen, die keine eigene Schrift haben oder in denen die Alphabetisierung noch nicht weit fortgeschritten ist, müssen andere Indikatoren zur Messung von Wissen, Erfahrung, Kompetenzen und beruflichen Qualifikationen ausgewählt werden. Die Verwendung zusätzlicher Indikatoren ist auch deshalb notwendig, weil das Bildungsverhalten der Schüler oder das höchste abgeschlossene Ausbildungsniveau der erwachsenen Bevölkerung einen sehr frühen Zeitpunkt der Biographie beschreiben und nichts über die später erworbenen Qualifikationen aussagen. Die detaillierten Berufsklassifikationen von Großzählungen vermögen jedoch in den meisten Ländern diese Defizite auszugleichen, so daß bei bestimmten Themen eine Kombination der Variablen Ausbildungsniveau und Beruf anzustreben ist.

Lebenszyklus von Indikatoren

Indikatoren des Ausbildungsniveaus und Bildungsverhaltens sind hinsichtlich ihrer Aussagekraft und Brauchbarkeit einem bestimmten „Lebenszyklus" unterworfen. Dies sei im folgenden anhand des Indikators „Anteil der Lese- und Schreibkundigen" illustriert. Bis in die zweite Hälfte des 19. Jahrhunderts wurden die regionalen und schichtspezifischen „Unterschiede des Wissens" nur zu einem sehr geringen Teil durch den Prozentanteil der „Lese- und Schreibkundigen", durch das schulische Ausbildungsniveau oder das Bildungsverhalten (z.B. Anteil der schulbesuchenden Kinder) repräsentiert. Noch um die Mitte des 18. Jahrhunderts konnten, nach einer Berechnung von C. M. Cipolla (1969, 8), mehr als 90% der Weltbevölkerung weder lesen noch schreiben, so daß damals etwa der *Anteil der Lese- und Schreibkundigen* außerhalb der wirtschaftlichen und kulturellen Zentren noch kein aussagekräftiger Indikator für den Nachweis von räumlichen Disparitäten des Bildungsverhaltens war. In der vorindustriellen Zeit zeigten sich die räumlichen Unterschiede des Wissens und der Qualifikationen bei der breiten Masse der Bevölkerung in erster Linie in Disparitäten hinsichtlich der beruflichen Kenntnisse und Fähigkeiten, in einer unterschiedlichen Arbeitsteilung und beruflichen Spezialisierung, in einem unterschiedlichen technologischen Niveau und in unterschiedlichen wirtschaftlichen und sozialen Organisationsformen.

Im Europa des 19. Jahrhunderts wurde dann der Anteil der Lese- und Schreibkundigen zu einem wichtigen und sehr aussagekräftigen Indikator des Modernisierungsprozesses, bis er zumindest in Zentraleuropa um die Wende zum 20. Jahrhundert wieder an Aussagekraft verlor. Denn sobald in einem Staat oder in einer Großregion 90 bis 100% der erwachsenen Bevölkerung lesen und schreiben können, verliert dieser

Indikator hinsichtlich des Nachweises von regionalen Disparitäten des Ausbildungsniveaus an Aussagekraft. Für die südliche und östliche Peripherie Europas war der Indikator „Anteil der Analphabeten" noch in der Zwischenkriegszeit aussagekräftig, und in den Entwicklungsländern ist die Analphabetenquote noch Ende des 20. Jahrhunderts einer der wichtigsten und aussagekräftigsten Indikatoren.

Selektionswirkung des Schulsystems

Die Validität und Aussagekraft von Indikatoren des Bildungsverhaltens hängt in hohem Maße auch von der Selektionswirkung des jeweiligen Schulsystems ab. Die Aussagekraft des Indikators „abgeschlossenes Ausbildungsniveau" kann außerdem nur dann richtig eingeschätzt werden, wenn man Kenntnisse über die Selektivität des Schulwesens und die Qualität der angeführten Abschlüsse hat. Die Qualität einer bestimmten Schulform variiert nicht nur im internationalen Vergleich, sondern auch bei einer innerstaatlichen Differenzierung. Besonders in Ländern wie Japan und den USA sagt ein abgeschlossenes Ausbildungsniveau wenig aus, wenn man nicht die großen qualitativen Unterschiede zwischen den Schulen berücksichtigt.

Wenn in Japan 80-95% eines Jahrgangs in eine höhere Schule (in Japan Oberschule) übertreten und es bei diesen Übertrittsraten kaum noch regionale Unterschiede gibt, darf daraus nicht geschlossen werden, daß die regionalen oder sozialen Disparitäten des Bildungsverhaltens beseitigt werden konnten; sie haben sich lediglich auf die unterschiedlichen Prestigeränge der Oberschulen verlagert. Das Prestige einer Oberschule wird in Japan daran gemessen, ein wie großer Anteil der Absolventen die Aufnahmsprüfung in eine Eliteuniversität schafft (vgl. Flüchter W. 1990, 81f).

Je höher die Selektionswirkung eines Schulsystems, umso mehr können Indikatoren des Bildungsverhaltens aussagen. Je geringer die Selektionswirkung des Schulsystems, desto problematischer wird die ausschließliche Verwendung von Indikatoren des Bildungsverhaltens. Bei sehr hohen Übertrittsquoten in höhere Schulen müssen zusätzlich noch die Höhe des zu zahlenden Schulgelds, die Qualifikationen des Lehrkörpers, die finanzielle Ausstattung der Schulen oder die späteren Erfolge der Absolventen an den Universitäten oder im Beruf berücksichtigt werden. Die Selektionswirkung von Schultypen kann in der zeitlichen und räumlichen Dimension variieren. Die grundlegende Frage besteht also darin, ob die Qualität und/oder die Anforderungen (Selektionswirkung) einer Schulform zu verschiedenen Zeiten und in verschiedenen räumlichen Einheiten vergleichbar sind.

Die Frage der *zeitlichen* Vergleichbarkeit von Indikatoren des Bildungsverhaltens taucht besonders bei Prozeßanalysen und bei der Erforschung der vertikalen sozialen Inter-Generationen-Mobilität auf. Ist der Anstieg der Übertrittsquoten in Gymnasien von 5 auf 15% innerhalb eines Jahrzehnts Ausdruck eines sozio-ökonomischen Strukturwandels, Hinweis auf eine vertikale soziale Mobilität, oder drückt diese Zunahme der Übertrittsquoten lediglich eine allgemeine Bildungsinflation aus, die auf eine Senkung der Anforderungen zurückgeht?

Abb 5.13 Mathematikkenntnisse nach Schulformen am Ende der 8. Jahrgangsstufe innerhalb Deutschlands und nach ausgewählten Nationen (Mittelwerte und Verteilungen)

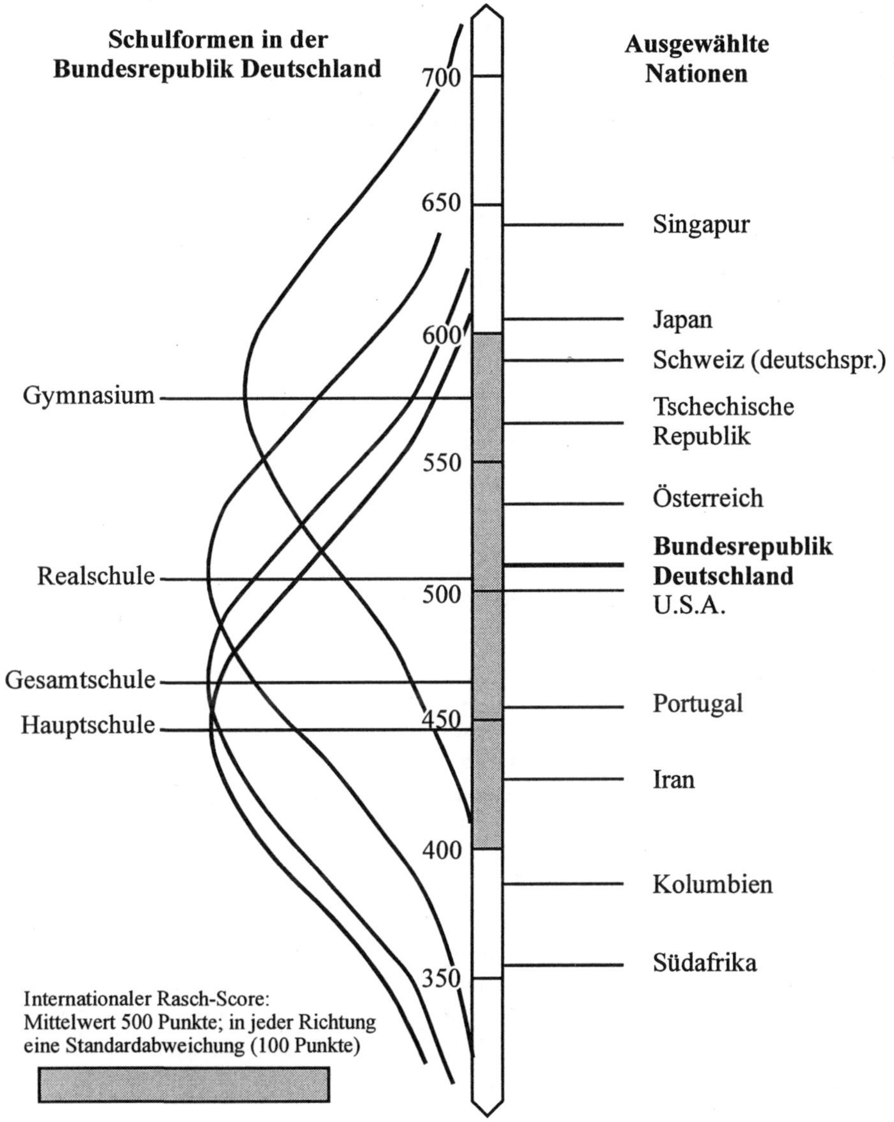

Quelle: Baumert J. et al. 1997, 113.

Auch die *räumliche* Analyse des Bildungsverhaltens ist mit dem Problem konfrontiert, daß das Niveau einer bestimmten Schulform große regionale Unterschiede aufweisen kann. Die mögliche Bandbreite von Leistungs- und Kenntnisunterschieden innerhalb einer Schulform wird auch durch Abb. 5.13 angedeutet. Die Mathematikkenntnisse streuen nicht nur innerhalb einer Schulform, sondern auch die Verteilungen benachbarter Schulformen überlappen sich. Die Abbildung belegt auch die beträchtlichen Leistungsunterschiede auf Staatenebene.

Besonders wichtig ist die Frage des schulischen Leistungsniveaus in jenen Ländern, in denen es innerhalb derselben Schulform (College, Gesamtschule, Universität) eine stark ausgeprägte Hierarchie gibt. In Japan sagt ein Universitätsabschluß relativ wenig aus, solange man nicht weiß, an welcher Universität der Abschluß erworben wurde. In den USA gibt es riesige Qualitätsunterschiede zwischen einzelnen Colleges. In diesen Ländern ist es allerdings möglich, über andere Indikatoren wie z.B. die Höhe des Schulgelds, die Qualifikation und Besoldung des Lehrkörpers, den finanziellen Aufwand pro Schüler oder die Karriere der Absolventen Rückschlüsse auf das Niveau zu ziehen. Etwas schwieriger sind die Niveauunterschiede *innerhalb* derselben Schulform in jenen Ländern zu erfassen, in denen das öffentliche Schulsystem zentral gesteuert ist, die Lehrerbesoldung einheitlich geregelt ist, keine Schulgebühren eingehoben werden und der Anteil der Privatschulen sehr gering ist.

Die Anhebung der Selektionsbarrieren auf höhere Ebenen des Bildungssystems und die damit einhergehende gesellschaftliche „Abwertung" der unteren und mittleren Ebenen des Schulsystems tritt nicht überall gleichzeitig auf, sondern entspricht einem räumlichen Diffusionsprozeß. Am Beispiel der zwei Schulformen Hauptschule und Gymnasium kann z.B. nachgewiesen werden, daß die Senkung des Niveaus einer Schulform in der Regel zuerst in den Großstädten beginnt und erst mit einer beträchtlichen zeitlichen Verzögerung auf den ländlichen Raum übergreift. Nach Ansicht von Bezirksinspektoren hatten in Österreich in den 60er Jahren Volksschuloberstufen im ländlichen Raum z.T. ein höheres Niveau als Hauptschulen in einigen Großstädten. In Großstädten, in denen 40 bis 70% eines Altersjahrgangs in ein Gymnasium übertreten und nur die weniger Begabten oder die Angehörigen von benachteiligten Randgruppen eine Hauptschule besuchen, ist die Qualität der Hauptschule niedriger als in ländlichen Gebieten, in denen nur die drei bis fünf Prozent Begabtesten in ein Gymnasium übertreten und ein großer Teil der „intelligenten" Schüler noch in der Volksschule oder Hauptschule verbleibt. Diese Niveauunterschiede können besonders an den späteren Berufslaufbahnen der Absolventen nachgewiesen werden. Viele aus dem ländlichen Raum stammende Volksschulabsolventen haben in den 60er Jahren höhere berufliche Positionen erreicht als aus Großstädten stammende Hauptschul- oder Handelsschulabsolventen.

Auch innerhalb von Großstädten kann es bei derselben Schulform große Unterschiede des Leistungs- und Anforderungsniveaus geben. Es wäre zweifellos eine interessante wissenschaftliche Aufgabe, anhand von standardisierten Tests solche regionalen Disparitäten des „schulischen Niveaus" zu erfassen. Wie aktuell diese Frage ist, kann man anhand der sogenannten „Bildungsgrenzgänger" entlang von deutschen Bundesländergrenzen sehen.

Es ist auch zu berücksichtigen, daß Indikatoren des Bildungsverhaltens vor dem Hintergrund bestimmter bildungspolitischer Ziele und Grundannahmen konstruiert wurden. »Their construction reflects particular assumptions about the nature and purposes of education, and they often embody beliefs about what directions reform should take« (Burstein L. et al. 1994, 410). Die hinter der Konstruktion und Verwendung von Indikatoren verborgene bildungspolitische Ideologie müßte jeweils genauer untersucht und offengelegt werden. Wenn das Bildungsverhalten nur anhand der Übertrittsraten in Gymnasien oder Hochschulen gemessen wird, also vorwiegend Indikatoren des schulischen Erfolgs herangezogen werden, verfolgt ein Bildungsforscher oder Bildungspolitiker meist andere Ziele, als wenn mehrere Ebenen vergleichend analysiert werden oder der Anteil der Dropouts im Vordergrund steht. Es ist sehr aufschlußreich, daß es in den meisten europäischen Ländern sehr schwierig ist, Daten über Analphabeten oder über den Anteil der Personen ohne Grundschulabschluß zu bekommen. Der Anteil der funktionalen Analphabeten wird Ende des 20. Jahrhunderts von der amtlichen Statistik der Industrieländer weitgehend verschwiegen.

Bei bestimmten Fragestellungen ist es methodisch nicht vertretbar, nur eine Ebene des Bildungssystems zu analysieren und daraus Rückschlüsse auf das Bildungsverhalten oder den Wandel der Gesellschaft zu ziehen. In mehreren Ländern und Regionen ist der Trend festzustellen, daß die Schere des Bildungsverhaltens auseinander geht, indem sowohl der Anteil der Akademiker als auch der Anteil der Personen ohne Grund- und Hauptschulabschluß steigt. Das Auseinanderklaffen der Schere kann über den Zustand der Gesellschaft wesentlich mehr aussagen als die Analyse einer einzigen Ebene des Schulsystems.

Aufgrund der Tatsache, daß in Großstädten die Gesellschaft differenzierter ist und hier stärkere gesellschaftliche Anomien zu erwarten sind als in kleinen Dörfern, werden in Großstädten sowohl die Übertrittsraten in die obersten Ebenen des Schulsystems als auch die Mißerfolgsquoten (z.B. Anteil der Dropouts) höher sein als im ländlichen Raum.

5.3 Messung des außerschulischen Bildungsverhaltens

Das außerschulische Bildungsverhalten ist aus mehreren Gründen von großem Interesse. Erstens ist eine ständige Weiterbildung angesichts der schnellen Entwicklung der Forschung und Technik für viele Berufe unverzichtbar geworden. Zweitens determiniert die schulische oder universitäre Ausbildung nur den *Einstieg* ins Berufsleben. Die weiteren Karriereschritte hängen in hohem Maße vom Erwerb weiterer Qualifikationen, Erfahrungen und Wissensinhalte ab. Deshalb ist es auch notwendig, die regionalen und sozialen Disparitäten des außerschulischen Bildungsverhaltens zu erfassen und zu erklären. Das außerschulische Bildungsverhalten kann unterschieden werden in „zweckfreie“ oder kategoriale Bildung (Bildung als Sinnerschließung und Selbstverwirklichung) und in „zweckbestimmte“ Bildung.

Welche große Bedeutungszunahme die außerschulische Weiterbildung erfahren hat, kann u.a. daran abgelesen werden, daß der Anteil der befragten Deutschen, die mindestens an einer Weiterbildungsveranstaltung teilgenommen haben, zwischen 1979 und 1994 von 23% auf 42% angestiegen ist, wobei vor allem die berufliche Weiterbildung in den 80er und 90er Jahren stark zugenommen hat. Im Jahre 1994 haben 24% der deutschen Bevölkerung an beruflicher Weiterbildung und 26% an allgemeiner und politischer Weiterbildung teilgenommen. Die Beteiligung an der beruflichen Weiterbildung lag 1994 in den neuen Ländern bei 27% und in den alten bei 23%. In den neuen Bundesländern lag 1991 der durchschnittliche Zeitaufwand für berufliche Weiterbildung pro Person fast doppelt so hoch wie in den alten Bundesländern. Dies geht vor allem auf die von der Arbeitsmarktverwaltung geförderten Maßnahmen zur Abwendung drohender Arbeitslosigkeit zurück. An allgemeinen und politischen Weiterbildungsveranstaltungen nahmen dagegen in den alten Bundesländern 29% und in den neuen Bundesländern nur 17% teil.

Die Weiterbildungsteilnahme wird stark von der schulischen und beruflichen Vorbildung beeinflußt. In der Bundesrepublik Deutschland haben von den Hochschulabsolventen Ende der 90er Jahre 64% an einer Weiterbildungsveranstaltung teilgenommen, bei den Bundesbürgern ohne abgeschlossene Berufsausbildung betrug die Quote nur 19% (Statistisches Bundesamt 1997, 67-69).

5.3.1 Die Inanspruchnahme von Kultureinrichtungen

Die „zweckfreie“ bzw. kategoriale Bildung ist als Vorgang geistiger Formung und Sinnerschließung ein hohes kulturelles Gut sowie ein wichtiges Element der Kreativität und Kultur. Nach H. G. Gadamer (1990, 16) gehört »Bildung aufs engste mit dem Begriff Kultur zusammen und bezeichnet zunächst die eigentümlich menschliche Weise, seine natürlichen Anlagen und Vermögen auszubilden«. Trotz seiner zentralen gesellschaftlichen und kulturellen Bedeutung ist der Begriff Bildung jedoch schwer zu definieren und kaum quantitativ zu messen. Die Schwierigkeit, die inhaltliche Dimension von Bildung zu erfassen, ist der einzige Grund, warum in diesem Buch nur selten Bezug auf die zweckfreie Bildung genommen wird.

Trotz dieser Schwierigkeiten sind Institutionen der Bildungsvermittlung, z.B. kulturelle Einrichtungen (Theater, Opernhäuser, Konzerthäuser, Museen, Galerien oder Bibliotheken) und deren Inanspruchnahme durch die Bevölkerung durchaus Forschungsgegenstand der Geographie. Kulturelle Institutionen sind von Standortfaktoren abhängig, sie weisen bestimmte Standortmuster und räumlich abgrenzbare Einzugsgebiete auf. Die Inanspruchnahme der Institutionen durch die Bevölkerung bzw. die Teilnahme an den angebotenen Veranstaltungen weisen regionale Disparitäten auf. Institutionen der Bildung haben raumrelevante Auswirkungen und können auch als Indikatoren für räumliche Strukturen (z.B. zentralörtliche Hierarchie des Siedlungssystems) herangezogen werden.

5.3.2 Weiterbildung

Auch der Begriff der „Weiterbildung" ist nicht einfach zu definieren. Umstritten ist besonders die Frage, »inwieweit neben der „klassischen" Weiterbildung in Form von Lehrgängen oder Kursen auch weniger formalisierte Formen des Kenntniserwerbs noch als Weiterbildung anzusehen sind. Dies betrifft zum Beispiel den Besuch von Fachmessen oder Kongressen, betriebliche Maßnahmen der Lernförderung am Arbeitsplatz sowie die Abgrenzung im Rahmen von Beschäftigungs- und Qualifizierungsgesellschaften« (Kuwan H. 1997, 130). Welche der zahlreichen Definitionen sinnvoll sind, hängt wohl vom Ziel und Thema einer Untersuchung ab. Im deutschen „Berichtssystem zur Weiterbildung" wird Weiterbildung folgendermaßen definiert: »Fortsetzung oder Wiederaufnahme organisierten Lernens nach Abschluß einer unterschiedlich ausgedehnten ersten Ausbildungsphase. Das Ende der ersten Bildungsphase und damit der Beginn möglicher Weiterbildung ist in der Regel durch den Eintritt in die volle Erwerbstätigkeit gekennzeichnet. Das kurzfristige Anlernen oder Einarbeiten am Arbeitsplatz gehört nicht in den Rahmen der Weiterbildung« (Deutscher Bildungsrat 1970, 197; Kuwan H. 1997, 130-131).

Eine weitere Schwierigkeit liegt darin, daß es in den meisten Ländern keine einheitlichen gesamtstaatlichen Datenquellen und Statistiken zur Weiterbildung gibt. Die verschiedenen Formen der Weiterbildung sind auf zahlreiche Träger verteilt und durch unterschiedliche Gesetze geregelt. Darüberhinaus ist die Weiterbildung ein sehr dynamischer Bereich, was die Erstellung eines längerfristig gültigen Erhebungsinstruments ebenfalls erschwert. Im deutschen „Berichtssystem Weiterbildung" werden folgende Arten der Weiterbildung unterschieden (vgl. Kuwan H. 1997):

- Allgemeine Weiterbildung: nicht unmittelbar berufsbezogene Lehrgänge, Kurse oder Vorträge.
- Außerbetriebliche berufliche Weiterbildung: u.a. Umschulungsprogramme und Kurse im Rahmen der Arbeitsmarktförderung gezählt.
- Betriebliche Weiterbildung.
- Individuelle Weiterbildung.

Das deutsche Bundesministerium für Bildung und Wissenschaft (1984, 158), E. Sauter (1989, 146) und H. Weiß (1994, 92-98) verwenden noch andere und z.T. differenziertere Klassifizierungen der Weiterbildung.

Statistiken zur „Weiterbildung" sind in den meisten Länden sehr lückenhaft und für viele Bereiche nicht flächendeckend vorhanden. Relativ gut dokumentiert sind die beruflichen und betrieblichen Weiterbildungsmaßnahmen der Arbeitsmarktverwaltung (im Rahmen der Arbeitsförderungsgesetze). Die individuelle Weiterbildung wird dagegen meist nur im Rahmen der Mikrozensen erfaßt. Für Deutschland hat H. Kuwan (1997) eine umfassende Dokumentation über die verschiedenen Erhebungsmethoden, Quellen und Statistiken zur Weiterbildung vorgelegt, in der auch viele methodische Probleme diskutiert werden. Als Indikatoren der Weiterbildung können folgende verwendet werden (vgl. Kuwan H. 1997, 133):

- Teilnehmerzahlen und Teilnehmerquoten,
- Teilnahmefälle (Belegungen),
- Erfolgs- und Mißerfolgsquoten,
- Zeitaufwand für Weiterbildung.

Bei den Indikatoren kann zwischen „angebotsbezogenen Maßen“ (Statistiken der Träger von Weiterbildungsmaßnahmen) und „nachfragebezogenen Maßen“ (meist auf repräsentativen Befragungen wie Mikrozensen beruhend) unterschieden werden. Teilnehmerquoten können nur aufgrund von Repräsentativerhebungen berechnet werden.

In der Bundesrepublik Deutschland wird seit 1979 in dreijährigem Abstand im Auftrag des BMBW eine repräsentative Umfrage über die Weiterbildung der 19- bis 64jährigen Bevölkerung durchgeführt. Für die meisten dieser Weiterbildungsmaßnahmen können regional differenzierte Teilnahme-, Erfolgs- oder Durchfallerquoten berechnet werden. Bisher gibt es allerdings nur wenige Untersuchungen, die regionale Disparitäten der Weiterbildung analysiert haben. Aufgrund der Datenlage werden diese Fragestellungen auch in Zukunft vorwiegend auf der Mikroebene angesiedelt sein.

Tab. 5.23 Anteil der nicht bestandenen Abschlußprüfungen von Teilnehmern an Umschulungen in Ostdeutschland im Sommer 1993

Industrie- und Handelskammer	Anteil der nicht bestandenen Abschlußprüfungen	
	kaufmännische Berufe	gewerblich-technische Berufe
Gera	21,1	13,5
Potsdam	13,4	15,2
Neubrandenburg	22,5	16,7
Rostock	18,4	17,1
Cottbus	14,6	18,0
Dresden	15,8	23,7
Chemnitz	24,3	32,0
Berlin-Ost	37,2	47,9

Quelle: Weiß H. (1994, 200).

6 Das Ausbildungs- und Qualifikationsniveau

6.1 Das Ausbildungsniveau der Wohnbevölkerung als Indikator der sozialen Schichtung und des sozialen Wandels

6.1.1 Ausbildungsniveau und Handeln. Informations- oder Statuseffekt?

Das Ausbildungs- und Informationsniveau kann sich direkt oder indirekt auf Verhaltensweisen auswirken. Ein *direkter* Einfluß, der sogenannte *Informationseffekt*, ist dann gegeben, wenn wichtige Informationen oder das Wissen um Zusammenhänge die Wahrnehmung, die Aspirationen, die Ziele, das Wertesystem und das Suchverhalten eines Akteurs beeinflussen und ihn zu bestimmten Entscheidungen und Verhaltensweisen veranlassen, zu denen er ohne diese Informationen und Kenntnisse nicht kommen würde. In umgekehrter Weise können etwa fehlende Lese- und Schreibkenntnisse, fehlendes Wissen oder ein Mangel an Qualifikationen und wichtigen Informationen die Wahrnehmung, das Such- und Entscheidungsverhalten negativ beeinflussen.

Qualifikationen, Wissen und Ausbildungsniveau können das Handeln aber auch *indirekt*, über eine längere Kausalkette oder den sogenannten *Statuseffekt*, beeinflussen. Ein großes (anwendbares und nachgefragtes) Wissen, ein Informationsvorsprung, ein hohes Ausbildungs- und Qualifikationsniveau oder eine hohe Kreativität können zu einem beruflichen Aufstieg, zu größeren ökonomischen Ressourcen, zu wichtigen gesellschaftlichen Kontakten, zu Machtpositionen und zu einem höheren sozialen Status verhelfen, die neue Handlungsspielräume ermöglichen. Ein Aufstieg in eine höhere soziale Statusposition kann nicht nur die Ziele und Erwartungshorizonte eines Menschen verändern, sondern schafft oft erst die finanziellen Möglichkeiten oder Machtpositionen, um schon länger bestehende Ziele und Wünsche verwirklichen zu können. Andererseits kann ein sehr niedriges Ausbildungsniveau Verhinderungscharakter haben, indem es Akteure von bestimmten Berufen, beruflichen Positionen, sozialen Kontakten und Ressourcen ausschließt.

Auf der analytischen Mikroebene sind die einzelnen Glieder der Kausalkette eines Handlungsablaufs in vielen Fällen nachzuvollziehen, so daß etwa die Auswirkungen eines Qualifikations- oder Informationsvorsprungs auf eine Entscheidung zu verdeutlichen sind. Bei wissenschaftlichen Analysen auf der räumlichen Makro- oder Mesoebene kann dagegen meist nur noch das erste und letzte Glied der Kausalkette (z.B. das Ausbildungsniveau und das Einkommen oder das Ausbildungsniveau und die Wohnsituation) verglichen werden. Selbst in jenen Fällen, in denen die Beziehungen zwischen Wissen, Lernen und Handeln eine „black box" bleiben, eröffnet eine Berücksichtigung des Ausbildungs- und Informationsniveaus sowie der Qualifikationen der handelnden Akteure zusätzliche Erkenntnisse. Da das Ausbildungs- und Qualifikationsniveau zu den wichtigsten *objektiven* Indikatoren der sozialen Schichtung gehört und die soziale Statusposition Ermöglichungs- und Verhinderungscharakter hat, besitzt es, zumindest bei einer ausreichenden Fallzahl, einen hohen Erklärungswert.

Es ist mehrfach belegt worden, daß in Entwicklungsländern ein enger Zusammenhang zwischen dem Ausbildungsniveau der Mutter und der Säuglingssterblichkeit besteht. Wenn die Mutter Analphabetin ist, sind die Überlebenschancen der Säuglinge am geringsten, je höher das Ausbildungsniveau der Mutter, umso geringer ist die Säuglingssterblichkeit (Barbieri M. 1990). Der *Informationseffekt* besteht darin, daß lese- und schreibkundige oder höher ausgebildete Mütter über einen besseren Zugang zu Informationen über Hygiene, medizinische Versorgung und gesunde Ernährung verfügen. Während für die Verbreitung des traditionellen, lokalen Wissens keine Lesekundigkeit erforderlich ist, weil dieses Wissen mündlich von einer Generation an die andere weitergegeben wird, benötigt die Aufnahme von neuem, indirekt übermitteltem Wissen in vielen Fällen Lesekenntnisse. Denn eine Analphabetin kann nicht einmal die Gebrauchsanweisungen für die Zubereitung von importierter Babynahrung oder die Verwendung von Medikamenten lesen.

Der *Statuseffekt* besteht darin, daß höher ausgebildete Mütter und deren Säuglinge in der Regel in besseren ökonomischen Verhältnissen leben oder ein höheres Familieneinkommen, eine bessere Wohnlage, gesündere Ernährung und eine bessere medizinische Betreuung haben als Analphabetinnen, die sehr oft in Elendsvierteln ohne Wasserleitung und Kanalisation leben. Aufgrund des Statuseffekts können also Säuglinge höher ausgebildeter Mütter von ungesunden hygienischen Verhältnissen eher verschont bleiben und medizinisch besser versorgt werden als Säuglinge von in Armut lebenden Analphabetinnen. Im konkreten Einzelfall wird es zwar nicht leicht sein, die Einflüsse des Status- und Informationseffekts trennscharf zu unterscheiden und genau zu quantifizieren. Es geht hier jedoch nur um die Erkenntnis, daß nicht alle Einflüsse des Wissens ausschließlich unter dem Statuseffekt subsumiert werden können. Auch wenn Einkommen oder Status konstant gehalten werden, wird eine Mutter ohne Lesekenntnisse bei der Verwendung importierter Medikamente und Babynahrung mit einer höheren Wahrscheinlichkeit eine Fehlentscheidung treffen als eine lesekundige oder sogar gut ausgebildete Mutter, welche die Gebrauchsanweisungen lesen kann.

Abb. 6.1 Ausbildungsniveau der Mütter und Überlebenswahrscheinlichkeit der Säuglinge in Senegal im Jahre 1986

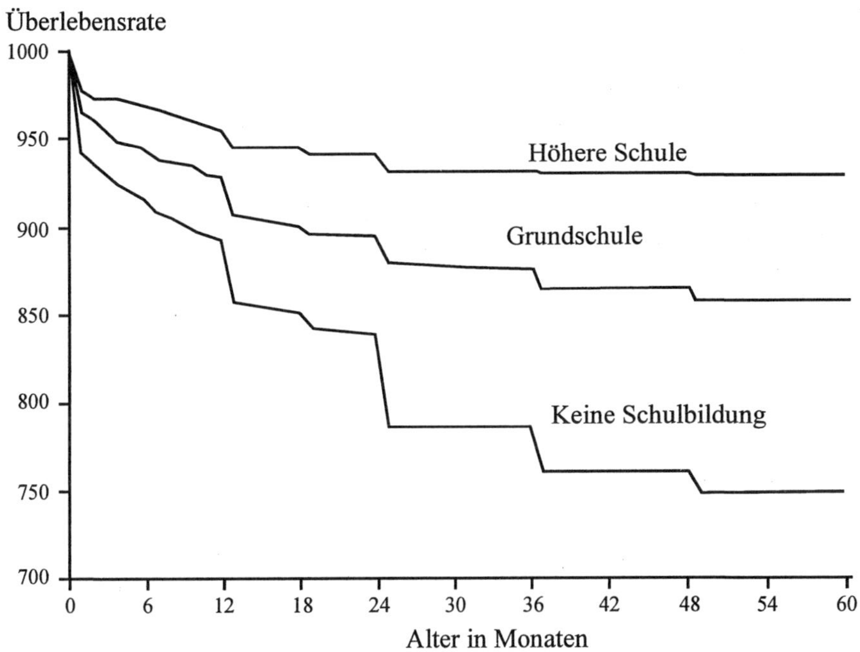

Quelle: Barbieri M. 1990, 144b.

Auch die altersspezifische Erwerbstätigkeit von Frauen und die Arbeitslosenquoten stehen in engem Zusammenhang mit dem Ausbildungsniveau (Meusburger P. 1995c). Frauen mit einem hohen Ausbildungsniveau treten später in das Beschäftigungssystem ein, sie heiraten später, haben mit einer höheren Wahrscheinlichkeit ihren Arbeitsplatz in einem zentralen Rang der oberen Rangstufen, sie bekommen später ihr erstes Kind und gebären im Durchschnitt weniger Kinder als niedrig ausgebildete Frauen. Nicht zuletzt bedeutete für sie (im kommunistischen Ungarn) ein Verzicht oder eine Unterbrechung der Erwerbstätigkeit einen höheren Einkommensausfall als für niedrig qualifizierte Frauen. Deshalb erhöht sich mit zunehmendem Ausbildungsniveau der Frauen nicht nur ihre Erwerbstätigenquote, sondern es variiert auch die sogenannte Kleinkinderphase, in der die Frauen ihre Erwerbstätigkeit für einen bestimmten Zeitraum unterbrechen. Das Ausbildungsniveau ist auch einer der wichtigsten Bestimmungsfaktoren der Arbeitslosigkeit. Unabhängig vom Gesamtniveau der Arbeitslosigkeit sind die Arbeitslosenquoten umso niedriger, je höher das Ausbildungsniveau der Akteure ist. Die Zusammenhänge zwischen Beschäftigungssituation und Ausbildungsniveau können allerdings nicht auf die beiden Faktoren Informationseffekt und Statuseffekt reduziert werden, sondern sind durch diverse Arbeitsmarkttheorien zu erklären (Faßmann H. und P. Meusburger 1997).

Abb. 6.2 Erwerbstätigenquoten der ungarischen Frauen nach ihrem Ausbildungsniveau und Alter

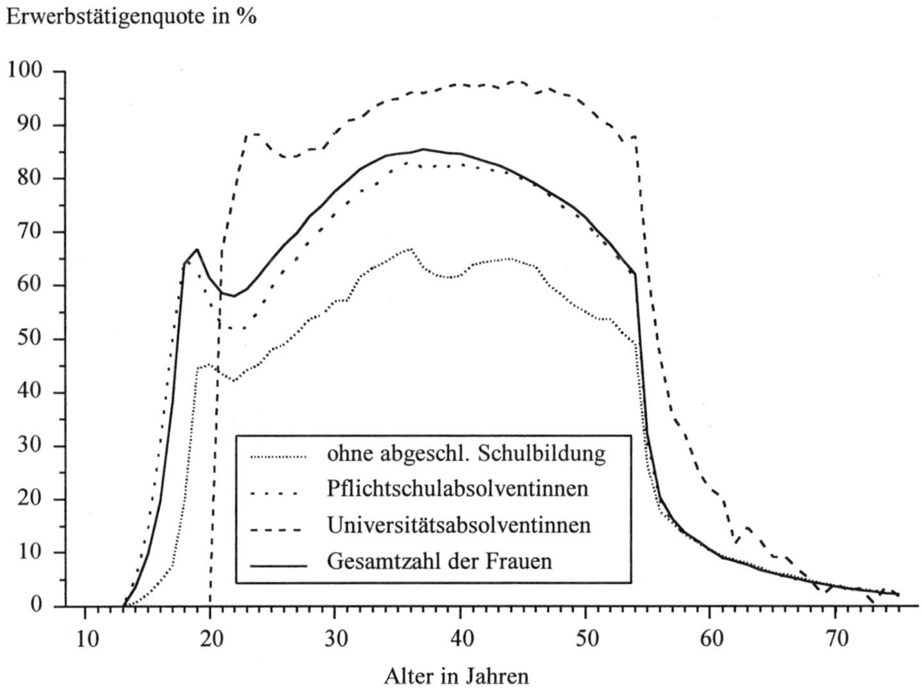

Quelle: Meusburger P. 1995c.

Wie vielfältig die Beziehungen zwischen Ausbildungsniveau und Handeln sein können, sei noch am Beispiel der Heiratskreise einer multikulturellen Bevölkerung erläutert. Obwohl Israel seit Jahrzehnten große Anstrengungen unternimmt, die verschiedenen Einwanderergruppen zu integrieren, belegen die Heiratskreise die nach wie vor bestehende große soziale Distanz zwischen den einzelnen Einwandererkategorien. Mit zunehmendem Ausbildungsniveau verändert sich diese Distanz in sehr ambivalenter Weise. Je höher das Ausbildungsniveau, umso größer ist die Wahrscheinlichkeit, daß der Partner aus der ökonomisch dominanten Gruppe der europäischen Juden gewählt wird. Dies bedeutete für Israeli mit afrikanischem oder asiatischem Hintergrund, daß sie mit zunehmendem Ausbildungsniveau zu einem ständig geringer werdenden Anteil innerhalb ihrer eigenen Herkunftskategorie heiraten. Für Israeli mit europäischem Hintergrund erhöht sich dagegen mit zunehmendem Ausbildungsniveau der Anteil der Partner aus demselben Kulturbereich (Tab. 6.1).

Abb. 6.3 Arbeitslosenquoten in Ungarn nach dem Ausbildungsniveau der Bevölkerung

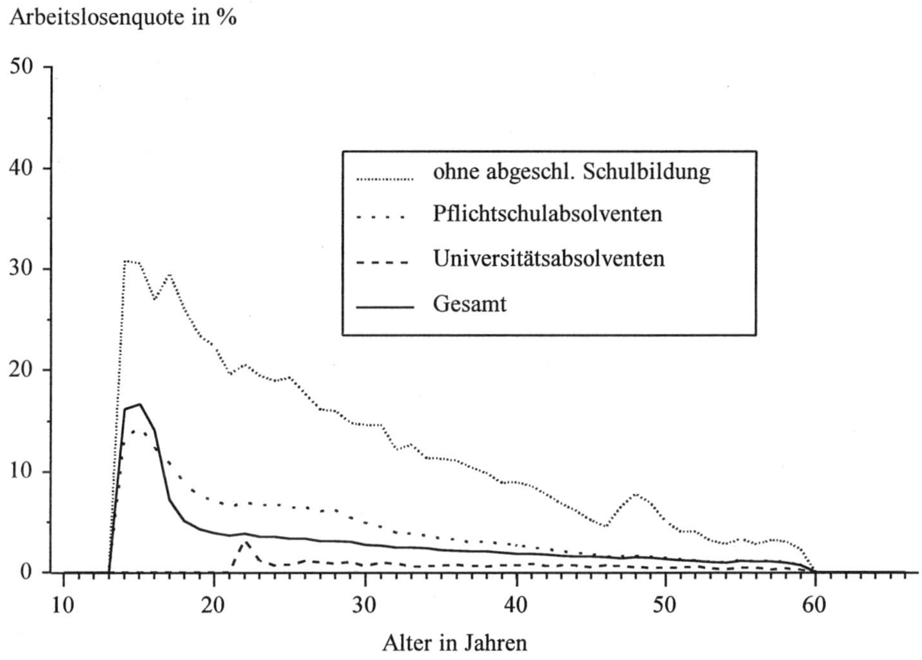

Quelle: Meusburger P. 1995c.

Tab. 6.1 Anteil der Israeli, die innerhalb der eigenen ethnischen Gruppe heirateten, nach dem Ausbildungsniveau

Ethnische Herkunft	Heirat zwischen 1953 und 1958 Zahl der absovierten Schuljahre			Heirat zwischen 1969 und 1970 Zahl der absovierten Schuljahre		
	0-8	9-12	13 u. mehr	0-8	9-12	13 u. mehr
Ehemänner						
Afrika	92	79	57	79	70	50
Asien	93	82	70	77	63	46
Europa	78	87	93	65	75	89
Ehefrauen						
Afrika	84	71	44	73	65	56
Asien	87	73	49	80	65	51
Europa	89	92	93	61	77	86

Quelle: Goldscheider C. 1996, 198.

6.1.2 Ausbildungsniveau und soziale Schichtung

Die Kenntnis der räumlichen Verteilung und Segregation der sozialen Schichten stellt für sehr viele Forschungsfragen der Sozialgeographie eine wichtige Ausgangsbasis dar. Bevor Studien auf der Mikroebene durchgeführt werden können, müssen in vielen Fällen Erkenntnisse auf der Meso- und Makroebene vorliegen. Wer nicht über die großräumige oder innerstädtische Verteilung der sozialen Schichten Bescheid weiß, kann bei vielen Fragestellungen nicht einmal eine methodisch einwandfreie Stichprobe ziehen. Während bei kleinen Samples der soziale Status einer Person durch subjektive (z.B. Prestige, Selbst- und Fremdeinschätzung etc.) und objektive Merkmale der sozialen Schichtung bestimmt werden kann, nimmt die Bedeutung von subjektiven Indikatoren auf der Meso- und Makroebene aus verschiedenen theoretischen, methodischen und forschungspragmatischen Gründen ab, so daß auf diesen Ebenen den objektiven Merkmalen (Beruf, Ausbildungsniveau, Einkommen) ein größeres Gewicht zukommt.

Ob und wie sehr das Ausbildungsniveau für sich allein genommen als ein repräsentativer Indikator der sozialen Schichtung verwendet werden kann oder nur einen Teilbereich der sozialen Schichtung widerspiegelt, hängt u.a. ab:

- vom Untersuchungsmaßstab und der Stichprobengröße,
- vom Thema und theoretischen Ansatz der Untersuchung,
- vom Ausmaß der Statusinkonsistenzen (z.B. Kongruenz zwischen Beruf und Ausbildungsniveau),
- von der Selektionswirkung des Bildungssystems.

Der *Untersuchungsmaßstab* hat sowohl eine theoretische als auch eine forschungspragmatische Bedeutung. Entgegen der Ansicht mancher Sozialwissenschaftler bringt eine Analyse auf der Mikroebene (in einem kleinen Untersuchungsgebiet oder anhand eines kleinen Samples) nicht bei allen Fragestellungen die optimalen wissenschaftlichen Ergebnisse. Manche sozioökonomischen Strukturen und Prozesse werden erst bei der Verwendung von Massendaten oder erst bei der Analyse großer Untersuchungsregionen erkennbar. Eine Analyse, die ausschließlich auf der Mikroebene durchgeführt wird, birgt die Gefahr, daß wichtige Einflußfaktoren übersehen werden, daß die Spannweite der „Ungleichheit" unterschätzt und daß ein „individueller" und/oder „kontextueller" Fehlschluß begangen wird. Deshalb ergibt sich auch bei der Erforschung der räumlichen Verteilung der sozialen Schichten die Notwendigkeit, Analysen auf der Mikro-, Meso- und Makroebene durchzuführen.

Die Frage, ob eher Indikatoren des Ausbildungs- und Qualifikationsniveaus oder eher Variablen der Einkommensverhältnisse und des Konsumverhaltens ein größeres Gewicht beigemessen wird, hängt u.a. vom Thema und dem theoretischen Ansatz der Untersuchung ab. Wenn das Ausbildungsniveau der Wohnbevölkerung als Einflußgröße im Mittelpunkt des Forschungsinteresses liegt, müssen andere methodische Überlegungen angestellt werden als wenn das Ausbildungsniveau als Indikator für einen anderen sozialen oder ökonomischen Sachverhalt verwendet wird. Wenn der funktionale Aspekt einer beruflichen Position im Vordergrund steht, gewinnt das

Ausbildungs- und Qualifikationsniveau ein höheres Gewicht. Wenn das Forschungsinteresse dem Konsumverhalten gilt, versprechen Indikatoren des Einkommens oder des Lebensstils bessere Erkenntnisse. Da Einkommensstatistiken nur für wenige Länder und dazu noch selten in kleinräumiger Differenzierung vorliegen, stellen die Variablen „Beruf", „Ausbildungsniveau" und „berufliche Qualifikation" auf der Meso- und Makroebene die wichtigsten objektiven Indikatoren der sozialen Schichtzugehörigkeit dar. Da eine detaillierte Klassifizierung der beruflichen Tätigkeiten in den meisten Ländern jeweils mehrere hundert Berufe umfaßt, können die beruflichen Kategorien in der Regel nur in stark zusammengefaßter Form publiziert werden, was deren Aussagekraft wieder mindert.

Obwohl gut ausgewählte Indikatoren des Ausbildungsniveaus in den meisten Staaten ein sehr aussagekräftiger Indikator der sozialräumlichen Differenzierung der Wohnbevölkerung sind (vgl. Meusburger P. 1980), müssen im konkreten Einzelfall verschiedene methodische Probleme berücksichtigt werden. Denn die Bedeutung des Ausbildungsniveaus für den sozialen Status und für die vertikale soziale Mobilität ist nicht in allen politischen Systemen und nicht auf allen sozioökonomischen Entwicklungsniveaus gleich groß. So können etwa in totalitären Staaten, in denen ideologische Zuverlässigkeit bei der Besetzung von privilegierten Positionen mehr zählt als Qualifikation, in Staaten mit einer askriptiven Statuszuteilung (Statusvererbung) oder in Staaten mit einer geringen Selektionswirkung des Bildungssystems große Statusinkonsistenzen auftreten, welche die Aussagekraft des Indikators „Ausbildungsniveau" für bestimmte Fragestellungen beträchtlich einschränken können. Solche Statusinkonsistenzen wirken sich vor allem bei kleinen Fallzahlen sehr stark aus, während bei aggregierten Massendaten solche zeitlichen und räumlichen Schwankungen weniger ins Gewicht fallen.

Tab. 6.2 Ausbildungsniveau der deutschen Bevölkerung nach Altersgruppen im April 1995

Alter in Jahren	noch in schulischer Ausbildung	Volksschule Hauptschule	Polytechnische Oberstufe	Realschule oder gleichwertiger Abschluß	Fachhochschul- oder Hochschulreife	zusammen
15-19	61,8	17,2	2,7	15,1	3,1	100,0
20-29	1,0	30,4	12,2	26,6	29,7	100,0
30-39	0,0	37,5	14,0	23,4	25,0	100,0
40-49	0,0	49,7	11,4	18,8	20,0	100,0
50-59	0,0	67,3	3,3	16,3	13,1	100,0
60 und älter	0,0	79,1	0,5	12,5	8,0	100,0

Quelle: Mikrozensus April 1995, Statistisches Bundesamt 1997, 70.

Aufgrund der zyklischen Schwankungen von Überfüllungs- und Mangelkrisen akademischer Berufe gibt es eine konjunkturabhängige Prüfungsauslese (vgl. Titze H. 1990, 192), welche die Aussagekraft und Brauchbarkeit von Indikatoren des Ausbildungsniveaus ebenfalls zyklisch beeinflussen kann. Andererseits besteht ein langfristiger Trend, daß sich die Selektionskriterien auf immer höhere Abschlußebenen verlagern. Bei Zeitreihen ist es nicht einfach zu unterscheiden, ob und in welchem Umfang Verschiebungen im Anteil der einzelnen Ausbildungsebenen (Tab. 6.2) einen sozio-ökonomischen Strukturwandel signalisieren oder nur Ausdruck eines inflationären Bedeutungsverlustes einzelner Ausbildungsebenen sind.

Inkonsistenzen zwischen Ausbildungsniveau und beruflichem Status sollten allerdings nicht nur als methodisches Problem angesehen werden, sondern sie stellen selbst eine interessante Forschungsfrage der Sozialgeographie dar. Solche Inkonsistenzen treten besonders in totalitären Staaten, bei Systemwechseln sowie in politischen und ökonomischen Umbruchsphasen auf.

Die Aussagekraft der Indikatoren des Ausbildungsniveaus ist nicht in allen Ländern gleich gut. Sie hängt u.a. vom politischen System, dem wirtschaftlichen und gesellschaftlichen Entwicklungsniveau, der Differenzierung und Selektivität des Schulsystems und zahlreichen anderen Faktoren ab und unterliegt auch einem zeitlichen Wandel. Je mehr Personen innerhalb einer Untersuchungsregion eine bestimmte Merkmalsausprägung haben bzw. eine bestimmte Bedingung erfüllen, desto weniger sagt dieses Merkmal über bestehende sozio-ökonomische Disparitäten aus.

Das Ausbildungsniveau gehört zur sogenannten „*positional economy*“ im Sinne von F. Hirsch (1977, 27) gehört. Dieser Begriff bezieht sich auf Güter, Dienstleistungen und soziale Beziehungen, deren Wert (Attraktivität) umso mehr abnimmt, je größer die Zahl der Personen wird, die über diese Güter und Dienstleistungen verfügen. Nicht nur die Lese- und Schreibkundigkeit, sondern auch ein hohes Ausbildungsniveau verlieren also ihren (wirtschaftlichen) Wert auf dem Arbeitsmarkt, wenn es von den meisten Leuten erreicht wird.

Mit fortschreitender Entwicklung des Bildungswesens verlagern sich deshalb die aussagekräftigsten Indikatoren immer wieder auf andere Bildungsebenen. Aussagekräftig sind vor allem die Extreme der Ausbildungspyramide. Bei den mittleren Ausbildungsebenen sind in der Regel geringere Disparitäten und weniger Gesetzmäßigkeiten festzustellen als bei den höchsten und niedrigsten Ausbildungsebenen.

Bei bestimmten Themen oder statistischen Methoden wird eine Maßzahl benötigt, die alle Ausbildungsebenen zusammenfassend darstellen kann. Da es sich beim Ausbildungsniveau um eine ordinal skalierte Meßgröße handelt, können „Durchschnittswerte“ nur mit Hilfe einer „Gewichtung“ der einzelnen Ebenen berechnet werden. K. Höfle (1984) hat den Versuch unternommen, das sogenannte „komplexe Ausbildungsniveau“ (KAN) zu konstruieren. Mit dieser Kennziffer sollten alle Ausbildungsebenen der erwachsenen Bevölkerung in ihren unterschiedlich starken Absolventenanteilen berücksichtigt werden. Dabei wurde die Absolventenquote der einzelnen Ausbildungsebenen gewichtet, und zwar in Relation zur Schulbesuchszeit, welche die jeweiligen Schulabschlußebenen über die vorgeschriebenen Pflichtschuljahre hinaus erfordern (Höfle K. 1984, 55).

Um das Ausbildungsniveau der Erwachsenen und die Bildungsbeteiligung der Jugendlichen möglichst in ihrer Komplexität zu berücksichtigen, hat K. Höfle (1984, 68-77) anhand der Tiroler Gemeinden eine Verknüpfung des schon beschriebenen komplexen Ausbildungsniveaus mit dem komplexen Übertrittsverhalten nach der vierten Stufe Volksschule vorgenommen. Zur Kategorisierung der Gesamtbildungsbeteiligung einer Gemeindebevölkerung wurden sogenannte „Bildungsverknüpfungstypen“ aufgestellt.

Untersuchungen über das schulische Ausbildungsniveau haben bisher in der bildungsgeographischen Forschung deshalb dominiert, weil in vielen Ländern das schulische Ausbildungsniveau zusammen mit der genauen Berufsbezeichnung das einzige objektive Merkmal der sozialen Schichtung ist, das in Vollerhebungen (z.B. Volkszählungen) regelmäßig erfaßt wird und in starker räumlicher Differenzierung dargestellt und analysiert werden kann.

Im Rahmen von Befragungen können noch verschiedene andere Arten von „Qualifikationen“, Kenntnissen und Fachwissen sowie das Informationsniveau zu verschiedenen Fragestellungen in sehr detaillierter Form erfaßt werden. Die Tatsache, daß bisher erst relativ wenige Untersuchungen über regionale Unterschiede des Fachwissens und diverser Kenntnisse durchgeführt wurden, ist hauptsächlich auf den großen Erhebungs- und Kostenaufwand zurückzuführen, den solche Analysen verursachen. Die wenigen einschlägigen Studien, die vorliegen, wurden deshalb meist von staatlichen Institutionen (z.B. bei der Musterung von Rekruten) oder im Rahmen von internationalen Programmen durchgeführt.

6.1.3 Regionale Unterschiede des Ausbildungsniveaus der Wohnbevölkerung

Das Ausbildungsniveau der Wohnbevölkerung ist nicht nur *per se* von hohem wissenschaftlichem Interesse, sondern seine Bedeutung liegt vor allem darin, daß es mit vielen anderen sozio-ökonomischen Indikatoren, Strukturen und Prozessen in Wechselbeziehung steht. Wenn man den Thesen zustimmt,

- daß das Ausbildungsniveau ein wichtiger objektiver Indikator der sozialen Schichtung ist,
- daß das Ausbildungsniveau maßgeblich die Startposition von Karriereverläufen und die erste Positionierung im Arbeitsmarkt bestimmt,
- daß das Wissen, das Ausbildungs-, Qualifikations- und Informationsniveau die Wahrnehmung, die Entscheidungsprozesse und das Handeln der Menschen beeinflussen können,

sind die *räumlichen* Disparitäten des Ausbildungsniveaus der Wohnbevölkerung für alle Zweigdisziplinen der Anthropogeographie und für viele Forschungsfragen der Sozial- und Wirtschaftswissenschaften von großer Bedeutung.

Die räumlichen Unterschiede des Ausbildungsniveaus der Wohnbevölkerung sind das Ergebnis von Prozessen, die auf verschiedenen Maßstabsebenen ablaufen und durch verschiedene Faktoren gesteuert werden. Auf der *Meso- und Makroebene* werden die Disparitäten vor allem durch die unterschiedliche *ökonomische* Attraktivität und Wettbewerbsfähigkeit von Standorten und Regionen, die zentral-periphere Arbeitsteilung (Konzentration von Entscheidungsbefugnissen und spezialisierten Qualifikationen in den Zentren, Verlagerung von billigen Routinearbeitsplätzen an die Peripherie), die selektive Migration von Hochqualifizierten und das Schulsystem verursacht. Die Unterschiede des Ausbildungsniveaus der Wohnbevölkerung stehen in einem engen Zusammenhang mit der Hierarchie des Siedlungssystems (dem zentralörtlichen Rang und der Größenklasse der Gemeinden) und dem Verstädterungsgrad von Regionen. Mit zunehmender Gemeindegröße werden die Anteile der Pflichtschulabsolventen deutlich niedriger und jene der höheren Ausbildungsebenen größer. Dieser grobe Raster der Disparitäten, der im wesentlichen durch die „Qualität" und Komplexität des Arbeitsplatzangebots bestimmt wird, weist eine bemerkenswerte zeitliche Persistenz auf. Innerhalb dieser großräumigen (Regionen) oder modellhaft-abstrakten Einheiten (Hierarchieebene des Siedlungssystems) kommt es nochmals zu einer deutlichen kleinräumigen Segregation der Wohnbevölkerung mit unterschiedlichem Ausbildungsniveau.

Auf der *Mikroebene* werden die räumlichen Unterschiede des Ausbildungsniveaus der Wohnbevölkerung vor allem durch die Wohnqualität (Ausstattung und Größe der Wohnungen), das Preisniveau, das Prestige und die ökologische Attraktivität von Wohngebieten gesteuert. Deshalb können sich die Disparitäten auf der Mikroebene schneller verändern als jene auf der Meso- und Makroebene.

So wie der Status von Individuen nach verschiedenen objektiven oder subjektiven Merkmalen und mit unterschiedlichen Methoden zu bestimmen ist, kann auch der soziale Status von *räumlichen Einheiten* nach verschiedenen objektiven und subjektiven Kriterien und unterschiedlichen statistischen Verfahren ermittelt werden. Objektive Indikatoren zur Abgrenzung von Unter-, Mittel-, oder Oberschichtvierteln innerhalb einer Stadtregion sind bekanntlich Grundstücks- und Mietpreise, die Wohnungsausstattung und Wohnungsgröße sowie die Einkommens-, Berufs- und Ausbildungsstruktur der Bevölkerung, die im betreffenden Gebiet wohnt. In den Untersuchungen von A. Kaufmann (1978), P. Meusburger (1980) u.a. wurden für Großstädte enge statistische Zusammenhänge zwischen dem Ausbildungsniveau des Haushaltsvorstands und den Wohnverhältnissen (Ausstattungsgrad und Größe der Wohnung) festgestellt. Mit zunehmendem Ausbildungsniveau der Haushaltsvorstände erhöhte sich (sowohl bei den Erwerbstätigen als auch bei den Pensionisten) die durchschnittliche Wohnungsgröße (durchschnittliche Anzahl der Wohnräume je Bewohner) und der Anteil der „gut ausgestatteten Wohnungen". Mit sinkendem Ausbildungs- und Qualifikationsniveau nahm der Anteil der „überbelegten Wohnungen" zu.

Während die Wohnungen von Akademikern in Wien (1971) nur zu 8,2% und jene von Maturanten zu 12,3% stark oder sehr stark überbelegt waren, traf dies bei den Fach- oder Lehrabschlußabsolventen auf 22,2% der Haushaltsvorstände zu, bei den Facharbeitern waren 34,5% und bei den Hilfsarbeitern 39,2% der Wohnungen stark oder sehr stark überbelegt (Kaufmann A. 1978, 122-123).
Ähnliche Beziehungen gibt es auch zwischen dem Ausbildungsniveau der Haushaltsvorstände und dem *Ausstattungstyp* der Wohnung. Während von den Akademikern der sechs untersuchten österreichischen Städte zwischen 78 und 85% eine Wohnung mit Bad und mindestens drei Wohnräumen hatten und nur ein bis fünf Prozent der Akademiker in Substandardwohnungen (bis zu zwei Wohnräumen und ohne Bad) wohnten, lebten die Hilfsarbeiter dieser Städte zu 28 bis 50% in Substandardwohnungen und nur zu 19 bis 36% in Wohnungen mit Bad und mehr als drei Wohnräumen.

In der von A. Kaufmann (1978) erstellten Korrelationsmatrix hat das Ausbildungsniveau (Anteil der Maturanten und Akademiker) die stärkste Korrelation mit der durchschnittlichen Größe der Wohnfläche je Bewohner, dem Anteil der stark überbelegten Wohnungen, der durchschnittlichen Wohnungsgröße (Zahl der m² je Wohnung) und dem Ausstattungstyp der Wohnung, während die Korrelationsquotienten zwischen dem Ausbildungsniveau des Haushaltsvorstandes und dem finanziellen Aufwand je Wohnung oder je m² Wohnnutzfläche wesentlich geringer waren.

Die je nach Stadt unterschiedlich hohe statistische Korrelation zwischen dem Ausbildungsniveau (der Schichtzugehörigkeit) und der Wohnungsausstattung und Wohnungsgröße sind zu einem großen Teil auf die unterschiedliche Altersstruktur des Baubestands (Anteil der verschiedenen Bauperioden) sowie die unterschiedlichen Mietrechtsformen (Mieterschutz!) und Eigentumsverhältnisse der Wohnungen zurückzuführen. In Neubaugebieten sind die Zusammenhänge am geringsten, in den Wohngebieten, die vor dem Ersten Weltkrieg errichtet wurden, sind sie am höchsten. So wie bei Individuen kann es auch bei räumlichen Einheiten (z.B. Zählbezirken oder Baublöcken innerhalb von Städten) Statusinkonsistenzen geben. Unter Berücksichtigung des jeweiligen Kontexts kann also der Anteil der Hochausgebildeten an der Wohnbevölkerung zur Abgrenzung der Wohngebiete der oberen Sozialschichten, und jener der Niedrigausgebildeten zur Erfassung der Wohngebiete der niedrigen Sozialschichten verwendet werden.

In Österreich hat sich Anfang der 70er Jahre ein Wert von mehr als 80% *männlichen Pflichtschulabsolventen* unter der Wohnbevölkerung als besonders aussagekräftig zur Abgrenzung von wirtschaftlich unterentwickelten, infrastrukturarmen, einseitig auf die Landwirtschaft ausgerichteten und durch einen starken Bevölkerungsrückgang gekennzeichneten Räumen erwiesen (vgl. Meusburger P. 1980, 112-120, Karten 2-7 im Anhang). Bei den österreichischen Gemeinden mit hohen Prozentsätzen (80 bis 100%) von männlichen Pflichtschulabsolventen handelte es sich überwiegend um ländliche Kleingemeinden (meist weniger als 1.000 Einwohner), die eine überdurchschnittlich hohe Agrarquote, einen großen Anteil von Bergbauernbetrieben mit großen Bewirtschaftungserschwernissen (Zone III), eine mangelhafte Infrastruktur (z.B. keine eigene Grundschule oder kein einziges Lebensmittelgeschäft), eine ungenügende Verkehrserschließung (keine Anbindung ans öffentliche Verkehrsnetz, großer Anteil von „unerschlossenen", d.h. nicht mit LKW's erreichbaren Höfen), einen stark überalterten Altersaufbau der Bevölkerung, hohe Wanderungsverluste und einen absoluten Bevölkerungsrückgang in den letzten hundert Jahren aufweisen. Diese Kategorie beinhaltet zahlreiche Bergbauerngemeinden der Bewirtschaftungszone III, in der hinsichtlich der Geländeverhältnisse, des Klimas, der inneren und äußeren Verkehrslage, der Lawinengefahr und der Einsatzmöglichkeit von Normaltraktoren die größten Bewirtschaftungserschwernisse festzustellen sind, in der das landwirtschaftliche Einkommen je Familienarbeitskraft die niedrigsten Beträge erreicht und versteckte Kinderarbeit und eine extreme Arbeitsbelastung der Frauen noch sehr häufig anzutreffen sind.

In Ungarn hat sich ein hoher Anteil von Personen *ohne Grundschulabschluß* als aussagekräftiger Indikator zur Abgrenzung von wirtschaftlich zurückgebliebenen Gebieten erwiesen. Regionen mit einem hohen Anteil von Personen ohne Grundschulabschluß hatten beim Transformationsprozeß von der Planwirtschaft zur Marktwirtschaft besonders große Probleme und wiesen deshalb auch besonders hohe Arbeitslosenquoten auf.

Abb. 6.4 Anteil der ungarischen Bevölkerung über 14 Jahre ohne Grundschulabschluß (1990)

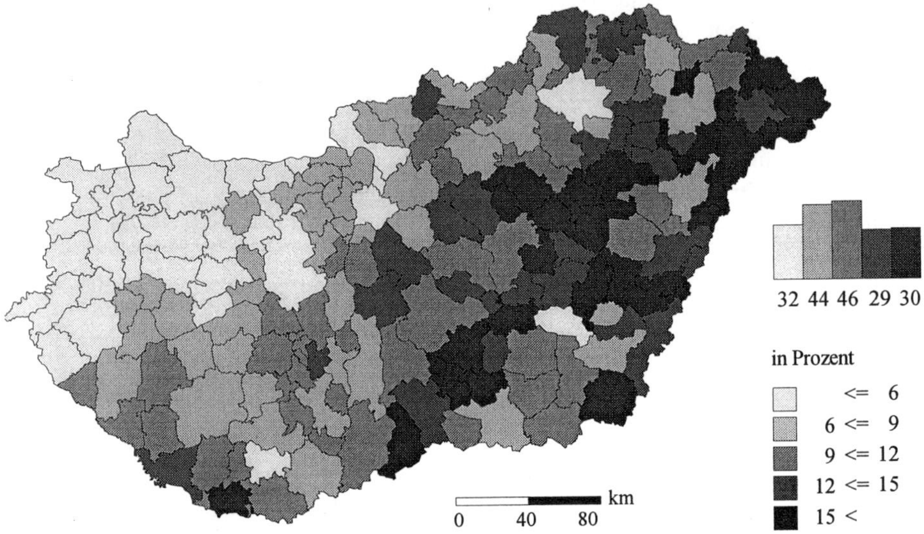

Quelle: Ungarische Volkszählung 1990, Heidelberger Ungarndatenbank.

6.2 Das Ausbildungsniveau von ethnischen und sprachlichen Minderheiten

Das Ausbildungsniveau und die schulische Situation von ethnischen, sprachlichen und religiösen Minderheiten ist für die Bildungsgeographie aus mehreren Gründen von besonderem Interesse. Erstens werden innerstaatliche, aber auch kleinräumige (z.B. innerstädtische) Disparitäten des Ausbildungsniveaus in vielen Fällen durch Minoritäten verursacht, die sich hinsichtlich ihres kollektiven sozialen Status und ihres Bildungsverhaltens vom Durchschnitt (Mehrheitsvolk) abheben. Anhand von Minderheiten kann aufgezeigt werden, wie sich unterschiedliche Identitäten, Normen und Wertvorstellungen auf das Bildungsverhalten auswirken. Da Minderheiten häufig eine räumliche Segregation aufweisen, wirken sich ihre unterschiedlichen Normen und

Verhaltensweisen in der Form von räumlichen Unterschieden des Ausbildungsniveaus und Bildungsverhaltens aus.

Zweitens erweist sich eine Analyse des Schulwesens, des Bildungsverhaltens und des Ausbildungsniveaus von Minderheiten als ein hervorragendes Instrument, um das Selbstverständnis, die kulturelle Identität, den Widerstand gegen Akkulturation und Assimilation sowie den inneren sozialen und kulturellen Zustand von Minderheiten zu erfassen (vgl. Chazan B. 1978, 54). Da in ethnisch, sprachlich oder religiös heterogenen Regionen unterschiedliche Systeme von Heilswissen, von lokalem, partikularem und narrativem Wissen aufeinanderprallen, kann die konflikttheoretische Dimension des Wissens in solchen Gebieten besonders gut analysiert werden. »A culture is composed of many systems of knowledge [...] a knowledge system is defined in terms of four characteristics: epistemology, transmission, innovation, and power« (Marglin S. A. 1990a, 24).

Drittens sagt die schulische Situation von Minderheiten sehr viel über die politische Toleranz eines Staats und die Einstellung seiner Mehrheitsbevölkerung aus. Seit Beginn der allgemeinen Schulpflicht hat sich das Schulwesen in vielen Ländern zu einem Konfliktfeld zwischen Minderheiten und dem Staat entwickelt. Da die Alphabetisierung breiter Bevölkerungsschichten und die Nationenbildung in vielen Regionen zeitlich zusammenfielen, hat die Frage, ob in den Schulen die Muttersprache als Unterrichtssprache verwendet werden darf, in der Minderheiten- und Nationalitätenpolitik eine zentrale Bedeutung erhalten. Abgesehen von der Schaffung oder Bewahrung einer nationalen Identität, hat der Zwang, eine „fremde“ Unterrichts- und Verkehrssprache benützen zu müssen, für große Teile einer sprachlichen Minderheit die Chancen auf dem Arbeitsmarkt verringert. Je mehr die schulische Ausbildung ein Instrument der Sozialisation wurde, je mehr sie über die später erreichbare soziale Position entschieden hat und je mehr in der Schule ein Instrument der Nationalitätenpolitik gesehen wurde, umso mehr wurde die Schule in den Nationalitätenstreit hineingezogen. Die kulturelle Selbstaufgabe einer Minderheit hat in vielen Fällen mit der Aufgabe des eigenen Schulwesens begonnen, andererseits läßt sich der Selbstbehauptungswille einer religiösen oder ethnischen Minorität sehr oft an den Anstrengungen und Opfern für die „eigene Schule“ ablesen.

6.2.1 Kollektiver sozialer Status von Minderheiten

Das durchschnittliche Ausbildungsniveau, das Bildungsverhalten und die schulische Situation einer Minderheit können sehr viel über deren kollektiven sozialen Status aussagen. Ethnische, sprachliche oder religiöse Minderheiten sind sehr oft an den beiden Extrempositionen der Ausbildungshierarchie überproportional stark vertreten. In manchen Ländern besteht zwischen den einzelnen Minoritäten (Nationalitäten) hinsichtlich ihres Ausbildungsniveaus ein Entwicklungsgefälle von vielen Jahrzehnten oder sogar von Jahrhunderten. Dies kann nicht nur den Abbau eines wirtschaftlichen Entwicklungsgefälles erschweren, sondern auch politische und soziale Spannungen zwischen diesen Bevölkerungsgruppen verursachen oder noch verstärken.

Wie groß derartige Disparitäten des Ausbildungsniveaus zwischen den Minoritäten selbst in relativ kleinen Ländern sein können, sei beispielhaft für die Türkei und Jugoslawien anhand der Analphabetenquoten demonstriert. In der Türkei hatten nach dem Zweiten Weltkrieg vor allem die Juden, Armenier und Griechen unterdurchschnittliche Analphabetenquoten, während die Araber und Kurden am Ende der Rangskala lagen.

Tab. 6.3 Anteil der Analphabeten in der Türkei im Jahre 1945 nach Sprachgruppen

Sprachgruppe	gesamte Bevölkerung	Anteil der Analphabeten in Prozent		
		zusammen	männlich	weiblich
Jüdisch	51.019	38.0	29.8	45.3
Armenisch	56.179	39.8	30.2	47.7
Griechisch	88.680	50.6	29.8	66.7
Andere*)	118.739	63.4	55.4	71.4
Türkisch	16598.037	74.3	63.1	85.1
Tscherkessisch	66.691	74.4	62.9	85.8
Georgisch	40.076	76.8	62.1	91.0
Laz	46.987	80.2	64.3	93.2
Arabisch	247.204	89.2	81.7	96.8
Kurdisch	1476.562	94.7	90.3	99.2
Alle Sprachen*)	18790.174	75.8	65.2	86.5

Quelle: UNESCO, 1953, 141. *) einschließlich 131 Personen mit unbekannter Muttersprache.

Tab. 6.4 Anteil der Analphabeten in Jugoslawien im Jahre 1948 nach Nationalitäten

Nationalität	Anteil an gesamter Bevölkerung	Anteil der Analphabeten in Prozent		
		zusammen	männlich	weiblich
Slowenen	9,0	2,3	2,3	2,3
Tschechen	0,2	3,0	2,4	3,5
Slowaken	0,5	4,8	4,2	5,3
Deutsche	0,4	6,2	5,9	6,4
Italiener	0,5	6,9	4,9	8,7
Ungarn	3,1	8,0	6,0	9,6
Rumänen	0,4	17,6	11,2	23,2
Kroaten	24,0	18,1	11,2	24,0
Bulgaren	0,4	19,9	6,8	33,1
Montenegriner	2,7	24,1	11,0	35,5
Serben	41,5	27,7	14,1	40,2
Makedonier	5,1	30,2	18,7	42,0
Wallachen	0,7	38,2	22,7	51,6
Autonome Moslems	5,1	54,6	36,6	70,6
Türken	0,6	63,9	47,4	80,7
Albaner	4,8	73,7	55,9	92,5
Zigeuner	0,5	74,0	61,9	85,7
alle Nationalitäten	100,0	25,4	15,4	34,4

Quelle: UNESCO, 1953, 166.

Auch im (früheren) Jugoslawien wirkten sich das unterschiedliche historische Erbe und das sozio-ökonomische Entwicklungsgefälle zwischen den Nationalitäten und Völkern in sehr großen Disparitäten des Bildungswesens aus. Von besonderer Bedeutung sind dabei die für ein europäisches Land extrem hohen Analphabetenquoten einzelner Völker und Landesteile (vgl. Tab. 6.4).
Türken, Albaner und Zigeuner wiesen in Jugoslawien im Jahre 1948 noch Analphabetenquoten auf, die Slowenen, Tschechen oder Deutsche schon 100 bis 200 Jahre vorher überwunden hatten. Das Beispiel Jugoslawiens belegt, daß kollektive Statusunterschiede auch bei einer Auswanderung noch einige Zeit erhalten bleiben und sich beispielsweise im Bildungsverhalten der Kinder auswirken (Tab. 6.5).

Tab. 6.5 Schulbesuchsquoten von Gastarbeiterkindern der 5. - 8. Schulstufe in Vorarlberg (1971/72).

Nationalität	Von 100 Kindern besuchten ... folgende Schulformen			
	Volksschuloberstufe	Hauptschule	Höhere Schule	sonstige Schulform
Slowenen	12,7	61,8	7,3	18,2
Kroaten	27,4	59,7	4,8	8,1
Serben	36,5	58,1	2,7	2,7
Türken	49,5	44,7	1,0	2,8

Quelle: Meusburger P. 1974, 87.

In vielen Ländern sind Minderheiten nicht nur an der Basis sondern auch an der Spitze der Qualifikationspyramide vertreten. Wenn Minderheiten überdurchschnittlich stark in beruflichen Spitzenpositionen vertreten sind oder überdurchschnittliche schulische Leistungen aufweisen, geht dies meist auf zwei Ursachen zurück. In vielen Fäller wird eine erlittene oder befürchtete Diskriminierung durch besonders hohe Leistungsbereitschaft wettgemacht. Manchen Minderheiten sind andere Kanäle des sozialen Aufstiegs oder wirtschaftlichen Wohlstands nicht oder nur schwer zugänglich, so daß für sie das Ausbildungsniveau und herausragende schulische und berufliche Leistungen die wichtigste sozialen und wirtschaftlichen „Aufstiegshilfen" darstellen. Als Beispiele für diese Kategorie von Minderheiten können beispielsweise die Juden und Chinesen in den USA erwähnt werden. In einigen Ländern ging die wirtschaftliche Entwicklung so schnell vor sich, daß für die Spitzenpositionen ausländische Fachkräfte, Manager und Wissenschaftler rekrutiert werden mußten. Beispiele dafür wären etwas Liechtenstein (Meusburger P. 1970) oder die Vereinigten Arabischen Emirate, wo Ausländer (aus verschiedenen Ländern) jeweils an der Spitze und Basis der Qualifikationspyramide überdurchschnittlich stark vertreten sind.

6.2.2 Minoritäten an der Basis der sozialen Schichtung

Wenn eine Minderheit das durchschnittliche Ausbildungsniveau des Mehrheitsvolks oder anderer Minoritäten bei weitem nicht erreicht, kann dies meist auf folgende Ursachen zurückgeführt werden.

Die Minderheit hat „leistungsfeindliche" oder „vorindustrielle" Wertvorstellungen und lehnt die Normen und Verhaltensweisen des Mehrheitsvolkes ab

In Gesellschaften auf einem niedrigen wirtschaftlichen Entwicklungsniveau ist das meritokratische Prinzip noch kaum ausgeprägt und wird »die Leistung nur in geringem Maße als Kriterium für den Erwerb von Wirtschaftsgütern [betrachtet]. [...] Das klarste Beispiel hierfür ist vielleicht die Güterverteilung in primitiven Stämmen, wo Verwandtschaftsbeziehungen, d.h. erblich vorgegebener [...] Status, das Verteilungsmuster bestimmen« (Hoselitz B. F. 1969, 17). Eindrucksvolle Beispiele für diese Kategorie von Minderheiten wären etwa die Indianer in den USA oder die Zigeuner in einigen europäischen Staaten. Für die Indianer in den USA hat K. Frantz (1993) einige dieser entwicklungshemmenden Einflußfaktoren untersucht. Eine wichtige Rolle spielt dabei die Stellung des Individuums im sozialen System. Wenn individualistische (egoistische) Verhaltensweisen als Bedrohung für den Weiterbestand der traditionellen Lebensformen eines Stammes angesehen werden, wirkt sich dies in der Regel auch negativ auf die Leistungsmotivation und das Bildungsverhalten aus.

»Anders als im übrigen Amerika, wo es für den Einzelnen in den meisten Lebensbereichen als erstrebenswert erscheint und daher auch mit Prestige verbunden ist, die „Nummer 1" zu sein oder zu werden, entspricht ein solch wetteiferndes Konkurrenzverhältnis bei den Reservationsindianern im allgemeinen nicht der Tradition. Deshalb schätzt man es unter den einzelnen Mitgliedern einer Stammesgesellschaft in der Regel wenig, wenn einer der ihren, solange er auf der Reservation bleibt, am Arbeitsplatz bewußt eine Karriere anstrebt oder als Schüler bzw. Lehrer durch seinen offenkundigen Einsatz aus der Menge herausragen will. [...] Diese Formen der „peer pressure" sind auch der Grund, weshalb auf vielen Reservationen die gehobenen Managementposten der Betriebe großteils von Weißen bzw. in viel beschränkterem Maße von stammesfremden Indianern eingenommen werden [...]. Lieber kommt man mit Seinesgleichen gut aus und strebt eine führende Position in der Wirtschaft nicht an, als daß man sich exponiert und Gefahr läuft, zum Außenseiter zu werden« (Frantz K. 1993, 251-253).

Das Prinzip der gegenseitigen Unterstützung und des Teilens war vor allem für die nicht seßhaften Stämme mit gering entwickelter Vorratswirtschaft eine Art Überlebensversicherung, es war aber auch bei seßhaften Pueblo-Indianern anzutreffen, bei denen jemand mit schlechten Ernteerträgen bei Bedarf auf die Erntereste eines benachbarten Felds zurückgreifen durfte (Hughes J. D. 1983, 61; Frantz K. 1993, 242). Dieses Prinzip drückt sich auch in den sogenannten „Giveaway"-Zeremonien aus, wo bei bestimmten Anlässen (Geburt, Heirat etc.) alle Verwandten und Freunde beschenkt werden. »Sowohl die Bereitschaft zu gegenseitigen Hilfestellungen und zum Teilen von materiellen Gütern als auch die „Giveaways" waren und sind in den Stammesgesellschaften ein wesentlicher Gradmesser für das Prestige, das einer Einzelperson bzw. einer Familie zukommt« (Frantz K. 1993, 244).

»Angesichts dieses Zwangs zum Teilen ist es verständlich, daß bei der Mehrheit der Reservationsbewohner nur eine geringe Motivation besteht, durch besondere Anstrengungen am Arbeitsplatz ein hohes Einkommen zu erzielen oder sich über die alltäglichen Bedürfnisse hinaus mit Geldreserven sowie materiellen Gütern einzudecken« (Frantz K. 1993, 245). »Setzt sich ein Reservationsindianer zum Ziel, reich zu werden, dann verläßt er gewöhnlich seine Reservation und geht fernab jeglicher sozialen Kontrolle seinen Weg. Hat er dabei Erfolg, so käme es ihm angesichts der spezifischen sozio-kulturellen Verhältnisse kaum in den Sinn, sein selbst erarbeitetes Kapital auf der Reservation zu investieren« (Frantz K. 1993, 246).

Außerdem ist jedes Stammesmitglied in ein Netz von verwandtschaftlichen Beziehungen und der Achtung vor dem Alter eingebunden und somit in seiner Entscheidungsfreiheit erheblich eingeengt. Dies hat zur Folge, daß der Betroffene in seiner Funktion als Vorgesetzter entweder von den stammesverwandten Mitarbeitern nicht anerkannt wird und seine Anweisungen daher häufig unbefolgt bleiben, oder er kann aus Rücksichtnahme auf seine Verwandten keine einschneidenden Maßnahmen treffen (vgl. Frantz K. 1993, 253).

Die Minderheit wird vom Mehrheitsvolk diskriminiert und/oder „zwangsweise" assimiliert

Das Schulwesen wurde und wird in vielen Ländern vom Mehrheitsvolk als wirksames Instrument der Unterdrückung und zwangsweisen Assimilierung von Minderheiten eingesetzt. Einer Minderheit kann man dadurch am meisten schaden, indem man ihr die Kontrolle über die eigenen Schulen vorenthält, indem man ihr den Unterricht in der eigenen Muttersprache verbietet oder indem man ihre Kinder in ein Schulwesen hineinzwängt, das sie von ihrer eigenen Kultur entfernt. Eine besonders wirksame Maßnahme war die langfristige Isolierung der Kinder von ihren Eltern bzw. ihre Konzentration in weit entfernten Internaten. Da die Schule außerhalb der Familie die erste wichtige Sozialisationsinstanz ist, kommen die Kinder in größte innere Konflikte, wenn Elternhaus und Schule eine völlig gegensätzliche Kultur vertreten. »Das Kinde lernt, indem es dem Erwachsenen glaubt. Der Zweifel kommt nach dem Glauben« (Wittgenstein L. 1990, 49).

Dieser gezielte Einsatz des Schulwesens als Instrument der zwangsweisen Assimilierung ist seit der zweiten Hälfte des 19. Jahrhunderts in vielen gemischtsprachigen Gebieten nachzuweisen. Dabei ist manchen Ländern zuzubilligen, daß das Motiv für eine solche „Umerziehung" von Minderheiten nicht aus einem chauvinistischen Nationalismus resultierte, sondern sehr oft mit einem hohen „moralischen" Anspruch verbunden war, der sich einseitig auf die Vorstellungen der Milieutheorie stützte und von der kulturellen Überlegenheit der Herrschenden ausging.

Ein Schulbeispiel für diese Haltung wäre etwa die Vorgangsweise verschiedener christlicher Missionsgesellschaften oder die Politik der US-amerikanischen Behörden gegenüber den Indianern. In den Augen der Vereinigung der „*Friends of the Indian*" wurden die heranwachsenden Indianerkinder zu ihrem Nachteil völlig von den soziokulturellen Verhältnissen in den Reservationen „determiniert". Ihrer Ansicht nach konnten daher die schulpflichtigen Indianerkinder nur dadurch vor ihrem „sicheren Unheil" bewahrt werden, wenn sie ihren Eltern weggenommen und in Internatsschulen (meist des *Bureau of Indian Affairs*) konzentriert wurden. Viele dieser Internatsschüler hielt man jahrelang von den Reservationen fern, so daß sie ihre Eltern, ihre Geschwister und ihre Freunde auch während der Schulferien nicht sahen (Frantz K. 1993, 138-139). Eine ähnliche Praxis übten auch manche Religionsgesellschaften und privaten Organisationen bis in die neueste Zeit aus. Im Rahmen des „*Indian Student Placement Service*" der Mormonen leben die Indianerkinder ebenfalls von ihren Eltern getrennt bei Zieheltern und besuchen zusammen mit deren Kindern eine Schule (Frantz K. 1993)

Um ihre Kinder den massiven Einflüssen der Mehrheitsgesellschaft zu entziehen, haben viele Indianer in den USA noch um die Jahrhundertwende ihre Kinder vor den Schulbehörden versteckt oder sich trotz Strafen und Polizeizwang öffentlich geweigert, ihre Kinder am Unterricht teilnehmen zu lassen (Frantz K. 1993). Auch gegenüber den Zigeunern und anderen diskriminierten Minderheiten wurden in vielen Staaten ähnliche Methoden angewandt.

Die Minderheit hat keine eigene Schriftsprache oder darf ihre Sprache im Unterricht nicht benutzen

Für die kulturelle und wirtschaftliche Entwicklung von ethnischen Gruppen ist die Frage, ob sie den Unterricht (zumindest in den Pflichtschulen) in ihrer eigenen Sprache erhalten dürfen, von entscheidender Bedeutung für die kulturelle Selbstbehauptung. Es verwundert daher auch nicht, daß die Schulfrage bei fast allen Auseinandersetzungen zwischen Nationalitäten und/oder religiösen Minderheiten eine zentrale Stellung einnimmt.

Schon bei der politischen Emanzipation der europäischen Nationalitäten im 19. Jahrhundert wurde der Unterricht in der eigenen Muttersprache als Schlüssel zur kulturellen (und politischen) Eigenständigkeit gesehen. Bei der Unterdrückung von Minderheiten, die im Rahmen von Eroberungen, „Befreiungen" oder „Friedensschlüssen" einem Staat zugefallen sind, bestand eine der ersten Maßnahmen meistens darin, der betreffenden Minderheit die eigenen Schulen wegzunehmen oder den Gebrauch der Muttersprache in der Schule zu verbieten. In Südkärnten wurde nach 1941 der Unterricht in Slowenisch verboten, in den Schulen Südtirols, Lothringens und des Elsaß durfte nach dem Ersten Weltkrieg der Unterricht nicht mehr in Deutsch abgehalten werden. In den USA hat das „*Bureau of Indian Affairs*" bis nach dem Zweiten Weltkrieg die Schulen angewiesen, die Verwendung von Indianersprachen generell zu untersagen. Das Verbot, die Muttersprache auf dem Schulgelände und im Internat zu benutzen, wurde mit harten Maßnahmen durchgesetzt.

Unabhängig davon, ob diese Maßnahmen bewußt als politische Unterdrückung oder aus „moralischen" oder „kulturellen" Gründen getroffen wurden, hat die Tatsache, daß sich Kinder und Lehrer nicht oder nur mühsam verständigen konnten, in vielen Ländern die Bildungsbeteiligung von Minderheiten sehr negativ beeinflußt.

Laut Ch. Feest (1976, 198f; zitiert bei Frantz K. 1993, 149) konnten noch Anfang der 70er Jahre des 20. Jahrhunderts rd. 30% der Navajokinder bei ihrem Schuleintritt kein Wort Englisch verstehen. Weitere 39% beherrschten die Sprache ihrer Lehrer so ungenügend, daß sie dem Unterricht nicht folgen konnten, 21% waren zweisprachig und 10% sprachen überwiegend Englisch. Auch bei den Ft. Apache-Indianern und den Hualapai I.R. verfügten nach K. Frantz (1993, 149) im Jahre 1986 drei Viertel bzw. ein Viertel der Kinder des Schuleintrittsjahrgangs über keine oder nur sehr geringe Englischkenntnisse.

Diese Situation wird meist noch dadurch verstärkt, daß die Lehrpersonen nicht Angehörige der betreffenden Minderheit (Sprachgruppe) sind und deshalb die sprachunkundigen Schüler auch nicht verstehen. Nach K. Frantz (1993, 150) gab es in den sieben Schulen von Whiteriver, dem Hauptort der Ft. Apache-Indianer, unter den fast zweihundert Lehrkräften nur sechs aus der eigenen Reservation und weitere fünf von anderen Indianerreservationen. Mehr als die Hälfte der weißen Lehrkräfte wohnte außerhalb der Reservationen und kam somit nur wenig mit dem Apachen-Alltag in Berührung. Ähnliche Probleme lassen sich in Ost- und Südosteuropa bei den verschiedenen Gruppen von Zigeunern feststellen (Oesterer M. und P. Meusburger 1998).

Die betreffende Minderheit ist zugewandert und stammt aus einem Land mit einem niedrigeren sozioökonomischen und kulturellen Entwicklungsniveau

Mit der Einwanderung in ein fremdes Land werden das kulturelle Erbe, traditionelle Gewohnheiten und Wertvorstellungen nicht „über Nacht“ abgelegt. In der Regel dauert eine Akkulturation, falls diese überhaupt angestrebt wird, mehrere Generationen. Die langfristige Bedeutung der kulturellen Herkunft für das Bildungsverhalten wird besonders in Einwanderungsländern wie Israel deutlich, wo trotz derselben Religionszugehörigkeit, trotz egalitärer Normen und vielfältiger Assimilationsbemühungen in Schule und Militär zwischen Ashkenasen (europäisch-amerikanische Herkunft) und Sepharden (orientalische Herkunft) hinsichtlich des Ausbildungsniveaus, des beruflichen Status, des Einkommens und des Lebensstandards bzw. der sozialen Schichtzugehörigkeit auch noch in der dritten und vierten Generation sehr große und stabile Unterschiede festzustellen sind (vgl. Matras J. 1965; Eisenstadt S. N. 1967; Lissak M. 1969; Weller L. 1974; Minkowich A. et al. 1982; Smooha S. 1978; Yuchtman-Yaar E. und M. Semyonov 1979).

Die aus der betreffenden Volksgruppe stammenden Hochqualifizierten kommen aus verschiedenen Gründen nicht mehr in ihre Herkunftsregion zurück

Manche Minderheiten konnten deshalb kein höheres Ausbildungsniveau erreichen, weil die aus ihnen hervorgehenden Hochqualifizierten über Generationen hindurch abgewandert und damit dem eigenen Volk als Schlüsselpersonen und Innovatoren verloren gegangen sind. Ein solcher *brain drain* kann verschiedene Ursachen haben. Einerseits gibt es viele Beispiele dafür, daß sich die Siedlungsgebiete einer Minderheit vorwiegend auf unterentwickelte periphere Gebiete erstrecken, die für Universitätsabsolventen, wenn man vom Beruf des Lehrers, Arztes oder Pfarrers absieht, keine Arbeitsplätze anbieten. Andererseits kommt es vor, daß etwa Absolventen von höheren Schulen oder Universitäten so sehr die Wertvorstellungen und Normen des Mehrheitsvolks annehmen, daß sie sich von ihrem eigenen Volk (Stamm) entfremden und deshalb von diesem nicht mehr akzeptiert werden oder von sich aus die Brücken abbrechen.

Im Gegensatz zu anderen Minderheiten, bei denen mit zunehmendem Ausbildungsniveau sehr oft das ethnische Selbstbewußtsein steigt und die kulturellen Traditionen wieder stärker gepflegt werden, identifizieren sich beispielsweise viele Indianer- oder Zigeunerkinder (besonders Mädchen), die schulisch erfolgreich waren, nicht mehr oder zumindest nicht offen mit ihrer ethnischen Herkunft.

K. Frantz (1993, 132) berichtet darüber, daß in US-amerikanischen Indianerreservaten stammeseigene Spezialisten, die für eine bestimmte Position in Frage kämen, in vielen Fällen entweder vom Stammesrat nicht beschäftigt werden oder von sich aus eine Anstellung vermeiden. Aus der Sicht der Stammesältesten kann sich ein Mitglied des Stamms, das seine Ausbildung außerhalb der Reservation erlangt hat und deshalb mit den Wertvorstellungen der weißen Gesellschaft „infiziert" worden ist, zu einem potentiellen Konkurrenten entwickeln, der nur Unruhe bringt und den man nur schwer wieder los wird. Andererseits ist sich ein stammeseigener Bewerber im klaren, daß er seine Entscheidungen nicht nach den Gesichtspunkten der Zweckmäßigkeit oder Effizienz fällen kann, sondern in ein System der Verpflichtungen gegenüber der Großfamilie und seinem Stamm eingebunden ist, was die Entscheidungsfindung von Führungskräften unendlich erschwert.

So lange die aus einer Minderheit (Volksgruppe) hervorgehenden hochqualifizierten Schlüsselpersonen ihre Fähigkeiten und Qualifkationen nicht dem eigenen Volk (Stamm) zur Verfügung stellen und eine Höherqualifizierung mit Entfremdung von den eigenen Wurzeln gleichzusetzen ist, wird sich die Situation dieser Minderheiten kaum verbessern.

Stellvertretend für die am meisten benachteiligten ethnischen Minderheiten sei im folgenden kurz auf die schulische Situation der Zigeuner verwiesen. Da die in Deutschland üblichen Begriffe Roma und Sinti in anderen Staaten nicht einheitlich verwendet werden und sich die nachfolgend vorgestellten, empirischen Ergebnisse aus Ungarn auf Personen beziehen, die sich selbst als Zigeuner (und nicht als Roma oder Sinti) bezeichnet haben, wird aus Gründen der methodischen Korrektheit der Begriff Zigeuner verwendet.

Die Tatsache, daß sich die Zigeuner in der Mehrzahl der Länder seit Jahrhunderten in der Position einer diskriminierten sozialen Randgruppe befinden, ist auf eine Vielzahl von historischen und sozialen Faktoren zurückzuführen (vgl. Kenrick D., Puxon G. und T. Zülch 1980; Hundsalz A. 1978, 1980; Geigger A. und B. W. Wette 1979), denen je nach Zeitepoche und Kulturraum eine unterschiedliche Bedeutung zuzumessen ist. In der zweiten Hälfte des 20. Jahrhunderts hat sich vor allem die niedrige Bildungsbeteiligung und der geringe schulische Erfolg der Zigeunerkinder als ein großes Hindernis für eine Verbesserung ihrer sozioökonomischen Situation erwiesen. Bis zum Zweiten Weltkrieg hat trotz der gesetzlichen Verpflichtung zum Schulbesuch in vielen Ländern nur ein kleiner Anteil der Zigeuner eine Grundschule abgeschlossen, so daß unter der älteren Zigeunergeneration der Anteil der Analphabeten noch relativ groß ist. Die Bildungsabstinenz der Zigeuner ist auf verschiedene Ursachen zurückzuführen, wobei sich die folgende Aufstellung vor allem auf die in ärmlichen Verhältnissen befindlichen und traditionellen Wertvorstellungen verhafteteten Zigeuner bezieht.

- Seit der Einführung der allgemeinen Schulpflicht waren die meisten Verordnungen und Gesetze des amtlichen Schulwesens ausschließlich auf die Rahmenbedingungen einer seßhaften Bevölkerung ausgerichtet, eine Variante für Nichtseßhafte war weder im staatlichen noch im privaten Schulwesen vorgesehen. Diese Art der Schulpflicht stand also der Lebensweise (saisonale regionale Mobilität), den Erwerbsgrundlagen und dem Freiheitsbegriff der Zigeuner diametral entgegen.
- Die in traditionellen Familien geltenden Meidungsvorschriften der Zigeuner gegenüber Nichtzigeunern haben einen Schulbesuch in einem wenig erstrebenswerten Licht erscheinen lassen. »Der private Kontakt zu Nichtzigeunern kann einen Zigeuner „unrein" machen, so daß man ihnen nach Möglichkeit aus dem Wege geht [...]. Nichtzigeuner sind prinzipiell unrein und der Kontakt mit ihnen beschränkt sich nur auf das Nötigste« (Hundsalz A. 1978, 38-39). Zigeunerkinder können im Schulalltag (Sport, Toilette) leicht in Konflikt mit ihren Tabus und Meidungsvorschriften kommen (Hundsalz A. 1978, 135).
- Zigeunereltern haben nicht zu Unrecht befürchtet, daß ihre traditionellen Wertvorstellungen (Tabus und Meidungsvorschriften), ihre Lebensweise, ihre Autorität, ihre Sitten und Gebräuche durch das Schulsystem zerstört werden. Kinder, die mehr wissen als die Eltern, können das Sozialgefüge erschüttern. Die Schule setzt oft einen Entfremdungsprozeß der Kinder gegenüber ihren Eltern in Gang (Hundsalz A. 1978, 127, 135, 136, 165; Hundsalz A. 1980, 65). Deshalb stehen viele Eltern, vor allem wenn sie auch selbst schlechte Erfahrungen gemacht haben, der Schule skeptisch bis feindlich gegenüber.
- In einigen Regionen lernen die Kinder in der Familie in der Regel zuerst ihre Muttersprache (Rom) und erst dann die Landessprache (Hundsalz A. 1978, 127). Da es nur selten Lehrpersonen gibt, welche eine Zigeunersprache beherrschen, haben solche Kinder in der Schule große Startschwierigkeiten.
- Es gibt zu wenig Lehrpersonen, die mit der Lebensweise der Zigeuner genügend vertraut sind und denen es gelingt, das Vertrauen der Zigeunereltern zu gewinnen. Bei Kindern von Fahrenden ist die Person des Lehrers, der persönliche Kontakt zu ihm und zur Schule besonders wichtig (Hundsalz A. 1980, 65; Meusburger P. 1980, 150f).
- Die Begabung der Zigeunerkinder ist anders, als es die Schule erwartet. Eine große Zahl von Untersuchungen weist darauf hin, daß Zigeunerkinder vor allem Schwierigkeiten mit abstrakten Denkweisen haben (Hundsalz A. 1978, 127, 135), während sie in musischen Belangen sehr begabt sind. Besonders bei sprachlich orientierten Tests erreichte ein Großteil der von Hundsalz getesteten Zigeunerkinder nur sehr niedrige Werte, während sie bei „Performance-Tests" besser abschnitten (Hundsalz A. 1980, 99-103).
- Nach Ansicht einiger Autoren werden Zigeunerkinder von ihrem Elternhaus oft zu wenig auf die Schule vorbereitet. Schulwissen gilt als überflüssiger Ballast, zumal Zigeunerkinder relativ früh zum Familieneinkommen beitragen müssen. Den Kindern fehlt die nötige Ausdauer und an die übliche Schulordnung (Pünktlichkeit, Autoritätssystem) können sie sich nur schwer anpassen (Hundsalz A. 1980, 67). Die von der (traditionellen) Schule erwarteten Ver-

haltensweisen (Disziplin, Konformität etc.) stehen im Gegensatz zu Unabhängigkeit und Initiative.

- Beengte Wohnverhältnisse, Armut, Vorurteile und die Diskriminierung durch Lehrer und Mitschüler bringen die Kinder in eine soziale Außenseiterrolle, welche die schulischen Probleme noch verschärft. Daß die sozio-ökonomische Situation und das Elternhaus für das schulische Versagen eine wichtige Rolle spielen, geht auch daraus hervor, daß in den Tests von A. Hundsalz (1980, 206) Kinder aus Obdachlosenfamilien bei sprachlich orientierten Tests genau so schlecht abschnitten wie Zigeunerkinder.
- »Die spezifische Kultur der Zigeuner erweist sich bei schulrelevanten Verhaltensweisen als Nachteil« (Hundsalz A. 1980, 70). Nach Aussage vieler Autoren sind Zeitvorstellungen und Pünktlichkeitsnormen bei Zigeunern nur geringfügig ausgeprägt (Hundsalz A. 1980, 210).
- Vorurteile der Nichtzigeunereltern, die sich aus Angst um einen Niveauverlust des Unterrichts gegen einen gemeinsamen Schulbesuch ihrer Kinder mit Zigeunerkindern aussprechen.
- Der Lehrplan nimmt keine Rücksicht auf die besonderen Fähigkeiten und Interessen der Zigeunerkinder, der Anschauungsstoff ist „aus einer anderen Welt". Wenn Kinder von Fahrenden in gleicher Weise unterrichtet werden wie die Kinder der Mehrheitsbevölkerung, sind diese schulischen Bemühungen fast immer zum Scheitern verurteilt (Hundsalz A. 1980, 212).

Wegen der Schwierigkeit, Zigeunerkinder in den normalen Schulunterricht zu integrieren, hat es in mehreren Ländern zahlreiche Versuche gegeben, eigene Zigeunerschulen zu errichten, von denen jedoch nur wenige erfolgreich waren (Meusburger P. 1980, 150).

Tab. 6.6 Das Ausbildungsniveau der ungarischen Zigeuner über 14 Jahre (1990) nach Gemeindegrößenklassen

Einwohnerzahl der Wohngemeinde	ohne Abschluß einer Grundschule	Grundschule	Berufsschule	Fachschule	Höhere Schule	Universität Hochschule
bis 500	63,26	32,68	3,78	0,04	0,22	0,02
501-1.000	59,67	35,82	4,07	0,07	0,36	0,02
1.001-2.000	56,80	38,73	4,06	0,05	0,33	0,09
2.001-5.000	57,92	37,97	3,65	0,03	0,39	0,04
5.001-10.000	55,31	39,87	4,08	0,04	0,63	0,07
10.001-20.000	57,43	37,96	3,82	0,09	0,60	0,11
20.001-100.000	52,25	41,22	5,45	0,07	0,86	0,16
100.001-1 Mio.	44,15	47,52	6,18	0,15	1,75	0,24
Budapest	33,54	54,86	7,05	0,28	3,55	0,71
gesamt	54,97	39,71	4,39	0,07	0,74	0,11

Quelle: Oesterer M. und P. Meusburger (1998), Sonderauswertung der ungarischen Volkszählung 1990, Heidelberger Ungarn-Datenbank.

In Ungarn hatten im Jahre 1990 noch 55,0% aller Personen, die sich selbst als Zigeuner bezeichneten (schätzungsweise ein Drittel aller Zigeuner), keine Grundschule abgeschlossen, nur 39,7% konnten einen Grundschulabschluß aufweisen und 5,7% haben einen Abschluß über dem Grundschulniveau erreicht (vgl. Oesterer M. und P. Meusburger 1998). Wie die Tab. 6.6 zeigt, ist der Anteil der Zigeuner ohne Schulabschluß an der Peripherie (in kleinen ländlichen Siedlungen) am höchsten und in den Großstädten am geringsten. Der Anteil der Zigeuner, die keine Schule besucht oder keine Grundschule abgeschlossen haben, war in Gemeinden unter 500 Einwohnern fast doppelt so hoch (63,3%) als in der Hauptstadt Budapest (33,5%). Von den in der Volkszählung 1990 erfaßten Schülern haben 53,2% der Zigeuner mindestens einmal eine Grundschulklasse wiederholt, während dies bei der gleich alten Gesamtbevölkerung nur auf 14,4% zutraf. Drei oder mehr Grundschulstufen haben 11,3% der Zigeunerkinder wiederholt.

Tab. 6.7 Anteil der Schulwiederholer unter den ungarischen Schülern im Jahre 1990

Häufigkeit der Wiederholungen einer Schulstufe	Gesamtbevölkerung	Zigeuner
keine Schulstufe wiederholt	85,6	46,8
1 Schulstufe wiederholt	10,2	26,8
2 Schulstufen wiederholt	2,6	15,0
3 Schulstufen wiederholt	0,8	6,3
4 und mehr Schulstufen wiederholt	1,0	5,0

Quelle: Sonderauswertung der ungarischen Volkszählung 1990, Heidelberger Ungarn-Datenbank

Bemerkenswert sind bei den Zigeunern die großen geschlechtsspezifischen Disparitäten des Ausbildungsniveaus. Während von den männlichen Zigeunern über 15 Jahre 45,86% keinen Schulabschluß hatten, waren es unter den weiblichen Zigeunern 64,01%, wobei sich nach der Gemeindegrößenklasse der Wohnorte erstaunlich große Disparitäten ergaben. In den kleinen Gemeinden bis 500 Einwohnern hatten noch fast drei Viertel (72,7%) aller Zigeunerinnen noch keinen Grundschulabschluß. Derart große geschlechtsspezifische Disparitäten findet man heute nur noch in den ärmsten Entwicklungsländern. Wenn man davon ausgeht, daß das Bildungsverhalten der Kinder in stärkerem Maße vom Ausbildungsniveau der Mutter abhängt als vom Ausbildungsniveau des Vaters, sind die Bildungschancen der Zigeunerkinder in der ländlichen Peripherie auch Ende des 20. Jahrhunderts noch nicht gut.

Es muß davor gewarnt werden, den Zigeunerkindern ein einheitliches Bildungsverhalten zu unterstellen. Unter den Zigeunern gibt es ebenso soziale und regionale Disparitäten wie unter der übrigen Bevölkerung. So zeigte sich bei den Untersuchungen von A. Hundsalz (1980, 209), daß die Zigeunerkinder von Vätern mit festen Arbeitsverhältnissen bei den Leistungstests deutlich besser abschnitten als Zigeunerkinder, deren Väter Händlerberufe hatten. Die Anpassung von Zigeunerfamilien an seßhafte Lebensbedingungen scheint nach A. Hundsalz (1980, 111, 153) einen günstigen Einfluß auf die Testleistungen der Kinder zu haben. Jene Gruppen von Zigeunern, die vorwiegend in Städten leben oder die sich schon relativ früh in das Wirtschaftsleben integriert haben und somit zu einem gewissen Wohlstand gekommen sind, weisen wesentlich bessere schulische Leistungen auf als etwa jene, die im ländlichen Raum noch in abgelegenen Siedlungen in einer Ghettosituation wohnen (vgl. Meusburger P. 1980). Untersuchungen in Italien haben ebenfalls belegt, daß die Sinti den Roma bei fast allen Tests überlegen waren (zitiert bei Hundsalz A. 1978, 132).

Tab. 6.8 Anteil der ungarischen Zigeuner über 14 Jahre ohne Grundschulabschluß nach Geschlecht und Wohnort

Einwohnerzahl des Wohnorts	Männer	Frauen
bis 500	53,60	72,71
501-1000	50,36	68,73
1001-2000	48,52	64,80
2001-5000	49,18	66,28
5001-10000	45,86	64,74
10001-20000	48,66	66,13
20001-100000	42,83	62,03
100001-1 Mio	33,35	54,70
Budapest	26,27	42,42

Quelle: Sonderauswertung der ungarischen Volkszählung 1990. Heidelberger Ungarn-Datenbank

Die Tabellen 6.7 und 6.8 belegen, daß sich auch unter den ungarischen Zigeunern eine deutliche soziale und zentral-periphere Fragmentierung nachweisen läßt. Die kleine Zahl der etwas besser ausgebildeten oder schon stärker assimilierten Zigeuner wandert in die mittleren und größeren Zentren, in den kleinen Dörfern bleiben vor allem die Erwerbslosen, die am wenigsten Qualifizierten, die Analphabeten und die Grundschulabbrecher. Ein erfolgreicher Schulabschluß ist meist nicht nur mit einer Abwanderung in die Städte, sondern auch mit einer Entfremdung von den traditionellen Wertvorstellungen und Tabus verbunden. In einer traditionellen Zigeunersippe gewinnt man durch einen Berufsschul- oder Fachschulabschluß weniger Prestige als durch traditionelle Zigeunerberufe wie Musiker oder Händler.

Wenn eine Minderheit aus verschiedenen Gründen dem Schulsystem distanziert gegenübertritt und deshalb auch ein wesentlich niedrigeres Ausbildungsniveau aufweist als die Mehrheitsbevölkerung, kommt sie aus ihrer marginalisierten Position und aus ihrer ökonomischen Benachteiligung kaum mehr heraus. In der Informations- und Wissensgesellschaft des ausgehenden 20. Jahrhunderts haben Analphabeten oder Personen ohne abgeschlossene Grundschulausbildung auf dem Arbeitsmarkt nur noch sehr geringe Chancen. Diese Feststellung darf man nicht nur unter funktionalen Gesichtspunkten sehen, weil eine moderne Wirtschaft gut ausgebildete Beschäftigte braucht, sondern die Ausbildungs- und Qualifikationsanforderungen für den Einstieg in bestimmte Berufe können natürlich auch als ein Mittel angewandt werden, um Angehörige von diskriminierten Minderheiten aus dem Arbeitsmarkt auszugrenzen, sie in wenig attraktive und unsichere Segmente des Arbeitsmarkts abzudrängen bzw. Vorurteile hinter anderen, scheinbar objektiven Argumenten zu verstecken.

Zigeuner haben in ihrem ökonomischen Überlebenskampf immer wieder erstaunliche Intelligenz und Kreativität bewiesen. Es gehörte geradezu zu ihrer Überlebensstrategie, Nischen, Auswege und Gesetzeslücken zu finden, bevor der *gadje*

(Nichtzigeuner) dies bemerkte. Aber in einer modernen Wissens- und Informationsgesellschaft werden zum Teil andere Arten des Wissens und vor allem *formale* Ausbildungsabschlüsse benötigt.

6.3 Ausbildungsniveau der Arbeitsbevölkerung und Hierarchie des Siedlungssystems

Für viele Themenstellungen der Wirtschafts-, Arbeitsmarkt- und Sozialgeographie ist die Frage nach der räumlichen Verbreitung der Arbeitsplätze für hoch- und niedrigqualifizierte Erwerbstätige oder nach dem Ausbildungsniveau der „Arbeitsbevölkerung" (Erwerbstätige am Arbeitsort, minus Auspendler plus Einpendler) von zentraler Bedeutung. Die räumliche Verteilung von Arbeitsplätzen mit verschiedenen Entscheidungsbefugnissen, Ausbildungsanforderungen, Kompetenzen und Qualifikationen bildet gleichsam das Grundmuster, nach welchem sich dann unter Berücksichtigung der Pendlerdistanzen und Wohnungskosten die Wohnbevölkerung orientiert. Die meisten regionalökonomischen und räumlichen „Gesetzmäßigkeiten" (Regelhaftigkeiten) treten bei der Berücksichtigung der Arbeitsbevölkerung (Arbeitsorte) klarer zutage als bei der Verwendung der Kategorie Wohnbevölkerung.

Wenn man der These zustimmt, daß die *vertikale* Arbeitsteilung innerhalb von sozialen Systemen mehr zur sozialen und regionalen *Ungleichheit* in der Verteilung von Entscheidungsbefugnissen und Qualifikationen beigetragen hat als die *horizontale* Arbeitsteilung, dann ergibt sich daraus, daß die meisten Theorien, die sich mit der hierarchischen Abstufung des Siedlungssystems oder zentral-peripheren Disparitäten der Arbeitsmarktstruktur befaßt haben, einen falschen oder zumindest nichtoptimalen Weg beschritten haben. Die Mehrzahl der theoretischen Ansätze hat sich bisher fast ausschließlich der horizontalen Arbeitsteilung, also der Aufgliederung der Erwerbstätigen nach *Branchen* (zentralen Diensten, Wirtschaftsklassen) oder Institutionen (zentralörtlichen Einrichtungen), zugewandt. Die hierarchische Abstufung *innerhalb* von Organisationen und Wirtschaftszweigen bzw. die Aufspaltung des Arbeitsprozesses in Tätigkeiten mit unterschiedlichen Entscheidungsbefugnissen, Ausbildungsanforderungen, Fachkompetenzen und Qualifikationen wurden in den meisten Theorien vernachlässigt.

Dies mag u.a. damit zusammenhängen, daß in diesen Ansätzen zwar oft von der „räumlichen Organisation der Wirtschaft" gesprochen wurde, aber die Erkenntnisse der Organisations- und Systemtheorie weitgehend unberücksichtigt geblieben sind. Grundlegende Strukturelemente von Organisationen, wie z.B. der hierarchische Aufbau von Entscheidungs-, Planungs- und Kontrollstrukturen, die vertikale Arbeitsteilung und Zentralisierung von Entscheidungsbefugnissen, die unterschiedlichen Ansprüche der einzelnen Organisationstypen und Systemelemente an das Kontaktpotential, das kreative Milieu und Dienstleistungsangebot des Umfeldes, das unterschiedliche Ausmaß der Bürokratisierung und Professionalisierung von Organisationen, die Zusammenhänge zwischen den Zielen der Organisationen, der Unsicherheit ihrer Umwelt und den daraus resultierenden Organisationsstrukturen, wurden entweder nicht ausreichend berücksichtigt oder nicht mit dem Ausbildungs- und Qualifikationsniveau der Arbeitsbevölkerung in Beziehung gesetzt.

Selbstverständlich setzen auch Einzelpersonen wie z.B. innovative Unternehmer oder weitsichtige Regionalpolitiker durch ihre Initiativen räumliche Prozesse in Gang. Im großen und ganzen werden räumliche Strukturen der Wirtschaft jedoch vorwiegend von Organisationen geprägt. Die vertikale Arbeitsteilung innerhalb von Organisationen und die Ausdifferenzierung von Organisationsstrukturen nach Entscheidungsbefugnissen und Qualifikationen hat zu einer ungleichen räumlichen Verteilung von Entscheidungsbefugnissen, Kompetenzen und Qualifikationen und einer Polarisierung zwischen Zentrum und Peripherie geführt. Macht war immer auf Zentren konzentriert. Seit der Industriellen Revolution siedeln sich die Arbeitsplätze, die mit Macht, Einfluß, weitreichenden Entscheidungsbefugnissen und hohen Qualifikationen verbunden sind, zunehmend in Großstädten und zentralen Orten höherer Rangstufen an. Andererseits hat sich die Dequalifizierung und Routinisierung der unteren Hierarchieebenen von Organisationen in der räumlichen Dimension in einer Dequalifizierung der Arbeitsplätze in der Peripherie und ihrer organisatorischen Abhängigkeit von den Kernräumen ausgewirkt.

Eine Differenzierung des regionalen Arbeitsplatzangebots nach dem Ausbildungs- und Qualifikationsniveau, nach den Entscheidungsbefugnissen, den Verantwortungsbereichen und fachlichen Kompetenzen der Erwerbstätigen bringt in der Regel tiefere Einblicke in die räumlichen Organisationsstrukturen der Wirtschaft und in den hierarchischen Aufbau des Siedlungssystems als eine ausschließlich horizontale Aufgliederung nach Wirtschaftsklassen oder Branchen.

Der organisationstheoretische Ansatz kann auf verschiedenen Maßstabsebenen empirisch umgesetzt werden. Am konkretesten sind die oben geschilderten Zusammenhänge am Beispiel von einzelnen Organisationen (Industrieunternehmen, Banken, Behörden) nachzuweisen. Die Mikroebene hat bei dieser Fragestellung den Vorteil, daß man neben dem Ausbildungsniveau auch die Machtbefugnisse, Funktionen, Qualifikationen und Kontaktmuster der einzelnen Akteure auf verschiedenen Hierarchiestufen der Organisation erfassen kann. Solche Untersuchungen wurden jedoch erst sehr selten durchgeführt. Im folgenden können diese Fragen deshalb nur auf einem höheren Aggregationsniveau am Beispiel des Zusammenhangs zwischen der Hierarchie des Siedlungssystems und dem Ausbildungsniveau der Arbeitsbevölkerung illustriert werden. Auch zu dieser Thematik liegen erst wenige empirische Arbeiten vor (Meusburger P. 1980, 1988a, 1988b, 1995a, 1996b, 1996c, 1998).

Die Hierarchie des Siedlungssystems kann anhand vonr Gemeindegrößenklassen oder mit Hilfe des Zentrale-Orte-Systems dargestellt werden. Das Zentrale-Orte-System hat den Vorteil, daß es die Hierarchie des Siedlungssystems vor allem auf den unteren Hierarchiestufen genauer wiedergibt als die Gemeindegrößenklassen. Da die Zentralen Orte jedoch in jedem Land anders bestimmt werden, hat die Verwendung der Variablen Gemeindegröße den Vorteil, daß sie sich für länderübergreifende Vergleiche eignet. Trotz gewisser methodischer Probleme und Unschärfen (vgl. Böventer v. E. 1971, 136; Meusburger P. 1980, 74-80), wird die Gemeindegrößenklasse in den Sozial- und Wirtschaftswissenschaften und in der Stadtforschung seit langem als wichtige Variable für die Darstellung der Hierarchie des Siedlungssystems herangezogen.

Bei einer Beschreibung der räumlichen Polarisierung des Ausbildungs- und Qualifikationsniveaus der Arbeitsbevölkerung müssen zwei Arten von Disparitäten unterschieden werden. Einerseits ist die *Konzentration* der Arbeitsplätze unterschiedlichen Ausbildungsniveaus auf einzelne Rangstufe(n) des Siedlungssystems von Interesse. Dabei wird beispielsweise untersucht, ein wie großer Anteil der Arbeitsplätze für Universitätsabsolventen auf die Bundeshauptstadt oder Städte über 500.000 Einwohner konzentriert ist. Zweitens muß das *Gefälle* (der *Gradient*) des Prozentanteils einer Ausbildungsebene an der Arbeitsbevölkerung zwischen der obersten und untersten Rangstufe der Siedlungshierarchie, also beispielsweise zwischen der größten und kleinsten Gemeindegrößenklasse, untersucht werden. Diese Unterscheidung ist deshalb notwendig, weil sich auf diesen beiden Bereichen durchaus gegeläufige Tendenzen ergeben können. Hohe Konzentrationen können also mit niedrigen zentral-peripheren Gradienten verbunden sein und umgekehrt.

Eine erste, generell gültige Regelhaftigkeit besteht darin, daß Arbeitsplätze umso stärker auf die obersten Rangstufen des Siedlungssystems konzentriert sind, je höher das Ausbildungsniveau der Arbeitsbevölkerung ist. Die Arbeitsplätze für Pflichtschulabsolventen weisen also stets die geringste Konzentration und die Arbeitsplätze für Universitätsabsolventen die höchste Konzentration auf die Zentren auf. Die Ausprägung dieser allgemeinen Regelhaftigkeit variiert jedoch nach Wirtschaftsklassen und auch nach dem politischen System eines Landes. In totalitären Staaten sind Wissen und Macht stärker auf die Spitze des Zentrale-Orte-Systems konzentriert als in demokratischen Staaten, und in zentralistischen Staaten (Frankreich) sind sie stärker konzentriert als in föderalistischen Staaten (Schweiz, BRD).

Wenn man diese historischen und politischen Besonderheiten außer acht läßt und nach allgemeingültigen Regelhaftigkeiten sucht, läßt sich folgendes festellen. In Wirtschaftsklassen, die ubiquitär zur Versorgung der gesamten Bevölkerung angeboten werden müssen, die größtenteils aus personenbezogenen Dienstleistungen bestehen oder die keinem oder nur einem geringen marktwirtschaftlichen Wettbewerb unterliegen (Gesundheitswesen, Unterrichtswesen) ist die Konzentration der Arbeitsplätze für Universitätsabsolventen auf Großstädte am geringsten. In Wirtschaftsklassen (Berufsgruppen), die mit viel Macht verbunden sind, die einem harten Wettbewerb und einem hohen Maß an Unsicherheit unterworfen sind oder sehr spezialisierte, unternehmensbezogene Dienstleistungen anbieten, sind Arbeitsplätze für Universitätsabsolventen am stärksten auf die Spitze der Siedlungshierarchie konzentriert.

Die Erhöhung des Akademikeranteils mit zunehmender Gemeindgrößeklasse kann aus zwei Ursachen resultieren. Einerseits gibt es spezialisierte Berufe und wichtige Führungspositionen, die grundsätzlich nur auf die Entscheidungszentren oder die kulturellen Zentren konzentriert sind und auf den mittleren und unteren Rangstufen des Siedlungssystems gar nicht vorkommen. Andererseits gibt es Berufe, die zwar auf allen Hierarchieebenen vorkommen, bei denen sich jedoch die Aufgaben und notwendigen Fachkompetenzen mit zunehmender Gemeindegröße ändern. Die Funktion eines Gemeindesekretärs oder Sparkassenleiters kann z.B. in einer ländlichen Kleingemeinde durchaus noch von einem Pflichtschulabsolventen ausgeübt werden, während dieselbe Position in einer Stadt von 10.000 Einwohnern vielleicht mit einem Handelsschulabsolventen und in einer Großstadt von mehr als 200.000 Einwohnern wegen der zunehmenden Komplexität der Aufgaben mit einem Universitätsabsolventen besetzt wird.

Es gibt jedoch auch Berufe und Wirtschaftsklassen, deren Arbeitsbevölkerung in allen Gemeindegrößenklassen ein ähnliches Ausbildungsniveau hat. Zu dieser Gruppe gehören z.B. sogenannte professionalisierte Berufe mit genau festgelegten Ausbildungs- und Zugangsvorschriften, wie z.B. Ärzte, Rechtsanwälte oder Gymnasiallehrer. Solche Wirtschaftsklassen können zwar eine hohe Konzentration in Großstädten aufweisen, aber der zentral-periphere Gradient des Akademikeranteils an ihrer Arbeitsbevölkerung ist gering.

Aus der Kombination zwischen der Konzentration der Arbeitsplätze für Hochqualifizierte auf Großstädte und dem zentral-peripheren Gradienten können verschiedene Kategorien von Wirtschaftsklassen gebildet werden, von denen hier nur einige wenige exemplarisch erwähnt werden sollen. In einem marktwirtschaftlichen System können in einer ersten Kategorie Wirtschaftsklassen wie z.B. das „Geld- und Kreditwesen", die „öffentliche Verwaltung" oder „öffentlich-rechtliche Interessenvertretungen" (= Gewerkschaften, Industrie- und Handelskammern) zusammengefaßt werden. In diesen Wirtschaftsklassen sind die Arbeitsplätze für Akademiker außerordentlich stark auf die obersten Rangstufen des Siedlungssystems bzw. einige wenige Großstädte konzentriert. Außerdem ist zwischen den Großstädten und den ländlichen Kleingemeinden ein hohes Gefälle des Akademikeranteils festzustellen. Die Wirtschaftsklassen dieser Kategorie beinhalten in der Regel große, auf zahlreiche Standorte aufgeteilte (bürokratische) Organisationen, die durch eine ausgeprägte Zentralisierung der Entscheidungsstrukturen gekennzeichnet sind, so daß an der Basis der Organisationshierarchie bzw. in den Zweig- und Filialbetrieben an der Peripherie meist nur die Routineaktivitäten von Produktion und Verwaltung verblieben sind. Diese an der Peripherie verbliebenen Routinetätigkeiten können von wesentlich niedriger qualifizierten Beschäftigten bewältigt werden als die spezialisierteren und anspruchsvolleren Aufgaben, die in den Zentren zu erfüllen sind.

Im „Geld- und Kreditwesen" waren 1981 88,7% aller österreichischen Akademikerarbeitsplätze auf die fünf größten Städte Wien, Graz, Linz, Salzburg und Innsbruck, konzentriert. Auf die restlichen „Kerngebiete" der österreichischen Stadtregionen (insgesamt 188 Gemeinden) entfielen weitere 8,2% der Akademikerarbeitsplätze des „Geld- und Kreditwesens", die „Außenzonen" von Stadtregionen (insgesamt 664 Gemeinden) beherbergten 0,6% aller Akademikerarbeitsplätze und in der großen Mehrheit (62,8%) der Gemeinden, die außerhalb einer Stadtregion lagen und wo 1981 rund ein Drittel (32,9%) aller österreichischen Arbeitsplätze für Pflichtschulabsolventen situiert waren, hatten nur noch 2,5% der österreichischen Akademiker des „Geld- und Kreditwesens" ihren Arbeitsplatz.

Diese außerordentlich hohe räumliche Konzentration der Akademikerarbeitsplätze wird im „Geld- und Kreditwesen" noch durch ein sehr starkes „Gefälle" des Akademikeranteils zwischen den Gemeindegrößenklassen verschärft. In Wien war der Akademikeranteil an der Arbeitsbevölkerung des „Geld- und Kreditwesens" (7,49%) rund 22 mal so hoch wie in den Gemeinden bis zu 2.000 Einwohnern, in denen von den 4.307 Arbeitsplätzen nur 15 (0,34%) von einem Akademiker besetzt waren. Bei der männlichen Arbeitsbevölkerung des „Geld- und Kreditwesens" war der Akademikeranteil in Wien 27mal so hoch wie in den Gemeinden bis

2.000 Einwohnern, bei der weiblichen Arbeitsbevölkerung jedoch „nur“ sechsmal so hoch. Dies hängt natürlich damit zusammen, daß die entscheidenden Führungspositionen des Bankwesens vorwiegend mit Männern besetzt waren.

Bei den „Gebietskörperschaften“ (öffentliche Verwaltung) waren in Östereich die räumliche Konzentration der Akademikerarbeitsplätze auf die fünf Großstädte (70,0%) und das Gefälle des Akademikeranteils zwischen den Gemeindegrößenklassen (7,8:1) im Vergleich zu den übrigen Wirtschaftsklassen ebenfalls überdurchschnittlich hoch, aber deutlich geringer als im „Geld- und Kreditwesen“. Dafür gibt es mehrere Gründe. Erstens können in der öffentlichen Verwaltung die Standorte der Arbeitsplätze nicht so wie bei einer Bank oder Privatversicherung nach dem Gesichtspunkt der Effizienz oder Kostenminimierung ausgewählt werden, sondern Verwaltungsstellen müssen auch in peripheren Gebieten präsent sein. Zweitens gibt es im Beamtenschema der öffentlichen Verwaltung genaue Zulassungs- und Laufbahnvorschriften. Nicht zuletzt müssen sich Dienststellen der „öffentlichen Verwaltung“ auch nicht gegenüber einer Konkurrenz behaupten, so daß mehrere Ursachen für eine Zentralisierung von hochqualifizierten Arbeitsplätzen wegfallen.

Eine hohe regionale Konzentration der Akademikerarbeitsplätze muß jedoch nicht unbedingt mit einem zentral-peripheren Gefälle des Akademikeranteils verbunden sein. In der Wirtschaftsklasse „Realitäten, Rechts- und Wirtschaftsdienste“ (Rechtsanwälte, Wirtschaftsprüfer, Notare etc.) waren in Österreich im Jahre 1981 zwar auch rd. 71,6 % der Akademikerarbeitsplätze auf die fünf erwähnten Großstädte konzentriert, aber in der Millionenstadt Wien war der Akademikeranteil an der Arbeitsbevölkerung kaum höher als an der ländlichen Peripherie. Die Relation zwischen Wien und den Gemeinden bis 2.000 Einwohnern betrug nur 1,4:1. Für diese regionale Ausgeglichenheit des Akademikeranteils ist in erster Linie die besondere Organisationsstruktur und Aufgabenstellung dieser Institutionen verantwortlich. Erstens handelt es sich auch hier um professionalisierte Berufe mit genauen Ausbildungsvorschriften. Zweitens läßt sich in diesen Dienstleistungen nur ein kleiner Teil der beruflichen Tätigkeiten standardisieren und routinisieren, so daß es auch nur wenig Möglichkeiten einer vertikalen Arbeitsteilung gibt. Die hohe Konzentration der Akademikerarbeitsplätze auf Großstädte resultiert daraus, daß der persönliche Kontakt zu anderen hochrangigen Entscheidungsträgern (Unternehmensleitungen) eine große Rolle spielt.

Ein dritter Typ von Wirtschaftsklassen ist dadurch charakterisiert, daß der Akademikeranteil an der Arbeitsbevölkerung generell sehr hoch ist, daß die Akademikerarbeitsplätze jedoch zu einem sehr niedrigen Anteil auf Großstädte konzentriert sind und daß es zwischen der Bundeshauptstadt und den Gemeinden bis 2.000 Einwohnern keinen oder nur einen geringen Unterschied des Akademikeranteils gibt. Zu diesem Typ gehören Wirtschaftsklassen wie etwa das „Unterrichts- und Forschungswesen“ oder das „Gesundheits- und Fürsorgewesen“, die jeweils einen hohen Anteil professionalisierter Berufen aufweisen und aufgrund ihrer Versorgungsfunktion für die gesamte Bevölkerung fast überall angeboten werden müssen. Der geringe Konzentrationsgrad dieser Akademikerarbeitsplätze resultiert daraus, daß bei diesen *personenbezogenen* und ubiquitär anzubietenden Dienstleistungen die Qualifikationen vor Ort im direkten Umgang mit den „Kunden“ (Patienten, Schülern etc.) benötigt werden. Andererseits sind die Außenbeziehungen dieser Institutionen relativ stabil und vorhersehbar. Deshalb werden auch an das Kontaktpotential des Standortes nur sehr geringe Anforderungen gestellt. Nicht zuletzt sind diese Systeme (zumindest in Europa) nicht (z.B. Schulen, Pfarreien) oder nur in geringem Maße (Ärzte, Krankenhäuser) einem marktwirtschaftlichen Wettbewerb ausgesetzt, so daß sich eventuelle, auf eine Dezentralisierung zurückzuführende Effizienzverluste nicht gravierend auf die Überlebensfähigkeit des Systems auswirken. Im Gegensatz zur Hauptgeschäftsstelle einer Bank funktionieren höhere Schulen, Universitäten oder Krankenhäuser auch auf der „grünen Wiese“, sofern sie mit den notwendigen Einrichtungen (Bibliothek, Rechenzentrum, Labors) ausgestattet sind. Die Arbeitsplätze dieser Wirtschaftsklassen gehören auch größtenteils einem geschützten Arbeitsmarkt an. Interessanterweise stellen diese „machtfernen“ Wirtschaftsklassen des geschützten Arbeitsmarktes (Gesundheits- und Fürsorgewesen, Unterricht und Forschung) auch den Großteil aller Akademikerarbeitsplätze, die für den ländlichen Raum sowie für weibliche Erwerbstätige von Bedeutung sind.

Von allen Akademikerarbeitsplätzen, die 1981 in den österreichischen Arbeitsorten bis zu 5.000 Einwohnern vorhanden waren, entfielen mehr als drei Viertel auf die drei Wirtschaftsklassen „Gesundheits- und Fürsorgewesen“, „Unterricht und Forschung“ und „religiöse Dienste“. „Nur“ 55,0% der Akademikerarbeitsplätze des „Gesundheits- und Fürsorgewesens“ und und 44,9% des „Unterrichts- und Forschungswesens“ waren auf die fünf erwähnten Großstädte konzentriert.

Die Wirtschaftsklassen des sekundären Sektors können zwar anhand derselben Kriterien zu verschiedenen Kategorien zusammengefaßt werden, doch müssen hier etwas andere Maßstäbe angelegt werden. Zum ersten sind die Wirtschaftsklassen des sekundären Sektors hinsichtlich der Organisationsstruktur der in ihnen enthaltenen Unternehmen in der Regel heterogener als die Wirtschaftsklassen des tertiären Sektors. Wenn sich innerhalb derselben Wirtschaftsklasse alle Zwischenglieder zwischen einem kleinen Handwerksbetrieb und einem multinationalen Großunternehmen wiederfinden, können auf dieser Abstraktionsebene in viel geringerem Maße Regelhaftigkeiten oder Gesetzmäßigkeiten festgestellt werden, als wenn eine Wirtschaftsklasse hinsichtlich der in ihr zusammengefaßten Institutionen relativ homogen ist. Trotz dieser methodischen Probleme läßt sich auch für den sekundären Sektor nachweisen, daß Wirtschaftsklassen, die einem großen Wettbewerb und einem hohen Maß an Unsicherheit ausgesetzt sind und bei denen direkte persönliche Kontakte der Entscheidungsträger wichtig sind (z.B. Druckereiwesen), die höchste Konzentration der Akademikerarbeitsplätze aufweisen, während in ubiquitär anzubietenden Branchen mit einem geringeren Wettbewerbsdruck und Kontaktbedarf Arbeitsplätze für Hochqualifizierte stärker dezentralisiert sind. Da Berufe des sekundären Sektors jedoch in geringerem Maße professionalisiert sind als jene des tertiären, weist die Arbeitsbevölkerung des sekundären Sektors generell einen niedrigeren Akademikeranteil auf als die des tertiären.

In kommunistischen Ländern haben die zentrale Planwirtschaft und die marxistische Ideologie die Zentralisierung von Macht und Wissen und damit die zentral-peripheren Disparitäten des Ausbildungsniveaus der Arbeitsbevölkerung noch verstärkt (vgl. Meusburger P. 1996c, 1997a). Die von modernen Marxisten postulierte ralität von Auslegungen des Marxismus war immer nur auf der „akademischen Spielwiese“ möglich. Alle marxistischen Parteien und Bewegungen, die aus der Oppositionsrolle herausgetreten sind und Macht übernommen haben, haben sich ausnahmslos dogmatisch und autoritär verhalten.

Die Einführung der sozialistischen Planwirtschaft und die »Verparteilichung des Staates« (Lepsius M. R. 1995, 347) haben nicht nur zu einer zusätzlichen Zentralisierung der Entscheidungskompetenzen, sondern auch zu einer extrem starken *räumlichen Konzentration* der Arbeitsplätze für hochrangige Entscheidungsträger, Planungs- und Kontrollinstanzen und für hochqualifizierte Experten geführt. In der kommunistischen Planwirtschaft haben das Primat der Parteipolitik, die Monopolisierung der wirtschaftlichen, politischen und kulturellen Macht durch eine sehr kleine Führungsschicht, die Art der Rekrutierung der Nomenklatura und die sogenannte *administrative Allokation* (Szelényi I. 1978, 1983) zu einer extrem starken räumlichen Konzentration der Arbeitsplätze für wichtige Entscheidungsträger bzw. die Stützen des kommunistischen Systems geführt.

In Ungarn gehörten 1983 gemäß den Personalakten der kommunistischen Partei nur 14.416 Personen zur Nomenklatura und nur 2.312 Personen zur ersten Führungsebene der Nomenklatura (vgl. Harcsa I. 1995). Auf die Volkszählung des Jahres 1980 umgerechnet, würde dies bedeuten, daß nur 0,29% aller Erwerbstätigen zur Nomenklatura und nur 0,05% zur ersten Führungsebene der Nomenklatura gehört haben. In der Feudalgesellschaft hat der ungarische Adel vergleichsweise fünf bis sieben Prozent der ungarischen Bevölkerung umfaßt. Daraus könnte man den Schluß ziehen, daß die politische, wirtschaftliche und kulturelle Macht bzw. die Verfügungsgewalt über Ressourcen im Laufe der Geschichte nie in der Hand von so wenigen Personen lag wie während der Phase der kommunistischen Systeme.

Diese Zentralisierung wurde noch durch die Art verstärkt, wie die kommunistische Nomenklatura rekrutiert wurde. In der orthodoxen Phase des Kommunismus waren Kader politische Beauftragte der kommunistischen Partei und prinzipiell deren Weisungen unterworfen. Nach Stalin (zitiert bei Glaeßner H. J. 1985, 698) waren als Kader „»nicht beliebige Leiter, Ingenieure und Techniker erwünscht, sondern solche, die fähig sind, die Politik der Arbeiterklasse unseres Landes zu begreifen, die fähig sind, sich diese Politik zu eigen zu machen, und die bereit sind, sie gewissenhaft zu verwirklichen«. Unmittelbar nach der Einführung der zentralistischen Planwirtschaft bestand eine der ersten Maßnahmen darin, den Direktoren der Staatsunternehmen und Genossenschaften die wichtigen, strategischen Entscheidungsbefugnisse wegzunehmen und diese Entscheidungen in den Institutionen der staatlichen Wirtschaftslenkung (Ministerien, zentrale Planungs- und Kontrollbehörden) zu konzentrieren. Die Direktoren der Staatsunternehmen hatten also nur noch eine „ausführende Verantwortung“, von ihnen wurde vorwiegend Loyalität zur kommunistischen Partei, proletarische Herkunft, die Ausführung der Parteibeschlüsse und die Erfüllung der Planziele verlangt (vgl. auch Lengyel G. 1995, 251-255).

Wenn es keinen Wettbewerb zwischen verschiedenen Eliten gibt, eine einzige Organisation (kommunistische Partei) Macht ausübt bzw. über den Zugang zu Ressourcen bestimmt, und wenn diese ideologisch festgefügte Nomenklatura vorwiegend nach dem Prinzip der Loyalität, der ideologischen Linientreue, der politischen Zuverlässigkeit oder dem proletarischen Bewußtsein rekrutiert wird, ist das einzelne Mitglied einer solchen Elite sehr stark auf die Akzeptanz und das Wohlwollen der anderen Machthaber angewiesen.

Tab. 6.9 Die Verteilung von Arbeitsplätzen in Ungarn auf Budapest und die Peripherie im Jahre 1980

Branchen, Berufe, Ausbildungsniveaus (in Auswahl)	von allen Arbeitsplätzen entfielen .... % auf .	
	Gemeinden < 5.000 Ew	Budapest
ungelernte landwirtschaftliche Taglöhner	70,9%	0,8%
„Gelegenheitsarbeiter" (ohne Landwirtschaft)	46,2%	6,8%
Erwerbstätige ohne Grundschulabschluß	29,3%	17,1%
Pflichtschulabsolventen	27,1%	20,0%
Universitätsabsolventen	7,4%	48,5%
Priester	51,5%	12,3%
Universitätsabsolventen des Gesundheits- und Sozialwesens	7,8%	37,9%
Universitätsabsolventen des Unterrichtswesens	4,8%	38,3%
Universitätsabsolventen des Rechtswesens und der Öffentlichen Sicherheit	1,4%	44,3%
„Führungskräfte der Partei- und Massenorganisationen" mit Universitätsabschluß	1,0%	48,8%
Ingenieure	13,9%	49,9%
Druckereiwesen	3,6%	52,5%
Universitätsabsolventen der Industrie	4,1%	52,8%
Universitätsabsolventen d. öffentlichen Verwaltung	2,0%	59,4%
Universitätsabsolventen des Bankwesens	0,7%	62,1%
Universitätsabsolventen d. Transportwesens	1,6%	62,3%
Universitätsabsolventen d. Maschinenindustrie	1,8%	64,6%
Universitätsabsolventen der Bauindustrie	0,8%	67,2%
Professionelle Führungskräfte im Computerwesen	1,3%	72,3%
Universitätsabsolventen d. kommunalen Dienstleistungen	0,6%	72,5%
Technische Forscher	4,5%	73,6%
Universitätsabsolventen der Telekommunikation	0,8%	77,2%
Universitätsabsolventen in den Kulturellen Dienstleistungen	0,7%	78,7%
Journalisten	0,3%	80,8%
Führungskräfte der Organe der Staatsmacht, der zentralen Administration" (Code 220)	0,4%	84,6%
Universitätsabsolventen der personen- und unternehmensbezogenen Dienstleistungen	0,5%	88,4%
Forscher in den Sozialwissenschaften	0,8%	91,3%
Universitätsabsolventen des Außenhandels	0,4%	97,7%
Gesamtzahl der ungarischen Arbeitsplätze	21,4%	23,9%

Quelle: Eigene Sonderauswertung der ungarischen Volkszählung 1980, Heidelberger Ungarn-Datenbank. Meusburger P. 1995a, 1996b, 1996c, 1998.

Jede Entfremdung von der Nomenklatura ist für eine Führungskraft mit einem gesellschaftlichen und wirtschaftlichen Abstieg, einem Verlust von Privilegien und einem weitgehenden Versiegen der Ressourcen verbunden. Ohne Unterstützung durch die

Partei war man ein „Nichts". Um Zugang zu Ressourcen zu erhalten, mußte man die „wichtigen Leute" durch Vorrechte, Gewährung von Privilegien und Gefälligkeiten an sich binden und sich ständig am »Tauschverhältnis feudaler Gefälligkeiten, Protektionen und Gegendienste« (Konrád G. und I. Szelényi 1978, 293) beteiligen. »In a centrally directed economy, paternalism governs the relations between state and enterprise« (Burawoy M. 1990, 12).

In einem marxistischen System, in dem Loyalität zu *der* Partei das oberste Rekrutierungsprinzip für die staatstragende Elite darstellt, spielen also persönliche Beziehungen und die Nähe zur politischen Macht für Führungskräfte der Wirtschaft, für Künstler, Journalisten und hochqualifizierte Erwerbstätige eine *noch wichtigere Rolle* als in marktwirtschaftlichen Systemen. Das Eingebundensein in wichtige Netzwerke, enge persönliche (informelle) Kontakte zu den entscheidenden Kadern der Nomenklatura, die Schaffung von gegenseitigen Abhängigkeiten bzw. die räumliche Nähe zum Machtzentrum waren die wichtigsten Mittel, um die eigene Position zu halten oder im Parteiapparat aufzusteigen. Da dieser „Tauschmarkt von persönlichen Gefälligkeiten" auf Vertrauen, Diskretion und Loyalität basiert, kann er meist nur im Rahmen von direkten Kontakten stattfinden. Eine schriftliche oder telephonische Absprache hätte zumindest in der orthodoxen Phase für die meisten Beteiligten gefährlich werden können. Lediglich die fest eingespielten Netze im Zentrum der Macht mußten diese Vorsicht nicht walten lassen.

Daß Ausmaß der räumlichen Konzentration von Macht und Wissen und der zentral-peripheren Disparitäten des Ausbildungsniveaus der Arbeitsbevölkerung kann vorerst nur für wenige Länder dokumentiert werden. Arbeitsplätze, die im sozialistischen System eine wichtige Steuerungsfunktion hatten bzw. mit Macht und Prestige verbunden waren, fehlten in den Gemeinden unter 5.000 Einwohner (die 90% aller Gemeinden entsprechen) fast völlig. In der Branche „Öffentliche Verwaltung" waren nur 2,0% aller Arbeitsplätze für Universitätsabsolventen in Gemeinden unter 5.000 Einwohnern lokalisiert, in der Branche „Öffentliche Ordnung" waren es 1,4%, in der Telekommunikation 0,8%, im Geld- und Kreditwesen 0,7% und im Außenhandel 0,4%.

In den sozialistischen Ländern gab es geradezu eine idealtypische Abstufung des Ausbildungs- und Qualifikationsniveaus der *Arbeitsbevölkerung* (= Erwerbstätige nach ihrem Arbeitsort) nach der Hierarchie des Siedlungssystems. Je größer der Arbeitsort war, umso höher war der Anteil der Universitätsabsolventen und der Abiturienten und umso niedriger war der Anteil der Pflichtschulabsolventen an der Arbeitsbevölkerung.

In Budapest war der Anteil der Universitätsabsolventen unter der männlichen Arbeitsbevölkerung 7,9mal und unter der weiblichen Arbeitsbevölkerung 25,7mal so hoch wie in den Gemeinden unter 501 Einwohnern. Ein besonders steiles zentral-peripheres Gefälle des Ausbildungsniveaus der Arbeitsbevölkerung war bei den Wirtschaftsklassen öffentliche Verwaltung, Rechtswesen und öffentliche Ordnung, Geld- und Kreditwesen festzustellen. Selbst in der Wirtschaftsklasse Forstwirtschaft war in Budapest der Anteil der Universitätsabsolventen unter der männlichen Arbeitsbevölkerung 13,7mal und unter der weiblichen Arbeitsbevölkerung 36,6mal so hoch wie in der Gemeindegrößenklasse unter 501 Einwohnern (Abb. 6.5).

Abb. 6.5 Das „zentral-periphere" Gefälle des Ausbildungsniveaus der ungarischen Arbeitsbevölkerung nach Branchen

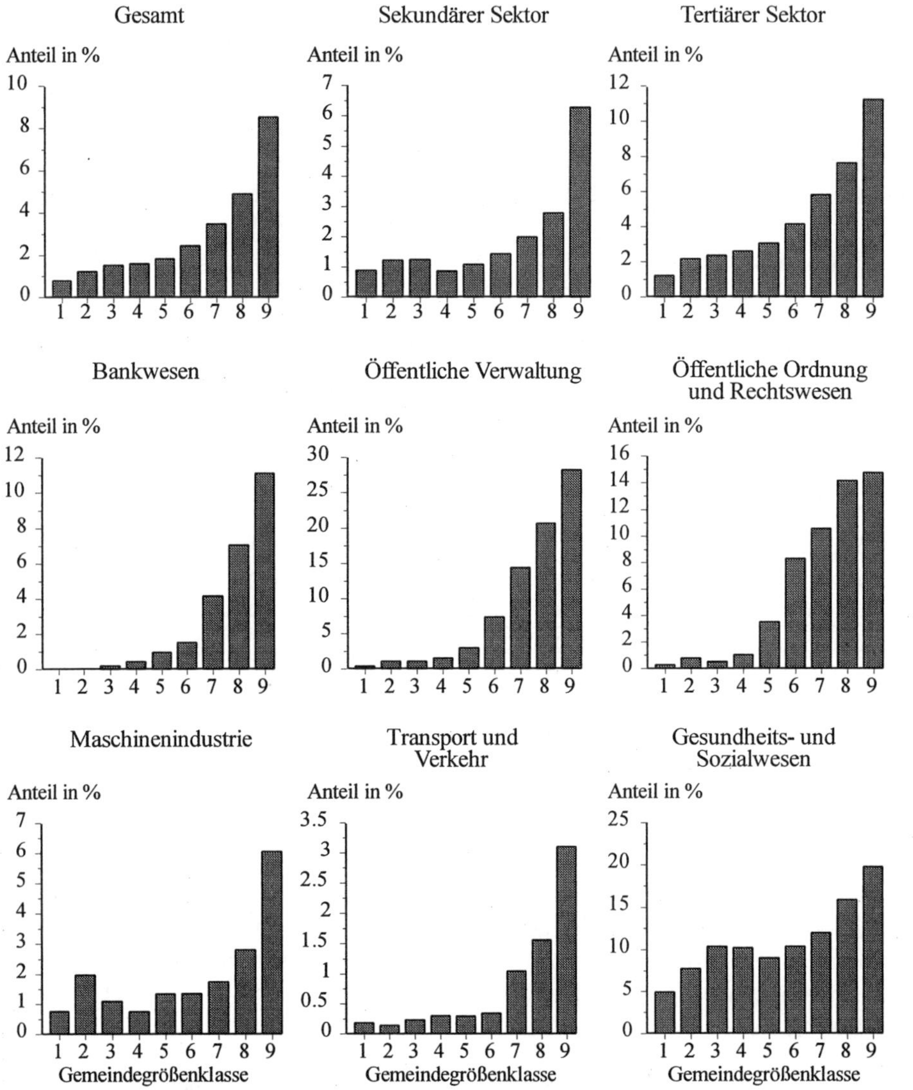

Gemeindegrößenklassen (Einwohner):

1= weniger als 501	4= 2.001-5.000	7= 20.001-100.000
2= 501-1.000	5= 5.001-10.000	8= 100.001-1 Mill.
3= 1.001-2.000	6= 10.001-20.000	9= mehr als 1 Mill. (Budapest)

Quelle: Meusburger P. 1996c, 1997.

Ähnliche zentral-periphere Disparitäten lassen sich auch auf globarer Ebene zwischen reichen Industrieländern und armen Entwicklungsländern feststellen. Die Kernregionen kontrollieren die anderen Regionen nicht nur politisch, sondern auch kulturell und wirtschaftlich. Der Vorsprung der Kenregionen gegenüber der Peripherie ist vor allem deshalb so persistent und schwer zu verändern, weil den peripheren Regionen das Forschungs- und Innovationspotential und wichtige Netzwerke zu anderen Kernregionen fehlen und dadurch das *technological gap* (Fagerberg J. 1994) nicht oder nur sehr langfristig zu schließen ist. Angesichts der immer teurer werdenden Forschung und der Abwanderung der Hochqualifizierten ist die Wahrscheinlichkeit nicht klein, daß die globalen Disparitäten sogar noch größer werden.

6.4 Ausbildungsniveau und regionale Mobilität

6.4.1 Theoretische Aspekte

Ob regional mobile Personen begabter oder beruflich erfolgreicher sind als nicht mobile Personen oder ob durch räumliche Mobilität eine soziale Selektion vollzogen wird, sind Fragen, welche die Wanderungsforschung schon seit ihren Anfängen beschäftigt haben. Sehr viele Veränderungen in der persönlichen, familiären, beruflichen und wirtschaftlichen Situation eines Menschen (Studium, Beginn einer Berufstätigkeit, Heirat, Vergrößerung oder Verkleinerung des Haushalts, beruflicher Auf- oder Abstieg, Pensionierung) sind an einen Wohnsitzwechsel über Gemeindegrenzen hinweg gekoppelt. Da vor allem eine höhere Ausbildung, eine hohe soziale Inter-Generationen-Mobilität, das Ausüben hochqualifizierter und spezialisierter Berufe sowie größere Karriereschritte in der Berufslaufbahn mit regionaler Mobilität verbunden sind, sollten das Ausbildungs- und Qualifikationsniveau und die berufliche Position eine zentrale Forschungsfrage der Wanderungsforschung darstellen.

Ein zweiter Grund, das Ausbildungs- und Qualifikationsniveau der Migranten zu erfassen, besteht darin, daß die Auswirkungen der Migration auf die Herkunfts- und Zielregionen je nach Ausbildungsniveau der Zu- und Abwanderer sehr unterschiedlich sind. Wenn die sozialen Aufsteiger einer peripheren Region zum größten Teil abwandern und dieser Verlust nicht durch entsprechende Zuwanderung kompensiert wird, verliert die Region einen Teil ihrer Humanressourcen, die für eine endogene Entwicklung notwendig wären. Außerdem kommt dann ein beträchtlicher Teil der in der Abwanderungsregion getätigten Bildungsinvestitionen anderen Regionen zugute. Im umgekehrten Fall schöpfen wichtige Zentren einen großen Teil der Humanressourcen aus den peripheren Gebieten und aus kleineren Zentren ab. Auf allen Maßstabsebenen (von der lokalen bis zur globalen) profitieren die „Zentren" in der Regel davon, daß ein Großteil der dort erwerbstätigen hochrangigen Entscheidungsträger, Spezialisten und kreativen Akteure zugewandert ist.

Die meisten der bisherigen Wanderungtheorien haben das Ausbildungsniveau der Akteure nicht oder nur randlich berücksichtigt, was ihren Erklärungswert stark einschränkt. So werden beispielsweise die Wanderungsentscheidungen von hochqualifizierten und spezialisierten Berufsgruppen in erster Linie dadurch erzwungen, daß ihre Arbeitsplätze auf die obersten Stufen der Zentrale-Orte-Hierarchie konzentriert sind oder ihre Karriereverläufe im Rahmen von großen multinationale Unternehmen eine Migration voraussetzen. Regionale Unterschiede des Lohnniveaus spielen dagegen eine viel geringere Rolle, als es die Wanderungstheorien unterstellen. Je stärker ein Arbeitsplatz auf einige wenige Städte konzentriert ist, umso größer wird die Wahrscheinlichkeit, daß Personen, welche diesen Beruf ergreifen, zumindest beim Berufseintritt zu Migrationen gezwungen sind.

Da bei vielen hochqualifizierten Berufen die Struktur des regionalen Arbeitsplatzangebots die Mobilität von Anfang an voraussetzt und auch die Bandbreite der möglichen Arbeitsorte bestimmt, ist bei solchen Berufen auch der Entscheidungsspielraum des Akteurs zumindest beim Eintritt in das Berufsleben sehr gering. Die üblichen Modelle des Such- und Entscheidungsverhaltens mögen für wohnsitzorientierte Wanderungen sehr brauchbar sein, für die arbeitsbedingte Migration von Hochqualifizierten haben sie in der Regel einen geringen Erklärungswert. Bei der Mehrzahl der Hochqualifizierten sind berufliche und soziale Mobilitätsvorgänge nicht das Ergebnis individueller Suchprozesse des späteren Stelleninhabers, da die Suchaktivität meist vom Arbeitgeber ausgeht (vgl. Rolfes M. 1996, 49). Die Annahmen der Neoklassik, der Job-Search-Theorie oder des methodologischen Individualismus, die von einem autonomen, frei entscheidenden Subjekt ausgehen, gelten paradoxerweise eher für sehr niedrig qualifizierten Arbeitskräfte und Arbeitslose. Nur sogenannte „Jedermannsqualifikationen" werden auf allen Ebenen des Siedlungssystems und fast flächendeckend angeboten. Je spezialisierter und qualifizierter ein Beruf ist und je mehr ein Arbeitsplatz mit Macht und Entscheidungsbefugnissen ausgestattet ist, desto geringer wird die Zahl der Alternativen, unter denen eine Akteur seine Wahl treffen kann. Da die räumlichen Qualifikationsstrukturen des Arbeitsplatzangebots langfristig vorgegeben und nicht frei veränderbar sind, ist es auch wenig sinnvoll, bei diesen ersten Schritten einer berufsorientierten Migration einen wahrnehmungs-, entscheidungs- oder handlungstheoretischen Ansatz in den Vordergrund zu stellen.

Aus denselben Gründen macht es bei Akademikern, die ihren erlernten Beruf ausüben und nicht weit unter ihrem Qualifikationsniveau erwerbstätig sein wollen, auch wenig Sinn, nach der regionalen *Mobilitätsbereitschaft* zu fragen. Zumindest beim Berufseintritt haben sie, wenn sie nicht zufällig in großen Agglomerationen aufgewachsen sind, gar keine andere Wahl als regional mobil zu sein.

Der Entscheidungsspielraum eines Universitätsprofessors oder eines Topmanagers besteht zumindest in der Anfangsphase seiner Karriere nur darin, ob er ein Angebot annimmt oder ablehnt. Beide Berufsgruppen haben in der Regel keine Wahl, ob sie in ihrer Herkunftsgemeinde oder an ihrem Studienort arbeiten wollen. Erst wenn ein Universitätsprofessor oder Topmanager zur selben Zeit mehrere Angebote bekommt, gewinnt die Entscheidungs- und Handlungstheorie eine gewisse Bedeutung, allerdings nicht für die Wanderungsentscheidung an sich, sonden nur für die Auswahl des Wanderungsziels.

Ein dritter Grund, warum erfolgreiche Karrieren und berufliche Positionen mit hohen Qualifikationen und großen Entscheidungsbefugnissen meistens mit hoher regionaler Mobilität verbunden sind, besteht darin, daß es viele Berufe gibt, in denen regionale Mobilität, d.h. das Kennenlernen verschiedener Situationen, Institutionen, Methoden, Verfahrensweisen und Kulturen, als Lernprozeß und als Statussymbol angesehen wird. Schon vor Jahrhunderten gehörten Studenten und Akademiker zu den regional mobilsten Bevölkerungsschichten. Auch von Handwerksburschen wurde erwartet, daß sie sich ihre Qualifikationen nicht in ihrer Herkunftsregion oder gar im elterlichen Betrieb, sondern auf einer mehrjährigen „Wanderschaft" erwerben. Nicht nur bei Universitätsprofessoren stellen Auslandsaufenthalte und die Zahl der Rufe ein Statussymbol dar, sondern auch bei hohen Verwaltungsbeamten, Offizieren, Bankangestellten und Managern von multinationalen Konzernen ist der Karriereverlauf auch ohne Wechsel des Arbeitgebers sehr oft mit regionaler Mobilität „von der Peripherie ins Zentrum" verbunden. Spätere Führungskräfte haben sich zuerst an der Peripherie (in Zweigbetrieben, Filialen oder auf Posten im Ausland) zu bewähren und rücken dann bei ihrem beruflichen Aufstieg schrittweise ins Zentrum vor. Auch bei Universitätskarrieren lassen sich ähnliche Tendenzen feststellen.

Besonders im 19. Jahrhundert haben im deutschsprachigen Raum viele Wissenschaftlerkarrieren an kleinen, peripheren Universitäten begonnen und bei entsprechendem Erfolg in einem der Zentren (Berlin, Wien, Heidelberg, Göttingen etc.) geendet. Deshalb war das durchschnittliche Berufungsalter der nach Berlin berufenen Professoren auch wesentlich höher als etwa jenes der nach Czernowitz oder Königsberg berufenen Professoren (vgl. Meusburger P. 1990).

Ein vierter Grund für die enge Verknüpfung zwischen Ausbildungsniveau, Qualifikation und regionaler Mobilität liegt darin, daß Akteure mit einem hohen Ausbildungs- und Informationsniveau besser über Alternativen oder neue Entwicklungen informiert sind, daß sie über Netzwerke bessere Kontakte zu Führungskräften verschiedener anderer Bereiche haben, daß sie ihre beruflichen Aspirationen und Wohnungswünsche aus finanziellen Gründen eher verwirklichen können und sie deshalb eher Chancen ergreifen können, die an anderen Standorten angeboten werden.

Nach G. Albrecht (1972, 126) kann es als sicher angesehen werden, daß höhere Intelligenz zu einer stärkeren geographischen Mobilität führt als durchschnittliche Intelligenz. Die meisten Autoren sind jedoch der Ansicht, daß nicht eine hohe Intelligenz *per se* so etwas wie gesteigerte Mobilitätsneigung erzeugt, sondern im Zusammenhang mit den Karrieremustern gesehen werden muß. Jene Wanderungsstudien, die sich hauptsächlich auf die Messung der Intelligenzquotienten von regional mobilen und regional nicht mobilen Personen gestützt und die Berufslaufbahnen und Wanderungsmotive außer Acht gelassen haben, sind zu sehr widersprüchlichen Aussagen gekommen.

Aber nicht nur das Ausmaß der berufsorientierten Wanderungen steht in engem Zusammenhang mit dem Qualifikationsniveau, der beruflichen Karriere und den beruflichen Plänen, sondern auch die sogenannten lebens- und familienzyklusbedingten

Wanderungen werden vom Ausbildungsniveau, der sozialen Schichtzugehörigkeit und den finanziellen Möglichkeiten beeinflußt. »In jedem Stadium des Familienzyklus haben Familien mit einem sinkenden oder stabilen sozialen Status eine geringere Neigung zur Wanderung als diejenigen Familien mit einem steigenden sozialen Status [...]. In jedem Stadium des Familienlebenszyklus besteht eine positive Beziehung zwischen der Neigung zur Wanderung und einem aktuellen Anstieg im beruflichen Status und/oder dem Einkommen des Familienvorstandes« (Albrecht G. 1972, 167). Eine Veränderung im Familienlebenszyklus, die dazu führt, daß die Wohnbedürfnisse und Wohnwünsche ansteigen und die gegenwärtige Wohnung und Nachbarschaft für inadäquat gehalten werden, ist ein starker Antrieb für Wanderungen (Albrecht G. 1972, 156). Höhere, finanziell besser gestellte soziale Schichten können diesen Wunsch nach einem Wohnsitzwechsel im allgemeinen leichter erfüllen als finanziell schlechter situierte Familien. Außerdem wird die Wohnlage besonders von den mittleren und oberen Sozialschichten auch als ein Mittel zur Erzielung eines höheren sozialen Prestiges angesehen. Soziale Aufsteiger ziehen deshalb bei größeren Karriereschritten häufig auch in bessere Wohngebiete um.

6.4.2 Häufigkeit und Distanzen der Wohnsitzwechsel

Höherqualifizierte und beruflich erfolgreiche Personen wechseln im Durchschnitt häufiger ihren Wohnsitz über Gemeindegrenzen hinweg als Niedrigqualifizierte und beruflich weniger Erfolgreiche. Empirische Belege für die Stichhaltigkeit dieser These wurden u.a. von H. S. Shryock and Ch. B. Nam (1965), P. M. Blau und O. D. Duncan (1967), A. E. Bayer (1968a, 1968b), A. L. Blevins (1971), J. E. Bourke (1971), L. H. Long (1973), K. Niedzwetzki (1977), P. Meusburger (1980), A. E. Bayer (1968a, 1968b), J. V. Beaverstock (1990, 1994, 1996a), J. V. Beaverstock und J. Smith (1996), P. Meusburger und A. Schmidt (1996), A. Schmidt (1998) und vielen anderen Autoren vorgelegt.

Tab. 6.10 Ausbildungsniveau der österreichischen Bevölkerung über 15 Jahre und Zahl der Wohnsitzwechsel über Gemeindegrenzen hinweg (1977)

Ausbildungsniveau	Zahl der Wohnsitzwechsel über Gemeindegrenzen						
	0	1	2	3	4	>4	zus.
Pflichtschulabsolventen	42,5	40,6	11,5	3,3	1,3	0,8	100
Absolventen einer Lehrausbildung	37,9	37,6	15,6	5,6	1,9	1,4	100
Absolventen einer berufsbildenden mittleren Schule	34,9	37,0	18,4	5,5	2,4	1,8	100
Absolventen einer berufsbildenden höheren Schule	31,2	35,5	19,1	7,5	3,7	3,2	100
Absolventen einer allgemeinbildenden höheren Schule	32,5	35,7	20,0	6,5	3,0	2,3	100
Universitätsabsolventen	16,9	36,4	21,1	12,4	5,9	7,3	100

Quelle: Österreichischer Mikrozensus Juni 1977, Sonderprogramm Tab. W 173; Meusburger P. 1980, 182.

Anhand der in Österreich durchgeführten Mikrozensen können die Zusammenhänge zwischen Ausbildungsniveau und Häufigkeit der Wohnsitzwechsel zumindest für die Binnenwanderung sehr gut nachvollzogen werden. Unabhängig von Art und Motiven der regionalen Mobilität nimmt die Zahl der Wohnsitzwechsel über Gemeindegrenzen hinweg mit steigendem Ausbildungsniveau deutlich zu. Vier oder mehr Wohnsitzwechsel hatten 2,1% der österreichischen Pflichtschulabsolventen, 3,3% der Absolventen einer Lehrausbildung, 5,3% der Absolventen einer allgemeinbildenden Höheren Schule und 13,2% der Universitätsabsolventen. Keinen einzigen Wohnsitzwechsel wiesen 42,5% der Pflichtschulabsolventen, jedoch nur 16,9% der Universitätsabsolventen auf.
Ein Hauptkritikpunkt an der traditionellen Migrationsforschung bezieht sich darauf, daß zu wenig zwischen verschiedenen Wanderungsmotiven unterschieden werde und ökonomische Aspekte zu sehr im Vordergrund stünden. Rein ökonomische Ansätze zur Ergründung der Wanderungsmotive können jeweils nur einen Teil der Phänomene erklären und sind nicht frei von Widersprüchen, da Personen in der objektiv gleichen wirtschaftlichen Lage oft ganz verschiedene Reaktionen zeigen.

Wenn man von der politisch motivierten Flucht, Emigration oder Vertreibung absieht, läßt sich die überwiegende Zahl der Wohnsitzwechsel ausbildungs-, berufs-, wohnungs- und familienzyklusorientierten Wanderungen zuordnen. Bei allen Wanderungstypen steigt die Häufigkeit der Wohnsitzwechsel mit zunehmendem Ausbildungsniveau an, bei den berufsorientierten Wanderungen ist der Einfluß des Ausbildungsniveaus auf die Migrationshäufigkeit jedoch weitaus am höchsten. Während in Österreich von allen Pflichtschulabsolventen über 15 Jahre nur 3,3% einen *berufsorientierten* Wohnsitzwechsel über Gemeindegrenzen hinweg durchführten, waren es bei den Abiturienten 34,6% und bei den Universitätsabsolventen sogar 65,3%.

Tab. 6.11 Familienzyklus-, wohnungs- und berufsorientierte Wohnsitzwechsel nach dem Ausbildungsniveau der österreichischen Wohnbevölkerung über 15 Jahre (1977)

Ausbildungsniveau	Anteil der Personen mit einem familienzyklusorientierten Wohnsitzwechel	wohnungsorientierten Wohnsitzwechsel	berufsorientierten Wohnsitzwechsel
Pflichtschule	13,5	8,1	3,3
Lehrausbildung	21,3	14,2	17,0
berufsbild. mittlere Schule	22,3	15,6	21,6
Matura (Abitur)	19,5	16,3	34,6
Universität	28,1	23,1	65,3

Quelle: Österr. Mikrozensus Juni 1977, Sonderprogramm, Tab. W 166; Meusburger P. 1980, 183.

Die größere Häufigkeit der berufsbedingten Wohnsitzwechsel von Höherqualifizierten läßt sich sehr einfach durch die regionale Verteilung der Arbeitsplätze erklären. Je niedriger die benötigten Qualifikationen für einen Beruf sind, umso größer ist die Wahrscheinlichkeit, daß derartige Berufe an relativ vielen Orten angeboten werden. Nach L. H. Long (1973, 247) vermindern sich die Zusammenhänge zwischen dem

Ausbildungsniveau und der Wanderungshäufigkeit mit zunehmendem Alter, ohne jedoch ganz aufzuhören.

Mit zunehmendem Ausbildungsniveau erhöhen sich auch die Distanzen der regionalen Mobilität. Dies kann auch schon für frühere Jahrhunderte nachgewiesen werden. Erfolgreiche Kaufleute, gut informierte Akteure und gut Ausgebildete hatten schon immer größere räumliche Kontaktfelder. Im 19. Jahrhundert hatten Lese- und Schreibkundige beispielsweise eine höhere regionale Mobilität als Analphabeten. Studenten und Professoren waren schon im Mittelalter über erstaunlich große Distanzen hinweg mobil. Dies gilt in erster Linie für berufs- und ausbildungsorientierte Wanderungen, aber auch die Heiratskreise der Wohnbevölkerung hatten bei Lese- und Schreibkundigen eine größere Ausdehnung als bei Analphabeten.

M. J. Heffernan (1989) hat für das französische Departement Ille-et-Vilaine anhand einer Stichprobe von rd. 60.000 Rekruten und von 13.000 Brautleuten aus 23 Untersuchungsgemeinden den Zusammenhang zwischen regionaler Mobilität und Analphabetentum im 19. Jahrhundert analysiert. Die regionale Mobilität wurde aus der Distanz zwischen dem Geburtsort und Wohnort zur Zeit der Heirat bzw. der Musterung. Sowohl unter den Rekruten als auch unter den Brautleuten hatten die Analphabeten stets eine geringere regionale Mobilität (gemessen in Kilometern) als die Lese- und Schreibkundigen. Eine Untersuchung von Heiratsregisterdaten dreier englischer Kleinstädte des 18. Und 19. Jahrhunderts kam zu ähnlichen Ergebnissen, wobei längere Heiratsdistanzen von Schreibkundigen im wesentlichen auf deren soziale Schichtzugehörigkeit zurückgeführt werden konnten. Nur wenn beide Ehepartner schreibkundig waren, hatte dies einen direkten Effekt auf die Heiratsdistanz (Hoyler M. 1998).

Je höher das Ausbildungsniveau, umso größer war in Österreich (1977) der Anteil der Personen, die einen Wohnsitzwechsel in einen anderen politischen Bezirk, in ein anderes Bundesland oder ins Ausland aufzuweisen hatten. Während von den in Österreich wohnhaften Pflichtschulabsolventen über 15 Jahre bis zum Zeitpunkt der Befragung mehr als zwei Drittel (69,2%) keinen Wohnsitzwechsel über die Bezirksgrenzen hinaus vollzogen hatten, nur 17,9% in einen anderen

Tab. 6.12 Distanzen der regionalen Mobilität in Österreich nach dem Ausbildungsniveau der Wohnsitzwechsler

	Von allen Auskunft erteilenden Personen hatten ... %				
Ausbildungsniveau	keinen Wohnsitzwechsel über Bezirksgrenzen	einen Wohnsitzwechsel in einen anderen Bezirk d. Bundeslands	einen Wohnsitzwechsel in ein anderes Bundesland	einen Wohnsitzwechsel ins Ausland	zus.
Pflichtschule	69,2	17,9	12,1	0,8	100
Lehrausbildung	57,2	26,2	15,0	1,6	100
mittlere Schule	51,9	26,5	19,6	2,0	100
Matura (Abitur)	50,6	25,6	21,0	2,8	100
Universität	30,6	30,4	33,7	5,3	100

Quelle: Österr. Mikrozensus Juni 1977, Sonderprogramm W 174; Meusburger P. 1980, 187. Bei den Wohnsitzwechseln ins Ausland ist zu berücksichtigen, daß hier nur jene Personen erfaßt wurden, die zum Zeitpunkt der Befragung wieder in Österreich waren.

Bezirk desselben Bundeslands und nur 12,1% in ein anderes Bundesland umgezogen sind, sind von den Universitätsabsolventen 30,4% in einen anderen Bezirk desselben Bundeslands und 33,7% sogar in ein anderes Bundesland gezogen. Auch die Wohnsitzwechsel ins Ausland nehmen mit steigendem Ausbildungsniveau zu.
Ähnliche Ergebnisse sind auch aus anderen Ländern bekannt. So hat z.B. F. Musgrove (1963, 31-41) nachgewiesen, daß jene Briten, die im Ausland wohnten, ein wesentlich höheres Ausbildungsniveau hatten als die in Großbritannien lebende Bevölkerung. D. J. S. Forsyth und G. Mercer (1973, 101-103) stellten fest, daß von den schottischen Akademikern, die 1966 bis 1969 einen Arbeitsplatz in der Industrie erhalten haben, mehr als die Hälfte (55,5%) eine Stelle außerhalb Schottlands angenommen haben. Die Absolventen der großen und berühmten schottischen Universitäten (z.B. Aberdeen, Dundee) sind dabei zu einem größeren Anteil (66%) aus Schottland ausgewandert als die Absolventen der kleineren und weniger berühmten Universitäten (31 bis 43%). Auch A. M. Rose (1958, 420-423) und H. R. Stub (1962) konnten die Hypothese bestätigen, daß Personen mit höherem Sozialstatus auf der Suche nach besseren beruflichen Möglichkeiten im Durchschnitt größere Distanzen zurücklegen (müssen) als Personen mit geringen Fähigkeiten oder niedrigen Aspirationen.

6.4.3 *Brain Drain*

Spätestens seit der Nachkriegszeit hat sich das wissenschaftliche und politische Interesse den Wanderungsströmen von Hochqualifizierten zugewandt. Erste Impulse kamen sowohl aus der deutschen Flüchtlingsforschung, welche auf den großen Transfer von Humankapital nach dem Zweiten Weltkrieg hinwies, als auch aus der Einsicht, daß die Abwanderung von Hochqualifizierten - begünstigt durch die selektive Einwanderungspolitik typischer Einwanderungsländer - Folgen für die sozioökonomische Entwicklung der Herkunftsländer zeitigte.

Der Begriff *brain drain* wurde erstmals im Jahre 1962 in einem Bericht der *British Royal Society* verwendet. Es war kein Zufall, daß das Thema *brain drain* in den 60er und 70er Jahren eine hohe Aktualität erhielt. Allein zwischen 1961 und 1966 wanderten 26.800 Wissenschaftler und Ingenieure von Großbritannien in die USA aus (Baldwin G. 1970). Indien, die Philippinen, China und Korea haben zwischen 1972 und 1985 etwa 145.000 wissenschaftlich ausgebildete Fachkräfte an die USA verloren (*United Nations Development Program* 1994, 75). Nach anderen Quellen sind zwischen 1961 und 1976 rd. 300.000 Spezialisten aus Entwicklungsländern in die USA, nach Kanada und Großbritannien und rd. 100.000 nach Westeuropa eingewandert (Mándi P. 1981, 36). Dieser „Auszug des Geistes" wurde als so großer Verlust für die Entwicklungsländer angesehen, daß es sogar Vorschläge gab, von den Einwanderungsländern eine brain-drain-Steuer zu erheben (Mándi P. 1981).

Der Begriff *brain drain* ist allerdings negativ besetzt und impliziert, daß die Abwanderung im Herkunftsland einen Mangel an Hochqualifizierten auslöst. Wenn ein Land mehr Hochqualifizierte ausbildet als sein Arbeitsmarkt aufnehmen kann und die Hochqualifizierten deshalb zur Abwanderung gezwungen sind, wird auch von *brain overflow* gesprochen (Baldwin G. 1970). Andere Begriffe, die zur Beschreibung der Abwanderung von Hochqualifizierten geprägt wurden, waren *reverse transfer of technology* (dritte Konferenz der UNCTAD in Santiago de Chile im Jahre 1972) und *transfer of talent* (*World Population Conference* in Tunesien 1984). A. Findlay (1989, 1990) und W. T. S. Gould (1988) haben darauf hingewiesen, daß die internationale Migration von Hochqualifizierten zunehmend zwischen den einzelnen Betrieben von multinationalen Konzernen stattfindet und man in solchen Fällen nicht mehr von *brain drain* sondern *brain exchange* sprechen sollte.

Der *brain drain* oder *transfer of talent* wird aus der Sicht der Auswanderungsländer deshalb als negativ bewertet, weil nicht nur die Investitionen und laufenden Kosten, die für die Ausbildung der Hochqualifizierten verwendet wurden, dem Investor nicht mehr zugute kommen, sondern weil diese Emigranten auch Wissen und Innovationspotential mitnehmen, das die Herkunftsländer dringend selbst benötigen. Nicht zuletzt tragen hochqualifizierte Emigranten, die in der Forschung und Entwicklung der Zielländer eingesetzt werden, dazu bei, daß der Entwicklungsvorsprung und die technologische Lücke zwischen Industrie- und Entwicklungsländern aufrecht erhalten oder sogar noch vergrößert wird.

Während der *brain drain* zwischen Staaten relativ gut erforscht ist, so daß die Literatur der verschiedenen Disziplinen kaum noch zu überblicken ist, gibt es erst sehr wenige Studien (Beaverstock J. V. 1990, 1994, 1996a, 1996b; Beaverstock J. V. und J. Smith 1996; Meusburger P. 1986, 1990; Weick C. 1995; Meusburger P. und A. Schmidt 1996; Rolfes M. 1996; Schmidt A. 1998), welche die Migration von Hochqualifizierten *innerhalb* von Staaten in einer kleinräumigen Differenzierung untersucht haben. Dies ist erstaunlich, da die Problematik der selektiven Land-Stadt-Wanderung bereits sehr früh erkannt wurde.

Schon Friedrich II. erklärte in einem Gespräch mit dem Freiherrn von Zedlitz im Jahre 1779, daß es »auf dem platten Lande genug [sei], wenn sie ein bisgen lesen und schreiben lernen; wissen sie aber zu viel, so laufen sie in die Städte und wollen Sekretairs und so was werden; deshalb muß man auf'n platten Lande den Unterricht der Leute so einrichten, daß sie das Notwendige, was zu ihrem Wissen nötig ist, lernen, aber nach der Art, daß die Leute nicht aus den Dörfern weglaufen, sondern hübsch dableiben« (zit. bei Vollmer F. 1918, 216).

Der Geograph R. Geipel hat schon in den 60er Jahren darauf hingewiesen, daß Regionen, die über Generationen hinweg den größten Teil ihrer Hochqualifizierten an städtische Ballungsräume oder andere Länder verlieren, ihren Rückstand hinsichtlich des ökonomischen und kulturellen Entwicklungsniveaus, des Ausbildungsniveaus der Bevölkerung oder der Übertrittsraten von Schülern in Höhere Schulen nie aufholen können, und daß die finanziellen Mittel, die vom Staat oder den Bundesländern in das Bildungswesen der ländlichen Regionen investiert werden, diesen Regionen nur einen relativ geringen direkten ökonomischen und gesellschaftlichen Nutzen verschaffen.

Diese von R. Geipel angeschnittene, höchst aktuelle Forschungsfrage hat jedoch lange Zeit nicht die gebührende Resonanz gefunden. In der überwiegenden Mehrheit der geographischen Publikationen zur Migrationsforschung wird man vergeblich nach Hinweisen auf das Ausbildungs- oder Qualifikationsniveau von Migranten suchen. Auch die Literaturverzeichnisse der meisten Lehrbücher zur Bevölkerungsgeographie verdeutlichen, wie wenig die regionalwissenschaftliche Migrationsforschung bisher das Ausbildungs- und Qualifikationsniveau der Migranten berücksichtigt hat. Das weitgehende Außerachtlassen des Qualifikations-, Ausbildungs- und Informationsniveaus von Migranten ist umso erstaunlicher, als fast alle Aspekte des berufsorientierten Migrationsverhaltens, nämlich die Wahrnehmung von ökonomischen Chancen, die Beschäftigungs- oder Aufstiegsmöglichkeiten, die Aspirationen und Motive einer Migrationsentscheidung und die Möglichkeit, einen Migrationswunsch zu verwirklichen, in sehr engem Zusammenhang mit dem Informationsniveau, dem Ausbildungsniveau und vor allem der Berufslaufbahn der betreffenden Personen stehen (vgl. Meusburger P. 1980, 180-207; Meusburger P. und A. Schmidt 1996; Schmidt A. 1998).

6.4.4 Berufslaufbahn und Migration

Die soziologische und ökonomische Arbeitsmarkt- und Bildungsforschung hat eine kaum noch überschaubare Menge von Arbeiten zu den Themen „Übergang von Hochschulabsolventen vom Bildungs- in das Beschäftigungssystem“ sowie „Karriere und Mobilität“ publiziert. Eine deutschsprachige Einführung in den aktuellen Stand der Diskussion durch den von A. Weymann (1987) herausgegebenen Sonderband 5 der Zeitschrift *Soziale Welt* „Bildung und Beschäftigung“ und den von der Akademie für Raumforschung und Landesplanung 1992 in Hannover herausgegebenen Band „Regionale und biographische Mobilität im Lebensverlauf“ vermittelt (vgl. Wagner M. 1992; Weisshuhn, R. und F. Büchel 1992) vermittelt. Zur Berufslaufbahn- und Lebensverlaufsforschung haben u.a. U. Mayer (1987, 1989, 1990), H.-P. Blossfeld (1985, 1987, 1989, 1990), J. Allmendinger (1989) grundlegende Veröffentlichungen verfaßt. Zahlreiche Publikationen wurden vom Institut für Arbeitsmarkt- und Berufsforschung in Nürnberg zu dieser Thematik publiziert (u.a. Tessaring M. 1988, 1989, 1994). Zu verweisen ist auch auf die Arbeiten von U. Teichler (1981), U. Teichler et al. (1984, 1992, 1994), U. Teichler und M. Buttgereit (1992) sowie U. Teichler und H. Winkler (1990). Umso überraschender erscheint die relativ geringe Zahl von Publikationen, die sich mit den *regionalen Disparitäten* des Eintritts in das Beschäftigungssystem, den *regionalen* Mobilitätsvorgängen im Rahmen dieses Übergangs in das Beschäftigungssystem und mit den Zusammenhängen zwischen Karriere und regionaler Mobilität befassen.

Im Vordergrund des Interesses von Geographen, die bisher vorwiegend Hochschulabsolventen oder Führungskräfte untersucht haben, stehen der *regionale* Aspekt des Berufseintritts und des Karriereverlaufs, die Mobilität und Flexibilität beim Eintritt in das Berufsleben, das Migrationsverhalten bei Karrieresprüngen sowie die Fragen, ein wie großer Anteil der Absolventen in der Hochschulregion verbleibt, in ihre Heimatregion zurückkehrt oder einen Arbeitsplatz in einer anderen Region findet (vgl. Niedzwetzki K. 1977; Wenzel H.-J. et al. 1990; Wenzel, H.-J. 1995; Rolfes M. und H.-J. Wenzel 1989; Rolfes 1996; Meusburger P. 1986, 1990; Flüchter W. 1990; Weick C. 1995; Köstlin S. 1995; Meusburger P. und A. Schmidt 1996; Schmidt A. 1998).

Die Frage der Rückkehr von Hochschulabsolventen in ihre Heimatregion (auch als „U-turn“ Migration bezeichnet) wird besonders in Japan mit Interesse verfolgt, wo nach W. Flüchter (1990, 136) im Jahre 1981 im Landesdurchschnitt 45,5% der Bildungsabwanderer nach Abschluß des Hochschulstudiums wieder in die Heimatpräfektur zurückkehrten. Diese Rückkehrquoten variierten zwischen 78,5% im Regierungsbezirk Toyko und 25,7% in der peripher gelegenen Präfektur Saga.

Aus den Rückkehrquoten lassen sich jedoch keine direkten Rückschlüsse auf die Attraktivität des Arbeitsmarktes der Heimatregionen ziehen. Erstens können hohe Rückkehrquoten auch aus hohen Abwanderungsquoten resultieren, zweitens hängt die Rückkehrquote vom Niveau der besuchten Hochschule sowie vom Studienfach und Abschlußniveau ab. Je ländlicher und peripherer die Heimatpräfektur und je geringer im Vergleich zu anderern Präfekturen die Bildungswanderung in die Metropolen ist, umso weniger qualifiziert sind die Rückwanderer und desto größer ist ihr Anteil an der Rückwanderung (Flüchter W. 1990, 136). Das Problem der Ab- und Rückwanderung hat also nicht nur einen quantitativen, sondern vor allem einen qualitativen Aspekt. Je höher das Prestige der absolvierten Universität, desto unwahrscheinlicher wird eine (dauerhafte) Rückwanderung in die Provinzpräfekturen. Von den 2.809 Graduierten, die zwischen 1965 und 1974 die Wirtschaftswissenschaftlichen Fakultät der Tokio Universität absolvierten kehrten beispielsweise nur knapp 1,1% in ihre Heimatpräfektur zurück (Flüchter W. 1990, 137).

Die Analyse der Berufslaufbahnen von hoch- oder niedrigqualifizierten Akteuren kann von deren Herkunfts- oder Zielregion ausgehen. Liegt der Schwerpunkt bei der Herkunftsregion, so stehen Fragen nach der Schul- und Berufslaufbahn der Akteure in Abhängigkeit von deren sozialer und regionaler Herkunft im Vordergrund. Weitere Themen sind der Verlust von Humanressourcen für bestimmte Regionen und die Frage nach der Dominanz bestimmter Berufslaufbahnen an bestimmten Standorten.

Der zweite Ansatz geht von den *Zielregionen* aus und analysiert die regionale und soziale Herkunft sowie die Stationen der schulischen und beruflichen Laufbahn einer bestimmten Kategorie von Personen (z.B. Führungskräfte der Wirtschaft, Universitätsprofessoren). Bei dieser Vorgangsweise werden also Institutionen, Unternehmen oder Regionen auf die Frage hin untersucht, woher sie ihr Führungspersonal oder ihre Hochqualifizierten rekrutiert haben, warum bestimmte Regionstypen über- oder unterrepräsentiert sind und über welche Laufbahn- und Mobilitätsstationen diese Akteure ihr Ziel erreicht haben.

Da die Weichenstellung für eine Karriere sehr früh beginnt, sollte auch die geographische Berufslaufbahnforschung bereits mit dem sozialen und räumlichen Umfeld beginnen, in dem ein Akteur als Kind aufgewachsen ist und die Grundschule besucht hat. Das räumliche Umfeld ist im Kleinkindalter noch vorwiegend auf die Familie beschränkt, erweitert sich dann aber auf die Schule, den Heimatort, die Heimatregion und alle anderen Stationen der schulischen und beruflichen Laufbahn.

Bei keiner dieser Stationen sind die einzelnen Standorte gleichwertig. Schon das soziokulturelle Anregungsmilieu, die Aspirationen und Motivationen des Elternhauses, die wohl den größten Einfluß auf die Schullaufbahn und die spätere Karriere der Kinder ausüben, können außerordentlich verschieden sein und die Startchancen der Kinder in extremer Weise beeinflussen. Die nächste Weichenstellung erfolgt in den Grundschulen, wo die Kinder nicht nur verschieden qualifizierte und motivierte Lehrpersonen, sondern auch verschiedene *peer groups* vorfinden. Die Wohnorte der Heranwachsenden verfügen über eine unterschiedliche kulturelle Infrastruktur und ein qualitativ unterschiedliches Arbeitsplatzangebot. Deshalb lernt ein Kind, abhängig von seinem Wohnort, sehr verschiedene Vorbilder, berufliche Ziele und Karrieremöglichkeiten kennen, die sein Bildungsverhalten, die Wahl der Schulform und seine Berufsziele beeinflussen können.

Die Wahl einer weiterführenden Schulform bedeutet, besonders im ländlichen Raum, eine weitere, entscheidende Weichenstellung für die spätere regionale Mobilität. Abhängig vom Abiturtyp werden unterschiedliche Fächer und Universitätsstandorte gewählt und unterschiedlich Abschlußziele angestrebt (Schmidt A. 1998).

Bei diesen Stationen der Schul- und Berufslaufbahn bietet nicht jeder räumliche Kontext identische Vorbilder, dieselben Chancen zur Qualifizierung, denselben Wettbewerbsdruck, einen ähnlichen Anpassungszwang, dasselbe kreative Milieu, dasselbe Kontaktpotential, ähnlich gute Chancen, in hochwertige Netzwerke integriert zu werden sowie Macht und Einfluß auszuüben und früh Zugang zu wichtigen Innovationen zu erhalten.

Besonders wichtig ist die Tatsache, daß unterschiedliche Studien- und Arbeitsorte auch ein unterschiedliches Prestige signalisieren, das dann auf das einzelne Individuum übertragen wird. Dieser Prestigetransfer von der Institution auf das Individuum ist in der Regel gerechtfertigt und kann mit der strengeren Auslese, den höheren Anforderungen und der größeren wissenschaftlichen Produktivität erklärt werden. Durch die Identifikation mit seiner Universität paßt sich die Produktivität des betreffenden Wissenschaftlers dem Prestige der Universität an, er ist mit größerem Wettbewerb konfrontiert, kann an wichtigeren Netzwerken und Kommunikationsströmen teilnehmen, erhält eine vielfältigere und differenziertere Ausbildung und profitiert eher von etablierten „Berufungsschienen" als Mitbewerber von einer Universität mit einem geringeren Prestige. Darüber hinaus wird eine positive, statistische Etikettierung wirksam. Weil aus der betreffenden prestigeträchtigen Universität viele berühmte Wissenschaftler hervorgegangen sind, wird angenommen, daß auch im Einzelfall eine vielversprechende Karriere winkt (vgl. Weick C. 1995).

Der Einfluß des Umfelds erfolgt natürlich nicht in einem deterministischen Sinne, sondern als Angebot oder Aufforderung, das bei einzelnen Akteuren je nach Begabung, Motivation und Vorwissen zu *unterschiedlichem* Handeln (oder auch Nicht-Handeln) führen kann. Natürlich hat „der Raum" an sich keine kausale Wirkung auf das Handeln, aber die an Standorten wirksamen gesellschaftlichen und wirtschaftlichen Kontexte können sehr wohl große Auswirkungen haben, indem sie besondere Chancen und Anregungen bieten, aber auch Restriktionen ausüben.

Dies sei kurz an einem Beispiel erläutert. Wer in einer armen, verkehrsmäßig schlecht erschlossenen Bergbauerngemeinde aufwächst, hat mit einer hohen Wahrscheinlichkeit Eltern mit Grundschulbildung. Mit Ausnahme des Pfarrers und Lehrers lernt der Heranwachsende viele Jahre lang keinen qualifizierten außerlandwirtschaftlichen Beruf aus eigener Anschauung kennen. Seine Eltern sind selbst schlecht informiert und trauen ihrem Kind aus eigener Unsicherheit vielleicht auch zuwenig zu, so daß ein Großteil der Kinder nicht in weiterführende Schulen übertreten wird. Kinder, die dagegen in einem teuren Wintersportzentrum aufwachsen, haben zu einem höheren Prozentsatz hochqualifizierte Eltern, von denen vermutlich ein größerer Teil zugezogen ist. Diese Eltern haben im Rahmen ihrer Berufsausbildung (z.B. Hotelier) mit großer Wahrscheinlichkeit in mehreren Staaten gearbeitet, empfangen prominente und einflußreiche Gäste aus der ganzen Welt und können sich persönliche Kontakte zu wichtigen Entscheidungsträgern aus Politik und Wirtschaft aufbauen. Sie bringen ihren Kindern früh bei, wie wichtig eine gute Ausbildung und Auslandserfahrungen sind. Diese Kinder werden viele interessante Leute kennenlernen, trotz aller räumlichen Restriktionen (z.B. winterliche Verkehrsbehinderungen) zu einem hohen Prozentsatz höhere Schulen besuchen, schon in jungem Alter ins Ausland reisen und ganz andere Berufsziele entwickeln als die gleich alten Kinder im Bergbauerndorf.

Das Umfeld, das durch den räumlichen Kontext gebildet wird, ist aber auch während der beruflichen Laufbahn von entscheidender Bedeutung. Am Arbeitsplatz wird man ausgebildet, bewertet, befördert oder „übersehen“. An den Stätten der frühen Berufslaufbahn können wichtige persönliche Kontakte und Netzwerke geknüpft werden, welche die spätere Karriere entscheidend beeinflussen. Solche hochwertigen persönlichen Kontakte und Netzwerke können nicht überall, sondern nur an bestimmten, prestigeträchtigen und erfolgreichen Arbeitsstätten geschlossen werden. In einem anderen, weniger günstigen Umfeld kann die Karriere eines gleich motivierten und begabten Aspiranten behindert oder gebremst werden.

Zur Illustration dieser Mechanismen seien hier die sogenannten „Berufungsschienen“ von Universitätsprofessoren angeführt. An der Universität Heidelberg war z.B. um die Jahrhundertwende in der Medizin die Berufungsschiene Wien-Freiburg-Heidelberg sehr ausgeprägt. Wer also an einer dieser drei Universitäten Schüler eines berühmten Mediziners war oder hier seine Assistentenzeit verbrachte, besaß sehr gute Chancen, an eine der zwei anderen Universitäten berufen oder von diesen wieder zurückberufen zu werden (vgl. Meusburger P. 1990, 221-223). Dabei spielten natürlich nicht nur persönliche Netzwerke zwischen Lehrern, Schülern und Kollegen eine Rolle, sondern auch das wissenschaftliche Prestige, das an diesen Instituten im Laufe der Zeit aufgebaut wurde und das diese Berufungsschienen legitimierte. Ähnliche „Rekrutierungsschienen“ lassen sich auch bei großen Industrieunternehmen feststellen.

A. Schmidt (1998) hat anhand der Vorarlberger Abiturienten darauf hingewiesen, daß schon die Wahl des Typs der Höheren Schule von der Schichtzugehörigkeit der Eltern abhängt und später einen entscheidenden Einfluß auf die Berufskarrieren und die regionale Mobilität ausübt. Schon bei der ersten Laufbahnentscheidung, nämlich bei der Frage, ob nach der Matura (= Abitur) ein Studium begonnen oder sofort ein Beruf ergriffen bzw. eine Lehre angetreten wird, schlagen die Absolventen der einzelnen Schultypen sehr unterschiedliche Wege ein.

Von den Maturanten (Abiturienten) der humanistischen Gymnasien haben zwischen 88,2 und 95,5% ein Studium begonnen, von den Abiturienten des Oberstufenrealgymnasiums in Egg haben sich 65,0% für ein Studium entschieden, während die Abiturienten der berufsbildenden Höheren Schulen nur zu etwas mehr als einem Drittel (Bundeshandelsakademie 36,8%, Höhere Technische Lehranstalt 35,5%) ein Studium aufgenommen haben. Eine zweite Differenzierung zeigt sich bei der Frage, ein wie großer Anteil der Studierenden in eine Pädagogische Akademie (Ausbildungsstätte für Pflichtschullehrer) oder in eine Universität übertraten. Von den studierenden Absolventen des Oberstufenrealgymnasiums traten 39,7% in die Pädagogische Akademie ein, von den Absolventen des humanistischen Gymnasiums der Landeshauptstadt haben nur 4,0% diesen Weg gewählt. Damit wurde erneut eine entscheidende Weichenstellung für die spätere Abwanderung aus Vorarlberg gestellt. Denn die in der Pädagogischen Akademie ausgebildeten Pflichtschullehrer nahmen fast zu 100 Prozent eine Arbeitsstätte in Vorarlberg an, während die Absolventen einer Universität je nach Fachgebiet zu einem mehr oder weniger großen Teil aus Vorarlberg abwanderten.

Die nächsten Weichenstellung für eine potentielle Abwanderung erfolgt bei der Wahl des Studiengangs und der Studienfächer, die selbstverständlich auch von der sozialen Schichtzugehörigkeit der Eltern beeinflußt wurde. Die Kinder von Vätern mit Pflichtschulabschluß wählten vor allem das Lehramt, Theologie oder Betriebswirtschaftslehre. Die Kinder aus Akademikerfamilien studierten zu einem überdurchschnittlich hohen Anteil Medizin, Jura oder Naturwissenschaften (Ingenieurwissenschaften).

Von den Abiturienten des humanistischen Bundesgymnasiums Bregenz schlossen im Untersuchungszeitraum 47,1% ihr Studium mit einer Promotion ab, von jenen des Oberstufenrealgymnasiums Egg nur 15,4% (Schmidt A. 1998).

Die Schichtzugehörigkeit der Eltern, die Art des Abiturs und in weiterer Folge auch die Studienfachwahl hatten auch einen Einfluß auf den Studienort. Die Angehörigen der niederen Sozialschichten wählten vor allem den nächstgelegenen österreichischen Universitätsstandort Innsbruck, die aus höheren Sozialschichten studierten zu einem höheren Anteil an entfernteren österreichischen Universitäten und im Ausland. Diese Unterschiede in der schulischen Laufbahn sowie der Studienfach- und Studienortwahl stellen eine entscheidende Weichenstellung für die Abwanderung dar.

Von den Studierenden des Gymnasiums Mehrerau, das aufgrund des zur Verfügung stehenden Internats ein grenzüberschreitendes Einzugsgebiet hat, haben 23,9% an einer ausländischen Universität studiert, die Studierenden des Bundesgymnasiums Bregenz schlossen zu 8,3% ihr Studium im Ausland ab, von den Studierenden des Oberstufenrealgymnasiums Egg und des Realgymnasiums Dornbirn-Schoren waren es jeweils nur 1,3% (Schmidt A. 1998).
In ihrem Herkunftsland Vorarlberg arbeiteten 93% der Pflichtschullehrer, 77% der promovierten Juristen, 68% der promovierten Mediziner, 55% der Diplomingenieure, 32% der promovierten Betriebswirte, 30% der promovierten Naturwissenschaftler und logischerweise kein einziger der promovierten Universitätsangehörigen. Im Ausland arbeiteten zum Zeitpunkt der Befragung 45% der promovierten Ingenieure, 42% der promovierten Betriebswirte, 40% der promovierten Naturwissenschaftler und 25% der promovierten Geisteswissenschaftler. Insgesamt hat also nur jeder zweite aus Vorarlberg stammende Promovierte in seinem Herkunftsland seinen Arbeitsplatz. 24% arbeiteten in den anderen österreichischen Bundesländern und 23% im Ausland (Schmidt A. 1998).

In mehreren Berufen kann man am Alter, in dem eine bestimmte Karrierestufe erreicht wurde, und anhand der Verweildauer auf dieser Stufe Rückschlüsse auf die spätere Karriere ziehen. Bei Universitätsprofessoren kann man unter Berücksichtigung der fächerspezifischen Unterschiede nachweisen, daß Professoren, die in einem jungen Alter promoviert wurden und/oder sich in jungem Alter habilitiert haben, später im Durchschnitt erfolgreichere Karrieren hatten als jene, welche diese Eintrittsstufen erst in einem höheren Alter erreicht haben (vgl. Kap. 9).

7 Die schulische Infrastruktur

7.1 Organisationsformen und Ausstattung von Grundschulen

7.1.1 Die Standortdichte von Grundschulen

Die Standortdichte von Grundschulen ist für viele bildungsgeographische Themen von Bedeutung. Sie wird beeinflußt von der Größe der Gemeinden, der Art der Schulaufsicht (Kirche oder Staat?), der konfessionellen oder ethnischen Durchmischung eines Gebiets, dem Ausmaß der lokalen Identität und des Selbstbehauptungswillens von Kleingemeinden, den (saisonalen) Verkehrsbehinderungen, der Siedlungsdichte und nicht zuletzt durch bildungsplanerische Leitbilder der Schulbehörden hinsichtlich der anzustrebenden Größe und Organisationsform der Schulen (vgl. Steingrube W. 1986; Kramer C. 1993). Für die Erfassung der Standortdichte von Schulen stehen verschiedene Indikatoren zur Verfügung, die je nach der Untersuchungsperiode, der historischen Entwicklung des Schulwesens und der sozioökonomischen Struktur des Untersuchungsraums verschiedene Vor- und Nachteile aufweisen. Die Schuldichte kann erstens auf eine bestimmte Flächeneinheit berechnet, wobei die auf die Siedlungsfläche bezogene Dichte eine höhere Aussagekraft hat als die auf die Gesamtfläche berechnete.

Die auf die Gesamtfläche bezogene Schuldichte wird u.a. durch die Siedlungsstruktur (Anteil der Kleingemeinden, Verbreitung von geschlossenen Siedlungen und Streusiedlungen), die Bevölkerungsdichte und den Anteil von unbesiedeltem Land beeinflußt. Deshalb eignet sich die auf eine Flächeneinheit bezogene Schuldichte weniger für einen regionalen Vergleich von verschieden strukturierten Gebieten, sondern eher für einen zeitlichen Vergleich der Entwicklung innerhalb derselben Region. Die zeitliche Entwicklung der Schuldichte kann dazu verwendet werden, den je nach Land unterschiedlichen Beginn sowie die Ausbau- und Schrumpfungsphasen des Standortnetzes von Grundschulen zu beschreiben. Tabelle 7.1 zeigt beispielsweise, daß in den Ländern Tirol, Vorarlberg, Salzburg und Oberösterreich das Standortnetz der Volksschulen schon 1850 so gut ausgebaut war, daß in den folgenden vier Jahrzehnten kaum noch ein weiterer Ausbau notwendig war, während andere österreichische Länder das Standortnetz ihrer Volksschulen in der zweiten Hälfte des 19. Jahrhunderts noch stark verdichten mußten.

Tab. 7.1 Zahl der Volksschulen pro 100 km² in der österreichischen Hälfte der Habsburgermonarchie

Kronland	Zahl der Volksschulen pro 100 km²				
	1850	1860	1871	1880	1890
Niederösterreich	5,8	5,9	6,4	7,3	8,4
Oberösterreich	4,1	4,1	4,2	4,3	4,5
Salzburg	2,1	2,3	2,2	2,3	2,5
Steiermark	2,5	3,1	3,1	3,5	3,8
Kärnten	3,0	3,2	3,1	3,2	3,5
Krain	1,1	2,4	2,3	2,9	3,4
Küstenland	3,3	4,0	5,0	5,5	5,7
Tirol & Vorarlberg	6,2	6,5	6,6	6,0	5,9
Böhmen	6,9	7,4	8,1	9,2	10,2
Mähren	7,1	7,7	8,4	9,2	10,7
Schlesien	7,6	8,1	8,0	9,9	10,4
Galizien	2,8	3,1	3,0	3,6	4,7
Bukowina	0,5	1,0	1,6	2,0	2,9
Dalmatien	1,2	1,5	1,9	2,4	2,3
gesamt	4,3	4,7	4,9	5,5	6,2

Quelle: Österreichische Statistik, 35. Band, 1. Heft, Wien 1892, XVI.

Ein weiterer Indikator für die Schulstandortdichte ist die durchschnittliche Größe des Einzugsgebiets von Grundschulen. Je größer das Einzugsgebiet, desto weitmaschiger das Standortnetz und desto schwieriger sind die Schulwegbedingungen. Auch dieser Indikator eignet sich vor allem für die Analyse der zeitlichen Entwicklung der Standortdichte.

Tab. 7.2 Verfügbarkeit von Grundschulen im russischen Zarenreich zwischen 1880 und 1911

	Quadrat-Werst pro Schule		
	1880	1894	1911
34 zemstvo Provinzen	233	71	43
13 europäische nicht-zemstvo Provinzen	1.077	287	162
3 Baltische Provinzen	33	28	27
50 europäische Provinzen gesamt	207	126	60
Zarenreich (inkl. asiatische Provinzen)		311	187

Quelle: Eklof B. 1986, 290.

Drittens kann die Schuldichte auch auf die Zahl der Einwohner bezogen werden. Dieser Indikator hat jedoch nur dann eine Aussagekraft, wenn man Städte und Märkte sowie ländliche Gebiete jeweils getrennt miteinander vergleichen kann. In den meisten Ländern sind die Unterschiede zwischen den städtischen Gebieten erwartungsgemäß viel geringer als die Unterschiede im ländlichen Raum. Weder die auf eine Fläche noch die auf eine Einwohnerzahl bezogene Schuldichte kann also, für sich allein genommen, die regionalen Unterschiede in der schulischen Versorgung ausreichend wiedergeben. Deshalb hat etwa das österreichische „Bureau der k.k. Statistischen Central-Commission" im Jahre 1890 das geometrische Mittel aus den beiden auf Flächeneinheit und Bevölkerungszahl bezogenen Dichteziffern als Indikator verwendet. Bei dieser Methode werden die Nachteile der anderen beiden Dichteziffern etwas relativiert.

Tab. 7.3 Auf Fläche und Einwohner bezogene relative Volksschuldichte in der österreichischen Hälfte der Habsburgermonarchie

Länder	1871	1880	1890
Niederösterreich	18,3	19,8	21,6
Oberösterreich	15,8	16,0	16,4
Salzburg	13,8	14,1	14,2
Steiermark	12,0	14,5	15,4
Kärnten	15,5	16,9	18,2
Krain	9,7	12,7	14,4
Triest		29,9	33,5
Görz und Gradisca	} 15,8	24,3	25,5
Istrien		14,4	13,4
Tirol	} 36,9	32,8	32,0
Vorarlberg	} 36,9	36,0	35,5
Böhmen	24,1	26,6	28,7
Mähren	26,9	28,9	32,2
Schlesien	22,8	26,9	26,9
Galizien	10,7	12,3	15,2
Bukowina	6,2	7,8	10,9
Dalmatien	9,1	11,5	11,7
gesamt	17,6	19,1	20,9

Quelle: Österreichische Statistik, 35. Band, 1. Heft, Wien 1892, XVIII.

Anmerkung: Als relative Hochschuldichte wurde das geometrische Mittel aus der Zahl der öffentlichen Volksschulen pro 100 km² und der Zahl der öffentlichen Volksschulen pro 100.000 Einwohner berechnet. In den mit } gekennzeichneten Spalten sind die Zahlen von Tirol und Vorarlberg bzw. von Triest, Görz, Gradisca und Istrien zusammengefaßt.

Für manche Fragestellungen ist der Anteil der Gemeinden von Interesse, die keine Schule besitzen. Dieser Indikator sagt mehr aus über den Ausbauzustand des Schulwesens, die Verwirklichung der allgemeinen Schulpflicht und die Dichte des Schulstandortnetzes als die beiden erstgenannten Indikatoren. Bei der Interpretation dieses Indikators müssen jedoch die räumlichen Unterschiede in der Verteilung verschiedener Gemeindegrößenklassen berücksichtigt werden. Regionen mit einem großen Anteil an Kleingemeinden schneiden bei diesem Indikator schlechter ab als es die tatsächliche Standortdichte erwarten ließe.

Im Jahre 1890 besaßen beispielsweise 29,3% der österreichischen Gemeinden keine öffentliche Volksschule, so daß ihre Kinder entweder in einer Nachbargemeinde zur Schule gehen mußten oder noch von der Schulpflicht befreit waren. Im Jahre 1890, also mehr als 100 Jahre nach der gesetzlichen Einführung der Schulpflicht, waren die Kinder in 8,7% aller Gemeinden der österreichisch-ungarischen Monarchie (in Galizien 30,6%, in der Bukowina 19,1%), mit insgesamt 1,156.426 Einwohner, auf Grund fehlender Schulen noch gar nicht eingeschult. Wenn man jene Gemeinden abzieht, die zumindest eine Privatschule besaßen, gab es im Jahre 1890 in der österreichisch-ungarischen Monarchie 1.921 Gemeinden, in denen die Kinder noch nicht eingeschult waren, davon lagen 96,2% in Galizien und 3,0% in der Bukowina (vgl. Österreichische Statistik, 35. Bd., Heft 1, 1892, XX-XXII).

Hinsichtlich der Standortdichte der Volksschulen gab es in der Habsburgermonarchie also ein starkes West-Ost-Gefälle. Die Tabelle 7.4 zeigt, daß im Jahre 1890 in Galizien nur 52,6% und in der Steiermark nur 43,9% der Ortsgemeinden eine öffentliche Volksschule hatten, während in Vorarlberg 100% und in Tirol 93,6% der Ortsgemeinden eine eigene Schule aufwiesen.

Tab. 7.4 Anteil der Gemeinden mit einer eigenen öffentlichen Volksschule (1890)

Länder	Ortsgemeinen (in Prozent) mit eigener öffentlicher Volksschule	deren Kinder eine Volksschule in einer Nachbargemeinde besuchten	deren Kinder noch nicht „eingeschult" waren
Niederösterreich	69,3	30,7	0,1
Oberösterreich	81,7	18,3	.
Salzburg	82,6	17,4	.
Steiermark	43,9	55,8	0,3
Kärnten	88,5	11,1	0,4
Krain	67,4	30,0	2,3
Küstenland	96,3	3,7	.
Tirol	93,6	6,4	.
Vorarlberg	100,0	.	.
Böhmen	58,0	42,0	.
Mähren	70,1	29,8	0,1
Schlesien	86,6	1,3	1,1
Galizien	52,6	16,8	30,6
Bukowina	71,7	9,2	19,1
Dalmatien	97,6	.	2,4
Gesamt	62,0	29,3	8,7

Quelle: Österreichische Statistik, 35. Band, 1. Heft, Wien 1892, XX.

Dieses von anfang an feststellbare West-Ost-Gefälle der Volksschulstandortdichte hat sich in späteren Jahrzehnten fortgesetzt und nach der Auflassungswelle von Kleinschulen in den 60er und 70er Jahren des 20. Jahrhunderts sogar noch vergrößert.

Im Jahre 1870 entfiel beispielsweise in Vorarlberg auf 3,8 km² Dauersiedlungsfläche eine Volksschule, in Niederösterreich auf 9,7 km² und in Oberösterreich auf 14,0 km². Im Jahre 1987/88 traf es in Vorarlberg und Tirol durchschnittlich auf jeweils 4,6 km² Dauersiedlungsfläche eine Volksschule, in Kärnten auf 8,4 km², in Salzburg auf 9,0 km², in Oberösterreich auf 11,7 km², im Burgenland auf 12,6 km² und in Niederösterreich auf 18,1 km².

Ähnliche regionale Disparitäten der Schulstandortdichte wurden auch in anderen Ländern nachgewiesen. In der französischen Diözese von Tarbes hatten kurz vor der Revolution im Tiefland 69% der Pfarreien eine ständige Schule, in fünf Prozent kam ein Wanderlehrer und 26% hatten noch keine eigene Schule. In den Gebirgstälern hatten 40% der Pfarreien eine ständige Schule, 24% wurden von Wanderlehrern betreut und 36% verfügten noch über keine Schule, und in den Gebirgsregionen der Pyrenäen besaßen elf Prozent der Pfarreien eine ständige Schule, fünf Prozent wurden von Wanderlehrern aufgesucht und 84% besaßen noch keine Schule (Chartier et al. 1976, 25). Mitte des 18. Jahrhunderts hatten gemäß der Visitation des Bischofs von Krakau in 753 Pfarreien Klein-Polens 61% der städtischen Pfarreien, jedoch nur 27% der ländlichen Pfarreien eine Schule (Litak S. 1973, 47-48). Ähnlich deutliche Stadt-Land-Unterschiede sind aus den skandinavischen Ländern bekannt (vgl. Houston R. A. 1988, 34).

7.1.2 Organisationsform und Größe von Grundschulen

Neben der unterschiedlichen Standortdichte zeigen sich regionale Disparitäten der schulischen Infrastruktur vor allem in der Organisationsform und Größe von Schulen. Hinsichtlich der Organisationsform wird im Grundschulwesen erstens zwischen niedrigorganisierten und vollorganisierten Schulen unterschieden. Bei einer vollorganisierten Schule hat jede Schulstufe mindestens eine Klasse. Bei den niedrigorganisierten Schulen werden in einer Klasse gleichzeitig zwei oder mehr Schulstufen unterrichtet. Die Extremform von niedrigorganisierten Grundschulen bildet die einklassige Schule, in der alle Schulstufen der Grundschule in einem Klassenraum unterrichtet werden. Eine zweite Möglichkeit, Organisationsformen von Grundschulen zu differenzieren, stellt die Unterscheidung in „vollständige" und „unvollständige" Schulen dar. Da die von der Schulbehörde vorgesehenen Normen und Richtlinien hinsichtlich der Ausstattung des Schulgebäudes, der minimalen Schülerzahl und des zumutbaren Zeitaufwandes für den Schulweg nicht in allen Gebieten zu erfüllen waren und die finanzielle Leistungskraft mancher Gemeinden nicht ausreichte, um für die Schule ein eigenes Gebäude zur Verfügung zu stellen, mußte die gesetzliche Norm in vielen Fällen durch ein Provisorium ersetzt werden. Wenn beispielsweise in Österreich die Voraussetzungen für eine Trivialschule nicht erfüllt waren, wurde an ihrer Stelle eine „Gehilfenstation", eine „Notschule" oder eine „Excurrendo-Station" errichtet, um die gesetzlich vorgeschriebene Schulpflicht zu erfüllen.

In Österreich mußte in den 60er Jahren des 19. Jahrhunderts (also noch vor der Einführung des Reichsvolksschulgesetzes) eine Kommission vor der Bewilligung von Trivialschulen oder Gehilfenstationen überprüfen, ob ein geeignetes Schullokal und das benötigte Beheizungsholz vorhanden war und ob »die Gemeinden Bereitwilligkeit und hinlängliches Vermögen haben, wenn nicht für das Ganze, so doch wenigstens für einen großen Teil der Auslagen für ihren Schullehrer zu tragen, so daß den Schulfond nur etwa ein kleiner Beitrag zur ganzen Congrua des Schullehrers treffen möge« (Helfert J. A. v. 1861a, 120).

Eine Hierarchie der schulischen Organisationsformen im Grundschulbereich blieb auch bestehen, als der schichtspezifische Aspekt der Schultypen aufgegeben, die Lehrerqualifikation vereinheitlicht wurde und der Staat bzw. die Bundesländer (Provinzen) die Besoldung des Lehrpersonals übernahmen und deshalb die Finanzkraft der Gemeinden als Einflußfaktor wegfiel.

Im Mittelpunkt der bildungspolitischen Diskussionen standen immer wieder die einklassigen Grundschulen, die bis zum Ende des 19. Jahrhunderts durchaus die Norm und auch in den Städten und Märkten häufig anzutreffen waren (vgl. Tab 7.5).

Tab. 7.5 Anteil der einklassigen und zweiklassigen öffentlichen Volksschulen im Jahre 1890

	Städte und Märkte Organisationsform der Schulen			ländlicher Raum Organisationsform der Schulen		
Kronländer	einklassig	zweiklassig	drei- und mehrklassig	einklassig	zweiklassig	drei- und mehrklassig
Niederösterreich	4,2	12,0	83,8	41,4	27,0	31,6
Oberösterreich	7,6	23,8	68,6	42,0	34,0	24,0
Salzburg	17,1	20,0	62,9	63,9	29,8	6,6
Steiermark	8,8	15,2	76,0	45,9	29,2	24,9
Kärnten	20,0	17,5	62,5	51,1	38,6	10,1
Krain	4,9	19,5	75,6	71,1	20,3	8,6
Triest	-	10,8	89,2	-	-	-
Görz und Gradisca	11,8	5,9	82,3	69,7	21,8	8,5
Istrien	41,3	20,0	38,7	86,4	11,3	2,3
Tirol	19,0	17,0	64,0	72,9	22,9	4,2
Vorarlberg	52,4	-	47,6	64,1	31,8	4,1
Böhmen	2,6	4,6	92,8	33,1	37,6	29,3
Mähren	7,9	15,3	76,8	55,6	31,5	12,9
Schlesien	11,8	9,8	78,4	61,2	27,8	11,0
Galizien	18,5	20,4	61,1	90,0	8,4	1,6
Bukowina	7,5	22,5	70,0	88,5	9,9	1,6
Dalmatien	53,2	32,4	15,4	96,8	2,7	0,5
gesamt	10,8	13,5	75,7	58,6	25,9	15,5

Quelle: Österreichische Statistik, 35. Band, 1. Heft, Wien 1892, XXIV.

Trotz der insgesamt größeren Verbreitung von niedrigorganisierten Schulen läßt sich auch für das 19. Jahrhundert ein sehr stark ausgeprägtes Stadt-Land-Gefälle hinsichtlich des Anteils der einklassigen Schulen feststellen.

In den meisten Ländern Europas ist es im Zuge der Verkehrserschließung, der Aufgabe der Subsistenzwirtschaft und der durch die Industrialisierung ausgelösten Landflucht in den letzten zwei bis drei Jahrzehnten des 19. Jahrhunderts erstmals zu einem räumlichen Konzentrationsprozeß des Grundschulwesens gekommen. Diese Strukturveränderungen lösten einen beträchtlichen Rückgang des relativen Anteils der einklassigen Volksschulen und eine Ausdünnung des Standortnetzes der Volksschulen in peripheren ländlichen Gebieten aus. Zuerst wurden meist jene Kleinschulen und „nicht vollständig ausgebauten Schulen" (Notschulen, Gehilfenstationen) in peripherer Lage aufgelassen, die beim Diffusionsprozeß als letzte errichtet worden waren.

Eine zweite Welle von Auflassungen fand in Europa in den 60er und 70er Jahren des statt. In dieser Periode wurde die Auflassung von einklassigen Schulen durch kommunale Gebietsreformen (Gemeindezusammenlegungen), die verbesserte Verkehrserschließung peripherer Gebiete, den in einigen Ländern eingeführten kostenlosen Schülertransport und das in den 60er und 70er Jahren propagierte bildungspolitische Leitbild der zentral gelegenen Großschule ausgelöst. Diese zweite Auflassungswelle hatte wesentlich tiefgreifendere Folgen als die erste (vgl. Tab. 7.6). In Österreich hat sich die absolute Zahl der Volksschulen allein zwischen 1964 und 1976 um rd. ein Fünftel verringert, wobei sich das Standortnetz der Volksschulen in Westösterreich als wesentlich stabiler erwiesen als jenes in Ostösterreich (vgl. Meusburger P. und C. Kramer 1991).

Tab. 7.6 Entwicklung des Anteils von einklassigen Volksschulen in Österreich zwischen 1934 und 1995

	Anteil der einklassigen Volksschulen in Prozent							
Bundesland	1879	1934	1948	1955	1970	1980	1987	1996
Burgenland	-	37,9	24,1	29,8	18,1	22,0	20,7	22,9
Kärnten	58,9	17,1	16,1	16,9	16,9	12,6	5,0	10,6
Niederösterreich	44,0	33,1	25,7	36,3	19,1	2,1	1,5	0,9
Oberösterreich	40,6	15,6	7,2	4,1	2,5	1,7	1,0	1,0
Salzburg	58,5	17,3	6,6	13,2	12,8	3,2	1,6	1,1
Steiermark	50,4	14,8	10,5	11,3	9,7	4,2	5,3	6,5
Tirol	73,7	49,0	37,7	33,8	23,7	18,9	11,9	15,6
Vorarlberg	66,9	46,2	46,7	43,0	27,6	24,4	16,8	12,0
Wien		0,5	3,8	-	-	-	-	-
Österreich	59,8	25,8	19,8	22,7	11,2	7,7	5,4	6,6

Quellen: 1879: Österreichische Statistik 35. Bd., 1. Heft, Wien 1892, XXIII; 1934 bis 1980 Statistische Handbücher der Republik Österreich; 1987 Auswertung der Österr. Schulstatistik. Anmerkung zu den Zahlen von 1879. Das Burgenland gehörte damals zu Ungarn. Niederösterreich, Tirol und Steiermark umfaßten größere Gebiete als nach dem Ersten Weltkrieg; Wien war noch kein eigenes Bundesland, sondern gehörte zu Niederösterreich. Stichtag ist jeweils der 1. Oktober. Für das Jahr 1996/97 wurden keine Statistiken mehr publiziert. Deshalb danke ich Herrn Hanzal vom BMUK in Wien für die Sonderauswertung der Dateien.

Dieses Ost-West-Gefälle kann einerseits dadurch erklärt werden, daß der Westen wegen seines alpinen Reliefs und der dadurch erschwerten Schulwegbedingungen bei der Auflassung von Kleinschulen zurückhaltender sein mußte.

Tab. 7.7 Der Anteil von ein- und zweiklassigen Volksschulen in Tirol nach der Höhenstufe des Wohnorts der Schüler (1980/81)

Höhenlage	einklassige	zweiklassige	vollorganisierte	sonstige	gesamt	abs. Zahl
bis 600 m	1,3	5,0	87,5	6,6	100,0	80
601-800 m	9,2	10,3	71,3	9,2	100,0	87
801-1.000 m	17,1	30,6	37,8	14,5	100,0	111
1.001-1.200 m	26,5	38,2	16,2	19,1	100,0	68
über 1.200 m	48,5	20,6	19,1	21,8	100,0	68
abs. Zahl	79	87	198	50	414	414

Quelle: Meusburger P. und K. Höfle 1984, 86; Auswertung der Unterlagen der Tiroler Landesregierung von K. Höfle.

Ein- und zweiklassige Schulen waren in alpinen Bergbauerngebieten die am meisten verbreitete Schulform. Ihr Anteil nahm mit zunehmender Höhenlage des Wohnorts der Schüler deutlich zu (Tab. 7.7) und machte in der obersten Siedlungsstufe Tirols noch im Jahre 1980/81 (also nach der Aulassungswelle) 69,1% aus. Eine ähnlich hohe Auflassungsquote wie in Ostösterreich hätte den Bergbauerngebieten an der oberen Siedlungsgrenze, deren Besiedlung und Bewirtschaftung auch eine ökologische und fremdenverkehrswirtschaftliche Funktion hat, raumordnungs-, wirtschafts- und bildungspolitisch nicht zu verantwortende Verschlechterungen gebracht.

Andererseits spiegeln sich in der unterschiedlichen Auflassungsquote von Volksschulen in Österreich auch die unterschiedliche historische Entwicklung des Volksschulwesens, eine je nach Land verschiedene Ausgangssituation hinsichtlich der Schulgrößenverteilung sowie eine unterschiedliche Planungsstrategie und Einstellung der Landes- und Bezirksschulbehörden zu niedrig organisierten Volksschulen wider. Wie wichtig bei Schulschließungen unterschiedliche Einstellungen der Schulbehörden und die Fähigkeit der Bevölkerung, ihre Interessen bei den Behörden durchzusetzen, sind, wurde u.a. von P. Meusburger (1974), L. Bondi (1986, 1987a, 1987b, 1988a, 1989), M. Adler und L. Bondi (1988) und C. Kramer (1990) nachgewiesen. Hinsichtlich des Engagements für den Erhalt der eigenen Schule und der Durchsetzungskraft der Bevölkerung gegenüber den Behörden scheint es beträchtliche regionale Unterschiede zu geben, die sicherlich auch mit den unterschiedlichen historischen Traditionen der politischen Selbstbestimmung (freie Bürger und Bauern oder Leibeigene? Förderale oder zentrale Machtausübung?) zu tun haben.

Diese von den damaligen Bildungsreformern als *Modernisierungsprozeß* verstandenen Schließungen von ein- und zweiklassigen Grundschulen haben, wie sich erst später herausgestellt hat, für einen Großteil der betroffenen Dörfer beträchtliche Nachteile mit sich gebracht. Wenn in peripheren ländlichen Gebieten die einzige Schule geschlossen wird, kann dies weitreichende negative Konsequenzen für die sozialen und kulturellen Aktivitäten, die soziale Kohärenz und die lokale Identität des Dorfes haben. Erstens haben die Lehrer in ländlichen Gebieten noch zahlreiche außerschulische Funktionen (Chorleiter, Kapellmeister, Trainer in Sportvereinen etc.) auszuüben, die dem Dorf zugute kommen. Zweitens werden in der Dorfschule soziale Beziehungen und Bindungen geschaffen und vertieft, die für das Funktionieren der Dorfgemeinschaft (Vereinsleben, Nachbarschaftshilfe, Heimatbewußtsein etc.) und die Entstehung einer lokalen Identität von großer Bedeutung sind. Deshalb kam es Ende der 70er und Anfang der 80er Jahre in mehreren Ländern wieder zu einer Trendwende hinsichtlich der Einschätzung der niedrigorganisierten Grundschulen (vgl. Kramer C. 1993).

Im Vergleich zu den USA, wo die einklassigen Schulen nahezu völlig ausgelöscht wurden, fiel in Europa die Schließung von Kleinschulen noch relativ gemäßigt aus. In den USA gingen progressive Politiker und Schulreformer ab 1908 daran, das ländliche Schulwesen zu „konsolidieren und zu professionalisieren", was eine euphemistische Umschreibung einer Schließung der einklassigen Schulen darstellte. Die Befürworter des *Consolidation Movement* gaben damals vor, nur das Beste für die ländliche Bevölkerung zu wollen und hatten eine Reihe von Argumenten für die Konsolidierung anzubieten.

»Rural people knew [...] instinctively, that to lose their school meant to lose the focus of their community. [...] The loss of a one-room school symbolized an abrupt entry into the 20th century and a shattering of the community spirit of the original settlers. Parents feared that if their children left the community to attend school elsewhere, they might one day leave permanently. And as country schools consolidated, the exodus from the farms increased. [...] School consolidation bitterly polarized rural communities and set neighbor against neighbor. [...] Parents realized that the centralization of rural schools meant the beginning of the end for rural farm life as they had known it «(Gulliford A. 1996, 43).

»Today, revisionist historians believe that many of the altruistic motives of early 20th century school reformers served only to strip immigrants of their culture. Similarly, the standardization of country schools destroyed local community autonomy and students' understanding of their own indigenous regional background« (Gulliford A. 1996, 41). Dieses Argument ist nicht ganz von der Hand zu weisen, weil die zwanghafte Assimilierung von Minderheiten in vielen Ländern dadurch in Angriff genommen wurde, daß man ihnen ihre eigenen Schulen weggenommen und ihre Lehrer durch solche anderer Sprachgruppen ersetzt hat (vgl. Meusburger P. 1996a). Die Schule sollte die Gesellschaft „homogenisieren" und zu guten Bürgern des Nationalstaats erziehen. Große Zentralschulen konnten von der Obrigkeit viel besser kontrolliert werden als einklassige Schulen, an denen die Lehrperson ihr eigener Chef ist. Deshalb haben auch in Europa sprachliche Minderheiten immer wieder gegen die zentrale Regierungsgewalt um ihre eigenen Kleinschulen kämpfen müssen.

Die Radikalität dieser Konsolidierungsbewegung, die bis Anfang der 60er Jahre dauerte, ließ weniger als 0,5% der ursprünglichen einklassigen Schulen übrig. Im Jahre 1913 gab es in den USA noch 212.000 einklassige Volksschulen, in denen rd. die Hälfte aller amerikanischen Grundschüler unterrrichtet wurden. 1930 wurden nur noch 130.000 und 1950 nur noch 60.000 einklassige Schulen registriert. Im Jahre 1984 wurden noch 1.200 einklassige Schulen gezählt und 1994 waren noch 428 übrig geblieben (Gulliford A. 1996, 9, 35).

Bei der Analyse längerer Zeitreihen über die Entwicklung niedrigorganisierter Schulen muß jedoch berücksichtigt werden, daß der Begriff „einklassige Schule" im 19. Jahrhundert noch einen anderen Bedeutungsinhalt hatte als heute. Nicht nur die Qualifikation des Lehrkörpers war viel niedriger als in den Städten, sondern damals hatten viele einklassige Schulen mehr Schüler als vierklassige Schulen Ende des 20. Jahrhunderts. Deshalb muß auch die Entwicklung der Klassengrößen berücksichtigt werden.

7.1.3 Klassengrößen und Schüler-Lehrer-Relationen

Im 19. Jahrhundert gab es in vielen Ländern noch extrem große Grundschulklassen. Diese heute kaum vorstellbaren Klassengrößen waren darauf zurückzuführen, daß beim Ausbau des Pflichtschulwesens die Zahl der Schüler wesentlich schneller anstieg als die der Lehrer oder Klassenräume und daß in den Überfüllungskrisen die finanziellen Mittel nicht für mehr Schulen und Lehrer reichten. In Preußen durften Ende des 19. Jahrhunderts in einer einklassigen Schule bis zu 150 Schüler in einem (!) Klassenraum unterrichtet werden, in mehrklassigen Schulen bis zu 120 Schüler pro Klassenzimmer, wobei diese Grenzen oft noch überschritten wurden (Das gesamte Volksschulwesen ... 1891, 138). Im Jahre 1816 unterrichtete in den preußischen Volksschulen eine Lehrperson im Durchschnitt 54 Schüler, im Jahre 1846 jedoch schon 80 (Dieterici F. W. G. 1848, 36).

Tab. 7.8 Durchschnittliche Zahl der Schüler pro Lehrperson an den Elementarschulen in Preußen in den Jahren 1816 und 1846

Provinzen	Zahl der Schüler pro Lehrperson	
	1816	1846
Ostpreußen	43,3	61,8
Westpreußen	38,5	68,5
Posen	35,2	67,4
Brandenburg	44,5	69,9
Pommern	31,7	58,9
Schlesien	72,5	97,7
Sachsen	58,3	80,9
Westfalen	88,0	106,8
Rhein	54,0	91,8
Berlin	25,9	41,7
Preußen gesamt	53,6	79,7

Quelle: Dieterici F. W. G. 1848, 36.

Ähnlich große Klassen gab es Ende des 19. Jahrhunderts auch in Österreich. Das österreichische Reichsvolksschulgesetz enthielt in § 11 zwar die Bestimmung, daß sich die Zahl der Lehrkräfte nach der Schülerzahl zu richten habe. Wenn die Schülerzahl bei ganztägigem Unterricht in drei aufeinander folgenden Jahren im Durchschnitt die Zahl 80 erreichte, mußte eine zweite Lehrkraft eingestellt werden. Bei 160 Schülern war eine dritte Lehrkraft vorgesehen. Einer Lehrkraft wurden also durchschnittlich 40 bis 50 Schüler zugewiesen. Außer in Tirol, Vorarlberg und Dalmatien konnten in den meisten Kronländern nicht einmal diese aus heutiger Sicht unzumutbaren Obergrenzen eingehalten werden. Im Gegensatz zur zweiten Hälfte des 20. Jahrhunderts, wo die großen Schulen und die ungünstigsten Lehrer-Schüler-Relationen in den Städten konzentriert sind, war die Situation Ende des 19. Jahrhunderts in vielen Ländern genau umgekehrt. In den ländlichen Gebieten wurden damals im Durchschnitt viel größere Klassen und weitaus höhere Lehrer-Schüler-Relationen verzeichnet als in den Städten.

Diese Stadt-Land-Disparitäten vertrugen sich durchaus mit der damals vorherrschenden Ansicht, daß die städtische Bevölkerung eine bessere schulische Versorgung benötige als die ländliche. Die Schüler-Lehrer-Relation ist bis heute ein guter Indikator für die bildungspolitischen Leitbilder, den Stellenwert des Grundschulwesens in der Öffentlichkeit, die finanzielle Ausstattung der Regionen und die Minderheitenpolitik der Schulbehörden. Geringe Schülerzahlen pro Lehrperson sind ein gute schulische Versorgung, auf eine minderheitenfreundliche Schulpolitik oder den politischen Selbstbehauptungswillen von ethnischen Gruppen.

Tab. 7.9 Durchschnittliche Zahl der Schüler pro vollbeschäftigter Lehrkraft im Jahre 1890

Länder	durchschnittliche Zahl der Schüler pro vollbeschäftigter Lehrkraft	
	ländliche Gemeinden	insgesamt
Niederösterreich	63,0	56,6
Oberösterreich	89,6	82,7
Salzburg	75,1	68,6
Steiermark	92,3	85,3
Kärnten	80,9	77,0
Krain	108,6	96,7
Triest samt Gebiet	-	50,5
Görz u. Gradisca	86,6	80,3
Istrien	79,4	66,8
Tirol	47,5	47,4
Vorarlberg	43,7	47,0
Böhmen	68,3	64,7
Mähren	80,5	73,3
Schlesien	96,6	84,2
Galizien	96,6	87,6
Bukowina	99,4	86,1
Dalmatien	49,7	48,0
Österreichischer Durchschnitt	75,0	69,0

Quelle: Österreichische Statistik, 35. Band, 1. Heft, 1892, LXIV.

In Südafrika wurde für einen weißen Schüler nicht nur ein Vielfaches der Finanzmittel ausgegeben, die für einen schwarzen vorgesehen waren (Tab. 7.10), sondern schwarze Schüler wurden im Durchschnitt auch in mehr als doppelt so großen Klassen unterrichtet (41,2 Schüler pro Lehrperson) als weiße Schüler (18,7 Schüler pro Lehrperson).

Tab. 7.10 Durchschnittliche Schülerzahl pro Lehrperson in Südafrika im Jahre 1985

Bevölkerungskategorie	Zahl der Schüler pro Lehrperson
Afrikaner (*Blacks*)	41,2
Farbige (*Coloureds*)	25,4
Inder	22,5
Weiße	18,7

Quelle: *Race Relations Survey* 1985, 372; zit bei Alexander N. und L. Helbig 1988, 19; die Homelands sind in diesen Zahlen nicht inbegriffen.

Da sich das Standortnetz von Grundschulen nach den Schließungen der 60er Jahre im ländlichen Raum nicht mehr weiter ausdünnen ließ, die Schülerzahlen aber noch weiter sanken, mußten in vielen Ländern die Klassengrößen radikal verkleinert werden. Diese Tendenz wird für Österreich durch Tab. 7.11 illustriert, wo sich die durchschnittliche Klassengröße innerhalb von vier Jahrzehnten fast halbierte.

Tab. 7.11 Entwicklung der durchschnittlichen Klassengrößen an den österreichischen Volksschulen

Bundesland	Durchschnittliche Zahl der Schüler pro Klasse			
	1948/49	1961/62	1985/86	1996/97
Vorarlberg	38,0	33,1	19,1	19,0
Tirol	40,3	31,3	18,6	19,1
Salzburg	37,8	33,1	19,6	20,0
Kärnten	37,4	32,6	18,0	17,0
Steiermark	36,4	34,7	18,2	19,0
Oberösterreich	41,8	34,8	18,9	20,2
Niederösterreich	34,4	31,3	19,3	19,7
Burgenland	35,8	31,5	17,1	17,6
Wien	22,8	34,3	21,0	22,2
Österreich	36,8	32,2	19,0	19,7

Quelle: Statistische Handbücher der Republik Österreich, diverse Jahrgänge.

Tab. 7.12 Die Schüler-Lehrer-Relation an Grundschulen im weltweiten Vergleich

Großräume	1970	1991
Südasien	42	57
Afrika südlich der Sahara	42	41
Naher Osten und Nordafrika	35	27
Lateinamerika und Karibik	34	26
Ostasien und Pazifik	30	24
Staaten		
Zentralafrikanische Republik	64	90
Tschad	65	64
Indien	41	60
Togo	58	59
Senegal	45	58
Burkina Faso	44	58
Ruanda	60	58
Mosambik	69	55
Kamerun	48	51
Guinea	44	49
Pakistan	41	41
Madagaskar	65	40
Mexiko	46	30
Spanien	34	21
Japan	26	21
Griechenland	31	20
Großbritannien	23	20
Niederlande	30	17
Italien	22	12
Frankreich	26	12
Dänemark	9	11
Österreich	21	11
Belgien	20	10
Schweden	20	6
Norwegen	20	6

Quelle: Weltbank (1994, 254-255). Bei einzelnen Staaten differieren die Stichjahre der Erhebung vom angegebenen Stichjahr (siehe Anmerkungen in der zitierten Quelle).

Die Lehrer-Schüler-Relation wird von Weltbank und UNESCO häufig als Indikator für den Ausbaustand des Grundschulwesens in Entwicklungsländern verwendet. Dieser Indikator hat den Vorteil, daß er fast überall von der amtlichen Statistik ausgewiesen wird, doch gelten für diese Maßzahl ähnliche Vorbehalte wie für die auf eine Flächeneinheit bezogene Schulstandortdichte. Dieser Indikator wird maßgeblich von der Siedlungsgrößenverteilung, von der Siedlungsdichte, von den Stundendeputaten der vollzeitbeschäftigten Lehrpersonen und auch vom Anteil der Teilzeitbeschäftigten unter dem Lehrkörper beeinflußt.

Trotz dieser Vorbehalte vermag die Tabelle 7.12 die großen Unterschiede zwischen den Entwicklungsländern und den Industrieländern aufzuzeigen. Eine Relation von mehr als 35 oder 40 ist sicherlich ein Zeichen für ein noch wenig ausgebautes Grundschulwesen, und wenn auf eine Lehrperson gar 60 bis 90 Schüler entfallen, ist die Qualität des Unterrichts wohl noch weit vom Ziel entfernt. Andererseits deuten Werte unter zehn nicht unbedingt eine höhere Qualität an als Werte zwischen 20 bis 30.

Besonders aufschlußreich ist die Frage, wieviele Schüler eine niedrigorganisierte Schule im Jahr vor ihrer Schließung hatte. Daraus können Rückschlüsse auf die bildungspolitischen und regionalplanerischen Leitbilder der Behörden, den Selbstbehauptungswillen der kleinen Dörfer, die Minderheiten- und Sprachpolitik und den politischen Stellenwert von peripheren ländlichen Gebieten gezogen werden. Ein anschauliches Beispiel, wie man mit Schüler-Lehrer-Relationen und mit Richtlinien für Mindestgrößen von Grundschulen Sprachpolitik betreiben kann, bietet Südtirol in den 70er und 80er Jahren. Unter den italienischen Grundschulen Südtirols war nicht nur der Anteil der „Kleinstschulen“ (ein bis zehn Schüler) mehr als doppelt so hoch (23,9%) wie unter den den deutschen Schulen (11,0%), sondern auch die zwischen 1970 und 1980 aufgelassenen italienischen Grundschulen hatten zum Zeitpunkt ihrer Schließung jeweils wesentlich weniger Schüler als die deutschen Grundschulen Südtirols.

Von den im Zeitraum 1970/71 bis 1980/81 aufgelassenen 44 italienischen Grundschulen hatten acht zum Zeitpunkt vor ihrer Auflassung nur noch einen *einzigen* (!) Schüler, elf zählten noch zwei Schüler, zehn hatten drei Schüler und in den restlichen 15 Schulen wurden noch vier bis zehn Schüler unterrichtet. Keine einzige in diesem Zeitraum aufgelassene italienische Grundschule zählte mehr als zehn Schüler. Von den 1970/71 bis 1981/82 aufgelassenen deutschen Grundschulen Südtirols zählten vier jeweils drei Schüler, 41 Schulen hatten vier bis zehn Schüler, und 33 Schulen beherbergten zum Zeitpunkt ihrer Auflassung mehr als zehn Schüler, davon neun sogar mehr als 20 Schüler. Von den aufgelassenen italienischen Grundschulen zählten also rund zwei Drittel (65,9%) nur noch ein bis drei Schüler, von den im selben Zeitraum aufgelassenen deutschen Grundschulen hatten nur 5,1% drei Schüler und keine einzige weniger als drei. Anders ausgedrückt, die italienischen Grundschulen zählten im Jahr vor ihrer Auflassung durchschnittlich noch 3,1 Schüler, während die aufgelassenen deutschen Grundschulen im Durchschnitt noch 9,6 Schüler aufwiesen. In Nord- und Osttirol, wo es keine ethnischen Minderheiten gibt, beherbergten die aufgelassenen Schulen zum Zeitpunkt ihrer Auflassung durchschnittlich 25,5 Schüler (vgl. Höfle K. und P. Meusburger 1983).

Die Tatsache, daß in Südtirol Kleinstschulen im allgemeinen länger aufrechterhalten wurden als in Nordtirol und daß besonders italienische Grundschulen bis zum letztmöglichen Zeitpunkt (oft bis zum letzten Schüler) „verteidigt“ wurden, hängt natürlich damit zusammen, daß an einer Sprachgrenze oder in gemischtsprachigen Gebieten die Schule für eine Volksgruppe eine der wichtigsten Stützen der kulturellen Selbstbehauptung darstellt.

7.1.4 Anteil der „unvollständigen" Schulen

Da die gesetzlichen Vorgaben hinsichtlich der Errichtung von Volksschulen aufgrund geographischer Faktoren nicht überall erfüllt werden konnten, mußte man sich in vielen peripheren und unterentwickelten Gebieten mit *Provisorien* begnügen. Diese haben hinsichtlich der Ausstattung der Schulen und der Qualifikation des Lehrkörpers den gesetzlichen Bestimmungen nicht entsprochen. Der Anteil dieser unvollständigen Volksschulen wird einerseits bestimmt durch die Schwierigkeit der Schulwegbedingungen und andererseits durch die ökonomische Situation der Gemeinden, die bekanntlich für den Bau und den Erhalt der Schulgebäude verantwortlich waren.

Tab. 7.13 Anteil der „unvollständigen Volksschulen" in Österreich im Jahre 1890

Länder	Zahl der öffentlichen Volksschulen	Anteil der unvollständigen Volksschulen*)	Anteil der Notschulen
Niederösterreich	1564	0,44	.
Oberösterreich	504	.	.
Salzburg	158	1,26	.
Steiermark	819	1,59	0,24
Kärnten	353	1,98	.
Krain	322	6,83	6,52
Triest und Gebiet	41	4,88	.
Görz und Gradisca	205	23,41	16,10
Istrien	168	12,50	12,50
Tirol	1481	4,05	1,55
Vorarlberg	192	24,48	1,04
Böhmen	5002	1,68	.
Mähren	2294	0,35	.
Schlesien	476	1,89	.
Galizien	3453	5,42	3,01
Bukowina	285	3,16	.
Dalmatien	302	9,27	8,94
gesamt	17619	3,14	1,32

Quelle: Österreichische Statistik, 35. Bd., 1. Heft, 1892, XIV. *) unter dem Begriff „unvollständige" Schule sind Exposituren, Filialschulen, Notschulen und Excurrendo-Stationen zusammengefaßt

Soferne das Schulstandortnetz eines Landes schon voll ausgebaut war, ist der Anteil der unvollständigen Volksschulen zweifellos ein guter Indikator für die Erfassung der zentral-peripheren Disparitäten der schulischen Infrastruktur. Unvollständige Schulen und besonders Notschulen kamen fast ausschließlich nur in peripheren, schlecht erschlossenen ländlichen Gebieten mit schwierigen Schulwegbedingungen vor. In Ländern wie Galizien oder Dalmatien, in denen zum Erhebungszeitpunkt die Schulpflicht in zahlreichen Gemeinden noch gar nicht eingeführt worden war, sagt dieser Indikator allerdings weniger aus, da hier die extrem peripheren Gebiete bzw. die Gebiete mit besonders schwierigen Schulwegbedingungen zum größten Teil noch gar keine Schulen hatten.

7.1.5 Ausstattung der Grundschulen

In vielen Ländern sind deutliche regionale Disparitäten hinsichtlich der räumlichen Unterbringung der Volksschulen, des Zustands der Schulgebäude und der Ausstattung der Volksschulen mit Turnhallen, Bibliotheken oder anderen Ausstattungsmerkmalen festzustellen. Im 19. Jahrhundert gingen die Schulbehörden davon aus, daß es aus pädagogisch-didaktischen Gründen günstig wäre, wenn den Volksschulen ein eigenes Gebäude zur Verfügung stünde, das ausschließlich Unterrichtszwecken dient. Dieses Ziel konnte auch in Mitteleuropa in einigen peripheren ländlichen Regionen bis Ende des 20. Jahrhunderts nicht erreicht werden. Die regionalen Unterschiede und Stadt-Land-Gegensätze in der Ausstattung der Schulen sollen hier nur exemplarisch anhand des Vorhandenseins von Lehrer- und Schülerbibliotheken aufgezeigt werden (Tab. 7.14).

Tab. 7.14 Ausstattung der öffentlichen Volksschulen mit Lehrer- und Schülerbibliotheken im Jahre 1890

Länder	Lehrerbibliotheken pro 100 Volksschulen	Zahl der Bände pro Lehrerbibliothek	Schülerbibliotheken pro 100 Volksschulen	Zahl der Bände pro Schülerbibliothek
Niederösterreich	82,5	111,9	95,7	156,2
Oberösterreich	68,7	75,5	97,8	129,7
Salzburg	91,8	51,7	99,4	84,3
Steiermark	75,3	63,1	95,6	81,9
Kärnten	53,5	48,7	91,2	117,5
Krain	61,5	61,1	88,8	63,3
Triest	65,9	71,0	4,9	5,0
Görz u. Gradisca	17,1	155,7	72,2	95,9
Istrien	37,5	88,5	58,9	45,3
Tirol	36,7	42,1	38,7	44,8
Vorarlberg	48,4	32,8	55,7	46,3
Böhmen	75,9	76,7	96,1	173,1
Mähren	63,1	55,9	94,8	103,02
Schlesien	76,3	112,8	91,0	96,0
Galizien	49,9	34,4	49,0	35,7
Bukowina	62,1	58,4	80,7	37,8
Dalmatien	50,3	70,1	59,3	40,7
Gesamt	63,6	68,8	79,4	118,3

Quelle: Österreichische Statistik, 32. Band, 1. Heft, 1892, XXXV.

7.2 Standortfragen von Grundschulen

Die Versorgung von dünn besiedelten ländlichen Gebieten mit Grundschulen ist eine der größten Herausforderungen der regionalen Schulentwicklungsplanung. Die Standortfrage bewegt sich ständig im Spannungsfeld zwischen Kosteneffizienz, regionalpolitischen Zielen (z.B. Schaffung gleicher Lebensbedingungen, Verhinderung der Entsiedlung peripherer Räume, Erhaltung der Kulturlandschaft) und Beachtung der lokalen Besonderheiten. Nachdem im Nationalstaat das Schulwesen eine Angelegenheit der öffentlichen Verwaltung war, wurden spätestens in der zweiten Hälfte des 19. Jahrhunderts allgemein verbindliche Richtlinien und Verordnungen erlassen, wo und unter welchen Voraussetzungen eine Grundschule zu errichten sei, wie groß die maximale und minimale Klassengröße sein dürfe und welcher Zeitaufwand für den Schulweg zumutbar sei. Diese Rationalisierung, Bürokratisierung und Standardisierung des Schulwesens brachte insgesamt gesehen viele Vorteile (Angleichung der Unterrichtsqualität, Verbesserung der Schulaufsicht), sie verringerte jedoch die Planungsflexibilität und erschwerte das Eingehen auf lokale Besonderheiten. Ganz gleich, welche Leitbilder und Richtlinien jeweils im Vordergrund standen, jede gesamtstaatliche Normierung hat bestimmte regionale Kontexte begünstigt, andere benachteiligt und auf jeden Fall die Flexibilität der Planung erschwert. Viele dieser Standardisierungstendenzen, die nicht mehr auf die lokalen Besonderheiten und Bedürfnisse der Bevölkerung Rücksicht nehmen konnten, haben den Widerstand der lokalen Bevölkerung provoziert und zu Konflikten geführt. Zu den wichtigsten Faktoren, die einen Einfluß auf die Standortverteilung, Größe und Organisationsstruktur von Grundschulen ausüben können, gehören:

- Erreichbarkeit der Schule, gemessen am Zeitaufwand für den Schulweg und an der Gefährdung des Schulwegs.
- Siedlungs- und Bevölkerungsdichte.
- Schülerzahl.
- Richtlinien und Planungsvorgaben der Schulverwaltng, hinsichtlich der Klassengrößen und des finanziellen Aufwandes.
- Lehrermangel; ein Lehrermangel kann Standorte von Kleinschulen gefährden.
- Einstellungen der betroffenen Bevölkerung zur „eigenen" Schule; lokale Identität der Bevölkerung, soziale Distanzen zu Nachbargemeinden. In gemischtsprachigen oder gemischtkonfessionellen Gebieten will oft jede Gruppe ihre eigene Schule.
- Wirtschaftsstruktur (Notwendigkeit der Kinderarbeit, Nachfrage der lokalen Wirtschaft nach bestimmten Qualifikationen, saisonale Migration).

Die meisten Autoren haben bisher leicht quantifizierbaren Einflußgrößen wie z.B. der Entwicklung der „Schülerzahlen", den Richtlinien über maximale und minimale Klassengrößen, der „Distanz zum nächsten Schulstandort" und den „finanziellen Ressourcen" der Gemeinden die größte Bedeutung zugemessen, während die Einstellung der betroffenen Bevölkerung zur „eigenen" Schule, sozialpsychologische Barrieren zwischen Nachbargemeinden, Fragen der regionalen Identität, die Attraktivität von Schulstandorten für den Lehrkörper, die Verfügbarkeit von Lehrpersonen, die außerschulischen Konsequenzen oder die politische Durchsetzbarkeit der Auflassung von Grundschulen in den Modellen vernachlässigt wurden. P. Meusburger (1974), P. Meusburger und C. Kramer (1991) und C. Kramer (1993) konnten nachweisen, daß diese bisher vernachlässigten Einflußfaktoren sowie diverse schulpolitische Leitbilder in der schulplanerischen Praxis meistens einen größeren Einfluß ausüben als die Entwicklung der Schülerzahlen, die Optimierung der Schülertransportdistanzen oder das Kosten-Nutzen-Verhältnis einer Maßnahme. Die Standortwahl von Grundschulen ist also keine Frage, die mit Hilfe von mathematischen Modellen oder durch die Optimierung von Schulwegentfernungen und Schülerzahlen gelöst werden kann, sondern sie erfordert umfassende geographische und sozialwissenschaftliche Kenntnisse und wird von einer Vielzahl von Faktoren beeinflußt.

7.3 Planungskonzepte und Leitbilder der Schulbehörden

Hinsichtlich der Standortverteilung und der Größe von Volksschulen gibt es zwei verschiedene Leitbilder und Strategien, das der wohnortnahen Grundschule (Prinzip der Dezentralisierung) und das der zentral gelegenen Großschule (Prinzip der Zentralisierung). Eine ausführliche Dokumentation der Argumente der Befürworter und Gegner beider Konzepte haben u.a. J. Diederich (1967), C. F. Kaestle und M. A. Vinovskis (1980, 100-138), P. Meusburger (1974, 1978, 1989) und C. Kramer (1993) zusammengestellt. Für die wohnortnahe Schule sprechen vor allem soziale, regionalpolitische und auch pädagogische Gründe, für die zentrale Großschule werden vorwiegend ökonomische und ideologische Gründe angeführt.

7.3.1 Strategie der wohnortnahen Grundschule

Das bildungs- und regionalpolitische Leitbild der wohnortnahen Grundschule vertritt die Ansicht, daß zumindest den Kindern in der Unterstufe der Grundschule wohnortnahe Schulen angeboten werden sollten und „unzumutbare" Schulwegentfernungen nach Möglichkeit zu vermeiden sind. Dieser Ansatz geht davon aus, daß Grundschulen zu den grundlegenden Infrastruktureinrichtungen einer Ortschaft gehören und wesentliche Grundbedürfnissen der Bevölkerung abdecken. Im ländlichen Raum würden das Vorhandensein oder Fehlen einer Grundschule die sozialen Beziehungen, die lokale Identität, die kulturellen Aktivitäten und damit die Attraktivität und Lebensqualität entscheidend beeinflussen. Die Befürworter der wohnortnahen (kleinen) Grundschulen bringen u.a. folgende Argumente vor:

- *Unzumutbarer Zeitaufwand* für den Schulweg in zentral gelegene Großschulen. Die räumliche Konzentration der Grundschulstandorte und die Auflassung der wohnortnahen Grundschule bringt für viele sechs- bis zehnjährige Schüler einen unzumutbar großen Zeitaufwand für den Schulweg mit sich. Selbst wenn sich die zeitliche Dauer des Schülertransports mit öffentlichen Verkehrsmitteln oder Schulbussen im vorgegebenen Rahmen (z.B. 30 Minuten) bewegt, so darf nicht übersehen werden, daß die Wartezeiten der Fahrschüler vor und nach dem Unterricht oft wesentlich länger sind als die reine Fahrzeit. Da sowohl die öffentlichen Verkehrsmittel als auch die privaten Omnibusunternehmer in der Regel eine Kosten-Nutzen-Optimierung anstreben und deshalb Fahrpläne und Streckenführung nicht auf den Stundenplan jeder einzelnen Grundschule oder die Bedürfnisse peripher gelegener Ortschaften abstimmen können, wird auf die Schüler der peripheren ländlichen Gebiete in der Regel weniger Rücksicht genommen als auf jene der dicht besiedelten Stadtregionen, die den größten Teil des Fahrgastaufkommens stellen. Deshalb haben die Fahrschüler aus peripheren ländlichen Gebieten in der Regel nicht nur längere Fahrzeiten, sondern auch längere Wartezeiten, die wiederum zusätzliche Probleme und Kosten mit sich bringen.
- *Medizinische, psychologische und pädagogische Vorbehalte.* Von medizinischer Seite wird darauf hingewiesen, daß unzumutbar lange Schulwege sowohl körperliche als auch psychische Gesundheitsrisiken mit sich bringen und der erhebliche Zeitaufwand der Fahrschüler auf Kosten der Erholungszeit geht. Einige Verhaltensforscher (vgl. Diskussion der Literatur bei Eimer A. 1980) sprechen sich dafür aus, daß Kinder zumindest bis zum zehnten Lebensjahr die Schule in der heimatlichen Umgebung besuchen sollten. Sie weisen darauf hin, wie wichtig für kleine Kinder gleichbleibende, vertraute Kleingruppen sind und wie sehr eine soziale Überforderung (Herausreißen aus dem vertrauten Milieu, Trennung der bestehenden sozialen Beziehungen, Aggressionen unter den Fahrschülern) zu Verklemmungen, Verdrängungen, Aggressionen und Ängsten führen kann.
- *Soziale Beziehungen.* Der großen, mehrere hundert Schüler zählenden Grundschule wird von einigen Autoren eine unpersönliche, anonyme Atmosphäre, eine zu geringe Konstanz der Lehrer-Schüler-Beziehung und ein zu geringes Eingehen auf den Lebensraum der Schüler vorgeworfen (vgl. Literaturanalyse von Diederich J. 1967). Die Anonymität der Großschule erschwere die Entstehung von sozialen Beziehungen. Fahrschüler aus dem ländlichen Raum werden in der städtischen Großschule oft in eine marginale Rolle gedrängt (Bodzenta E. 1967, 135, 154). In einigen Ländern (z.B. USA) haben städtische Großschulen besondere Probleme mit Kriminalität, Rauschgiftkonsum und hohen Schulschwänzerquoten.
- *Lebensraum als Lernort.* An der „dorfeigenen" Schule könne der Lebensraum der Schüler als Lernort genutzt werden. Es bestehe die Möglichkeit, aktuelle

Anlässe im sozialen Umfeld aufzugreifen, zu bearbeiten und dadurch eher wirksam werden zu lassen. Ein Zusammenführen von Alltagsrealität und Lernen führe zu einer aktiveren und bleibenderen Auseinandersetzung mit Lerninhalten. Lehr- und Lernformen sollten Rücksicht nehmen auf die individuellen Lebenserfahrungen der Schüler (biographische Komponente) sowie vom Engagement der Betroffenen (bedürfnisorientierte Komponente) getragen werden.

- *Motivation des Lehrkörpers.* Gute Lehrer(innen) würden an kleinen Schulen motivierter arbeiten, weil hier der Erfolg ihrer Tätigkeit „sichtbarer" ist als an anonymen Großschulen (vgl. Bray M. 1994, 5293).
- *Leistungsfähigkeit der Schulen.* Hinsichtlich der Leistungsfähigkeit großer Schulsysteme ist seit den 60er Jahren eine Ernüchterung eingetreten. Der Großschule wird zunehmend vorgeworfen, daß organisatorische Gesichtspunkte oft eine größere Rolle spielen als pädagogische.
- *Außerschulische Bedeutung der Schule im ländlichen Raum.* In ländlichen Gemeinden ist die Grundschule eines der wichtigsten Instrumente der sozialen Integration und eine der wenigen Einrichtungen der öffentlichen Infrastruktur. Für das soziale Gefüge eines Dorfes ist es deshalb nicht gleichgültig, ob die nachwachsende Generation diese grundlegenden sozialen Beziehungen vorwiegend im eigenen Dorf aufbaut, sich dadurch auch stärker mit der eigenen Ortschaft identifiziert und bereit ist, Verantwortung zu übernehmen, oder ob sich die Kinder der Schulgemeinschaft einer weit entfernten oder sozioökonomisch völlig anders strukturierten Nachbargemeinde zugehörig fühlen. Auf diese Integrationskraft der Grundschulen ist die Dorfgemeinschaft angewiesen, unabhängig davon, ob das bäuerliche Element noch eine Rolle spielt oder nicht.
- *Funktions-, Image- und Attraktivitätsverlust der Gemeinden ohne eigene Schule.* Lehrpersonen in kleinen ländlichen Gemeinden haben in höherem Ausmaß außerschulische Funktionen zu erfüllen als ihre Kollegen in städtischen Gebieten. Deshalb hat die Auflassung einer Kleinschule im ländlichen Raum in der Regel auch ungünstigere Konsequenzen für die sozialen, wirtschaftlichen und kulturellen Aktivitäten des Schulsprengels als in städtischen Gebieten. In Städten wird von Lehrpersonen in viel geringerem Maße erwartet, daß sie außerschulische Funktionen wahrnehmen, da hier derartige Funktionen in der Regel professionalisiert sind. In peripheren ländlichen Gebieten wird der Verlust der „eigenen Grundschule" von der betroffenen Bevölkerung stärker als „Image- und Attraktivitätsproblem" gesehen als in dicht besiedelten Stadtregionen. Eine Gemeinde ohne Schule sieht sich oft in ihrer politischen Selbständigkeit und Gleichwertigkeit bedroht. Wer die Abwanderung aus peripheren ländlichen Regionen verhindern oder zumindest abschwächen will, darf diesen so vielfältig benachteiligten Gebieten nicht eine der letzten Infrastruktureinrichtungen wegnehmen, die noch verblieben sind.

7.3.2 Strategie der vollorganisierten (zentral gelegenen) Grundschule

Eine andere Gruppe von Bildungsplanern befürwortet das Leitbild der größeren, vollorganisierten Grundschule, in der es für jeden Altersjahrgang zumindest eine Klasse gibt. Diese Autoren schreiben der großen, vollorganisierten Schule folgende Vorteile zu:

- *Bessere Ausstattung*. Große Schulen haben eine bessere und modernere Ausstattung mit Lehrmitteln, Geräten oder Turnhallen. Daraus wird abgeleitet, daß die Kinder auch eine bessere Ausbildung erhalten. Kleinere Gemeinden seien aufgrund ihrer finanziellen Situation gar nicht in der Lage, modern ausgestattete Grundschulen zu errichten und zu erhalten.
- *Kostengünstigerer Einsatz* von Lehrern, Lehrmitteln und Geräten. Große Schulen ermöglichen einen flexibleren und kostengünstigeren Einsatz der Lehrkräfte sowie ein günstigeres Kosten-Nutzen-Verhältnis von teuren Anschaffungen. Da die Kosten von sehr unterschiedlichen Faktoren beeinflußt werden können, besteht allerdings keine lineare Beziehung zwischen der Größe einer Schule und dem finanziellen Aufwand pro Schüler. Einige Untersuchungen konnten die postulierten *economies of scale* nachweisen, andere nicht (vgl. Bray M. 1994).
- *Große Schulen seien für Lehrkräfte attraktiver*. Die meisten qualifizierten Lehrer(innen) bevorzugen Dienstposten an größeren, zentral gelegenen Schulen. Die mit der Vergabe von Dienstposten befaßten Behörden weisen immer wieder darauf hin, daß es in den vergangenen Jahrzehnten (zumindest in der Phase eines Lehrermangels) sehr schwierig war, für entlegene Kleinschulen gute Lehrkräfte zu gewinnen oder diese für einen längeren Zeitraum an diesen Schulen zu halten. Vor allem in den Perioden eines Lehrermangels waren zentral gelegene Großschulen für viele Lehrkräfte auch aus finanziellen Gründen wesentlich attraktiver, weil es hier wegen der anfallenden Überstunden deutlich bessere Verdienstmöglichkeiten gab als an Kleinschulen.
- *Qualifikation des Lehrkörpers*. Einige Autoren weisen darauf hin, daß einklassige Schulen besonders gute und motivierte Lehrer(innen) benötigen. Man dürfe jedoch den für diese Aufgaben qualifizierten Lehrer nicht als selbstverständlich voraussetzen, weil die wenigsten Institutionen der Lehrerausbildung auf eine solche Situation vorbereiten. An einklassigen Schulen seien die Lehrer(innen) oft den Anforderungen nicht gewachsen und fachlich isoliert, da sie selten Gelegenheiten zu Fachgesprächen und Erfahrungsaustausch mit anderen Lehrpersonen hätten. Schwächere oder weniger qualifizierte Lehrerpersönlichkeiten würden an großen Schulen weniger „Schaden“ anrichten als an Kleinschulen (vgl. Literaturanalyse von Diederich J. 1967). Andererseits könnten Lehrpersonen mit besonderen Fähigkeiten (z.B. Kunst, Fremdsprachen) diese an Kleinschulen gar nicht umsetzen, da es dort gar nicht genug Nachfrage nach solchen Fächern gebe (vgl. Bray M. 1994).

- *Milieu an Kleinschulen.* An Kleinschulen herrsche ein „eingeengtes soziales Milieu“, es gebe zu wenig Ansporn und Wettbewerb, die *peer-group* der Kinder sei zu klein (vgl. Bray M. 1994, 5292).
- *Leistungsfähigkeit.* Mittelpunktschulen würden höhere Übertrittsraten in weiterführende Schulen erzielen und die soziale und regionale Chancengleichheit verbessern. In den 50er Jahren wurde in Europa vielfach das Argument vorgebracht, daß das ländliche Milieu die Bildungschancen der Kinder beeinträchtige. Dabei wurde vor allem die Organisationsform der niedrigorganisierten Kleinschule als Hindernis für eine Chancengleichheit angesehen. Die Zentralschule wurde als ein Mittel empfohlen, das negative Einflüsse des soziokulturellen Milieus des Elternhauses ausgleichen sowie soziale und regionale Bildungsdisparitäten beseitigen könne (vgl. Diederich J. 1967, 39).

7.3.3 Bewertung der beiden Leitbilder

Die Auseinandersetzungen zwischen den Anhängern dieser beiden Leitbilder kann man bis Anfang des 19. Jahrhunderts zurückverfolgen, in bestimmten Phasen hatte das eine Konzept mehr Anhänger, dann wurde wieder das andere als „fortschrittlicher“ angesehen. Zur Zeit der tiefgreifenden Schulreformen in den 60er Jahren waren sich die meisten Autoren einig, daß die einklassige Grundschule den modernen Anforderungen nicht mehr genüge, daß sie „ein Kind des vorigen Jahrhunderts“ sei, den notwendigen gesellschaftlichen Wandel verzögere und bestenfalls noch einen erzieherischen Vorteil habe (Diederich J. 1967, 45-46). In den 80er Jahren kam es in vielen Ländern wieder zu einem Umschwung zugunsten der wohnortnahen Schule.

Ein objektiver Vergleich dieser zwei Strategien wird durch mehrere Umstände erschwert. Erstens sind bei beiden Strategien (Leitbildern) einige Argumente empirisch noch zu wenig abgesichert oder nur für wenige Fallbeispiele nachgewiesen. Zweitens sind generelle Aussagen nur schwer möglich, weil jeweils der lokale Kontext, die unterschiedliche Finanzierung der Schulen, die unterschiedliche Auswahl, Besoldung und Stellensituation des Lehrkörpers zu berücksichtigen ist. Die Vertreter beider Leitbilder haben jedoch immer wieder den Fehler gemacht, Schwächen des Schulsystems, die auf gesellschaftlichen oder ökonomischen Ursachen beruhen, den Organisationsstrukturen des Schulsystems anzulasten. Die Frage, inwieweit die niedrigeren Übertrittsraten von Kleinschulen in Gymnasien auf die soziale Herkunft der Schüler, die niedrigere Qualifikation des Lehrköpers oder außerschulische Faktoren zurückzuführen sind, wurde nur sehr selten gestellt.

Der Pendelschlag zwischen den beiden Leitbildern basierte daher weniger auf sicheren Erkenntnissen als vielmehr auf politischen Modeströmungen. Viele Befürworter der Großschule verbanden die niedrigorganisierte Grundschule mit Begriffen wie traditionelle Agrargesellschaft, bildungsfeindliches Milieu, Rückständigkeit, altmodisches Relikt vergangener Zeiten, reaktionäre politische Einstellung, geistige Enge, Konservativismus, Überbleibsel des 19. Jahrhunderts (vgl. Literaturanalyse von

Diederich J. 1967). In Europa wurden in den 60er und 70er Jahren möglichst hohe „Schließungsquoten“ von niedrigorganisierten Schulen geradezu als Indikator einer erfolgreichen und fortschrittlichen Schulpolitik gepriesen. Dies basierte auf dem Vorurteil, daß die Organisationsform und der Anteil der ein-, zwei- und mehrklassigen Schulen »ein gewisses äußeres Maß [...] für die Güte des dort vermittelten Unterrichtes« (Leschinsky A. und P. M. Roder 1976, 153) sei. Die Befürworter der Dorfschule (*community school*) sahen in der städtischen Großschule das Symbol der Unpersönlichkeit, der gesellschaftlichen Kälte, des verantwortungslosen Effizienzdenkens und des „Zentralismus“.

In Mitteleuropa hatte in der Expansionsphase der Schulentwicklungsplanung nach dem Zweiten Weltkrieg und besonders in den 60er und 70er Jahren das Leitbild der vollorganisierten, zentral gelegenen Großschule einen höheren Stellenwert als die wohnortnahe, niedrigorganisierte Kleinschule. Zur selben Zeit, als in Europa die Kleinschulen geschlossen wurden, kam es in den USA ab etwa Ende der 60er Jahre angesichts der großen Krise der städtischen Großschule (unpersönliche Bürokratie, ineffizienter Unterricht, Gewalt, Kriminalität, Rassismus, hohe Dropout-Quoten etc.) wieder zu einer Trendwende und einer Höherbewertung der „community school“. Nun wurde in den USA das lange dominierende Leitbild der „überlegenen Stadtschule“ wieder in Frage gestellt, wobei Bildungshistoriker Zweifel anmeldeten, ob dieses positive Image der Stadtschule auch früher gerechtfertigt war (Katz M. B. 1968, 218). Interessanterweise haben die sich selbst als „progressiv“ bezeichnenden Bildungsreformer in verschiedenen Ländern zur selben Zeit jeweils genau gegenteilige Konzepte verfolgt. Gegen Ende der 80er Jahre hat man sich auch in Europa wieder auf die Vorteile der wohnortnahen Schule besonnen. Als Beispiel mag etwa die Tatsache angeführt werden, daß in Baden-Württemberg trotz stark sinkender Schülerzahlen Ende der 80er Jahre wieder mehr als 100 Kleinschulen eröffnet wurden (vgl. Kramer C. 1993; Bell A. und A. Sigsworth 1987).

In ähnlicher Weise hat sich die Bildungsgeographie auch mit dem Standortmuster und den Standortfaktoren von *mittleren* und *höheren* Schulen zu befassen. Wenn dieses Thema hier nicht angesprochen wird, dann nur deshalb, weil der Umfang des Buches gewisse (vom Verlag gesetzte) Grenzen nicht überschreiten durfte und deshalb diese Problematik nur anhand der Grundschulen und Universitäten dargestellt wurde. Welche Standortfaktoren bei mittleren und höheren Schulen eine Rolle spielen, kann u.a. den Arbeiten von P. Meusburger (1974), H. H. Blotevogel (1978), M. Becht (1990), u.a. entnommen werden

8 Das Lehrpersonal

Die schulische Infrastruktur ist eine notwendige Voraussetzung für das öffentliche Schulwesen, die Qualität der Schulen hängt jedoch in entscheidendem Maße von den Lehrpersonen ab. Deshalb kann eine Analyse der regionalen Disparitäten der Qualifikationen, der soziodemographischen Strukturen und der Entlohnung des Lehrkörpers wichtige Erkenntnisse über die Situation und das Niveau des Schulwesens vermitteln. Die regionalen Unterschiede der Qualifikationen und der sozio-demographischen Struktur des Lehrkörpers werden von einer breiten Palette von Faktoren beeinflußt, von denen die wichtigsten anschließend kurz diskutiert werden.

Seit der Erhebung der ersten zuverlässigen Daten sind große regionale Disparitäten hinsichtlich des Altersaufbaus, der Geschlechtsproportion, des Familienstands, der Qualifikationen, Besoldung, der sozialen und regionalen Herkunft und außerschulischen Funktionen des Lehrkörpers nachweisbar. Regionale Unterschiede der Qualifikation und Besoldung der Lehrpersonen wurden schon in der zweiten Hälfte des 18. Jahrhunderts diskutiert und auch von den Moralstatistikern des 19. Jahrhunderts untersucht. In der zweiten Hälfte des 19. Jahrhunderts wurden dann umfangreiche amtliche Erhebungen über die Situation der Lehrkräfte durchgeführt und größtenteils auch publiziert.

Eine der ersten deutschsprachigen Studien über die Struktur und die soziale Situation des Lehrkörpers in einer Großstadt, die gleichermaßen quantitative und qualitative Methoden angewandt hat, wurde von J. Tews (1907) über die Volksschullehrer Berlins verfaßt. J. Tews hat sich u.a. mit der regionalen Herkunft des Lehrkörpers, mit der Berufswahl der Schüler, den Vor- und Nachteilen der städtischen Großschule und der ländlichen Kleinschule, dem Anteil der Pendler unter den Lehrern, den Wohnverhältnissen, den Nebenverdiensten und der Mortalität des Lehrkörpers befaßt. Damit hat er Themen angesprochen, die z.T. erst Jahrzehnte später wieder aufgegriffen wurden.

8.1 Qualifikation

Obwohl Bildungsreformer schon im 18. Jahrhundert darauf hinwiesen, daß die Qualität einer Volksschule in erster Linie von der Qualifikation der Lehrpersonen abhängt, wurde bei der Rekrutierung des Lehrkörpers von Grundschulen in vielen Ländern lange Zeit wenig Wert auf dessen Qualifikation gelegt. Niedrige Gehaltsansprüche sowie politische und moralische Zuverlässigkeit schienen die wichtigsten Kriterien für eine Anstellung zu sein. Die berufliche Eignung der Bewerber wurde in den meisten Fällen nicht überprüft, obwohl die negativen Folgen einer mangelhaften Qualifikation des Lehrkörpers schon in der ersten Hälfte des 19. Jahrhunderts thematisiert wurden. So hat beispielsweise die *Statistical Society of London* schon in den 40er Jahren des 19. Jahrhunderts sehr interessante statistische Erhebungen über die Qualifikationen des Lehrkörpers durchgeführt. Schon damals kam man zum Ergebnis, daß die Qualifikation des Lehrpersonals stark mit der Schichtzugehörigkeit der Kinder variierte. Je niedriger die Schichtzugehörigkeit der Schüler war, umso größer war der Anteil der „Lehrpersonen", die für ihren Beruf keine Ausbildung erfahren hatten.

Tab. 8.1 Qualifikation des Lehrkörpers in Westminster (St. John, St. Margaret, St. Georg, St. James, St. Anne) nach der Hierarchie der Schulen im Jahre 1838

Schulform	Zahl der Lehrpersonen	Anteil der Lehrpersonen, die für den Lehrberuf ausgebildet wurden
Dame Schools	109	17,4%
Common Day Schools	96	46,9%
Middling Day Schools	75	73,3%
Superior Day Schools	22	86,4%

Quelle: zusammengestellt nach Angaben im *Journal of the Statistical Society of London*, vol. 1, 1838, 193-208 und 449-463.

Im Londoner Stadtteil Westminster waren im Jahre 1838 von den Lehrerinnen, die an *Dame Schools* unterrichteten, nur 17% für ihren Beruf ausgebildet, während an den *Superior Day Schools* immerhin 86,4% eine Berufsausbildung hatten. Noch kritischer war die Situation in Finsbury, wo die Lehrerinnen an *Dame Schools* (1843) nur zu 3,2% eine Ausbildung hatten. Interessant ist auch der Zusammenhang zwischen der Qualifikation und dem Interesse für den Lehrberuf. Je höher das Niveau einer Schule, umso höher war der Anteil der Lehrkräfte, die den Lehrberuf aus Interesse ausübten.

Tab. 8.2 Struktur und Qualifikation des Lehrkörpers in Finsbury (London) nach der Hierarchie der Schulen im Jahre 1843

Schulform	Zahl der Lehrpersonen	Anteil der Lehrpersonen: ohne Nebenberuf	mit Ausbildung für den Lehrberuf	die den Lehrberuf aus Interesse am Beruf ausüben
Dame School	185	65,9%	3,2%	3,2%
Common Day Schools	137	93,4%	39,4%	23,4%
Middling Day Schools	75	100,0%	68,0%	22,7%
Superior Day Schools	29	100,0%	82, %	44,8%

Quelle: *Journal of the Statistical Society of London*, vol. 6, 1843, 39-40.

Zusätzlich zu diesen kleinräumigen und innerstädtischen Disparitäten gab es seit Beginn der allgemeinen Schulpflicht bis in die jüngste Vergangenheit auch großräumig ein deutliches zentral-peripheres Gefälle der Lehrerqualifikation. Selbstverständlich waren auch an der ländlichen Peripherie vereinzelt sehr gute Lehrkräfte tätig, aber im Gesamtdurchschnitt hatten periphere ländliche Gebiete bis in die jüngste Zeit immer einen höheren Anteil an schlechter ausgebildeten, schlechter bezahlten und weniger erfahrenen (jüngeren) Lehrkräften als die großen Gemeinden und die Städte.

Solange die Besoldung der Lehrkräfte von den Gemeinden oder „Schulvereinen" (den Familienvorständen der schulpflichtigen Kinder) zu finanzieren war, hing die Qualifikation der Lehrer maßgeblich von der Finanzkraft und dem Bildungsinteresse der lokalen Schulpatrone (Gemeinden) bzw. der betroffenen Eltern ab und befand sich die ländliche Peripherie in einem „Teufelskreis" zwischen niedriger Besoldung und niedriger Qualifikation der Lehrkräfte. Weil die Gemeinden oder Schulträger in peripheren ländlichen Gebieten den Lehrkräften nur sehr wenig bezahlen konnten, haben sie auch nur unqualifizierte oder wenig qualifizierte Lehrpersonen erhalten. Weil in der Schule aus der Sicht der Bevölkerung wenig Brauchbares gelernt wurde, sah man auch keinen Anlaß, mehr Geld für die Lehrkräfte auszugeben.

Da gebildete und qualifizierte Lehrer häufig „neue Ideen" brachten und auch politisch tätig waren, wurde ihnen auch aus anderen Gründen mit Mißtrauen begegnet. In Preußen wurden »die seminaristisch vorgebildeten Lehrer [...] von mancher örtlicher Schulaufsicht, von adeligen Schulpatronen und konservativen Geistlichen, mit Mißtrauen betrachtet. Durch eine niedrige finanzielle Dotierung der Lehrerstellen konnte man die Bewerbung und Anstellung seminaristisch gebildeter Lehrer zugunsten anspruchsloserer und weniger qualifizierter Aspiranten vermeiden und zugleich Geld sparen. Insofern sind die Angaben über die Besoldung der Lehrer ein Indiz für den jeweiligen qualitativen Zustand einer Schule« (Baumgart F. 1990, 110).

Auch nach der Einführung der Seminarausbildung blieben in Preußen die in Seminaren ausgebildeten Lehrer die Minderheit. Deshalb rekrutierte sich die Mehrheit der Lehrer noch immer aus ehemaligen Handwerkern, Tagelöhnern und Soldaten, die keinerlei pädagogische Ausbildung erfahren hatten. Im Bericht eines Schulrats aus dem Jahre 1846 wird die Lehrersituation in ländlichen Gebieten sehr anschaulich geschildert:

»Viele der vorhandenen Lehrer waren früher Bediente der Gutsherren, und wer heute Schneider, Schuster, Tagelöhner war, wird morgen, wenn die Bauern ihm wohlwollen, zum Jugendlehrer erwählt. Manchen Dorfschullehrer fand ich daher, der nicht richtig sprechen, nicht den einfachsten Brief, Quittung etc. fehlerfrei, geschweige denn erträglich stilisiert abzufassen vermochte. Die Ritterschaft läßt sich nicht bestimmen, die Lehrerstellen auf ihren Höfen mit Seminaristen zu besetzen« (Fischer K. 1892, II, 175).

»Unter diesen Umständen war der Lehrerberuf, was das niedere Schulwesen anging, ein Sammelbecken gescheiterter Existenzen, die vielfach selber kaum des Lesens, Schreibens und Rechnens mächtig [...] waren« (Baumgart F. 1990, 62).

Erst in der zweiten Hälfte des 19. Jahrhunderts wurden die Qualifikationsanforderungen für die Lehrer in einigen Ländern deutlich erhöht und präzisiert. Die generelle Steigerung der Anforderungen an die Qualifikation der Lehrkräfte hat allerdings die regionalen Disparitäten der Lehrerqualifikation nicht verringert, sondern durch die Präzisierung der Qualifikationsanforderungen und die Professionalisierung des Lehrberufs wurden die regionalen Unterschiede nur noch deutlicher und leichter quantifizierbar. In Österreich gab es um 1890 folgende Qualifikationsanforderungen.

Für die *provisorische* Anstellung als Unterlehrer oder Lehrer war das Reifezeugnis einer Lehrerbildungsanstalt erforderlich. Für die *definitive* Anstellung als Unterlehrer oder Lehrer mußte die Lehrbefähigungsprüfung für Volksschulen erworben werden, die frühestens nach einer zweijährigen zufriedenstellenden Verwendung im praktischen Schuldienst abgelegt werden konnte. Zur definitiven Anstellung an Bürgerschulen war das Lehrbefähigungszeugnis für Bürgerschulen erforderlich, das nach einer mindestens dreijährigen „vollkommen befriedigenden Verwendung" an Volksschulen oder an anderen Lehranstalten erworben werden konnte.

Tab. 8.3 Anteil der provisorisch angestellten Lehrpersonen an öffentlichen Volksschulen in Österreich (1890)

Kronländer	Lehrer	Lehrerinnen	Unterlehrer	Unterlehrerinnen	Lehrpersonen gesamt	
					Männer	Frauen
Niederösterreich	1,1	2,2	44,0	38,2	15,0	18,7
Oberösterreich	2,4	4,0	33,3	23,2	11,6	19,4
Salzburg	5,4	7,1	73,6	48,2	26,1	34,2
Steiermark	3,0	7,3	40,4	29,9	17,9	24,6
Kärnten	5,9	7,8	96,3	100,0	22,8	29,7
Krain	20,1	30,3	94,7	20,0	24,8	29,8
Triest und Gebiet	14,3	7,6	22,7	63,8	16,2	25,0
Görz und Gradisca	30,2	13,3	61,5	89,8	32,9	47,7
Istrien	11,8	7,4	69,2	46,9	33,6	22,1
Tirol	38,3	60,0	89,0	91,6	55,7	72,7
Vorarlberg	4,3	20,0	84,5	77,1	46,4	57,5
Böhmen	4,0	6,4	50,1	60,8	25,7	36,6
Mähren	1,6	2,2	67,4	65,7	26,3	32,5
Schlesien	2,3	-	87,4	57,8	28,5	32,1
Galizien	30,8	38,5	85,1	84,8	49,2	66,2
Bukowina	26,1	22,5	68,4	45,2	31,1	34,2
Dalmatien	43,8	53,4	76,1	50,0	50,0	53,0
Gesamt	10,1	21,8	58,5	61,8	28,4	42,3

Quelle: Österreichische Statistik, 35. Band, 1. Heft, 1892, XLII.

Der Anteil von nur „provisorisch" angestellten Lehrkräften setzt sich allerdings aus unterschiedlichen Trends zusammen und muß je nach regionalem Kontext unterschiedlich interpretiert werden. Einerseits ist er Ausdruck von finanziellen Einsparungen, andererseits spiegelt sich darin der Anteil der „unvollständigen" Schulen wider, für die man keine voll qualifizierten Lehrkräfte vorsah. Drittens mußte man auch in Mangelkrisen, in denen es zuwenig ausgebildete Lehrkräfte gab, provisorische Lehrkräfte einstellen. Diese wurden vielfach an den niedrig organisierten Schulen von wenig attraktiven Standorten eingesetzt.

Tab. 8.4 Anteil der an öffentlichen Volksschulen vollbeschäftigten Lehrpersonen ohne Zeugnis

	kein Zeugnis hatten .... % der Lehrpersonen			
	1875	1880	1885	1890
Niederösterreich	2,4	3,0	0,3	0,3
Oberösterreich	0,1	0,9	.	0,2
Salzburg	2,1	7,1	0,7	2,3
Steiermark	8,3	6,6	1,4	2,5
Kärnten	5,0	3,9	1,7	1,4
Krain	14,0	19,8	3,1	6,9
Triest gesamt	0,5	5,1	2,7	0,7
Görz und Gradisca	24,8	31,5	17,2	9,8
Istrien	3,4	18,4	10,2	9,2
Tirol	22,1	25,9	22,4	26,1
Vorarlberg	12,8	20,2	14,3	22,5
Böhmen	19,2	18,1	3,0	3,8
Mähren	13,5	4,3	1,0	3,0
Schlesien	18,3	6,3	1,4	2,4
Galizien	27,5	14,1	8,5	9,7
Bukowina	0,9	1,0	0,6	0,7
Dalmatien	21,9	18,8	11,2	10,2
Durchschnitt	15,2	12,6	4,4	5,3

Quelle: Österreichische Statistik, 35. Band, 1. Heft, XLVII.

Tab. 8.5 Anteil der Lehrpersonen an öffentlichen Volksschulen nach ihrer Lehrbefähigung (1890)

Länder	männliche Lehrpersonen				weibliche Lehrpersonen			
	Lehrbefähigung für		Reife-prüfung	ohne Prüfung	Lehrbefähigung für		Reife-prüfung	ohne Prüfung
	Bürger-schule	Volks-schule			Bürger-schule	Volks-schule		
Niederösterreich	15,4	76,4	7,9	0,3	8,5	82,5	8,8	0,2
Oberösterreich	5,2	87,7	7,0	0,1	6,1	80,8	12,7	0,4
Salzburg	6,4	76,0	15,0	2,6	2,4	78,1	19,5	-
Steiermark	2,4	87,3	7,4	2,9	4,0	77,7	17,3	1,1
Kärnten	1,8	85,1	11,8	1,3	5,8	74,8	17,5	1,9
Krain	1,5	79,9	10,3	8,3	3,1	70,1	24,4	2,4
Triest und Gebiet	16,9	72,6	8,9	1,6	16,1	82,6	1,3	-
Görz u. Gradisca	0,5	78,5	8,1	12,9	1,8	67,8	26,1	4,3
Istrien	3,0	73,7	10,4	12,9	1,0	87,2	9,8	2,0
Tirol	2,6	59,9	14,8	22,7	1,2	56,4	12,4	30,0
Vorarlberg	2,3	66,2	10,0	21,5	-	63,5	10,8	25,7
Böhmen	8,6	78,9	8,7	3,8	7,5	69,5	19,7	3,3
Mähren	7,5	77,5	11,8	3,2	4,0	68,8	26,6	0,6
Schlesien	8,2	74,3	15,1	2,4	4,9	62,2	30,5	2,4
Galizien	3,7	74,7	13,2	8,4	15,1	57,0	14,6	13,3
Bukowina	5,0	77,2	17,0	0,8	4,6	69,8	25,6	-
Dalmatien	6,6	61,6	18,2	13,6	0,9	68,8	29,4	0,9
Gesamt	7,9	77,4	10,1	4,6	7,3	68,9	15,7	8,1

Quelle: Österreichische Statistik, 35. Band, 1. Heft, 1892, XLVII.

Die Tabelle 8.4 zeigt, daß der Anteil der vollbeschäftigten Volksschullehrer(innen), die kein Zeugnis (keine Lehrbefähigung) vorweisen konnten, zwischen 1875 und 1890 in Österreich von 15,2% auf 5,3% abgenommen hat, wobei in Galizien, Böhmen, Schlesien und Mähren in diesen 15 Jahren die größten Fortschritte gemacht wurden. Die meisten ungeprüften Lehrer gab es 1890 in Tirol und Vorarlberg, wobei in diesen beiden Ländern der Anteil der ungeprüften Lehrer zwischen 1875 und 1890 sogar noch zugenommen hat. Dieser hohe Anteil von ungeprüften Lehrpersonen ist wohl auf den hohen Anteil von Gehilfenstationen und Notschulen in den hochalpinen Gebieten zurückzuführen, die für eine geprüfte Lehrperson unattraktiv waren.

8.2 Besoldung

Regionale Disparitäten der Lehrerbesoldung hatten vor allem in der Anfangsphase des Schulwesens vielfältige Konsequenzen. Sie führten zu regionalen Unterschieden der Lehrerqualifikation, des schulischen Erfolgs, der Einsicht in die „Nützlichkeit" der Schule und damit auch der Akzeptanz der Schulpflicht durch die Eltern. Das in vielen Ländern bestehende zentral-periphere Gefälle der Lehrerbesoldung hat mehrere Ursachen. Erstens war es über einen langen Zeitraum hinweg beabsichtigt und durch gesetzliche Verordnungen festgelegt. In der Habsburgermonarchie wurde in der zweiten Hälfte des 19. Jahrhunderts beispielsweise das sogenannte „Ortsklassensystem" eingeführt, aufgrund dessen sich die Bezahlung der Lehrkräfte nach der Größe (Einwohnerzahl) der Orte richtete, in denen sie unterrichteten. Dieses Ortsklassensystem wurde in mehreren Ländern bis in die Zwischenkriegszeit beibehalten.

Je nach Zeitperiode und Kronland haben die Lehrer(innen) in der ersten Ortsklasse ein fast doppelt so hohes Mindestgehalt bzw. viermal so hohe „Wohnungs- und Aktivitätszulagen" erhalten als in der untersten Ortsklasse (vorwiegend periphere ländliche Gebiete).

Bis in die Zwischenkriegszeit waren viele Schulbehörden der Meinung, daß in der Stadt tätige Lehrpersonen besser entlohnt werden müßten, weil sie höhere Lebenshaltungskosten hätten als die Lehrer in Landgemeinden. Die Schulbehörden sahen es einerseits nicht für sinnvoll an, eine geschulte (und deshalb teurere) Lehrkraft in ein kleines Dorf zu einem halben Dutzend Schüler zu versetzen, weil die qualifizierten Lehrer anderswo dringender gebraucht wurden. Andererseits glaubte man, »daß der Lehrer in 1500 m Höhe bei karger Kost und keinerlei Vergnügungen weniger Geld bekommen müsse als der Lehrer in der Stadt« (Girardi W. 1953, 12).

In Preußen verdienten im Jahre 1820/21 die in Städten tätigen Lehrer durchschnittlich 638 Mark pro Jahr, auf dem „platten Lande" verdienten die Lehrer durchschnittlich 258 Mark, während mehr als ein Drittel der Lehrer sogar unter 180 Mark blieb (Petersilie A. 1883, 77; Das gesamte Volksschulwesen ... 1891, 191f). Manche kleinen und armen Gemeinden Preußens konnten sich keine eigene Schule leisten, so daß der Lehrer von Haus zu Haus zu ziehen hatte und gegen Unterkunft und Verpflegung, aber ohne feste Anstellung, Unterricht erteilte. Wenn die Gemeinden im Winterhalbjahr doch einen Lehrer anstellten, sahen sie nicht auf die Befähigung, sondern wählten denjenigen, »der am wenigsten Lohn forderte, und von dem sie erwarten konnten, daß er die strafbaren Schulversäumnisse am willigsten übersehen würde, statt sie vorschriftsmäßig anzuzeigen« (Das gesamte Volksschulwesen ... 1891, 56).

In der Habsburgermonarchie hatten an Trivialschulen tätige Lehrer zwar eine ihren beruflichen Aufgaben entsprechende Ausbildung in „Präparandenkursen" erfahren. Hinsichtlich der Besoldung und Versorgung im Krankheitsfall waren sie jedoch viel schlechter gestellt als die Lehrer an Haupt- oder Bürgerschulen.

Trivialschullehrer bekamen bei Dienstunfähigkeit infolge Alter oder Krankheit keine Pension. Sie konnten nur die Beistellung eines Gehilfen verlangen, oder ihren Schuldienst einem Nachfolger unter der Bedingung materieller Zuwendungen abtreten. Die Hinterbliebenen des Trivialschullehrers waren auf Gemeindeunterstützungen oder das Armenhaus angewiesen (Zeissl H. 1948, 171).

Noch schlechter war die Einkommenssituation der Lehrkräfte, die an „Gehilfenstationen" und „Notschulen" unterrichteten. An diesen Schulen wurden aus finanziellen Gründen meist nur „Aushilfslehrer" oder „Unterlehrer" angestellt. In Notschulen wurden die Kinder oft von Leuten unterrichtet, die selbst gerade noch des Lesens und Schreibens kundig waren, sonst aber keinerlei Lehrbefähigung vorzuweisen hatten. Oft übten die Bauern den Lehrbetrieb nebenbei aus.

»Ob nun der Notschullehrer die primitivsten methodischen Selbstverständlichkeiten beherrschte oder nicht, ob er selbst im Schreiben, Lesen oder Rechnen sattelfest war, davon überzeugte sich der Inspektor höchstens einmal im Jahr; sehr oft war dies aber aus geographischen Gründen nicht der Fall« (Girardi W. 1953, 23). Solche oft völlig ungeeigneten Lehrer haben manchmal jahrzehntelang an Notschulen gewirkt.
In Gehilfenstationen und Notschulen fehlte es auch meist an den einfachsten Lehrmitteln. Bei vielen Notschulen war der Katechismus das einzige Schulbuch. Auch das Gehalt der Lehrer an Gehilfenstationen und Notschulen lag weit unter dem Existenzminimum. Um 1850 hätte ein Volksschullehrer laut Erlaß der Unterrichtsbehörde durchschnittlich 130 Gulden verdienen müssen. 80% der Tiroler Lehrer verdienten jedoch damals wesentlich weniger (vgl. Girardi W. 1953).
Das niedrige Prestige und die unter dem Existenzminimum liegende Besoldung der Landschullehrer wurde auch von preußischen Bildungsreformern immer wieder bedauert. So klagte etwa F. E. v. Rochow in einer Schrift von 1779: »Welcher Meister des verächtlichsten Gewerbes hat nicht reichlicher Brot, als der Meister des Unterrichtes der Jugend des Volkes? Welcher Stand hat nicht mehr Ehre, Zutritt zu den Großen der Erde und Erlaubnis und Zeit, des Lebens froh zu werden [...]. [Aus der niedrigen Besoldung und dem Mangel an Prestige] und noch aus vielen Quellen mehr kömmt die Untauglichkeit der meisten Subjekte, die sich diesem nährlosen, mühsamen [...] Stande darbieten« (zit. bei Gansen J. 1894, 66).

Die schwierige finanzielle Situation der Lehrer im peripheren ländlichen Raum hing vor allem damit zusammen, daß noch Ende des 19. Jahrhunderts die Sinnhaftigkeit der allgemeinen Schulpflicht vor allem in solchen Gebieten nicht eingesehen wurde, in denen die Familien dringend auf die Kinderarbeit angewiesen waren. Wie groß der Widerstand der Bevölkerung gegen die Schule war, kann u.a. an der Häufigkeit der Strafen wegen Nichtbefolgung der Schulpflicht abgelesen werden. Da die Finanzierung der Schulgebäude und der Lehrergehälter für die Gemeinden eine hohe finanzielle Belastung darstellte, die man nur widerwillig auf sich nahm, wurde den Lehrkräften im ländlichen Raum oft nur ein „Hungerlohn" bezahlt. Der Lehrberuf gehörte in vielen Gebieten zu den am schlechtesten bezahlten und den am wenigsten angesehenen Berufen.

In den 1820er Jahren betrug in Preußen das Durchschnittseinkommen eines Landschullehrers im Regierungsbezirk Arnsberg 119 Taler, im Bezirk Köslin dagegen nur 30 Taler. »Damit verdiente ein Lehrer im besten Fall kaum mehr als ein Handwerker, im schlechtesten nicht einmal soviel wie ein Tagelöhner« (Baumgart F. 1990, 110).
»Das Trostlose an der Sache war, daß man dem Lehrer am Land seinen geringen Lohn nicht einmal ausbezahlte. Von alters her war es dort üblich gewesen, den Lehrer gleich einem Taglöhner zu entlohnen. Er bekam von der Gemeinde die Lehrerwohnung, das Heizungsmaterial und die Naturalien. Was sollte dem Lehrer also abgehen, wenn er ohnehin alles zum Leben Notwendige besaß. Daß der Lehrer schließlich kein Bettler wäre, daran dachte niemand. Man brachte ja schon Opfer, wenn man die Kinder in die Schule schickte« (Girardi W. 1953, 35-36).

Vor einer generalisierenden Betrachtungsweise, welche die lokalhistorischen Besonderheiten außer Acht läßt, muß allerdings gewarnt werden. Nicht alle armen, kleinen Gemeinden in wirtschaftlichen Notstandsgebieten waren in schulischer Hinsicht unterentwickelt. Dort, wo die (arme) Bevölkerung die Vorteile der Schulpflicht früh erkannte oder wo Volksschulen aufgrund von Stiftungen oder Schenkungen über einen eigenen Fonds verfügen konnten, waren die schulische Situation und die Besoldung der Lehrkräfte in der Regel besser. Unbestritten ist jedoch, daß in vielen Gebieten, wo der adelige Großgrundbesitz dominierte (z.B. in den östlichen Provinzen von Preußen), wo die Großgrundbesitzer noch Verwaltung, niedere Polizeirechte und Gerichtsbarkeit ausübten und zugleich das Schulpatronat und damit auch die Schulverwaltung innehatten, eine Verbesserung der schulischen Situation lange auf sich warten ließ (vgl. Baumgart F. 1990, 112). Dies hing vermutlich auch damit zusammen, daß in Preußen die adeligen Großgrundbesitzer oder die wohlhabenden städtischen Familien ihre Kinder in der Regel nicht in jene Schulen schickten, in denen die ländlichen oder städtischen Unterschichten unterrichtet wurden. Diejenigen, welche die Verbesserungen der ländlichen Schulen hätten finanzieren müssen, hatten also kein persönliches Interesse an der Aufwertung des niederen Schulwesens (vgl. Baumgart F. 1990, 62).

Wie sehr das ökonomische oder auch politische Interesse die Finanzierung des Schulwesens und die Qualifikation des Lehrkörpers beeinflußte, kann man in jenen Regionen beobachten, denen politisch oder militärisch eine hohe Bedeutung zugemessen wurde. Wenn es darum ging, ethnische oder religiöse Minderheiten in neu eroberten Gebieten zu assimilieren und ein neues Nationalbewußtsein zu schaffen, wurden dort sehr qualifizierte und höher besoldete Lehrpersonen eingesetzt.

Ein preußischer Revisionsbericht aus dem Jahre 1767 berichtet, daß in Ostpreußen, anders als in den übrigen Landesteilen, mehr als die Hälfte der Kirchschullehrer zu den „Studierten" (Theologen, Kandidaten für das Predigtamt) gehörten, die dem normalen Dorfschullehrer weit überlegen waren, und daß deren Anteil im litauischen Bezirk besonders hoch war. Ein Kirchschullehrer erhielt ein Jahresgehalt von etwa 38 Talern, die Dorfschullehrer nur eines von 21 Talern. Für 21 Taler würde nach Ansicht der Kommission kein lediger Knecht oder Hirte das ganze Jahr arbeiten. Ein ostpreußischer Pfarrer erhielt vergleichsweise ein Gehalt von 140 Talern, und für den Lebensunterhalt unbedingt erforderlich wurden im Jahre 1734 33 Taler gehalten; dieses Minimum wurde jedoch 1786 von vielen Landschullehrern noch nicht erreicht (Notbohm H. 1959, 165, 192; Leschinsky A. und P. M. Roeder 1976, 98-99).

In jenen Großregionen, in denen die Lehrerbesoldung vom Staat (Bundesland) übernommen wurde und im 20. Jahrhundert auch das Ortsklassensystem aufgegeben wurde, sind die regionalen Unterschiede der Lehrerbesoldung (wenn man vom unterschiedlichen Dienstalter absieht) weitgehend verschwunden. Regionale Unterschiede der Lehrerbesoldung spielen jedoch auch heute noch in jenen Ländern eine wichtige Rolle, in denen Privatschulen dominieren oder die Lehrerbesoldung vom Steueraufkommen der Gemeinde oder des Schulbezirks abhängt (z.B. USA.

8.3 Altersaufbau

Zentral-periphere und großräumige regionale Unterschiede der Altersstruktur des Lehrkörpers sind seit der Mitte des 19. Jahrhunderts statistisch belegbar. Diese Disparitäten werden je nach Schulsystem u.a. durch folgene Einflußfaktoren bewirkt:

- Nachfrage nach Lehrpersonen,
- Politik der Stellenbesetzungen durch die Schulverwaltung,
- Finanzielle Leistungskraft der Gemeinden,
- Migrationsströme der Lehrpersonen vom Land in die Stadt.

Eine regional unterschiedliche Nachfrage nach Lehrpersonen beeinflußt die Neueinstellungsquote von jungen Lehrkräften und führt damit zu regionalen Unterschieden im Altersaufbau des Lehrkörpers. Diese Nachfrage kann durch die demographische Entwicklung (durch unterschiedlich hohe Geburtenraten oder aufgrund einer Zu- oder Abwanderung junger Familien), durch schulpolitische und schulplanerische Maßnahmen (Veränderungen des „Klassenteilers" und der Richtlinien für die maximale Klassengröße, Erhöhung oder Verminderung der Deputatsstunden, Auflassung von Kleinschulen) und durch zyklisch wiederkehrende Nachfrageschwankungen (unterschiedliche Pensionierungsquoten) beeinflußt werden. Da sich Nachfrageschwankungen vor allem auf die Einstellung von Berufsanfängern auswirken, kann eine mehrjährige geringe Nachfrage oder gar Aufnahmesperre den Altersaufbau gravierend verändern.

Abb. 8.1 Die Auswirkungen eines Einstellungsstops auf den Altersaufbau der hauptamtlichen Lehrkräfte an den Grund- und Hauptschulen Baden-Württembergs zwischen 1975 und 1984

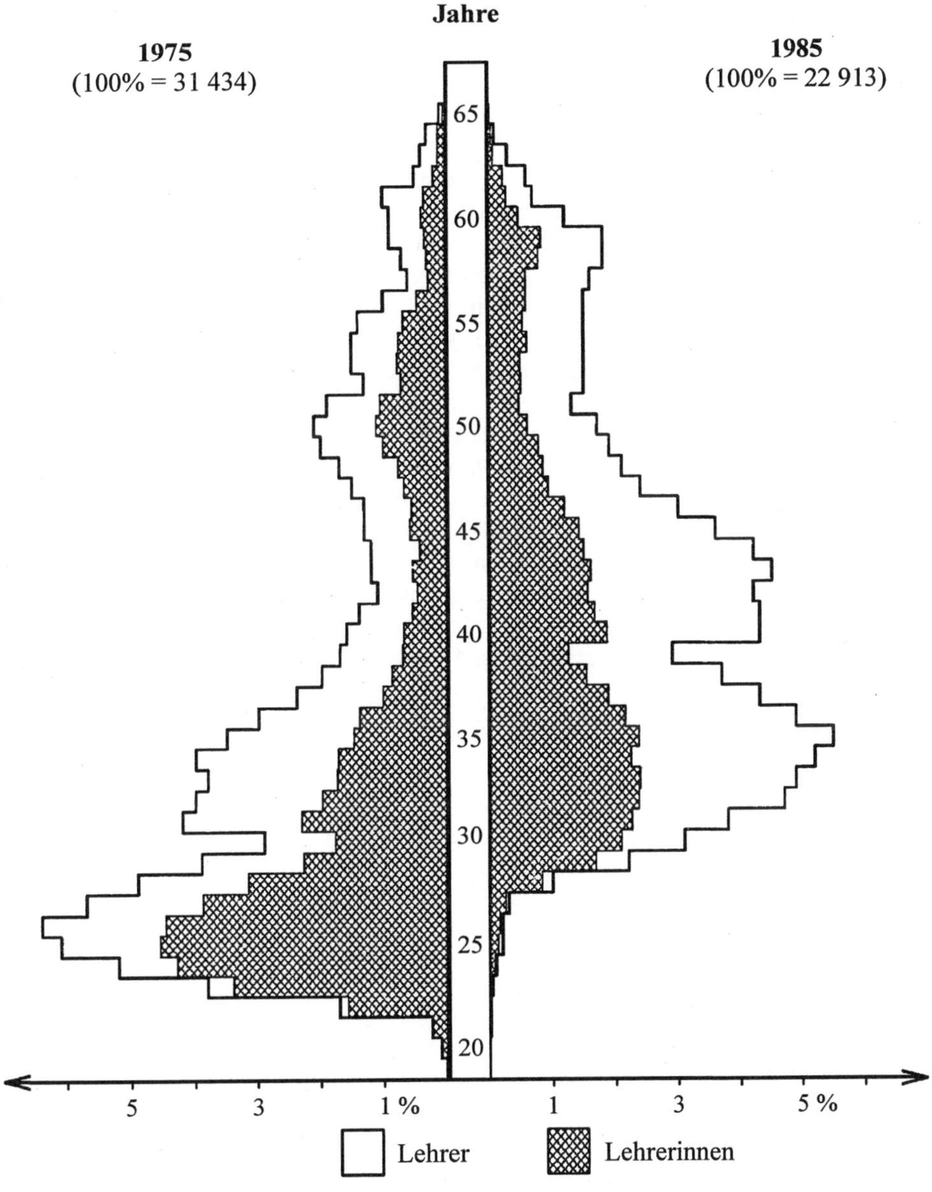

Quelle: Schmude J. 1988a, 96.

Die Auswirkungen einer unterschiedlichen Nachfrage können am Beispiel Österreichs illustriert werden. In Vorarlberg, wo das Schüleraufkommen in den 70er Jahren weniger stark zurückging und wo auch weniger Kleinschulen aufgelöst wurden als in Ostösterreich, war im Jahre 1981 der Anteil der Lehrerinnen unter 25 Jahren an der Gesamtzahl der Lehrerinnen (22,0%)

mehr als doppelt so hoch wie in Wien (10,9%), der Steiermark (11,0%) oder im Burgenland (9,7%) und mehr als dreimal so hoch wie in Kärnten (7,1%). Die Zahl der männlichen Junglehrer hat in Ostösterreich so stark abgenommen, daß es 1981 in Wien nur noch auf 285,7 Lehrkräfte einen männlichen Lehrer unter 25 Jahre traf, in Kärnten entfiel ein männlicher Junglehrer auf 256,4 Lehrkräfte, in Tirol auf 64,9 Lehrkräfte und in Vorarlberg auf 46,9 Lehrkräfte. Was eine Überalterung des Lehrkörpers aus pädagogischer Sicht bedeutet, soll hier nicht näher erörtert werden.

Einen entscheidenden Einfluß auf die regionalen Altersunterschiede des Lehrkörpers hat die Stellenbesetzungspolitik der Schulbehörden. In vielen Ländern ist es üblich, jungen (unverheirateten) Lehrkräften die ersten Dienstposten im ländlichen Raum zuzuweisen und die begehrten Posten in den Städten an die erfahrenen und bewährten älteren Lehrpersonen zu verteilen. Ein beträchtlicher Teil dieser an die Peripherie versetzten jungen Lehrkräfte beantragt nach kurzer Zeit einen Dienstposten in städtischen Verdichtungsräumen, wo es meist höhere Verdienstmöglichkeiten, ein besseres kulturelles Angebot und ein vielfältigeres schulisches Angebot für deren Kinder gibt. Auf diesen frei werdenden Stellen werden erneut Berufsanfänger angestellt, so daß sich dieser Kreislauf wiederholt und die Peripherie stets einen überproportional hohen Anteil an jungen Lehrkräften aufweist. Bei Volksschullehrern ist also die berufliche Laufbahn in ähnlicher Weise mit einer Migration von der Peripherie ins Zentrum verbunden wie bei manchen anderen Berufen.

In Schulsystemen, in denen die Bezahlung des Lehrkörpers nicht in die Kompetenz der Länder sondern der Gemeinden fällt, kann auch die unterschiedliche Finanzkraft der Gemeinden bzw. eine unterschiedliche Besoldung der Lehrkräfte zu regionalen Unterschieden des Altersaufbaus führen. Arme Gemeinden haben in der Regel jüngere (geringer qualifizierte und billigere) Lehrkräfte als reichere Gemeinden, die höhere Gehälter zahlen können.

8.4 Feminisierung des Lehrberufs

8.4.1 Zum Begriff der Feminisierung

Die Feminisierung des Lehrkörpers, unter der man ursprünglich nur den Anstieg des Frauenanteils verstand, wurde in Deutschland bereits zu Beginn des 20. Jahrhunderts analysiert. Damals wurde der Begriff *Feminisierung* allerdings nicht immer wertneutral, sondern oft als antifeministischer Kampfbegriff verwendet (Zinnecker J. 1973, 87; Schmude J. 1988a). So sah beispielsweise der Chemnitzer Oberlehrer Laube im Jahre 1906, als der Anteil der Lehrerinnen am Lehrkörper der Volksschulen in den Ländern des Deutschen Reiches erst 10 bis 20 Prozent betrug, »in der Verweiblichung des Lehrkörpers der Volksschule [...] eine Gefahr für die Entwicklung der Schule, für ihre Unabhängigkeit und unser gesamtes Volkstum« (zitiert nach Zinnekker J. 1970, 26). In den 60er Jahren haben sozialwissenschaftliche Studien den Begriff Feminisierung stärker mit der Berufsrolle und dem gesunkenen Sozialprestige des Lehrerberufs in Verbindung gebracht (Brinkmann W. 1976, 111; Brehmer I. 1980). Die erste umfassende geographische Untersuchung über räumliche Disparitäten der Feminisierung des Lehrkörpers stammt von J. Schmude (1988a), der den Begriff der Feminisierung auch erstmals klar definiert und vier Typen der Feminisierung unterschieden hat.

8.4.2 Regionale Unterschiede des Frauenanteils im Lehrkörper und deren Ursachen

Seit Beginn der allgemeinen Schulpflicht lassen sich auf allen Maßstabsebenen große regionale Unterschiede des Frauenanteils am Lehrkörper feststellen. Dabei weisen die zentral-peripheren Disparitäten bzw. die Stadt-Land-Unterschiede eine große Spannweite und eine erstaunliche zeitliche Persistenz auf, was die Feminisierung zu einer interessanten geographischen Frage macht.

Die räumlichen Disparitäten in der Feminisierung des Lehrkörpers von Grundschulen sind nicht nur Ausdruck der regional unterschiedlichen gesellschaftlichen Situation und der Rollenbilder von Frauen, sondern in vielen Fällen sind sie auch das Resultat einer unterschiedlichen Schulpolitik, das Ergebnis von nur regional angewandten, gesetzlichen Bestimmungen wie beispielsweise des Zölibatsgebots und das Spiegelbild eines vielfältigen, sozio-ökonomischen Entwicklungsgefälles. Dies kann für unterschiedliche Zeitepochen und zahlreiche Länder empirisch belegt werden.

Tab. 8.6 Frauenanteil am vollbeschäftigten Lehrpersonal der öffentlichen Volksschulen in den österreichischen Kronländern

Kronland	1871	1875	1880	1885	1890
Niederösterreich	4,2	12,7	20,6	21,8	22,6
Oberösterreich	1,3	8,8	17,9	20,5	21,6
Salzburg	4,1	8,8	13,2	11,5	13,3
Steiermark	3,4	8,4	17,8	20,3	22,4
Kärnten	9,5	10,3	15,7	17,2	15,9
Krain	10,0	7,1	17,9	20,4	23,7
Küstenland	20,8	31,9	33,2	39,2	41,0
Tirol und Vorarlberg	31,8	31,2	37,5	40,2	42,8
Böhmen	1,1	3,7	6,8	9,5	10,6
Mähren	2,8	2,8	8,7	9,7	10,7
Schlesien	8,2	9,6	11,7	6,2	8,6
Galizien	8,5	8,6	19,4	24,6	27,0
Bukowina	6,7	9,0	16,6	21,3	19,3
Dalmatien	13,5	12,5	19,0	23,1	26,5

Quelle: Österreichische Statistik, 35. Band, 1. Heft, Wien 1892, XL, eigene Berechnung.

In der Habsburgermonarchie wurde im Jahre 1890 der höchste Frauenanteil am Lehrkörper von Volksschulen mit 42,8% in Tirol und Vorarlberg und der niedrigste mit 8,6% in Schlesien gemessen.

Im russischen Zarenreich war der Anteil der Frauen am Lehrkörper der Grundschulen um die Jahrhundertwende in den industrialisierten Provinzen am höchsten und in den nördlichen Waldprovinzen am niedrigsten. Schon damals wurden die großen regionalen Disparitäten zwischen den europäischen Provinzen und den baltischen Provinzen mit dem Argument erklärt, daß in den industriellen Gebieten das Arbeitsplatzangebot besser sei und die Männer deshalb weniger Interesse am Lehrberuf hätten, während in den peripheren Gebieten der Mangel an nicht-landwirtschaftlichen Arbeitsplätzen zu großer Konkurrenz um die wenigen Arbeitsplätze führte (Eklof B. 1986, 187).
Aus einem Vergleich der beiden Tabellen 8.6 und 8.6 wird deutlich, daß der Frauenanteil zwar langfristig kontinuierlich angestiegen ist, aber die regionalen Disparitäten in diesem langen Zeitraum nur geringfügig abgenommen haben.

Tab. 8.7 Frauenanteil am Lehrkörper der österreichischen Volksschulen in Prozent

	1926/27	1934/35	1970/71	1981/82	1987/88	1995/96
Burgenland	28,2	29,2	45,2	59,8	69,9	77,7
Kärnten	34,2	38,2	58,3	70,5	78,6	83,5
Niederösterreich	29,7	31,3	58,8	76,3	81,0	85,9
Oberösterreich	36,8	37,1	62,5	77,0	80,7	83,9
Salzburg	30,8	32,9	62,5	78,1	81,3	83,1
Steiermark	51,7	50,2	69,4	80,4	83,4	87,3
Tirol	47,9	46,9	54,5	62,1	66,2	73,9
Vorarlberg	34,5	35,3	45,7	64,7	69,6	75,4
Wien	55,5	56,8	85,5	91,3	92,5	93,2
Österreich	41,5	41,4	63,3	76,6	80,6	84,6

Quelle: Statistische Handbücher der Republik Österreich, diverse Jahrgänge.

Die regionalen Unterschiede des Frauenanteils am Lehrkörper können in den meisten Fällen nicht mit einigen wenigen Variablen (wie z.B. dem Grad der Industrialisierung oder Verstädterung) erklärt werden. Ähnlich wie bei den Frauenerwerbsquoten sind je nach historischer Zeitepoche und Untersuchungsregion eine große Bandbreite von Einflußfaktoren wirksam. In den meisten Ländern spielen für die Höhe des Frauenanteils des Lehrkörpers folgende Faktoren eine Rolle:

- dienstrechtliche Stellung der Lehrpersonen
- Schultyp und Organisationsform der Schule (niedrigorganisiert oder vollorganisiert)
- Größe der Schulen
- Ansehen oder Niveau der Schule (gemessen am zu bezahlenden Schulgeld, der sozialen Herkunft der Schüler oder der Ausstattung der Schule)
- Institution, die für die Bezahlung der Lehrpersonen verantwortlich ist
- vorherrschendes Familienmodell
- Gemeindetyp und Größe des Schulstandorts
- gesetzliche Bestimmungen über die Anstellung von Lehrerinnen

Einige dieser Variablen sind keine direkten Einflußfaktoren, sondern lediglich Indikatoren für einen sehr komplexen Zusammenhang, der sich auf den Frauenanteil auswirkt.

Organisationsform, Niveau und Ansehen der Schule

Wenn zwischen der Organisationsform einer Schule und anderen Variablen wie z.B. dem Frauenanteil unter dem Lehrkörper oder den Übertrittsraten der Schüler in weiterführende Schulen statistische Zusammenhänge nachgewiesen werden, dann hat in den seltensten Fällen die Organisationsform an sich eine positive oder negative Wirkung, sondern der räumliche und soziale Kontext, der für bestimmte Organisationsformen typisch ist.

Die Geschichte der letzten 150 Jahre belegt, daß der Feminisierungsprozeß nicht alle Hierarchiestufen des Schulsystems gleichzeitig und in gleichem Umfang erfaßte. Die soziale Innovation „Lehrerin“ hat sich zuerst auf den niedrigsten Stufen des Schulsystems ausgebreitet und ist erst mit einer beträchtlichen Verzögerung und relativ langsam auf die höheren Ebenen vorgedrungen. In den niedrigen Besoldungsgruppen, unter den Teilzeitbeschäftigten, unter den nur „provisorisch angestellten“ Lehrkräften und auf den untersten Hierarchieebenen des Schulsystems war der Frauenanteil jeweils am höchsten, während unter den Schuldirektoren, den höchsten Besoldungsgruppen und in den höchsten Ebenen des Ausbildungssystems die niedrigsten Frauenanteile festzustellen waren.

Für das 19. Jahrhundert läßt sich der statistische Zusammenhang zwischen der Organisationsform der Schule und dem Frauenanteil schon deshalb relativ leicht untersuchen, weil damals in den meisten Ländern für unterschiedliche Sozialschichten unterschiedliche Typen von Grundschulen vorgesehen waren und somit das Niveau schon an der Bezeichnung der Schulen abgelesen werden konnte. In Großbritannien gab es z.B., wenn man von den Sonntagsschulen (von den Kirchen getragen), den *Charity Schools* (von Wohltätigkeitsvereinen getragen) und den *Infant Schools* (Kindergärten, Vorschulen) absieht, um die Mitte des 19. Jahrhunderts folgende Hierarchie des schulischen Niveaus:

- *Dame School,*
- *Common Day School,*
- *Middling Day School,*
- *Superior School.*

Diese Schultypen unterschieden sich nach dem Lehrangebot (Qualität und Umfang des Unterrichts), der räumlichen Ausstattung (Größe und Mehrfachnutzung der Unterrichtsräume), dem Prestige und der Qualifikation des Lehrkörpers (Anteil der für den Beruf ausgebildeten Lehrer) und der beruflichen Nebentätigkeit des Lehrkörpers. Je niedriger das Prestige der Schule und je niedriger das Schulgeld, umso höher war damals der Frauenanteil am Lehrkörper. Es ist sehr aufschlußreich, daß jene Schulen, die für die ärmsten Bevölkerungsschichten vorgesehen waren und das niedrigste Niveau hatten, *Dame Schools* hießen und hier nur Frauen unterrichteten.

Der „*Second Report of the Statistical Society of London*" (1839, 196) berichtet, daß sich im Schuldistrikt von Westminster viele Schulleiterinnen von *Dame Schools* nicht nur ihrem Lehrberuf widmeten, sondern neben- oder hauptberuflich einer anderen Beschäftigung nachgingen. Von 63 Schulleiterinnen verdienten 30 mit Nähen oder mit einem kleinen Geschäft ihr Geld, nur 12 von 63 Schulleiterinnen hatten eine Ausbildung für den Lehrberuf, die anderen kamen aufgrund einer persönlichen oder wirtschaftlichen Notlage zum Lehrberuf. Die Führung einer kleinen Privatschule in der eigenen Wohnung ermöglichte auch solchen Personen ein Einkommen, die einen anderen Beruf nicht ausüben konnten. Viele dieser Privatschulen waren eher Kinderbewahranstalten. Die Unterrichtsräume hatten meist noch andere Funktionen. Von den 63 im Jahre 1838 in Westminster untersuchten Unterrichtsräumen von *Dame Schools* wurden 34 zusätzlich als Schlafzimmer benutzt, die anderen als Wohnstube oder Geschäftsraum. Die durchschnittliche Raumgröße betrug etwa 4 x 3,5 m, das kleinste Klassenzimmer war 2,7 x 2,4 m groß (*Second Report of the Statistical Society of London*" 1839, 196).
Die *Common Day Schools*, die ebenfalls eher von den ärmeren Bevölkerungsschichten besucht wurden, waren etwas besser ausgestattet, der Anteil der Lehrerinnen und der nicht für den Lehrberuf ausgebildeten Lehrpersonen war deutlich niedriger als an den *Dame Schools*. Das Schulgeld war etwas höher als bei den *Dame Schools* und hing u.a. davon ab, was die Kinder - nach Meinung der Eltern- lernen sollten. Viele Lehrerinnen von *Common Day Schools* waren entweder junge Frauen, die wegen einer Krankheit keinem anderen Beruf nachgehen konnten oder ihre alten und kranken Eltern betreuen mußten, oder Mütter mit großen Familien. Diese unterrichteten meist in ihrer Privatwohnung und führten während der Unterrichtszeit noch den Haushalt (*Fifth Report and Summary of the Education Committee of the Statistical Society of London* 1843, 215). Auch von den männlichen Lehrpersonen der *common day schools* hat ein beträchtlicher Teil den Lehrberuf aufgrund einer Notlage ergriffen, oder weil sie in ihrem früheren Beruf gescheitert sind (*Fifth Report and Summary of the Education Committee of the Statistical Society of London* 1843, 215-216). Viele schämten sich, zum Lehrer abgestiegen zu sein, und gaben bei der Volkszählung 1841 ihre außerschulische Nebenbeschäftigung oder ihre frühere Tätigkeit als Beruf an.

Tab. 8.8 Anteil der Frauen unter den Schulleitern in Westminster im Jahre 1838 nach Schulformen

Schulformen	Zahl der Schulleiter	Anteil der Frauen unter den Schulleitern
Dame Schools	63	100,0%
Common Day Schools	41	78,0%
Middling Schools	20	70,0%
Superior Day Schools	4	50,0%

Quelle: Zusammengestellt nach dem „*Second Report of the Statistical Society of London*" 1839.

In den *Middling Day Schools* mußten pro Quartal 10 bis 31 *shilling* bezahlt werden. Die Väter der Schüler waren meist Händler oder niedrige Beamte. Von den 20 untersuchten Schulen wurde kein Schulraum von der Familie des Schulleiters benutzt, die Räume waren wesentlich größer und sauberer als bei den vorher erwähnten Schulen. Von einer Ausnahme abgesehen übten alle Schulleiter neben dem Lehrberuf keine andere Beschäftigung aus. 16 von 20 Schulleitern waren für den Lehrberuf ausgebildet (*Second Report of the Statistical Society of London* 1839, 198).

Die *Superior Schools* rekrutierten ihre Schüler aus den oberen Sozialschichten. Das Schulgeld variierte zwischen 25 und 42 *shilling* pro Quartal. Alle Schulleiter hatten eine gute Ausbildung und übten keinen Nebenberuf mehr aus (*Second Report of the Statistical Society of London* 1839, 199-200).

An dieser *vertikalen* Differenzierung des Frauenanteils hat sich bis heute kaum etwas geändert (vgl. Tab. 8.9). Auch heute gilt in fast allen Ländern, daß der Anteil der Frauen am Lehrkörper mit zunehmendem Niveau der Schulform sinkt. Auch diese Tatsache hat eine räumliche Komponente. Denn die Hierarchie des Schulsystems ist eng an die Hierarchie des Siedlungssystems gekoppelt, d.h. je höher das Niveau einer Schulform, desto stärker ist diese auf (Groß-)Städte konzentriert.

Tab. 8.9 Frauenanteil am Lehrkörper verschiedener Schultypen in Österreich im Schuljahr 1993/94

Bundesland	Kindergärten	Volksschulen	Hauptschulen	allgemeinbildende Höhere Schulen	Pädagogische Akademien
Burgenland	99,7	76,3	59,1	49,2	32,6
Kärnten	98,9	83,0	64,5	51,7	41,1
Niederösterreich	99,8	84,9	64,1	51,3	49,1
Oberösterreich	98,6	82,9	63,7	50,5	40,7
Salzburg	97,2	83,3	62,6	53,2	35,9
Steiermark	98,8	86,6	61,6	55,5	44,7
Tirol	96,9	71,9	53,1	46,7	35,1
Vorarlberg	99,5	73,8	51,3	41,0	34,8
Wien	99,1	93,6	72,7	66,3	54,5
Österreich	98,8	83,8	62,7	55,8	43,5

Quelle: Statistisches Handbuch der Republik Österreich 1994, 73-74.

Der Frauenanteil variiert aber auch innerhalb der Grundschulen nach der Organisationsform. An einklassigen, kleinen Grundschulen waren Frauen seit dem 19. Jahrhundert bis heute stets stark unterrepräsentiert, an den großen, städtischen Schulen hatten sie stets die höchsten Anteile. Die Regularität „je kleiner eine Schule, desto geringer der Frauenanteil am Lehrkörper“ läßt sich schon seit fast 200 Jahren nachweisen.

Tab. 8.10 Frauenanteil nach der Klassenzahl der Volksschulen in Vorarlberg

Jahr	einklassig	zweiklassig	dreiklassig	vierklassig	5 bis 9 Kl.	10 - 20 Kl.	über 20 Kl.
	Frauenanteil am Lehrkörper in Prozent						
1902	6,96	51,16	52,38	34,62	38,94	-	-
1929	18,33	40,63	41,89	33,93	45,98	63,64	-
1952	10,31	36,49	40,23	41,38	41,69	-	-
1963	4,29	40,91	41,86	45,45	51,56	46,30	-
1975	22,64	43,75	42,31	56,94	61,54	63,84	63,64
1981	13,95	50,00	60,38	55,70	71,36	80,87	77,78
1985	19,05	52,73	58,54	64,95	71,75	82,40	-

Quellen: 1902-1963 Auswertung der Vorarlberger Lehrerschematismen; 1975-1985 eigene Erhebungen.

Dienstrechtliche Stellung der Lehrpersonen

Der Frauenanteil am Lehrkörper variierte auch stets mit der dienstrechtlichen Stellung. Unter den Schulleitern und den vollbeschäftigten Lehrpersonen waren Frauen unterdurchschnittlich und unter den schlecht bezahlten provisorischen Lehrkräften überdurchschnittlich stark vertreten. Im Jahre 1890 haben in den österreichischen Kronländern von den vollbeschäftigten männlichen Lehrern an öffentlichen Volksschulen 20,7% die Funktion eines Schulleiters ausgeübt, von den Frauen hingegen nur 1,3%. Von den männlichen Lehrern waren 28,4% nur provisorisch angestellt, von den Lehrerinnen dagegen 42,3%. Die wenig begehrte und schlecht bezahlte Stellung eines „Unterlehrers" hatten 37,9% der männlichen, jedoch 51,1% der weiblichen Lehrer an öffentlichen Volksschulen (Österreichische Statistik, 35. Bd., 1. Heft, 1892, XLII). Heute lassen sich die geschlechtsspezifischen Disparitäten vor allem am Beispiel der Schulleiter und der teilzeitbeschäftigten Lehrkräfte illustrieren.

Zentrale oder periphere Lage des Schulstandortes

Die Lebensbedingungen der Lehrpersonen am Schulstandort und die Erwartungen hinsichtlich der außerschulischen Nebenfunktionen „des Lehrers" variieren sehr stark zwischen den Zentren und der Peripherie. Unabhängig davon, ob man die zentral-peripheren Disparitäten auf der regionalen Mikroebene analysiert, wo es noch möglich ist, unter Verwendung verschiedener Kriterien (z.B. Distanz zu größeren Ortschaften, Verkehrserschlossenheit, Höhenlage, Lebensbedingungen) den Standort jeder einzelnen Schule als „zentral", „peripher" oder „extrem peripher" zu klassifizieren, oder ob man dieselbe Thematik auf der Makroebene untersucht, wo nur noch der hierarchische Rang der Schulstandortgemeinden im Siedlungssystem (z.B. zentralörtliche Rangstufe oder Gemeindegrößenklasse) berücksichtigt werden kann, läßt sich seit dem Erscheinen der ersten ausführlichen Lehrerstatistiken bis heute ein stark ausgeprägtes zentral-peripheres Gefälle des Frauenanteils am Lehrkörper der Grundschulen nachweisen. Die empirisch mehrfach aufgezeigten Tendenzen lauten (vgl. Meusburger P. und J. Schmude 1991):

- „je zentraler und größer die Schulstandortgemeinde, desto größer der Frauenanteil am Lehrkörper der Volksschulen",
- „je peripherer eine Schule gelegen ist, desto geringer ist der Frauenanteil am Lehrkörper".

Diese Tendenzen konnten bisher nur in wenigen Fällen durch massive Eingriffe der Schulpolitik (z.B. mehrere Jahre andauernder Einstellungsstopp für junge Lehrer/innen) für einen kurzen Zeitraum abgeschwächt werden (vgl. Schmude J. 1988a).

Die erste These „je kleiner die Gemeinde, desto geringer der Frauenanteil am Lehrkörper der Volksschulen" sei am Beispiel Österreichs belegt. Während in den Volksschulen der Millionenstadt Wien der Frauenanteil im Jahre 1981 bereits 90,3% erreicht hatte, lag er in der Gemeindegrößenklasse bis 500 Einwohner im Durchschnitt erst bei 47,6%, einem Wert, den Wien schon acht Jahrzehnte zuvor überschritten hatte (vgl. Tab. 8.11).

Tab. 8.11 Frauenanteil am Lehrkörper der österreichischen Volksschulen im Jahre 1981 nach der Einwohnerzahl der Schulstandortgemeinde

Einwohnerzahl der Schulstandortgemeinde	Frauenanteil am Lehrkörper der Volksschulen in %
bis 500	47,64
501 - 1.000	63,64
1.001 - 2.000	70,93
2.001 - 5.000	75,76
5.001 - 10.000	79,65
10.001 - 20.000	81,72
20.001 - 100.000	85,49
100.001 - 1 Mio.	87,93
über 1 Mio. (Wien)	90,29

Quelle: Sonderauswertung der Österreichischen Volkszählung 1981.

Der niedrige Frauenanteil in den Kleingemeinden ist umso erstaunlicher, als in den 60er und 70er Jahren bereits hunderte von extrem peripher gelegenen Kleinstschulen aufgelassen wurden, so daß diese gar nicht mehr in die Statistik eingingen. Auf der Basis der politischen Bezirke betrug die Spannweite sogar 51,7 Prozentpunkte.

In Gemeindegrößenklassen oder Bezirken können jedoch Schulen mit sehr unterschiedlichen Frauenanteilen aggregiert sein, deshalb müssen derartige Analysen auch auf der Mikroebene, bezogen auf den Standort der einzelnen Schule, durchgeführt werden. Bei dieser Vorgangsweise zeigt sich am Beispiel Vorarlbergs, daß vor allem solche Volksschulen besonders niedrige Frauenanteile aufweisen, die außerhalb von geschlossenen Siedlungen in peripherer oder extrem peripherer Lage situiert sind.

Tab. 8.12 Frauenanteil in den Vorarlberger Volksschulen nach dem Standort der Schulen

	Frauenanteil am Lehrkörper in % Die Schule befindet sich in			
	in geschlossenen Siedlungen mit		außerhalb von geschlossenen Siedlungen	
Jahr	über 2.000 Einwohnern	unter 2000 Einwohnern	in peripherer Lage	in extrem peripherer Lage
1902	42,74	36,71	16,46	5,26
1952	40,79	36,80	27,35	4,17
1963	48,04	44,14	27,83	6,25
1975	63,69	50,00	33,33	35,71
1981	75,15	62,25	41,38	30,77
1985	77,41	63,16	44,44	35,71

Quelle: 1902-1963 Auswertung der Vorarlberger Lehrerschematismen; 1975-1985 Erhebungen aus unveröffentlichten Unterlagen der Vorarlberger Landesregierung. Als „extrem periphere Lage" wurden dünn besiedelte Streusiedlungs- oder hoch gelegene und schlecht erschlossene Bergbauerngebiete bezeichnet.

Finanzielle Einsparungen durch die Einstellung von weiblichen Lehrkräften

Hinter dem Anstieg des Frauenanteils können sehr unterschiedliche Trends und Ursachen stehen. Zum einen kann er als Zeichen dafür angesehen werden, daß sich Frauen im Lehrberuf Anerkennung erworben und sich in einem neuen Berufsfeld durchgesetzt haben oder daß die Benachteiligung der Frauen geringer geworden ist. Diese Art der Feminisierung des Lehrkörpers ist in der räumlichen Dimension einem hierarchischen Diffusionsmuster gefolgt. Sie war zuerst in den großen Städten festzustellen und hat dann nach und nach auf Mittel- und Kleinstädte sowie - mit einer beträchtlichen zeitlichen Verzögerung - auf Landgemeinden übergegriffen.

Das zweite Motiv für eine verstärkte Anstellung von Frauen war ein finanzielles. In vielen Länden wurden vor allem deshalb Frauen eingestellt, um Finanzmittel einzusparen. In vielen katholischen Regionen wurden vor dem Ersten Weltkrieg zu einem hohen Prozentsatz Nonnen angestellt, weil man diesen die niedrigsten Löhne zahlen konnte. Diese Art der Feminisierung war besonders in ländlichen Gebieten verbreitet. In Österreich erreichte der Anteil der Nonnen am weiblichen Lehrkörper Ende des 19. Jahrhunderts seinen Höhepunkt, bis in die Zwischenkriegszeit nahm er dann jedoch stark ab.

Im Jahre 1890 war in Östereich der Anteil der Nonnen am vollbeschäftigten weiblichen Lehrkörper in Vorarlberg mit 85,1% weitaus am höchsten, auf den nächsten Platzen folgten die Kronländer Schlesien (26,8%) und Tirol (19,8%); der gesamtösterreichische Durchschnitt lag bei 4,8%. In Niederösterreich, Kärnten, Krain, Görz und Gradisca, Istrien, Mähren und der Bukowina gab es unter den vollbeschäftigten Lehrerinnen keine einzige Nonne. Der hohe Anteil von geistlichen Schwestern in Vorarlberg ist u.a. auch darauf zurückzuführen, daß hier jahrzehntelang nur Knaben in die Lehrerbildungsanstalt aufgenommen wurden und deshalb im eigenen Land keine Lehrerinnen ausgebildet wurden.

Tab. 8.13 Frauenanteil am Lehrkörper der Vorarlberger Volksschulen mit und ohne Berücksichtigung der Nonnen

Jahr	absolute Zahl der Lehrkräfte	Prozentanteil der „weltlichen“ Lehrerinnen	Prozentanteil der Nonnen	Prozentanteil der Lehrerinnen insgesamt
1902	149	12,71	22,35	35,06
1929	198	18,50	18,51	37,01
1936	257	24,09	18,32	42,41
1952	265	34,07	2,63	36,70
1963	342	39,44	4,07	43,51
1975	509	57,27	0,57	57,84
1981	745	69,92	0,10	70,02
1985	828	72,19	0,00	72,19

Quelle: 1902 bis 1963 eigene Auswertung des Vorarlberger Lehrerkalenders; 1975 bis 1985 Unterlagen der Vorarlberger Landesregierung.

Auch für „weltliche" Lehrerinnen war in den meisten Ländern ein geringeres Gehalt vorgesehen als für Männer. Deshalb wurde die Feminisierung des Lehrberufs von den Schulverwaltungen auch als eine Maßnahme zur Kostensenkung benutzt.

In Massachusetts konnten während des amerikanischen Bürgerkriegs die Lehrergehälter nicht mit der Inflation Schritt halten, so daß Lehrpersonen einen realen Einkommensverlust hinnehmen mußten. Diese Einkommensverluste des Lehrkörpers wurden von einer massiven Feminisierung des Berufs begleitet. Während die Zahl der männlichen Lehrkräfte im Zeitraum von 1834 bis 1880 um 44,3% sank, stieg die der weiblichen Lehrkräfte um 156,3% an (Kaestle C. F. und M. A. Vinovskis 1980, 200f). In Massachusetts verdienten im Jahre 1860 Lehrerinnen nur 50,6% des durchschnittlichen Monatsgehalts der männlichen Lehrer (Kaestle C. F. und M. A. Vinovskis 1980, 122, 263).

In Massachusetts war die finanzielle Diskriminierung der weiblichen Lehrkräfte in der Regel in den großen Städten, wo die höchsten Gehälter gezahlt wurden, am größten und in den ländlichen Dörfern am geringsten (Kaestle C. F. und M. A. Vinovskis 1980, 122). Aufgrund des generell niedrigen Gehaltsniveaus im ländlichen Raum hat hier die Anstellung von Frauen keine so hohen finanziellen Einsparungen bewirkt wie in den Städten.

Die steigende Anstellung von weiblichen Lehrkräften war also früher in vielen Fällen nicht ein Zeichen für zunehmende Gleichberechtigung der Frauen, sondern in erster Linie eine finanzielle Strategie, um die Ausgabensteigerungen für das Schulwesen einzuschränken.

Die Nachfrage nach Lehrkräften

Die Feminisierung des Lehrberufs korreliert sehr stark mit Überfüllungs- und Mangelkrisen. Ein verstärkter Bedarf an Lehrkräften hatte in der Vergangenheit stets eine zusätzliche Einstellung von Frauen zur Folge, hat also insgesamt den Feminisierungsprozeß gefördert, während ein verminderter Lehrkräftebedarf zumindest nach den bisherigen Erfahrungen den Feminisierungsprozeß stets unterbrochen oder sogar rückgängig gemacht hat (vgl. Schmude J. 1988a).

Während der beiden Weltkriege und der großen Ausbauphase des Schulwesens in den 60er und 70er Jahren stieg der Frauenanteil jeweils stark an, in den beiden Nachkriegsphasen und während der weitgehenden Aufnahmesperre zu Beginn der 80er Jahre ist er jeweils deutlich gesunken (vgl. Abb. 8.2). Allein während der Überfüllungskrise zwischen 1975 und 1984 ist in Baden-Württemberg der Frauenanteil am Lehrkörper der Grund- und Hauptschulen von 56,9% auf 44,4% zurückgegangen (Schmude J. 1988a, 103). Da unter den Studierenden und Berufsanfängern Frauen weit überwiegen, hat eine Einschränkung oder Sperre von Neueinstellungen auf Frauen jeweils viel stärkere Auswirkungen als auf Männer.

Abb. 8.2 Auswirkungen von Überfüllungs- und Mangelkrisen auf die Feminisierung des Lehrberufs in Baden-Württemberg

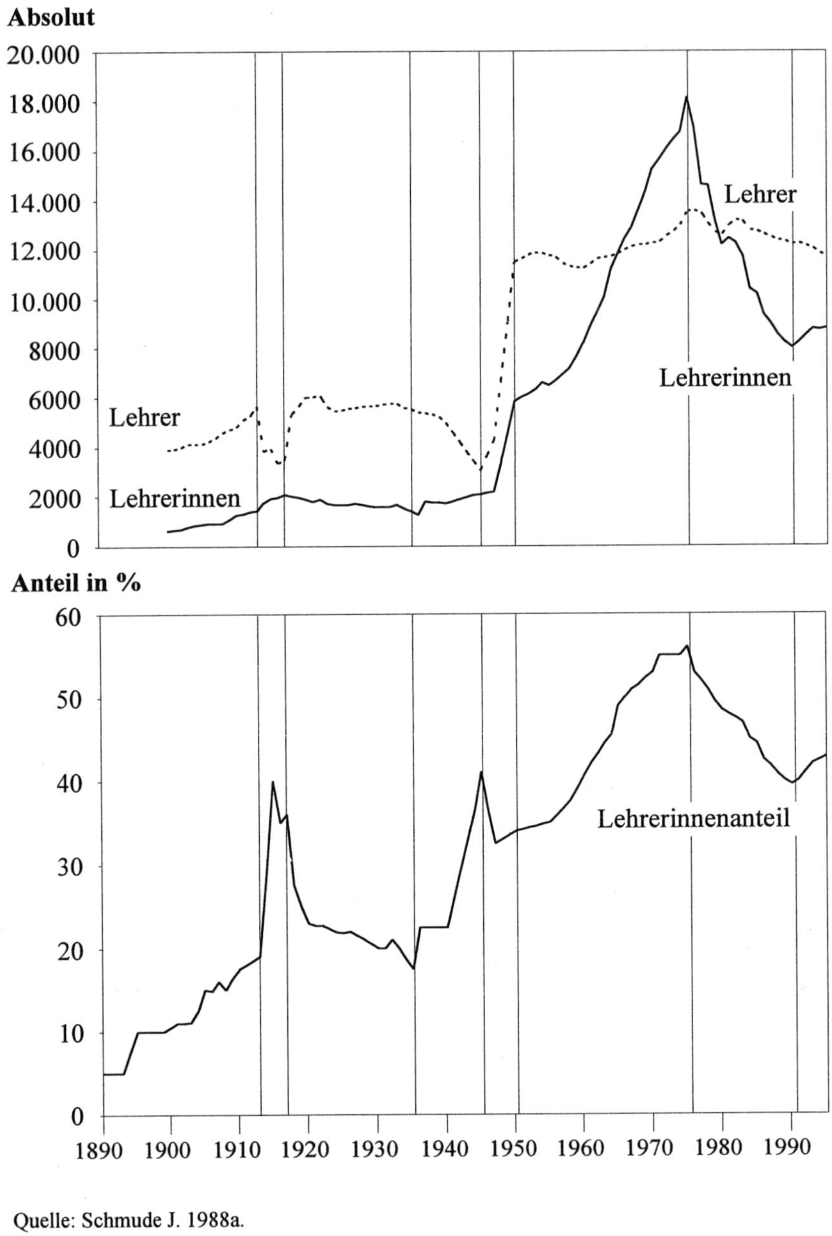

Quelle: Schmude J. 1988a.

Legislative Vorschriften der Schulbehörde hinsichtlich des Einsatzes von Lehrerinnen

Bis in die erste Hälfte des 20. Jahrhunderts haben eine Reihe von gesetzlichen Bestimmungen den Feminisierungsprozeß verzögert oder zum „Stadt-Land-Gefälle“ des Frauenanteils beigetragen. In einigen Ländern durften z.B. noch in der Zwischenkriegszeit die Dienstposten an einklassigen, gemischten Schulen nur mit Männern besetzt werden. Auch an den schlecht ausgestatteten „Notschulen“ durften in Österreich im 19. Jahrhundert nur Männer unterrichten. In anderen Ländern durften Frauen bestimmte Quoten nicht überschreiten. Bis in die Zwischenkriegszeit wurde der Feminisierungsprozeß der Lehrkräfte in mehreren europäischen Ländern durch das sogenannte *Zölibatsgebot* für Lehrerinnen gebremst. Dieses bestimmte, daß Lehrerinnen nach einer Heirat ihren Lehrberuf aufgeben mußten. In anderen Ländern gab es zwar kein Heiratsverbot, aber die Frauen und auch die noch nicht definitiv angestellten (und deshalb schlecht bezahlten) männlichen Unterlehrer mußten sich eine Heirat von der Schulbehörde genehmigen lassen. Diese Richtlinien wurden allerdings je nach Land unterschiedlich streng gehandhabt.

Die Tab. 8.14 zeigt, daß es in Istrien, Dalmatien, der Bukowina und Niederösterreich (damals inklusive Wien) einen relativ hohen Anteil von verheirateten Frauen gab, während in Vorarlberg und Salzburg im Jahre 1890 nur unverheiratete Volksschullehrerinnen angestellt waren. Auch in Kärnten, Krain, Görz und Gradisca, Tirol, Böhmen, Mähren und Schlesien betrug der Anteil der Ledigen unter den Lehrerinnen mehr als 90%.

Tab. 8.14 Familienstand des Lehrpersonals an öffentlichen Volksschulen im Jahr 1890

	männliches Lehrpersonal			weibliches Lehrpersonal		
Länder	ledig	verheiratet	verwitwet getrennt	ledig	verheiratet	verwitwet getrennt
Niederösterreich	38,9	59,0	2,1	75,1	22,5	2,4
Oberösterreich	31,0	66,4	2,6	87,3	11,5	1,2
Salzburg	31,5	66,3	2,2	100,0	-	-
Steiermark	34,5	63,4	2,1	84,4	13,5	2,1
Kärnten	37,8	59,3	2,9	95,2	2,9	1,9
Krain	34,8	61,5	3,7	92,1	6,3	1,6
Triest und Gebiet	24,2	73,4	2,4	77,4	14,8	7,8
Görz und Gradisca	47,6	51,9	0,5	91,3	4,4	4,3
Istrien	42,6	53,9	3,5	52,9	35,3	11,8
Tirol	45,7	49,1	5,2	93,5	5,1	1,4
Vorarlberg	36,9	57,3	5,8	100,0	-	-
Böhmen	36,3	61,7	2,0	98,5	1,1	0,4
Mähren	36,0	62,8	1,2	95,8	2,9	1,3
Schlesien	36,8	61,8	1,4	90,2	6,1	3,7
Galizien	32,8	64,7	2,5	83,4	12,6	4,0
Bukowina	20,0	78,3	1,7	69,8	25,6	4,6
Dalmatien	46,7	50,7	2,6	73,4	25,7	0,9
Gesamt	36,3	61,5	2,2	87,3	10,5	2,2

Quelle: Österreichische Statistik, 35. Band, 1. Heft, 1892, XLV.

Auch viele andere gesetzliche Bestimmungen, wie z.B. das Gesetz gegen das „Doppelverdienertum“ im Deutschen Reich, haben den Feminisierungsprozeß des Lehrberufs gebremst (vgl. Schmude J. 1988a).

Prestige und Besoldung des Lehrberufs

Aus der Arbeitsmarktforschung ist bekannt, daß der Feminisierungsprozeß eines Berufs auch mit der Entwicklung des Prestiges und der Einkommenssituation der betreffenden Profession gekoppelt sein kann. Je höher das Prestige und/oder die finanzielle Attraktivität eines Berufs, umso schwieriger war es bisher für Frauen, in solche Berufe vorzudringen. Je unattraktiver ein Beruf in finanzieller Hinsicht wird und je mehr Männer sich aus dem betreffenden Beruf zurückziehen, umso leichter fällt es den interessierten Frauen, in solche Berufe nachzurücken. P. Bourdieu und J. C. Passeron (1971, 197) haben den umgekehrten Schluß gezogen, nämlich, »daß ein Beruf (wie der der Lehrer an Volksschulen und höheren Schulen in Frankreich) an „Wert“ verliert, je mehr sein Frauenanteil steigt«.

Das Prestige eines Berufs ist jedoch nicht überall gleich. So hat etwa der Beruf des Volksschullehrers in peripheren, ländlichen Gebieten bis in die heutige Zeit noch ein wesentlich höheres Prestige als etwa in Großstädten. Einerseits gehört der Volksschullehrer neben dem Pfarrer meist zu den wenigen Berufen, die eine höhere Schulbildung (Matura bzw. Pädagogische Akademie) abgeschlossen haben, andererseits verhelfen ihm auch die unten erwähnten außerschulischen Funktionen zu einem zusätzlichen Ansehen.

Wirtschaftliche und gesellschaftliche Rahmenbedingungen

Die Berufstätigkeit und die Berufswahl von Frauen wird sowohl von der allgemeinen Arbeitsmarktlage als auch vom Arbeitsplatzangebot der Wohnregion beeinflußt. Aus der Erforschung der vertikalen sozialen Mobilität ist bekannt, daß das Arbeitsplatzangebot in der Wohnregion die Berufsentscheidungen der heranwachsenden Generation deutlich beeinflussen kann. Je differenzierter das regionale Arbeitsplatzangebot hinsichtlich der Branchen- und Qualifikationsstruktur ist, umso besser und vielfältiger sind in der betreffenden Region die Möglichkeiten der vertikalen sozialen Inter-Generationen-Mobilität, umso geringer ist im Vergleich zum übrigen Arbeitsplatzangebot die Attraktivität des Pflichtschullehrerberufs und umso weniger hat der Pflichtschullehrerberuf die Funktion eines „Aufstiegsberufs“.

In ländlichen Regionen war der Beruf des Pflichtschullehrers Jahrzehnte lang einer der wichtigsten „Aufstiegsberufe“ für männliche Schüler aus dem bäuerlichen Milieu, während für die Töchter der Bauern eine höhere Schulbildung nur in Ausnahmefällen in Frage kam. Umgekehrt wurde von den höheren sozialen Schichten der Städte der Pflichtschullehrerberuf zwar für die Töchter, jedoch kaum für die Söhne als attraktiv angesehen.

Außerschulische Funktionen, die vom Lehrkörper erwartet wurden

In agrarisch geprägten, peripheren Gebieten hat die Bevölkerung vom Lehrer stets die Übernahme von diversen außerschulischen Funktionen erwartet. Hier hatte der Lehrer neben dem Schulunterricht auch noch für das Dorf wichtige außerschulische Funktionen, wie z.B. die eines Mesners, Kirchenchorleiters, Kapellmeisters, Feuerwehrhauptmanns, Fremdenverkehrsobmanns oder Fußballtrainers auszuüben. Für eine Vielzahl solcher außerschulischer Funktionen hat die betroffene Bevölkerung aus diversen Gründen männliche Lehrpersonen bevorzugt. Während in früheren Jahrzehnten die Volksschullehrer derartige Nebenfunktionen auch noch in den Großstädten ausübten, trifft dies heute nur noch auf periphere, ländliche Gebiete zu.

Im Jahre 1902 hatten rd. 31,8% der Berliner Lehrer einen Nebenverdienst (Tews J. 1907, 54). »Hunderte von ihnen sind [...] als Privatlehrer, als Dirigenten von Gesangsvereinen und Kirchenchören [tätig]. Auch die Volksbibliotheken Berlins werden größtenteils von Lehrern und Rektoren nebenamtlich verwaltet« (Tews J. 1907, 45).

In den Städten ist es jedoch viel früher zum Rückzug der Lehrer aus solchen Nebenfunktionen gekommen als im ländlichen Bereich, nicht zuletzt auch deshalb, weil in den Städten an die Träger dieser Funktionen höhere Ansprüche gestellt wurden. Diese unterschiedliche Erwartungshaltung an die Rolle des Lehrers hat sich auch nachhaltig auf die Stellenbesetzung durch die Bezirks- und Landesschulbehörden ausgewirkt. Diese haben bei der Besetzung von Dienstposten im ländlichen Bereich auch die zusätzlichen, außerschulischen Aufgaben des Lehrkörpers berücksichtigt und vor allem aus diesem Grund männliche Lehrer bevorzugt eingestellt. Im 19. Jahrhundert wurden viele dieser Nebenfunktionen von den Lehrern auch unter finanziellen Gesichtspunkten ausgeübt, weil das Gehalt als Lehrer vielfach sehr gering war.

An den niederen Schulen befanden sich die Lehrer in »einer entwürdigenden Abhängigkeit von den Schulpatronen bzw. schulgeldzahlenden Eltern. Deshalb mußten sie jede Nebenbeschäftigung vom Küster bis zum Aushilfsarbeiter annehmen und konnten trotzdem kaum das Existenzminimum erreichen« (Baumgart F. 1990, 62).
Der Umfang der Nebentätigkeiten variierte vielfach mit dem Gehaltsniveau der Schulen. In Birmingham waren im Jahre 1838 71,2% der Lehrerinnen von *Dame Schools* auf einen Nebenverdienst angewiesen, die an *Common Day Schools* tätigen Lehrpersonen hatten dagegen nur noch zu 13,0% und jene von *Superior Day Schools* zu 4,1% einen Nebenverdienst (Birmingham Statistical Society 1840, 42).

Unterschiedliche soziale Rekrutierung von männlichen und weiblichen Volksschullehrern

Für viele Länder gilt, daß weibliche Grundschullehrer aus höheren Sozialschichten stammen und zu einem größeren Anteil in Städten aufgewachsen sind als männliche. Bereits J. Tews (1907, 16) hat darauf hingewiesen, daß um die Jahrhundertwende nur ein Viertel der in Berlin tätigen Lehrer aus Berlin stammten, etwa 35% kamen aus

Brandenburg und rd. 40% sind aus Schlesien, Pommern, Sachsen, Posen, Westpreußen und Ostpreußen zugezogen. Ganz anders war die Situation bei den Lehrerinnen, von denen im Durchschnitt sieben von acht in Berlin aufgewachsen waren. Die Tatsache, daß weibliche Volksschullehrer seit Jahrzehnten zu einem wesentlich geringeren Anteil aus ländlichen Regionen und bäuerlichen Sozialschichten stammten als ihre männlichen Kollegen, hat zweifellos zum Stadt-Land-Gefälle des Lehrerinnenanteils beigetragen. Im städtischen Milieu aufgewachsene junge Lehrerinnen hatten nicht nur eine größere soziale Distanz zu den wirtschaftlich „rückständigeren" und infrastrukturell schlechter versorgten peripheren Regionen, sondern sie stießen wohl meistens auch auf mehr Vorurteile von Seiten der bäuerlichen Bevölkerung.

Zentral-periphere Disparitäten der Lebensbedingungen

Die deutlich schlechtere Ausstattung mit Versorgungseinrichtungen des täglichen Bedarfs, das weitgehende Fehlen von kulturellen Einrichtungen, der geringere Wohnkomfort, die durch mangelhafte Verkehrserschlossenheit oder winterliche Verkehrsgefährdung bedingte Isolation des Schulstandorts von der Außenwelt und die stärkere soziale Kontrolle der „von außen" kommenden Lehrperson durch die Dorfbevölkerung haben wohl manchem peripher gelegenen Dienstposten den Ruf eingebracht, für Frauen nicht zumutbar zu sein. Dieses Image hat sich jahrzehntelang sowohl auf die Stellenbewerbungen der Lehrerinnen als auch auf die Stellenvergabepraxis der Schulbehörden ausgewirkt.

Diese zentral-peripheren Disparitäten der „Lebensbedingungen" haben sich in den meisten Fällen erst seit den 60er Jahren deutlich verringert, wobei die Verkehrserschließung peripherer Gebiete, der starke Anstieg des Fremdenverkehrs sowie der dadurch ausgelöste wirtschaftliche und soziale Wandel die Attraktivität der peripher gelegenen Dienstposten deutlich erhöht hat. Auch die Aufgabe der noch in der Zwischenkriegszeit gültigen „Präsenzpflicht", welche die Lehrkräfte verpflichtete, ihren ständigen Wohnsitz im Schulorte zu wählen, hat weniger attraktiven Schulstandorten viel von ihrem negativen Image genommen.

8.5 Fluktuation des Lehrkörpers

Die Fluktuation des Lehrkörpers kann zumindest für die ein- und zweiklassigen Schulen als Gradmesser für die Attraktivität des Schulstandorts, für die „Verwurzelung" der betreffenden Lehrpersonen im sozialen System der Schulstandortgemeinde sein. Sie ist aber auch ein Hinweis darauf, wo die These der außerschulischen Nebenfunktionen in Frage kommt und wo nicht. Denn wenn die Lehrperson jedes Jahr wechselt, kann sie kaum jene Schlüsselrolle für das soziale System der Gemeinde übernehmen, die man von ihr erwartet. Die bisher vorliegenden Studien haben belegt, daß die Fluktuation des Lehrkörpers an der Peripherie wesentlich höher ist ls im Zentrum und in „unattraktiven“ Stadtvierteln ein vielfaches höher als in bevorzugten Wohngebieten. Die Fluktuation hängt von folgenden Faktoren ab:

- Am Schulstandort bestehende Lebensumstände (Erreichbarkeit, Isolation, Wohnsituation). Je rückständiger, isolierter und unattraktiver der Schulstandort und je schwieriger die Lebensverhältnisse sind, umso höher ist die Fluktuation.
- Ausstattung und Niveau der Schulen. An schlecht ausgestatteten Provisorien (Gehilfenstationen, Notschulen) und niedrig entlohnten Dienstposten ist die Fluktuation höher als bei durchschnittlichen oder guten Bedingungen.
- Soziale Distanz zwischen Lehrpersonen und Schülereltern. Je höher die soziale Herkunft und je besser ausgebildet die Lehrer waren, umso schwerer ist es ihnen meist gefallen, in peripheren ländlichen Gebieten die soziale Distanz zur bäuerlichen Bevölkerung zu überwinden, sich mit den dortigen (für sie ungewohnten) Lebensumständen abzufinden und am Schulort Wurzeln zu schlagen.
- Qualifikation und Motivation der Lehrpersonen.
- Verdienstmöglichkeiten. Solange in Städten höhere Gehälter gezahlt wurden, war ein Verlassen der Peripherie mit sozialem Aufstieg verbunden.
- Stellenbesetzungspolitik der Schulverwaltung.

Die Schulbehörden haben an den weniger beliebten Schulstandorten vorwiegend junge, noch nicht definitiv angestellte Lehrer(innen) eingesetzt, die sich hier für eine spätere Anstellung *bewähren* mußten, dann aber nach kurzer Zeit wieder alles daran setzten, einen zentraler gelegenen oder attraktiveren Dienstposten zu bekommen. Noch in den 60er und 70er Jahren gab es in Österreich mehrere einklassige Volksschulen, an denen es in einem Zeitraum von zehn bis zwanzig Jahren kein(e) Lehrer(in) länger als ein Jahr „ausgehalten“ hat (vgl. Meusburger P. 1978, 145-147). Daß sich eine solche extreme Fluktuation nicht positiv auf das Niveau dieser Schulen ausgewirkt hat, braucht nicht besonders betont zu werden. Gerade weil die pädagogischen Anforderungen an die Lehrpersonen an einklassigen Volksschulen in der Regel höher sind als an vollorganisierten Schulen, hatte die jahrzehntelang geübte Praxis, unerfahrene Anfänger an die Peripherie zu versetzen, in einigen peripheren Gebieten sehr negative Auswirkungen und zum negativen Image der einklassigen Schule beigetragen.

Nicht zuletzt hängt die Fluktuation auch von der Qualifikation und dem Engagement der Lehrkräfte ab. Solange der Lehrberuf noch nicht professionalisiert war, haben sich viele inkompetente Anwärter gemeldet, die bald wieder entlassen wurden oder einen anderen Arbeitsplatz suchten. In einigen Regionen hat man im Sommer niedrigqualifizierte (meistens Frauen) und im Winterhalbjahr besser qualifizierte Lehrkräfte (Männer und Studenten) angestellt, also halbjährlich das Lehrpersonal ausgetauscht. Die Anstellung von Frauen hat sich deshalb auf das Sommerhalbjahr konzentriert, weil dann die größeren Jungen wegen der Feldarbeit von der Schule befreit waren. Im Winter wurden dagegen häufig Studenten der Theologie oder der Rechtswissenschaften angestellt, die von ihren Universitäten für den Unterricht freigestellt wurden. Auch diese sahen die Lehrtätigkeit nicht als Beruf, sondern als eine vorübergehende Beschäftigung an. (Coons M. et al. 1980, 153-154).

9 Die Hochschulen

Der massive Ausbau des Hochschulwesens nach 1960 warf nicht nur zahlreiche planerische und praxisbezogene raumwissenschaftliche Fragen auf, sondern erweckte auch relativ früh das Interesse der Bildungsgeographie und der regionalen soziologischen Bildungsforschung an diversen wissenschaftlichen Themenstellungen (vgl. Müller-Wille W. 1960; Gilbert E. W. 1961; Müller K. 1962; Geissler C. 1965; Peisert H. 1967; Ehlers E. 1967; Leister I. 1968; Vassal S. 1969; Wenzel H.-J. 1969, 1984; Geipel R.1971; 1974, 1984, 1986; Mayr A. 1970a, 1970b, 1971, 1975, 1976, 1979; Beckmann J. 1973; Bahrenberg G. 1974; Muske G. 1975; Leib J. 1976, 1977; Giese E. 1982, 1986, 1987a, 1987b, 1987c; Giese E., Aberle G. und G. Kaufmann 1982a, 1982b; Framhein G. 1983; Harnier L. v. 1984; Block H. J. 1984a, 1984b; Giese E., Höhl P. und G. Langer 1986; Giese E. und D. Limberger 1987; Erb W. D. 1987a, 1987b; Nutz M. 1988, 1990; Flüchter W. 1990; Grabitz J. 1990; Nutz M. 1991; Jahnke H. 1996; Armstrong H. W. 1993a, 1993b; Armstrong H. W., Darrall J. und R. Grove-White 1997). Schon vor diesem Boom an Publikationen haben F. Eulenburg (1904, 1908), O. Neuloh und K. Hahn (1949), E. Weigt (1955), A. Busch (1956), C. v. Ferber (1956) und viele andere Autoren Arbeiten zu geographisch relevanten Themen über Hochschulen publiziert.

Die Arbeiten von C. Geissler (1965), R. Geipel (1971a, 1972), A. Mayr (1979) und E. Giese (1982, 1987a) stellen gleichsam ein Forschungsprogramm der Bildungsgeographie zum Thema Hochschulen dar und enthalten z.T. auch umfangreiche Literaturübersichten. Zu den wichtigsten Themen der regionalen Hochschulforschung zählen u.a.: Standortfragen von alten und neuen Universitäten, regionale und schichtspezifische Einzugsbereiche der Universitäten, regionale Bildungsbeteiligung (Studentendichte, Studienverzichtsquoten, Entwicklung des Studentenaufkommens), Mikrostandorte von Universitäten innerhalb von Städten, die Rolle der Universitäten als als Wirtschaftsfaktor und Motor der kommunalen Entwicklung, regionale Mobilität der Studierenden, Übertritt der Hochschulabsolventen in den Arbeitsmarkt, regionale und soziale Rekrutierung, Karriereverläufe und Mobilität von Professoren, die Attraktivität von Hochschulen sowie die Netzwerke von Wissenschaftlern.

9.1 Standorte und Einzugsgebiete

9.1.1 Gründungsmotive und Standortkriterien

Die Standorte von Universitäten hängen von den Motiven der Gründung, den Zielen der Hochschulen, dem Träger der Universitäten (Staat, Kommunen, Private), der historischen Gründungsphase und kulturellen Einflüssen (z.B. gesellschaftlich-ideologische Bewertung von Großstädten) ab. In Europa waren beispielsweise die Universitätsgründungen zwischen dem 14. und dem späten 18. Jahrhundert in erster Linie eine Frage der Machtausübung, des religiösen Einflusses und des Prestiges von Territorialherren (Müller K. 1962; Mayr A. 1979; Wolgast E. 1986). Die Nachfrage der Bevölkerung nach Bildungsinstitutionen oder wirtschaftliche Argumente spielten damals bei Standortüberlegungen noch keine Rolle. Viele Herrscher waren bestrebt, sich in ihrer Hauptstadt ein eigenes „Zentrum des Wissens" zu schaffen und damit Einfluß auszuüben. Nach der Reformation bekamen diese Motive zusätzlich noch einen konfessionellen Aspekt. Einer katholischen Universität mußte als Gegenpol in einem benachbarten Territorium eine protestantische gegenübergestellt werden und umgekehrt. Deshalb hängt die Standortdichte der frühen Universitäten auch eng mit der territorialen und konfessionellen Gliederung des Landes zusammen. Konflikte zwischen Universität und Bürgern, Universität und Obrigkeit oder zwischen den Konfessionen führten in weiterer Folge zur Gründung mehrerer »Exodus-Universitäten« (Mayr A. 1979, 22), wie z.B. Leipzig (1409), Greifswald (1456) oder Gießen (1607).

Außerhalb der eigenen Hauptstadt haben Territorialherren Universitäten vor allem aus dem Motiv gegründet, in bestimmten Regionen politischen, kulturellen oder konfessionellen Einfluß auszuüben oder fremde Einflüsse zurückzudrängen. So gründete Brandenburg seine erste Universität in Frankfurt an der Oder (1504), »um von hier aus bildungspolitische Wirkungen auf das österreichische Schlesien sowie auf Polen und das noch selbständige Ordensland auszuüben« (Mayr A. 1979, 22). Eine weitere gezielte Neugründung war Halle an der Saale (1694) an der Südwestgrenze des damaligen Kernraumes Brandenburg. Diese hatte u.a. die Aufgabe, »eine reformierte Gegenposition gegenüber den lutherischen Universitäten Leipzig, Wittenberg und Jena darzustellen« (Mayr A. 1979, 22). Vorwiegend aus konfessionellen Motiven wurde auch die Universität Bonn (1818) gegründet, die einen Gegenpol zur katholischen Universität in Köln darstellen sollte. Deshalb waren damals auch die Einzugsgebiete der Universitäten vor allem von »wissenschaftlichen Schulen und ihrer ideologischen und konfessionellen Verankerung, also von weltanschaulichen Neigungen« (Geipel R. 1971, 19) bestimmt. Humanisten, Calviner, Lutheraner oder Katholiken bevorzugten jeweils bestimmte Universitäten. Solange Calviner die Universität Heidelberg dominierten, war sie für Studierende aus Genf oder Debrecen attraktiver als für solche aus dem katholischen Baden.

Zu Beginn des 19. Jahrhunderts wurden dann im Zuge der durch Napoleon initiierten territorialen Neugliederung Deutschlands zahlreiche periphere Universitäten geschlossen. Nun wurden als Standorte von neu gegründeten Universitäten vor allem die Hauptstädte von Ländern und Teilregionen ausgewählt (vgl. Mayr A. 1979). Beispiele sind die Universitäten oder Technischen Hochschulen in Berlin (1810, München (1825), Straßburg (1872), Münster (1902), Danzig (1904) oder Breslau (1910). Als Gründungsmotive kamen um die Jahrhundertwende erstmals auch wirtschaftliche Überlegungen und die Nachfrage der Bevölkerung hinzu. Dabei handelte es sich vor allem um technische Hochschulen und stärker *praxisbezogene* Handelshochschulen, die in den Verdichtungsräumen eine Ergänzung zu den bereits bestehenden Universitäten darstellen sollten (z.B. Frankfurt a.M., Hamburg, Köln, Mannheim. Nürnberg). In Ländern wie Japan, die erst in der zweiten Hälfte des 19. Jahrhunderts ihre ersten Universitäten errichteten (Japan 1877), standen utilitaristische Motive von Anfang an im Vordergrund (vgl. Flüchter W. 1990).

Nach dem Zweiten Weltkrieg entstanden unter dem Einfluß der Besatzungsmächte zwar noch zwei neue Hauptstadtuniversitäten in Mainz (1946) und Saarbrücken (1947), dann haben sich jedoch die Motive für Universitätsgründungen erneut gewandelt. Aufgrund der starken Geburtenjahrgänge der Nachkriegszeit, der stark angestiegene Bildungsbeteiligung und der längeren Verweildauer der Studierenden an den Hochschulen nahmen die Studentenzahlen so stark zu, daß es an den Hochschulen schon Ende der 50er Jahre zu einem großen Mangel an Räumen und wissenschaftlichem Personal kam. Diese Engpässe und die neuen Diskussionen um den Wert der Humanressourcen lösten in den 60er und 70er Jahren in vielen europäischen Ländern eine neue Gründungswelle von Hochschulen aus (vgl. Geipel R. 1971; Mayr A. 1979).

In dieser Expansionsphase gewannen raumordnungs- und gesellschaftspolitische Standortargumente eine große Bedeutung, so daß sich auch die Standortkriterien erneut änderten. Viele dieser neuen Universitäten wurden in strukturschwachen, peripheren Regionen errichtet, die bisher noch keine Hochschule besaßen und durch eine niedrige Studentendichte auffielen (vgl. Abb. 7 und 8 bei Giese E. 1987a). Von dieser Dezentralisierung der Standorte erwartete man sich einerseits eine Entlastung der großen und extrem überfüllten alten Universitäten und andererseits ein Ansteigen der Studierquote sowie positive regionalwirtschaftliche und regionalpolitische Auswirkungen auf die bisher unterversorgten Standortregionen. Die neuen Hochschulen sollten also auch eine Schrittmacherfunktion für wirtschaftliche und gesellschaftliche Entwicklungen ausüben (vgl. Monheim H. 1977). Die Attraktivität der neuen Standorte für international bekannte Wissenschaftler oder die nationale und internationale wissenschaftliche Wettbewerbsfähigkeit der neuen Hochschulen hinsichtlich der Austattung mit Bibliotheken, Laboratorien, Personal und Finanzen spielten in den damaligen Standortüberlegungen offensichtlich noch keine Rolle. Der Zeitgeist war von „gesellschaftlicher Machbarkeit", Ausblendung von Qualitätsunterschieden und quantitativen Richtwerten geprägt.

Nur vor diesem gesellschaftlichen Hintergrund konnte der Gedanke aufkommen, die Standorte von Gesamthochschulen anhand eines linearen Optimierungsmodells zu bestimmen, das von einer Minimierung der Anfahrtszeiten (!) für Studierende ausging (Bahrenberg G. 1974).

Von den Erwartungen, die an die neuen Hochschulen gerichtet waren, hat sich eine, nämlich der Anstieg der Studierquote bildungsferner Sozialschichten, relativ rasch erfüllt. Deshalb zeichneten sich die neuen Universitäten in den ersten Jahren nach ihrer Gründung vor allem durch einen hohen Anteil an „Landeskindern" (Studierenden aus dem Bundesland des Hochschulstandorts) aus. Im Studienjahr 1973/74 kamen z.B. an der Universität Bochum, die sich später als eine der erfolgreichsten Neugründungen erwies, noch 93,7% der Studierenden aus Nordrhein-Westfalen, während vergleichsweise die Universität Bonn nur 75,9% oder die Universität Münster nur 79,7% Studenten aus dem eigenen Bundesland aufwies (Schowe E. 1976; zit. bei Mayr A. 1979, 58). Die anderen Erwartungen (z.B. Schrittmacherfunktion für die Regionalentwicklung, Entlastung der alten Universitäten, internationales wissenschaftliches Renommée etc.) konnten manche der neuen Universitäten nur teilweise oder erst nach längeren Zeiträumen erfüllen.

Ein völlig anderes Standortkonzept liegt dagegen vielen US-amerikanischen Universitäten und Colleges zugrunde, die in der zweiten Hälfte des 19. Jahrhunderts errichtet wurden. Die frühen Universitätsgründungen (z.B. Harvard) folgten zwar noch europäischen Vorbildern, waren also in Städte integriert, wenn auch mit wesentlich großzügiger Flächenausstattung als in Europa. Ab 1813 wurde aber erstmals ein freies Feld (Campus) als Hochschulstandort gewählt. Im Morril Act von 1862 erließ Präsident Lincoln die Richtlinie, daß jeder amerikanische Bundesstaat mindestens ein (staatliches) College zu errichten habe, um dem Bildungsanspruch der Bürger zu entsprechen und die technische Entwicklung des Landes zu fördern. Zur Finanzierung dieser Colleges wurden bundeseigene Ländereien (Land Grants) herangezogen. Im Sinne der Zielsetzung dieser Bildungseinrichtung (praktisch orientierte Allgemeinbildung, Erziehung für das Leben in der amerikanischen Gesellschaft etc.) und wohl auch aufgrund der „stadtfeindlichen" Ideologie vieler Amerikaner entstand der autarke, nicht an eine bedeutsame Siedlung gebundene Universitätscampus und wurden diese Land Grant Colleges innerhalb der einzelnen Bundesstaaten in möglichst zentraler Lage „auf der grünen Wiese" errichtet. Später wurden auch berühmte Privatuniversitäten (z.B. 1891 Stanford University) als Campus Universität gegründet. Aufgrund dieser historischen Entwicklung liegen heute viele amerikanische Universitäten in Städten mit weniger als 10.000 Einwohnern, weit abgelegen von den Zentren der politischen Macht (vgl. Harris Ch. D. 1943; Rath W. 1969, 70; Mayr A. 1979, 68).

Genau die entgegengesetzten Standortüberlegungen wurden bei der Gründung der *japanischen* Universitäten angestellt. In Japan bestand seit der ersten Universitätsgründung im Jahre 1877 (Universität Tokio) eine enge Verbindung zwischen Hochschule und *Großstadt* (vgl. Flüchter W. 1990, 26f). Für die japanische Gesellschaft hat die „Nähe zum Zentrum" in vielen Lebensbereichen eine sehr wichtige Bedeutung. In keiner anderen Kultur sind ständige persönliche Kontakte zwischen den Entscheidungsträgern verschiedener Bereiche so wichtig und in wenigen Ländern sind die räumliche Verknüpfung von Wissen und Macht sowie die Verflechtung von Politik, Administration und Wirtschaft so eng wie in Japan. Alle kaiserlichen Universitätsgründungen erfolgten ausschließlich in (historisch wichtigen) Großstädten (Kyoto, Sendai, Fukuoka, Sapporo, Osaka und Nagoya), wobei Wert auf eine ausgeglichene regionale Verteilung gelegt wurde (Flüchter W. 1990, 27). Als nach 1918 auch kommunale und private Universitäten errichtet werden durften, nahm die Standortkonzentration der Universitäten in den Metropolen Tokio und Osaka noch zu.

Im Gefolge der Umgestaltung des japanischen Universitätswesens nach dem Zweiten Weltkrieg haben sich die zahlreichen neuen privaten Universitäten, nach W. Flüchter (1990, 27, 30) vielfach »Massenausbildungsstätten, die nicht mehr ein spezielles Bildungsanliegen verfolgten, sondern „Ablieferungs"basen für den damals neu entstehenden Berufstyp des Büroangestellten [...] wurden«, erneut vorwiegend auf die drei Metropolen konzentriert, so daß sich deren Dominanz im Universitätswesen weiter erhöhte. Da nach 1949 jeder Regierungsbezirk (*ken*) über mindestens eine staatliche Universität verfügen mußte (diese Universitäten wurden größtenteils durch Aufwertung, Ausbau und Zusammenlegung von bestehenden höheren Bildungseinrichtungen errichtet), sind die staatlichen Universitäten noch relativ gleichmäßig auf eine größere Zahl von Großstädten verteilt. Der entscheidende Unterschied zu den USA oder Deutschland liegt jedoch darin, daß auch die Universitäten in der Provinz, abgesehen von sehr wenigen Ausnahmen (z.B. Hirosaki, Matsumoto, Hikone), in den jeweiligen *Hauptstädten* der Präfekturen situiert sind.

Die drei Metropolregionen Japans, Tokio, Osaka und Nagoya, vereinigten nach Flüchter (1990, 49) im Jahre 1981 65% aller privaten, 41% der kommunalen und 30% der staatlichen Universitäten Japans auf sich. Noch eindrucksvoller gestaltet sich die Konzentration auf die drei Metropolen, wenn man nicht die Zahl der Universitäten, sondern die Zahl der Studierenden berücksichtigt. 1981 waren 71% aller japanischen Studierenden und 82% der Studierenden an privaten Universitäten an einer Universität der drei Metropolen eingeschrieben. Da in Tokio seit 1959 und in Osaka seit 1964/65 keine Universität mehr errichtet oder ausgebaut werden darf, sind expansionswillige Universitäten gezwungen, einen Campus außerhalb der Metropole anzulegen. So hatte etwa die Wissenschaftlerstadt Tsukuba allein bis 1984 zwei Universitäten und 49 Forschungsinstitute angezogen, die größtenteils aus dem Kernbereich von Tokio ausgesiedelt wurden (Flüchter W. 1990, 149). Damit ist auch in Japan ein neuer Typ von Universitätsstandorten entstanden.

In manchen Ländern sind Universitätsstandorte zwar auf mehrere Städte verteilt, aber die besten Forschungsinstitute und Wissenschaftler auf die Hauptstadt konzentriert; dazu gehören etwa Frankreich (vgl. Jahnke H. 1996) und (während der kommunistischen Phase) die Länder Ostmitteleuropas.

Neben den Makrostandorten richtete sich vor allem zur Zeit des Gründungsbooms von Hochschulen das Interesse von Geographen, Stadtplanern und Architekten auch auf die Mikrostandorte von Universitäten innerhalb der Städte, auf das studentische Wohnen und den Einfluß von Universitäten auf die Stadtentwicklung. Zu diesen Fragen haben u.a. J. W. Harvey (1958), E. W. Gilbert (1961), P. Conradi (1964), K. Rückbrod (1965, 1972), F. Hallauer (1967), C. Geissler (1967), K. L. Stretch (1967), A. Mayr (1970a, 1979), H. Korte (1974), G. Böddinghaus (1972), R. Geipel (1972), E. Ehlers (1974), M. Throll (1974), G. Rollet (1977), E. Ehlers und J. Leib (1977) wichtige Beiträge publiziert. Viele hier nicht zitierte relevante Beiträge wurden in den „Schriften des Zentralarchivs für Hochschulbau" (Stuttgart), in Publikationen des Deutschen Städtetages, von Stadtbauämtern, Universitäten und vom Deutschen Studentenwerk veröffentlicht.

Bezüglich der *Lagetypen* kann generell zwischen Stadtuniversitäten, Campusuniversitäten, einer Mischform von Stadt- und Campusuniversität sowie einer innerstädtischen Campusuniversität unterschieden werden (Mayr A. 1979, 64, 73). Charakteristisch für Stadtuniversitäten sind eine Streulage der Hochschulgebäude innerhalb des Stadtkerns. Campusuniversitäten sind vor allem in den USA entstanden. Zur Frage der Mikrostandorte gehören darüberhinaus die Wohnsituation und der Wohnraumbedarf von Studierenden und Universitätsbediensteten, ihr Pendlereinzugsgebiet sowie die Frage der Verkehrsanbindung von Universitäten. Eine umfassende Übersicht über die Literatur zu diesem Thema bietet die Arbeit von A. Mayr (1979).

9.1.2 Einzugsgebiete von Hochschulen

Wenn die Wahl des Studienorts nicht durch äußere Faktoren wie unterschiedliche Fächerangebote, unterschiedliche Studien- und Prüfungsordnungen oder eine zentrale Zuweisung von Studienplätzen beeinflußt wird, kann die Größe des Einzugsgebiets oder der Anteil der nicht aus der Hochschulregion stammenden Studierenden mit gewissen Einschränkungen als Maß für die Attraktivität einer Universität herangezogen werden (vgl. Kap. 9.2). Deshalb haben die Fragen des Einzugsgebiets von Hochschulen, der Abgrenzung von Hochschulregionen, der „Bildungsseßhaftigkeit" und Mobilität von Hochschulstudenten seit der Pionierarbeit von C. Geissler (1965) viel Aufmerksamkeit erhalten. C. Geissler (1965) prägte den Begriff der Hochschulregion, die er in zwei Zonen höheren und niederen Regionalitätsgrades unterteilte.

Der Begriff Regionalitätsgrad bezog sich auf den Grad der Konzentration bzw. Streuung der Studierenden eines Stadt- oder Landkreises auf einen oder mehrere Hochschulstandorte. Ein hoher Regionalitätsgrad war in einem Kreis z.B. dann gegeben, wenn mehr als 50% der hier beheimateten Studierenden an einer bestimmten Universität oder mehr als 20% an einer bestimmten Technischen Hochschule studierten. Bei einem hohen Regionalitätsgrad wird meist der nächstgelegene Universitätsstandort aufgesucht.

Die Abgrenzung von Hochschulregionen wurde in den folgenden Jahren unter anderem von E. Bergjohann, S. Diesterweg und U. Pohl (1975), W. Flüchter (1990) und M. Nutz (1991) inhaltlich aktualisiert und methodisch erweitert. So berechnete etwa M. Nutz (1991) zur Bestimmung und Kategorisierung der Herkunftsgebiete der Studierenden einer Universität den „Ausschöpfungsgrad", worunter er den Prozentanteil der Studienanfänger eines Kreises verstand, der an einer bestimmten Universität studierte. Als Kern der Hochschulregion bezeichnete er jene Kreise, in denen der Ausschöpfungsgrad der betreffenden Universität über 50% der Studienanfänger betrug.

W. Flüchter (1990, 109-111) berechnete für die japanischen Präfekturen die „Verbleibequote", worunter er den Anteil jener Studierenden verstand, die in der Heimatpräfektur studierten, und den „Bildungswanderungsquotienten", den er als Relation zwischen der Zahl aller in einer Präfektur immatrikulierten Studienanfänger und der Zahl der einheimischen Studienanfänger definierte. Der Bildungswanderungsquotient wird durch die Zahl der in einer Präfektur vorhandenen Universitäten und deren Prestige stark beeinflußt.

Im Vergleich zu deutschen Studierenden, die größtenteils am liebsten in der Heimatregion studieren möchten (Mayr A. 1983, 181), sind die japanischen Studierenden außerordentlich mobil. Die geringere Mobilitätsbereitschaft der deutschen Studierenden hängt allerdings damit zusammen, daß es unter deutschen Universitäten keine so ausgeprägte Hierarchie der Rangordnung gibt. Da sich in Japan die Prestigeuniversitäten größtenteils in den großen Metropolen befinden, sind hohe berufliche Aspirationen für einen großen Teil der Studierenden fast zwangsläufig mit einer Migrationsentscheidung verbunden. Aber auch wenig prestigereiche Privatuniversitäten finden in den japanischen Metropolen großen Zulauf. In Japan hat das Zentrum eine große symbolische Bedeutung, und es gibt auch zahlreiche nicht-rationale Gründe, in Tokio zu studieren. Wer in Tokio studiert, verschafft sich und der Familie Ansehen, unabhängig vom Prestige der Bildungseinrichtung, die er besucht. Der Drang in die Zentren wird noch durch die Konformität der Denk- und Verhaltensweisen und den traditionellen Statusgegensatz zwischen Stadt und Provinz verstärkt. Obwohl Tokio an der Küste liegt, führen in der Umgangssprache, aber auch in den Kursbüchern der Eisenbahn, alle Wege und Eisenbahnlinien nach Tokio „hinauf", während für den Weg in die Provinz das Pronomen „hinunter" verwendet wird (vgl. Flüchter W. 1990, 126-128).

Eine Interpretation der Verbleibequoten muß stets den Kontext beachten. Eine hohe Verbleibequote kann sowohl auf das hohe Prestige der „Heimatuniversität" zurückzuführen sein, als auch auf einer niedrigen beruflichen Aspiration, einer hohen emotionalen Ortsbezogenheit oder einer niedrigen Mobilitätsbereitschaft der Studierenden beruhen. Hohe Verbleibequoten sind gleichermaßen typisch für Metropolen und periphere Regionen. Bei diesen Studien zeigte es sich auch, daß bei der Abgrenzung von Einzugsgebieten oder der Berechnung von Verbleibequoten nach Fachbereichen differenziert werden muß. Denn ein Studienfach, das an (fast) jeder Universität angeboten wird, hat erwartungsgemäß ein kleineres Einzugsgebiet und höhere Verbleibequoten als ein Fachgebiet, das bundesweit nur an wenigen Universitäten installiert ist.

Das Thema der regionalen Gebundenheit der Studierenden bei ihrer Studienortwahl oder der „Bildungsseßhaftigkeit (Geissler C. 1965, 67) und der regionalen Mobilität von Studierenden wurde u.a. von C. Geissler (1965), K. Niedzwetzki (1969), A. Mayr (1970a), G. Muske (1975) und M. Nutz (1991) analysiert. Die meisten Studien wiesen darauf hin, daß außeruniversitäre Gesichtspunkte wie räumliche Nähe der Universität zum Wohnort, persönliche Bindungen und Atmosphäre der Stadt die wichtigsten Motive darstellen, während die Größe und das Ansehen der Universität eine bemerkenswert geringe Rolle spielten. Bei den Motiven für die Studienortwahl lassen sich jedoch deutliche schichtspezifische Disparitäten feststellen. Schon G. Muske (1975) wies darauf hin, daß vor allem die bildungsfernen Sozialschichten die nächstgelegene Hochschule bevorzugen. Dafür sind jedoch nicht nur finanzielle Gründe, familiäre Bindungen oder emotionale Ortsbezogenheit verantwortlich zu machen, sondern darin wirken sich auch die schichtspezifisch unterschiedlichen beruflichen Aspirationen und Studienfachpräferenzen aus. A. Schmidt (1998) wies für Vorarlberg nach, daß zwischen Schichtzugehörigkeit, Abiturtyp und Studienfachwahl ein enger Zusammenhang besteht und daß über den Abiturtyp und die Studienfachwahl nicht nur die unterschiedlichen Entfernungen der Studienorte vom Wohnort (Bildungsseßhaftigkeit der Studierenden), sondern auch die spätere berufliche Mobilität in einem hohen Maße zu erklären ist (vgl. Kap. 6.4).

9.2 Attraktivität von Hochschulen

Auch wenn Universitäten und Fakultäten den gleichen Fächerkanon anbieten, sind sie aus der Sicht der Studierenden, der Professoren und der Arbeitgeber noch lange nicht gleichwertig oder gleich attraktiv. Da sich der Rang (das Image) einer Universität oder Fakultät u.a. auch auf die Forschungs- und Ausbildungsmöglichkeiten der Studierenden, die Berufschancen der Absolventen, die Karriereverläufe der Wissenschaftler und in Ländern mit Studiengebühren auch auf die Finanzkraft der Hochschulen auswirkt, hat die Frage, welchen Rang eine Universität einnimmt, eine fundamentale Bedeutung. Während in einigen Ländern wie z.B. Japan oder den USA die Rangordnung der Universitäten sehr deutlich und zeitlich relativ stabil ist, wird die unterschiedliche Qualität von Universitäten in anderen Ländern weniger deutlich und auch nicht allgemein akzeptiert. Erst angesichts der chronischen Unterfinanzierung der Universitäten, der knappen Ressourcen, der Diskussion um die internationale Wettbewerbsfähigkeit und der notwendigen Strukturveränderungen hat die Bewertung von Universitäten einen hohen Stellenwert erhalten. Je nach dem Ziel der Untersuchung kann die Bewertung nach verschiedenen Kriterien und mit unterschiedlichen Verfahren erfolgen, so daß es etwa zwischen der durch die Studierenden ermittelten Rangfolge und der durch Professoren, Evaluierungskommissionen oder Arbeitgebern getroffenen Bewertungen durchaus Inkonsistenzen geben kann. Inzwischen hat sich die Leistungsbewertung von Universitäten schon zu einer eigenen Forschungsrichtung entwickelt (vgl. Fisch R. und H.-D. Daniel 1986). In Deutschland sind E. Giese (1986) und E. Giese, P. Höhl und G. Langer (1986) der Frage nachgegangen, welche Anziehungskraft die wissenschaftlichen Hochschulen auf Studenten ausüben und ob es diesbezüglich Unterschiede zwischen den alten und neuen (nach 1960 gegründeten) Universitäten gibt. Schon bei dieser einfachen Frage hat sich gezeigt, daß ein fächerübergreifender Vergleich der Hochschulen nicht sinnvoll ist und daß selbst fachspezifische Leistungsvergleiche außerordentlich multidimensional und komplex sind. Trotz dieser methodischen Schwierigkeiten seien im folgenden einige Methoden aufgezeigt, die zumindest die Richtung anzeigen können, in die der Weg geht.

Die Attraktivität der Universitäten und Fakultäten kann erstens anhand der sozialen und regionalen Herkunft der Studierenden abgelesen werden. Die Berücksichtigung der regionalen Herkunft geht von der These aus, daß bedeutende Universitäten einen geringeren Anteil ihrer Studierenden aus der Heimatprovinz rekrutieren als weniger bekannte Universitäten. Die Verwendung der sozialen Herkunft beruht auf der Annahme, daß Studierende aus den sozialen Oberschichten meist klarere Vorstellungen über akademische Karrieren, das Niveau von Instituten und die Atmosphäre einer Universitätsstadt haben als Studierende aus den sozialen Mittel- und Unterschichten. Der Anteil der Studierenden aus Akademikerfamilien kann deshalb bereits einen ersten Hinweis auf das Ansehen von Fakultäten und Standorten unter den Studierenden geben.

Eine solche Rangordnung nach der Akademikerquote hat H. Titze (1990) für Preußen (1887/88) vorgelegt, ohne allerdings den Anspruch zu erheben, daß es sich um eine Rangordnung des wissenschaftlichen Niveaus handle. Auf der Ebene der Universitäten führten die damals exklusiven und reichen Universitäten Göttingen und Marburg, während die letzten Plätze durch die armen und peripheren, aber „sozial offenen“ Universitäten Königsberg und Breslau eingenommen wurden. An den juristischen Fakultäten von Göttingen (51,8%) und Marburg (49,1%) stammte rd. jeder zweite Student aus einer Akademikerfamilie, an der philosophischen Fakultät von Breslau waren es 18,4% und an jener von Königsberg 12,0%. Das Schlußlicht bildete die theologische Fakultät von Breslau mit 0,95% Studenten aus Akademikerfamilien. Als weiterer Indikator kann die Größe des Einzugsgebiets verwendet werden. Dabei wird unterstellt, daß das Einzugsgebiet einer Universität umso größer sei, je berühmter die Universität ist, und die „Provinzquote“ (Anteil der Landeskinder) mit zunehmendem Prestige einer Universität abnimmt. Unter den preußischen Spitzenuniversitäten Marburg (45,5%) und Göttingen (67,6%) war die „Provinzquote“ im Jahre 1887/88 am niedrigsten und im peripheren Königsberg (92,3%) am höchsten (Tietze H. 1990, 117).

Für das 20. Jahrhundert müssen jedoch andere Indikatoren zur Bestimmung einer Rangordnung herangezogen werden. Die Reihenfolge der Aufzählung impliziert keinen Unterschied in der Bedeutung:

- *Forschungsmittel* pro Professor (Wissenschaftler). Drittmittel werden im allgemeinen nur nach strenger Evaluierung der bisherigen Forschungsleistungen und des Projektantrags vergeben. Instituten (Fakultäten) mit hohen Drittmitteleinwerbungen wird deshalb in der Regel höheres Niveau der Forschung zugeschrieben als Instituten, die bei der Drittmitteleinwerbung wenig Erfolge haben. Dabei ist jedoch die unterschiedliche Drittmittelintensität von Fachgebieten zu berücksichtigen. Technische Fakultäten dürfen also nicht mit geisteswissenschaftlichen verglichen werden.
- *Jahreshaushalt* bezogen auf die Zahl der Wissenschaftler oder Studierenden. Da die Kosten- und Geräteintensität je nach Fachgebiet stark variiert, sollte diese Kennziffer nur für einen Vergleich gleicher Fachgebiete verwendet werden.
- *Durchschnittliches Berufungsalter* der Professoren. Weniger attraktive Universitäten weisen im Durchschnitt ein niedrigeres und angesehene Universitäten ein höheres durchschnittliches Berufungsalter auf. Dies resultiert daraus, daß einerseits der Wettbewerb bei Rufen an sehr angesehene Universitäten größer ist, so daß jüngere (wissenschaftlich noch weniger ausgewiesene) Wissenschaftler geringere Chancen haben; andererseits läßt sich ein etablierter Wissenschaftler nur durch ein sehr gutes Angebot und ein kreatives Milieu gewinnen. Das Berufungsalter muß jedoch mit den Mangel- und Überfüllungskrisen bzw. mit den periodischen Schwankungen von Stellenangeboten in Beziehung gesetzt werden (vgl. Weick C. 1995).
- *Karriere und Migrationsströme der Wissenschaftler*. Gute Fakultäten (Institute) haben im Durchschnitt eine höhere Wegberufungsquote von Dozenten und Professoren als Fakultäten mit einem schlechteren Image.
- *Schwierigkeit des Hochschulzugangs*. Diese korreliert in der Regel mit dem wissenschaftlichen Niveau einer Universität.
- *Qualität der Lehre*. Diese wird entweder anhand der Relation Zahl der Studierenden pro Mitglied des Lehrkörpers oder durch Evaluierung erfaßt. An be-

rühmten japanischen Universitäten beträgt diese Relation etwa 2:1, an niederrangigen Privatuniversitäten vielleicht 150:1.

- *Einschätzung durch die peer group.* Die Evaluierung eines Instituts durch führende Wissenschaftler des eigenen Fachs gehört zweifellos zu den zuverlässigsten Methoden zur Ermittlung einer Rangordnung, ihr hoher Zeitaufwand relativiert jedoch ihre Brauchbarkeit für regionale Vergleiche.
- *Attraktivität für ausländische Spitzenwissenschaftler.* In Deutschland wäre der Anteil der Humboldt-Stipendiaten oder Humboldt-Preisträger bezogen auf die Zahl der Lehrstühle ein guter Indikator für das Prestige des betreffenden Instituts und der Universität im Ausland.
- *Berufslaufbahnen der Absolventen.* Absolventen von prestigereichen Fakultäten haben größere Berufschancen und weisen steilere Karrieren auf als Absolventen von weniger renommierten Universitäten. Dieser Zusammenhang läßt sich vor allem in Ländern wie Japan oder USA nachweisen, in denen die Rangordnung der Universitäten sehr deutlich und allgemein akzeptiert ist.

In Japan dient das Alter einer Fakultät oder Universität als erstes, wesentliches Kriterium für das Prestige einer Universität. Je älter eine staatliche Universität, umso höher ist ihre wissenschaftliche Reputation, umso stärker fortgeschritten ist ihre fachliche Differenzierung und umso größer sind die finanziellen Zuwendungen des Staates im Rahmen eines feingegliederten Vergabesystems von Mitteln. Mit dem Gründungsdatum der Universität korrelieren jedoch nicht nur die Höhe der staatlichen Zuschüsse, sondern auch die personelle Ausstattung, das Vorhandensein von *graduate schools,* die Zahl der Promotionen und vor allem der berufliche Erfolg der Absolventen (Flüchter W. 1990, 49, 64).

Tab. 9.1 Die Hochschul-Herkunft leitender Manager der 634 größten japanischen Unternehmen in den Jahren 1960, 1970 und 1985

Rang	absolvierte Hochschule	Anteil der Manager, welche diese Hochschule besucht haben		
		1960 (n = 902)	1970 (n = 1.026)	1985 (n = 615)
1	Tokio (ehem. kaiserlich)	36	32	35
2	Kyoto (ehem. kaiserlich)	11	12	13
3	Keio Gijuku (privat)	7	6	7
4	Waseda (privat)	5	4	5
5	Hitotsubashi	10	5	4
6	Kyushu (ehem. kaiserlich)	3	3	3
7	Tohoku (ehem. kaiserlich)	1	2	3
8	Osaka (ehem. kaiserlich)	2	2	3
9	Kobe	6	2	2
10	Tokio Kogyo	2	2	2
	sonstige (1981 gab es 451 Universitäten)	17	30	23
	Gesamt	100	100	100

Quelle: nach verschiedenen Quellen berechnet von W. Flüchter 1990, Tabelle 18 im Anhang.

Je mehr Absolventen eine japanische Fakultät oder Universität in Spitzenunternehmen der Wirtschaft, in Ministerien (vor allem im Finanzministerium) und in Spitzenpositionen anderer angesehener Organisationen unterbringt, desto höher ist ihr Prestige (vgl. Teichler U. 1976a, 163; Flüchter W. 1990, 65f). Abgestuft nach ihrem Prestige dominieren also zwei bis vier Prozent aller japanischen Universitäten die Rekrutierung von 70 bis 80% der Spitzenpositionen von japanischen Großunternehmen. Ähnlich ist es in der staatlichen Verwaltung, wo beispielsweise die Spitzenpositionen im Finanzministerium extrem stark mit Absolventen von nur fünf Universitäten (vor allem Tokio Universität) besetzt werden. Innerhalb der größten japanischen Unternehmen variiert der Anteil der Absolventen aus Spitzenuniversitäten nochmals nach der Rangordnung der Unternehmen hinsichtlich ihres Umsatzes.

Unter den leitenden Managern der 25 umsatzstärksten Unternehmen betrug der Anteil der Absolventen der Tokio Universität im Jahre 1985 48%, in der Rangstufe 26 bis 50 waren es 35%, auf den Rängen 101 bis 125 betrug der Anteil 32% und auf den Rängen 226 bis 250 noch 17% (Flüchter W. 1990, Tab. 17 im Anhang).
Die Reihenfolge der Universitäten variiert allerdings nicht nur nach Fachgebieten, sondern auch über längere Zeiträume hinweg. In der Besetzung von wissenschaftlichen Positionen ging der Einfluß der führenden japanischen Universitäten in jüngster Zeit zurück. Beherrschten im Jahre 1962 noch fünf Universitäten den Berufungsmarkt von Hochschullehrern zu über 50%, waren 1982 bereits neun Universitäten an den 50% beteiligt (Flüchter W. 1990, 67).

Besonders interessant ist die Frage, welches Ansehen ein Institut oder eine Universität unter den führenden Wissenschaftlern des Auslandes genießt. Das Image einer Forschungsrichtung, eines Instituts oder einer Universität kann im In- und Ausland durchaus variieren. Dies kann einerseits damit zusammenhängen, daß wissenschaftliche Pionierleistungen an Spitzenuniversitäten des Auslands schneller erkannt werden als im Inland, andererseits können sich hinter diesen Inkonsistenzen auch unterschiedliche Netzwerke verbergen. In einem noch laufenden Projekt befaßt sich H. Jöns mit der Frage, welche deutschen Institute die ausländischen Humboldt-Stipendiaten für ihre Forschungsaufenthalte in Deutschland bevorzugt haben. Auch die Humboldt-Preisträger, die von deutschen Wissenschaftlern vorgeschlagen und dann nach einem sehr strengen Begutachtungsverfahren ausgewählt werden, können als Indikator für die Attraktivität eines Wissenschaftsstandortes herangezogen werden. Forschungspreisträger der Alexander von Humboldt-Stiftung gehören zur internationalen Spitzengruppe ihres Fachgebiets. Von diesen Preisträgern gehen während ihres Deutschlandaufenthaltes wichtige Impulse aus, die wiederum die Attraktivität dieser Standorte für deutsche Wissenschaftler und Studierende erhöhen.

Im Zeitraum zwischen 1972 und 1996 hielten sich 1.719 US-amerikanische Forschungspreisträger der Humboldt-Stiftung in Deutschland auf. Der größte Anteil entfiel auf Baden-Württemberg (28,0%) und Bayern (26,7%). Nach Standorten aufgegliedert wies der Großraum München (München mit 8,8% und Garching mit 8,0%) weitaus am meisten Forschungspreisträger auf. Auf den nächsten Rängen folgten Heidelberg (7,3%), Berlin (6,7%), Stuttgart (6,1%), Göttingen (5,6%), Bonn (4,9%) und Karlsruhe (4,0). Das Städteviereck Darmstadt, Heidelberg, Karlsruhe und Mannheim kam mit 15,6% nahe an den Großraum München heran (diese Daten wurden dem Verfasser von Frau H. Jöns, Heidelberg, zur Verfügung gestellt).

Abb. 9.1 Aufenthaltsorte der US-amerikanischen Humboldt-Forschungspreisträger der Jahre 1972 bis 1996 in Deutschland nach Gemeinden und Gastinstitutionen

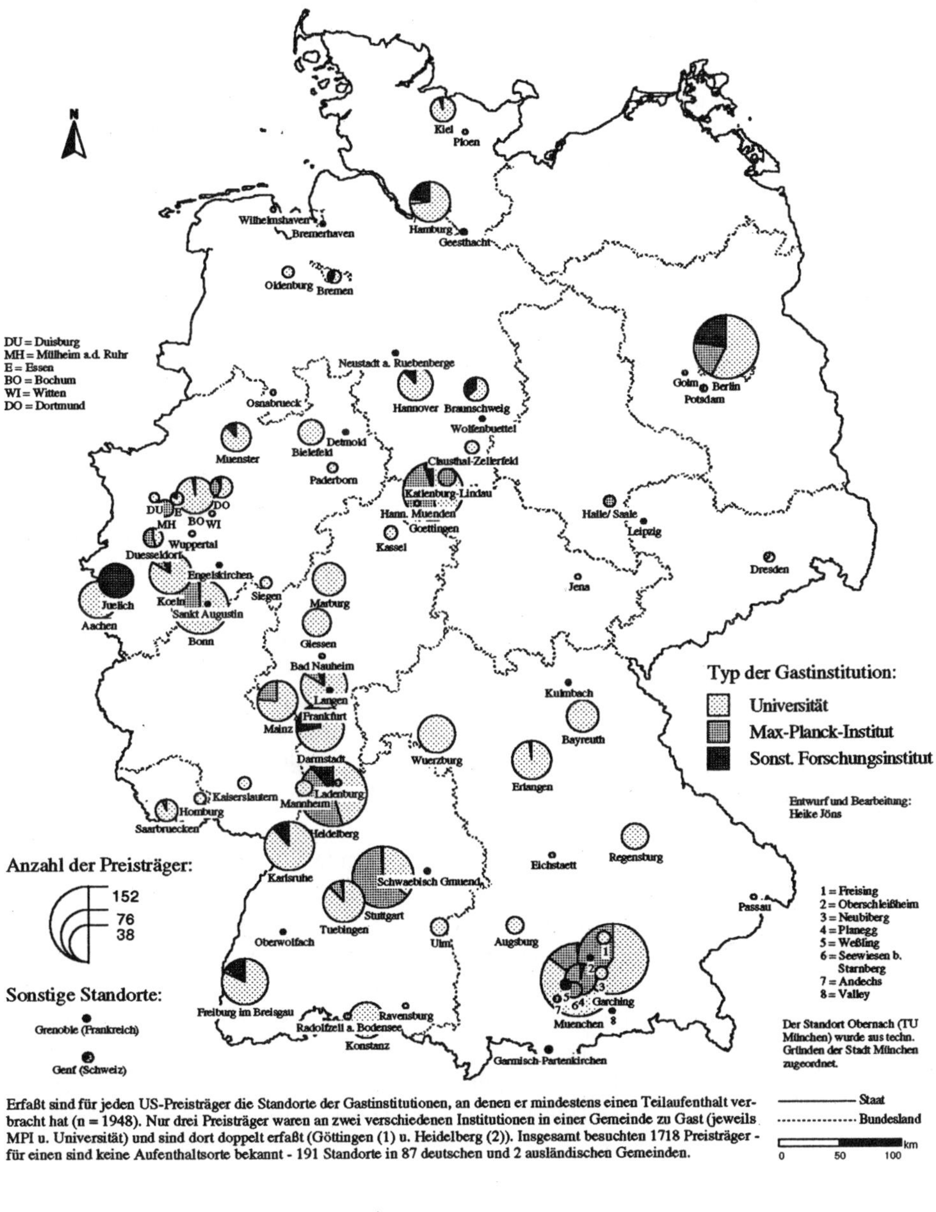

Erfaßt sind für jeden US-Preisträger die Standorte der Gastinstitutionen, an denen er mindestens einen Teilaufenthalt verbracht hat (n = 1948). Nur drei Preisträger waren an zwei verschiedenen Institutionen in einer Gemeinde zu Gast (jeweils MPI u. Universität) und sind dort doppelt erfaßt (Göttingen (1) u. Heidelberg (2)). Insgesamt besuchten 1718 Preisträger - für einen sind keine Aufenthaltsorte bekannt - 191 Standorte in 87 deutschen und 2 ausländischen Gemeinden.

Quelle: Daten der Alexander von Humboldt-Stiftung, Auswertung H. Jöns

Die räumliche Verteilung der Humboldt-Preisträger hängt u.a. eng mit der Verteilung der Großforschungseinrichtungen zusammen (vgl. Abb. 4 von Fromhold-Eisebith M. und H. Nuhn 1997).

Ranglisten sind auch in Ländern mit einem stark hierarchisierten Universitätssystem nicht unumstritten. Meistens herrscht nur Konsens über die besten und die schlechtesten Universitäten, während die Rangordnung im mittleren Bereich weniger eindeutig ist. Die Hauptproblematik der Bewertung von Forschungsleistungen liegt im jeweils angewandten Zeithorizont. Gerade neue, herausragende und kreative Ideen werden anfangs von der *peer group* vielfach unterschätzt. Die Beurteilung sollte sich also auf längere Zeiträume erstrecken. Meistens ist es sinnvoller, nicht eine Einzelrangliste zu erstellen, sondern die Universitäten in Kategorien zusammenzufassen, wie dies W. Flüchter (1990, 71-76 und Tabelle 26 im Anhang) am Beispiel der japanischen Universitäten versucht hat.

9.3 Karriere von Hochschulprofessoren

Der wissenschaftliche Rang, gemessen am Niveau der Forschung und der Qualität der Lehre, aber auch die wirtschaftlichen und gesellschaftlichen Auswirkungen einer Universität hängen in erster Linie von den an einer Hochschule tätigen Wissenschaftlern ab. Das kreative Milieu und Image eines Hochschulstandorts sowie die finanzielle, personelle und technische Ausstattung eines Instituts bestimmen ganz entscheidend, welchen Wissenschaftlern ein Ruf angeboten wird, welche ihn annehmen und welche ihn ablehnen. Vom Niveau und der fachlichen Ausrichtung der Wissenschaftler hängt auch ab, ob eine Universität die Standortentscheidungen von Unternehmen beeinflußt. Die guten Universitäten können ihren Rang nur halten, wenn es ihnen im Zuge der Personalerneuerung ständig gelingt, Spitzenwissenschaftler zu gewinnen, die ihrerseits wieder hochqualifizierte Studierende anziehen. Junge oder weniger gut ausgestattete Universitäten können den Aufstieg nur schaffen, wenn es ihnen über einen längeren Zeitraum gelingt, herausragende Wissenschaftler zu rekrutieren. Eine schlechte Berufungspolitik kann den Ruf einer Fakultät in kurzer Zeit beschädigen. Das Niveau und das Image eines Instituts (einer Fakultät) haben aber auch einen großen Einfluß darauf, wie erfolgreich die Karriere der aus diesen Instituten hervorgegangenen Nachwuchswissenschaftler verläuft.

Alle diese Fragen haben eine räumliche Relevanz. Die sozio-demographische Struktur der Wissenschaftler und die jährliche Erneuerungsquote der Professorenschaft variieren nach Hochschulstandorten. Die Rekrutierungsmechanismen bedingen besonders in Ländern, in denen Hausberufungen ausgeschlossen oder sehr selten sind, eine hohe *regionale* Mobilität der Wissenschaftler. Die sozialen und regionalen Rekrutierungsgebiete von Professoren verschiedener Universitäten und Länder unterscheiden sich je nach den angebotenen Fachtgebieten und dem wissenschaftlichen Rang einer Universität sehr stark. Ein großer Teil der interessanten Fragestellungen hat also eine räumliche Dimension, und die meisten Strukturmerkmale weisen regionale Disparitäten auf, die es zu untersuchen gilt, wenn man diese Problemstellungen adäquat erforschen will.

Im deutschsprachigen Bereich wurde die erste umfassende Studie über die Struktur, die Rekrutierung und Karriere des akademischen Nachwuchses von F. Eulenburg (1908), einem preußischen Statistiker und Nationalökonomen, vorgelegt. Diese Untersuchung umfaßte schon einen großen Anteil der Fragestellungen, die auch heute noch aktuell sind, und kann wohl als Pionierarbeit dieses Forschungsfeldes bezeichnet werden. Es dauerte fast 50 Jahre, bis die nächsten vergleichbaren Arbeiten der Göttinger Soziologen H. Plessner (1956) und C. v. Ferber (1956) erschienen. H. Plessner (1956) untersuchte vor allem die Entwicklung der Promotions- und Habilitationszeiten sowie das Alter der Nachwuchswissenschaftler bei verschiedenen Karrierestufen. C. v. Ferber (1956) widmete sich zusätzlich noch den universitären und außeruniversitäten Karriereverläufen. Beide stellten eine zeitliche Verschiebung der Karrierestufen (höheres Promotions- und Habilitationsalter) und eine zunehmende Formalisierung und Strukturierung der Universitätskarriere fest. Ihre Ergebnisse über die soziale Herkunft der Professoren deckten sich weitgehend mit jenen von F. Eulenburg (1908). Eine weitere Arbeit wurde von A. Busch (1959) über die soziale Herkunft und den Karriereverlauf von Privatdozenten vorgelegt (vgl. Weick C. 1995).

In den 60er und 70er Jahren wurde die Karrieremoblität von Wissenschaftlern vor allem in der anglo-amerikanischen Soziologie zu einem akutellen Forschungsthema. J. Ben-David und A. Zloczower (1961) verglichen den akademischen Arbeitsmarkt in den USA und in der Bundesrepublik. P. Collison (1962) untersuchte die Karriere von Wissenschaftlern an englischen Universitäten. L. Hargens und W. O. Hagstrom (1967) sowie D. Crane (1970a, 1970b) stellten bei ihren Karrierestudien vor allem das Prestige der *graduate courses* amerikanischer Universitäten in den Mittelpunkt ihres Interesses und betonten die Bedeutung von akademischen Netzwerken für die Karriere von Wissenschaftlern. Die räumliche Mobilität amerikanischer Hochschullehrer wurde von D. G. Brown (1967), jene der australischen Professoren von L. J. Saha und C. M. Atkinson (1979) untersucht. A. H. Halsey und M. A. Trow (1971) und R. Johnston und E. Brack (1983) befaßten sich mit der räumlichen Mobilität britischer Hochschullehrer und der Rekrutierung von Professoren an britischen Universitäten. Der Zusammenhang zwischen wissenschaftlicher Produktivität und Karriereverlauf wurde u.a. von J. S. Long, P. D. Allison und R. McGinnis (1979) analysiert. In Deutschland wurde die Thematik der akademischen Mobilitätsprozesse, aufbauend auf den Konzepten der anglo-amerikanischen Karrierestudien, von D. Urban (1979) wieder aufgegriffen. Eine ausführliche Diskussion der einschlägigen Literatur zu akademischen Karriere- und Mobilitätsverläufen findet sich bei C. Weick (1995).

Die Arbeiten von G. Schindler (1983), P. Meusburger (1986, 1990) und C. Weick (1995) richteten das Forschungsinteresse wieder stärker auf den räumlichen Aspekt der Rekrutierung, der Karriereverläufe und Mobilität von Wissenschaftlern, eine Frage, die auch schon bei F. Eulenburg (1908) thematisiert wurde. Dabei stehen folgende Fragen im Vordergrund:

- Lokal und regional wirksame Einflußfaktoren, welche die Karriere und Mobilität von Wissenschaftlern beeinflussen.

- Unterschiede zwischen den Universitäten (Fakultäten) hinsichtlich der soziodemographischen Struktur ihrer Wissenschaftler (Altersaufbau, Geschlechtsproportion, Schichtzugehörigkeit der Eltern, Inter-Generationen-Mobilität, Anteil von Minderheiten etc.).
- Verortung der Laufbahnstationen, regionale Einzugsgebiete der Wissenschaftler hinsichtlich der Stationen ihres Lebenslaufs und ihrer Karriere.
- Regionale Unterschiede des Durchschnittsalters bei verschiedenen Karrierestufen (z.B. Promotion, Habilitation, erste Berufung).
- Regionale Mobilität der Wissenschaftler, Zahl der angenommenen und abgelehnten Rufe, U-Turn-Migration (Anteil der Professoren, die nach einem bestimmten Zeitraum wieder an ihre frühere Universität zurückkehren).
- wissenschaftliche Netzwerke, Austauschprogramme, „Berufungsschienen" von Fakultäten und Universitäten.
- Ausstrahlungsgebiete der Universitäten; wohin werden ihre Wissenschaftler wegberufen?

Das Geflecht von wichtigen persönlichen, universitären, gesellschaftlichen, wirtschaftlichen und politischen Faktoren, die einen Einfluß auf die Karriere und Mobilität eines Wissenschaftlers ausüben und zu regionalen Unterschieden führen können, wurde von C. Weick (1995, 20f) erörtert und schematisch dargestellt (vgl. Abb.9.2). Die Bedeutung der einzelnen Faktorenbündel variiert nach Untersuchungsraum und -periode. Auf der Makroebene des Gesellschafts- und Wirtschaftssystems können einschneidende politische Ereignisse (in Deutschland 1933, 1945, 1989) die Karriere von Wissenschaftlern beenden, behindern oder fördern oder die regionale Mobilität beeinflussen. Auf dieser Ebene wirken sich aber auch wirtschaftliche Konjunkturzyklen, demographische Zyklen und die Hochschulpolitik auf die Berufungschancen von Wissenschaftlern aus. Auf der Mesoebene der Universität oder Fakultät bestimmen in erster Linie der Altersaufbau und die Wegberufungsquote der Professoren die Zahl der jährlich frei werdenden Stellen. Der Altersaufbau hängt mit früheren Expansions- und Schrumpfungsphasen zusammen, die ihrerseits wieder von der Hochschulpolitik und wirtschaftlichen Konjunkturzyklen abhängig sind. Die Wegberufungsquote hängt von Einflüssen auf allen drei Ebenen ab; die Makroebene ist für Überfüllungs- und Mangelkrisen verantwortlich, der wissenschaftliche Rang der Universität oder Fakultät und diverse Faktoren im persönlichen Bereich des Wissenschaftlers (wissenschaftliches Ansehen, Mobilitätsbereitschaft, Wünsche des Partners oder der Familie) beeinflussen die Wahrscheinlichkeit einen Ruf zu bekommen und diesen auch anzunehmen. Ein hohes Durchschnittsalter der Professorenschaft verringert wegen der Altersgrenze für Berufungen die Wegberufungsquote, wodurch wieder weniger Stellen frei werden. Das Prestige der Universität hängt u.a. mit ihrer Berufungspolitik zusammen, die sich wiederum in der Heterogenität und Größe des Einzugsgebiets (z.B. Anteil der Professoren aus dem eigenen Bundesland oder aus dem Ausland) und der soziodemographischen Struktur der Wissenschaftler äußert. Die Netzwerke stehen mit früheren Arbeits- und Karrierestufen und dem Erfolg der eigenen Schüler in Zusammenhang.

Abb. 9.2 Einflußfaktoren, die den Karriereverlauf und die räumliche Mobilität von Professoren bestimmen

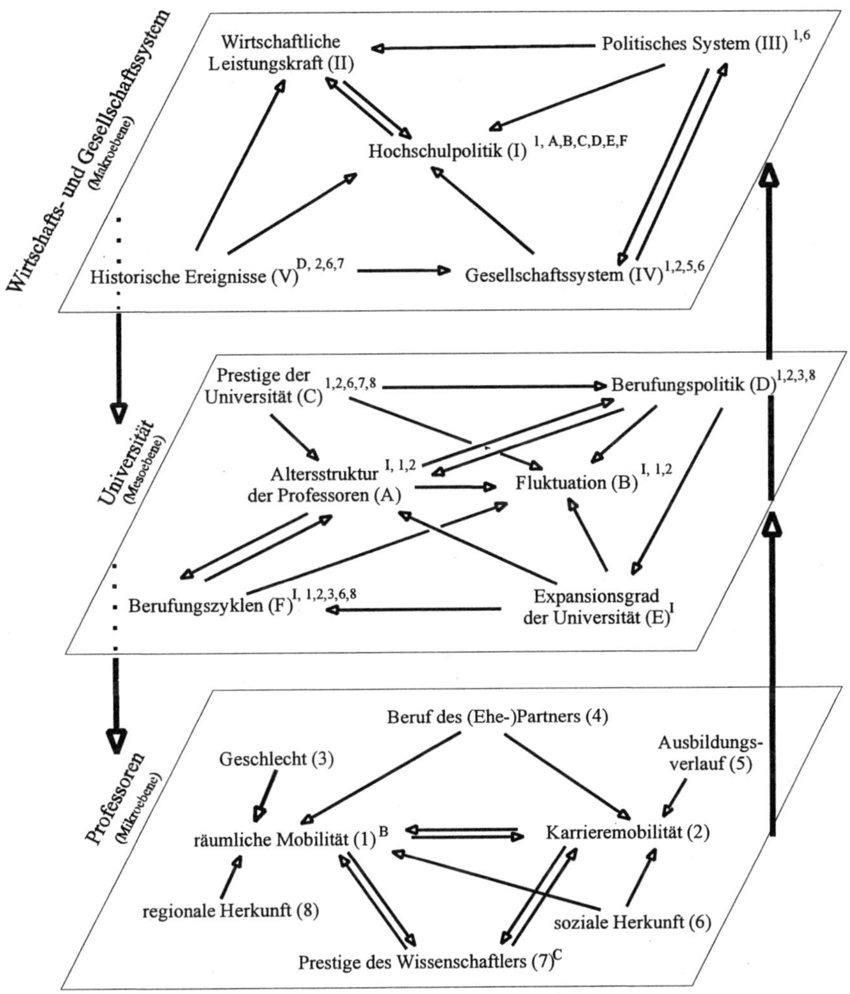

Quelle: Weick C. 1995, 20. Anmerkung: Aus Gründen der Übersichtlichkeit wurden die Beziehungen zwischen Faktoren verschiedener Ebenen nicht durch Pfeile, sondern Buchstaben und Zahlen dargestellt. Die Information auf der Mesoebene „Alterstruktur der Professoren" (A)^{I,1,2} bedeutet z.B., daß sich die Altersstruktur der Professoren sowohl auf die Hochschulpolitik (I) auf der Makroebene als auch auf die räumliche Mobilität (1) und die Karrieremobilität (2) der Wissenschaftler auf der Mikroebene auswirkt.

Bei der Rekrutierung von Wissenschaftlern stellt sich als erstes die Frage, ob und in welchem Ausmaß eine Universität ihre Professoren aus den eigenen Nachwuchswissenschaftlern rekrutiert. Wenn man von den Spitzenuniversitäten stark hierarchisierter Universitätssysteme (Oxford, Cambridge, Tokio Universität etc.) absieht, die in der Regel auch den besten Nachwuchs haben, werden Hausberufungen oder „akademische Inzucht" umso eher vermieden, je höher das wissenschaftliche Niveau einer Fakultät ist.

Eine Berufung von auswärts vermindert die Wahrscheinlichkeit eines hausinternen Protektionismus und objektiviert das Suchverhalten nach den besten Kandidaten; sie führt dazu, daß nicht dieselbe Fakultät über alle Stufen der Qualifizierung (Promotion, Habilitation, Berufung) entscheidet, sondern mehrere unterschiedliche Instanzen die wissenschaftliche Qualifikation eines Wissenschaftlers bestätigen; eine Berufung von außen verringert die Gefahr einer Verengung der wissenschaftlichen Sichtweise (vgl. Meusburger P. 1986, 1990; Weick C. 1995, 60f).

Ein großen und heterogenes Einzugsgebiet der Berufungen wird u.a. deshalb als vorteilhaft angesehen, weil der Universität dadurch viele unterschiedliche Ideen, Forschungsthemen, wissenschaftliche Methoden, Organisationserfahrungen und Netzwerke zugeführt werden, und man sich von dieser Heterogenität eher einen wissenschaftlichen Fortschritt, eine internationale Wettbewerbsfähigkeit oder ein kreatives Milieu erwartet als wenn beispielsweise ein Großteil der Wissenschaftler alle Karrierestufen im Heimatbundesland absolviert hat. Ein international renommierter Wissenschaftler geht jedoch nicht an jede Universität, sondern läßt sich nur durch ein attraktives Angebot gewinnen, das wiederum nur finanziell und personell sehr gut ausgestattete Universitäten machen können. Dies war beispielsweise auch der Grund, warum G. Schindler (1983) bei den neuen, peripher gelegenen bayerischen Universitäten einen viel höheren Anteil von „Landeskindern" (aus Bayern berufenen Professoren) feststellen konnte als etwa in München. Junge oder schlecht ausgestattete Universitäten haben meistens ein kleineres Einzugsgebiet als international renommierte.

Von den 1992 an baden-württembergischen Universitäten tätigen Professoren hatten beispielsweise 18,8% der C4 Professoren und 26,3% der C3 Professoren ihre letzte Stelle vor der Berufung (oder Überleitung) ebenfalls in Baden-Württemberg (Weick C. 1995, 130f). Rund 79% der C4 und C3 Professoren sind also aus anderen Bundesländern oder aus dem Ausland berufen worden, wobei sich allerdings nach Fachgebieten und Universitäten bemerkenswerte Disparitäten feststellen lassen.

Ebenso bedeutend wie die Berufungsorte sind die Promotions- und Habilitationsorte der Wissenschaftler. Da die wissenschaftliche Sozialisierung, Förderung und Herausforderung in jungen Jahren erfolgt, sagt die Frage, wo jemand promoviert oder habilitiert wurde, mitunter mehr aus über die wissenschaftlichen Interessen, Methoden, Erfahrungen oder Qualifikationen eines Wissenschaftlers als der Ort der letzten Professur. Das Prestige jener Institution, an der die ersten Karriereschritte absolviert wurden, hat einen entscheidenden Einfluß auf die spätere Berufslaufbahn (vgl. Long, J. S., Allison, P. D. und R. McGinnis 1979;.Weick C. 1995, 10f). »Where a scientist ends up depends largely on where he starts« (Caplow T. und R. J. McGee 1958, 225).

Abb. 9.3 Die Orte, von denen die 1992 in Baden-Württemberg tätigen C4 und C3 Professoren berufen wurden

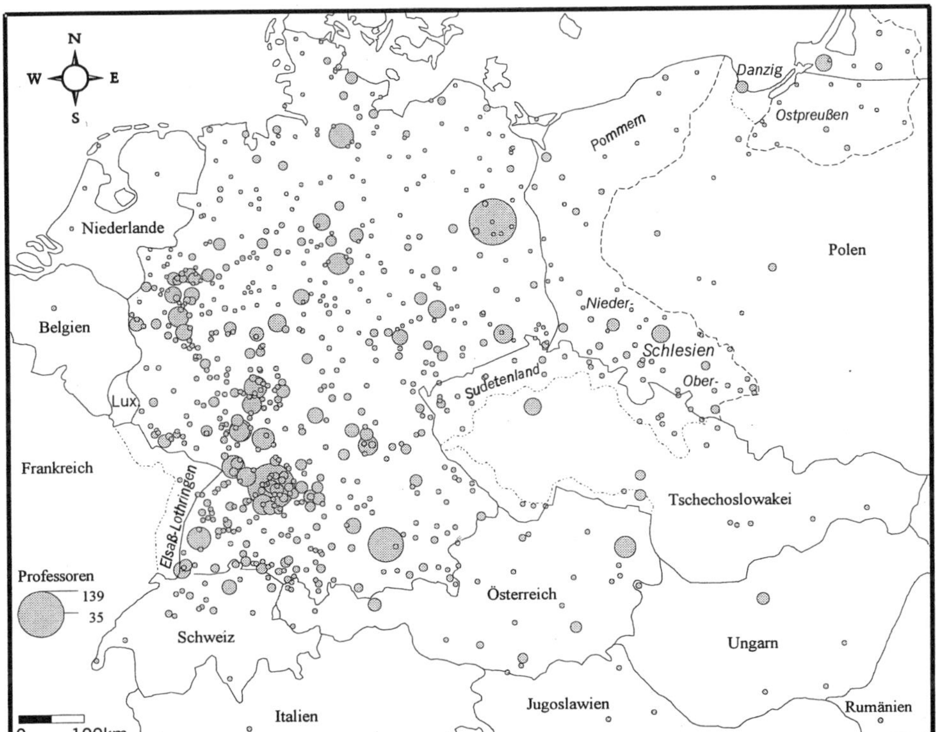

----- Ostgrenze des Deutschen Reiches von 1937 .... Sprachraumgrenze der Sudetendeutschen und der Gebiete von Danzig und Elsaß-Lothringen

Die übrigen Geburtsorte liegen im europäischen Teil der Sowjetunion (33), in Jugoslawien (13), Großbritannien (6), Rumänien (6), Frankreich (5), Schweden (3), Spanien (3), Italien (3), Bulgarien (2), Dänemark (1), Finnland (1), Griechenland (1), Portugal (1), in der Türkei (1) sowie in den Vereinigten Staaten (11), Asien (7), Südamerika (3), Afrika (2) und Australien (1).

Quelle: Weick C. 1995, 131.

Die Frage, wo ein Nachwuchswissenschaftler startet, hängt natürlich auch schon von früheren Weichenstellungen in seinem Lebenslauf und nicht zuletzt von seiner sozialen und regionalen Herkunft ab. Deshalb haben P. Meusburger (1986, 1990) und C. Weick (1995) auch die Geburtsorte, den Ort des Grundschulbesuchs, die Abiturorte, die soziale Schichtzugehörigkeit (Statusvererbung) und zahlreiche andere Merkmale der Professoren (Religionszugehörigkeit, Familienstrukturen etc.) untersucht. Dabei konnten sehr deutliche Disparitäten nach Fachbereichen, Geburtskohorten und Karriereverläufen der Professoren festgestellt werden.

Abb. 9.4 Die Geburtsorte der 1992 in Baden-Württemberg tätigen C4 und C3 Professoren

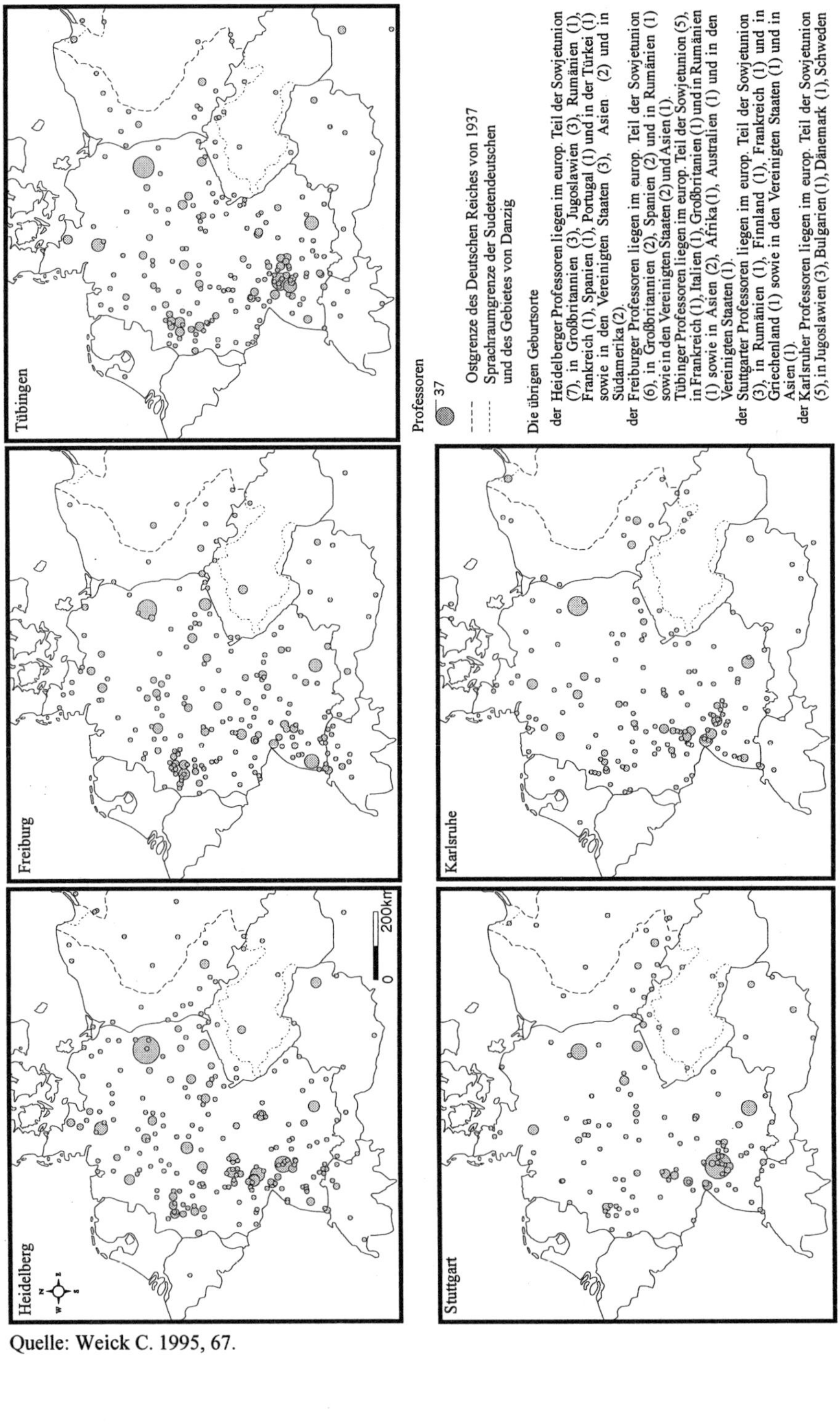

Quelle: Weick C. 1995, 67.

Die soziale und regionale Herkunft der Professoren variiert sehr stark nach Fachgebieten. Juristen und Mediziner stammen in der Regel zu einem höheren Prozentsatz aus Akademikerfamilien, weisen ein höheres Ausmaß an Statusvererbung auf und sind zu einem höheren Anteil in Stadtregionen aufgewachsen als Lehramtsstudenten oder Theologen. Angehörigen diskriminierter Minderheiten gelingt in der Medizin oder den Naturwissenschaften eher ein Aufstieg als in Jura oder den Geisteswissenschaften (vgl. Meusburger P. 1986, 1990; Weick C. 1995). Unter Berücksichtigung der fachspezifischen Unterschiede stellt das durchschnittliche Alter, in dem bestimmte Karriereschritte erreicht wurden, einen einen ersten Hinweis auf die spätere Karriere dar. In Deutschland haben sich Ordinarien (C4 Professoren) durchschnittlich in einem jüngeren Alter habilitiert als Extraordinarien (C3 Professoren).

9.4 Wirtschaftliche, kulturelle und gesellschaftliche Auswirkungen von Hochschulen

Ausgelöst durch die Diskussionen um die Humankapitaltheorie, das endogene Entwicklungspotential ländlicher Räume und die soziale Ungleichheit hat sich der Blickpunkt, unter dem die Funktionen von Universitäten betrachtet wurden, nach dem Zweiten Weltkrieg deutlich verändert. Nun rückten ihre gesellschaftlichen und wirtschaftlichen Auswirkungen stärker in den Mittelpunkt des Interesses. J. W. Harvey (1958), H.-K. Schneider (1964), D. Sauberzweig (1973), A. Schulz und E. Bergjohann (1973), R. Geipel (1974), P. Bär (1976), E. Brösse und J. Emde (1977), H. Monheim (1977), J. Leib (1977a), G. Engelbrech et al. (1978), A. Mayr (1979), A. Willauschus (1979), E. Giese (1987b), E. Giese et al. (1982), I. Althaus und R. Schalles (1983), J. Seeber (1985), D. Fürst (1984), R. Nelson (1986), J. Grabitz 1990; E. J. Mansfield (1991) und viele andere sind den Fragen nachgegangen, welche Bedeutung eine Universität als Wirtschaftsfaktor hat, welche ökonomischen Verflechtungen zwischen der Universität und der Hochschulregion bestehen, wohin die Finanzmittel einer Universität fließen, welchen Wissenstransfer es zwischen Universität und Industrie gibt und wie groß der Stabilisierungs- und Beschäftigungseffekt von Universitäten ist.

A. Mayr (1979) und E. Giese (1982, 1987b) geben einen zusammenfassenden Überblick über die wirtschaftlichen Auswirkungen einer Universität. Eine Universität löst durch ihre Bau-, Sach- und Personalausgaben erstens eine zusätzliche Nachfrage nach Dienstleistungen und Produkten aus. Abhängig von der fachlichen Ausrichtung und dem wissenchaftlichen Niveau der Hochschule kann sie die Standortentscheidungen von Unternehmen beeinflussen, die vom Forschungspersonal, qualifizierten Absolventen, einem Wissens- und Technologietransfer oder vom kreativen Milieu Vorteile erwarten und somit die Fühlungsvorteile nutzen wollen. Auf diesen Erwartungen basieren auch die zahlreichen Technologie- und Gründerzentren, die in der Nähe von Hochschulen errichtet wurden. Daß die Bedeutung der Hochschulen für eine innovationsorientierte Regionalpolitik in strukturschwachen Gebieten in den 60er und 70er Jahre überschätzt wurde, wird heute nicht mehr bezweifelt. Das Vorbild des „Stanford Industrial Park for High Technology Industry", der 1951 errichtet wurde, konnten weltweit nur wenige erreichen. Indirekte Vorteile entstehen Universitätsstandorten dadurch, daß Universitäten Infrastruktureinrichtungen (Krankenhäuser, Sportanlage, Hörsäle) bereitstellen, die von der Bevölkerung genutzt werden können und deren Errichtung sich die Stadtverwaltung deshalb ersparen kann (vgl. Meusburger P. 1997b). In vielen Universitätsstädten ist die Hochschule der größte Arbeitgeber, eine nicht geringe Zahl von Universitätsstädten hat ein geringeres Jahresbudget als ihre Universität (vgl. Ehlers E. 1974, 230; Leib J. 1977a, 125; Mayr A. 1979, 175-220). Nicht zuletzt sind die Arbeitsplätze an Universitäten relativ konjunkturstabil. Nachteile entstehen den Universitätsstandorten vor allem dadurch, daß sie zusätzliche Infrastruktureinrichtungen (Verkehrsmittel, Schulen) zur Verfügung stellen müssen und von den Universitäten keine Steuereinnahmen erhalten.

Nicht alle wirtschaftlichen Auswirkungen von Universitäten können quantitativ erfaßt werden. Deshalb haben sich die einschlägigen Studien bisher vor allem auf folgende Bereiche konzentriert (vgl. Mayr A. 1979; Giese E. 1987b):

- Baukosten,
- Sachmittel- und Betriebskosten der Universität und Kliniken (einschließlich Ausgaben für Unterhalt und Reparaturen),
- Personalkosten, Gehälter und Löhne der Universitätsbediensteten,
- Ausgaben der Studierenden,
- Ausgaben hochschulverbundener Einrichtungen (Studentenwerk, Max-Planck-Institute etc.),
- Ausgaben von Kongreßteilnehmern und nicht von der Hochschule finanzierten Gastwissenschaftlern.

Während es über den regionalen Verbleib der Mittel für Baukosten sowie für Sachmittel- und Betriebskosten relativ zuverlässige Untersuchungen und über die Ausgaben der Studierenden zumindest Hochrechnungen aufgrund von Stichprobenerhebungen gibt, ist noch wenig darüber bekannt, wo und wofür die Universitätsbediensteten und ihre Angehörigen die Löhne und Gehälter ausgeben. Nicht einfach zu beantworten ist auch die Frage, welche Beschäftigungseffekte durch die Einnahmen der Lieferanten an den jeweiligen Standorten erzielt werden. In der Regel werden Beschäftigungseffekte nach dem Prinzip der Wirkungsketten berechnet (Giese E. et al. 1982, 24f; Giese E. 1987b), diese Wirkungsketten sind jedoch nicht leicht nachzuvollziehen.

J. Leib (1977a) hat festgestellt, daß von den Bauausgaben der Universität Gießen im Zeitraum 1961-1974 64,6% in der Stadt Gießen sowie den damaligen Kreisen Gießen und Wetzlar verblieben sind, weitere 5,6% flossen ins übrige Mittelhessen, 10,1% an Firmen in anderen deutschen Bundesländern und 1,2% ins Ausland. A. Mayr hat für die Universität Bochum berechnet, daß von der für die Universität Bochum im Jahre 1968 verbauten Summe 44,4% in Bochum und Umgebung und 50,4% im übrigen Nordrhein-Westfalen verblieben sind.

Bei den Sachausgaben der Universitätshaushalte variiert die Reichweite der Ausgaben sehr stark nach den Ausgabearten. Güter des täglichen Bedarfs werden in der Nähe, teure Spezialgeräte eher in größerer Entfernung gekauft. Dies wurde von A. Mayr (1979) für die Universität Bochum und von J. Grabitz (1990) für die Universität Heidelberg nachgewiesen. Die hohen Anteile der Sachausgaben, die Bochum anziehen konnte, sind umso bemerkenswerter, als es sich hier um einen neuen Universitätsstandort handelte und man davon ausgehen könnte, daß viele universitätstypische Lieferanten in Bochum noch gar nicht in genügender Zahl vertreten waren.
J. Grabitz (1990) konnte für die Heidelberger Universität (ohne Kliniken) nachweisen, daß 30,5% aller Sachausgaben in Heidelberg ausgegeben wurden, 44,3% blieben in der unmittelbaren Hochschulregion und 59,3% in Baden-Württemberg. Während von den Verbrauchsmaterialien rd. zwei Drittel im Umkreis von 90 km gekauft wurden, war die Beschaffung von Investitionsgütern von der Entfernung unabhängig. Bücher und Zeitschriften wurden zu 49,6% in Heidelberg angeschafft, der sogenannte Kleinbedarf wurde sogar zu 92,4% in Heidelberg gedeckt. Universitäten üben auf Buchhandlungen, Verlage, Druckereien, Geschäfte des Büro- und EDV-Bedarfs, Übersetzungsbüros und viele andere Gewerbe und Dienstleistungen eine beträchtliche Anziehungskraft aus, so daß viele dieser Branchen in Universitätsstädten überproportional stark vertreten sind.

Im Jahre 1976 entfiel beispielsweise in Göttingen und Tübingen auf je 24.000 Einwohner und in Gießen auf 25.000 Einwohner eine wissenschaftliche Buchhandlung, während die betreffende Relation in Bielefeld 160.000, in Bremen 290.000 und in Wuppertal 412.000 betrug (Mayr A. 1979, 210). Aber auch feinmechanische und optische Industrien, Präzisionsgerätebau, medizinisch-technischer Gerätebau und in neuerer Zeit Biotechnologie und Softwareentwicklung profitieren von der Nähe der Universitäten. A. Mayr (1979, 222-231) belegte diese direkten Zusammenhänge zwischen Universität und Industrie am Beispiel von Göttingen, Jena, Erlangen und Cambridge etc. Neuere Untersuchungen haben dieses Thema anhand von Kyushu (Sternberg R. 1995c, 1996), Silicon Valley (Saxenian A. 1983, 1990, 1991; Hall P. und A. Markusen 1985) und Boston (Bathelt H. 1991) analysiert.

R. Nelson (1986) und E. J. Mansfield (1991) haben belegt, daß universitäre Forschung für die industrielle Forschung von größter Bedeutung ist. Regionen mit einer hohen Dichte an Universitätsstandorten sind für die Industrie äußerst attraktiv. Auf der regionalen Makroebene gibt es eine starke Kongruenz zwischen der Dichte von Universitätsstandorten und der Dichte von industrieller Forschung. Eine »co-location of university and industrial R&D has a positive impact on the generation of patents and innovations« (Feldman M. 1994, 52). Silicon Valley wurde vom Rektor der Stanford Universität, Fred Terman, initiiert. Durch seine Initiative wurde ein Forschungspark errichtet, auf dem Hewlett-Packard und später viele andere Firmen ihre Produktion begannen und der dann ein wichtiger Impuls für die Ansiedlung anderer Hard- und Software wurde. Auch die Forschungsregion *Route 128* bei Boston wurde durch die Initiative von Karl Compton, Präsident von MIT, initiiert, der die Wissenschaftler von MIT ermunterte, Unternehmer zu werden, und auch privates Risiko-Kapital zu mobilisieren half (Krugman P. 1991, 64). Nicht zuletzt ging auch die Bioregion Heidelberg-Mannheim auf eine Zusammenarbeit zwischen Rektoraten und Industrie zurück.

Auch die *gesellschaftlichen Auswirkungen* von Universitäten sind bedeutend. Universitäten sind gleichsam ein Magnet für Hochqualifizierte. Sie ziehen Wissenschaftler aus vielen Ländern an, die eine große Vielfalt an historischen Erfahrungen, Ideen, wissenschaftlichen Methoden, politischen Ansichten und kulturellen Ansprüchen an den Hochschulstandort und seine Umgebung bringen. Die Wissenschaftler und ihre Angehörigen frequentieren kulturelle Einrichtungen, organisieren selbst kulturelle Aktivitäten und engagieren sich in Vereinen; die Wissenschaftler organisieren an ihren Universitätsstandorten Kongresse, Tagungen, Konzerte und Ausstellungen. Sie knüpfen weltweite soziale Netzwerke und tragen zur Entstehung eines kreativen Milieus bei, von dem auch andere Bereiche profitieren. Universitätsbedienstete stehen als Dozenten für Institutionen der Erwachsenenbildung (Volkshochschulen etc.) und für die Politikberatung zur Verfügung. Nicht zuletzt beeinflussen sie durch ihre Kinder in beträchtlichem Maße das Bildungsverhalten der Schüler. Aber auch von den Absolventen der Universitäten tritt ein beträchtlicher Teil den ersten Arbeitsplatz in der Hochschulregion an (vgl. Schmidt A. 1998). Die Studenten verstärken in beträchtlichem Maße die kulturell und politisch aktiven Altersgruppen, sie beeinflussen das Wahlverhalten, engagieren sich in sozialen Bewegungen, sind die Hauptkunden vieler kultureller Einrichtungen (z.B. Privattheater, Experimentier- und Kleinkunstbühnen). Abgesehen von der Habilitationsschrift von A. Mayr (1979) wurden die gesellschaftlichen und kulturellen Auswirkungen von Universitäten allerdings erst sehr selten untersucht.

10 Forschungsinfrastruktur, Forschungsinput, Forschungsoutput

Regionale Disparitäten der Forschungsinfrastruktur, des Forschungsinputs und Forschungsoutputs sind aus mehreren Gründen von Interesse. Erstens benötigen Wissenschaftler, Erfinder, Entwicklungsingenieure, Techniker und Lehrer zur Erfüllung ihrer Aufgaben eine bestimmte Infrastruktur (Apparate, Labors, Computer, Bibliotheken, Personal, Forschungsmittel etc.). Die Qualität und die Art der vorhandenen Forschungsinfrastruktur sind zwar keine Garantie für Kreativität, Erfindungen und Forschungsleistungen, aber sie bestimmen ganz wesentlich die Attraktivität und Wettbewerbsfähigkeit einer Institution oder eines Standorts. Zweitens besteht ein öffentliches Interesse daran, welche Ergebnisse (Erfindungen, wissenschaftliche Erkenntnisse, Innovationen) die Investitionen in Forschung und Entwicklung gebracht haben. Drittens hängen die Wettbewerbsfähigkeit und das endogene Entwicklungspotential einer Region zu einem beträchtlichen Teil auch von den Leistungen in Forschung und Entwicklung und der Attraktivität der Standorte für kreative und innovative Akteure und Unternehmen ab.

Schon F. Machlup (1962a) hat einige Hindernisse und Schwierigkeiten angeführt, die einer statistischen Analyse der Produktion und Verbreitung des Wissens entgegenstehen oder sie zumindest erschweren. Diese bestehen u.a. darin, daß die amtliche Statistik über Forschung und Entwicklung sehr mangelhaft ist und daß man den Forschungsinput und -output nur mit Behelfsindikatoren beschreiben kann. Diesen Defiziten steht die Tatsache gegenüber, daß ein großer Bedarf nach der Messung von Forschungsleistung, Innovationstätigkeit, technologischem Niveau und technischem Fortschritt besteht.

Wenn man die Produktion und Anwendung von Wissen bzw. den Innovationsprozeß in verschiedene Phasen zerlegt, kann man jeder dieser Phasen bestimmte Input- und Outputindikatoren zuordnen (vgl. Schwitalla B. 1993, 11). Auf der *Inputseite* bieten sich die Indikatoren „in Forschung und Entwicklung tätiges Personal“, „staatliche und private Förderung von Forschung und Entwicklung“, „Ausgaben für interne und externe Forschung und Entwicklung“, „Forschungsinfrastruktur“ (wissenschaftliche Geräte, Labors, Großforschungseinrichtungen, Telekommunikation) oder „Investitionen in neue Verfahren, Prozesse und Produkte“ an. Auf der *Outputseite* (Durchsetzung und Verwirklichung einer Idee) können u.a. Zitationsmaße, Patente, Innovationsmaße, technometrische Indikatoren oder der Anteil der Spitzentechnologie am Umsatz und Außenhandel als beobachtbare „Stellvertreter-Variablen“ verwendet werden. Die Brauchbarkeit und Anwendbarkeit dieser Indikatoren beschränkt sich meistens auf bestimmte Innovationsphasen und Aggregationsebenen.

technologie am Umsatz und Außenhandel als beobachtbare „Stellvertreter-Variablen" verwendet werden. Die Brauchbarkeit und Anwendbarkeit dieser Indikatoren beschränkt sich meistens auf bestimmte Innovationsphasen und Aggregationsebenen.

Abb. 10.1 Indikatoren zur Beschreibung des Inputs, der Durchführungsphase und des Outputs von Forschung und Entwicklung

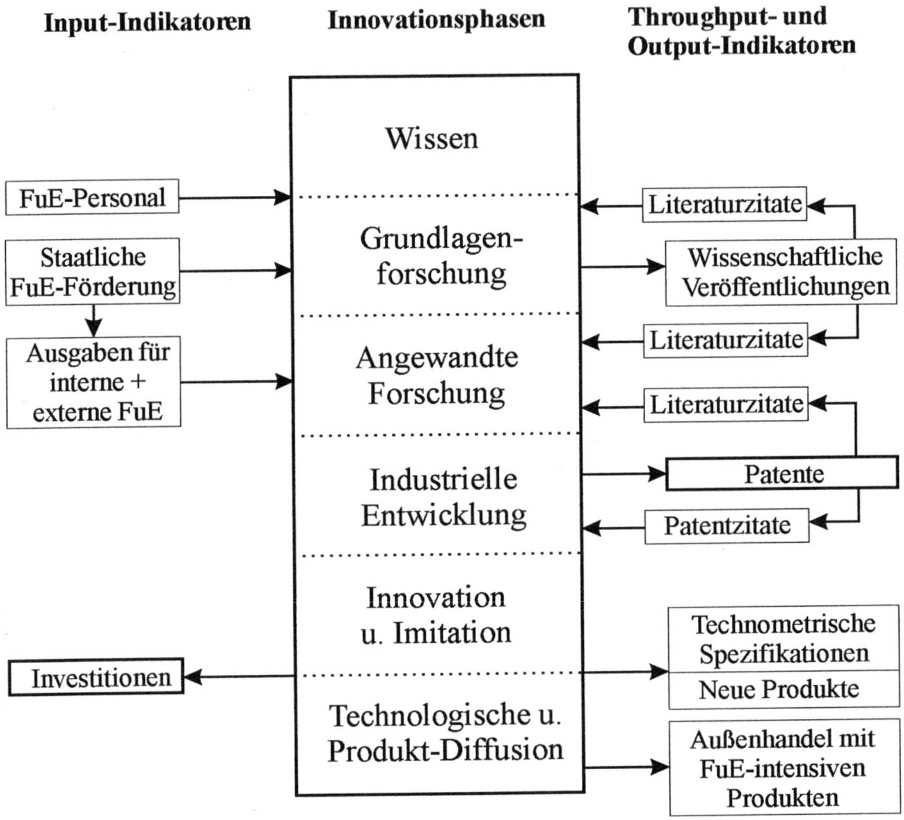

Quelle: Modifiziert nach B. Schwitalla 1993, 11.

Keiner dieser Indikatoren kann für sich allein das Innovationsgeschehen oder die „*knowledge production*" beschreiben, deshalb sollten stets mehrere verschiedene Indikatoren verwendet und die Grenzen der Aussagekraft im Auge behalten werden.

10.1 Forschungsinput

Unter Forschungsinput versteht man die Investitionen und laufenden Ausgaben für Forschung und Entwicklung (Personalmittel, Sachmittel, Verbrauchsmaterial) sowie die vorhandene Forschungsinfrastruktur. Der Forschungsinput kann anhand der Akteure, der Organisationen und Institutionen, der Infrastruktur oder der eingesetzten finanziellen Ressourcen analysiert werden. In Anlehnung an F. Machlup (1962a, 180-181) können für folgende Bereiche Indikatoren und Maßzahlen konstruiert werden:

- *Akteure*: Wissenschaftler, Ingenieure, Erfinder, *knowledge workers*, Techniker und Verwaltungspersonal, das in Institutionen der Forschung und Entwicklung tätig ist, aufgegliedert nach Zahl, Qualifikationen, beruflichem Status (Karrierestufe, Führungsebene), Arbeitszeit (Personen-Stunden) und Lohnsumme (Personalausgaben).
- *Infrastruktur*: Laboratorien, Rechenzentren, wissenschaftliche Geräte, Telekommunikation oder Bibliotheken nach Größe, Leistung und investierten Finanzmitteln.
- *Finanzielle Ressourcen*: Umfang der für Forschung und Entwicklung eingesetzten Finanzmittel. Staatliche oder private *Förderungsmittel* für Forschung und Entwicklung.
- *Unternehmen, Institutionen*: Erfassung von „innovativen" oder „wissensintensiven" Unternehmen (z.B. Biotechnologie, Informationstechnologie) nach der Zahl der Beschäftigten, den Investitionssummen oder dem Umsatz.

10.1.1 Forschungsinfrastruktur

Die Forschungsinfrastruktur ist eine notwendige, aber keine hinreichende Voraussetzung, um einen bestimmten Forschungsoutput erzielen zu können. Von der zur Verfügung stehenden Forschungsinfrastuktur hängt jedoch ab, welche Forschungsfragen mit welchen Methoden bearbeitet werden können, ob herausragende Wissenschaftler angeworben werden können und ob das betreffende Institut international wettbewerbsfähig ist. Es ist zwar nicht einfach, den Einfluß der Infrastruktur auf die Forschungsleistungen oder die wissenschaftliche Kreativität von Forschergruppen zu messen, es spricht aber viel dafür, daß die zur Verfügung stehende Infrastruktur in immer höherem Maße die Forschungsmöglichkeiten vieler wissenschaftlicher Disziplinen beeinflußt. Ohne eine bestimmte Grundausstattung ist es nicht einmal möglich, Forschungsmittel einzuwerben. Andererseits gibt es zwischen Forschungsinput und -output keinen Automatismus. Herausragende Wissenschaftler können mit wenig Mitteln mehr erreichen als weniger kreative Wissenschaftler mit guter Infrastruktur. Der Einfluß der Forschungsinvestitionen auf die Forschungsleistungen hängt u.a. ab

- vom Zeitpunkt, zu dem die Infrastruktur zur Verfügung gestellt wird,
- vom Standort, an dem die Infrastruktur eingesetzt wird,
- von diversen Rahmenbedingungen, die an der Institution anzutreffen sind (Berufungspolitik, kreatives Milieu etc.).

Die Abhängigkeit der Wissenschaftler von der Forschungsinfrastruktur ist relativ neu. Bis Anfang des 19. Jahrhunderts verwendeten die Naturwissenschaftler und Mediziner noch ihre privaten Instrumente. Eines der ersten wissenschaftlichen Labors, das Chemielabor für Justus Liebig an der Universität Gießen, wurde um 1840 errichtet, und das erste Laborgebäude wurde erst 1874 in Cambridge (*Cavendish Laboratory*) eröffnet (Price D. 1975, 104). Sobald Wissenschaftler auf *teure* Geräte und Labors angewiesen waren, begann ihre Abhängigkeit von der verfügbaren Forschungsinfrastruktur. Aufgrund der ständig zunehmenden »Technisierung des Wissens« sowie der »Wissensbasierung der Technik« (Spinner H. F. 1994, 55) wurde diese Abhängigkeit im 20. Jahrhundert immer größer. Die Verfügbarkeit von gut eingerichteten Labors, Bibliotheken, wissenschaftlichen Großforschungseinrichtungen, Einrichtungen der Datenverarbeitung und der Telekommunikation beeinflußte in zunehmendem Maße nicht nur die möglichen Forschungsschwerpunkte von Wissenschaftlern, Forschungsinstituten oder Unternehmen, sondern auch deren nationale und internationale Wettbewerbsfähigkeit. Es gibt zwei Gründe, warum die räumliche Konzentration von teurer Forschungsinfrastruktur sowohl global als auch innerhalb von Staaten laufend zunimmt. Erstens ist Spitzenforschung so teuer geworden, daß sich auch ein reicher Staat nur noch wenige Standorte leisten kann. Zweitens sind auch die Voraussetzungen und notwendigen Rahmenbedingungen (Humanressourcen, Netzwerke von Experten und Zulieferern etc.) nur an wenigen Standortregionen vorhanden. So haben beispielsweise japanische Elektronikfirmen, die in den USA Forschung betreiben, drei Viertel ihrer Forschungslaboratorien auf Kalifornien konzentriert (Serapio M. G. 1993). Bestimmte Forschungsanlagen sind selbst für einzelne Staaten zu teuer geworden, so daß sie von mehreren Staaten gemeinsam finanziert werden.

Neue Geräte (Mikroskop, Photoapparat, Radar, Computer, Fernerkundungssatelliten, Rasterelektronenmikroskop, Computertomograph etc.) waren immer wieder Wegbereiter des wissenschaftlichen und technologischen Fortschritts, weil sie entweder neue Fragestellungen oder die Beantwortung bisher ungelöster Fragen ermöglicht haben. Solche bahnbrechenden neuen Geräte waren zu Beginn ihres Produktzyklus, also gerade in jener Phase, in der sie den Anwendern die größten Wettbewerbsvorteile gebracht haben, in der Regel auf wenige Orte oder Regionen beschränkt. Diese Konzentration auf wenige räumliche Einheiten war entweder in den hohen Anschaffungskosten der Geräte begründet, teilweise ging sie auf (militärisch begründete) Exportverbote zurück, und in einigen Fällen gab es einfach noch zu wenig Anwender, die mit solchen Geräten umgehen konnten.

Eine Analyse der räumlichen Verbreitung sowie der raum-zeitlichen Diffusion von wichtigen Elementen der Forschungsinfrastruktur vermag deshalb Einblicke in räumliche Disparitäten des Wissens sowie in regionale Unterschiede des technologischen Entwicklungsniveaus zu geben. Damit wird nicht behauptet, daß alle Großforschungseinrichtungen automatisch das endogene Entwicklungspotential ihrer *Stand-*

ortregion verbessern. Bei der Frage des Wissenstransfers darf die Maßstabsfrage nicht ausgeblendet werden. Wenn Großforschungseinrichtungen aus regionalpolitischen Gründen in peripheren ländlichen Gebieten eingerichtet werden, gibt es dort zwar einige hochqualifizierte Arbeitsplätze mehr, aber die Resultate der wissenschaftlichen Grundlagenforschung und Entwicklung dieser Institutionen können in einer solchen Region auch auf lange Sicht hinaus kaum genutzt werden. Damit ein Wissenstransfer stattfinden kann, benötigt auch der potentielle Empfänger gewisse Voraussetzungen (Vorwissen), die u.a. in den Kapiteln 2.1 und 10.3 besprochen werden. Da in ländlichen oder strukturschwachen Regionen diese Voraussetzungen nicht gegeben sind, werden sie vom Wissenstransfer, ähnlich wie bei einigen Formen der Telekommunikation, übersprungen. Jene Unternehmen, die vom Wissenstransfer dieser Großforschungseinrichtungen am meisten profitieren können, sind in der Regel auf wenige Ballungsräume konzentriert. Auch von den (Spitzen-)Universitäten, mit denen diese Großforschungseinrichtungen personell und im Rahmen von gemeinsamen Projekten vernetzt sind (vgl. Fromhold-Eisebith M. und H. Nuhn 1997), befinden sich nur wenige in strukturschwachen peripheren Regionen. Nicht selten haben diese Großforschungseinrichtungen eine intensivere Zusammenarbeit und Vernetzung mit ausländischen Universitäten und Großforschungseinrichtungen als mit den nächst gelegenen einheimischen. Selbst wirtschaftliche prosperierende, von technologieorientierten Firmen geprägte Ballungsräume wie die Region um Darmstadt bieten der dort ansäßigen „Gesellschaft für Schwerionenforschung“ mbH (GSI) nur eine relativ geringe Zahl potentieller Kooperationspartner (Schubert S. 1995; Fromhold-Eisebith M. und H. Nuhn 1997, 220). Großforschungseinrichtungen beeinflussen in der Regel nicht so sehr das Forschungs- und Entwicklungspotential ihrer engeren Standortregion (obwohl dies natürlich möglich ist, wenn die Standorte gut gewählt sind), sondern sie sind von nationaler oder supranationaler Bedeutung (z.B. CERN in Genf).

Von besonderer Bedeutung sind dabei die ersten Phasen der Diffusion. Sobald die entsprechende Innovation eine große Verbreitung gefunden hat, ist sie als Indikator nur noch wenig aussagekräftig. Von Bedeutung ist ferner, ob eine bestimmte Forschungsinfrastruktur in staatlichen Forschungsinstitutionen, Universitäten oder Privatunternehmen lokalisiert ist.

Im folgenden sollen exemplarisch einige Beispiele für regionale Unterschiede in der Ausstattung mit Informations- und Kommunikationstechnologie angeführt werden. Die Infrastruktur eines Landes zur Verarbeitung, Speicherung und Übertragung von Informationen gehört zu den wichtigen Rahmenbedingungen und Voraussetzungen für Forschung und sozio-ökonomische Entwicklung. Sie korreliert sehr stark mit dem ökonomischen und gesellschaftlichen Entwicklungsniveau einer Region und mit der Position eines Standorts in der Hierarchie des Siedlungssystems.

Supercomputer

In den letzten zwei Jahrzehnten des 20. Jahrhunderts wurde die Verfügbarkeit von Supercomputern (im Giga- und Teraflopbereich) in einer zunehmenden Zahl von wissenschaftlichen Disziplinen und technologischen Schlüsselbranchen (Flugzeug- und

Raumfahrttechnologie, Kernforschung oder Klimaforschung) als Schlüsselfrage für die internationale Wettbewerbsfähigkeit angesehen.

Die Datenlage über die Verbreitung von Supercomputern ist relativ gut. Zwischen 1986 und 1992 wurden von H. W. Meuer (Mannheim) weltweit Daten über die Installation von Supercomputern zusammengestellt. Seit 1993 werden in der Zeitschrift *„Supercomputer“* zweimal jährlich (Juni und November) nur noch Angaben über die 500 größten Supercomputer der Welt veröffentlicht. Dabei wird unterschieden zwischen der *Zahl* der Supercomputer und der *Leistung*, die in Gflops/sec gemessen wird. Die folgenden Angaben für das Jahr 1995 wurden alle der Publikation von H. W. Meuer (1996) entnommen.

Zwischen 1986 und 1991 konnte Japan seinen Anteil an den weltweit vorhandenen Supercomputern in sehr eindrucksvoller Weise von 19% auf 41% steigern, während die USA von 53% im Jahre 1986 auf 33% im Jahre 1992 zurückfielen. 1992 standen 96% aller auf der Welt vorhandenen Supercomputer in Nordamerika, Japan und Europa (ohne die ehemals sozialistischen Staaten).

Tab. 10.1 Weltweite Verbreitung von Supercomputern (*High Performance Computers*) in Prozent

Jahr	USA	Japan	Großbritannien	Frankreich	BRD	übriges Europa	sonstige Länder
1986	53	19	8	8	7	-	5
1987	51	21	8	7	7	5	1
1988	48	26	7	6	7	4	2
1989	50	26	6	5	6	5	2
1990	42	33	5	6	7	5	2
1991	36	39	5	6	7	4	2
1992	33	41	4	6	7	5	4

Quelle: Dongarra J. J. et al. (1994).

Alle anderen Länder der Welt zusammen brachten es nur auf vier Prozent. Wenn man nur die 500 größten Supercomputer berücksichtigt, so befanden sich im November 1995 53,8% in Nordamerika, 27,8% in Europa, 14,6% in Japan und 3,8% in den restlichen Ländern der Welt (Supercomputer 12, 1996, 94-118).Wenn man die *Leistung* der 500 größten Supercomputer als Maßstab nimmt, führt zwar ebenfalls Nordamerika mit 55,6% der weltweit vorhandenen Leistung, aber Japan liegt, da es im Durchschnitt größere Systeme als Europa hat, mit einem Anteil von 25,8% deutlich vor Europa (16,7%). Alle anderen Länder der Welt zusammen verfügten nur über 1,9% der weltweit vorhandenen Leistung. Der leistungskräftigste Supercomputer der Welt stand im November 1995 in Japan. Die 25 leistungsfähigsten Supercomputer der Welt waren ausschließlich auf Nordamerika und Japan konzentriert. Von den 50 leistungsfähigsten Supercomputern entfielen nur sechs auf Europa (davon zwei auf Großbritannien, drei auf die Schweiz und einer auf Deutschland); 44 der leistungsfähigsten Supercomputer standen in den USA und in Japan; kein einziger war außerhalb dieser drei Großregionen verfügbar (Supercomputer 12, 1996, 94-118).

Fast zwei Drittel (62,0%) der 500 größten Supercomputer waren im November 1995 in Institutionen der Forschung eingesetzt. Weitere 24,8% standen in Industrieunternehmen, wo sie ebenfalls vorwiegend der Forschung und Entwicklung dienten. Wenn man jeweils nur die 20 größten Supercomputer berücksichtigt, waren in Japan 85% und in USA 70% in der Forschung eingesetzt (Supercomputer 12, 1996, 94-118). Diese Zahlen belegen, daß Ende des 20. Jahrhunderts viele Großversuche, Simulationen und Forschungsprojekte nur in den drei höchst entwickelten Regionen der Welt durchgeführt werden konnten. Durch diese Vormachtstellung werden die USA, Japan und Europa ihren technologischen Vorsprung in Zukunftsbranchen gegenüber dem Rest der Welt noch weiter ausbauen.

Wenn man die Herkunftsländer bzw. die *Produktionsstandorte* der 500 größten Supercomputer im November 1995 betrachtet, so wurden 423 von 500 (= 84,6%) in den USA produziert, 12,4% in Japan und lediglich 3,0% in Europa.

Online-Direktanschlüsse

Im Rahmen der Diskussion um die Globalisierung der Wirtschaft wird oft das Argument vorgebracht, daß die benötigten Informationen (manche Autoren sprechen fälschlicherweise sogar vom notwendigen Wissen) nun weltweit zur Verfügung stünden. Abgesehen von der generellen Problematik einer solchen Sichtweise, wird meist übersehen, daß auch die Infrastruktur zur Telekommunikation nicht weltweit flächendeckend zur Verfügung steht.

Im Jahre 1995 lagen 90% aller weltweit vorhandenen Online-Direktanschlüsse in den USA, Japan und Europa. Von den 3,4 Millionen Anschlüssen von CompuServe (1995 der größte Online-Anbieter der Welt) waren im Jahre 1995 58,8% auf Nordamerika konzentriert, 22,1% entfielen auf Fernost und 9,4% auf Europa. Von den 320.000 europäischen Mitgliedern entfielen 53,1% auf die deutschsprachigen Länder (Oracle 6/95, 37). Von den 1,090.000 europäischen Internetanschlüssen entfielen 301.000 auf die BRD, 270.000 auf Großbritannien, 101.000 auf Frankreich, jedoch nur 35.000 auf Italien (Bundesministerium für Wirtschaft 1995, 64). Auch innerhalb der einzelnen Länder gibt es gravierende soziale und regionale Disparitäten in der Nutzung der modernen Telekommunikation.

»While affluent and elite groups are beginning to orient themselves to the Internet and home informatics and telematics systems, other groups are excluded by price, lack of skills or threaten to be exploited at home by such new technologies. Advanced telecommunications and transport networks open up the world to be experienced as a single global system for some. But others remain physically trapped in „information ghettos" where even the basic telephone connection is far from a universal luxury« (Graham S. und S. Marvin 1996, 37).

Die technische Infrastruktur der modernen Telekommunikation konzentriert sich zuerst auf die Großstädte und dient in erster Linie dem Informationsaustausch zwischen diesen. Die modernen Netze der Telekommunikation lassen die zwischen den großen Stadtagglomerationen liegenden Gebiete lange Zeit unbedient. Manche Autoren sprechen deshalb von Wissens- oder Informationskorridoren, die größere Zentren miteinander verbinden und zwischen diesen Netzwerke schaffen.

Marvin (1996, 60) argumentieren in ähnlicher Weise und sprechen von einem Tunneleffekt.

»Often, these [telecommunications] link nodes and city centres together into networks while excluding much of the intervening spaces from accessing the networks, because the networks pass through these spaces without allowing local access. Good examples of such tunnel effects can be found in the advanced telematics systems that link New York, London and Tokio into a single global „virtual" financial marketplace« (Graham S. ud S. Marvin 1996, 60).

Diese Entwicklung bringt den *network cities* und den *knowledge corridors* weitere Wettbewerbsvorteile und der nicht versorgten Peripherie zusätzliche Nachteile. In ähnlicher Weise rotiert auch das internationale Kapital vorwiegend zwischen Metropolen und überspringt die dazwischen liegenden Regionen.

»Capital is not moving in the incremental shuffle beloved of perfect-competition theorists, but strides the world in seven-league boots, over-stepping problem regions in both developed and less-developed countries« (Holland S. 1976, 57).

Telephonanschlüsse

Selbst solche Einrichtungen der Telekommunikation, die schon vor mehr als 100 Jahren eingeführt wurden und relativ preisgünstig angeboten werden, sind weit davon entfernt, weltweit verbreitet zu sein. 40% aller weltweit verfügbaren Telephonanschlüsse lagen 1995 in Europa, das sind doppelt so viele wie in Asien und 25mal mehr als in Afrika. 366 Millionen Westeuropäer telephonierten 1995 ebensohäufig wie die restlichen 5,4 Milliarden Weltbewohner. Jedes zweite Telephongespräch der Welt wird von Europa aus geführt (Lamborghini B. 1995, 19).

Nach M. Harrison (1995) gibt es in Tokio (23 Millionen Einwohner) dreimal so viele Telephone wie in ganz Afrika (500 Millionen Einwohner). Selbst in den USA waren im Jahre 1987 noch fünf Millionen Haushalte ohne Telephon. Die Verfügbarkeit von Internetanschlüssen, PC's und anderen Einrichtungen zur Telekommunikation korreliert auf der Individualebene sehr stark mit der Schichtzugehörigkeit und in der räumlichen Dimension mit der Hierarchie des Siedlungssystems.

Trotz der aufgezeigten Disparitäten ist der flächenhafte Ausbau der Telephonanschlüsse am weitesten gediehen. Demgegenüber ist die Informations-Infrastruktur für hohe Übertragungskapazitäten noch weitgehend auf Ballungsgebiete beschränkt. Das erste Glasfaserlangstreckennetz wurde in Europa und Japan erst Ende 1995 in Betrieb genommen.

Vom Umsatz der 25 weltweit größten Unternehmen der Informations- und Kommunikationstechnik entfielen 1994 41,7% auf japanische Firmen, 32,3% auf US-amerikanische und 22,0% auf europäische Unternehmen. Unter den 15 weltweit größten Marktführern im Informations- und Kommunikationssektor befanden sich sieben japanische, vier US-amerikanische, zwei deutsche, ein französisches und ein britisches Unternehmen (Bundesministerium für Wirtschaft 1995, 61).

Tab. 10.2 Zahl der Telephonhauptanschlüsse je 1.000 Einwohner in ausgewählten Staaten im Jahre 1990

Ausgewählte Staaten	Telephonhauptanschlüsse auf 1.000 Einwohner	Ausgewählte Staaten	Telephonhauptanschlüsse auf 1.000 Einwohner
Tschad	1	Ägypten	33
Ruanda	1	Iran	40
Niger	1	Ecuador	47
Mali	1	Jordanien	75
Äthiopien	2	Kolumbien	75
Mosambik	3	Polen	86
Tansania	3	Ungarn	96
Nepal	3	Rumänien	102
Nigeria	3	Türkei	123
Togo	3	Portugal	241
Benin	3	Spanien	323
Ghana	3	Italien	388
Sierra Leone	6	Griechenland	391
Indien	6	Österreich	418
Pakistan	8	Großbritannien	442
Papua-Neuguinea	8	Niederlande	464
Simbabwe	13	BRD (alte Länder)	483
Honduras	17	Frankreich	495
Guatemala	21	USA	545
Bolivien	26	Schweiz	587
Peru	26	Schweden	683

Quelle: Weltbank 1994, 179-182.

10.1.2 Ausgaben für Forschung und Entwicklung

Mangels anderer Statistiken werden in vielen Fällen aus den Forschungsausgaben für die universitäre und industrielle Forschung Rückschlüsse auf den Forschungsinput und zum Teil sogar auf die Qualität der Forschungsinfrastruktur gezogen. Personal- und Sachausgaben oder Forschungsausgaben pro Wissenschaftler, Student oder Beschäftigtem können für größere räumliche Einheiten als indirekter Indikator für das Niveau der Forschungsinfrastruktur oder des Forschungspotentials verwendet werden. Bei einer kleinräumigen Differenzierung sagt dieser Indikator eher etwas über das Forschungspotential aus, aber weniger über den Forschungsoutput oder die Innovationstätigkeit (vgl. Audretsch D. B. 1995, 27). Denn ein Unternehmen mit wenig FuE-Personal kann trotzdem sehr innovativ sein, beispielsweise weil es bei anderen Firmen in anderen Regionen FuE-Leistungen in Auftrag gibt (vgl. Schwitalla B. 1993, 104).

Investitionen in neue Produktionsanlagen (gemessen als Bruttoanlageinvestitionen auf die Zahl der Beschäftigten oder den Umsatz) können als Indikator für unternehmerische Innovationstätigkeiten verwendet werden. Anlageinvestitionen messen die Zufuhr gekaufter Prozeßtechnologie. Neue Produktionsanlagen sind oft die Voraussetzung für die Einführung neuer Produktionsverfahren oder neuer Produkte (vgl. Schwitalla B. 1993).

10.1.3 Forschungs- und Entwicklungspersonal

Der Wert des Inputindikators FuE-Personal hängt u.a. von der Kapital- und Arbeitsintensität einer Branche oder eines Produkts ab. Außerdem reagiert dieser Indikator aus arbeitsrechtlichen Gründen langsamer und schwerfälliger auf Konjunkturzyklen und veränderte FuE-Stragien als andere Indikatoren. Auch die Vergleichbarkeit zwischen den Sektoren ist aufgrund der unterschiedlichen Qualifikationsstrukturen des FuE-Personals nicht einfach. Die Vorteile dieses Indikators liegen darin, daß Statistiken der Erwerbstätigen leichter beschaffbar sind, deren Arbeitsorte exakt lokalisierbar sind, deren Qualifikationen nach Branchen und zahlreichen soziodemographischen Merkmalen in Großzählungen und Mikrozensen detailliert erfaßt werden, deren Mobilität und Karriere feststellbar und dieser Indikator auf allen Aggregationsebenen anwendbar ist.

10.2 Forschungsoutput

Da hochrangige Forschung in vielen Disziplinen sehr teuer geworden ist und bestimmte Voraussetzungen benötigt (vgl. Bell M. und K. Pavitt 1993a, 1993b; Malecki E. 1997), die nur an wenigen Orten vorhanden sind, ist in den letzten Jahrzehnten nicht nur der Abstand zwischen Industrie- und Entwicklungsländern größer geworden, sondern auch reiche Länder können sich internationale Spitzenforschung nur noch an wenigen Standorten leisten. Dadurch sind regionale Disparitäten der Forschungsleistungen und *technological gaps* eher noch größer als kleiner geworden. Angesichts der überragenden Rolle, die technischen Innovationen, Forschung und Entwicklung für die wirtschaftliche Wettbewerbsposition zugemessen wird, haben die regionalen Unterschiede der Forschungsleistungen in jüngster Zeit großes Interesse geweckt.

Der Forschungsoutput, das Erfindungspotential oder die Innovationstätigkeit sind allerdings noch schwieriger zu quantifizieren und zu bewerten als der Forschungsinput. Trotz verschiedener methodischer Probleme können für die Messung des Forschungsoutputs mehrere Maßzahlen verwendet werden, die es erlauben, regionale Unterschiede des Forschungsoutputs oder der Innovationstätigkeit annähernd zu erfassen. Am gebräuchlichsten sind Patentanmeldungen (Patentintensität), diverse Indikatoren der Wissenschaftsstatistik (z.B. Fördergelder pro Wissenschaftler), direkte Projektförderungen von FuE-Aktivitäten durch Ministerien oder andere Institutionen der Forschungsförderung, Zitationsmaße von Publikationen, Innovationen pro 10.000 Einwohner sowie der Umsatz und/oder Gewinn „wissensintensiver“ Unternehmen.

10.2.1 Innovationsdichte

Unter Innovationsdichte versteht man die Zahl von technischen Innovationen pro 100.000 Beschäftigten oder Einwohnern. Das zu lösende Problem besteht in der Frage, was als technische Innovation anzusehen ist. Die amtliche Statistik stellt derartige Daten in der Regel nicht zur Verfügung. In den USA hat die *Futures Group* über 100 technische und kaufmännische Fachzeitschriften des Jahres 1982 ausgewertet und dabei 4.200 Produktinnovationen mit dem Standort der betreffenden Firmen ausgewiesen (vgl. Audretsch D. B. 1995, 29-30). Diese Daten sind von M. Feldman (1994) nach Staaten differenziert und ausgewertet worden. Dabei konnte sie eine erstaunlich hohe räumliche Konzentration der Innovationen feststellen. In den USA waren 81% der erfaßten 4.200 Innovationen auf elf der 50 Staaten konzentriert. Hinsichtlich der absoluten Zahl der Innovationen führten Kalifornien, New York, New Jersey und Massachusetts die Rangordnung an.

Auch die Spannweite der regionalen Unterschiede der *Innovationsdichte* war sehr groß. In Kalifornien oder Massachusetts war die Innovationsdichte mehr als dreimal so hoch wie in Florida oder Oregon und zweieinhalb mal so hoch wie im Durchschnitt der USA. Auf 100.000 Beschäftigte des sekundären Sektors umgerechnet, hatten New Jersey, Massachusetts, Kalifornien, New Hampshire und New York die größte Dichte an Innovationen. Die geographische Konzentration von Innovationen nimmt noch zu, wenn nach Industriebranchen differenziert wird.

Tab. 10.3 Innovationsaktivitäten in US-amerikanischen Staaten

Staaten (Auswahl)	Zahl der Innovationen	Zahl der Innovationen je 100.000 *manufacturing workers*
New Jersey	426	52,33
Massachusetts	360	51,87
California	974	46,94
New Hampshire	33	30,84
New York	456	29,48
Minnesota	110	28,65
Connecticut	132	28,51
Arizona	41	27,70
Colorado	42	22,46
Delaware	15	21,13
Rhode Island	24	18,46
Pennsylvania	245	18,28
Illinois	231	18,16
Texas	169	16,14
Wisconsin	86	15,61
Washington	48	15,38
Ohio	188	15,00
Florida	66	14,60
Oregon	32	14,48
Gesamte USA	*4.200*	*20,34*

Quelle: Feldman M. 1994, 34, 118f. Anmerkungen: Die Daten der *manufacturing workers* beziehen sich auf den *Census of Manufacturers* aus dem Jahr 1982. Die Zahl der Innovationen wurde im Rahmen des von der Small Business Administration in Auftrag gegebenen *Census of Innovation Citations* erfaßt.

Auf Kalifornien entfielen 38,3% aller US-amerikanischen Innovationen des Computerbereichs und in diesem Staat wurden für das Jahr 1982 365 technische Innovationen im Bereich Computerwesen festgestellt. Zitationsmaße von technischen Innovationen haben gegenüber Patenten den Vorteil, daß nur solche Innovationen Berücksichtigung finden, die erfolgreich in den Markt eingeführt worden sind. Eine methodische Schwachstelle dieser Vorgehensweise besteht darin, daß unter dem Begriff „technische Innovation" sehr verschiedenwertige Produkte zusammengefaßt werden können.

10.2.2 Patentanmeldungen

Großräumige, regionale und internationale Disparitäten des Forschungsoutputs wurden schon mehrmals anhand von Indikatoren der Patentintensität (Anmeldungen von Patenten bezogen auf eine bestimmte Zahl von Unternehmen oder Erwerbspersonen) untersucht. Die Verwendung von Patenten ist mit einigen Vorteilen und einigen methodischen Problemen verbunden, die u.a. von S. Greif (1992), B. Schwitalla (1993) und K. Koschatzky (1997) diskutiert worden sind. Zu den *Vorteilen* von Patentanmeldungen gehören u.a.:

- Patente werden nur dann erteilt, wenn die Erfindung neu und technisch umsetzbar ist.
- Da für die Patenterteilung einmalige sowie laufende Gebühren zu bezahlen sind, kann davon ausgegangen werden, daß der Erfinder ein Interesse an der wirtschaftlichen Umsetzung hat. Sie haben deshalb einen hohen Anwendungsbezug.
- Patente signalisieren frühzeitig neue technische Entwicklungen und Trends.
- Patente haben im Vergleich zu anderen Indikatoren eine hohe Aktualität. 18 Monate nach Einreichung einer Anmeldung beim Patentamt muß diese veröffentlicht sein.
- Patente sind über Datenbanken relativ leicht verfügbar und auswertbar und stehen in feiner Disaggregation (nach Unternehmen) zur Verfügung.
- In Patenten werden auch technische Sachverhalte dokumentiert, so daß der Prozeß der Erfindungsentstehung analysiert werden kann.
- Die Klassifikation von Patenten ist international verbindlich, was die Vergleichbarkeit fördert.

Diesen Vorteilen stehen einige *Nachteile* gegenüber, die sich besonders bei *regionalen* Vergleichen negativ auswirken:

- Nicht alle wirtschaftlich umsetzbaren, technischen Erfindungen werden patentiert.
- Die Bedeutung von Patenten und die Neigung, Patente anzumelden, variieren nach Wirtschaftsbranchen, Unternehmensgrößen und anderen Merkmalen. In der Rüstungsindustrie werden aufgrund der vom Militär verlangten Geheim-

haltung wichtige Erfindungen nicht patentiert. Im Maschinenbau, in der Luft- und Raumfahrtindustrie, der Elektroindustrie und der feinmechanischen und optischen Industrie ist die Patentintensität höher als in der Kunststoffwarenindustrie, der Kraftfahrzeugindustrie oder der Metallindustrie. E. J. Mansfield (1984, 462) weist darauf hin, daß in technologie-intensiven Branchen wie der Elektronikindustrie relativ wenig Patente angemeldet werden, weil die für eine Patentanmeldung notwendige technische Dokumentation Details offenbaren würde, die von der Konkurrenz übernommen werden könnten. Ein Frühstart bei der Vermarktung wird manchmal für wichtiger angesehen als ein Patent. Die Patentintensität korreliert auch deshalb mit der Zahl der Beschäftigten eines Unternehmens, weil nach E. J. Mansfeld (1984) die Patentierneigung (d.h. das Verhältnis der angemeldeten Patente zu den tatsächlich hervorgebrachten Erfindungen) bei großen Unternehmen größer ist als bei kleinen (Schwitalla B. 1993, 105).

- Wenn patentintensive Unternehmen in einer Region überdurchschnittlich vertreten sind, wird die Inventionskraft dieser Region überschätzt. »Ohne Kenntnis der regionalen Branchenstrukturen sind eindeutige Schlußfolgerungen über das Inventionsgeschehen im internationalen Vergleich nicht möglich« (Koschatzky K. 1997, 49).
- Bei Ländervergleichen können sich aufgrund der unterschiedlichen nationalen Patentsysteme (unterschiedlich hohe Anmeldegebühren, unterschiedliche Ansprüche an die Erfindungshöhe eines Patents) Verzerrungen ergeben (Schwitalla B. 1993, 108). In Japan sind die Hürden für Patente beispielsweise viel niedriger als in anderen Industriestaaten. Deshalb wird in der Literatur auch vorgeschlagen, nur solche Patente zu berücksichtigen, die auch an einem repräsentativen ausländischen Patentamt (also in mindestens zwei Ländern) angemeldet worden sind.
- Mehrere Autoren (Griliches Z. 1990, Mansfield E. J. 1984, Scherer F. M. 1983) warnen davor, Patente als Maßzahl für den Forschungsoutput zu verwenden. Manche patentierten Erfindungen würden niemals zu vermarktbaren Produkten führen, und für viele erfolgreiche technische Neuerungen seien niemals Patente angemeldet worden.
- Besonders in kleinen Unternehmen fallen Patentanmeldungen nicht kontinuierlich an, je nach Erhebungszeitraum können sich deshalb große Schwankungen der Patentintensität ergeben, sofern nicht ein mehrjähriger Zeitraum gewählt wird. Wenn ein Zeitraum von mehr als drei bis vier Jahren gewählt wird, entsteht der Nachteil, daß die Datenbasis durch Umbenennungen, Zusammenschlüsse und Neugründungen von Unternehmen unsicherer wird (Schwitalla B. 1993, 120).
- Die Analyse von Patentanmeldungen gibt keinen Hinweis auf die tatsächliche wirtschaftliche Verwertung der Erfindungen. Patentanmeldungen sagen also nur etwas aus über die Inventionsphase, nicht aber über die Marktvorbereitungs- und Markteinführungsphase des Innovationsprozesses (Koschatzky K. 1997, 58). »A patent reflects new technical knowledge, but it does not indicate whether this knowledge has a positive economic value. Only those inventions

which have been successfully introduced into the market can claim that they are innovations at all« (Audretsch D. B. 1995, 28).

- Die *regionale* Zuordnung von Erfindungen bereitet in vielen Fällen Schwierigkeiten. In Mehrbetriebsunternehmen werden Erfindungen manchmal nicht über die Unternehmenszentrale, sondern über eine Patentverwertungsgesellschaft angemeldet, so daß oft nicht klar ist, in welcher Betriebsstätte oder Region die Erfindung gemacht worden ist. Der Standort des Anmelders ist also oft nicht mit dem Wohn- oder Arbeitsort des Erfinders identisch. Nur wenn dieser bekannt ist, kann das Erfindungspotential einer Region erfaßt werden.

B. Schwitalla (1993) schlägt vor, zwischen *Patentanmeldungen* und *erteilten Patenten* zu unterscheiden. In den USA werden nur die erteilten Patente veröffentlicht, vom deutschen und europäischen Patentamt werden auch die angemeldeten Patente (mit einer 18monatigen Frist) publiziert. Ein weiteres Problem von Patentanalysen sieht Schwitalla in der *Größeneinheit* eines Patents. Ein Patent kann sich sowohl auf eine *Basiserfindung* als auch nur auf eine *inkrementale Verbesserung* einer bereits bekannten Technologie beziehen. Eine diesbezügliche Unterscheidung kann nur anhand einer Einzelanalyse von Patenten vorgenommen werden.

Trotz der aufgezählten methodischen Probleme können Patentauswertungen brauchbare Ergebnisse über großräumige Disparitäten des Forschungsoutputs und damit des Inventionsverhaltens liefern, wenn sie durch zusätzliche Indikatoren über das Forschungspotential und die Forschungsinfrastruktur ergänzt werden und Kenntnisse über die regionalen Wirtschaftsstrukturen vorhanden sind. Die meisten Staaten haben in den letzten Jahren eine Patentdatenbank erstellt, so daß Auswertungen leichter geworden sind. Deshalb hat seit den Arbeiten von J. Schmookler (1962) und F. M. Scherer (1965) die Zahl der einschlägigen Publikationen über die Patentintensität beträchtlich zugenommen.

Für kleinräumige Analysen (Stadt- und Landkreise oder Gemeinden) sind Patente kein guter Indikator. Erstens ist in vielen Fällen keine genaue regionale Zuordnung der Erfinder möglich, zweitens sind bei der Verwendung kleiner räumlicher Einheiten die jährlichen Zufallsschwankungen zu groß (vgl. Koschatzky K. 1997, 57).

Als Maßzahlen für die Beschreibung der regionalen Unterschiede werden meistens die Patentanmeldungen pro 10.000 (oder 100.000) Beschäftigte im Produzierenden Gewerbe, die Patentanmeldungen pro 100.000 Einwohner oder die Zahl der Patente pro Tausend FuE-Beschäftigter verwendet (vgl. Thompson W. R. 1962; Scherer F. M. 1965; Jaffe A. B. 1989; Boitani A. und E. Ciciotti 1990; Greif S. 1992; Feldman M. 1994; Koschatzky K. 1997). Trotz der methodischen Probleme werden Patente zunehmend zur Beschreibung der Innovationstätigkeit verwendet. Dies scheint auch deshalb gerechtfertigt zu sein, weil die Patentdichte sehr hoch mit anderen Maßzahlen der *innovative activity* wie Ausgaben für Forschung und Entwicklung, Anteil der Beschäftigten in Forschung und Entwicklung oder Bruttoanlageinvestitionen korreliert (Meyer-Krahmer F. 1984; Schwitalla B. 1993; Feldman M. 1994, 31). Bei den Beziehungen zwischen den Indikatoren interessiert nicht eine eventuelle Abhängigkeit, »sondern hinter der Berechnung der Korrelationskoeffizienten steht der Gedanke, daß sich diese *Indikatoren* alle aus *derselben nicht direkt meßbaren Größe Innovations-*

aktivitäten ableiten« (Schwitalla B. 1993, 177). Je höher die Korrelation zwischen den Indikatoren, umso eher können schwerer zugängliche Indikatoren durch leichter verfügbare substituiert werden.

Tab. 10.4 Zahl der Patente je 100.000 Beschäftigte in den USA

Ausgewählte US-Bundesstaaten	Zahl der Patente pro 100.000 Beschäftigte
California	925,50
NewYork	818,62
New Jersey	753,87
Illinois	702,29
Pennsylvania	667,34
Ohio	572,78
Michigan	494,27
Massachusetts	383,67
Connecticut	312,32
Indiana	224,64
Florida	121,49
Colorado	95,13
Arizona	70,20
Iowa	69,63
Kentucky	59,89
Georgia	55,01
Louisiana	46,70
Kansas	41,55
Utah	29,51
Rhode Island	26,93

Quelle: Feldman M. 1994, 32.

Tab. 10.5 Korrelationsmatrix für Maßzahlen der *Innovative Activity*

	Innovation citations	Patents per 10.000 inhab.	R&D expenditure	Employment in R&D
Innovation citations	1,0000			
Patents per 10.000 inhabitants	0,9344	1,0000		
R&D expenditure	0,8551	0,8804	1,0000	
Employment in R&D	0,9737	0,9888	0,7013	1,0000

Quelle: Feldman M. 1994, 31.

B. Schwitalla (1993, 177-190) hat nachgewiesen, daß die Korrelationen zwischen der der Patentintensität und anderen Indikatoren des Forschungsinputs und -outputs in den einzelnen Branchen recht unterschiedlich sind. Das Verhältnis zwischen Input- und Outputindikatoren variiert je nach dem technologischen Hintergrund einer Branche.

10.2.3 Technometrische Indikatoren

Mit technometrischen Indikatoren werden die Qualität, die Eigenschaften, die technischen Spezifikationen und der technische Leistungsstandard von fertigen Produkten erfaßt. Dabei geht es meistens um die Frage, welche Position ein Land hinsichtlich des technischen Standards im internationalen Wettbewerb einnimmt. Technometrische Indikatoren dienen also dem Ländervergleich, während innerstaatliche Disparitäten des technischen Niveaus zumindest bisher unberücksichtigt blieben.

»Technometrische Indikatoren sind aggregierte Zahlen, die aus verschiedenen Maßzahlen für naturwissenschaftlich-technische Spezifikationen einer Verfahrenstechnik oder eines Produkts zusammengesetzt werden [...]. Welche Kenngrößen heranzuziehen sind und mit welcher Priorität sie in die aggregierende Rechnung eingehen, beruht [...] auf individuellen oder kollektiven Einschätzungen der optimalen Zweckerfüllung des Produkts oder Prozesses« (Grupp H. et al. 1987, 3).

Aufbauend auf japanischen Vorläufer-Studien hat das Fraunhofer-Institut für Systemtechnik und Innovationsforschung in Karlsruhe seit 1984 eine technometrische Methode für einen Ländervergleich des technischen Leistungsstands in verschiedenen High-Tech-Bereichen entwickelt (Grupp H. et al. 1987). Die Qualität und die technischen Spezifikationen der Produkte werden durch Experten- und Herstellerbefragungen ermittelt und beruhen auf subjektiven Einschätzungen. Die Aussagekraft der technometrischen Indikatoren hängt also von der Zahl und Qualifikation der befragten Experten ab. Als nationaler Standard wird der jeweils höchste technische Standard unter den Firmen der untersuchten Länder genommen. Durchschnittswerte über Stichproben von verschiedenen Herstellern der gleichen Technologie werden nicht verwendet. Die Repräsentativität ist also immer dann gegeben, wenn die Unternehmen mit den höchsten technischen Standards in die Datenerhebung eingeschlossen wurden. Die standardisierten Kenngrößen, deren Berechnung bei H. Grupp und O. Hohmeyer (1986), H. Grupp et al. (1987) und K. Koschatzky (1991, 110) beschrieben ist, können Werte zwischen 1 (welthöchster Standard) und 0 (gemessen am Weltstandard sehr niedrig) erhalten.

Der Nachteil dieser Methode besteht darin, daß der Erhebungsaufwand so groß ist, daß technometrische Indikatoren nur durch spezialisierte Forschungsinstitute konstruiert werden können. Zweitens werden viele der Projekte mit weltweit führendem Niveau vertraulich behandelt. Technometrische Indikatoren sagen auch nichts über die Wettbewerbsfähigkeit eines Landes aus, sondern nur über den erreichten technischen Standard. Auf dem Weltmarkt setzt sich nicht immer der höchste technische Standard, sondern oft die preisgünstigste Lösung durch.

In Abb. 10,2 wird eine technometrische Profilanalyse über die Herstellung immobilisierter Biokatalysatoren für die vier Länder BRD, USA, Japan und Dänemark dargestellt. Daraus geht hervor, bei welchen Spezifikationen sich die verglichenen Länder auf Weltniveau befinden.

Abb. 10.2 Technometrische Profilanalyse des Bereichs der Herstellung immobilisierter Biokatalysatoren

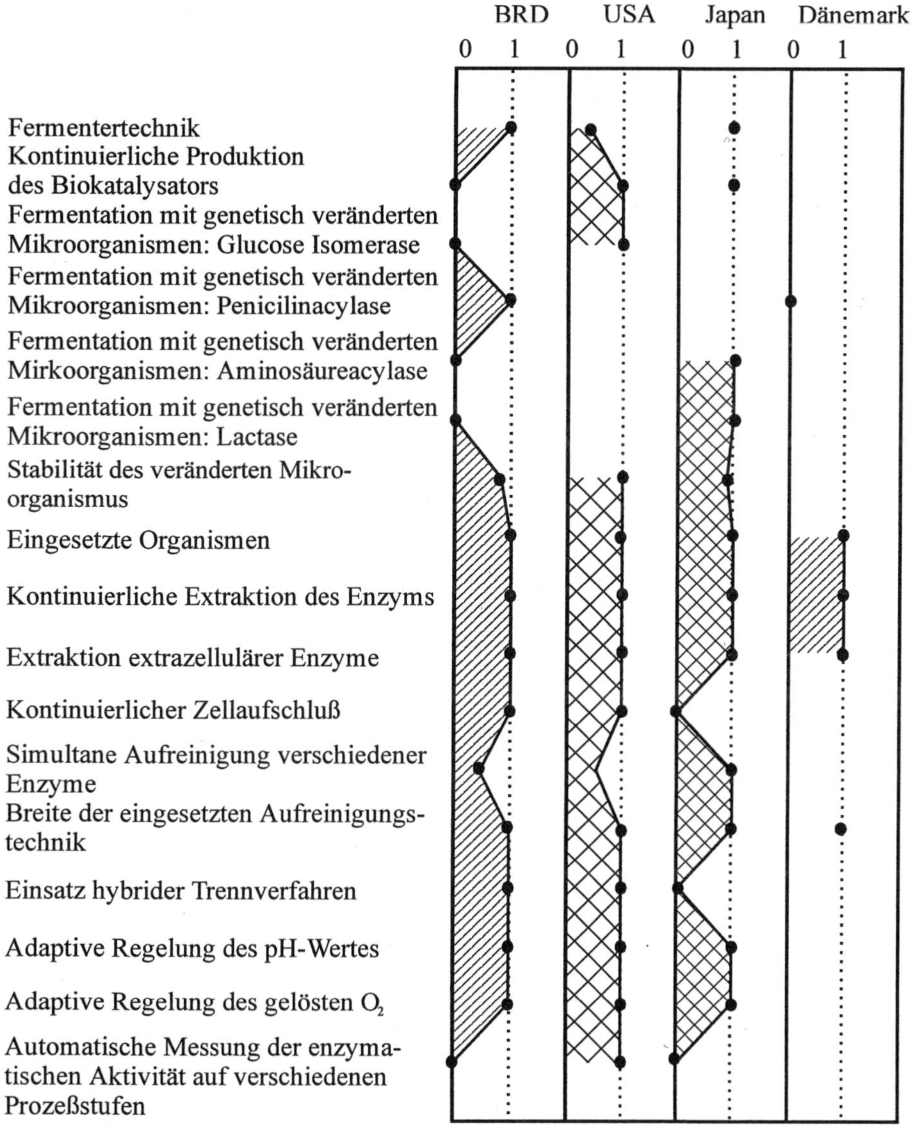

Quelle: Grupp H. et al. 1987, 77.

10.2.4 Sonstige Outputindikatoren

Anteil von Hochtechnologieprodukten oder innovativen Produkten am Umsatz

Innovations-, Technologie- oder Forschungsindikatoren, die sich auf den *Umsatz* eines Unternehmens beziehen, haben den Vorteil, daß sie im Gegensatz zu den Patentindikatoren sehr marktnah sind und bereits einen ökonomischen Erfolg signalisieren. Im Mittelpunkt des Interesses stehen derzeit Hochtechnologien und Informationstechnologien. Diese Branchen werden als Motor der wirtschaftlichen Entwicklung angesehen. Das methodische Problem besteht darin, nach welchen Kriterien man ein Produkt als innovativ, neu, FuE-intensiv oder technologie-intensiv definiert. Die Entscheidung über die zu verwendenden Methoden und Klassifikationen wird meist von der Verfügbarkeit der Daten diktiert.

In der Studie des *U.S. Office of Technology Assessment* von 1984 wurden beispielsweise solche Branchen als innovativ bezeichnet, in denen die Ausgaben für Forschung und Entwicklung mindestens 3,1% des Umsatzes ausmachten und wo mehr als 6,3% der Beschäftigten *scientific and technical workers* waren. Nach diesen Kriterien konnten 28 Branchen der dreistelligen Klassifikation als innovative Branchen bezeichnet werden (Feldman M. 1994, 30).

Das von der OECD (1994a) herausgegebene Frascati-Handbuch definiert in § 43 Forschung und experimentelle Entwicklung als systematische, schöpferische Arbeit zur Erweiterung des Kenntnisstandes einschließlich der Erkenntnisse über den Menschen, die Kultur und die Gesellschaft mit dem Ziel, neue Anwendungsmöglichkeiten zu finden. Diese Definition ist jedoch schwer umzusetzen. Deshalb haben verschiedene Institutionen versucht, Listen von „Hochtechnologieprodukten" oder Hochtechnologiebranchen aufzustellen.

Die OECD (1995) hat eine Liste von Branchen nach ihrer FuE-Intensität aufgestellt und dabei sechs Branchen eine hohe FuE-Intensität zugesprochen. A. Markusen et al. (1986) haben 29 Dreisteller- und 100 Viersteller-Branchen, die einen über dem nationalen Durchschnitt liegenden Anteil von Wissenschaftlern, Ingenieuren und Technikern beschäftigen, als Hochtechnologiebranchen bezeichnet. Vom Ifo-Institut werden beispielsweise solche Produkte als Spitzentechnologie definiert, bei denen eine eng definierte und konstant gehaltene Liste von Schwellenländern nicht mehr als 0,5% am Weltexport aufweist. Eine geringfügige Änderung des Schwellenwerts oder der Länderauswahl würde auch die Liste der Spitzentechnologie beträchtlich ändern. Auf einer anderen Methode beruht die zweiteilige Liste des Niedersächsischen Instituts für Wirtschaftsforschung. Dieses geht vom FuE-Aufwand am Umsatz aus und unterscheidet zwischen „Spitzentechnik" (FuE-Aufwand am Umsatz mehr als acht Prozent) und „gehobener Gebrauchstechnik" (FuE-Aufwand am Umsatz drei bis acht Prozent). Es gibt also noch keine einheitliche Vorgangsweise und Definition, was als Hochtechnologie anzusehen ist. Umstritten ist etwa die Frage, ob auch Dienstleistungen (etwa im EDV-Sektor) als Hochtechnologiebranchen anzusehen sind und ob zu einer Hochtechnologiebranche ein Bündel von neuen Technologien gehört oder schon eine einzige neue Technologie genügt (vgl. Malecki E. 1997, 82-84).

B. Schwitalla (1993, 115f) weist darauf hin, daß Umsatzstrukturindikatoren keineswegs eindeutig sind. Ein hoher Anteil neuer Produkte am Umsatz belegt zwar die Innovationskraft eines Unternehmens, er kann aber auch bedeuten, daß es dem Unternehmen nicht gelungen ist, Produkte mit längeren Wachstumsphasen, die nachhaltig zum Umsatz beitragen, auf den Markt zu bringen und es deshalb laufend zu Neuentwicklungen gezwungen ist. Auch die Festlegung, daß solche Produkte neu sind, die in den letzten fünf Jahren entstanden sind, ist relativ willkürlich, weil der Produktzyklus je nach Produkt unterschiedlich lange dauern kann.

Das schwierigste Problem besteht darin, daß solche Klassifikationen von Hochtechnologiebranchen für geographische Analysen meistens wenig brauchbar sind, weil sie sich nicht auf den einzelnen Betrieb lokalisieren lassen. Die regionale Arbeitsteilung innerhalb eines Unternehmens verhindert meistens die genaue Lokalisation der Hochtechnologiearbeitsplätze (vgl. Malecki E. 1997, 84). Ein Ausweg ist nur dort möglich, wo Großzählungen die Standorte einzelner Arbeitsplätze mit der Berufsangabe und dem Ausbildungsniveau erfassen (Arbeitsort der Erwerbstätigen nach ihrem Beruf, ihrer Branchenzugehörigkeit und ihrem Ausbildungsniveau).

Anteil der innovativen (wissensintensiven) Produkte am Export - Zahlungsbilanz für Patente und Lizenzen

Von raumwissenschaftlichem Interesse sind auch die Fragen, ob und wie sich FuE-intensive Produkte auf dem Weltmarkt durchsetzen, ob ein Land eher einen Import- oder einen Exportüberschuß an Patenten und Lizenzen aufzuweisen hat, ob Wissen in einem Land Export- oder Importartikel ist und wie der Zahlungsverkehr und die Zahlungsbilanz für Ingenieurleistungen, Patente und Lizenzen aussehen. Zu diesen Fragen liegen allerdings noch wenige empirische Ergebnisse vor.

Bibliometrische Indikatoren (Zitationsmaße)

Die Zahl der wissenschaftlichen Veröffentlichungen und die Häufigkeit ihrer Zitierung in anderen wissenschaftlichen Arbeiten und Patentdokumenten werden als Indikatoren für die Frage verwendet, welche Forscher und Institutionen andere inspiriert haben. Um die Neuheit einer Erfindung vor dem Patentamt zu belegen, zitieren die Patentanmelder z.B. ältere Patentschriften und wissenschaftliche Publikationen. Damit soll dokumentiert werden, auf welchem Stand die aktuelle Forschung und Technik ist und für welche Probleme es bisher noch keine Lösungsvorschläge gab. Solche Zitationsmaße kann man für Personen, Institute, Fachgebiete oder Länder berechnen.

Bibliometrischen Indikatoren mögen für einzelne, eng begrenzte wissenschaftliche Fachgebiete und Fragestellungen sehr brauchbar und aussagekräftig sein, sie haben jedoch auch Schwachstellen. So schlägt sich z.B. die Industrieforschung nur zu einem kleinen Teil in Publikationen nieder. Viele der ausgewerteten Zeitschriften haben ein ausgesprochenes Sprachen-Bias. In manchen Forschungsbereichen dauert es zwei bis drei Jahre, bis ein wissenschaftlicher Aufsatz in einer „guten“ Zeitschrift erscheint, so daß die neuesten Forschungsergebnisse in Medien (Bücher, Internet) publiziert werden, die im *Citation Index* nicht erfaßt werden. Nicht zuletzt werden viele Publikationen als negatives Beispiel zitiert, wie man nicht vorgehen soll, d.h. ein oft zitierter Autor kann auch ein niedriges wissenschaftliches Renommée haben. Insgesamt gesehen sind die methodischen Probleme der Scientometrie und der Bibliometrie noch sehr groß (vgl. Raan A. F. J. et al. 1989).

10.3 Technologisches Niveau

Die Wettbewerbsfähigkeit von Orten und Regionen hängt in der Regel nicht von Einzelfaktoren ab, sondern ergibt sich aus dem Zusammenspiel von Humanressourcen, technologischer Infrastruktur, unternehmerischen Aktivitäten, Produktivität, Lern- und Anpassungsfähigkeit, Forschungskapazitäten und einem kreativen Milieu. Im Zentrum all dieser Elemente steht jedoch der Erwerb und die Umsetzung von Wissen.

Der Import von Technologien, Lizenzen oder Verfahrenstechniken aus fortgeschritteneren Ländern reicht meistens nicht aus, um die Wettbewerbsfähigkeit oder das technologische Niveau zu erhöhen. Das Wissen aus den führenden Industrienationen ist nicht einfach in weniger entwickelte Länder übertragbar. Die erfolgreiche Umsetzung solcher Importe erfordert *technological capability* (Malecki E. 1997) und das Vorhandensein oder den Erwerb von Organisationswissen. »[...] the buyer, or user, of transfered technology needs technical experience nearly equal to that of the supplier in order to absorb the technology. The necessary knowledge also includes contract administration and patent management« (Malecki E. 1997, 110). Dies ist auch einer der Gründe, warum strategische Allianzen gemeinsamer Forschungsprojekte vorwiegend zwischen ähnlich forschungsintensiven Unternehmen geschlossen werden (George V. P. 1995; Malecki E. 1997, 107).

Technologische Lücken können nicht einfach aufgeholt werden. »A real catching-up process can only be achieved through acquiring the capacity for participating in the generation and improvement of technologies as opposed to the simple „use" of them« (Perez C. und L. Soete 1988, 459). Auch der berühmte Wirtschaftshistoriker der Harvard University, D. S. Landes (1998), hat an Beispielen aus mehreren Ländern und Jahrhunderten nachgewiesen, daß ein technologischer Vorsprung nur durch Rekrutierung von Experten aus den betreffenden Ländern aufgeholt werden konnte.

»By World War I, Germany had left the rest of the world far behind in modern chemistry - so far behind that even the confiscation of German industrial patents during that war did not immediately benefit competitors overseas. The biggest American firms, with the best American chemical engineers, did not know what to do with them or how to make them work. So in the twenties, they hired away German chemists« (Landes D. S. 1998, 291).

11 Kreative Milieus

Die Frage, aus welchen Gründen an bestimmten Standorten und Regionen kreative Milieus entstehen, ist nicht nur für die Wirtschafts- und Sozialgeographie, sondern auch für die Soziologie, Psychologie und Regionalökonomie von Bedeutung. Kreative (innovative) Milieus sind deshalb Forschungsgegenstand verschiedener Fachdisziplinen. Da ein kreatives Milieu nur von kreativen Akteuren geschaffen werden kann, ist es naheliegend, zunächst den Beitrag der Psychologie zu betrachten. In einem zweiten Schritt sind dann die Rahmenbedingungen zu untersuchen, in denen sich ein kreatives Milieu entwickeln kann. Bis in die 80er Jahre gab es zwischen den einzelnen Wissenschaften, die sich mit kreativen Milieus befassen, nur einen geringen Gedankenaustausch. Psychologen haben sich wenig um den situativen Kontext von Kreativität gekümmert und deshalb auch kaum Notiz von der Existenz der einschlägigen ökonomischen und geographischen Literatur genommen. Vielen Ökonomen und Geographen scheinen die Erkenntnisse der Psychologie zur Kreativität noch Mitte der 90er Jahre weitgehend unbekannt gewesen zu sein (vgl. z. B. Fromhold-Eisebith M. 1995; Sternberg R. 1995a, 1995b; Publikationen der *Groupe de Recherche Européen sur les Milieux Innovateurs*). Deshalb bietet es sich an, zuerst die beiden Entwicklungsstränge der Erforschung von kreativen Milieus getrennt vorzustellen und dann nach gemeinsamen Berührungspunkten zu suchen.

11.1 Kreative Milieus aus der Sicht der Psychologie

Die Kreativitätsforschung der Psychologie hat sich lange Zeit auf die Kreativität von *Individuen* konzentriert und große Anstrengungen unternommen, Methoden und Verfahren zur Messung der individuellen Kreativität zu entwickeln. Seit den 80er Jahren hat sich jedoch eine zunehmende Zahl von Psychologen kreativen *Situationen* und *Milieus* zugewandt und ausdrücklich darauf hingewiesen, daß die Entstehung und Entwicklung von Kreativität nicht nur von individuellen Merkmalen abhängt, sondern auch von sozio-kulturellen Determinanten, von *creative learning environments, creative work environments* und *kreativen Situationen* beeinflußt werden (Amabile T. M. 1983; Amabile T. M. et al. 1990; Amabile T. M. et al. 1989; Arieti, S. 1976; Amabile T. M. et al. 1996; Csikszentmihalyi M. 1988; Csikszentmihalyi M. und I. S. Csikszentmihalyi 1993; Cummings, L. L. 1965; Gardner H. 1988; Griffin, R. W. 1987; Harrington, D. M. 1990; Hennessey B. A. und T. M. Amabile 1988; Runco M. A. und R. S. Albert 1990; Sternberg R. J. und T. I. Lubart 1991; Woodman R. W. et al. 1990; Woodman R. W. et al. 1993; Csikszentmihalyi M. 1996; Csikszentmihalyi M. 1997).

»We cannot study creativity by isolating individuals and their works from the social and historical milieu in which their actions are carried out. This is because what we call creative is never the result of individual action alone; it is the product of three main shaping forces: a set of social institutions, or *field*, that selects from the variations produced by individuals those that are worth preserving; a stable cultural *domain* that will preserve and transmit the selected new ideas or forms to the following generations; and finally the *individual*, who brings about some change in the domain, a change that the field will consider to be creative [...]. Creativity is a phenomenon that results from interaction between these three systems« (Csikszentmihalyi M. 1988, 325-326). »There has been a concentration on the creative person, to the exclusion of „creative situations" - i.e., circumstances conductive to creativity. There has been a narrow focus on internal determinants of creativity to the exclusion of external determinants« (Amabile T. M. 1983, 5)
Ein kreatives *learning environment* »is understood to be stimulating the cognition and supportive social-emotional relationships, i.e. the family and school or professional socialization conditions, stimulating peer group interactions or the chance to use material resources as they are adapted to the individual's learning and knowledge requirements. Finally attitudes, expectations and value systems in the social settings play an important role in the development and nurturance of gifted and talented youth« (Heller K. A. 1995, 22; Gallagher J. J. 1991).

Mit der Abkehr vom Individuum und der Identifizierung kreativitätsfördernder und -hemmender Einflußfaktoren und Umweltbedingungen wurde eine potentielle Brücke zu geographischen und ökonomischen Ansätzen geschlagen. Ein Standort und sein soziokultureller Kontext dienen als Ort der Koordination, des Gedankenaustauschs, des Zusammenbringens neuer Ideen, des Lernens und Nachahmens. In der Psychologie wurden beispielsweise Untersuchungen zur Frage angestellt, unter welchen Konstellationen Wissenschaftler kreativ sein können. Für Wissenschaftler ist eine kreative Situation u.a. abhängig vom wissenschaftlichen Niveau der Diskussionspartner (in ihren Funktionen als Rollenmodelle, Kritiker, Gutachter oder Konkurrenten), vom Anspruchsniveau der jeweiligen Institution, von der Qualität der Bibliotheken und Laboreinrichtungen, den Experimentiermöglichkeiten, den eingeworbenen Forschungsmitteln, der Offenheit von Gesprächssituationen, von kritisch-konstruktiven Diskursen, vom Ausmaß der intellektuellen Freiheit und vom interdisziplinären Kontaktpotential (Amabile T. M. 1993; Weinert F. E. 1990; Heller K. A. 1995, 23). In ähnlicher Weise können auch kreativitätsfördernde Rahmenbedingungen für andere Berufsfelder definiert werden (vgl. Deutsche Aktionsgemeinschaft Bildung-Erfindung-Innovation 1987).

»A new idea will face difficulties in being recognized as creative if the field is defensive, rigid or embedded in a social system that discourages novelty. For instance, the aridity of Soviet genetics in the thirties was not [...] a fault of the scientists who made up the field, but of the peculiar agenda of the broader social system of which the field was a part« (Csikszentmihalyi M. 1988, 331).

Kreativität kann nur in Freiheit gedeihen. Um Kreativität entwickeln zu können, muß divergierendes und provokatives Denken möglich sein, das sich bis an die Grenzen des Erlaubten vorwagt (Schwarz G. 1996, 54). Erforderlich sind auch freie Ressourcen (Risikokapital), flexible Organisationsstrukturen, hochwertige Netzwerke, intellektuelle Herausforderungen, eine Balance von Wettbewerb und Vertrauen, intensive Austauschbeziehungen von Informationen und nicht zuletzt auch Zeit. Entscheidend für die hier behandelten raumwissenschaftlichen Fragestellungen ist also die Tatsache, daß ein Individuum zur Entwicklung seiner Kreativität und zur Förderung seiner Motivation ein bestimmtes soziales Umfeld braucht, das nicht überall vorhanden ist.

Die Entstehung einer kreativen Situation ist vom Zusammenwirken diverser Faktoren, dem Wissen und den Erfahrungen von Individuen, vom sozialen System, der Kultur, den Organisationsformen der Lebensbereiche und den evaluierenden Institutionen abhängig. Das *räumliche* Zusammentreffen dieser Einflußfaktoren bildet den *lokalen Kontext.* Das Individuum reagiert auf den Kontext und beeinflußt diesen gleichzeitig (vgl. Abb. 11.1). Vom Akteur, der eine bestimmte Begabung und ein bestimmtes Erfahrungswissen hat, wird angenommen, daß er in seinem Lebens- oder Arbeitsbereich (*field*), in dem er interagiert, aus den ihm zur Verfügung stehenden Informationen neue Varianten und Verknüpfungen erstellt und neue Ideen entwickelt. Von diesen kreativen Ideen werden von der *Domain* (der Umgebung) einige ausgewählt und akzeptiert, andere durch Kritik an ihrer Entfaltung verhindert. In der jeweiligen *Domain* findet also eine Evaluierung neuer Ideen statt, wobei die Institutionen der Evaluierung (Fachzeitschriften, Kritiker, Gutachter, Künstlermilieus) einen erheblichen Einfluß ausüben können. Wenn neue Ideen als bedeutungvoll anerkannt und entsprechend gefördert werden, werden sie Bestandteil des kulturellen Systems und wirken so als Stimulator wiederum auf Personen ein. Als wesentliche Elemente einer kreativen Umweltsituation nennt M. Csikszentmihalyi (1988) mehrdimensionale gesellschaftliche Konflikte und ausreichende Ressourcen.

Im Ansatz von R. W. Woodman et al. (1993) zur Kreativität von Organisationen werden drei Bereiche unterschieden: die individuelle Kreativität, die Gruppenkreativität und die Kreativität der Organisation. Bei Individuen werden Wissen, intrinsische Motivation, Persönlichkeit und kognitive Fähigkeiten als bedeutend angesehen. Diese stehen in einer interaktiven Beziehung zur Gruppenstruktur. Bei der Gruppe sind die Gruppenstruktur (Größe, Kohäsion, Diversität), die Gruppencharakteristika (Rollen, Ziele, Normen, Problemlösungsstrategien) und die Gruppenprozesse relevant. Bei der Organisation spielen die Strukturen und Kommunikationsprozesse eine wichtige Rolle. Zwischen Gruppe und Individuum wirken *soziale Einflüsse* und zwischen Umwelt, Organisation, Gruppe und Individuum *kontextuelle Einflüsse.* Kreatives Verhalten des Individuums beeinflußt das kreative Verhalten der Gruppe, das wiederum auf das Verhalten der Individuen zurückwirkt. Ähnliche Beziehungen bestehen zwischen den Gruppen und der Organisation (vgl. Abb. 11.1).

Abb. 11.1 Angenommene Beziehungen zwischen den Faktoren, die zur *Organizational Creativity* in Beziehung stehen

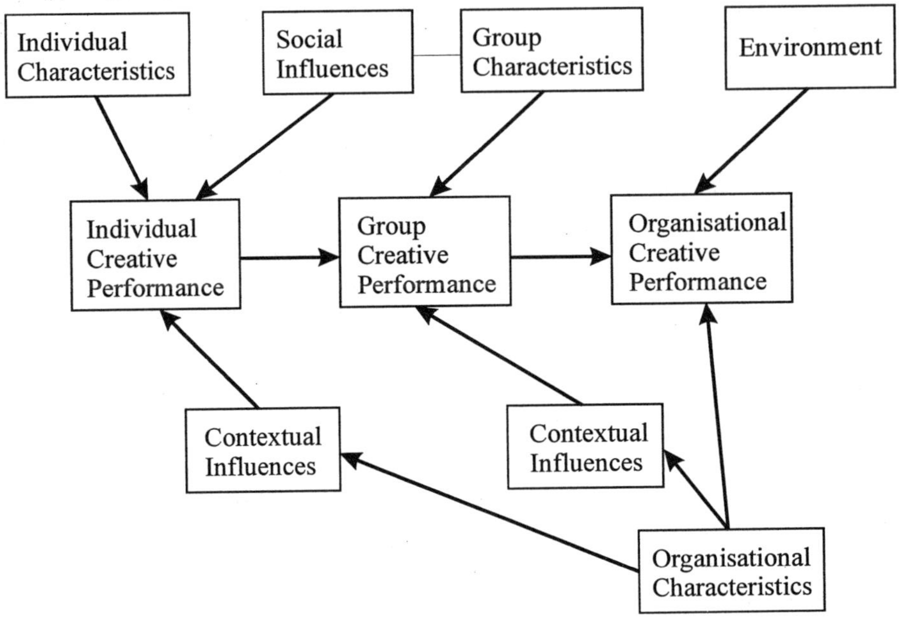

Quelle: Woodman R. W. et al. 1993, 311.

Ähnliche Schemata, welche die Bedeutung des lokalen Kontexts und der Situation für die Entstehung von Kreativität hervorheben, wurden u.a. von R. W. Woodman et al. (1993), M. Csikszentmihalyi (1988) und T. M. Amabile et al. (1996) vorgelegt.

11.2 Kreative Milieus aus der Sicht von Geographen und Regionalökonomen

Die Geographie hat sich dem Thema kreatives Milieu aus drei verschiedenen Richtungen genähert. Eine der Entwicklungslinien, zu der beispielsweise N. Thrift (1983) und A. Pred (1986) gehören, schreibt Orten, Schauplätzen (*locales*) und Regionen, aber auch zeitlichen Perioden eine konstitutive Rolle bei der Gestaltung von Lebensläufen zu. Dies ist natürlich nicht deterministisch gemeint, nicht der Ort an sich hat eine soziale Bedeutung, sondern der am Ort vorfindbare soziale Kontext, die lokal vorhandenen Vorbilder und Anregungsmilieus, der dort stattfindende Wettbewerb, die dort geübte Kritik und die dort angebotenen beruflichen Aufstiegschancen. So wie unterschiedliche Geburtskohorten andere Erwerbschancen, soziale Aufstiegs- und Karrierechancen vorfinden, bieten auch Standorte und Regionen unterschiedliche Anregungsmilieus, Wettbewerbssituation, Lern- und Qualifizierungsmöglichkeiten, Kommunikationsbedingungen, Wissensbestände und Karrierechancen an. Dieser Ansatz nimmt also an, daß das durch Akteure, Normen, Institutionen, Qualifizierungs- und Karrierechancen geprägte soziale, politische und wirtschaftliche Umfeld eine wichtige Rolle für die Ziele, Motivation, Netzwerke und Berufslaufbahn eines Akteurs spielen kann.

Ein Ort oder eine Region sind »meeting place of social structure and human agency, substantive enough to be the generator and conductor of structure, but still intimate enough to ensure that the „creature-like aspects" of human being are not lost« (Thrift N. 1983, 38).

Entscheidend ist, daß an bestimmten Standorten (Regionen) ein Bündel von Einflußfaktoren zusammentrifft, die Kreativität fördern oder kreative Akteure anziehen, und daß an anderen Orten Rahmenbedingungen herrschen, die Kreativität behindern und kreative Akteure abschrecken.

Diesem Konzept folgend haben z.B. Untersuchungen über die Karriereverläufe und die soziale Mobilität von Wissenschaftlern und Führungskräften (Meusburger P. 1986, 1990; Weick C. 1995) die Frage gestellt, warum die Nachwuchswissenschaftler bestimmter Institutionen beruflich erfolgreicher sind als die anderer, warum einige Universitätsinstitute jahrzehntelang die führenden Köpfe ihres Fachs produziert oder angezogen haben und andere nicht. Diese Untersuchungen haben allerdings nicht nach den Einflußfaktoren gefragt, die das kreativen Milieu einzelner Institute bedingt, sondern sie haben das kreative Milieu *retrospektiv an den Resultaten*, also anhand der Karrieren der aus diesen Institutionen hervorgehenden Wissenschaftler, festgestellt.

Eine zweite, zahlenmäßig weit größere Gruppe von (Regional-)Ökonomen und Wirtschaftsgeographen hat sich dem Thema „kreatives oder innovatives Milieu" vom Blickpunkt technologischer und unternehmerischer Innovationen genähert. Einen Überblick über die Forschungsfragen und Konzepte dieser Gruppe bieten u.a. die zur „Groupe de Recherche Européen sur les Milieux Innovateurs" (GREMI) gehörenden Autoren P. Aydalot (1986), R. Camagni (1991a, 1991b), O. Crevoisier und D. Maillat (1991), M. Quévit (1991), A. Bramanti und L. Senn (1991), R. Gordon (1991), A. Gillespie (1991), D. Maillat (1991), D. Maillat und J.-C. Perrin (1992), D. Maillat et al. (1993) und A. Bramanti et al. (1994). Außerhalb dieser frankophonen Gruppen haben sich besonders P. Nijkamp und A. Mouwen (1987), G. Sweeney (1987), E. J. Malecki (1991), Z. Acs und D. B. Audretsch (1989, 1990), F. Tödtling (1990, 1994), H. Bathelt (1991), E. M. Bergmann et. al. (1991), M. Feldman (1994), B. Gehrke et al. (1994), R. Sternberg (1995a, 1995b) und D. B. Audretsch (1995) mit dieser Thematik befaßt. Eine prägnante Zusammenfassung und Kritik des aktuellen Forschungsstands dieser Thematik wurde von M. Fromhold-Eisebith (1995) vorgelegt. Bei der

Erforschung des kreativen oder innovativen Milieus stehen folgende Fragen im Vordergrund:

- Was macht ein Milieu kreativ?
- Wie wird ein kreatives Milieu definiert, wie kann es empirisch erfaßt und räumlich abgegrenzt werden?
- Warum ist die Innovationsfähigkeit und -tätigkeit in einzelnen Regionen so unterschiedlich?
- Welche lokalen (regionalen) Bedingungen haben zur Erfindung und Herstellung von innovativen Produkten, zu einer hohen Patentdichte oder einer hohen Gründungsrate von innovativen Unternehmen beigetragen?
- Was sind die Faktoren innovationsorientierter Regionalentwicklung?
- Welche Auswirkungen haben Forschungseinrichtungen, Technologieparks oder *science cities* auf die Entstehung eines kreativen Milieus?

Als wichtige Einflußfaktoren, welche die Entstehung von kreativen Milieus begünstigen können, wurden zunächst besonders *Strukturmerkmale* hervorgehoben, zu denen u.a. die Branchenstruktur der Betriebe, das Vorhandensein von hochrangigen Forschungseinrichtungen (Universitäten, *knowledge centers, science parks*), von hochspezialisierten, unternehmensorientierten Dienstleistungen und Risikokapital gehören. Diese Strukturen sind zwar eine Vorbedingung für kreative Milieus, sie reichen aber nicht aus, um kreative Milieus zu schaffen. Deshalb hat sich in einer zweiten Phase der Schwerpunkt des Interesses eher auf Verflechtungsbeziehungen, Interaktionen, Synergieeffekte und Netzwerke verlagert. Eine unternehmerische Innovation wurde nun weniger als individueller, sondern vielmehr als kollektiver Prozeß verstanden (vgl. Håkansson H. 1987; Fromhold-Eisebith M. 1995).

D. Maillat (1992) unterscheidet drei grundlegende Ansätze zum „kreativen Milieu“, die von M. Fromhold-Eisebith (1995, 32) folgendermaßen zusammengefaßt wurden:

- Ansatz auf der Mikro-Ebene des Einzelunternehmens, das durch seine Milieu-Einbindung die Unsicherheit bei der externen Informationssuche reduziert.
- Ansatz auf der kognitiven Ebene des kreativen Milieus, das als Raum gemeinsamer Wahrnehmung, gemeinsamen Verhaltens und gemeinschaftlichen Know-hows empfunden wird.
- Ansatz auf der organisatorischen Ebene des vernetzten Handelns und Lernens, das sich durch Austauschbeziehungen zwischen Organisationen im „kreativen Milieu“ ergibt.

Von den Netzwerkansätzen wird betont, daß ein kreatives Milieu auch von gegenseitigem Vertrauen, allgemein akzeptierten kulturellen Normen und einem bestimmten kulturellen und unternehmerischen Milieu abhängt. Da Lernprozesse vorwiegend durch Kommunikation in Netzwerken angeregt werden, haben Netzwerkansätze in den letzten Jahren eine besondere Bedeutung erfahren. E. Malecki (1997, 171) unterscheidet dabei zwischen *trade networks,* über die der Güteraustausch erfolgt, und *knowledge networks*, über die Wissen und Informationen ausgetauscht werden. M. Mønsted (1993) unterschied drei Arten von Netzwerken (zit. bei Malecki E. 1997, 180):

- Netzwerke für Dienstleistungen und Assistenz; diese werden zur Lösung spezifischer Probleme benötigt; dazu gehören z.B. Zulieferer von Produktteilen oder unternehmensbezogene Dienstleistungen, die das Unternehmen selbst nicht anbieten kann oder will.
- Netzwerke zur Gewinnung von Informationen und zur Strukturierung von Wissen; diese sollen die Fragen beantworten: „Wen kann man in einer bestimmten Frage kontaktieren", „Wer ist auf einem bestimmten Gebiet am besten informiert oder Marktführer" ? „Was wird wo geforscht"?
- Netzwerke für Unternehmer und Produktentwicklung. Diese Netzwerke sollen dazu beitragen, mehr über Kundenwünsche und Entwicklungen der Konkurrenzunternehmen zu erfahren.

So verdienstvoll die Erkenntnisgewinne der Netzwerkansätze sind, so sind doch einige Kritikpunkte und Anregungen für künftige Forschungen anzumerken. Erstens zeigen Netzwerke an sich noch keine positiven Auswirkungen und garantieren auch keine Kreativität oder Innovation. Netzwerke und räumliche Kontaktmuster an sich sind weitgehend belanglos, sie waren sogar sehr oft ein Hindernis für die Entstehung von kreativen Milieus. Es kommt also in erster Linie auf die Akteure in solchen Netzwerken an. Wenn sich Netzwerkanalysen nicht in erster Linie der Kreativität, dem Ausbildungsniveau, dem beruflichen Prestige, den Qualifikationen, dem Erfolg sowie dem nationalen und internationalen Einfluß der Akteure zuwenden, werden sie wenig zum Verständnis von kreativen Milieus beitragen können. Netzwerke können nur dann die Entstehung eines kreativen Milieus fördern, wenn sie sich auf die kreativsten, die am besten informierten, die am besten qualifizierten und die einflußreichsten Akteure unterschiedlicher Bereiche beziehen. Nur wenn in einer Region (nationale und internationale) Spitzenkräfte mit internationalen Kontakten und aus sehr verschiedenen Bereichen konzentriert sind, kann sich *potentiell* ein kreatives Milieu entwickeln.

Zweitens legen einige Autoren zuviel Gewicht auf die Ähnlichkeit der Verhaltensweisen, auf mentale Bindungen, gemeinsame Leitbilder, Wertsysteme und ein gemeinsames Know-how (vgl. Fromhold-Eisebith M. 1995, 33-35). Manche Autoren (z.B. Kamann D. J. und P. Nijkamp 1991) sehen in gemeinsamen Leitbildern überhaupt das konstitutive Element eines Milieus. Ihrer Ansicht nach bilden die gemeinsamen Leitbilder das Auslesekriterium im Hinblick auf die Personen oder Organisationen, die als Akteure im Milieu akzeptiert und integriert werden (vgl. Fromhold-Eisebith M. 1995, 35). Diese Ansicht steht weitgehend im Gegensatz zu psychologischen Erkenntnissen über die Entstehung von Kreativität und resultiert vermutlich daraus, daß zuwenig unterschieden wird zwischen jenen Akteuren (Imitatoren, Zulieferern, Dienstleistern), die von einer Einbindung in ein kreatives Milieu profitieren und in dieses eingebunden sein wollen, und jenen, die kreativ sind oder im Wechselspiel mit anderen ein kreatives Milieu initiiert haben.

Soziale Kohäsion in Form eines gemeinsamen Bewußtseins, gemeinsamer Wertsysteme oder enger Zusammenarbeit sollte nicht mit Kreativität gleichgesetzt werden. Deshalb sollte man Netzwerke definitorisch klar von kreativen Milieus unterscheiden. Gemeinsame Leitbilder und sehr enge soziale Kohäsion können, wie die Nomenklatura der kommunistischen Länder belegt hat, sogar große Hindernisse für die Entstehung von Kreativität sein.

Auch zwischen den Schöpfern und den Nutznießern eines kreativen Milieus müßte stärker differenziert werden. Der Nutznießer eines kreativen Milieus ist eher auf die Akzeptanz in einem Netzwerk angewiesen als der kreative und schöpferische Akteur. Anreger von kreativen Ideen müssen sehr oft aus bestehenden Netzwerken ausbrechen, gegen den Strom schwimmen oder auf das „Schulterklopfen des Establishments" verzichten, um ihre Ideen erfolgreich umsetzen zu können.

Kreative Menschen und Erfinder (vgl. Deutsche Aktionsgemeinschaft Bildung-Erfindung-Innovation 1987, 371-418) zeichnen sich gerade dadurch aus, daß sie zum Zeitpunkt ihrer Kreativität nicht in das gemeinsame Verhalten und die gemeinsame Problemwahrnehmung ihres Umfelds hineingepaßt haben, daß sie nicht ein gemeinsames „Milieu-Bewußtsein" hatten, daß sie nicht dieselben Leitbilder und schon gar nicht dieselben Lösungsstrategien hatten wie ihre Umgebung. Sie sind eher durch divergentes Denken, neue Problemlösungen und Widerspruch zum Bestehenden aufgefallen. Das berühmte kreative Milieu in Heidelberg oder Wien um die Jahrhundertwende war nicht durch Homogenität der Ansichten, nicht durch eine gemeinsame Kultur, nicht durch gemeinsames Bewußtsein geprägt, sondern durch Diversität der Ansichten und Ideen, durch Heterogenität der sozialen und regionalen Herkunft, durch sehr unterschiedliche Erfahrungen, durch Wettbewerb, vernichtende Kritik, scharfe Auseinandersetzungen und politische und soziale Konflikte.

Netzwerke von mäßig Qualifizierten, schlecht Informierten oder Voreingenommenen bilden häufig Verhinderungskoalitionen gegen kreative Menschen und längst notwendige Reformen und können somit beträchtlichen Schaden verursachen. Sehr homogene und in sich sozial geschlossene Netzwerke können die Anpassungsfähigkeit von Organisationen an veränderte Umwelten behindern und sich selbst blockieren (vgl. Fischer J. und S. Gensior 1995). B. Butzin (1993) und G. Grabher (1993, 750) beschreiben am Beispiel des Ruhrgebiets, wie zu enge Netzwerke zwischen Entscheidungsträgern aus Politik, Wirtschaft und Gewerkschaften zu funktionalen, kognitiven und politischen Blockierungen geführt und alles andere als Kreativität gebracht haben. Selbstverständlich bringt soziale Kohäsion einer Organisation beträchtliche Vorteile. Sie darf jedoch nicht den Wahrnehmungs- und Lernprozeß oder die Anpassungsleistungen des Systems behindern. Selbst Verbrecherorganisationen müssen sich dem Wandel der Zeit anpassen, wenn sie Bestand haben wollen.

Einen Nutzen (Informationsvorsprung, Wissenszuwachs) oder kreativen Diskurs bringen nur solche Netzwerke, die aus überdurchschnittlich gut informierten, lernfähigen und hochqualifizierten Personen aus sehr diversen Bereichen und mit sehr unterschiedlichen Ansichten und Erfahrungen bestehen.

Ein weiterer Kritikpunkt bisheriger Ansätze betrifft die Vernachlässigung des Wissens. Von den Netzwerktheoretikern wurde bislang Wissen, in bester neoklassischer und marxistischer Tradition, gleichsam vorausgesetzt. Man findet zwar gelegentlich vage Hinweise darauf, daß Lernprozesse oder Wissenskompetenzen für die Entstehung kreativer Milieus wichtig seien, aber konkrete Angaben über das Ausbildungsniveau, die Qualifikationen, Fachkompetenzen oder Karrieremerkmale der kreativen Akteure findet man selten. Auch die Operationalisierung von Lernprozessen oder von Know-how durch Indikatoren ist stark verbesserungswürdig.

D. Maillat (1991, 1992) erfaßt die Dynamik der Lernprozesse und die Schaffung von Know-how und Kompetenz z.B. anhand der Indikatoren „Rate der neu in der Region entstandenen Firmen", „Zahl der angemeldeten Patente und Warenzeichen", „Wachstum der Bildungsausgaben", „Anteil der Lehrlinge an den Erwerbstätigen" (vgl. auch Fromhold-Eisenbith M. 1995, 41). Einzig die Erfassung der Patente ist ein kleiner Schritt in die richtige Richtung; aber auch dieser Indikator ist mit vielen methodischen Problemen behaftet (vgl. Kap. 10.2.2). Die Validität der anderen Indikatoren für die Beschreibung der Lernfähigkeit ist stark zu bezweifeln.

Die stillschweigende Annahme, daß Wissen und Qualifikationen in Netzwerken automatisch vorhanden seien und deshalb keiner näheren Untersuchung bedürfen, entspricht der neoklassischen Tradition. Sie ist wohl die größte Schwachstelle der „Netzwerkperspektive" und ein Grund für »die sich auftuende Theorielücke« (Ziegler R. 1984, 434; Fischer J. und S. Gensior 1995, 29; Sydow J. 1992). Offenbar hatten die Netzwerktheoretiker zu wenig „Außenkontakte" zu anderen Fachgebieten und Schwerpunkten, in denen solche Fragen seit langem behandelt werden.

Ein dritter Ansatz zur Erfassung von kreativen Milieus kommt aus der regionalen Karriereforschung, welche ihren Schwerpunkt auf den *nachträglichen* Nachweis eines kreativen Milieus legt. Die rückwirkende Analyse der Sozialisation, der Studienlaufbahn und wissenschaftlichen Karrierestufen von herausragenden Wissenschaftlern ermöglicht den Nachweis, wie bestimmte wissenschaftliche Milieus (an Forschungsinstituten, Universitätsstandorten) und Verflechtungsbeziehungen zusammenwirken, wie diese eine Anziehungskraft auf kreative Menschen hatten und über gewisse Zeiträume ein hohes Maß an kreativen Wissenschaftlern und Künstlern „produziert" haben (vgl. Meusburger P. 1990). Die Geschichte zeigt, daß schon geringfügige Änderungen der Rahmenbedingungen (unfähige Vorgesetzte, eine träge oder wenig weitsichtige Ministerialbürokratie, Intoleranz, politischer Systemwechsel) zum Ende des betreffenden kreativen Milieus geführt haben (vgl. Csikszentmihalyi M. 1996, 1997; Heller K. A. und P. Viek 1998).

11.3 Offene Fragen und weiterer Forschungsbedarf

Da Kreativität nicht absolut, sondern relativ zum Durchschnitt oder zu Referenzgruppen gemessen wird, sind kreative Situationen und Milieus schon definitionsgemäß selten und auf wenige räumliche Einheiten beschränkt. Ein solches kreatives Milieu kann man auf allen Maßstabsebenen, von der Familie, über die Universität, den Betrieb bis zur Metropole und Nation, analysieren. Mit der Ausdehnung des Untersuchungsgebiets erhöhen sich allerdings auch die empirisch-methodischen Probleme. Während der Psychologe kreative Situationen im Labor herstellen kann, ist es für einen Raumwissenschaftler sehr kostenintensiv und zeitaufwendig, *kreative Situationen* oder *kreative Milieus* exakt abzugrenzen oder deren Intensitätsstufen quantitativ zu erfassen.

Bei der Analyse einer *aktuellen* Situation kann meistens nur ein kreatives *Potential* erkannt werden. Die räumlich verortbaren Ausgaben für Forschung und Entwicklung, die Standorte von High-Tech-Unternehmen und von hochqualifizierten Arbeitsplätzen oder die Analyse von Netzwerken und Kontaktstrukturen können nur einen Hinweis auf bestehende Möglichkeiten geben. Ob Künstler, Wissenschaftler, Erfinder oder Unternehmer dieses Potential für mögliche Interaktionen nutzen, kann erst im Nachhinein festgestellt werden. Von einem kreativen Milieu erwartet man, daß es Auswirkungen hat, daß Akteure und Organisationen, die an einem solchen Milieu partizipieren, höhere Leistungen oder größere Erfolge haben als andere. Nur im Rückblick kann man feststellen und erklären, warum Wien, Krakau, Göttingen oder Heidelberg um die Jahrhundertwende eine Hochblüte der Kreativität erlebt haben und warum an anderen Orten oder zu anderen Zeiten ein ähnlich kreatives Milieu nicht entstehen konnte (vgl. Brix E. und A. Janik 1993). Anhand von Biographien und Unternehmensgeschichten lassen sich kreative Milieus leichter nachweisen als anhand von aggregierten Daten über das Ausbildungs- oder Qualifikationsniveau.

Ein weiterer Forschungsbedarf besteht in einer Kategorisierung und Unterscheidung verschiedener Arten von kreativen Milieus. Viele Mißverständnisse resultieren daraus, daß dem Begriff „kreatives Milieu" sehr unterschiedliche Bedeutungsinhalte zugeschrieben werden. Zu unterscheiden wäre beispielsweise zwischen eindimensionalen und mehrdimensionalen kreativen Milieus, zwischen planenden und ausführenden kreativen Milieus sowie zwischen kreativen Milieus, die von oben (z.B. durch staatliche Forschungs- und Rüstungsaufträge) initiiert worden sind, und solchen, die mehr oder weniger ungeplant von unten entstehen. M. Fromhold-Eisebith (1995, 38) spricht beispielsweise vom »multidimensionalen Akteur«, der in der oberen Ebene der Organisationshierarchie angesiedelt ist, hohe Entscheidungskompetenz hat, in Kontakt mit Entscheidungsträgern aus zwei oder mehreren Bereichen steht und als *high communicator* gleichsam ein Bindeglied zwischen Wissenschaft, Politik und Wirtschaft darstellt. Das Gegenstück ist der junge kreative Wissenschaftler im Forschungslabor, der an einer eng begrenzten Aufgabenstellung arbeitet, kreative Ideen hat und neue Fragen stellt. Da er sich nur auf seine Forschung konzentriert und keinerlei Kontakt zu weit entfernten Fachgebieten oder zu den Inhabern der Macht in Wirtschaft und Politik hat, wäre er ein Beispiel für eindimensionale Kreativität.

Science parks oder Wissenschaftlerstädte sind eindimensionale, von oben eingerichtete und in vielen Fällen auch ausführende kreative Milieus. In den Wissenschaftlerghettos vieler *science parks* oder in der japanischen Wissenschaftlerstadt Tsukuba sind Wissenschaftler weitgehend unter sich, sie arbeiten häufig an Forschungsprojekten, die von der Regierung oder den Unternehmensleitungen großer Konzerne initiiert und finanziert werden. Ihnen ist eine Aufgabe gestellt, die sie kreativ zu bewältigen haben. Viele Dimensionen kultureller Kreativität (Kunst,

Theater etc.) werden in diesen Wissenschaftlerghettos vermißt, was auch ihre Attraktivität deutlich mindert.
Das kreative Milieu von Wien um die Jahrhundertwende ist dagegen von unten entstanden, es war mehrdimensional (es gab Kreativität in der Kunst, Philosophie, Literatur, Musik, im Theater, den Naturwissenschaften, der Medizin und Architektur).

Weiterer Forschungsbedarf besteht auch über die verschiedenen *Arten* von kreativen Milieus. Ein Geisteswissenschaftler benötigt, um kreativ sein zu können, andere Strukturmerkmale seines Milieus als ein Elementarphysiker, ein Mediziner braucht andere Voraussetzungen und Netzwerke als ein Unternehmensgründer.

Etwas einfacher als die Ermittlung und Abgrenzung des kreativen Milieus ist die Beschäftigung mit kreativen Produkten. Sobald ein Konsens darüber besteht, was ein kreatives Produkt ist, kann das räumliche Muster der Erfindung, Erzeugung und Diffusion von *kreativen Produkten* beschrieben und analysiert werden.

»A product is viewed as creative to the extent that it is both a novel response and an appropriate, useful, correct, or valuable response to an open-ended task [...]. A product or idea is creative to the extent that expert observers agree it is creative« (Hennessey B. A. und T. M. Amabile 1988, 14).

Es sollte jedoch unterschieden werden, wo kreative Produkte erfunden und entwickelt und wo sie produziert werden. Die Technologieregion von Kyushu, in der vorwiegend die Endmontage von Halbleitern, aber nicht die Forschung konzentriert ist, darf also nicht mit der Region von Boston verglichen werden, die ein Zentrum der Forschung und Entwicklung ist. Ein methodisches Problem bei der Definition von kreativen Produkten besteht in ihrer Abhängigkeit von Gruppennormen und Beurteilungskriterien. Die Frage, ob ein neues Produkt als kreatives Produkt angesehen wird oder nicht, hängt von den gerade herrschenden, situationsspezifischen Beurteilungskriterien und Standards ab. Viele heute als kreativ anerkannte Produkte konnten sich zum Zeitpunkt ihrer Erfindung nicht durchsetzen. Sie wurden also erst sehr lange nach ihrer Erfindung als kreativ eingestuft. Auch diese Erfahrung unterstreicht die Bedeutung der retrospektiven Untersuchung von kreativen Akteuren und Produkten. Insgesamt gesehen steht die empirische Forschung über kreative Milieus noch weitgehend am Anfang ihres Weges. Dieses Resümee gilt mehr oder weniger auch im Hinblick auf kulturvergleichende Forschungsansätze (vgl. Hany E. A. und K. A. Heller 1996).

12 Schlußbetrachtung

Bei vielen in diesem Buch angeschnittenen Forschungsfragen steht die Geographie des Bildungs- und Qualifikationswesens erst am Anfang ihres Weges. Aufgrund der Entstehungsgeschichte dieses Forschungsfeldes und auch aus pragmatischen Gründen (Verfügbarkeit der Daten, Kosten- und Zeitaufwand) standen bisher das Ausbildungsniveau, das schulische Bildungsverhalten und in Großzählungen erfaßte berufliche Qualifikationen im Vordergrund der empirischen Untersuchungen. Diese müssen jedoch durch weitere Indikatoren aus dem schulischen und außerschulischen Bereich ergänzt werden, wobei dem Lebenszyklus der Aussagekraft von Indikatoren eine besondere Aufmerksamkeit zu widmen ist. Im schulischen Bereich sollten u.a. die regionalen Leistungsunterschiede von Schulformen und die Qualifikationsunterschiede des Lehrkörpers ausführlicher untersucht werden. Nach japanischem Vorbild könnten auch mehr Studien über die spätere berufliche Laufbahn der Absolventen durchgeführt werden. Im außerschulischen Bereich wäre es wichtig, zumindest auf der Mikroebene diverse Schlüsselqualifikationen und solche beruflichen Qualifikationen zu erfassen, die im Laufe der beruflichen Karriere erworben wurden. In einigen Ländern werden beispielsweise Fremdsprachenkenntnisse in Großzählungen erhoben, so daß zumindest auf diesem Gebiet kleinräumige Differenzierungen vorgenommen werden könnten.

Forschungslücken und Forschungsbedarf bestehen vor allem über den Zusammenhang von Wissen und Handeln, die *Persistenz* und den *Wandel* von regionalen Unterschieden des Ausbildungsniveaus der Wohn- und Arbeitsbevölkerung, das außerschulische Bildungsverhalten (z.B. Inanspruchnahme von kulturellen Einrichtungen), den Zusammenhang zwischen Karriere und regionaler Mobilität, die regionale Rekrutierung von Führungspersonal, regionale Unterschiede der Innovationstätigkeit und des technologischen Niveaus, den Wissenstransfer von Universitäten und Großforschungseinrichtungen in die Wirtschaft, Netzwerke von Hochqualifizierten sowie über kreative Milieus.

Viele der in diesem Buch angesprochenen Fragen wurden aus europäischer Perspektive betrachtet. Es besteht sicherlich ein großer Nachholbedarf an interkulturellen Vergleichen, die nicht nur neue Fragen aufwerfen, sondern auch neue theoretische Konzepte und Indikatoren benötigen.

In den 60er und 70er Jahren wurden zwar von Erziehungswissenschaftlern und Psychologen mehrere Untersuchungen über Stadt-Land-Unterschiede des Begabtenpotentials durchgeführt. Diese Studien stellen jedoch nur einen ersten Schritt dar und sollten durch zeitgemäße Methoden ersetzt werden. Ein Vorbild für die Erfassung der regionalen Unterschiede der Kreativität könnten jene interkulturellen Studien und Ländervergleiche sein, die von Psychologen Ende der 80er und Anfang der 90er Jahre durchgeführt wurden (vgl. Hany E. A. und K. Heller 1993, 108). Das theoretische und methodische Instrumentarium zur Erfassung von räumlichen Unterschieden der Begabung und Kreativität wäre also weitgehend vorhanden, aber der hohe Kosten- und Zeitaufwand der erforderlichen psychologischen Tests hat Wissenschaftler bisher davon abgehalten, entsprechende räumlich differenzierende Forschungen durchzuführen.

Die enge Verquickung von Wissen und Macht stellt ein besonders interessantes Forschungsfeld dar, über das es erst wenige empirische Studien gibt. Fragen des Medien-, Informations- und Kulturimperialismus, der regionalen Unterschiede in der Unterdrückung und Manipulation von Informationen, der regional variierenden symbolischen Besetzung von Begriffen, der Verbreitung von „Nichtwissen" oder der Tabuisierung und Mythologisierung von historischen Ereignissen stellen ein besonders interessantes Forschungsgebiet dar, das in Zukunft sicherlich an Bedeutung gewinnen wird und z.B. auch von der Politischen Geographie aufgegriffen werden könnte. In einigen Ländern werden Wissenschaftler viel Mut aufbringen müssen, um sich an solche Fragen heranzuwagen. Aber jeder Wissenschaftler, der wegen seiner Fragestellungen und Ergebnisse zu dieser Thematik angegriffen wird, ist ein neuer Beweis für die Verquickung von Wissen und Macht sowie die Aktualität und Dringlichkeit dieser Forschungsrichtung.

Auch die bereits länger behandelten Themen bieten noch ein breites Forschungsfeld, das in einigen Ländern erst selten bearbeitet wurde. In einer zunehmend fragmentierten Wissensgesellschaft gewinnen viele dieser traditionellen Themen wieder von neuem an Bedeutung. In diesem Zusammenhang sei nur an die hohe Aktualität der „eigenen Schule" oder eines Unterrichts in der eigenen Muttersprache in gemischtsprachigen Gebieten erinnert. Die Lösungswege des Nationalismus, der auch in gemischtsprachigen Gebieten nur die Sprache der Mehrheit vorsieht, werden zunehmend in Frage gestellt.

Die Tatsache, daß sowohl in den Sozial- als auch in den Wirtschaftswissenschaften regionale Disparitäten in den letzten Jahren eine hohe Aufmerksamkeit erfahren haben, sollte die Geographie veranlassen, die theoretische Diskussion mit den Nachbardisziplinen zu intensivieren und sich gleichzeitig immer wieder auf die zentralen Fragen ihres eigenen Faches zu konzentrieren. Dazu gehören u.a. die Bedeutung des lokalen und regionalen Kontexts für das Handeln von Akteuren und Organisationen, unterschiedliche Raumkonzepte, Räumlichkeit als Strukturprinzip des Sozialen, die Organisation von Wirtschaft und Gesellschaft im Raum, die räumliche Konzentration von Macht und Wissen oder die Beziehungen und Abhängigkeiten zwischen Zentrum und Peripherie. Zu einigen dieser Fragen kann auch die Bildungsgeographie ihren Beitrag leisten. Dies zu veranschaulichen, war eines der Ziele dieses Buchs.

13 Literaturverzeichnis

Das ursprüngliche Literaturverzeichnis wurde wegen des zu großen Umfangs stark gekürzt. Ausführlichere Literaturangaben können der Heidelberger Literaturdatenbank „Regionale Bildungsforschung“ (Hoyler M. et al. 1997) entnommen werden, die über 5.000 Literatureinträge aufweist und voraussichtlich Ende 1999 oder Anfang 2000 auch in Buchform publiziert werden wird.

Abel, J. F. (1929): *Illiteracy in Several Countries of the World.* Washington D.C. (Department of the Interior) Bureau of Education, Bulletin Nr. 4.

Abel, W. (1963): *Die Lage in der deutschen Land- und Ernährungswirtschaft um 1800.* In: *Jahrbücher für Nationalökonomie und Statistik* 175, 319-334.

Acs, Z.; Audretsch, D. B. (1989): *Patents as a Measure of Innovative Activity.* In: *Kyklos* 42, 171-180.

Acs, Z.; Audretsch, D. B. (1990): *Innovation and Small Firms.* Cambridge MA. (MIT Press).

Adler, M.; Bondi, L. (1988): *Delegation and Community Participation: An Alternative Approach to the Problems Created by Falling Primary School Rolls.* In: Bondi, L.; Matthews, M. H. (Hrsg.): *Education and Society: Studies in the Politics, Sociology and Geography of Education.* London/New York (Routledge), 52-82.

Agassi, J. (1960): *Methodological Individualism.* In: *The British Journal of Sociology* 11, 244-270.

Aglietta, M. (1979): *A Theory of Capitalist Regulation: The US Experience.* London (NLB).

Agrarsoziale Gesellschaft (Hrsg.) (1967): *Schule und Bildung im ländlichen Raum. Realitäten und Konzeptionen.* Materialsammlung Nr. 66, Göttingen.

Ahmed, M. D. (1988): *Traditionelle Formen der Erziehung in der Islamischen Welt.* In: *Zeitschrift für Kulturaustausch* 38, 332-337.

Akhtar, S. (1996): *Do Girls Have a Higher School Drop-out Rate than Boys? A Hazard Rate Analysis of Evidence from a Third World City.* In: *Urban Studies* 33, 49-62.

Albrecht, G. (1972): *Soziologie der Geographischen Mobilität.* Stuttgart (Enke).

Aldrich, R. (1978): *Literacy, Illiteracy, Semiliteracy, and Marriage Registers.* In: *History of Education Society Bulletin* 22, 2-6.

Alex, L. (1987): *Berufliche Bildung im Spannungsfeld zwischen Qualifikationsbedarf und Qualifikationsangebot.* In: Weymann, A. (Hrsg.): *Bildung und Beschäftigung. Grundzüge und Perspek-tiven des Strukturwandels.* Soziale Welt, Sonderband 5, Göttingen (Schwartz & Co.), 223-239.

Alex, L.; Weisshuhn, G. (1980): *Ökonomie der Bildung und des Arbeitssmarktes.* Hannover (Schroedel).

Alexander, N.; Helbig, L. (1988): *Schule und Erziehung gegen Apartheid. Befreiungspädagogik in Südafrika.* Frankfurt a.M. (isp-Verlag)

Althaus, I.; Schalles, R. (1983): *Regionalökonomische Wirkungen der Gesamthochschule Kassel.* Hannover.

Altvater, E.; Mahnkopf, B. (1996): *Grenzen der Globalisierung. Ökonomie, Ökologie und Politik in der Weltgesellschaft.* Münster (Westfälisches Dampfboot).

Alvares, C. (1992): *Science.* In: Sachs, W. (Hrsg.): *The Development Dictionary. A Guide to Knowledge as Power.* London/ New Jersey (Zed Books), 219-232.

Amabile, T. M. (1983): *The Social Psychology of Creativity.* New York (Springer).

Amabile, T. M.; Goldfarb, P.; Brackfield, S. C. (1990): *Social Influences on Creativity: Evalution, Coaction, and Surveillance.* In: *Creativity Research Journal* 3, 6-21.

Amabile, T. M.; Gryskiewicz, N. D. (1989): *The Creative Environment Scales: Work*

Environment Inventory. In: *Creativity Research Journal* 2, 231-253.
Amabile, T.; Conti, R.; Coon, H.; Lazenby J.; Herron, M. (1996): *Assessing the Work Environment for Creativity*. In: *Academy of Management Journal* 39, 1154-1184.
Amelang, M. (1995): *Intelligenz*. In: Amelang, M. (Hrsg.): *Verhaltens- und Leistungsunterschiede. Enzyklopädie der Psychologie. Differentielle Psychologie und Persönlichkeitsforschung*. Bd. 2, Göttingen (Hogrefe), 245-328.
Anderson, C. A. (1968): *Education and Society*. In: Sills, D. L. (Hrsg.): *International Encyclopedia of the Social Sciences*, vol. 4, New York (Macmillan), 517-525.
Antonelli, C. (1988): *A new industrial organisation approach*. In: Antonelli C. (Hrsg.): *New Information Technology and Industrial Change: The Italian Case*. Dordrecht/London (Kluwer), 1-12.
Appadurai, A. (1990): *Technology and the Reproduction of Values in Rural Western India*. In: Marglin, F. A.; Marglin, S. A. (Hrsg.): *Dominating Knowledge. Development, Culture, and Resistance*. Oxford (Clarendon Press), 185-216.
Archer, R. L. (1937): *Secondary Education in the 19th Century*. Cambridge (University Press).
Arieti, S. (1976): *Creativity: The Magic Synthesis*. New York (Basic Books).
Armstrong, H. W. (1993): *The Local Income and Employment Impact of Lancaster University*. In: *Urban Studies* 30, 1653-1668.
Armstrong, H.W.; Darral, J.; Grove-White, R. (1997): *Maximising the Local Economic, Environmental and Social Benefits of a University: Lancaster University*. In: *GeoJournal* 41, 339-350.
Arnove, R. F. (1987): *The 1980 Nicaraguan National Literacy Crusade*. In: Arnove, R. F.; Graff, H. J. (Hrsg.): *National Literacy Campaigns. Historical and Comparative Perspectives*. New York/London (Plenum), 269-292.
Arnove, R. F.; Graff H. F. (1987): *Introduction*. In: Arnove, R. F.; Graff H. J. (Hrsg.): *National Literacy Campaigns. Historical and Comparative Perspectives*. New York/London (Plenum), 1-28.
Arrow, K. J. (1962): *Economic Welfare and the Allocation of Resources for Invention*. In: National Bureau of Economic Research, New York (Hrsg.): *The Rate and Direction of Inventive Activity: Economic and Social Factors*. Princeton (Princeton University Press), 609-625.
Arrow, K. J. (1974): *The Limits of Organizations*. New York/London (Nor-ton).
Arthur, W. B. (1990): *Silicon Valley Locational Clusters: When do Increasing Returns Imply Monopoly*. In: *Mathematical Social Sciences* 19, 235-251.
Audretsch, D. B. (1995): *Innovation and Industry Evolution*. Cambridge MA./London (MIT Press).
Aurin, K. (1966): *Ermittlung und Erschließung von Begabungen im ländlichen Raum. Untersuchung zur Bildungsberatung in Baden-Württemberg in den Landkreisen Buchen, Tauberbischofsheim, Künzelsau*. Bildung in neuer Sicht 2. Villingen (Neckar).
Aurin, K. (1970): *Zur regionalen Differenzierung schulischen Begabungspotentials*. In: *Raumforschung und Raumordnung* 28, 202-211.
Aydalot, P. (Hrsg.) (1986): *Milieux inno-vateurs en Europe*. Paris.
Aydalot, P.; Keeble, D. (Hrsg.) (1988): *High Technology Industry and Innovative En-vironments in Europe*. London.
Ayubi, N. (1983): *The Egyptian „Brain Drain" - a Multidimensional Problem*. In: *International Journal of Middle East Studies* 16, 431-450.
Babbage, Ch. (1832): *On the Economy of machinery and Manufactures*. London (Knight); Neudruck New York (Kelley) 1963.
Bach, H. (1888): *Die Bevölkerung des Königreichs Serbien und ihr Bildungsgrad (zur Statistik der Analphabeten)*. In: *Statistische Monatschrift* XIV, Wien.
Back, H. J. (1977): *Schulgröße und regionale Planung*. In: Döring, P. A. (Hrsg.): *Große Schulen oder kleine Schulen*. Erziehung in Wissenschaft und Praxis Bd. 27, München (Piper), 207-216.
Back, H. J.; Bergjohann E.; Geissler, C.; Holz, H.; Rotter, H.; Schramm, W. (1970): *Regionale Bildungsplanung*. In: Akademie für Raumforschung und Landesplanung (Hrsg.): *Handwörterbuch der Raumforschung und Landesplanung*. 2. Aufl., Bd. 3. Hannover (Jänecke), 2586-2609.
Bagley, W. C. (1942): *Illiteracy and Near-Illiteracy in the Selective Service Age*

Groups. In: *School and Society* 55, 633-634.

Bahrenberg, G. (1974): *Zur Frage optimaler Standorte von Gesamthochschulen in Nordrhein-Westfalen. Eine Lösung mit Hilfe der linearen Programmierung*. In: *Erdkunde* 28, 101-114.

Bain, A. (1965): *Education in Stirlingshire From the Reformation to 1872*. London (University of London Press).

Baker, D. N.; Harrigan P. J. (Hrsg.) (1980): *The making of Frenchmen: current directions in the history of education in France, 1679-1979*. Waterloo (Historical Reflections Press).

Baker, W. P. (1961): *Parish registers and illiteracy in East Yorkshire*. East York-shire Local History Series 13, York (East Yorkshire Local History Society).

Bakunin, N. (1966): *Marx, the Bismarck of Socialism*. In: Krimerman, L. I.; Perry, L. (Hrsg.): *Patterns of Anarchy. A Collection of Writings on the Anarchist Tradition* Garden City N.Y. (Anchor), 80-97.

Balasz, E. (1968): *La bureaucratie céleste: Recherches sur l'économie et la société de la Chine traditionnelle*. Paris (Gallimard).

Balazs, E. (1964): *Chinese Civilization and Bureaucracy*. New Haven (Yale University Press).

Balbi, A.; Guerry, A. M. (1829) *Statistique comparée de l'état de l'instruction et du nombre des crimes dans les divers Arrondissements des Académies et des Cours R.les de France*. Paris (Renouard).

Baldwin, G. (1970): *Brain Drain or Overflow?* In: *Foreign Affairs* 48 (2), 358-372.

Banuri, T. (1990a): *Development and the Politics of Knowledge: A Critical Interpretation of the Social Role of Modernization*. In: Marglin, F. A.; Marglin, S. A. (Hrsg.): *Dominating Knowledge. Development, Culture, and Resistance*. Oxford (Clarendon Press), 29-72.

Banuri, T. (1990b): *Modernization and its Discontents: A Cultural Perspective on Theories of Development*. In: Marglin, F. A.; Marglin S. A. (Hrsg.): *Dominating Knowledge. Development, Culture, and Resistance*. Oxford (Clarendon Press), 73-101.

Bär, P. (1976): *Die ökonomische Bedeutung der Universität Göttingen für Göttingen und Umgebung*. In: *Neues Archiv für Niedersachsen 25*, 305-314.

Barbieri, M. (1990): *The Determinants of Infant and Child Mortality in Senegal: An Analysis of DHS Data*. University of California Berkeley, (University Micro-films International Nr. 9103630).

Barnes, T. J.; Sheppard, E. (1992): *Is There a Place for the Rational Actor? A Geographical Critique of the Rational Choice Paradigm*. In: *Economic Geography* 68, 1-21.

Bass, B. M. (1990): *BASS & STOGDILL'S Handbook of Leadership. Theory, Research, and Managerial Applications*. 3rd ed., New York/London (Free Press).

Bateson, M. C. (1983): *Formal and Informal Systems of Knowledge*. In: Boulding, K.; Senesh, L. (Hrsg.): *The Optimum Utilization of Knowledge. Making Knowledge Serve Human Betterment*. Boulder (Westview Press), 89-99.

Bathelt, H. (1991): *Schlüsseltechnologie-Industrien. Standortverhalten und Einfluß auf den regionalen Strukturwandel in den USA und in Kanada*. Berlin/New York (Springer).

Bathelt, H.; Giese, E. (1995): *Hochschulranking als Instrument zur Belebung des Wettbewerbs zwischen den Universitäten?* In: *Beiträge zur Regionalen Bildungsforschung*. Münchener Geographische Hefte 72, Kallmünz/Regensburg (Laßleben), 131-161.

Baumann, Z. (1992): *Life-world and Expertise: Social Production of Dependency*. In: Stehr, N.; Ericson, R. V. (Hrsg.) *The Culture and Power of Knowledge*. Berlin/ New York (de Gruyter), 81-106.

Baumert, J.; Lehmann, R.; Lehrke, M.; Schmitz, B.; Clausen, M.; Hosenfeld, I.; Köller, O.; Neubrand, J. (1997): *TIMMS - Mathematisch-naturwissenschaftlicher Unterricht im internationalen Vergleich. Deskriptive Befunde*. Opladen (Leske & Budrich).

Baumgart, F. (1990): *Zwischen Reform und Reaktion. Preußische Schulpolitik 1806-1859*. Darmstadt (Wissenschaftliche Buchgesellschaft).

Baur, R. (1972): *Elternhaus und Bildungschancen. Eine Untersuchung über die Bedeutung des Elternhauses für die Schulwahl nach der 4. Klasse Grundschule*. Weinheim (Beltz).

Bayer, A. E. (1968a): *The Effect of International Interchange of High-level Man-*

power on the United States. In: *American Sociological Review* 33, 465-477.

Bayer, A. E. (1968b): *Interregional Migration and the Education of American Scientists*. In: *Sociology of Education* 41, 88-102.

Beam, R. D. (1983): *Fragmentation of Knowledge: An Obstacle to its Full Organization*. In: Boulding, K.; Senesh, L. (Hrsg.): *The Optimum Utilization of Knowledge. Making Knowledge Serve Human Betterment*. Boulder (Westview Press), 160-174.

Beaverstock, J. V. (1990): *New International Labour Markets: The Case of Professional and Managerial Labour Migration within Large Chartered Accountancy Firms*. In: *Area* 22, 151-158.

Beaverstock, J. V. (1994): *Re-thinking Skilled International Labour Migration: World Cities and Banking Organisations*. In: *Geoforum* 25, 323-338.

Beaverstock, J. V. (1996a): *Subcontracting the Accountant: Professional Labour Markets, Migration, and Organisational Networks in the Global Accountancy Industry*. In: *Environment and Planning* A 28, 303-326.

Beaverstock, J. V. (1996b): *Migration, Knowledge and Social Interaction. Expatriate Labour within Investment Banks*. In: *Area* 28, 459-470.

Beaverstock, J. V.; Smith, J. (1996): *Lending Jobs to Global Cities. Skilled International Labour Migrants, Investment Banking and the City of London*. In: *Urban Studies* 33, 1377-1394.

Becht, M. (1990): *Die Entwicklung des Standortnetzes der weiterführenden öffentlichen Lehranstalten in Baden in den Jahren 1806-1870*. In: Meusburger, P.; Schmude, J. (Hrsg.): *Bildungsgeographische Studien über Baden-Württemberg*. Heidelberger Geographische Arbeiten 88. Heidelberg, 43-60.

Becker, G. S. (1975): *Human Capital: A Theoretical and Empirical Analysis, with Special Reference to Education*. Chicago (University of Chicago Press).

Beetham, T. A. (1967): *Christianity and New Africa*. London (Pall Mall Press).

Bell, A.; Sigsworth, A. (1987): *The Small Rural Primary School: A Matter of Quality*. London (Falmer).

Bell, D. (1968): *The Measurement of Knowledge and Technology*. In: Sheldon E. H.; Moore W. E. (Hrsg.): *Indicators of Social Change*. New York (Russel Sage Foundation), 145-246.

Bell, D. (1973): *The Coming of Post-industrial Society; A Venture in Social Forecasting*. New York (Basic Books).

Bell, D. (1975): *Die nachindustrielle Gesellschaft*. Frankfurt/New York (Campus).

Bell, M.; Pavitt, K. (1993a): *Accumulating Technological Capability in Developing Countries*. In: Summers, L.; Shah, S. (Hrsg.): *Proceedings of the World Bank Annual Conference on Developement Economics 1992*. New York (St. Martin's Press), 187-209.

Bell, M.; Pavitt, K. (1993b): *Technological Accumulation and Industrial Growth: Contrasts between Developed and Developing Countries*. In: *Industrial and Corporate Change* 2, 157-210.

Ben-David, J.; Zloczower, A. (1961): *The Idea of the Univesity and the Academic Market Place*. In: *Archives Européennes de Sociologie* 1, 303-314.

Bendix, R. (1968): *Bureaucracy*. In: Sills, D. L. (Hrsg.): *International Encyclopedia of the Social Sciences*, vol. 2, New York (Macmillan), 206-219.

Beniger, J. R. (1986): *The Control R-vo-lution: Technological and Economic Ori-gins of the Information Society*. Cam-bridge MA. (Harvard University Press).

Bennassar, B. (1982): *Un siècle d'or Espagnol, 1525 - 1648*. Paris (Lafont).

Berg, M. (1984): *The Power of Knowledge: Comments on Marglin's „Knowledge and Power"*. In: Stephen, F. H. (Hrsg.): *Firms, Organization and Labour. Approaches to the Economies of Work Organization*. London (Macmillan), 165-175.

Bergjohann, E. (1968): *Regionales Studentenaufkommen. Analyse des Hochschulbesuchs in Niedersachsen und Bremen um 1964. Vorausschätzung der Studentenzahlen bis zum Jahre 2000*. Schriftenreihe der Arbeitsgruppe Standortforschung an der Technischen Hochschule Hannover 4. Hannover.

Bergjohann, E.; Diesterweg, S.; Pohl, U. (1975): *Hochschulstandorte - Hochschulkapazitäten. Kriterien, Methoden und Grundlagen der regionalen Hochschulplanung in der Bundesrepublik Deutsch-*

land. Schriftenreihe zur Regionalen Bildungsund Entwicklungsplanung 24. Hannover (Institut für Regionale Bildungs-planung).

Bergmann, E. M.; Maier, G.; Tödtling, F. (Hrsg.) (1991): *Regions Reconsidered. Economic Networks, Innovation, and Local Development in Industrialized Countries.* London/New York (Mansell).

Bernard, R. M.; Vinovskis, M. A. (1977): *The Female School Teacher in Ante-Bellum Massachusetts.* In: *Journal of Social History* 10, 332-345.

Bertanza, E.; Dalla Santa, G. (1903): *Maestri, scuole e scolari in Venezia fino al 1500.* Venedig (R. Deputazione Veneta di Storia Patria).

Beruvides, M. G.; Sumanth, D. J. (1987): *Knowledge Work: A Conceptual Analysis and Structure.* In: Sumanth, D. J. (Hrsg.): *Productivity Management Frontiers.* Amsterdam (Elsevier), 127-154.

Beruvides, M. G. et al. (1988): *A Conceptual Framework of Work: The Measurement of White-collar/knowledge Productivity.* In: Sumanth D. J. (Hrsg.): *Productivity Management Frontiers* - II, Amsterdam (Elsevier), 39-46.

Besch, H. W. (1966): *Geographische Aspekte bei der Einführung von Dörfergemeinschaftsschulen in Schleswig-Holstein.* Schriften des Geographischen Instituts der Universität Kiel 26, H. 1. Kiel.

Best, O.; Compere, M.-M. (1993): *Der Euro-Manager.* In: Hardes, H.-D.; Wachter, H. (Hrsg.): *Personalmanagement in Europa. Anforderungsprofile, Rekrutierung, Auslandsentsendung.* Wiesbaden (Deutscher Universitätsverlag), 1-69.

Best, St.; Kellner, D. (1991): *Postmodern Theory. Critical Interrogations.* New York (Guilford).

Bezzel, Ch. (1988): *Wittgenstein zur Ein-führung.* Hamburg (Junius).

Bidwell, C. E.; Karaska, J. D. (1975): *School district organization and student* achievement. In: *American Sociological Review* 40, 55-70.

Bierhoff, H. W. (1993): *Sozialpsychologie: Ein Lehrbuch.* 3. Aufl. Stuttgart (Kohlhammer).

Birg, H. (1992): *Längsschnittanalyse der Zusammenhänge zwischen Typen von Wanderungsbiographien und Typen von Erwerbs- und Familienbiographien.* In: Veröffentlichungen der Akademie für Raumforschung und Landesplanung. Forschungs- und Sitzungsberichte 189, Hannover (Jänecke), 6-27.

Birg, H.: Flöthmann, E.-J. (1992): *Biographische Determinanten der räumlichen Mobilität.* In: Regionale und biographische Mobilität im Lebenslauf. Veröffentlichungen der Akademie für Raumforschung und Landesplanung. Forschungs- und Sitzungsberichte 189, Hannover (Jänecke), 27-52.

Birmingham Statistical Society for the Improvement of Education (1840): *Report on the State of Education in Birmingham.* In: *Journal of the Statistical Society of London* 3, 25-49.

Bisani, F. (1989): *Anforderungs- und Qualifikationsprofil.* In: Strutz, H. (Hrsg.): *Handbuch Personalmarketing.* Wiesbaden (Gabler), 230-243.

Blandy, R. (1968): *„Brain Drains" in an Integrating Europe.* In: *Comparative Education Review* 12, 180-193.

Blank, R. K. (1994): *Developing and Implementing Education Indicators.* In: CERI (Hrsg.): *Making Education Count. Developing and Using International Indicators.* Paris (OECD), 123-135.

Blau, P. M. (1974): *On the Nature of Organizations.* Malabar Fla (Krieger).

Blau, P. M.; Duncan, O. D. (1967): *The American Occupational Structure.* New York/London (Free Press/Wiley).

Blaug, M. (1966): *Literacy and Economic Development.* In: *School Review* 74, 393-417.

Blauner, R. (1964): *Alienation and Freedom: The Factory Worker and his Industry.* Chicago (University of Chicago Press).

Blevins, A. L. (1971): *Socioeconomic Differences Between Migrants and Nonmigrants.* In: *Rural Sociology* 36, 509-520.

Block, H.-J. (1984a): *Ortspräferenz der Studienbewerber und Studienplatzkapazi-tät der Hochschulen.* In: *Beiträge zur Hochschulforschung 1984/1.* München (Bayerisches Staatsinstitut für Hochschulforschung und Hochschulplanung), 55-99.

Block, H.-J. (1984b): *Planung von Ausbau und Regionalisierung der Hochschulen in der Bundesrepublik Deutschland.* In: *Regionale Hochschulplanung unter veränderten Bedingungen.* Veröffentlichungen der Akademie für Raumforschung und

Landesplanung, Forschungs- und Sitzungsberichte 151, Hannover (Jänecke), 11-26.

Blomqvist, A. G. (1986): *International Migration of Educated Manpower and Social Rates of Return to Education in LDC's*. In: *International Economic Review* 27, 165-174.

Blossfeld, H.-P.; Mayer, K. U. (1990): *Die gesellschaftliche Konstruktion sozialer Ungleichheit im Lebenslauf.* In: Berger, P. A.; Hradil S. (Hrsg.): *Lebenslagen, Lebensläufe, Lebensstile*. Zusammenfassung der Ergebnisse des Sonderforschungsbereichs 3. Göttingen (Schwartz), 297-318.

Blotevogel, H. H. (1978): *Standorte und Einzugsbereiche von Universitäten und Gymnasien in Westfalen im 18. und 19. Jahrhundert*. In: Jäger, H. (Hrsg.): *Probleme des Städtewesens im Industriellen Zeitalter*. Köln/Wien (Böhlau), 49-98.

Bobek, H. (1927): *Grundfragen der Stadtgeographie*. In: *Geographischer Anzeiger* 28, 213-224.

Böddinghaus, G. (1972): *„Universitätsstadt" Bremen als städtebauliche Entwicklungsmaßnahme nach dem Städtebauförderungsgesetz*. In: Deuscher Städtetag (Hrsg.): *Standortprobleme der Gesamthochschule*. 5. Kolloquium der Hochschulstädte 1972 in Bielefeld. DST-Beiträge zur Bildungspolitik 5, Köln, 61-69.

Bodenhöfer, H.-J. (Hrsg.) (1988): *Bildung, Beruf, Arbeitsmarkt*. Berlin (Duncker und Humblot).

Bodzenta, E. (1967): *Fahrschüler - ein soziales Problem*. Wien/München (Österreichischer Bundesverlag: Jugend und Volk).

Böhm, St. (1993): *Friedrich August von Hayek: Die Verfassung der Freiheit*. Zeit der Ökonomen. Eine kritische Bilanz volkswirtschaftlichen Denkens. Zeit Punkte 3/1993. Stuttgart (Lucius & Lucius), 45-47.

Böhme, G. (1981): *Wissenschaftliches und lebensweltliches Wissen am Beispiel der Verwissenschaftlichung der Geburtshilfe*. In: *Kölner Zeitschrift für Soziologie und Sozialpsychologie*, Sonderheft 22, 445-463.

Böhme, G. (1986): *Demarcation as a Strategy of Exclusion: Philosophers and Sophists*. In: Böhme, G.; Stehr, N. (Hrsg.): The Knowledge Society. *The Growing Impact of Scientific Knowledge on Social Relations*. Dordrecht/Boston/Lancaster/Tokyo (D. Reidel), 57-66.

Böhme, G. (1992): *The Techno-structures of Society*. In: Stehr, N.; Ericson, R. V. (Hrsg.): *The Culture and Power of Knowledge*. Berlin/New York (de Gruyter), 39-50.

Böhme, G.; Stehr, N. (1986a): *The Growing Impact of Scientific Knowledge on Social Relations*. In: Böhme, G.; Stehr, N. (Hrsg.): *The Knowledge Society. The Growing Impact of Scientific Knowledge on Social Relations*. Dordrecht/Boston/Lancaster/Tokyo (D. Reidel), 7-29.

Böhme, G.; Stehr, N. (Hrsg.b) (1986): *The Knowledge Society. The Growing Impact of Scientific Knowledge on Social Relations*. Dordrecht/Boston u.a.(Reidel).

Boisot, M. H. (1995): *Is your Firm a Creative Destroyer? Competitive Learning and Knowledge Flows in the Technolo-gical Strategies of Firms*. In: *Research Policy* 24, 489-506.

Boitani, A.; Ciciotti, E. (1990): *Patents as Indicators of Innovative Performance at the Regional Level*. In: Cappellin, R.; Nijkamp P. (Hrsg.): *The Spatial Context of Technological Development*. Aldershot/Brookfield/Hong Kong/Sidney (Avebury), 139-163.

Bolte, K. M. (1979): *Leistung und Leistungsprinzip. Zur Konzeption, Wirk-lichkeit und Möglichkeit eines gesellschaftlichen Gestaltungsprinzips*. Opladen (Leske und Budrich).

Bolte, K. M. et al. (1975): *Soziale Ungleichheit*. 4. Aufl., Opladen (Leske).

Bond, G. C.; Gilliam A. (1994): *Introduction*. In: Bond, G. C.; Gilliam A. (Hrsg.): *Social Construction of the Past. Representation as Power*. One World Archaeology 24, London/New York (Routledge), 1-22.

Bondi, L. (1986): *The Geography and Politics of Contraction in Local Education Provision: A Case Study of Manchester Primary Schools*. PhD Thesis, Manchester (University of Manchester)

Bondi, L. (1987a): *Education, Social Needs and Resource Allocation: A Study of Primary Schools in Manchester*. In: *Area* 19, 333-343.

Bondi, L. (1987b): *School Closures and Local Politics: The Negotiation of Pri-mary*

School Rationalisation in Manches-ter. In: *Political Geography Quarterly* 6, 203-224.

Bondi, L. (1988a): *Political Participation and School Closures: An Investigation of Bias in Local Authority Decision-Making*. In: *Policy and Politics* 16, 41-54.

Bondi, L. (1988b): *The Geography of Education: The Case of School Catchments*. Edinburgh (Department of Geography, University).

Bondi, L. (Hrsg.) (1988c): *Education and Society: Studies in the Politics, Sociology and Geography of Education*. London/New York (Routledge).

Bondi, L. (1989): *Variation within Education Authorities: The Politics of School Closure*. In: Bradford, M. B.; Bondi, L.; Burdett, F.; Peck, J.; Quirk, B. (Hrsg.): *Education, Space and Locality*. London.

Bondi, L.; Matthews, M. H. (Hrsg.) (1988): *Education and Society: Studies in the Politics, Sociology and Geography of Education*. London/New York (Routledge).

Booth, Ch. (1891): *Labour and Life of the People*. Vol. I: *East London*; Vol. II: *London continued*. London (Macmillan).

Borchert, J. (1978): *Major Control Points in American Economic Geography*. In: *Annals of the Association of American Geographers* 63, 214-232.

Bosl, K. (1972): *Die Bibliothek in der Gesellschaft und Kultur Europas vom 6. bis zum 18. Jahrhundert*. In: Baur-Heinhold, M. (Hrsg.): *Schöne alte Biblio-theken. Ein Buch vom Zauber ihrer Räume*. München (Callwey), 7-20.

Bot, M.; Schlemmer, L. (1986): *The Classroom Crisis. Black Demands & White Responses*. Indicator Project S. A., Dur-ban.

Bottani, N.; Tuijnman, A. (1994): *International education indicators: framework, development and interpretation*. In: CERI (Hrsg.): *Making Education Count. Developing and Using International Indicators*. Paris (OECD), 21-35.

Boulding, K. E. (1956): *The Image: Knowledge in Life and Society*. Ann Arbor (University of Michigan Press).

Boulding, K. E. (1963): *The Knowledge Industry*. In: *Challenge*, May 1963, 36-38.

Boulding, K. E. (1968): *The Organizational Revolution: A Study in the Ethics of Economic Organization*. Westport (Greenwood Press).

Boulding, K. E. (1978): *Ecodynamics: A New Theory of Societal Evolution*. Beverly Hills/London (Sage).

Boulding, K. E. (1981): *Evolutionary Eco-nomics*. Beverly Hills/London (Sage).

Bourdieu, P. (1984): *Homo Academicus*. Paris (Les Ed. De Minuit). Deutsch 1988 Frankfurt a.M. (Suhrkamp).

Bourdieu, P. (1989): *The Corporatism of the Universal: The Role of the Intellectuals in the Modern World*. In: *Telos* 81, 99-110.

Bourdieu, P. (1991): *Die Intellektuellen und die Macht*. Hamburg (VSA-Verlag).

Bourdieu, P.; Passeron, J. C. (1971): *Die Illusion der Chancengleichheit. Untersuchungen zur Soziologie des Bildungswesens am Beispiel Frankreich*. Stuttgart (Klett).

Bourke, J. E. (1971): *Educational Attainment and Migration*. In: *Australian Jou-rnal of Education* 15, 1-15.

Böventer, E. (1971): *Urban Hierarchies and Spatial Organizations*. In: *Ekistics* 32, 329-336.

Bovet, P. (o. J.): *Les Examens de Recrues Dans L'Armée Suisse 1854-1913. Enquète Internationale sur les Examens*. Neuchatel/Paris (Delachaux & Niestlé).

Bowen, W. G. (1970): *Zur Schätzung des wirtschaftlichen Beitrags der Bildung. Eine Gegenüberstellung alternativer Ansätze*. In: Hüfner, K. (Hrsg.): *Bildungsinvestitionen und Wirtschaftswachstum*. Stuttgart (Klett), 199-230.

Bower, T. (1987a): *The Paperclip Conspiracy: The Battle for the Spoils and Secrets of Nazi Germany*. London (St. Joseph).

Bowles, S.; Gintis, H. (1976): *Schooling in Capitalist America. Educational Reform and the Contradictions of Economic Life*. New York (Basic Books).

Bowman, M. J. (1970): *Humankapital. Begriff und Messung*. In: Hüfner, K. (Hrsg.): *Bildungsinvestitionen und Wirtschaftswachstum*. Stuttgart (Klett), 101-130.

Bowman, M. J.; Anderson, C. A. (1973): *Human capital and economic modernization in historical perspective*. In: Lane, F. C. (Hrsg.): *Fourth international conference of economic history. Bloomington 1968*. Paris (Mouton), 247-272.

Boylan, A. M. (1988): *Sunday School: The Formation of An American Institution, 1790-1880*. New Haven (Yale University Press).

Bradford, M. G. (1989): *Educational Change in the City*. In: Herbert, D. T; Smith, D. M. (Hrsg.): *Social Problems and the City: New Pespectives*. Oxford (Oxford University Press), 142-158.

Bradford, M. G. (1990): *Education, Attainment and the Geography of Choice*. In: *Geography* 75 (2), 3-16.

Bradford, M. G. (1991): *School Performance Indicators, the Local Residential, and Parental Choice*. In: *Environment and Planning* A 23, 319-333.

Bradford, M. G.; Burdett, F. (1989a): *Privatization, Education and the North-South Divide*. In: Lewis, J.; Townsend, A. (Hrsg.): *The North-south Divide: Regional Change in Britain in the 1980s*. London, 192-212.

Bradford, M. G.; Burdett, F. (1989b): *Spatial Polarisation of Private Education in England*. In: *Area* 21 (1), 47-57.

Bradford, M. G.; Hall, E. (1992): *Privatisation and the Blurring of the Private-state Divide in Education: The Regional and Local Consequences of Grant Maintained Schools*. SPA Working Paper 18, Manchester.

Bradley, St.; Taylor, J. (1996): *Human Capital Formation and Local Economic Performance*. In: *Regional Studies* 30, 1-14.

Bradshaw, J. (1983): *Occupation and Literacy in the Erewash Valley Coalfield, 1760-1880*. In: Stephens, W. B. (Hrsg.): *Studies in the History of Literacy: England and North America*. Educational Administration and History: Monograph No. 13, Leeds (University of Leeds), 7-19.

Bramanti, A.; Gordon, R.; Ratti, R. (Hrsg.) (1994): *Dynamique d'ajustement structurel des milieux*. GREMI, Neuchâtel (Edes).

Bramanti, A.; Senn, L. (1991): *Innovation, Firm and Milieu: a Dynamic and Cyclic Approach*. In: Camagni, R. (Hrsg.): *Innovation Networks: Spatial Perspec-tives*. London/New York (Belhaven), 89-104.

Brämer, K. (1871): *Die Schulbildung der Ersatzmannschaften in Preußen mit Rücksicht auf ihre Familiensprache*. In: *Zeitschrift des königlich preußischen statistischen Bureaus* 11, Berlin (Berliner Associations-Buchdruckerei: Pape & Co.), 371-373.

Brand, K. (1975): *Räumliche Differenzierungen des Bildungsverhaltens in Nordrhein-Westfalen*. Bochumer Geographische Arbeiten 20, Paderborn (Schöningh).

Braudel, F. (1990): *Sozialgeschichte des 15.-18. Jahrhunderts. Aufbruch zur Weltwirtschaft*. München (Kindler).

Braverman, H. (1974): *Labor and Monopoly Capital*. New York (Montly Review Press).

Bray, M. (1994): *School Size and Small Schools*. In: *The International Encyclopedia of Education*. 2nd ed., Oxford/New York/Tokyo (Pergamon), 5291-5294.

Brehmer, I. (1980): *Lehrerinnen: Zur Geschichte eines Frauenberufes. Texte aus dem Lehrerinnenalltag*. München/Wien/Baltimore (Urban & Schwarzen-berg).

Brinkmann, W. (1976): *Der Beruf des Lehrers. Würzburger Arbeiten zur Erziehungswissenschaft*. Bad Heilbrunn (Klinkhardt).

Brix, E.; Janik, A. (1993): *Kreatives Milieu. Wien um 1900*. Ergebnisse eines Forschungsgesprächs der Arbeitsgemeinschaft Wien um 1900. Wien/München (Verlag für Geschichte und Politik, Oldenbourg Verlag).

Brocke, B. v.; Laitko, H. (Hrsg.) (1996): *Die Kaiser-Wilhelm-/Max-Planck-Gesellschaft und ihre Institute*. Studien zu ihrer Geschichte. Band I: Das Harnack-Prinzip. Berlin/New York (de Gruyter).

Brösse, E.; Emde, J. (1977): *Die regionalwirtschaftlichen Auswirkungen der Ausgaben der Technischen Hochschule Aachen*. In: *Informationen zur Raumforschung* 1977/3,4, 283-292.

Brown, D. G. (1967): *The Mobile Professors*. Washington D.C. (American Council on Education).

Brown, R. T. (1989): *Creativity: What are We to Measure?* In: Glover, J. A.; Ronning, R. R.; Reynolds, C. R. (Hrsg.): *Handbook of Creativity*. New York (Plenum Press), 3-32.

Brunn, S. D.; Leinbach, T. R. (Hrsg.) (1991): *Collapsing Space and Time: Geographic Aspects of Communications and Information*. London (Harper Collins Academic).

Bühler, E. (1985): *Bildung und regionale Entwicklung*. In: *Bildungsforschung und*

Bildungspraxis/Education et Recherche 7 (3), 51-73.

Bühler, E.; Dorigo, G. (1995): *Regionale Arbeitsmärkte für höherqualifizierte Frauen und Männer in der Schweiz.* In: *Geographica Helvetica* 50, 91-98.

Bühler-Conrad, E. (1980): *Regionale Wirkungen von Maßnahmen zur Verbesserung des Ausbildungsangebotes.* In: *Geographica Helvetica* 35, 160-164.

Bühler-Conrad, E. (1984): *Bildung und regionale Entwicklung. Eine empirische Untersuchung über die regionalpolitische Bedeutung von Maßnahmen zur Verbesserung des Bildungsangebotes, dargestellt am Beispiel von Mittelschulen und Berufsschulen im schweizerischen Bergge-biet.* Europäische Hochschulschriften Rei-he 4, Geographie 6, Bern.

Bullock, H. A. (1967): *A History of Negro Education in the South.* Cambridge MA. (Harvard University Press).

Bullock, N.; Dickens, P.; Steadman, Ph. (1968): *A Theoretical Basis for University Planning.* Land Use and Built Form Studies 1, Cambridge (University School of Architecture).

Bundesministerium für Bildung und Wissenschaft (Hrsg.) (1984): *Stand und Perspektiven der beruflichen Weiterbil-dung in der Bundesrepublik Deutschland.* Studien zu Bildung und Wissenschaft 1, Bad Honnef (BMBW).

Bundesministerium für Wirtschaft (Hrsg.) (1995): *Die Informationsgesellschaft. Fakten, Analysen, Trends.* Bonn (BMW).

Bundy, C. (1986): *Street Sociology & Pavement Politics: Some Aspects of the 1985 School Crisis in the Western Cape.* Cape Town (Centre for African Studies. Cape Town University).

Burawoy, M. (1989): *Reflections on the Class Consciousness of Hungarian Steelworkers.* In: *Politics & Society* 17 (1), 1-34.

Burda, H. (1995): *An der Schwelle zu einer neuen Epoche des Wissens.* In: Bundesministerium für Wirtschaft (Hrsg.): *Die Informationsgesellschaft. Fakten, Analysen, Trends.* Bonn (BMW), 16-17.

Burstein, L. et al. (1994): *Education Indicators.* In: *The International Encyclopedia of Education.* 2nd ed., Oxford/New York/Tokyo (Pergamon), 409-418.

Busch, A. (1959): *Die Geschichte des Privatdozenten - eine soziologische Studie zur großbetrieblichen Entwicklung der deutschen Universitäten.* Stuttgart (Enke).

Büsch, O. (1962): *Militärsystem und Sozialleben im Alten Preußen 1713-1807. Die Anfänge der sozialen Militarisierung der preußisch-deutschen Gesellschaft.* Berlin (De Gruyter).

Butzin, B. (1993): *Was macht die alten Industrieregionen alt? Das Beispiel Ruhrgebiet.* In: *Berichte zur deutschen Lan-deskunde* 67, 243-254.

Caldwell, J. C. (1979): *Education as a Factor in Mortality Decline: An Examination of Nigerian Data.* In: *Population Studies* 33, 395-413.

Caldwell, J. C.; McDonald, P. (1981): *Influence of Maternal Education on Infant and Child Mortality.* International Population Conference Manila. Vol. 2. Liege (International Union for the Scientific Study of Population).

Calhoun, D. (1973): *The Intelligence of a People.* Princeton N. J. (Princeton University Press).

Camagni, R. (1991a): *Introduction: From the Local „Milieu" to Innovation through Cooperative Networks.* In: Camagni, R. (Hrsg.): *Innovation Networks: Spatial Perspectives.* London/New York (Belhaven), 1-9.

Camagni, R. (1991b): *Local „Milieu", Uncertainty and Innovation Networks: Towards a New Dynamic Theory of Economic Space.* In: Camagni, R. (Hrsg.): *Innovation Networks: Spatial Perspectives.* London/New York (Belhaven), 121-144.

Campbell, D. T. (1960): *Blind Variation and Selective Retention in Creative Thought as in other Knowledge Processes.* In: *Psychological Review* 67, 380-400.

Campe, J. H. (1786): *Über einige verkannte wenigstens ungenützte Mittel zur Beförderung der Industrie, der Bevölkerung und des öffentlichen Wohlstandes. In zwei Fragmenten.* Wolfenbüttel. Nachdruck 1969 hrsg. von H. J. Heydorn und G. Koneffke. Frankfurt a. M. (Sauer & Au-vermann).

Caplow, T.; McGee, R. J. (1958): *The Academic Marketplace.* New York (Basic Books).

Cappellin, R.; Nijkamp, P. (1990): *The Role of Space in Technological Change.* In:

Cappellin, R.; Nijkamp P. (Hrsg.): *The Spatial Context of Technological Development*. Aldershot/Brookfield/Hongkong/Sidney (Avebury), 1-11.

Capra, F. (1991): *Wendezeit. Bausteine für ein neues Weltbild*. München (dtv Sachbuch).

Carey, G. W.; Macomber, L.; Greenberg, M. (1968): *Educational and Demographic Factors in the Urban Geography of Washington, D.C.* In: *The Geographical Review* 58, 515-537.

Castells, M. (1989): *The Informational City: Information Technology, Economic Restructuring and the Urban-Regional Process*. Oxford (Blackwell).

Castells, M. (Hrsg.) (1985): *High technology, Space and Society*. Beverly Hills (Sage).

Chang, Ch. L. (1955): *The Chinese Gentry*. Seattle (University of Washington Press).

Chang, P.; Deng, Z. (1992): *The Chinese Brain Drain and Policy Options*. In: *Studies in Comparative International Development* 27, 44-60.

Chang, S. L. (1992): *Causes of Brain Drain and Solutions: The Taiwan Experience*. In: *Studies in Comparative International Development* 27, 27-43.

Chazan, B. (1978): *Models of Ethnic Education: the Case of Jewish Education in Great Britain*. In: *British Journal of Educational Studies* 26, 54-72.

Chesnais, J. C. (1977): *La transition démographique: étapes, formes, implications*. Paris (Press Université de France).

Childe, V. G. (1941): *Man makes himself*. London (Collins).

Chomsky, N. (1965): *Aspects of the Theory of Syntax*. Cambridge MA (MIT-Press).

Cipolla, C. M. (1969): *Literacy and Development in the West*. Harmondsworth (Penguin).

Clanchy, M. T. (1979): *From Memory to Written Record. England 1066-1307*. London (Arnold).

Clay, J. (1857): *On the Relation between Crime, Popular Instruction, Attendance at Religious Worship, and Beer-Houses*. In: *Journal of the Statistical Society* 20, 22-32.

Cleland, J. G.; Ginneken, J. K. v. (1988): *Maternal Education and Child Survival in Developing Countries: The Search for Pathways of Influence*. In: *Social Sciences and Medicine* 27, 1357-1368.

Clement, W. (1984): *Einkommensverteilung und Qualifikation: Empirische Ergebnisse aus dem Österreichischen Mikrozensus 1981. Unter Mitarbeit von N. Rainer und P. Weiss*. Wien (Signum Verlag).

Clement, W. (Hrsg.) (1981): *Konzept und Kritik des Humankapitalansatzes*. Berlin (Duncker & Humblot).

Clement, W.; Tessaring M.; Weisshuhn, G. (1983): *Ausbildung und Einkommen in der Bundesrepublik Deutschland*. Beiträge zur Arbeitsmarkt- und Berufsforschung 80, Nürnberg (IAB).

Cleveland, H. (1985): *The Knowledge Executive. Leadership in an Information Society*. New York (Truman Talley & Dutton).

Coase, R. H. (1937): *The Nature of the Firm*. In: *Economica* New Series 4, 386-405.

Coates, B. E.; Rawstron, E. M. (1971): *Regional Variations in Britain. Studies in Economic and Social Geography*. London (Batsford).

Cochrane, S. H.; O'Hara, D. J.; Leslie, J. (1980): *The Effects of Education on Health*. World Bank Staff Working Paper No. 405, Washington (World Bank).

Code, W. R. (1991): *Information Flows and the Processes of Attachment and Projection: the Case of Financial Inter-mediates*. In: Brunn, S. D.; Leinbach, T. R. (Hrsg.): *Collapsing Space and Time: Geographic Aspects of Communications and Information*. London (Harper Collins Academic), 111-131.

Cohen, W. M.; Levinthal, D. A. (1990): *Absorptive Capacity: A New Perspective on Learning and Innovation*. In: *Admi-nistrative Science Quarterly* 35, 128-152.

Collins, R. (1977): *Some Comparative Principles of Educational Stratification*. In: *Harvard Educational Review* 47, 1-27.

Collison, P. (1962): *Research Note: Career Contingencies of English University Teachers*. In: *The British Journal of Sociology* 13, 286-293.

Connell, W. F. (1980): *A History of Education in the Twentieth Century World*. Canberra/New York (Teachers College Press).

Conrad, J. (1884): *Das Universitätsstudium in Deutschland während der letzten 50 Jahre*. Jena (Fischer).

Conrad, J. (1887): *Die Gefahr eines gebildeten Proletariats in der Gegenwart.* In: *Pädagogisches Archiv* 29, 327-347.

Conrad, J. (1891): *Die Frequenzverhältnisse der Universitäten der hauptsächlichsten Kulturländer auf dem europäischen Kontinent.* In: Jahrbücher für Nationalökonomie und Statistik, 376-394.

Conradi, P. (1964): *Probleme bei der Planung von Hochschulen.* In: *Bauen und Wohnen* 19, 295-302.

Cook, W. D. (1977): *Adult Literacy Educa-tion in the United States.* Newark Del. (International Reading Association).

Coons, M.; Jenkins, J. W.; Kaestle, C. F. (1980): *Education and Social Change in Two Nineteenth-Century Massachusetts Communities.* In: Kaestle, C. F.; Vinovskis, M. A. (Hrsg.): *Education and Social Change in Nineteenth-Century Massachusetts.* Cambridge/London/New York (Cambridge University Press), 139-185.

Corradi, J. E. (1981): *Über Kultur und Macht: Die moderne Kultivierung des Wissens.* In: *Kölner Zeitschrift für Soziologie und Sozialpsychologie*, Sonderheft 22, 268-285.

Coser, L. A. (1968): *Sociology of Know-ledge.* In: Sills, D. L. (Hrsg.): *Inter-national Encyclopedia of the Social Sciences.* Vol. 8, New York (Macmillan), 428-435.

Craib, I. (1992): *Anthony Giddens.* London/ New York (Routledge).

Crane, D. (1970a): *The Academic Marketplace Revisited: A Study of Faculty Mobility Using the Carter Ratings.* In: *Ame-rican Journal of Sociology* 75, 953-964.

Crane, D. (1970b): *Scientists at Major and Minor Universities. A Study of Productivity and Recognition.* In: *American Sociological Review* 30, 699-714.

Cremin, L. A. (1964): *The Transformation of the School: Progressivism in American Education.* New York (Vintage Books, Random House).

Cremin, L. A. (1980): *American Education: The National Experience, 1783-1876.* New York (Harper & Row).

Cressy, D. (1970): *Occupations, Immigra-tion and Literacy in East London, 1580-1640.* In: *Local Population Studies*, No. 5, 53-60.

Cressy, D. (1974): *Literacy in Pre-Industrial England.* In: *Societies* 4, 229-240.

Cressy, D. (1977): *Levels of Illiteracy in England, 1530-1730.* In: *Historical Journal* 20, 1-23.

Cressy, D. (1978): *Social status and literacy in North East England 1560 - 1630.* In: *Local Population Studies* 21, 19-23.

Cressy, D. (1980): *Literacy and the Social Order: Reading and Writing in Tudor and Stuart England.* Cambridge (Cambridge University Press).

Crevoisier, O.; Maillat, D. (1991): *Milieu, Industrial Organization and Territorial Production System: Towards a New Theory of Spatial Development.* In: Camagni, R. (Hrsg.): *Innovation Networks: Spatial Perspectives.* London/New York (Belhaven), 13-34.

Crombie, A. C. (1967): *Medieval and Early Modern Science.* Vol. I - *Science in the Middle Ages: V - XIII Centuries.* Garden City N.Y (Doubleday). Vol. II - *Science in the Later Middle Ages and Early Modern Times: XIII-XVII Centuries.* 2nd ed. Cambridge MA. (Harvard University Press).

Crombie, A. C. (1995): *The History of Science from Augustine to Galileo.* New York (Dover).

Csikszentmihalyi, M.; Csikszentmihalyi, I. S. (1993): *Family Influences on the Development of Giftedness.* In: Bock, G. R.; Ackrill, K. (Hrsg.): *The Origins and Deveopment of High Ability.* Chichester (Wiley), 187-206.

Csikszentmihalyi, M. (1988): *Society, Cul-ture, and Person: a Systems View of Creativity.* In: Sternberg, R. J. (Hrsg.): *The Nature of Creativity. Contemporary Psychological Perspectives.* Cambridge, (Cambridge University Press), 325-339.

Csikszentmihalyi, M. (1996): *Creativity Flow and the Psychology of Discovery and Invention.* New York (Harper Collins).

Csikszentmihalyi, M. (1997): *Kreativität.* Stuttgart (Klett-Cotta).

Cummings, L. L. (1965): *Organizational Climates for Creativity.* In: *Academy of Management Journal* 3, 220-227.

Curle, A. (1964): *World Campaign for Universal Literacy.* Comment and Proposal (Occasional Papers in Education and Development, Graduate School of Education, Harvard University). Cam-bridge MA..

Dahrendorf, R. (1956): *Industrielle Fertigkeiten und soziale Schichtung.* In: *Kölner Zeitschrift für Soziologie und Sozialpsychologie* 8, 540-568.

Dahrendorf, R. (1965): *Arbeiterkinder an deutschen Universitäten.* Tübingen (Mohr).

Dahrendorf, R. (1967): *Bildung ist Bür-gerrecht. Plädoyer für eine aktive Bildungspolitik.* Hamburg (Wegner).

Daly, H. E.; Cobb, J. B. (1989): *For the Common Good. Redirecting the Economy Toward Community, the Environment, and a Sustainable Future.* Boston Ma. (Beacon).

Danziger, J. N. (1983): *Power is Knowledge: The Linkages Between the Political System and Knowledge.* In: Boulding, K.; Senesh, L. (Hrsg.): *The Optimum Utilization of Knowledge. Making Knowledge Serve Human Betterment.* Boulder (Westview Press), 262-280.

Das gesamte Volksschulwesen im preußischen Staate im Jahre 1891. Im Auftrage des Herrn Ministers der geistlichen, Unterrichts- und Medicinal-Angelegenheiten bearb. Vom Königlichen Statistischen Bureau. In: Preußische Statistik H. 120, Teil 1, Berlin 1893.

Das gesamte Volksschulwesen im preußischen Staate im Jahre 1911. Im Auftrage des Herrn Ministers der geistlichen, Unterrichts- und Medicinal-Angelegenheiten bearb. Vom Königlichen Statistischen Bureau. In: Preußische Statistik H. 23, Teil I, Berlin 1913.

De Mare, P.; Piper, R. (1982): *Large Group Perspectives.* In: Pines M.; Rafaelsen, L. (Hrsg.): *The Individual and the Group. Boundaries and Interrelations. Volume 1: Theory.* New York/London (Plenum), 365-377.

Denison, E. F. (1962): *The Sources of Economic Growth in the United States and the Alternatives Before Us.* New York (Committee for Economic Development).

Denison, E. F. (1964): *Measuring the Contribution of Education (and the Resi-dual) to Economic Growth.* Paris (UNES-CO).

Derenbach, R. (1977): *Regionale Ent-wicklung des Studienverzichts und beruf-liche Bildung außerhalb der Hoch-schu-len.* In: Informationen zur Raument-wicklung 7/1977, 515-525.

Dettinger-Klemm, M. (1970): *Schulentwicklungsplanung in Baden-Württemberg unter regionalplanerischen Aspekten.* In: Beiträge zur Regionalen Bildungsplanung. Veröffentlichungen der Akademie für Raumforschung und Landes-planung. Forschungs- und Sitzungs-berichte 60, Hannover (Jänecke), 115-128.

Deutsche Aktionsgemeinschaft Bildung-Erfindung-Innovation (Hrsg.) (1987): *DABEI-Handbuch für Erfinder und Unternehmer.* Düsseldorf (CDI-Verlag).

Deutscher Bildungsrat/Bildungskommission (Hrsg.) (1970): *Empfehlungen der Bildungskommission 1967-1969, Strukturplan für das Bildungswesen.* Stuttgart (Klett).

Diederich, J. (1967): *Die Landschulreform im Spiegel der pädagogischen Zeitschriften.* Deutsches Institut für Internationale Pädagogische Forschung. Untersuch-ungen zum in- und ausländischen Schul-wesen. Bd. 2. Weinheim (Beltz).

Dieterici, F. W. G. (1848): *Statistische Übersicht des öffentlichen Unterrichts im preußischen Staate im Jahre 1816 und im Jahre 1846.* In: Mitteilungen des Statistischen Bureaus in Berlin 1/3,4, Berlin (Mitter), 33-51.

Dixon, W. (1958): *Education in Denmark.* London (Harrap).

Dongarra, J. J.; Meuer, H. W.; Strohmeier, E. (Hrsg.) (1994): *Top 500 Report 1993.* Mannheim.

Dordick, H.; Nanus, B.; Bradley, H. (1981): *The Emerging Network Marketplace.* Norwood (Ablex Publ. Corporation).

Dosi, G. (1988a): *Sources, Procedures, and Microeconomic Effects of Innovation.* In: *Journal of Economic Literature* XXVI, 1120-1171.

Dosi, G. (1988b): *The Nature of the Innovative Process.* In: Dosi, G.; Nelson, R.; Silverberg G.; Freeman C.; Soete, L. (Hrsg.): *Technical Change and Economic Theory.* London (Pinter), 221-238.

Downton, J. V. (1973): *Rebel Leadership: Commitment and Charisma in the Revo-lutionary Process.* New York (Free Press).

Dreitzel, H. P. (1974): *Soziologische Reflexionen über das Elend des Leistungsprinzips.* In: Siemens Stiftung (Hrsg.): *Sinn und Unsinn des Leistungsprinzips.* München (DTV), 31-53.

Drucker, P. F. (1990): *Die informations-unterstützte Organisation*. In: *Office Ma-nagement* 38 (11), 14-23.

Drucker, P. F. (1992a): *The Changed World Economy*. In: Stehr, N.; Ericson, R. V. (Hrsg.): *The Culture and Power of Knowledge*. Berlin/New York (de Gruyter), 257-277.

Drucker, P. F. (1992b): *The New Society of Organizations*. In: *Harvard Business Review* 1992/09,10, 95-104.

Drucker, P. F. (1993): *Die postkapitalistische Gesellschaft*. Düsseldorf u.a. (Econ).

Drucker, P. F. (1995): *The Information Executives Truly Need*. In: *Harvard Business Review* 73 (1), 54-62.

Drucker, P. F. (1996): *Die globale Herausforderung*. Düsseldorf (Econ).

Duby, G. (1981): *Das Weltbild des Feudalismus*. Frankfurt a.M. (Suhrkamp).

Duffy, B. (1985): *Schooling and Literacy in the Coal-Mining Districts of the North-East in the Nineteenth Century*. Paper at the Urban History Conference 1985.

Duglio, M. R. (1971): *Alfabetismo e società a Torino nel seculo XVIII'*. In: *Quaderni Storici* 17, 485-509.

Dunn, W.; Holzner, B.; Hegedus, A. M.; Shahidullah, M. (1989): *Toward a Metric of Science Impact: Some Conceptual Explorations*. In: Raan, A. F. J.; Nederhof, A. J.; Moed, H. F. (Hrsg.): *Science and Technology Indicators. Their Use in Science Policy and Their Role in Science Studies*. Leiden (DSWO Press), 338-359.

Dupin, C. (1827a): *Forces Productives et Commerciales de la France*. 2 vols. Paris (Bachelier).

Dupin, C. (1827b): *Carte Figurative de l'Instruction Populaire de la France*. Paris.

Durkheim, E. (1893): *The Division of Labour in Society*. New York (Free Press of Glencoe) 1964.

Edding, F. (1958): *Internationale Tendenzen in der Entwicklung der Ausgaben für Schulen und Hochschulen*. Kieler Studien 47, Kiel (Institut für Weltwirtschaft).

Edgell, E. W. (1839): *On Moral Statistics of Parishes in Westminster*. In: *Journal of the Statistical Society of London* 1, 478-492.

Edwards, J. M. B. (1968a): *Creativity: Social Aspects*. In: Sills, D. L. (Hrsg.): *International Encyclopedia of the Social Sciences*, vol. 3, New York (Macmillan), 442-457.

Edwards, W. (1968b): *Decision Making. Psychological Aspects*. In: Sills, D. L. (Hrsg.): *International Encyclopedia of the Social Sciences*, vol. 4, New York (Macmillan), 34-42.

Ehlers, E. (1974): *Tübingen als Universitätsstadt*. In: Die europäische Kulturlandschaft im Wandel. Festschrift für K. H. Schröder zum 60. Geburtstag. Kiel, 222-237.

Ehlers, E.; Leib, J. (1977): *Marburg. Stadt und Universität*. In: Hundert Jahre Geographie in Marburg. Marburger Geo-graphische Schriften 71, Marburg.

Eimer, A. (1980): *Der Fahrschüler. Die Einflüsse des morgendlichen Schulweges auf das Aufmerksamkeits-Belastungs-Niveau von Pflichtschülern*. Maschingeschriebene Dissertation. Wien (Universität).

Eirmbter, W. H. (1977): *Ökologische und strukturelle Aspekte der Bildungsbeteiligung*. Weinheim (Beltz).

Eisen, E. (1948): *Educational Land Use in Lake County Ohio*. Department of Geography Research Papers 2, Chicago (The University of Chicago).

Eisenstadt, S. N. (1967): *Israeli Society*. London (Weidenfeld & Nicolson).

Eklof, B. (1986): *Russian Peasant Schools: A Social and Cultural History, 1861-1914*. Berkeley (University of California Press).

Eklof, B. (1987): *Russian Literacy Campaigns 1861-1939*. In: Arnove, R. F.; Graff, H. J. (Hrsg.): *National Literacy Campaigns. Historical and Comparative Perspectives*. New York/London (Plenum), 123-145.

Eliade, M. (1958): *Ewige Bilder und Sinnbilder. Vom unvergänglichen menschlichen Seelenraum*. Olten und Freiburg i.Br. (Walter).

Eliade, M. (1969): *Images and Symbols*. New York. Reprint 1991 Princeton (Princeton University Press).

Elias, N. (191): *The Symbol Theory - Norbert Elias*. Ed. with an introduction by R. Kilminster. London/Newbury Park/ New Delhi (Sage).

Elias, N. (1976): *Über den Prozeß der Zivilisation*. 2. Band: Wandlungen der Gesellschaft. Entwurf zu einer Theorie der Zivilisation. Frankfurt a. M. (Suhrkamp).

Elias, N. (1984): *Knowledge and Power.: An Interview with Peter Ludes*. In: Stehr, N.; Meja, V. (Hrsg.): *Society and Knowledge: Contemporary Perspectives in the Sociology of Knowledge*. New Brunswick (Transaction Books), 251-292.

Elias, N. (1998): *Norbert Elias on Civilization, Power, and Knowledge: Selected Writings*. Ed. and with an introduction by St. Mennell and J. Goudsblom. Chicago (University of Chicago Press).

Ellger, Chr. (1988): *Informationssektor und räumliche Entwicklung - dargestellt am Beispiel Baden-Württembergs*. Tübinger Geographische Studien 99, Tübingen.

Engelbrech, G.; Küppers, G.; Sonntag, J. (1978): *Regionale Wirkungen von Hochschulen*. Bundesminister für Raumordnung, Bauwesen und Städtebau. Schriftenreihe 06.025, Bonn.

Engerman, St. L. (1971): *Human Capital, Education, and Economic Growth*. In: Fogel, R. W.; Engerman, St. L. (Hrsg.): *The Reinterpretation of American Economic History*. New York (Harper & Row), 241-256.

Ensign, F. (1921): *Compulsory School Attendance and Child Labor*. New York.

Erb, W. D. (1987a): *Differenzierung der wissenschaftlichen Hochschulen nach Größe, Alter und Angebotsstruktur*. In: Giese, E. (Hrsg.): *Aktuelle Beiträge zur Hochschulforschung*. Gießener Geogra-phische Schriften 62, Gießen, 117-135.

Erb, W. D. (1987b): *Spezialisierung versus Diversifikation des Fächerangebots der Wissenschaftlichen Hochschulen in der Bundesrepublik Deutschland*. In: Giese, E. (Hrsg.): *Aktuelle Beiträge zur Hochschulforschung*. Gießener Geographische Schriften 62, Gießen, 137-145.

Erlinghagen, K. (1965): *Katholisches Bildungsdefizit in Deutschland*. Freiburg (Herder).

Eulenburg, F. (1904): *Die Frequenz der Deutschen Universitäten von ihrer Gründung bis zur Gegenwart*. Abhandlungen der philologisch-historischen Klasse der Kgl.-Sächsischen Gesellschaft der Wissenschaften XIV, H. 1. Leipzig.

Eulenburg, F. (1908): *Der „akademische Nachwuchs". Eine Untersuchung über die Lage und die Aufgaben der Extraordi-narien und Privatdozenten*. Berlin/Leip-zig (Teubner).

Eulenburg, F. (1909): *Die Entwicklung der Universität Leipzig in den letzten 100 Jahren*. Statistische Untersuchungen. Leipzig (Hirzel).

Ewert, C. (1996): *Itinerar und Herrschaft im Spätmittelalter: Ein wirtschaftstheoretischer Ansatz und empirische Ergebnisse für die burgundischen Herzöge im 15. Jahrhundert (1419-1477)*. In: *Historical Social Research* 21 (4), 89-114.

Fagerberg, J. (1994): *Technology and International Differences in Growth Rates*. In: *Journal of Economic Literature* 32, 1147-1175.

Fasano, C. (1994): *Knowledge, Ignorance and Epistemic Utility: Issues in the Construction of Indicator Systems*. In: CERI (Hrsg.): *Making Education Count. Deve-loping and Using International Indi-cators*. Paris (OECD), 55-77.

Faßmann, H.; Meusburger, P. (1997): *Arbeitsmarktgeographie*. Stuttgart (Teubner).

Faulstich, W. (1996): *Medien und Öffentlichkeiten im Mittelalter 800-1400*. Göttingen (Vandenhoeck & Ruprecht).

Feldman, M. (1994): *The Geography of Innovation*. Dordrecht/Boston/London (Kluwer).

Feldman, M.; Florida, R. (1994): *The Geographical Sources of Innovation: Technological Infrastructure and Product Innovation in the United States*. In: Annals of the Association of American Geographers 84, 210-229.

Ferber, C. v. (1956): *Die Entwicklung des Lehrkörpers der deutschen Universitäten und Hochschulen 1864-1954*. Göttingen (Vandenhoeck & Ruprecht).

Festy, P. (1979): *La Fécondité des Pays Occidentaux de 1870 à 1970*. Paris (Presse Université de France).

Festy, P. (1984): *Fertility in Western Countries (1870-1970)*. Bangkok (United Nations)

Fetcher, I. (1983): *Equality*. In: Bottomore, T. (Hrsg.): *A Dictionary of Marxist Thought*. Cambridge MA. (Harvard University Press), 152.

Field, A. J. (1974): *Educational Reform and Manufacturing Development in Mid-Nineteenth Century Massachusetts*. New York (Garland Publishers).

Findlay, A. (1989): *Skilled International Migration: A Research Agenda*. In: *Area* 21, 1989, 3-11.

Findlay, A. (1990): *A Migration Channels Approach to the Study of High Level Manpower Movements: A Theoretical Perspective*. In: *International Migration* 28, 1990, 15-22.

Fink-Eitel, H. (1989): *Foucault zur Ein-führung*. Hamburg (Junius Verlag).

Finlay, R. (1981): *Parish Registers: an Introduction*. Historical Geography Research Series 7, Norwich (Historical Geography Study Group).

Finzen, C. (1970): *Ursachen und Probleme des Stadt-Land-Bildungsgefälles*. In: Berichte über Landwirtschaft N. F. 48, 201-226.

Fircks, A. v. (1898): *Bevölkerungslehre und Bevölkerungspoltik*. Leipzig (Hirschfeld).

First Report and Summary of the Education Committee of the Statistical Society of London. In: *Journal of the Statistical Society of London*, vol. 6, 211-217.

Fisch, R.; Daniel, H.-D. (Hrsg.) (1986): *Messung und Förderung von Forschungs-leistung*. Konstanzer Beiträge zur sozial-wissenschaftlichen Forschung. 2 Bde, Konstanz.

Fischer, J.; Gensior, S. (1995): *Einleitung: Netz-Spannungen*. In: Fischer, J.; Gensior, S. (Hrsg.): *Netz-Spannungen. Trends in der sozialen und technischen Vernetzung von Arbeit*. Berlin (Edition Sigma), 11-48.

Fischer, K. (1892): *Geschichte des deutschen Volksschullehrerstandes*. 2 Bde, Hannover. Nachdruck 1969, Leipzig (Zentralantiquariat der DDR).

Fishlow, A. (1966a): *The American Common School Revival: Facts or Fancy?* In: Rosovsky, H. (Hrsg.): *Industrialization in Two Systems*. New York (Wiley), 40-67.

Fishlow, A. (1966b): *Levels of Nineteenth-Century American Investment in Education*. In: *Journal of Economic History* 26, 418-436.

Fiumara, R. (1982): *The Person as Expression of the Group*. In: Pines, M.; Rafaelsen, L. (Hrsg.): *The Individual and the Group. Boundaries and Interrelations*. Volume 1: Theory. Proceedings of the VII Inter-national Congress of Group Psychotherapy. New York/London (Plenum), 169-180.

Flechtner, H. J. (1972): *Grundbegriffe der Kybernetik. Eine Einführung*. Stuttgart (Hirzel).

Fleishman, E. A. (1968): *Aptitude Testing*. In: Sills, D. L. (Hrsg.): *International Encyclopedia of the Social Sciences*, vol. 1, New York (Macmillan), 369-374.

Fletcher, J. (1843): *Progress of Crime in the United Kingdom: Abstracted from the Criminal Returns for 1842, and the Prison Returns for the Year Ended at Michaelmas, 1841*. In: *Journal of the Statistical Society of London* 6, 218-240.

Fletcher, J. (1847): *Moral and Educational Statistics of England and Wales*. In: *Journal of the Statistical Society of London* 10, 193-233.

Fletcher, J. (1848): *Moral and Educational Statistics of England and Wales*. In: *Journal of the Statistical Society of London* 11, 344-366.

Fletcher, J. (1849): *Moral and Educational Statistics of England and Wales*. In: *Journal of the Statistical Society of London* 12, 151-176, 189-335.

Fleury, M.; Valmary, P. (1957): *Les Progrès de l'Instruction Elémentaire de Louis XIV à Napoléon III*. In: *Population* 12, 71-92.

Flora, P. (1972a): *Historische Prozesse sozialer Mobilisierung, Urbanisierung und Alphabetisierung 1850-1965*. In: *Zeitschrift für Soziologie* 1, 85-117.

Flora, P. (1972b): *Die Bildungsentwicklung im Prozeß der Staaten- und Nationenbildung. Eine vergleichende Analyse*. In: Ludz, P. C. (Hrsg.): *Soziologie und Sozialgeschichte. Aspekte und Probleme*. Kölner Zeitschrift für Soziologie und Sozialpsychologie Sonderheft 16, 294-319.

Flora, P. (1974): *Modernisierungsforschung. Zur empirischen Analyse der gesellschaftlichen Entwicklung*. Studien zur Sozialwissenschaft, Bd. 20. Opladen (Westdeutscher Verlag).

Flora, P. (1975): *Indikatoren der Modernisierung. Ein historisches Datenhandbuch*. Studien zur Sozialwissenschaft, Bd. 27. Opladen (Westdeutscher Verlag).

Flüchter, W. (1986): *Studienortwahl und Universitätsregionen in Japan: Anziehungskraft der Universitäten, Ursachen der Bildungswanderungen, Probleme der Chancengleichheit und der Raumordnung*. In: Beiträge zur Hochschulforschung 1986/1,2, München (Bayerisches Staatsinstitut für Hochschulforschung und Hochschulplanung), 107-144.

Flüchter, W. (1990): *Hochschulstandorte und Bildungsverhalten unter Aspekten der Raumordnung in Japan*. Bochumer Geographische Arbeiten 52, Paderborn (Schöningh).

Folger, J. K.; Nam, Ch. B. (1967): *Education of the American Population*. Washington D.C. (Arno Press).

Forsyth, D. J. C.; Mercer, G. (1973): *The Emigration of Graduates from Scotland, 1966-1969*. In: *Regional Studies* 7, 95-107.

Foucault, M. (1972): *The Archaeology of Knowledge*. New York (Pantheon Books).

Foucault, M. (1980): *Power/Knowledge. Selected Interviews and Other Writings 1972-1977*. Hrsg. von C. Gordon. Brighton (Harvester) .

Fox, H. G. (1947): *Monopolies and Patents: A Study of the History and Future of the Patent Monopoly*. Toronto (The University of Toronto Press).

Framhein, G.; Peisert, H. (1983): *Alte und neue Universitäten. Einzugsbereiche und Ortswahl der Studenten, Motive und Verhalten*. Schriftenreihe Hochschule Bd. 44, Bad Honnef (Der Bundesminister für Bildung und Wissenschaft).

Frantz, K. (1993): *Die Indianerreservationen in den USA*. Erdkundliches Wissen 109. Stuttgart (Steiner).

Freeman, Ch.; Clark, J.; Soete, L. (1982): *Unemployment and Technical Innovation. A Study of Long Waves and Economic Development*. London (Pinter).

Freeman, L. C. (1992): *The Sociological Concept of „Group": An Empirical Test of Two Models*. In: *American Journal of Sociology* 98, 152-166.

Freidson, E. (1986): *Professional Powers: A Study of the Institutionalization of Formal Knowledge*. Chicago (The University of Chicago Press).

Frenkel, R. (1993): *Thorsten Veblen: Gelächter im Gottesdienst*. In: Zeit-Punkte, 3/1993, 83-84.

Friedeburg, L. v. (1989): *Bildungsreform in Deutschland. Geschichte und gesellschaftlicher Widerspruch*. Frankfurt a.M. (Suhrkamp).

Friedman, A. L. (1987): *De-skilling*. In: Eatwell, J.; Milgrate, M.; Newman, P. (Hrsg.): *The New Palgrave. A Dictionary of Economics*, vol. 1, London (Macmillan), 814-816.

Friedmann, J. (1986): *The World City Hypothesis*. In: *Development and Change* 17, 69-83.

Froese, L.; Krawietz, W. (Hrsg.) (1968): *Deutsche Schulgesetzgebung. Bd. 1. Brandenburg, Preußen und Deutsches Reich bis 1945*. Weinheim/Berlin/Basel (Beltz).

Fromhold-Eisebith, M. (1995): *Das „kreative Milieu" als Motor regionalwirtschaftlicher Entwicklung. Forschungstrends und Erfassungsmöglichkeiten*. In: *Geographische Zeitschrift* 83, 30-47.

Fromhold-Eisebith, M.; Nuhn, H. (1997): *Regionaler Wissenstransfer aus Großforschungseinrichtungen. Angebotspotential, Nachfragestrukturen und bisherige Effekte in den Räumen Karlsruhe und Jülich/ Aachen*. In: *Erdkunde* 51, 209-229.

Fry, A. A. (1839): *Report of the Inspectors of Factories on the Effects of the Educational Provisions of the Factories' Act*. In: *Journal of the Statistical Society of London*, vol. 2, 173 - 181.

Fuller,St. (1992): *Knowledge as Product and Property*. In: Stehr, N.; Ericson, R. V. (Hrsg.): *The Culture and Power of Knowledge*. Berlin/New York (de Gruyter), 157-190.

Funck, R. H.; Kowalski, J. S. (1990): *Innovation, New Information Technolo-gies, and the Structure of Urban Regions*. In: Cappellin, R.; Nijkamp P. (Hrsg.): *The Spatial Context of Technological Development*. Aldershot/Brookfield/Hongkong/ Sidney (Avebury), 75-93.

Furet, F.; Ozouf, J. (1977): *Lire et Ecrire. L'Alphabétisation des Francais de Calvin à Jules Ferry*. 2 vol., Paris (Les Editions de Minuit).

Furet, F.; Sachs, W. (1974): *La Croissance de l'Alphabétisation en France XVIII-XIX Siècle*. In: *Annales - Économies - Sociétés - Civilisations* 29, 714-737.

Furter, P. (1983): *Les Espaces de la Formation. Essais de Microcomparaison et de Microplanification*. Lausanne (Presses Polytechniques Romandes).

Gadamer, H. G. (1987a): *Rationalität im Wandel der Zeit*. In: Hans-Georg Ga-damer: *Gesammelte Werke*, Bd. 4, Tü-bingen (Mohr), 23-36.

Gadamer, H. G. (1987b): *Theorie, Technik, Praxis*. In: Hans-Georg Gadamer: *Gesam-*

melte Werke, Bd. 4, Tübingen (Mohr), 243-266.

Gadamer, H. G. (1990): *Hermeneutik I. Wahrheit und Methode. Grundzüge einer philosophischen Hermeneutik*. In: Hans-Georg Gadamer: Gesammelte Werke, Bd. 1. Tübingen (Mohr).

Gadamer, H. G. (1991): *Unterwegs zur Schrift*. In: Hans-Georg Gadamer: Gesammelte Werke, Bd 7, Griechische Philosophie III. Plato im Dialog, Tübingen (Mohr), 258-269.

Gaechter, P. (1970): *Die Gedächtniskultur in Irland*. Innsbruck (Institut für vergleichende Sprachwissenschaft).

Galbraith, J. K. (1967): *The New Industrial State*. Boston (Mifflin).

Galbraith, J. K. (1970): *Capital and Power*. In: Olsen, M. E. (Hrsg.): *Power in Societies*. London (Macmillan), 386-393.

Galenson, D. W. (1979): *Literacy and the Social Origin of Some Early Americans*. In: *The Historical Journal* 11, 75-91.

Galenson, D. W. (1981): *Literacy and Age in Pre-Industrial England: Quantitative Evidence and Implications*. In: *Economic Development and Cultural Change* 29, 813-829.

Galinski, D. (1986): *Brain Drain aus Entwicklungsländern. Theoretische Grundlagen und entwicklungspolitische Konsequenzen*. Frankfurt a.M. (Lang).

Gallagher, J. J. (1991): *Educational Reform, Values, and Gifted Students*. In: *Gifted Child Quarterly* 35, 12-19.

Galois, B. (1977): *Ideology and the Idea of Nature: the Case of Peter Kropotkin*. In: Peet, R. (Hrsg.): *Radical Geography, Alternative Viewpoints on Contemporary Social Issues*. London (Methuen), 66-93.

Galtung, J. (1971): *A Structural Theory of Imperialism*. In: *Journal of Peace Research* 8, 81-117.

Gamerith, W. (1996): *Ausbildungs- und Qualifikationsstrukturen ethnischer Minderheiten in den USA*. In: Heidelberger Geographische Arbeiten 100, 159-173.

Gamerith, W. (1998a im Druck): *Das US-amerikanische Bildungswesen. Räumlich-soziale Disparitäten im Spannungsfeld zwischen egalitären und elitären Prin-zipien*. In: Mitteilungen der Österreichi-schen Geographischen Gesellschaft 139.

Gamerith, W. (1998b in Druck): *Sprachlicher Pluralismus und Konformismus in den USA. Das Konfliktfeld „Schule"*. In: Mitteilungsheft des Arbeitskreises „USA".

Gansen, J. (Hrsg.) (1894): *Friedrich Eberhard von Rochows ausgewählte pädago-gische Schriften*. Paderborn (Schöningh).

Ganzhorn, K. (1986): *Information, Struk-turen und Ordnungsprinzipien*. In: Folberth, O. G.; Hackl, C. (Hrsg.): *Der Informationsbegriff in Technik und Wissenschaft*. München/Wien (Oldenbourg), 105-125.

Gardner H. (1988): *Creative Lives and Creative Works: A Synthetic Scientific Approach*. In: Sternberg, R. J. (Hrsg.): *The Nature of Creativity*. Cambridge (Cambridge University Press), 298-321.

Garve, C. (1796): *Über den Charakter der Bauern und ihr Verhältniß gegen die Gutsherrn und gegen die Regierung. Drey Vorlesungen in der Schlesischen Ökonomischen Gesellschaft*. Breslau. Neue vereserte Auflage. Breslau 1796. Nachdruck in: Garve, C.: *Popularphilosophische Schrifen über literarische, ästhetische und gesellschaftliche Gegenstände*. Hrsg. von K. Wölfel, Bd. 2, Stuttgart (Metzlersche Verlagsbuchhandlung) 1974, 799-1026.

Gawthrop, R.; Strauss, G. (1984): *Protestantism and Literacy in Early Modern Germany*. In: *Past and Present* 104, 32-55.

Geertz, C. (1983): *Local Knowledge. Further Essays in Interpretative Anthropology*. New York (Basic Books).

Gehrke, B.; Grupp, H. (1994): *Innovationspotential und Hochtechnologie. Technologische Position Deutschlands im Internationalen Wettbewerb*. 2.Aufl., Heidelberg (Physica).

Geigger, A.; Wette, B. W. (1979): *Zigeuner heute. Verfolgung und Diskriminierung in der BRD*. Bornheim-Metten (Lamuv).

Geipel, R. (1965): *Sozialräumliche Strukturen des Bildungswesens. Studien zur Bildungsökonomie und zur Frage der gymnasialen Standorte in Hessen*. Frankfurt a.M. (Diesterweg).

Geipel, R. (1966): *Angewandte Geographie auf dem Feld der Bildungsplanung*. Tagungsbericht des Deutschen Geogra-phentages 1965 in Bochum. Wiesbaden (Steiner), 448-457.

Geipel, R. (1967): *Die Bildungsbereitschaft der ländlichen Bevölkerung und ihre Hemmfaktoren am Beispiel hessischer Untersuchungen*. In: Schule und Bildung im ländlichen Raum. Materialsammlung der Agrarsozialen Gesellschaft e.V. 66, Göttingen, 45-50.

Geipel, R. (1968a): *Der Standort der Geographie des Bildungswesens innerhalb der Sozialgeographie.* In: *Zum Standort der Sozialgeographie. Wolfgang Hartke zum 60. Geburtstag.* Münchener Studien zur Sozial- und Wirtschaftsgeographie Bd. 4, München, 155-161.

Geipel, R. (1968b): *Bildungsplanung und Raumordnung. Studien zur Standortplanung von Bildungseinrichtungen und zu räumlichen Aspekten des Bildungsverhaltens in Hessen.* Frankfurt (Diesterweg).

Geipel, R. (1969): *Bildungsplanung und Raumordnung als Aufgaben moderner Geographie.* In: *Geographische Rundschau* 23, 15-26.

Geipel, R. (1971): *Die räumliche Differenzierung des Bildungsverhaltens.* In: Bildungsplanung und Raumordnung. Veröffentlichungen der Akademie für Raumforschung und Landesplanung, Forschungs- und Sitzungsberichte 61, Hannover (Jaenecke), 47-61.

Geipel, R. (1971a): *Die Universität als Gegenstand sozialgeographischer Forschung.* In: Mitteilungen der Geographischen Gesellschaft in München 56, 17-31.

Geipel, R. (1971b): *Überlegungen zur Standortwahl für neue Hochschulen in Süddeutschland.* In: *Raumforschung und Raumordnung* 29, 167-175.

Geipel, R. (1972): *Probleme der Universitätsstadt München.* In: Mitteilungen der Geographischen Gesellschaft München 57, 7-49.

Geipel, R. (1974): *Der bildungs- und re-gionalpolitische Effekt von Universi-tätsneugründungen (Beispiel Kassel).* In: Deutscher Geographentag *Kassel* 1973. Tagungsbericht und wissenschaftliche Abhandlungen, Wiesbaden (Steiner), 53-65.

Geipel, R. (1976a): *Zur Entstehungsgeschichte des Forschungsansatzes „Geographie des Bildungsverhaltens".* In: Mitteilungen der Österreichischen Geographischen Gesellschaft 118, 3-8.

Geipel, R. (1976b): *Bildungsgeographische Probleme bei der Schulversorgung von Kindern ausländischer Arbeitnehmer (dargestellt am Beispiel Münchens).* In: Infrastruktur im Bildungswesen. Veröffentlichungen der Akademie für Raumforschung und Landesplanung, Forschungs- und Sitzungsberichte 107, Hannover (Jänecke), 57-97.

Geipel, R. (1995): *Fünfundzwanzig Jahre im Dienst regionaler Bildungsforschung.* In: Beiträge zur Regionalen Bildungsforschung. Münchener Geographische Hefte 72, Kallmünz/Regensburg (Laßleben),19-40.

Geissler, C. (1965): *Hochschulstandorte - Hochschulbesuch. Regionale Herkunft und Bildungswanderung der deutschen Studierenden, Einzugsräume der wissenschaftlichen Hochschulen 1960/61.* Schriftenreihe der Arbeitsgruppe Standortforschung Bd. 1, Hannover.

Geissler, C. (1967): *Zum Zusammenhang von Hochschulplanung und Stadtentwicklungsplanung.* Schriftenreihe der Arbeitsgruppe Standortforschung, Sonderheft 1. Hannover.

Geissler, C. (1974): *Die Integration der Bildungsplanung in die Entwicklungsplanung als Aufgabe der Planungsforschung.* In: Integrierte Verfahren regionaler Bildungs- und Entwicklungsplanung. Veröffentlichungen der Akademie für Raumforschung und Landesplanung, Forschungs- und Sitzungsberichte 93, Hannover (Jänecke), 1-8.

Geissler, S. (1971): *Grundlagen und Methoden der regional differenzierenden Hochschulplanung.* In: Bildungsplanung und Raumordnung. Veröffentlichungen der Akademie für Raumforschung und Landesplanung, Forschungs- und Sitzungsberichte 61, Hannover (Jänecke), 17-46.

Gellner, E. (1983): *Nations and Nationalism.* Ithaca (Cornell University Press).

Gellner, E. (1988): *Plough, Sword and Book. The Structure of Human History.* Chicago (University of Chicago Press).

Gentsch, L. (1992): *Realsozialismus und Karl Marx. Die Stalinismus-Legende.* Berliner Schriften zu Politik und Gesellschaft im Sozialismus und Kommunismus 7, Frankfurt a.M./NewYork (P. Lang).

George, V. P. (1995): *Globalization through Interfirm Cooperation. Technological Anchors and Temporal Nature of Al-liances Across Geographical Boundaries.* In: *International Journal of Technology Management* 10, 131-145.

Gerdy, D. F. (1971): Classical Views on Education. In: *The Encyclopedia of Edu-*

cation. Vol. 8. New York (Macmillan), 319-323.

Gerger, T.; Hoppe, G. (1980): *Education and Society.* Stockholm Studies in Human Geography 1. Stockholm (Almqvist & Wiksell)

Gerhardt, H. P. (1986): *Brazil's Popular Education in the Eighties: Essentials, Fundamentals and Realpolitik.* 2. Aufl. Frankfurt a.M. (Verlag für interkulturelle Kommunikation).

Gerhardt, H. P. (1988a): *Traditionelle Erziehung in Lateinamerika.* In: *Zeitschrift für Kulturaustausch* 38, 311-326.

Gerhardt, H. P. (1988b): *Zusammenfassung der Arbeitsgruppe I (Traditionelle Formen der Erziehung).* In: *Zeitschrift für Kulturaustausch* 38, 338-339.

Geser, H. (1981): *Eine funktionalmorphologische Theorie der Berufsklassifikationen.* In: *Schweizerische Zeitschrift für Soziologie* 7, 399-434.

Geser, H. (1983a): *Qualifikatorische Anforderungsprofile bei wirtschaftlichen Führungspositionen.* In: *Soziale Welt* 34, 471-499.

Geser, H. (1983b): *Strukturformen und Funktionsleistungen sozialer Systeme. Ein soziologisches Paradigma.* Opladen (Westdeutscher Verlag).

Geser, H. (1990): *Organisationen als soziale Akteure.* In: *Zeitschrift für Soziologie* 19, 401-417.

Geser, H. (1992): *Towards an Interaction Theory of Organizational Actors.* In: *Organization Studies* 13, 429-451.

Giddens, A. (1976): *New Rules of Socio-logical Method: A Positive Critique of In-terpretative Sociologies.* London (Hutchinson).

Giddens, A. (1979): *Central Problems in Social Theory. Action, Structure and Contradiction in Social Analysis.* London (Macmillan).

Giddens, A. (1981): *A Contemporary Critique of Historical Materialism. Vol 1: Power, Property and the State.* Berkeley (University of California Press).

Giddens, A. (1984a): *Interpretative Soziologie. Eine kritische Einführung.* Frankfurt a.M. (Campus).

Giddens, A. (1984b): *The Constitution of Society. Outline of the Theory of Struc-turation.* Cambridge (Polity Press).

Giddens, A. (1987a): *Social Theory and Modern Sociology.* Cambridge (Polity Press).

Giddens, A. (1987b): *Time and Social Organization.* In: Giddens, A. (Hrsg.): *Social Theory and Modern Sociology.* Cambridge (Polity Press), 140-165.

Giddens, A. (1988a): *Die Konstitution der Gesellschaft. Grundzüge einer Theorie der Strukturation.* Frankfurt a.M. (Campus).

Giddens, A. (1988b): *The Role of Space in the Constitution of Society.* In: Steiner, D.; Jäger, C.; Walther, P. (Hrsg.): *Jenseits der mechanistischen Kosmologie - Neue Horizonte für die Geographie?* In: Berichte und Skripten, Geographisches Institut der ETH Zürich, 167-180.

Giddens, A. (1991a): *Modernity and Self-Identity. Self and Society in the Late Modern Age.* Cambridge (Polity Press).

Giddens, A. (1991b): *Structuration Theory: Past, Present and Future.* In: Bryant, C. G. A.; Jary, D. (Hrsg.): *Giddens' Theory of Structuration: A Critical Appreciation.* London (Routledge), 201-221.

Giddens, A. (1995): *Konsequenzen der Moderne.* Frankfurt a.M. (Suhrkamp).

Giese, E. (1982): *Die Anziehungskraft wissenschaftlicher Hochschulen in der Bundesrepublik Deutschland für Studenten.* In: *Die Erde* 113, 115-132.

Giese, E. (1986): *Leistungsmessung wissenschaftlicher Hochschulen in der Bundesrepublik Deutschland.* In: Beiträge zur Hochschulforschung 1986/4, München (Bayerisches Staatsinstitut für Hochschulforschung und Hochschulplanung), 399-446.

Giese, E. (1987a): *Hochschulen als Gegenstand regionalwirtschaftlicher Forschung.* In: Giese, E. (Hrsg.): *Aktuelle Beiträge zur Hochschulforschung.* Gießener Geographische Schriften 62, Gießen, 1-24.

Giese, E. (1987b): *Hochschulen als Gegenstand regionalwissenschaftlicher Forschung.* In: Giese, E. (Hrsg.): *Aktuelle Beiträge zur Hochschulforschung.* Gießener Geographische Schriften 62, Gießen, 1-24.

Giese, E. (1987c): *Regionalwirtschaftliche Bedeutung von Hochschulen in der Bundesrepublik Deutschland.* In: Giese, E. (Hrsg.): *Aktuelle Beiträge zur Hochschulforschung.* Gießener Geographische Schriften 62, Gießen, 25-50.

Giese, E. (Hrsg.) (1987d): *Aktuelle Beiträge zur Hochschulforschung*. Gießener Geographische Schriften 62, Gießen.

Giese, E.; Aberle, G.; Kaufmann, L. (1982): *Die ökonomischen Verflechtungen zwischen Universität und Hochschul-region*. In: Giese, E.; Aberle, G.; Kaufmann, L. (Hrsg.): *Wechselwirkungen zwischen Hochschule und Hochschulregion*. Fallstudie Justus-Liebig-Universität Gießen. 2 Bände. Gießen (Ferber).

Giese, E.; Hoehl, P.; Langer, G. (1986): *Anziehungskraft und Wettbewerbsfähigkeit wissenschaftlicher Hochschulen in der Bundesrepublik*. In: Beiträge zur Hochschulforschung, 1/2-1986, München (Staatsinstitut für Hochschulforschung), 5-62.

Giese, E.; Klüter, H. (1983): *Wie attraktiv sind die neugegründeten wissenschaftlichen Hochschulen? - Ein Vergleich zwischen alten und neuen Hochschulen*. In: *Informationen zur Raumentwicklung* 1983/5, 321-337.

Giese, E.; Limberger D. (1987): *Regionale Analyse des Studienverzichts in der Bundesrepublik Deutschland*. In: Giese, E. (Hrsg.): *Aktuelle Beiträge zur Hochschulforschung*. Gießener Geographische Schriften 62, Gießen, 51-78.

Gilbert, E. W. (1961): *The University Town in England and West Germany*. Department of Geography Research Papers 71, Chicago (The University of Chicago).

Gillespie, A. (1991): *Advanced Communications Networks, Territorial Integration and Local Development*. In: Camagni, R. (Hrsg.): *Innovation Networks: Spatial Perspectives*. London/New York (Belhaven), 214-229.

Gillespie, A.; Robins, K. (1989): *Geographical Inequalities: The Spatial Bias of New Communication Technologies*. In: *Journal of Communication* 39(3), 7-18.

Gillespie, A.; Robins, K. (1991): *Non-Universal Service? Political Economy and Communications Geography*. In: Brotchie, J.; Batty, M.; Hall, P.; Newton P. (Hrsg.): *Cities of The 21st Century*. London/ Melbourne (Halsted Press, Longman Cheshire), 159-170.

Gimbel, J. (1990): *Science, Technology, and Reparations. Exploitation and Plunder in Postwar Germany*. Stanford (Stanford University Press).

Girardi, W. (1953): *Volksschulgeschichte Tirols von 1850-1910*. Dissertation, Innsbruck (Universität).

Glaeßner, H. J. (1985): *Kaderpolitik*. In: Bundesministerium für innerdeutsche Beziehungen (Hrsg.): *DDR Handbuch*. Bd. 1. Köln (Verlag Wissenschaft und Politik), 697-701.

Glaser, W. A. (1978): *The Brain Drain. Emigration and Return*. Oxford (Pergamon).

Glasmeier, A. K. (1988): *Factors Governing the Development of Hightech Industry Agglomerations: a Tale of Three Cities*. In: *Regional Studies* 22, 287-301.

Goddard, J. B. (1971): *Office Communications and Office Location: A Review of Current Research*. In: *Regional Studies* 5, 263-280.

Goddard, J. B. (1973): *Office Linkages and Location. A Study of Communication and Spatial Patterns in Central London*. In: *Progress in Planning*, vol. 1, part 2. Oxford (Pergamon).

Goddard, J. B.; Gillespie, A.,; Thwaites, A.; Robinson, F. (1986): *The Impact of New Information Technology on Urban and Regional Structure in Europe*. In: *Land Development Studies* 11, 19-30.

Goddard, J. B.; Gillespie, A. (1986): *Advanced Telecommunications and Regional Economic Development*. In: *The Geographical Journal* 152, 383-397.

Goddard, J. B.; Morris, D. (1976): *The Communications Factor in Office Decentralization*. In *Progress and Planning* 6, Oxford (Pergamon), 1-80.

Goddard, J. B.; Pye, R. (1977): *Telecommunications and Office Location*. In: *Regional Studies* 11, 19-30.

Goffman, E. (1983): *The Interaction Order*. In: *American Sociological Review* 48, 1-17.

Golden, H. H. (1955): *Literacy and Social Change in Underdeveloped Countries*. In: *Rural Sociology* 20, 1-7.

Goldscheider, C. (1996): *Israel's Changing Society. Population, Ethnicity, and Development*. Boulder (Westview Press).

Goldthwaite, R. (1980): *The Building of Renaissance Florence*. Baltimore/London (John Hopkins University Press).

Gontard, M. (1959): *L'Enseignement Primaire en France de la Révolution à la Loi Guizot*. Paris (Les Belles Lettres).

Gontard, M. (1984): *L'enseignement Secondaire en France de la Fin de l'Ancien Regime à la loi Falloux: 1750-1850*. Aix-en-Provence (Edisud).

Goody, J. (1968a): *Introduction*. In: Goody, J. (Hrsg.): *Literacy in Traditional Societies*. Cambridge/London (Cambridge University Press), 1-26.

Goody, J. (1968b): *Restricted Literacy in Northern Ghana*. In: Goody, J. (Hrsg.): *Literacy in Traditional Societies*. Cambridge/London (Cambridge University Press), 198-264.

Goody, J. (1977): *The Domestication of the Savage Mind*. Cambridge (Cambridge University Press).

Goody, J.; Watt, I. (1968): *The Consequences of Literacy*. In: Goody, J. (Hrsg.): *Literacy in Traditional Societies*. Cambridge/London (Cambridge University Press), 27-68.

Gordon, R. (1991): *Innovation, Industrial Networks and High-Technology Regions*. In: Camagni, R. (Hrsg.): *Innovation Networks: Spatial Perspectives*. London/ New York (Belhaven), 174-195.

Gottmann, J. (1979): *Office Work and the Evolution of Cities*. Ekistics 46, No. 247, 4-7.

Gottmann, J. (1980a): *Confronting Centre and Periphery*. In: Gottmann, J. (Hrsg.): *Centre and Periphery. Spatial Variation in Politics*. Beverly Hills/London (Sage Publications), 11-25.

Gottmann, J. (1980b): *Organizing and Reorganizing Space*. In: Gottmann, J. (Hrsg.): *Centre and periphery. Spatial variation in politics*. Beverly Hills/London (Sage Publiactions), 217-224.

Gottmann, J. (1982): *Urban Settlements and Telecommunications*. In: *Ekistics* 302, 411-416.

Gottmann, J. (1983): *The Coming of the Transactional City*. Monograph Series No. 2. College Park (Institute of Urban Studies, University of Maryland).

Gough, K. (1968a): *Implications of Literacy in Traditional China and India*. In: Goody, J. (Hrsg.): *Literacy in Traditional Societies*. Cambridge/London (Cambridge University Press), 69-84.

Gough, K. (1968b): *Literacy in Kerala*. In: Goody, J. (Hrsg.): *Literacy in Traditional Societies*. Cambridge/London (University Press), 132 - 160.

Gould, W. T. S. (1973a): *Movement of School Children and Provision of Secondary Schools in Uganda*. African Population Mobility Project, Working Paper 3 (University of Liverpool).

Gould, W. T. S. (1973b): *Problems of Secondary School Provision in African Cities: The Example of Addis Abeba*. African Population Mobility Project, Working Paper 5 (University of Liver-pool).

Gould, W. T. S. (1973c): *Secondary School Admission Policies in Eastern Africa: Some Regional Issues*. African Population Mobility Project, Working Paper 9 (University of Liverpool).

Gould, W. T. S. (1974): *Movement to School in Ankole, Uganda. African* Population Mobility Project, Working Paper 12 (University of Liverpool).

Gould, W. T. S. (1978): *Guidelines for School Location Planning*. World Bank Staff Working Paper No. 308, Washington D.C. (World Bank).

Gould, W. T. S. (1988): *Skilled International Labour Migration: An Introduction*. In: *Geoforum* 19/4, 381-385.

Gould, W. T. S. (1993): *People and Education in the Third World*. Harlow/ New York (Longman; J. Wiley).

Gouldner, A. W. (1954): *Patterns of Industrial Bureaucracy*. Glencoe Ill. (Free Press).

Gouldner, A. W. (1979): *The Future of Intellectuals and the Rise of the New Class: A Frame of Reference, Theses, Conjectures, Arguments, and a Historical Pespective on the Role of Intellectuals and Intelligentsia in the International Class Contest of the Modern Era*. London (Mac-millan).

Grabher, G. (1990): *On the Weakness of Strong Ties. The Ambivalent Role of Inter-Firm Relations in the Decline and Reorganization of the Ruhr*. Discussion Papers. Wissenschaftszentrum Berlin.

Grabher, G. (1993): *Effizienz durch Redundanz. Die Bedeutung für Regional-politik*. In: Wissenschaftszentrum Berlin *Mitteilungen*, Heft 59, 3-5.

Grabher, G. (Hrsg.) (1993): *The embedded firm*. London/New York (Routledge).

Grabitz, J. (1990): *Die wirtschaftliche Bedeutung der Universität Heidelberg*. In: Meusburger, P.; Schmude, J. (Hrsg.): *Bildungsgeographische Studien über Baden-Württemberg*. Heidelberger Geo-graphi-

graphische Arbeiten 88. Heidelberg, 155-186.

Graff, H. J. (1987): *The Legacies of Literacy: Continuities and Contradictions in Western Culture and Society*. Bloomington/Indianapolis (Indiana Uni-versity Press).

Graff, H. J. (1972): *Towards a Meaning of Literacy: Literacy and Social Structure in Hamilton, Ontario, 1861*. In: *History of Education Quarterly* 12, 411-431.

Graff, H. J. (1979): *The Literacy Myth: Literacy and Social Structure in the Nineteenth-century City*. New York (Academic Press).

Graff, H. J. (1983): *Literacy and Social Development in North America: on Ideology and History*. In: Stephens, W. B. (Hrsg.): *Studies in the History of Literacy: England and North America*. Educational Administration and History: Monograph No. 13, Leeds (University of Leeds, Museum of the History of Education), 82-97.

Graff, H. J. (Hrsg.) (1981): *Literacy and Social Development in the West. A Reader*. Cambridge (Cambridge University Press).

Graham, S.; Marvin, S. (1994): *Cherry Pikking and Social Dumping: British Utilities in the 1990s'*. In: *Utilities Policy* 4 (2), 113-119.

Graham, St.; Marvin, S. (1996): *Telecommunications and the City. Electronic Spaces*, Urban Places. London/New York (Routledge).

Granovetter, M. (1985): *Economic Action and Social Structure. The Problem of Embeddedness*. In: *American Journal of Sociology* 91, 481-510.

Gray, W. S. (1956): *The Teaching of Reading and Writing: an International Survey*. Monographs on Fundamental Education 10, Paris (UNESCO).

Grefsheim, S.; Franklin J.; Cunningham, D. (1991): *Biotechnology Awareness Study, Part I: Where Scientists get their Information*. In: *Bulletin of the Medical Library Association* 79, 36-44.

Gregerman, I. B. (1981): *Knowledge worker productivity*. New York (Amacom Ma-nagement Briefing).

Gregory, D.; Urry, J. (Hrsg.): *Social Relations and Spacial Structures*. New York (St. Martin's Press).

Gregory, D. (1994): *Geographical Imaginations*. Oxford/Cambridge MA (Blackwell).

Gregory, D. (1998 im Druck): *Power, Knowledge and Geography*. In: *Geographische Zeitschrift* 86 (1).

Greif, S. (1982): *Angebot an und Nachfrage nach Patentinformationen. Die Informationsfunktion von Patenten*. Beiträge zur Mittelstandsforschung 88, Göttingen (Schwartz).

Greif, S. (1990): *Patente. Statistik und Analysen*. In: Deutsches Patentamt (Hrsg.): *Jahresbericht 1990*. München, 12-20.

Greif, S. (1992): *Die räumliche Struktur der Erfindungstätigkeit. Grundlagen für einen Patentatlas der Bundesrepublik Deutschland*. Studien zur Wirtschaftsgeographie, Gießen.

Grew, R., Harrison, P. J.;Whitney, J. (1983): *The Availability of Schooling in Nineteenth Century France*. In: *Journal of Interdisciplinary History* 16, 25-65.

Griffin, R. W.; Bateman, T. S.; Wayne, S. J.; Head, T. S. (1987): *Objective and Social Factors as Determinants of Task Perceptions and Responses: An Integrative Perspective and Empirical Investigation*. In: *Academy of Management Journal* 30, 501-523.

Griffith-Jones, S. (1983): *Information Access to International Finance: What Problems for Developing Countries?* In: O'Brien, R. C. (Hrsg.): *Information, Economics and Power. The North-South Di-mension*. London (Hodder and Stough-ton), 70-77.

Griliches, Z. (1990): *Patent Statistics as Economic Indicator: A Survey*. In: *Journal of Economic Literature* 28, 1661-1707.

Grissom, J. B.; Shepard, L. A. (1989): *Repeating and Dropping out of School*. In: Shepard, L. A.; Smith, M. L. (Hrsg.): *Flunking Grades: Research and Policies on Retention*. London (Falmer).

Grohmann, K.; Meusburger, P. (1973): *Schulplanung und Schülerverlaufsstatistik in Vorarlberg*. Schriftenreihe des Bundesministeriums für Unterricht und Kunst 11, Wien (Vorwärts).

Gross, H. (1948): *Educational Land Use in the River Forest Oak Park Community*. Department of Geography Research Papers 1, Chicago (The University of Chi-cago).

Grotz, R.; Braun, B. (1993): *Networks, Milieux and Individual Firm Strategies: empirical evidence of an innovative SME en-*

vironment. In: *Geografiska Annaler* 75 B, 149-163.

Grün, O. (1969): *Hierarchie*. In: Grochla, E. (Hrsg.): *Handwörterbuch der Organi-sation*. Stuttgart (Poeschel), 677-683.

Grupp, H.; Hohmeyer, O.; Kollert, R.; Legler, H. (1987): *Technometrie. Die Bemessung des technisch-wirtschaftlichen Leistungs-standes*. Köln (TÜV Rheinland).

Grupp, H.; Schmoch, U.; Koschatzky, K. (1998): *Science and Technology Infrastructure in Baden-Württemberg and its Orientation towards Future Regional Development*. In: *Journal of the American Society for Information Science* 49, 18-29.

Grupp, H.; Hohmeyer, O. (1986): *A Technometric Model for the Assessment of Technological Standards and Their Application to Selected Technology-Intensive Products*. In: *Technological Forecasting and Social Change* 30, 123-137.

Grupp, H.; Schwitalla, B. (1989): *Technometrics, Bibliometrics, Econometrics, and Patent Analysis: Towards a Correlated System of Science, Technology, and Innovation Indicators*. In: Raan, A. F. J.; Nederhof, A. J.; Moed H. F. (Hrsg.): *Science and Technology Indicators. Their Use in Science Policy and Their Role in Science Studies*. Leiden (DSWO Press), 17-34.

Guerry, A. M. (1833): *Essai sur la Statistique Morale de la France, Précédé d'un Rapport à l'Académie des Sciences, par MM. Lacroix, Silvestre et Girard*. Paris (Crochard).

Guilford, J. P. (1950): *Creativity*. In: *Ame-rican Psychologist* 5, 444-454.

Guilford, J. P. (1967): *The Nature of Human Intelligence*. New York (McGraw-Hill).

Gulliford, A. (1996): *America's Country Schools*. 3. Aufl. Niwot (University of Colorado Press).

Habermas, J. (1990): *Die Moderne - ein unvollendetes Projekt. Philosophisch-politische Aufsätze 1977-1990*. Leipzig (Reclam).

Hack, L. (1988): *Vor Vollendung der Tatsachen. Die Rolle von Wissenschaft und Technologie in der dritten Phase der In-dustriellen Revolution*. Frankfurt a.M. (Fischer Taschenbuch).

Hagstrom, W. (1965): *The Scientific Community*. Carbondale (South Illinois University Press).

Hahn, H. (1950): *Der Einfluß der Konfes-sionen auf die Bevölkerungs- und Sozial-geographie des Hunsrück*. Bonner Geogra-phische Abhandlungen 4, Bonn.

Hahn, H. (1958): *Konfession und Sozialstruktur. Vergleichende Analyse auf geographischer Grundlage*. In: *Erdkunde* 12, 241-253.

Håkansson, H. (Hrsg.) (1987): *Industrial Technological Development: A Network Approach*. London (Croom Helm).

Haken, H. (1996): *Synergetics as a Bridge Between the Natural and Social Sciences*. In: Khalil, E. L.; Boulding, K. E. (Hrsg.): *Evolution, Order and Complexity*. London /New York (Routledge), 234-248.

Hall, F. (1973): *Location Criteria for High Schools: Student Transportation and Racial Integration*. Department of Geography Research Papers 150, Chicago (The University of Chicago).

Hall, P. (Hrsg.) (1986): *Technology, Innovation, and Economic Policy*. New York (St. Martin's Press).

Hall, P.; Markusen, A. (1985): *Silicon Landscapes*. Boston/London (Allen & Un-win).

Hallak, J. (1977): *Planning the Location of Schools: An Instrument of Educational Policy*. Paris (UNESCO).

Hallauer, F. (1965): *Die Ruhruniversität Bochum*. In: *Planung wissenschaftlicher Hochschulen*. Schriften des Zentralarchivs für Hochschulbau 1, Stuttgart, 81-87.

Hallauer, F. (1967): *Die Ruhruniversität Bochum, eine städtebauliche und eine architektonische Aufgabe*. In: *Deutsche Bauzeitschrift* 1967/12, 145 B 1.1-1.4.

Halsey, A. H.; Trow, M. A. (1971): *The British Academics*. London (Faber & Faber).

Hammerich, K. (1980): *Die soziale Herkunft von Schülern als Thema schulpolitischer Argumentation. Ein Beitrag zur Analyse des sozialen Rekrutierungsfeldes ausgewählter Schultypen im 19. und 20. Jahrhundert*. Kölner Zeitschrift für Sozio-logie und Sozialpsychologie 32, 457-483.

Hammond, M. (1986): *Finite Human Capacities and the Pattern of Social Stratification in a Knowledge Society*. In: Böhme, G.; Stehr, N. (Hrsg.): *The Knowledge Society. The Growing Impact of Scientific Knowledge on Social Relations*. Dord-

recht/Boston/Lancaster/ Tokyo (D. Reidel), 31-50.
Hammond, P. J. (1987): *Uncertainty*. In: Eatwell, J.; Milgrate, M.; Newman, P. (Hrsg.): *The New Palgrave. A Dictionary of Economics*, vol. 4, London (Macmillan), 728-733.
Hamnett, C. (1995): *Controlling Space: Global Cities*. In: Allen, J.; Hamnett, C. (Hrsg.): *A Shrinking World? Global Unevenness and Inequality*. Oxford (Oxford University Press), 103-142.
Hanf, Th. (1975): *Funktionswandel der Bildung zwischen Sozialisation und Allokation*. In: Hanf, Th.; Hättich, M.; Hilligen, W.; Vente, R.; Zwiefelhofer, H. (Hrsg.): *Sozialer Wandel* 2, Frankfurt a.M. (Fischer), 100-119).
Hans, N. (1964): *History of Russian Educational Policy (1701-1917)*. New York (Russel & Russel).
Hanseth, O.; Thoresen K.; Winner L. (1994): *The Politics of Networking Technology in Health Care*. In: *Computer Supported Cooperative Work*. An International Journal 2, 109-130.
Hany, E. A.; Heller, K. A. (1996): *The Development of Problem Solving Capacities in the Domain of Technics: Results from a Cross-Cultural Longitudinal Study*. In: *Gifted and Talented International* 11, 56-64.
Haraway, D. (1991): *Situated Knowledges: The science question in feminism and the privilege of partial perspective*. In: Haraway D. (Hrsg.): *Simians, Cyborgs, and Women*. New York (Routledge), 183-201.
Harcsa, I. (1995): *Ungarische Kader in the Achtziger Jahren*. In: Meusburger, P.; Klinger, A. (Hrsg.): *Vom Plan zum Markt. Eine Untersuchung am Beispiel Ungarns*. Heidelberg (Physica), 270-284.
Hargens, L.; Hagstrom, W. O. (1967): *Sponsored and Contest Mobility of Ame-rican Academic Scientists*. In: *Sociology of Education* 40, 24-38.
Harmann, D. (1970): *Illiteracy: An overview*. In: *Harvard Educational Review* 40, 226-243.
Harms, H. (1897): *Vaterländische Erdkunde*. Braunschweig/Leipzig (Wollermann).
Harmssen, G. W. (1951): *Am Abend der Demontage. Sechs Jahre Reparationspolitik (Mit Dokumentenanhang)*. Bremen (Trujen).
Harnier, L. v. (1984): *Einzugsgebiete der Universitäten in Bayern*. Bayerisches Staatsinstitut für Hochschulforschung und Hochschulplanung, Monographien: Neue Folge 7, München.
Harrington, D. M. (1990): *The Ecology of Human Creativity. A Psychological Perspective*. In: Runco, M. A.; Albert, R. S. (Hrsg.): *Theories of Creativity*. Newbury Park CA (Sage), 143-169.
Harris, Ch. (1943): *A Functional Classification of Cities*. In: *The Geographical Review* 33, 86-99.
Harrison, M. (1995): *Visions of Heaven and Hell*. London (Channel Four Television).
Harrop, K. J. (1976): *Education in the North - A Regional Profile and Comparison with Other Regions*, Part I: Schools. In: *Durham Research Review* 37, 1-13.
Harrop, S. A. (1983): *Literacy and Educational Attitudes as Factors in the Industrialization of North-East Cheshire, 1760-1830*. In: Stephens, W. B. (Hrsg.): *Studies in the History of Literacy: England and North America*. Educational Administration and History: Monograph No. 13, Leeds (University of Leeds, Museum of the History of Education), 37-53.
Harrop, S. A. (1984): *Adult Education and Literacy: the Importance of Post-School Education for Literacy Levels in the Eighteenth and Nineteenth Centuries*. In: *History of Education* 13, 191-205.
Harvey, D. (1982): *The Limits to Capital*. Oxford (Blackwell).
Harvey, D. (1989): *The Condition of Postmodernity: An Enquiry into the Origins of Cultural Change*. Oxford (Blackwell).
Harvey, D. (1990): *The Condition of Post-Modernity. An Enquiry into the Origins of Cultural Change*. Cambridge MA/Oxford (Blackwell).
Harvey, J. W. (1958): *University of Cali-fornia. The University and the City*. A Stu-dy of Economic Relationships between the University of California and the City of Berkeley. Berkeley.
Hassenstein, B. (1986): *Information und Steuerung in Organismen*. In: Folberth O. G.; Hackl, C. (Hrsg.): *Der Informationsbegriff in Technik und Wissenschaft*. München/Wien (Oldenbourg), 161-179.
Hayek, F. A. v. (1944): *The Road to Serfdom*. London (Routledge).

Hayek, F. A. v. (1945): *The Use of Knowledge in Society*. In: *American Economic Review* 35, 519-530.

Hayek, F. A. v. (1988): *The Fatal Conceit: The Errors of Socialism*. London (Routledge).

Hayek, F. A. v. (1937): *Economics and Knowledge*. In: *Economica* N.S. 4, 33-54.

Heckhausen, H. (Hrsg.) (1964): *Biologische und kulturelle Grundlagen des Verhaltens*. Wien/Göttingen (Hogrefe).

Heffernan, M. J. (1988): *The Geography of Ignorance in Early-Modern France: a Response to Siddle*. In: *Transactions of the Institute of British Geographers* N.S. 13, 228-231.

Heffernan, M. J. (1989): *Literacy and Geographical Mobility in Nineteenth-Century Provincial France: Some Evidence from the Département of Ille-et-Vilaine*. In: *Local Population Studies* 42, 32-42.

Heffernan, M. J. (1992): *Literacy and the Life-Cycle in Nineteenth-Century Provincial France: Some Evidence from the Département of Ille-et-Vilaine*. In: *History of Education* 21, 149-159.

Hegedüs, A. (1976): *Socialism and Bureaucracy*. London, New York (St. Martin's Press).

Hegedüs, A. (1983): *Bureaucracy*. In: Bottomore, T. (Hrsg.): *A Dictionary of Marxist Thought*. Cambridge MA. (Har-vard University Press), 57-59.

Heidtmann, W. (1979): *Probleme einer ausreichenden Versorgung mit Schul- und Bildungseinrichtungen in strukturgefährdeten ländlichen Gebieten*. In: *Strukturgefährdete Räume*. Veröffentlichungen der Akademie für Raumforschung und Landesplanung. Forschungs- und Sitzungsberichte 128, Hannover (Jänecke), 125-139.

Hein, E. (1974): *Zentralörtliche Gliederung und regionale Schulplanung*. Mainzer Geographische Studien 7, Mainz.

Heinen, J. (1982): *Studentischer Einzugsbereich und Motive der Studienortwahl der Studienanfänger an der Universität Osnabrück*. Osnabrücker Studien zur Geographie 6, Osnabrück.

Heintz, P. (Hrsg.) (1969): *Soziologie der Schule*. 6. Aufl. Köln (Westdeutscher Verlag).

Helfert, J. A. v. (1861a): *Die österreichische Volksschule. Geschichte, System, Statistik*. Wien.

Helfert, J. A. v. (1861b): *Die sprachliche Gleichberechtigung in der Schule und deren verfassungsmäßige Behandlung*. Prag (Temsky).

Helle, H. J. (1972): *Symboltheorie und religiöse Praxis*. In: Wössner, J. (Hrsg.): *Religion im Umbruch*. Soziologische Beiträge zur Situation von Religion und Kirche in der gegenwärtigen Gesellschaft. Stuttgart (Enke), 201-214.

Helleiner, G. K. (1983): *Uncertainty, Information and the Economic Interests of the Developing Countries*. In: O'Brien, R. C. (Hrsg.): *Information, Economics and Power. The North-South Dimension*. London (Hodder and Stoughton), 28-42.

Heller, K. (1993): *Structural Tendencies and Issues of Research on Giftedness and Talent*. In: Heller, K. H.; Mönks, F. J.; Passow, A. H. (Hrsg.): *International Handbook of Research and Development of Giftedness and Talent*. Oxford/New York/Seoul/Tokyo (Pergamon), 49-67.

Heller, K. A. (1995): *Ability and Creativity: Their Role in Science and Technology*. In: *Ideacción - Bilingue* 5/1995, 13-25.

Heller, K. A. (1995): *The Role of Creativity in Explaining Giftedness and Exceptional Achievement*. In: *European Journal for High Ability* 6, 7-26.

Heller, K. A.; Hany, E. A. (1996): *Psychologische Modelle in der Hochbegabten-förderung*. In: Weinert F. E. (Hrsg.): *Psychologie des Lernens und der Instruktion*. Enzyklopädie der Psychologie Bd. 2, Göttingen (Hogrefe), 477-513.

Heller, K. A.; Viek, P. (1998 im Druck): *Extraordianry Talent and Expertise in University Students: Individual and Social Factors that Contribute to Their Development*. In: Heymans, P. G.; Lieshout, K. van (Hrsg.): *Talent, Resilience, and Wisdom Across the Life Span*. London (Psychology Press).

Heller, K. H.; Mönks, F. J.; Passow, A. H. (Hrsg.) (1993): *International Handbook of Research and Development of Giftedness and Talent*. Oxford/New York/Seoul/ Tokyo (Pergamon).

Henkel, R. (1989): *Christian Missions in Africa. A Social Geographical Study of the Impact of their Activities in Zambia*. Geographica Religionum, Bd. 3, Berlin (Reimer).

Hennessey B. A.; Amabile, T. M. (1988): *The Conditions of Creativity*. In: Sternberg R. J. (Hrsg.): *The Nature of Creativity. Contemporary Psychological Perspectives*. Cambridge (Cambridge University Press), 11-38.

Henning, F. W. (1969): *Dienste und Abgaben der Bauern im 18. Jahrhundert*. Quellen und Forschungen zur Agrargeschichte Bd. XXI, Stuttgart (G. Fischer).

Hepworth, M. (1986): *The Geography of Technological Change in the Information Economy*. In: *Regional Studies* 20, 407-424.

Hepworth, M. (1989): *Geography of the Information Economy*. London (Belhaven).

Hepworth, M. (1992): *Telecommunications and the Future of London*. In: *Policy Studies* 13 (2), 31-45.

Herlyn, U. (1990): *Zur Aneignung von Raum im Lebensverlauf*. In: Bertels, L.; Herlyn, U. (Hrsg.): *Lebenslauf und Raumerfahrung*. Opladen (Leske und Budrich), 7-34.

Hermalin, A. I.; Farley, R. (1973): *The Potential for Residential Integration in Cities and Suburbs: Implications for the Busing Controversy*. In: *American Socio-logical Review*, 38, 595-610.

Hill, W.; Fehlbaum, R.; Ulrich, P. (1981): *Organisationslehre 1 und 2*. 3. Auflage. Stuttgart/Bern (Haupt).

Hiner, N. R. (1990): *History of Education for the 1990s and Beyond: The Case for Academic Imperialism*. In: *History of Education Quarterly* 30, 137-160.

Hinzen, H. (1988): *Alphabetisierung und Verschriftlichung, Entwicklung und Zusammenarbeit - Thesen und Materialien zu gängigen Vorstellungen und komplexen Zusammenhängen*. In: *Zeitschrift für Kulturaustausch* 38, 384-393.

Hippel, E. A. v. (1987): *Cooperation between rivals: Informal know-how trading*. In: *Research Policy* 16, 291-302.

Hippel, E. A. v. (1988): *The Sources of Innovation*. New York (Oxford University Press).

Hirsch, F. (1977): *Social Limits to Growth*. London (Routledge & Paul Keegan).

Hitzler, R. (1994): *Wissen und Wesen des Experten. Ein Annäherungsversuch - zur Einleitung*. In: Hitzler, R.; Honer A.; Maeder, Chr. (Hrsg.): *Expertenwissen. Die institutionalisierte Kompetenz zur Konstruktion von Wirklichkeit*. Opladen (Westdeutscher Verlag), 13-30.

Hoare, A. G. (1994): *Transferred Skills and University Excellence? An Exploratory Analysis of the Geography of Mobility of UK Academic Staff*. In: *Geografiska Annaler* 76 B, 143-160.

Hobsbawm, E. (1992): *Introduction*. In: Hobsbawm, E.; Ranger T. (Hrsg.): *The Invention of Tradition*. Cambridge (Cambridge University Press).

Hockenberry, J. C. (1908): *The Rural School in the United States*. Westfield MA. (Massachusetts State Normal School).

Hoffmann, W. (1993): *Algebra des Kapitals*. In: *Zeit der Ökonomen. Eine kritische Bilanz volkswirtschaftlichen Denkens*. Zeit Punkte 3/1993, 8-10.

Höfle, K. (1982): *Grundzüge einer Bildungsgeographie von Tirol. Regionale Unterschiede des Bildungswesens und der Bildungsbeteiligung im Bundesland Tirol*. Maschingeschr. Dissertation. Innsbruck (Universität).

Höfle, K. (1984): *Bildungsgeographie und Raumgliederung. Das Beispiel Tirol*. Innsbrucker Geographische Studien 10, Innsbruck.

Höfle, K.; Meusburger, P. (1983): *Jüngere Strukturveränderungen des Pflichtschulwesens in Nord- und Südtirol*. In: *Begleittexte zum Tirol Atlas VIII*, Innsbruck, 25-32; ebenfalls abgedruckt in: *Tiroler Heimat, Jahrbuch für Geschichte und Volkskunde* 46/47, 1984, 245-252.

Höfle, K.; Meusburger, P. (1984a): *Jüngere Strukturveränderungen des Pflichtschulwesens in Nord- und Südtirol*. In: *Tiroler Heimat. Jahrbuch für Geschichte und Volkskunde* 46/47, 245-252.

Höfle, K.; Meusburger, P. (1984b): *Regional Variations of Education and Differences According to Qualifications between „Centre" and „Periphery" in Austria. Some Results of the „Geography of Education"*. In: *Österreichische Beiträge zur Geographie der Ostalpen*, IGU-Congress 1984. Wiener Geographische Schriften 59/60, 73-93.

Hoke, G. W. (1907): *The Study of Social Geography*. In: *Geographical Journal* 29, 64-67.

Holland, S. (1976): *Capital Versus the Regions*. London (Macmillan).

Holzner, B.; Marx, J. (1979): *Knowledge Application: The Knowledge System in Society*. Boston (Allyn & Bacon).

Hones, G. (1973): *Regional Representation at the University of Bath*. In: Universities Quarterly 27, 475-482.

Hones, G. H.; Ryba, R. H. (1972): *Why not a Geography of Education?* In: *Journal of Geography* 71, 135-139.

Hoover, E. M. (1948): *The Location of Economic Activity*. New York (MacGraw-Hill).

Hopf, W. (1992): *Ausbildung und Statuserwerb. Theoretische Erklärungen und Ergebnisse der Sozialforschung*. Frankfurt/ New York (Campus).

Hopkins, D. (1994): *Process Indicators for School Improvement*. In: CERI (Hrsg.): *Making Education Count. Developing and Using International Indicators*. Paris (OECD), 145-170.

Hoppe, G.(1978): *Formal Education and Life-Path Development*. Kulturgeografiskt Seminarium 5/78. Stockholm (Department of Human Geography, University of Stockholm).

Horkheimer, M. (1974): *Zur Kritik der instrumentellen Vernunft* (Hrsg. v. A. Schmidt). Frankfurt a.M. (Athenäum, Fischer Taschenbuch).

Hoselitz, B. (1960): *Sociological Aspects of Economic Growth*. Glencoe (Free Press).

Hoselitz, B. F. (1969): *Wirtschaftliches Wachstum und Sozialer Wandel*. Schriften zur Wirtschafts- und Sozialgeschichte Bd. 15. Berlin (Duncker & Humboldt).

Hospers, J. (1990): *An Introduction to Philosophical Analysis*. 3. Auflage, London (Routledge).

Houston, R. A (1983): *Literacy and Society in the West*. In: *Social History* 8, 269-293.

Houston, R. A. (1985): *Scottish Literacy and the Scottish Identity. Illiteracy and Society in Scotland and Northern England 1600 - 1800*. Cambridge Studies in Population, Economy and Society in Past Time 4, Cambridge (Cambridge University Press).

Houston, R. A. (1987): *The Literacy Campaign in Scotland, 1560-1803*. In: Arnove, R. F.; Graff, H. J. (Hrsg.): *National Literacy Campaigns. Historical and Comparative Perspectives*. New York/ London (Plenum), 49-64.

Houston, R. A. (1988): *Literacy in Early Modern Europe. Culture and Education 1500 - 1800*. London/New York (Longman).

Hoyler, M. (1995): *Räumliche und sozio-ökonomische Unterschiede des An-alphabetismus zur Zeit der Industria-lisierung. Das Beispiel der englischen Grafschaft Leicestershire 1754-1890*. In: Beiträge zur Regionalen Bildungsforsch-ung. Münchener Geographische Hefte 72, Kallmünz/Regensburg (Laßleben), 97-130.

Hoyler, M. (1996): *Anglikanische Heiratsregister als Quellen historisch-geographischer Alphabetisierungsforschung*. In: 100 Jahre Geographie an der Ruprecht-Karls-Universität Heidelberg (1895-1995). Heidelberger Geographische Arbeiten 100, Heidelberg, 174-200.

Hoyler, M. (1998 im Druck): *Small Town Development and Urban Illiteracy: Comparative Evidence from Leicestershire Marriage Registers 1754-1890*. In: *Historical Social Research* 23.

Hoyler, M.; Freytag, T; Baumhoff, R. (1997): *Literaturdatenbank Regionale Bildungsforschung: Konzeption, Daten-bankstrukturen in ACCESS und Ein-führung in die Recherche. Mit einem Ver-zeichnis ausgewählter Institutionen der Bildungsforschung und weiterführenden Recherchehinweisen*. Heidelberger Geographische Bausteine 15, Heidelberg.

Hübner, K. (1989): *Theorie der Regulation. Eine kritische Rekonstruktion eines neuen Ansatzes der politischen Ökonomie*. Berlin (Ed. Sigma Bohn).

Hüfner, K. (1970): *Die Entwicklung des Humankapitalkonzepts*. In: Hüfner K. (Hrsg.): *Bildungsinvestitionen und Wirtschaftswachstum. Ausgewählte Beiträge zur Bildungsökonomie*. Stuttgart (Klett), 11-64.

Hughes, J. D. (1983): *American Indian Ecology*. El Paso (Western Press).

Hundsalz, A. (1978): *Stand der Forschung über Zigeuner und Landfahrer. Eine Literaturanalyse unter vorwiegend sozialwissenschaftlichen Gesichtspunkten*. Schriftenreihe des Bundesministers für Jugend, Familie und Gesundheit 64. Stuttgart/ Berlin (Kohlhammer).

Hundsalz, A. (1980): *Zigeunerkinder. Eine sozialpsychologische Untersuchung schulrelevanter Verhaltensmerkmale*. Europäische Hochschulschriften Reihe 6, Bd. 68, Bern, Frankfurt a.M. (Lang).

Hunter, C. St. J.; Harman, D. (1979): *Adult Illiteracy in the United States. A Report to the Ford Foundation*. New York (McGraw Hill).

Hutten, E. H. (1983): *Meaning and Information in the Group Process*. In: Pines M. (Hrsg.): *The Evolution of Group Analysis*. London, Boston/Melbourne/ Henley (Routledge & Paul Keegan), 151-166.

Hüttermann, A. (1990): *Die Schließung von Pädagogischen Hochschulen in Baden-Württemberg*. In: Meusburger, P.; Schmude, J. (Hrsg.): *Bildungsgeographische Studien über Baden-Württemberg*. Heidel-berger Geographische Arbeiten 88. Hei-delberg, 115-133.

Hymer S. (1975): *The Multinational Corporation and the Law of Uneven Development*. In: Radice H. (Hrsg.): *International Firms and Modern Imperialism*. Harmondsworth (Penguin), 37-62.

Imhof, K. (1994): *Intersubjektivität und Moderne*. In: Imhof, K.; Romano, G. (Hrsg.): *Diskontinuität der Moderne*. Zürich (Universität), 250-352.

Imhof, K. (1996a): *Entzauberung*. In: Imhof, K.; Romano, G. (Hrsg.): *Die Diskontinuität der Moderne. Zur Theorie des sozialen Wandels*. Frankfurt/New York (Campus), 12-67.

Imhof, K. (1996b): *Übergänge*. In: Imhof, K.; Romano, G. (Hrsg.): *Die Diskontinuität der Moderne. Zur Theorie des sozi-alen Wandels*. Frankfurt/New York (Cam-pus), 68-129.

Imhof, K. (1996c): *Intersubjektivität und Moderne*. In: Imhof, K.; Romano, G. (Hrsg.): *Die Diskontinuität der Moderne. Zur Theorie des sozialen Wandels*. Frankfurt/New York (Campus), 200-292.

Ingalls, D. (1959): *The Brahman Tradition*. In: Singer, M. (Hrsg.): *Traditional India: Structure and Change*. Philadelphia (American Folklore Society).

Inkeles, A. (1969): *Making Men Modern: On the Causes and Consequences of Individual Change in Six Developing Countries*. In: *American Journal of Sociology* 75, 208-225.

Inkeles, A. (1974): *The School as a Context for Modernization*. In: Inkeles A.; Holsinger, D. (Hrsg.): *Education and Individual Modernity in Developing Coun-tries*. Leiden (Brill), 8-23.

Innis, H. A. (1972): *Empire and Communications*. Toronto (University of Toronto Press).

Institut für Regionale Bildungsplanung (Hrsg.): *Manuskriptdrucke*. Hannover.

Institut für Regionale Bildungsplanung (Hrsg.): *Schriftenreihe*. Hannover.

Jaffe, A. B. (1989): *Real Effects of Academic Research*. In: *American Economic Review* 79, 957-970.

Jaffe, A. B.; Trajtenberg, M.; Henderson, R. (1993): *Geographic Localization of Knowledge Spillovers as Evidenced by Patent Citations*. In: *The Quarterly Journal of Economics* 108, 577-598.

Jahnke, H. (1996): *Die französischen Universités. Zentralistische Tendenzen in der jüngeren Entwicklung*. In: *Beiträge zur Hochschulforschung 1996*, 295-318.

Janelle, D. G. (1968): *Central Place Development in a Time-space Framework*. In: *The Professional Geographer* 20, 5-10.

Janelle, D. G. (1991): *Global Interdependence and its Consequences*. In: Brunn, S. D.; Leinbach, T. R. (Hrsg.): *Collapsing Space and Time: Geographic Aspects of Communications and Information*. London (Harpers & Collins), 49-81.

Jansen, M.B.; Stone, L. (1967): *Education and Modernization in Japan and England*. In: *Comparative Studies in Society and History* 9 (2), 208 - 232.

Jarvie, I. C. (1974): *Die Logik der Gesellschaft*. München (List).

Jeffries, C. J. (1967): *Illiteracy*: A World Problem. London (Pall Mall Press).

Jeismann, K. E. (1972): *Das Erziehungswesen in seiner Bedeutung für die Entwicklung des modernen Staats und der bürgerlichen Gesellschaft*. In: *Westfälische Forschungen* 24, 1-13.

Jeismann, K. E., (Hrsg.) (1969): *Staat und Erziehung in der preußischen Reform: 1807-1819*. Göttingen (Vandenhoeck & Ruprecht).

Jéquier, N. (1983): *Intelligence Requirements and Information Management for Developing Countries*. In: O'Brien, R. C. (Hrsg.): *Information, Economics and Power. The North-South Dimension. Lon-don* (Hodder and Stoughton), 122-140.

Johansson, E. (1977): *The History of Literacy in Sweden in Comparison with Some*

Other Countries. Educational Re-ports Umea 12/1977.

Johansson, E. (1987): *Literacy Campaigns in Sweden.* In: Arnove, R. F.; Graff, H. J. (Hrsg.): *National Literacy Campaigns. Historical and Comparative Perspectives.* New York/London (Plenum), 65-98.

Jones, Ph. W. (1988): *International Policies for Third World Education: UNESCO (Hrsg.): Literacy and Development.* London/New York (Routledge).

Kaemmel H. J. (1882): *Geschichte des Deutschen Schulwesens.* Leipzig (Duncker & Humblot).

Kaestle, C. F. (1973): *The Evolution of an Urban School System: New York City, 1750-1850.* Cambridge MA. (Harvard University Press).

Kaestle, C. F. (1991): *Studying the History of Literacy.* In: Kaestle C. F.; Damon-Moore H.; Stedman L. C.; Tinsley K.; Trollinger, W. V. (Hrsg.): *Literacy in the United States. Readers and Reading since 1880.* New Haven/London (Yale University Press), 3-32.

Kaestle, C. F.; Vinovskis, M. A. (1974): *Quantification, Urbanization, and the History of Education: an Analysis of the Determinants of School Attendance in New York State in 1845.* In: *Historical Methods Newsletter* 8 (1), 1-9.

Kaestle, C. F.; Vinovskis, M. A. (1980): *Education and Social Change in Nineteenth-Century Massachusetts.* Cambridge/ London/New York (Cambridge University Press).

Kahlert, H. (1974): *Schulgröße als Gegenstand der Bildungsforschung.* In: *Die Deutsche Schule* 66, 157-166.

Kaiser, M.; Nuthmann, R.; Stegmann, H. (Hrsg.) (1985): *Berufliche Verbleibsforschung in der Diskussion.* Materialienband 3: Hochschulabsolventen beim Übergang in den Beruf. Beiträge zur Arbeitsmarkt- und Berufsforschung 90.3, Nürnberg (IAB).

Kamann, D. J. F.; Nijkamp, P. (1990): *Technogenesis: Incubation and Diffusion.* In: Cappellin, R.; Nijkamp P. (Hrsg.): *The Spatial Context of Technological Development.* Aldershot/Brookfield (Avebury), 257-301.

Kamann, D. J.; Nijkamp, P. (1991): *Technogenesis. Origins and Diffusion in a Turbulent Environment.* In: *Technological Forecasting and Social Change* 39, 45-66.

Kamann, D.-J. F.; Strijker, D. (1991): *The Network Approach: Concepts and Applications.* In: Camagni, R. (Hrsg.): *Innovation Networks: Spatial Perspectives.* London/New York (Belhaven), 145-173.

Kämpfe, N.; Wunberg, M. (1973): *Zur Entwicklung der Bildungsbeteiligung in Baden-Württemberg 1961-1970.* In: *Zeitschrift f. Pädagogik* 19, 870-886.

Karabel, J.; Astin, A. W. (1975): *Social Class, Academic Ability, and College Quality.* In: *Social Forces* 53, 381-398.

Karady, V. (1984): *Jewish Enrollment Patterns in Classical Secondary Education in Old Regime and Inter-war Hungary.* In: *Studies in Contemporary Jewry* 1, 225-252.

Kariel, H. G. (1968): *Student Enrollment and Spatial Interaction.* In: *The Annals of Regional Science* 2, 114-128.

Kariel, H. G.; Kariel, P. E. (1972): *Explorations in Social Geography.* Reading/ Menlo Park/London/ Don Mills (Addison-Wesley).

Katz, M. B. (1968): *The Irony of Early School Reform: Educational Innovation in Mid-Nineteenth Century Massachusetts.* Cambridge MA. (Harvard University Press).

Katz, M. B. (1976): *The Origins of Public Edcuation: A Reassessment.* In: *History of Education Quarterly* 16, 383-407.

Katz, M. B. (1977): *Class, Bureaucracy, and Schools: The Illusion of Educational Change in America.* 2nd ed., New York (Praeger).

Katz, M. B.; Davey, I. E. (1978): *School Attendance and Early Industrialization in a Canadian City: A Multivariate Analysis.* In: *History of Education Quarterly* 18, 271-293.

Kaufman, P.; McMillen M. M.; Bradby, D. (1992): *Dropout Rates in the United States: 1991.* NCES Publication 92-129. Washington D.C.

Kaufmann, A. (1978): *Sozialräumliche Gliederung der österreichischen Großstadtregionen.* Kleinräumige Analyse der Wohnverhältnisse in den Stadtregionen Wien, Graz, Linz, Salzburg, Innsbruck, Klagenfurt. Publikationen des Instituts für Stadtforschung 58, Wien.

Kawada, T. (1993): *The Entrance Behavior of University Candidates and the Occupation Behavior of University Graduates from Saku Region, Nagano prefecture.* In: *Geographical Review of Japan* 66 A, 26-41. (Japanisch mit engl. Summary).

Kay, J. (1850): *The Social Condition and Education of the People in England and Europe.* 2 vol. London (University Press). Nachdruck 1971 Shannon (Irish University Press).

Kellenbenz, H. (1973): *Merchants Archives in Europe.* In: Lane, F. C. (Hrsg.): *Fourth International Conference of Economic History.* Bloomington 1968. Paris (Mouton), 131-149.

Kellermann, P. (1987): *Zur Kritik vorherrschender Sicht- und Handlungsweisen im Zusammenhang von wissenschaftlicher Qualifikation und Arbeitsmöglichkeit.* In: Weymann, A. (Hrsg.): *Bildung und Beschäftigung. Grundzüge und Perspek-tiven des Strukturwandels.* Soziale Welt, Sonderband 5, Göttingen (Schwartz & Co.), 59-87.

Kelly, D. M. (1994): *School Dropouts.* In: Husen, T. (Hrsg.): *The International Encyclopedia of Education.* 2nd ed., Oxford/New York/Tokyo (Pergamon), 5224-5228.

Kenez, P. (1982): *Liquidating Illiteracy in Revolutionary Russia.* In: *Russian History* 9, 173-186.

Kenrick, D.; Puxon, G.; Zülch, T. (1980): *Die Zigeuner. Verkannt, verachtet, verfolgt.* Hannover (Niedersächsische Landeszentrale für politische Bildung).

Kernich-Möhringer, G. (1989): *Bildungsverhalten der Mädchen 1950 bis 1977.* In: Rodax, K. (Hrsg.): *Strukturwandel der Bildungsbeteiligung 1950-1985.* Eine Bestandsaufnahme im Spiegel der amtlichen Bildungsstatistik. Wege der Forschung Bd. 645, Darmstadt (Wissenschaftliche Buchgesellschaft), 177-195.

Khalil. E. L.; Boulding, K. E. (1996): *Evolution, Order and Complexity.* London/New York (Routledge).

Killick, J. R. (1974): Bolton Ogden & Co.: *A Case Study in Anglo-American Trade, 1790-1850.* In: *Business History Review* 48, 501-519.

Klaffke, K. (1968): *Schulstandort und Schulregion. Merkmale des Besuchs allgemeinbildender Schulen und Folgerungen für die regionale Schulplanung.* Institut für Regionale Bildungsplanung. Schriftenreihe 5, Hannover.

Kleinknecht, A. (1987): *Innovation Patterns in Crisis and Prosperity. Schumpeter's Long Cycle Reconsidered.* Houndmills/ London (Macmillan).

Kleinknecht, A. (1990): *Are there Schumpeterian Waves of Innovations ?* In: *Cambridge Journal of Economics* 14, 81-92.

Kline St. J.; Rosenberg, N. (1986): *An Overview of Innovation.* In: Landau R.; Rosenberg, N. (Hrsg.): *The Positive Sum Strategy: Harnessing Technology for Eco-nomic Growth.* Washington D.C. (Natio-nal Academy Press), 275-305.

Knight, F. H. (1921): *Risk, Uncertainty and Profit.* Boston (Houghton & Mifflin). Reprint 1971 Chicago (University of ChicagoPress)

Knight, R. V. (1995): *Knowledge-Based Development: Policy and Planning Implications for Cities.* In: *Urban Studies* 32, 225-260.

Knorr-Cetina, K. (1981): *The Manufacture of Knowledge.* Oxford (Pergamon Press).

Knorr-Cetina, K. (1984): *Die Fabrikation von Erkenntnis. Zur Anthropologie der Naturwissenschaft.* Frankfurt a. M. (Suhrkamp).

Kob, J. (1963): *Erziehung in Elternhaus und Schule.* Stuttgart (Enke).

Köck, W. (1987): *Kognition - Semantik - Kommunikation.* In: Schmidt S. J. (Hrsg.): *Der Diskurs des Radikalen Konstruktivismus.* Frankfurt a.M. (Suhrkamp), 340-373.

Kondratieff, N. D. (1926): *Die langen Wellen der Konjunktur.* In: *Archiv für Sozialwissenschaft und Sozialpolitik* 56, 573-609.

Kondylis, P. (1995): *Die verflüchtigte Materie. Träume vom Cyberspace.* In: *Frankfurter Allgemeine Zeitung vom 4. Oktober 1995.*

Koneffke G. (1968): *Einführung.* In: Sextro, H. P. (1785): *Über die Bildung der Jugend zur Industrie.* Ein Fragment. Nachdruck hrsg. von H. J. Heydorn und G. Koneffke. Quellenschriften zur Industrieschulbewegung Bd. 1. Frankfurt a.M (Sauer & Auvermann), V-XXXVI.

Konrád G.; Szelényi, I. (1978): *Die Intelligenz auf dem Weg zur Klassenmacht.* Frankfurt a.M. (Suhrkamp)

Korte, H. (1974): *Einige Anmerkungen zum Problem der Integration von Hochschulen in die Stadt.* In: Zentralarchiv für Hochschulbau (Hrsg.): *Informationen* 26, 53-59.

Koschatzky, K. (1991): *New Concepts of Measuring Technological Change.* In: Blum, U.; Schmid, J. (Hrsg.): *Demographic Processes. Occupation and Technological Change.* Heidelberg (Physica), 104-121.

Koschatzky, K. (1997): *Regionale Innovationsindikatorik dargestellt am Beispiel der Raumordnungsregionen Neckar-Alb und Schwarzwald-Heuberg.* In: *Raumforschung und Raumordnung* 55, 48-58.

Köstlin, S. (1995): *Führungskräfte und Hochqualifizierte in Vorarlberg - regionale und soziale Herkunft, Ausbildungs-niveau und regionale Mobilität.* Heidel-berg (Maschingeschr. Dissertation).

Köstlin, S. (1990): *Einzugsgebiet und soziale Herkunft der Studierenden der Berufsakademie Mannheim.* In: Meusburger, P.; Schmude, J. (Hrsg.): *Bildungsgeographische Studien über Baden-Württemberg.* Heidelberger Geographische Arbeiten 88. Heidelberg, 85-114.

Kotter, J. P. (1979): *Power in Management.* New York (Amacon).

Kowarski, L. (1978): *Psychology and Structure of Large-Scale Physical Research.* In: Kowarski, L. (Hrsg.): *Reflections on Science.* Genève (Institut Universitaire de Hautes Etudes Internationales), 151-167.

Kramer, C. (1990): *Regionale Unterschiede des Primarschulwesens in Baden bis zum Jahre 1900.* In: Meusburger, P.; Schmude, J. (Hrsg.): *Bildungsgeographische Studien über Baden-Württemberg.* Heidelberger Geographische Arbeiten 88. Heidelberg, 15-42.

Kramer, W. (1997): *Funktionaler Analphabetismus.* Institut der deutschen Wirtschaft Köln. Beiträge zur Gesellschafts- und Bildungspolitik 214, Köln (Deutscher In-stituts-Verlag).

Kroeber, A. L. (1944): *Configurations of Culture Growth.* Berkeley/Los Angeles (University of California Press).

Krohn, W. (1981): *„Wissen ist Macht". Zur Soziogenese eines neuzeitlichen wissenschaftlichen Geltungsanspruchs.* In: Bayertz K. (Hrsg.): *Wissenschaftsgeschichte und wissenschaftliche Revolu-tion.* Köln (Pahl-Rugenstein), 29-57.

Krüger, D.; Harnisch, W. (1816): *Der Schulrat an der Oder für Vorsteher der Volksschulen, Lehrer an denselben und andere Freunde und Beförderer des Volksschulwesens, in vierteljährigen Lie-ferungen Herausgegeben.* Breslau (Josef Max). Überarbeitet und neu heraus-gegeben von J. Plath. Leipzig 1900 (Dürr'sche Buchhandlung).

Krugman, P. (1991): *Geography and Trade.* Leuven/Cambridge/London (Leuven University Press).

Krünitz, J. G. (1770ff): *Oekonomisch-technologische Encyklopädie oder allgemeines System der Stats-, Stadt-, Haus- und Landwirthschaft und der Kunstgeschichte in alphabetischer Ordnung.* 242 Bde, Berlin (Pauli).

Kuhn, A.; Beam, R. D. (1982): *The Logic of Organization. A System-Based Social Science Framework for Organization Theory.* San Francisco/Washington/London (Jossey-Bass).

Kuran, T. (1995): *Private Truths, Public Lies. The Social Consequences of Preference Falsification.* Cambridge Ma/ London (Harvard University Press).

Kurowski, F. (1982): *Alliierte Jagd auf deutsche Wissenschaftler: Das Unter-nehmen Paperclip.* München (Langen Müller).

Kurz, H. D. (1993): *Adam Smith: Eigenliebe tut gut.* Zeit-Punkte Nr. 3/1993, 11-13.

Kuwan, H. (1997): *Berichtssystem Weiterbildung.* In: Noll H. H. (Hrsg.): *Sozial-berichterstattung in Deutschland. Konzep-te, Methoden und Ergebnisse für Lebensbereiche und Bevölkerungsgruppen.* Weinheim, München (Juventa), 125-144.

Kuznets, S. (1930): *Secular Movements in Production and Prices. Their Nature and their Bearing upon Cyclical Fluctuations.* Boston/New York (Kelley). Nachdruck 1967.

Kuznets, S. (1962): *Inventive Activity: Problems of Definition and Measurement.* In: National Bureau of Economic Research, New York (Hrsg.): *The Rate and Direction of Inventive Activity: Economic and Social Factors.* Princeton (Princeton University Press), 19-43.

Laborit, H. (1996): *Neurological and Social Bases of Dominance in Human Society.* In: Khalil. E. L.; Boulding, K. E. (Hrsg.):

Evolution, Order and Complexity. London/New York (Routledge), 199-216.

Lakshmanan, T. R. (1990): *Knowledge Technologies and the Evolution of the Service Sector*. In: Cappellin, R.; Nijkamp P. (Hrsg.): *The Spatial Context of Technological Development*. Aldershot/ Brookfield/Hong Kong/Sidney (Avebury), 227-253.

Lamberton, D. M. (Hrsg.) (1971): *Economics of Information and Knowledge: Selected Readings*. Harmondsworth (Penguin Books).

Lamborghini, B. (1995): *Europa auf der Überholspur? Datenautobahnen in Europa, Japan und den USA*. In: Bundesministerium für Wirtschaft (Hrsg.): *Die Informationsgesellschaft. Fakten, Analysen, Trends. Bonn* (Zeitbild), 18-19.

Landes, D. S. (1969): *The Unbound Prometheus: Technological Change and Industrial Development in Western Europe from 1750 to the Present*. Cambridge (Cambridge University Press).

Landes, D. S. (1983): *Revolution in Time: Clocks and the Making of the Modern World*. Cambridge MA. (Harvard University Press).

Landes, D. S. (1998): *The Wealth and Poverty of Nations. Why some Are so Rich and Some so Poor*. New York/London (Norton).

Laqueur, T. W. (1974): *Literacy and social mobility in the Industrial Revolution in England*. In: *Past and Present* 64, 96-107.

Lasby, C. G. (1971): *Project Paperclip: German Scientists and the Cold War*. New York (Atheneum).

Lash, S.; Urry, J. (1994): *Economies of Signs and Space*. London (Sage).

Latané, B.; Liu, J. H.; Nowak, A.; Bonevento, M.; Zheng, L. (1995): *Distance Matters: Physical Space and Social Impact*. In: *Personality and Social Psychology Bulletin* 21 (8), 795-805.

Latané, B.; Nowak, A.; Liu, J. M. (1994): *Measuring Emergent Social Phenomena: Dynamism, Polarization, and Clustering as Order Parameters of Social Systems*. In: *Behavioral Science* 39, 1-24.

Latouche, S. (1992): *Standard of Living*. In: Sachs, W. (Hrsg.): *The Development Dictionary. A Guide to Knowledge as Power*. London/New Jersey (Zed Books), 250-263.

Lawrence, P. R.; Lorsch, J. W. (1967): *Organization and Environment. Managing Differentiation and Integration*. Boston (Harvard University Press).

Le Guen, M. (1994): *Evaluating School Performance in France*. In: CERI (Hrsg.): *Making Education Count. Developing and Using International Indicators*. Paris (OECD), 173-196.

Le Roy Ladurie, E. (1966): *Les Paysans de Languedoc*. Paris (S.E.V.P.E.N.).

Le Roy Ladurie, E.; Demenot, M. (1980): *Alphabétisation et Stature: un Tableau Comparé*. In: *Annales, Économies, Sociétés, Civilisations* 35, 1329-1332.

Leal, M. R. M. (1983): *Why Group Analysis Works*. In: Pines M. (Hrsg.): *The Evolution of Group Analysis*. London /Boston/ Melbourne/Henley (Routledge & Paul Kegan), 183-196.

Leib, J. (1977a): *Der kommunal- und regionalwirtschaftliche Einfluß einer Univer-sität am Beispiel Gießen und Mittel-Osthessens*. In: *Informationen zur Raumentwicklung* 1977/3,4, 267-281.

Leib, J. (1977b): *Studenten der Philipps-Universität als Wirtschaftsfaktor für Stadt und Region*. In: *Marburger Schriften zur Stadtentwicklungsplanung, Bd. 6* Marburg.

Leiner, M. (1987): *The 1961 National Cuban Literacy Campaign*. In: Arnove, R. F.; Graff, H. J. (Hrsg.): *National Literacy Campaigns. Historical and Comparative Perspectives*. New York/London (Plenum), 173-196.

Lengyel, G. (1995): *Kader und Manager. Unterschiedliche Muster der Rekrutierung von Führungskräften in der Planwirtschaft*. In: Meusburger P.; Klinger, A. (Hrsg.): *Vom Plan zum Markt. Eine Untersuchung am Beispiel Ungarns*. Heidelberg (Physica), 249-269.

Lenski, G. (1963): *The Religious Factor: A Sociological Study of Religion's Impact on Politics, Economics, and Family Life*. Garden City N.Y. (Doubleday).

Lepsius, M. R. (1995): *Handlungsräume und Rationalitätskriterien der Wirtschaftsfunktionäre in der Ära Honecker*. In: Pirker, Th.; Lepsius M. R.; Weinert R.; Hertle, H. H. (Hrsg.): *Der Plan als Befehl und Fiktion. Wirtschaftsführung in der DDR. Gespräche und Analysen*. Opladen (Westdeutscher Verlag), 347-362.

Lerner, D. (1958): *The Passing of Traditional Society. Modernizing the Middle East.* Glencoe (The Free Press).

Leschinsky A.; Roeder, P. M. (1976): *Schule im historischen Prozeß. Zum Wech-selverhältnis von institutioneller* Erziehung und gesellschaftlicher Entwicklung. Stuttgart (Klett).

Leube, K. (1993): *Ludwig von Mises: der gefährliche Staat.* In: Zeit-Punkte 3/1993, 48-50.

Levasseur, E. (1897): *L'Enseignement Primaire dans les Pays Civilisés.* Paris (Berger-Leurrant).

Levin, H. M.; Rumberger, R. W. (1987): *Neue Technologien, Qualifikationsentwicklung und Bildung: Utopien, Realitäten und Alternativen.* In: Weymann, A. (Hrsg.): *Bildung und Beschäftigung. Grundzüge und Perspektiven des Strukturwandels.* Soziale Welt, Sonderband 5, Göttingen (Schwartz & Co.), 173-193.

Levine, K. (1982): *Functional Literacy: Fond Illusions and False Economies.* In: *Harvard Educational Review* 52, 249-266.

Levine, K. (1986): *The Social Context of Literacy.* London/Boston (Routledge & Paul Kegan).

Lewis, I. M. (1968): *Literacy in a Nomadic Society: the Somali Case.* In: Goody, J. (Hrsg.): *Literacy in Traditional Societies.* Cambridge/London (Cambridge University Press), 265-276.

Lexis, W. (Hrsg.) (1904a): *Die Universitäten im Deutschen Reich.* Berlin (Asher).

Lexis, W. (Hrsg.) (1904b): *Die höheren Lehranstalten und das Mädchenschulwesen im Deutschen Reich.* Berlin (Asher).

Lexis, W. (Hrsg.) (1904c): *Das Volksschulwesen und Lehrerbildungswesen im Deutschen Reich.* Berlin (Asher).

Leyshon, A. (1995): *Annihilating Space?: The Speed-up of Communications.* In: Allen, J.; Hamnett C. (Hrsg.): *A Shrinking World?* Oxford (Oxford University Press, Open University), 11-54.

Lindsay, R. B. (1963): *The Role of Science in Civilization.* New York/London (Harper & Row).

Lipset S. M.; Bendix, R. (1959): *Social Mobility in Industrial Society.* Berkeley (University of California Press).

Lissak, M. (1969): *Social Mobility in Israeli Society.* Jerusalem (Israel University Press).

Litak, S. (1973): *The Parochial School Network in Poland Prior to the Establishment of the Commission of National Education.* In: *Acta Poloniae Historica* 27, 45-65.

Lockheed, M. E.; Verspoor A. M. (1991): *Improving Primary Education in Developing Countries: A Review of Policy Options.* Washington D.C./Oxford (Oxford University Press).

Lockridge, K. A. (1974): *Literacy in Colonial New England. An Enquiry into the Social Context of Literacy in the Early Modern West.* New York (Norton).

Long, J. S.; Allison, P. D.; McGinnis, R. (1979): *Entrance into the Academic Career.* In: *American Sociological Review* 44, 816-830.

Long, L. H. (1973): *Migration Differentials by Education and Occupation. Trends and Variations.* In: *Demography* 10, 243-258.

Lowry, M. (1973): *Schools in Transition.* In: *Annals of the Association of American Geographers* 63, 167-180.

Luft, A. L. (1992): *„Wissen" und „Information" bei einer Sichtweise der Informatik als Wissenstechnik.* In: Coy W. et al. (Hrsg.): *Sichtweisen der Informatik.* Braunschweig/Wiesbaden (Vieweg), 49-70.

Luhmann, N. (1969): *Gesellschaftliche Organisation.* In: Ellwein, Th.; Groothoff, H.-H.; Rauschenberger, H.; Roth, H. (Hrsg.): *Erziehungswissenschaftliches Handbuch.* 1. Band. Berlin (Rembrandt), 387-407.

Luhmann, N. (1984): *Soziale Systeme. Grundriß einer allgemeinen Theorie.* Frankfurt a.M. (Suhrkamp).

Lundgreen, P. (1970): *Analyse preußischer Schulbücher als Zugang zum Thema „Schulbildung und Industrialisierung".* In: *International Review of Social History* 15, 85-121.

Lundgreen, P. (1971): *Schulbildung und Frühindustrialisierung in Berlin/Preußen. Eine Einführung in den historischen und systematischen Zusammenhang von Schule und Wirtschaft.* In: Büsch O. (Hrsg.): *Untersuchungen zur Geschichte der frühen Industrialisierung vornehmlich im Wirtschaftsraum Berlin/Brandenburg.* Berlin (Colloquium), 562-610.

Lundgreen, P. (1973): *Bildung und Wirtschaftswachstum im Industrialisierungs-*

prozeß des 19. Jahrhunderts. Methodische Aufsätze, empirische Studien und internationale Vergleiche. Berlin (Colloquium).

Lutz, B.; Sengenberger, W. (1974): *Ar-beitsmarktstrukturen und öffentliche Arbeitsmarktpolitik. Eine kritische Analyse von Zielen und Instrumenten*. Göttingen (Schwartz).

Lyotard, J. F. (1994): *Das postmoderne Wissen. Ein Bericht*. Hrsg. v. P. Engel-mann. 3. Aufl., Wien (Passagen).

Machlup, F. (1962a): *The Production and Distribution of Knowledge in the United States*. Princeton (Princeton University Press).

Machlup, F. (1962b): *The Supply of Inventors and Inventions*. In: National Bureau of Economic Research, New York (Hrsg.): *The Rate and Direction of Inventive Activity: Economic and Social Factors*. Princeton (Princeton University Press), 143-167.

MacKinnon, D. W. (1968): *Creativity: Psychological Aspects*. In: Sills, D. L. (Hrsg.): *International Encyclopedia of the Social Sciences*, vol. 3, New York (Mac-millan), 434-442.

Maier, H. (1993): *Wellen des Fortschritts*. In: *Zeit der Ökonomen. Eine kritische Bilanz volkswirtschaftlichen Denkens*. Zeit Punkte, 3/1993, 88-90.

Maillat, D. (1991): *The Innovation Process and the Role of the Milieu*. In: Bergmann, E. M.; Maier, G.; Tödtling, F. (Hrsg.): *Regions Reconsidered. Economic Net-works, Innovation, and Local Develop-ment in Industrialized Countries*. Lon-don/New York (Mansell), 103-117.

Maillat, D. (1992): *Introduction*. In: Maillat, D.; Perrin, J.-C. (Hrsg.): *Entreprises Innovatrices et Développement Territorial*. GREMI, Neuchâtel (Edes), 3-20.

Maillat, D.; Perrin, J.-C. (Hrsg.) (1992): *Entreprises Innovatrices et Développement Territorial*. GREMI, Neuchâtel (Edes).

Maillat, D.; Quévit, M.; Senn, L. (Hrsg.): (1993): *Réseaux d'Innovation et Milieux Innovateurs: un Pari pour le Développement Régional*. GREMI, Neuchâtel (EDES).

Malecki, E. J. (1980a): *Dimensions of R&D Location in the United States*. In: *Research Policy* 9, 2-22.

Malecki, E. J. (1980b): *Technology and Regional Development: A Survey*. In: *International Regional Science Review* 8, 89-125.

Malecki, E. J. (1981a): *Government Funded R&D: Some Regional Economic implications*. In: *Professional Geographer* 33, 72-82.

Malecki, E. J. (1981a): *Science, Technology, and Regional Economic Development: Review and Prospects*. In: *Research Policy* 10, 312-314.

Malecki, E. J. (1985): *Industrial Location and Corporate Organization in High-technology Industries*. In: *Economic Geography* 61, 345-369.

Malecki, E. J. (1986): *Research and Development and the Geography of High-technology Complexes*. In: Rees, J. (Hrsg.): *Technology, Regions and Policy*. Totowa N. J. (Rowman & Littlefield).

Malecki, E. J. (1987): *The R&D Location of the Firm and Creative Regions: A Survey*. In: *Technovation* 6, 205-222.

Malecki, E. J. (1990): *R&D Technology Transfer in Economic Development: The Role of Regional Technological Capability*. In: Cappellin, R.; Nijkamp, P. (Hrsg.): *The Spatial Context of Technological Development*. Aldershot/Brookfield/Hong Kong/Singapore(Sydney (Avebury), 303-330.

Malecki, E. J. (1990a): *Technology and Economic Development. Harlow* (Longman).

Malecki, E. J. (1990b): *Technological Innovation and Paths to Regional Eco-nomic Growth*. In: Schmandt, J.; Wilson R. (Hrsg.): *Growth Policy in the Age of High-Technology: the Role of Regions and States*. Boston (Unwin Hyman).

Malecki, E. J. (1990c): *R&D and Technology Transfer in Economic Development: the Role of Regional Technological Capability*. In: Cappellin, R.; Nijkamp P. (Hrsg.): *The Spatial Context of Technological Development*. Aldershot/Brookfield/Hongkong (Avebury), 303-330.

Malecki, E. J. (1991): *Technology and Economic Development*. Harlow (Longman).

Malecki, E. J. (1997): *Technology and Economic Development*. Second Edition. Harlow (Longman).

Mándi, P. (1981): *The Brain Drain. A Subsystem of Center-Periphery Relation-ship*. In: *Development and Peace* 2(1), 35-52.

Mandl, H. (1997): *Wissen und Handeln: Eine theoretische Selbstbestimmung.* In: Mandl, H. (Hrsg.): Bericht über den 40. Kongreß der Deutschen Gesellschaft für Psychologie in München 1996. Göttingen/Bern/Toronto/Seattle (Hogrefe), 3-13.

Mann, M. (1990): *Geschichte der Macht. Von den Anfängen bis zur Griechischen Antike.* Frankfurt/New York et al. (Campus).

Mannheim, K. (1962): *An Introduction to the Sociology of Education.* London (Routledge).

Mansfield, E. J. (1984): *Comment on Using Linked Patent and R&D Data to Measure Interindustry Technology Flows.* In: Griliches Z. (Hrsg.): *R&D, Patents, and Productivity.* Chicago (University of Chi-cago Press).

Mansfield, E. J. (1991): *Academic Research and Industrial Innovation.* Research Policy 20, 1-12.

March, J. G.; Simon, H. A. (1993a): *Organizations Revisited.* In: *Industrial and Corporate Change* 2, 299-326.

March, J. G.; Simon H. A. (1993b): *Organizations.* New York (Wiley). 2. Aus-gabe Oxford (Oxford University Press).

Marglin, S. A. (1984): *Knowledge and Power.* In: Stephen, F. H. (Hrsg.): *Firms, Organization and Labour. Approaches to the Economies of Work Organization.* London (Macmillan), 146-164.

Marglin, S. A. (1990a): *Towards the Decolonization of the Mind.* In: Marglin, F. A; Marglin; S. A. (Hrsg.): *Dominating Knowledge. Development, Culture, and Resistance.* Oxford (Clarendon Press), 1-28.

Marglin, S. A. (1990b): *Losing Touch: The Cultural Conditions of Worker Accomodation and Resistance.* In: Marglin, F. A. Marglin S. A. (Hrsg.): *Dominating Knowledge. Development, Culture, and Resistance.* Oxford (Clarendon Press), 217-282.

Markoff, J. (1986): *Some Effects of Literacy in Eighteenth Century France.* In: *Journal of Interdisciplinary History*, 17, 311-333.

Markusen, A.; Hall, P.; Glasmeier, A. (1986): *High Tech America.* Boston (Allen and Unwin).

Marquand, J. (1992): *Learning and the Economy.* In: Stehr, N.; Ericson, R. V. (Hrsg.): *The Culture and Power of Knowl-edge.* Berlin/New York (de Gruyter), 301-314.

Marsden, W. E. (1987): *Unequal Educational Provision in England and Wales: The Nineteenth-Century Roots.* London (Woburn).

Marsden, W. E. (1977): *Education and the Social Geography of Nineteenth-Century Towns and Cities.* In: Reeder, D. A. (Hrsg.): *Urban Education in the Nineteenth Century.* London (Taylor & Francis).

Marsden, W. E. (1977): *Historical Geography and the History of Education.* In: *History of Education* 6, 21-42.

Marsden, W. E. (1982): *Diffusion and Regional Variation in Elementary Education in England and Wales, 1800-1879.* In: *History of Education* 11, 173-194.

Marsden, W. E. (1983): *Ecology and Nineteenth Century Urban Education.* In: *History of Education Quarterly* 23, 29-53.

Marsden, W. E. (1985): *Residential Segregation and the Hierarchy of Elementary Schooling from Charles Booth's London Surveys'.* In: *The London Journal* 11, 127-146.

Marsden, W. E. (1986): *Education.* In: Langton J.; Morris, R. J. (Hrsg.): *Atlas of Industrializing Britain 1780-1914.* London/New York (Methuen), 206-211.

Marsden, W. E. (1989): *Late Nineteenth-Century Disparities in Educational Provision in England and Wales.* In: Pope, E. (Hrsg.): *Atlas of British Social and Economic History since c. 1700.* London (Croom Helm), 198-210.

Marsden, W. E. (1991): *Educating the Respectable: a Study of Fleet Road Board School, Hampstead, 1879-1903.* London (Woburn).

Marshall, A. (1919/1921): *Industry and Trade.* London (Macmillan).

Marshall, A. (1952): *Principles of Economics.* 8th ed., London (Macmillan).

Marshall, J. N. (1990): *The Dynamics of Producer Services.* In: Cappellin, R.; Nijkamp P. (Hrsg.): *The Spatial Context of Technological Development.* Aldershot/ Brookfield/Hongkong (Avebury), 167-193.

Marx, K. (1867): *Das Kapital.* Bd. 1, Hamburg (Meissner).

Marx, K. (1920): *Das kommunistische Maniest.* Leipzig (Franke).

Marx, K.; Engels, F. (1848): *The Communist Manifesto.* Reprint: New York (Appleton-Century Crofts) 1955.
Masková, M. (1984): *Sind Zigeunerkinder weniger begabt als andere? Probleme ihrer schulischen Integration.* In: *Zeit-schrift für Kulturaustausch* 34, 61-70.
Massey, D. (1984): *Spatial Division of Labour.* London (Macmillan).
Massey, D. (1992): *Politics and Space/Time.* In: *New Left Review* 196, 65-84.
Massey, D. (1995): *Spatial Division of Labour: Social Structures and the Geography of Production.* Second Edition. London (Macmillan).
Matras, J. (1965): *Social Change in Israel.* Chicago (Aldine).
Maturana, H. R. (1982): *Erkennen: Die Organisation und Verkörperung von Wirklichkeit. Ausgewählte Arbeiten zur biologischen Epistemologie.* (Wissenschaftstheorie. Wissenschaft und Philosophie Bd. 19), Braunschweig/Wiesbaden.
Maxfield, D. W. (1972): *Spatial Planning of School Districts.* In: *Annals of the Asso-ciation of American Geographers* 62, 167-180.
May, R. (1983): *The Fear of Knowledge.* In: Boulding, K.; Senesh, L. (Hrsg.): *The Optimum Utilization of Knowledge. Ma-king Knowledge Serve Human Better-ment.* Boulder (Westview Press), 74-86.
Mayntz, R. (1974): *Bürokratie.* In: Grochla, E.; Wittmann, W. (Hrsg.): *Handwörterbuch der Betriebswirtschaft.* 1. Bd., 4. Aufl., Stuttgart (Enke).
Mayntz, R. (Hrsg 1971): *Bürokratische Organisationen.* 2. Aufl. Köln/Berlin (Kiepenheuer & Witsch).
Mayr, A. (1970): *Die Ruhr-Universität Bochum in geographischer Sicht. Stellung, Einzugsbereich und Standortproblematik einer neuen Hochschule.* In: Berichte zur Deutschen Landeskunde 44, 221-244.
Mayr, A. (1979): *Universität und Stadt. Ein stadt-, wirtschafts- und sozialgeographischer Vergleich alter und neuer Hochschulstandorte in der Bundesrepublik Deutschland.* Münstersche Geographische Arbeiten, Heft 1, Paderborn (Schöningh).
Mayr, A. (1983): *Hochschulsystem und Hochschulstädte in Nordrhein-Westfalen.* In: Weber, P.; Schreiber, K.-F. (Hrsg.): *Westfalen und angrenzende Regionen.* Festschrift zum 44. Deutschen Geographentag in Münster, Teil 1. Münstersche Geographische Arbeiten 15, Paderborn (Schöningh), 157-203.
Mayr, A. (1984): *Hochschulen und Hochschulpolitik in der Bundesrepublik Deutschland.* In: Tagungsbericht und wissenschaftliche Abhandlungen des 44. Deutschen Geographentags in Münster 1983. Stuttgart (Steiner), 45-69.
Mbiti, J. S. (1969): *African Religions and Philosophy.* London.
McCall, M. W., Morrison, A. M.; Hanman, R. L. (1978): *Studies of Managerial Work: Results and Methods.* Technical Report. Greensboro NC. (Center for Creative Leadership).
McClelland, D. C. (1961): *The Achieving Society.* New York.
McClintock, Ch. G. (Hrsg.) (1972): *Experimental Social Psychology.* New York (Rinehart and Winston).
McLuhan, M. (1964): *Understanding Media.* New York.
McPhail, T. L. (1987): *Electronic Colonialism.* Newbury Park, Ca. (Sage).
McPhail, T. L. (1992): *Electronic Colonialism and the World Information Order.* In: Giddens, A. (Hrsg.): *Human Societies. An Introductory Reader in Sociology.* Cambridge (Polity Press), 289-291.
Medick, H. (1996): *Weben und Überleben in Laichingen 1650-1900: Lokalgeschichte als Allgemeine Geschichte.* Veröffentlichungen des Max-Planck-Instituts für Geschichte 126, Göttingen.
Meier, A. (1994): *Ökonomen auf dem Weg von der Expertise zur Esoterik.* In: Hitzler, R.; Honer, A.; Maeder, Chr. (Hrsg.): *Expertenwissen. Die institutionalisierte Kompetenz zur Konstruktion von Wirklichkeit.* Opladen (Westdeutscher Verlag), 74-82.
Meister, A. (1973): *Alphabétisation et Développement. Le Rôle de l'Alphabétisation Fonctionelle dans le Développement Economique et la Modernisation.* Paris (Anthropos).
Melman, S. (1965): *Our Depleted Society.* New York.
Melman, S. (1974): *The Permanent War Economy.* New York.
Mensch, G. (1975): *Das technologische Patt. Innovationen überwinden die Depression.* Frankfurt a.M. (Umschau Verlag).

Mensch, G. (1979): *Stalemate in Techno-logy: Innovations Overcome the Depression*. Cambridge MA (Ballinger).

Merten, P. (1985): *Know-how Transfer durch multinationale Unternehmen in Entwicklungsländer: ein System-Dynamics-Modell zur Erklärung und Gestattung von Internationalisierungsprozessen der Montageindustrie*. Berlin (Schmidt).

Merton, R. K. (1968): *The Matthew Effect in Science*. In: *Science* 159, 56-63.

Meuer, H. W. (1994): *The Mannheim Supercomputer Statistics 1986-1992*. In: Dongarra, J. J., Meuer H. W.; Strohmeier E. (Hrsg.): *Top 500 Report 1993*. Mannheim, 1-15.

Meulemann, H. (1979): *Klassenlage, Entscheidungsfeld und Bildungsaspirationen. Ein Versuch zur theoretischen Präzisierung und kausalen Erklärung von Zusammenhängen zwischen sozialer Struktur und individueller Lebensplanung*. In: *Zeitschrift für Soziologie* 8, 391-414.

Meulemann, H.;. Weishaupt, H. (1976): *Determinanten des Bildungsgefälles in Großstädten. Eine exemplarische Analyse von Angebot und Nachfrage in vier Bildungsbereichen, mit besonderer Berücksichtigung der Weiterbildung*. In: Deutscher Bildungsrat. Gutachten und Studien der Bildungskommission 58, Stuttgart, 57-130.

Meusburger, P. (1970): *Die Ausländer in Liechtenstein. Eine wirtschafts- und sozialgeographische Studie*. Innsbruck/ München (Wagner).

Meusburger, P. (1973): *Schulplanung und Schülerverlaufsstatistik in Vorarlberg*. Schriftenreihe des Bundesministeriums für Unterricht und Kunst 11. Wien (Vorwärts).

Meusburger, P. (1974): *Landes-Schulentwicklungsplan von Vorarlberg*. Bildungsplanung in Österreich 3, Wien (Österreichischer Bundesverlag).

Meusburger, P. (1976): *Entwicklung, Stellung und Aufgaben einer Geographie des Bildungswesens. Eine Zwischenbilanz*. In: Mitteilungen der Österreichischen Geographischen Gesellschaft 118, 9-54.

Meusburger, P. (1978): *Bildungsgeographische Probleme der österreichischen Berggebiete*. In: Machold, M., Posch, P.; Thonhauser, J. (Hrsg.): *Österreichische Beiträge zur Bildungsforschung*. Wien (Institut für Bildungs- und Entwicklungsforschung), 131-151.

Meusburger, P. (1979): *Ausbildungsniveau und schulische Situation der Slowenen in Kärnten von 1848-1978*. In: *Fragen Geographischer Forschung* (=Festschrift zum 60. Geburtstag von Adolf Leidlmair), Innsbrucker Geographische Studien 5, Innsbruck, 229-264.

Meusburger, P. (1980): *Beiträge zur Geographie des Bildungs- und Qualifikationswesens. Regionale und soziale Unterschiede des Ausbildungsniveaus der österreichischen Bevölkerung*. Innsbrucker Geographische Studien 7, Innsbruck.

Meusburger, P. (1983): *Die schulische Situation in Tirol um die Mitte des 19. Jahrhunderts*. In: Tirol Atlas, Begleittexte VIII, Innsbruck, 33-42.

Meusburger, P. (1986): *Die Heidelberger Professoren im Jahre 1984 mit besonderer Berücksichtigung ihrer regionalen und sozialen Herkunft*. In: *Beiträge zur Hochschulforschung* 1/2 1986, 63-106.

Meusburger, P. (1987): *Die regionale Herkunft der heutigen Heidelberger Profes-soren*. In: Ruperto Carola 76, 74-95.

Meusburger, P. (1988): *Das Ausbildungsniveau der österreichischen Arbeitsbe-völkerung im Jahre 1981 nach der Ge-meindegröße des Arbeitsortes. Ein organisationstheoretischer Erklärungsansatz*. In: *Österreich in Geschichte und Literatur mit Geographie* 32, 31-54.

Meusburger, P. (1989): *Die Effekte des Geburtenrückgangs: Prognosen und Modellrechnungen zur Entwicklung des österreichischen Volksschulwesens bis 2011*. In: Lichtenberger, E. (Hrsg.): *Österreich zu Beginn des 3. Jahrtausends*. Beiträge zur Stadt und Regionalforschung 9, Wien (Österreichische Akademie der Wissenschaften), 101-118.

Meusburger, P. (1990): *Die regionale und soziale Herkunft der Heidelberger Professoren zwischen 1850 und 1932*. In: Meusburger, P.; Schmude, J. (Hrsg.): *Bildungsgeographische Arbeiten über Baden-Württemberg*. Heidelberger Geographische Arbeiten 88. Heidelberg, 187-239.

Meusburger, P. (1995a): *Spatial Disparities of Labour Markets in Centrally Planned and Free Market Economies - A Comparison between Austria and Hungary in the Early 1980's*. In: Flüchter, W. (Hrsg.): *Ja-*

pan and Central Europe Restructuring. Geographical Aspects of Socio-Economic, Urban and Regional Development. Wiesbaden (Harrassowitz), 67-82.

Meusburger, P. (1995b): *Wissenschaftliche Fragestellungen und theoretische Grundlagen der Geographie des Bildungs- und Qualifikationswesens.* In: Münchener Geographische Hefte 72, Kallmünz/Regensburg (Laßleben), 53-95.

Meusburger, P. (1995c): *Zur Veränderung der Frauenerwerbstätigkeit in Ungarn beim Übergang von der sozialistischen Planwirtschaft zur Marktwirtschaft.* In: Meusburger P.; Klinger, A. (Hrsg.): *Vom Plan zum Markt. Eine Untersuchung am Beispiel Ungarns.* Heidelberg (Physica), 130-181.

Meusburger, P. (1996a): *Educational Achievement, Language of Instruction, and School System as Key Elements of Minority Research.* In: Frantz, K.; Auder R. A. (Hrsg.): *Ethnic Persistence and Change in Europe and America.* Veröf-fentlichungen der Universität Innsbruck 213, Innsbruck, 187-222.

Meusburger, P. (1996b): *Regionale und soziale Ungleichheit in der sozialistischen Planwirtschaft und beim Übergang zur Marktwirtschaft. Das Beispiel Ungarn.* In: Glatzer, W. (Hrsg.): *Lebensverhältnisse in Osteuropa. Prekäre Entwicklungen und neue Konturen.* Frankfurt/New York (Campus), 177-210.

Meusburger, P. (1996c): *Zur räumlichen Konzentration von „Wissen und Macht" im realen Sozialismus.* In: 100 Jahre Geographie an der Ruprecht Karls-Universität (1895-1995). Heidelberger Geographische Arbeiten 100, 216-236.

Meusburger, P. (1997a): *Spatial and Social Inequality in Communist Countries and in the First Period of the Transformation Process to a Market Economy: The Example of Hungary.* In: *Geographical Review of Japan* 70 (Ser. B.), 126-143.

Meusburger, P. (1997b): *Grundstrukturen und Leitmotive der Stadtgeographie von Heidelberg.* In: Heidelberg - Stadt und Universität. Studium Generale, Hrsg. v. Rektorat der Universität Heidelberg, Heidelberg, 115-155.

Meusburger, P.; Schmude, J. (1991): *Regionale Disparitäten in der Feminisierung des Lehrerberufes an Grundschulen (Volksschulen). Dargestellt an Beispielen aus Österreich, Baden-Württemberg und Ungarn.* In: *Geographische Zeitschrift* 79, 75-93.

Meusburger, P.; Höfle, K. (1984): *Regional Variations of Education and Differences According to Qualifications between „Centre" and „Periphery in Austria. Some Results of the „Geography of Education".* *In:* Austrian Studies in the Geography of the Eastern Alps. Wiener Geographische Schriften 59/60, Wien (Hirt), 73-93.

Meusburger, P.; Kramer, C. (1991): *Die Entwicklung des Vorarlberger Volksschulwesens zwischen 1948 und 1987 - im Vergleich zum gesamtösterreichischen Trend.* In: *Österreich in Geschichte und Literatur mit Geographie* 35, 185-201.

Meusburger, P.; Schmidt, A. (1996): *Ausbildungsniveau und regionale Mobilität. Zur Abwanderung von Hochqualifizierten aus Vorarlberg.* In: Horvath T.; Neyer, G. (Hrsg.): *Auswanderungen aus Österreich. Von der Mitte des 19. Jahrhunderts bis zur Gegenwart.* Wien/ Köln/Weimar (Böhlau), 411-431.

MEW *Abkürzung für Marx-Engels-Werke* (1956-1983), 42 Bände. Berlin.

Meyer, A. H. G. (1971): *Schule und Kinderarbeit. Das Verhältnis von Schul- und Sozialpolitik in der Entwicklung der preußischen Volksschule zu Beginn des 19. Jahrhunderts.* Hamburg, Dissertation (Universität).

Meyer, J. (1975): *Diffusion of an American Montessori Education.* Department of Geography Research Papers 160, Chicago (The University of Chicago).

Meyer-Krahmer, F. (1984): *Recent Results in Measuring Innovation Output.* In: *Research Policy* 13, 175-182.

Michalsky, H. (1978): *Bildungspolitik und Bildungsreform in Preußen.* Weinheim (Beltz).

Miles, I. (1991): *Telecommunications: Abolishing Space but Reinforcing Distance?* In: Brotchie, J.; Batty, M.; Hall, P.; Newton P. (Hrsg.): *Cities of The 21st Century.* London/Melbourne (Halsted Press, Longman Cheshire), 73-93.

Minasian, J. R. (1962): *The Economics of Research and Development.* In: National Bureau of Economic Research, New York (Hrsg.): *The Rate and Direction of Inven-*

tive Activity: Economic and Social Factors. Princeton, 93-141.

Mincer, J. (1974): *Schooling, Experience, and Earnings.* New York.

Minkowich, A.; Davis, D.; Bashi, J. (1982): *Success and Failure in Israeli Elementary Education. An Evaluation Study with Special Emphasis on Disadvantaged Pu-pils.* New Brunswick/London (Transac-tion Books).

Minks, K.-H.; Nigmann, R. (1991): *Hochschulabsolventen 88/89 zwischen Studium und Beruf.* Hochschulplanung 88, Han-nover (HIS).

Mintzberg, H. (1979): *The Structuring of Organizations. A Synthesis of the Research.* Englewood Cliffs N. J. (Prentice Hall).

Mintzberg, H. (1983): *Power In and Around Organizations.* Englewood Cliffs N. J. (Prentice Hall).

Mirman, L. J. (1987): *Perfect Information.* In: Eatwell, J.; Milgrate, M.; Newman, P. (Hrsg.): *The New Palgrave. A Dictionary of Economics,* vol. 3, London (Macmillan), 836-837.

Mischler, E. (1886): *Über Analphabeten.* Statistische Monatsschrift XII, Wien.

Mises, L. v. (1922): *Die Gemeinwirtschaft. Untersuchungen über den Sozialismus.* Nachdruck der 2. Auflage, München (Philosophia) 1981.

Mises, L. v. (1940): *Nationalökonomie. Theorie des Handelns und Wirtschaftens.* Nachdruck der 1. Auflage. München (Philosophia) 1980.

Mitch, D. F. (1992): *The Rise of Popular Literacy in Victorian England: the Influence of Private Choice and Public Policy.* Philadelphia (University of Pennsylvania Press).

Mitchelson, R.; Wheeler, J. (1994): *The Flow of Information in a Global Economy: The Role of the American Urban System in 1990.* In: *Annals of the Association of American Geographers* 84, 87-107.

Mohun, S. (1983): *Division of Labour.* In: Bottomore, T. B. (Hrsg.): *A Dictionary of Marxist Thought.* Cambridge MA. (Harvard University Press), 131-134.

Mokyr, J. (1990a): *The Lever of Riches: Technological Creativity and Economic Progress.* New York (Oxford University Press).

Mokyr, J. (1990b): *Twenty Five Centuries of Technological Change: An Historical Survey.* New York (Harwood Academic Publishers).

Mol, N. P.; Kaiser, F. (1994): *Interpretation and Analysis of Cost-Per-Pupil Indicators in International Comparisons of Eucation Systems.* In: CERI (Hrsg.): *Making Education Count. Developing and Using International Indicators.* Paris (OECD), 323-337.

Monheim, H. (1977): *Die raumordnungspolitische Relevanz des Hochschulbaus.* In: *Informationen zur Raumentwicklung* 1977/3, 4, 201-219.

Monheim, H. (1983): *Chancen für die weitere Entwicklung der neuen Hoch-schulen im ländlichen Raum.* In: *Infor-mationen zur Raumentwicklung* 1983/4, 285-320.

Monheim, H. (1984): *Entwicklungschancen der neuen Universitäten im ländlichen Raum.* In: *Regionale Hochschulplanung unter veränderten Verhältnissen.* Veröffentlichungen der Akademie für Raumforschung und Landesplanung, Forschungs- und Sitzungsberichte 151, Hannover (Jänecke), 93-120.

Monheim, H.; Derenbach, R. (1977): *Die Dezentralisierung der Hochschulen. Entwicklungstrend, Entwicklungschancen.* In: *Informationen zur Raumentwicklung* 1977/7, 527-536.

Mönks, F.; Mason E. J. (1993): *Developmental Theories and Giftedness.* In: Heller, K. H.; Mönks, F. J.; Passow, A. H. (Hrsg.): *International Handbook of Research and Development of Gifted-ness and Talent.* Oxford/New York/Seoul/ To-kyo (Pergamon), 89-101.

Mønsted, M. (1993): *Regional Network Processes. Networks for the Service Sector or Development of Entrepreneurs?* In: Karlsson, C.; Johannisson, B.; Storey, D. (Hrsg.): *Small Business Dynamics.* London (Routledge), 204-222.

Montagna, P. (1980): *Uncertainty as a Scientific Concept and its Application to the Study of Occupations and Organizations.* In: Fiddle, S. (Hrsg.): *Uncertainty. Behavioral and Social Dimensions.* New York (Praeger), 10-42.

Mooney, R. L. (1963): *A Conceptual Model for Integrating Four Approaches to the Identification of Creative Talent.* In: Taylor, C. W.; Barron, F. (Hrsg.): *Scientific*

Creativity: its Recognition and Development. New York (Wiley), 331-340.

Moraw, P. (1991): *Was war eine Residenz im deutschen Spätmittelalter?* In: *Zeitschrift für Historische Forschung* 18, 461-468.

Morgan, K.; Sayer, A. (1983): *The International Electronics Industry and Regional Development in Britain.* Urban and Regional Studies, Working Paper 34. Brighton (University of Sussex).

Morgan, K.; Sayer, A. (1985): *A „Modern" Industry in a „Mature" Region. The Remaking of Management-Labour Relations.* In: *International Journal of Urban and Regional Research* 9, 383-404.

Moritz, E. F. (1992): *Culture of Manufacturing: A Case Study.* In: Ito, I. (Hrsg.): *Advanced Manufacturing. Human-Intelligence-based Manufacturing.* London (Springer).

Moss, M. L. (1987): *Telecommunications, World Cities and Urban Policy.* In: *Urban Studies* 24, 534-546.

Moss, M. L. (1991): *The Information City in the Global Economy.* In: Brotchie, J.; Batty, M.; Hall, P.; Newton P. (Hrsg.): *Cities of The 21st Century.* London/Melbourne (Halsted Press, Longman Cheshire), 181-189.

Moulden, M.; Bradford, M. G. (1984): *Influence on Educational Attainment: The Importance of the Local Residential Environments.* In: *Environment and Planning* A 16, 49-66.

Mulkay, M. (1981): *Wissen und Nutzen.* In: *Kölner Zeitschrift für Soziologie und Sozialpsychologie*, Sonderheft 22, 52-72.

Müller, K. (1962): *Die Standortbestimmung bei der Neugründung von Universitäten.* In: *Universität neuen Typs?* Vorträge einer Tagung in der Evangelischen Aka-demie Loccum. Schriften des Hochschul-verbandes 11, Göttingen (Schwartz), 59-101.

Müller-Wille, W. (1961): *Die Stadt Oldenburg als Standort einer Universität.* Münster.

Musgrave, P. W. (1967): *Technical Change, the Labour Force and Education: A Study of the British and German Iron and Steel Industries, 1860-1964.* London/New York (Pergamon).

Musgrove, F. (1963): *The Migratory Elite.* London (Heinemann).

Musgrove, F.; Taylor, P. H. (1969): *Society and the Teacher's Role.* London (Routledge & Paul Kegan).

Muske, G. (1975): *Motive für die Wahl des Studienortes München. Ein entscheidungstheoretischer Ansatz zur Erklärung räumlicher Mobilität, angewandt auf ein Beispiel aus dem Bereich der Bildungswanderung.* Münchner Geographische Hefte 38, Kallmünz/Regensburg (Laßleben).

National Education Association (1960): *One-Teacher Schools Today.* Research Monograph 1960-MI. Washington D.C.

Nave-Herz, R. (1971): *Soziologie der Schule und des Lehrers.* In: Ellwein, Th.; Groothoff, H.-H.; Rauschenberger, H.; Roth, H. (Hrsg.): *Erziehungswissen-schaftliches Handbuch.* 2. Bd. 1. Teil. Berlin (Rembrandt), 353-389.

Needham, J. (1962): *Science and Civilisation in China.* Vol. 2, Cambridge (Cambridge University Press).

Nefiodow, L. A. (1990): *Der fünfte Kondratieff: Strategien zum Strukturwandel in Wirtschaft und Gesellschaft.* Frankfurt a.M. (Frankfurter Allgemeine).

Neisser, U.; Boodoo, G.; Bouchard Jr., Th. J.; Boykin, A. W.; Brody, N.; Ceci, St. J.; Halpern, D. F.; Loehlin, J. C.; Perloff, R.; Sternberg, R. J.; Urbina, S. (1996): *Intelligence: Knowns and Unknowns.* In: *American Psychologist* 51 (2), 77-101.

Nelson, R. R. (1986): *Institutions Supporting Technical Advance in Industry.* In: *American Economic Review* 76, 186-189.

Nelson, R. R. (1959a): *The Economics of Invention: A Survey of the Literature.* In: *Journal of Business* 32, 101-127.

Nelson, R. R. (1959b): *The Simple Economics of Basic Scientific Research.* In: *Journal of Political Economy* 67, 297-306.

Nelson, R. R. (1962): *The Link between Science and Invention: The Case of the Transistor.* In: National Bureau of Economic Research, New York (Hrsg.): *The Rate and Direction of Inventive Activity: Economic and Social Factors. Princeton* (Princeton University Press), 549-583.

Nelson, R. R.; Winter, S. G. (1982): *An Evolutionary Theory of Economic Change.* Cambridge MA (Harvard University Press).

Neuloh, O.; Hahn, K. (1949): *Die regionale und soziale Herkunft der Studierenden an den Technischen Hochschulen des Ver-ei-*

einigten Wirtschaftsgebiets. Soziale Fragen der Deutschen Hochschule 2, Dortmund.

Nicholas, S. J.; Nicholas, J. M. (1992): *Male Literacy, „Deskilling", and the Industrial Revolution*. In: *Journal of Interdisciplinary History* 23, 1-18.

Niedzwetzki, K. (1969): *Der Einzugsbereich der Universität Kiel und seine Auswir-kungen auf die Entwicklung der Studierenden*. Dissertation, Kiel (Universität).

Niedzwetzki, K. (1977): *Soziale Herkunft und regionale Mobilität. Dargestellt am Beispiel von Abiturienten aus einem großstadtfernen, stark traditionell geprägten Raum (Mittelbereich Ellwangen)*. In: Mitteilungen der Geographischen Gesellschaft München 62, 113-134.

Nijkamp, P.; Mouwen, A. (1987): *Knowledge Centers, Information Diffusion and Regional Development*. In: Brotchie J. F.; Hall, P.; Newton, P. W. (Hrsg.): *The Spatial Impact of Techno-logical Change*. London (Croom Helm), 254-270.

Nipperdey, Th. (1977): *Mass Education and Modernization - the Case of Germany 1780-1850*. In: *Transactions of the Royal Historical Society*, 5th Series 27, 155-172.

Nisbet, R. (1980): *History of the Idea of Progress*. New York (Basic Books).

Nishiyama, Ch.; Leube, K. R. (Hrsg.) (1984): *The Essence of Hayek*. Stanford (Hoover Institutions Press).

Nonaka, I. (1994): *A Dynamic Theory of Organizational Knowledge Creation*. In: *Organization Science* 5, 14-37.

North, D. C. (1961): *The Economic Growth of the United States, 1790-1860*. Englewood Cliffs (Prentice-Hall).

North, D. C. (1973): *Innovation and Diffusion of Technology*. In: Lane, F. C. (Hrsg.): *Fourth International Conference of Economic History*. Bloomington 1968. Paris (Mouton), 223-231.

Notbohm, H. (1959): *Das evangelische Kirchen- und Schulwesen in Ostpreußen während der Regierung Friedrichs des Großen*. Heidelberg (Quelle & Meyer).

Nürnberger, R. (Hrsg.) (1961): *Melanchthons Werke in Auswahl Bd. III „Humanistische Schriften"*. Gütersloh (Bertelsmann).

Nütten, I.; Sauermann, P. (1989): *Innovation und Kreativität*. In: Strutz, H. (Hrsg.): *Handbuch Personalmarketing*. Wiesbaden (Gabler), 527-541

Nutz, M. (1988): *„Regional"-Universität Köln: Wandel des studentischen Einzugsbereichs und Aspekte der Studienortwahl*. In: Beiträge zur Hochschulforschung 1988/1, München (Bayerisches Staatsinstitut für Hochschulforschung und Hochschulplanung), 29-49.

Nutz, M. (1991): *Räumliche Mobilität der Studierenden und Struktur des Hochschulwesens in der Bundesrepublik Deutschland. Eine Analyse des Entscheidungsverhaltens bei der Studienortwahl und der Einzugsgebiete der Universitäten*. Kölner Geographische Arbeiten 54, Köln.

O'Brien, R. C.; Helleiner, G. K. (1983): *The Political Economy of Information in a Changing International Economic Order*. In: O'Brien, R. C. (Hrsg.): *Information, Economics and Power. The North-South Dimension*. London (Hodder & Stoughton).

Oakes, J. (1986): *Educational Indicators: a Guide for Policymakers*. New Brunswick (Center for Policy Research in Education).

Oberauer, K. (1993): *Prozedurales und deklaratives Wissen und das Paradigma der Informationsverarbeitung*. In: *Sprache und Kognition 12*, 30-43.

OECD (1994a): *Proposed Standard Practice for Surveys of Research and Experimental Development: Frascati Manual 1993*. Paris (OECD).

OECD (1994b): *Technology and Productivity. The Key Relationships*. Paris (OECD).

OECD (1995): *Industry and Technology. Scoreboard of Indicators 1995*. Paris (OECD).

Oeser, E. (1986): *Der Informationsbegriff in der Philosophie und in der Wissenschaftstheorie*. In: Folberth O. G.; Hackl, C. (Hrsg.): *Der Informationsbegriff in Technik und Wissenschaft*. München (Oldenbourg), 231-256.

Oesterer, M.; Meusburger, P. (1998 im Druck): *Die Situation der ungarischen Zigeuner auf dem Arbeitsmarkt beim Übergang von der sozialistischen Planwirtschaft zur Marktwirtschaft*. In: Berliner Geographische Abhandlungen.

Offe, C. (1970): *Leistungsprinzip und industrielle Arbeit. Mechanismen der Statusverteilung in Arbeitsorganisationen der*

industriellen Leistungsgesellschaft. Frankfurt a.M. (Europäische Verlagsanstalt).
Ogburn, W. F. (1950, 1964): *Social Revolution Reconsidered.* In: Duncan, O. D. (Hrsg.): *William F. Ogburn on Culture and Social Change: Selected Papers.* Chicago (University of Chicago Press), 17-32.
Olsen, M. E. (1970): *Marx as a Power Theorist.* In: Olsen, M. E. (Hrsg.): *Powers in Societies.* London (MacMillan), 70-77.
Oltmanns, T. (1193): *Die Weisheit des Auktionators.* In: *Zeit der Ökonomen. Eine kritische Bilanz volkswirtschaftlichen Denkens.* Zeit Punkte 3/1993, 25-27.
Ommen, T. K. (1989): *India: „Brain Drain" or the Migration of Talent?* In: *Inter-national Migration* 27, 411-426.
Orishimo, I.; Inoue, G. (1990): *Technology Diffusion: an Overview of Theories and a Process-Space Model.* In: Cappellin, R.; Nijkamp P. (Hrsg.): *The Spatial Context of Technological Development.* Aldershot/ Brookfield/Hongkong (Avebury), 369-393.
Palfreman, J.; Swade, D. (1991): *The Dream Machine: Exploring the Computer Age.* London (BBC Books).
Paolillo, J. G.; Brown, W. B. (1978): *How Organizational Factors Affect R&D Innovation.* In: *Research Management* 21, 12-15.
Parsons, T. (1960): *Structure and Process in the Modern Societies.* Glencoe (Free Press).
Parsons, T. (1968a): *Sozialstruktur und Persönlichkeit.* Frankfurt a.M. (Fachbuchhandlung für Psychologie).
Parsons, T. (1968b): *Systems Analysis: Social Systems.* In: Sills, D. L. (Hrsg.): *International Encyclopedia of the Social Sciences*, vol. 15, New York (Macmillan), 458-473.
Peet, R. (1991): *Global Capitalism. Theories of Societal Development.* London/New York (Routledge).
Peisert, H. (1965): *Regionalanalyse als Methode der Bildungsforschung.* In: Studien und Berichte aus dem Soziologischen Seminar der Universität Tübingen 5. Tübingen.
Peisert, H. (1967): *Soziale Lage und Bildungschancen in Deutschland.* Studien zur Soziologie 7, München (Nymphenburger Verlagsbuchhandlung).
Peisert, H. (1968): *Die Bildungsbeteiligung von Katholiken.* In: Konstanzer Blätter für Hochschulfragen 20, 40-60.
Peisert, H. (1975): *Student in Konstanz. Standort, Einzugsbereich und Motive für das Studium an einer neuen Universität.* In: Konstanzer Blätter für Hochschulfragen 48, 1-105.
Peisert, H. (1979): *Die Entwicklung der Hochschulregion Konstanz und ihre Bedeutung für die Rekrutierung der Studenten an einer neuen Universität.* In: Konstanzer Blätter für Hochschulfragen 62, 99-113.
Peisert, H.; Wunberg, M. (1970): *Die Bedeutung von „Regionen gleicher Bildungsbeteiligung" für die Bildungsforschung.* In: Veröffentlichungen der Akademie für Raumforschung und Landes-planung, Forschungs- und Sitzungs-berichte 60, Hannover (Jänecke), 17-23.
Pelikan, P. (1989): *Evolution, Economic Competence, and the Market for Corporate Control.* In: *Journal of Economic Behavior and Organization* 12, 279-303.
Perez, C.; Soete, L. (1988): *Catching up in Technology. Entry Barriers and Windows of Opportunity.* In: Dosi, G.; Freeman, C.; Nelson, R.; Silverberg, G.; Soete, L. (Hrsg.): *Technical Change and Economic Theory.* London (Pinter), 458-479.
Perleith, C.; Lehwald G.; Browder C. S. (1993): *Indicators of High Ability in Young Children.* In: Heller, K. H.; Mönks, F. J.; Passow, A. H. (Hrsg.): *International Handbook of Research and Development of Giftedness and Talent.* Oxford/New York/Seoul/Tokyo (Pergamon), 283-310.
Perrin, J.-C. (1991): *Technological Innovation and Territorial Development: an Approach in Terms of Networks and Milieux.* In: Camagni, R. (Hrsg.): *Innova-tion Networks: Spatial Perspectives.* London/New York (Belhaven), 35-54.
Petersilie, A. (1883): *Preußens öffentliche Volksschulen.* In: *Zeitschrift des königlich preußischen statistischen Bureaus 23*, Berlin (Berliner Associations-Buchdruckerei: Pape & Co.), 45-89.
Pettigrew, T. F. (1970): *Racial Segregation and Negro Education.* In: Moynihan, D. (Hrsg.): *Urban America. Voice of America, Forum Lectures.* Washington, D.C., 187-197.

Peyer, H. C. (1964): *Das Reisekönigtum im Mittelalter.* In: *Vierteljahrsschrift für Sozial- und Wirtschaftsgeschichte* 51, 1-21.

Pfeffer, J.; Leblebici, H.(1973): *The Effect of Competition on Some Dimensions of Organizational Structure.* In: *Social For-ces* 52, 268-279.

Pfiffner, M.; Stadelmann, P. (1994): *Expertenwissen von Wissensexperten.* In: Hitzler, R.; Honer A.; Maeder, Chr. (Hrsg.): *Expertenwissen. Die institutionalisierte Kompetenz zur Konstruktion von Wirklichkeit.* Opladen (Westdeutscher Verlag), 146-154.

Phillips, H. M. (1970): *Literacy and Development.* Paris (UNESCO).

Picht, G. (1964): *Die deutsche Bildungs-katastrophe.* Olten (Wachter).

Pirker, Th.; Lepsius M. R.; Weinert R.; Hertle, H. H. (1995): *Der Plan als Befehl und Fiktion. Wirtschaftsführung in der DDR. Gespräche und Analysen.* Opladen (Westdeutscher Verlag), 363-375.

Plessner, H. (1956): *Nachwuchsfragen im Spiegel einer Erhebung (1953-1955).* Göttingen (Vandenhoeck & Ruprecht).

Podsakoff, P. M.; Todor, W. D.; Grover, R. A.; Huber, V. L. (1984): *Situational Moderators of Leader Reward and Punishment Behaviors: Fact or Fiction?* In: *Organizational Behavior and Human Performance* 34, 21-63.

Polanyi, M. (1958): *Personal Knowledge: Towards a Post-Critical Philosophy.* Chicago (University of Chicago Press).

Polanyi, M. (1967): *The Tacit Dimension.* Garden City (Doubleday).

Pollard, S. (1963): *Factory Discipline in the Industrial Revolution.* In: *Economic Hi-story Review* 16, 254-271.

Pommerehne, W.; Renggli, M. (1986): *Die Messung universitärer Forschungsleistung am Beispiel der Wirtschaftswissenschaften.* In: Fisch, R.; Daniel, H.-D. (Hrsg.) (1986): *Messung und Förderung von Forschungsleistung.* Konstanzer Beiträge zur sozialwissenschaftlichen Forschung Bd. 2, Konstanz, 89-134.

Popper, K. R. (1994): *Alles Leben ist Problemlösen. Über Erkenntnis, Geschich-te und Politik.* Darmstadt (Wissenschaft-liche Buchgesellschaft).

Porat, M. (1977): *The Information Economy: Definition and Measurement.* Special Publications 77-12(1), Office of Telecommunications. Washington (US Department of Commerce).

Porter, M. E. (1990): *The Competitive Advantage of Nations.* New York (Free Press).

Portes, A.; Sensenbrenner, J. (1993): *Embeddedness and Immigration: Notes of the Social Determinants of Economic Action.* In: *American Journal of Sociology* 98, 1320-1350.

Powell, W. W. (1990): *Neither Market nor Hierarchy. Network Forms of Organization.* In: Staw, B. M.; Cummings, L. L. (Hrsg.): *Research in Organizational Behavior.* Vol 12. Greenwich CT (JAI Press), 295-336.

Powers, W. T. (1973): *Behavior: The Control of Perception.* Chicago (Aldine Publishers).

Pratt, A. (1997): *The Emerging Shape and Form of Innovation Networks and Institutions.* In: Simmie, J. (Hrsg.): *Inno-vation, Networks and Learning Regions?* Regional Policy and Development Series 18. London/Bristol (J. Kingsley), 124-136.

Pred, A. (1977): *City Systems in Advanced Economies.* London (Hutchinson).

Pred, A. (1978): *The Impact of Technological and Institutional Innovations on Life Content.* In: *Geographical Analysis* 10, 345-372.

Pred, A. (1986): *Place, Practice and Struc-ture.* Cambridge (Polity Press).

Price, D. J. (1975): *Science since Babylon.* Enlarged Edition. New Haven (Yale University Press).

Pye, T. (1977): *Office Location and the Cost of Maintaining Contact.* In: *Environment and Planning* A 9, 149-168.

Qadir, S. A. (1990): *Philosophy and Science in the Islamic World.* Paperback edition, London (Routledge).

Quarthal, F. (1989): *Leseverhalten und Lesefähigkeit in Schwaben vom 16. is zum 19. Jahrhundert.* In: *Vergangenheit als Verantwortung.* Otto Borst zum 65. Geburtstag. (Die Alte Stadt 16, H. 2 und 3), Stuttgart (Kohlhammer), 339-350.

Quéniart, J. (1978): *Culture et sociétés urbaines dans la France de l'Ouest au XVIIIe siècle.* Paris (Klincksieck).

Quévit, M. (1991): *Innovative Environments and Local/International Linkages in Enterprise Strategy: a Framework for Analysis.* In: Camagni, R. (Hrsg.): *Inno-*

vation Networks: Spatial Perspectives. London/New York (Belhaven), 55-70.

Quick, S. (1990): *Das Übergangsverhalten der Mannheimer Grundschulabsolventen auf weiterführende Schulen.* In: Meus-burger, P.; Schmude, J. (Hrsg.): *Bildungs-geographische Studien über Baden-Württemberg.* Heidelberger Geographische Arbeiten 88. Heidelberg, 135-153.

Raan, A. F. J. van; Nederhof, A. J.; Moed, H. F. (Hrsg.) (1989): *Science and Technology Indicators. Their Use in Science Policy and Their Role in Science Studies.* Leiden (DSWO Press).

Rachal, J. B. (1987): *Measuring English and American Historical Literacy: a Review of Methodological Approaches.* In: *International Journal of Lifelong Education* 6, 185-198.

Radner, R. (1987): *Uncertainty and General Equilibrium.* In: Eatwell, J.; Milgrate, M.; Newman, P. (Hrsg.): *The New Palgrave. A Dictionary of Economics*, vol. 4, London (Macmillan), 734-741.

Radner, R. (1992): *Hierarchy: The Economics of Managing.* In: *Journal of Economic Literature* 30, 1382-1415.

Raju, S. (1988): *Female Literacy in India. The Urban Dimension.* In: *Economic and Political Weekly* 29. October, 57-64.

Raju, S. (1992): *Caste and Gender Disparities in Literacy in Urban India. Some Developmental Implications.* In: *Demo-graphy India* 20, 113-126.

Ramm, M.; Bargel, T. (1995): *Studium, Beruf und Arbeitsmarkt. Orientierungen von Studierenden in West- und Ostdeutschland.* Beiräge zur Arbeitsmarkt- und Berufsforschung 193, Nürnberg (IAB).

Rappaport, J.; Cummins, T. B. F. (1994): *Literacy and Power in Colonial Latin America.* In: Bond, G. C.; Gilliam A. (Hrsg.): *Social Construction of the Past. Representation as Power. One World Archaeology* 24, London/New York (Routledge), 89-109.

Rath, W. et al. (1969): *Internationale Tendenzen der Hochschulentwicklung und Hochschulplanung.* In: Linde, H. (Hrsg.): *Hochschulplanung.* Beiträge zur Struktur- und Bauplanung. Bd. 1, Düsseldorf (Weinert), 38-101.

Rawski, E. S. (1979): *Education and Popular Literacy in Ch'ing China.* Ann Arbor (University of Michigan Press).

Rawson, R. W. (1841): *An Enquiry into the Condition of Criminal Offenders in England and Wales, with Respect to Education; or, Statistics of Education among the Criminal and General Population of England and other Coun-tries.* In: *Journal of the Statistical Society of London* 6, 331-352.

Rawson, R. W. (1843): *Results of Some Inquiries into the Condition and Edu-cation of the Poorer Classes in the Parish of Marylebone, in 1838.* In: *Jour-nal of the Statistical Society of London* 6, 44-48.

Recum, H. v. (1955): *Soziale Strukturwandlungen des Volksschullehrerberufes: vom Aufstiegsberuf zum Mangel-beruf.* In: *Kölner Zeitschrift für Soziologie und Sozialpsychologie* 5, 574-579.

Religionsbekenntnis und Schulbildung der Bevölkerung des preußischen Staats. In: *Zeitschrift des königlich preußischen statistischen Bureaus* XIV, II. und III. Heft, 1874, Berlin (Berliner Associations-Buchdruckerei: Pape & Co.), 143-152.

Report of a Committee of the Manchester Statistical Society, on the State of Education in the Township of Pendleton, 1838. In: *Journal of the Statistical Society of London* 2, 1839, 65-83.

Report of the Commissioner Appointed to Inquire into the Condition of the Frame-Work Knitters, 1845.

Report of the Education Committee of the Statistical Society of London on the Borough of Finsbury. In: *Journal of the Statistical Society of London* 6, 28-43.

Repucci, L. C. (1988): *Definitions of Creativity.* In: Sternberg R. J. (Hrsg.): *The Nature of Creativity. Contemporary Psy-chological Perspectives.* Cambridge (Cambridge University Press), 118-119.

Richta, R. (1977): *The Scientific and Technological Revolution and the Prospects of Social Development.* In: Dahrendorf, R. et al. (Hrsg.): *Scientific-Technological Revolution: Social Aspects.* London (Sage), 25-72.

Richta, R. et al. (1972): *Technischer Fortschritt und industrielle Gesellschaft.* Frankfurt a.M. (Makol).

Ridington, R. (1988): *Trail to Heaven: Knowledge and Narrative in a Northern*

Native Community. Iowa City (University of Iowa Press).
Ridington, R.; Ridington J. (1978): *People of the Trail: How the Northern Forest Indians Lived.* Vancouver (Douglas & McIntyre).
Rienhardt, A. (1918): *Das Universitätsstudium der Württemberger seit der Reichsgründung*. Tübingen (Mohr).
Rippe, W. (1988): *Zur Ausbildungsadäquanz der Arbeitsplätze von Hochschulabsolventen: Konzeptionen und Indikatoren, Erwartungen und Erfahrungen.* In: Bodenhöfer, H.-J. (Hrsg.): *Bildung, Beruf, Arbeitsmarkt.* Schriften des Vereins für Socialpolitik N. F. 174, Berlin (Duncker und Humblot), 171-208.
Ritter, R. (1973): *Schulsituation in Problemgebieten, dargestellt am Beispiel des Landkreises Cham.* In: Studien und Materialien des Staatsinstituts für Bildungsforschung und Bildungsplanung 4, 107-170.
Ritter, R. (1976): *Schülerbeförderung in drei bayerischen Landkreisen.* In: Infrastruktur im Bildungswesen. Veröffentlichungen der Akademie für Raumforschung und Landesplanung. Forschungs- und Sitzungsberichte 107, Hannover (Jänecke), 99-144.
Robinson, A. H. (1982): *Early Thematic Mapping in the History of Cartography.* Chicago/London (The University of Chicago Press).
Rochow, F. E. von. *Sämtliche pädagogische Schriften.* Hrsg. von F. Jonas und F. Wienecke. 4 Bde, Berlin/Paderborn (Schöningh), 1907-1910.
Rodax, K. (1989a): *Allgemeinbildender Schulbereich und Bildungsstatistik.* In: Rodax, K. (Hrsg.): *Strukturwandel der Bildungsbeteiligung 1950 - 1985.* Eine Bestandsaufnahme im Spiegel der amtlichen Statistik. Wege der Forschung Bd. 645, Darmstadt (Wissenschaftliche Buchgesellschaft), 3-22.
Rodax, K. (1989b): *Einleitung (Allgemeine Entwicklung und Analyse der Bildungsbeteiligung).* In: Rodax, K. (Hrsg.): *Strukturwandel der Bildungsbeteiligung 1950-1985.* Eine Bestandsaufnahme im Spiegel der amtlichen Statistik. Wege der Forschung Bd. 645, Darmstadt (Wissenschaftliche Buchgesellschaft), 25-31.
Rodax, K. (1989c): *Einleitung (Geschlechtsspezifische Entwicklung und Analyse der Bildungsbeteiligung).* In: Rodax, K. (Hrsg.): *Strukturwandel der Bildungsbeteiligung 1950-1985.* Eine Bestandsaufnahme im Spiegel der amtlichen Statistik. Wege der Forschung Bd. 645, Darmstadt (Wissenschaftliche Buchgesellschaft), 169 -176.
Rodax, K. (1989d): *Einleitung (Entwicklung und Analyse der Bildungsbeteiligung nach sozialer Herkunft).* In: Rodax, K. (Hrsg.): *Strukturwandel der Bildungsbeteiligung 1950-1985.* Eine Bestandsaufnahme im Spiegel der amtlichen Statistik. Wege der Forschung Bd. 645, Darmstadt (Wissenschaftliche Buchgesellschaft), 221-231.
Rodax, K. (1989e): *Bildungsbeteiligung und Bildungschancen.* In: Rodax, K. (Hrsg.): *Strukturwandel der Bildungsbeteiligung 1950 - 1985.* Eine Bestandsaufnahme im Spiegel der amtlichen Statistik. Wege der Forschung Bd. 645, Darmstadt (Wissenschaftliche Buchgesellschaft), 311-316.
Rodriguez, M. C.; Bennassar, B. (1978): *Signatures et Niveau Culturel des Témoins et Accusés dans les Procès d'Inquisition du Ressort du Tribunal de Tolède (1525-1817), et du Ressort du Tribunal de Cordoue (1595-1632).* Cahiers du Monde Hispanique et Luso-Brésilien 31, 17-46.
Rolfes, M. (1996): *Regionale Mobilität und akademischer Arbeitsmarkt.* Osnabrücker Studien zur Geographie 17, Osnabrück (Rasch).
Rolfes, M.; Wenzel, H.-J. (1989): *Der akademische Arbeitsmarkt in Westniedersachsen. Übersicht über die Zahl und die berufliche Qualifikation arbeitsloser Hochschulabsolventen sowie über offene Akademikerstellen im westlichen Niedersachsen 1980-1987.* In: *Neues Archiv für Niedersachsen* 1989/3, 66-94.
Rolfes, M.; Wenzel, H.-J. (1990): *Hochschulausbildung und akademischer Arbeitsmarkt im westlichen Niedersachsen.* In: Berichte zur deutschen Landeskunde 64 (2), 345-380.
Rollet, G. (1977): *Hochschulatlas Bundesrepublik Deutschland. Die Hochschulen nach ihrer Gliederung in Fakultäten und Fachbereiche, ihr Fächerspektrum, ihre Verteilung auf* Mikro- und *Makro-standorte.* Grafenau-Döffingen (Lexika).

Rönne, L. v. (1855): *Das Unterrichtswesen des preußischen Staates; eine Sammlung aller gesetzlichen Bestimmungen.* 2 Bde, Berlin.

Roover de, R. (1942): *The Commercial Revolution of the Thirteenth Century.* In: *Bulletin of the Business Historical Society*, XVI, 34 - 39.

Rose, A. M. (1958): *Distance of Migration and Socio-Economic Status of Migrants.* In: *American Sociological Review* 23, 420-423.

Rose, A. M. (1968): *The Ecological In-fluential: A Leadership Type.* In: *Socio-logy and Social Research* 52, 185-192.

Rose, F. (1989): *West of Eden: The End of Innocence at Apple Computer.* New York (Penguin).

Rosenberg, N. (1972): *Technology and American Economic Growth.* New York (Harper & Row).

Rosenberg, N. (1986): *The Impact of Technological Innovation: A Historical View.* In: Landau R.; Rosenberg, N. (Hrsg.): *The Positive Sum strategy. Harnassing Technology for Economic Growth.* Washington (National Academy Press), 17-32.

Rostow, W. W. (1960): *The Stages of Economic Growth: A Non-Communist Manifesto.* Cambridge (Cambridge Uni-versity Press).

Roth, C. (1974): *A History of the Marranos.* 4th ed., New York (Hermon).

Roth, G. (1987): *Erkenntnis und Realität*: Das reale Gehirn und seine Wirklichkeit. In: Schmidt S. J. (Hrsg.): *Der Diskurs des Radikalen Konstruktivismus.* Frankfurt a. M. (Suhrkamp), 229-255.

Rottenberg, S. (1968): *Occupational Licensing.* In: Sills, D. L. (Hrsg.): *International Encyclopedia of the Social Sciences*, vol. 9, New York (Macmillan), 283-285.

Rouchy, J. C. (1982): *Archaic Processes in Organizations: Fluid Boundaries between Individuals and Groups.* In: Pines M.; Rafaelsen, L. (Hrsg.): *The Individual and the Group. Boundaries and Interrelations.* Volume 1: Theory. New York/London (Plenum), 389-397.

Rückbrod, K. (1965): *Die Geschichte der Universität mit Hinblick auf die bauliche Form.* In: Planung wissenschaftlicher Hochschulen. Schriften des Zentralarchivs für Hochschulbau 1, 12-14.

Rückbrod, K.(1969): *Das bauliche Bild der Universität im Wandel der Zeit.* In: Linde, H. (Hrsg.): *Hochschulplanung.* Beiträge zur Struktur- und Bauplanung, Bd. 1. Düsseldorf (Werner), 24-37.

Rühl, A. (1925): *Vom Wirtschaftsgeist im Orient.* Leipzig (Quelle & Meyer).

Rühl, A. (1927): *Vom Wirtschaftsgeist in Amerika.* Leipzig (Quelle & Meyer).

Rumberger, R. W. (1983): *Dropping out of High School: The Influence of Race, Sex and Family Background.* In: *American Educational Research Journal* 20, 199-220.

Rumberger, R. W. (1987): *High School Dropouts: A Review of Issues and Evi-dence.* In: *Review of Educational Research* 57, 101-121.

Rumberger, R. W. (1994): *Labour Market Outcomes as Indicators of Educational Performance.* In: CERI (Hrsg.): *Making Education Count. Developing and Using International Indicators.* Paris (OECD), 265-286.

Runco, M. A.; Albert, R. S. (Hrsg.) (1990): *Theories of Creativity.* Newbury Park CA (Sage).

Rusch, G. (1985): *Von einem konstruktivistischen Standpunkt. Erkenntnistheorie, Geschichte und Diachronie in der empirischen Literaturwissenschaft.* Braunschweig/Wiesbaden (Suhrkamp).

Ryba, R. (1976): *Aspects of Territorial Inequality in Education.* In: *Comparative Education* 12, 183-197.

Ryba, R. (1979): *Territorial Patterns of Diversity in Education.* In: *Comparative Education* 15, 251-257.

Sack, R. D (1980): *Conceptions of Space in Social Thought: A Geographic Per-spective.* London (Macmillan).

Sack, R. D. (1984): *The Societal Conception of Space.* In: Massey, D.; Allen, J. (Hrsg.): *Geography Matters.* Cambridge (Cambridge University Press), 34-47.

Sah, R. K.; Stiglitz, J. E. (1986): *The Architecture of Economic Systems: Hierarchies and Polyarchies.* In: *The American Economic Review* 76, 716-727.

Saha, L. J.; Atkinson, C. M. (1979): *Insiders and Outsiders: Migrant Academics in an Australian University.* In: *International Journal of Comparative Sociology* 19, 203-218.

Sanbonmatsu, D. M.; Kardes, F. R.; Herr, P. M. (1992): *The Role of Prior Knowledge and Missing Information in Multiattribute Evaluation.* In: *Organizational Behavior and Human Decision Processes* 51, 76-91.

Sanders, B. S. (1962): *Some Difficulties in Measuring Inventive Activity.* In: National Bureau of Economic Research, New York (Hrsg.): *The Rate and Direction of Inventive Activity: Economic and Social Factors.* Princeton (Princeton University Press), 53-83.

Sanderson, M. (1972): *Literacy and Social Mobility in the Industrial Revolution in England.* In: *Past and Present* 56, 75-104.

Sanderson, M. (1983): *Education, Economic Change, and Society in England, 1780-1870.* London (Macmillan).

Sargant, W. L. (1867): *On the progress of elementary education.* In: *Journal of the Statistical Society of London* 30, 80-130.

Sartori, G. (1962): *Democratic Theory.* Detroit (Wayne State University Press).

Sassen, S. (1991): *The Global City.* New York/London/Tokyo/Princeton (Princeton University Press).

Sauberzweig, D. (1973): *Strukturelle und wirtschaftliche Bedeutung der Hochschule für Stadt und Region.* In: *Der Städtetag* 26, 537-543.

Sauter, E. (1989): *Herausforderungen an die berufliche Weiterbildung - Recycling oder Prävention.* In: Döring P. A. (Hrsg.): *Bildung in sozioökonomischer Sicht.* Köln/ Wien (Böhlau), 141-159.

Sauter, E. (1990): *Weiterbildungsstatistik: Ansätze, Defizite, Vorschläge.* In: *Recht der Jugend und des Bildungswesens* 3, 258-270.

Saxenian, A. (1983): *The Genesis of Silicon Valley.* In: *Built Environment* 9, 7-17.

Saxenian, A. (1990): *Regional Networks and the Resurgence of Silicon Valley.* In: *California Management Review* 33, 89-113.

Saxenian, A. L. (1985): *Silicon Valley and Route 128: Regional Prototypes or Historcal Exceptions?* In: Castells, M. (Hrsg.): *High-technology, Space and Society.* Beverly Hills (Sage).

Saxenian, A. L. (1991): *The Origins and Dynamics of Production Networks in Silicon Valley.* In: *Research Policy* 20, 423-437.

Schamp, E. W. (1989): *Universities as Local Knowledge Centres in Peripheral Regions: The Case of Göttingen.* In: Smidt de, M.; Wever, E. (Hrsg.): *Regional and Local Economic Policies and Technology.* Nederlandse Geografische Studies 99, Amsterdam/Utrecht, 115-122.

Scheler, M. (1926): *Die Wissensformen und die Gesellschaft.* Leipzig (Der Neue Geist Verlag).

Scheler, M. (Hrsg.) (1924): *Versuche zu einer Soziologie des Wissens.* Schriften des Forschungsinstituts für Sozialwissenschaften in Köln 2. München (Duncker & Humblot).

Schelsky, H. (1957): *Schule und Erziehung in der industriellen Gesellschaft.* Weltbild und Erziehung 20. Würzburg (Werkbund).

Schelsky, H. (1975): *Die Arbeit tun die anderen. Klassenkampf und Priesterherrschaft der Intellektuellen.* Opladen (Westdeutscher Verlag).

Schenda, R. (1982): *Alphabetisierung und Literarisierungsprozesse in Westeuropa im 18. und 19. Jahrhundert.* In: Hinrichs, E.; Wiegelmann, G. (Hrsg.): *Sozialer und kultureller Wandel in der ländlichen Welt des 18. Jahrhunderts.* (Wolfenbütteler Forschungen 19). Wolfenbüttel, 1-20.

Scherer, F. (1983): *The Propensity to Patent.* In: *International Journal of Industrial Organization* 1, 107-128.

Scherer, F. M. (1965): *Firm Size, Market Structure, Opportunity, and the Output of Patented Inventions.* In: *American Economic Review* 55, 1097-1125.

Schindler, G. (1983): *Besetzung der C4 Stellen an bayerischen Universitäten 1972-1982.* München (Bayerisches Staatsinstitut für Hochschulforschung und Hochschulplanung).

Schlaffke, W. (1997): *Welche Anforderungen stellt der Wirtschaftsstandort Deutschland?* In: Der Bürger im Staat 47, 210-215.

Schluchter, W. (1972): *Aspekte bürokratischer Herrschaft.* München (List).

Schluchter, W. (1979): *Die Entwicklung des okzidentalen Rationalismus* Die Einheiten der Gesellschaftswissenschaften 23, Tübingen (Mohr).

Schluchter, W. (1980): *Rationalismus der Weltbeherrschung.* Studien zu Max Weber. Frankfurt a.M. (Suhrkamp).

Schmidt, A. (1998): *Zur Abwanderung von Hochqualifizierten aus Vorarlberg.* Maschingeschriebene Dissertation. Heidelberg (Universität).

Schmidt, P. H. (1925): *Wirtschaftsforschung und Geographie.* Jena (Fischer).

Schmidt, S. J. (1987): *Der Radikale Konstruktivismus: Ein neues Paradigma im interdisziplinären Diskurs.* In: Schmidt, S. J. (Hrsg.): *Der Diskurs des Radikalen Konstruktivismus.* Frankfurt a.M. (Suhrkamp), 11-88.

Schmidt, S. J. (1996): *Kognitive Autonomie und soziale Orientierung.* Frankfurt a.M. (Suhrkamp).

Schmookler, J. (1962): *Changes in Industry and in the State of Knowledge as Determinants of Industrial Invention.* In: National Bureau of Economic Research New York (Hrsg.): *The Rate and Direction of Inventive Activity: Economic and Social Factors.* Princeton (Princeton University Press), 195-232.

Schmude, J. (1988a): *Die Feminisierung des Lehrberufs an öffentlichen, allgemeinbildenden Schulen in Baden-Württemberg.* Heidelberger Geographische Arbeiten 87, Heidelberg.

Schmude, J. (1988b): *Frauen an deutschen Hochschulen.* In: Beiträge zur Hochschulforschung 1/1988, 67-93.

Schmude, J. (1989): *Frauen im akademischen Lehramt an der Universität Heidelberg. Eine Untersuchung über weibliche Habilitierte und Professorinnen.* In: Ruperto Carola 79, 22-31.

Schmude, J. (1990): *Das Einzugsgebiet der Waldorfschule Heidelberg. Ergebnisse einer empirischen Untersuchung über das regionale und soziale Rekrutierungsfeld einer Waldorfschule.* In: Meusburger, P.; Schmude, J. (Hrsg.): *Bildungsgeographische Studien über Baden-Württemberg.* Heidelberger Geographische Arbeiten 88. Heidelberg, 61-84.

Schneider, B. (1987): *The People Make the Place.* In: *Personnel Psychology* 40, 437-453.

Schofield, R. S. (1968): *The Measurement of Literacy in Pre-industrial England.* In: Goody, J. (Hrsg.): *Literacy in Traditional Societies.* Cambridge/London (Cambridge University Press), 311-325.

Schofield, R. S. (1973): *Dimensions of Illiteracy, 1750-1850.* In: *Explorations in Economic History* 10, 437-454.

Schomburg, H. (1990): *Der Übergang vom Studium in den Beruf.* In: Teichler, U.; Winkler, H. (Hrsg.): *Der Berufsstart von Hochschulabsolventen.* Bad Honnef (Bock).

Schorb O.; Schmidbauer, M. (1969): *Bildungsbewegung und Raumstruktur. Eine Analyse der Übertritte in Realschulen und Gymnasien in Bayern 1963-1967.* Schriften des Staatsinstituts für Bildungsforschung und -planung in München. Stuttgart (Klett).

Schowe, E. (1976): *Studien zur Abgrenzung nordrheinwestfälischerHochschulregioneninsbesondere der Universitätseinzugsbe-reiche Münster und Bochum.* Wissen-schaftliche Hausarbeit für das Lehramt an Gymnasien. Bochum (Universität).

Schriftenreihe der Arbeitsgruppe Standortforschung, Hannover.

Schubert, S. (1995): *Technologische Kooperationen zwischen Großforschung, Hochschulen und Wirtschaft in der Region Darmstadt.* In: Fromhold-Eisebith, M.; Nuhn, H. (Hrsg.): *Großforschung und Region.* Münster, 155-183.

Schultz, T. W. (1960): *Capital formation by education.* In: *Journal of Political Economy* 68, 571-583.

Schultz, T. W. (1963a): *Education and Economic Growth.* New York (Columbia University Press).

Schultz, T. W. (1963b): *The Economic Value of Education.* New York. (Columbia University Press).

Schultz, T. W. (1970): *Bildung und Wirtschaftswachstum.* In: Hüfner, K. (Hrsg.): *Bildungsinvestitionen und Wirtschaftswachstum.* Stuttgart/Berlin (Klett), 231-244.

Schultz, T. W. (1971): *Investment in Human Capital: The Role of Education and of Research.* New York (Free Press).

Schulz, A.; Bergjohann, E. (1973): *Zur regionalwirtschaftlichen Bedeutung von Hochschulausgaben - Problemanalyse und Voruntersuchung am Beispiel der Universität Saarbrücken.* Arbeitsgruppe Standortforschung, Manuskriptdruck 68, Han-nover.

Schuman, H.; Inkeles, A.; Smith, D. (1967): *Some Social Psychological Effects and Non-effects of Literacy in a New Nation.* In: *Economic Development and Cultural Change* 16, 1-14.

Schumpeter, J. (1912): *Theorie der wirtschaftlichen Entwicklung.* Leipzig (Dunkker und Humblot).

Schuth, K. (1980): *Village Literacy and Its Correlates.* In: Sopher, D. (Hrsg.): *An Exploration of India. Geographical Perspectives on Society and Culture.* Ithaca N.Y. (Cornell University Press), 191-212.

Schütz A.; Parsons, T. (1977): *Zur Theorie sozialen Handelns. Ein Briefwechsel.* Frankfurt a.M. (Suhrkamp).

Schwarz, G. (1996): *Kreativität - nicht nur ein Feld für Künstler.* Festschrift Bundesgymnasium Bregenz 1895-1995. Bregenz, 49-57.

Schwitalla, B. (1993): *Messung und Erklärung industrieller Innovationsaktivitäten mit einer empirischen Analyse für die westdeutsche Industrie.* Technik, Wirtschaft und Politik 2, Schriftenreihe des Fraunhofer-Instituts für Systemtechnik und Innovationsforschung. Heidelberg (Physica).

Scimemi, G. (1990): *Technological Development and the Environment.* In: Cappellin, R.; Nijkamp, P. (Hrsg.): *The Spatial Context of Technological Development.* Aldershot/Brookfield (Avebury), 485-501.

Scribner, S.; Cole, M. (1973): *Cognitive Consequences of Formal and Informal Education.* In: *Science* No 182, 552-558.

Second Report of a Committee of the Statistical Society of London, Appointed to Enquire into the State of Education in Westminster. In: *Journal of the Statistical Society of London* 1, 1839, 193-216.

Seeber, J. (1985): *Regionalwirtschaftliche Wirkungen von Hochschulen. Vergleichende empirische Untersuchung in der Bundesrepublik Deutschland.* Beiträge des Instituts für Verwaltungsforschung und Regionalwis-senschaft. Oldenburg.

Semple, R., Green M.; Martz, D. (1985): *Perspectives on Corporate Headquarters Relocation in the United States.* In: *Urban Geography* 6, 370-391.

Sen, A. (1987): *Rational Behaviour.* In: Eatwell, J.; Milgrate, M.; Newman, P. (Hrsg.): *The New Palgrave. A Dictionary of Economics*, vol. 4, London (Macmillan), 68-76.

Serapio, M. G. (1993): *Macro-micro Analyses of Japanese Direct R&D Investments in the US Automotive and Electronics Industries.* In: *Management International Review* 33, 209-225.

Sewell, W. H.; Shah, V. P. (1968): *Parents' Education and Children's Educational Aspirations and Achievements.* In: *American Sociological Review* 33, 191-204.

Sewell, W. H.; Hauser, R. M. (1976): *Causes and Consequences of Higher Education: Modells of the Status Attainment Process.* In: Hauser, R. M.; Sewell, W. H.; Featherman, D. L. (1976): *Schooling and Achievement in American Society.* New York (Academic Press), 9-27.

Sextro, H. P. (1785): *Über die Bildung der Jugend zur Industrie. Ein Fragment.* Nachdruck hrsg. von H. J. Heydorn und G. Koneffke. Quellenschriften zur Industrieschulbewegung Bd. 1. Frankfurt a.M. (Sauer & Auvermann). 1968.

Shannon, C. E.; Weaver W. (1949): *The Mathematical Theory of Communication.* Urbana (University of Illinois Press).

Sharif, M. M. (1966): *A History of Muslim Philosophy.* Wiesbaden (Harrassowitz).

Shaw, C. R. (1929): *Delinquency Areas. A Study of the Geographic Distribution of School Truants, Juvenile Delinquents, and Adult Offenders in Chicago.* Chicago (Chicago University Press).

Shepard, L. A.; Smith, M. L. (1989): *Introduction and Overview.* In: Shepard, L. A.; Smith, M. L. (Hrsg.): *Flunking Grades: Research and Policies on Retention.* London (Falmer).

Sher, J. P. (Hrsg.) (1977): *Education in Rural America: A Reassessment of Con-ventional Wisdom.* Boulder CO. (West-view Press).

Sher, J. P. (Hrsg.) (1981): *Rural Education in Urbanized Nations: Issues and Innovations.* Westview Special Studies in Education. Boulder CO. (Westview Press).

Shils, E. (1975): *Center and Periphery. Essays in Macrosociology.* Chicago (University of Chicago Press).

Shils, E. A. (1968): *Rulers and Intellectuals: Some General Observations and Some Particular References to India.* In: Wijeyewardene, G. (Hrsg.): *Leadership and Authority.* A Symposium. Singapore (University of Malaya Press), 309-321.

Short, J., Williams, E.; Christie, B. (1976): *The Social Psychology of Telecommunications.* London/New York (Wiley).

Shubik, M. (1967): *Information, Rationality and Free Choice in a Future Democratic Society*. In: *Daedalus* 96, 771-778.

Shubik, M.; Riese, M. (1971): *An Experiment with Ten Duopoly Games and Beat the Average Behavior*. Wien (Institut für Höhere Studien und Wissenschaftliche Forschung).

Shyrock, H. S.; Nam, C. B. (1965): *Educational Selectivity of Interregional Migration*. In: *Social Forces* 43, 299-310.

Sicat, F. M. (1977): *Case Studies in the Reverse Transfer of Technology (brain drain). A Survey on Problems and Policies in the Philippines*. Genf (UNCTAD).

Siddle, D. J. (1987): *Cultural Prejudice and the Geography of Ignorance: Peasant Literacy in South-Eastern France, 1550-1790*. In: *Transactions of the Institute of British Geographers*, N. S. 12, 19-28.

Siegel, I. H. (1962): *Scientific Discovery and the Rate of Invention*. In: National Bureau of Economic Research, New York (Hrsg.): *The Rate and Direction of Inventive Activity: Economic and Social Factors*. Princeton (Princeton University Press), 441-450.

Sieveking, H. (1901, 1902): *Aus Venezianischen Handlungsbüchern. Ein Beitrag zur Geschichte des Großhandels im 15. Jahrhundert*. In: Jahrbuch für Gesetzgebung und Volkswirtschaft N. F. 25, 299-331 und N. F. 26, 189-225.

Sieveking, H. (1909): *Aus Genueser Rechnungs- und Steuerbüchern: Ein Beitrag zur mittelalterlichen Handels- und Vermögenstatistik*. In: Sitzungsberichte der Kaiserlichen Akademie der Wissenschaften in Wien, Philosophisch-Historische Klasse Bd. 162, Teil 2, Wien (Hoelder).

Simmie, J. (1997): *The Origins and Characteristics of Innovation in Highly Innovative Areas. The Case of Hertfordshire*. In: Simmie, J. (Hrsg.): *Innovation, Networks and Learning Regions?* Regional Policy and Development Series 18. London/Bristol (J. Kingsley), 13-31.

Simon, H. A. (1957): *Models of Man*. New York (Wiley).

Simon, H. A. (1962): *The Architecture of Complexity*. In: Proceedings of the American Philosophical Society 106, 467-482.

Simon, H. A. (1972): *Theories of Bounded Rationality*. In: McGuire C. B.; Radner, R. (Hrsg.): *Decision and Organization. A Volume in Honor of Jacob Marschak. Studies in Mathematical and Managerial Economics*, vol. 12. Amsterdam, London/New York (North Holland Publ.), 161-176.

Simon, H. A. (1979): *Models of Thought*. New Haven (Yale University Press).

Simon, H. A. (1983): *Reason in Human Affairs*. Oxford/Stanford (Stanford University Press).

Simon, H. A. (1987): *Making Management Decisions: The Role of Intuition and Emotion*. In: *Academy of Management Exe-cutive* 1, 57-64.

Simonton, D. K. (1988a): *Age and Outstanding Achievement: What do we Know After a Century of Research?* In: *Psychological Bulletin* 104, 251-267.

Simonton, D. K. (1988b): *Scientific Genius. A Psychology of Science*. Cambridge (Cambridge University Press).

Singh, A. (1994): *Global Economic Change. Skills and International Competitiveness*. In: *International Labour Review* 133, 167-183.

Skolka, J. (1985): *Wende in der Arbeitsteilung*. In: *Wirtschaft und Gesellschaft* 11, 445-469.

Smith, A. (1776): *An Inquiry into the Nature and Causes of the Wealth of Nations*. London (Strahan & Cadell).

Smith, A. (1980): *The Geopolitics of Information: How Western Culture Do-minates the World*. New York (Oxford University Press).

Smith, D. M. (1979): *Where the Grass is Greener: Geographical Perspectives on Inequality*. London (Croom Helm).

Smooha, S. (1978): *Israel: Pluralism and Conflict*. Berkeley (University of California Press).

Sofsky, W. (1997): *Die Ordnung des Terrors: Das Konzentrationslager*. Frankfurt a.M. (Fischer).

Solow, R. M. (1957): *Technical Change and the Aggregate Production Function*. Cambridge MA (Harvard University Press).

Soltow, L.; Stevens, E. (1981): *The Rise of Literacy and the Common School in the United States: a Socio-Economic Analysis to 1870*. Chicago (University of Chicago Press).

Some Comparative Statistics of Illiteracy in England 1870 and 1884. The London

Quarterly Review No. 141. London (H. J. Tresidder).

Sopher, D. E. (1980): *Sex Disparity in Indian Literacy.* In: Sopher, D. (Hrsg.): *An Exploration of India. Geographical Perspectives on Society and Culture.* Ithaca N.Y. (Cornell University Press), 130-188.

Sorokin, P. A. (1952): *Social and Cultural Dynamics.* New York (American Book Company).

Sorokin, P. A. (1953): *Kulturkrise und Gesellschaftsphilosophie. Moderne Theorien über das Werden und Vergehen von Kulturen und das Wesen ihrer Krisen.* Stuttgart/Wien (Humboldt).

Spinner, H. F. (1984): *Der Mensch in der Informationsgesellschaft.* In: *Die Neue Gesellschaft* 31, 797-804.

Spinner, H. F. (1988a): *Der Wandel der Wissensordnung und die neue Aufgabe der Philosophie im Informationszeitalter. Themen und Thesen zur philosophischen Bewältigung der neuen Wissenslage des kognitiv-technischen Komplexes superindustrieller Informationsgesellschaften.* In: Oelmüller, W. (Hrsg.): *Philosophie und Wissenschaft. Kolloquien zur Gegenwartsphilosophie* Band 11, Paderborn, München/Wien/Zürich (Schöningh), 61-78.

Spinner, H. F. (1988b): *Die Besteigung des Informationsberges als neue Aufgabe der Philosophie im Verbund aller Wissenswissenschaften: Themen und Thesen zur philosophischen Bewältigung des Wandels der Wissensordnung infolge der informationstechnischen Entwicklung.* In: *Zeitschrift für allgemeine Wissenschaftstheorie* 19, 328-347.

Spinner, H. F. (1991): *Informationsgesellschaft oder neue Wissensordnung? Soziologische Probleme des Informationszeitalters.* In: *Gegenwartskunde* 40, 405-418.

Spinner, H. F. (1994): *Die Wissensordnung: Ein Leitkonzept für die dritte Grund-ordnung des Informationszeitalters.* Stu-dien zur Wissensordnung 1, Opladen (Leske & Budrich).

Spree, R. (1991): *Lange Wellen wirtschaftlicher Entwicklung in der Neuzeit. Historische Befunde, Erklärungen und Untersuchungsmethoden.* Historical Social Research, Supplement No. 4. Köln (Zentrum für Historische Sozialforschung).

Stapf, A. (1997): *Sind alle Menschen gleich? Begabte vernachlässigt? Zur Lage hochbegabter Kinder in Deutschland.* In: *Der Bürger im Staat* 47, 228-234.

Starbatty, J. (1993): *Karl Marx: Weltgeschichte mit Heilsplan.* In: *Zeit-Punkte* 3/1993, 80-82.

Statistisches Bundesamt, Hrsg. (1997): *Datenreport 1997. Zahlen und Fakten über die Bundesrepublik Deutschland.* Bundeszentrale für politische Bildung, Schriftenreihe Bd. 340, Bonn.

Staw, B. M. (1990): *An Evolutionary Approach to Creativity and Innovation.* In: West, M. A.; Farr, J. L. (Hrsg.): *Innovation and Creativity at Work.* Chichester (Wiley), 287-308.

Stehr, N. (1992): *Experts, Counsellors and Advisors.* In: Stehr, N.; Ericson, R. V. (Hrsg.): *The Culture and Power of Knowledge.* Berlin/New York (de Gruyter), 107-155.

Stehr, N. (1994a): *Arbeit, Eigentum und Wissen. Zur Theorie von Wissensgesellschaften.* Frankfurt a.M. (Suhrkamp).

Stehr, N. (1994b): *Knowledge Societies.* Lon-don/Thousand Oaks/New Delhi (Sage).

Stehr, N.; Ericson, R. V. (Hrsg.) (1992): *The Culture and Power of Knowledge.* Berlin/-New York (de Gruyter).

Stehr, N.; Ericson, R. V. (1992): *The Culture and Power of Knowledge in Modern Societies.* In: Stehr, N.; Ericson, R. V. (Hrsg.): *The Culture and Power of Knowledge.* Berlin/New York (de Gruy-ter), 3-19.

Stehr, N.; Meja, V. (1981): *Wissen und Gesellschaft.* In: *Kölner Zeitschrift für Soziologie und Sozialpsychologie, Sonderheft* 22, 7-19.

Stein, L., v. (1876): *Handbuch der Verwaltungslehre.* Stuttgart (Cotta), 212-271.

Stein v., L. (1902): *Autorität. Ihr Ursprung, ihre Begründung und ihre Grenzen.* In: Schmoller, G. (Hrsg.): *Jahrbuch für Gesetzgebung*, N.F. XXVI 3, 1-30.

Steinberg, H. J.; Euchner, W.; Fleischer, H.; Kernig, C. D. (1971): *Marxismus.* In: Kernig C. D. (Hrsg.): *Sowjetsystem und Demokratische Gesellschaft. Eine ver-gleichende Enzyklopädie* Band IV, Frei-burg/ Basel/Wien (Herder), 331-366.

Steiner, G. A. (Hrsg.) (1965): *The Creative Organization.* Chicago (University of Chicago Press).

Steingrube, W. (1981): *Räumliche Konsequenzen bildungspolitischer Entscheidungen.* In: Klagenfurter Geographische Schriften 2, 93-110.

Steingrube, W. (1984): *Die Entwicklung des Standortsystems der Grundschulen im Landkreis Rotenburg/W. seit 1950.* In: *Berichte zur deutschen Landeskunde* 58 (1), 97-127.

Steingrube, W. (1986): *Probleme der Standortplanung allgemeinbildender Schulen im ländlichen Raum. Eine Sensitivitätsanalyse der wichtigsten Einflußfaktoren mit Hilfe räumlicher Optimierungsverfahren - am Beispiel des Landkreises Rotenburg/W.* Bremer Beiträge zur Geographie und Raumplanung 10, Bremen.

Steingrube, W. (1995): *Geographische Informationssysteme (GIS) als Instrument der Schulentwicklungsplanung.* In: Beiträge zur Regionalen Bildungsforschung. Münchener Geographische Hefte 72, 181-190.

Stephens, C. B. (1980): *Belgorod: Notes on Literacy and Language in the Seventeenth-century Russian Army.* In: *Russian History* 7, 113-124.

Stephens, W. B. (1973): *Regional Variations in Education during the Industrial Revolution, 1780-1870: the Task of the Local Historian.* Educational Admini-stration and History Monograph 1, Leeds (University of Leeds).

Stephens, W. B. (1976): *Illiteracy in Devon during the Industrial Revolution, 1754-1844.* In: *Journal of Educational Administration and History* 8, 1-5.

Stephens, W. B. (1977): *Illiteracy and Schooling in the Provincial Towns, 1640-1870: a Comparative Approach.* In: Reeder, D. A. (Hrsg.): *Urban education in the nineteenth century.* Proceedings of the 1976 Annual Conference of the History of Education Society of Great Britain. London (Taylor and Francis), 27-47.

Stephens, W. B. (1983): *Literacy Studies: A Survey.* In: Stephens, W. B. (Hrsg.): *Studies in the History of Literacy: England and North America.* Educational Administration and History: Monograph No. 13, Leeds (University of Leeds), 1-6.

Stephens, W. B. (1987): *Education, Literacy, and Society, 1830-1870: The Geography of Diversity in Provincial England.* Manchester (Manchester University Press).

Stephens, W. B. (1990): *Literacy in England, Scotland, and Wales, 1500-1900.* In: *History of Education Quarterly* 30, 545-571.

Stephens, W. B. (1998): *Education in Britain, 1750-1914.* New York (St. Martin's Press).

Stephens, W. B. (Hrsg.) (1983): *Studies in the history of literacy: England and North America.* Educational Administration and History Monograph 13, Leeds University of Leeds).

Stern, W. (1920): *Die Intelligenz der Kinder und Jugendlichen und die Methoden ihrer Untersuchung.* Leipzig (Barth).

Sternberg, R. (1995a): *Technologiepolitik und High-Tech-Regionen - ein internationaler Vergleich.* Wirtschaftsgeographie 7, Münster/Hamburg.

Sternberg, R. (1995b): *Wie entstehen High-Tech-Regionen? Theoretische Erklärungen und empirische Befunde aus fünf Industriestaaten.* In: *Geographische Zeitschrift* 83, 48-63.

Sternberg, R. (1995c): *Kyushu - „Silicon Island" oder „Silicon Colony"?* In: *Geographische Rundschau* 47, 178-183.

Sternberg, R. (1996): *Government R&D Expenditure and Space: Empirical Evi-dence from Five Industrialized Countries.* In: *Research Policy* 25, 741-758.

Sternberg, R. J. (Hrsg.) (1988): *The Nature of Creativity: Contemporary Psychological Perspectives.* New York/Cambridge (Cambridge University Press).

Sternberg, R. J. (1993): *Procedures for Identifying Intellectual Potential in the Gifted: A Perspective on Alternative „Metaphors of Mind".* In: Heller, K. H., Mönks, F. J.; Passow, A. H. (Hrsg.): *International Handbook of Research and Development of Giftedness and Talent.* Oxford/New York/Seoul/Tokyo (Perga-mon), 185-207.

Sternberg, R. J.; Lubart, T. (1991): *An Investment Theory of Creativity and its Development.* In: *Human Development* 34, 1-31.

Stevens, E. (1987): *The Anatomy of Mass Literacy in Nineteenth-Century United States.* In: Arnove, R. F.; Graff, H. J. (Hrsg.): *National Literacy Campaigns. Hi-*

storical and Comparative Perspectives. New York/London (Plenum), 99-122.

Stigler, G. (1961): *The Economics of Information.* In: *Journal of Political Economy* 69, 213-225.

Stodolsky, S. S.; Lesser, G. (1967): *Learning Patterns in the Disadvantaged.* In: *Harvard Educational Review* 66, 546-593.

Stone, L. (1969): *Literacy and Education in England, 1640-1900.* In: *Past and Present* 42, 61-139.

Storbeck, D. (1966): *Zur Methode der Standortbestimmung für neue Universitäten. Dargestellt am Beispiel der Universitätsgründung in Ost-Westfalen.* In: *Raumforschung und Raumordnung* 24, 198-209.

Storper, M. (1995): *Territorial Development in the Global Learning Economy. The Challenge to Developing Countries.* In: *Review of International Political Economy* 2, 394-424.

Strassoldo, R. (1980): *Centre-Periphery and System Boundary: Culturological Perspectives.* In: Gottmann, J. (Hrsg.): *Centre and Periphery. Spatial Variation in Politics.* Beverly Hills/London (Sage), 27-61.

Strauss, G.; Gawthorp, R. (1984): *Protestantism and Literacy in Early Modern Germany.* In: *Past and Present* 104, 31-55.

Street, B. (1984): *Literacy in Theory and Practice.* Cambridge (Cambridge University Press).

Stretch, K. L. (1967): *Academic Ecology: On the Location of Institutions of Higher Education.* In: Shah, A. B. (Hrsg.): *Education, Scientific Policy and Developing Societies.* Bombay (W. & R. Chambers), 129-147.

Stromquist, N. P. (1989): *Determinants of Educational Participation and Achievement of Women in the Third World: A Review of the Evidence and a Theoretical Critique.* In: *Review of Educational Research* 59, 143-183.

Strutz, H. (Hrsg.) (1989): *Handbuch der Personalrekrutierung.* Wiesbaden (Gabler).

Stub, H. R. (1962): *The Occupational Characteristics of Migrants to Dulith: A Retest of Rose's Migration Hypo*thesis. In: *American Sociological Review* 27, 87-90.

Sugg, R. S. (1978): *Motherteacher: The Feminization of American Education.* Charlottesville (University Press of Virgi-nia).

Supercomputer, vol. 12, 1996.

Sutherland, G. (1990): *„Education".* In: Thompson, F. M. L. (Hrsg.): *The Cambridge Social History of Britain 1750-1950.* Volume 3: Social agencies and institutions. Cambridge (Cambridge University Press), 119-169.

Sweeney, G. P. (1987): *Innovation, Entrepreneurs and Regional Development.* New Yorks (St. Martin's Press).

Sweeney, G. P. (1996): *Learning Efficiency, Technological Change and Economic Progress.* In: *International Journal of Technology Management* 11, 5-27.

Sydow, J. (1992): *Strategische Netzwerke. Evolution und Organisation.* Wiesbaden (Gabler).

Szelényi, I. 1978. *Social Inequalities in State Socialist Redistributive Economies.* In: *International Journal of Comparative Sociology* 19: 63-87.

Szelényi, I. 1983. *Urban Inequalities under State Socialism.* Oxford (Blackwell).

Szelényi, I.; Martin, B. (1988): *The Three Waves of New Class Theories.* In: *Theory and Society* 17, 645-667.

Tan, A. G. (1992): *Some Parameters and Types of Technical Creativity.* In: Hany, E. A.; Heller K. A. (Hrsg.): *Competence and Responsibility.* Vol 1. Seattle/Toronto (Hogrefe & Huber), 163-164.

Tannenbaum, A. J. (1993): *History of Giftedness and „Gifted Education" in World Perspective.* In: Heller, K. H., Mönks, F. J.; Passow, A. H. (Hrsg.): *Inter-national Handbook of Research and Development of Giftedness and Talent.* Oxford/New York/Seoul/Tokyo (Perga-mon), 3-27.

Tardif T. Z.; Sternberg, R. J. (1988): *What do We Know about Creativity?* In: Sternberg R. J. (Hrsg.): *The Nature of Creativity. Contemporary Psychological Perspectives.* Cambridge (Cambridge University Press), 429-440.

Taubmann, W. (1982): *Universitäts- und Stadtentwicklung am Beispiel von Bremen.* In: Bremer Beiträge zur Geographie und Raumplanung 2, 165-180.

Taylor C. W. (1988): *Various Approaches to and Definitions of Creativity.* In: Sternberg R. J. (Hrsg.): *The Nature of Creativity. Contemporary Psychological Perspectives.* Cambridge (Cambridge University Press), 99-117.

Taylor, F. W. (1911, Nachdruck 1967): *The Principles of Scientific Management*. New York (Norton).

Taylor, F. W. (1947): *Scientific Management; Comprising Shop Managment.* Westport Conn. (Greenwood Press).

Teichler, U. (1975): *Geschichte und Struktur des japanischen Hochschulwesens. Hochschule und Gesellschaft in Japan.* Bd. 1. Stuttgart (Klett).

Teichler, U. (1976a): *Das Dilemma der modernen Bildunsgesellschaft. Japans Hochschule unter den Zwängen der Statuszuteilung.* Hochschule und Gesellschaft in Japan Bd. 2. Stuttgart (Klett).

Teichler, U. (1976b): *Bildungsexpansion und Arbeitsmarkt in Japan.* In: *Internationales Asienforum* 7, 266-288.

Teichler, U. (1981): *Der Arbeitsmarkt für Hochschulabsolventen. Zum Wandel der Berufsperspektiven im Zuge der Hochschulexpansion.* München/New York/London/Paris (Saur).

Teichler, U. (1987): *Erfordern die Entwicklungen der achtziger Jahre neue Erklärungsansätze?* In: Weymann, A. (Hrsg.): *Bildungs und Beschäftigung. Grundzüge und Perspektiven des Strukturwandels.* Soziale Welt, Sonderband 5, Göttingen (Schwartz & Co.), 27-57.

Teichler, U. (1989): *Education and Economic Development in Japan - a Controversial Topic.* In: Klenner, W. (Hrsg.): *Trends of Economic Development in East Asia.* Berlin/Heidelberg (Springer), 263-274.

Teichler, U.; Buttgereit, M. (Hrsg.) (1992): *Hochschulabsolventen im Beruf. Ergebnisse der dritten Befragung.* Bad Honnef (Bock).

Teichler, U.; Hartung, D.; Nuthmann, R. (1976): *Hochschulexpansion und Bedarf der Gesellschaft. Wissenschaftliche Er-klärungsansätze, bildungspolitische Konzeptionen und internationale Entwicklungstendenzen.* Stuttgart (Klett).

Teichler, U.; Schomburg, H.; Winkler, H. (1992): *Studium und Berufsweg von Hochschulabsolventen. Ergebnisse einer Langzeitstudie.* Aktuell-Bildung-Wissen-schaft 18/92, Bonn (BM für Bildung und Wissenschaft).

Teichler, U.; Winkler H. (Hrsg.) (1990): *Hochschulabsolventen im Beruf. Ergebnisse der dritten Befragung.* Studien zu Bildung und Wissenschaft 87, Bonn (BM. Für Bildung und Wissenschaft).

Tews, J. (1907): *Berliner Lehrer.* Großstadtdokumente Bd. 20, Berlin/Leipzig (Seemann).

Tews, J. (1914): *Ein Jahrhundert preußischer Schulgeschichte.* Leipzig (Quelle & Meyer).

Third Report of a Committee of the Statistical Society of London Appointed to Enquire into the State of Education in Westminster. In: *Journal of the Statistical Society of London* 1, 1839, 449-477.

Thomale, E. (1972): *Sozialgeographie. Eine disziplingeschichtliche Untersuchung zur Entwicklung der Anthropogeographie. Mit einer Bibliographie.* Marburger Geographische Schriften 53, Marburg.

Thompson, E. P. (1967): *Time, Work Discipline and Industrial Capitalism.* In: *Past and Present* 38, 56-97.

Thompson, J. D. (1967): *Organizations in Action.* New York (McGraw-Hill).

Thompson, W. R. (1962): *Locational differences in inventive effort and their determinants.* In: Nelson R. R. (Hrsg.): *The Rate and Direction of Inventive Acti-vity: Economic and Social Factors.* Princeton (Princeton University Press), 253-271.

Thorngren, B. (1970): *How do Contact Systems Affect Regional Development?* In: *Environment and Planning.* 2, 409-427.

Thrift, N. (1983): *On the determination of social action in space and time.* In: *Environment and Planning D. Society and Space* 1, 23-56.

Thrift, N. (1985): *Flies and Germs: A Geography of Knowledge.* In: Gregory, D.; Urry, J. (Hrsg.): *Social Relations and Spatial Structures.* Houndmills/London (St. Martin's Press/MacMillan), 366-403.

Thrift, N. (1991): *For a New Regional Geography 2.* In: *Progress in Human Geo-graphy* 15, 456-465.

Throll, M. (1970): *Soziologische Aspekte der Eingliederung einer Universität in die Stadt.* In: Deutscher Städtetag (Hrsg.): *Hochschulplanung und Stadtplanung. 4. Kolloquium der Hochschulstädte in Regensburg 1970.* Köln, 16-34.

Throll, M. (1974): *Hochschulplanung und Stadtentwicklung als politischer Konflikt.* In: *Stadtbauwelt* 42, 136-141.

Thurow, L. C. (1975): *Education and Economic Equality.* In: Levine, D. M.; Bane,

M. J. (Hrsg.): *The 'Inequality' Controversy: Schooling and Distributive Justice.* New York (Basic Books).

Thurow, L. C. (1983): *Dangerous Currents.* New York (Random House).

Thurow, L. C. (1996): *Die Zukunft des Kapitalismus.* Düsseldorf/München (Metropolitan).

Thwaites, A.; Alderman, N. (1990): *The Location of Industrial R&D: Retrospect and Prospect.* In: Cappellin, R.; Nijkamp P. (Hrsg.): *The Spatial Context of Techno-logical Development.* Aldershot/Brookfield/Hong Kong/Sidney (Avebury), 17-42.

Tilburg, M. L. v. (1949): *Educational Land Use in the Territory of Hawai.* Unpubl. M. A. Thesis, Department of Geography, University of Chicago.

Titze, H. (1990): *Der Akademikerzyklus. Historische Untersuchungen über die Wiederkehr von Überfüllung und Mangel in akademischen Karrieren.* Göttingen (Vandenhoeck & Ruprecht).

Todd, E. (1985): *The Explanation of Ideo-logy. Family Structures and Social Sys-tems.* Oxford/New York (Blackwell).

Todd, E. (1987): *The Causes of Progress. Culture, Authority and Change.* Oxford/ New York (Blackwell).

Tödtling, F. (1990): *Räumliche Differenzierung betrieblicher Innovation.* Berlin (Edition Sigma).

Tödtling, F. (1994): *Regional Networks of High-Technology Firms - The Case of the Greater Boston Regions.* In: *Technovation* 14, 323-343.

Toffler, A. (1990): *Powershift: Knowledge, Wealth and Violence at the Edge of 21st Century.* New York (Bantam Books).

Tomiak, J. J. (Hrsg.) (1991): *Schooling, Educational Policy and Ethnic Identity. Comparative Studies on Governments and Non-dominant Ethnic Groups in Europe, 1850-1940.* Aldershot (Dartmouth).

Törnqvist, G. (1970): *Contact Systems and Regional Development.* Lund Studies in Geography, Ser. B., vol. 35.

Tortella, G. (Hrsg.) (1990): *Education and Economic Development Since the Industrial Revolution.* Valencia (Generalidad).

Touraine, A. (1992): *A Critical View of Modernity.* In: Stehr, N.; Ericson, R. V. (Hrsg.): *The Culture and Power of Knowledge.* Berlin/New York (de Gruyter), 29-38.

Toynbee, A. J. (1934a): *A Study of History.* Vol. 1: *The Genesis of Civilizations,* Part 1, Oxford (Oxford University Press).

Toynbee, A. J. (1934b): *A Study of History.* Vol. 2: *The Genesis of Civilizations,* Part 2. Oxford (Oxford University Press).

Toynbee, A. J. (1934c): *A Study of History.* Vol. 3: *The Growth of Civilizations.* Oxford (Oxford University Press).

Toynbee, A. J. (1939): *A Study of History.* Vol. 4: *The Breakdown of Civilizations.* Oxford (Oxford University Press).

Tremenheere, H. (1843): *Agricultural and Educational Statistics of Several Parishes in the County of Middlesex.* In: *Journal of the Statistical Society of London* 6, 120-130.

Trotha, Th. (1981): *Sicherung einer wohnungsnahen Schulversorgung.* In: *Informationen zur Raumentwicklung* 1981/9, 655-661.

Tveit, K. (1981): *Lesekunne og undervisning for folkeskolevesenet. Ur Nordisk Kulturhistoria.* In: *Studie Historica Jyväskyläensiä* 22, 87 - 122.

Tyack, D. B. (1974): *The One Best System: A History of American Urban Education.* Cambridge MA. (Harvard University Press).

Tyack, D. B. (1978): *The Spread of Public Schooling in Victorian America: In Search of a Reinterpretation.* In: *History of Education* 7, 173-182.

U. S. Office of Technology Assessment (1984): *Technology, Innovation and Regional Economic Development.* Washington D.C. (Government Printing Office).

Uhlig, O. (1978): *Die Schwabenkinder aus Tirol und Vorarlberg.* Innsbruck (Wagner).

Ullrich, O. (1977): *Technik und Herrschaft.* Frankfurt a.M. (Suhrkamp).

Ullrich, O. (1992): *Technology.* In: Sachs, W. (Hrsg.): *The Development Dictionary. A Guide to Knowledge as Power.* London/New Jersey (Zed Books), 275-287.

UNESCO (1947): *Fundamental Education: Common Ground for all Peoples.* New York (UNESCO).

UNESCO (1949): *Fundamental Education: A Description and Programme.* Monographs on Fundamental Education No. 1. Paris (UNESCO).

UNESCO (1953): *Progress of Literacy in Various Countries: A Preliminary Statistical Study of Available Census Data Since 1900.* Monographs on Fundamental Education 6, Paris (UNESCO).

UNESCO (1957): *World Illiteracy at Mid-century: A Statistical Study.* Monographs on Fundamental Education 11, Paris (UNESCO).

UNESCO (1965): *World Conference of Ministers of Education on the Eradication of Illiteracy (Final report).* Paris (UNESCO).

UNESCO (1973): *Practical Guide to Functional Literacy: A Method of Training for Development.* Paris (UNESCO).

UNESCO (1976): *The Experimental World Literacy Programme: A Critical Assessment.* Paris (UNESCO).

UNESCO (1980): *Wastage in Primary and General Secondary Education: A Statistical Study of Trends and Patterns in Repetition and Drop-Out.* Paris (UNESCO, Office of Statistics).

UNESCO (1990): *Compendium of Statistics on Illiteracy.* Paris (UNESCO).

UNESCO (1993): *World Education Report 1993.* Oxford (UNESCO Publishing).

UNESCO (1995): *World Education Report 1995.* Oxford (UNESCO Publishing).

UNESCO, Office of Statistics (1984): *Wastage in Primary Education from 1970 to 1980.* Prospects 14, Paris (UNESCO), 347-368.

United Nations (1954): *Report on International Definition and Measurement of Standards and Levels of Living.* Doc. E. CN 5/299. New York (UNO),

United Nations Development Programme (1994): *Human Development Report 1994: New Dimensions of Human Security.* New York. deutsche Ausgabe: Deutsche Gesellschaft für die Vereinten Nationen (Hrsg.): *Bericht über die menschliche Entwicklung* 1994. Bonn (Uno-Verlag).

United Nations, Economic and Social Council, Thirty-Sixth Session (1963): *World Campaign for Universal Literacy*, E/3771 New York (Uno).

Unsicker, J. (1987): *Tanzanias Literacy Campaign in Historical-Structural Perspective.* In: Arnove, R. F.; Graff, H. J. (Hrsg.): *National Literacy Campaigns. Historical and Comparative Perspectives.* New York/London (Plenum), 219-244.

Updegraff, H. (1908): *Origins of the Moving School in Massachusetts.* New York. Reprint 1969 New York (Arno, New York Times).

Urban, D. (1972): *Akademische Mobilitätsprozesse. Zur Analyse des universitären Stellenmarktes.* In: *Zeitschrift für Sozio-logie* 8, 415-433.

Van der Woude, A. M. (1980): *De alfabet-i-sering.* Algemene Geschiedenes der Nederlanden, vol. 7, Haarlem.

Vanni, H.; Wuffli, P. (1991): *Vom knappen Kapital zu den knappen Fähigkeiten. Anzeichen für einen betriebswirtschaftlichen Paradigmenwechsel.* In: *Neue Zürcher Zeitung* 11. Februar 1991, Nr. 40, 11.

Vassal, S. (1969): *Les Nouveaux Ensembles Universitaires Français. Éléments de Géographie Urbaine.* In: *Annales de Geographie* 78, 131-157.

Veblen, T. (1898): *Why is Economics Not An Evolutionary Science?* In: *Quarterly Journal of Economics* 13, 373ff.

Veblen, T. (1906): *The Place of Science in Modern Civilisation.* In: The American Journal of Sociology 11. Reprint in: Veblen, T. (1961): *The Place of Science in Modern Civilisation, and Other Essays.* New York (Russel), 1-31.

Veblen, T. (1993): *The Higher Learning in America.* New Brunswick (Transaction Publishers).

Vernon, R. (1966): *International Investment and International Trade in the Product Cycle.* In: *Quarterly Journal of Economics* 80, 190-207.

Vierhaus, R. (1978): *Deutschland im Zeitalter des Absolutismus (1648-1763).* Göt-tingen (Vandenhoeck und Ruprecht).

Vigo, G. (1972): *Istruzione e società nel regno Italico. Il caso die Vgevano (1806-1814).* In: Bolletino della Società Pavese di Storia Patria, 22/3, 125-139.

Vinovskis, M. A. (1972): *Trends in Massachusetts Education, 1826-1860.* In: *History of Education Quarterly* 12, 501-529.

Vollmer, F. (1909): *Friedrich Wilhelm I. und die Volksschule.* Göttingen.

Vollmer, F. (1918): *Die preußische Volksschulpolitik unter Friedrich dem Großen.* Monumenta Germaniae Paedagogica Bd. LVI. Berlin (Weidmannsche Buchhandlung).

Votteler, M. (1990): *Analyse der regionalen Verteilung von personellen Forschungs-*

kapazitäten in Baden-Württemberg. In: Meusburger, P.; Schmude, J. (Hrsg.): *Bildungsgeographische Studien über Baden-Württemberg.* Heidelberger Geographische Arbeiten 88. Heidelberg, 241-267.

Wagemann, A. (1791): *Über die Bildung des Volkes zur Industrie.* Göttingen. Nachdruck hrsg. von H. J. Heydorn und G. Koneffke. Glashütten i. T. (Auvermann) 1971.

Wagner, H. (1993): *Bildung und Raum. Entwicklungen und Strategien in einer geographischen Forschungsrichtung.* Osnabrücker Studien zur Geographie 13. Osnabrück.

Wagner, M (1989): *Räumliche Mobilität im Lebenslauf.* Stuttgart (Enke).

Wagner, M. (1992): *Zur Bedeutung räumlicher Mobilität für den Erwerbs-verlauf bei Männern und Frauen.* In: *Regionale und biographische Mobilität im Lebenslauf.* Veröffentlichungen der Akademie für Raumforschung und Landesplanung. Forschungs- und Sitzungsberichte 189, Hannover (Jänecke), 149-167.

Walberg, H. J. (1988): *Creativity and Talent as Learning.* In: Sternberg R. J. (Hrsg.): *The Nature of Creativity. Contemporary Psychological Perspectives.* Cambridge (Cambridge University Press), 340-361.

Walberg, H. J.; Haertel, G. D. (1994): *The Implication of Cognitive Psychology for Measuring Student Achievement.* In: CERI (Hrsg.): *Making Education Count. De-veloping and Using International Indi-cators.* Paris (OECD), 219-236.

Walford, R. (1986²): *Geography of Education.* In: Johnston, R. J., Gregory, D.; Smith; D. M. (Hrsg.): *The Dictionary of Human Geography.* Oxford (Blackwell Reference), 125-126.

Walras, L. (1954): *Elements of Pure Economics.* London (Allen & Unwin).

Ward, C. D. (1968): *Seating Arrangement and Leadership Emergence in Small Discussion Groups.* In: *Journal of Social Psychology* 74, 83-90.

Ware, H. (1984): *Effects of Maternal Education, Women's Roles, and Child Care on Child Mortality.* In: *Population and Development Review,* A Supplement to Vol. 10, Cambridge (Cambridge University Press), 191-214.

Wartburg-Ambühl, M.-L. v. (1981): *Alphabetisierung und Lektüre. Untersuchungen am Beispiel einer ländlichen Region im 17. und 18. Jahrhundert.* Europäische Hochschulschriften 459. Frankfurt (Lang).

Weber M. (1972): *Wirtschaft und Gesellschaft: Grundriß der verstehenden Soziologie* (Hrsg. v. J. Winckelmann). 5. Revidierte Aufl., Tübingen (Mohr).

Weber, M. (1920): *Die protestantische Ethik und der Geist des Kapitalismus. Gesammelte Aufsätze zur Religionssoziologie.* Bd. 1, Tübingen (Mohr).

Weber, M. (1922): *Wirtschaft und Gesellschaft.* Tübingen (Mohr).

Weber, M. (1924): *Gesammelte Aufsätze zur Sozial- und Wirtschaftsgeschichte.* Tübingen (Mohr).

Weber, M. (1973): *Gesammelte Aufsätze zur Wissenschaftslehre.* Hrsg. von J. Winckelmann. 4. Aufl. Tübingen (Mohr).

Webler, W.-D. (Hrsg.) (1984): *Hochschule und Region. Wechselwirkungen.* Weinheim/Basel (Beltz).

Weichhart, P. (1996): *Das Paradigma der Region in den Humanwissenschaften.* In: Brunn, G. (Hrsg.): *Region und Regionsbildung in Europa. Konzeptionen der Forschung und empirische Befunde.* Schriftenreihe des Instituts für Europä-ische Regionalforschungen 1, Baden-Ba-den (Nomos), 25-43.

Weichhart, P. (1997): *Sozialgeographie alltäglicher Regionalisierungen. Benno Werlens Neukonzeption der Humangeographie.* In: Mitteilungen der Österreichischen Geographischen Gesellschaft 139, 25-45.

Weick, C. (1995): *Räumliche Mobilität und Karriere. Eine individualstatistische Analyse der baden-württembergischen Universitätsprofessoren unter besonderer Berücksichtigung demographischer Strukturen.* Heidelberger Geographische Arbeiten 101, Heidelberg.

Weiher, S. v.; Goetzeler, H. (1972, 1981): *Weg und Wirken der Siemens-Werke im Fortschritt der Elektrotechnik 1847-1980.* München (Bruckmann).

Weinert, F. E. (1990): *Der aktuelle Stand der psychologischen Kreativitätsforschung (und einige daraus ableitbare Schlußfolgerungen über die Lösung praktischer Probleme).* In: Hofschneider P. H.; Mayer K. U. (Hrsg.): *Generationsdynamik und Innovation in der Grundlagenforschung.* MPI-Berichte und Mitteilungen 3/90,

München (Max Planck Gesellschaft), 21-44.

Weingart, P. (1974): *Wissenschaftssoziologie II. Determinanten wissenschaftlicher Entwicklung.* Frankfurt a.M. (Athenäum-Fischer).

Weingart, P. (1975): *Das Verhältnis von Wissenschaft und Technik im Wandel ihrer Institutionen.* In: Stehr N.; König, R. (Hrsg.): *Wissenschaftssoziologie. Studien und Materialien.* In: Kölner Zeitschrift für Soziologie und Sozialpsychologie, Sonderheft 18, 393-418.

Weishaupt, H. (1973): *Aufgaben und Realisierungsbedingungen kommunaler Schulentwicklungsplanung.* In: Deutsches Institut für Internationale Pädagogische Forschung (Hrsg.): *Mitteilungen und Nachrichten* 71/72, 50-72.

Weishaupt, H. (1975): *Determinanten des regionalen Bildungsgefälles und deren Bedeutung für die Planung von Bildungseinrichtungen. Bericht über einen „Workshop".* In: Deutsches Institut für Internationale Pädagogische Forschung (Hrsg.): *Mitteilungen und Nachrichten* 77/78, 100-118.

Weishaupt, H. (1977): *Schulgröße und regionale Sozialstruktur.* In: Döring, P.A. (Hrsg.): *Große Schulen oder kleine Schulen. Zur Dimensionierung von Bildungseinrichtungen.* Erziehung in Wissenschaft und Praxis 27, München/Zürich (Piper), 261-270.

Weishaupt, H. (1980): *Entwicklungen im Bildungswesen und die Bedeutung sozialökologischer Forschungsansätze: Zum Planungs- und Praxisbezug sozialökologischer Bildungsforschung.* In: Deutsches Institut für Internationale Pädagogische Forschung (Hrsg.): *Mitteilungen und Nachrichten* 100/101, 83-94.

Weishaupt, H. (1981): *Pädagogische Überlegungen zur Schulstandortbestimmung.* In: *Informationen zur Raumentwicklung* 9/1981, 603-613.

Weishaupt, H. (1983): *Schulprobleme im Ballungsraum: Analyse der demographischen, schulstrukturellen und sozialen Entwicklung in den Ballungsräumen.* In: *Die Deutsche Schule* 75, 491-503.

Weishaupt, H. (1988a): *Bildungsausgaben und regionale Schulentwicklung.* In: *Raumforschung und Raumordnung* 46, 226-231.

Weishaupt, H. (1988b): *Perspektiven des Bildungswesens der Bundesrepublik Deutschland: Rahmenbedingungen, Problemlagen, Lösungsstrategien.* Baden-Baden (Nomos).

Weishaupt, H. (1989): *Die kleine Grundschule - Kriterien einer regionalen Schulentwicklungsplanung.* In: *Schul-Management* 20 (4), 30-36.

Weishaupt, H. (1996): *Innerstädtische Disparitäten des Schulbesuchs.* In: *Die Deutsche Schule* 88, 56-65.

Weishaupt, H. (Hrsg.) (1983): *Sozialraumanalyse und regionale Bildungsplanung.* Frankfurter Studien zur Bildungsforschung 1. Baden-Baden (Nomos).

Weishaupt, H.; Steinert, B.; Bock, K. H. (1991): *Bildungsforschung in der Bundesrepublik Deutschland: Situationsanalyse und Dokumentation.* Bonn (Bundesminister für Bildung und Wissenschaft).

Weiß, H. (1994): *Die berufliche Weiterbildung im wirtschaftlichen Transformationsprozeß. Qualifizierungsmaßnahmen in den neuen Bundesländern.* Transformationsökonomie 5. München (LDV).

Weißbach H. J.; Poy, A. (1995): *Technische Vernetzung, funktionale Differenzierung der Gesellschaft und neue kulturelle Integrationsmuster.* In: Fischer J.; Gensior, S. (Hrsg.): *Netzspannungen.* Berlin (Edition Sigma), 213-236.

Weisshuhn, G.; Büchel, F. (1992): *Betriebswechsel, räumliche Mobilität und Verdienstentwicklung. Eine Longitudinalanalyse sozialversicherungspflichtiger Beschäftigter in den Perioden 1977-1979 und 1982-1984.* In: *Regionale und biographische Mobilität im Lebenslauf.* Veröffentlichungen der Akademie für Raumforschung und Landesplanung. Forschungs- und Sitzungsberichte 189, Hannover (Jänecke), 168-199.

Weisskopf, W. (1975): *The Dialectics of Equality.* In: Levine, D. M.; Bane, M. J. (Hrsg.): *The „Inequality" Controversy. Schooling and Distributive Justice.* New York (Basic Books), 214-227.

Weller, L. (1974): *Sociology in Israel.* Westport (Greenwood Press).

Weltbank (1994): *Weltentwicklungsbericht 1994. Infrastruktur und Entwicklung.* Washington D.C. (The World Bank).

Wenzel, H. J. (1995): *Fachhochschulabsolventen in ländlichen Gebieten und ihr*

Einfluß auf eine endogene Regionalentwicklung in Westniedersachsen. In: Beiträge zur Regionalen Bildungsforschung. Münchener Geographische Hefte 72, Kallmünz/Regensburg (Laßleben), 163-179.

Wenzel, H.-J.; Thomas, E.; Rolfes, M. (1990): *Studenten und Universitätsabsolventen im westlichen Niedersachsen beim Übertritt ins Beschäftigtensysem und ihre berufliche Flexibilität und räumliche Mobilität.* In: *Raumforschung und Raum-ordnung* 48, 130-141.

Wenzel, H.-J; Mayr, A. (1994): *Zehn Jahre Arbeitskreis Bildungsgeographie (1983-1993). Forschungsprojekte, Forschungsarbeiten, Arbeitskreisaktivitäten.* Osnabrück/Münster.

Werlen, B. (1995): *Sozialgeographie alltäglicher Regionalisierungen. Band 1: Zur Ontologie von Gesellschaft und Raum.* Erdkundliches Wissen 116, Stuttgart (Steiner).

Werlen, B. (1997): *Sozialgeographie alltäglicher Regionalisierungen. Band 2: Globalisierung, Region und Regionalisierung.* Erdkundliches Wissen 119, Stuttgart (Steiner).

Werner, T. (1995): *Bücherverbrennungen im Mittelalter.* In: Oexle, O. G. (Hrsg.): *Memoria als Kultur.* Veröffentlichungen des Max-Planck-Instituts für Geschichte 121, Göttingen (Vandenhoeck und Ruprecht), 149-184.

West, E. G. (1975): *Education and the Industrial Revolution.* New York (Barnes & Noble).

West, E. G. (1978): *Literacy and the Industrial Revolution.* In: *Economic History Review*, 2nd ser. 31, 369-383.

West, M. A.; Farr, J. L. (Hrsg.) (1990): *Innovation and Creativity at Work.* Chi-chester (Wiley).

Weymann, A. (1987): *Strukturwandel im Verhältnis von Bildung und Beschä-ftigung.* In: Weymann, A. (Hrsg.): *Bil-dung und Beschäftigung. Grundzüge und Perspektiven des Strukturwandels.* Soziale Welt, Sonderband 5, Göttingen (Schwartz & Co.), 3-24.

Weymann, A.; Wingens, M. (1987): *Die Verknüpfung von Bildungs- und Beschäftigungspolitik im Spiegel sozialwissenschaftlicher Etikettierungen.* In: Weymann, A. (Hrsg.): *Bildung und Beschäftigung. Grundzüge und Perspektiven des Strukturwandels.* Soziale Welt, Sonderband 5, Göttingen (Schwartz & Co.), 385-396.

Wieser, F. (1926): *Das Gesetz der Macht.* Wien (Springer).

Wiig, H.; Wood, M. (1997): *What Comprises a Regional Innovations System? Theoretical Base and Indicators.* In: Simmie, J. (Hrsg.): *Innovation, Networks and Learning Regions?* Regional Policy and Development Series 18. London/ Bristol (J. Kingsley), 66-98.

Willauschus, A. (1979: *Die wirtschaftlichen Verflechtungen zwischen Hochschulen und Stadt. Eine empirische Analyse am Beispiel der Stadt Münster und ihrer Hochschulen.* Baden-Baden (Nomos).

Williams, H.; Taylor, J. (1991): *Information Technology and the Management of Territory by Firms.* In: Brotchie, J.; Batty, M.; Hall, P.; Newton P. (Hrsg.): *Cities of the 21st Century.* London/Melbourne (Halsted Press, Longman Cheshire), 293-305.

Willink, B. (1996): *On the Structure of a Scientific Golden Age. Social Change, University Investments and Germany's Discontinuous Rise to the 19th Century Scientific Hegemony.* In: *Berichte zur Wissenschaftsgeschichte* 19, 35-49.

Wilson, A. B. (1959): *Residential Segregation of Social Classes and Aspirations of High School Boys.* In: *American Sociological Review* 24, 836-845.

Wiltshire, R. (1980): *Research on Reverse Migration in Japan (III): Return Migration of University Graduates.* In: *The Science Reports of Tohoku University, Geography* 30, 65-75.

Windolf, P. (1987): *Bildungsexpansion und Wirtschaftskrise in der Weimarer Republik.* In: Weymann, A. (Hrsg.): *Bildung und Beschäftigung. Grundzüge und Perspektiven des Strukturwandels.* Soziale Welt, Sonderband 5, Göttingen (Schwartz & Co.), 89-118.

Windolf, P. (1995): *Eigentum und Herrschaft in Unternehmensnetzwerken.* In: Fischer J.; Gensior, S. (Hrsg.): *Netz-Spannungen. Trends in der sozialen und technischen Vernetzung von Arbeit.* Berlin (Edition Sigma), 67-91.

Windolf, P.; Hohn, H. W. (1984): *Arbeitsmarktchancen in der Krise. Betriebliche Rekrutierung und soziale Schließung - ei-*

ne empirische Untersuchung. Frankfurt a.M. (Campus).
Winter, S. G. (1984): *Schumpeterian Competition in Alternative Technological Regimes*. In: *Journal of Economic Behavior and Organization* 5, 287-320.
Wittgenstein, L. (1969): *Philosophische Grammatik*. Hrsg. V. R. Rhees. Oxford (Blackwell).
Wittgenstein, L. (1977): *Philosophische Untersuchungen*. Frankfurt a.M. (Suhrkamp).
Wittgenstein, L. (1989): *Logisch-philosophische Abhandlung. Tractatus logicophilosophicus*. Hrsg. von B. McGuiness und J. Schulte. Frankfurt a. M. (Suhrkamp).
Wittgenstein, L. (1990): *Über Gewißheit*. 7. Auflage, Frankfurt a.M.. (Suhrkamp).
Woldemar, C. (1865): *Zur Geschichte und Statistik der Gelehrten und Schulanstalten des Kaiserlich Russischen Ministeriums für Volksaufklärung*. St. Petersburg (Assmanc Press).
Wolgast, E. (1986): *Die Universität Heidelberg 1386-1986*. Heidelberg/Berlin (Springer).
Wolpert, J. (1964): *The Decision Process in a Spatial Context*. In: *Annals of the Association of American Geographers* 54, 537-558.
Woodman, R. W.; Sawyer J. E.; Griffin, R. W. (1993): *Toward a Theory of Organizational Creativity*. In: *Academy of Management Review* 18, 293-321.
Woodman, R. W.; Schoenfeldt, L. F. (1990): *An Interactionist Model of Creative Behavior*. In: *Journal of Creative Behavior* 24, 279-290.
Woodward, J. (1958): *Management and Technology*. London (Her Majesty's Stationary Office).
World Bank (1974): *Education: Sector* Working Paper. Washington (The World Bank).
Worsley, P. (1997): *Knowledges. Culture, Counterculture, Subculture*. London/New York (Profile Books/The New Press).
Wyatt, T. (1994): *Education Indicators: a Review of the Literature*. In: CERI (Hrsg.): *Making Education Count. Developing and Using International Indicators*. Paris (OECD), 99-121.
Wyczanski, A. (1974): *L'Aphabétisation et Sructure Sciale en Pologne au XVIe Siècle*. In: *Annales - Économies, Sociétés, Civilisations* 29, 705-713.
Yadav, P. K. (1974): *Problems of National Identity in Indian Education*. In: *Comparative Education* 10, 201-209.
Yoon, B.-S. L. (1992): *Reverse Brain Dain in South Korea: State-led Modell*. In: *Studies in Comparative International Development* 27, 4-26.
Young, M. (1958): *The Rise of Meritocracy, 1870-2033*. London (Thames and Hudson).
Yuchtman-Yaar, E.; Semyonov, M. (1979): Ethnic Inequality in Israeli Schools and Sports: An Expectation-States Approach. In: *American Journal of Sociology* 85, 576-590.
Zagorin, P. (1990): *Ways of Lying: Dissimulation, Persecution, and Conformity in Early Modern Europe*. Cambridge, MA. (Harvard University Press).
Zank, W. (1993): *Freiheit und Sozialismus*. In: *Zeit der Ökonomen. Eine kritische Bilanz volkswirtschaftlichen Denkens*. Zeit Punkte 3/1993, 22-24.
Zeissl, H. (1948): *Die Rechtsorganisation des Pflichtschulwesens, der Lehrerbildung und der Schulaufsicht von 1848-1948*. In: 100 Jahre Unterrichtsministerium 1848-1948. Festschrift des Bundesministeriums für Unterricht, Wien (Österreichischer Bundesverlag), 168-193.
Zeitschrift für Kulturaustausch.
Zemanek, H. (1986): *Information und Ingenieurwissenschaft*. In: Folberth O. G. Hackl, C. (Hrsg.): *Der Informationsbegriff in Technik und Wissenschaft*. München/ Wien (Oldenbourg), 17-52.
Ziegler, R. (1984): *Norm, Sanktion, Rolle. Eine strukturelle Rekonstruktion soziologischer Begriffe*. In: *Kölner Zeitschrift für Soziologie und Sozialpsychologie* 36, 433-463.
Zinnecker, J. (1970): *Lehrerin '70*. In: *Betrifft Erziehung*, 1970/3, 11-21; 1970/6, 25-30; 1970/7, 30-33.
Zinnecker, J. (1973): *Sozialgeschichte der Mädchenbildung*. Weinheim/Basel (Beltz).
Zinnecker, J. (1973a): *Die Arbeit der Lehrerinnen in der Schule*. In: Lüdtke, H. (Hrsg.): *Erzieher ohne Status? Beiträge zum Problem der strukturellen Unsicherheit in Pädagogischen Berufen*. Heidelberg (Quelle & Meyer), 77-88.

Znaniecki, F. (1940): *The Social Role of the Man of Knowledge.* New York (Columbia University Press).

Zymelman, M. (1990): *Science, Education, and Development in Sub-Saharan Africa.* World Bank Technical Paper Number 124, Washington, D.C. (The World Bank).

14 Index

B

C

D

G

H

I

Q

R

S

T

U

V

W

X

Y

Z